Statistik

verstehen und sinnvoll nutzen
Anwendungsorientierte Einführung für Wirtschaftler

Von

Prof. Dr. Jörg-D. Meißner

School of Economics Berlin
University of Applied Sciences

R. Oldenbourg Verlag München Wien

Bibliografische Information Der Deutschen Bibliothek

Die Deutsche Bibliothek verzeichnet diese Publikation in der Deutschen Nationalbibliografie; detaillierte bibliografische Daten sind im Internet über <http://dnb.ddb.de> abrufbar.

Rosenheimer Straße 145, D-81671 München
Telefon: (089) 45051-0
www.oldenbourg-verlag.de

Gedruckt auf säure- und chlorfreiem Papier
Gesamtherstellung: Druckhaus „Thomas Müntzer“ GmbH, Bad Langensalza

ISBN 3-486-20035-6

Vorwort

Das vorliegende Buch ist konzipiert als Einführung in die Statistik für Wirtschaftler. Hauptadressaten sind Studierende wirtschaftwissenschaftlicher Studiengänge und Praktiker aus der Wirtschaft, die sich mit gängigen Fragestellungen und Methoden der Statistik vertraut machen wollen.

Von etlichen Studierenden wird die Statistik - in der Regel Pflichtfach im Grundstudium - als notwendiges Übel angesehen, ohne ihre Bedeutung für Ausbildung und Praxis voll zu erkennen. Dem wird hier durch eine durchgängige Anwendungsorientierung begegnet, bei der von typischen Wirtschaftsthemen und darin interessierenden Fragestellungen ausgegangen wird, die man durch geeignete statistische Ansätze beantworten kann. Von etlichen Praktikern wird die Statistik rein instrumentell gesehen, ohne die Bedeutung theoretischer Erkenntnisse auch für die sinnvolle Nutzung der Methoden und die sachgerechte Interpretation der Analyseergebnisse voll zu gewärtigen. Dem wird hier durch ausgewähltes theoretisches Know-How begegnet, in dem in einigen Arbeitsbereichen von den dort gängigen statistischen Ansätzen ausgehend grundlegende statistische Konzepte und Gesetzmäßigkeiten erschlossen werden.

Den Adressaten gemein ist, dass das Erlernen des Statistikstoffes durch gutes Lehrmaterial wesentlich befördert werden kann und dass für erfolgreiches Lernen von Statistik eigenes Tun erforderlich ist. Für beide Bereiche will dieses Lehrbuch ein geeignetes Angebot machen. Gegenüber den vielen vorhandenen und darunter auch sehr guten Statistik-Lehrbüchern soll das vorliegende sein eigenes Profil erhalten durch

- die Orientierung an einer Reihe sinnvoller Lehrziele (siehe 1.4),
- die Berücksichtigung didaktischer Grundsätze bei der Darstellung des Stoffs (siehe 1.5)
- und durch Übungen mit Checkfragen, Aufgaben und Musterlösungen zur Selbstkontrolle.

Für die kritische Durchsicht des Manuskripts und für wertvolle Anregungen danke ich herzlich meiner Kollegin Prof. Dr. Ursula Scheja-Strebak und meinem Kollegen Prof. Gunter Zemke. Meinen Tutorinnen Dipl.-Kauffrau Nurcan Derdiyok, Julia Liemert und Andrea Lock sowie meinen Tutoren Dipl.-Kaufmann Marcus Antonius Mayr und Dipl.-Kaufmann Sascha Petersdorf danke ich für die während ihrer Zeit am Fachgebiet geleisteten Mitarbeit bei der Erstellung der Lösungen zu den Übungsaufgaben. Frau Dipl.-Biologin Sylvia van der Woude danke ich für die Erstellung der Abbildungen, die Überarbeitung der Tabellen und die Layoutgestaltung der Endfassung. Herrn Martin Weigert und seinen Mitarbeiterinnen und Mitarbeitern beim Oldenbourg-Verlag danke ich für die stets vertrauensvolle und effiziente Zusammenarbeit.

Schließlich und endlich danke ich innigst meiner Frau. Sie ist als Deutschlehrerin in unserer Familie naheliegenderweise zuständig für den akkuraten Umgang mit Texten, ich dagegen für den mit Zahlen. Sie hat während der Erstellung der Endfassung nicht nur wenig von mir gehabt, sondern obendrein auch noch das gesamte Manuskript Korrektur gelesen. Für diese doppelte Liebesmüh widme ich Ihr dieses Buch.

Für Zimmi

Berlin

Jörg-D. Meißner

Inhaltsübersicht

1 Einführung

1.1 Begriff, Charakteristika und Bedeutung der Statistik

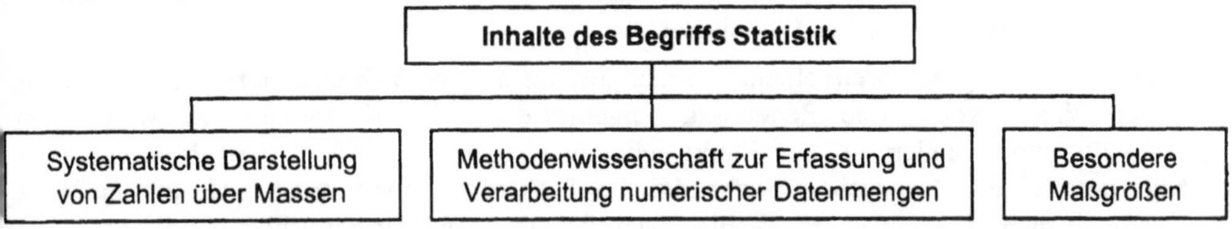

Das Wort Statistik wurde gegen Ende des 17. Jahrhunderts geprägt und bedeutete lange Zeit ganz allgemein die systematische Beschreibung der wichtigsten Aspekte eines Staates in Worten und Zahlen. Heute wird es in mehreren Bedeutungen verwendet. Im **alltäglichen Sprachgebrauch** bezeichnet es

- einerseits die systematische Darstellung von Zahlen über Massen, wie z.B. die Arbeitslosenstatistik oder die Umsatzstatistik
- andererseits die Wissenschaft, die sich mit Methoden zur operationalen Definition, Erhebung, Aufbereitung, Analyse, Prognose, Verallgemeinerung und Präsentation numerischer Datenbestände beschäftigt (Methodenlehre).

Im **fachwissenschaftlichen Sprachgebrauch** bezeichnet es ergänzend von der Methodenlehre entwickelte besondere Maßgrößen, wie etwa die Gauß-Statistik.

Charakteristika statistischer Zahlen

Was ist nun das Besondere an statistischen Zahlen? Wie unterscheiden sie sich von anderen Zahlen, die z.B. auf den Belegen in der Buchhaltung eines Betriebes, in dem Fahrplan eines Verkehrsbetriebes oder auf einer Stromrechnung stehen? Im Gegensatz zu den Zahlen in den genannten Beispielen, die jeweils einen **einzelnen Fall** quantifizieren (z.B. einen Buchungsvorgang, eine Stromrechnung, einen - nämlich den zur Zeit gültigen - Fahrplan), beziehen sich statistische Zahlen auf eine **Menge von Einzelfällen**, für deren Gesamtheit sie zahlenmäßige Aussagen machen. Je größer die Menge der Einzelfälle, aus der die **statistische Masse** besteht, umso nötiger ist die Anwendung geeigneter quantitativer Methoden, um aus der eher verwirrenden Vielfalt und -zahl von Daten möglichst wenige, sinnvolle und aussagekräftige quantitative Informationen zu ermitteln.

Aus dem **Wesen** statistischer Zahlen als Zahlen über Massensachverhalte folgt, dass man aus Anwendungssicht keine zu hohen Ansprüche an ihre **Genauigkeit** stellen sollte, selbst wenn sie manchmal mit einer recht hohen Genauigkeit von 2 Stellen hinter dem Komma oder gar mehr angegeben werden. Hohe numerische Genauigkeit kann wesentlich Resultat der vorgenommenen Aufbereitungen und Auswertungen und damit überwiegend **rechnerischer Natur** sein. Ergänzend sind bei statistischen Untersuchungen trotz wissenschaftlich fundierter und praxisbewährter Methodik sowie akkuraten Arbeitens **Fehler** kaum zu vermeiden. Von daher ist die mit hoher numerischer Genauigkeit häufig assoziierte auch sachlich hohe Präzision statistischer Zahlen - überspitzt formuliert - meistens Illusion.

Bedeutung der Statistik

Die Ermittlung und Verwendung der Zahlenseite von Massensachverhalten hat in Wissenschaft und Praxis nicht nur eine lange Historie, sondern auch innerhalb dieser Historie eine stetig zunehmende Bedeutung erlangt. So gibt es in den **empirischen Wissenschaften** heutzutage wohl kaum noch ein Fachgebiet, in dem nicht ein beachtlicher Teil der Erkenntnisse durch Zahlen und Formeln beschrieben wird. Dabei gelten die angewandten Natur- und Ingenieurwissenschaften als Paradebeispiele dafür, dass Erkenntnisfortschritte im Wesentlichen auch auf der ständig zunehmenden Formalisierung und Quantifizierung von Betrachtungsgrößen und Beziehungen beruhen. Aber auch in den Wirtschafts- und Sozialwissenschaften hat sich dieses Paradigma inzwischen weitgehend durchgesetzt.

Die **Praxis** hat von jeher, weitgehend unabhängig von dem betrachteten Bereich, der Zahlenseite der Wirklichkeit große Bedeutung beigemessen. Jeder Verantwortliche weiß, dass Sachverhalte durch Zahlen auf den Punkt gebracht werden können und dass Probleme auch deshalb unterschiedlich gesehen und mögliche Problemlösungen unterschiedlich gewertet werden, weil man unterschiedliche Zahlen dazu hat. Die Statistik kann hier insbesondere als Methodenlehre zur Objektivierung der Zahlen über Massensachverhalte beitragen und insofern Hilfestellung bei der rationalen Entscheidungsfindung bieten.

1.2 Hauptaufgaben und –sachgebiete

Aus Anwendungssicht hat die Statistik verschiedene Aufgaben, die folgende Übersicht zeigt und die im Folgenden kurz charakterisiert werden.

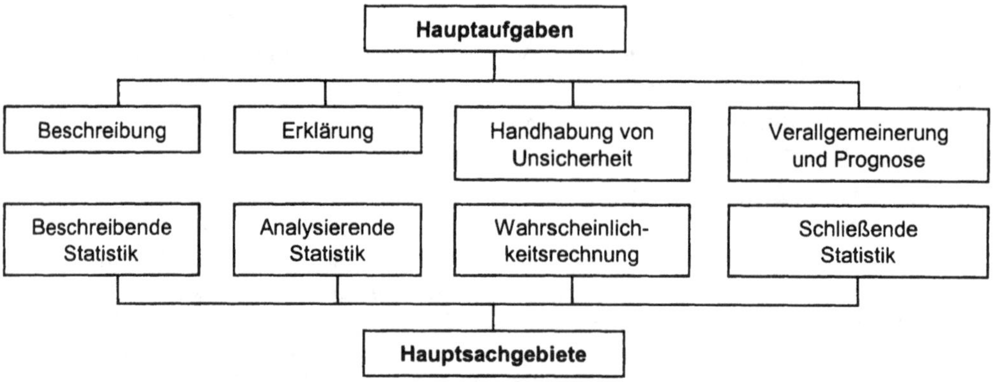

Beschreibung: Die quantitativen Aspekte **tatsächlicher** Massensachverhalte werden möglichst systematisch und kompakt durch Zahlen beschrieben und in geeigneten Darstellungsformen präsentiert.

Erklärung: Durch Zahlen **beschriebene tatsächliche** Massensachverhalte und ihre Eigenschaften werden auf ihr Zustandekommen hin untersucht und/oder mit anderen Massen/ Eigenschaften in einen sinnvollen quantitativen Zusammenhang gebracht.

Handhabung von Unsicherheit: Die Unsicherheit möglicher Sachverhalte wird durch Wahrscheinlichkeiten und Wahrscheinlichkeitsverteilungen modellierbar und durch Rechenregeln und bewiesene Zusammenhänge (Gesetzmäßigkeiten) kalkulierbar gemacht. Dadurch werden **mögliche Sachverhalte** in Worten und Zahlen „beschrieben" und „erklärt".

Verallgemeinerung und Prognose: Auf der Grundlage durch Zahlen „beschriebener" und/oder „erklärter" Sachverhalte, die sich allerdings nur auf einen Teil der insgesamt relevanten Masse beziehen, werden darüber hinausgehende Schlüsse gezogen. Gelten die Schlüsse für die gesamte Masse, aus der die betrachtete Teilmasse stammt, spricht man von **Hochrechnung**, gelten sie für die Zukunft, von **Prognoserechnung**.

Logisch, daten- und arbeitsmäßig bestehen zwischen den genannten Aufgaben folgende **Abhängigkeiten**: Die zahlenmäßige Beschreibung tatsächlicher oder möglicher Sachverhalte ist Voraussetzung für deren Erklärbarkeit und beide zusammengenommen sind Voraussetzung, um zu Verallgemeinerungen und Prognosen zu kommen. Aus Anwendungssicht dienen **alle**

genannten Aufgaben dazu, Zahlen zu liefern, aus denen für die jeweiligen Sach- und/oder Entscheidungszusammenhänge **sinnvolle Schlüsse** gezogen werden können. Dabei nimmt der **Informationswert** von der Beschreibung über die Erklärung zur Verallgemeinerung/Prognose tendenziell zu.

Hauptsachgebiete

Den Hauptaufgaben lassen sich wesentliche **Sachgebiete der Statistik** grob zuordnen. Die Zuordnung ist bei der Beschreibungs- und Erklärungsaufgabe gut möglich und findet auch in der entsprechenden Sachgebietsbezeichnung adäquaten Ausdruck. Dabei wird die beschreibende Statistik in der Fachsprache üblicherweise auch als **descriptiv** und die analysierende - in Anlehnung an den angloamerikanischen Sprachgebrauch - häufig auch als **explorativ** bezeichnet. In dieser Bezeichnung - die auf deutsch erforschend oder entdeckend meint - kommt eventuell deutlicher der über die reine Beschreibung hinausgehende Analysezweck zum Ausdruck. Die beschreibende Statistik wird im Teil A (Kapitel 2-7), die analysierende Statistik im Teil B (Kapitel 8-12) behandelt.

Für die **beschreibende und analysierende Statistik** ist charakteristisch, dass sich ihre Ergebnisse immer nur auf die **untersuchte Datenmenge** beziehen und nur für diese gültig sind. Das gilt insbesondere auch dann, wenn die betrachtete Masse nur einen Teil der insgesamt relevanten Masse enthält, es sich also um eine Teilmasse - etwa in Form einer Stichprobe - handelt.

Schlussfolgerungen aus den Untersuchungsergebnissen von Teilmassen, die über diese hinausgehend **im statistischen Sinne gültig sind**, können in der beschreibenden und analytischen Statistik nicht ohne weiteres gezogen werden. Dies ist - wie die Sachgebietsbezeichnung treffend zum Ausdruck bringt - die Hauptaufgabe der **schließenden Statistik**, die in der Fachsprache auch als **induktive oder inferentielle** Statistik bezeichnet wird. In letzter Zeit wird die schließende Statistik - in Anlehnung an den angloamerikanischen Sprachgebrauch – des öfteren auch als analytische Statistik bezeichnet. Da diese Bezeichnung die Aufgabe dieses Sachgebietes nicht treffend charakterisiert und zudem mit der hier gewählten Bezeichnung für die analysierende Statistik leicht verwechselt werden kann, wird sie in dieser Einführung nicht verwendet.

Die schließende Statistik unterstützt ganz wesentlich die **Verallgemeinerung** von Erkenntnissen, sowohl bei deren Entwicklung, als auch bei deren Überprüfung. Die Erkenntnisse können dabei der Beschreibung, Erklärung oder Prognose von Sachverhalten dienen. Die besondere Leistung der schließenden Statistik für den Anwender besteht darin, dass das mit dem Schließen verbundene Risiko quantifiziert und begrenzt werden kann, so dass Aussagen mit statistischer Sicherheit möglich sind. Die schließende Statistik wird im Teil D (Kapitel 17-20) behandelt.

Die für die schließende Statistik nötigen Grundlagen werden in der **Wahrscheinlichkeitsanalyse** zur Verfügung gestellt. In diesem stark theoretisch geprägten Sachgebiet, das zur mathematischen Statistik gehört, werden ganz allgemein Ansätze, Rechenregeln, Wahrscheinlichkeitsverteilungsmodelle und Gesetzmäßigkeiten bereitgestellt, um vom Zufall beeinflusste Größen zu modellieren und zu kalkulieren. Die Erkenntnisse sind in der Praxis - auch in der Wirtschaftspraxis - vielfältig anwendbar, um einzelne unsichere Größen zu modellieren und deren **Chancen und Risiken** zu quantifizieren. Ergänzend sind einige Wahrscheinlichkeitsverteilungsmodelle geeignet, als Stichprobenverteilungen zu dienen, und deshalb für die schließende Statistik unverzichtbar. Die Wahrscheinlichkeitsrechnung wird im Teil C (Kapitel 13-16) behandelt.

Aus Anwendungssicht kommt den Hauptsachgebieten der Statistik in Wissenschaft und Praxis unterschiedliche **Bedeutung** zu. Gemäß den Zielsetzungen von **Wissenschaften** steht dort die **Erklärungsaufgabe** im Vordergrund. In den empirischen Wissenschaften wird deshalb die **analysierende Statistik** mit Vorrang benutzt, um Hypothesen zu entwickeln oder zu überprüfen und damit **neue Erkenntnisse** zu gewinnen. Da wissenschaftliche Erkenntnisse möglichst allgemeingültig sein sollen, spielt diesbezüglich ergänzend die **schließende Statistik** eine große Rolle.

Die **Praxis** steht dagegen unter dem **Primat des Handelns** und der dafür nötigen **Entscheidungsfindung**. Im Rahmen von rationalen Entscheidungsfindungsprozessen greift die sachlogische und datenmäßige Abhängigkeit von Beschreibungs-, Erklärungs- und Prognoseaufgaben. Daraus resultiert für die Praxis die grundlegende Bedeutung und umfängliche Nutzung der **beschreibenden Statistik**, auf deren Ergebnisse die analysierende und schließende Statistik angewiesen sind. Ergänzend gewinnen **analysierende und schließende Statistik** für die Praxis umso mehr an Bedeutung, als sie geeignet sind, Stichprobenergebnisse zu verallgemeinern und **Prognoseaufgaben** zu unterstützen.

Selbstverständlich bildet die hier vorgeschlagene Unterteilung nur einen **groben Orientierungsrahmen**. Sowohl Aufgaben als auch Sachgebiete können differenzierter und/oder anders gegliedert werden. Sachlogisch und vor allem in der praktischen Arbeit gehen beschreibende und analysierende Statistik einerseits sowie Wahrscheinlichkeitsrechnung und schließende Statistik andererseits häufig recht nahtlos ineinander über. Das ist wohl auch der Hauptgrund dafür, weshalb man häufig analysierende Verfahren nicht wie hier gesondert, sondern als Teil der beschreibenden Statistik behandelt. Zum anderen gelingt die Zuordnung einiger Arbeits- und Methodengebiete in dieses grobe Schema nicht ohne weiteres eindeutig und zufriedenstellend. Dies gilt etwa für die Themen „Zeitreihenanalyse“ und „Prognose“, die aus Anwendungssicht meist sachlich und arbeitsmäßig zusammengehören bzw. aufeinander aufbauen. Dabei ist die Zeitreihenanalyse klar der analysierenden, die Prognoserechnung dagegen eher der schließenden Statistik zuzuordnen.

1.3 Wirtschaftliche Anwendungsgebiete

Bei der Betrachtung der Wirtschaft hat sich die schwerpunktmäßige Unterscheidung von Einzelwirtschaft und Gesamtwirtschaft in Theorie und Praxis durchgesetzt. Für die Betrachtung der quantitativen Aspekte wirtschaftlicher Massenerscheinungen kann man daher analog grob zwischen Wirtschafts- und Betriebsstatistik unterscheiden.

1.3.1 Wirtschaftsstatistik

Im Rahmen der Wirtschaftsstatistik wird die Zahlenseite gesamtwirtschaftlicher Größen und Zusammenhänge thematisiert. Die Betrachtungsgegenstände reichen von Wirtschaftswachstum und seinen Determinanten, Beschäftigung, Preisentwicklung etc. über Markt- und Konzentrationsanalysen bis hin zu Branchenanalysen, um nur einige zu nennen.

Institutionen, die regelmäßig und kontinuierlich Wirtschaftsstatistik betreiben, heißen **Träger der Wirtschaftsstatistik**. Wichtigster Träger der Wirtschaftsstatistik ist die **amtliche Statistik** der statistischen Ämter. In der BRD sind dies das statistische Bundesamt, die statistischen Landesämter und die statistischen Ämter der Städte und Gemeinden. Die bekanntesten Publikationen des statistischen Bundesamtes sind das „Statistische Jahrbuch der Bundesrepublik Deutschland“ und die monatlich erscheinende Zeitschrift „Wirtschaft und Statistik“. Die Tabelle 1.3.1 zeigt die groben Sachgebiete (Inhaltsübersicht) des statistischen Jahrbuchs der BRD. Ergänzend zu solchen „zusammenfassenden Veröffentlichungen“ gibt es Fachserien, die kaum kommentierte Zahlenergebnisse beinhalten. Zur amtlichen Statistik gehören außer den statistischen Ämtern auch statistische **Ressorts** in den Ministerien von Bund und Ländern und diesen nachgeordnete Behörden, die sogenannte Ressortstatistik betreiben. Ein bekanntes Beispiel ist die Arbeitmarktstatistik, die im Wesentlichen von der zum Bereich des Bundesministeriums für Arbeit und Sozialordnung gehörenden Bundesanstalt für Arbeit in Nürnberg durchgeführt wird.

Neben der amtlichen Statistik steht die **nichtamtliche Statistik**. Ihre wichtigsten Träger sind Wirtschaftsverbände, Arbeitgeber- und Arbeitnehmerorganisationen, Industrie- und Handelskammern, Markt- und Meinungsforschungsinstitute, wirtschaftswissenschaftliche Forschungsinstitute und größere Unternehmen. Ein großer Teil des von diesen Trägern erarbeiteten statistischen Materials wird veröffentlicht und ist so jedem Interessenten zugänglich, ein anderer Teil ist nur gegen Entgelt verfügbar und ein weiterer Teil ist nur für einen definierten Adressatenkreis bestimmt.

1. Geographische und meteorologische Angaben	15. Rechtspflege
2. Zusammenfassende Übersichten	16. Bildung und Wissenschaft
3. Bevölkerung	17. Kultur, Freizeit, Sport
4. Wahlen	18. Gesundheitswesen
5. Kirchliche Verhältnisse	19. Sozialleistungen
6. Erwerbstätigkeit	20. Finanzen und Steuern
7. Unternehmen und Arbeitsstätten	21. Wirtschaftsrechnungen und Versorgung
8. Land- und Forstwirtschaft	22. Löhne und Gehälter
9. Produzierendes Gewerbe	23. Preise
10. Bautätigkeit und Wohnungen	24. Volkswirtschaftliche Gesamtrechungen
11. Binnenhandel, Gastgewerbe, Tourismus	25. Zahlungsbilanz
12. Außenhandel	26. Umwelt
13. Verkehr (Transport und Kommunikation)	27. Wirtschaftsorganisationen u. Berufsverb.
14. Geld und Kredit, Versicherungen	

Tab. 1.3.1: Inhaltsübersicht des Statistischen Jahrbuchs der BRD

Ergänzend zu diesen traditionellen Quellen gewinnen **supranationale Organisationen**, wie z.B. die Europäische Union (EU), und internationale Organisationen, wie z.B. die United Nations (UN), als Träger wirtschaftsstatistischer Daten im Rahmen der Internationalisierung und Globalisierung immer mehr an Bedeutung.

1.3.2 Betriebsstatistik

Im Rahmen der Betriebsstatistik wird die Zahlenseite wichtiger einzelwirtschaftlicher Größen und Zusammenhänge thematisiert. Die Betrachtungsgegenstände kommen zum einen aus der für die Betriebe relevanten Umwelt wie Kunden, Konkurrenten, Zulieferer etc., zum anderen aus dem innerbetrieblichen Prozess der Leistungserstellung und -verwertung. Die Sachgebiete dieser **innerbetrieblichen Statistik** orientieren sich meist an den groben betrieblichen Aufgabenbereichen, die durch funktions- oder objektbezogene Gliederung entstehen und sich häufig auch in der Unternehmensorganisation widerspiegeln. Einige für Industriebetriebe typische Sachgebiete der innerbetrieblichen Statistik sind in der folgenden Tabelle 1.3.2-a zusammengestellt.

Haupttätigkeitsbereiche (nach Tätigkeitsarten)	Hauptobjektbereiche (nach Produktionsfaktoren)
Beschaffung bzw. Einkauf	Personal
Lagerung	Betriebsmittel
Fertigung	Material
Absatz bzw. Verkauf	Finanzmittel
Forschung und Entwicklung	

Tab. 1.3.2-a: Einige Sachgebiete der innerbetrieblichen Statistik

Für die Übernahme betriebsstatistischer Aufgaben gibt es keine wie bei der Wirtschaftsstatistik durch Gesetz, Verordnung oder Auftrag verbindlich vorgesehenen Träger. Welche statistischen Aufgaben in welchem Umfang und mit welcher Regelmäßigkeit von welchen organisatorischen Einheiten innerhalb und/oder außerhalb eines Betriebes durchgeführt werden, ist abhängig von einer Reihe von Faktoren und weitgehend unternehmensindividuell gestaltbar.

Regelmäßige und umfangreiche statistische Arbeiten sind vor allem nötig, um für ein Unternehmen als Ganzes und seine wesentlichen o.g. Bereiche Berichte zu erstellen. Das **Management-Berichtswesen** ist deshalb als Hauptanwendungsgebiet statistischer Tätigkeit im Betrieb anzusehen. Managementberichte entstehen im Wesentlichen durch statistische Aufbereitung und Auswertung von Ist-Zahlen aus dem Rechnungswesen und Planzahlen aus der Unternehmensplanung. Das Spektrum, die Verteilung und die Erledigung der in diesem Prozess anfallenden Aufgaben hat sich im Laufe der letzten Jahrzehnte wesentlich gewandelt. Determinanten dieses Wandels waren vor allem Größe und Organisationsformen der Unternehmen, Informationsbedarf und –angebot sowie die DV-Technologie. In der folgenden Tabelle 1.3.2.-b sind wichtige Phasen dieser Entwicklung grob skizziert, die vor allem für große Betriebe durch Veränderung der DV-Technologien in den letzten Jahrzehnten zu beobachten waren.

Phase	Determinanten	Aufgabenträger und -schwerpunkte
1950-1960	Manuelle und konventionelle DV	Rechnungswesen: Gesamtaufgaben
1960-1970	Zentrale EDV/Rechenzentren: Batch-Anwendungen	Rechenzentren: Datenvorbereitung, Anwendungsentwicklung und -betrieb, Ergebnisausdrucke
1970-1980	Dezentrale EDV: Online - Anwendungen	Fachabteilungen: Fachkonzept; Anwendungsbetrieb; Ergebnisauswertung
1980-1990	Personal Computer: IDV mit Endbenutzerwerkzeugen	Einzelne Mitarbeiter: Anwendungsentwicklung und -betrieb, Ergebnispräsentation und -auswertung
1990-2000	Information als Produktionsfaktor: Management-Unterstützungssysteme	Controlling und Führungskräfte: Fachkonzept; Anwendungsbetrieb, Ergebnispräsentation und -auswertung

Tab. 1.3.2-b: Grobe historische Entwicklung der Betriebsstatistik (Träger und Aufgaben)

So wurden in den **50-er** Jahren betriebsstatistische Aufgaben typischerweise im **Rechnungswesen** mit erledigt, was wegen der manuellen und nur mit konventionellen Maschinen unterstützten Datenverarbeitung naheliegend, wenn nicht sogar zwingend war.

Mit dem ersten Einsatz von EDV in den **60-er** Jahren übernahmen die **Rechenzentren** die Vorbereitung der Daten für die maschinelle Erfassung und Stapelverarbeitung und verteilten die resultierenden Ergebnisse meist in Form voluminöser, papierner Management-Berichte an die Adressaten.

In den **70-er** Jahren begann der Trend zur **dezentralen EDV** in den betrieblichen Funktionsbereichen. Dieser führte durch die Nutzung professioneller Anwenderprogramme im Online-Betrieb zu einer teilweisen Emanzipation der **Fachabteilungen** vom Rechenzentrum und auch vom Rechnungswesen. Die meist funktionsbereichsbezogenen **Administrations- und Dispositionssysteme**, z.B. für das Personal- und das Materialwesen, enthalten auch Module zur Aufbereitung und Auswertung der von den Programmen benutzten und verarbeiteten Daten und liefern somit ergänzend zur zentralen EDV spezifische statistische Daten für das **Bereichsmanagement.**

In den **80-er** Jahren trat der Personalcomputer seinen Siegeszug an und gab dem **einzelnen Mitarbeiter** am Arbeitsplatz die Möglichkeit, ergänzend zu den vorhandenen zentralen oder dezentralen EDV-Systemen mittels vergleichsweise einfacher Endbenutzerwerkzeuge **indivi-**

duelle Datenverarbeitung (IDV) zu betreiben. Zu den klassischen Endbenutzerwerkzeugen gehören u.a. auch Datenbank, Tabellenkalkulation und Grafik, mit denen einzeln oder im Verbund kleinere Anwendungen selbst entwickelt und betrieben werden können. So sind auch **quantitative Datenanalysen**, die nicht zu umfangreich und zu schwierig sind, z.B. mit gängigen Tabellenkalkulationsprogrammen möglich. Diese können viele typische statistische Maßgrößen und Kennzahlen liefern und mit den bekannten Grafiktypen präsentieren.

Spätestens in den 90-er Jahre hat man die große Bedeutung von quantitativen Informationen auch und gerade für die Unternehmensführung und -steuerung erkannt und organisatorisch und systemtechnisch umgesetzt: **Controlling-Einheiten** haben die Aufgabe, die Unternehmenssteuerung mittels Zahlen durch systematische Koordination der relevanten Informationsauswahl, -quelle, -aufbereitung, -auswertung, -präsentation und -verteilung effektiver und effizienter zu machen. Professionelle Controlling-Informationssysteme sollen sie dabei unterstützen. Die hierbei anfallenden fachlichen Aufgaben, Vorgehensweisen und Methoden sind zu einem großen Teil statistischer Art.

Hinzu kommt der in **jüngster Zeit** vom Management darüber hinaus artikulierte Informations- und Entscheidungsunterstützungsbedarf, der durch spezifische **Management-Unterstützungssysteme** abgedeckt werden soll. Dabei sollen Entscheidungsunterstützungssysteme dem Management bzw. seinen Assistenzkräften helfen, in schlecht strukturierten Problemsituationen mit Hilfe problemrelevanter Daten, angebotener Modellierungsinstrumente und verfügbarer quantitativer Modelle und Methoden, Probleme rechnergestützt zu modellieren und zu analysieren sowie Lösungsmöglichkeiten zu entwickeln und deren Auswirkungen zu kalkulieren und zu bewerten. Auch in diesen Systemen ist ein erheblicher Teil der zur Verfügung gestellten quantitativen Modelle und Methoden statistischer Art.

Zusammenfassend kann man feststellen, dass - obwohl es in den Betrieben kaum organisatorische Einheiten gab bzw. gibt, aus deren Bezeichnung man auf die Erledigung statistischer Aufgaben schließen könnte - gleichwohl statistische Arbeiten regelmäßig von verschiedenen Stellen durchgeführt wurden bzw. werden. Dabei hat sich im Laufe der Zeit der Kreis der solche Arbeiten durchführenden und deren Ergebnisse nutzenden organisatorischen Einheiten in den Unternehmen deutlich verbreitert. Von der Art der Aufgaben her betrachtet sind sowohl Fach- als auch Führungskräfte in verschiedenen Funktions- und Geschäftsbereichen und auf unterschiedlichen betrieblichen Ebenen involviert. Von der Art der systemtechnischen Unterstützung her betrachtet ermöglichen leistungsfähige Datenbanken innerhalb und außerhalb des Betriebes die flexible Verfügbarkeit vielfältiger Datenbestände als Grundlage quantitativer Analysen. Ergänzend bietet professionelle Anwendungssoftware unterschiedlicher Kategorien - Administrations- und Dispositionssysteme, Controlling-Informationssysteme, Management-Unterstützungssysteme, Methodensysteme wie SPSS oder SAS und Endbenutzerwerkzeuge wie Tabellenkalkulations- und Grafikprogramme - den verschiedenen Benutzergruppen jeweils mehr oder minder umfangreiche Möglichkeiten, verfügbare Daten auch unter Verwendung statistischer Modelle und Methoden sachgerecht aufzubereiten, auszuwerten und zu präsentieren.

1.4 Statistik-Know-How für Wirtschaftler

Aus den bisherigen Betrachtungen ergibt sich für Wirtschaftler die Sinnhaftigkeit - wenn nicht gar die Notwendigkeit -, sich mit Statistiken, ihrem Zustandekommen und ihrer sachgerechten Interpretation und Verwendung zu beschäftigen. Selbst wenn man als Wirtschaftler vorhandene Statistiken oder sonstige Ergebnisse quantitativer Datenanalysen nur sachgerecht auswerten will, setzt dies voraus, dass man sie überhaupt richtig lesen und verstehen kann. Dies setzt wiederum voraus, dass man...

- die typischen Präsentationsformen statistischer Daten kennt und versteht.
- die typischen Begriffe und Maßgrößen inhaltlich kennt und versteht, die darin und in sonstigen quantitativen Datenanalysen typischerweise verwendet werden.
- die typischen Vorgehensweisen, Ansätze und Methoden in groben Zügen kennt und versteht, mit denen die Größen und ihre Werte in den Statistiken ermittelt worden sind.

Schon für die sachgerechte Auswertung vorliegender Statistiken oder Ergebnisse sonstiger quantitativer Datenanalysen ist also ein Mindestverständnis zentraler Begriffe, Vorgehensweisen, Ansätze, Methoden und Maßgrößen sinnvoll, die im Prozess ihrer Entstehung typischerweise verwendet werden. Nötig ist die **statistische Methodenlehre** aber vor allem für Anwender, die selbst Statistiken erstellen oder auf der Basis vorhandener Daten weitere quantitative Untersuchungen durchführen wollen. Für diese sind nicht nur breitere und tiefere Kenntnisse der statistischen Methoden nötig, sondern zusätzliches Wissen über die Anwendungsmöglichkeiten und -grenzen verschiedener Ansätze, Methoden und Maßgrößen sowie ausreichende Fähigkeiten und Fertigkeiten im Umgang mit gängiger Software.

Aus diesen allgemeinen Qualifikationsanforderungen sind für dieses Lehrbuch, das eine anwendungsorientierte Einführung in die Statistik für Wirtschaftler geben soll, folgende spezifischen Lehrziele abgeleitet:

- Wissen um die Anwendung und Bedeutung statistischer Zahlen in Einzel- und Gesamtwirtschaft.
- Fähigkeit, die quantitativen Aspekte wirtschaftlicher Fragestellungen zu operationalisieren.
- Fähigkeit, die für die quantitative Behandlung von Daten jeweils geeigneten statistischen Ansätze, Maßgrößen und Methoden begründet auszuwählen und zu würdigen.
- Fähigkeit, Standardmethoden der Statistik auf für Lehrzwecke vereinfachte Aufgabenstellungen exemplarisch anzuwenden und nachvollziehbare Ergebnisse zu ermitteln.
- Fähigkeit, Ergebnisse adäquat darzustellen und sachgerecht zu interpretieren.
- Fähigkeit, bei der quantitativen Behandlung von Daten Manipulationsmöglichkeiten zu erkennen und Gestaltungsmöglichkeiten sinnvoll und verantwortlich zu nutzen.
- Fertigkeit, verbreitete Softwarewerkzeuge wie Tabellenkalkulationsprogramme zur Bearbeitung der quantitativen Teile wirtschaftlicher Aufgabenstellungen mittels statistischer Methoden sinnvoll zu nutzen.

Die genannten allgemeinen Qualifikationsanforderungen und spezifischen Lehrziele prägen nachhaltig die Auswahl und insbesondere die Darstellung des Stoffes in dieser Einführung.

1.5 Stoffauswahl, -gewichtung und -darstellung

Inhaltlich werden alle großen Sachgebiete der Statistik behandelt, da in einem einführenden Lehrbuch ein Gesamtüberblick und -einblick gegeben werden muss. Dabei orientieren sich die Themen in den Sachgebieten an den für wirtschaftswissenschaftliche Diplomstudiengänge im deutschsprachigen Raum traditionell gültigen Standards. Der gesamte Stoff ist in Lehrveranstaltungen mit etwa 8 Semesterwochenstunden vermittelbar. In den neuen Bachelor- und Masterstudiengängen werden Curricula und Umfang der Statistik vom bisherigen Standard abweichen, so dass aus den Gesamtangebot entsprechend auszuwählen ist.

Wegen der **Anwendungsorientierung** wird der beschreibenden und analysierenden Statistik insgesamt mehr Raum gegeben als sonst vielfach üblich, da sie sachlich und datenmäßig die Voraussetzung für viele weitergehende Analysen und insbesondere auch die schließende Statistik sind. Innerhalb der großen Sachgebiete erfolgt eine gezielte Beschränkung und Schwerpunktsetzung auf in der Wirtschaftspraxis - **insbesondere der betrieblichen Praxis** -

tendenziell stärker benutzte Arbeits- und Methodengebiete. In diesem Zusammenhang ist hier eine empirische Untersuchung über die **Nutzung von statistischen bzw. quantitativen Methoden im Management** in Groß-Britannien ausgewertet worden, die im Kapitel 3 zur Illustration einiger Arbeitsgebiete bei statistischen Untersuchungen auszugsweise und komprimiert dargestellt ist. Obwohl die Untersuchung nur eine „Momentaufnahme" aus den 90er Jahren in Groß- Britannien ist und aus ihren Ergebnissen nicht ohne weiteres auf die aktuelle Nutzung im deutschsprachigen Raum geschlossen werden kann, liefert sie doch ein ziemlich **klares Bild** über Kenntnis-, Nutzungs- und Meinungstendenzen statistischer Arbeits- und Methodengebiete in der Managementpraxis, das auch für die Statistikausbildung von Wirtschaftswissenschaftlern in Deutschland interessant und relevant sein dürfte.

Für eine praxisorientierte Stoffauswahl und -gewichtung wurden daraus in dieser Einführung folgende Schlüsse gezogen, die von etlichen anderen einführenden Statistik-Lehrbüchern abweichen. Zum einen werden die Zeitreihenanalyse und insbesondere die darauf basierende Prognoserechnung in ihren Grundzügen behandelt. Zum anderen erfolgt in der Schließenden Statistik eine Beschränkung auf die grundlegenden und unverzichtbaren Fragestellungen, Ansätze, Modelle und Verfahren. Auf die Behandlung der insbesondere beim Testen recht großen Vielfalt wird hier ganz bewusst verzichtet.

Die Darstellung des Stoffes folgt aus didaktischen Gründen folgenden **Grundsätzen**:

- **Grafische Inhaltsübersichten** durch Struktur- und/oder Ablaufdiagramme.
- Verdeutlichung der Themen- und Problemstellung sowie der Bearbeitungsansätze und -methoden an vereinfachten, aber typischen **numerischen Einführungsbeispielen aus der Wirtschaftspraxis**.
- Primat der schrittweisen Darstellung in **Worten (verbal)** vor der kompakten Darstellung in **Symbolen** und **Formeln (mathematisch).**
- Sachgerechte **Interpretation der Ergebnisse** und **Würdigung der Methodik.**
- Zusammenstellung der **wichtigsten Definitionen, Regeln, Symbole und Formeln.**
- **Übungen** mit Fragen und praxisorientierten Aufgaben.
- **Musterlösungen** zu wichtigen Übungsaufgaben.

Die Bearbeitung von Daten mit statistischen Methoden kann manuell oder rechnerunterstützt geschehen. In der **Praxis** überwiegt wegen der großen Datenmengen natürlich die **rechnerunterstützte Bearbeitung**. In diesem Lehrbuch steht das **Verständnis** der Vorgehensweisen, Ansätze, Modelle, Methoden und Maßgrößen im Vordergrund, das durch **manuelle Demonstration** stärker gefördert werden kann. Die dafür notwendige Vereinfachung und Verkleinerung der Zahlenbeispiele hat allerdings einen Preis. Er besteht darin, dass wesentliche Ursachen und Auslöser quantitativer Untersuchungen in der Praxis - Komplexität der Probleme bei vielfältigen, inhomogenen und großen Datenmengen - nicht veranschaulicht und motivierend eingesetzt werden können.

1.6 Übung

Fragen

F1. Welche dreifache Bedeutung hat der Begriff „Statistik" ?

F2. Was ist das Charakteristische an statistischen Zahlen ?

F3. Was halten Sie von dem Satz: „Die Präzision statistischer Zahlen ist Illusion" ?

F4. Welche Hauptaufgaben hat die Statistik aus Anwendungssicht ?
Verdeutlichen Sie jedes Aufgabengebiet kurz an einem typischen Beispiel.

F5. Welches sind die großen Sachgebiete der Statistik ?

F6. Wie sind die Hauptaufgaben und Hauptsachgebiete der Statistik miteinander verknüpft ?

F7. Welche unterschiedliche Bedeutung kommt den Hauptaufgaben und -sachgebieten der Statistik in den Anwendungsgebieten Wissenschaft und Forschung sowie Einzel- und Gesamtwirtschaft zu ?

F8. Welches sind die Hauptträger der amtlichen und der nichtamtlichen Statistik in der BRD?

F9. Welche Sachgebiete des Statistischen Jahrbuchs der BRD gehören zur Wirtschaftsstatistik ?

F10. Welches ist das Hauptanwendungsgebiet der innnerbetrieblichen Statistik und welche typischen Sachgebiete der innerbetrieblichen Statistik kennen ?

F11. Welche Betriebsbereiche sind die Hauptdatenlieferanten für die Betriebsstatistik ?

F12. Wie haben sich Träger und Schwerpunkte statistischer Aufgaben in der Betriebsstatistik insbesondere in großen Betrieben in den letzten 50 Jahren vor allem aufgrund der I&K-Technologieentwicklung verändert ?

F13. Nennen Sie aus einem Betriebsbereich ihrer Wahl drei typische Statistiken, die in der Regel routinemäßig und automatisiert erstellt werden.

F14. Nennen Sie aus einem Betriebsbereich Ihrer Wahl drei typische Fragestellungen, die der Fachanwender durch selbständige quantitative Datenanalyse mit geeigneten Endbenutzerwerkzeugen beantworten kann.

F15. Nennen Sie drei typische betriebswirtschaftliche Kennzahlen, die von Controlling-Informationssystemen routinemäßig und automatisiert bereitgestellt werden und skizzieren Sie, wie ihre konkreten Werte zustande kommen.

F16. Nennen Sie drei typische schlecht-strukturierte Managementprobleme, die durch Entscheidungsunterstützungssysteme mit darin verfügbaren quantitativen Modellen und Methoden sinnvoll angegangen werden können.

F17. Welche Statistik-Qualifikationsanforderungen halten Sie für akademisch ausgebildete Wirtschaftler für sinnvoll ?

F18. Welche Lehrziele erscheinen Ihnen in einer anwendungsorientierten Einführung in die Statistik für Wirtschaftswissenschaftler sinnvoll ?

A Beschreibende Statistik

Die beschreibende Statistik hat ganz Allgemein die Aufgabe, interessierende Aspekte von Massensachverhalten in Zahlen zu beschreiben. Dabei können die statistischen Beschreibungen verschiedenen **Zwecken** dienen, z.B.

- einen sinnvollen systematischen und umfassenden **Überblick** zu erhalten,
- bedarfsspezifische Zahlen über **ausgewählte Teile und/oder Eigenschaften** des Massensachverhalts zu liefern,
- in dem Massensachverhalt enthaltene **Strukturen** aufzudecken,
- **charakteristische Aspekte** in einigen wenigen Zahlen **möglichst kompakt** auszudrücken.

Den unterschiedlichen Zwecken entsprechend sind Daten in jeweils geeigneter Weise zu erheben, aufzubereiten, zu präsentieren und auszuwerten. Die in dieser Einführung dazu behandelten grundlegenden Themen, Maßnahmen und Ansätze der beschreibenden Statistik zeigt folgende Übersicht.

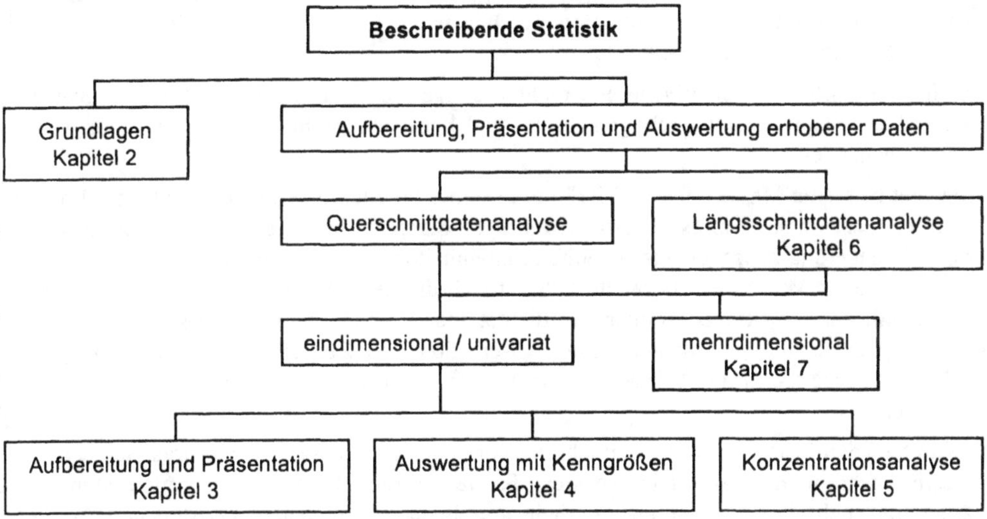

Die für die Beschreibung nötigen Daten über den Massensachverhalt werden typischerweise im Rahmen **statistischer Untersuchungen** bereitgestellt. Grundlegende Aspekte statistischer Untersuchungen werden im Kapitel 2 behandelt, insbesondere die dafür nötigen statistischen Grundbegriffe sowie Arten und Methoden der Datenerhebung.

Hauptätigkeitsbereiche der Beschreibenden Statistik sind die **Aufbereitung, Präsentation und Auswertung** erhobener Massensachverhalte und ihrer Eigenschaften. Dabei spielt aus Anwendungssicht die im Kapitel 2 noch genauer erläuterte grundlegende Unterscheidung der Untersuchungsart in Querschnitt- und Längsschnittuntersuchung eine wesentliche Rolle, weshalb hier danach unterschieden wird. Bei einer Querschnittuntersuchung wird - grob gesprochen - eine Momentaufnahme des Massensachverhalts gemacht, die entsprechend sogenannte Querschnittdaten liefert. Bei einer Längsschnittuntersuchung wird er dagegen über mehrere Zeiteinheiten betrachtet, wozu man die Querschnittdaten der in die Betrachtung einbezogenen Zeiteinheiten braucht, die man dann als Längsschnittdaten bezeichnet. Querschnittuntersuchungen liefern die Datengrundlage für praktisch alle weitergehenden statistischen Untersuchungen, auch für die in der analytischen und schließenden Statistik. Die **Analyse von Querschnittdaten** wird deshalb hier ausführlich behandelt.

Dabei unterscheidet man nach der **Vielfalt und dem Analysezweck der Betrachtung** eindimensionale von mehrdimensionalen Analysen. Betrachtet man an dem gesamten Massensachverhalt undifferenziert nur eine Eigenschaft, ist die Analyse eindimensional oder univariat. Betrachtet man dagegen an dem Massensachverhalt die ausgewählte Eigenschaft gleichzeitig differenziert aus mehreren Sichten, ist die Analyse mehrdimensional. Hier wird **schwerpunktmäßig** die grundlegende und vergleichsweise einfachere **univariate Datenanalyse** behandelt.

Die im Rahmen einer statistischen Untersuchung erhobenen **Querschnittdaten** sind im Zuge der Analyse zunächst sinnvoll aufzubereiten und die aufbereiteten Daten in geeigneten Formen zu präsentieren. Die gängigen **Aufbereitungstätigkeiten** wie das Sortieren, Klassieren, Kumulieren und Relativieren von Daten sowie die üblichen **Darstellungsformen** wie Tabellen und Grafiken werden vorgestellt. Dies geschieht im Kapitel 3 ausführlich für univariate Daten.

Die geeignete Aufbereitung und möglichst ansprechende Präsentation univariater Querschnittdaten ermöglicht in der Regel einen guten Überblick über die betrachtete Masse und deckt grobe Charakteristika auf. Hauptzweck der darüber hinausgehenden **Datenauswertung** ist es, wahrnehmbare Charakteristika in einigen wenigen **Maßzahlen** kompakt auszudrücken. Die Auswertung univariater Querschnittdaten durch gängige Maßzahlen bzw. Kenngrößen wird ausführlich in Kapitel 4 behandelt.

Eine für die Wirtschaft spezifische und recht wichtige univariate Analyse ist die **Konzentrationsanalyse**. Sie wird mit wichtigen volks- und betriebswirtschaftlichen Anwendungen im Kapitel 5 behandelt.

Betrachtet man eine Masse oder ein Merkmal in seiner Entwicklung über die Zeit, so führt man eine (eindimensionale) **Längsschnittdatenanalyse** durch. Dabei interessiert man sich häufig für die Veränderung zwischen ausgewählten Zeiteinheiten, was man bei ökonomischen Größen üblicherweise als **Wachstum** bezeichnet. Setzt sich die betrachtete Masse aus einer Vielzahl unterschiedlicher Objekte zusammen, verdichtet man die an ihnen interessierenden Eigenschaften typischerweise in **Indices**. Die Präsentation von Zeitreihen, die Berechnung des Wachstums sowie die für die Wirtschaft spezifischen und wichtigen Indices werden im Kapitel 6 behandelt.

Im Kapitel 7 wird die univariate Betrachtung von Querschnittdaten um die praktisch sehr bedeutsame mehrdimensionale Sicht erweitert. Es werden die Grundzüge der Aufbereitung und Präsentation mehrdimensonaler Daten sowie grundlegende Untersuchungsarten und Auswertungsmöglichkeiten vorgestellt, die zusammenfassend als **mehrdimensionale Datenanalyse** bezeichnet werden. Als wichtiger betriebswirtschaftlicher Anwendungsbereich werden dabei beispielhaft Abfrage- und Berichtssysteme zur Unterstützung des Managements betrachtet.

2 Grundlagen der beschreibenden Statistik

In diesem Kapitel werden einige Grundlagen der beschreibenden Statistik vorgestellt, die folgende Übersicht zeigt.

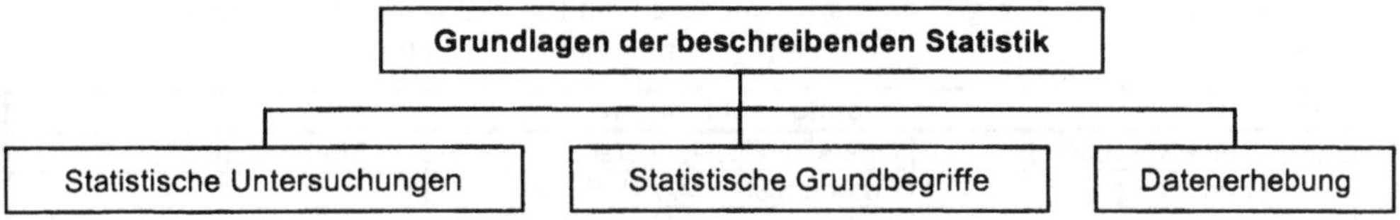

Die Grundlagen sind auch für andere Sachgebiete - insbesondere die analysierende und schließende Statistik - relevant, soweit diese Ergebnisse der beschreibenden Statistik nutzen. Zur praxisnahen Veranschaulichung der Grundlagen werfen wir abschließend einen Blick in einen wichtigen Bereich der amtlichen Wirtschaftsstatistik in Deutschland, die Erwerbs- und Beschäftigtenstatistik sowie die Erwerbs- und Arbeitslosenstatistik.

2.1 Statistische Untersuchungen

2.1.1 Vorgehensweise sowie Fehler- und Manipulationsmöglichkeiten

Jede Statistik als systematische Zusammenstellung von Zahlen über interessierende Aspekte von Massen entsteht in einem **Prozess**, dessen idealtypischer und vollständiger Arbeitsablauf in der folgenden Übersicht grob dargestellt ist.

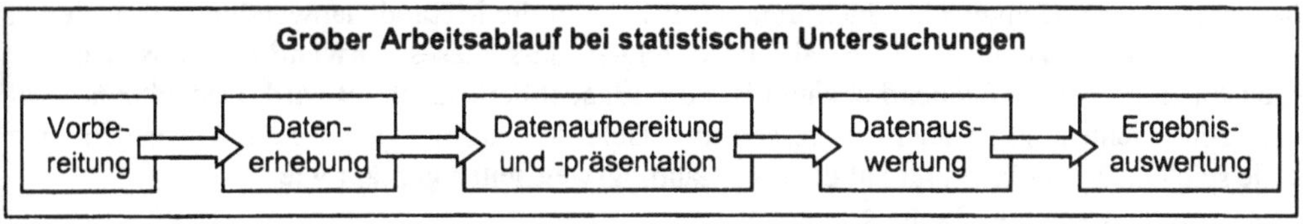

In der Praxis kann bei vollständigen Untersuchungen die Bedeutung der einzelnen Arbeitsphasen bzw. -gebiete stark variieren. Andererseits können auch nur einige und nicht alle Arbeitsgebiete in einer Untersuchung vorkommen. In dem Falle, der in der Praxis bei der statistischen Bearbeitung bereits vorhandener Daten sehr viel häufiger vorkommen dürfte, spricht man bescheidener schlicht von **quantitativen Datenanalysen**.

Die wichtigsten Inhalte der Arbeitsgebiete sind in der folgenden Tabelle 2.1.1-a in Stichworten zusammengestellt.

Arbeitsgebiete	Wichtige Inhalte
Untersuchungsvorbereitung	Ziele, Inhalte, Erhebungs- und Auswertungsprogramm
Datenerhebung	Arten, Methoden
Datenaufbereitung	Ordnung, Profilermittlung, Relativierung, Differenzierung, Verdichtung
Datenpräsentation	Darstellung in Tabellen und Grafiken
Datenauswertung	Reduktion auf Kenngrößen
Ergebnisauswertung	Interpretation, Bewertung, sachgerechte Nutzung

Tab. 2.1.1-a: Wichtige Inhalte von Arbeitsgebieten der beschreibenden Statistik

In dem Prozess sind Fachwissen und -erfahrungen der Anwender sowie Methodenwissen und -erfahrungen der Statistiker bzw. Analytiker erforderlich, wobei schwerpunktmäßig folgende grobe Arbeitsteilung typisch ist:

Anwender-Schwerpunkte	Untersuchungsvorbereitung, Ergebnisauswertung
Statistik-Schwerpunkte	Datenerhebung, -aufbereitung, -präsentation, -auswertung

Bei den Statistik-Schwerpunktaufgaben können trotz theoretisch fundierter und praxisbewährter Methodik **Fehler** auftreten. Statistisch akkurates Arbeiten zeichnet sich dadurch aus, Fehler möglichst zu vermeiden und auf trotzdem mögliche Fehler hinzuweisen. Gerade letzteres ist für die sachgerechte Auswertung von Untersuchungsergebnissen durch die Anwender von entscheidender Bedeutung. Einige wichtige Fehlerarten sind in der folgenden Tabelle 2.1.1-b benannt. Sie werden bei den jeweiligen Arbeitsgebieten noch näher betrachtet.

Arbeitsgebiete	**Wichtige Fehlerarten**
Untersuchungsvorbereitung	Operationalisierungsfehler bei Massen, Merkmalen, Skalen
Primärdatenerhebung	Erhebungsfehler, z.B. Befragungsfehler
Datenaufbereitung	Aufbereitungsfehler. z.B. Klassierungsfehler
Datenpräsentation	Präsentationsfehler, z.B. Grafikfehler
Datenauswertung	Auswahlfehler bei Ansätzen, Methoden und Maßgrößen
Allgemein	Systematische Fehler: regelmäßig
Allgemein	Zufällige Fehler: nicht regelmäßig

Tab. 2.1.1-b: Einige Fehlerarten bei statistischen Untersuchungen

Die Statistik-Schwerpunktaufgaben können durch eine Vielzahl unterschiedlicher Ansätze, Methoden und Maßgrößen unterstützt werden, die ausgewählt und angewendet werden müssen. Hierbei bestehen **Auswahl- und Gestaltungsspielräume**, die unterschiedlich genutzt werden können und auch genutzt werden.

Hier ist es die Aufgabe der Statistik als angewandter Methodenwissenschaft, ergänzend zum reinen Methodenwissen das Know-how für die zulässige und sinnvolle Anwendung der Methoden sowie die sachgerechte Interpretation der durch die Methodenanwendung produzierten Ergebnisse bereitzustellen. Die Erfahrungen zeigen, dass dieses **Anwendungswissen** in der Praxis nicht immer ausreichend bekannt ist oder adäquat berücksichtigt wird. Dabei können neben Sachgesichtspunkten auch Interessen und Ziele des Auftraggebers oder Anwenders eine Rolle spielen. Der Volksmund hat daraus Erfahrungsweisheiten geprägt wie:

- „Nichts lügt so sehr wie die Statistik".
- „Traue keiner Statistik, die du nicht selbst gefälscht hast".

In ihnen kommt die Einschätzung zum Ausdruck, dass in der Praxis Nutzungsinteressen und -zwecke den Prozess dominieren und zur gezielten **Manipulation** der Ergebnisse führen können. Dabei ist der Gestaltungs- und Manipulationsspielraum in der Anfangsphase am größten und nimmt in jeder späteren Phase tendenziell ab. So kann etwa der Auftraggeber/Anwender durch interessen- und zweckgeleitete Vorgaben in der Untersuchungs-vorbereitung auf die erreichbaren Untersuchungsergebnisse häufig sehr viel stärkeren Einfluss nehmen als der Statistiker/Analytiker durch gezielte Auswahl von Daten, Ansätzen und Methoden bei der Datenaufbereitung, -präsentation, -auswertung und -analyse.

2.1.2 Untersuchungsarten und typische Fragestellungen

Bei statistischen Untersuchungen gibt es einige grundlegende Untersuchungsarten, die folgende Übersicht zeigt.

Betrachtungsgegenstand jeder statistischen Untersuchung sind Massensachverhalte. Der jeweils betrachtete Massensachverhalt wird als statistische **Masse** bezeichnet. Im Allgemeinen interessiert man sich für bestimmte Eigenschaften der betrachteten Masse, die man **Merkmale** nennt. Auf die Charakteristika statistischer Massen und Merkmale wird im nächsten Abschnitt bei den Grundbegriffen näher eingegangen. In dieser Einführung dient als Anwendungsbereich aus der Betriebsstatistik häufig die **Personalstatistik**. In der Personalstatistik ist das Personal eines Betriebes die statistische Masse und betrieblich wichtige Personalmerkmale sind etwa Geschlecht, Alter, Entgelt, Beschäftigungsverhältnis, Leistungsbeurteilung etc..

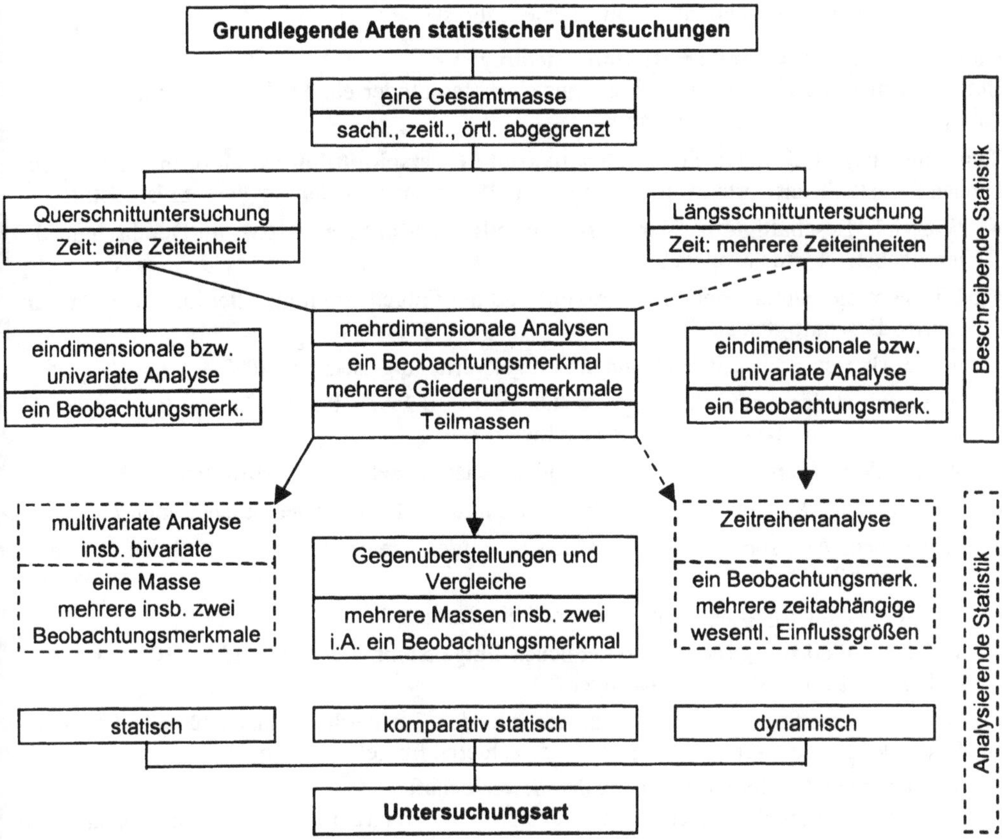

Querschnitt- und Längsschnittuntersuchungen

Bei der Untersuchung statistischer Massen grundlegend ist die Unterscheidung in Querschnitt- und Längsschnittuntersuchungen. Betrachtet man eine statistische Masse zu einer bestimmten Zeiteinheit, macht man eine **Querschnittuntersuchung**. Diese verarbeitet und liefert **Querschnittdaten**, die sich auf einen bestimmten Zeitpunkt - z.B. den 1. eines Monats - oder auf einen bestimmten Zeitraum - z.B. einen Monat - beziehen. Querschnittuntersuchungen liefern - grob gesprochen - Momentaufnahmen von Massen und die an Querschnittdaten durchführbaren statistischen Aufbereitungen, Präsentationen, Auswertungen und Analysen sind ihrem Wesen nach **statische** Untersuchungen. Eine typische routinemäßige Querschnittuntersuchung der Personalstatistik ist etwa die Ermittlung des monatlichen Peronalbestandes, z.B. zu einem Stichtag oder im Monatsdurchschnitt.

Betrachtet man dagegen eine Masse und/oder ein Merkmal in seiner Entwicklung über die Zeit, so macht man eine **Längsschnittuntersuchung.** Dabei werden aus Querschnittdaten sinnvoll **Längsschnittdaten** zusammengestellt, die sich typischerweise auf eine Reihe von meist gleichabständigen und chronologisch aufeinander folgenden Zeiteinheiten beziehen und eine **Zeitreihe** ergeben. Bei Längsschnittuntersuchungen interessiert man sich etwa für Richtung, Ausmaß und Form der Entwicklung und der **Veränderungen** der betrachteten Größe, weshalb die an Längsschnittdaten durchführbaren statistischen Aufbereitungen, Präsentationen, Auswertungen und Analysen ihrem Wesen nach **dynamisch** sind. Eine typische routinemäßige Längsschnittuntersuchung der Personalstatistik ist etwa die Ermittlung der Entwicklung des monatlichen Peronalbestandes über alle Monate eines Jahres.

Eindimensionale bzw. univariate Untersuchungen
Betrachtet man bei einer Untersuchung nur eine Masse oder ein Merkmal einer Masse ist die Analyse eindimensional oder univariat.

Typische Fragestellungen, die durch **univariate Querschnittdatenanalyse** in der beschreibenden Statistik beantwortet werden können, sind etwa am **Beispiel der Personalstatistik**:

- Wie viele Beschäftigte hat der Betrieb jeweils am Monatsende bzw. im Durchschnitt des jeweils betrachteten Monats ?
- Wie sieht die Altersverteilung (-struktur) und die Entgeltverteilung aller im letzten Jahr im Betrieb Beschäftigten aus ?
- Ist die Altersstruktur „normal" und die Entgeltverteilung „sehr schief" ?
- Wie groß ist der Anteil der jüngeren (höchstens 30 Jahre) und der älteren (mindestens 50 Jahre) alten Mitarbeiter an allen Beschäftigten ?
- Welche Altersgruppe und welche Entgeltklasse ist im Betrieb am häufigsten ?
- Wie groß sind das Durchschnittsalter und das mittlere Entgelt aller Beschäftigten ?
- In welchem Altersbereich und in welchem Entgeltbereich liegen die mittleren 50% aller Mitarbeiter ?
- Wie groß ist die Streuung beim Alter und beim Entgelt ?
- Welcher Anteil der gesamten betrieblichen Entgeltsumme entfällt auf die 10% „ärmsten" und die 10% „reichsten" Beschäftigten ?
- Welcher Vorschlag führt bei den anstehendenden Tarifverhandlungen für alle Lohnempfänger des Betriebes insgesamt zu einer gerechteren Entgeltverteilung ?
  a. Vorschlag des Betriebsrates und der Gewerkschaft :
     überproportionale Anhebung der untersten 3 Lohngruppen (Leichtlohngruppen), weil dadurch die in der Wirtschaftsstatistik benutzte Konzentrationsrate von Typ CR_k kleiner werden soll.
  b. Vorschlag der Personalwirtschaft und der Unternehmensleitung:
     moderate und für alle Lohngruppen gleich große Steigerung, weil dadurch das in der Wirtschaftsstatistik benutzte Konzentrationsmaß nach GINI kleiner werden soll.

Typische Fragestellungen, die durch **univariate Längsschnittdatenanalyse** in der beschreibenden Statistik beantwortet werden können, sind etwa am **Beispiel der Personalstatistik**:

- Wie hat sich die Gesamtzahl der Beschäftigten in den letzten drei Jahren in groben Zügen der Richtung und Form nach entwickelt ?
- Wie hat sich die Beschäftigtenzahl des aktuellen Monats im Vergleich zum Jahresanfang absolut und relativ verändert ?
- Um wie viel ist die betriebliche Lohnsumme in den letzten 5 Jahren von Jahr zu Jahr gewachsen ?
- Um wie viel ist die betriebliche Lohnsumme in den letzten 5 Jahren durchschnittlich gewachsen ?

Will man darüber hinaus wissen, wie die beobachtete zeitliche Entwicklung der Masse oder Größe zustande kommt und wie sie sich vermutlich in der Zukunft entwickeln wird, so muss man weitergehende Untersuchungen durchführen. Dies sind vor allem **Zeitreihenanalysen und zeitreihenbasierte Prognoserechnungen**, die in dieser Einführung in der **analysierenden Statistik** behandelt werden.

Komparativ-statische Untersuchungen
Die über eine Masse oder ein Merkmal im Rahmen univariater Analysen ermittelbaren statistischen Zahlen sind Basisinformationen. Wenn es gelegentlich so aussieht, als ob sie allein schon wesentliche Erkenntnisse über den Massensachverhalt liefern, ist das zumeist darauf zurückzuführen, dass man sie gedanklich **(implizit)** anderen Zahlen gegenüberstellt und sie mit diesen vergleicht. Dieses intuitive Vorgehen liegt allen **komparativ- statischen Untersuchungen** zugrunde. Diese werden in der Statistik operationalisiert durch **explizite, sinnvolle und systematische Gegenüberstellungen und Vergleiche.** Bei der statistischen Gegenüberstellung werden die Zahlen über die Objekte unverändert nebeneinander gestellt, beim statistischen Vergleich werden sie durch sinnvolle Vergleichsoperationen ausgewertet und man erhält neue Größen, die die Unterschiede zwischen den Vergleichsobjekten quantifizieren. Aus Anwendungssicht ist der statistische Vergleich der einfachen Gegenüberstellung vorzuziehen, da er zusätzliche, neue Informationen liefert. Andererseits sind Vergleiche sachlich oder zahlenmäßig nicht immer sinnvoll möglich, so dass auch auf einfache Gegenüberstellungen nicht immer verzichtet werden kann. Im Folgenden werden nur die informativeren statistischen Vergleiche näher betrachtet.

Nach der Anzahl der in den statistischen Vergleich einbezogenen Objekte unterscheidet man den einfachen Vergleich von nur zwei Objekten vom Mehrfachvergleich mit mehr als zwei Objekten. Wir beschränken uns im Folgenden auf den in der Praxis gängigen **einfachen Vergleich**. Hinsichtlich des Aspekts, nach dem sich die Vergleichsobjekte per definitionem unterscheiden, gibt es einige grundlegende **Vergleichsarten**, die in der folgenden Tabelle 2.1.2 zusammengestellt und am Beispiel der Personalstatistik illustriert sind.

Vergleichsart	Erläuterung Personalstatistik
Ort	Personalbestand zweier Werke
Zeit	Personalbestand zweier Zeiteinheiten
Sache	Bestand Angestellte und Arbeiter
Datenart	Ist-Bestand , Plan-Bestand
Fakt	Personalwertschöpfung und -aufwand

Tab. 2.1.2: Gängige Arten statistischer Vergleiche

Typische Fragestellungen, die durch **einfache statistische Vergleiche** in der beschreibenden Statistik beantwortet werden können, sind etwa am **Beispiel der Personalstatistik**:

- Wie groß ist der Unterschied im Personalbestand der Werke A und B (absolut und relativ) ?
- Wie ist das Zahlenverhältnis von Angestellten und Arbeitern im Betrieb ?
- Wie groß ist die Abweichung zwischen der Ist-Beschäftigung und der Plan-Beschäftigung (absolut und relativ) ?
- Wie sind die aktuell gültigen Entgeltrichtlinien des Betriebes bei IT-Kräften im Lichte von Branchenvergleichswerten (Durchschnittsentgelt und seine Streuung) zu bewerten ?

Mehrdimensionale Untersuchungen
Häufig sind die in der Praxis betrachteten Massen sehr groß und inhomogen, so dass die Betrachtung der Gesamtmasse häufig nur sehr grobe und nicht ausreichend differenzierte Informationen liefert. In dem Falle ist es nötig, die Gesamtmasse **sinnvoll in Teilmassen** zu zerlegen und damit einen **differenzierten Informationsbedarf** zu befriedigen. Die einzelnen Gliederungsaspekte werden dabei häufig **Dimensionen** genannt. Die gleichzeitige Gliederung einer Gesamtmasse im Hinblick auf mehrere Dimensionen, deren adäquate Präsentation sowie deren Untersuchungs- und Auswertungsmöglichkeiten werden als **mehrdimensionale Datenanalyse** bezeichnet. In der Personalstatistik ermöglicht z.B. die gleichzeitige Gliederung des

gesamten Personalbestandes eines Unternehmens nach Betriebsstandorten, Funktionsbereichen, Geschlecht, Alter etc. mehrdimensionale Analysen.

Typische Fragestellungen, die durch **mehrdimensionale Analysen** in der beschreibenden Statistik beantwortet werden können, sind etwa am **Beispiel der Personalstatistik**:

- Wie gliedert sich die gesamte Beschäftigtenzahl nach Geschlecht, Beschäftigungsverhältnis, Lebensalter, Betriebsbereichen, Entgelt etc. ?
- Wie groß ist der Anteil einer bestimmten Beschäftigtengruppe - z.B. der weiblichen Arbeiter - an allen Arbeitern, an allen beschäftigten Frauen und an allen Beschäftigten des Betriebes ?
- Wie groß ist das Durchschnittsalter bei bestimmten Beschäftigtengruppen, wie z.B. den Arbeitern und den Akademikern ?
- Wie groß ist die Streuung der Entgelte in verschiedenen Entgeltgruppen gleicher formaler beruflicher Qualifikation und wie groß sind die Streuungsunterschiede ?

Will man darüber hinaus wissen, ob ein bestimmtes Merkmal mit einem oder mehreren anderen Merkmalen in einem Zusammenhang steht, muss man weitergehende Untersuchungen durchführen. Diese werden **multivariate Analysen** genannt. Die einfachste multivariate Analyse ist die **bivariate Analyse**, bei der nur zwei Merkmale einer Masse im Hinblick auf einen eventuell bestehenden Zusammenhang hin untersucht werden. In der Personalstatistik könnte z.B. zwischen dem Alter und dem Entgelt oder zwischen dem Alter und den Fehlzeiten der Mitarbeiter sachlich und datenmäßig ein Zusammenhang bestehen, dessen Ermittlung auch personalpolitisch bedeutsam wäre. Wichtige **Arten statistischer Zusammenhangsanalysen** werden für den bivariaten Fall in der **analysierenden Statistik** behandelt.

2.2 Grundbegriffe

Schon bei der Vorbereitung einer statistischen Untersuchung sind einige Grundbegriffe inhaltlich sachgerecht auszufüllen, die folgende Übersicht zeigt.

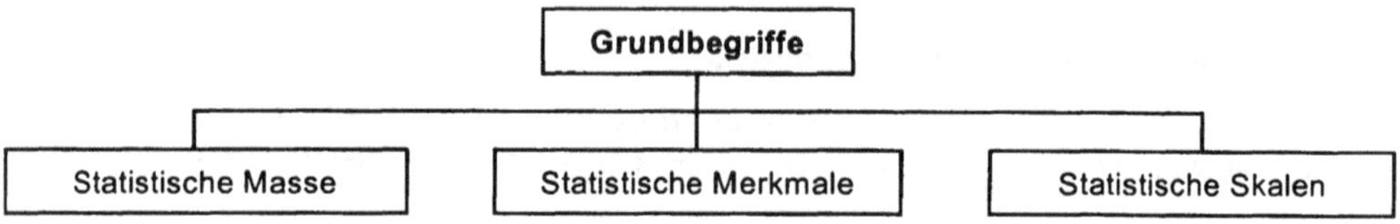

2.2.1 Masse

Zur Erläuterung betrachten wir als **Einführungsbeispiel das Personal eines Betriebes.** Statistische Betrachtungen des Personals (Personalstatistiken) basieren auf der Personaldatei des Betriebes, in der für jeden in dem Betrieb beschäftigten Mitarbeiter ein Personaldatenblatt / -datensatz mit den gleichen vorstrukturierten Informationen abgelegt / gespeichert ist. In diesem Fall sind die meisten Angaben, die man für statistische Untersuchungen über das Personal braucht, bereits vorhanden und müssen nicht extra erhoben werden.

Eine **Personalstatistik** macht zahlenmäßige Aussagen über die **statistische Masse Personal**. Die statistische Masse Personal besteht aus den einzelnen Mitarbeitern des Betriebes. Die einzelnen Mitarbeiter des Betriebs sind die sogenannten **Einheiten der statistischen Masse**.

Damit Aussagen über eine statistische Masse korrekt ermittelt und interpretiert werden können, sind die sie konstituierenden statistischen Einheiten im Hinblick auf das Untersuchungsziel sinnvoll und eindeutig zu identifizieren bzw. abzugrenzen. **Identifikations- bzw. Abgrenzungskriterien sind immer sachlicher, räumlicher und zeitlicher Art.**

- sachlich : Mitarbeiter des Betriebs ABC
- räumlich : Werk Berlin
- zeitlich : 31.05.2000

Die zur Abgrenzung einer Masse benutzen **Kriterien sind Merkmale.** Sie werden zur besseren Unterscheidung zu den an der Masse im Rahmen einer Untersuchung im Einzelnen interessierenden Merkmalen, die im nächsten Abschnitt behandelt werden, präziser als **Abgrenzungsmerkmale** bezeichnet. Die sachliche Abgrenzung von Massen ist nicht immer so einfach wie im obigen Beispiel. Das ist vor allem der Fall, wenn die Massen in Verbindung mit Begriffen zu sehen sind, die unterschiedlich definiert und damit auch durch Merkmale bzw. Indikatoren unterschiedlich operationalisiert werden können. Als Beispiel für einen solchen Fall wird im Abschnitt 2.4. die in der amtlichen Statistik in Deutschland gebräuchliche Abgrenzung von Arbeits- und Erwerblosen betrachtet.

Arten von Massen

Im obigen Beispiel wird das Personal zu einem bestimmten Zeitpunkt betrachtet, an dem es einen bestimmten Bestand aufweist. Es handelt sich deshalb um eine **Bestandsmasse.** Betrachtet man das Personal des Betriebes nicht zu einem Zeitpunkt, sondern in einem bestimmten Zeitraum - z.B. im Jahre 2000 - , ist offensichtlich, dass es sich durch Zu- und Abgänge verändern kann und somit eine **Bewegungsmasse** vorliegt. Bestands- und Bewegungsmassen können durch **Fortschreibung** ineinander überführt werden.

Werden von einer sachlich, räumlich und zeitlich korrekt abgegrenzten Masse alle statistischen Einheiten untersucht, so bezeichnet man die Masse als **Grundgesamtheit oder Population** und notiert ihre Größe, d.h. die Anzahl ihrer statistischen Einheiten, mit **N**. Häufig ist es aus Zeit-, Kosten- und anderen Gründen nicht möglich oder sinnvoll, die gesamte statistische Masse vollständig zu erheben und zu untersuchen. Dann wird in der Regel nur eine **Teilmasse** betrachtet. Die wichtigste Art statistischer Teilmassen sind **Stichproben**, deren Erhebung, Aufbereitung und Auswertung Gegenstand der schließenden Statistik (Teil D) sind. Der Umfang einer Stichprobe wird zur klaren Unterscheidung von der Größe der Grundgesamtheit im Allgemeinen mit **n** notiert.

Für die in diesem Teil behandelte beschreibende und die im nächsten Teil behandelte analysierende Statistik ist es unerheblich, ob die zu bearbeitenden Daten die gesamte statistische Masse oder nur eine Teilmasse betreffen. Deshalb wird in diesen Kapiteln der Umfang bzw. die Größe der untersuchten statistischen Masse vereinfachend immer mit **n** notiert. Wichtig ist allerdings, dass sich die Untersuchungsergebnisse und die daraus ableitbaren Aussagen immer nur auf die **untersuchte Masse** beziehen und nur für diese gültig sind.

2.2.2 Merkmale

Im Allgemeinen interessiert man sich für bestimmte **Eigenschaften** der statistischen Einheiten in der Masse. Die interessierenden Eigenschaften heißen **Merkmale.** Zur klaren Unterscheidung von den insbesondere zur sachlichen Abgrenzung einer Masse verwendeten Abgrenzungsmerkmalen werden sie häufig präziser als **Erhebungsmerkmale** bezeichnet. Beim Personal des Betriebes wird man sich z.B. für folgende Beobachtungsmerkmale interessieren: Geschlecht, Beschäftigungsverhältnis, Leistungsbeurteilung, Tarifgruppe, Alter, Entgelt etc. Merkmale werden allgemeinen mit großen lateinischen Buchstaben symbolisiert: X, Y, Z.

Jedes Merkmal kann zwei oder mehr **Ausprägungen** haben. Typische Ausprägungen der oben genannten Personalmerkmale sind beispielhaft in der folgenden Tabelle zusammengestellt. Merkmalsausprägungen werden im Allgemeinen mit den dem Symbol des Merkmals entsprechenden kleinen lateinischen Buchstaben abgekürzt: x, y, z etc..

Merkmal	Ausprägungen
Geschlecht	männlich, weiblich
Beschäftigungsverhältnis	Beamter, Angestellter, Arbeiter, Auszubildender, Praktikant
Leistungsbeurteilung (Noten)	sehr gut, gut, befriedigend, ausreichend, mangelhaft, ungenügend
Tarifgruppe	1,..., 16 (eines bestimmten Tarifs)
Lebensalter (Jahre)	natürliche Zahlen von 15 bis 65
Entgelt (Euro)	rationale Zahlen mit zwei Stellen hinter dem Komma

Tab. 2.2.2-a: Typische Ausprägungen einiger Personalmerkmale

Die bei einer statistischen Untersuchung an einer bestimmten statistischen Einheit **i** festgestellte Merkmalsausprägung $\mathbf{x_i}$ des Merkmals X heißt **Merkmals- oder Beobachtungswert**. Die Merkmals- oder Beobachtungswerte sind die Daten, die nach der Erhebung durch statistische Methoden aufbereitet und ausgewertet werden.

Merkmalsarten

Merkmale können nach der **Art ihrer Merkmalsausprägungen** kategorisiert werden.

Nach der **Art der Beschreibung** der Merkmalsausprägungen unterscheidet man grob qualitative und quantitative Merkmale.

- **Qualitativ** sind Merkmale, deren Ausprägungen in Worten beschrieben werden.
- **Quantitativ** sind Merkmale, deren Ausprägungen in Zahlen beschrieben werden.

Geschlecht, Beschäftigungsverhältnis und Leistungsbeurteilung sind qualitative, Tarifgruppe, Alter und Entgelt quantitative Merkmale.

Nach der **Menge der möglichen Merkmalsausprägungen** und der **Art der Merkmalswerterfassung** unterscheidet man grob diskrete und stetige Merkmale. Diese kategoriale Unterscheidung kommt aus der Mathematik und ist idealtypisch. Sie wird hier pragmatisch wie folgt relativiert:

- **Diskret** sind solche Merkmale, die nur endlich viele oder abzählbar unendlich viele Ausprägungen annehmen können. Insbesondere sind alle Merkmale diskret, deren Werte man durch **Zählen** ermittelt. Bei den in der Tabelle 2.2.2-a zusammengestellten Personalmerkmalen handelt es sich um recht typische diskrete Merkmale.
- **Stetig** sind solche Merkmale, die jeden beliebigen reellen Wert zumindest in einem Zahlenintervall annehmen und damit überabzählbar viele Ausprägungen aufweisen können. Insbesondere sind alle Merkmale stetig, deren Werte man durch **Messen** ermittelt. Typische stetige Merkmale sind Zeit, Länge, Gewicht, Volumen etc.

Dabei kommt es bei den stetigen Merkmalen darauf an, dass sie **theoretisch** beliebig viele mögliche Werte haben können. Die Tatsache, dass in der Praxis in Abhängigkeit des betrachteten Wertebereichs, der verwendeten Erfassungs- und Messtechnik und der gewünschten Auswertungsgenauigkeit und anderer Gründe auch stetige Merkmale praktisch immer nur eine endliche Anzahl ihrer an sich unendlich vielen möglichen Werte annehmen, ändert nichts daran, dass sie ihrem **Wesen** nach stetig sind.

Qualitative Merkmale sind immer diskret, da sie von Natur aus nur eine abzählbare Menge möglicher Merkmalswerte (Kategorien) haben. Die Unterscheidung von diskreten und stetigen Merkmalen ist deshalb nur für **quantitative Merkmale** praktisch bedeutsam. In der Wirtschaft sind die meisten Merkmale diskret (Geld wird immer und Mengen werden häufig gezählt), während insbesondere in den Natur- und Ingenieuranwendungen häufiger stetige Merkmale auftreten, da hier möglichst genau gemessen werden muss. Die aufgeführten quantitativen Personalmerkmale sind alle diskret, wenn man die oben genannten Ausprägungen unterstellt. Die möglichen Ausprägungen eines Merkmals und damit seine Merkmalsart sind aber nicht immer objektiv gegeben, sondern häufig gestaltbar. So kann das an sich stetige Merkmal „Länge" - angewendet auf die „Körperlänge" - etwa wie folgt mit verschiedenen Ausprägungen erfasst und verarbeitet werden, mit Konsequenzen für Merkmalsart, Genauigkeit und Aussagefähigkeit.

Merkmalsausprägungen	Merkmalsart	Genauigkeit	Aussagefähigkeit
Alternative 1: klein, mittel, groß	qualitativ, diskret	gering	subjektiv
Alternative 2: gemessen in cm	quantitativ, diskret	häufig ausreichend	objektiv
Alternative 3: gemessen in 10^{-3} mm	quantitativ, stetig	recht hoch	objektiv

Tab. 2.2.2-b: Operationalisierungsmöglichkeiten des Merkmals Körperlänge

In der Wirtschaftspraxis gibt es bei quantitativen Merkmalen zwei gegenläufige Tendenzen. Zum einen werden Merkmale, die an sich diskret sind, aber eine **extrem hohe Anzahl** möglicher Ausprägungen annehmen können und deshalb als **quasistetig** bezeichnet werden, durch Klassierung ganz klar diskretisiert. Man denke zum Beispiel an das Merkmal Einkommen, das mit 2 Stellen hinter Komma genau erfasst werden kann, aus Vereinfachungs- und Kostengründen jedoch typischerweise klassiert erhoben und verarbeitet wird. Andererseits werden z.B. Preise von besonders großer Bedeutung wie z.B. Wechselkurse, die an sich diskret sind, durch besonders genaue Messung mit bis zu 5 Stellen hinter dem Komma „verstetigt".

2.2.3 Skalen

Erhobene Merkmalswerte unterschiedlicher Merkmalsarten können bei ihrer weiteren Aufbereitung und Auswertung im Allgemeinen sinnvoller Weise nicht alle gleich behandelt werden. So kann man etwa im Einführungsbeispiel für das Personal des Betriebes Durchschnittsalter und -entgelt ermitteln, nicht aber ein durchschnittliches Geschlecht oder Beschäftigungsverhältnis. Das liegt an den unterschiedlichen **Messbarkeitseigenschaften** der betrachteten Merkmale.

In der Regel werden Merkmalswerte - soweit sie nicht bereits als Zahlen erfasst werden (quantitative Merkmale) - zum Zwecke ihrer weiteren Bearbeitung in Zahlen transformiert. Diesen Vorgang nennt man **Skalierung**. Sie haben sicher schon mal einen Fragebogen gesehen, bei dem neben den möglichen Antworten auf eine Frage (vorgesehene Ausprägungen eines Merkmals) für die maschinelle Erfassung und Verarbeitung jeweils eine Zahl angegeben war. So könnte z.B. beim Merkmal Geschlecht die Ausprägung männlich mit 1 und die Ausprägung weiblich mit 2 versehen sein.

Bei der Skalierung wird also jeder ursprünglichen Merkmalsausprägung eine Zahl eindeutig zugeordnet. Nach der Skalierung liegen alle Merkmalswerte - unabhängig von der Merkmalsart - als Zahlenwerte vor, die schnell und problemlos durch EDV erfasst und verarbeitet werden können. In den einfachen Beispielen der folgenden Tabelle 2.2.3-a werden bei der Skalierung nur positive, ganze Zahlen verwendet, im Allgemeinen sind aber alle reellen Zahlen möglich.

Merkmal	Merkmalsausprägungen	Skalenwerte
Geschlecht	männlich	1
	weiblich	2
Leistungsbeurteilung	sehr gut	1
	gut	2
	befriedigend	3
	ausreichend	4
	mangelhaft	5
	ungenügend	6
Kinderzahl	0,1,..., n	0,1,.., n

Tab. 2.2.3-a: Skalierung von Merkmalen

Aus der Tabelle ist sofort ersichtlich, dass verschiedenartige Merkmale mit höchst unterschiedlichen Ausprägungen nach der Skalierung nur noch Zahlenwerte aufweisen, hier sogar überwiegend die gleichen. Für sinnvolle Verarbeitungsoperationen dieser Zahlen und eine sinnvolle Interpretation der daraus resultierenden Ergebnisse ist deshalb zu klären, welche **unterschiedliche Bedeutung** die z.T. gleichen Zahlenwerte aufgrund der dahinter liegenden **Skalenart** jeweils haben.

Beim **Merkmal Geschlecht** haben die Zahlen 1 und 2 eine reine **Identifikationsfunktion**. Zahlen, die keine andere Bedeutung haben, als Sachverhalte zu identifizieren und zu klassifizieren, sind Zahlen einer **Nominalskala**. Eine weitergehende Interpretation etwa derart, dass der Merkmalsausprägung mit der größeren Zahl auch eine vergleichsweise größere Bedeutung zukommt als der mit der niedrigeren Zahl, ist bei der Nominalskala unzulässig.

Beim **Merkmal Leistungsbeurteilung** haben die Zahlen nicht nur eine reine Identifikationsfunktion. Das wird deutlich, wenn man eine andere Skalierung vornehmen wollte, z.B. sehr gut=3; gut=5; befriedigend=1; etc. Offensichtlich kommt es bei dem betrachteten Merkmal ganz entscheidend darauf an, dass die Skalierung zu Zahlenwerten führt, die die bei den ursprünglichen Merkmalsausprägungen vorhandene **Rangordnung oder Reihenfolge** adäquat zum Ausdruck bringt. Zahlen, die über Identifikation und Klassifikation hinaus eine Rangordnung widerspiegeln, sind Zahlen einer **Ordinalskala**. Eine weitergehende Interpretation etwa derart, dass eine Leistungsbeurteilung mit gut eine doppelt so gute Leistung bedeutet wie eine mit ausreichend, weil der Skalenwert 4 doppelt so groß ist wie der Skalenwert 2, ist bei der Ordinalskala unzulässig.

Beim **Merkmal Kinderzahl**, das von vornherein quantitativ ist, können Merkmals- bzw. Skalenwerte nicht nur dazu benutzt werden, um Merkmalsträger zu identifizieren und zu klassifizieren (z. B. alle Mitarbeiter des Betriebes ohne Kinder bekommen kein Weihnachtspräsent für Kinder) oder in eine Reihenfolge zu bringen (z.B. die Überreichung der Weihnachtspräsente an die Mitarbeiter erfolgt nach der Kinderzahl). Vielmehr lässt sich zusätzlich der **Abstand** zwischen Skalenwerten ermitteln (ein Mitarbeiter mit 2 Kindern hat 2 Kinder mehr als einer ohne Kinder) und man kann zudem sinnvoll **Verhältniszahlen** bilden (er hat aber nur halb so viele Kinder wie der mit 4 Kindern). Zahlen, die derartige Eigenschaften aufweisen, sind Zahlen einer **Kardinalskala oder metrischen Skala.**

Die Kardinalskala kann weiter unterteilt werden in Intervall-, Verhältnis- und Absolutskala. Diese unterscheiden sich dadurch, inwieweit ein natürlicher Nullpunkt und eine natürliche Maßeinheit existieren oder nicht. In der folgenden Tabelle 2.2.3-b sind für jede dieser **metrischen Skalenarten** Charakteristika, Eigenschaften und typische Beispiele angegeben.

	Intervallskala	**Verhältnisskala**	**Absolutskala**
Charakteristika	- kein natürlicher Nullpunkt - keine natürliche Maßeinheit	- natürlicher Nullpunkt - keine natürl. Maßeinheit	- natürl. Nullpunkt - natürl. Maßeinh.
Eigenschaften	Abstände (Intervalle) zwischen Skalenwerten können ermittelt und verglichen werden	zusätzlich können Verhältnisse (Quotienten) ermittelt und verglichen werden.	wie Verhältnisskala
Beispiele	Temperatur, Kalenderzeiten	Länge, Fläche, Volumen, Gewicht, Alter, Preise etc.	Stückzahl, Anzahl

Tab. 2.2.3-b: Grobcharakterisierung metrischer Skalenarten

Aus den Erläuterungen ergibt sich, dass die verschiedenen Skalenarten unterschiedlichen Informationsgehalt haben. Das **Informationsniveau** steigt von der Nominal- über die Ordinal- zur Kardinalskala an, da jede Skala gegenüber der vorhergehenden mindestens eine weitere Ordnungseigenschaft aufweist. Für die praktische statistische Arbeit bedeutet dies, dass man jede

Skala durch eine mit schwächeren Ordnungskriterien ersetzen kann **(Herunterskalieren)**, was allerdings mit einem Absinken des Informationsniveaus verbunden ist. Häufig ist man aber gerade an einem möglichst hohen Informationsniveau interessiert und bringt höherwertige Skalen - insbesondere metrische - auch bei solchen Merkmalen in Ansatz, bei denen dies sachlich zumindest problematisch ist **(Heraufskalieren)**. Ein typisches Beispiel ist der in Deutschland schon vor längerer Zeit vollzogene Übergang bei der Bewertung schulischer Leistungen in der gymnasialen Oberstufe von Noten (Ordinalskala) zu Punkten (Kardinalskala).

Der tiefere Grund liegt aber nicht allein im Informationsniveau, sondern vor allem in den auf den Skalen **empirisch sinnvoll durchführbaren Operationen.** Diese sind in der folgenden Tabelle 2.2.3.-c zusammengestellt. Dabei sind auf einer Skala mit höherem Niveau alle Operationen aller Skalen mit niedrigerem Niveau zulässig. Die auf einer Skala empirisch sinnvoll durchführbaren Operationen bestimmen wesentlich das Potenzial der Bearbeitung der so skalierten Daten durch **mathematische** Operationen. Dieses **Verarbeitungspotenzial** und damit Art und Ausmaß der aus den Erhebungsdaten durch Aufbereitung, Auswertung und Analyse zusätzlich ermittelbaren, weitergehenden Informationen steigt mit dem Skalenniveau. Auf diesen Aspekt wird bei den in den folgenden Abschnitten dargestellten verschiedenen statistischen Ansätzen, Methoden und Maßgrößen jeweils noch gesondert eingegangen.

Skalenart		**Empirisch sinnvolle Operationen**
Nominalskala		Feststellung von Gleichheit und Ungleichheit Einteilung in disjunkte Klassen
Ordinalskala		Feststellung der Größer-Kleiner-Relation Bildung von Rangordnungen
Kardinalskala	Intervallskala	Feststellung der Gleichheit und Ungleichheit von Abständen (Intervallen) ; Bildung von Differenzen und Summen
	Verhältnisskala	Feststellung der Gleichheit und Ungleichheit von Brüchen (Verhältnissen); Bildung von Quotienten und Produkten
	Absolutskala	wie Verhältnisskala

Tab. 2.2.3-c: Skalenarten und empirisch sinnvolle Operationen

Manchmal ist es bei der Bearbeitung statistischer Daten sinnvoll oder nötig, Werte einer Skala in Werte einer anderen Skala zu transformieren. Diesen Vorgang nennt man **Skalentransformation**. So sind z.B. die Verschlüsselung von Merkmalsausprägungen auf Fragebögen zur maschinellen Erfassung und Verarbeitung erhobener Daten oder Währungsumrechnungen Skalentransformationen. Wichtigste Bedingung jeder zulässigen Skalentransformation ist die Erhaltung der Ordnungseigenschaften und damit des Informationsgehaltes der ursprünglichen Skala. Deshalb gibt es für jede Skala Regeln, welche Transformationsoperationen auf ihr zulässig sind. Werden diese nicht eingehalten, führt dies zur Verfälschung der ursprünglichen Daten. Dadurch ergeben sich an dieser Stelle sowohl Fehler- als auch Gestaltungsmöglichkeiten im Bearbeitungsprozess.

2.3 Datenerhebung

Die für eine statistische Untersuchung benötigten Daten sind zunächst bereitzustellen. Dieses Arbeitsgebiet wird traditionell als Datenerhebung bezeichnet. Es gibt eine große Vielfalt und -zahl von Möglichkeiten, Daten zu erheben. Grundlegende und in der Wirtschaftspraxis gängige Arten und Methoden der Datenerhebung zeigt folgende Übersicht.

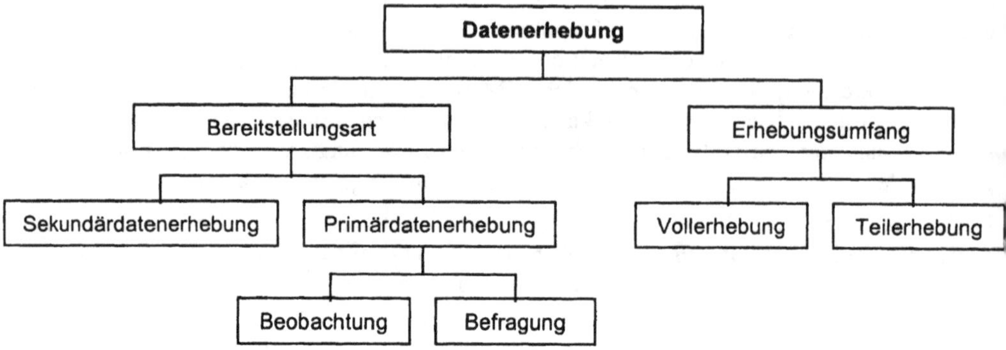

2.3.1 Primär- und Sekundärdatenerhebung

Wie bei Gütern kann man auch bei Daten grundsätzlich zwischen zwei Bereitstellungs- bzw. Herkunftsarten unterscheiden: zum einen die Beschaffung der Daten aus Quellen, in denen sie vorhanden und verfügbar sind („Fremdbezug"), zum anderen ihre erstmalige Erstellung („Eigenfertigung"). Die Bereitstellung der für eine Untersuchung benötigten Daten durch Beschaffung aus Quellen wird als **Sekundärdatenerhebung**, ihre erstmalige Erhebung als **Primärdatenerhebung** bezeichnet.

Bei der **Sekundärdatenerhebung** spielen die Datenquellen und die Eignung der Daten für die anstehende Untersuchung eine zentrale Rolle. Für Wirtschaftsdaten kommen als **Datenquellen** vor allem die in 1.3.1. genannten Träger der amtlichen, halbamtlichen und nicht-amtlichen Statistik sowie die in 1.3.2. genannten Bereiche der betrieblichen Statistik in Frage. Ergänzend gibt es zwischenzeitlich ein elektronisch verfügbares, sich ständig ausweitendes Angebot von Wirtschaftsdatenbanken bis zu Information-Brokern, die auch sehr spezifische Daten verfügbar haben oder beschaffen können. Die **Eignung** von Sekundärdaten für eine anstehende Untersuchung ist anhand von aus den Untersuchungszielen und -inhalten abgeleiteten Datenanforderungen zu klären. Da Sekundärdaten typischerweise für andere Zwecke als für die der anstehenden Untersuchung erhoben wurden, ist eine vollständige Übereinstimmung mit dem Anforderungsprofil meistens nicht gegeben. Abweichungen können etwa bei den Massen (sachliche, zeitliche und örtliche Abgrenzung), den Merkmalen (Begriffbestimmungen, Operationalisierungen), den verwendeten Arten und Methoden der Datenerhebung, -aufbereitung und -auswertung etc. auftreten.

Hauptvorteile der Sekundärdatenerhebung sind der im Vergleich zur Primärdatenerhebung meist erheblich geringere Zeit- und Kostenaufwand, Hauptnachteile bzw. Probleme sind Mängel in der Eignung, Qualität und Aktualität der beschafften Daten. Generell empfiehlt sich - wenn immer möglich und sinnvoll - Sekundärdaten zu nutzen. Die Entwicklung der letzten Jahre - das qualitativ und quantitativ verbesserte Angebot einerseits und die ständig steigende Nutzung von Sekundärdaten anderseits - lassen einen Trend zur verstärkten Sekundärdatenerhebung erkennen, der auch zukünftig weiter anhalten dürfte.

	Herkunfts- bzw. Bereitstellungsart	
Beurteilungsaspekte	Primärdatenerhebung	Sekundärdatenerhebung
Zielbezug	hoch	häufig eingeschränkt
Qualität	gestaltbar	nicht gestaltbar
Aktualität	hoch	meistens weniger aktuell
Arbeitsaufwand	hoch	gering
Kosten	hoch	niedrig

Tab. 2.3.1: Grobvergleich von Primär- und Sekundärdatenerhebung

Primärdatenerhebung ist erforderlich, wenn die benötigten Daten nicht anderweitig beschaffbar sind. Ihr Hauptvorteil liegt darin, dass die zu erhebenden Daten ganz genau auf die Ziele und Inhalte einer Untersuchung abgestimmt werden können, so dass durch ihre zielgerichtete Aufbereitung und Auswertung auch sehr spezifische und aktuelle Aussagen mit Neuigkeitswert und Aussagekraft möglich sind. Ihre Hauptnachteile sind der vergleichsweise hohe zeitliche und kostenmäßige Aufwand. In der Tabelle 2.3.1 sind wesentliche Vor- und Nachteile der beiden Erhebungsarten grob vergleichend zusammengestellt.

2.3.2 Arten der Primärdatenerhebung

Beobachtung
Bei der Beobachtung erfolgt die Erfassung der Daten per Augenschein durch das Erhebungspersonal und /oder mit Hilfe von Mess- oder Aufzeichnungsgeräten. Typische Beispiele aus dem betrieblichen Bereich sind etwa die Ermittlung der Kundenfrequenz (Anzahl Kunden/ Stunde) in einer bestimmten Abteilung eines Kaufhauses, die Ermittlung von Zeiten bei REFA-Arbeitsstudien sowie die automatisierte Erfassung der Arbeitszeiten von Mitarbeitern durch Stechuhren und die von Verkaufsdaten durch Scanner-Kassen. Hauptvorteile der Beobachtung sind Objektivität und Genauigkeit der erfassten Daten. Hauptgrenzen der Beobachtung liegen bei den so erfassbaren Merkmalen. So sind die meisten qualitativen Merkmale nicht beobachtbar (Religion, Beschäftigungsverhältnis etc. und insbesondere Meinungen) und auch bei quantitativen Merkmalen gibt es Einsatzgrenzen (z.B. Alter, Einkommen etc.). Von daher ist man vielfach gezwungen, Befragungen vorzunehmen.

Befragung
Die Befragung ist die in der wirtschaftswissenschaftlichen Forschung und Praxis wichtigste Art der Primärdatenerhebung. Bekannte Anwendungsgebiete sind etwa die Markt- und Meinungsforschung. Nach der Befragungsmethode kann man ganz grob **schriftliche** und **mündliche** Befragung unterscheiden, die man aber nicht nur alternativ, sondern auch additiv verwenden kann.

Jede Befragung ist im Vergleich zur Beobachtung mit zwei **charakteristischen Schwächen** verbunden, die Qualität und Quantität der Erhebungsdaten mehr oder minder stark beeinträchtigen können: **Antwortverweigerung und Falschauskunft**. Die Gründe dafür können vielfältig sein und es gibt einige bewährte Maßnahmen, sie zu verringern, aber keine, sie auszuschließen. In diesem Zusammenhang hat aber die persönliche, mündliche Befragung im **Interview** tendenziell klare Vorteile gegenüber der unpersönlichen schriftlichen Befragung durch Fragebögen, da die Antwortverweigerung im Interview oft schwerer fällt und der Interviewer durch Nachfragen Falschauskünfte meist eher erkennen kann. Hinzu kommt, dass die Quote durchgeführter Interviews in der Regel deutlich über der Rücklaufquote von verschickten Fragebögen liegt, so dass die erhobene und verwertbare Datenmenge meist relativ größer ist. Anderseits sind bei persönlichen Interviews geschultes und erfahrenes Personal nötig und die Durchführung von Interviews ist insgesamt sehr zeitaufwendig. Dadurch ist das persönliche Interview im Vergleich zur schriftlichen Befragung mittels Fragebogen immer mit erheblich höheren Kosten verbunden.

In der folgenden Tabelle 2.3.2 sind wichtige Vor- und Nachteile der vorgestellten Erhebungsarten von Primärdaten grob vergleichend zusammengestellt. Im Gegensatz zur Beobachtung spielt beim Befragen die **Kommunikation über die Sprache** eine zentrale Rolle. Die davon ausgehenden Einflüsse auf die Befragungsergebnisse versucht man durch möglichst weitgehende **Gleichheit der Befragungssituation** zu kontrollieren. Bei der schriftlichen Befragung geschieht dies durch den gleichen Fragebogen für alle Befragten, beim Interview durch mehr oder minder starke Standardisierung des Interviews über den Fragebogen und ergänzende Verhaltensregeln für die Interviewer. Da der **Fragebogen** in beiden Fällen das zentrale Arbeitsinstrument ist und ganz wesentlich Art und Qualität der Erhebungsdaten prägt, soll auf ihn im nächsten Abschnitt noch kurz gesondert eingegangen werden. Dies vornehmlich zu dem Zweck, die Aufmerksamkeit auf diesen von der akademischen Lehre meist viel zu wenig ernstgenommenen Teil der Statistik zu lenken.

Aspekt	Beobachtung	Schriftliche Befragung	Mündliche Befragung
Merkmalsart	stark eingeschränkt	kaum eingeschränkt	kaum eingeschränkt
Genauigkeit	hoch	Ungenauigkeit möglich	Ungenauigkeit möglich
Erfassungsquote	hoch	niedrig	relativ hoch
Arbeitsaufwand	relativ gering	gering	hoch
Kosten	relativ gering	gering	hoch

Tab. 2.3.2: Grobvergleich von Beobachtungen und Befragungen

2.3.3 Fragebogen

Zum Fragebogen sollen vor allem grundlegende Strukturaspekte vorgestellt werden. Zur Illustration ist in der folgenden Abbildung 2.3.3.-a ein Fragebogen der amtlichen Statistik wiedergegeben. Es handelt sich um einen Teil des Fragebogens zur Volkszählung in Deutschland aus dem Jahre 1987.

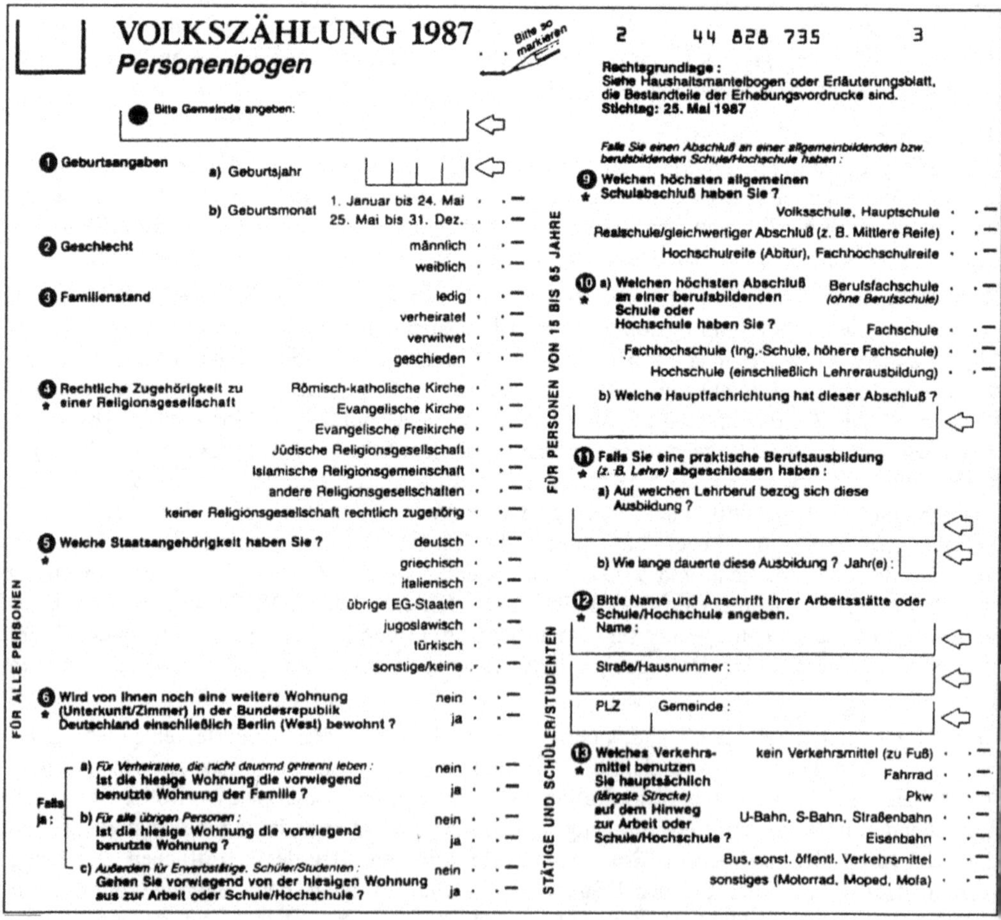

VOLKSZÄHLUNG 1987
Personenbogen
Bitte so markieren
2 44 828 735 3

Bitte Gemeinde angeben:

1 Geburtsangaben — a) Geburtsjahr; b) Geburtsmonat: 1. Januar bis 24. Mai / 25. Mai bis 31. Dez.

2 Geschlecht — männlich / weiblich

3 Familienstand — ledig / verheiratet / verwitwet / geschieden

4 Rechtliche Zugehörigkeit zu einer Religionsgesellschaft — Römisch-katholische Kirche / Evangelische Kirche / Evangelische Freikirche / Jüdische Religionsgesellschaft / Islamische Religionsgemeinschaft / andere Religionsgesellschaften / keiner Religionsgesellschaft rechtlich zugehörig

5 Welche Staatsangehörigkeit haben Sie? — deutsch / griechisch / italienisch / übrige EG-Staaten / jugoslawisch / türkisch / sonstige/keine

6 Wird von Ihnen noch eine weitere Wohnung (Unterkunft/Zimmer) in der Bundesrepublik Deutschland einschließlich Berlin (West) bewohnt? — nein / ja

Falls ja:
a) *Für Verheiratete, die nicht dauernd getrennt leben:* Ist die hiesige Wohnung die vorwiegend benutzte Wohnung der Familie? — nein / ja
b) *Für alle übrigen Personen:* Ist die hiesige Wohnung die vorwiegend benutzte Wohnung? — nein / ja
c) *Außerdem für Erwerbstätige, Schüler/Studenten:* Gehen Sie vorwiegend von der hiesigen Wohnung aus zur Arbeit oder Schule/Hochschule? — nein / ja

FÜR ALLE PERSONEN

Rechtsgrundlage: Siehe Haushaltsmantelbogen oder Erläuterungsblatt, die Bestandteile der Erhebungsvordrucke sind.
Stichtag: 25. Mai 1987

FÜR PERSONEN VON 15 BIS 65 JAHRE

Falls Sie einen Abschluß an einer allgemeinbildenden bzw. berufsbildenden Schule/Hochschule haben:

9 Welchen höchsten allgemeinen Schulabschluß haben Sie? — Volksschule, Hauptschule / Realschule/gleichwertiger Abschluß (z. B. Mittlere Reife) / Hochschulreife (Abitur), Fachhochschulreife

10 a) Welchen höchsten Abschluß an einer berufsbildenden Schule oder Hochschule haben Sie? — Berufsfachschule *(ohne Berufsschule)* / Fachschule / Fachhochschule (Ing.-Schule, höhere Fachschule) / Hochschule (einschließlich Lehrerausbildung)
b) Welche Hauptfachrichtung hat dieser Abschluß?

11 Falls Sie eine praktische Berufsausbildung *(z. B. Lehre)* abgeschlossen haben:
a) Auf welchen Lehrberuf bezog sich diese Ausbildung?
b) Wie lange dauerte diese Ausbildung? Jahr(e):

STÄTIGE UND SCHÜLER/STUDENTEN

12 Bitte Name und Anschrift Ihrer Arbeitsstätte oder Schule/Hochschule angeben.
Name:
Straße/Hausnummer:
PLZ Gemeinde:

13 Welches Verkehrsmittel benutzen Sie hauptsächlich *(längste Strecke)* auf dem Hinweg zur Arbeit oder Schule/Hochschule? — kein Verkehrsmittel (zu Fuß) / Fahrrad / Pkw / U-Bahn, S-Bahn, Straßenbahn / Eisenbahn / Bus, sonst. öffentl. Verkehrsmittel / sonstiges (Motorrad, Moped, Mofa)

Abb. 2.3.3-a: Teil des Fragebogens zur Volkszählung in Deutschland 1987

Ein Fragebogen enthält normalerweise drei Fragenkomplexe mit unterschiedlichen **Zwecken**:

- einen zur **Identifikation** der befragten statistischen Einheit, also der Person, des Haushalts, des Unternehmens etc., vornehmlich für eventuell nötige Nachfragen. In dem Volkszählungsfragebogen fehlt dieser Identifikationsteil aus Gründen des persönlichen Datenschutzes.
- einen mit **Informationsfragen,** die den eigentlichen Befragungsgegenstand betreffen. Dies ist der **Hauptteil** eines Fragebogens und wird im Folgenden noch näher betrachtet.
- einen zur Überprüfung der Plausibilität und/oder der Richtigkeit der Antworten durch **Kontrollfragen**.

Bei den **Informationsfragen im Hauptteil** kann man nach der Art der von den Befragten erwarteten Informationen grob folgende **Informationsarten** unterscheiden: demografische Eigenschaften, Überzeugungen (Wissen und Erfahrungen), Verhalten und Einstellungen bzw. Meinungen. Im Volkzählungsfragebogen beziehen sich die Fragen 1-5 und 9-11 auf typische demografische Eigenschaften wie Alter, Geschlecht, Familienstand etc, Frage 12 ist eine Verhaltensfrage, hier zum hauptsächlich benutzten Verkehrsmittel.

In der Wirtschaftpraxis - insbesondere der Markt- und Meinungsforschung - haben die im abgebildeten Volkszählungsbogen gar nicht vorkommenden Meinungsfragen den größten Anteil, etwa 1/3. Wissenschaftliche Untersuchungen zeigen, dass die zwei Hauptprobleme von Befragungen - **Antwortverweigerung und Falschantworten** - unter sonst gleichbleibenden Bedingungen wesentlich von der erfragten Informationsart wie folgt abhängig sind: Sie steigen von demografischen Eigenschaften über Überzeugungen und Verhalten zu den Meinungen hin tendenziell an. Die Wissenschaft empfiehlt deshalb, Meinungen nicht direkt, sondern eher indirekt über tatsächliches oder berichtetes Verhalten zu erfragen, um überhaupt ausreichend viele und zutreffende Antworten zu erhalten.

Was die **Struktur von Fragen und Antworten** angeht, so unterscheidet man grob offene und geschlossene Fragen. Bei **offenen Fragen** sind die Antworten frei zu formulieren, bei geschlossenen Fragen sind die möglichen Antworten vorgegeben. Praxisbewährt sind geschlossene Fragen mit der Möglichkeit, diese - wo sinnvoll - bei Bedarf durch eigene Formulierungen zu ergänzen. Der abgebildete Volkszählungsfragebogen enthält nur geschlossene Fragen.

Die bei **geschlossenen Fragen** vorgegebenen möglichen Antworten können sich durch Art und Anzahl unterscheiden. Im einfachsten Fall gibt es nur zwei mögliche Antworten - sogenannte **Alternativantworten**, ansonsten **Mehrfachantworten**. Im abgebildeten Volkszählungsbogen gibt es bei 2 und 6 Alternativantworten und bei 3-5 sowie 9, 10a und 13 Mehrfachantworten.

Mehrfachantworten können ohne auswertungsrelevante Ordnung oder mit einer erkennbaren Skalierung versehen sein. Im abgebildeten Volkszählungsbogen sind alle Mehrfachantworten ohne auswertungsrelevante Ordnung. Bei **Mehrfachantworten ohne auswertungsrelevante Ordnung** sind manchmal nicht nur eine, sondern mehrere der vorgegebenen Antwortmöglichkeiten gleichzeitig logisch möglich und sachlich sinnvoll. Dies bezeichnet man als **Mehrfachnennung**. Auf zulässige Mehrfachnennung muss bei der Fragestellung explizit hingewiesen werden. Im abgebildeten Volkszählungsbogen sind Mehrfachnennungen und Mehrfachantworten mit Skalierung nicht enthalten. Deshalb sind in der folgenden Tabelle 2.3.3-a. ergänzend zwei diesbezügliche Beispiele dargestellt.

Mehrfachantworten mit Skalierung sind typisch für Einstellungs- bzw. Meinungsfragen, wobei die Skalierung überwiegend zur Kategorisierung und Abstufung von Beurteilungen bzw. Bewertungen, aber auch für Häufigkeiten, Intensitäten und Wahrscheinlichkeiten benutzt wird. Dabei sind 5 Skalierungsstufen typisch, die in Worten und/ oder in Zahlen angegeben sind. Bei der **Angabe in Worten** ist meist klar, dass die vorgegebenen Stufen einer Rangordnung folgen, es sich also um eine **Ordinalskala** (englisch: Rankingskala) handelt. Bei der **Angabe in Zahlen** ist dies dagegen nicht immer eindeutig. Benutzt man bei einer Bewertung in Zahlen etwa das in Deutschland traditionell etablierte klassische **Notenschema von 1 bis 6**, so entspricht darin jede Ziffer auch einer Note in Worten (s. Tab 2.2.2-a). Aufgrund dieser Konvention kann man davon ausgehen, dass eine Notenskala - egal ob in Worten, in Zahlen oder in beidem angegeben - eine Ordinalskala ist. Die Angabe in Zahlen verleitet aber bereits hier dazu, die Notenskala als metrisch anzusehen und entsprechend auszuwerten.

Mehrfachantworten ohne Ordnung		**Mehrfachantworten mit Skalierung**	
Welche der folgenden Gründe waren für Ihre Studienwahl ausschlaggebend ? (Mehrfachnennung möglich)		Haben sich Ihre Erwartungen in Ihr Studium erfüllt ?	
Persönliches Fachinteresse		Ja, vollständig erfüllt	
Gute Zukunftsaussichten		Überwiegend erfüllt	
Beratung durch andere		Halbe-halbe	
Selbstverwirklichung		Überwiegend nicht erfüllt	
Ich wusste nichts anderes		Nein, gar nicht erfüllt	

Tab. 2.3.3-a: Wichtige Arten von Mehrfachantworten

Noch naheliegender ist dies, wenn nur die **Extremwerte** einer Bewertungsskala **in Worten** benannt, dagegen **alle Bewertungsstufen in Zahlen** angegeben sind. Dies geschieht typischerweise bei der sogenannten **Ratingskala**, die folgende Abbildung 2.3.3.-b beispielhaft zeigt.

trifft vollständig zu	6	5	4	3	2	1	trifft ganz und gar nicht zu
	☐	☐	☐	☐	☐	☐	

Abb. 2.3.3-b: Beispiel einer Ratingskala

Bei einer Ratingskala sind also die meisten Bewertungsstufen in Worten unbekannt, in Zahlen sind sie dagegen vollständig bekannt, so dass sich ihre metrische Interpretation geradezu aufdrängt. Andererseits bilden die Bewertungsstufen auch hier typischerweise nur eine Reihenfolge ab, da über die Abstände der Bewertungszahlen meistens nichts angegeben ist und man nicht weiß, ob überhaupt und wie sie von den Befragten semantisch interpretiert werden. Hier wird also eine Ordinalskala durch die **Art der Darstellung** tendenziell in eine metrische Skala überführt mit weitreichenden Konsequenzen für Auswertungs- und Interpretationsmöglichkeiten, die auf einer Ordinalskala eigentlich nicht zulässig sind. So ist es etwa üblich, auf Ratingskalen Durchschnittswerte zu ermitteln, obwohl dies sachlich häufig und statistisch überwiegend problematisch ist.

Außer den angesprochenen Strukturierungsaspekten gibt es viele weitere wichtige Aspekte, von denen einige mit praxisbewährten Regeln in der folgenden Tabelle 2.3.3.-b zusammengestellt sind. Sie machen deutlich, dass es sich bei der Konstruktion guter Fragebögen eher um eine Kunst als um eine Wissenschaft handelt. Man sollte sie deshalb stets durch oder zumindest unter Mitwirkung von praxiserfahrenen Profis entwerfen und vor ihrer Verwendung im Feld vorab testen.

Aspekt	**Regeln**
Wortwahl	einfach, kurz, neutral (nicht wertbeladen) keine Fachbegriffe, Abkürzungen und Fremdworte
Satzkonstruktion	einfach, kurz , nicht suggestiv, nicht hypothetisch, keine doppelte Verneinung
Inhalt	nur auf eine Sache bezogen, keine Überforderung
Fragenreihenfolge	Einleitungsfragen, Fragentrichterung, schwierige Fragen ans Fragenblockende

Tab. 2.3.3-b: Einige Gestaltungsaspekte und –regeln für Fragen

2.3.4 Voll- und Teilerhebung

Bei der o.g. Volkszählung von 1987 handelt es sich um eine **Vollerhebung**, bei der im Prinzip alle privaten Haushalte und natürlichen Personen in der damaligen Bundesrepublik von Amts wegen erfasst wurden. Allgemein ist eine Vollerhebung dadurch charakterisiert, dass sie die gesamte statistische Masse - die sogenannte **Grundgesamtheit** - betrifft. Vollerhebungen sind bei vielen hoheitlichen Aufgaben der öffentlichen Verwaltungen (z.B. Unterlagen der Wahlämter) und vergleichbaren Aufgaben privater Institutionen (z.B. Personaldaten von Betrieben) nötig und durch Gesetze und/oder Verordnungen vorgeschrieben. Aber selbst wenn keine verpflichtende Notwendigkeit besteht, können sie sinnvoll und angebracht sein, da sie in der Regel die **vollständigsten und genauesten Informationen** über die Masse und ihre Merkmale liefern.

Da **Arbeitsaufwand und Kosten** der Erhebung- und Auswertung auch abhängig von der Datenmenge und damit der Größe der Masse sind, sind Vollerhebungen umso arbeitsaufwendiger und teurer, je größer die Grundgesamtheiten sind. Die damalige Volkszählung war u.a. auch deshalb so umstritten, weil sie als Vollerhebung so enorm aufwendig und teuer war. Darüber hinaus hat es - wegen der riesigen Datenmenge - 2 Jahre gedauert, bis die erhobenen Daten aufbereitet und ausgewertet und die Ergebnisse verfügbar waren. Auch dieser Aspekt der **Aktualität** und zeitnahen Ergebnisverfügbarkeit spielt aus Praxissicht eine wesentliche Rolle.

Eine **Teilerhebung** ist dadurch charakterisiert, dass sie nur einen Teil der Grundgesamtheit erfasst. Die aus der Grundgesamtheit ausgewählte Teilmasse wird im Allgemeinen als **Stichprobe** bezeichnet. Stichproben sind dann **nötig**, wenn Vollerhebungen unmöglich sind. In den meisten Fällen konkurrieren beide Erhebungsarten miteinander. Auf ihre relativen Vor- und Nachteile sowie auf die gängigen Stichprobenverfahren wird in der Stichprobenstatistik im Teil D genauer eingegangen.

2.4 Blick in die Wirtschaftsstatistik

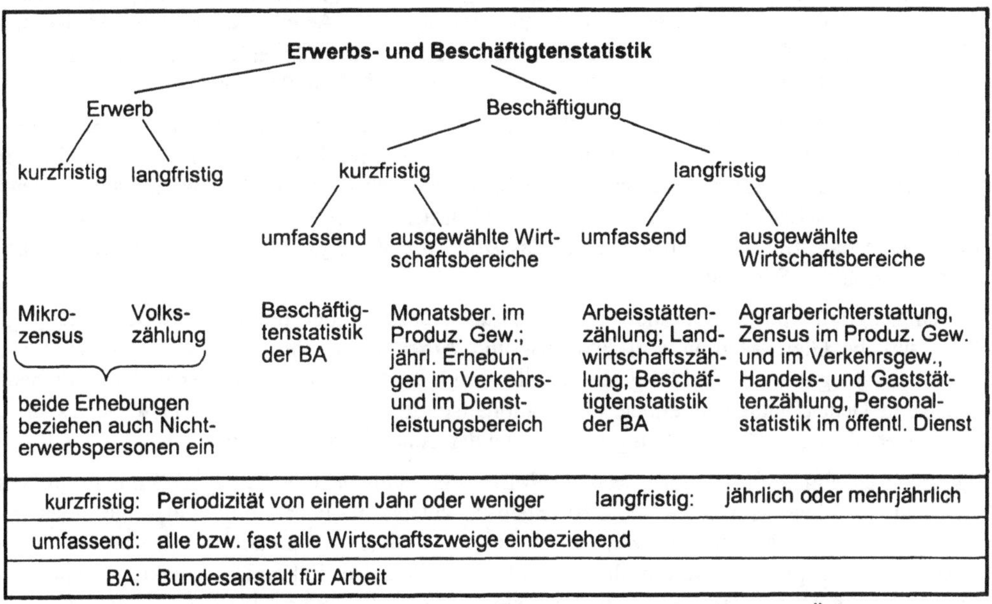

Abb. 2.4: Statistische Untersuchungen zu Erwerbstätigkeit und Beschäftigung (Übersicht)

Zur Veranschaulichung der vorgestellten Grundlagen der beschreibenden Statistik werfen wir abschließend einen Blick in den Teil der amtlichen Wirtschaftsstatistik in Deutschland, der sich dem wichtigen Thema **Erwerbstätigkeit und Beschäftigung sowie Erwerbs- und Arbeitslosigkeit** widmet. Dazu sind in der Abbildung 2.4. zunächst wichtige, regelmäßige, amtliche statistische Untersuchungen zur Erwerbstätigkeit und Beschäftigung übersichtsmäßig in einem Strukturdiagramm dargestellt. Sie unterscheiden sich grob durch Gegenstand, Periodizität, Umfang und durchführende Institutionen. Von grundlegender Bedeutung ist der Unterschied zwischen der Erwerbsstatistik und der Beschäftigtenstatistik. Er beruht auf unterschiedlichen Definitionen der Begriffe „Erwerbstätige" und „Beschäftigte" und damit auf einer unterschiedlichen **sachlichen Angrenzung** der jeweils erhobenen statistischen Einheiten und Massen.

Weitere wichtige Unterschiede zwischen der Erwerbs- und der Beschäftigtenstatistik betreffen den Charakter der statistischen Einheiten, die regionale Gliederung, die Erhebungsmethode und die vorherrschende Betrachtungsweise sowie die Erhebungsmerkmale. Sie sind in der folgenden Tabelle 2.4-a systematisch gegenübergestellt.

Aspekt	Erwerbstätige Personen	Beschäftigte Personen
Begriffs-definition	Personen, die eine entgeltliche Tätigkeit ausüben, ohne Rücksicht auf deren Dauer, geleistete Arbeitszeit und Bedeutung für den Lebensunterhalt bzw. –inhalt (auch Nebentätigkeit, selbständige Tätigkeit, mithelfende Familienangehörige etc.).	Personen, die aufgrund von (sozialversicherungspflichtigen) Arbeits- oder Dienstverhältnissen beschäftigt sind (ca. 75% der Erwerbstätigen), auch Azubis sowie Wehr- und Zivildienstleistende.
Charakter	personenbezogen, nicht häufbar	auf die Arbeitsstätte bezogen, häufbar
Regionale Gliederung	nach dem Wohnort der Erwerbsperson	nach dem Arbeitsort der Beschäftigten (Arbeitsstätte)
Erhebungs-methode	Personenbefragung	Betriebsauskünfte
Vorherrsch. Betrachtungs-weise und Merkmale	gesellschafts- und sozialpolitisch: Bevölkerung nach demografischen und sozialen Merkmalen, Einkommen, Beruf, soziale Stellung, Einstellungen etc.	wirtschaftspolitisch: Produktionsfaktor Arbeit, Produktivität, Arbeitszeit, -kosten, -verdienst, Betriebs- und Branchenmerkmale

Tab. 2.4-a: Wichtige Unterschiede der Erwerbs- und der Beschäftigtenstatistik

Eng verknüpft mit der Erwerbs- und der Beschäftigtenstatistik ist die Statistik der **Erwerbs- und Arbeitslosen**. Da Erwerbslose nicht Erwerbstätige und Arbeitslose nicht Beschäftigte sind, setzen sich die unterschiedlichen Begriffsdefinitionen hier fort. Die wichtigsten Unterschiede zwischen Erwerbs- und Arbeitslosen sind in der folgenden Tabelle 2.4-b systematisch gegenübergestellt. Sie betreffen vor allem das Alter, die Verfügbarkeit, den vorherigen Status und die angestrebte Position.

Danach zeugt die im allgemeinen Sprachgebrauch auch in der medialen Berichterstattung häufig übliche Gleichsetzung von Erwerbs- und Arbeitslosen von statistischer Unkenntnis. Schon bei ganz grober Betrachtung der Tabelle wird klar, dass aufgrund dieser in der amtlichen Statistik in Deutschland verwendeten Operationalisierung der Begriffe die Masse der „statistisch Erwerbslosen" stets erheblich größer als die der „statistisch Arbeitslosen" ist.

Ergänzend ist allgemein bekannt, dass die Masse der „statistisch Arbeitslosen" nur in grober Näherung der Masse der tatsächlich Arbeitslosen entspricht. Hier stößt man - wie auch in anderen Bereichen - auf die Grenzen der Statistik, Massenerscheinungen adäquat zu operationalisieren und zu quantifizieren. In der folgenden Tabelle 2.4-c sind einige Aspekte zusammengestellt, die die Masse der statistisch Arbeitslosen einerseits vergrößern (Stille Reserve) und andererseits verkleinern (unechte Arbeitslosigkeit).

Merkmale	Erwerbslose (Erwerbsstatistik)	Arbeitslose (Arbeitsmarkstatistik)
Alter	ab 15 Jahren, ohne Obergrenze	15 bis 65 Jahre
Arbeits-suche	ohne Tätigkeit 1)	
	nicht notwendigerweise beim Arbeitsamt als arbeitslos registriert	beim Arbeitsamt als arbeitssuchende Arbeitslose registriert
		nicht zwingend Unterstützungsempfänger
Verfüg-barkeit	nicht vorübergehend krank	nicht arbeitsunfähig erkrankt
	bereit, eine entlohnte Tätigkeit anzunehmen	bereit, einen nachgewiesenen Arbeitsplatz anzunehmen
	Schulabgänger (ca. 15 % der EL)	
vorheriger Status	auch Personen, die vorher nicht oder nicht als Arbeitnehmer tätig waren	auch arbeitslose Schulabgänger, Selbständige, mithelfende Familienangehörige oder Hausfrauen, die Teilzeitbeschäftig. suchen
	auch Personen, die bereits aus dem Erwerbsleben ausgeschieden sind	
Ange-strebte Position	Tätigkeit nicht nur als Arbeitnehmer, sondern z.B. auch als Selbständiger	Tätigkeit als Arbeitnehmer
		nicht nur in einem bestimmten Betrieb oder als Heimarbeiter
	auch kurzzeitig und geringfügig 2), 3)	nicht kurzzeitig und geringfügig 2), 3)
	auch Schulabgänger, die nur eine Ausbildungsstelle suchen	
Ausge-nomme-ner Per-sonen-kreis	Kurzarbeiter, Schlechtwettergeldempfänger	Kurzarbeiter, Schlechtwettergeldempfänger,
		Ausbildungsstelle suchende Schulabgänger
		Teilnehmer von arbeitsmarktpolitischen Maßnahmen (Umschulung, ABM usw.)
		Bezieher von Renten
Legende		
1) ohne Tätigkeit	: zur Berichtszeit nicht eine einzige Stunde in der Woche erwerbstätig	
2) kurzzeitige Beschäftigung	: kürzer als 3 Monate	
2) geringfügige Beschäftigung	: weniger als 18 Stunden/Woche	

Tab. 2.4-b: Wichtige Unterschiede von Erwerbs- und Arbeitslosen

„Stille Reserve"	**„Unechte bzw. freiwillige" Arbeitslose**
Formen der Unterbeschäftigung, die offiziell nicht als Arbeitslosigkeit gelten, sondern darin bestehen, dass Arbeitswünsche nicht realisiert werden können	Personen, die nicht (oder nicht mehr) die Absicht haben, eine Arbeitsstelle anzunehmen, aus der (weiteren) Registrierung als Arbeitslose jedoch Vorteile haben
1.Teilzeitarbeitslosigkeit a. offen (erkennbar): Kurzarbeit b. verdeckt (nicht erkennbar): Arbeitnehmer fand Teilzeitarbeit, würde aber lieber länger arbeiten	**1. „Arbeitsunwillige"** Personen, die sich arbeitslos melden, ohne ernsthaft arbeitswillig zu sein.
2. Verdeckte Arbeitslosigkeit (ungünstige Arbeitsmarktbedingungen) a. entmutigte Arbeitskräfte, die die Arbeitssuche aufgegeben haben b. Jugendliche, die deshalb länger die Schule besuchen c. ältere Arbeitnehmer, die vorzeitig aus dem Erwerbsleben ausscheiden d. Personen in arbeitsmarktpolitischen Maßnahmen, die bei geringerer Arbeitslosigkeit nicht ergriffen worden wären e. Export von Arbeitslosigkeit bei Rückwanderungsüberschuss ausländischer Arbeitskräfte	**2. „Sozialleistungsempfänger"** Personen, die sich arbeitslos melden, um soziale Ansprüche zu wahren a. Renten- und Krankenversicherungsansprüche b. Vorruheständler c. Sozialhilfeempfang d. Fortzahlung des Kindergeldes bei Schulentlassenen, die auf den Beginn der Lehre oder des Studiums warten e. Empfang von Geldern aus einem Sozialplan zur Aufstockung des Arbeitslosgeldes

Tab. 2.4-c: „Stille Reserve" und „unechte" Arbeitslose

2.5 Übung

Fragen

F1. Welches sind die typischen Phasen einer vollständigen statistischen Untersuchung und wie sind sie überwiegend auf Auftraggeber/Anwender und Statistiker/Analytiker verteilt?

F2. Welche typischen Fehlerarten können trotzt akkuraten Arbeitens bei statistischen Untersuchungen auftreten ?

F3. Wie stehen Sie zu dem Satz „Nichts lügt so sehr wie die Statistik" ?

F4. Was sind Querschnitt- und Längsschnittuntersuchungen ?
Nennen Sie jeweils drei typische Beispiele aus der Wirtschaftspraxis.

F5. Was ist eine eindimensionale, eine mehrdimensionale und eine bivariate Analyse ? Nennen Sie jeweils ein typisches Beispiel aus der Wirtschaftpraxis für jede Analyseart.

F6. Nennen Sie drei typische Fragestellungen aus der betriebswirtschaftlichen Praxis, die man mit univariater Querschnittdatenanalyse beantworten kann.

F7. Nennen Sie drei typische Fragestellungen aus der betriebswirtschaftlichen Praxis, die man mit univariater Längsschnittdatenanalyse beantworten kann.

F8. Nennen Sie drei typische Fragestellungen aus der betriebswirtschaftlichen Praxis, die man mit mehrdimensionaler Analyse beantworten kann.

F9. Welche bei mehrdimensionalen Analysen mögliche Fragestellungen lassen sich nur durch multivariate Analyse beantworten ?

F10. Welche bei Längsschnittdatenanalysen möglichen Fragestellungen lassen sich durch beschreibende Statistik nicht beantworten ?

F11. Wie ist eine statistische Masse eindeutig zu definieren bzw. abzugrenzen ?

F12. Welche Bezeichnungen sind für die Elemente einer statistischen Masse üblich ?

F13. Was sind Bestands- und Bewegungsmassen ? Nenne Sie jeweils ein typisches Beispiel aus der Wirtschaftspraxis.

F14. Wann ist eine vorliegende Masse eine Grundgesamtheit, wann eine Stichprobe und welche wesentlichen Folgen hat das für ihre statistische Aufbereitung und Auswertung einerseits und die Aussagefähigkeit der Ergebnisse andererseits ?

F15. Was sind qualitative und quantitative Merkmale und welche Merkmalsart hat für die Wirtschaftspraxis größere Bedeutung ?

F16. Was sind diskrete und stetige Merkmale und welche Merkmalsart hat für die Wirtschaftspraxis größere Bedeutung ?

F17. Was versteht man unter „Diskretisierung stetiger Merkmale" und „Verstetigung diskreter Merkmale" und wozu macht man das ?

F18. Was versteht man unter Skalierung ?

F19. Was sind die Charakteristika der Nominal-, Ordinal- und Kardinalskala ?

F20. Was sind die Charakteristika der Intervall-, Verhältnis- und Absolutskala ?

F21. Warum ist die Skalenart für die statistische Bearbeitung von Daten entscheidend ?

F22. Welche Operationen sind auf welchen Skalenarten empirisch sinnvoll durchführbar ?

F23. Was versteht man unter „Herauf- und Herunterskalieren" und wozu macht man das ?

F24. Welche wichtigen Arten der Datenerhebung kennen Sie ?

F25. Was ist Sekundärdatenerhebung, welche wesentlichen Vor- und Nachteile hat sie ?

F26. Was ist Primärdatenerhebung und welche wesentlichen Vor- und Nachteile hat sie ?

F27. Was ist Beobachtung und welche wesentlichen Vor- und Nachteile hat sie ?

F28. Was ist Befragung und welche wesentlichen Vor- und Nachteile hat sie ?

F29. Welche Arten der Befragung kennen Sie und welche Rolle spielt dabei der Fragebogen ?

F30. Welche Kernprobleme hat jede Befragung ?

F31. Nach dem Zweck der Fragen sollte jeder Fragebogen drei Fragenkomplexe enthalten. Welche ?

F32. Welche Informationsarten kann man im Hauptteil eines Fragebogens unterscheiden ?

F33. Welcher Zusammenhang besteht zwischen diesen Informationsarten und den Kernproblemen jeder Befragung ?

F34. Was sind offene, was geschlossene Fragen und welche praxisbewährte Regel gibt es dazu?

F35. Welche Antwortmöglichkeiten gibt es bei geschlossenen Fragen ?

F36. Was ist eine Mehrfachnennung ?

F37. Was ist eine Mehrfachantwort mit Skalierung ?

F38. Welche typischen Anwendungsgebiete von Mehrfachantworten mit Skalierung kennen Sie ?

F39. Wie viele Skalierungsstufen haben Mehrfachantworten mit Skalierung typischerweise, die in der Markt- und Meinungsforschung bei Bewertungen benutzt werden ?

F40. Handelt es sich bei den in F39 angesprochenen Skalen um Ordinal- oder um Kardinalskalen ? (Begründung)

Aufgaben

Aufgabe „Erwerbs- und Arbeitslose"
Studieren Sie die Abb. 2.4 und die Tab. 2.4.-a über amtliche statistische Untersuchungen in Deutschland zum Thema Erwerbstätigkeit und Beschäftigung.

Aufgabenstellungen

a. Nennen Sie 5 wichtige Unterschiede der Erwerbs- und Beschäftigtenstatistik.

b. Betrachten Sie folgende Prinzipienskizze über Arbeits- und Erwerbslose.

  b1. Was sagt die Skizze über die statistischen Massen „Erwerbslose" und „Arbeitslose" ?

  b2. Geben Sie mindestens 5 Kriterien und deren Ausprägungen an für Erwerbslose, die nicht arbeitslos sind.

  b.3. Geben Sie mindestens 3 Kriterien an für Arbeitslose, die nicht erwerbslos sind.

  b.4. Schätzen Sie die in der Skizze abgebildeten Massen in Deutschland größenordnungsmäßig ab.

c. Wie sind die in der Skizze abgebildeten Massen in das Kategoriensystem der Erwerbsstatistik und der Arbeitsmarktstatistik eingebettet ?

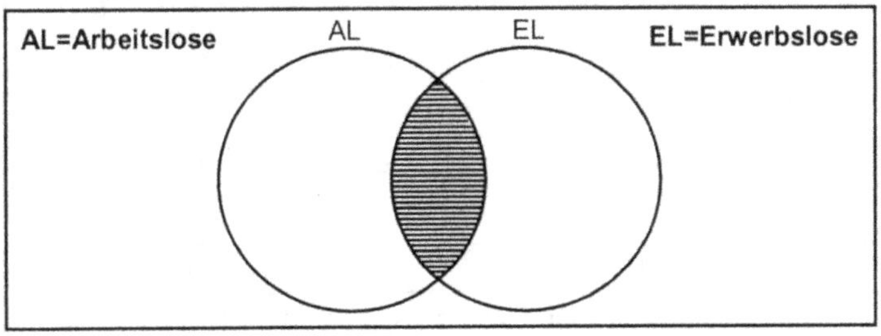

Aufgabe „Alles über Merkmale"

Betrachten Sie die in der folgenden Tabelle zusammengestellten statistischen Merkmale.

Merkmalsträger	Merkmal	Merkmalsausprägungen (beispielhaft mit Dimension)	Merkmalsart	Skalenart
	Einkommen (€)			
	Beschäftigungsverhältnis			
	Qualitätsstufe (Warenqual.)			
	Schulbildungsabschluss			
	Wechselkurs (US$ zu €)			
	Gewichtsstufe v. Briefen			
	Lebensqualität			

Aufgabenstellungen

a. Geben Sie für die Begriffe in der Kopfzeile andere übliche Bezeichnungen an.

b. Worauf müssen Sie beim Ausfüllen der ersten Spalte besonders achten ?

c. Füllen Sie die Felder der letzten drei Spalten vollständig aus.

Aufgabe „Fragebogen Lehrveranstaltungsbewertung"

Im Folgenden sind wesentliche Teile eines Fragebogens zur Bewertung von Lehrveranstaltungen an einer deutschen Wirtschaftshochschule wiedergegeben. Der Fragebogen besteht aus 2 Seiten mit insgesamt ca. 30 Fragen zu den vier aufeinander folgenden Fragenkomplexen:

A. Dozentin/Dozent B. Lehrveranstaltung C. Studentin/Student

D. Fachgebiet, zu dem die jeweilige Lehrveranstaltung gehört (hier nicht wiedergegeben)

Markieren Sie so: ☐ ☒ ☐ ☐ ☐
Korrektur: ☐ ■ ☐ ☒ ☐

Verwenden Sie einen Kugelschreiber, rote Farbe unbedingt vermeiden! Dieser Fragebogen wird maschinell erfasst. Bitte beachten Sie im Interesse einer optimalen Datenerfassung die links gegebenen Hinweise beim Ausfüllen.

A. Zur Dozentin/ zum Dozenten

1. Die Dozentin/der Dozent ...	trifft vollkommen zu 6	5	4	3	2	überhaupt nicht zu 1
... beherrscht ihr/sein Fachgebiet.	☐	☐	☐	☐	☐	☐
... hat LV inhaltlich gut vorbereitet.	☐	☐	☐	☐	☐	☐
... beantwortet Fachfragen kompetent.	☐	☐	☐	☐	☐	☐
2. Die Dozentin/der Dozent ...						
... kann auch schwierige Sachverhalte gut erklären.	☐	☐	☐	☐	☐	☐
... gestaltet die LV interessant.	☐	☐	☐	☐	☐	☐
... hat die Lernziele klar definiert.	☐	☐	☐	☐	☐	☐
... macht den roten Faden deutlich sichtbar.	☐	☐	☐	☐	☐	☐
... gibt gute Zusammenfassungen.	☐	☐	☐	☐	☐	☐
... stellt Querverbindungen zu anderen LV her.	☐	☐	☐	☐	☐	☐
... gibt methodische Hinweise zum effizienten Lernen.	☐	☐	☐	☐	☐	☐

B. Zur Lehrveranstaltung

	trifft vollkommen zu 6	5	4	3	2	überhaupt nicht zu 1
4. Der Lerninhalt ist aktuell.	☐	☐	☐	☐	☐	☐
5. Es werden internationale Perspektiven integriert.	☐	☐	☐	☐	☐	☐
6. Es werden geschlechtsspezifische Inhalte integriert.	☐	☐	☐	☐	☐	☐
7. Es werden ökologische Aspekte angesprochen.	☐	☐	☐	☐	☐	☐
8. Es werden Praxisbeispiele besprochen.	☐	☐	☐	☐	☐	☐
9. Die Veranstaltung vermittelt theoretische Grundlagen.	☐	☐	☐	☐	☐	☐
10. Für die Lehrveranstaltung ist Vorwissen erforderlich.	☐	☐	☐	☐	☐	☐
11. Das inhaltliche Niveau der Lehrveranstaltung ist hoch.	☐	☐	☐	☐	☐	☐
12. Der/die Dozent/in erwartet zu viel Vor- und Nachbereitung.	☐	☐	☐	☐	☐	☐

Quellenhinweis: Lehrveranstaltungsevaluation an der Fachhochschule für Wirtschaft Berlin / University of Applied Sciences.

Fortsetzung von B.

13. Der vermittelte Stoff ist: ☐ zu umfangreich ☐ angemessen ☐ zu gering

14. Der Einsatz der Medien ist:	hilfreich 6	5	4	3	2	nicht hilfreich 1
... Tafel	☐	☐	☐	☐	☐	☐
... Folien	☐	☐	☐	☐	☐	☐
... PC-Demo	☐	☐	☐	☐	☐	☐
... Video	☐	☐	☐	☐	☐	☐

15. Welche Prüfungsleistung erbringen Sie in dieser LV ?
☐ Klausur ☐ Hausarbeit ☐ Referat ☐ Studienleistung ☐ mdl. Prüfung
sonstige:

16. Besonders gestört hat mich: (Mehrfachnennungen möglich)
☐ Lärm ☐ die Raumsituation ☐ unqualifizierte Bemerkungen von anderen Studierenden
☐ häufige Verlegungen/Ausfall ☐ die empfohlene Literatur war nicht in der Bibliothek verfügbar
☐ zu hohe Teilnehmerzahl ☐ zu wenig Anwesende

C. Studentin/ Student

	nie	1x	2x	3x	4x	>4x
17. Ich habe in der LV gefehlt:	☐	☐	☐	☐	☐	☐

18. Wie schätze ich mich selber ein ?	intensiv 6	5	4	3	2	gering 1
... Interesse an der LV	☐	☐	☐	☐	☐	☐
... Mitarbeit	☐	☐	☐	☐	☐	☐
... Vor- und Nachbereitung an der LV	☐	☐	☐	☐	☐	☐

19. Ich habe ausreichende Vorkenntnisse für diese LV. ☐ ja ☐ nein
20. War diese Lehrveranstaltung Ihre "1.Wahl„ ? ☐ ja ☐ nein
21. Würden Sie diese LV weiterempfehlen ? ☐ ja ☐ nein

22. Ich bin ☐ männl. ☐ weibl. ☐ Ausländer/in
23. ☐ im GS ☐ im HS ☐ Tagesstudent/in ☐ Abendstudent/in

24. Seit wie vielen Semestern studieren Sie an der FHW (einschl. des laufenden Semesters) ?

1	2	3	4	5	6	7	8	9	10	11	mehr als 12
☐	☐	☐	☐	☐	☐	☐	☐	☐	☐	☐	☐

25. Weitere Kommentare zur LV ?

Aufgabenstellungen

Setzen Sie sich im Lichte des Verwendungszwecks kritisch mit dem Fragebogen aus inhaltlicher und statistischer Sicht auseinander.

a. Gesamtaufbau: Würdigen Sie seinen Umfang, seine Teile (A, B, C, D), deren Reihenfolge und Proportionen.
b. Informationsarten: Nennen Sie beispielhaft je 3 Fragen, die sich auf demografische Merkmale, Überzeugungen, Verhalten und Meinungen beziehen.
c. Fragen- und Antwortarten (nach der Struktur): Welche Arten von Fragen und Antworten (nach der Struktur) kennen Sie und welche davon kommen im Fragebogen vor bzw. nicht vor (mit beispielhafter Nennung) ?
d. Skala bei Mehrfachantworten mit Skalierung: Was spricht für, was gegen die bei den meisten Mehrfachantworten mit Skalierung verwendete Skala ?
e. Frageninhalte: Welche Frageninhalte halten Sie aus Evaluationssicht für sinnvoll, welche für nicht sinnvoll und welche fehlen ?

3 Aufbereitung und Präsentation univariater Querschnittdaten

Die wichtigsten Aufbereitungstätigkeiten von Querschnittdaten zeigt folgende Übersicht.

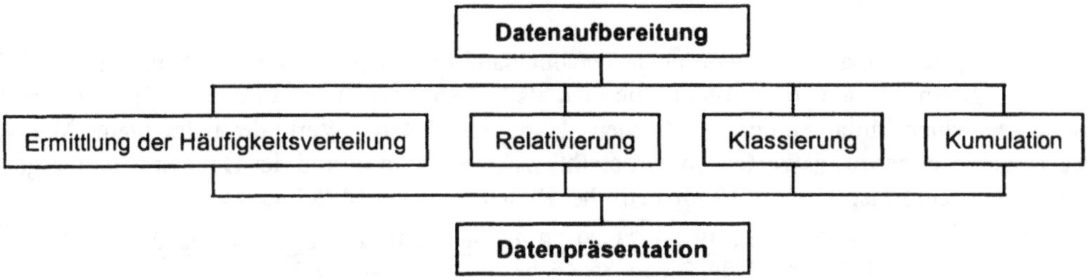

Die **Ermittlung der Häufigkeitsverteilung** eines erhobenen Merkmals ist eine grundlegende und immer nötige Aufbereitungstätigkeit. Aus der **absoluten** Häufigkeitsverteilung soll man charakteristische quantitative und strukturelle Informationen über die betrachtete Masse entnehmen können.

Ergänzend ist es immer sinnvoll - wenn nicht nötig - , absolute Zahlen durch relative zu vervollständigen. **Relative** Zahlen sind - anwenderfreundlich als Prozentzahlen ausgedrückt - meist notwendig für Vergleiche, die implizit oder explizit mit statistischen Zahlen vorgenommen werden.

Manchmal ist es für Untersuchungen zweckdienlich, Daten schon bei der Erhebung oder später bei der Aufbereitung zu verdichten, indem man sie zu Gruppen oder Klassen zusammenfasst. Die **Klassierung** ist eine typische Aufbereitungstätigkeit, bei der auf Detailinformationen in häufig sehr großen Massen verzichtet wird mit dem Ziel, das Typische in der Masse durch weniger und gröbere Informationen herauszustellen.

Ergänzend ist es häufig möglich und sinnvoll, Häufigkeiten aufzusummieren und dadurch eine Verdichtung von Daten herbeizuführen. Die **Summation** ist eine typische Aufbereitungstätigkeit, mit der zusätzliche Erkenntnisse über besonders interessierende Teile einer Verteilung - z.B. deren Ränder oder deren zentralen Bereich - gewonnen werden können.

Die Ergebnisse der Datenaufbereitung sind schließlich in möglichst übersichtlicher und anschaulicher Form darzustellen. Der anwenderfreundlichen **Präsentation** der Aufbereitungsergebnisse kommt in der Praxis eine immer größere und zunehmend eigenständige Bedeutung zu.

Die Datenaufbereitung und -präsentation betrifft zunächst einmal jede einzelne Masse und jedes einzelne Merkmal im Rahmen der sogenannten eindimensionalen bzw. univariaten Analyse, die in diesem Kapitel behandelt wird. Die Erweiterung zur mehrdimensionalen Sicht erfolgt im Kapitel 7.

3.1 Von den Erhebungsdaten zur Häufigkeitsverteilung

Der Bearbeitungsprozess von den Erhebungsdaten zur Häufigkeitsverteilung ist in der folgenden Übersicht grob dargestellt.

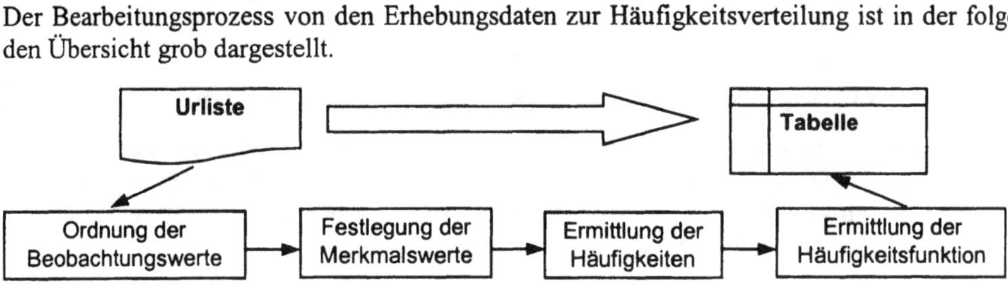

Zu seiner Illustration betrachten wir ein **Einführungsbeispiel aus der Personalstatistik**. In einem Betrieb mit insgesamt 50 Mitarbeitern soll deren Altersstruktur aus der Personaldatei ermittelt werden. Im vorliegenden Fall ist also n=50.

Urliste

Die Abfrage der alphabetisch geordneten Personaldatei nach dem Merkmal Lebensalter in Jahren erbringt eine Rohdatensammlung, die man als **Urliste** bezeichnet. In einer Urliste sind die an den einzelnen Einheiten der statistischen Masse beobachteten Werte des betrachteten Merkmals - die **Beobachtungswerte** - so aufgereiht, wie sie sich aufgrund der Datenerhebung ergeben, in unserem Beispiel also in alphabetischer Reihenfolge der Mitarbeiter.

46, 39, 32, 23,19,39,33,23, 39, 33, 19, 39, 23, 20, 39, 19, 39, 23, 46, 21, 19, 23, 46 , 39, 33, 39, 23
46, 39, 52, 21, 19, 46, 23, 33, 19, 39, 20, 33, 35, 46, 52, 46, 51, 51, 46, 59, 58, 59, 51

Urliste der Beobachtungswerte im Einführungsbeispiel

Offensichtlich ist, dass die Daten in einer Urliste einer **zweckmäßigen Aufbereitung** bedürfen, um erste Informationen über das an der Masse betrachtete Merkmal zu liefern.

3.1.1 Ordnung der Beobachtungswerte

Die erste Aufbereitungstätigkeit besteht deshalb darin, die Beobachtungswerte nach den Ausprägungen des betrachteten Merkmals **sinnvoll zu ordnen**. Beim Alter handelt es sich um ein quantitatives, metrisch skaliertes Merkmal, das sinnvoll aufsteigend oder abfallend angeordnet - d.h. sortiert - werden kann. Man erhält so eine **geordnete statistische Reihe**, so wie im Folgenden für die Beobachtungswerte des Einführungsbeispiels dargestellt.

19, 19, 19, 19, 19, 19, 20, 20, 21, 21, 23, 23, 23, 23, 23, 23, 23, 33, 33, 33, 33, 33, 33, 39, 39, 39, 39
39, 39, 39, 39, 39, 39, 45, 46, 46, 46, 46, 46, 46, 46, 46, 51, 51, 51, 52, 52, 52, 59, 59

Geordnete statistische Reihe der Beobachtungswerte im Einführungsbeispiel

Eine weitergehende Ordnung sortierter Beobachtungswerte und vor allem ihre anschaulichere Präsentation ermöglicht das **Stamm-Blatt-Diagramm** (engl. Stem and Leaf Display). Dessen Bezeichnung rührt von der Datenstruktur her, die einem Baumstamm mit Ästen und Blättern ähnelt. Die folgende Abbildung 3.1.1 zeigt das Stamm-Blatt-Diagramm für das Einführungsbeispiel. Ein Stamm-Blatt-Diagramm entsteht aus sortierten Beobachtungswerten in zwei Schritten:

- Im ersten Schritt sind die Zahlen nach der ersten Ziffer zu gruppieren, mit der Ziffer 0 für Zahlen unter 10. Im Einführungsbeispiel gibt es 5 Gruppen mit den führenden Ziffern 1, 2, 3, 4 und 5, die auf der linken Diagrammseite in aufsteigender Ordnung senkrecht untereinander stehen und zusammengenommen den Stamm des Baumes bilden. Dabei bildet jede der Gruppen den Ausgangspunkt eines Astes oder Zweiges, der vom Stamm abgeht.

```
1 | 9, 9, 9, 9, 9, 9
2 | 0, 0, 1, 1, 3, 3, 3, 3, 3, 3, 3
3 | 3, 3, 3, 3, 3, 3, 9, 9, 9, 9, 9, 9, 9, 9, 9, 9
4 | 5, 6, 6, 6, 6, 6, 6, 6, 6
5 | 1, 1, 1, 2, 2, 2, 9, 9
```

Abb. 3.1.1: Ast-Blatt-Diagramm der Beobachtungswerte im Einführungsbeispiel

- Im zweiten Schritt sind die Beobachtungswerte aus der Rangliste zu übernehmen und für jede Gruppe separat auf der rechten Seite des Diagramms waagerecht und in aufsteigender Ordnung von links nach rechts abzutragen wie Blätter an Ästen. Dabei erübrigt sich die jeweils erste Ziffer wegen der vorangegangenen Gruppierung.

In einer geordneten statistischen Reihe von Beobachtungswerte erkennt man

- den **kleinsten und den größten** vorkommenden Wert (hier 19 und 59),
- mögliche Merkmalsausprägungen, die **nicht vorkommen** (hier etwa 24 bis 29 etc.),
- Beobachtungswerte, die **mehrmals vorkommen** (hier etwa 19, 20,etc.),

wobei diese Informationen dem Stamm-Blatt-Diagramm in der Regel einfacher zu entnehmen sind als der sortierten Liste der Beobachtungswerte

3.1.2 Festlegung der Merkmalswerte

Im zweiten Schritt sind die Merkmalsausprägungen festzulegen, die in der Häufigkeitsverteilung dargestellt werden sollen. Dabei sind die aus der geordneten statistischen Reihe der Beobachtungswerte ablesbaren o.g. Informationen hilfreich, wenn nicht gar nötig. Zur Festlegung der Merkmalswerte gibt es nämlich verschiedene Möglichkeiten. Eine besonders einfache besteht darin, nur die **Beobachtungswerte als Merkmalswerte** zu übernehmen. Eine andere etwa darin, **alle systematisch möglichen und sinnvollen Ausprägungen in einem relevanten Wertebereich** vorzusehen. Die Umsetzung dieser beiden Gestaltungsprinzipien führt im Einführungsbeispiel zu den in der folgenden Abbildung 3.1.2 dargestellten beiden Varianten a) und b) aufsteigend geordneter Merkmalswerte.

Lebensalter (Jahre)
19
20
21
23
33
39
45
46
51
52
59

a) Merkmalswerte= Beobachtungswerte

Lebensalter (Jahre)
15
16
17
18
19
...
61
62
63
64
65

b) Merkmalswerte = systematisch mögliche Ausprägungen in relevantem Wertebereich

Abb. 3.1.2: Varianten geordneter Merkmalswerte im Einführungsbeispiel

Die jeweils sinnvolle Festlegung und Ordnung von Merkmalswerten ist vornehmlich vom Merkmal selbst und den Untersuchungszwecken abhängig, hat aber Auswirkungen auf den Erhebungs- und Aufbereitungsaufwand. In unserem Einführungsbeispiel beschränken wir uns auf die einfachere Variante und übernehmen nur die voneinander verschiedenen Beobachtungswerte als Merkmalswerte in der Häufigkeitsverteilung.

Ganz allgemein besteht das Ergebnis dieser Aufbereitungstätigkeit für ein Merkmal X mit n Beobachtungswerten $x_1, \ldots, x_n$ in einer geordnete Liste seiner tatsächlich beobachteten oder systematisch möglichen und sinnvollen Merkmalswerte x_j, mit j=1,..., m und im allgemeinen mit $m \leq n$.

3.1.3 Ermittlung der absoluten Häufigkeiten

Die dritte Aufbereitungstätigkeit besteht darin, die Häufigkeiten zu ermitteln, mit der die festgelegten Merkmalswerte als Beobachtungswerte aufgetreten sind. Diese Häufigkeiten nennt man **absolut** und symbolisiert sie im Allgemeinen mit **h**. Die absolute Häufigkeit eines Merkmalswertes ist die Anzahl der mit ihm identischen Beobachtungswerte. Wir formalisieren die absolute Häufigkeit des Merkmalswertes x des Merkmals X mit **h(X= x)**. Für einen beliebigen der m Merkmalswerte j notieren wir entsprechend $\mathbf{h(x_j)}$ oder noch kürzer $\mathbf{h_j}$.

3.1.4 Ermittlung der absoluten Häufigkeitsfunktion

Die vierte Aufbereitungstätigkeit besteht in der Zuordnung der ermittelten absoluten Häufigkeiten zu ihren Merkmalswerten. Die systematische Zuordnung ergibt eine **Häufigkeitsverteilung**, die in der Fachsprache der Statistik **Häufigkeitsfunktion** genannt wird. Die fachsprachliche Bezeichnung bringt präziser zum Ausdruck, dass die Zuordnung von Häufigkeiten zu Merkmalswerten als mathematische Funktion aufgefasst und entsprechend formalisiert und rechnerisch behandelt werden kann. Im vorliegenden Fall handelt es sich um eine **diskrete Funktion**, die aus einer abzählbaren Menge von Wertepaaren besteht, wobei jedes einzelne Wertepaar die Einzelzuordnung einer absoluten Häufigkeit zu einem Merkmalswert angibt. Bei m Merkmalswerten resultiert daraus formal das **m –Tupel:** $\{(x_1,h_1),..., (x_m,h_m)\}$.

Eine ermittelte Häufigkeitsfunktion wird standardmäßig in **Tabellenform** dargestellt. Im Einführungsbeispiel würde man bei manueller Arbeitsweise etwa über eine Strichliste zur absoluten Häufigkeitsfunktion kommen, so wie in der folgenden Tabelle 3.1.4 dargestellt.

Lebensalter (Jahre)	Absolute Häufigkeit Striche	Zahlen	Relative Häufigkeit dezimal	prozentual	
x_j	$h(x_j)$		$f(x_j)$		
19	IIIII I	6	6/50	0,12	12
20	II	2	2/50	0,04	4
21	II	2	2/50	0,04	4
23	IIIII II	7	7/50	0,14	14
33	IIIII I	6	6/50	0,12	12
39	IIIII IIIII	10	10/50	0,20	20
45	I	1	1/50	0,02	2
46	IIIII III	8	8/50	0,16	16
51	III	3	3/50	0,06	6
52	III	3	3/50	0,06	6
59	II	2	2/50	0,04	4
Summe		**50**		**1,00**	**100**

Tab. 3.1.4: Häufigkeitsfunktion des Merkmals Lebensalter (Altersverteilung)

3.1.5 Anwendbarkeit bei Merkmals- und Skalenarten

Die Ermittlung der Häufigkeitsfunktion eines Merkmals ist nicht nur bei quantitativen Merkmalen wie dem Alter, sondern generell bei allen Merkmals- und Skalenarten ohne Schwierigkeiten möglich. Die in der folgenden Tabelle 3.1.5-a/-b dargestellten Beispiele von Häufigkeitsverteilungen qualitativer Merkmale mit Nominal- und Ordinalskala aus dem Personalbereich machen dies deutlich.

Beschäftigungs-verhältnis	Abs. Häufigkeit	Rel. Häufigkeit
x_j	$h(x_j)$	$f(x_j)$
Beamte	20	0,40
Angestellte	16	0,32
Arbeiter	8	0,16
Auszubildende	2	0,04
Praktikanten	4	·0,08
Summe	**50**	**1,00**

Leistungs-beurteilung	Abs. Häufigkeit	Rel. Häufigkeit
x_j	$h(x_j)$	$f(x_j)$
sehr gut	4	0,08
gut	10	0,20
befriedigend	20	0,40
ausreichend	12	0,24
unzureichend	4	0,08
Summe	**50**	**1,00**

Tab. 3.1.5-a/-b: Häufigkeitsfunktionen der Merkmale „Beschäftigungsverhältnis" und „Leistungsbeurteilung"

3.2 Relativierung durch Verhältniszahlen

Absolute Zahlen über einen Sachverhalt liefern notwendige, aber meistens nicht hinreichende Informationen für ein sachadäquates Bild. Wenn es gelegentlich so aussieht, als ob sie allein schon wesentliche Erkenntnisse vermitteln, ist das zumeist darauf zurückzuführen, dass man sie implizit mit anderen Zahlen vergleicht. Der **Vergleich** ist eine grundlegende statistische Untersuchungsart und kann auch bei der Aufbereitung von Daten sinnvoll genutzt werden. Dabei werden beim einfachen Vergleich nur **zwei sinnvoll ausgewählte Zahlen** miteinander verglichen. Die beiden in den Vergleich einbezogenen Zahlen können auf verschiedene Art und Weise rechnerisch miteinander in Beziehung gebracht werden. Eine wichtige Möglichkeit besteht darin, sie zueinander ins Verhältnis zu setzen, d.h. die eine in den Zähler und die andere in den Nenner eines Bruchs (Quotienten) einzusetzen. Die so entstehende **Verhältniszahl** ist durch Teilen (Division) immer leicht zu berechnen.

Gliederungszahlen
Liegt die absolute Häufigkeitsverteilung eines Merkmals vor, so sind in ihr nur Sachvergleiche möglich, bei denen die absoluten Häufigkeiten von ausgewählten Merkmalswerten (Teilmassen) miteinander verglichen werden. **Grundlegend** ist dabei der Vergleich der absoluten Häufigkeit eines Merkmalswertes (Teilmasse) mit der Summe der absoluten Häufigkeiten aller Merkmalswerte (Gesamtmasse). Die Größe der Gesamtmasse wird hier, wie bereits eingeführt, mit **n**, die absolute Häufigkeit des ausgewählten Merkmalswertes x_j bzw. die Größe der ausgewählten Teilmasse j mit $\mathbf{n_j}$ notiert. Setzt man die Teilmasse in den Zähler und die Gesamtmasse in den Nenner einer Verhältniszahl, so erhält man eine **Gliederungszahl $\mathbf{G_j}$** formal:

$$G_j = \frac{n_j}{n} \ldots j = 1,\ldots,m$$

Sie gibt den **Anteil** der ausgewählten Teilmasse j an der Gesamtmasse an und wird in der Statistik auch **Quote** genannt. Angewendet auf die absoluten Häufigkeiten einer Verteilung erhält man so **relative** Häufigkeiten.

Die relative Häufigkeit wird hier mit **f** symbolisiert, d.h. analog zur absoluten Häufigkeit mit **$\mathbf{f(X{=}x_j)}$ bzw. $\mathbf{f(x_j)}$ bzw. $\mathbf{f_j}$** notiert. Sie gibt inhaltlich den **Anteil** der Beobachtungswerte, die mit einem Merkmalswert übereinstimmen, an allen Beobachtungswerten an. Sie wird für einen Merkmalswert x_j berechnet, indem man seine absolute Häufigkeit $h(x_j)$ durch die Größe der statistischen Masse n teilt, d.h. formal:

$$f(x_j) = h(x_j)/n \text{ bzw. } f_j = h_j/n.$$

Für die Einführungsbeispiele sind die relativen Häufigkeiten nach dieser Formel jeweils in den rechten Spalten der obigen Tabellen 3.1.4 und 3.1.5-a/-b nachvollziehbar ermittelt und dargestellt. Dabei handelt es sich um **Dezimalzahlen**, die durch Multiplikation mit 100 leicht in **anwenderfreundlichere Prozentzahlen** überführt werden können.

Messzahlen
Setzt man in einer absoluten Häufigkeitsverteilung eine Teilmasse im Zähler zu **einer anderen Teilmasse im Nenner** ins Verhältnis, so erhält man eine **Messzahl**. Die Teilmasse im Nenner ist dabei der **Bezugspunkt bzw. die Basis** des Vergleichs und wird hier mit **b** symbolisiert. Notiert man die Größe der Teilmasse im Zähler wie eingeführt mit $\mathbf{n_j}$, die Größe der Teilmasse im Nenner mit $\mathbf{n_b}$ und die Messzahl mit $\mathbf{M_{j,b}}$, so gilt formal:

$$M_{j,b} = \frac{n_j}{n_b}$$

Messzahlen sind - wie auch Gliederungszahlen - dimensionslose Zahlen oder Prozentzahlen. Als dimensionslose Zahlen geben sie die **Relation als Faktor** an, um den sich die beiden

Massen im Niveau unterscheiden. In der folgenden Tabelle 3.2 sind für die Einführungsbeispiele aus 3.1 einige typische Fragestellungen sowie deren Beantwortung durch entsprechende Messzahlen nachvollziehbar dargestellt.

Fragestellung	Antwort durch Messzahlen
Lebensalter: Wie ist das Zahlenverhältnis der ältesten zu den jüngsten Mitarbeitern ?	$\frac{h(59)}{h(19)} = \frac{2}{6} = \frac{1}{3} = 0{,}33 = 33\%$
Beschäftigungsverhältnis: Wie ist das Zahlenverhältnis von Angestellten und Arbeitern ?	$\frac{h(Angest.)}{h(Arbeiter)} = \frac{16}{8} = \frac{2}{1} = 2{,}00 = 200\%$
Leistungsbeurteilung: Wie ist Zahlenverhältnis der leistungsstärksten zu den leistungsschwächsten Mitarbeitern ?	$\frac{h(sehrgut)}{h(unzureichend)} = \frac{4}{4} = 1{,}00 = 100\%$

Tab. 3.2: Einige Messzahlen zu den Einführungsbeispielen

Beim Lebensalter gibt es nur 1/3 so viel älteste wie jüngste Mitarbeiter, beim Beschäftigungsverhältnis 2 Mal so viel Angestellte wie Arbeiter und bei der Leistungsbeurteilung ein gleich großes Verhältnis von sehr gut und unzureichend bewerteten Mitarbeitern.

Aus Anwendungssicht ist zu Gliederungs- und Messzahlen Folgendes anzumerken:

- Sie sind einfach zu verstehen und zu berechnen (Verständnis und Effizienz).
- Sie sind bei allen Merkmals- und Skalenarten anwendbar (Anwendungspotenzial).
- Als relative Zahlen liefern sie wichtige Informationen über Größenordnungsverhältnisse (Proportionen).
- Sie werden in der Praxis routinemäßig eingesetzt (Anwendungsbreite und -häufigkeit).
- Bei Messzahlen ist vor allem auf die sinnvolle Auswahl der Bezugsmasse zu achten (Manipulationsgefahr).

3.3 Grafische Darstellungen

Nach ihrer Ermittlung sind Häufigkeitsverteilungen möglichst übersichtlich und anschaulich zu präsentieren. Die üblichen Darstellungsformen sind **Tabellen und Grafiken**. Einfache Tabellen wurden bereits benutzt, um die univariaten Häufigkeitsverteilungen der Einführungsbeispiele darzustellen (s. Tab. 3.1.4 und 3.1.5). Die Tabelle als Standard-Darstellungsform **umfangreicher** statistisch aufbereiteter Daten wird im Kapitel 7 behandelt.

Grafiken unterscheiden sich von statistischen Tabellen vor allem durch die Beschränkung auf vergleichsweise **wenige Objekte und ihre Zahlen** und deren **anschaulichere Darstellung**. Die Volksweisheit „ein Bild sagt mehr als 1000 Worte“ kann ohne weiteres auf 1000 Zahlen in einer Tabelle übertragen werden. Nicht umsonst werden umfangreiche Statistiken in Tabellenform in Anwenderkreisen häufig als „Zahlenfriedhöfe“ bezeichnet. In diesem Abschnitt werden einige typische grafische Darstellungsformen vorgestellt. **Grafiken** (Zeichnungen) benutzen geometrische Elemente oder Bilder, um Zahlen anschaulich zu präsentieren. Bei geometrischen Elementen spricht man von **Diagrammen**, bei Bildern von **Piktogrammen**.

3.3.1 Diagramme

Bei der Präsentation von Häufigkeitsverteilungen in **Diagrammen** werden als geometrische Elemente überwiegend Linien, Rechtecke und Kreise benutzt, die zu analog bezeichneten Diagrammtypen führen. Das **Stab- bzw. Liniendiagramm** ist für quantitative, diskrete Merkmale gut geeignet, das **Rechtecksdiagramm** - stehend als Säulen und liegend als Balkendiagramm bezeichnet - ist gut für qualitative Merkmale geeignet. Beide Diagrammtypen sind **längenproportional**, d.h. die Länge des benutzten grafischen Elements ist proportional zur Häufigkeit.

Die folgende Abbildung 3.3.1-a zeigt links beispielhaft die Altersverteilung des Personals aus der Tabelle 3.1.4 als Stabdiagramm und rechts die Verteilung des Personals nach dem Beschäftigungsverhältnis aus der Tabelle 3.1.5-a als Säulendiagramm.

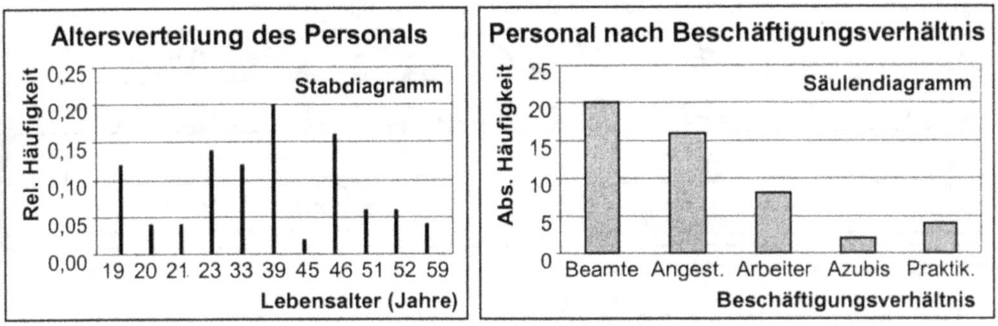

Abb. 3.3.1-a: Längenproportionales Stab- und Säulendiagramm

Ergänzend gibt es weitere Diagrammtypen, die die bekannten oder auch andere geometrische Formen nutzen. So ist bei den längenproportionalen Diagrammen neben dem Säulendiagramm das **Balkendiagramm** sehr verbreitet. Bei den **flächenproportionalen** Diagrammen ist das **Kreisdiagramm** sehr beliebt. Schließlich gibt es auch **dreidimensionale Darstellungsformen**, die häufig aber die gleichen geometrischen Formen wie die zweidimensionalen Diagramme nutzen, z.B. das **Säulen- und das Tortendiagramm**. Einige dieser Diagrammtypen sind in der folgenden Abbildung 3.3.1-b beispielhaft dargestellt. Gezeigt wird in allen Diagrammen die Häufigkeitsverteilung der Leistungsbeurteilung der Mitarbeiter eines Betriebes aus der Tabelle 3.1.5-b.

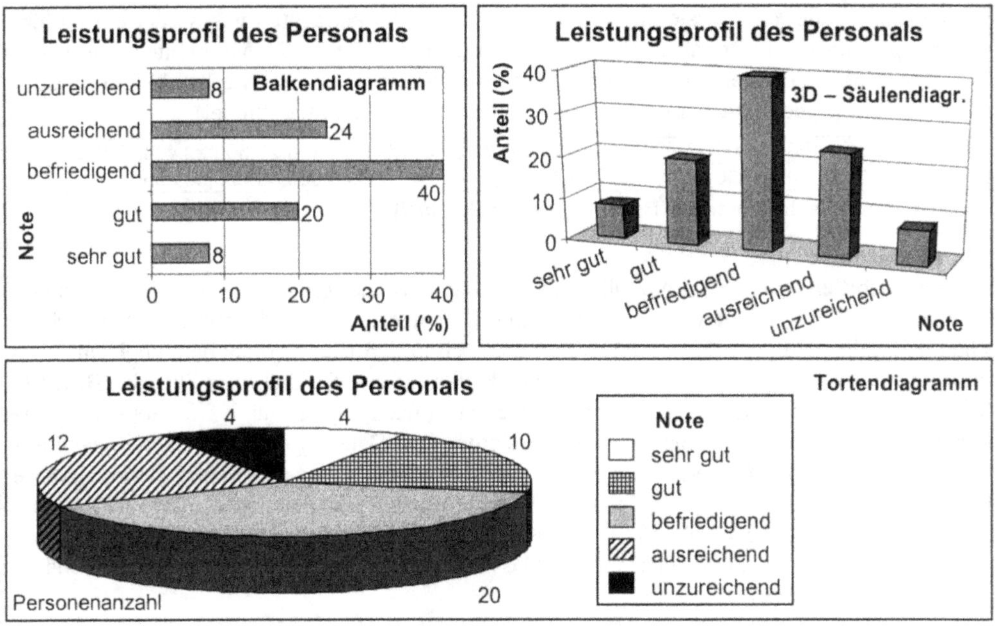

Abb. 3.3.1-b: Weitere Diagrammtypen am Beispiel der Leistungsbeurteilung

3.3.2 Piktogramme

Bei Piktogrammen werden Massen oder Häufigkeiten veranschaulichende, vereinfachte **Bilder** benutzt, wobei deren **Anzahl** oder **Größe** die Zahlen repräsentieren. Das folgende Piktogramm zeigt die am 1.7.78 in einigen Ländern der damaligen BRD zugelassenen PKW.

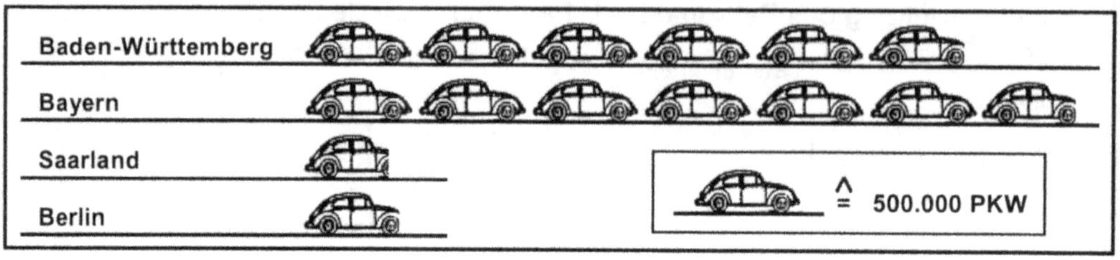

Abb. 3.3.2: Beispiel für ein Piktogramm

3.4 Verdichtung von Daten durch Klassieren

Ermittelte Häufigkeitsverteilungen - auch wenn sie in geeigneter Form präsentiert werden - liefern nicht immer automatisch die den Anwender interessierenden strukturellen Informationen über den betrachteten Sachverhalt. Dann ist es sinnvoll, die Daten gezielt weiter aufzubereiten. Eine typische Art der Aufbereitung ist die Verdichtung der Daten durch **Klassierung bzw. Gruppierung**. Wichtige dabei zu berücksichtigende Aspekte zeigt folgende Übersicht.

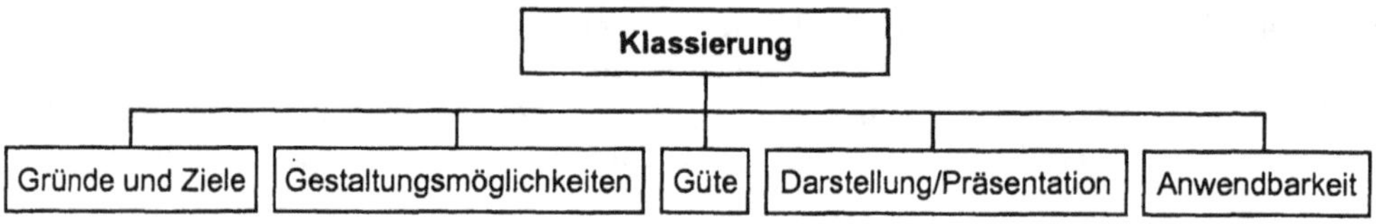

Zur Verdeutlichung der Klassierungsaspekte und -methodik betrachten wir wieder ein Einführungsbeispiel aus der Personalstatistik eines Unternehmens. Für die 25 Mitarbeiter eines neuen Zweigbetriebes in Polen ergab die Abfrage der Personaldatei nach dem Merkmal „Jahresbruttoentgelt" folgende geordnete statistische Reihe (Werte auf Hundert € gerundet).

10.500;11.000;11.100;11.800;13.500;17.000;21.000;21.300;21.500;22.100;22.300;22.400;23.000;
24.000;26.000;28.000;32.000;35.000;38.000;39.000;39.500;45.000;48.000;48.500;58.000

Geordnete statistische Reihe der Bruttojahresentgelte (in €)

3.4.1 Gründe und Ziele

Wie man sofort erkennt, treten hier alle Beobachtungswerte nur einmal auf. Die aus diesen Daten ermittelbare Häufigkeitsverteilung wäre eine Gleichverteilung und lieferte - auch noch so schön präsentiert - keine Informationen über die doch in den Daten erkennbare ungleiche Verteilung des Entgelts. Will man in einem solchen Fall trotzdem Informationen über die **Struktur der Verteilung** ermitteln, ist es angebracht, die Daten nachträglich durch Klassierung zu verdichten. Ganz allgemein erweist sich die Klassierung von Daten typischerweise bei quantitativen stetigen oder quasistetigen Merkmalen wegen der extrem vielen möglichen Merkmalswerte als sinnvoll, wenn nicht gar nötig. Sie wird deshalb gerade bei solchen Merkmalen häufig auch schon vor der Erhebung vorgenommen, um den **Erhebungsaufwand** zu reduzieren. Wir beschäftigen uns im Folgenden näher mit der Klassierung bzw. Gruppierung von Daten, nachdem sie unklassiert erhoben worden sind.

Sachliches Ziel der Klassierung ist dann die Verdichtung von Daten dergestalt, dass nach der Klassierung eine Verteilungsstruktur deutlicher erkennbar ist als vorher. Der Preis für die gewollte Strukturerkenntnis durch Komprimierung ist der Verlust von Detailinformationen. **Methodisches Ziel** ist, dass die Klassierung strukturerhaltend ist, d.h. die in den klassierten

Daten herausgearbeitete Verteilungsstruktur der in den nichtklassierten Daten enthaltenen möglichst weitgehend entspricht. Dieses Ziel ist nicht immer einfach zu verwirklichen, da es im Widerspruch zu dem Sachziel stehen kann.

3.4.2 Gestaltungsfelder und -prinzipien

Im Klassierungsprozess sind einige wichtige Festlegungen zu treffen. Sie betreffen Abgrenzung, Anzahl und Breite der Klassen. Dabei gibt es jeweils Gestaltungsspielraum, der aber sinnvollerweise durch Nutzung von Normen und Erfahrungsregeln begrenzt sein sollte, so wie sie auszugsweise im Folgenden zusammengestellt sind.

Klassenabgrenzung	Klassenanzahl „K"	Klassenbreite „B"
von...bis unter	DIN 55302	gleich, d.h. B = konstant
über...bis einschließlich	$K=\sqrt{n}$	ungleich, d.h. B = variabel

Mit der **Klassenabgrenzung** werden die Unter- und Obergrenze jeder Klasse festgelegt. Die Abgrenzung muss **überschneidungsfrei** sein, damit jeder Beobachtungswert eindeutig genau einer der gebildeten Klassen zugeordnet werden kann. Von den beiden Klassenabgrenzungsprinzipien ist das Prinzip „ von ...bis unter" in der Praxis stärker verbreitet. Die Klassengrenzen werden häufig mit x^u für die untere und mit x^o für die obere symbolisiert.

Die **Klassenanzahl** ist so zu wählen, dass - in Verbindung mit der Klassenbreite - ein deutlicher Verdichtungseffekt eintritt. Generell gilt: je weniger Klassen, umso stärker die Verdichtung und umgekehrt. Die aus Erfahrung abgeleiteten Normen oder Regeln für die Klassenanzahl sollten als **Richtwerte** benutzt werden. Sie gelten allerdings schwerpunktmäßig für größere statistische Massen und sind nicht ohne weiteres auf Lehr- und Übungsbeispiele mit kleinen statistischen Massen übertragbar.

Die **Klassenbreite** ist so zu wählen, dass - in Verbindung mit der Klassenanzahl - ein deutlicher Verdichtungseffekt eintritt. Generell gilt: je breiter die Klassen, umso stärker die Verdichtung und umgekehrt. Ergänzend ist festzulegen, ob alle Klassen gleich breit oder einige oder alle ungleich breit sein sollen. Aus der Sicht der Anwender gilt **das Prinzip der gleichen Klassenbreite**, da Klassierungen mit gleicher Klassenbreite einfacher zu erstellen, zu präsentieren und zu interpretieren sind.

3.4.3 Klassierung mit gleicher Klassenbreite

Aufgrund der allgemeinen Überlegungen wollen wir jetzt eine **1. Klassierung** für das Einführungsbeispiel „Jahresbruttoentgelt" vornehmen. Wir verwenden dabei das in der Praxis übliche Klassenabgrenzungs- und Klassenbreitenprinzip. Für die Festlegung der Klassenanzahl können wir uns sinnvoll auf die Regel $K=\sqrt{n}$ abstützen und als Richtwert K=5 wählen. Daraus ergibt sich die in den Spalten 1-5 der folgenden Tabelle 3.4.3 dargestellte Klassierung.

K-Nr.	Bruttojahres-entgelt (€) von.......bis unter		Klassen-breite (€)	Häufigkeit absolut	Häufigkeit relativ	Klassen-mitte rechent. (€)	Klassen-mittel (€)	Abweichung abs.(€)	Abweichung relativ(%)
k	x^u_k	x^o_k	B_k	h_k	f_k	x^M_k	x_k		
(1)	(2)		(3)	(4)	(5)	(6)	(7)	(8)	(9)
1	10.000	20.000	10.000	6	0,24	15.000	12.483	2.517	20,2
2	20.000	30.000	10.000	10	0,40	25.000	23.160	1.840	7,9
3	30.000	40.000	10.000	5	0,20	35.000	36.700	1.700	4,6
4	40.000	50.000	10.000	3	0,12	45.000	47.167	2.167	4,6
5	50.000	60.000	10.000	1	0,04	55.000	58.000	3.000	5,2
Σ				25	1,00				

Tab. 3.4.3: Klassierte Entgeltverteilung (gleiche Klassenbreite)

Die Klassierung ergibt eine Häufigkeitsverteilung, die auch grafisch veranschaulicht werden kann. Dazu verwenden wir zunächst das bereits bekannte Säulendiagramm. Auf der waagerechten Achse können die Klassengrenzen (Spalte 2) oder die (rechentechnischen) Klassenmitten (Spalte 4) abgetragen werden. Der Unterschied zu den Säulendiagrammen in 3.3.1 besteht darin, dass die Säulen ohne Zwischenraum unmittelbar aneinander grenzen.

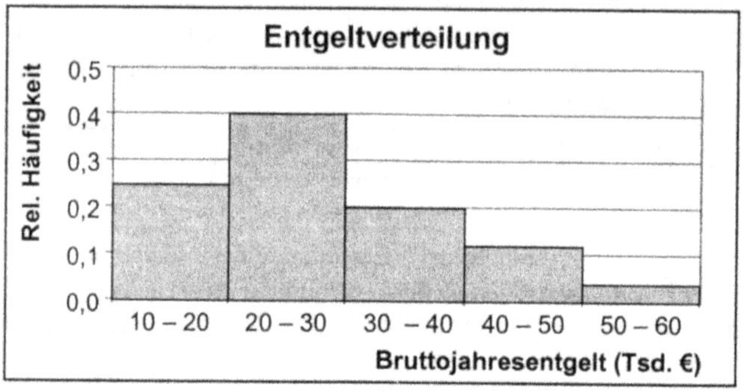

Abb. 3.4.3: Säulendiagramm der klassierten Entgeltverteilung (gleiche Klassenbreite)

Die klassierte Entgeltverteilung in dem in Polen gelegenen Teilbetrieb unseres Unternehmens offenbart eine deutliche und für Einkommen ziemlich typische Verteilungsstruktur. Insofern erfüllt diese Klassierung das mit ihr angestrebte Sachziel.

Klassierungsgüte
Bleibt die Frage, ob die Klassierung auch das Methodenziel erreicht, nämlich die ursprüngliche Verteilung trotz Verdichtung möglichst strukturerhaltend abzubilden.

Das Problem
Dazu betrachten wir beispielhaft die erste Klasse mit den Entgelten von 10 bis unter 20 Tsd. €. Deren sogenannte **rechentechnische Klassenmitte** als Mittelwert der Klassenunter- und obergrenze beträgt 15 Tsd. €. Ein Anwender, der die ursprüngliche Häufigkeitsverteilung nicht kennt, sondern nur die klassierte, würde davon ausgehen, dass in der betrachteten Klasse das Entgelt im Mittel 15 Tsd. € beträgt. Die rechentechnische Klassenmitte wird also im Allgemeinen als Mittelwert und damit als typischer Repräsentant der (unbekannten) Beobachtungswerte in der jeweiligen Klasse angesehen. Das hat zur Folge, dass auch bei weiteren Analysen, auf die wir noch zu sprechen kommen, bei klassierten Daten mit der rechentechnischen Klassenmitte als Mittelwert weitergerechnet wird. Die rechentechnische Mitte einer Klasse k wird hier mit $\mathbf{x_k^M}$ symbolisiert und ist formal:

$$x_k^M = (x_k^o + x_k^u)/2$$

Ein Blick auf die unklassierten Daten zeigt jedoch, dass von den 6 Merkmalswerten in der ersten Entgeltklasse 5 deutlich unterhalb und nur einer oberhalb der rechentechnischen Klassenmitte liegen, d.h. die Beobachtungswerte sind in der gebildeten Klasse sehr ungleich verteilt. Aus methodischer Sicht wäre es aber wünschenswert, die Klassen so zu bilden, dass die einfallenden Werte sich darin möglichst gleichmäßig verteilen. Nur dann liefert die Klassenbildung ein verdichtetes, aber die Struktur der ursprünglichen Daten erhaltendes Abbild.

Einfaches Fehlermaß
Man kann das Ausmaß, in dem in einer Klasse k von dem Ziel der strukturerhaltenden Verdichtung abgewichen wird, näherungsweise messen. Ein Indikator wäre etwa die **Abweichung zwischen der rechentechnischen Klassenmitte** als formalem Mittelwert der Klasse und dem

arithmetischen Mittel als dem tatsächlichen Mittelwert der Beobachtungswerte in der Klasse. Letzteres wird häufig als **Klassenmittel** bezeichnet und hier mit $\bar{x}_k$ symbolisiert. Dabei kommt es im Wesentlichen auf die Größe und nicht auf die Richtung der Abweichung - d.h. auf die **absolute Abweichung** - an, die hier mit $\mathbf{d_k^a}$ notiert wird. Für die absolute Abweichung als einfaches Fehlermaß gilt also:

Absolute Abweichung	= | Rechentechnische Klassenmitte – Klassenmittel |
d_k^a	$= \mid x_k^M - \bar{x}_k \mid$.

Dieser Ansatz ist in der Tabelle 3.4.3. in den Spalten (6)-(9) ausgeführt. Dabei wurde das arithmetische Mittel (Spalte 7) mit der gleichen Genauigkeit wie die rechentechnische Klassenmitte verwendet, d.h. gerundet auf ganze Euro. Bei der relativen Abweichung (Spalte 9) wird die absolute Abweichung auf das Klassenmittel bezogen, da dieser Mittelwert als Repräsentant des tatsächlichen Häufigkeitsprofils in der Klasse anzusehen ist. Insbesondere die **relative Abweichung** - anwenderfreundlich als prozentuale Abweichung ausgewiesen - ist ein gut verständliches Maß, um die methodische Güte einer Klassierung abzuschätzen. Allgemein verbindliche Grenzwerte dieser Maßgröße für eine methodisch akkurate Klassierung gibt es nicht. Abweichungen bis zu 10% werden in der Praxis häufig toleriert. Wenn man die Klassierung in der Tabelle 3.4.3 unter dem Aspekte der methodischen Güte betrachtet, ist sie nicht sonderlich akkurat. Klassierungsfehler um die 5% sind die Regel, in der ersten Klasse ist der Fehler mit ca. 20% besonders hoch.

Fehlerreduzierende Klassierung

Um den **Klassierungsfehler von vornherein zu minimieren**, muss man bei der Klassenbildung die Klassen den in den Daten erkennbaren Häufigkeitsmustern anpassen. Das geht nur, wenn man die **Klassenbreite variabel** hält, d.h. mit ungleich breiten Klassen arbeitet. Diese Vorgehensweise ist sehr aufwendig und nicht immer dem Sachziel dienlich, da so eine ausreichende Verdichtung der Daten nicht gewährleistet ist (leere und zu viele Klassen). Zudem sind Darstellung und Interpretation von klassierten Häufigkeitsverteilungen mit ungleichen Klassenbreiten schwieriger und weniger anwenderfreundlich, so dass man diesen Ansatz in der Praxis selten findet.

Um den **Klassierungsfehler auf ein verträgliches Maß zu begrenzen**, geht man in der Praxis häufig gezielt vor. An unserem Beispiel sieht man, dass der Klassierungsfehler bei der untersten Klasse am größten ist. Ganz allgemein ist der Klassierungsfehler bei den **Randklassen** einer Häufigkeitsverteilung tendenziell am größten. Dort ist eine Fehlerbegrenzung also besonders geboten. Sie gelingt in der Regel ohne großen Aufwand, indem man nur am unteren und oberen Rand der Verteilung ungleich breite Klassen zulässt.

3.4.4 Klassierung mit ungleichen Klassenbreiten (an den Rändern)

Unter Berücksichtigung dieser Überlegungen machen wir für unser Einführungsbeispiel eine zweite Klassierung. Dabei bleiben wir bei dem Ansatz der ersten Klassierung und sehen nur an den Rändern der Verteilung ungleich breite Klassen vor. Die resultierende Klassierung ist in der folgenden Tabelle 3.4.4 dargestellt.

Auch diese Klassierung liefert eine Häufigkeitsverteilung (siehe Spalten 5 und 6), die allerdings keine so durchgängige Struktur aufweist wie die erste. Das wird besonders deutlich, wenn wir sie im Folgenden noch adäquat grafisch darstellen. Dafür ist ihre methodische Güte (siehe Spalte 9) deutlich besser als bei der 1. Klassierung. Der Klassierungsfehler in den neu gebildeten Randklassen ist deutlich kleiner als zuvor.

K-Nr.	Bruttojahres-entgelt (€) von.......bis unter		Klassen-breite (€)	Häufigkeit		Klassen-mitte rechent. (€)	Klassen-mittel (€)	Abweichung	
				absolut	relativ			abs.(€)	relativ(%)
k	x^u_k	x^o_k	B_k	h_k	f_k	x^M_k	x_k		
(1)	(2)		(3)	(4)	(5)	(6)	(7)	(8)	(9)
1	10.000	12.000	2.000	4	0,16	11.000	11.100	100	0,9
2	12.000	20.000	8.000	2	0,08	16.000	15.250	750	4,9
3	20.000	30.000	10.000	10	0,40	25.000	23.160	1.840	7,9
4	30.000	40.000	10.000	5	0,20	35.000	36.700	1.700	4,6
5	40.000	60.000	20.000	4	0,16	50.000	49.870	130	0,3
Σ				25	1,00				

Tab. 3.4.4: Klassierte Entgeltverteilung (ungleiche Klassenbreite)

Zur anschaulichen Präsentation auch dieser klassierten Verteilung bietet sich wieder ein **Säulendiagramm** an, so wie in der folgenden Abbildung 3.4.4-a dargestellt.

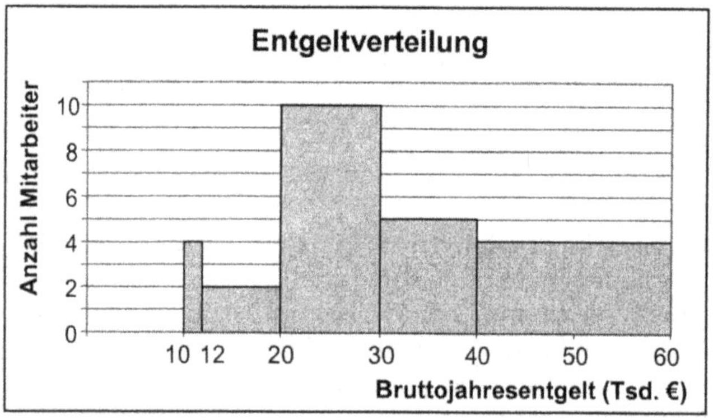

Abb. 3.4.4-a: Säulendiagramm der klassierten Entgeltverteilung (ungleiche Klassenbreite)

Bei dessen Betrachtung fällt z.B. auf, dass die Häufigkeiten in der einkommensschwächsten und der einkommensstärksten Klasse gleich groß sein sollen, da die Länge bzw. die Höhe der Säulen die Häufigkeiten repräsentieren. Das menschliche Auge nimmt aber intuitiv die Flächen der Säulen wahr und assoziiert diese mit den Häufigkeiten. Dieser Effekt fällt überall dort auf, wo Säulen besonders ungleicher Klassenbreiten direkt nebeneinander liegen, also etwa bei den Klassen 1-3 und 4-5. Bei ungleichen Klassenbreiten ist also das Säulendiagramm keine besonders gut geeignete Darstellungsform. Geeigneter erscheint ein Rechtecksdiagramm, bei dem die Häufigkeit durch die **Fläche** ausgedrückt wird. Ein solches Rechtecksdiagramm nennt man **Histogramm.**

Um ein Histogramm zu erstellen, muss man allerdings für jede Klasse die Länge des Rechtecks (der Säule) erst berechnen. Dazu nutzt man den bekannten Sachverhalt, dass die Fläche (F) eines Rechtecks sich aus dem Produkt von Breite (B) und Länge (L) ergibt, d.h. F=B*L. Da die Fläche proportional zur Häufigkeit H sein soll (F~H), folgt bei gegebener Breite für die Länge der Säulen: L~H/B. In der folgenden Arbeitstabelle ist die Berechnung der Säulenlängen für das Histogramm im Einführungsbeispiel nach diesem Ansatz mit den relativen Häufigkeiten (in Prozent) nachvollziehbar dargestellt.

Klassennummer	k	1	2	3	4	5
Klassenbreite (Tsd. €)	B_k	2	8	10	10	20
Häufigkeit (%)	f_k	16	8	40	20	16
Rechteckslänge	L_k	**8**	**1**	**4**	**2**	**0,8**

Das unter Berücksichtigung der berechneten Rechteckslängen konstruierte **Histogramm** ist in der folgenden Abbildung 3.4.4-b dargestellt.

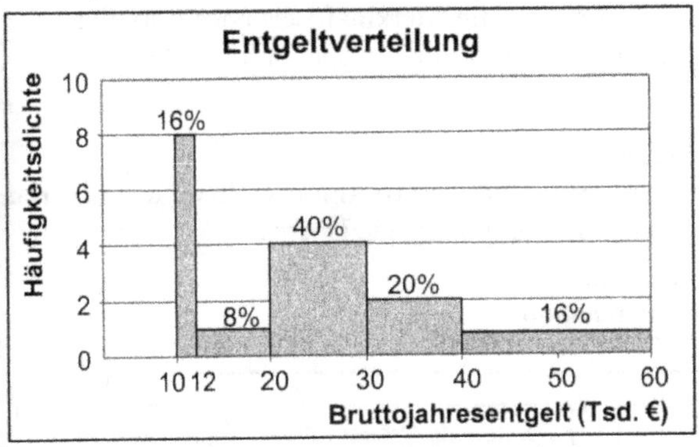

Abb. 3.4.4-b: Histogramm der klassierten Entgeltverteilung (ungleiche Klassenbreite)

Mit dem Histogramm haben wir nun endlich eine formaladäquate grafische Darstellung der 2. Klassierung. Tendenziell liefert auch diese eine rechtsschiefe Verteilung, wie sie für Entgelte typisch ist. Im Gegensatz zur 1. Klassierung ist die Verteilungsform aber nicht durchgängig. Bei den unteren Entgeltklassen ist ein Bruch in der Verteilungsform deutlich erkennbar, der u. U. für deren Entgeltsituation charakteristisch ist. Insofern hat die methodisch akkuratere Klassierung im vorliegenden Fall auch zu präziseren Verteilungsstrukturerkenntnissen geführt.

Was die Darstellungsform angeht, so ist sie für die Klassierung mit ungleichen Klassenbreiten formal adäquat. Trotzdem ist sie für den Anwender nicht ganz ohne Nachteile. Zum einen gehört das Histogramm bei rechnerunterstützter Bearbeitung häufig nicht zu den Darstellungsformen, die standardmäßig verfügbar sind, so dass zusätzlicher Aufwand für die Erstellung betrieben werden muss (z.B. Berechnung der Länge etc.).

Andererseits ist die Häufigkeit nicht mehr - wie beim Säulendiagramm - auf der senkrechten Achse direkt ablesbar. Die dort direkt ablesbare Größe H/B nennt man **Häufigkeitsdichte**. Hat man sie mit der relativen Häufigkeit ermittelt, so kann man sie näherungsweise wie folgt interpretieren (am Beispiel der 1. Klasse der Verteilung): Jeweils 8% der Mitarbeiter hatten ein Jahresbruttoentgelt zwischen 10 –11 bzw. 11 –12 Tsd. €.

Will man die Häufigkeiten als Zahlen in der Grafik darstellen, so muss man sie - wie auch bei anderen Flächendiagrammen - zusätzlich in die jeweiligen Flächen einbringen. Tut man das nicht, kann man aus einem Histogramm nur die relativen Häufigkeiten abschätzen. Sie entsprechen dem Anteil, den der Flächeninhalt des betrachteten Rechtecks an dem gesamten Flächeninhalt des Histogramms hat.

3.4.5 Anwendbarkeit bei qualitativen Merkmalen

Abschließend soll der Frage nachgegangen werden, ob das Klassieren bzw. Gruppieren von Daten eine mögliche und sinnvolle Aufbereitungsmaßnahme nicht nur für quantitative, sondern auch für qualitative Merkmale mit nicht-metrischen Skalen ist. Dazu betrachten wir aus unserer Personalstatistik die Häufigkeitsverteilungen entsprechender Merkmale wie etwa Leistungsbeurteilung und Beschäftigungsverhältnis (s. Tabelle 3.1.5-a/-b).

Man erkennt sofort, dass auch bei qualitativen Merkmalen unabhängig von der Skalierung die Zusammenfassung von verschiedenen Merkmalsausprägungen und ihrer Häufigkeiten möglich ist. Gute Gründe, dies zu tun, wird es aber eher selten geben. Denn qualitative Merkmale haben meistens eine überschaubare Anzahl von Merkmalsausprägungen, so dass eine Verdichtung in der Regel weder zur effizienten Datenerhebung noch zur effektiven Datenaufbereitung nötig ist. Gleichwohl mag es im Einzelfall sinnvoll sein, auch qualitative Merkmale im Rahmen der Datenaufbereitung zu gruppieren. So kann man etwa beim Merkmal Leistungsbeurteilung die Merkmalsausprägungen „befriedigend" und „ausreichend" zur Gruppe „mittelmäßige Leistungen" sinnvoll zusammenfassen.

3.5 Verdichten von Daten durch Summieren

Eine zweite typische Maßnahme der Datenaufbereitung ist das **Summieren** bzw. **Kumulieren** von Häufigkeiten. Wichtige Aspekte der Kumulation zeigt folgende Übersicht.

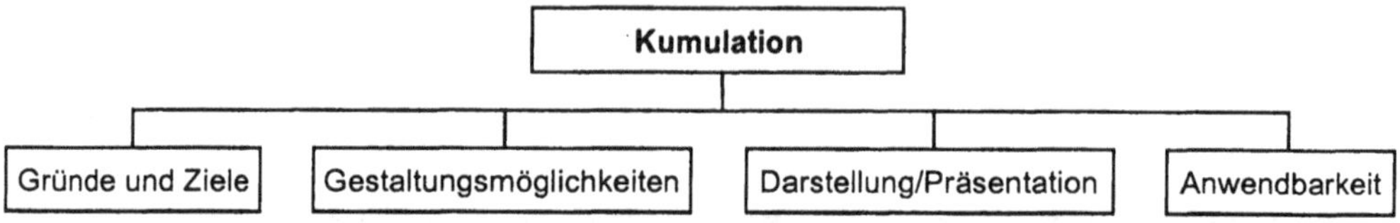

3.5.1 Zweck und Gestaltungsmöglichkeiten

Ergänzend zu den quantitativen und strukturellen Informationen, die Häufigkeitsfunktionen über die gesamte statistische Masse liefern, interessiert man sich häufig **schwerpunktmäßig für bestimmte Bereiche** einer Häufigkeitsverteilung. So will man etwa wissen, wie groß die Anzahl oder der Anteil von Elementen in der gesamten statistischen Masse ist, die mindestens oder höchstens eine bestimmte Merkmalsausprägung aufweisen oder die in einem durch zwei Merkmalsausprägungen abgegrenzten Intervall liegen. Diese und ähnliche Fragestellungen sind durch Summation der relevanten Häufigkeiten unschwer zu beantworten, wie weiter unten noch gezeigt wird (siehe: Beantwortung typischer Fragen an Häufigkeitsverteilungen).

Das Aufsummieren von Werten ist eine einfache arithmetische Operation und bedarf keiner Erläuterung. Bei Merkmalen, deren Ausprägungen sinnvoll in eine Reihenfolge gebracht werden können, ist das Summieren der ihnen zugeordneten Häufigkeiten gemäß dieser Reihenfolge daher immer problemlos möglich. Durch fortlaufendes Summieren der Häufigkeiten erhält man **Summenhäufigkeiten**. Absolute Summenhäufigkeiten werden hier mit **H**, relative mit **F** symbolisiert.

Bei **Häufigkeitsfunktionen** hat man **prinzipiell zwei Möglichkeiten** beim Aufsummieren dadurch, dass man die Operation wahlweise von dem einen oder anderen Ende der Häufigkeitsfunktion her durchführen kann. Ist die Häufigkeitsfunktion tabellarisch dargestellt, erhält man so vom Tabellenkopf zum Tabellenfuß **aufsteigend** und vom Tabellenfuß zum Tabellenkopf **abfallend** kumulierte Summenhäufigkeiten.

Die **aufsteigende Summenhäufigkeit** gibt die absolute oder relative Häufigkeit an, die in einer Häufigkeitsverteilung **bis zu** einem Merkmalswert x_j vorliegt, formal:

Aufsteigende absolute Summenhäufigkeit	Aufsteigende relative Summenhäufigkeit
$H(x_j) = H_j = h(X \leq x_j) = \sum h_j$	$F(x_j) = F_j = f(X \leq x_j) = \sum f_j$

Entsprechend gibt die abfallende Summenhäufigkeit die absolute oder relative Häufigkeit an, die in einer Häufigkeitsverteilung **ab** einer Merkmalsausprägung x_j vorliegt. Von den beiden Summenhäufigkeiten ist die aufsteigende in der Praxis üblich.

Ordnet man den Merkmalswerten die zugehörigen Summenhäufigkeiten zu, so erhält man die Summenhäufigkeitsverteilung bzw. die **Summenhäufigkeitsfunktion.** In der Fachsprache wird die aufsteigende Summenhäufigkeitsfunktion üblicherweise **Verteilungsfunktion** genannt.

3.5.2 Summenhäufigkeitsfunktionen bei unklassierten Daten

Zur Illustration betrachten wir die Altershäufigkeitsverteilung aus Tabelle 3.1.4, die in der folgenden Tabelle 3.5.2-a zusätzlich aufsteigend und absteigend aufsummiert ist.

MA-Nr.	Lebensalter	Häufigkeit		Summenhäufigkeit			
	(Jahre)	absolut	relativ	aufsteigend		abfallend	
j	x_j	$h(x_j)$	$f(x_j)$	absolut $H(x_j)$	relativ $F(x_j)$	absolut $H(x_j)$	relativ $F(x_j)$
(1)	(2)	(3)	(4)	(5)	(6)	(7)	(8)
1	19	6	0,12	6	0,12	50	1,00
2	20	2	0,04	8	0,16	44	0,88
3	21	2	0,04	10	0,20	42	0,84
4	23	7	0,14	17	0,34	40	0,80
5	33	6	0,12	23	0,46	33	0,66
6	39	10	0,20	33	0,66	27	0,54
7	45	1	0,02	34	0,68	17	0,34
8	46	8	0,16	42	0,84	16	0,32
9	51	3	0,06	45	0,90	8	0,16
10	52	3	0,06	48	0,96	5	0,10
11	59	2	0,04	50	1,00	2	0,04
Σ		50	1,00				

Tab. 3.5.2-a: Summenhäufigkeitsverteilungen des Merkmals Lebensalter

Auswertung: Beantwortung typischer Fragen an Häufigkeitsverteilungen

Mit Summenhäufigkeitsfunktionen lassen sich eine Reihe typischer Fragestellungen an Häufigkeitsverteilungen leicht beantworten, die in der folgenden Tabelle 3.5.2-b zusammengestellt sind. Diese werden dort am Beispiel des Lebensalters auch exemplarisch konkretisiert und mit Hilfe der Summenhäufigkeitsverteilungen aus der Tabelle 3.5.2-a beantwortet.

Vorgegeben: Merkmalsausprägungen als Schranken	Gesucht: Häufigkeiten	Antwort H/F(%)
Wie groß ist die Anzahl oder der Anteil der Elemente, die...	Wie groß ist die Anzahl/der Anteil der Mitarbeiter, die...	
- höchstens einen bestimmten Merkmalswert aufweisen ?	- höchstens 20 Jahre alt sind ?	8/16
- mindestens einen bestimmten Merkmalswert aufweisen ?	- 50 Jahre und älter sind ?	8/16
- in einem durch 2 Merkmalswerte abgegrenzten Bereich (Intervall) liegen ?	- die über 30 und höchstens 40 Jahre alt sind ?	16/32
Vorgegeben: Häufigkeiten	**Gesucht: Merkmalsausprägungen als Schranken**	**x_u/x_o**
Welchen Merkmalswert oder welche Merkmalswerte als Schranke weisen die...	Wie alt sind die ...	
- K kleinsten bzw. k% kleinsten Elemente höchstens auf ?	- 20% jüngsten Mitarbeiter höchstens ?	/21
- K größten bzw. k% größten Elemente mindestens auf ?	- 10% ältesten Mitarbeiter mindestens ?	52/
- K bzw. k% Elemente z.B. in der Mitte der Verteilung auf ?	- 64% der Mitarbeiter in der Mitte der Verteilung ?	23/46

Tab. 3.5.2-b:Typische Fragen an Häufigkeitsverteilungen am Beispiel der Altersverteilung

Grafische Darstellung

Summenhäufigkeitsverteilungen kann man gut als **Kurven** grafisch darstellen. Die Kurven heißen entsprechend **Summenkurven**. Bei diskreten Merkmalen wie dem Lebensalter (in Jahren) nimmt die aufsteigende Summenkurve (Verteilungsfunktion) die Form einer **Treppenkurve** an, so wie in der folgenden Abbildung 3.5.2 ersichtlich. Diese Darstellungsform ist zwar grafisch korrekt, aber in der Praxis wenig verbreitet.

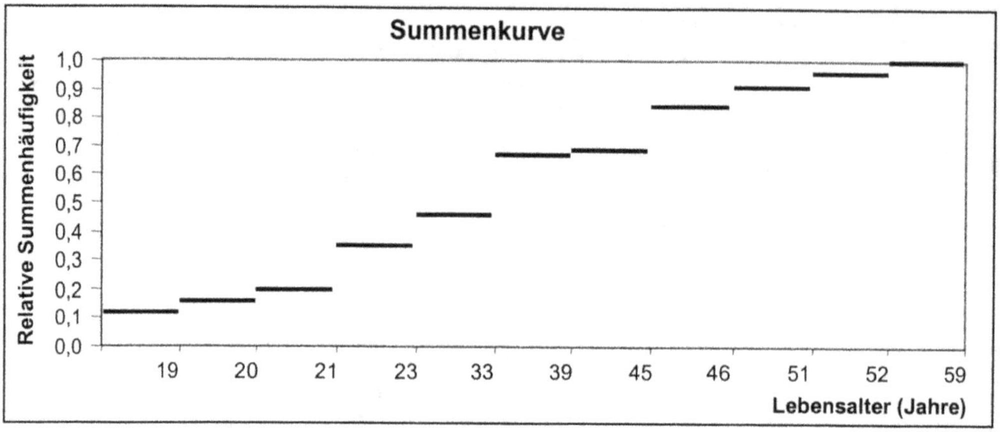

Abb. 3.5.2: Grafische Darstellung der Verteilungsfunktion des Lebensalters (Summenkurve)

3.5.3 Summenhäufigkeitsfunktionen bei klassierten Daten

Die Kumulation ist auch bei klassierten Häufigkeitsverteilungen möglich und sinnvoll. Dazu betrachten wir die klassierte Entgeltverteilung mit gleicher Klassenbreite (Tabelle 3.4.3), die in der folgenden Tabelle 3.5.3-a durch die aufsteigend und abfallend kumulierten Häufigkeiten ein den Spalten 5-8 ergänzt ist.

K-Nr.	Bruttojahresentgelt (€)		Häufigkeit		Summenhäufigkeit			
	von	bis unter	absolut	relativ	aufsteigend		abfallend	
k	x^u_k	x^o_k	h_k	f_k	absolut H_k	relativ F_k	absolut H_k	relativ F_k
(1)	(2)		(3)	(4)	(5)	(6)	(7)	(8)
1	10.000	20.000	6	0,24	6	0,24	25	1,00
2	20.000	30.000	10	0,40	16	0,64	19	0,76
3	30.000	40.000	5	0,20	21	0,84	9	0,36
4	40.000	50.000	3	0,12	24	0,96	4	0,16
5	50.000	60.000	1	0,04	25	1,00	1	0,04
Σ			**25**	**1,00**				

Tab. 3.5.3-a: Summenhäufigkeitsverteilungen des klassierten Jahresbruttoentgelts

Auch bei klassierten Daten ist die **Summenkurve** die adäquate grafische Darstellungsform für Summenhäufigkeitsverteilungen. Dabei sind bei aufsteigender Kumulation die Summenhäufigkeiten den jeweiligen Klassenobergrenzen und bei abfallender Kumulation den jeweiligen Klassenuntergrenzen zugeordnet. Diese Wertepaare sind die Stützpunkte der Summenkurven bei klassierten Daten. Ergänzend nimmt man bei klassierten Daten im Allgemeinen an, dass sich die Beobachtungswerte in den Klassen gleich verteilen. Für die summierten Häufigkeiten zwischen den Klassengrenzen bedeutet dies, dass man sie grafisch näherungsweise als Geraden zwischen den Stützpunkten der Kurve darstellen kann. Insgesamt ergeben sich so für klassierte Daten stückweise lineare Summenkurven, wie sie für das klassierte Bruttojahresentgelt aus der Tabelle 3.5.3-a in der folgenden Abbildung 3.5.3 dargestellt sind.

Auch bei klassierten Daten werden die **typischen Fragen** an Häufigkeitsverteilungen gestellt und können mit den Summenhäufigkeitsverteilungen und deren grafischen Darstellungen beantwortet werden. So kann man durch Ablesen aus der Tabelle leicht ermitteln, dass 6 Mitarbeiter bzw. 24% ein Jahresbruttoentgelt unter 20 Tsd. € und 9 Mitarbeiter bzw. 36 % ein Jahresbruttoentgelt von mindestens 30 Tsd. € haben.

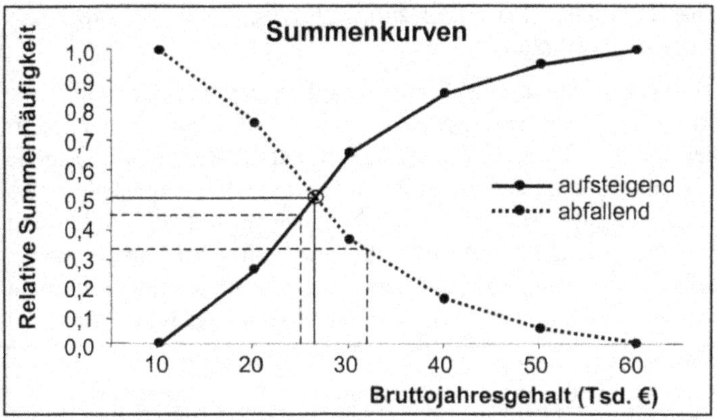

Abb. 3.5.3: Summenkurven des klassierten Jahresbruttoentgelts

Ermittlung nicht ausgewiesener Werte
Ergänzend kommt bei klassierten Daten jedoch hinzu, dass Fragen nach Häufigkeiten und Merkmalswerten gestellt werden, die in den klassierten Häufigkeits- und Summenhäufigkeitsverteilungen explizit nicht enthalten sind. Dieser Fall tritt besonders häufig bei der Arbeit mit **klassierten Sekundärdaten** auf. Um aus dem verfügbaren klassierten Material die im Anwendungsfall interessierenden Informationen näherungsweise zu erschließen, gibt es eine **grafische und eine rechnerische** Möglichkeit.

Möchte man z.B. die Anzahl oder den Anteil der Mitarbeiter wissen, deren Jahresbruttoentgelt unter 25 Tsd. € liegt, so kann man aus der **Summenkurve** näherungsweise die Anzahl 10 bzw. den Anteil 45 % ablesen. Analog kann man etwa die Untergrenze des Jahresbruttoentgelts für das entgeltstärkste obere Drittel der Belegschaft mit annähernd 32 Tsd. € ablesen. Die Grafik verhilft naturgemäß zu schnellen und anschaulichen, aber numerisch nur mehr oder minder groben Näherungslösungen. Sind beide Summenhäufigkeitsverteilungen visualisiert, erkennt man in deren Schnittpunkt einen markanten Wert, der dadurch charakterisiert ist, dass 50% aller Beobachtungswerte über und unter ihm liegen. In unserem Entgeltbeispiel beträgt dieser zentrale Wert etwa 27 Tsd. €.

Numerisch genauere Näherungslösungen können unter der Voraussetzung der Gleichverteilungsannahme in den Klassen durch **Interpolationsrechnung** ermittelt werden. Für die beiden obigen Fragestellungen ist dieser Ansatz in der folgenden Tabelle 3.5.3-b. ausgeführt.

Fragestellung	**Interpolationsrechnung mit Dreisatz**
Wie groß ist die Anzahl der Mitarbeiter, deren Bruttojahresentgelt unter 25 Tsd. € liegt? H[x < 25 (Tsd. €)]= ?	H { x < 20 (Tsd. €)] ≙ 6 h [20 ≤x < 30 (Tsd. €)] ≙ 10 h (x ≙ 1) = 10/10 = 1 (MA/Tsd. €) h (x ≙ 5) = 5 * 1 = 5 H [(x < 25 (Tsd. €)] ≙ 6+5 = **11**
Wie groß ist das Bruttojahresentgelt des entgeltstärksten oberen Drittels der Mitarbeiter mindestens ? F(X ≥x = ?) = 0,33 = 33,3%	F [x ≥40 (Tsd. €)] ≙ 0,16 = 16% f [30 ≤x < 40 (Tsd. €)] ≙ 0,20 = 20% f (x=1%) ≙ 10 (Tsd. €) / 20(%) = 0,5 (Tsd. € / %) 17,3 * 0,5 = 8,6 (Tsd. €) 16% + 17,3% = 33,3% ≙ 40 - 8,6 = **31,3** (Tsd. €)

Tab. 3.5.3-b: Rechnerische Näherungslösungen bei klassierten Häufigkeitsverteilungen

3.5.4 Anwendbarkeit bei qualitativen Merkmalen

Abschließend soll der Frage nachgegangen werden, ob das Summieren von Häufigkeiten bei allen Merkmals- und Skalenarten möglich und sinnvoll ist. Dazu betrachten wir wieder relevante Teile unserer Personalstatistik, nämlich beispielhaft die Häufigkeitsverteilungen der Merkmale Leistungsbeurteilung und Beschäftigungsverhältnis.

Das Merkmal **Leistungsbeurteilung** ist qualitativ und ordinal skaliert, so dass die Merkmalswerte auf- und absteigend sortiert und ihre Häufigkeiten in dieser Reihenfolge summiert werden können. In der folgenden Tabelle 3.5.4. sind die Häufigkeitsfunktion aus der Tabelle 3.1.5. und ergänzend die aufsteigend und abfallend summierten Häufigkeiten dargestellt. Auch die typischen Fragen an Häufigkeitsverteilungen lassen sich hier wieder sinnvoll stellen und mit den Summenhäufigkeitsverteilungen leicht beantworten. So interessiert bei Leistungsbeurteilungen häufig die Anzahl oder der Anteil an sehr guten und guten Leistungen oder an nicht ausreichenden Leistungen etc., die alle durch entsprechende Summationen zugänglich sind.

MA Nr.	Mitarbeiter-beurteilung	Häufigkeit		Summenhäufigkeit			
		absolut	relativ	aufsteigend		abfallend	
j	x_j	$h(x_j)$	$f(x_j)$	abs. $H(x_j)$	rel. $F(x_j)$	abs. $H(x_j)$	rel. $F(x_j)$
(1)	(2)	(3)	(4)	(5)	(6)	(7)	(8)
1	sehr gut	4	0,08	4	0,08	50	1,00
2	gut	10	0,20	14	0,28	46	0,92
3	befriedigend	20	0,40	34	0,68	36	0,72
4	ausreichend	12	0,24	46	0,92	16	0,32
5	unzureichend	4	0,08	50	1,00	4	0,08
Σ		50	1,00				

Tab. 3.5.4: Summenhäufigkeitsverteilungen des Merkmals Leistungsbeurteilung

Das Merkmal **Beschäftigungsverhältnis** ist qualitativ und nominal skaliert. Eine **allgemein akzeptierte Rangordnung** von Beschäftigungsverhältnissen gibt es wohl nicht, so dass die Reihenfolge, in der die Merkmalsausprägungen in der Häufigkeitsverteilung angeordnet werden, keine für die weitere Aufbereitung und Auswertung relevante Bedeutung hat. Somit ist die zentrale Anwendungsvoraussetzung für das Summieren nicht gegeben und Summenhäufigkeiten sind in der Regel nicht sinnvoll.

3.6 Weitere Präsentations- und typische Verteilungsformen

3.6.1 Kurvendiagramme

Kurvendiagramme werden nicht nur zur Visualisierung von Verteilungsfunktionen benutzt (Summenkurven). Auch herausgearbeitete Verteilungsstrukturen können durch Kurvendiagramme besonders gut anschaulich dargestellt werden, wie folgendes Beispiel der klassierten Entgeltverteilung zeigt. Bei Häufigkeitsfunktionen heißt dieses Kurvendiagramm **Häufigkeitspolygon.** Es entsteht aus dem Säulendiagramm einer klassierten Häufigkeitsverteilung mit gleicher Klassenbreite, indem man die Mitten der oberen Rechtecksbegrenzungen linear - d.h. mit Gradenstücken - verbindet. Bei der Konstruktion ist generell zu beachten, dass die Fläche unter dem Kurvendiagramm der Fläche des Säulendiagramms entsprechen muss. Bei ungleich breiten Klassen (Histogramm) ist dies nicht ganz einfach adäquat umzusetzen.

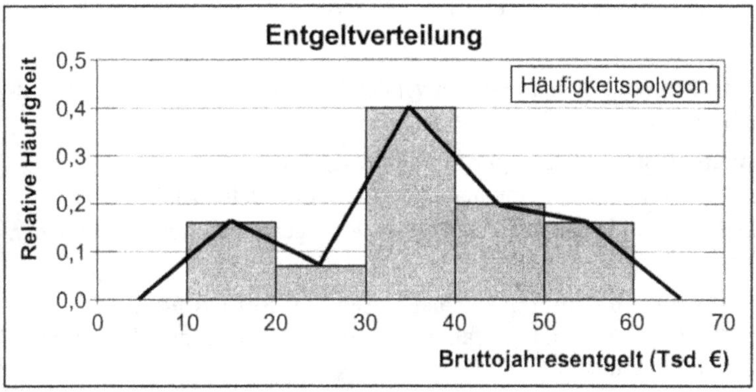

Abb. 3.6.1: Polygonzug im Einführungsbeispiel

3.6.2 Typische Verteilungsformen

Die vorgestellten Maßnahmen der Aufbereitung und Präsentation von Querschnittsdaten haben unter anderem das **sachliche Ziel**, in der Masse implizit enthaltene charakteristische **Strukturen oder Formen** einer Häufigkeitsverteilung herauszuarbeiten. Die Suche nach im Anwendungsfall verborgenen Verteilungsstrukturen kann durch Orientierung an **idealtypischen Verteilungsmodellen** erleichtert werden.

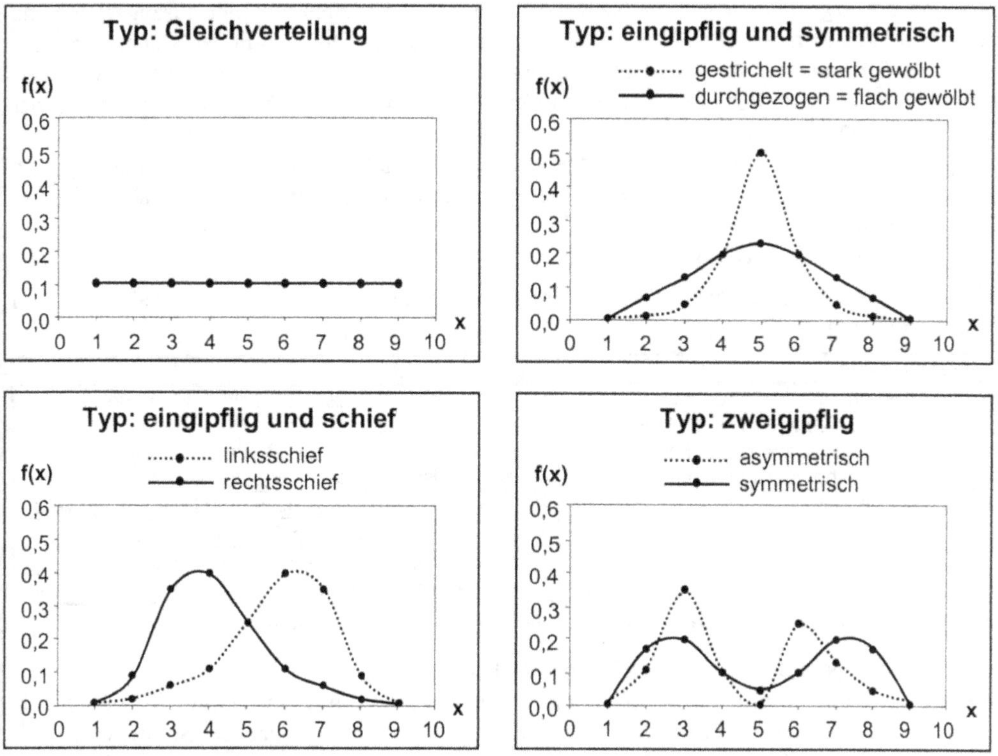

Abb. 3.6.2: Einige idealtypische Verteilungsformen und ihre Charakteristika

Die Statistik als Methodenwissenschaft hat aufgrund empirischer Erfahrungen und theoretischer Erkenntnisse im Laufe der Zeit eine Reihe idealtypischer Verteilungsmodelle ermittelt.

Einige davon sind in der Abbildung 3.6.2. mit ihren Charakteristika zusammengestellt.

Praktische Verwendung
Die idealtypischen Verteilungsformen können dem Anwender bei der Aufbereitung und Auswertung von Daten in mehrfacher Hinsicht nützlich sein:

1. als Orientierung bei der Strukturermittlung im Anwendungsfall

- Nach welchen typischen Strukturen bzw. Formen sollte man in den Daten suchen ?
- Durch welche Besonderheiten unterscheidet sich eine vorliegende Verteilung von den idealtypischen Modellen ?

2. als wissenschaftliches Modell mit bekannten Eigenschaften und Beziehungen
Wenn die Häufigkeitsverteilung im Anwendungsfall einem der idealtypischen Verteilungsmodelle ausreichend nahe kommt, dann sind...

- deren allgemeingültige Charakteristika und Ableitungszusammenhänge näherungsweise auf den jeweils vorliegenden Anwendungsfall übertragbar und gut begründete Schlussfolgerungen mit zusätzlichem Erkenntnisgewinn möglich.
- bei weitergehenden quantitativen Datenanalysen bestimmte Ansätze und Maßgrößen (nicht) sinnvoll.

3.7 Empirische Untersuchung „Statistische Methoden in der Managementpraxis"

Zur Verdeutlichung der Datenaufbereitung und -präsentation sowie der sachgerechten Interpretation der Ergebnisse von statistischen Untersuchungen stellen wir hier auszugsweise und komprimiert eine empirische Untersuchung über statistische Methoden in der Managementpraxis in Groß-Britannien vor. Die Untersuchung wurde von einem führenden Managementverband in den 90er Jahren an ehemaligen Absolventen von MBA-Studiengängen britischer Business-Schools durchgeführt, die seinerzeit aktive Manager in Groß- Britannien waren. Hauptzielsetzung war, ein differenziertes Bild über Kenntnis, Nutzung und Meinungen in Sachen statistische bzw. quantitative Methoden in der Managementpraxis zu erhalten, das zur Evaluation und praxisorientierten curricularen Gestaltung des Faches "Statistische bzw. Quantitative Methoden" in MBA-Studiengängen verwendet werden kann (Naude et. al. 1991).

Thematik und Erhebungsmethodik der Untersuchung sind in der folgenden Tabelle 3.7 in Stichworten zusammengestellt.

Datenerhebung	Wichtige Inhalte
Primärdatenerhebung mit Fragebogen	1.Nutzer und Nichtnutzer statistischer Methoden - Gründe für Nichtnutzung - Zusammenhang Nutzung/Nichtnutzung mit demografischen und betrieblichen Faktoren
Zufallsstichprobe von 1500 in GB tätigen Managern , sämtlich ehemalige MBA-Studenten britischer Business Schools	2. Kenntnis statistischer Arbeits- und Methodengebiete
Rücklaufquote: 639 ~ 43%	3. Nutzung statistischer Arbeits- und Methodengebiete
	4. Meinung über Faktoren, die eine stärkere Nutzung hemmen und fördern

Tab. 3.7: Thematik und Erhebungsmethodik der empirischen Untersuchung

3.7.1 Nutzung/Nichtnutzung statistischer Methoden

Wichtige Ergebnisse zum Thema Nutzung/Nichtnutzung sind mit den Gründen für Nichtnutzung in der folgenden Tabelle 3.7.1 zusammengestellt. Insgesamt ergab die Studie, dass ~2/3 der Manager, die sich an der Untersuchung beteiligt haben, statistische Methoden in ihrer Managementpraxis nutzen, ~1/3 dagegen nicht. Die beiden Gruppen wurden ergänzend nach verschiedenen demografischen und betrieblichen Merkmalen wie Stellenbezeichnung (job-title), Managementebene, Branche, Funktionsbereich, Studienabschlussjahr etc. differenziert, von denen einige in der Tabelle angegeben sind. Aus dem Vergleich der Häufigkeitsverteilungen der Nutzer und der Nichtnutzer bei jedem dieser Merkmale wurde insgesamt herausgearbeitet, dass die Unterschiede statistisch nicht signifikant sind. Das kann man auch so interpretieren, dass das festgestellte Verhältnis von Nutzern und Nichtnutzern statistischer Methoden bei den Managern unabhängig von den einbezogenen Unterschieden der Manager und Betriebe ist.

	Nutzer	**Nichtnutzer**
Gesamtergebnis	**420 /~66%**	**219 / ~34%**
Demogr. u. betriebl. Merkmale (Auswahl)	**Anteil**	**Anteil**
Managementebene		
- obere	46%	49%
- mittlere	42%	39%
- untere	9%	6%
- keine	3%	6%
Branche		
- Handel u. Finanzen	25%	22%
- Beratung	21%	19%
- Ingenieurwesen	15%	13%
- I & K-Technik	7%	4%
- Chemie u. Energie	6%	9%
- Lebensm. u. Getr.	5%	8%
- sonstige	22%	26%
Studienabschluss		
vor 1975	16%	11%
- von 1975 bis 1985	51%	59%
- nach 1985	33%	29%

Gründe der Nichtnutzer	**Anteil**
1. Methoden nicht relevant	42%
2. Methoden nicht angemessen	21%
3. Wissensmängel (eigene, von Kollegen, Geschäftspartnern)	9%
4. Datenqualität nicht ausreichend	5%
5. Datenanalyse durch andere Stellen	5%
6. Andere Gründe	16%
7. Keinen Grund angegeben	4%
Keine zukünftige Nutzungsabsicht	74%

Tab. 3.7.1: Nutzer und Nichtnutzer statistischer Methoden

3.7.2 Kenntnis statistischer Arbeits- und Methodengebiete

Zur genaueren Analyse der Themen „Kenntnis" und „Nutzung" statistischer Methoden wurden die in den MBA-Curricula typischerweise enthaltenen statistischen Arbeits- und Methodengebiete vorgegeben. Die Abbildung 3.7.2 enthält links die üblichen Fachbezeichnungen dieser Gebiete und rechts als Balkendiagramm den Anteil aller Befragten (Nutzer und Nichtnutzer), die sie kennen.

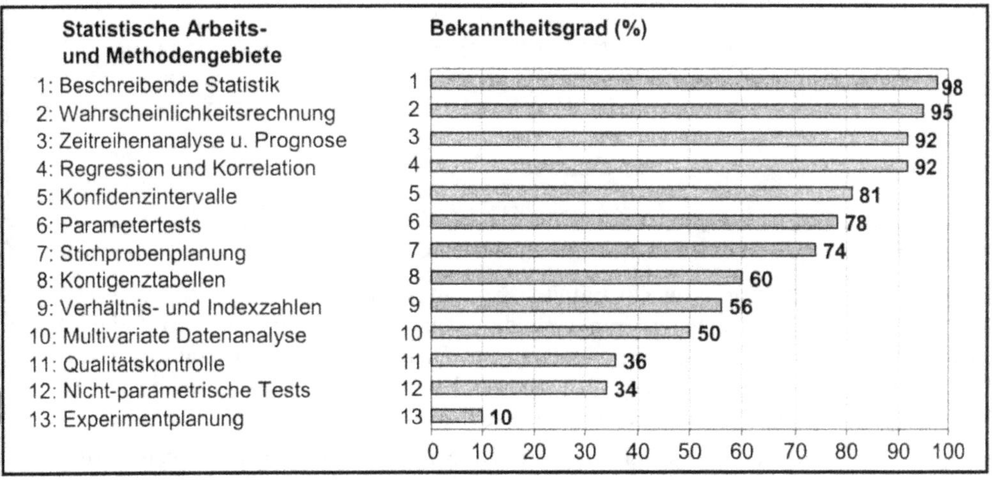

Abb. 3.7.2: Bekanntheitsgrad statistischer Arbeits- und Methodengebiete

Die Gebiete 1-9 sind typischerweise - auch international - in den Curricula einführender Statistik-Lehrveranstaltungen für Wirtschaftler enthalten, so auch in diesem Lehrbuch. Bei 10-13 handelt es sich überwiegend um speziellere Methoden- oder Anwendungsgebiete, die üblicherweise nicht Bestandteil einführender, sondern weiterführender Veranstaltungen sind. Bei 1 (Beschreibende Statistik) und 2 (Wahrscheinlichkeitsrechung) handelt es sich um zwei große Sachgebiete der Statistik, die international Standard sind. Die in der Studie unter Nr. 9 gesondert betrachteten Verhältnis- und Indexzahlen werden üblicherweise und auch hier in der beschreibenden Statistik behandelt. Die Gebiete 3, 4 und 8 gehören zur „analysierenden", 5-7 und 12 zur „schließenden Statistik".

Der Bekanntheitsgrad ist insgesamt recht hoch. Die 9 Arbeits- und Methodengebiete, die typischerweise in einführenden Statistik-Lehrveranstaltungen für Wirtschaftler behandelt werden, haben einen Bekanntheitsgrad von mindestens 56%, 4 davon sogar einen Bekanntheitsgrad von über 90%.

3.7.3 Nutzung statistischer Arbeits- und Methodengebiete

Bei der Gruppe der Nutzer statistischer Methoden wurde deren **Nutzungsverhalten** mit den Merkmalen **Nutzungsgrad und -intensität** erfasst. Der Nutzungsgrad wurde als dichotomes Merkmal (Benutzung: ja/nein) und die Nutzungsintensität als ordinal skaliertes Merkmal auf einer fünfstufigen Bewertungsskala erfasst (0= gar nicht, 1= gering, 2= mäßig, 3= häufig, 4= ausgiebig). Aufbereitet und ausgewertet wurden der Nutzungsgrad als **Anteil** und die Intensität als **Mittelwert** - die mittlere Nutzungsintensität - gemessen als Durchschnittswert. Das Ergebnis ist in der folgenden Abbildung 3.7.3 dargestellt.

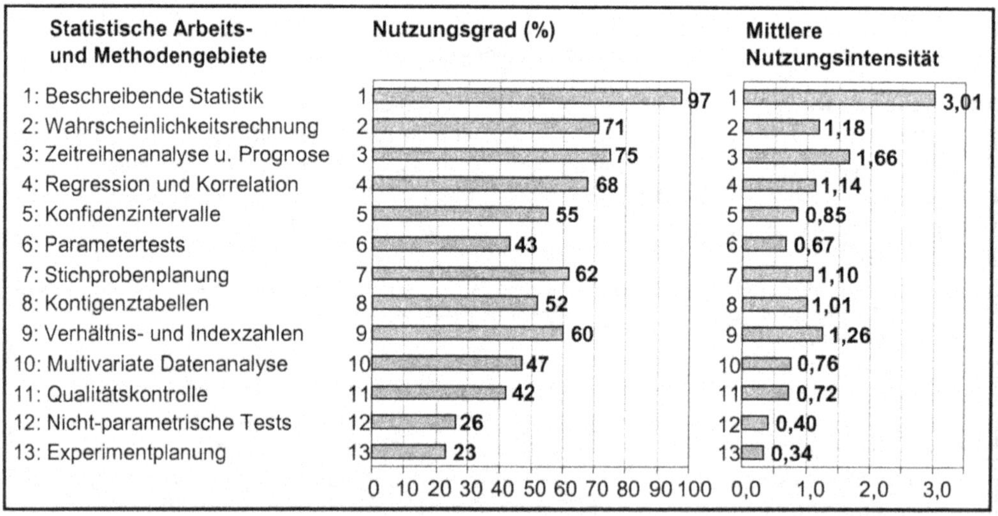

Abb. 3.7.3: Nutzungsgrad und mittlere Nutzungsintensität von Arbeits- und Methodengebieten

Die Abbildung zeigt **insgesamt** einen **hohen Nutzungsgrad**: Von den im deutschsprachigen Raum im Rahmen der Statistik-Grundausbildung für Wirtschaftler typischen Gebieten 1-9 haben gut 70% einen Nutzungsgrad von über 50%. Dagegen zeigt die **Nutzungsintensität** im Durchschnitt ein **niedriges Niveau**: Ca. 55% werden nur geringfügig bis mäßig genutzt, ca. 36% sogar noch weniger als gering, also praktisch nur ganz selten.

Die Studie bestätigt mit einem **herausgehobenen Spitzenplatz** die grundlegende Bedeutung und umfängliche und intensive Nutzung der **beschreibenden Statistik**. Die in der Studie als eigenständiges Gebiet betrachteten Verhältnis- und Indexzahlen werden zwar von einem vergleichsweise deutlich geringeren Anteil der Nutzer verwendet, dies aber mit einer beachtlich hohen mittleren Intensität.

Die **analysierende Statistik** - zu der in dieser Einführung die Gebiete Zeitreihenanalyse und -prognose, Regression und Korrelation sowie Kontingenztabellen zählen - wird mit Nutzungsanteilen zwischen 60 und 75% **insgesamt recht umfänglich genutzt**. Auffallend sind hier die vergleichsweise hohen Nutzungsintensitäten der „Zeitreihenanalyse und -prognose".

Die **Wahrscheinlichkeitsrechnung** ist für die Handhabung von Unsicherheit grundlegend, was auch in dieser Untersuchung durch den sehr hohen Nutzungsanteil von ~ 95% bestätigt wird. Die **schließende Statistik**, zu der die Stichprobenplanung, das Testen (Parametertests, nichtparametrische Tests, Qualitätskontrolle als Hauptanwendungsgebiet von Parametertests in der Wirtschaftspraxis) und das Schätzen (Konfidenzintervalle) gehören, wird von allen großen Sachgebieten der Statistik nach dieser Studie insgesamt am wenigsten genutzt. Trotzdem wird in der Praxis offensichtlich in recht großem Umfang (Nutzungsanteil ca. 75% und mehr) mit Stichproben gearbeitet und diese werden zum Schätzen und Testen von Parametern benutzt, auch wenn das im Mittel eher selten geschieht.

3.7.4 Stärkere Nutzung hemmende und fördernde Faktoren

Bei der Gruppe der Nutzer statistischer Methoden wurde ergänzend deren **Meinung** über die **Faktoren** erfragt, die eine **stärkere Nutzung** in der Managementpraxis **erschweren** und **fördern**. Dabei war Mehrfachnennung möglich und von den 420 Managern, die dazu ihre Meinungen abgaben, gab es insgesamt 1253 fördernde und 979 hemmende Nennungen. Die wichtigsten Ergebnisse sind in der Tabelle 3.7.4 zusammengestellt.

Faktoren			Nennung	Anteil
Hemmende Faktoren	Menschliche	Zeitmangel, Daten zu erheben und zu verarbeiten	197	47%
		Wissensmängel bei Kollegen	140	33%
		eigene Wissensmängel	96	23%
		Vertrauensmangel bei Kollegen	82	20%
		eigener Vertrauensmangel	52	12%
		Summe	**567**	
	Technische	Mangel an geeigneten Daten	117	28%
		Mangel an geeigneter Software	80	19%
		Mangel an fachlicher und techn. Unterstützung	75	18%
		ungeeigneter Computerzugang	37	9%
		Summe	**309**	
Fördernde Faktoren		verbessert Problemverständnis	251	60%
		verringert subjektive Beurteilungen	250	60%
		erlaubt tiefere Problemanalyse	249	60%
		ermöglicht Entscheidungsbegründungen	236	57%
		stärkt Vertrauen in endgültige Entscheidungen	217	52%
		andere	50	11%
		Summe	**1253**	

Tab. 3.7.4: Stärkere Nutzung statistischer Methoden hemmende und fördernde Faktoren

Das Meinungsbild über den **Nutzen statistischer Methoden** in der Managementpraxis ist ausgewogen und klar und überwiegt deutlich und durchgängig die einer stärkeren Nutzung entgegenstehenden Faktoren. Bei den **hemmenden Faktoren** sind Zeit-, Daten- und Wissensmängel seit langem bekannte Gründe, von denen nur der letzte durch Ausbildung wesentlich beeinflussbar ist. Andererseits wird die in 2.1.3.1.angesprochene zunehmende Verfügbarkeit vielfältiger und qualitativ vernünftiger Daten aus internen und externen Datenquellen die Datenmängelprobematik zukünftig eher verkleinern. Ähnliches gilt wohl auch für die übrigen technischen Hemmnisfaktoren, die im Zuge der immer stärkeren Verbreitung und Nutzung von IT-Ressourcen zukünftig eher noch weiter an Bedeutung verlieren dürften. Damit kann man aus diesem Meinungsbild zusammenfassend auf ein **weiterhin zunehmendes Nutzungspotenzial** statistischer Methoden in der Managementpraxis schließen.

3.8 Definitionen, Regeln, Symbole und Formeln

Bezeichnung	Definition oder Regel	Symbol	Formel
Häufigkeiten			
statistische Einheit	elementares Objekt der Masse, das Träger der Informationen ist gleichbedeutend: Merkmalsträger	i	$=1,\ldots, n$
Größe der statistischen Masse	Anzahl der statistischen Einheiten bzw. Merkmalsträger, die betrachtet werden	n	
statistisches Merkmal	an den Einheiten einer statistischen Masse interessierende Eigenschaft genauer: Beobachtungsmerkmal gleichbedeutend: statistische Variable	X	
Beobachtungswerte	die an den statistischen Einheiten ermittelten Werte des Beobachtungsmerkmals	x_i	$i= 1,\ldots, n$
Merkmalswerte	voneinander verschiedene Beobachtungswerte und/oder mögliche Ausprägungen des Beobachtungsmerkmals	x_j	$j = 1,\ldots, m$ und $m \leq n$
absolute Häufigkeit	Anzahl der Beobachtungswerte, die mit einem Merkmalswert übereinstimmen	$h\ (X=x)$, $h(x_j)$ h_j	
relative Häufigkeit	Anteil der Beobachtungswerte, die mit einem Merkmalswert übereinstimmen	$f(X=x_j)$, $f\ (x_j)$, f_j	$= h\ (x_j) / n$
Häufigkeitsfunktion	sachgerechte Zuordnung von absoluten oder relativen Häufigkeiten zu Merkmalswerten	m- Tupel $\{ (x_1, h_1),\ldots, (x_m, h_m) \}$ $\{ (x_1, f_1),\ldots, (x_m, f_m) \}$	
Anwendbarkeit	alle Merkmals- und Skalenarten		
Verhältniszahlen	Zahlen, die als Quotient gebildet werden		
Gliederungszahl	Anteil einer Teilmasse j an der gesamten Masse n	G_j	$= h_j / n$
Messzahl	Verhältnis einer Teilmasse j zu einer anderen Teilmasse b	$M_{j,b}$	$= h_j / h_b$
Anwendbarkeit	Massen gleichartig und gleich dimensioniert		
Klassieren			
Klassenanzahl	Anzahl der Klassen	K	$=\sqrt{n}$
Klassennummer	fortlaufende Nummerierung der Klassen	k	$= 1,\ldots, K$
Klassenuntergrenze	Merkmalswert am unteren Ende einer Klasse	x_k^u	
Klassenobergrenze	Merkmalswert am oberen Ende einer Klasse	x_k^o	
Klassenabgrenzung	• von... bis unter • über... bis einschließlich	$x_k^u \ldots x_k^o$	
Klassenbreite	• konstant für alle Klassen • variabel (vornehmlich für Randklassen)	B_k	$= x_k^o - x_k^u$
Klassenmitte (rechentechnisch)	formaler Mittelwert einer Klasse aufgrund der Klassengrenzen	x_k^M	$=(x_k^o+x_k^u) / 2$
Klassenmittel	Durchschnittswert der Beobachtungswerte in einer Klasse	$\bar{x}_k$	
Klassenhäufigkeit	absolute oder relative Häufigkeit der Beobachtungswerte in einer Klasse	h_k , f_k	
Häufigkeitsdichte	Klassenhäufigkeit durch Klassenbreite	h_k^D f_k^D	$= h_k / B_k$ $= f_k / B_k$

Bezeichnung	Erläuterung oder Regel	Symbol	Formel
Absoluter Klassierungsfehler	absolute Abweichung zwischen rechentechnischer Klassenmitte und Klassenmittel	d_k^a	$= \mid x_k^M - \bar{x}_k \mid$
Relativer Klassierungsfehler	Anteil der absoluten Abweichung vom Klassen-mittel	d_k^r	$= d_k^a / \bar{x}_k$
Anwendbarkeit	vornehmlich quantitative Merkmale		
Summieren			
Summenhäufigkeit	• aufsteigend (Standard) • abfallend		
Absolute Summenhäufigkeit	Anzahl der Elemente, die höchstens einen be-stimmten Merkmalswert besitzen	$H(x_j)$; $h(X \leq x_j)$	$= \sum_{r=1}^{j} h_r$
Relative Summenhäufigkeit	Anteil der Elemente, die höchstens einen be-stimmten Merkmalswert besitzen	$F(x_j)$; $f(X \leq x_j)$	$= \sum_{r=1}^{j} f_r$
Summenhäufigkeitsfunktion bzw. Verteilungsfunktion	Funktion, die jeder reellen Zahl a den Anteil der Elemente zuordnet, deren Merkmalswerte x_j diese Zahl nicht überschreiten	F(a)	$F(a)=F(x_j)$
Anwendbarkeit	mindestens ordinal skalierte Merkmale		

Bezeichnung	Definition oder Regel
Grafik	Darstellung statistischer Zahlen in einer Zeichnung
Diagramm	Zeichnung mit geometrischen Elementen
längenproportional	Länge des grafischen Elements repräsentiert die statistische Zahl insbes. die Häufigkeit
• Stab	quantitative, diskrete Merkmale (unklassiert)
• Säule/Balken	qualitative Merkmale; quantitative, klassierte Merkmale, B= konstant
flächenproportional	Fläche des grafischen Elements repräsentiert die statistische Zahl insbes. die Häufigkeit
Rechteck	Fachbezeichnung: Histogramm; quantitative, klassiert, B = variabel
• Kreis	qualitative Merkmale
Kurvendiagramm	
• Kurve	quantitative, stetige Merkmale
• Polygonzug	quantitative, klassierte Merkmale
Piktogramm	Anzahl oder Größe der stark vereinfachten Bilder (Symbole) repräsentieren die statistischen Zahlen insbesondere die Häufigkeiten

3.9 Übung

Fragen

F1. Welche Haupttätigkeiten gehören zur Datenaufbereitung ?

F2. Wie kommt man von den Erhebungsdaten eines Beobachtungsmerkmals zu seiner Häufigkeitsverteilung (grober Arbeitsablauf) ?

F3. Beobachtungswerte werden geordnet: Warum und wie? Wie stellt man geordnete Beobachtungswerte typischerweise dar ?

F4. Welche zwei grundsätzlichen Gestaltungsmöglichkeiten hat man bei der Festlegung der Merkmalswerte in einer Häufigkeitsverteilung ?

F5. Was ist eine Häufigkeitsfunktion und ist sie für alle Merkmals- und Skalenarten ermittelbar ?

F6. Welche Diagrammtypen eignen sich für die grafische Darstellung der univariaten Häufigkeitsfunktion eines quantitativen, diskreten Merkmals ?

F7. Welche Diagrammtypen eignen sich für die grafische Darstellung der univariaten Häufigkeitsfunktion eines qualitativen Merkmals ?

F8. Welches sind die Hauptgründe und -ziele für die Klassierung von Daten ?

F9. Welche wichtigen Gestaltungsfelder und -regeln gibt es bei der Klassierung ?

F10. Welchen Zielkonflikt kann es bei der Klassierung von Daten geben ?

F11. Was versteht man unter „Klassierungsgüte“ und wie kann man sie messen ?

F12. Welche Diagrammtypen eignen sich für die grafische Darstellung der univariaten Häufigkeitsfunktion eines quantitativen, klassierten Merkmals ?

F13. Was ist ein Histogramm ?

F14. Was ist die Häufigkeitsdichte, wo kann man sie im Histogramm ablesen und wie kann man sie aus Anwendungssicht praxisgerecht interpretieren ?

F15. Ist die Klassierung bei allen Merkmals- und Skalenarten gleichermaßen sinnvoll (Begründung) ?

F16. Welches sind die Hauptgründe und -ziele der Kumulation von Daten ?

F17. Welche grundsätzlichen Summationsmöglichkeiten gibt es bei einer Häufigkeitsfunktion?

F18. Welche typischen Fragestellungen an eine Häufigkeitsverteilung kann man mit der Kumulation beantworten ?

F19. Was ist eine Summenhäufigkeitsfunktion, was eine Verteilungsfunktion ?

F20. Welche Diagrammtypen eignen sich für die grafische Darstellung einer univariaten Verteilungsfunktion?

F21. Wie kann man empirisch nicht vorhandene Werte in klassierten Häufigkeits- und Verteilungsfunktionen ermitteln ?

F22. Ist die Kumulation auf Daten aller Merkmals- und Skalenarten sinnvoll (Begründung) ?

F23. Welche (ideal)typischen Verteilungsformen kennen Sie und wozu kann man sie bei der quantitativen Datenanalyse nutzen ?

F24. Was sind Piktogramme und ihre wesentlichen Vor- und Nachteile ?

F25. Welche Zielsetzung, Thematik und Methodik hat die vorgestellte empirische Studie über statistische Methoden in der Managementpraxis in Groß-Britannien ?

F26. Welches Ergebnis erbringt die Studie über den Anteil von Nutzern und Nichtnutzern ?

F27. Welches sind die 3 Hauptgründe der Nichtnutzer mit Anteilen ?

F28. Welche Eigenschaften der Manager und der Betriebe wurden in der Studie erhoben und warum ?

F29. Welches Ergebnis liefert die Studie über die Nutzer und Nichtnutzer statistischer Methoden und deren Zusammenhang mit den in F28. angesprochenen Eigenschaften ?

F30. Wie wird in der Studie das Merkmal „Kenntnis von statistischen Arbeits- und Methoden-Gebieten“ erhoben (Erhebungsmerkmal) und wie wird es ausgewertet ? Geben Sie für das Erhebungsmerkmal die Merkmalsausprägungen sowie die Merkmals- und Skalenart an.

F31. Formulieren Sie in eigenen Worten die Ihrer Meinung nach drei wichtigsten Ergebnisse der Studie betreffend den Bekanntheitsgrad statistischer Arbeits- und Methodengebiete.

F32. Wie wird in der Studie das Merkmal „Nutzung von statistischen Arbeits- und Methoden-Gebieten“ erhoben (Erhebungsmerkmal) und wie wird es ausgewertet ? Geben Sie für das Erhebungsmerkmal die Merkmalsausprägungen sowie die Merkmals- und Skalenart an.

F31. Formulieren Sie in eigenen Worten die Ihrer Meinung nach fünf wichtigsten Ergebnisse der Studie betreffend die Nutzung statistischer Arbeits- und Methodengebiete.

F32. Welches Ergebnis erbringt die Studie über die 3 wichtigsten Faktoren, die eine stärkere Anwendung statistischer Methoden im Management behindern (mit Nutzeranteilen) ?

F33. Welches Ergebnis erbringt die Studie über die 5 wichtigsten Faktoren, die eine stärkere Anwendung statistischer Methoden im Management fördern (mit Nutzeranteilen) ?

Aufgaben

Aufgabe „Private Telefonate"

In der Oberpostdirektion Berlin wurde im März letzten Jahres durch Auswertung des Telefonanlagenprotokolls ermittelt, wie viele private Telefonate in der Dienstzeit von 50 zufällig ausgewählten Beamten des gehobenen Dienstes geführt worden sind. Die Urliste ist nachfolgend wiedergegeben.

2, 7, 5, 13, 10, 7, 12, 18, 10, 6, 8 12, 10, 18, 10, 13 ,10, 13, 5, 10, 6 , 10, 5, 12 ,8 , 3, 13, 8, 12, 8, 10, 7, 13, 10, 15, 8, 12, 13, 6, 10, 10, 12, 15, 21, 7, 15, 10, 12, 13, 8.

Aufgabenstellungen

a. Welche Art von Datenerhebung, Merkmal und Skala liegt hier vor ?

b. Ermitteln Sie aus der Urliste die Häufigkeitsfunktion in einer Tabelle.

c. Stellen Sie die Häufigkeitsfunktion in geeigneter Form grafisch dar.
Benennen und begründen Sie kurz die von Ihnen gewählte Darstellungsform.

d. Welche Charakteristika hat die ermittelte Verteilung (formal und inhaltlich) ?

e. Der zuständige Personalreferent resümiert das Ergebnis wie folgt:
„ Das Untersuchungsergebnis ist beruhigend, da...
- die Anzahl der privaten Telefonate pro Monat ziemlich normalverteilt ist.
- in der Spitze und im Mittel nur 10 Telefonate geführt wurden.
- diese Zahl auch von knapp 80% aller Mitarbeiter nicht überschritten wird.
- und die Ergebnisse wegen der Erhebungsart repräsentativ sind."
Was sagen Sie dazu ?

Aufgabe „Zahlungsverhalten"

Dem kaufmännischen Leiter eines mittelständischen Bauunternehmens ist die Zahlungsmoral der Kunden schon seit langem ein Dorn im Auge. Er möchte sich ein realistisches Bild machen und beauftragt die Buchhaltung, für sämtliche in einem zufällig ausgewählten Monat ausgestellten Rechnungen die Tage bis zum Zahlungseingang zusammenzustellen. Nach den Geschäftsbedingungen liegt das Zahlungsziel bei 30 Tagen nach Rechnungslegung. Die 1. Mahnung erfolgt 30, die 2. Mahnung 60 Tage nach dem Zahlungsziel. Nach 90 Tagen wird ein gerichtliches Vollzugsverfahren durch den Firmenrechtsanwalt avisiert, nach 120 Tagen eingeleitet und nach 180 Tagen in aller Regel abgeschlossen. Die Buchhaltung liefert folgende Liste:

R-Nr.	4711	4712	4713	4714	4715	4716	4717	4718	4719	4720	4721
Tage	102	31	25	68	---	45	18	76	---	29	39
R-Nr.	4722	4723	4724	4725	4728	4729	4730	4731	4732	4733	4734
Tage	---	27	97	35	65	30	---	70	22	33	28

Aufgabenstellungen

a. Welche Art von Datenerhebung, Merkmal und Skala liegt hier vor ?

b. Welche Erkenntnis über das Zahlungsverhalten liefert die Häufigkeitsverteilung, die Sie aus der Urliste entnehmen können ?

c. Wählen Sie zur Verdichtung der Daten einen der folgenden Klassierungsvorschläge **begründet** aus:
   - 11 Klassen á 10 Tage, davon die letzte offen
   - 6 Klassen á 20 Tage, davon die letzte offen
   - 5 Klassen wie folgt: 15-30, 30-60, 60-90, 90-120, über 120.

d. Stellen Sie die klassierte Häufigkeitsfunktion in einer Tabelle dar.

e. Stellen Sie die klassierte Häufigkeitsfunktion in geeigneter Form grafisch dar. Benennen und begründen Sie den von Ihnen gewählten Grafiktyp.

f. Interpretieren Sie das Ergebnis Ihrer Klassierung (inhaltlich und formal).

g. Wie gut ist Ihre Klassierung ? (Quantitative Güteanalyse in der Klassierungstabelle d.)

Aufgabe „Kaltmiete"

Eine Erhebung der Kaltmietpreise bei 200 preisgebundenen Wohnungen in Berlin hat folgendes Ergebnis erbracht:

Mietpreis (€/m²)	von...	3,5	5,5	6,5	7	7,5
	bis unter	5,5	6,5	7	7,5	9,5
absolute Häufigkeit		40	40	60	40	20

Aufgabenstellungen

a. Ermitteln Sie die vollständige Häufigkeitsverteilung (Häufigkeitsverteilung- und Verteilungsfunktion) in einer Tabelle.

b. Stellen Sie die Häufigkeitsfunktion in geeigneter Form grafisch dar. Benennen und begründen Sie kurz die von Ihnen gewählte Darstellungsform. Nennen Sie Charakteristika der vorliegenden Verteilung.

c. Stellen Sie die Verteilungsfunktion in geeigneter Form grafisch dar.

d. Ermitteln Sie möglichst genau ...
   (1) den **Anteil** der Wohnungen, die höchstens 6,50 (€/m²) kosten;
   (2) die **Anzahl** der Wohnungen, die 7,50 (€/m²) und mehr kosten;
   (3) den Mietpreis, der von den 20% billigsten Wohnungen nicht überschritten wird;
   (4) den Mietpreis, der von den 30% teuersten Wohnungen nicht unterschritten wird;
   (5) den Anteil der Wohnungen, die mindestens 5,50 (€/m²) und weniger als 7,50 (€/m²) kosten;
   (6) den **Anteil** der Wohnungen, der weniger als 6,-- (€/m²) kostet;
   (7) die **Anzahl** der Wohnungen, die 9 (€/m²) und mehr kosten;
   (8) den Anteil der Wohnungen, die wenigstens 6,-- (€/m²) und weniger als 9,-- (€/m²) kosten;
   (9) den Mietpreis der Hälfte aller Wohnungen;
   (10) den Preisbereich, in dem die mittleren 50% aller Wohnungen liegen.

Aufgabe „Interpretation und Manipulation von grafischen Darstellungen"

Betrachten Sie die folgende grafische Darstellung aufbereiteter statistischen Daten.

Aufgabenstellungen

Klären Sie die in der folgenden Tabelle angesprochene Aspekte

a. Untersuchungs- und Datenart	d. Grafiktyp
b. statistische Masse	e. eventuell vorliegende Manipulation
c. Merkmal mit Ausprägungen, Merkmals- und Skalenart	f. wesentliche inhaltliche Aussagen

Aufgabe „Statistische Methoden in der Managementpraxis"
Studieren Sie die in 3.7 vorgestellte empirische Untersuchung über statistische bzw. quantitative Methoden im Management in Groß-Britannien.

Aufgabenstellungen

a. Erhebungsmethodik
   1. Charakterisieren Sie kurz in eigenen Worten die Erhebungsmethodik.
   2. Können die Ergebnisse überhaupt repräsentativ sein ? (Begründung)
   3. Wenn ja, für wen (welche Grundgesamtheit) ?

b. Nutzer/Nichtnutzer
   1. Wie groß ist der Anteil der Nutzer/Nichtnutzer in der Stichprobe ?
   2. Erläutern Sie in eigenen Worten die drei wichtigsten Gründe der Nichtnutzung.
   3. Stellen Sie die Häufigkeitsverteilungen des Merkmals „Managementebene" für Nutzer und Nichtnutzer in einem Diagramm in geeigneter Form grafisch dar. Was sagt Ihnen das Diagramm ?
   4. Geben Sie in Stichworten an, wie Sie vorgehen würden, um beispielhaft an diesem demografischen Merkmal zu folgender Aussage der Studie zu gelangen: „ Statistisch signifikante Unterschiede zwischen vergleichbaren Häufigkeitsprofilen der beiden Gruppen (Nutzer/Nichtnutzer) konnten nicht ermittelt werden."

c. Kenntnis statistischer Arbeits- und Methodengebiete
   1. Zu welcher Informationsart gehören Ihrer Meinung nach die Frage nach der Methodenkenntnis ?
   2. Machen Sie einen prototypischen Formulierungsvorschlag für die Frage, mit der in der Studie die Kenntnis der statistischen Arbeits- und Methodengebiete erfragt worden ist.
   3. Wie ermittelt man aus den Antworten der Manager auf Ihre obige Frage den Bekanntheitsgrad eines statistischen Arbeits- und Methodengebietes ?
   4. In der Abb.3.7.2 sind die Arbeits- und Methodengebiete nach ihrem Bekanntheitsgrad gereiht (Rankingliste). Machen Sie ergänzend einen Klassierungsvorschlag.
   5. Wie groß ist der durchschnittliche Bekanntheitsgrad aller Gebiete, der in der Statistikausbildung für Wirtschafswissenschaftler typischerweise vermittelten Gebiete und der von Ihnen gemäß 4. gebildeten Gebietsklassen ?

d. Nutzung statistischer Arbeits- und Methodengebiete
   1. Zu welcher Informationsart gehören Ihrer Meinung nach Fragen über die Nutzung statistischer Methoden ?
   2. Spezifizieren Sie die beiden der Abb.3.7.4 zugrunde liegenden **Erhebungsmerkmale** – nicht die in der Abb. nach statistischer Bearbeitung dargestellten Auswertungsmerkmale - in folgender Tabelle:

Merkmalsbezeichnung	Merkmalsausprägungen	Merkmalsart	Skalenart

   3. Setzen Sie sich kurz kritisch mit der Auswertungsgröße „mittlere Nutzungsintensität", ihrem Zustandekommen und ihrer Aussagefähigkeit auseinander.
   4. Vergleichen Sie den Bekanntheits- und den Nutzungsgrad der Arbeits- und Methodengebiete und stellen Sie Ihre Ergebnisse in geeigneter Form grafisch dar.
   5. Vergleichen Sie den Nutzungsgrad und die mittlere Nutzungsintensität der Arbeits- und Methodengebiete und stellen Sie Ihre Ergebnisse in geeigneter Form grafisch dar.

e. Stärkere Nutzung hemmende und fördernde Faktoren
   1. Zu welcher Informationsart gehören Ihrer Meinung nach Fragen über die eine stärkere Nutzung hemmende und fördernde Faktoren ?
   2. Welche Fragen- und Nennungsart wurde benutzt und halten Sie diese im vorliegenden Fall für sinnvoll ?
   3. Was lässt sich aus der Tabelle 3.7.2 über das Verhältnis und die Proportionen hemmender und fördernder Faktoren zusammenfassend sagen ?

4 Auswertung univariater Querschnittdaten mit Kenngrößen

In der Phase der Datenauswertung wird versucht, **charakteristische Aspekte** der aufbereiteten und präsentierten Masse in **Maßzahlen** zu quantifizieren. Diese Maßzahlen werden in der Fachsprache der Statistik auch **Parameter** genannt. Zielsetzung ist, mit Hilfe nur einiger weniger Maßzahlen zu einem groben, aber tendenziell charakteristischen und zutreffenden Bild der Masse zu kommen, ohne sie im Detail betrachten zu müssen. Die Maßzahlen sind **Kennzahlen** vergleichbar, die die Reduktion großer Datenmengen mit vielen Details in einige wenige Kerninformationen bewerkstelligen sollen. Dazu ist eine gezielte Auswertung der Daten nötig, die über die bereits behandelten Maßnahmen und Messzahlen der Datenaufbereitung weit hinausgeht.

Für aus **Querschnittdaten** ermittelte **univariate Häufigkeitsverteilungen** sind im Allgemeinen eine Reihe von Aspekten typisch, die folgende Übersicht zeigt.

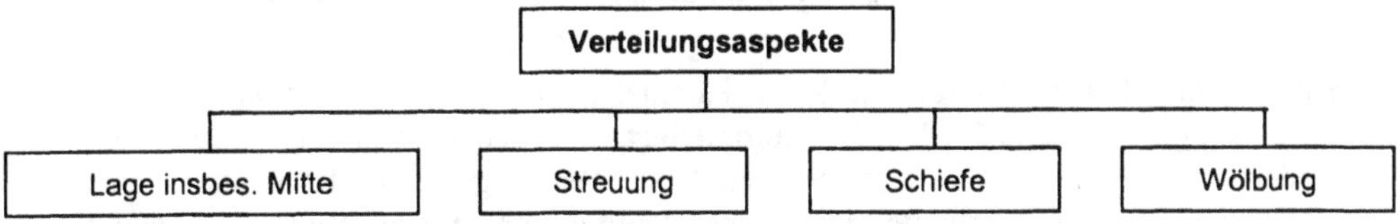

Die charakteristischen Aspekte sind am einfachsten an grafischen Darstellungen von Häufigkeitsverteilungen zu erkennen, insbesondere an den in 3.6.2 dargestellten **idealtypischen Verteilungsformen**.

Lagemaße sollen - wie die Bezeichnung bereits andeutet - vor allem die **charakteristische Lage** der Häufigkeitsverteilung eines Merkmals in einer Maßzahl zum Ausdruck bringen. Mittelwerte als wichtigste Lagemaße sollen die **„tendenzielle Mitte"** einer Verteilung angeben. So soll etwa bei der Leistungsbeurteilung ein Mittelwert als Lagemaß Auskunft darüber geben, ob die Leistungen insgesamt tendenziell eher gut oder eher ausreichend sind.

Mit einem **Streuungsmaß** soll gemessen werden, in welchem Umfang die Werte eines Merkmals in der Masse insgesamt **variieren**. So mögen etwa in einem Betrieb überwiegend jüngere Mitarbeiter beschäftigt sein, während in einem anderen alle Altersgruppen im erwerbstätigen Alter vorhanden sind. Quantifizieren kann man diesen Unterschied durch die Werte eines geeigneten Streuungsmaßes.

Der Aspekt der **Schiefe** einer Häufigkeitsverteilung ist in der Abbildung 3.6.2 - Verteilungsform eingipflig und schief - anschaulich dargestellt. Bei einer eingipfligen und schiefen Verteilung liegen der Gipfel und ein Großteil der gesamten Masse auf einer Seite der Verteilung. Mit einem geeigneten Schiefemaß kann man das tendenzielle Ausmaß dieser **Asymmetrie** quantifizieren.

Der Aspekt der **Wölbung** einer Häufigkeitsverteilung ist in der Abbildung 3.6.2 - Verteilungsform eingipflig und symmetrisch - anschaulich dargestellt. Bei einer eingipfligen und symmetrischen Verteilung, die **stark gewölbt** ist, liegt die Masse vergleichsweise eng um den Gipfel herum und die Häufigkeiten nehmen zu den Rändern hin S-kurvenförmig ab. Bei **schwacher Wölbung** ist die Masse vergleichsweise breit um den Gipfel herum verteilt und die Abnahme der Häufigkeiten zu den Rändern hin ist nur degressiv. Mit einem geeigneten Wölbungsmaß kann man das Ausmaß dieser **Disproportionalität** quantifizieren.

Obwohl alle Verteilungsaspekte in der Praxis vorkommen, haben sie doch nicht alle die gleiche Bedeutung. Von **grundlegender Bedeutung** sind **Lage- und Streuungsmaße**, auf die wir uns deshalb in dieser Einführung konzentrieren. Ergänzend wird auf die **Schiefe** eingegangen, da viele ökonomische Größen - insbesondere Geldgrößen - schief verteilt sind.

In der **Praxis** der Datenauswertung hat der Anwender die wichtige Aufgabe, die im Anwendungsfall typischen Verteilungsaspekte und sie quantifizierenden Maßgrößen auszuwählen. Dabei sind die verfügbaren Maßgrößen daraufhin zu überprüfen, welche von ihnen von den Anwendungsvoraussetzungen her überhaupt zulässig und darüber hinaus am besten geeignet sind, das Typische der vorliegenden Verteilung herauszustellen. Die **Parameterauswahl** sollte systematisch und gut begründet sein. Deshalb werden die hier vorgestellten Kenngrößen im Hinblick auf wichtige Anwendungsaspekte kurz gewürdigt. Bei der Parameterauswahl bestehen natürlich Spielräume, die auch zur Manipulation bei der Datenauswertung genutzt werden können. In der Praxis der **rechnergestützten** Datenaufbereitung und -auswertung mit professioneller Statistik-Software werden von den Systemen typischerweise Kenngrößen **zu allen Verteilungsaspekten** automatisch ermittelt und ausgewiesen. Auch in diesem Fall hat der Anwender - trotz Automatisierung der Werteermittlung - die wichtige Aufgabe der Parameterauswahl.

Die **sachgerechte Interpretation** ermittelter Parameterwerte ist nicht immer einfach. Das liegt einmal daran, dass manche Maßgrößen **kompliziert** sind, und ihr Konstruktionskonzept vom Anwender verstanden sein muss, zum anderen daran, dass aufgrund der Konstruktion und/oder der Dimension die Parameterwerte nicht immer **realitätsnah und anschaulich** gedeutet werden können. Aber selbst wenn die Maßgrößen gut zu verstehen und ihre Werte von der Dimension her realitätsnah interpretierbar sind - wie etwa bei dem weithin bekannten und benutzten Durchschnittswert - ist der **Informationswert einer Zahl für sich allein genommen** häufig nicht sehr groß. Er vergrößert sich vor allem durch impliziten und insbesondere durch expliziten **Vergleich** mit anderen Werten - Einzelwerten, Gruppenwerten und anderen Parameterwerten - und liefert häufig erst dadurch zusätzliche Erkenntnisse, die im Sachzusammenhang bedeutsam sein können.

4.1 Lagemaße

Die wichtigsten Lagemaße zeigt folgende Übersicht.

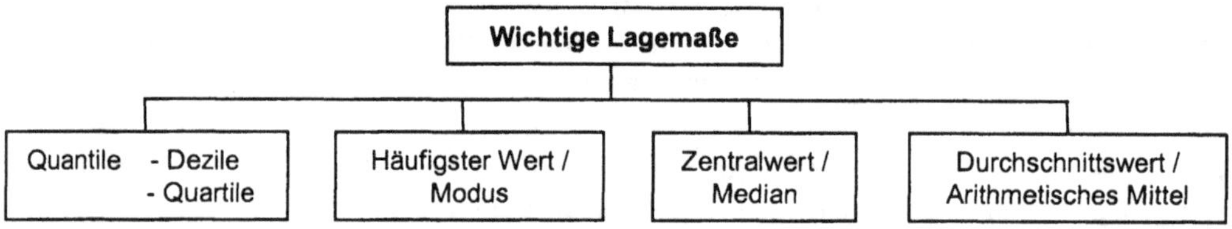

4.1.1 Quantile

Quantile (lat.: quantus, dtsch.: wie viel, wie groß) teilen die aufsteigend geordnete Reihe aller Beobachtungswerte einer Masse (genau oder näherungsweise) derart, dass q Anteile unterhalb und 1-q Anteile oberhalb des Merkmalswertes $\mathbf{x_q}$ liegen, wobei $0 < q < 1$ gilt.

In der beschreibenden Statistik sind vor allem **Quartile** (4 gleich große Teile) und **Dezile** (10 gleich große Teile) - die häufig etwas ungenau auch als Quantile bezeichnet werden - üblich. Symbolisiert werden die Quantile hier mit dem Index **q**, der den Anteil angibt. So bezeichnet $x_{0,25}$ das 1. oder untere Quartil oder $x_{0,10}$ das 1. untere Dezil etc. Da häufig die Quantile am unteren und oberen Rand einer Verteilung von besonderem Interesse sind, werden **sprachlich untere und obere Quantile** unterschieden, je nachdem, ob man die Teile am unteren oder oberen Ende der geordneten statistischen Reihe betrachtet. In diesem Fall werden zur eindeutigen Unterscheidung die Quantile am unteren Ende hier mit $\mathbf{x^u}$, die am oberen Ende mit $\mathbf{x^o}$ notiert. So entspricht das 3. (untere) Quartil $\mathbf{x_{0,75}}$ dem (ersten) oberen Quartil $\mathbf{x^o_{0,25}}$ und das 8.

(untere) Dezil $x^u_{0,8}$ dem 2. oberen Dezil $x^o_{0,2}$. Das Konzept der Quantile ist auf alle Verteilungen anwendbar. Es wird auch bei Wahrscheinlichkeitsverteilungen benutzt.

Ermittlungsansätze

Quantile lassen sich nur bei mindestens ordinal skalierten Merkmalen sinnvoll ermitteln (Anwendungsvoraussetzung). Die Ermittlungsansätze sind anhängig von der Merkmals- und Skalenart sowie der Datenstruktur.

Diskretes Merkmal in geordneter statistischer Reihe

Liegt ein diskretes Merkmal in einer geordneten statistischen Reihe vor, kann man bei kleineren Massen die Einteilung in 10 oder 4 gleich große Teile direkt durch **Abzählen** vornehmen. Bei größeren Massen kann man die Quantile durch Ermittlung der entsprechenden **Ordnungsnummern** bestimmen. Bezeichnet **n** die Größe der statistischen Masse, so ist in der aufsteigend geordneten statistischen Reihe aller Beobachtungswerte das Quantil **q theoretisch** der Beobachtungswert $\mathbf{x_q}$ mit der Ordnungsnummer **n*q**, d.h. formal:

$$x_q = X_{(n*q)}$$

Ist die Größe der statistischen Masse z.B. n=100 und interessiert man sich für den Merkmalswert, der von den unteren 10% der Verteilung nicht überschritten wird, so fragt man nach dem ersten unteren Dezil $x_{0,1}$. Nach der obigen Formel ist dies der Beobachtungswert mit der Ordnungsnummer 100*0,1=10, d.h. der 10. Wert in der aufsteigend geordneten statistischen Reihe aller Beobachtungswerte.

Wie man sich klar macht, ist die mit dieser Formel ermittelte idealtypische Ordnungsnummer eines Quantils nicht immer eine ganze Zahl, so dass man mit diesem Ansatz Quantile nicht immer exakt, sondern vielfach nur näherungsweise bestimmen kann. Als konkretes Einführungsbeispiel benutzen wir die aufsteigend geordneten **Bruttojahresentgelte** der 25 Mitarbeiter eines Betriebes aus dem Abschnitt 3.1. Diese sind hier - ergänzt um ihre Rangplatznummern - nochmals dargestellt.

Entgelt (Tsd.€)	10,5	11,0	11,1	11,8	13,5	17,0	21,0	21,4	22,0	24,0	25,2	26,0	27,3
Rangplatz	1	2	3	4	5	6	7	8	9	10	11	12	13
Entgelt (Tsd.€)	28,0	29,0	29,1	32,0	35,0	38,0	39,0	39,5	45,0	48,0	48,5	58,0	
Rangplatz	14	15	16	17	18	19	20	21	22	23	24	25	

So kann man im vorliegenden Fall z.B. das 2. und 4. untere und obere Quantil exakt ermitteln, da deren Ordnungsnummern 25*0,2=5 und 25*0,4=10 sowie 25*0,6=15 und 25*0,8= 20 ganzzahlig sind und mit Rangplatzzahlen genau übereinstimmen. Diese Fälle sind in der obigen Tabelle grau hinterlegt. Man erhält im vorliegenden Fall:

$x_{0,2}$= 13.500 € ; $x_{0,4}$ = 24.000 €; $x_{0,6}$ = 29.000 € und $x_{0,8}$ = 39.000 €.

Bei allen übrigen Quantilen sind die mit der obigen Formel ermittelbaren Ordnungsnummern nicht ganzzahlig. So erhält man z.B. für das erste untere Dezil die Ordnungsnummer 25*0,1 = 2,5 und für das untere Quartil die Ordnungsnummer 25*0,25 = 6,25. Das untere Dezil liegt danach zwischen dem 2. und 3. und das untere Quartil zwischen dem 6. und 7. Beobachtungswert.

In diesen Fällen gibt es zur eindeutigen Bestimmung der Quantile verschiedene Ansätze, die auch von der Skalenart abhängen. Für den vorliegenden Fall eines **metrisch skalierten** Merkmals sind alle zwischen den Beobachtungswerten möglichen Merkmalswerte interpretationsfähig. Von daher kann man die gewünschten Quantile durch **Interpolationsrechnung** bestimmen. Für das 1. untere Dezil und Quartil des Einführungsbeispiels ist die Interpolationsrechnung im Folgenden beispielhaft nachvollziehbar dargestellt.

Quantil	O-Nr.	Beobachtungswerte (Tsd.€)	Differenz (Tsd. €)	Interpolation	Ergebnis
$x_{0,1}$	2,5	$X_{(2)}$ = 11,0 ; $X_{(3)}$ = 11,1	0,1	0,5*0,1= 0,05	11,05
$x_{0,25}$	6,25	$X_{(6)}$ = 17,0 ; $X_{(7)}$ = 21,0	4,0	0,25*4= 1,00	18,00

Danach haben die „ärmsten 10%" (das untere Viertel) der Mitarbeiter in dem Betrieb ein Jahresbruttoentgelt von höchstens 11.050 € (18.000 €). Ist das Merkmal nicht metrisch, sondern nur **ordinal skaliert**, ist die Interpolation - statistisch betrachtet - keine empirisch zulässige Operation. In dem Fall sind die Quantile anders zu ermitteln, worauf in 4.1.3 in einem speziellen Fall noch eingegangen wird.

Häufigkeitsverteilung

Liegt bereits eine Häufigkeitsverteilung vor, ermittelt man Quantile durch **Berechnen** mit Hilfe der **Summenhäufigkeitsfunktionen** (siehe 3.5). Dabei werden bei den kumulierten relativen Häufigkeiten, die den gewünschten Quantilen entsprechen, die diesen zugeordneten Merkmalswerte über die Summenhäufigkeitsfunktionen bestimmt. Dieser Ansatz führt allerdings nur bei quantitativen, stetigen Merkmalen zu ganz genauen Ergebnissen. Bei klassierten, quasistetigen Merkmalen kommt man mit ergänzender Interpolation - so wie in 3.5.3 gezeigt - in der Regel zu guten Näherungslösungen. Bei **diskreten, unklassierten** Daten ist aufgrund der Datenart immer nur eine mehr oder minder grobe Näherungslösung möglich, deren Genauigkeit zudem wesentlich vom Skalenniveau abhängt. Die Standard-Näherungslösung für ordinal skalierte Daten wird in 4.1.3 exemplarisch behandelt. In diesem Abschnitt wird eine einfache Näherungslösung für **metrisch skalierte** Daten gezeigt, die auf Interpolation beruht. In der einschlägigen Literatur und in der gängigen Software findet man auch andere Ansätze.

Die einfache **Näherungslösung durch Interpolation** wird an der unklassierten Entgeltverteilung aus 3. 4 demonstriert. Dabei interessieren im vorliegenden Fall nicht alle möglichen Quantile, sondern beispielhaft nur die unteren und oberen 10, 20 und 25 % der Entgeltverteilung. Der Ansatz geht aus von den relativen Summenhäufigkeitsfunktionen. Diese sind für die Entgeltverteilung aufsteigend in den Spalten (1) und (3) und abfallend in den Spalten (1) und (4) der folgenden Tabelle 4.1.1 dargestellt.

Entgelt (€)	$f(x_j)$	$\sum f(x_j)$ ↓ $F(x_j)$	$\sum f(x_j)$ ↑	Quantile	
x_j	(%)	(%)	(%)	Dezile	Quartile
(1)	(2)	(3)	(4)	(5)	(6)
10.500	4	4		untere 10%	
11.000	4	8		1. unteres Dezil	
11.100	4	12		$x_{0,10}$= 11.050 €	
11.800	4	16		untere 20%	
13.500	4	20		$x_{0,20}$ =13.500 €	untere 25%
17.000	4	24			1. unteres Quartil
21.000	4	28			$x_{0,25}$= 18.000 €
...	...	...	...		
38.000	4		28		obere 25 %
39.000	4		24		1. oberes Quartil:
39.500	4		20	obere 20%	$X_{0,75}$ = 38.750 €
45.000	4		16	$x_{0,80}$= 39.500,-	
48.000	4		12	obere 10%	
48.500	4		8	1. oberes Dezil	
58.000	4		4	$x_{0,90}$ =48.250 €	

Tab. 4.1.1: Ermittlung einiger Quantile (Dezile und Quartile) der unklassierten Entgeltverteilung

Dabei sind alle relativen Häufigkeiten anwenderfreundlich in Prozent angegeben und es erfolgt eine Beschränkung auf die hier interessierenden Verteilungsränder. Relative Summenhäufigkeiten, die ganz genau den gewünschten Quantilen entsprechen, sind darin selten. So findet man etwa in Spalte (3) und (4) jeweils die Summenhäufigkeit von 20%, die den unteren und den oberen 20% entspricht. In der Spalte (1) kann man die diesen Summenhäufigkeiten zugeordneten Merkmalswerte direkt ablesen: Das 2. untere Dezil der Entgeltverteilung beträgt 13.500 €, das 2. obere Dezil 39.500 €. Alle übrigen gewünschten Quantile sind aus den Summenhäufigkeitsfunktionen nicht direkt ablesbar.

So stellt man etwa bei der Frage nach dem Höchsteinkommen der ärmsten 10%, d.h. bei der Frage nach dem ersten unteren Dezil $\mathbf{x^{u}_{0,10}}$ der Entgeltverteilung fest, dass 8% höchstens 11.000 € und 12% höchstens 11.100 € verdienen. Die gesuchten 10% kann man durch Interpolation zwischen den beiden Wertepaaren leicht ermitteln. Man erhält $\mathbf{x^{u}_{0,10}}$ = 11.050 €. In analoger Weise sind die übrigen Quantile in der Tabelle durch Interpolation ermittelt.

Grafische Darstellung

Eine typische grafische Darstellungsform der Quartile ist ein spezielles **Balkendiagramm**,. der **Box-Plott**. Darin sind außer den Quartilen noch der kleinste und der größte Merkmalswert als Kenngrößen einer Häufigkeitsverteilung markiert. Die Abb. 4.1.1 zeigt den Box-Plott der unklassierten Entgeltverteilung.

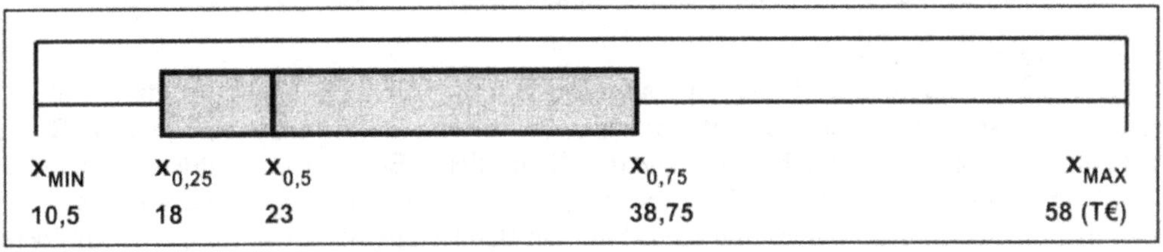

Abb. 4.1.1: Box-Plott der Entgeltverteilung

Würdigung

Aus Anwendungssicht ist zu den Quantilen Folgendes anzumerken:

- Sie sind bei mindestens ordinal skalierten Merkmalen anwendbar (Anwendungsvoraussetzung).
- Sie sind besonders einfach zu verstehen und zu ermitteln (Verständlichkeit und Effizienz).
- Sie eignen sich zur zahlenmäßigen Charakterisierung von typischen Anteilen und Proportionen einer Verteilung (Anwendungsschwerpunkt).
- Der Box-Plott ist eine gute Darstellungsform, um die gesamte Lage, typische Anteile und charakteristische Proportionen einer Häufigkeitsverteilung anschaulich zu visualisieren (Interpretation).

4.1.2 Häufigster Wert bzw. Modus

Die umgangssprachliche Bezeichnung dieser Kenngröße ist selbsterklärend. In der Fachsprache wird er Modus, Modalwert oder auch dichtester Wert genannt und hier mit $\mathbf{x_D}$ abgekürzt, formal:

$$h(x_D) = \max h(x_j) \quad \text{bzw.} \quad f(x_D) = \max f(x_j)$$

Ermittlung

In einer **Häufigkeitsverteilung** ist der Modus der Merkmalswert mit der größten absoluten oder relativen Häufigkeit. In einer **klassierten Häufigkeitsverteilung** kann man als Modus die rechentechnische Klassenmitte der Klasse mit der größten Häufigkeit oder die Klasse selbst nehmen. Auf die sogenannte Feinberechung des Modus bei klassierten Daten sei hier verzichtet (siehe Interpolation in 3.5.3).

Zur Illustration betrachten wir die **Einführungsbeispiele aus der Personalstatistik** unseres Musterbetriebes. Für die dortigen Häufigkeitsverteilungen ermittelt man unschwer folgende häufigsten Werte:

Einführungsbeispiel	**Häufigster Wert x_D**
Beschäftigungsverhältnis	Beamte
Leistungsbeurteilung	befriedigend
Lebensalter	39

Würdigung

Aus Anwendungssicht ist zum Modus anzumerken:

- Er ist bei mindestens nominal skalierten Merkmalen anwendbar (Anwendungsvoraussetzung).
- Er ist besonders einfach zu verstehen und zu ermitteln (Verständlichkeit und Effizienz).
- Bei nominal skalierten Merkmalen ist er statistisch der einzig zulässige „Mittelwert".
- Bei ordinal und kardinal skalierten Merkmalen ist er ergänzend und/oder an Stelle anderer Mittelwerte insbesondere dann sinnvoll, wenn eine eingipflige Verteilung sehr schief ist oder wenn eine mehrgipflige Verteilung vorliegt.

4.1.3 Zentralwert bzw. Median

Der Median ist ein in der amtlichen und halbamtlichen Statistik recht häufig benutzter Mittelwert. Umgangssprachlich kann man ihn erkennen, wenn von einem **mittleren Wert** die Rede ist (und nicht von einem durchschnittlichen), z.B. mittleres Einkommen, mittlerer Preis etc. Vom **Konzept** her ist er dadurch gekennzeichnet, dass die eine Hälfte aller Beobachtungswerte unter und die andere Hälfte über ihm liegt. Sind die Beobachtungswerte aufsteigend geordnet, so ist der Median der Merkmalswert, der genau in der Mitte der Reihe liegt. Er entspricht damit dem 2. unteren und gleichzeitig dem 2. oberen Quartil und wird deshalb hier mit $\mathbf{x_{0,5}}$ symbolisiert.

Ermittlung

In einer **geordneten statistischen Reihe** diskreter Beobachtungswerte kann der Median durch **Abzählen** von dem einen oder anderen Ende der Reihe her bestimmt werden. Ist die Anzahl der Beobachtungswerte n ungerade, so gibt es nur einen Wert in der Mitte der Reihe und dieser hat die Ordnungsnummer (n+1)/2. Ist die Anzahl der Beobachtungswerte gerade, so gibt es keinen Wert, der genau in der Mitte liegt. Dann kann der Median durch verschiedene Regeln eindeutig bestimmt werden, z.B. dass er von den beiden Werten in der Mitte der linke oder rechte Merkmalswert oder das arithmetische Mittel dieser beiden Werte ist, formal:

n ungerade	n gerade und Kardinalskala
$x_{0,5} = x_{\left[\frac{n+1}{2}\right]}$	$\left[x_{(\frac{n}{2})} + x_{(\frac{n}{2}+1)}\right] * \frac{1}{2}$

Zur Demonstration benutzen wir wieder das **Einführungsbeispiel der Bruttojahresentgelte** der Mitarbeiter eines Betriebes, die in 3.4. als geordnete statistische Reihe vorliegen. Bei 25 Mitarbeitern ist der Median in dieser Reihe der Beobachtungswert mit der **Ordnungsnummer** (n+1)/2 = (25+1)/2 = 26/2 =13, d.h. der 13. Wert.

Durch Abzählen von dem einen oder anderen Ende der Reihe ermittelt man im vorliegenden Fall unschwer: $x_{0,5}$= 23.000,-- €.

In einer **Häufigkeitsverteilung** ermittelt man den Median nicht durch Abzählen, sondern durch **Berechnen**. Dabei nutzt man das Prinzip, dass der Median die Häufigkeitsverteilung in zwei idealtypischerweise gleich große Hälften teilt und berechnet ihn - wie die Quantile - mit Hilfe der **summierten relativen Häufigkeiten**. Bei **stetigen** oder **quasi-stetigen Merkmalen** ist der Median daher der Merkmalswert, bei dem gilt: **F(x)=0,5.**

Bei **diskreten, unklassierten** Daten kommt die idealtypische Summenhäufigkeit von genau 50% in der Verteilungsfunktion selten vor. Dann kann das Mediankonzept unterschiedlich operationalisiert werden. Ist das Merkmal **metrisch skaliert**, bestimmt man den Median in der Regel durch Interpolation zwischen den beiden Beobachtungswerten, deren relative Summenhäufigkeiten unmittelbar unter- und oberhalb der idealtypischen Summenhäufigkeit von 0,5 liegen. Mit diesem Ansatz wurden in der Tab. 4.1.1 bereits einige Quantile berechnet, so dass auf die analoge Ermittlung des Median hier verzichte wird.

Ist das Merkmal nur **ordinal skaliert**, so ist die Interpolation nicht zulässig, da Abstände zwischen den Beobachtungswerten nicht gemessen werden können und „Zwischenwerte" nicht sachgerecht interpretierbar sind. Dann ist der Median der Merkmalswert, bei dem die relative Summenhäufigkeit in der Verteilungsfunktion $\geq$ 0,5 (die „obere Hälfte") und gleichzeitig die relative Summenhäufigkeit ohne diesen Wert <0,5 (die „untere Hälfte") ist. Diesen Sachverhalt bringt folgende Berechungsformel des Median formal zum Ausdruck:

$$F(x_j) \geq 0{,}5 \quad \text{und} \quad \sum f(X \prec x_j) \prec 0{,}5$$

Zur Illustration für diesen Fall betrachten wir die **Leistungsbeurteilung** der 25 Mitarbeiter eines Betriebes, deren Häufigkeitsfunktion in den Spalten (1) - (3) der folgenden Tabelle 4.1.3 wiedergegeben ist. In den Spalten (1) und (4) steht die Verteilungsfunktion. Darin kommt die idealtypische Summenhäufigkeit von genau 0,5 bzw. 50% nicht vor, wohl aber Summenhäufigkeiten, die darunter und darüber liegen.

Beurteilung x_j	$h(x_j)$	$f(x_j)$	$\sum f(X \leq x)$	$\sum f(X < x)$	
(1)	(2)	(3)	(4)	(5)	
sehr gut	4	0,08	0,08	0,00	
gut	12	0,24	0,32	0,08	
befriedigend	18	0,36	0,68	0,32	$x_{0,5}$
ausreichend	12	0,24	0,92	0,68	
unzureichend	4	0,08	1,00	0,92	

Tab 4.1.3: Berechnung der „mittleren" Leistung

So wurden die Leistungen von 68% mit „befriedigend und besser" beurteilt. Die Summenhäufigkeit von 0,68 ist > 0,5 und ein Indikator dafür, dass bei Beurteilungen von „befriedigend und schlechter" die „obere Hälfte" der Verteilung liegt. Die Spalte (5) enthält die Summenhäufigkeiten ohne den jeweils gerade betrachteten Merkmalswert. So gibt es im vorliegenden Fall 32% Mitarbeiter, deren Leistungsbeurteilung besser als „befriedigend" ist. Die Summenhäufigkeit ohne die Beurteilung „befriedigend" ist mit 0,32<0,5. Dies indiziert, dass bei Beurteilungen von „befriedigend und besser" die „untere Hälfte" der Verteilung liegt. Da beide der oben genannten Bedingungen gleichzeitig erfüllt sind, ist die Beurteilung „befriedigend" der Median der vorliegenden Häufigkeitsverteilung.

Würdigung

Der Zentralwert hat einige Eigenschaften, die bei seiner Auswahl zur Charakterisierung der Mitte einer Verteilung im Anwendungsfall berücksichtigt werden sollten. Er hat bestimmte mathematische Eigenschaften, die in dieser anwendungsorientierten Einführung nur benannt, nicht aber näher erläutert oder gar abgeleitet und /oder bewiesen werden. Er hat insbesondere die Eigenschaft, dass die Summe der absoluten Abweichungen der Merkmalswerte vom Median Null ist (Optimalitätseigenschaft). Diese macht ihn zum **genauesten Mittelwert für ordinal skalierte Merkmale**, bei denen der im Folgenden noch zu behandelnde Durchschnittswert - statistisch betrachtet - kein zulässiger Mittelwert ist. In diesem Fall wird er auch in der schließenden Statistik verwendet. Ergänzend ist aus Anwendungssicht zum Median Folgendes anzumerken:

- Er ist bei mindestens ordinal skalierten Merkmalen anwendbar (Anwendungsvoraussetzung).
- Bei ordinal skalierten Merkmalen ist er der beste Mittelwert (Güte).
- Bei metrisch skalierten Merkmalen ist er ergänzend oder an Stelle des Durchschnittswertes insbesondere dann sinnvoll, wenn die statistische Masse klein und/oder die Verteilung eingipflig, aber schief ist (Güte).
- Er ist durchweg ein tatsächlich beobachtbarer Merkmalswert (Interpretation).

4.1.4 Durchschnittswert bzw. arithmetisches Mittel

Der wohl bekannteste und am meisten verwendete Mittelwert ist der Durchschnittswert, in der Fachsprache arithmetisches Mittel genannt und im Allgemeinen für ein quantitatives Merkmal X mit den Merkmalswerten x_j als $\bar{x}$ abgekürzt.

Ermittlung

Aus einer **Urliste** oder einer **geordneten statistischen Reihe** von Beobachtungswerten ermittelt man bekanntermaßen den Durchschnittswert, indem man alle Werte aufsummiert und die Summe anschließend durch die Anzahl der Werte teilt, formal:

$$\bar{x} = 1/n * \sum x_i$$

So ermittelt man etwa das Durchschnittsalter der 50 Mitarbeiter im Einführungsbeispiel von 3.1 mit 1.785 / 50 = 35,7 (Jahre) oder das durchschnittliche Jahresbruttoentgelt der 25 Mitarbeiter im Einführungsbeispiel von 3.4 mit 689.500 / 25 = 27.580,-- (€).

Liegt bereits eine **Häufigkeitsverteilung vor,** so ist der Durchschnittswert unter Berücksichtigung der Häufigkeiten zu ermitteln. Dabei wird im Allgemeinen so vorgegangen, dass zunächst jede Merkmalsausprägung mit ihrer absoluten Häufigkeit multipliziert wird, die so entstandenen Produkte dann aufaddiert werden und die Summe abschließend durch die Anzahl der Merkmalsträger bzw. die Größe der statistischen Masse geteilt wird, formal:

$$\bar{x} = \sum x_j * h_j \div \sum h_j \quad \text{bzw.} \quad \bar{x} = \sum x_j f_j$$

Zur Illustration betrachten wir die bereits erarbeitete Altersverteilung der 50 Mitarbeiter aus 3.1, die in der folgenden Tabelle 4.1.4-a nochmals dargestellt ist.

x_j	(1)	19	20	21	23	33	39	45	46	51	52	59	$\sum$
$h(x_j)$	(2)	6	2	2	7	6	10	1	8	3	3	2	**50**
$f(x_j)$	(3)	0,12	0,04	0,04	0,14	0,12	0,2	0,02	0,16	0,06	0,06	0,04	**1**
$x_j*h(x_j)$	(4)	114	40	42	161	198	390	45	368	153	156	118	**1.785**
$x*f(x_j)$	(5)	2,28	0,8	0,84	3,22	3,96	7,8	0,9	7,36	3,06	3,12	2,36	**35,7**

Tab.4.1.4-a: Ermittlung des Durchschnittsalters aus der Häufigkeitsverteilung

In der Zeile (4) sind die Produkte von Merkmalswerten und absoluten Häufigkeiten berechnet. Deren Summe - hier 1.785 - geteilt durch die Größe der statistischen Masse - hier 50 Mitarbeiter - ergibt den Durchschnittswert - hier 35,7 Jahre. Etwas einfacher geht die Ermittlung durch analoge Verwendung der relativen Häufigkeiten (Zeile 5), wobei sich die abschließende Division erübrigt.

Bei Vorliegen einer **klassierten Häufigkeitsverteilung** wird die rechentechnische Klassenmitte $\mathbf{x^M}$ als Repräsentant der unbekannten Merkmalswerte in den Klassen benutzt. Ansonsten ist wie bei einer unklassierten Häufigkeitsverteilung zu verfahren, formal:

$$\bar{x} = \sum x_k{}^M * h_k \div \sum h_k \quad \text{bzw.} \quad \bar{x} = \sum x_k{}^M * f_k$$

Zur Illustration benutzen wir die klassierte Entgeltverteilung mit gleicher Klassenbreite aus 3.4, deren Häufigkeits- und Verteilungsfunktion in den Spalten (1)-(5) der folgenden Tabelle 4.1.4-b nochmals dargestellt sind.

k	x_k(€) von...bis unter		x^M_k	h_k	f_k	$x^M_k * h_k$	$x^M_k * f_k$
(1)	(2)		(3)	(4)	(5)	(6)	(7)
1	10.000	20.000	15.000	6	0,24	90.000	3.600
2	20.000	30.000	25.000	10	0,40	250.000	10.000
3	30.000	40.000	35.000	5	0,20	175.000	7.000
4	40.000	50.000	45.000	3	0,12	135.000	5.400
5	50.000	60.000	55.000	1	0,04	55.000	2.200
Σ				**25**	**1,00**	**705.000**	**28.200**

Tab. 4.1.4-b: Ermittlung des Durchschnittsentgelts aus der klassierten Häufigkeitsverteilung

In der Spalte (3) sind die rechentechnischen Klassenmitten und in der Spalte (6) deren Produkte mit den absoluten Häufigkeiten dargestellt. Die Summe dieser Produkte geteilt durch 25 ergibt den Durchschnittswert. In Spalte (7) ist die Berechnung mit den relativen Häufigkeiten vorgenommen worden. Danach beträgt das durchschnittliche Bruttojahresentgelt 28.200,--(€).

Würdigung

Das arithmetische Mittel hat einige Eigenschaften, die bei seiner Auswahl zur Charakterisierung der Mitte einer Verteilung im Anwendungsfall berücksichtigt werden sollten. Es hat verschiedene mathematische Eigenschaften, die in dieser anwendungsorientierten Einführung nur angesprochen, aber nicht näher erläutert oder gar abgeleitet und/oder bewiesen werden: Nulleigenschaft, Optimalitätseigenschaft, Hochrechnungseigenschaft und Transformationseigenschaft. Sie machen das arithmetische Mittel in der Regel zum **genauesten** aller verfügbaren Mittelwerte. Diese hohe Genauigkeit ist vor allem erforderlich, wenn man aus **Stichprobenergebnissen** statistisch abgesicherte Aussagen über die unbekannte Grundgesamtheit machen will. Daher ist das arithmetische Mittel bei quantitativen, metrisch skalierten Merkmalen in der **schließenden Statistik** unverzichtbar. Ergänzend ist aus Anwendungssicht zum arithmetischen Mittel anzumerken:

- Es ist nur bei quantitativen Merkmalen mit Kardinalskala anwendbar (Anwendungsvoraussetzung).
- Es ist empfindlich gegen „Ausreißer", da alle Beobachtungswerte in die Berechnung eingehen (Güte).
- Um eine statistische Masse mit dem Durchschnittswert zutreffend zu charakterisieren, sollte die Masse ausreichend groß und die Verteilungsform eingipflig und nicht schief sein (Güte).
- Es ist meistens kein Beobachtungs- und auch kein Merkmalswert, sondern ein rein rechnerischer (theoretischer) Wert (Interpretation).

4.2 Streuungsmaße

Die Charakterisierung von Häufigkeitsverteilungen durch geeignete Lagemaße - insbes. Mittelwerte - ist nur selten ausreichend, um alle wesentlichen Verteilungseigenschaften auszudrücken. Das wird deutlich, wenn man sich dabei z.B. nur an den Durchschnittswert hält. Die folgende Abbildung 4.2 visualisiert den Fall, dass Verteilungen desselben Merkmals, aber unterschiedlicher statistischer Massen miteinander verglichen werden. Die beiden Verteilungen haben denselben Mittelwert, etwa gemessen durch das arithmetische Mittel.

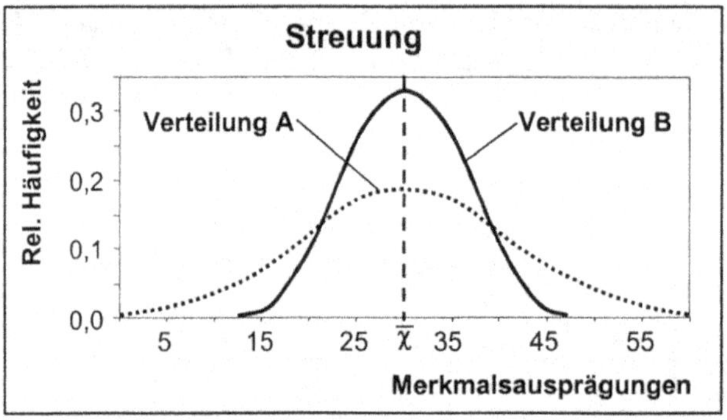

Abb. 4.2: Verteilungen mit demselben Mittelwert und unterschiedlicher Streuung

Trotzdem unterscheiden sie sich deutlich, und zwar im Hinblick darauf, in welchem Ausmaß die Merkmalswerte variieren. Bei der Verteilung A liegen die Merkmalswerte ziemlich weit auseinander, bei der Verteilung B dagegen ziemlich dicht beieinander. Diesen Aspekt der **Variabilität** der Beobachtungswerte bezeichnet man als Streuung. Die Streuung kann mit verschiedenen Maßgrößen erfasst und quantifiziert werden. Die wichtigsten Streuungsmaße zeigt folgende Übersicht.

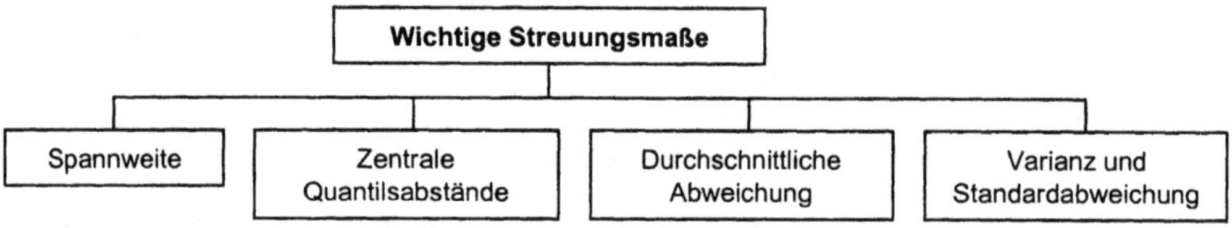

Die in der Übersicht genannten und hier behandelten Streuungsmaße sind überwiegend nur bei **quantitativen, metrisch skalierten Merkmalen** anwendbar (Anwendungsvoraussetzung). Das gilt vor allem für diejenigen Maßgrößen, die die Streuung als Abweichung von einem Mittelwert messen und diese Abweichungen verdichten. Die nach diesem Konzept bei qualitativen Merkmalen mit Ordinalskala ermittelbare und in etwa mit der Streuung vergleichbare **Disparität** wird hier nicht behandelt.

4.2.1 Spannweite

Die Spannweite ist die Differenz zwischen dem größten und dem kleinsten Merkmalswert. Sie wird hier mit **SW** abgekürzt und ist formal:

$$SW = x_{max} - x_{min}$$

Für die Altersverteilung aus 3.1. und die unklassierte Entgeltverteilung aus 3.4 ermittelt man unschwer folgende Spannweiten:

	Altersverteilung	Entgeltverteilung
Spannweite	59–19 = 40 (Jahre)	58.000–10.500= 47.500,-- (€)

Bei **klassierten Daten** ermittelt man die Spannweite in der Regel unter Verwendung der unteren und oberen Klassengrenzen. So beträgt die Spannweite der klassierten Entgeltverteilung aus 3.4: SW = 60.000 – 10.000 = 50.000 (€).

Aus Anwendungssicht ist zur Spannweite anzumerken:

- Sie ist auf mindestens ordinal skalierte Merkmale anwendbar (Anwendungsvoraussetzung).
- Sie ist sehr einfach zu verstehen und zu ermitteln (Verständlichkeit und Effizienz).
- Sie reagiert sehr empfindlich auf Ausreißer, da sie nur auf den extremen Beobachtungswerten basiert (Güte).
- Sie ist ein sehr grobes, überschlägiges Streuungsmaß (Güte).
- Sie wird in der Praxis schwerpunktmäßig verwendet, um die Notwendigkeit genauerer Streuungsanalysen abzuschätzen (Anwendungsschwerpunkt).

4.2.2 Zentrale Quantilsabstände

Der zentrale Quantilsabstand kennzeichnet den Bereich der Merkmalswerte, in dem die zentralen p*100% der gesamten statistischen Masse liegen. Er wird in dieser Einführung mit $\mathbf{QA_p}$ symbolisiert. In Abhängigkeit des Wertes von p kann man theoretisch eine Reihe von zentralen Quantilsabständen ermitteln, etwa $QA_{0,2}$ oder $QA_{0,8}$, in dem die zentralen 20% oder 80 % aller Beobachtungswerte liegen. Von besonders großer praktischer Bedeutung ist der **zentrale Quartilsabstand**, bei dem p = 0,5 ist, und in den somit die mittleren 50% aller Werte fallen. Er wird auch **Interquartilsabstand** genannt.

Man ermittelt die zentralen Quantilsabstände durch Subtraktion der relevanten Quantile. Für den **zentralen Quartilsabstand** folgt daraus formal:

$$QA_{0,5} = x_{0,75} - x_{0,25}$$

Für die unklassierte Entgeltverteilung sind die Quartile in der Tabelle 4.1.1 ermittelt worden. Daraus ergibt sich für den zentralen Quartilsabstand:

$$QA_{0,5} = 38.750 - 18.000 = 20.750,\text{--}(€).$$

Das Jahresentgelt der mittleren 50% der Mitarbeiter differiert maximal um 20.750 €.

Aus Anwendungssicht ist zu dem zentralen Quartilsabstand anzumerken:

- Er ist auf mindestens ordinal skalierte Merkmale anwendbar (Anwendungsvoraussetzung).
- Er ist sehr einfach zu verstehen und zu ermitteln (Verständlichkeit und Effizienz).
- Er ist robust gegen statistische Ausreißer (Güte).
- Er ist in Verbindung mit der Spannweite im Box-Plott- Diagramm anschaulich darstellbar (Interpretation).

4.2.3 Durchschnittliche Abweichung

Die durchschnittliche Abweichung - hier allgemein mit **d** abgekürzt - ist das arithmetische Mittel der **absoluten Abweichungen** der Beobachtungswerte von einem Mittelwert MW. Notwendig ist die Verwendung der absoluten Abweichungen, d.h. **der Abweichungsbeträge unabhängig von ihrem Vorzeichen.** Würde man die Abweichungen als solche erfassen, so wären diese negativ (positiv) bei Beobachtungswerten, die unterhalb (oberhalb) des Mittelwertes liegen. Bei der Durchschnittswertbildung würde man negative und positive Abweichungen gegeneinander verrechnen und keine sinnvolle durchschnittliche Abweichung erhalten.

Meistens wird die durchschnittliche Abweichung auf den **Durchschnittswert als Mittelwert** bezogen und dann als **durchschnittliche absolute Abweichung** bezeichnet und mit **DAA** abgekürzt. Sie kann aber auch auf den **Zentralwert** als Mittelwert bezogen werden. In dem Fall wird sie häufig - um schon in der Bezeichnung den Unterschied zu markieren - **mittlere absolute Abweichung** genannt und mit **MAA** abgekürzt.

Ermittlung

Die Ermittlungsansätze unterscheiden sich in Abhängigkeit der vorliegenden Datenstruktur. Bei einer **Urliste** oder einer **geordneten statistischen Reihe** ist zunächst für jeden Beobachtungswert x_i die absolute Abweichung von dem verwendeten Mittelwert MW, d.h. der Betrag der Differenz x_i - MW zu berechnen. Im 2. Schritt ist dann auf allen absoluten Abweichungsbeträgen das arithmetische Mittel zu bilden. Bei Vorliegen einer **Häufigkeitsverteilung** wird analog verfahren, nur ist im 2. Schritt das arithmetische Mittel auf den absoluten Abweichungen unter Verwendung der Häufigkeiten zu berechnen. Bei Vorliegen einer **klassierten Häufigkeitsverteilung** wird die absolute Abweichung in jeder Klasse durch die Differenz der rechentechnischen Klassenmitte zum verwendeten Mittelwert bestimmt. Daraus ergeben sich folgende Formeln:

Urliste	Häufigkeitsverteilung	Klassierte Häufigkeitsverteilung
d= $1/n * \sum \lvert x_j - MW \rvert$	$\sum \lvert x_j - MW \rvert * f(x_j)$	$\sum \lvert x_k - MW \rvert * f(x_k)$

Wir verdeutlichen die Ermittlung an der unklassierten Altersverteilung aus 3.1, deren absolute und relative Häufigkeitsfunktion in den ersten drei Spalten der folgenden Tabelle 4.2.3 nochmals dargestellt ist. Dabei wird die absolute Abweichung einmal vom Median, der bei 39 Jahren liegt (Spalte 4), zum anderen vom arithmetischen Mittel, das bei 35,7 Jahren liegt (Spalte 6), ermittelt. Auf den Abweichungsbeträgen dieser Spalten wird dann jeweils unter Verwendung der relativen Häufigkeiten das arithmetische Mittel berechnet (Spalte 5 und 7).

Alter (Jahre)	Häufigkeit		Absolute Abweichung	Durchschnitts-wert-berechnung	Absolute Abweichung	Durchschnitts-wert-berechnung
	abs.	rel.	von $x_{0,5}$		von $\bar{x}$	
x_j	$h(x_j)$	$f(x_j)$	$\lvert x_j - x_{0,5} \rvert$	$\lvert x_j - x_{0,5} \rvert * f(x_j)$	$\lvert x_j - \bar{x} \rvert$	$\lvert x_j - x_M \rvert * f(x_j)$
(1)	(2)	(3)	(4)	(5)	(6)	(7)
19	6	0,12	20	2,40	16,7	2,004
20	2	0,04	19	0,76	15,7	0,628
21	2	0,04	18	0,72	14,7	0,588
23	7	0,14	16	2,24	12,7	1,778
33	6	0,12	6	0,72	2,7	0,324
39	10	0,20	0	0,00	3,3	0,660
45	1	0,02	6	0,12	9,3	0,186
46	8	0,16	7	1,12	10,3	1,648
51	3	0,06	12	0,72	15,3	0,918
52	3	0,06	13	0,78	16,3	0,978
59	2	0,04	20	0,80	23,3	0,932
Σ	**50**	**1,00**		**10,38**		**10,644**

Tab. 4.2.3: Ermittlung der durchschnittlichen und mittleren absoluten Abweichung / Einführungsbeispiel Altersverteilung

Interpretation

Die durchschnittliche absolute Abweichung vom mittleren Alter beträgt 10,38 Jahre, die vom

Durchschnittsalter 10,644 Jahre. Wie im vorliegenden Fall ist auch ganz allgemein die durchschnittliche Abweichung vom arithmetischen Mittel immer größer als die vom Median. Das liegt an der Optimalitätseigenschaft von d bezogen auf den Median.

Die ermittelten Zahlenwerte sind - wie häufig bei Kenngrößen - für sich allein und absolut genommen nicht sehr aussagefähig. Ihre Bedeutung erhalten sie meist erst im Sachzusammenhang und durch im- oder expliziten Vergleich, wozu häufig relative Größen - anwenderfreundlich in % angegeben - besser geeignet sind als absolute. Deshalb ist es meist sinnvoll, die durchschnittliche Abweichung ergänzend als **relative Streuungsgröße** anzugeben, indem man sie im Nachhinein auf den Mittelwert bezieht, auf den sie berechnet wurde. Für die **durchschnittliche relative Abweichung** - hier mit $\mathbf{d^r}$ notiert - gilt also formal:

$$d^r = \frac{d}{MW} * 100(\%)$$

Für das Einführungsbeispiel ist die Ermittlung der durchschnittlichen relativen Abweichung mit der obigen Formel im Folgenden nachvollziehbar dargestellt:

Bezugsgröße	**Durchschnittliche relative Abweichung**	
Median	10,38 / 39 * 100	26,62 (%)
Arithmetisches Mittel	10,644 / 35,7 * 100	29,82 (%)

In dem betrachteten Betrieb weicht das Alter im Durchschnitt um knapp 27 % bzw. 30 % vom mittleren Alter bzw. vom Durchschnittsalter ab.

Würdigung

Aus Anwendungssicht ist zur durchschnittlichen absoluten Abweichung anzumerken:

- Sie ist nur auf metrisch skalierte Merkmale anwendbar (Anwendungsvoraussetzung).
- Sie ist gut zu verstehen und mit verträglichem Aufwand zu ermitteln (Verständlichkeit und Effizienz).
- Sie ist empfindlich gegen Ausreißer, da alle Merkmalswerte in die Berechnung eingehen (Güte).
- Sie ist bezogen auf den Median die genaueste Streuungsgröße (Güte).
- Sie ist gut anschaulich interpretierbar (Interpretationsfähigkeit).
- Sie kann auf unterschiedliche Mittelwerte bezogen werden (Anwendungsflexibilität).

4.2.4 Varianz und Standardabweichung

Die Varianz und die Quadratwurzel daraus - die Standardabweichung - sind wohl die bekanntesten und am häufigsten verwendeten Streuungsgrößen der Statistik. Sie werden im Allgemeinen mit $\mathbf{S^2}$ und mit $\mathbf{S=\sqrt{S^2}}$ abgekürzt.

Vom Konzept her ist die Varianz - wie auch die durchschnittliche Abweichung - ein arithmetisches Mittel - allerdings nicht auf den Abweichungen als solchen, sondern auf den Abweichungsquadraten. Sie wird deshalb auch zutreffend als **mittlere quadratische Abweichung** bezeichnet. Ergänzend ist die Varianz dadurch charakterisiert, dass die Abweichungen **per definitionem immer auf das arithmetische Mittel** als Mittelwert zu berechnen sind. Eine Wahlmöglichkeit unterschiedlicher Mittelwerte gibt es nicht.

Ermittlung

Der **erste Arbeitsschritt** besteht in der Ermittlung der Abweichungen der Merkmalswerte vom arithmetischen Mittel, d.h. der Berechung von $x_i - \bar{x}$. Diese ist dem ersten Arbeitsschritt bei der Ermittlung von d ähnlich, aber nicht identisch, da es dort nur auf die absoluten Abweichungen (d.h. den Betrag der Abweichungen) ankam, während es hier zusätzlich um die Richtung der

Abweichungen (positive und negative) geht.

Der **zweite Arbeitsschritt** ist - im Vergleich zur Ermittlung von d - völlig neu, da die Bildung eines arithmetischen Mittels auf den positiven und negativen Abweichungen zum Wert NULL führt und somit nicht zielführend sein würde. Deshalb werden die Abweichungen im zweiten Arbeitsschritt zunächst quadriert. Diese Operation führt nicht nur zu ausschließlich positiven, sondern zu sehr viel größeren Abweichungswerten und damit zu einer deutlich höheren Genauigkeit der Abweichungsmessung.

Im **dritten Arbeitsschritt** wird dann auf den Abweichungsquadraten das arithmetische Mittel berechnet. Hierbei ist - wie immer bei der Berechnung eines arithmetischen Mittels - nach den jeweils vorliegenden Datenstrukturen (Urliste oder geordnete statistische Reihe, Häufigkeitsverteilung, klassierte Häufigkeitsverteilung) zu unterscheiden. Daraus resultieren folgende Definitionsformeln:

Urliste	Häufigkeitsverteilung	Klassierte Häufigkeitsverteilung
$s^2 = 1/n * \sum (x_j - \bar{x})^2$	$\sum (x_j - \bar{x})^2 * f(x_j)$	$\sum (x_k - \bar{x})^2 * f(x_k)$

Wir verdeutlichen die Berechnung der Varianz einer Häufigkeitsverteilung am Beispiel der bekannten **Altersverteilung** in der folgenden Tabelle 4.2.4-a. In der Spalte 4 stehen als Resultate des ersten Arbeitsschrittes die positiven und negativen Abweichungen, in der Spalte 5 als Resultate des zweiten Arbeitsschrittes die Abweichungsquadrate und in der Spalte 6 wird im 3. Arbeitsschritt auf den Abweichungsquadraten unter Berücksichtigung der relativen Häufigkeiten das arithmetische Mittel gebildet.

Alter (Jahre)	Häufigkeit absol.	relat.	Abweichung	Abweichungsquadrat	Durchschnittswertberechnung	Maschinelle Berechnung	
x_j	$h(x_j)$	$f(x_j)$	$x_j - \bar{x}$	$(x_j - \bar{x})^2$	$(x_j - \bar{x})^2 * f(x_j)$	x_j^2	$x_j^2 * f(xj)$
(1)	(2)	(3)	(4)	(5)	(6)	(7)	(8)
19	6	0,12	-16,7	278,89	33,4668	369	43,32
20	2	0,04	-15,7	246,49	9,8596	400	16,00
21	2	0,04	-14,7	216,09	8,6436	441	17,64
23	7	0,14	-12,7	161,29	22,5806	529	74,06
33	6	0,12	-2,7	7,29	0,8748	1086	130,68
39	10	0,20	+3,3	10,89	2,1780	1521	304,20
45	1	0,02	+9,3	86,49	1,7298	2025	40,50
46	8	0,16	+10,3	106,09	16,9744	2116	338,56
51	3	0,06	+15,3	234,09	14,0454	2601	156,06
52	3	0,06	+16,3	265,69	15,9414	2704	162,24
59	2	0,04	+23,3	542,89	21,7156	3481	139,24
Σ	**50**	**1,00**			**148,0100**		**1422,5**

Tab. 4.2.4-a: Ermittlung der Varianz / Beispiel Altersverteilung

Der dargestellte Ansatz zur Ermittlung der Varianz ist vor allem geeignet, dem Anwender das **Wesen** dieses Streuungsmaßes als mittlere quadratische Abweichung zu verdeutlichen. In der Praxis führt die Verwendung der diesem Ansatz entsprechenden Formel - **Definitionsformel** genannt - allerdings häufig zu ungenauen Ergebnissen. Das liegt an den Abweichungswerten, die in der Praxis häufig - je nach erforderlicher Genauigkeit - gerundet werden, so dass Rundungsfehler durch Quadrieren entsprechend vergrößert in die Varianz eingehen.

In dem folgenden **EXKURS** - dargestellt in Tabelle 4.2.4-b - wird eine Berechnungsformel für die Varianz abgeleitet, bei der dieser systematische Fehler vermieden wird. Diese Formel wird bei der rechnergestützten Analyse größerer Datenmengen in der Praxis typischerweise verwendet und deshalb hier **automatisierte Berechnungsformel** genannt.

Varianz nach Definitionsformel	Ableitungsschritte
$s^2 = \sum (x_j - \bar{x})^2 * f(x_j) = \sum (x - \bar{x})^2 * f(x)$	Binomische Formel:
$s^2 = \sum (x^2 - 2x * \bar{x} + \bar{x}^2) * f(x)$	$(a-b)^2 = a^2 - 2ab + b^2$
$s^2 = \sum x^2 * f(x) - \sum 2x * \bar{x} * f(x) + \sum \bar{x}^2 * f(x)$	Ausmultiplizieren
$s^2 = \sum x^2 * f(x) - 2\bar{x} \sum x * f(x) + \bar{x}^2 * \sum f(x)$	Konstanten vor die Summen ziehen
$\underbrace{}_{\bar{x}} \qquad \underbrace{}_{1}$	Summen ersetzen
$s^2 = \sum x^2 * f(x) - 2\bar{x}^2 + \bar{x}^2 = \sum x^2 * f(x) - \bar{x}^2$	Terme zusammenfassen

Tab. 4.2.4-b: Exkurs: Varianz – Formelableitung für maschinelle Berechnung

In der obigen Tabelle 4.2.4-a ist die Varianz der Altersverteilung ergänzend mit der automatisierten Berechnungsformel ermittelt worden. In der Spalte (7) ist der Term x_j^2 und in der Spalte (8) der Term $x_j^2 * f(x_j)$ berechnet worden, von dessen Summe 1.422,5 der Wert von $\bar{x}^2$ (1.274,99) abgezogen den Wert der Varianz ergibt. Die Varianz der Altersverteilung beträgt nach beiden Berechnungsformeln 148,01. Im vorliegenden Fall führt also die genauere Berechnungsformel zu keinem genaueren Ergebnis, weil die im Rahmen der Definitionsformel ermittelten Abweichungen (Spalte 4) keine Rundungsfehler enthalten.

Interpretation

Der Wert der Varianz - im vorliegenden Fall 140,08 Jahre² - ist allein schon wegen der quadratischen Dimension praktisch nicht plausibel interpretierbar. Das ist auch der Hauptgrund, weshalb die Standardabweichung als Wurzel aus der Varianz nicht nur eine sinnvolle Ergänzung, sondern aus praktischer Sicht eine unabdingbar notwendige Streuungsgröße ist. Die Standardabweichung der Altersverteilung beträgt $\sqrt{148{,}01} = 12{,}16$ Jahre. Sie ist immer größer als die durchschnittliche absolute Abweichung.

Wie auch bei der durchschnittlichen Abweichung ist es sinnvoll, die Standardabweichung ergänzend als relative Größe anzugeben. Diese Größe heißt in der Statistik **Variationskoeffizient** und wird häufig mit **VK** abgekürzt, formal:

$$VK = s/\bar{x} \; *100\ (\%)$$

Im vorliegenden Fall ist V=12,16/35,7*100 = 34 (%). In dem betrachteten Betrieb weicht das Alter - gemessen durch die Standardweichung - um 34% vom Durchschnittsalter ab.

Würdigung

Aus Anwendungssicht ist zu Varianz, Standardabweichung und Variationskoeffizient Folgendes anzumerken:

- Die Varianz ist nicht ganz einfach zu verstehen (Verständlichkeit).
- Die Varianz ist bei konventioneller Arbeitsweise nicht ganz einfach zu berechnen (Effizienz).
- Die Varianz ist aufgrund der Verwendung von Abweichungsquadraten und arithmetischem Mittel das genaueste Streuungsmaß (Güte). Das gilt auch für die aus ihr abgeleiteten Maßgrößen.

- Die Varianz ist wegen ihrer Dimension nicht plausibel interpretierbar; wohl aber die Standardabweichung als absolutes und der Variationskoeffizient als relatives Maß (Interpretation).
- Die Standardabweichung ist wegen ihrer Güte und Interpretationsfähigkeit die am häufigsten verwendete Streuungsgröße der Statistik (Anwendungshäufigkeit).
- Ein Variationskoeffizient >0,5 bzw. 50% indiziert, dass der Durchschnittswert die vorliegende Verteilung nicht ausreichend charakterisiert.

4.3 Schiefe

Viele ökonomische Größen - insbesondere Geldgrößen - sind schief verteilt, man denke etwa an Einkommen und Vermögen. Art und Ausmaß der Schiefe kann man auf unterschiedliche Weise erkennen und messen.

Grafische Darstellung der Häufigkeitsverteilung

Am einfachsten und klarsten erkennt man die Schiefe schon in der grafischen Darstellung der Häufigkeitsfunktion. Die folgende Abbildung 4.3-a zeigt Prinzipienskizzen von Häufigkeitsfunktionen einer symmetrischen und einer rechtsschiefen Verteilung in Form von Kurvendiagrammen.

Größenvergleich von Kenngrößen

Die Schiefe ist aber auch aus dem **Größenvergleich** bestimmter **Verteilungskenngrößen** ableitbar, insbesondere von Mittelwerten und Quartilen. So liefert der Größenvergleich der wichtigsten **Mittelwerte** Modus, Median und arithmetisches Mittel, die auch in den obigen Diagrammen eingetragen sind, folgende Regeln, die ganz allgemein gelten:

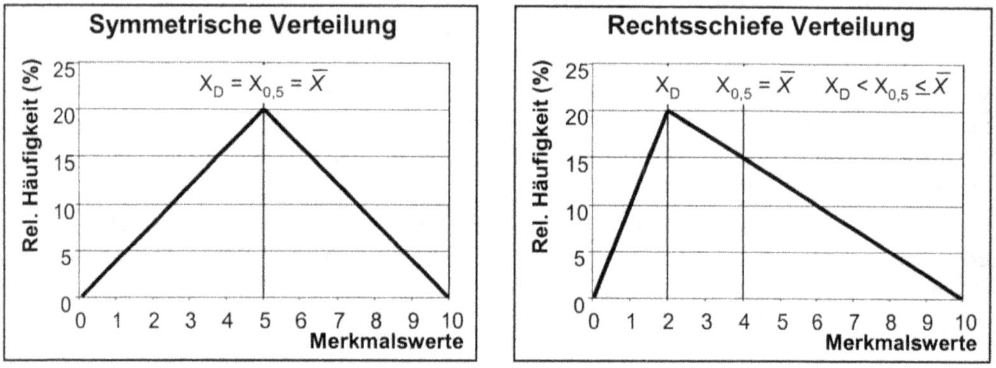

Abb. 4.3-a: Prinzipienskizzen symmetrischer und rechtschiefer Häufigkeitsverteilungen

symmetrische Verteilung	: $x_D = x_{0,5} = \bar{x}$
rechtsschiefe Verteilung	: $x_D < x_{0,5} \leq \bar{x}$
linksschiefe Verteilung	: $x_D > x_{0,5} \geq \bar{x}$

Auch der Vergleich der Quartile in Verbindung mit dem kleinsten und größten Merkmalswert - so wie im Boxplott-Diagramm visualisiert - ermöglicht analoge Aussagen. Die folgende Abbildung 4.3-b zeigt dies beispielhaft an den Box-Plotts der obigen Verteilungen. Die darin erkennbaren Größenverhältnisse von **Quartilsabständen** lassen sich wie folgt verallgemeinern:

- Bei einer symmetrischen Verteilung sind die Abstände zwischen vergleichbaren Quartilen gleich groß, formal: $|x_{max} - x_{0,75}| = |x_{0,25} - x_{min}|$ und $|x_{0,75} - x_{0,5}| = |x_{0,5} - x_{0,25}|$.

- Bei einer rechtsschiefen Verteilung ist der Abstand zwischen dem Median und dem kleinsten Wert kleiner als der zwischen dem größten Wert und dem Median, und zwar umso kleiner, je größer die Schiefe ist. Ergänzend ist der Abstand zwischen Median und unterem Quartil kleiner als der zwischen oberem Quartil und Median, und zwar umso kleiner, je größer die Schiefe ist, formal: $|x_{max}-x_{0,5}|>|x_{0,5}-x_{min}|$ und $|x_{0,75}-x_{0,5}|>|x_{0,5}-x_{0,25}|$.
- Bei einer linksschiefen Verteilung verhält es sich gerade umgekehrt, formal: $|x_{max}-x_{0,5}|<|x_{0,5}-x_{min}|$ und $|x_{0,75}-x_{0,5}|<|x_{0,5}-x_{0,25}|$.

Gerade diese Relationen kommen im Box-Plott:Diagramm prägnant zum Ausdruck.

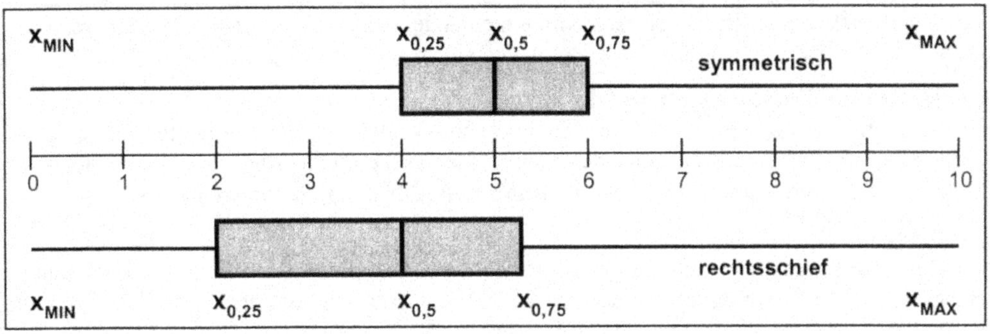

Abb. 4.3-b: Box-Plott-Prinzipienskizzen symmetrischer und rechtsschiefer Verteilungen

Schiefemaße

Ergänzend gibt es eine Reihe von **Maßgrößen**, in denen die Schiefe kompakt in **einer** Zahl ausgedrückt wird. Die Schiefemaße werden hier mit **S** symbolisiert. In ihnen werden die o.g. Erkenntnisse über Mittelwerte und Streuung in symmetrischen und schiefen Verteilungen gezielt genutzt und in Verhältniszahlen eingebracht. Diese führen zu **relativen** Schiefemaßen mit folgenden Eigenschaften:

S=0: symmetrisch	S>0: rechtsschief	S<0: linksschief

Schiefemaß nach Pearson

In dem besonders einfachen Schiefemaß nach Pearson - hier mit $\mathbf{S_P}$ symbolisiert - wird die Differenz zwischen dem Durchschnittswert und dem häufigsten Wert ins Verhältnis gesetzt zur empirischen Standardabweichung, formal:

$$S_P = \frac{\bar{x} - x_D}{S} \quad \text{mit dem praktisch relevanten Wertebereich:} 0 \leq S_p \leq |\,1\,|$$

Schiefemaß auf Basis zentraler Momente

Andere Schiefemaße beruhen auf **Momenten**, einem allgemeinen statischen Konzept für Kenngrößen einer Verteilung. Angewendet auf Häufigkeitsverteilungen spricht man präziser von empirischen Momenten. **Empirische Momente** sind durchschnittliche potenzierte Abweichungen der Beobachtungswerte x_i von einem Bezugswert c. Sie werden hier mit **m** und ihre Potenz mit **r** symbolisiert, so dass formal ganz allgemein gilt:

$$m_c^r = \frac{1}{n}\sum_{i=1}^{n}(x_i - c)^r$$

Bei einer unklassierten Häufigkeitsverteilung werden die potenzierten Abweichungen zusätzlich mit den relativen Häufigkeiten multipliziert. Bei klassierten Daten treten an die Stelle der Merkmalswerte die rechentechnischen Klassenmitten, ansonsten wird wie bei unklassierten Häufigkeitsverteilungen verfahren.

Setzt man c=0 und r=1 erhält man das arithmetische Mittel, das erste Moment um Null.
Setzt man c= $\bar{x}$ und r=2 erhält man die Varianz, das zweite zentrale Moment.
Bei dem üblichen **Schiefmaß auf der Basis zentraler Momente** - hier mit $\mathbf{S_{Mz}}$ symbolisiert - wird das dritte zentrale Moment ins Verhältnis gesetzt zur positiven Quadratwurzel aus der 3. Potenz des zweiten zentralen Moments, formal:

$$S_{Mz} = \frac{m_{\bar{x}}^3}{\sqrt{(m_{\bar{x}}^2)^3}} = \frac{m_{\bar{x}}^3}{\sqrt{(s^2)^3}} = \frac{m_{\bar{x}}^3}{s^3} \ldots mit \ldots m_{\bar{x}}^3 = \frac{1}{n}\sum_{i=1}^{n}(x_i - \bar{x})^3 \ldots und \ldots m_{\bar{x}}^2 = \frac{1}{n}\sum_{i=1}^{n}(x_i - \bar{x})^2 = s^2$$

Das Schiefemaß auf der Basis zentraler Momente hat den praktisch relevanten Wertebereich: $0 < S_{Mz} < |2|$.

Anwendung am Einführungsbeispiel
Wir verdeutlichen die Berechnung der Schiefe einer Verteilung mit den beiden vorgestellten Maßgrößen am Einführungsbeispiel der **klassierten Entgeltverteilung** mit gleicher Klassenbreite aus 3.4, deren rechtsschiefe Verteilungsform in Abb. 3.4.3 klar erkennbar ist.

Ermittlung
Die klassierte Entgeltverteilung ist den Spalten (1)-(4) der folgenden Tabelle 4.3 noch einmal angegeben. In den Summenfeldern der Spalten (5) und (6) stehen das arithmetische Mittel und die Varianz, die für das Schiefemaß nach Pearson benötigt werden.

K-Nr.	Klassenmitte	Häufigkeit		Momente		
	(Tsd.€)	absolut	relativ	1. um Null	2. zentrales	3. zentrales
k	x^M_k	h_k	f_k	$x^M_k \cdot f_k$	$(x^M_k - \bar{x})^2 \cdot f_k$	$(x^M_k - \bar{x})^3 \cdot f_k$
(1)	(2)	(3)	(4)	(5)	(6)	(7)
1	15	6	0,24	3,6	41,8176	-551,9920
2	25	10	0,40	10,0	4,0960	13,1072
3	35	5	0,20	7,0	9,2480	62,8864
4	45	3	0,12	5,4	33,8688	568,9960
5	55	1	0,04	2,2	28,7296	769,9530
Σ		**25**		**28,2**	**117,7600**	**836,7300**

Tab. 4.3: Ermittlung der Momente für die Schiefemaße im Entgeltbeispiel

Man erhält im vorliegenden Fall:

$$S_P = \frac{\bar{x} - x_D}{S} = \frac{28{,}2 - 25}{\sqrt{117{,}76}} = \frac{3{,}2}{10{,}85} \approx 0{,}295$$

In den Summenfeldern der Spalten (6) und (7) stehen das 2.und das 3. zentrale Moment, die für das Schiefemaß auf Basis der zentralen Momente benötigt werden. Man erhält hier:

$$S_{Mz} = \frac{m_{\bar{x}}^3}{\sqrt{(m_{\bar{x}}^2)^8}} = \frac{8{,}3673 * 10^{11}}{\sqrt{(1{,}11776 * 10^8)^3}} = \frac{8{,}3673 * 10^{11}}{1{,}2779 * 10^{12}} = 0{,}6547745 \approx 0{,}655$$

Interpretation
Beide Schiefemaße haben Werte größer als Null und charakterisieren damit die Entgeltverteilung des Einführungsbeispiels als rechtsschief. Die relativen Maße sind nicht im streng mathematischen Sinne normiert, aber durch Schranken, die oben bereits angegeben wurden, in ihrem praxisrelevanten Wertebereich jeweils begrenzt. Das Schiefemaß nach Pearson hat eine Grenze von $|1|$ und ermittelte Schiefewerte sind von daher besonders einfach zu interpretieren. Das Schiefemaß auf Basis zentraler Momente hat eine praxisrelevante Grenze von $|2|$, was bei der sachgerechten Interpretation entsprechend zu berücksichtigen ist. Die Entgeltverteilung ist nach

beiden Schiefemaßen unterdurchschnittlich schief, wenn man die Mitte ihrer praxisrelevanten Wertebereiche als Orientierung für eine Schiefe mittleren Ausmaßes nimmt. Im relativen Vergleich indiziert das Schiefemaß auf Basis der zentralen Momente im vorliegenden Fall eine etwas größere Schiefe, was an seiner höheren Messgenauigkeit liegt.

4.4 Vielfältige Maßgrößen und wichtige Zusammenhänge

Nach der Vorstellung und Würdigung einzelner wichtiger Kenngrößen soll abschließend auf ihre gemeinsame Verwendung im Anwendungsfall und auf den Zusammenhang von zwei bei quantitativen Datenanalysen besonders wichtigen Parametern eingegangen werden.

4.4.1 Charakterisierung durch mehrere Aspekte/Maßgrößen

Wir hatten an wichtigen Verteilungstypen in 3.6.2 bereits verdeutlicht, dass ein Verteilungsaspekt allein das Typische einer Verteilung im Allgemeinen nicht ausreichend charakterisiert. Ein konkreter Anwendungsfall ist häufig durch mehrere Verteilungsaspekte gekennzeichnet, so dass auch mehrere geeignete Maßgrößen auszuwählen und zu ermitteln sind. Sie sollen zusammengenommen geeignet sein, das Typische einer Verteilung kompakt zahlenmäßig auszudrükken. So reichen Mittelwerte, die für sich genommen die Aufgabe haben, die zentrale Tendenz in einer Verteilung zu quantifizieren, dazu allein genommen in aller Regel verlässlich nicht aus. Das Beispiel zweier Altersverteilungen mit dem gleichen Mittelwert in 4.2 hat deutlich gezeigt, dass ein weiterer Verteilungsaspekt – hier die Streuung - für die Verteilungen typisch ist. In dem Beispiel ist es sogar der wichtigere Aspekt, weil sich die beiden Verteilungen gerade und ausschließlich durch ihre Streuung unterscheiden.

In der Praxis werden deshalb - insbesondere bei rechnergestützter Auswertung - typischerweise eine ganze Reihe von Aspekten und sie quantifizierenden Maßgrößen ermittelt. Die folgende Abbildung 4.4.1 zeigt ein typisches Ergebnisprotokoll einer rechnergestützten univariaten Datenanalyse, wie sie etwa von der Statistik-Software SPSS/PC+ **standardmäßig** geliefert wird (Scharnbacher 1994, S. L52). Dargestellt ist das Ergebnis einer empirischen Untersuchung, das Antwort auf die Frage gibt: Zum wievielten Male verbringen Sie Ihren Urlaub in unserem Ort ?

```
V1          Anzahl

                                                            Valid     Cum
  Value Label              Value  Frequency  Percent  Percent  Percent

                               1        12     24.0     24.0     24.0
                               2        14     28.0     28.0     52.0
                               3         9     18.0     18.0     70.0
                               4         4      8.0      8.0     78.0
                               5         7     14.0     14.0     92.0
                               6         1      2.0      2.0     94.0
                               9         1      2.0      2.0     96.0
                              10         2      4.0      4.0    100.0
                                   -------  -------  -------
                           TOTAL        50    100.0    100.0

Mean          3.060     Std Err      .311     Median      2.000
Mode          2.000     Std Dev     2.198     Variance    4.833
Kurtosis      3.024     S E Kurt     .662     Skewness    1.673
S E Skew       .337     Range       9.000     Minimum     1.000
Maximum      10.000     Sum       153.000

Valid Cases      50     Missing Cases    0
```

Abb. 4.4.1: Typisches Ergebnis einer rechnergestützten univariaten Querschnittdatenanalyse

Im oberen Teil ist das Ergebnis der **Datenaufbereitung** dargestellt: die Häufigkeitsverteilung des quantitativen Merkmals „Urlaubsanzahl“ in Tabellenform. In den Spalten von links nach rechts stehen wie üblich die aufsteigend geordneten Merkmalswerte (value), die absolute Häufigkeit (frequency), die relative Häufigkeit (in Prozent) und in der letzten Spalte die aufsteigende relative Summenhäufigkeit (cum = Abkürzung für cumulativ). In der vorletzten Spalte sind die nach Prüfung der erhobenen Daten für die weitere Aufbereitung und Auswertung sinnvollerweise verwertbaren Daten bzw. ihre Anteile angegeben (valid percent).

Im unteren Teil sind überwiegend die Ergebnisse der **Datenauswertung** dargestellt: Sie beinhalten einen großen Teil der hier vorgestellten Mittelwerte, Streuungs- und Schiefemaße wie den Durchschnittswert (Mean), den Zentralwert (Median), den häufigsten Wert (Mode), die Spannweite (Range), die Varianz (Variance), die Standardabweichung (Stad. Dev. = Standard Deviation) und die relative Schiefe (Skewness). Ergänzend werden zu hier nicht behandelten Verteilungsaspekten wie der Wölbung (Kurtosis) und zu einigen Parametern Fehler angegeben (Standardfehler = Standard Error= Std. Err).

Die Rechnerunterstützung **automatisiert die Berechnung** all dieser Kenngrößen. Sie erspart dem Anwender aber nicht, ihre **Zulässigkeit, Sinnhaftigkeit und Aussagefähigkeit** im jeweils vorliegenden Anwendungsfall sachkundig zu prüfen und besonders (un)geeignete Kenngrößen zur Charakterisierung der vorliegenden Verteilung begründet auszuwählen (-schließen).

4.4.2 Zusammenhänge von Mittelwerten und Streuungsmaßen

Gütebeurteilung von Mittelwerten

Wenn man ganz allgemein danach fragt, wie gut ein Mittelwert die zentrale Tendenz in einer Verteilung tatsächlich zum Ausdruck bringt, dann stellt man tendenziell Folgendes fest: Ein Mittelwert quantifiziert die Mitte einer Verteilung umso besser (schlechter), je kleiner (größer) die Streuung ist. Um die Güte eines Mittelwertes zur Charakterisierung der Mitte einer Verteilung im Anwendungsfall einigermaßen verlässlich einschätzen zu können, sollte man also immer ergänzend die Streuung ermitteln. Die Streuungsgröße erfüllt in diesem Fall also nicht nur die primäre Aufgabe, die Variabilität des Merkmals in der vorliegenden Verteilung zu messen, sondern die zusätzliche Aufgabe, die Güte einer anderen Maßgröße mitbeurteilen zu helfen. Das geht natürlich nur dann, wenn die zur Quantifizierung der Mitte und der Streuung verwendeten Maßgrößen sich aufeinander beziehen. Wenn man die Mitte einer Verteilung mit dem Median sinnvoll charakterisiert, so ist die durchschnittliche absolute Abweichung bezogen auf den Median die richtige Streuungsgröße, mit der auch die Güte des Median am besten beurteilt werden kann.

Praktische Bedeutung von Durchschnittswert und Standardabweichung

In der Praxis haben bei quantitativen, metrisch skalierten Merkmalen vor allem das arithmetische Mittel als Mittelwert und die Standardabweichung als Streuungsmaß herausragende Bedeutung. Das liegt vor allem an den mathematischen Eigenschaften des arithmetischen Mittels (siehe 4.1.4), die zu sehr genauen Werten dieser beiden Maßgrößen führen. Aufgrund der hohen Genauigkeit ist es mit diesen Maßgrößen - **und nur mit diesen beiden** - möglich, im Rahmen der beschreibenden Statistik folgende wichtige Fragestellung der Praxis abschätzend zu beantworten: Wie sieht eine im Detail und ihrer Form nach **unbekannte Häufigkeitsverteilung** eines Merkmals **annähernd aus** ?

Abschätzung einer Häufigkeitsverteilung mit der Ungleichung von Tschebyscheff

Kennt man nur das arithmetische Mittel und die Standardabweichung einer Häufigkeitsverteilung - nicht aber die Häufigkeitsverteilung selbst und auch nicht ihren Verteilungstyp - kann man sie mittels der beiden Maßgrößen näherungsweise abschätzen. Dies ist möglich mit der folgenden Ungleichung von Tschebyscheff, die hier nur angewendet, nicht aber bewiesen wird.

$$f(\bar{x} - c * s \leq x \leq \bar{x} + c * s) \geq 1 - 1/c^2; c > 0$$

Die Ungleichung ermöglicht auf der linken Seite die Ermittlung von relativen Häufigkeiten für Intervalle, in denen das betrachtete Merkmal X liegt. Die **Intervalle sind symmetrisch** um $\bar{x}$ unter Verwendung von s und jeweils vom Anwender vorzugebender Werte eines Parameters c zu konstruieren. Auf der rechten Seite werden die Untergrenzen für die relativen Häufigkeiten der Intervalle mittels der vom Anwender vorzugebenden Werte des Parameters c ermittelt.

Wir verdeutlichen die Anwendung der Ungleichung an der bekannten **Altersverteilung**. Für 3 ausgewählte Werte des Parameters c sind die entsprechenden Berechungen in der folgenden Tabelle 4.4.2 nachvollziehbar zusammengestellt.

Parameterwert C	Intervall der Häufigkeitsverteilung	Untergrenze der relativen Häufigkeit	Tatsächliche relative Häufigkeit
1,15	21,716 ≤x ≤49,684	0,244= 24,4%	0,64= 64%
1,25	20,5 ≤x ≤50,9	0,360= 36%	0,68= 68%
1,50	17,46 ≤x ≤53,94	0,555= 55,5%	0,96= 96%

Tab. 4.4.2: Abschätzung der Altersverteilung mit der Ungleichung von Tschebyscheff

Im vorliegenden Fall erkennt man auch die Grobheit der Abschätzung: Die mit Hilfe der Ungleichung berechneten Untergrenzen der relativen Häufigkeiten sind für alle Intervalle deutlich kleiner als die tatsächlichen relativen Häufigkeiten. Ergänzend kann man in der Tabelle eine für die Praxis wichtige Erkenntnis ablesen: In dem symmetrischen Intervall um $\bar{x}$ in der Größe von s - **dem sogenannten 1-SIGMA-Intervall** - liegt immer mindestens die Hälfte aller Beobachtungswerte, und zwar unabhängig von der Form bzw. dem Typ der Verteilung.

Die Tschebyscheffsche Ungleichung und die obige Aussage gelten ganz allgemein für alle Verteilungen und analog auch für Wahrscheinlichkeitsverteilungen. Deshalb sind das arithmetische Mittel und die Standardabweichung auch in der **Stichprobenstatistik** und in der darauf basierenden **schließenden Statistik** von zentraler Bedeutung.

4.5 Definitionen, Regeln, Symbole und Formeln

Bezeichnung	Symbol	Urliste oder geordnete statistische Reihe	Häufigkeitsverteilung unklassiert	Häufigkeitsverteilung klassiert
Lagemaße				
Quantile - Dezile - Quartile	x_q	diskret: Ordnungsnummer $= x_{(n*q)}$	relative Summenhäufigkeit $F(x)=q$	
Mittelwerte				
Durchschnittswert bzw. arithmetisches Mittel	$\bar{x}$	$= 1/n * \sum x_i$	$= \sum x_j * h_j \div \sum h_j$	$= \sum x_k{}^M * h_k \div \sum h_k$
			$= \sum x_j f_j$	$= \sum x_k{}^M * f_k$
Zentralwert bzw. Median	$x_{0,5}$	n ungerade $= x_{\frac{(n+1)}{2}}$	$F(x_j) \geq 0{,}5$ und $\sum f(x < x_j) < 0{,}5$	$F(x_{0,5}) = 0{,}5$
		n gerade und Kardinalskala $= \left[x_{(\frac{n}{2})} + x_{(\frac{n}{2}+1)} \right] * \frac{1}{2}$		

Bezeichung	Symbol	Urliste oder statistische Reihe	Häufigkeitsverteilung unklassiert	Häufigkeitsverteilung klassiert
Häufigster Wert bzw. Modus	x_D		$h(x_D) = \max h(x_j)$; $f(x_D) = \max f(x_j)$	
Streuungsmaße				
Spannweite	SW	$x_{max} - x_{min}$		
zentraler Quantilsabstand	QA_p	$p= 0,1, ..., 0,9$; z.B. für $p= 0,1$: $x_{0,6} - x_{0,4}$		
zentraler Quartilsabstand	$QA_{0,5}$	$x_{0,75} - x_{0,25}$		
durchschnittliche absolute Abweichung - vom arithm. Mittel - vom Median	d DAA MAA	$1/n * \sum \lvert x_i - MW \rvert$	$\sum \lvert x_j - MW \rvert * f(x_j)$	$\sum \lvert x_k^M - MW \rvert * f(x_k)$
durchschnittliche relative Abweichung	d^r	d/MW		
Varianz	s^2			
- Definitionsformel		$1/n * \sum (x_i - \bar{x})^2$	$\sum (x_j - \bar{x})^2 * f(x_j)$	$\sum (x_k^M - \bar{x})^2 * f(x_k)$
- automatisierte Berechnungsformel		$1/n * \sum x_i^2 - \bar{x}^2$	$\sum x_j^2 * f(x_j) - \bar{x}^2$	$\sum (x_k^M)^2 * f(x_k) - \bar{x}^2$
Standardabweichung	S	$\sqrt{s^2}$		
Variationskoeffizient	VK	$S / \bar{x}; \ldots \bar{x} \neq 0$		

Bezeichung	Symbol	Regel oder Formel
Schiefe		
Mittelwertgrößen-vergleich		symmetrisch: $x_D = x_{0,5} = \bar{x}$ rechtsschief : $x_D < x_{0,5} \leq \bar{x}$ linksschief : $x_D > x_{0,5} \geq \bar{x}$
Quartilsabstands-größenvergleich		symmetrisch: $\lvert x_{max} - x_{0,75} \rvert = \lvert x_{0,25} - x_{min} \rvert$ und $\lvert x_{0,75} - x_{0,5} \rvert = \lvert x_{0,5} - x_{0,25} \rvert$ rechtsschief : $\lvert x_{max} - x_{0,50} \rvert > \lvert x_{0,50} - x_{min} \rvert$ und $\lvert x_{0,75} - x_{0,5} \rvert > \lvert x_{0,5} - x_{0,25} \rvert$ linksschief : $\lvert x_{max} - x_{0,50} \rvert < \lvert x_{0,50} - x_{min} \rvert$ und $\lvert x_{0,75} - x_{0,5} \rvert < \lvert x_{0,5} - x_{0,25} \rvert$
Schiefemaß nach Pearson	S_P	$= \frac{\bar{x} - x_D}{S}$
Schiefemaß mit zentralen Momenten	S_{Mz}	$= \frac{m_{\bar{x}}^3}{\sqrt{(m_{\bar{x}}^2)^3}} = \frac{m_{\bar{x}}^3}{\sqrt{(s^2)^3}} = \frac{m_{\bar{x}}^3}{s^3}$
Zusammenhang MW und Streuung	$\bar{x}$, S	
Ungleichung von Tschebyscheff		$f(\bar{x} - c * s \leq x \leq \bar{x} + c * s) \geq 1 - 1/c^2; c > 0$

4.6 Übung

Fragen

F1. Welche Aspekte können eine univariate Häufigkeitsverteilung charakterisieren ?

F2. Welche wichtigen Lagemaße kennen Sie ?

F3. Was sind Quantile und welche typischen Fragestellungen über eine Häufigkeitsveretilung kann man mit ihnen beantworten ?

F4. Wie heißt der Durchschnittswert in der Fachsprache und welche anwendungsrelevanten Eigenschaften hat er ?

F5. Wie heißt der Zentralwert in der Fachsprache und welche anwendungsrelevanten Eigenschaften hat er ?

F6. Wie heißt der häufigste Wert in der Fachsprache und welche anwendungsrelevanten Eigenschaften hat er ?

F7. Die Auswertung der Häufigkeitsverteilung eines quantitativen, diskreten Merkmals liefert folgende Parameterwerte. Was können Sie über die Verteilungsform und die Aussagefähigkeit der verschiedenen Mittelwerte sagen (Begründung) ?

Kenngröße (Parameter)	Parameterwert
Modus	20
Median	24
Arithmetisches Mittel	28,75

F8. Welche der in F7. angegebenen Mittelwerte sind auch bei qualitativen Merkmalen sinnvoll ermittelbar ?

F9. Welche zusätzlichen Angaben halten Sie für nötig, um die Aussagefähigkeit eines Durchschnittswerts zu beurteilen ?

F10. Welche wichtigen Streuungsmaße kennen Sie ?

F11. Was ist die Spannweite und welche anwendungsrelevanten Eigenschaften hat sie ?

F12. Was ist der zentrale Quartilsabstand und welche anwendungsrelevanten Eigenschaften hat er ?

F13. Was ist die durchschnittliche Abweichung und welche anwendungsrelevanten Eigenschaften hat sie ?

F14. Wie heißt die mittlere quadratische Abweichung in der Fachsprache und welche anwendungsrelevanten Eigenschaften hat sie ?

F15. Die Auswertung der Häufigkeitsverteilung eines quantitativen, diskreten Merkmals liefert folgende Parameterwerte. Was können Sie über die Streuung der Verteilung sagen ?

Kenngröße (Parameter)	Wert
Spannweite	9,0
Zentraler Quartilsabstand	3,59
Durchschnittliche Abweichung	1,54
Varianz	4,833
Standardabweichung	2,198
Variationskoeffizient	0,311

F16. Welche der in F15 angegebenen Streuungsgrößen kann man auch bei ordinal skalierten Merkmalen noch sinnvoll ermitteln ?

F17. Wie können Sie an den Mittelwerten einer Häufigkeitsverteilung erkennen, ob diese a) symmetrisch, b) rechtsschief und c) linksschief ist ?

F18. Woran können Sie im Box-Plott-Diagramm erkennen, ob eine Häufigkeitsverteilung symmetrisch, rechts- oder linksschief ist (Begründung) ?

F19. Wie können Sie im Box-Plott-Diagramm einer rechtsschiefen Verteilung etwas über das Ausmaß der Schiefe ablesen (Begründung) ?

F20. Was können Sie über die Schiefe einer Verteilung sagen, wenn der Wert eines beliebigen relativen Schiefemaßes a) Null, b) kleiner als Null und c) größer als Null ist.

F21. Welche Schiefemaße kennen Sie und welche praxisrelevanten Wertebereiche haben sie ?

F22. Erläutern Sie in eigenen Worten, was ein statistisches Moment ist und wozu man es sinnvoll benutzen kann.

F23. Wie ist folgendes Ergebnis einer Schiefeanalyse mit dem Schiefemaß nach Pearson und dem Schiefemaß auf Basis zentraler Momente zu interpretieren: $S_P = -0{,}5$; $S_{Mz} = -1{,}1$?

F24. Welche Kenngrößen einer univariaten Häufigkeitsverteilung werden als Ergebnis der quantitativen Datenanalyse mit professioneller Statistik-Software typischerweise automatisch ermittelt ? Geschieht dies unabhängig von der Merkmals- und Skalenart ?

F25. Was ist „Parameterauswahl“ und warum ist sie auch bei rechnerunterstützter Datenauswertung von zentraler Bedeutung ?

F26. Warum haben das arithmetische Mittel als Mittelwert und die Standardabweichung als Streuungsmaß in der Statistik eine herausragende Bedeutung ?

F27. Was besagt und wozu dient die Ungleichung von Tschebyscheff ?

F28. Was ist und wozu dient bei einer Verteilung das sogenannte 1-SIG-MA-Intervall ?

Aufgaben

Aufgabe „Benzinpreis“

Die Verbraucherberatung stellte an einem Stichtag bei 20 zufällig ausgewählten Tankstellen einer Großstadt folgende Preise für SUPER fest (€/Liter und aufsteigend geordnet).

1.91,4	1.91,4	1.91,9	1.91,9	1.91,9	1.91,9	1.91,9	1.92,9	1.93,9	1.93,9
1.95,9	1.95,9	1.95,9	1.96,9	1.97,9	1.97,9	1.97,9	1.98,9	1.98,9	1.99,9

Aufgabenstellungen

a. Ermitteln Sie die Häufigkeitsverteilung in einer Tabelle, stellen Sie sie in geeigneter Form grafisch dar und benennen Sie ihre Charakteristika (formal und inhaltlich).

b. Ermitteln Sie nachvollziehbar das untere und obere Quartil, den häufigsten, den mittleren und den durchschnittlichen Benzinpreis. Welche dieser Maßgrößen sind im vorliegenden Fall zur kompakten Charakterisierung der Benzinpreisverteilung Ihrer Meinung nach besonders geeignet/ungeeignet (Begründung) ?

c. Ermitteln Sie nachvollziehbar die Spannweite, den mittleren Quartilsabstand, die durchschnittliche Abweichung und die Standardabweichung. Welche dieser Maßgrößen sind im vorliegenden Fall zur kompakten Charakterisierung der Streuung der Benzinpreisverteilung Ihrer Meinung nach besonders geeignet/ungeeignet (Begründung) ?

d. Skizzieren Sie den Box-Plott der Benzinpreisverteilung. Was können Sie daraus über Art und Ausmaß der Schiefe ablesen ?

e. Berechnen und interpretieren Sie vergleichend die Schiefe mit zwei Schiefemaßen.

f. Fassen Sie die wichtigsten Ergebnisse ihrer quantitativen Datenanalyse kurz und bündig zusammen (Executive Summary).

Aufgabe „Umsatz SUPER-DÖNER“

Die Kette SUPER-DÖNER hat für seine 10 Filialen in den größten Hauptstädten der Welt im letzten Monat folgende Umsätze (gerundet auf ganze Tsd. €) erfasst:

Umsatz (Tsd. €) von... bis unter	**10 20**	**20 30**	**30 40**	**40 60**
Umsätze der Filialen (Tsd. €)	12, 15	21, 24, 26	31, 32, 36	44, 59

Aufgabenstellungen

a. Stellen Sie die Umsatzverteilung in geeigneter Form grafisch dar und benennen Sie ihre Charakteristika (inhaltlich und formal).

b. Ermitteln Sie nachvollziehbar den häufigsten, den mittleren und den durchschnittlichen Monatsumsatz aus der unklassierten und der klassierten Verteilung.

Wie erklären Sie sich die unterschiedlichen Ergebnisse und welche der Mittelwerte würden Sie im vorliegenden Fall zur Charakterisierung der Umsatzverteilung nutzen (Begründung) ?

c. Ermitteln Sie nachvollziehbar den zentralen Quartilsabstand, die durchschnittliche Abweichung und die Standardabweichung der unklassierten und der klassierten Verteilung. Welche Werte würden Sie im vorliegenden Fall zur Charakterisierung der Streuung in der Umsatzverteilung nutzen (Begründung) ?

d. Fassen Sie die wichtigsten Ergebnisse Ihrer quantitativen Umsatzanalyse kurz und bündig zusammen (Executive Summary).

Aufgabe „Vergleich von Altersverteilungen"

Zwei Unternehmen A und B derselben Branche erwägen mögliche Formen der Kooperation. Dazu betrachten sie u.a. ihren Personalbestand, auch hinsichtlich des Alters. Die beiden Altersverteilungen der Mitarbeiter sind in der folgenden Tabelle zusammengestellt.

Lebensalter (Jahre) von......bis unter		Unternehmen A Mitarbeiterzahl	Unternehmen B Mitarbeiterzahl
20	30	30	50
30	40	15	100
40	50	5	200
50	60	0	150

Durch Vergleich sollen wesentliche Gemeinsamkeiten und Unterschiede herausgearbeitet werden, die auch für personalpolitische Entscheidungen bedeutsam sein können.

Aufgabenstellungen

a. Stellen Sie die beiden Altersverteilungen in geeigneten Formen grafisch dar und benennen Sie ihre Charakteristika (formal und inhaltlich).

b. Bereiten Sie die Daten sinnvoll weiter auf.
Benennen und begründen Sie kurz die gewählten Maßnahmen.

c. Charakterisieren Sie die Verteilungen ergänzend durch geeignete Parameter, die Sie
- begründet auswählen
- nachvollziehbar ermitteln
- und sachgerecht interpretieren.

d. Fassen Sie die wichtigsten Ergebnisse Ihrer vergleichenden quantitativen Datenanalyse kurz und bündig zusammen (Executive Summary).

Aufgabe „Pretest Produktbeurteilung"

Bei einem Pretest wurden 10 zufällig ausgewählte Verbraucher mit einem in Entwicklung befindlichen Produkt vertraut gemacht und ihre Meinung dazu erhoben. Die zusammenfassende Beurteilung auf einer einfachen 5-Punkte-Skala brachte folgendes Ergebnis:

Beurteilung	**+2**	**+1**	**0**	**-1**	**-2**
Personenzahl	**1**	**3**	**1**	**2**	**3**

Aufgabenstellungen

Das Erhebungsergebnis soll dem verantwortlichen Produktmanagement in möglichst knapper und anschaulicher Form präsentiert werden. Machen Sie dazu einen Vorschlag, indem Sie

a. die Daten in geeigneter Form grafisch darstellen.

b. die Daten in geeigneter Weise weiter aufbereiten.

c. die Daten durch geeignete Maßzahlen (Parameter) verdichten.

d. die wesentlichen Ergebnisse ihrer quantitativen Analyse kurz und bündig zusammenfassen (Executive Summary).

5 Konzentrationsanalyse

In der Wirtschaft kommt dem Phänomen der Konzentration eine immer größere Bedeutung zu. Aktuelle Diskussionen um Gerechtigkeitslücken etwa bei Einkommen und Vermögen sowie um Marktbeherrschung und Beschäftigungsabbau durch Konzentration von Unternehmen machen dies deutlich. Aber auch betriebswirtschaftlich ist Konzentration interessant und relevant, wie die in der Praxis weithin bekannte und benutzte ABC-Analyse belegt.

Fundierte Diskussionen und Entscheidungen sind auch bei diesem Thema auf Zahlen angewiesen, die die quantitative Seite des Phänomens systematisch und sachgerecht erfassen und darstellen. Die in dieser Einführung behandelten Grundzüge der Konzentrationsanalyse zeigt folgende Übersicht.

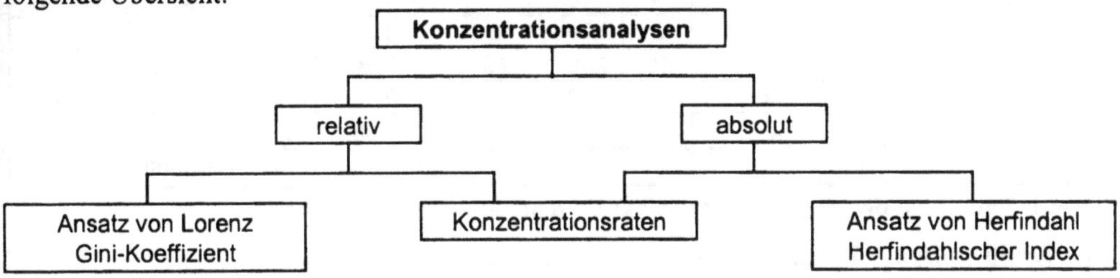

Die hier behandelten grundlegenden Ansätze der statischen Konzentrationsanalyse unterscheiden sich wesentlich durch die unterschiedlichen **Inhalte der verwendeten Konzentrationsbegriffe**. Bei der Konzentration von Einkommen und Vermögen geht es um die Messung, wie das Einkommens- bzw. Vermögensvolumen der gesamten statistischen Masse auf die einzelnen statistischen Einheiten verteilt ist. Keine Konzentration liegt dann vor, wenn auf alle statistischen Einheiten der gleiche Einkommens- bzw. Vermögensbetrag entfällt, was einer Gleichverteilung entspricht. Die Konzentration ist umso größer, je geringer der Anteil der statistischen Einheiten ist, auf die ein größerer Anteil an dem Einkommens- bzw. Vermögensvolumen der gesamten Masse entfällt. Das Konzentrationsphänomen besteht hier offensichtlich in der **Diskrepanz von Anteilen** - Mengen- und Wertanteilen - und entspricht einem **relativen Konzentrationsbegriff**.

Bei der Konzentration von Unternehmen auf Märkten geht es auch um die Messung von Anteilen, z. B. Marktanteilen und die Diskrepanz zu den Mengenanteilen: je geringer der Anteil von Unternehmen, die größere Marktanteile haben, desto höher die Konzentration. Darüber hinaus spielt hier aber auch die **Anzahl** der Unternehmen auf dem Markt eine Rolle. Wenn auf einem Markt nur noch 2 Unternehmen tätig sind, die sich den Markt teilen, so herrscht auf diesem Markt - selbst wenn sie beide gleich große Marktanteile haben - trotzdem eine sehr hohe Konzentration. Hier ist das Konzentrationsphänomen offensichtlich auch und ganz wesentlich von den **absoluten Zahlen** (der Marktteilnehmer) - d.h. von der Größe der statistischen Masse - abhängig und korrespondiert mit einem **absoluten Konzentrationsbegriff**.

Wir betrachten in dieser Einführung schwerpunktmäßig den relativen Konzentrationsbegriff und den ihm zugeordneten klassischen Ansatz der **Konzentrationsanalyse nach LORENZ**. Der Lorenzsche Ansatz ist in der Wirtschaftsanalyse verankert, hat aber zwischenzeitlich auch wichtige betriebswirtschaftliche Anwendungen, von denen hier die ABC-Analyse behandelt wird. Ergänzend werden wichtige **Maßgrößen** vorgestellt, mit denen das Ausmaß der Konzentration jeweils in einer Zahl quantifiziert werden kann. Die **absolute** Konzentrationsanalyse wird wegen ihrer großen Bedeutung für die Konzentrationsmessung auf Märkten in Grundzügen mit dem Ansatz von **HERFINDAHL** vorgestellt.

5.1 Relative Analyse

Wir verdeutlichen den **klassischen Ansatz** der relativen Konzentrationsanalyse, der nach dem Amerikaner Lorenz auch als **Lorenzsche Konzentrationsanalyse** bekannt ist, am Beispiel der **klassierten Entgeltverteilung** mit ungleichen Klassenbreiten aus 3.4.4. Deren Häufigkeits- und Verteilungsfunktion sind in den Spalten (1) – (7) der folgenden Tabelle 5.1 nochmals dargestellt.

K-Nr.	Entgelt (Tsd. €) von...bis unter		Klassen-mitte (Tsd. €)	Häufigkeit		Summenhäufigkeit		Merkmalsbeitrag		
				abs.	rel.	absolut	relativ	abs.	relativ	rel. kum.
k	x^u_k	x^o_k	x^M_k	h_k	f_k	H_k	F_k	x_k*h_k	a_k	A_k
(1)	(2)		(3)	(4)	(5)	(6)	(7)	(8)	(9)	(10)
1	10	12	11	4	0,16	4	0,16	44	~0,0630	0,0630
2	12	20	16	2	0,08	6	0,24	32	~0,0456	0,1086
3	20	30	25	10	0,40	16	0,64	250	~0,3566	0,4652
4	30	40	35	5	0,20	21	0,84	175	~0,2496	0,7148
5	40	60	50	4	0,16	25	1,00	200	~0,2853	1,0000
Σ				**25**	**1,00**			**701**	**1,0000**	

Tab. 5.1: Ermittlung der Konzentration in der Entgeltverteilung nach Lorenz

5.1.1 Ermittlung der Konzentration

Zur Ermittlung der Konzentration in der Entgeltverteilung ist zunächst festzustellen, welches Entgelt in den einzelnen Klassen vorliegt. Dazu multipliziert man jeweils die rechentechnische Klassenmitte (Spalte 3) mit der absoluten Häufigkeit (Spalte 4). In der Spalte 8 erhält man so das Entgelt in jeder Klasse und durch Aufsummieren das gesamte Entgelt aller Mitarbeiter. In der Terminologie der Konzentrationsanalyse geben die Zahlen der Spalte 8 den Betrag wieder, den die einzelnen Merkmalswerte zur Merkmalswertsumme beitragen und werden deshalb häufig **absolute Merkmalsbeiträge** genannt.

Die absoluten Merkmalsbeiträge sind der Ausgangspunkt zur Betrachtung des **Wertaspekts** in einer Verteilung. So sind etwa die 44 Tsd. €, die insgesamt in der entgeltschwächsten Klasse vorliegen, verglichen mit den 200 Tsd. €, die in der entgeltstärksten Klasse zusammenkommen, bereits ein Indikator für Konzentration. Deutlicher wird die Konzentrationsmessung, wenn man die absoluten Merkmalsbeiträge relativiert und als Anteile ausweist. Die **relativen Merkmalsbeiträge** werden hier mit **a** symbolisiert. Man erhält sie, indem man die absoluten Merkmalsbeiträge durch die Merkmalswertsumme teilt. Für das Einführungsbeispiel sind die relativen Merkmalsbeiträge jeder Klasse k in Spalte 9 aufgeführt. Die dort dezimal angegebenen Anteile lassen sich anwenderfreundlich auch in Prozent ausdrücken. So entsprechen die 44 Tsd. € in der entgeltschwächsten Klasse gut 6% und die 200 Tsd. € in der entgeltstärksten Klasse gut 28,5% des gesamten Entgelts aller Mitarbeiter. Diese unterschiedlichen Entgeltanteile in den verschiedenen Klassen der Verteilung quantifizieren bereits deutlicher das Ausmaß der Konzentration.

Noch aussagefähiger wird die Konzentrationsmessung, wenn man den bislang ausschließlich betrachteten **Wertaspekt um den Mengenaspekt ergänzt und beide miteinander vergleicht**. Der Mengenaspekt korrespondiert im Einführungsbeispiel mit der bereits vorliegenden Häufigkeitsverteilung. Verglichen werden sinnvollerweise deren relative Häufigkeiten als Ausdruck des relativen Mengenanteils mit den relativen Merkmalsbeiträgen als Ausdruck des relativen Wertanteils. In der obigen Tabelle ergeben sich die entsprechenden **Wertepaare** für die verschiedenen Entgeltklassen (zeilenweise) durch die Werte in den Spalten (5) und (9). Für die oben bereits benutzten Randklassen ergibt sich bei der Betrachtung der ihnen zugeordneten Wertepaare - jeweils bestehend aus dem relativen Mengenanteil und dem relativen Wertanteil -

folgendes Bild: Die 16% aller Mitarbeiter in der untersten Entgeltklasse beziehen nur gut 6% des gesamten Entgelts, während die 16% aller Mitarbeiter in der obersten Entgeltklasse gut 28% des gesamten Entgelts erhalten.

In der Entgeltverteilung herrscht offensichtlich Konzentration, da Mengen - und Wertanteile sowohl in einer jeweils betrachteten Klasse als auch im Vergleich verschiedener Klassen sich deutlich unterscheiden. Ganz allgemein ist nach diesem Ansatz die Konzentration in einer Verteilung umso größer (kleiner) je stärker (geringer) vergleichbare Mengen- und Wertanteile divergieren.

Die gleichzeitige Betrachtung von Mengen- und Wertanteilen in Wertepaaren geschieht beim Lorenzschen Ansatz in der Regel auf den **kumulierten Werten**, die in obiger Tabelle in den Spalten (7) und (10) stehen. Kumulierte Werte haben den Vorteil, dass in ihnen - bis zu dem in der Kumulation betrachteten Merkmalswert - alle in der Verteilung vorhanden Informationen enthalten sind. Dadurch gelingt es besser, die Konzentration nicht nur partiell - d.h. für bestimmte Bereiche der Verteilung - sondern für die Verteilung insgesamt zu erfassen. Die Ergebnisse der Lorenzschen Konzentrationsanalyse - Mengen - und Wertanteile in Wertepaaren - lassen sich auch gut anschaulich grafisch darstellen.

5.1.2 Grafische Darstellung

Als typische grafische Darstellungsform einer summierter Häufigkeitsverteilung wurde in 3.5 die Summenkurve vorgestellt. Wenn man das Konzept der Summenkurve auf die bei der Konzentration nötige gleichzeitige Darstellung von summierten Mengen- und Wertanteilen überträgt, erhält man eine spezielle Summenkurve, die als **Lorenzkurve** bekannt ist.

Konstruktion der Lorenzkurve

Die Lorenzkurve wird in einer Quadratfläche dargestellt, die dem oberen rechten Quadranten eines durch den Nullpunkt gehenden Koordinatenkreuzes entspricht. Auf jeder der Achsen wird einer der bei der Konzentration relevanten kumulierten Anteile abgetragen. Auf der waagerechten Achse ist dies in der Regel der kumulierte Mengenanteil, auf der senkrechten der kumulierte Wertanteil. Da beide Anteile minimal 0 und maximal 1 sein können - bzw. anwenderfreundlich prozentual ausgedrückt minimal 0% und maximal 100% -, sind diese Wertepaare die Randpunkte der zu konstruierenden Lorenzkurve.

Die übrigen Stützpunkte der Lorenzkurve entsprechen den Wertepaaren aus kumulierten Mengen -und Wertanteilen, die im Rahmen der Lorenzschen Analyse ermittelt worden sind. Für unser Entgeltbeispiel stehen die kumulierten Mengenanteile in Spalte 7, die kumulierten Wertanteile in Spalte 10 der Tabelle 5.1. Die Wertepaare ergeben sich aus den genannten Spalten für jede Entgeltklasse, d.h. in der Tabelle zeilenweise. Trägt man die Wertepaare sachgerecht in die Grafik ein, erhält man die übrigen Stützpunkte der Lorenzkurve. Bei klassierten Daten ist es üblich, aufgrund der Gleichverteilungsannahme in den Klassen die summierten Werte durch **Geradenstücke** zu verbinden (siehe Summenkurve in 3.5.3). Der dadurch entstehende durchgezogene Kurvenzug ist die Lorenzkurve. Für das Entgeltbeispiel ist die Lorenzkurve in der folgenden Abbildung 5.1.2 dargestellt.

Interpretation der Lorenzkurve

Für die Interpretation ist nicht nur die Lorenzkurve selbst, sondern ergänzend als Vergleichsmaßstab die Kurve von Bedeutung, die sich ergibt, wenn in der Verteilung keine Konzentration vorliegt. Dies ist nach dem Lorenzschen Ansatz bei **Gleichverteilung** der Fall. Bei Gleichverteilung sind Mengen- und Wertanteile bei jedem der Wertepaare gleich groß und ergeben in der Grafik eine 45-Grad-Linie, die als **Gleichverteilungskurve** bezeichnet wird. Das Ausmaß der Konzentration wird in der Abweichung der Lorenzkurve von der Gleichverteilungskurve anschaulich visualisiert: je kleiner (größer) die Abweichung der Lorenzkurve von der Gleichverteilungskurve, desto kleiner (größer) die Konzentration.

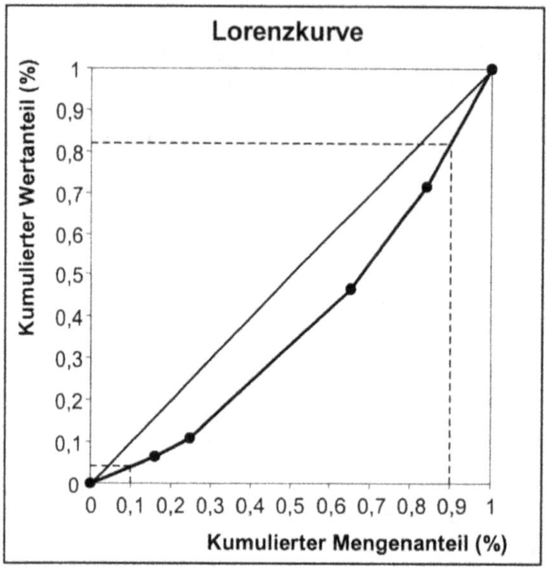

Abb. 5.1.2: Lorenzkurve der Entgeltverteilung

In der obigen Lorenzkurve des Entgeltbeispiels ist der Abstand der Lorenzkurve von der Gleichverteilungskurve deutlich sichtbar, wenn auch nicht besonders groß. Die Lorenzkurve ermöglicht eine intuitiv überzeugende Visualisierung der in einer Verteilung vorhandenen Konzentration, nicht aber deren Quantifizierung. Deshalb werden wir nachher ergänzend einen Ansatz vorstellen, in dem die in einer Lorenzkurve sichtbare Konzentration ausgewertet und in einer Maßgröße quantifiziert wird.

5.2 ABC- Analyse

Die Lorenzsche Konzentrationsanalyse hat auch eine bekannte und weit verbreitete betriebswirtschaftliche Anwendung, die ABC-Analyse. Die ABC-Analyse ist ein universell anwendbarer Ansatz, um eine in der Regel sehr große Menge von Betrachtungsobjekten nach wirtschaftlichen Kriterien in drei Gruppen A, B und C einzuteilen bzw. zu klassieren. Dabei sollen in die A-Klasse alle Objekte mit sehr großer, in die B-Klasse jene mit mittlerer und in die C-Klasse diejenigen mit geringer wirtschaftlicher Bedeutung.

Hauptgrund für eine derartige Klassierung von Objekten ist das ökonomische Prinzip, das es sinnvoll erscheinen lässt, Objekte gemäß ihrer wirtschaftlichen Bedeutung zu behandeln. Die ABC-Analyse wird in Betrieben sehr häufig auf zu beschaffende oder abzusetzende Produkte angewendet. Dabei will man alle produktbezogenen Bewirtschaftungsmaßnahmen wie Bedarfsermittlung, Disposition, Lagerung etc. der wirtschaftlichen Bedeutung der Produkte entsprechend gestalten: So wird etwa die Bedarfsermittlung für A- Produkte häufiger, für jedes Produkt einzeln und mit aufwendigen Verfahren durchgeführt, während der Bedarf für C-Produkte seltener, für ähnliche Produkte gemeinsam und mit ganz einfachen Verfahren ermittelt wird.

5.2.1 Ermittlung der Konzentration

Während sich die bisherige Konzentrationsbetrachtung am Idealzustand einer Gleichverteilung orientiert, besteht das Ziel der ABC-Analyse gerade umgekehrt darin, die in der betrachteten Masse vorhandene Konzentration für die Klassierung zu nutzen und eine möglichst große **Un-**

gleichverteilung herbeizuführen. Bei einer ABC-Analyse ist deshalb auf den Betrachtungsobjekten zunächst eine Lorenzsche Konzentrationsanalyse durchzuführen. Auf deren Ergebnissen erfolgt dann die Klassifikation in die Klassen A, B und C.

Als **Einführungsbeispiel** werden die Produkte einer Produktlinie betrachtet, die in der folgenden Tabelle 5.2.1/2 in der Spalte (1) mit ihren Produktnummern stehen Die Produkte liegen zunächst unklassiert vor, im Gegensatz zum Entgeltbeispiel. Als Kriterium für ihre wirtschaftliche Bedeutung wird ihr Umsatz angesehen. Der **Umsatz** entspricht dem **Wertaspekt** bzw. dem absoluten Merkmalsbeitrag. Im Gegensatz zum Entgeltbeispiel liegt er vor und muss nicht erst gesondert ermittelt werden.

Produkt Nr.	Rang Nr.	Umsatz (Tsd. €)	Wertanteil (%) WA	ΣWA ↓	ΣWA ↑	Mengenanteil (%) MA	ΣMA ↓	ΣMA ↑	Klassierungsvorschlag
(1)	(2)	(3)	(4)	(5)	(6)	(7)	(8)	(9)	(10)
3	1	35	1,75	1,75	100,00	10	10	100	Klasse C: Produkt-Nr: 1,3,4,6,8 ΣWA=11,25% ΣMA=50%
8	2	40	2,00	3,75	98,25	10	20	90	
4	3	45	2,25	6,00	96,25	10	30	80	
6	4	50	2,50	8,50	94,00	10	40	70	
1	5	55	2,75	11,25	91,50	10	50	60	
10	6	100	5,00	16,25	88,75	10	60	50	Klasse B: Produkt-Nr: 2,7,10 ΣWA=18,75% ΣMA=30%
7	7	125	6,25	22,50	83,75	10	70	40	
2	8	150	7,50	30,00	77,50	10	80	30	
9	9	650	32,50	62,50	70,00	10	90	20	Klasse A: Produkt-Nr: 5,9 ΣWA=70% ΣMA=20%
5	10	750	37,50	100,00	37,50	10	100	10	
Σ		2000	100,0						

Tab. 5.2.1/2: ABC-Analyse in einem Produktsortiment

Wie bei der Lorenzschen Analyse üblich, sind die Objekte - hier die Produkte - zunächst nach der Größe der absoluten Merkmalsbeiträge aufsteigend zu sortieren. Danach sind die relativen und die summierten relativen Merkmalsbeiträge zu ermitteln, so wie in der Tabelle 5.2.1/2 in den Spalten (1) – (6) ersichtlich. Der für die Konzentrationsbetrachtung ebenfalls notwendige Mengenaspekt kann unterschiedlich operationalisiert werden. Bei Produkten kann man z.B. deren Absatz- oder Beschaffungsmengen dazu benutzen, die im vorliegenden Fall aber nicht verfügbar sind. Sortimentsanalysen sind im Allgemeinen Strukturanalysen, die in der Praxis häufig schon allein durch die Anzahl der in einem Sortiment enthaltenen Produkte – unabhängig von deren Mengen - geprägt sind. Man benutzt deshalb in der Praxis häufig diese Größe als Indikator für den Mengenaspekt. Wenn wir dieser Praxis folgen, ergibt sich daraus bei unserem Produktsortiment aus insgesamt 10 Produkten für jedes Produkt ein Mengenanteil von 1/10 bzw. 10%. Die relativen Mengenanteile MA und die summierten relativen Mengenanteile Σ MA sind in Spalten (7) - (9) der Tabelle 5.2.1/2 dargestellt.

Grafische Darstellung

Aus den produktbezogenen Wertepaaren der Spalten (5) und (8) ergibt sich die Lorenzsche Konzentrationskurve, so wie in der folgenden Abbildung 5.2.1/2 dargestellt.

5.2.2 Klassierung

Die in der Abbildung deutlich erkennbare hohe Konzentration in dem Produktsortiment wird in der ABC-Analyse gezielt benutzt, um die Klassen A, B und C festzulegen. Diese sollen sich durch gewollt hohe Diskrepanz von summierten Mengen- und Wertanteilen prinzipiell unterscheiden. Diese Zielsetzung kann man durch die folgenden aus Praxiserfahrungen gewonnenen

Faustregeln operationalisieren.

Kumulierte Größe	Allgem. Regel	Erfahrungsregel (%)
Wertanteil (%)	A > B > C	60<A<85, 10<B<25, 5<C<15
Mengenanteil (%)	A < B < C	

Unter Berücksichtigung der Faustregeln bleibt in dem sehr kleinen Produktsortiment - im Gegensatz zu praktischen Anwendungsfällen - nur wenig Spielraum für die Klassenbildung. Eine der wenigen im vorliegenden Fall sinnvollen Möglichkeiten ist in der Spalte (10) der Tabelle 5.2.1/2 dargestellt. Sie ergibt sich durch vorrangige Betrachtung der **relativen kumulierten Merkmalsbeiträge (summierte Wertanteile).** So stehen in der Spalte (5) von oben nach unten die umsatzschwächsten Produkte als Kandidaten für die C-Klasse und in der Spalte (6) von unten nach oben die umsatzstärksten Produkte als Kandidaten für die A-Klasse.

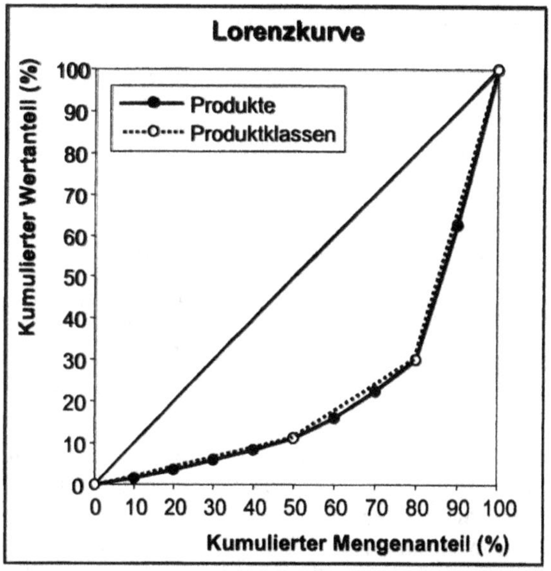

Abb. 5.2.1/2: Lorenzkurve des Produktsortiments

Wenn man mit der Bildung der A-Klasse beginnt, so haben die beiden umsatzstärksten Produkte Nr. 5 und Nr.9 zusammen bereits einen Wertanteil von 70%, der in dem Erfahrungsregelbereich liegt. Weitere Produkte - Nr. 2 und Nr. 7 - in die A-Klasse aufzunehmen, wäre nach der Erfahrungsregel bzgl. der summierten Wertanteile zwar möglich, aber unter Berücksichtigung des Mengenanteils im vorliegenden Fall bereits sehr problematisch. Während die A-Klasse mit 2 Produkten nur einen kleinen Mengenanteil von insgesamt 20% hätte, würde sich bei einer A-Klasse mit 4 Produkten bereits ein Mengenanteil von insgesamt 40% ergeben. Dadurch wäre die definitorische Vorgabe bzgl. der Größe der summierten Mengenanteile der zu bildenden Klassen nicht mehr erfüllbar. Es wäre dann nämlich nicht mehr möglich, die übrigen Klassen B und C so zu gestalten, dass ihre Mengenanteile jeweils größer als die der anderen Klassen sind.

Analoge Überlegungen kann man bei der Bildung der C-Klasse anstellen. Sie könnte nach der Erfahrungsregel mindestens 4 Produkte mit einem Umsatzanteil von insgesamt 6% und höchstens 5 Produkte mit einem Umsatzanteil von insgesamt 11,25% enthalten. Wenn man die C-Klasse mit 4 Produkten festlegt, hat sie einen Mengenanteil von 40% am gesamten Sortiment. Es wäre dann bei einer A-Klasse mit 2 Produkten und einem Mengenanteil von insgesamt 20% nicht mehr möglich, eine B-Klasse zu bilden, deren summierter Mengenanteil sowohl größer als 20% als auch gleichzeitig kleiner als 40% ist, wie es die definitorische Vorgabe erfordert.

Aus diesen Überlegungen heraus werden im vorliegenden Fall die in der Spalte (10) der Tabelle 5.2.1/2 dargestellten Klassen A, B und C vorgeschlagen.

Grafische Darstellung
Die Klassierung kann in den für Konzentrationsanalysen typischen Diagrammformen dargestellt werden. So ist in der Abbildung 5.2.1/2 ergänzend zur Lorenzkurve für die Produkte auch die Lorenzkurve der Produktklassen dargestellt. Beide unterscheiden sich im vorliegenden Fall wegen der äußerst geringen Zahl der in die Analyse einbezogenen Produkte nur geringfügig.

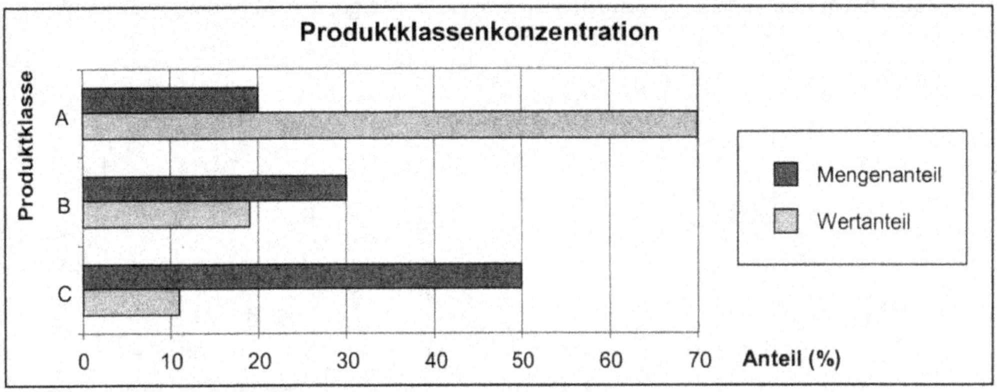

Abb. 5.2.2: Doppeltes Balkendiagramm der Konzentration in dem klassierten Sortiment

In der Abbildung 5.2.2 ist die Konzentration in dem klassierten Produktsortiment deshalb mit einem anderen Diagrammtyp - nämlich als doppeltes Balkendiagramm - dargestellt, in dem sie viel deutlicher zum Ausdruck kommt. In der Grafik erkennt man sehr gut, dass die ABC-Analyse als spezifische Konzentrationsanalyse aufgrund der für eine sinnvolle Klassierung vorgegebenen Regeln immer zu einer Diagrammstruktur führen muss, bei der die Rechtecke der sortierten Klassen zusammengenommen eine Treppenform ergeben.

5.3 Konzentrationsmaße

Wir wollen nun einige wichtige Maßgrößen vorstellen, mit denen man die Konzentration in einer Verteilung **kompakt in einer Zahl** ausdrücken kann.

5.3.1 GINI-Koeffizient

Wie bei der Interpretation der Lorenzkurve bereits angedeutet, wird die Konzentration dort im Abstand der Lorenzkurve von der Gleichverteilungskurve sichtbar. Für die Konstruktion einer Maßgröße kann man diesen Aspekt aufgreifen und präzisieren.

Konzept
So kann man das Ausmaß der Konzentration in der gesamten Verteilung genauer durch die **Fläche** zwischen der Lorenzkurve und der Gleichverteilungskurve messen. Diese Fläche wird hier **Konzentrationsfläche** genannt und mit **KF** abgekürzt. Die Konzentrationsfläche kann man sinnvoll ins Verhältnis setzen zur gesamten Fläche unterhalb der Gleichverteilungskurve. Die Fläche unter der Gleichverteilungskurse wird wegen ihrer Dreiecksform hier **Dreiecksfläche** genannt und mit **DF** abgekürzt. So erhält man eine **relative Maßgröße** für die Lorenzsche Konzentration, die nach ihrem Erfinder - dem Italiener GINI - GINI-Koeffizient genannt wird und mit **G** abgekürzt wird. Der GINI-Koeffizient ist also konzeptionell:

$$G = \frac{Konzentrationsfläche}{Dreicksfläche}$$

Der Koeffizient hat offensichtlich den Wertebereich $0 \leq G \leq 1$. Er ist genau 0, wenn die Konzentrationsfläche 0 ist, d.h. alle Merkmalswerte gleich sind und damit eine idealtypische Gleichverteilung und überhaupt keine Konzentration vorliegt. Er sollte genau 1 sein, wenn die Konzentrationsfläche mit der Dreiecksfläche übereinstimmt.

Operationalisierung

Das Konstruktionskonzept kann in unterschiedlicher Weise operationalisiert und formelmäßig umgesetzt werden. Wir betrachten den praktisch wichtigen Fall **klassierter Daten**, in dem eine stückweise lineare Lorenzkurve vorliegt, so wie sie in der folgenden Abbildung 5.3.1 in Prinzipienskizzen dargestellt ist.

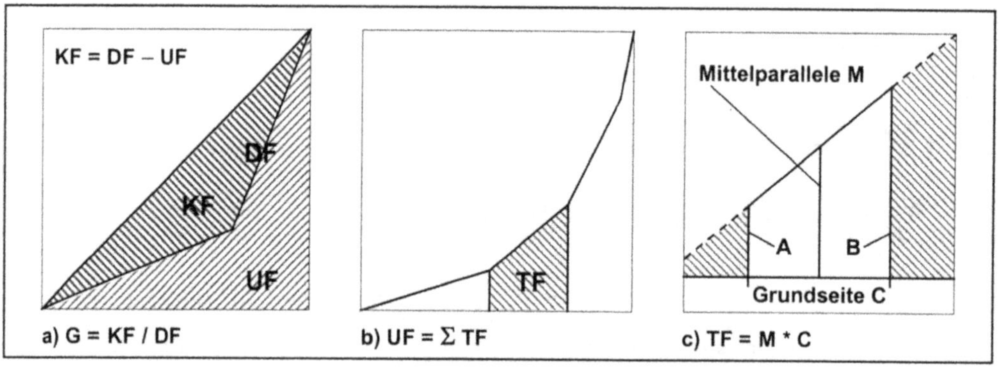

Abb. 5.3.1: Relevante Flächen zur Ermittlung des GINI-Koeffizienten

Im Bild a) sieht man, dass man die Konzentrationsfläche bestimmen kann, indem man von der Dreiecksfläche die Fläche unter der Lorenzkurve - hier mit UF abgekürzt - abzieht. Im Bild b) sieht man, dass sich die Fläche unter der Lorenzkurve aus Trapezflächen zusammensetzt, die hier mit TF abgekürzt werden. Die Fläche eines Trapezes TF berechnet man mit dem Ansatz

$$TF = \text{Mittelparallele} * \text{Grundseite}$$

Dieser ist in Bild c) visualisiert. Darin ist die Grundseite mit C, die kleinere Längsseite mit A und die größere Längsseite mit B bezeichnet. Die Mittelparallele M ist (A+B)/2. Übertragen auf ein beliebiges Trapez t unter der Lorenzkurve entspricht seine Grundseite der relativen Häufigkeit in der korrespondierenden Klasse k, d.h. $\mathbf{f_k}$. Seine kleinere Längsseite entspricht dem kumulierten relativen Wertanteil, der bis zur Klasse k erreicht wurde, d.h. $\mathbf{A_{k-1}}$. Und seine größere Längsseite entspricht dem kumulierten relativen Wertanteil, der bis zum Ende der Klasse k erreicht wird, d.h. $\mathbf{A_k}$. Die Fläche eines beliebigen Trapezes bzw. einer beliebigen Klasse k unter der Lorenzkurve berechnet man also mit:

$$TF_k = f_k * (A_k + A_{k-1})/2$$

Die gesamte Fläche unter der Lorenzkurve ist die Summe aller Trapezflächen, formal

$$UF = \sum_{k=1}^{K} TF_k$$

Die Berechnung des GINI-Koeffizienten über die Trapezflächen unter der Lorenzkurve wird wesentlich erleichtert, wenn man den Ansatz mit 2 erweitert. Dann erhält man:

$$G = \frac{2*KF}{2*DF} = \frac{2*(DF - UF)}{2DF} = 1 - 2*UF = 1 - 2*\sum_{k}^{K} f_k * \frac{(A_k - A_{k-1})}{2} = 1 - \sum_{k=1}^{K} f_k * (A_k + A_{k-1})$$

Anwendung im Einführungsbeispiel

In der folgenden Tabelle 5.3.1 ist die Ermittlung von 2UF nach der obigen Formel für das Entgeltbeispiel nachvollziehbar dargestellt.

K-Nr.	Entgelt (Tsd. €) von...bis unter		Häufigkeit abs.	rel.	Wertanteil rel. kumul.	Flächenberechnung	
k	x^u_k	x^o_k	h_k	f_k	A_k	$A_k + A_{k-1}$	$(A_k + A_{k-1}) * f_k$
(1)	(2)		(3)	(4)	(5)	(6)	(7)
1	10	12	4	0,16	0,0628	0,0628+ 0,0000= 0,0628	0,0628*0,16= 0,0100428
2	12	20	2	0,08	0,1084	0,1084+ 0,0628= 0,1712	0,1712*0,08= 0,0136947
3	20	30	10	0,40	0,4650	0,4650+ 0,1084= 0,5735	0,5735*0,40= 0,2293866
4	30	40	5	0,20	0,7147	0,7147+ 0,4650= 1,1797	1,1797*0,20= 0,2359486
5	40	60	4	0,16	1,0000	1,0000+ 0,7147= 1,7147	1,7147*0,16= 0,2743509
Σ			25	1,00			0,7634237

Tab. 5.3.1: Ermittlung des GINI-Koeffizienten im Einführungsbeispiel

Damit erhält man im vorliegenden Fall mit einer Genauigkeit von 4 Stellen hinter dem Komma einen GINI-Koeffizienten von G=1-0,7634= 0,2366.

Ergänzungen

Liegen die Daten **nicht klassiert** vor, kann man den Koeffizienten mit einer etwas einfacheren Formel ermitteln, die hier der Vollständigkeit halber angegeben, aber nicht hergeleitet wird.

$$G = \frac{2 * \sum j * a_j - (n+1)}{n}$$

n: Anzahl der Merkmalsträger;
j: laufende Nummer der nach steigenden absoluten Merkmalsbeiträgen geordneten Merkmalsträger;
a_j: relativer Merkmalsbeitrag (dezimal) des Merkmalsträgers j.

Mit dieser Formel könnte man z.B. die Konzentration der unklassierten Produkte in dem Produktsortiment von 5.2.1 ermitteln.

Der GINI-Koeffizient hat aus Anwendungssicht den kleinen Schönheitsfehler, dass er selbst bei maximaler Konzentration nur den folgenden Maximalwert annimmt (ohne Beweis):

$$G_{\max} = \frac{n-1}{n}$$

Er wird in der Praxis deshalb vorwiegend in seiner **normierten Form** verwendet, bei der dies möglich ist. Für den normierten GINI-Koeffizienten - hier mit G_N notiert- gilt formal:

$$G_N = \frac{n}{n-1} * G$$

Für das Entgeltbeispiel erhält man bei Verwendung der Normierungsformel folgenden normierten Koeffizienten:

$$G_N = \frac{5}{4} * 0{,}2366 = 0{,}2958$$

Interpretation

Der normierte GINI-Koeffizient von knapp 0,3 quantifiziert genauer das aus der Abbildung 5.1.2. bereits per Augenschein wahrnehmbare Verhältnis der Konzentrationsfläche zur Fläche unter der Gleichverteilungskurve in der Größenordnung von etwa 1/3. Wie auch bei anderen Maßgrößen liefert der in einem Anwendungsfall konkret ermittelte Wert von G für sich allein genommen nur eine kompakte Information über die Größenordnung der Konzentration. Erst durch den Bezug zu anderen vergleichbaren Fällen und Werten können daraus im Sachzusammenhang wertvollere Informationen erschlossen werden.

Würdigung
Aus Anwendungssicht ist zum GINI-Koeffizienten anzumerken:

- Er ist konzeptionell plausibel (Verständlichkeit) und relativ leicht zu berechnen (Effizienz).
- Er wird in der Wirtschaftsstatistik häufig benutzt, insbes. zur Messung von Einkommens- und Vermögenskonzentrationen (Anwendungshäufigkeit).
- Er ist auf die relative Konzentrationsmessung beschränkt (Anwendungsgebiet).
- Er liefert in Vergleichsfällen keine zutreffenden Ergebnisse, wenn die Lorenzschen Konzentrationsflächen die gleiche Größe, aber nicht die gleiche Form haben (Güte).

Verwendung in der Wirtschaftsstatistik
Zur Illustration sind im Folgenden aus der Wirtschaftsstatistik beispielhaft einige Werte des GINI-Koeffizienten zusammengestellt.

Vermögensarten BRD 1973		Einkommen Länder ~1985	
Produktivvermögen	0,83	Schweden	0,205
Wertpapiere	0,81	VR China	0,239
Haus- und Grundbesitz	0,78	Deutschland	0,317
Sparguthaben	0,36	USA	0,326
Bausparguthaben	0,35	Indien	0,478
Gesamtvermögen	0,75	Brasilien	0,577

5.3.2 Konzentrationsraten
Konzentrationsraten - nach der englischen Bezeichnung concentration ratio häufig mit **CR** abgekürzt - nutzen den bereits erwähnten Erfahrungstatbestand, dass die Konzentration in einer Verteilung an deren Rändern meistens besonders stark ausgeprägt ist und bei der Konzentrationsmessung gezielt auf die statistischen Einheiten am unteren oder am oberen Ende einer Verteilung fokussiert. Dabei entspricht die Konzentrationsrate dem **Wertanteil**, der auf einen vorab festzulegenden Anteil (anteilsbezogene Rate) oder eine vorab festzulegende Anzahl (anzahlbezogene Rate) der Merkmalsträger **am Rande der Verteilung** entfällt.

Operationalisierung
Die dabei resultierenden Konzentrationsraten werden mit $\mathbf{CR_g}$ für die Anzahl oder den Anteil der statistischen Einheiten mit den **größten** und mit $\mathbf{CR_k}$ für die mit den **kleinsten** Merkmalswerten abgekürzt. Als vorzugebende Mengenanteile werden dabei häufig die in 5.1.1 vorgestellten Quantile (Dezile oder Quartile) benutzt. So bedeutet beispielweise $\mathbf{CR_k}$ **bzw.** $\mathbf{CR_g}$ mit g=k=0,1 in einer Einkommensverteilung den Einkommensanteil, der auf die 10% ärmsten bzw. 10% reichsten Einkommensbezieher entfällt. Im Bereich der Unternehmens- und Marktkonzentration gibt man in der Regel die Anzahl der Unternehmen mit den größten absoluten Merkmalsbeiträgen vor. Dann bedeutet etwa $\mathbf{CR_g}$ mit g=3 den Wertanteil, der auf die 3 größten Unternehmen am Markt entfällt.

5.3.2.1 Anteilsbezogene Raten
Anteilsbezogene Konzentrationsraten sind aus den Daten einer Lorenzschen Analyse ableitbar. Für das **Beispiel der klassierten Entgeltverteilung** kann man aus der Tabelle 5.1 zu vorzugebenden kumulierten Mengenanteilen (Spalte 7) die resultierenden kumulierten Wertanteile ermitteln (Spalte 10). Für die 10% entgeltschwächsten bzw. -stärksten Mitarbeiter sind die Zahlenwerte wegen der vorhandenen Klassierung allerdings im vorliegenden Fall in der Tabelle nicht direkt ablesbar. In **grober Näherung** kann man sie **grafisch aus der Lorenzkurve** der Abbildung 5.1.2 ablesen. So kann man etwa den Wert von CR_k=10% abschätzen,

indem man auf der waagerechten Achse von dem vorgegebenen Mengenanteil von 10% senkrecht zur Lorenzkurve geht und von dem dortigen Kurvenpunkt das Lot auf die Wertanteilsachse fällt. Der korrespondierende Wertanteil ist die gesuchte Konzentrationsrate. Sie beträgt etwa 3,5%. Analog kann man die Konzentrationsrate für die 10% entgeltstärksten Mitarbeiter abschätzen. Sie beträgt etwa 20%.

Eine **genauere Berechnungsmöglichkeit bietet die Interpolation**, wie wir sie bereits in 3.5.3. bei der Ermittlung von kumulierten Häufigkeiten auf klassierten Daten kennen gelernt haben. In der folgenden Tabelle 5.3.2.1 ist die Interpolationsrechnung zur Ermittlung der gewünschten Konzentrationsraten nachvollziehbar dargestellt.

Fragestellung	**Interpolationsrechnung mit Dreisatz**
Wie hoch ist die Konzentrationsrate der 10% entgeltschwächsten Mitarbeiter ?	ΣMA=16% $\triangleq$ ΣWA=6,3% ; MA=1% $\triangleq$ WA=6,3/16=0,39375 MA=10% $\triangleq$ 10*0,3937=3,937; d. h. $CR_{k10\%}$=3,94%
Wie hoch ist die Konzentrationsrate der 10% entgeltstärksten Mitarbeiter ?	ΣMA=16% $\triangleq$ ΣWA=28,53%; A=1% $\triangleq$ WA=28,53/16=1,783 MA=10% $\triangleq$ 10*1,783=17,83, d. h. $CRg_{10\%}$=17,83%

Tab. 5.3.2.1: Ermittlung von anteilsbezogenen Konzentrationsraten durch Interpolation

Für die 10% entgeltschwächsten bzw. -stärksten Mitarbeiter berechnet man durch Interpolation Konzentrationsraten von 3,94% bzw. von 17,83%. Die Genauigkeitsunterschiede zwischen den beiden Ermittlungsmethoden sind offensichtlich.

5.3.2.2 Anzahlbezogene Raten

Zur Ermittlung der Konzentrationsraten bei einer vorzugebenden Anzahl von Merkmalsträgern betrachten wir ergänzend ein **Einführungsbeispiel zur Marktkonzentration.** Auf einem regional und produktmäßig spezifizierten Markt sind im Zeitpunkt t_0 vier Unternehmen tätig. Alle haben einen gleich großen Marktanteil von 25%.

In diesem Fall ist der Wertaspekt der Markanteil. Da der Marktanteil eine prozentuale Größe ist, sind der absolute und relative Merkmalsbeitrag (Wertanteil) gleich groß. Der Mengenaspekt ist absolut die Anzahl, relativ der Anteil der auf dem Markt tätigen Unternehmen.

Eine **Lorenzsche Konzentrationsanalyse** des Marktes ergibt für jedes Unternehmen jeweils gleich große Mengen- und Wertanteile von jeweils 25% (Gleichverteilung) und damit keine Konzentration ($G=G_N=0$). Trotzdem wird man aufgrund der Tatsache, dass nur 4 Unternehmen sich den Markt teilen und dass jedes davon einen großen Markanteil hat, im vorliegenden Fall begründet Konzentration auf dem Markt vermuten. Der Lorenzsche Ansatz der relativen Konzentration ist nur nicht geeignet, sie adäquat zu erfassen.

Die Konzentrationsmessung mittels **Konzentrationsraten** kann im vorliegenden Fall vielleicht plausiblere Ergebnisse bringen, da sie auf die extremen Merkmalsträger abzielt. Im Fall der Marktkonzentration interessieren die größten Unternehmen, wobei die Größe von Unternehmen typischerweise über den Umsatz und/oder die Beschäftigten bestimmt wird. Im vorliegenden Fall kann man also sinnvoll Konzentrationsraten vom Typ $\mathbf{CR_g}$ formulieren, wenn man die Anzahl oder den Anteil der größten Unternehmen adäquat vorgibt und den auf sie insgesamt entfallenden Anteil einer Wertgröße - z.B. Branchenumsatz oder hier Marktanteil - bestimmt. Zwei solche aufschlussreichen Konzentrationsraten könnten etwa sein:

$CR_{0,25}$: Marktanteil der 25% größten Unternehmen
CR_3: Marktanteil der 3 größten Unternehmen

Bei der ersten **Konzentrationsrate** $\mathbf{CR_{0,25}}$ handelt es sich um eine anteilsbezogene Rate, bei der der **Anteil** der größten Unternehmen mit 25% vorgegeben ist. Gesucht ist der Marktanteil, der insgesamt auf diese entfällt. Wie man sich leicht klarmacht, sind dies ebenfalls 25%, d.h.

$CR_{0,25}= 0,25$. Nach dem Wert dieser Konzentrationsrate herrscht in dem betrachteten Markt keine Konzentration. Auch andere Konzentrationsraten dieser Art wie $CR_{0,1}$ würden - wenn man sie denn im vorliegenden Fall aufgrund der Datenlage überhaupt ermitteln könnte - keine Konzentration anzeigen und damit zum gleichen Ergebnis wie die Lorenzsche Analyse kommen. Der Grund hierfür liegt darin, dass bei anteilsbezogenen Konzentrationsraten ausschließlich dieselben relativen Größen wie in der Lorenzschen Analyse verwendet werden. Bei der zweiten **Konzentrationsrate CR $_3$** handelt es sich um eine anzahlbezogene Rate, bei der die **Anzahl** der größten Unternehmen konkret mit 3 vorgegeben ist. Gesucht ist der Marktanteil, der insgesamt auf diese entfällt. Dieser beträgt 0,75. Nach dem Wert dieser Konzentrationsrate herrscht in dem Markt eine sehr hohe Konzentration, da die drei größten Unternehmen insgesamt 75% Marktanteil haben.

Verwendung in der Wirtschaftsstatistik
Die anzahlbezogene Konzentrationsrate vom Typ CRg ist offensichtlich geeignet, Marktkonzentration zu messen, bei der typischerweise die **absolute Anzahl** von Unternehmen im Markt das Ausmaß der Konzentration wesentlich mitbestimmt. Sie wird deshalb in der Wirtschaftsstatistik zur Konzentrationsmessung in Branchen und Märkten häufig verwendet. Einige anzahlbezogene Konzentrationsraten sind in der folgenden Tabelle 5.3.2.2 zur Illustration zusammengestellt. Der linke Teil enthält die Konzentration ausgewählter Industriezweige in Deutschland in den Jahren 1962 und 1972. Dabei wurde der Typ CR_g mit g=3 verwendet und der Wertanteil durch den Umsatzanteil in Prozent gemessen. Der rechte Teil enthält die Konzentration im Lebensmittelhandel ausgewählter europäischer Länder. Dabei wurde der Typ CRg mit g=5 verwendet und der Wertanteil als Marktanteil gemessen.

Industriebranche	1962	1973	Land	1998
Bergbau	21,3	61,6	Schweden	94,3
Kunststoffverarbeitung	12,1	7,1	Frankreich	76,5
Maschinenbau	9,9	9,4	Deutschland	61,8
Straßenfahrzeugbau	56,4	47,5	Groß-Britannien	59,1
Tabakverarbeitung	72,6	74,0	Italien	27,1

Tab. 5.3.2.2: Anzahlbezogene Konzentrationsraten aus der Wirtschaftsstatistik

Würdigung
Zu Konzentrationsraten ist aus Anwendungssicht anzumerken:

- Sie sind sehr einfach zu verstehen, zu interpretieren und zu ermitteln (Verständlichkeit, Interpretationsfähigkeit und Effizienz).
- Sie werden in der Wirtschaftsstatistik sehr häufig benutzt (Anwendungshäufigkeit).
- Sie sind sehr breit und flexibel einsetzbare Maßgrößen (Anwendungsbreite und -flexibilität).
- Sie messen nur die Konzentration in wichtigen Teilen (Rändern) der Masse (Güte).

5.4 Absolute Analyse

Bei der absoluten Konzentration ist neben den Wertanteilen - die auch bei der relativen Konzentration erfasst werden - zusätzlich die **absolute Anzahl der Merkmalsträger** zu berücksichtigen. Ein bestimmter Typ von Konzentrationsrate ist in der Lage - wie eben gezeigt - absolute Konzentration zu messen. Ihr wesentlicher Nachteil besteht jedoch darin, dass sie nur eine beschränkte - wenn auch meist sehr wichtige - Anzahl aller Merkmalsträger einbezieht und damit die Konzentration in der Masse nur teilweise und nicht vollständig erfasst. Wir stellen deshalb abschließend einen Ansatz der absoluten Konzentrationsmessung vor, der Informationen aus der gesamten betrachteten Masse in einer Maßzahl verdichtet. Nach dem Ansatz von HERFINDAHL ist dies der nach ihm benannte Index.

Konzeption und Operationalisierung
Damit die Konzentration in der gesamten Masse erfasst wird, sind alle Merkmalsträger und deren Merkmalsbeiträge in der Maßgröße zu berücksichtigen. Damit die Maßzahl zwischen 0 und 1 liegt, sind die relativen Merkmalsbeiträge einzubeziehen. Damit die Maßzahl bei Gleichverteilung möglichst klein wird, sind die relativen Merkmalsbeiträge als solche nicht verwendbar. Höhere Messgenauigkeit wird bekanntermaßen häufig durch Quadrierung erreicht. Auf diesen und anderen wirtschaftstheoretischen Überlegungen basiert der Herfindahlsche Index, der im Allgemeinen mit **H** notiert wird.

$$H = \Sigma a_j^2 \quad \text{mit } 1/n \leq H \leq 1$$

Ermittlungsbeispiel
Im Einführungsbeispiel zur **Marktkonzentration** ergibt sich zum Betrachtungszeitpunkt t_o für $H = 4 * 0{,}25^2 = 0{,}25$. Im Gegensatz zur relativen Analyse nach LORENZ und GINI erbringt die absolute Analyse nach HERFINDAHL also eine deutlich wahrnehmbare Konzentration. Wir wollen das Beispiel fortführen und weitere Stationen eines fiktiven Konzentrationsprozesses auf dem Markt betrachten und analysieren, die in der folgenden Tabelle 5.4 chronologisch von oben nach unten dargestellt sind.

Zum Zeitpunkt t_1 sind auf dem Markt unverändert dieselben 4 Unternehmen tätig, allerdings haben sich die Marktanteile deutlich verschoben. Die relative Analyse bringt die neue Ungleichverteilung (Merkmalseffekt) mit G_N=0,23 deutlich zum Ausdruck. Die absolute Analyse reagiert mit H=0,275 nur geringfügig, da sich die Anzahl der Unternehmen nicht verändert hat (Anzahleffekt).

Untern. Nr.	Merkmalsträger	Marktanteil	Relative Analyse		Absolute Analyse		
	i	a_i	$i*a_i$	G und G_N	a_i^2	H	
1	1	0,15	0,15	G =(2*2,85-5)/4	0,025		t_1
2	2	0,20	0,40	= 0,175	0,040		
3	3	0,30	0,90	G_N = 4/3*0,175	0,090		
4	4	0,35	1,40	= 0,23	0,125		
Σ		**1,00**	**2,85**		**0,275**	**0,275**	
2	1	0,20	0,20	G = (2*2,3-4)/3	0,040		t_2
3	2	0,30	0,60	= 0,2	0,090		
4+1	3	0,50	1,50	G_N = 3/2*0,2	0,250		
Σ		**1,00**	**2,30**		**0,380**	**0,380**	
3	1	0,30	0,30	G = (2*1,7-3)/2	0,090		t_3
2+4	2	0,70	1,40	= 0,2	0,490		
Σ		**1,00**	**1,70**	**G_N = 2*0,2**	**0,590**	**0,580**	
2+3+4	**1**	**1,00**	**1,00**		**1,000**	**1,000**	t_4

Tab. 5.4: Konzentrationsentwicklung auf einem Markt

Zum Zeitpunkt t_2 haben sich das Unternehmen mit dem größten und das mit dem kleinsten Marktanteil bereits zusammengeschlossen und nun als ein Unternehmen den größten Marktanteil. Ansonsten hat sich auf dem Markt nichts verändert. Die relative Analyse erfasst die weitergehende Ungleichverteilung der Marktanteile (Merkmalseffekt) mit G_N= 0.3. Die absolute Analyse erfasst zusätzlich den aufgetretenen Anzahleffekt und misst mit H=0,38 eine vergleichsweise höhere Konzentration.

Zum Zeitpunkt t_3 hat das Unternehmen mit dem größten Markanteil das mit dem kleinsten übernommen und nun einen Marktanteil von 70%. Ansonsten gibt es nur noch ein weiteres Unternehmen am Markt, das seinen Marktanteil von 30% unverändert behauptet. Die relative

Analyse erfasst die deutlich gestiegene Ungleichverteilung der Marktanteile mit G_N =0,4. Die absolute Analyse erbringt unter Einbeziehung des Anzahleffekts mit H ~ 0,6 bereits eine vergleichsweise deutlich höhere Konzentration.

Zum Zeitpunkt t_4 gibt es nur noch ein Unternehmen auf dem Markt. Die relative Analyse liefert mit G rechentechnisch keine Konzentration, während die absolute Analyse mit H=1 zutreffend maximale Konzentration ausweist.

5.5 Definitionen, Regeln, Symbole und Formeln

Bezeichnung	Symbol	geordnete Reihe	klassiert
absoluter Merkmalsbeitrag	x	x_i	$= x_k^M * h_k$
Merkmals(wert)summe		$= \sum x_i$	$= \sum x_k^M * h_k$
relativer Merkmalsbeitrag bzw. Wertanteil	a	$= x_i / \sum x_i$	$= x_k^M * h_k / \sum x_k^M * h_k$
kumulierter relativer Merkmalsbeitrag bzw. kumulierter Wertanteil	A	$= \sum_{i=1}^{j} a_i$	$= \sum_{k=1}^{j} a_k$
relative Häufigkeit bzw. Mengenanteil	f	$= h_i / \sum h_i$	$= h_k / \sum_{k=1}^{K} h_k$
kumulierte relative Häufigkeit bzw. kumulierter Mengenanteil	F	$= \sum_{i=1}^{j} f_i$	$= \sum_{k=1}^{j} f_k$
Lorenzsche Konzentrationskurve	L	Streckenzug durch ($F_0=A_0=0$) und alle (F_i ; A_i), ... (F_K ; A_K)	
Gini-Koeffizient	G	$0 \leq G \leq 1$ $\frac{2 * \sum j * a_j - (n+1)}{n}$	$1 - \sum_{k=1}^{K} f_k * (A_k + A_{k-1})$
normiert	G_N	$= \frac{n}{n+1} * G$	$= \frac{K}{K+1} * G$
Konzentrationsrate	CR	$=A_j$ für...	
- der g größten	CR_g	$\sum_{i=1}^{g} f_i$	
- der k kleinsten	CR_k	$\sum_{i=1}^{g} f_i$	
Herfindahlscher Index	H	$1/n \leq H \leq 1$ $= \sum a_i^2$	

5.6 Übung

Fragen

F1. Nennen Sie typische Beispiele für Konzentration in der Wirtschaftspraxis.

F2. Welche Arten von Konzentrationsanalysen gibt es ?

F3. Welche Ihrer Beispiele aus F1 eignen sich für eine relative Konzentrationsanalyse ?

F4. Welche Ihrer Beispiele aus F1 eignen sich für eine absolute Konzentrationsanalyse ?

F5. Nennen Sie jeweils zwei Ansätze zur relativen und absoluten Konzentrationsmessung aus der Wirtschaftsstatistik.

F6. Welche Größen muss man bei einer Konzentrationsanalyse nach LORENZ ermitteln ?

F7. In welchen Diagrammformen kann man die Ergebnisse einer Lorenzschen Analyse anschaulich darstellen ?

F8. Wie konstruiert man eine Lorenzkurve ?

F9. Wie zeigt sich in einer Lorenzkurve das Ausmaß der Konzentration ?

F10. Was ist eine ABC-Analyse und inwiefern ist sie eine Konzentrationsanalyse ?

F11. Was ist der wesentliche Unterschied zwischen einer klassischen Konzentrationsanalyse nach LORENZ und der ABC-Analyse ?

F12. Mit welcher Maßgröße kann man die Konzentration in einer Lorenzkurve messen und welche anwendungsrelevanten Eigenschaften hat sie ?

F13. Erläutern Sie das Konstruktionskonzept des GINI-Koeffizienten.

F14. Wie wird das Konstruktionskonzept des GINI-Koeffizienten bei klassierten Daten operationalisiert ?

F15. Was versteht man unter der Normierung des GINI-Koeffizienten ?

F16. Nennen und erläutern Sie ein typisches Problem der Lorenzschen Analyse bei komparativ-statischen Konzentrationsuntersuchungen.

F17. Was sind Konzentrationsraten und ihre anwendungsrelevanten Eigenschaften ?

F18. Eignen sich Konzentrationsraten für die relative oder für die absolute Konzentrationsanalyse (Begründung) ?

F19. Mit welchen Konzentrationsraten würden Sie die Konzentration beim Einkommen privater Haushalte und bei der Unternehmenskonzentration in einer Branche messen ?

F20. Erläutern Sie das Konstruktionskonzept des HERFINDAHLschen Index.

F21. Auf einem Markt gibt es 100 (10) Anbieter, die alle in etwa den gleichen Marktanteil haben. Was können Sie über die Ergebnisse einer relativen und einer absoluten Konzentrationsanalyse tendenziell aussagen, ohne sie konkret durchzuführen ?

F22. Was versteht man unter dem Merkmalseffekt der Konzentration; bei welcher Art der Analyse und bei welchen Maßgrößen wird dieser Effekt berücksichtigt ?

F23. Was versteht man unter dem Anzahleffekt der Konzentration; bei welcher Art der Analyse und bei welchen Maßgrößen wird dieser Effekt berücksichtigt ?

Aufgaben

Aufgabe „Kapitalvermögen"

Eine ländliche Sparkassenfiliale ermittelte das bei ihr vorhandene Kapitalvermögen von 50 zufällig ausgewählten Kunden. Am Ende der Jahre t_0 und t_1, die 10 Jahre auseinander liegen, erhielt man folgende Vermögensverteilungen:

K-Nr.	Kapitalvermögen (Tsd. €) über...	bis einschließlich	Häufigkeit t_0	Häufigkeit t_1
1	0	25	8	10
2	25	50	18	20
3	50	100	16	10
4	100	200	8	8
5	200	500	---	2

Aufgabenstellungen

a. Ermitteln Sie nachvollziehbar in einer Tabelle die für eine Lorenzsche Konzentrationsanalyse nötigen Größen.

b. Stellen Sie die beiden Konzentrationskurven in **einem Diagramm** dar.
   Markieren Sie darin die Änderung der Konzentration.
   Interpretieren Sie Ihr Diagramm sachgerecht.
c. Wie groß sind die Konzentrationsraten der 20% Kunden mit dem geringsten und dem größten Geldvermögen bei der Sparkasse und wie haben sich diese Konzentrationsraten in den 10 Jahren verändert ?
d. Ermitteln Sie die GINI-Koeffizienten und deren Veränderung in den 10 Jahren.

Aufgabe „Materialsortimentsanalyse"

In einem speziellen Materialsortiment wurden im letzten Jahr folgende Verbrauchswerte V erfasst (auf Tsd. € gerundet):

Mat-Nr.	1	2	3	4	5	6	7	8	9	10
V (Tsd. €)	45	120	15	50	400	250	5	25	80	10

Aufgabenstellungen

a. Ermitteln Sie in einer Tabelle nachvollziehbar die für eine Lorenzsche Konzentrationsanalyse nötigen Größen.
b. Stellen Sie die in dem Materialsortiment vorhandene Konzentration grafisch anschaulich als Lorenzkurve dar.
c. Führen Sie nachvollziehbar eine ABC-Analyse durch.
   Begründen Sie kurz Ihren Klassierungsvorschlag.
d. Stellen Sie Ihren Klassierungsvorschlag grafisch dar (nicht als Lorenzkurve).
e. Wodurch unterscheidet sich eine ABC-Analyse von einer „normalen" Lorenzschen Konzentrationsanalyse ?

Aufgabe „Marktkonzentration"

Ein bekanntes Unternehmen einer speziellen Dienstleistungsbranche will sich über die Branchenkonzentration in den Ländern A und B Klarheit verschaffen, um dortige Investitionschancen und -risiken besser beurteilen zu können. Folgende Angaben aus der amtlichen Statistik stehen ihm vom letzten Jahr zur Verfügung:

Land A	Anbieter	A	B	C
	Marktanteil	0,25	0,35	0,4

Land B	Anbieter	K	L	M	N
	Marktanteil	0,15	0,2	0,3	0,35

Aufgabenstellungen

a. Stellen Sie die Branchenkonzentration in den beiden Ländern in geeigneter Weise in einem Diagramm dar und interpretieren Sie ihre Grafik sachgerecht.
b. Ermitteln und vergleichen Sie die Branchenkonzentration in den beiden Ländern mit einer geeigneten Konzentrationsrate, deren Auswahl Sie kurz begründen.
c. Ermitteln und vergleichen Sie die Branchenkonzentration in den beiden Ländern mit dem GINI-Koeffzienten.
d. Ermitteln und vergleichen Sie die Branchenkonzentration in den beiden Ländern mit dem HERFINDAHLschen Index.
e. Welche der drei Maßgrößen ist im vorliegenden Falle zur Konzentrationsmessung Ihrer Meinung nach am besten geeignet (Begründung) ?
f. In welchem Land ist die Konzentration ohne Berücksichtigung der Anbieterzahl größer und um wieviel ?

6 Univariate Längsschnittdatenanalyse

Bei Längsschnittuntersuchungen werden Massen und /oder Größen in ihrer Entwicklung über die Zeit betrachtet. Die in dieser Einführung behandelten Grundzüge der univariaten Längsschnittdatenanalyse zeigt folgende Übersicht.

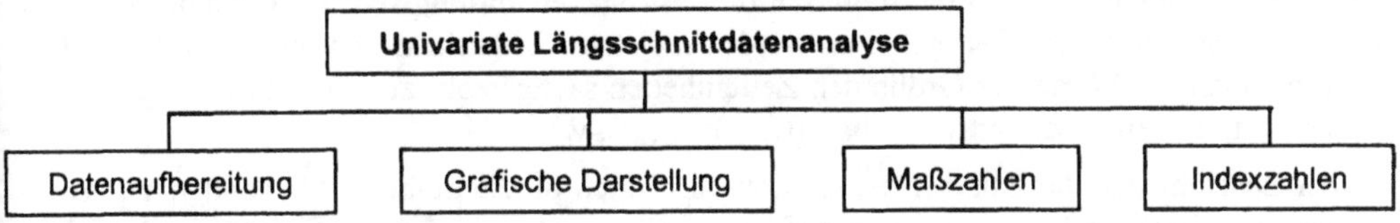

Die in die Längsschnittbetrachtung einbezogenen Querschnittdaten sind für die vorgesehene Analyse zunächst sinnvoll auszuwählen und in geeigneter Weise aufzubereiten. Die **Datenaufbereitung** führt zu einer **Zeitreihe**.

Die Zeitreihe ist in geeigneter Weise grafisch zu präsentieren. Aus der **grafischen Darstellung** einer Zeitreihe kann man in der Regel etwas über die **grobe Entwicklungsrichtung und -form** der betrachteten Größe ablesen. Darüber hinausgehende Aussagen über die eine Zeitreihe eventuell sachlich und/oder zeitlich wesentlich beeinflussenden Größen (Komponenten und Determinanten) und deren Entwicklungsmuster bedürfen einer gesonderten Analyse - der **Zeitreihenanalyse** -, deren Grundzüge in der analytischen Statistik vorgestellt werden.

Häufig interessiert man sich bei der Betrachtung der zeitlichen Entwicklung einer Größe und/oder Masse für **Veränderungen** zwischen ausgewählten Zeiteinheiten und im gesamten Betrachtungszeitraum. Im einfachsten, aber in der Praxis besonders bedeutsamen Fall, konzentriert man sich auf die Veränderungen zwischen jeweils **zwei ausgewählten Zeiteinheiten.** Die Veränderungen - in der Wirtschaft gern als **Wachstum** bezeichnet - sind in ihrer Richtung und Größe in geeigneten **Maßzahlen** zu erfassen.

Setzt sich die betrachtete Masse aus einer Vielzahl verschiedenartiger Objekte mit unterschiedlicher Maßeinheit und Bedeutung zusammen, verdichtet man sie standardmäßig in einem **Index.** Die in der Wirtschaftsstatistik grundlegenden Indextypen zur Bemessung der durchschnittlichen Entwicklung von Mengen und Preisen heterogener Massen werden vorgestellt.

6.1 Datenaufbereitung

Bei der Aufbereitung verfügbarer Querschnittdaten für Längsschnittbetrachtungen ist **sachlich** vor allem zu beachten, dass die zu den einbezogenen Zeiteinheiten gehörenden Zahlen über die betrachtete Masse und/oder das Merkmal auf identischen oder mindestens weitgehend ähnlichen Definitionen, Erhebungs- und Aufbereitungsmaßnahmen beruhen. Dies ist vor allem bei längeren Betrachtungszeiträumen nicht immer der Fall, da sowohl in der Wirtschafts- als auch in der Betriebsstatistik diesbezüglich Änderungen vorkommen, die die sachgerechte Vergleichbarkeit von Querschnittdaten verschiedener Zeiteinheiten deutlich erschweren und manchmal schlicht unmöglich machen.

Ansonsten ist von den in Kapitel 3 behandelten **typischen Aufbereitungstätigkeiten** für Längsschnittuntersuchungen vor allem die **Kumulation** relevant. Dies gilt vor allem für Bewegungsdaten wie Umsatz, Kosten etc., die untersuchungsabhängig für unterschiedlich kleine Zeiteinheiten - wie etwa Tage - oder große Zeiteinheiten - wie etwa Jahre - benötigt werden. Da die Basisdaten typischerweise für kleine Zeiteinheiten vorliegen, ist im Allgemeinen eine Aggregation zu größeren Zeiteinheiten nötig, die durch Kumulation geschieht. So entstehen aus Tageszahlen etwa Wochen-, Monats-, Quartals- und Jahreszahlen.

Was die betrachtete Größe angeht, ist vorauszusetzen, dass sie **diskret und metrisch** - genauer mindestens verhältnisskaliert - ist (s. 2.2.2 und 2.2.3). Dies trifft auf viele ökonomische Mengen- und Geldgrößen zu. Die betrachtete Größe wird hier mit **Y**, ihre Werte werden mit **y** notiert. Die Werte der betrachteten Größe werden für eine Reihe von Zeiteinheiten erhoben oder zusammengestellt. Die Zeiteinheiten werden hier mit **t** notiert. Typisch ist, dass die Zeiteinheiten **gleiche Abstände haben und dass sie chronologisch zu ordnen** sind. Die chronologisch geordneten Zeiteinheiten werden meistens fortlaufend nummeriert, d.h. t = 1,..., n. Ordnet man die Werte der Größe den Zeiteinheiten sachgerecht zu, an denen sie beobachtet wurden, hat man eine **Zeitreihe,** formal: $(t_1, y_1), \ldots, (t_n, y_n)$.

Bei der Zusammenstellung und Interpretation von Daten für Zeitreihen ist besonders zu beachten, dass sich bestimmte Daten immer auf **Zeitpunkte**, andere immer auf **Zeiträume** beziehen. Dies korrespondiert mit der in 2.2.1 vorgestellten Unterscheidung von Bestands- und Bewegungsmassen. In dem dort verwendeten Einführungsbeispiel aus der Personalstatistik eines Betriebes ist der **Personalbestand** zu einem bestimmten Zeitpunkt - etwa zum Monatsende - eine **Bestandsmasse**. In der Längsschnittbetrachtung kann man die **Beschäftigtenzahl als Merkmal** auffassen, das in einer chronologischen Abfolge von Zeitpunkten verschiedene Ausprägungen annimmt. Die zeitliche Entwicklung der Beschäftigtenzahl ist in diesem Fall eine **Zeitreihe von Bestandsdaten**.

Betrachtet man ergänzend den **Personalaufwand**, so bezieht sich dieser immer auf einen bestimmten Zeitraum - z.B. einen Monat - und ist eine **Bewegungsmasse**. In der Längsschnittbetrachtung kann man den **Personalaufwand als Merkmal** auffassen, das in einer chronologischen Abfolge von Zeiträumen verschiedene Ausprägungen annimmt. Die zeitliche Entwicklung des Personalaufwandes ist in diesem Fall eine **Zeitreihe von Bewegungsdaten**.

In diesem Kapitel werden Zeitreihen über den Bestand beschäftigter Azubis und den gesamten Personalaufwand eines Betriebes als Einführungsbeispiele für die Längsschnittdatenanalyse benutzt. Deren Zeitreihendaten befinden sich in 6.3 und 6.4.

6.2 Grafische Darstellung

Die grafische Präsentation einer Zeitreihe soll **grobe Aussagen** über die in dem Diagramm erkennbare **tendenzielle Richtung und Form** der zeitlichen Entwicklung der Masse bzw. des Merkmals ermöglichen. Für **Zeitreihendiagramme** eignen sich prinzipiell einige der bereits vorgestellten Diagrammtypen, insbesondere das Stab- und Säulendiagramm sowie das Kurvendiagramm und der Polygonzug.

Diagrammtypen für Bestandsdaten

Für die akkurate grafische Darstellung einer Zeitreihe von Bestandsdaten ist die Zeitachse in entsprechende Zeitpunkte einzuteilen und es sind Diagrammtypen zu bevorzugen, die eine **zeitpunktgenaue** Darstellung und Ablesung unterstützen. Dies ist vor allem das **längenproportionale Stabdiagramm und das Kurvendiagramm**, bei dem die Merkmalswerte als Stützpunkte der Kurve klar erkennbar sind. In der folgenden Abbildung 6.2 ist links die Entwicklung der Anzahl der in dem Betrieb beschäftigten Azubis beispielhaft als Kurvendiagramm anschaulich grafisch dargestellt. Darin sind die Bestandszahlen der einzelnen Jahre genau den Jahreszahlen zugeordnet und es ist gesondert vermerkt, dass es sich um Jahresendzahlen handelt, was sonst häufig unterbleibt. Nur diese Punkte repräsentieren an sich die tatsächlich beobachteten Werte. Werden diese durch Gradenstücke miteinander zu einer Kurve verbunden - so wie dies typischerweise geschieht -, ist die Kurve zwischen den Stützpunkten eigentlich nur dann sachgerecht interpretierbar, wenn sich die Veränderung der Bestandsdaten gleichmäßig vollzog.

Aus dem Diagramm sind Entwicklungsrichtung und -form der in dem Betrachtungszeitraum beschäftigten Azubis klar erkennbar: Die Anzahl der Azubis ist ständig kleiner geworden (Entwicklungsrichtung: fallend), wobei die Abnahmen von Jahr zu Jahr wohl geringer geworden sind (Entwicklungsform: nicht-linear, sondern eher degressiv).

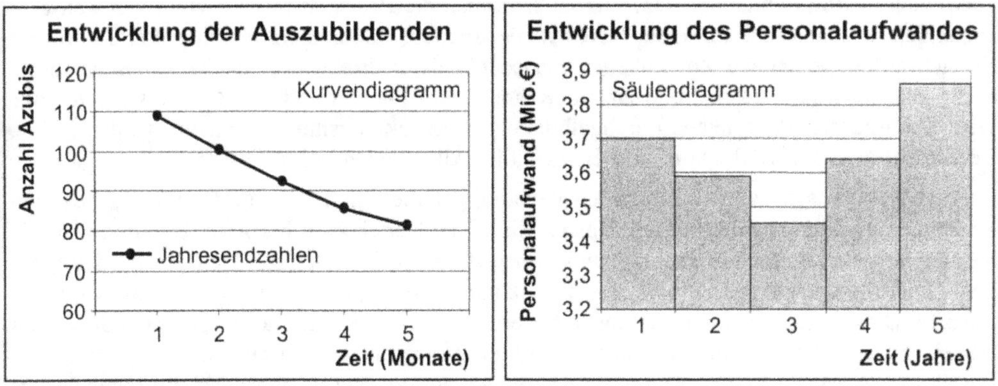

Abb. 6.2: Diagrammtypen für Längsschnittdaten im Einführungsbeispiel

Diagrammtypen für Bewegungsdaten

Für die akkurate grafische Darstellung einer Zeitreihe von Bewegungsdaten ist die Zeitachse in entsprechende Zeiträume bzw. -abschnitte einzuteilen und es sind Diagrammtypen zu bevorzugen, die eine **zeitabschnittbezogene** Darstellung und Ablesung unterstützen. Dies sind vor allem das **Säulendiagramm und der Polygonzug**, bei dem die Merkmalswerte als Stützpunkte der Kurve klar erkennbar sind. In der Abbildung 6.2 rechts ist beispielhaft die zeitliche Entwicklung des Personalaufwandes für alle Beschäftigten eines Betriebes als Säulendiagramm dargestellt. Darin ist der Personalaufwand genau den Monaten zugeordnet, in denen er entstanden ist. Diese Darstellung kann man - wie in 3.6. gezeigt - durch einen Polygonzug ergänzen, der die Mitten der Säulen durch Gradenstücke verbindet. Lässt man die Säulen ganz weg, bleibt nur der Polygonzug, der bei Zeitreihen zutreffend als **Zeitreihenpolygon** bezeichnet wird. Das Säulendiagramm ist bei Bewegungsdaten theoretisch die akkurate Darstellungsform, da es eine präzisere zeitabschnittbezogene Präsentation ermöglicht als der Polygonzug. Trotzdem wird das Zeitreihenpolygon in der Praxis häufiger verwendet, weil es wie ein Kurvendiagramm die Entwicklungstendenzen wohl klarer auszudrücken vermag.

Aus dem Diagramm kann man Folgendes über Richtung und Form der Aufwandsentwicklung ablesen: Die Entwicklungsrichtung ist zunächst fallend, danach steigend. Im Gegensatz zum Personalbestand der Auszubildenden ist sie also im gesamten Betrachtungszeitraum nicht einheitlich. Was die Form angeht, so ist weder die Abwärts- noch die Aufwärtsentwicklung linear. Vielmehr werden die monatlichen Veränderungen sowohl bei der Abnahme als auch bei der Zunahme des Aufwandes jeweils größer.

6.3 Maßzahlen

Bei der gängigen Auswertung wird schwerpunktmäßig die **Veränderung** der Werte **zwischen zwei interessierenden Zeiteinheiten** erfasst. Dazu sind zunächst die beiden interessierenden Zeiteinheiten aus den verfügbaren **auszuwählen** und eine davon ist als **Bezugspunkt** der zu messenden Veränderung festzulegen. Die Bezugszeiteinheit wird in der Statistik allgemein als **Basis** bezeichnet. Die Basis liegt zeitlich meistens vor der Zeiteinheit, deren Veränderung im Vergleich zur Basis interessiert und die allgemein **Berichtszeit** genannt wird. Eine einzelne, spezifisch ausgewählte Berichtszeit wird hier mit $\mathbf{t_i}$ notiert. Berichtszeiten, die den chronologisch geordneten Zeiteinheiten folgen, werden wie diese nur mit **t** notiert.

6.3.1 Betrachtungs-und Berechungsansätze

Bei der Betrachtung der Veränderung, die eine Größe bis zu der jeweiligen Berichtszeit vollzogen hat, gibt es zwei **prinzipiell unterschiedliche Sichtweisen**, die sich durch die **Wahl der verwendeten Basis** unterscheiden. Einmal kann man die Basiszeit für alle Werte der Zeitreihe einheitlich festlegen, d.h. mit einer **festen Basis** arbeiten. Dadurch werden alle Werte - obwohl sie sich auf verschiedene Zeiteinheiten beziehen - doch direkt vergleichbar. Diesen Ansatz wählt man insbesondere dann, wenn im Rahmen von **längerfristigen Betrachtungen über viele Zeiteinheiten** Vergleiche durchgeführt und Entwicklungsmuster erkannt werden sollen. Bei diesem Ansatz wird die konstante Basiszeit im Allgemeinen mit $\mathbf{t_0}$ notiert.

Beim zweiten Ansatz wird die **Basiszeit variabel** gehalten, und zwar in der Weise, dass man sie immer um eine festzulegende Zeitspanne hinter der Berichtszeit her führt. Dadurch wird die Veränderung der Betrachtungsgröße zwischen jeweils zwei **im festgelegten Abstand folgenden Zeiteinheiten** gemessen, was man bei ökonomischen Größen häufig als **Wachstum** bezeichnet. Diesen Ansatz wählt man insbesondere, wenn die **Entwicklung der Veränderungen** erfasst und analysiert werden soll und wenn die **Aktualität der Daten** große Bedeutung hat. Bei diesem Ansatz wird die Basiszeit hier mit **t-1** notiert, auch wenn der festgelegte Zeitabstand zwischen der Berichts- und Basiszeit mehr als eine der in der Analyse verwendeten Zeiteinheiten beträgt.

Ein Ansatz, die Veränderung der Größe zwischen Basis- und Berichtszeit zu messen, besteht darin, die **Differenz** dieser beiden Werte zu bilden. Die Differenz hat die gleiche Dimension wie die Größe selbst und ist daher eine **absolute Maßgröße**. Bezeichnet man die Differenz mit **d**, so erhält man nach diesem Ansatz folgende absolute Maßgrößen der Veränderung zwischen den ausgewählten Zeiteinheiten:

Feste Basiszeit	Variable Basiszeit
$d_{t,\,t0} = y_t - y_{t0}$	$d_t = y_t - y_{t-1}$

$\mathbf{d_t}$ wird bei ökonomischen Größen traditionell als **absolutes Wachstum** bezeichnet.

Ein **weiterer Ansatz** besteht darin, den Wert der Berichtszeit zu dem der Basiszeit ins Verhältnis zu setzen, d.h. eine **Verhältniszahl** zu bilden. Als Ergebnis des Quotienten erhält man eine **dimensionslose**, sogenannte **dynamische Messzahl**, die hier mit **q** notiert wird. Sie gibt das Niveau der Größe in der Berichtszeit **relativ** zu dem der Basiszeit an. Angewendet auf eine feste oder variable Basis erhält man mit diesem Ansatz folgende relativen Maßgrößen:

Feste Basiszeit: $q_{t,t_0} = \frac{y_t}{y_{t_0}}$ Variable Basiszeit: $q_t = \frac{y_t}{y_{t-1}}$

$\mathbf{q_t}$ wird bei ökonomischen Größen häufig als **Wachstumsfaktor** bezeichnet. Er wird - mit 100 multiplizier - meist anwenderfreundlich in Prozent angegeben. Er kennzeichnet die relative Veränderung der Betrachtungsgröße in der Berichtszeit auf das q-fache bzw. auf q*100 % des Basiswertes.

Bekannter als Wachstumsfaktoren sind **Wachstumsraten**, die häufig mit **r** symbolisiert werden. Sie geben an, wie sich die Betrachtungsgröße zwischen zwei im festgelegten Abstand aufeinander folgenden Zeiteinheiten **relativ** verändert hat. Dazu ist die Differenz der Werte der Berichts- und der Basisperiode zu ermitteln und diese Differenz ist auf die Basisperiode zu beziehen, formal:

$$r_t = \frac{d_t}{y_{t-1}}$$

Auch Wachstumsraten werden im Allgemeinen durch Multiplikation mit 100 anwenderfreundlich als Prozentzahlen angegeben. Mit ihrer Hilfe wird das Wachstum ökonomischer Größen häufig grob klassifiziert in stagnierend (0-Wachstum), zunehmend und abnehmend (Negativwachstum).

6.3.2 Anwendung an Einführungsbeispielen

Zur Demonstration der vorgestellten Konzepte benutzen wir die in der Abb. 6.2 visualisierte Zeitreihe des **Personalbestandes von Azubis**, deren Daten in den ersten beiden Spalten der folgenden Tabelle 6.3.2-a dargestellt sind. In der Spalte (1) sind die Zeiteinheiten t chronologisch angeordnet und fortlaufend nummeriert mit t= 1,...,5. In der Spalte (2) ist die betrachtete Größe mit Y symbolisiert, und ihre Werte y sind den Zeiteinheiten t zugeordnet, in denen sie beobachtet wurden (y_t).

Zeiteinheit (Jahre)	Azubibestand (Anzahl)	Dynamische Messzahl $q_{to,t}$ =	y_t/y_{to}	*100 (%)
t	y_t		$q_{0,t}$	
1	108	108/108=	1,0000	100,00
2	100	100/108=	0,9259	92,59
3	93	93/108=	0,8611	86,11
4	87	87/108=	0,8055	80,55
5	82	82/108=	0,7593	75,93

Tab. 6.3.2-a: Dynamische Messzahlen mit fester Basis im Einführungsbeispiel

Will man die im gesamten Betrachtungszeitraum insgesamt klar erkennbare Entwicklungsrichtung hinsichtlich der **relativen Veränderung des Niveaus** des Bestandes einer **längerfristigen Betrachtung** unterziehen, so ist es sinnvoll, eine **feste Basiszeit** zu wählen und die Werte der Berichtszeiten durch eine **dynamische Messzahl** auf diese zu beziehen. Dieser Ansatz ist in der letzten Spalte der Tabelle 6.3.2-a nachvollziehbar ausgeführt, wobei die erste Zeiteinheit t=1 als Basiszeit t_0 festgelegt wurde. Dynamische Messzahlen werden üblicherweise mit zwei Zeitindices versehen, von denen der erste die Basiszeit und der zweite die Berichtzeit angibt. Die Messzahlenwerte sind beispielhaft wie folgt zu interpretieren: Im 3. (5.) Jahr ist die Anzahl der in dem Betrieb beschäftigten Azubis auf 86,11 (75,93) % des Niveaus des 1. Jahres zurückgegangen.

Will man die im gesamten Betrachtungszeitraum ebenfalls erkennbare Entwicklungsform - nicht linear, sondern eher degressiv - im Hinblick auf die **Veränderungen von Zeiteinheit zu Zeiteinheit** quantifizieren, so ist es sinnvoll, die Basiszeit fortlaufend zu variieren. So kann man innerhalb des gesamten Betrachtungszeitraums die darin **fortlaufend stattgefundenen** absoluten und relativen **Veränderungen** größenmäßig feststellen. Durch deren Vergleich und weitere Analyse kann man eventuell **Muster der Veränderung** sowie aktuelle Änderungstendenzen erkennen. Dieser Ansatz ist in der folgenden Tabelle 6.3.2-b dargestellt.

Zeiteinheit (Jahre)	Azubibestand (Anzahl)	Absolute Veränderung (Anzahl)	Wachstumsfaktor Messzahl *100 (%)	Wachstumsrate (%)
t	y_t	d_t	q_t	r_t
(1)	(2)	(3)	(4)	(5)
1	108		-----	-----
2	100	100-108 = - 8	100/108 = 0,9259 ~ 92,6	- 8/108 = - 0,0740*100 = - 7,4
3	93	93-100 = - 7	93/100 = 0,9300 = 93,0	- 7/100 = - 0,0700*100 = - 7,0
4	87	87- 93 = - 6	87/ 93 = 0,9355 = 93,55	- 6/ 93 = - 0,0645*100 = - 6,45
5	82	82- 87 = - 5	82 /87 = 0,9420 = 94,20	- 5/ 87 = - 0,0575*100 = - 5,75

Tab. 6.3.2-b: Maßzahlen für das Wachstum im Einführungsbeispiel

In der Spalte (3) stehen die absoluten, in den Spalten (4) und (5) die relativen Veränderungen von Jahr zu Jahr. Für Vergleiche und das Erkennen von Entwicklungsmustern sind vornehmlich die **relativen Veränderungen** geeignet. Die **Wachstumsfaktoren** in Spalte (4) sind wie dynamische Messzahlen interpretierbar. Sie geben das **Niveau** in der Berichtszeiteinheit als Faktor oder Prozentzahl des Niveaus in der davor liegenden Zeiteinheit an. Im vorliegenden Fall ist der Azubi-Personalbestand am Anfang des gesamten Berichtszeitraums auf ca. ~92,6%, am Ende „nur" auf ~94,25% des jeweiligen Vorjahresniveaus gesunken. Die Faktoren quantifizieren das jeweils erreichte relative Niveau, nicht dagegen die Größe der dafür notwendigen relativen Änderung.

Dies tun die **Wachstumsraten** in Spalte (5), denen die größte praktische Bedeutung zukommt. Im vorliegenden Fall haben wir im gesamten Betrachtungszeitraum negatives absolutes Wachstum, so dass auch die Wachstumsraten immer negativ sind. Dabei ist allerdings der Rückgang des Azubi-Personalbestandes im Laufe der Jahre absolut und relativ immer kleiner geworden. Während am Anfang des gesamten Betrachtungszeitraums - d.h. vom 1. zum 2. Jahr - die Abnahme noch 7,4% betrug, belief sie sich am Ende des Zeitraums nur noch auf 5,6%. Ökonomen sprechen bei im Laufe der Zeit steigenden Wachstumsraten häufig von einer **Beschleunigung des Wachstums**, bei sinkenden Wachstumsraten analog von einer **Verlangsamung des Wachstums**. Im vorliegenden Fall hat sich also der Abbau des Azubi-Personalbestandes im Laufe der Jahre ständig verlangsamt.

Die Ergebnisse der vorgestellten Auswertungen sind für das Einführungsbeispiel in der folgenden Abbildung 6.3.2 als Säulen - und als Kurvendiagramm dargestellt und selbsterklärend.

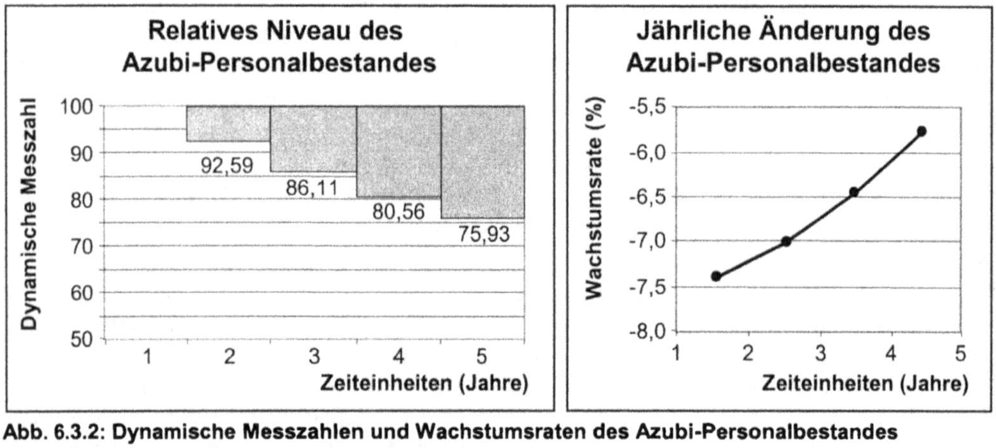

Abb. 6.3.2: Dynamische Messzahlen und Wachstumsraten des Azubi-Personalbestandes

Bei der Betrachtung der Werte der Wachstumsfaktoren und -raten in der obigen Tabelle fällt auf, dass sie sich für gleiche Berichtszeiten zu 1 bzw. 100% ergänzen. Dies lässt sich verallgemeinern, da folgende Beziehungen gelten:

$r_t = q_t - 1$ bzw. 100%, wenn $q_t > 1$ bzw. 100%
$r_t = 1$ bzw. $100\% - q_t$ wenn $q_t < 1$ bzw. 100%

6.3.3 Durchschnittswachstum

Ergänzend zum Wachstum zwischen jeweils zwei ausgewählten Zeiteinheiten und dessen Entwicklung interessiert man sich für das **mittlere Wachstum** im gesamten Betrachtungszeitraum. Als Einführungsbeispiel benutzen wir die **Entwicklung des gesamten Personalaufwandes** eines großen Baubetriebes in den ersten 5 Monaten eines Jahres, dessen Zeitreihendaten und Wachstumsraten in der folgenden Abbildung 6 .3.3 links tabellarisch zusammengestellt sind.

Die Entwicklung der Wachstumsraten von Monat zu Monat ist rechts ergänzend in einem Kurvendiagramm dargestellt.

Entwicklung gesamter Personalaufwand (Mio. €)				
t	y(t)	d(t)	q_t	r_t
(Monate)	(Mio. €)	(Mio. €)		(%)
1	3,705	-	-	-
2	3,594	-0,111	0,9700	-3,00
3	3,456	-0,138	0,9616	-3,84
4	3,636	0,180	1,0521	5,21
5	3,864	0,228	1,0627	6,27

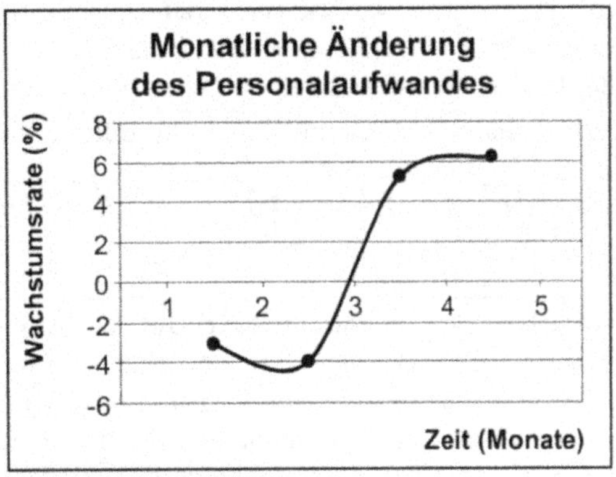

Abb. 6.3.3: Entwicklung der Wachstumsraten des Personalaufwandes

Als Mittelwert käme vor allem der **Durchschnittswert** in Frage, da es sich bei Zeitreihenwerten immer um Ausprägungen eines metrisch skalierten Merkmals handelt. Der durchschnittliche Wachstumsfaktor wird hier mit $\bar{q}$ und die durchschnittliche Wachstumsrate mit $\bar{r}$ notiert. Berechnet man die **durchschnittliche Wachstumsrate** für das Einführungsbeispiel „Entwicklung des gesamten Personalaufwandes in den ersten 5 Monaten eines Jahres", indem man mit den monatlichen Wachstumsraten ein arithmetisches Mittel bildet, so erhält man:

$$\bar{r} = \frac{-3{,}00 + (-3{,}84) + 5{,}2 + 6{,}27}{4} = \frac{4{,}63}{4} = 1{,}1575 \approx 1{,}16\%$$

Die so berechnete durchschnittliche Wachstumsrate ist mit ~ 1,16% sehr klein und der Berechnungsansatz nicht sinnvoll, weil die positiven und negativen Wachstumsraten bei der Addition sich zu einem erheblichen Teil gegenseitig aufheben. **Durchschnittliche Wachstumsraten sind deshalb immer über durchschnittliche Wachstumsfaktoren zu berechnen**, bei denen nur positive Faktoren in die Mittelwertbildung eingehen. Für das Einführungsbeispiel erhält man unter Verwendung der Wachstumsfaktoren:

$$\bar{q} = \frac{0{,}97 + 0{,}9616 + 1{,}052 + 1{,}0627}{4} = \frac{4{,}0506}{4} = 1{,}01265$$

und mit 1,01265 – 1= 0,01265. Danach beträgt die durchschnittliche Wachstumsrate des gesamten Personalaufwandes in den ersten 5 Monaten des betrachteten Jahres 1,265%.

Erhöht man – ausgehend vom ersten Monat - den gesamten Personalaufwand Monat für Monat um die errechneten 1,265%, so kommt man im letzten Monat nicht auf den in diesem Monat tatsächlich angefallenen Aufwand, wie die Rechnung (mit nur 3 Stellen hinter dem Komma genau) in der folgenden Tabelle 6.3.3 beispielhaft zeigt.

t (Monate)	Y(t) (Mio. €)	Änderung (Mio. €)	Errechnetes Y(t) (Mio. €)
1	**3,705**	3,705*0,01265= 0,0468682	3,705+0,04687 = 3,752
2	3,594	3,752*0,01265= 0,0474628	3,752+0,04746 = 3,799
3	3,456	3,799*0,01265= 0,0480573	3,799+0,04800 = 3,847
4	3,636	3,847*0,01265= 0,0486645	3,847+0,04866 = 3,895
5	**3,864**	3,895*0,01265= 0,0492717	3,895+0,04930 **= 3,944**

Tab.6.3.3: Fehlkalkulation des Durchschnittswachstums mit dem arithmetischen Mittel

Bei Verwendung der mit dem arithmetischen Mittel berechneten durchschnittlichen Wachstumsrate fällt das Rechenergebnis hier und ganz allgemein immer größer als der tatsächliche Wert aus. Das arithmetische Mittel ist also bei Zeitreihenwerten nicht geeignet, das Durchschnittswachstum korrekt wiederzugeben. Dazu eignet sich ein anderer Mittelwert, **das geometrische Mittel** $\bar{x}_G$. Beim geometrischen Mittel werden die n Werte multiplikativ verknüpft und der Mittelwert entsteht dadurch, dass man aus dem Produkt die n-te Wurzel zieht.

Allgemein:	Zeitreihen:	Einführungsbeispiel:
$\bar{x}_G = \sqrt[n]{\prod_{i=1}^{n} x_i}$	$\bar{q} = \sqrt[T-1]{\prod_{t=1}^{T} q_t}$	$\bar{q} = \sqrt[4]{0{,}97 * 0{,}9616 * 1{,}0521 * 1{,}0627} = \sqrt[4]{1{,}042878} = 1{,}01055$
		$\bar{r} = 1{,}01055 - 1 = 0{,}01055 * 100 = 1{,}055\%$

Danach beträgt die durchschnittliche Wachstumsrate im Einführungsbeispiel 1,055 %. Wie im vorliegenden Fall so ist auch ganz allgemein der Wert des geometrischen Mittels immer kleiner oder höchstens gleich dem des arithmetischen Mittels. Der durchschnittliche Wachstumsfaktor kann auch mit einer vereinfachten Formel berechnet werden, die sich aus der Zeitreihenformel des geometrischen Mittels ableiten lässt, wenn man die ursprünglichen Quotienten einsetzt und anschließend kürzt.

Zeitreihen:	Einführungsbeispiel:
$\bar{q} = \sqrt[T-1]{\frac{Endniveau}{Anfangsniveau}}$	$\bar{q} = \sqrt[4]{\frac{3{,}594 * 3{,}456 * 3{,}636 * 3{,}864}{3{,}705 * 3{,}594 * 3{,}456 * 3{,}636}} = \sqrt[4]{\frac{3{,}864}{3{,}705}} = \sqrt[4]{1{,}0429} = 1{,}01055$

Würdigung

Aus Anwendungssicht ist zum geometrischen Mittel anzumerken:

- Es lässt sich nur berechnen, wenn keiner der Werte 0 oder negativ ist (Anwendungsvoraussetzung).
- Es ist recht einfach zu berechen (Effizienz).
- Es ist nicht ganz einfach zu verstehen (Verständlichkeit).
- Extremwerte haben wegen der n-ten Wurzel vergleichsweise weniger Einfluss (Qualität).
- Es ist speziell geeignet, das Durchschnittswachstum von Zeitreihen zu ermitteln (Anwendungsschwerpunkt).

6.4 Indexzahlen

In der Wirtschaftspraxis werden bei Längsschnittuntersuchungen häufig Wertgrößen betrachtet, wie etwa Umsatz, Kosten, Ausgaben etc., die sich aus vielen verschiedenartigen Gütern und deren unterschiedlichen **Mengen** und **Preisen** zusammensetzen. Ergänzend zur durchschnittlichen Entwicklung der Wertgröße interessiert dann die durchschnittliche Mengen- und Preisentwicklung, so dass es drei wichtige Arten von Indices gibt, die folgende Übersicht zeigt.

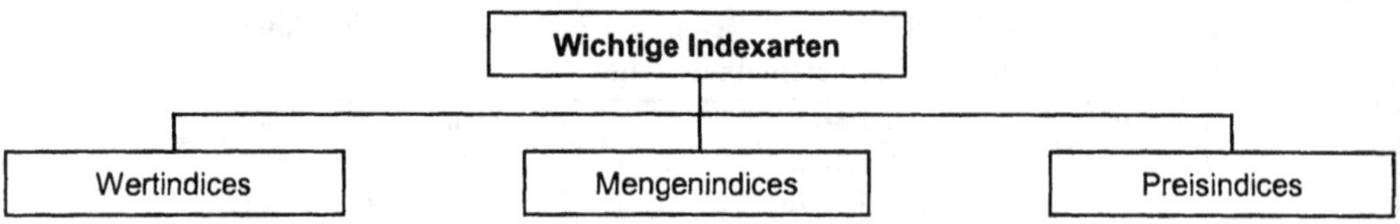

Zur Verdeutlichung dieser Indexarten und ihrer Berechungsansätze betrachten wir den Umsatz einer Produktgruppe in einem Unternehmen in der Basiszeit und der Berichtszeit. Dieser sei durch nur drei verschiedene Produkte mit unterschiedlichen Mengen und Preisen entstanden, wie in der folgenden Tabelle 6.4 ersichtlich.

Produkte	Absatzmenge (ME)		Preis (€/ME)		Umsatz (€)	
	Basiszeit	Berichtszeit	Basiszeit	Berichtszeit	Basiszeit	Berichtszeit
1	10.000	20.000	10,--	15,--	100.000,--	300.000,--
2	2.000	1.000	100,--	125,--	200.000,--	125.000,--
3	5.000	5.000	50,--	50,--	250.000,--	250.000,--
Summe					**550.000,--**	**675.000,--**

Tab 6.4: Umsatz einer Produktgruppe nach Produkten mit Preisen und Mengen

Das Umsatzwachstum für die Produktgruppe kann man mit den in 6.3 behandelten Ansätzen einfach quantifizieren. Unter Verwendung der dort eingeführten Symbole erhält man:

- das absolute Umsatzwachstum $\mathbf{d}_{i,\,to}$= 675000 – 550000= 125000 (€),
- das relative Umsatzwachstum bzw. den Wachstumsfaktor des Umsatzes $\mathbf{q}_{i,\,to}$= 675000/550000 = 1,2273 und
- die Wachstumsrate des Umsatzes $r_t = (\mathbf{q}_{i,\,to} - 1)*100$= 22,73%.

Außer der Umsatzsteigerung von insgesamt 22,73% interessiert ergänzend, in welchem Umfang diese auf Veränderungen der **Absatzmengen** einerseits und der **Preise** andererseits beruht. Für jedes einzelne Produkt kann man dessen individuelle Preis- und Mengenentwicklung wie oben mit dynamischen Messzahlen, Wachstumsfaktoren und -raten quantifizieren. Wie aber ermittelt man sinnvoll die **durchschnittlichen** Preis- und Mengenänderungen **für alle Produkte** der Gruppe **zusammen jeweils in einer Zahl** ? Dazu betrachten wir zunächst typische Ansätze, die durchschnittliche Mengenentwicklung zu isolieren und zu quantifizieren (Mengenindices). Die Ansätze werden danach analog benutzt, um durchschnittliche Preisentwicklungen zu berechnen (Preisindices).

6.4.1 Mengenindices

Konzepte und Operationalisierungen

Ein intuitiver Ansatz wäre, für die Mengen in der Berichts- und der Basiszeit jeweils einen Durchschnittswert zu berechnen und mit den beiden Durchschnittswerten eine einfache Messzahl zu bilden.

Allgemein:	Einführungsbeispiel:
$Q_{0,i} = \frac{\bar{q}_i}{\bar{q}_0} * 100$	$Q_{0,i} = \frac{(20000+1000+5000)/3}{(10000+2000+5000)/3} = \frac{26000/3}{17000/3} = \frac{8666{,}6\bar{6}}{5666{,}6\bar{6}} = 1{,}5294 * 100 = 152{,}94\%$

Danach ist die Gesamtmenge durchschnittlich um ~53% gestiegen.

Dieser intuitive Ansatz ist hier und auch sonst in der Regel nicht sinnvoll, da die in die Durchschnittsbildung einbezogenen Objekte - hier Produkte - von ihrer Art und ihren Mengeneinheiten her unterschiedlich sind.

So ist es sachlich nicht sinnvoll, dass ein Autohersteller die Absatzmengen seiner unterschiedlichen Fahrzeugtypen einfach aufsummiert, um die gesamte Absatzmenge zu ermitteln, obwohl die Mengen aller Fahrzeugtypen mit der gleichen Dimension (Stück) gemessen werden. Wenn die Mengen verschiedenartiger Güter unterschiedliche Mengeneinheiten haben, wie etwa Kilogramm, Liter, Meter etc., ist die Unzulässigkeit der Summation noch offensichtlicher. Diesen Sachverhalt bezeichnet man in der Statistik als **Inkommensurabilität.** Verwendet man an Stelle der absoluten Zahlen Messzahlen, so sind diese kommensurabel und die Durchschnittsbildung ist möglich. Dies ist das Konzept der **Indexzahlen.**

Ein **einfacher Mengenindex** mit dem einfachen arithmetischen Mittel wäre:

Allgemein:	Einführungsbeispiel:
$Q_{0,i}=\frac{\sum\frac{q_i}{q_0}}{n}*100$	$Q_{0,i}=\frac{\frac{20000}{10000}+\frac{1000}{2000}+\frac{5000}{5000}}{3}=\frac{2+0,5+1}{3}=\frac{3,5}{3}=1,1\overline{6}*100=116,6\overline{6}$

Nach diesem Ansatz ist die Absatzmenge aller Produkte zusammengenommen im Durchschnitt um 16,6% gestiegen.

Auch dieser Ansatz - wiewohl zulässig - befriedigt nicht, da alle Produkte und ihre Mengensteigerungen in der Durchschnittsbildung als gleichwertig behandelt werden (einfaches arithmetisches Mittel), obwohl sie das im vorliegenden Fall und auch im Allgemeinen gar nicht sind. Adäquater wäre die Verwendung eines **gewogenen Mittelwertes**, das heißt die Verwendung sinnvoller Gewichtungen. Ein Mengenindex mit einem gewogenen arithmetischen Mittel sieht ganz allgemein folgendermaßen aus:

$$Q_{0,i}=\frac{\sum\frac{q_i}{q_o}*g}{\sum g}*100$$

Die Gewichtungen sollten so gewählt werden, dass sie...

a. sachlich sinnvoll sind.

b. auf die Merkmalswerte keinen Einfluss haben.

c. einfach zu ermitteln sind.

d. die Kommensurabilität der Messzahlen gewährleisten.

Geeignet sind insbesondere die **Wertgrößen**, die zu den jeweils betrachteten Mengen oder Preisen gehören. Sie müssen sich natürlich auf eine ausgewählte Zeiteinheit beziehen und im Zähler und Nenner der zu bildenden Indexzahl einheitlich verwendet werden. Die grundlegenden und in der Praxis überwiegend benutzten Indextypen verwenden Wertgrößen als Gewichte und unterscheiden sich nur durch die Wahl der Zeiteinheit, aus der diese stammen. Sie sind nach ihren Erfindern LASPEYRES und PAASCHE benannt. Bei den Indices nach LASPEYRES sind die Gewichte aus der Basiszeit, bei denen nach PAASCHE aus der Berichtszeit. Für den Mengenindex nach **LASPEYRES** ergibt sich daraus Folgendes:

$$Q^L{}_{0,i}=\frac{\frac{q_{i,1}}{q_{0,1}}*p_{0,1}*q_{0,1}+\ldots+\frac{q_{i,n}}{q_{0,n}}*p_{0,n}*q_{0,n}}{p_{0,1}*q_{0,1}+\ldots+p_{0,n}*q_{0,n}}=\frac{q_{i,1}*p_{0,1}+\ldots+q_{i,n}*p_{0,n}}{\sum_{j=1}^{n}p_{0,j}*q_{0,j}}=\frac{\sum q_{i,j}*p_{0j}}{\sum q_{0,j}*p_{0,j}}*100$$

Bei näherer Betrachtung des oben abgeleiteten Mengenindex nach Laspeyres wird deutlich, dass die Verwendung der Wertgrößen als Gewichte dazu führt, dass die **Preise auf dem Niveau der Basiszeit konstant** gehalten werden und dadurch nur die interessierende durchschnittliche Mengenentwicklung berechnet wird. Analog kann man den Mengenindex nach PAASCHE ableiten und stellt fest, dass dort die **Preise auf dem Niveau der Berichtszeit konstant** gehalten werden, um die durchschnittliche Mengenentwicklung herauszuarbeiten. Konstruktionsprinzipien und aggregierte Indexformeln dieser wichtigen Mengenindices sind im Folgenden zusammengestellt.

Mengenindex von Laspeyres Wert des Güterkorbes mit Mengen der Berichtszeit und Preisen der Basiszeit / Wert des Güterkorbes mit Mengen und Preisen der Basiszeit	$=\frac{\sum q_{ij}*p_{oj}}{\sum q_{oj}*p_{oj}}$
Mengenindex von Paasche Wert des Güterkorbes mit Mengen und Preisen der Berichtszeit / Wert des Güterkorbes mit Mengen der Basiszeit und Preisen der Berichtszeit	$=\frac{\sum q_{ij}*p_{ij}}{\sum q_{oj}*p_{ij}}$

Ermittlung
Für das Einführungsbeispiel sind die vorgestellten Mengenindices im Folgenden nachvollziehbar ermittelt.

$$Q_{oi}^{\ L} = \frac{20000*10,-+1000*100,-+5000*50,-}{555000} = \frac{200000+100000+250000}{555000} = \frac{550000}{550000} = 1,00$$

$$Q_{oi}^{\ P} = \frac{675000}{10000*15,-+2000*125,-+5000*50,-} = \frac{675000}{150000+250000+250000} = \frac{675000}{650000} = 1,038$$

Nach dem Ansatz von Laspeyres hat sich die gesamte Absatzmenge im Durchschnitt nicht verändert, während sie nach Paasche geringfügig angestiegen ist.

6.4.2 Preisindices

In analoger Weise lassen sich Preisindices bilden, in denen als Folge der Gewichtung mit Wertgrößen die Mengen aus der Basis- oder Berichtszeit konstant gehalten werden, um die durchschnittliche Preisentwicklung zu messen. Die so konstruierten Preisindices nach LASPEYRES und PAASCHE sind im Folgenden zusammengestellt.

Preisindex von Laspeyres Wert des Güterkorbes mit Preisen der Berichtszeit und Mengen der Basiszeit Wert des Güterkorbes mit Mengen und Preisen der Basiszeit	$= \frac{\sum p_{ij} * q_{ij}}{\sum p_{0j} * q_{0j}}$
Preisindex von Paasche Wert des Güterkorbes mit Preisen und Mengen der Berichtszeit Wert des Güterkorbes mit Preisen der Basiszeit und Mengen der Berichtszeit	$= \frac{\sum p_{ij} * q_{ij}}{\sum p_{0j} * q_{ij}}$

Ermittlung
Für das Einführungsbeispiel sind die Preisindices im Folgenden nachvollziehbar ermittelt.

$$P_{0i}^{\ L} = \frac{15,-*10000+125,-*2000+50,-*5000}{550000} = \frac{150000+250000+250000}{550000} = \frac{650000}{555000} = 1,181$$

$$P_{0i}^{\ P} = \frac{675000}{10,-*20000+100,-*1000+50,-*5000} = \frac{675000}{200000+100000+250000} = \frac{675000}{550000} = 1,227$$

Interpretation
Danach sind die Preise nach LASPEYRES insgesamt im Durchschnitt auf das 1,18-fache (bzw. auf 118%), nach PAASCHE dagegen etwa um das 1,23-fache (bzw. auf 123%) des Niveaus der Zeiteinheit 0 angestiegen.

Die Analyse des Umsatzwachstums im Hinblick auf seine Haupteinflussgrößen - die zugrunde liegenden Veränderungen bei den Absatzmengen und -preisen - erbringt im vorliegenden Fall tendenziell ein ähnliches Ergebnis: Die Umsatzsteigerung von insgesamt 35% ist fast ausschließlich auf Preissteigerungen zurückzuführen, während die Absatzmengen praktisch stagnierten. Wahrnehmbare Unterschiede in den ermittelten durchschnittlichen Preis- und Mengenänderungen liegen an den unterschiedlichen Konstruktionsprinzipien der benutzten Indices.

Würdigung
Aus Anwendungssicht gibt es zu den Indices ganz allgemein folgende Anmerkungen:

- Sie sind konzeptionell nicht ganz einfach zu verstehen (Verständlichkeit).
- Sie sind konventionell nicht ganz einfach zu berechnen (Effizienz).
- Sie sind einfach zu interpretieren (Interpretationsfähigkeit).
- Sie sind in der Wirtschaftspraxis stark verbreitet und werden häufig genutzt (Anwendungsbreite und -häufigkeit).

Indices nach Laspeyres haben den Nachteil, dass die konstanten Gewichte aus der Basiszeit nach gewisser Zeit die aktuelle Realität nicht mehr hinreichend genau abbilden. In der amtlichen Statistik werden die Gewichtungsschemata deshalb etwa alle 5-10 Jahre aktualisiert. Indices nach Paasche sind mit vergleichsweise deutlich höherem Erhebungs- und Bearbeitungsaufwand verbunden und die Werte ein und desselben Index sind über mehrere Zeiteinheiten nur schlecht vergleichbar. Trotzdem arbeitet man in der Betriebsstatistik wegen der Aktualität häufiger mit Indices dieses Typs.

6.4.3 Indexsystem und Preisbereinigung

Hier - wie auch allgemein - ist jedoch feststellbar, dass die mit einem gewählten Indextyp berechnete durchschnittliche Veränderung der Preise und Mengen zusammengenommen rechnerisch nie genau die ermittelte Änderung der korrespondierenden Wertgröße ergibt. Das liegt am Konstruktionskonzept der Indices, die jeweils eine der Komponenten zu einer der Zeiteinheiten fixieren und dadurch mit **fiktiven Wertgrößen** rechnen, die den tatsächlichen Wertgrößen und ihren Veränderungen nicht entsprechen. Die Zerlegung eines Index in die ihn determinierenden Komponenten dergestalt, dass er sich aus diesen exakt berechnen lässt, heißt **Indexsystem**. Für die Zerlegung von Wertindices ist folgendes Indexsystem geläufig (ohne Beweis):

$$W_{0i} = P_{0i}^{\ P} * Q_{0i}^{\ L} = P_{0i}^{\ L} * Q_{0i}^{\ P}$$

Dieses Indexsystem bildet den theoretischen Hintergrund für die Bereinigung nomineller Wertgrößen von Preiseinflüssen. Es wird in der Wirtschaftsstatistik etwa benutzt, um aus Nominaleinkommen unter Berücksichtigung der durchschnittlichen Preisentwicklung das Realeinkommen zu ermitteln. Dabei gelten folgende Zusammenhänge:

Kaufkraft K = 1 / Preisindex	Realeinkommen = K * Nominaleinkommen

In der folgenden Tabelle 6.4.3 sind für die neuen Bundesländer Anfang der 90er Jahre die jahresdurchschnittlichen nominalen Monatsrenten (in €) für einen Rentner und der Preisindex der Lebenshaltung für Rentnerhaushalte zusammengestellt.

Jahr	nominale Rente (DM)	Preisindex	reale Rente (DM)
1990	670,--	0,94	670,--/ 0,94= 713,--
1991	831,--	1,08	831,--/ 1,08= 769,--
1992	1056,--	1,21	1056,--/ 1,21= 873,--

Tab. 6.4.3: Realeinkommensberechung mittels Preisindex

Daraus lassen sich in der letzten Spalte nach der obigen Formel die realen Renten leicht ermitteln. Da der bei der Realeinkommensberechnung verwendete Preisindex vom Typ Laspeyres ist, handelt es sich nach dem vorgestellten Indexsystem bei der realen Rente um einen Betrag, der jedem Rentner in den neuen Bundesländern damals durchschnittlich zur Verfügung stand, um seine Lebenshaltung mit jeweils aktuellen Waren und Dienstleistungen zu bestreiten.

6.5 Aufbereitung von Mess-und Indexreihen

Bei vorhandenen Reihen von Mess- oder Indexzahlen gibt es einige typische Aufbereitungen, die folgende Übersicht zeigt, und die im Folgenden zunächst kurz charakterisiert werden.

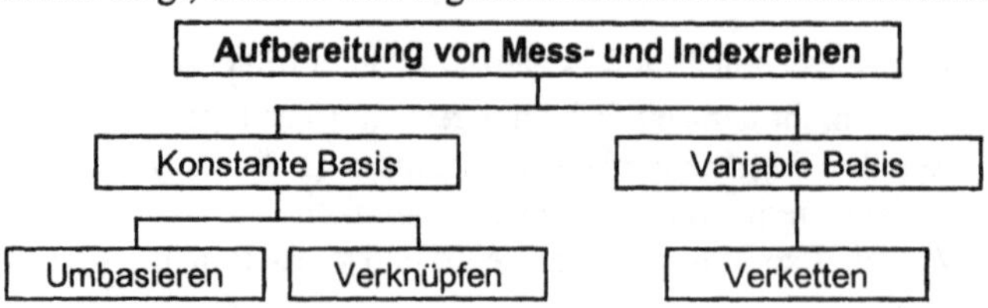

So sind die Werte von **Reihen mit konstanter** Basis in der Regel nur dann gut vergleichbar, wenn sie dieselbe Basiszeit aufweisen. Die Umstellung von Werten solcher Reihen auf eine neue, einheitliche Basis heißt **Umbasieren.** Ein Spezialfall des Umbasierens besteht darin, Reihen, die sich auf unterschiedliche Zeiträume beziehen und unterschiedliche Basiszeiten haben, miteinander zu **verknüpfen**.

Bei Reihen mit **variabler Basis** stellt sich die Aufgabe, ihre Werte - die sich als Wachstumsfaktoren von Zeiteinheit zu Zeiteinheit interpretieren lassen - für den **gesamten Betrachtungszeitraum** dadurch direkt vergleichbar zu machen, dass man sie auf eine konstante Basis bezieht. Diese Aufgabe nennt man **Verkettung.**

6.5.1 Umbasieren

Als Einführungsbeispiel betrachten wir die **Entwicklung des Bruttosozialprodukts (BSP) in zwei Ländern** innerhalb desselben Zeitraums, das als Wertindex mit konstanter Basis vorliegt. Allerdings haben die beiden Reihen unterschiedliche Basiszeiten - im Land A die Zeiteinheit 1 und im Land B die Zeiteinheit 7 - so wie in der folgenden Tabelle 6.5.1 in den Spalten (2) und (3) ersichtlich.

Zeiteinheit	BSP		BSP	
t	Land A	Land B	Land A	Land B
(1)	(2)	(3)	(4)	(5)
1	100		100/ 116= 0,862*100= 86,2	
2	108		108/ 116= 0,931*100= 93,1	
3	113	76	113/ 116= 0,970*100= 97,4	76/ 84= 0,9047*100= 90,47
4	116	84	116/ 116= 1,000*100= 100,0	84/ 84= 1,0000*100= 100,00
5	124	88	124/ 116= 1,069*100= 108,9	88/ 84= 1,0476*100= 104,76
6		95		95/ 84= 1,1310*100= 113,10
7		100		100/ 84= 1,1905*100= 119,05

Tab. 6.5.1: Umbasieren von Reihenwerten

Um die Entwicklung des BSP in den beiden Ländern direkt vergleichen zu können, muss man die Werte beider Reihen auf dieselbe Basiszeit beziehen und dafür beide umbasieren. Dabei kommen als neue Basiszeiten diejenigen in Frage, für die in beiden Reihen Werte vorliegen - hier die Zeiteinheiten 3 - 5 - und die für die im Vergleich betrachteten Massen und Größen eher typisch als untypisch sind. Dies sei im vorliegenden Fall die Zeiteinheit 4.

Für Reihenwerte vom Typ $I_{0,i}$, die auf eine neue Basiszeit t=k bezogen werden, können die Werte zur neuen Basis $I_{k,i}$ unschwer nach folgendem Ansatz ermittelt werden:

$$I_{k,i} = \frac{I_{0,i}}{I_{0,k}}$$

In der obigen Tabelle sind die Berechungen nach dieser Formel bezogen auf die neue, für beide Länder einheitliche Basiszeit t=4 in den Spalten (4) und (5) nachvollziehbar dargestellt. Die Ergebnisse zeigen in dem überhaupt vergleichbaren Zeitraum von t=3 bis t=5 für das Land B eine deutlich dynamischere Entwicklung des BSP, gemessen etwa durch die Wachstumsrate oder durch das durchschnittliche Wachstum in dem Vergleichszeitraum.

6.5.2 Verknüpfen

Bei Indexwertreihen vom Typ LASPEYRES ergibt sich in gewissen Zeitabständen nicht nur die Notwendigkeit des Umbasierens, sondern als Folge davon auch die Aufgabe, die vorhandenen Reihen **mit unterschiedlichen Basiszeiten** sinnvoll zu verknüpfen, um die Entwicklung durchgängig abzubilden. Zur Verknüpfung von zwei Indexreihen mit unterschiedlicher Basis gibt es prinzipiell zwei Möglichkeiten:

- Die alte Reihe bleibt unverändert bestehen und die neue Reihe wird an die alte in geeigneter Weise angeschlossen, d.h. der alte Index wird fortgeführt.
- Die neue Reihe bleibt unverändert bestehen und die alte Reihe wird an die neue in geeigneter Weise angeschlossen, d.h. der neue Index wird rückgerechnet.

Voraussetzung für beide Verknüpfungsansätze ist, dass für die Verknüpfungszeit t=k Mess- oder Indexwerte nach der alten **und** der neuen Basis vorliegen. Die Umsetzung der beiden Ansätze als Spezialfälle des Umbasierens kann man leicht mit den folgenden Formeln vornehmen:

Alten Index fortführen	**Neuen Index rückrechnen**
$I^L_{0,i} = \frac{I^L_{0,k} * I^L_{k,i}}{100}$	$I^L_{k,i} = \frac{I^L_{0,1} * 100}{I^L_{0,k}}$

Als Einführungsbeispiel betrachten wir zwei Zeitreihen des Preisindex für die private Lebenshaltung aller Haushalte, die in den Spalten (2) und (3) der folgenden Tabelle 6.5.2 dargestellt sind. Dabei beruhen die Werte der erste Reihe auf einer alten Basis (t=1), die der zweiten Reihe auf einer neueren Basis (t=5). Die Verknüpfungsrechnungen mit den beiden Ansätzen sind in den Spalten (4) und (5) der Tabelle nachvollziehbar dargestellt.

In der Praxis insbesondere der amtlichen Statistik wird im Allgemeinen der neue Index rückgerechnet, da man an möglichst aktuellen Basiszeiteinheiten interessiert ist.

Zeiteinheit t	**Preisindex Basis t=1**	**Preisindex Basis t=5**	**Alten Index fortführen**	**Neuen Index rückrechnen**
(1)	**(2)**	**(3)**	**(4)**	**(5)**
1	100			100 / 124*100 = 80,65
2	108			108 / 124*100 = 87,10
3	113			113 / 124*100 = 91,13
4	116			116 / 124*100 = 93,55
5	124	100		
6		105	(124*105) / 100 = 130,2	
7		110	(124*110) / 100 = 136,4	
8		115	(124*115) / 100 = 142,6	
9		120	(124*120) / 100 = 148,8	

Tab. 6.5.2: Verknüpfung von Reihen

6.5.3 Verketten

Liegen Reihenwerte vor, bei denen sich die Basis von Zeiteinheit zu Zeiteinheit laufend verändert, so kann man sie durch Verkettung auf eine einheitliche Basiszeit beziehen und dadurch ihre Entwicklung durchgängig abbilden. Als **Einführungsbeispiel** betrachten wir die **Teuerungsrate** über mehrere Zeiteinheiten, die in der folgenden Tabelle 6.5.3 auch als Teuerungsfaktor (und damit als Indexzahl) in der Spalte 2 angegeben ist.

Zeiteinheit t	**Teuerungs- rate(%)**	**faktor**	**Teuerungsfaktor Basis t=1**
(1)	**(2)**		**(3)**
1			
2	5	105	105,00
3	3	103	(105*103)/100=108,15
4	2	102	(108,15*102)/100=110,13

Tab. 6.5.3: Verkettung von Reihenwerten

Die Reihe besteht allgemein formuliert aus den Messzahl- bzw. Indexwerten $I_{0,1}$, $I_{1,2}$, ... $I_{i-1,i}$ und kann mit folgendem Ansatz in eine Reihe mit der einheitlichen Basiszeit t=0 umgesetzt werden:

$$I_{0,i} = I_{0,1} * I_{1,2} * \ldots * I_{i-1,i} / 100$$

Für das Einführungsbeispiel ist die Berechung des Teuerungsfaktors im gesamten Betrachtungszeitraum aus den Teuerungsraten von Jahr zu Jahr in der Spalte (3) der obigen Tabelle mit Hilfe der angegebenen Formel nachvollziehbar dargestellt. Danach ist das Preisniveau in der Zeiteinheit 4 auf 110,13% des Niveaus der Zeiteinheit 1 angestiegen, d.h. in dem Betrachtungszeitraum um insgesamt ~10 % gestiegen.

6.6 Anwendungen in der Wirtschaftspraxis

Indices werden in der Wirtschaftspraxis vielfältig und häufig verwendet, um die Entwicklung von Wertgrößen wie Umsatz, Kosten, Ausgaben etc. sowie von Mengen und Preisen über die Zeit zu ermitteln. Dabei wird in der amtlichen Wirtschaftsstatistik überwiegend mit Indices vom Typ Laspeyres gearbeitet, da durch deren konstantes Gewichtungsschema (aus der Basiszeit) die Vergleichbarkeit der Indexwerte über einen längeren Zeitraum (Indexreihen) eher gegeben und der Erhebungs- und Bearbeitungsaufwand geringer ist.

So ermittelt die amtliche Statistik in Deutschland regelmäßig Preisindices für verschiedene Wirtschaftsstufen wie Produzenten, Handel und Verbraucher sowie für diverse Branchen. Dabei sind die Preisindices für die Lebenshaltung privater Haushalte - insbesondere der für die Lebenshaltung aller privaten Haushalte - von besonderer gesamtwirtschaftlicher Bedeutung. Denn er wird als Schlüsselindex für die allgemeine Preisentwicklung sowie als Gradmesser für die Veränderung der Kaufkraft und damit der Geldwertstabilität angesehen. In der folgenden Tabelle 6.6 sind einige Charakteristika der amtlichen Preisindices für die Lebenshaltung zusammengestellt. Die darin gemachten Angaben sind selbsterklärend.

Name des Index	**Erläuterung**	**Erhebung des Warenkorbes**
Preisindex für die Lebenshaltung aller privater Haushalte (2,4 Haushaltsmitglieder)	Durchschnittsentwicklung der Verbraucherpreise für alle Verbraucherschichten (Durchschnittshaushalt)	Einkommen- und Verbraucherstichprobe
Preisindex für die Lebenshaltung von: • 2-Personen-Haushalten von Renten- und Sozialhilfeempfängern • 4-Personen-Arbeitnehmer-Haushalten mit mittlerem Einkommen des alleinverdie-nenden Familienvorstands • 4-Personen-Haushalten von Angestellten und Beamten mit höherem Einkommen	Durchschnittsentwicklung der Verbraucherpreise für abgegrenzte Verbrauchergruppen, wird ermittelt, weil Einkommen, Größe und Zusammensetzung des Haushaltes die Art der Lebenshaltung bestimmt. Die drei Indices repräsentieren damit drei Einkommensschichten: • untere Einkommensschicht, • mittlere Einkommensschicht, • obere Einkommensschicht.	Jährliche laufende Wirtschaftsrechnung; Verbraucherschema
Preisindex für die einfache Lebenshaltung eines Kindes	Durchschnittliche Preisentwicklung für den Mindestbedarf eines Kindes bis zu 18 Jahren	Bedarfsschema, das von einer Expertengruppe zusammengestellt wird

Waren und Dienstleistungen	**Preise**
Hauptgruppen	Erhebung
• Bekleidung und Schuhe • Möbel und Haushaltsführung • Wohnungsmieten • Verkehr und Nachrichten • Nahrungsmittel und Getränke • Freizeit sowie Bildung	Regelmäßige (monatliche) Erfassung durch Beobachtungen in ausgewählten Geschäften durch ehrenamtliche Preisberichterstatter auf der Basis von „Preislisten“, in denen die Güter eindeutig und exakt beschrieben sind. Beispiel: Heizölkanne - Kunststoff, säurebeständig, DIN...; 10 l Fassungsvermögen

Tab. 6.6: Preisindices für die Lebenshaltung

6.7 Definitionen, Regeln, Symbole und Formeln

Bezeichnung	Symbol	Definition/Regel/Formel
Grundbegriffe		
Zeit	t	t= 1,..., n
Analysegröße	Y	y= 1,..., n
Zeitreihe	n-Tupel: $(t_1, y_1), \ldots, (t_n, y_n)$	
Basiszeit	t_0 oder t=0	
Berichtszeit	t oder t=i	
Veränderung bzw. Wachstum		
absolutes Wachstum	d	$d_{to,t} = y_t - y_{to}$; $d_t = y_t - y_{t-k}$
Wachstumsfaktor	q	$q_{to,t} = y_t / y_{to}$; $q_t = yt / y_{t-1}$
Wachstumsrate (%)	r_t	$= (d_t / y_{t-k})*100$
Beziehung Wachstumsfaktor und -rate		$r_t = q_t - 1$ für $q_t > 1$; $r_t = 1 - q_t$ für $q_t < 1$
durchschnittlicher Wachstumsfaktor	$\overline{q}$	$= \sqrt[T-1]{\prod_{t=1}^{T} q_t} \; \ldots = \sqrt[T-1]{\frac{Endniveau}{Anfangsnivea}}$
durchschnittliche Wachstumsrate (%)	$\overline{r}$	$= (\overline{q} - 1) * 100$
Indices		
Güterarten	j	j= 1,..., m
Preis des Gutes j in der Basiszeit	$p_{o,j}$	
Preis des Gutes j-in der Berichtszeit	$p_{i,j}$	
Menge des Gutes j in der Basiszeit	$q_{o,j}$	
Menge des Gutes j in der Berichtszeit	$q_{i,j}$	
Wert des Gutes j in der Basiszeit	w_{oj}	$= p_{oj} * q_{oj}$
Wert des Gutes j in der Berichtszeit	w_{ij}	$= p_{ij} * q_{ij}$
Wert des Güterkorbes in der Basiszeit	w_o	$= \sum w_{oj}$
Wert des Güterkorbes in der Berichtszeit	w_i	$= \sum w_{ij}$
Wertindex allgemein	w_{0i}	$= \frac{w_i}{w_0} = \frac{\sum w_{ij}}{\sum w_{0j}}$
Mengenindex allgemein	Q_{0i}	$= \frac{\sum \frac{q_i}{q_0} * g}{\sum g}$
- nach Laspeyres	$Q^L{}_{0i}$	$= \frac{\sum q_{ij} * p_{0j}}{\sum q_{0i} * p_{0j}}$
- nach Paasche	$Q^P{}_{0i}$	$= \frac{\sum q_{ij} * p_{ij}}{\sum q_{0j} * p_{ij}}$
Preisindex allgemein	P_{0i}	$= \frac{\sum \frac{p_i}{p_0} * g}{\sum g}$
- nach Laspeyres	$P^L{}_{0i}$	$= \frac{\sum p_{ij} * q_{0i}}{\sum p_{0j} * q_{0j}}$
- nach Paasche	$P^P{}_{0i}$	$= \frac{\sum p_{ij} * q_{ij}}{\sum p_{0j} * q_{ij}}$

Aufbereitungen		
Umbasieren	I_{ki}	$=\frac{I_{0i}}{I_{0k}}$
Verknüpfen (Indexreihen vom Typ Laspeyres)	I^L	
- alten Index fortführen	$I^L{}_{0i}$	$=\frac{I^L{}_{0k} * I^L{}_{ki}}{100}$
- neuen Index rückrechnen	$I^L{}_{ki}$	$=\frac{I^L{}_{0i} * 100}{I^L{}_{0k}}$
Verketten	I_{0i}	$=I_{0i} * \ldots * I_{i-1,i}$

6.8 Übung

Fragen

F1. Was ist eine Längsschnittuntersuchung und welche wichtigen Fragen über die zeitliche Entwicklung einer Größe kann man damit beantworten ?

F3. Welche Haupttätigkeiten sind bei der Aufbereitung verfügbarer Querschnittdaten für eine Längsschnittuntersuchung durchzuführen und worauf muss man im Hinblick auf die Analysemasse und/oder das -merkmal besonders achten ?

F4. Inwiefern spielt es bei der Aufbereitung von Querschnittdaten für eine Längsschnittuntersuchung eine Rolle, ob es sich um Bestands- oder Bewegungsdaten handelt ?

F5. Was ist eine Zeitreihe und sind Zeitreihen unabhängig von der Merkmals- und Skalenart (Begründung) ?

F6. Welche Diagrammtypen sind Standard für die Präsentation der Zeitreihen von Bestandsdaten und von Bewegungsdaten ?

F7. Welchen für die sachgerechte Interpretation wichtigen Unterschied gibt es zwischen dem Kurvendiagramm und dem Polygonzug einer Zeitreihe ?

F8. Was kann man aus einem Zeitreihendiagramm im Allgemeinen ohne weitere quantitative Analyse ablesen und was nicht ?

F9. Eine einfache Auswertung von Zeitreihendaten besteht in der Ermittlung der Veränderung der Analysegröße zwischen zwei ausgewählten Zeiteinheiten. Wie nennt man in der Fachsprache der Statistik die beiden ausgewählten Zeiteinheiten und welche unterschiedlichen Ansätze gibt es bei ihrer Auswahl ?

F10. Wie bezeichnet man in der Wirtschaft die Veränderung der Analysegröße zwischen zwei ausgewählten Zeiteinheiten und welche Maßgrößen für die Veränderung kennen Sie ?

F11. Was ist das absolute Wachstum einer Größe und kann es auch negativ sein ?

F12. Was ist das relative Wachstum einer Größe und wie kann man es berechnen (2 Ansätze) ?

F13. Was ist eine dynamische Messzahl ?

F14. Was ist der Wachstumsfaktor und ist er eine dynamische Messzahl ?

F15. Wie ermittelt man eine Wachstumsrate ?

F16. Wie hängen Wachstumsfaktor und Wachstumsrate formelmäßig zusammen ?

F17. Warum lässt sich die durchschnittliche Wachstumsrate nicht korrekt als Durchschnittswert der einzelnen Wachstumsraten berechnen ?

F18. Mit welchem Mittelwert berechnet man korrekt das Durchschnittswachstum einer Größe?

F19. Mit welchen relativen Größen des Wachstums von Zeiteinheit zu Zeiteinheit muss man das durchschnittliche Wachstum berechnen ?

F20. Welche einfache Möglichkeit gibt es, das Durchschnittswachstum einer Größe direkt aus ihren absoluten Zahlen zu berechnen ?

F21. Was ist der Unterschied zwischen einer dynamischen Messzahl und einem Index ?

F22. Welche wirtschaftlich wichtigen Indexarten kennen Sie ?

F23. Was ist Inkommensurabilität und wie wird sie bei der Indexbildung beseitigt ?

F24. Was ist ein einfacher Index und wodurch unterscheidet er sich von den in der Wirtschaftsstatistik benutzten Indextypen ?

F25. Nennen Sie wesentliche Gemeinsamkeiten und Unterschiede der Indextypen nach Laspeyres und Paasche.

F26. Nennen Sie je drei typische Beispiele für Preis- und Mengenindices aus der Wirtschaftsstatistik und den jeweiligen Indextyp.

F27. Wie ermittelt man aus dem Nominaleinkommen das Realeinkommen ?

F28. Nennen und erläutern Sie in jeweils einem Satz wichtige Aufbereitungen von Mess- und Indexzahlen.

F29. Nennen Sie typische Anwendungsfälle der Aufbereitung von Indexreihen in der Praxis.

Aufgaben

Aufgabe „Auftragsentwicklung"

Über das Auftragsvolumen eines Bauunternehmens liegen für die ersten 6 Monaten des laufenden Jahres folgende Zahlen vor:

Monat	Jan.	Feb.	März	April	Mai	Juni
Auftragsvolumen (Mio €)	3,6	3,5	3,8	4,3	4,7	5,0

Aufgabenstellungen

a. Stellen Sie die Daten in geeigneter Form grafisch dar.
Benennen und begründen Sie kurz die von Ihnen gewählte Darstellungsform.
Was können Sie über die zeitliche Entwicklung des Auftragsvolumens aufgrund des Diagramms sagen ?

b. Die Auftragsentwicklung im ersten Halbjahr des Jahres soll bezogen auf den Januar als Basis quantifiziert und mit der früherer Jahre verglichen werden.
Wählen Sie einen dafür geeigneten Ansatz aus (Begründung) und berechnen Sie nachvollziehbar die Werte dieser Maßgröße.
Interpretieren Sie die Werte am Ende des ersten und zweiten Quartals sachgerecht.

c. Die Auftragsentwicklung von Monat zu Monat soll quantifiziert und mit der in früheren Jahren verglichen werden.
Wählen Sie einen dafür geeigneten Ansatz aus (Begründung) und berechnen Sie nachvollziehbar die Werte zweier Maßgrößen.
Interpretieren Sie die Werte der Maßgrößen am Ende des ersten und zweiten Quartals sachgerecht.

d. Welche der ermittelten Zahlen würden Sie verwenden, um das im Diagramm eventuell erkennbare „Muster der zeitlichen Entwicklung" zu quantifizieren ?

e. Wie ist das Auftragsvolumen im gesamten ersten Halbjahr im Durchschnitt gewachsen ?

Aufgabe „Durchschnittsentwicklung Warensortiment"

Ein Großhändler hat über die vier Warengattungen, aus denen sein gesamtes Sortiment besteht, folgende Daten über deren Absatzmengen und Preise in zwei ihn besonders interessierenden Jahren zusammengestellt.

Warengruppe	Mengen (Tsd. ME)		Preise (Hdt. € / ME)	
	Jahr 0	Jahr 2	Jahr 0	Jahr 2
A	6	4	2	4
B	12	10	6	10
C	6	9	5	5
D	8	3	7	7

Er möchte wissen, wie sich von der Periode 0 zur Periode 2 das gesamte Sortiment im Durchschnitt entwickelt hat und möchte diesen Ansatz auch zur Weiterverfolgung der Entwicklung in zukünftigen Perioden nutzen.

Aufgabenstellungen

a. Welchen weit verbreiteten Ansatz zur Berechnung der Durchschnittsentwicklung des gesamten Sortiments sollte er verwenden (mit Begründung) ?

b. Ermitteln Sie nachvollziehbar mit dem ausgewählten Ansatz die durchschnittliche Umsatz-, Absatz und Preisentwicklung.

Aufgabe „Lebenshaltungs- und Mietpreisentwicklung"

Im Großraum A haben sich in einem 10-jährigen Betrachtungszeitraum die Lebenshaltung und die Mieten - gemessen durch entsprechende Indices - wie folgt entwickelt (Werte fiktiv).

Jahr	1	2	3	4	5	6	7	8	9	10
Lebenshaltung	100	102	107	110	114	126	129	137	138	140
Miete	100	110	112	121	131	134	131	130	137	140

Aufgabenstellungen

a. Stellen Sie die beiden Zeitreihen zum Zwecke des Vergleichs in einem Diagramm in geeigneter Form grafisch dar.

b. Versetzen Sie sich am Ende des Betrachtungszeitraums in die Rolle des Vermieterverbandes und werten Sie die vorliegenden Daten so aus, dass die resultierende Entwicklung der Lebenshaltung die der Mieten deutlich übersteigt, so dass Mietsteigerungen gerechtfertigt sind (mit Begründung). Stellen Sie die so aufbereiteten Zeitreihen auch grafisch dar.

c. Versetzen Sie sich am Ende des Betrachtungszeitraums in die Rolle des Mieterverbandes und werten Sie die vorliegenden Daten so aus, dass die resultierende Entwicklung der Mieten die der Lebenshaltung deutlich übersteigt, so dass Mietsteigerungen keinesfalls gerechtfertigt sind (mit Begründung). Stellen Sie die so aufbereiteten Zeitreihen auch in geeigneter Form grafisch dar.

d. Charakterisieren Sie die Entwicklung der Lebenshaltung und der Mieten bei den Originaldaten und den aufbereiteten Daten durch geeignete kompakte Maßgrößen, deren Auswahl Sie kurz begründen und deren Ergebnisse Sie vergleichend interpretieren.

e. Über den Großraum B sind für die letzten Jahre folgende Mietsteigerungsraten von Jahr zu Jahr - abgeleitet aus demselben Mietpreisindex - bekannt:

6. - 7. Jahr	7. – 8. Jahr	8. – 9. Jahr	9. – 10. Jahr
1,5%	3,5%	1,0%	0,5%

Vergleichen Sie die Mietpreisentwicklung der beiden Großräume.

7 Mehrdimensionale Datenanalyse

In der Praxis werden über eine Gesamtmasse, die sachlich, räumlich und zeitlich abgegrenzt ist, häufig mehrere Merkmale erhoben. Die Gesamtmasse kann deshalb nicht nur hinsichtlich eines einzelnen Merkmals aufbereitet, präsentiert und ausgewertet werden, so wie bislang geschehen. Vielmehr kann man die Abgrenzungsmerkmale der Gesamtmasse und /oder wichtige Erhebungsmerkmale benutzen, um über die eindimensionale und univariate Analyse hinausgehende Betrachtungen anzustellen.

Grundlegend ist der Ansatz, die häufig sehr große, unübersichtliche und inhomogene Gesamtmasse **sinnvoll in Teilmassen** zu zerlegen und damit einen **differenzierten Informationsbedarf** zu befriedigen. Die einzelnen Gliederungsaspekte werden dabei häufig als **Dimensionen** bezeichnet. Die gleichzeitige Gliederung einer Gesamtmasse im Hinblick auf mehrere Dimensionen, deren adäquate Präsentation sowie deren Untersuchungs- und Auswertungsmöglichkeiten werden als mehrdimensionale Datenanalyse bezeichnet. Die in dieser Einführung behandelten Grundzüge mehrdimensionaler Analysen zeigt folgende Übersicht.

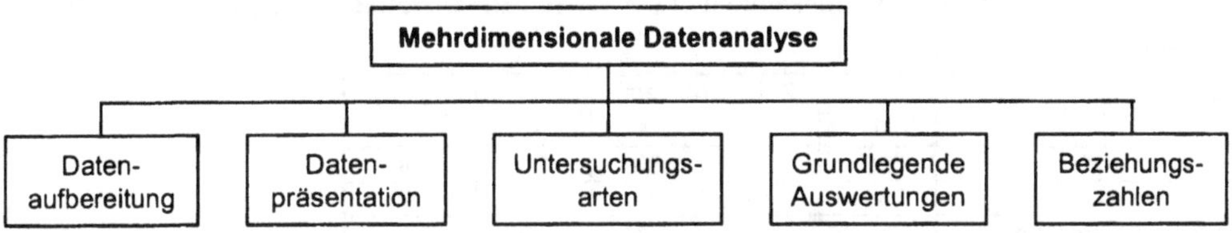

Um den differenzierten Informationsbedarf über eine Gesamtmasse zu befriedigen, sind die verfügbaren Daten entsprechend aufzubereiten. Bei der **Datenaufbereitung** sind die interessierenden Dimensionen aus den verfügbaren sinnvoll auszuwählen und die Gesamtmasse ist unter gleichzeitiger Anwendung der ausgewählten Dimensionen sinnvoll zu gliedern.

Die mehrfach gegliederte Gesamtmasse enthält eine große Vielfalt und -zahl von Teilmassen, die aus Anwendungssicht möglichst systematisch und anschaulich zu präsentieren sind. Die gängigen **Präsentationsformen** mehrdimensional aufbereiteter Daten werden vorgestellt.

Mehrdimensional aufbereitete und präsentierte Gesamtmassen können auf vielfältige Art weiter untersucht werden. Die **grundlegenden Untersuchungsarten** werden hier vorgestellt.

Innerhalb jeder Untersuchungsart gibt es in der Regel verschiedene Möglichkeiten, die mehrdimensionalen Daten sinnvoll gezielt auszuwerten. **Grundlegende Auswertungsmöglichkeiten**, die überwiegend aus der univariaten Analyse bereits bekannt sind, werden benannt.

Abschließend wird eine einfache, aber praktisch sehr bedeutsame Möglichkeit behandelt, zwei verschiedenartige Massen oder Merkmale sinnvoll miteinander in Beziehung zu bringen. Die resultierenden **Beziehungszahlen** liefern häufig neuartige und kompakte Informationen und sind das Konstruktionskonzept vieler Kennzahlen in der Betriebs- und Wirtschaftstatistik.

Ein anderer Ansatz, mehrdimensionale Daten gezielt auszuwerten, besteht darin, in einer Masse zwischen verschiedenen Merkmalen eventuell bestehende Zusammenhänge zahlenmäßig zu analysieren. Dieser Ansatz wird hier als **Zusammenhangsanalyse** bezeichnet. Bei der Zusammenhangsanalyse wird untersucht, ob überhaupt und wenn ja in welcher Form und wie intensiv die betrachteten Merkmale gemeinsam variieren. Sie wird deshalb auch als **multivariate Datenanalyse** bezeichnet. Multivariate Datenanalysen setzen häufig auf sinnvoll aufbereiteten mehrdimensionalen Massen auf. Die eigentliche Analyse der vermuteten Zusammenhänge geht jedoch über die reine Beschreibung mehrdimensionaler Daten weit hinaus und gehört deshalb zur analysierenden Statistik im Teil B.

7.1 Mehrdimensionale Datenaufbereitung

Als **Einführungsbeispiel** sei der Umsatz eines seine Produkte weltweit vertreibenden Unternehmens in einem Jahr betrachtet, der die gesamte statistische Masse darstellt. Der Umsatz ist für Unternehmen eine wichtige wirtschaftliche Kenngröße, die aus verschiedenen Sichten betrachtet und entsprechend sinnvoll untergliedert werden kann. So interessiert sich etwa...

- der Vorstand für den Umsatz des gesamten Unternehmens und den der verschiedenen Geschäftsbereiche,
- die Verkaufbereichsleitung für die Umsätze in verschiedenen Verkaufsregionen und über verschiedene Vertriebskanäle,
- die Produktbereichsleitungen für die Umsätze ihrer Produktgruppen und der darin enthaltenen Produkte etc.

Für die sinnvolle Untergliederung einer Gesamtmasse grundlegend sind die auch zur ihrer Abgrenzung benötigten Dimensionen Zeit und Ort. Die folgende Tabelle 7.1-a zeigt eine einfache Umsatzstatistik des betrachteten Unternehmens in einem bestimmten Jahr, gleichzeitig gegliedert nach bestimmten Gliederungseinheiten der **Grunddimensionen** Ort und Zeit (zweidimensional).

Ort (Regionen)	Zeit (Quartale)				Summe
	1	2	3	4	
Deutschland	20	30	30	20	**100**
sonstige EU	30	45	25	50	**150**
sonstiges Ausland	50	50	35	45	**180**
Summe	**100**	**125**	**90**	**115**	**430**

Tab. 7.1-a: Jahresumsatz nach grober zeitlicher und örtlicher Gliederung (in Mio €)

Im Allgemeinen lässt sich die betrachtete Masse darüber hinaus nach weiteren **sachlichen Dimensionen** gliedern, die aber typischerweise vom Anwendungsbereich und den Untersuchungszwecken abhängig und damit - im Gegensatz zu den Grunddimensionen - nicht allgemeingültig sind. Einige für Umsatzstatistiken typische sachliche Gliederungsdimensionen sind etwa die Gliederung nach Geschäftsbereichen, nach Produkten, nach Vertriebswegen etc. Schließlich ist für die Betriebsstatistik - im Gegensatz zur amtlichen oder halbamtlichen Wirtschaftsstatistik - zusätzlich die Betrachtung **unterschiedlicher Datenarten** bedeutsam. Damit ist gemeint, dass nicht nur tatsächliche Beobachtungswerte (Ist-Werte), sondern zusätzlich etwa Plan- und/oder Prognosewerte interessieren.

In der folgenden Tabelle 7.1-b sind für das Einführungsbeispiel **Umsatzstatistik** einige typische Gliederungsdimensionen und -einheiten bei zeitlicher, örtlicher, sachlicher und datenartmäßiger Gliederung als Grundlage der mehrdimensionalen Datenaufbereitung zusammengestellt.

Gliederungsdimension	Einige Gliederungseinheiten
Zeit	Jahre, Quartale, Wochen, Tage
Ort	Kontinente, Länder, Regionen, Bezirke
Sache	Vertriebswege, Geschäftsbereiche, Produktbereiche, Organisationsbereiche
Datenart	Ist, Plan, Prognose, Plan-Ist, Plan-Prognose etc.

Tab. 7.1-b: Typische Gliederungsdimensionen und -einheiten in Umsatzstatistiken

Die mehrdimensionale Aufbereitung von Massensachverhalten ist in der Praxis sehr verbreitet. Die **traditionelle Darstellungsform** mehrdimensional aufbereiteter Daten ist die statistische Tabelle.

7.2 Tabellarische Präsentation

Die Tabelle ist die historisch gewachsene und nicht nur in der amtlichen und halbamtlichen Statistik **übliche Darstellungsform** von in der Regel mehrdimensional aufbereiteten Massensachverhalten. Sie informiert

- systematisch
- umfassend
- detailliert und
- präzise

über die betrachteten Massen und Merkmale. Für die **sachgerechte Gestaltung** statistischer Tabellen gibt es **Standards und Normen**, in Deutschland insbesondere die **DIN 55301**. Darin sind Begriffe, Bestandteile, Aufbau, Text- und Zahlenangaben etc. geregelt. Das **allgemeine Aufbauschema** einer akkurat gestalteten statistischen Tabelle nach der genannten DIN-Norm ist in der Abb. 7.2 dargestellt und selbsterklärend.

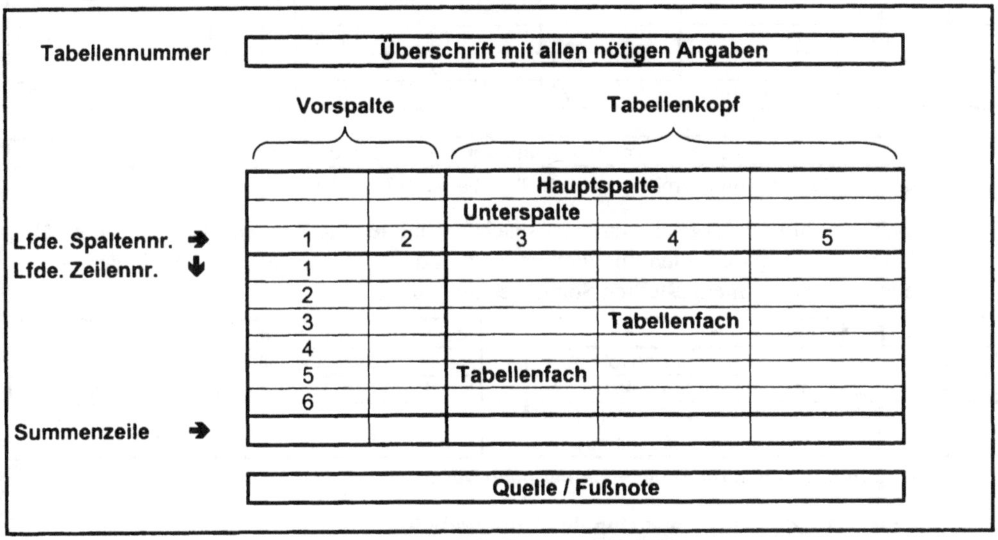

Abb. 7.2: Aufbauschema einer statistischen Tabelle nach DIN 55301

In der Tabelle 7.2-a ist ein **Beispiel** aus der DIN 55301 zu korrekt gestalteten statistischen Tabellen wiedergegeben. Es ist ein Ergebnis des regelmäßig stattfindenden **Mikrozensus**, einer Stichprobenerhebung zur Bevölkerungsstatistik. Statistische Masse sind die Mehrpersonenhaushalte in der BRD im Mai 1975. Diese sind nach verschiedenen wichtigen Sachgesichtspunkten (Dimensionen) gegliedert, nämlich nach Größe und Kindern.

Die zur Operationalisierung dieser Dimensionen benutzten Merkmale sind die Anzahl der Haushaltsmitglieder, Kinder als Haushaltsmitglieder, sowie das Alter und die Zahl der Kinder. Die Ausprägungen des Gliederungsmerkmals Haushaltsgröße sind in den Spalten, die der Gliederungsmerkmale zu den Kindern in den Zeilen dargestellt. Bei letzteren sind drei Merkmale gleichzeitig zeilenweise unterzubringen, was nur durch sachlich sinnvolle Über- und Unterordnung der Merkmale möglich ist. Hier stößt die tabellarische Darstellung häufig an ihre Grenzen.

Mehrpersonenhaushalte im Bundesgebiet Mai 1975 in 1000					
Art des Haushalts	Haushalte	Haushalte mit.......... Personen			
	insgesamt	2	3	4	5 und mehr
Alle Mehrpersonenhaushalte	**17168**	**6746**	**4346**	**3561**	**2515**
Haushalte mit Kindern					
unter 18 Jahren	8670	289	2865	3125	2391
davon mit					
1 Kind	3959	289	2749	641	280
2 Kindern	3052	x	116	2440	496
3 Kindern	1111	x	x	44	1067
4 Kindern und mehr	548	x	x	x	548
unter 6 Jahren	3260	62	1140	1128	930
davon mit					
1 Kind	2556	62	1131	712	650
2 Kindern	631	x	/	415	207
3 Kindern und mehr	73	x	x	/	72
Ergebnis des Mirkrozensus aus der EG-Arbeitskräftestichprobe					

Tab. 7.2-a: Beispiel für eine korrekt gestaltete Tabelle nach DIN 55301

Im Allgemeinen sollte jedes Fach einer statistischen Tabelle eine Zahl enthalten. Für die Fälle, in denen dies schwierig oder nicht möglich ist, sind in der amtlichen Statistik die in der folgenden Tabelle 7.2-b zusammengestellten Sonderzeichen üblich.

Zeichen	Bedeutung
x	Angabe sachlich nicht sinnvoll
-	nichts vorhanden, d.h. Zahlenwert=0
0	Zahlenwert>0 aber <0,5 in der in der Tabelle verwendeten Maßeinheit

Zeichen	Bedeutung
...	Angabe fällt erst später an
/	Zahlenwert nicht sicher genug
	Zahlenwert unbekannt oder geheim

Tab. 7.2-b: Sonderzeichen für Tabellenfächer nach DIN 55301

7.3 Rechnergestützte mehrdimensionale Datenmodelle

In der Betriebsstatistik liegt das Hauptanwendungsgebiet mehrdimensionaler Datenaufbereitung und -auswertung im **innerbetrieblichen Berichtswesen** (Reporting), das der Managementunterstützung dient. Hier werden Managementberichte in Tabellenform hauptsächlich für **Routineberichte** benutzt, die regelmäßig - etwa monatlich - und in standardisierter Form - d.h. mit einigen wenigen Gliederungsdimensionen und -einheiten, die fixiert sind - arbeiten. Die Praxis zeigt jedoch, dass der Managementinformationsbedarf einerseits breiter ist - d.h. mehr Dimensionen umfasst, als man in Routineberichten in Tabellenform sinnvoll unterbringen kann - andererseits flexibler ist, da Sichtweisen und Fragestellungen sich häufig ändern. Deshalb gibt es seit geraumer Zeit ergänzend **Abfrageberichtssysteme**, mit denen **rechnergestützt eine vielfältige und flexible** Aufbereitung und Auswertung mehrdimensionaler Datenbestände möglich ist.

Die Datenbestände umfassen in der Praxis typischerweise ca. 10 Dimensionen und werden in **Datenmodellen** gehalten, die im Englischen als **Hypercube**, im Deutschen als Hyperwürfel bezeichnet werden. Diese sind häufig in einer zur Speicherung und Auswertung mehrdimensionaler Tabellen besonders geeigneten Speichertechnologie implementiert, um effektiv und effizient bearbeitet werden zu können. Für den nur 3-dimensionalen Fall ist ein solcher Datenwürfel in der folgenden Abbildung 7.3 als Prinzipienskizze für das Umsatzbeispiel dargestellt. Ergänzend zu den Grunddimensionen Zeit und Ort wurde als 3. Dimension die Dimension „Produkte“ gewählt.

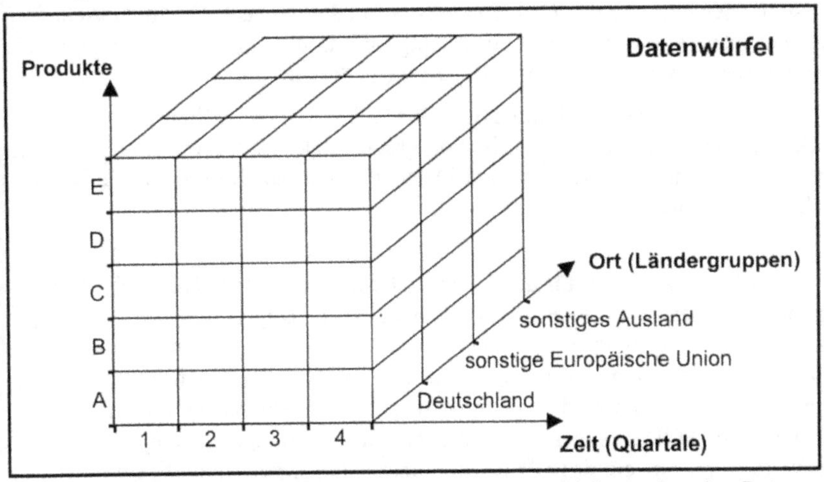

Abb. 7.3: Prinzipienskizze eines rechnergestützten, mehrdimensionalen Datenmodells (3-D-Fall, Einführungsbeispiel)

Das als Einführungsbeispiel verwendete Datenmodell ist extrem klein, da es nur 3 Dimensionen enthält und die verwendeten Dimensionseinheiten jeweils nur einige wenige mögliche Werte haben. Die Größe eines mehrdimensionalen Datenmodells kann man überschlägig durch Multiplikation seiner Dimensionswerte abschätzen. Im vorliegenden Fall enthält es 4 Zeiteinheiten * 3 Orteinheiten * 5 Produkte = 60 Datenelemente. Diese Zahl entspricht der Anzahl nötiger Datenfelder bei seiner konventionellen Darstellung in Tabellenform.

Die Betrachtungsgrößen in mehrdimensionalen Datenmodellen werden in Anlehnung an den angloamerikanischen Sprachgebrauch als **Facts** bezeichnet. Im Einführungsbeispiel ist der Umsatz die Betrachtungsgröße. Andere in innerbetrieblichen Abfrage- und Berichtssystemen häufig betrachtete Facts sind Kosten, Aufwendungen, Erträge etc. Facts sind - statistisch betrachtet - Merkmale oder Größen, und zwar immer **quantitative, metrisch skalierte Größen** (Anwendungsvoraussetzung). Bei den Dimensionen handelt es sich - statistisch betrachtet - ebenfalls um Merkmale, die allerdings nicht quantitativ und metrisch sein müssen und es überwiegend auch nicht sind. So sind in dem Umsatzbeispiel die örtliche und die produktmäßige Dimension durch qualitative, nominale Merkmale operationalisiert.

7.4 Grundlegende Untersuchungsarten

Die grundlegenden Untersuchungsarten in mehrdimensionalen Datenmodellen kann man an der obigen Prinzipienskizze für den nur 3-dimensionalen Fall recht gut veranschaulichen.

Übersichts- und Detailbetrachtungen

Im Umsatzbeispiel wurden als Einheiten der zeitlichen Dimension Quartale und als Einheiten der örtlichen Dimension Ländergruppen verwendet. Ein Blick in die Tabelle 7.1-b macht klar, dass man bei Bedarf auch andere zeitliche und/oder örtliche Einheiten wählen kann. So wäre es im Umsatzbeispiel rechnergestützt in der Regel möglich, die Umsätze einerseits für kleinere Zeiteinheiten - etwa Monate oder Wochen - anderseits für größere Zeiteinheiten - etwa Jahre - zu betrachten. Analoges gilt für die örtliche Dimension.

Detailbetrachtungen erhöhen den Umfang mehrdimensionaler Datenmodelle überproportional. Würde man im Einführungsbeispiel - unter sonst gleichbleibenden Bedingungen - statt der

Quartale Monate verwenden, so würde sich der Umfang des Datenmodells verdreifachen. Würde man statt der Ländergruppen die einzelnen Länder verwenden und deren Anzahl mit 25 veranschlagen, so stiege der Umfang des Datenmodells auf mehr als das 8-Fache. Der Umfang der in der Praxis benötigten Datenmodelle ist ein Hauptgrund dafür, warum mehrdimensionale Analysen praktisch nur rechnergestützt durchgeführt werden können.

Die Möglichkeit, den Feinheitsgrad der Betrachtung durch Auswahl der Dimensionseinheiten dem Analysezweck entsprechend einzustellen, ist von großer praktischer Bedeutung. Dadurch werden nicht nur die klassischen Übersichts- und Detailanalysen, sondern auch alle bedarfsspezifischen Mischanalyseformen möglich.

Point
Interessiert man sich im Umsatzbeispiel für den Umsatz, der in einer ausgewählten Zeiteinheit - etwa dem 3. Quartal - in einer bestimmten Region - etwa den sonstigen Ländern der europäischen Union - und mit einem bestimmten Produkt - etwa dem Produkt C - gemacht worden ist, so spezifiziert man damit innerhalb des im vorliegenden Fall nur 3 -dimensionalen Datenwürfels ein Datenelement vollständig, das genau den gesuchten Umsatzwert enthält. Diese Untersuchungsart wird hier POINT genannt, da mit ihr nur ein einziger Datenpunkt in dem Datenmodell angesteuert und **ein einziger Wert** der Betrachtungsgröße geliefert wird. Diese Untersuchungsart ist in der folgenden Abbildung 7.4 links für das Umsatzbeispiel anschaulich dargestellt.

Slice
Ergänzend interessiert man sich häufig für eine **Reihe von Werten** des Faktes, die sich ergeben, wenn man **eine oder mehrere Dimensionen** nicht auf einen bestimmten Wert fixiert, sondern alle möglichen Werte dieser Dimension betrachtet. Im einfachsten aber praktisch besonders bedeutsamen Fall lässt man **genau eine Dimension variabel**. In dem Umsatzbeispiel könte man entweder den Ort, die Zeit oder die Produkte als variable Dimension auswählen, wobei jeweils die beiden übrigen Dimensionen wertmäßig zu fixieren wären. Wählt man etwa den Ort als variable Dimension, so wären die Zeit und das Produkt zu fixieren. Dies entspräche der Frage danach, wie sich der Umsatz eines bestimmten Produktes - etwa des Produktes C - in einer bestimmten Zeiteinheit - etwa dem 3. Quartal - über die verschiedenen Regionen verteilt.

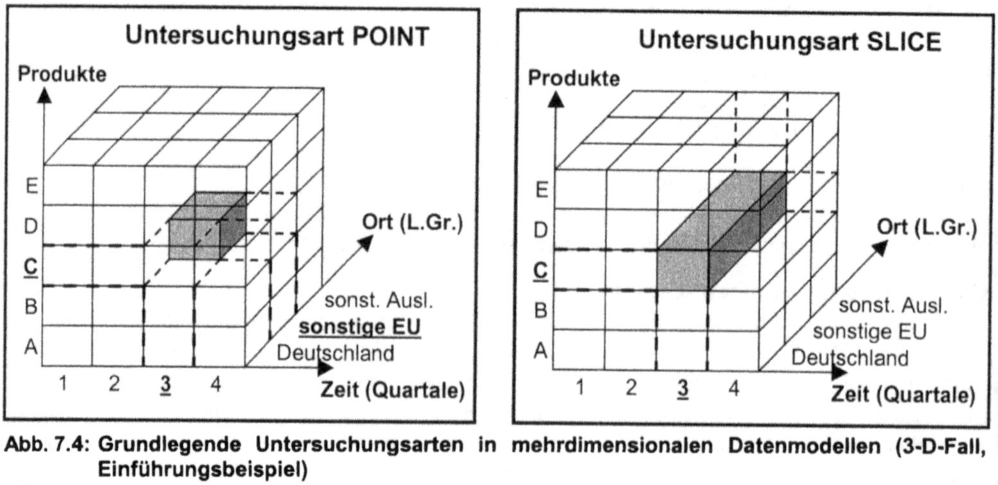

Abb. 7.4: Grundlegende Untersuchungsarten in mehrdimensionalen Datenmodellen (3-D-Fall, Einführungsbeispiel)

In dem Datenwürfel entspricht die Frage nach Werten des Faktes bei einer variablen Dimension dem **Herausschneiden** eines Balkens aus dem Datenwürfel, bei zwei variablen Dimensionen dem Herausschneiden einer Scheibe und wird deshalb im angloamerikanischen Sprachgebrauch als SLICE bezeichnet. Ein SLICE mit einer variablen Dimension ist in der Abbildung 7.4 rechts für das Umsatzbeispiel anschaulich dargestellt.

Der SLICE führt bei **einer variablen Dimension** jeweils zu **univariaten Verteilungen**. So kann man im Einführungsbeispiel außer den bereits angesprochenen Umsatzverteilungen nach Regionen noch Umsatzverteilungen nach Produkten und Zeiten ermitteln. Dabei handelt es sich bei allen SLICES, bei denen die Dimension Zeit fixiert ist, um univariate Querschnittuntersuchungen und bei solchen, bei denen die Zeit die variable Dimension ist, um univariate Längsschnittuntersuchungen. Die univariaten Verteilungen von Querschnittdaten können mit den in den Kapiteln 3-5 behandelten Maßnahmen und Maßgrößen, die von Längsschnittdaten mit den in Kapitel 6 behandelten weiter untersucht und ausgewertet werden, wenn deren Anwendungsvoraussetzungen erfüllt sind. Darauf wird im nächsten Abschnitt noch kurz eingegangen.

Dice

Ein mehrdimensionales Datenmodell enthält typischerweise deutlich mehr Dimensionen als im Umsatzbeispiel und in der obigen Prinzipienskizze berücksichtigt. Aus Sicht der Unternehmensleitung interessieren zusätzlich etwa die Geschäftsbereiche, aus Sicht des Rechnungswesens etwa die betrieblichen Organisationseinheiten und aus Sicht des Vertriebes etwa die unterschiedlichen Vertriebswege. Deshalb muss es möglich sein, die für die verschiedenen Sichten benötigten Dimensionen aus den verfügbaren gezielt auszuwählen. Dies entspricht dem Konfigurieren eines Datenwürfels aus dem komplexen Datenmodell, so dass der konfigurierte Datenwürfel nur aus den ausgewählten Dimensionen besteht. Dies bezeichnet man im angloamerikanischen Sprachgebrauch als DICE. Dabei bestehen in betrieblichen Abfrage- und Berichtssystemen die sichtspezifisch durch DICE konfigurierten Datenwürfel in der Regel aus etwa 5 Dimensionen.

Drill-Down und Roll-Up

Bei genauerer Betrachtung der Grunddimensionen - insbesondere der Zeit - fällt ergänzend auf, dass ihre Gliederungseinheiten die **logische Eigenschaft** haben, eine **Hierarchie** zu bilden. Diese Eigenschaft haben typischerweise auch viele sachliche Gliederungsdimensionen - im Umsatzbeispiel etwa die Dimension „Produkte“ -, da einzelne Produkte Produktgruppen und Produktgruppen Produktbereichen zugeordnet werden können.

Bei der quantitativen mehrdimensionalen Analyse hat das zur Folge, dass entlang jeder hierarchisch geordneten Dimension einerseits zu in der Hierarchie weiter unten liegenden Gliederungseinheiten differenziert, andererseits zu weiter oben liegenden Einheiten verdichtet werden kann. Diese grundlegenden Untersuchungsmöglichkeiten werden in der **rechnergestützten** mehrdimensionalen Analyse als DRILL-DOWN und ROLL-UP bezeichnet.

Bei innerbetrieblichen Abfrage- und Berichtssystemen, die zu Controllingzwecken benutzt werden, ist das Drill-Down Voraussetzung, um **Abweichungsanalysen** durchführen zu können. Dabei werden besonders wichtige Abweichungen der Betrachtungsgröße typischerweise nach der einen oder anderen Dimension weiter detailliert, bis man die Hauptursachen gefunden hat, die für die wesentlichen Teile der Abweichungen verantwortlich sind.

7.5 Univariate Aufbereitungen und Auswertungen

Grundlegend sind hier die bei der Untersuchung von univariaten Querschnitt- und Längsschnittdaten bereits vorgestellten Ansätze und Maßgrößen. Einige davon sind in der folgenden Tabelle 7.5 am Umsatzbeispiel exemplarisch benannt, aber nicht ausgeführt.

Maßnahmen / Maßgrößen	**Ausgangsdaten**	**Ergebnis**
Sortieren	Verteilung des Umsatzes auf die verschiedenen Produkte	Rangliste der Produkte nach Umsatz
Klassieren	Verteilung des Umsatzes auf die verschiedenen Länder	Umsatz nach Ländergruppen
Relativieren	Verteilung des Umsatzes auf die verschiedenen Produkte	Gliederungszahlen: z.B. Anteil des Produkts B am gesamten Umsatz Messzahlen: z.B. Umsatzverhältnis Produkt B zu Produkt A
Mittelwerte	Verteilung des Umsatzes auf die verschiedenen Länder	durchschnittlicher oder mittlerer Länderumsatz
ABC-Analyse	Verteilung des Umsatzes auf die **verschiedenen Produkte** Absatzzahlen der Produkte	Produktklassen ABC
Kumulieren	Zeitreihe des Umsatzes	Umsatz bis zu einer ausgewählten Zeiteinheit
Dynamische Messzahlen	Zeitreihe des Umsatzes Auswahl Basis- und Berichtszeit	Wachstumsfaktor
Wachstum	Auswahl Zeitabstand zwischen Basis- und Berichtszeit	Absolutes Wachstum Wachstumsrate
Durchschnitts-wachstum	Wachstumsraten im Analysezeitraum	Durchschnittliche Wachstumsrate

Tab. 7.5: Wichtige univariate Analysen mehrdimensionaler Daten

7.6 Gegenüberstellungen und Vergleiche

Bei den univariaten Aufbereitungen und Auswertungen wird der Fakt immer nur für eine ausgewählte Masse betrachtet. Es ist aber naheliegend und häufig auch sinnvoll, ihn für bestimmte Massen gegenüberzustellen und ihn darüber hinausgehend zu vergleichen, d.h. komparativ - statische Untersuchungen durchzuführen.

Im einfachsten aber wichtigsten Fall wird der Fakt nur für **zwei ausgewählte** Massen gegenübergestellt oder darüber hinausgehend verglichen, worauf wir uns in dieser Einführung beschränken. Die in mehrdimensionalen Datenmodellen gängigen Arten von statistischen Gegenüberstellungen und Vergleichen sind in der folgenden Tabelle 7.6-a zusammengestellt und am Umsatzbeispiel exemplarisch erläutert.

Art der Gegenüberstellung/des Vergleichs	**Erläuterung am Umsatzbeispiel**
Ort	Umsätze zweier Regionen
Zeit	Umsätze zweier Quartale
Sache (z.B. Produktdimension)	Umsätze zweier Produkte
Datenart	Ist-Umsatz , Plan-Umsatz
Fakt	Umsatz, Kosten

Tab. 7.6-a: Gängige Arten statistischer Gegenüberstellungen und Vergleiche

Die gängigen Auswertungsoperationen bei statistischen Vergleichen sind in der folgenden Tabelle 7.6-b zusammengestellt und am Umsatzbeispiel exemplarisch erläutert.

Vergleichsoperation	**Erläuterung am Umsatzbeispiel**
Abweichung	Differenz der Vergleichsobjekte z.B. Plan- Ist-Abweichung = Plan-Umsatz – Ist-Umsatz
Verhältnis	Quotient der Vergleichsobjekte z.B. Relative Abweichung = Abweichung / Plan-Umsatz

Tab. 7.6-b: Grundlegende Vergleichsoperationen

7.7 Beziehungszahlen

Beziehungszahlen sind besondere Zahlen des statistischen Vergleichs durch Verhältniszahlen, bei denen **verschiedenartige Größen und Massen** durch Quotientenbildung aufeinander bezogen und damit in einen zahlenmäßigen Zusammenhang gebracht werden. Rechnerisch sind die Beziehungszahlen - wie auch Gliederungs- und Messzahlen - sehr einfach zu ermitteln. Größere Aufmerksamkeit ist dagegen bei der Auswahl bzw. der Definition der Größen und Massen im Zähler und Nenner geboten, damit der hergestellte Zusammenhang überhaupt sachlich sinnvoll und problemangepasst ist. Wegen der Verschiedenartigkeit der Größen im Zähler und Nenner haben Beziehungszahlen im Allgemeinen eine Maßeinheit (Dimension), die sich aus den Maßeinheiten der beteiligten Größen ergibt. Einige Beispiele für Beziehungszahlen aus Einzel- und Gesamtwirtschaft sind in der folgenden Tabelle 7.7-a zusammengestellt.

Gesamtwirtschaft	
Bezeichnung	**Definition**
Objekt-Dichte	Zugelassene Kfz / Bevölkerungszahl
Pro-Kopf-Verbrauch	Verbrauch (ME) / Bevölkerungszahl
Verschuldungsgrad	Schuldenstand / Sozialprodukt

Betriebswirtschaft	
Bezeichnung	**Definition**
Produktivität	Outputmenge / Inputmenge
Wirtschaftlichkeit	Outputwert / Inputwert
Rentabilität	Überschuss / Kapitaleinsatz

Tab. 7.7-a: Beispiele für Beziehungszahlen aus der Wirtschaft

Operationalisierung

Die Operationalisierung und Ermittlung von Beziehungszahlen soll am **Beispiel der Produktivität** verdeutlicht werden. Die Produktivität als zentraler wirtschaftlicher Begriff ist vom Konzept her inhaltlich als **Verhältnis von Outputmenge zu Inputmenge** definiert und soll die Effizienz der Leistungserstellung in den betrachteten Einheiten messen. Die betrachteten Einheiten können mikroökonomische organisatorische Einheiten - wie etwa Stellen, Abteilungen, Funktions- oder Geschäftsbereiche, Betriebe, Unternehmen oder Konzerne - oder makroökonomische Einheiten wie etwa Länder, Wirtschaftssektoren oder Branchen sein.

Bei der Operationalisierung der Größen im Zähler und Nenner gibt es verschiedene Gestaltungsmöglichkeiten und -schwierigkeiten. So besteht die **Outputmenge** der Betrachtungseinheit in der Regel aus verschiedenen Gütern und/oder Dienstleistungen, deren Mengen in dem Betrachtungszeitraum nicht ohne weiteres sinnvoll summiert werden können. Wie dieses Problem befriedigend gelöst werden kann, wurde im Abschnitt über Indices gezeigt (Kapitel 6).

Bei der **Inputmenge** im Nenner stellt sich das gleiche Problem, da zur Leistungserstellung im Allgemeinen mehrere verschiedenartige Produktionsfaktoren benötigt werden. Hier geht man jedoch einen anderen Weg, indem man **Teilproduktivitäten** bildet, die sich auf die verschiedenen **Produktionfaktoren** beziehen. Als wichtigste Produktionsfaktoren im Betrieb gelten die menschliche Arbeitskraft, Materialien, Betriebsmittel bzw. Anlagen und Finanzmittel (Finanzkapital). Entsprechend kann man Arbeits-, Material-, Anlagen- und Kapitalproduktivitäten unterscheiden und ermitteln. Wenn man von Produktivität spricht, meint man im Allgemeinen die **Arbeitsproduktivität.**

Ermittlung

Zur Ermittlung der Arbeitsproduktivität betrachten wir als Einführungsbeispiel den sehr vereinfachten Fall eines Unternehmens, das nur ein homogenes Produkt herstellt. Aus der Produktionsstatistik sind für die Berichtszeit einige typische Daten entnommen, die sich im linken Teil der folgenden Tabelle 7.7-b befinden.

Produktionsstatistik	
Größe	**Wert**
Produktionsmenge (ME)	10.000
Beschäftigtenzahl	10
Beschäftigtenstunden	20.000

Arbeitsproduktivität	
Ansatz 1	**Ansatz 2**
Produktionsmenge/ Beschäftigtenzahl	Produktionsmenge/ Beschäftigtenstunden
10.000 / 10	10.000 / 20.000
1000 (Produkte/Beschäft.)	0,5 (Produkte/Stunde)

Tab. 7.7-b: Ermittlung der Arbeitsproduktivität am Einführungsbeispiel

Mit den verfügbaren Angaben lässt sich die Arbeitsproduktivität in zweifacher Weise berechnen, wie im rechten Teil der Tabelle 7.6-b nachvollziehbar ersichtlich ist. Im Zähler steht im vorliegenden Fall immer die Produktionsmenge, da sie die Outputmenge vollständig und korrekt repräsentiert. Im Nenner steht der benötigte Arbeitskräfteeinsatz, der im vorliegenden Fall einmal durch die Anzahl der Beschäftigten, zum anderen durch die Anzahl der Beschäftigtenstunden operationalisiert und quantifiziert werden kann. Mit den vorgestellten Ansätzen wird die Arbeitsproduktivität nicht nur in der Betriebs-, sondern auch in der Wirtschaftsstatistik ermittelt. Sie führen zu richtigen, wenn auch sehr unterschiedlichen Produktivitätszahlen, wobei dem Ansatz über die Beschäftigtenstunden wegen der größeren Genauigkeit häufig der Vorzug gegeben wird.

Würdigung

Aus Anwendungssicht ist zu den Beziehungszahlen anzumerken:

- Sie sind konzeptionell überwiegend gut verständlich (Verständlichkeit).
- Sie sind rechnerisch einfach zu ermitteln (Effizienz).
- Sie sind überwiegend gut zu interpretieren.
- Sie sind in der Praxis insbesondere in Form wirtschaftlicher Kennzahlen weit verbreitet und werden häufig benutzt (Anwendungsbreite und -häufigkeit).

7.8 Statistiken aus der Wirtschaftspraxis

Ergänzend zu den im Kapitel 2 vorgestellten Arten und Grundbegriffen amtlicher statistischer Untersuchungen in Deutschland zum Thema Erwerbstätigkeit/-losigkeit und Beschäftigung/ Arbeitslosigkeit werden dazu hier nun beispielhaft zwei konkrete Ergebnisse in der üblichen Tabellenform vorgestellt. Der inhaltliche Aufbau dieser mehrdimensionalen statistischen Tabellen wird im Folgenden kurz erläutert.

Die Tabelle 7.8-a zeigt die Bevölkerung der Bundesrepublik Deutschland im April 1998 gleichzeitig gegliedert nach der Beteiligung am Erwerbsleben in den Zeilen und dem überwiegenden Lebensunterhalt in den Spalten. In den Zeilen ist die gesamte statistische Masse - die Bevölkerung der BRD im April 1999 - nach mehreren Merkmalen gegliedert, die hinsichtlich des Aspekts „Erwerbsleben" wichtig sind. Das statistische Merkmal **„Beteiligung am Erwerbsleben"** hat nur zwei Ausprägungen, nämlich erwerbstätig und erwerbslos. Die Erwerbstätigen und die Erwerbslosen bilden zusammengenommen die statistische Masse **„Erwerbsbevölkerung"**, die aus allen Erwerbspersonen besteht. Zusammen mit den **Nichterwerbspersonen** ergeben sie die Gesamtbevölkerung.

Als weiteres Gliederungsmerkmal wird durchgängig das **Geschlecht** benutzt, um die genannten Massen jeweils in männliche und weibliche Teilmassen zu differenzieren. Ergänzend (nachrichtlich) werden die Erwerbsbevölkerung und die Nichterwerbsbevölkerung grob **regional** unterteilt und für die neuen Länder einschließlich Berlin zusätzlich ausgewiesen. Allein in den Zeilen der Tabelle werden also insgesamt vier Dimensionen zur gleichzeitigen Gliederung der gesamten statistischen Masse benutzt. Von den bei gleichzeitiger Gliederung möglichen 2*2*2*2=16 Teilmassen sind in den Zeilen der Tabelle allerdings nicht alle, sondern nur 12 dargestellt (ohne die Summenzeilen für die Teilmassen). Die gezielte Beschränkung auf die wichtigsten aller möglichen Massen ist bei der tabellarischen Darstellung mehr dimensionaler Daten in der Regel sinnvoll, um die Tabellen allein vom Unfang her lesbar zu halten.

Beteiligung am Erwerbsleben (i = insgesamt, m = männlich, w = weiblich)		insgesamt		Davon mit überwiegendem Lebensunterhalt durch							
				Erwerbs-tätigkeit		Arbeitslosen-geld/-hilfe		Rente und sonstiges		Angehörige	
		1 000	%	1 000	%	1 000	%	1 000	%	1 000	%
				Erwerbspersonen							
Erwerbstätige	i	36 402	44,4	33 534	92,1	132	0,4	870	2,4	1 867	5,1
	m	20 659	51,6	19 900	96,3	60	0,3	397	1,9	302	1,5
	w	15 744	37,5	13 634	86,6	72	0,5	473	3,0	1 585	9,9
Erwerbslose	i	4 106	5,0	x	x	2 934	71,5	517	12,6	655	16,0
	m	2 220	5,5	x	x	1 715	77,2	284	12,3	221	10,0
	w	1 886	4,5	x	x	1 220	64,7	233	12,4	434	23,0
Zusammen	i	**40 509**	**49,4**	**33 534**	**82,8**	**3 066**	**7,6**	**1 386**	**3,4**	**2 522**	**6,2**
	m	22 879	57,2	19 900	87,0	1 774	7,8	681	3,0	524	2,3
	w	17 630	42,0	13 634	77,3	1 292	7,3	705	4,0	1 998	11,3
Nachrichtlich:											
Neue Länder u. Berlin-Ost	i	8 159	53,5	6 367	78,0	1 302	16,0	309	3,8	181	2,2
	m	4 373	58,7	3 557	81,3	635	14,5	120	2,7	61	1,4
	w	3 786	48,5	2 810	74,2	667	17,6	189	5,0	120	3,2
				Nichterwerbspersonen							
Zusammen	i	**41 515**	**50,6**	x	x	x	x	**19 513**	**47,0**	**22 003**	**53,0**
	m	17 127	42,8	x	x	x	x	8 669	50,6	8 458	49,4
	w	24 388	58,0	x	x	x	x	10 843	44,5	13 545	55,5
Nachrichtlich:											
Neue Länder u. Berlin-Ost	i	7 105	46,5	x	x	x	x	4 162	58,6	2 943	41,4
	m	3 082	41,3	x	x	x	x	1 641	53,2	1 440	46,7
	w	4 023	51,5	x	x	x	x	2 521	62,7	1 502	37,3
				Bevölkerung							
Insgesamt	i	**82 024**	**100**	**33 534**	**40,9**	**3 066**	**3,7**	**20 899**	**25,5**	**24 525**	**29,9**
	m	40 006	100	19 900	49,7	1 774	4,4	9 350	23,4	8 981	22,4
	w	42 018	100	13 634	32,4	1 292	3,1	11 548	27,5	15 544	37,0
Quelle: Statistisches Jahrbuch der BRD 2000; Ergebnisse des Mikrozensus (Auszug)											

Tab. 7.8-a: Bevölkerung nach der Beteiligung am Erwerbsleben und überwiegendem Lebensunterhalt im April 1999 in Deutschland

In den Spalten sind die durch Gliederung in den Zeilen jeweils resultierenden Teilmassen im Hinblick auf einen weiteren Aspekt - nämlich den überwiegenden Lebensunterhalt - weiter unterteilt. Dabei hat das Gliederungsmerkmal **überwiegender Lebensunterhalt** vier Ausprägungen, nämlich Erwerbstätigkeit, Arbeitslosengeld/-hilfe, Rente und Sonstiges und Unterstützung durch Angehörige.

Die Tabelle 7.8-b zeigt die **Arbeitslosigkeit in Deutschland** (West) Ende September 1996 gleichzeitig gegliedert nach Berufen in den Zeilen und der beruflicher Qualifikation in den Spalten. Zur Untergliederung der gesamten statistischen Masse - der Arbeitslosen in Deutschland (West) - nach **Berufen** wird ein einschlägiges **Klassifikationsschema** benutzt. Darin werden keine einzelnen Berufe, sondern Berufsklassen verwendet, die hierarchisch geordnet sind. Die oberste Ebene bilden Berufsbereiche, die mit römischen Zahlen nummeriert sind, etwa die in dem Tabellenauszug schwerpunktmäßig abgebildeten Dienstleistungsberufe (V). Diese glie-dern sich in Berufsabschnitte, die mit lateinischen Kleinbuchstaben nummeriert sind (a, b, c...) und diese wiederum gliedern sich in Berufsgruppen, die nicht nummeriert sind. Das drei Ebenen tiefe Klassifikationsschema der Berufe ist so umfangreich, dass es die Berücksichtigung weiterer Gliederungsmerkmale in den Zeilen ausschließt.

Berufsbereich, -abschnitt, - gruppe	Arbeits- lose Insgesamt	davon (Sp. 1)						
		mit abgeschlossener Berufsausbildung						ohne abgeschlossene Berufsausbildung
		zusammen	davon (Sp. 2) mit					
			betrieblicher Ausbildung	Besuch der				
				Berufsfachschule	Fachschule	Fachhochschule	Hochschule/ Univ.	
	1	2	3	4	5	6	7	8
IV Technische Berufe	**142 653**	**133 111**	**56 434**	**5 088**	**24 240**	**23 382**	**23 967**	**9 542**
a Ingenieure, Chemiker, Physiker, Mathematiker	57 821	55 601	4 740	419	6 093	21 550	22 799	2 220
Ingenieure	47 281	45 458	4 394	394	5 462	20 148	15 060	1 823
Chemiker, Physiker, Mathematiker	10 540	10 143	346	25	631	1 402	7 739	397
b Techniker, Technische Sonderfachkräfte	84 832	77 510	51 694	4 669	18 147	1 832	1 168	7 322
V Dienstleistungsberufe	**1 417 430**	**842 171**	**649 545**	**35 402**	**53 571**	**23 576**	**80 077**	**575 259**
a Warenkaufleute	218 196	145 973	138 147	2 551	3 153	798	1 324	72 223
b Dienstleisungskaufleute u. zugehörige Berufe	39 209	31 886	28 543	770	1 217	455	901	7 323
Bank-, Versicherungskaufleute	19 409	16 957	15 936	209	360	139	313	2 452
Andere Dienstleisungskaufleute u. zugehörige Berufe	19 800	14 929	12 607	561	857	316	588	4 871
c Verkehrsberufe	247 381	90 780	84 935	2 328	2 235	624	658	156 601
Berufe des Landverkehrs	78 524	32 053	30 109	1 024	673	93	154	46 471
Berufe des Wasser- und Luftverkehrs	3 899	3 083	1 760	133	672	378	140	816
Berufe des Nachrichtenverkehrs	16 409	7 711	7 138	266	223	25	59	8 698
Lagerverwalter, Lager-, Transportarbeiter	148 549	47 933	45 928	905	667	128	305	100 616
d Organisations-, Verwaltungs-, Büroberufe	394 501	284 509	238 508	13 047	16 998	5 693	10 263	109 992
Unternehmer, Organisatoren, Wirtschaftsprüfer	31 972	28 585	18 702	691	2 513	2 560	4 119	3 387
Abgeordnete, administrativ entscheidende Berufstätige	1 265	1 080	614	19	103	149	195	185
Rechnungskaufleute, Datenverarbeitungsfachleute	57 782	41686	31 472	2 174	3 546	1 582	2 912	16 096
Bürofach-, Bürohilfskräfte	303 482	213 158	187 720	10 163	10 836	1 402	3 037	90 324
e Ordnungs- und Sicherheitsberufe	77 992	39 718	33 027	540	848	146	5 157	38 274
f Schriftwerks- und künstlerische Berufe	32 557	25 441	10 751	1 547	3 759	3 463	5 921	7 116
g Gesundheitsberufe	75 544	58 431	38 885	3 785	5 654	526	9 581	17 113
h Sozial- und Erziehungsberufe	128 180	103 809	21 983	7 593	16 989	11 556	45 688	24 371
i Allgemeine Dienstleistungsberufe	203 870	61 624	54 766	3 241	2 718	315	584	142 246
Zusammen	**2 748 515**	**1 465 847**	**1 168 375**	**52 899**	**87 260**	**48 988**	**108 325**	**1 282 668**

Quelle: Strukturanalyse 1996, herausgegeben von der Bundesanstalt für Arbeit (Auszug)

Tab. 7.8-b: Arbeitslose nach Berufen und beruflicher Qualifikation Ende September 1996 in Deutschland (West)

In den Spalten sind die durch Gliederung in den Zeilen jeweils resultierenden Teilmassen im Hinblick auf einen weiteren Aspekt - nämlich die berufliche Qualifikation - weiter unterteilt. Die berufliche Qualifikation wird durch mehrere Merkmale differenziert. Grundlegend ist das Merkmal „abgeschlossene Berufsausbildung“, das nur zwei Ausprägungen hat, nämlich mit und ohne Abschluss. Nach der Art der abgeschlossenen Berufsausbildung wird dann zwischen „betrieblicher“ und „nicht-betrieblicher“ und innerhalb der nicht-betrieblichen nach der Art der Ausbildungsinstitution in Berufsfachschule, Fachschule, Fachhochschule und Universität differenziert. Zur Gliederung der beruflichen Qualifikation werden hier also 3 Gliederungsmerkmale gleichzeitig benutzt, die allerdings - wie auch die Berufsmerkmale - eine Hierarchie bilden.

Man kann den Umfang der gesamtem statistischen Tabelle - von der hier nur ein kleiner Teil wiedergegeben ist - anhand der Zahl der Gliederungsmerkmale und ihrer Ausprägungen grössenordnungsmäßig abschätzen. Bei 6 Berufsbereichen mit durchschnittlich 10 Berufsabschnitten und etwa 3 Berufsgruppen pro Abschnitt ergeben sich 180 Tabellenzeilen (ohne die Summenzeilen). In Verbindung mit den 2*2*4=16 Berufsqualifikation hat sie etwa 2880 Tabellenfächer. Die schiere Größe dieser statistischen Tabelle wird wohl die meisten an dem Thema Interessierten davon abhalten, in diesem Zahlenfriedhof nach interessanten Informationen zu suchen. Dagegen ermöglicht die rechnergestützte Haltung mehrdimensionaler Datenbestände deren effektive und effiziente Abfrage und Auswertung.

7.9 Übung

Fragen

F1. Nennen Sie 3 typische Beispiele aus unterschiedlichen Bereichen der Wirtschaftspraxis für die mehrdimensionale Aufbereitung von Massen. Nennen Sie jeweils die Gesamtmasse bzw. Größe und mindestens 3, besser mehr sinnvolle Gliederungsdimensionen.

F2. Wodurch unterscheiden sich mehrdimensionale und multivariate Analysen ?

F3. Welche Dimensionen von mehrdimensionalen Analysen bezeichnet man als Grunddimensionen und warum ?

F4. Nennen Sie zu den Dimensionen Ihrer Beispiele aus F1 jeweils verschiedene mögliche Dimensionseinheiten.

F5. Welche logische Eigenschaft haben die gängigen Dimensionseinheiten der Grunddimensionen „Zeit“ und „Ort“ ? Nennen und erläutern Sie drei typische Beispiele verschiedener sachlicher Gliederungsdimensionen mit der gleichen Eigenschaft.

F6. Welche Folgen hat die Wahl der obersten und der untersten Dimensionseinheit einer hierarchisch geordneten Dimension für die Art der Untersuchung und die Größe des mehrdimensionalen Datenmodells ?

F7. Was bedeutet DICEN in einem mehrdimensionalen Datenmodell ?
Erläutern Sie dies konkret an einem Ihrer Datenmodelle aus F1.

F8. Stellen Sie Ihr auf 3 Dimensionen gedictes Datenmodell aus F7 in einer Handskizze in geeigneter Form grafisch dar.

F9. Geben Sie für Ihr 3-dimensionales Beispiel-Datenmodell aus F8 ein konkretes Beispiel für die Untersuchungsart POINT und visualisieren sie dies in Ihrem Datenwürfel.

F10. Geben Sie für Ihr 3-dimensionales Beispiel-Datenmodell aus F8 ein konkretes Beispiel für die Untersuchungsart SLICE mit einer variablen Dimension und visualisieren Sie dies in Ihrem Datenwürfel.

F11. Geben Sie für Ihr 3-dimensionales Beispiel-Datenmodell aus F8 ein konkretes Beispiel für die Untersuchungsart SLICE mit zwei variablen Dimensionen und visualisieren Sie dies in Ihrem Datenwürfel.

F12. Welcher SLICE entspricht einer Querschitt-, welcher einer Längsschnittdatenanalyse (Begründung) ?

F13. Was ist eine ROLL-UP-Analyse und welche grundlegende statistische Datenaufbereitungstätigkeit wird dabei häufig vollzogen ?

F14. Was ist eine DRILL-DOWN-Analyse und für welche Analysen in betrieblichen Abfrage- und Berichtssystemen ist sie unverzichtbar (Begründung) ?

F15. Wie soll eine statistische Tabelle nach DIN 55301 aufgebaut sein und welche Teile einer Häufigkeitsverteilung sind darin wo dargestellt ?

F16. Was bedeuten folgende Zeichen in einer statistischen Tabelle nach DIN 55301: /, -, 0 ?

F17. Stellen Sie Ihr dreidimensionales Datenmodell aus F8 als statistische Tabelle dar.

F18. Nennen Sie die wesentlichen Gemeinsamkeiten und Unterschiede der Aufbereitung mehrdimensionaler Daten als statistische Tabelle oder als rechnergestütztes Datenmodell. Verdeutlichen Sie diese durch Vergleich des Datenwürfels aus F8 und der Tabelle aus F17.

F19. Welches Resultat liefert in einem mehrdimensionalen Datenmodell der SLICE mit einer variablen Dimension ? Zeigen Sie das an Ihrem SLICE aus F 10.

F20. Welche Aufbereitungs- und Auswertungsmaßnahmen univariater Daten sind auch bei mehrdimensionalen Daten üblich ?

F21. Erläutern Sie jeweils zwei übliche Aufbereitungs- und Auswertungsmaßnahmen bzw. Maßgrößen für univariate Querschnitt- und Längsschnittdaten am Beispiel-Datenmodell aus F7.

F22. Nennen Sie jeweils drei typische Beispiele für Beziehungszahlen aus dem betriebs- und volkswirtschaftlichen Bereich.

F23. Worauf muss man bei der Konstruktion von Beziehungszahlen besonders achten ?

Aufgaben

Aufgabe „Statistik der Mehrpersonenhaushalte“
Studieren Sie die in der Tabelle 7.2-a dargestellte Statistik der Mehrpersonenhaushalte in der BRD vom Mai 1975. Die betrachteten Mehrpersonenhaushalte werden im Folgenden vereinfachend mit HH abgekürzt.

Aufgabenstellungen

a. Nennen Sie die drei wichtigsten Merkmale, nach denen die Gesamtmasse aller HH darin gegliedert ist. Nennen Sie für jedes Gliederungsmerkmal die verwendeten Ausprägungen sowie die Merkmals- und Skalenart.

b. Ermitteln Sie für alle HH die absoluten und relativen Häufigkeitsverteilungen der Merkmale „Kinderzahl“ und „Kinderalter“.

c. Ermitteln Sie die Größe der Teilmasse „HH ohne Kinder oder mit mindestens 18-jährigen Kindern“ und deren Gliederung nach dem Merkmal Haushaltsgröße (absolut und relativ).

d. Ermitteln Sie
   1. den Anteil der HH mit Kindern unter 6 Jahren an allen HH
   2. die Anzahl der HH mit Kindern zwischen 6 und unter 18 Jahren
   3. den Anteil der HH mit Kindern unter 6 Jahren an den HH mit Kindern unter 18 Jahren
   4. die Anzahl der HH mit mindestens 2 Kindern unter 6 Jahren
   5. den Anteil der HH mit 5 und mehr Personen an den HH mit mindestens 2 Kindern unter 6 Jahren.

e. Wie ist das Größenverhältnis (die quantitative Relation)
   1. kleiner HH ($\leq$ 3 Personen) zu großen HH ($\geq$4 Personen) ?
   2. der HH mit Kindern unter 18 Jahren zu denen ohne Kinder ?
   3. der Haushalte mit schulpflichtigen Kindern (unter 18 Jahren) zu solchen mit Kleinkindern (unter 6 Jahren) ?
   4. der HH mit einem Kind zu HH mit mehreren Kindern ?
   5. der HH mit schulpflichtigen Kindern (s. o.) zu solchen mit Kleinkindern (s. o.) bei kleinen Haushalten (s. o.) mit Kindern ?

Aufgabe „Entwurf mehrdimensionales Datenmodell, Report und Auswertungen“
Betrachten Sie das Personal eines Betriebes aus Managementsicht.

Aufgabenstellungen

a. Erstellen Sie eine Liste von managementrelevanten Informationsinhalten, die Ihrer Meinung nach in einem Routine-Berichtssystem über das Personal enthalten sein sollten. Differenzieren Sie den gesamten Managementinformationsbedarf über das Personal nach den Adressatenkreisen Geschäftsführung, Funktionsbereichsleitungen und Personalleitung.

b. Wählen Sie sich den Informationsbedarf einer Sicht aus und überführen Sie ihn ein mehrdimensionales Datenmodell, das mindestens 3 Fakten und für jeden Fakt mindestens 5 Dimensionen mit den jeweils möglichen Dimensionseinheiten enthält.

c. Wählen Sie aus dem Datenmodell einen Fakt und 3 Dimensionen sowie bei jeder Dimension eine Dimensionseinheit sinnvoll aus, die Sie als statistische Berichtstabelle und als 3-dimensionalen Datenwürfel darstellen (Handskizzen).

d. Formulieren Sie inhaltlich eine sinnvolle POINT- und jeweils eine SLICE-Abfrage mit einer und mit zwei variablen Dimensionen, deren Beantwortung durch Datenfelder in der Berichtstabelle und durch Datenelemente in dem Datenwürfel Sie jeweils markieren.

e. Was sind eigentlich die wesentlichen Unterschiede zwischen mehrdimensional aufbereiteten Daten in Form einer traditionellen statistischen Tabelle und einem rechnergestützten Datenmodell. Welche wesentlichen Vorteile hat das rechnergestützte Datenmodell zusätzlich bei den Untersuchungs- und Auswertungsmöglichkeiten sowie der Präsentation der Analyseergebnisse ?

Aufgabe „Geschäftsbericht“

Folgende Angaben stammen aus den Geschäftsberichten einer nationalen Post- und Telekommunikationsgesellschaft, die 2 Jahre auseinander liegen.

Jahre	t_0	t_2
Ämter des Postwesens	455	383
Gewinn (Mio. €)	2.051	1.613
Personalbestand (in Tsd.)	519	542
Betriebsnotwendiges Kapital	110	131,5
Umsatzerlöse (Mio. €)	36.462	39.475

Jahre	t_0	t_2
Verkehrsleistungen	117,5	129
Erträge (Mio. €)	38.313	42.212
Beschäftigungsstunden	102,5	105,5
Eigenkapital (Mio. €)	23.037	29.834
Aufwendungen (Mio. €)	34.612	39.900

Aufgabenstellungen

Machen Sie aufgrund der vorliegenden Daten zahlenmäßige Aussagen über die Entwicklung folgender typischer betriebswirtschaftlicher Kenngrößen im Betrachtungszeitraum.

a. Produktivität b. Wirtschaftlichkeit c. Rentabilität.

Begründen Sie jeweils in Stichworten die von Ihnen dabei verwendeten Ansätze.

d. Stellen Sie die wichtigsten Ergebnisse Ihrer Analyse abschließend in geeigneter Form grafisch dar (Begründung für Darstellungsinhalte und -form).

Aufgabe „Grafische Darstellungen von Massen“

Betrachten Sie die folgenden grafischen Darstellungen von Massensachverhalten.

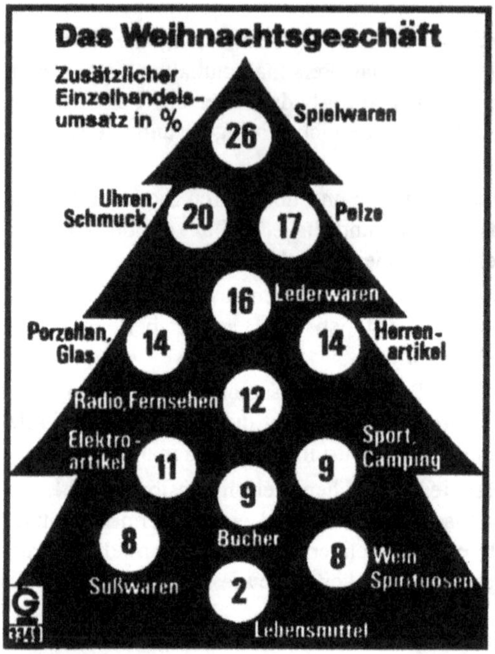

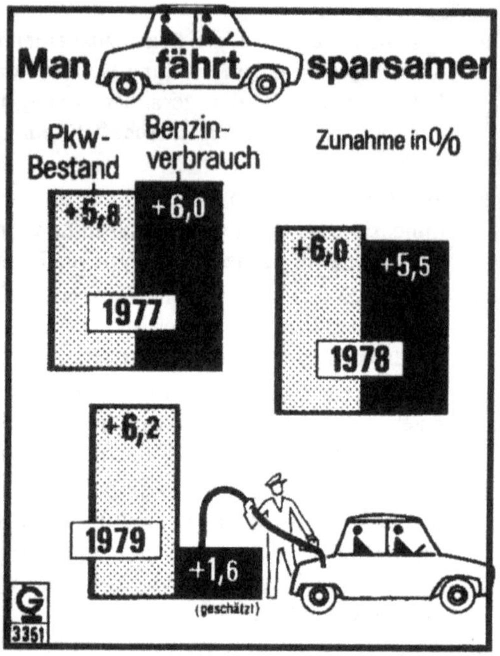

Aufgabenstellungen

Klären Sie die im Folgenden angesprochenen Aspekte:

a.	Untersuchungs- und Datenart	d.	Grafiktyp
b.	statistische Masse(n)	e.	eventuell vorliegende Manipulation
c.	Merkmal mit Ausprägungen, Merkmals- und Skalenart	f.	wesentliche inhaltliche Aussagen

B Analysierende Statistik

Während die beschreibende Statistik die Zahlenseite von Massen und Merkmalen nur möglichst systematisch, anschaulich und kompakt in Zahlen wiedergibt, versucht die analysierende Statistik unter die Beschreibungsoberfläche vorzudringen. Ihre Hauptaufgabe besteht - ganz grob gesprochen - darin, so weit als möglich zu klären, wie die nackten Zahlen zustande kommen und diese Analyseerkenntnisse zu Gestaltungs- und Prognosezwecken zu nutzen. Dabei sind die Fragestellungen, Ansätze und Methoden der analysierenden Statistik recht vielfältig. Wir beschränken uns in dieser Einführung auf zwei grundlegende und in der Praxis vielfältig und häufig verwendete große Arbeits- und Methodengebiete, die folgende Übersicht zeigt.

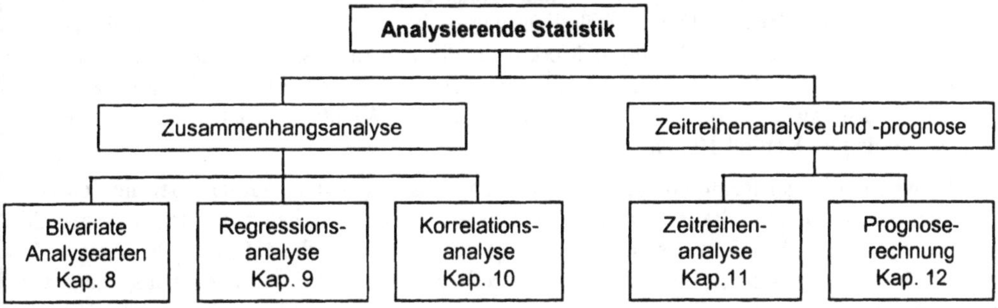

Von der Art der Untersuchung her ist - wie auch in der beschreibenden Statistik - die Unterscheidung in Querschnitt- und Längsschnittuntersuchungen grundlegend.

Bei vielen analysierenden **Querschnittuntersuchungen** versucht die Statistik, Zusammenhänge zwischen Größen zu ermitteln und zu quantifizieren. Dies wird hier als **Zusammenhangsanalyse** bezeichnet. Meistens wird eine Beobachtungsgröße durch mehrere andere Größen beeinflusst, so dass die Ermittlung der wesentlichen oder maßgeblichen Einflussgrößen - der sogenannten **Determinanten** - wichtig ist, um zu möglichst einfachen und robusten Erklärungsmodellen zu gelangen. Werden in einer Masse gleichzeitig mehrere wesentliche Merkmale im Hinblick auf zwischen ihnen bestehende Zusammenhänge untersucht, spricht man von **multivariater Datenanalyse**. Wir beschränken uns in dieser Einführung aus didaktischen Gründen darauf, den Zusammenhang von jeweils nur zwei Merkmalen im Rahmen von bivariaten Analysen zu untersuchen. Bei der **bivariaten Datenanalyse** können alle wichtigen Fragestellungen, Arten und Ansätze der Zusammenhangsanalyse vergleichsweise einfach vorgestellt werden. Dies geschieht an typischen Einführungsbeispielen aus der Wirtschaftpraxis im Kapitel 8.

In der Zusammenhangsanalyse gibt es drei grundlegende Fragestellungen, die zu entsprechenden **Analysearten** führen. Zum einen ist zu klären, ob zwischen den betrachteten Größen statistisch überhaupt eine Abhängigkeit besteht oder ob sie voneinander unabhängig sind. Dazu dient die **Unabhängigkeitsanalyse.** Sind die betrachten Größen statistisch nicht voneinander unabhängig, so kann man die Stärke des Zusammenhangs ermitteln. Dazu dient die **Korrelationsanalyse.** Unter bestimmten Voraussetzungen kann man darüber hinausgehend ermitteln, in welcher Form und mit welcher Formel eine bestehende Abhängigkeit sinnvoll quantifiziert werden kann. Dazu dient die **Regressionsanalyse**.

Die **Regressionsanalyse** liefert die genauesten Informationen über den Zusammenhang zwischen den in die Analyse einbezogenen Größen und wird deshalb in der Praxis - insbesondere der Wirtschaftpraxis - vielfältig und umfangreich genutzt. Die durch Regression **formel- und zahlenmäßig bestimmten Abhängigkeiten** zwischen Größen können unter bestimmten Voraussetzungen sinnvoll zu über die betrachtete Masse hinausgehenden Hoch- oder Prognoserechnungen benutzt werden. Die Grundzüge der Regressionsanalyse im bivariaten Fall werden im Kapitel 9 behandelt.

Die Regressionsanalyse setzt logisch eine einseitig gerichtete Abhängigkeit zwischen den betrachteten Größen und datenmäßig quantitative, metrisch skalierte Merkmale voraus. Kann man aufgrund der Sachanalyse bei zwei betrachteten Größen nicht verlässlich angeben, welche davon die Ursache bzw. die unabhängige Variable und welche die Wirkung und damit die abhängige Variable ist, lässt sich Regression sachlich kaum vertreten. Dagegen ist die **Korrelationsanalyse** unabhängig von der Beziehungsart zwischen den Größen. Sie misst die Stärke und teilweise auch die Richtung des Zusammenhangs zwischen zwei Größen in Form von **Korrelationskoeffizienten**. Die Korrelationsanalyse ist die wichtigste Zusammenhangsanalyse für alle nicht-metrisch skalierten Merkmale, die der Regression nicht zugänglich sind. Insofern ist sie in den Sozialwissenschaften unverzichtbar. In der Wirtschaft ist die Markt- und Meinungsforschung eines ihrer Hauptanwendungsgebiete. Wichtige Ansätze der Korrelationsanalyse werden im Kapitel 10 behandelt.

Die Entwicklung einer Reihe von absoluten Zahlen, Mess- oder Indexzahlen über die Zeit wurde in der beschreibenden Statistik adäquat visualisiert und das Wachstum zwischen ausgewählten Zeiteinheiten und in dem gesamten Betrachtungszeitraum durch Maßzahlen gemessen (Kapitel 6). Bei der hier nun zu behandelnden **Zeitreihenanalyse** wird darüber hinausgehend versucht, wesentliche zeitliche Einflussgrößen (Determinanten), die zu den Werten einer Zeitreihe geführt haben, sowie deren Verknüpfungsmuster herauszuarbeiten und zu quantifizieren. Ihre Ergebnisse sind in der Regel nicht nur für das Verständnis der strukturellen und quantitativen Zusammenhänge der zeitlichen Entwicklung einer Größe nötig und sinnvoll, sondern eine wesentliche Grundlage für darauf basierende Prognosen. Die Grundzüge der Zeitreihenanalyse werden im Kapitel 11 behandelt.

Prognosen sind Aussagen über ein oder mehrere zukünftige Ereignisse, die sowohl auf Beobachtungen als auch auf theoretischen Überlegungen beruhen. Die Statistik ist vor allem in Verbindung mit **quantitativen Prognosen** bedeutsam, die aus einer oder mehreren Zahlen bestehen, die das Ergebnis von **Prognoserechnungen** sind. Quantitative Prognosen haben für die Wirtschaft sehr große Bedeutung, sei es die Prognose gesamtwirtschaftlicher Größen wie Sozialprodukt und Arbeitslosenzahl oder die einzelwirtschaftlicher Größen wie Umsatz und Personalbedarf. Es gibt eine große Vielfalt und -zahl von quantitativen Prognosemethoden, von denen hier nur solche vorgestellt werden, die auf der gezielten Auswertung von Zeitreihen beruhen. Solche **zeitreihenbasierten Prognoseverfahren** sind in der kurzfristigen, operativen Unternehmensplanung weit verbreitet, werden aber auch zur mittelfristigen Prognose verwendet. Aus dieser Klasse werden grundlegende und in der Praxis weit verbreitete und bewährte Methodengruppen vorgestellt und jeweils in ihren einfachsten Varianten behandelt. Ergänzend wird die Güte von Prognosen und die Auswahl von Prognoseverfahren aus Anwendungssicht thematisiert. Die Grundzüge der Prognoserechnung werden im Kapitel 12 behandelt.

8 Grundlagen bivariater Zusammenhangsanalysen

Sind an Merkmalsträgern einer Masse verschiedenartige Merkmale verfügbar, so kann man mit den bislang vorgestellten Ansätzen und Methoden der beschreibenden Statistik nur jedes einzelne Merkmal oder jede einzelne Masse isoliert aufbereiten, grafisch darstellen und auswerten (univariate Datenalyse). Darüber hinaus ist aber gerade ein sachlich vermuteter Zusammenhang zwischen mehreren Merkmalen oder Massen häufig von besonderem Interesse, deren Ermittlung und Quantifizierung besonderen Erklärungs- und Prognosewert haben kann. Im einfachsten Fall untersucht man den Zusammenhang von nur zwei Größen oder Massen im Rahmen sogenannter **bivariater Analysen**. So kann etwa zwischen folgenden Größen aus dem Wirtschaftsleben eine sachliche Beziehung aufgrund von Plausibilitätsüberlegungen und/oder wissenschaftlichen Erkenntnissen vermutet werden, deren Existenz und Ausprägung im Anwendungsfall durch geeignete bivariate Analyse zu quantifizieren wäre:

- Umsatz und Werbeaufwand eines Unternehmens
- Absatzmenge und Verkaufpreis eines Produktes
- Analytische Fähigkeiten und Sozialverhalten von Führungskräften
- Leistungsbeurteilung und Arbeitseinsatz von Mitarbeitern
- Arbeitslosigkeit und Wirtschaftswachstum
- Beteiligung am Erwerbsleben und Geschlecht
- Beschäftigungsverhältnis und Nationalität

Wichtige Arten, Aspekte und Ansätze der Zusammenhangsanalyse im bivariaten Fall und darüber hinaus zeigt die folgende Übersicht.

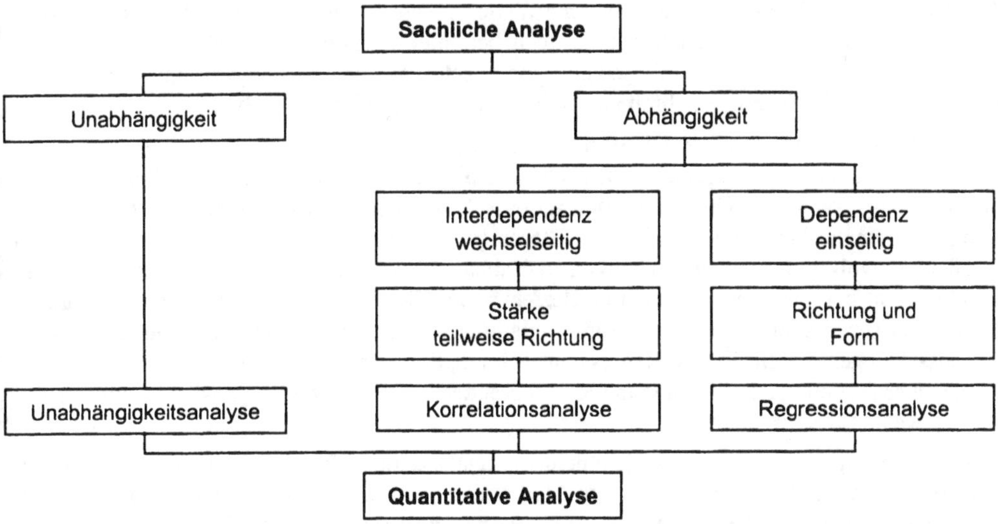

Jeder quantitativen Analyse sollte eine **sachliche Analyse** vorausgehen. Darin ist relevantes allgemeines und anwendungsspezifisches Wissen verschiedener Art (Erfahrung, Theorie, Logik, Intuition etc.) über die betrachteten Größen einzubeziehen und zu würdigen. Insgesamt soll die Sachanalyse zu einer möglichst gut begründeten Vermutung über die **Beziehungsart** der betrachteten Größen im jeweils vorliegenden Anwendungsfall führen. Dabei ist das Denken in Ursache-Wirkungs-Zusammenhängen grundlegend, das vereinfachend zu folgenden groben Beziehungskategorien führt:

- keine Beziehung (Unabhängigkeit)

- einseitig gerichtete Beziehung (Dependenz)
- wechselseitige Beziehung (Interdependenz)

Diese qualitativen Beziehungskategorien führen zu **korrespondierenden quantitativen Analysearten**. Aufgabe der Statistik ist es, die in dem jeweils vorliegenden Fall begründet vermutete qualitative Beziehungskategorie durch eine korrespondierende quantitative Analyseart auch in den vorliegenden Daten numerisch nachzuweisen und insbesondere sie zahlenmäßig zu präzisieren. Die verschiedenen quantitativen Analysearten erfordern jeweils auf den Analysezweck abgestimmte quantitative **Analyseansätze**.

Bei der **Unabhängigkeitsanalyse** geht es um die Klärung der Frage, ob zwei Größen, zwischen denen man aufgrund der Sachanalyse eine (irgendwie und nicht unbedingt näher spezifizierte Art der) Beziehung vermutet, auch im vorliegenden Falle datenmäßig in erkennbarer Beziehung stehen. Die Klärung dieser Frage ist von grundlegender Bedeutung, da bei statistischer Unabhängigkeit keine weiteren Beziehungsaspekte zu analysieren sind, bei Abhängigkeit aber sehr wohl. Unabhängigkeitsanalysen werden häufig durchgeführt, um die wesentlichen Einflussgrößen bzw. **Determinanten** von den unwesentlichen zu trennen und damit zu sinnvollen und nicht zu komplizierten Erklärungsmodellen zu kommen.

Sind zwei Größen nicht statistisch unabhängig, kann man ihre Abhängigkeit bzw. ihren Zusammenhang näher analysieren und quantifizieren. Wichtige **quantitative Aspekte von Zusammenhängen** sind ihre **Stärke, Richtung und Form**.

Die **Stärke** und teilweise auch die **Richtung** der Beziehung zwischen zwei Größen ermittelt man durch Korrelation. Die **Korrelationsanalyse** quantifiziert diese Beziehungsaspekte in **Korrelationskoeffizienten**, deren mögliche Werte zwischen 0 und ± 1 liegen. Die Korrelationsrechnung ist sowohl bei Dependenz als auch bei Interdependenz der Größen und auf allen Merkmals- und Skalenarten mit jeweils spezifisch geeigneten Ansätzen und Maßgrößen durchführbar und insofern eine breit anwendbare und aussagefähige Analyseart.

Die **Form** und damit auch die **Richtung** der Beziehung zwischen zwei Größen ermittelt man durch Regression. Die **Regressionsanalyse** formalisiert und quantifiziert die Form des Zusammenhangs zwischen Größen in **mathematischen Regressionsfunktionen**. Die Verwendung mathematischer Funktionen setzt allerdings voraus, dass man bei den einbezogenen Größen sinnvoll zwischen unabhängigen und abhängigen Variablen unterscheiden kann, was sachlich nur bei einseitig gerichteten Beziehungen (Dependenz) gut möglich ist. Darüber hinaus müssen die einbezogenen Größen quantitativ und metrisch skaliert sein. Sind diese Voraussetzungen erfüllt, liefern Regressionsrechnungen die präzisesten quantitativen Informationen über Beziehungen, die auch in weiterführenden Analyse- und Prognoserechnungen sinnvoll verwendet werden können.

Bevor man eine quantitative Zusammenhangsanalyse durchführt, ist es im Allgemeinen sinnvoll - wenn nicht nötig - die an den Merkmalsträgern einer Masse gemeinsam erhobenen Beobachtungswerte auch **gemeinsam aufzubereiten und darzustellen**. Dadurch erhält man - über allgemeingültige Auswahlkriterien und -regeln hinaus – häufig wichtige Hinweise darauf, welche Ansätze und Maßgrößen der quantitativen Zusammenhangsanalyse im jeweils vorliegenden Anwendungsfall aufgrund der spezifischen Situationsbedingungen und der Datenlage passend und erfolgversprechend sind.

Alle quantitativen Zusammenhangsanalysen liefern zahlenmäßige Aussagen über den jeweiligen Aspekt des Zusammenhangs der Merkmale in der Masse, die nicht eindeutig im Sinne der Mathematik, sondern mehrdeutig sind und damit nicht exakt, sondern nur **tendenziell** bzw. im Durchschnitt für die betrachtete Masse gelten.

8.1 Einführungsbeispiel Haushaltseinkommen und Konsumausgaben

Dazu betrachten wir als erstes Einführungsbeispiel zunächst 15 private Haushalte, bei denen unter anderem das monatliche Nettoeinkommen und die monatliche Konsumausgaben erhoben wurden. Die Erhebungsdaten liegen in folgender Urliste vor (Angaben in Tausend Euro, gerundet auf 10 Euro):

HH-Nr.	1	2	3	4	5	6	7	8	9	10	11	12	13	14	15
Einkommen	1,5	1,20	1,80	1,70	1,30	2,30	2,20	1,0	2,50	2,00	2,50	1,50	1,0	2,00	2,60
Ausgaben	1,4	1,06	1,54	1,46	1,14	1,94	1,86	1,0	2,00	1,80	2,20	1,20	0,8	1,60	2,08

Tab. 8.1: Urliste der gemeinsam erhobenen Merkmale Einkommen und Konsumausgaben

Die Beobachtungswerte des Merkmals X werden wie bisher allgemein mit $x_1,...,x_n$ symbolisiert, die des zweiten Merkmals Y analog mit $y_1,...,y_n$. Die Urliste besteht demnach allgemein aus n Wertepaaren $(x_1, y_1),...,(x_n, y_n)$, im vorliegenden Fall aus 15 Wertepaaren.

Aufbereitung und Präsentation

Die vorliegenden Daten sind zunächst in geeigneter Form aufzubereiten und zu präsentieren. Als einfache Aufbereitungsmaßnahme empfiehlt sich die Sortierung der Wertepaare nach den aufsteigend angeordneten Werten der unabhängigen Variablen. Zur Darstellung der dergestalt sortierten Wertepaare benutzt man Tabellen und Diagramme.

Die übliche **grafische Darstellungsform** von Wertepaaren zweier quantitativer Merkmale ist das **Streupunktdiagramm,** insbesondere dann, wenn alle oder fast alle Wertepaare voneinander verschieden sind. Im Streupunkt-Diagramm ist je eines der Merkmale mit seinen Ausprägungen auf einer der beiden Achsen eines Koordinatensystems abgetragen.

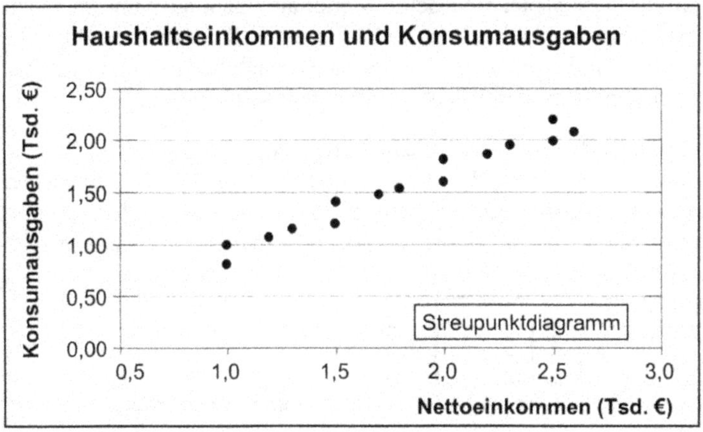

Abb. 8.1: Streupunktdiagramm von Haushaltseinkommen und Konsumausgaben

Dabei ist die in der Mathematik übliche Konvention zu beachten, dass die unabhängige Variable an der waage- rechten, die abhängige an der senkrechten Achse steht. Ein Wertepaar entspricht dann einem Punkt im Koordinatensystem, alle Wertepaare einer Punktwolke, so wie in der Abbildung 8.1 für das Einführungsbeispiel dargestellt.

Vorüberlegungen für sinnvolle Zusammenhangsanalysen

Die **Sachanalyse** kann sich im Einführungsbeispiel auf gut verstandene und bewährte Wirtschaftstheorien stützen, in denen sowohl makro- als auch mikroökonomisch klar ist, dass die beiden Größen voneinander abhängig sind und zwar dergestalt, dass das Einkommen die Konsumausgaben determiniert. Will man die **quantitative Beziehung** zwischen Einkommen und Konsumausgaben näher untersuchen, ist also eine **Dependenzanalyse** sinnvoll. Da beide Merkmale quantitativ und metrisch skaliert sind, kann man versuchen, **Richtung und Form** der Dependenz durch **Regressionsanalyse** herauszuarbeiten.

Für die Auswahl eines im jeweiligen Anwendungsfall geeigneten **regressionsanalytischen Ansatzes** ist die Aufbereitung und grafische Darstellung der Daten im Allgemeinen unerlässlich. Im vorliegenden Fall kann man aus dem Streuungsdiagramm schon per Augenschein und ohne weitere Aufbereitung der Daten folgende sinnvolle Vermutungen über die **tendenzielle Richtung und Form** der Beziehung ablesen:

- Je höher das Einkommen ist, desto höher sind die Konsumausgaben (Richtung des Zusammenhangs: gleichgerichtet).
- Die Konsumausgaben sind proportional zum Einkommen (Form des Zusammenhangs: tendenziell linear).

Wir werden deshalb dieses Einführungsbeispiel bei der Regressionsanalyse im nächsten Kapitel verwenden, um den in diesem Fall sinnvollen und passenden regressionsanalytischen Ansatz der **linearen Einfachregression** vorzustellen. In der Praxis ist die sinnvolle Auswahl eines geeigneten regressionsanalytischen Ansatzes wegen der sehr viel größeren Datenmengen, der darin enthaltenen Fehler sowie der größeren Komplexität der Sachverhalte in der Regel nicht immer so einfach.

Ergänzend zur quantitativen Präzisierung der Abhängigkeit der Konsumausgaben vom Einkommen durch eine Regressionsfunktion kann man versuchen, die **Stärke** des Zusammenhangs durch **Korrelationsanalyse** zu quantifizieren. Die Auswahl eines geeigneten **korrelationsanalytischen Ansatzes** hängt dabei wesentlich von der Merkmals- und Skalenart der betrachteten Merkmale ab. In unserem Einführungsbeispiel sind beide Merkmale quantitativ und metrisch skaliert, ein in der Wirtschaftspraxis ziemlich häufiger und typischer Fall. Deshalb werden wir dieses Einführungsbeispiel im Kapitel über die Korrelationsanalyse auch benutzen, um den für diesen Fall als Standard anzusehenden Korrelationskoeffizienten vorzustellen.

8.2 Einführungsbeispiel Sozialverhalten und analytische Fähigkeiten

Als zweites Einführungsbeispiel betrachten wir 7 in einem Großunternehmen als technischen Managementnachwuchs eingestellte Hochschulabsolventen, die am Ende ihrer Probezeit unter anderem hinsichtlich der beiden Schlüsselqualifikationen „Sozialverhalten" und „analytische Fähigkeiten" wie folgt gereiht wurden:

Absolvent	A	B	C	D	E	F	G
Sozialverhalten	4	1	4	2	4	7	6
Analytische Fähigkeiten	6	5	2	7	4	3	1

Tab. 8.2: Gemeinsam erhobene Merkmale Sozialverhalten und analytische Fähigkeiten

Aufbereitung und Präsentation

Im Hinblick auf die Aufbereitung der gemeinsam erhobenen Daten stellen wir zunächst fest, dass sie - wie auch im 1. Einführungsbeispiel - als Wertepaare vorliegen, die sich alle voneinander unterscheiden. Damit entfällt eine gesonderte Aufbereitung und zur Präsentation kann man das bereits bekannte **Streupunktdiagramm** benutzen. Für kleinere statistische Massen ordinal skalierter Merkmale ist als spezielle Darstellungsform auch ein **Rangplatzdiagramm** geeignet, wie es die folgende Abbildung 8.2 für die Wertepaare des Einführungsbeispiels zeigt.

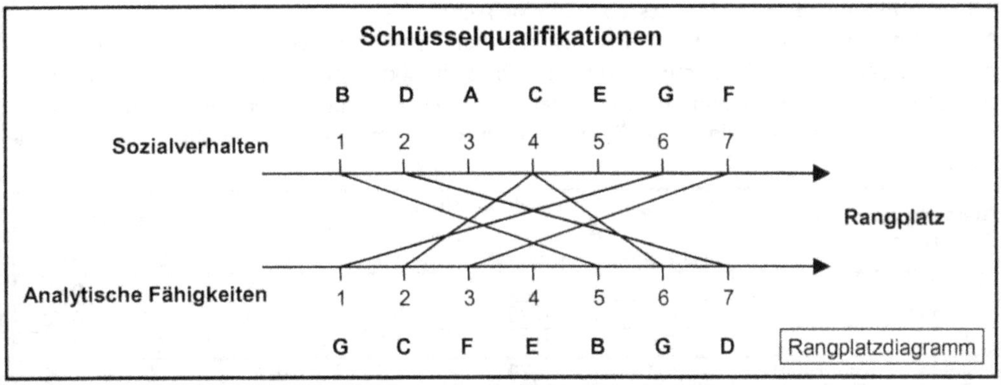

Abb. 8.2: Rangplatzdiagramm Sozialverhalten und analytische Fähigkeiten

Vorüberlegungen für sinnvolle Zusammenhangsanalysen

Für die quantitative Behandlung der Daten wichtige Unterschiede zum 1. Beispiel ergeben sich vor allem in zweierlei Hinsicht:

- Merkmals- und Skalenart:

Die Merkmale sind quantitativ, aber nicht metrisch skaliert. Vielmehr handelt es sich bei den Zahlen um die Rangplätze einer Ordinal- oder Reihenfolgeskala. Dieser Unterschied zum 1. Einführungsbeispiel hat Konsequenzen sowohl für die adäquate Präsentation als auch und insbesondere für die bei der quantitativen Zusammenhangsanalyse sinnvoll anwendbaren Ansätze und Maßgrößen.

- Sachanalyse

Weder von den betroffenen Fachwissenschaften noch durch Plausibilitätsüberlegungen kommt man zu eindeutigen Erkenntnissen darüber, ob und wie die beiden Größen allgemeingültig zusammenhängen. Aus der Sachanalyse gibt es also keine klaren Hinweise bzw. Vorgaben für die quantitative Beziehungsanalyse. Insbesondere stützt die Sachanalyse - im Gegensatz zum ersten Beispiel - keine Dependenzanalyse. **Regressionsanalyse** ist also aus sachlichen und aus datenartmäßigen Erwägungen (Ordinalskala) in diesem Fall nicht sinnvoll.

Trotz sachlich unklarer oder strittiger Art des Zusammenhangs zwischen Sozialverhalten und analytischen Fähigkeiten legt das Diagramm doch die Vermutung nahe, dass es im vorliegenden Fall einen quantitativen Zusammenhang zwischen den beiden Größen gibt. Dieser lässt sich **tendenziell** wie folgt charakterisieren:

- Je höher der Rangplatz beim Sozialverhalten, umso niedriger der bei den analytischen Fähigkeiten (Richtung des Zusammenhangs: gegenläufig).
- Die Linienstruktur im Rangplatzdiagramm indiziert einen Zusammenhang mittlerer Stärke.

Richtung und Stärke des sich aus den Diagrammen aufdrängenden Zusammenhangs können durch Korrelationsanalyse quantifiziert werden. Die **Auswahl eines geeigneten korrelationsanalytischen Ansatzes** hängt dabei wesentlich von der Merkmals- und Skalenart der betrachteten Merkmale ab. Im vorliegenden Fall sind beide Merkmale quantitativ, aber ordinal skaliert, ein in der Wirtschaftspraxis insbesondere bei der Auswertung von Meinungen, Bewertungen etc. auftretender Fall. Deshalb werden wir dieses 2. Einführungsbeispiel im Kapitel über die Korrelationsanalyse benutzen, um speziell dafür geeignete Ansätze und Maßgrößen vorzustellen.

8.3 Einführungsbeispiel Mensaessen und Hochschule

Als 3. Einführungsbeispiel betrachten wir die vom Studentenwerk einer Großstadt an 500 zufällig ausgewählten Studierenden durchgeführte Erhebung, in der unter anderem auch die Hochschulen und die Meinung über das Mensaessen erfasst wurden. Die gemeinsam aufbereiteten Daten sind als **bivariate Häufigkeitsverteilung** in der folgender Tabelle 8.3 zusammengestellt.

Meinung über das Mensaessen	Hochschule A		Hochschule B		Summe	
	Häuf. abs.	Häuf. rel.	Häuf. abs.	Häuf. rel.	abs.	rel.
schlecht	175	0,35	25	0,05	**200**	**0,40**
mittelmäßig	100	0,20	50	0,10	**150**	**0,30**
gut	75	0,15	75	0,15	**150**	**0,30**
Summe (absolut/relativ)	**350**	**0,70**	**150**	**0,30**	**500**	**1,00**

Tab. 8.3: Bivariate Häufigkeitsverteilung im Einführungsbeispiel

Aufbereitung und Präsentation

Im Gegensatz zu den ersten beiden Beispielen liegen die Daten hier nicht als einzelne Wertepaare vor, sondern sind bereits als **Häufigkeitsverteilungen** aufbereitet und in Tabellenform dargestellt. Die obige Häufigkeitstabelle enthält 3 Häufigkeitsverteilungen: die Häufigkeitsverteilung des Merkmals „Hochschule" (letzte Tabellenzeile unter Summe), die des Merkmals „Meinung über das Mensaessen" (letzte Tabellenspalte unter Summe) und die gemeinsame Häufigkeitsverteilung beider Merkmale im Tabelleninneren. Letztere heißt in der Fachsprache auch **gemeinsame bzw. simultane Häufigkeitsverteilung** und ist bei der Zusammenhangsanalyse von besonderem Interesse.

Zur **grafischen Darstellung** der **gemeinsamen Häufigkeitsverteilung** zweier Merkmale gibt es verschiedene Möglichkeiten. Da beide Merkmale hier **qualitativ** sind, kommen zunächst die für diese Merkmalsart bei univariaten Verteilungen üblichen Diagrammformen in Frage, etwa das Säulen- und das Kreisdiagramm. Da in gemeinsamen Häufigkeitsverteilungen bei der Suche nach Beziehungen implizit oder explizit immer **Vergleiche** angestellt werden, ist es sinnvoll, die **relativen Häufigkeiten** darzustellen.

Zur grafischen Darstellung bivariater Verteilungen sind ergänzend **dreidimensionale Darstellungsformen** gut geeignet. Bei ihnen kann man jeweils ein Merkmal an jeder der beiden Achsen platzieren, die die Grundfläche des Diagramms bilden und die Häufigkeiten an der dritten senkrechten Achse abtragen. In der folgenden Abbildung 8.3 ist ein dergestalt konstruiertes dreidimensionales Diagramm als Säulendiagramm für das Einführungsbeispiel dargestellt.

Vorüberlegungen für sinnvolle Zusammenhangsanalysen

Sachanalyse

Aufgrund von Plausibilitätsüberlegungen und Erfahrungen ist ganz allgemein ein Sachzusammenhang zwischen Hochschulen und der Meinung der Studierenden über das dortige Mensaessen möglich. Ob diese allgemeine Vermutung auch im Anwendungsfall zutreffend ist, kann durch eine **quantitative (Un)abhängigkeitsanalyse** geklärt werden. Wir werden deshalb im Folgenden dieses Einführungsbeispiel dafür benutzen, die statistische (Un)abhängigkeitsanalyse in Grundzügen zu behandeln.

Quantitative Abhängigkeitsanalyse

Wird durch die statistische (Un)abhängigkeitsanalyse eine sachlich begründete Abhängigkeit zwischen den Merkmalen auch im Anwendungsfall durch die Daten gestützt, kann man die Abhängigkeit näher untersuchen. So käme im vorliegenden Fall **sachlich eine Dependenzanaly-**

se in Frage, da die Hochschule als wesentliche Einflussgröße (Determinante) des Mensaessens gelten kann. Die datenmäßige Voraussetzung für die korrespondierende quantitative Zusammenhangsanalyse - die Regressionsanalyse - ist hier allerdings nicht erfüllt, da beide Merkmale qualitativ und nur nominal bzw. ordinal skaliert sind.

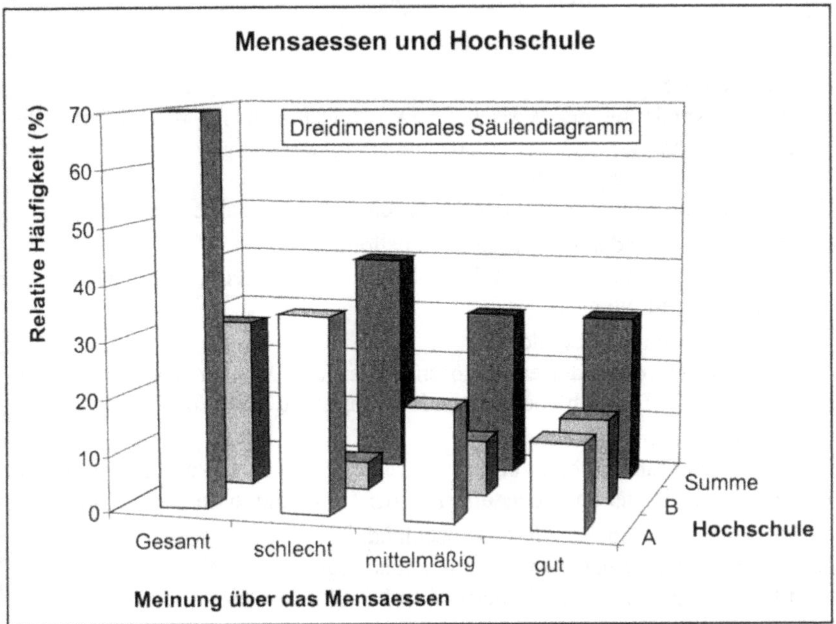

Abb. 8.3: Dreidimensionales -Säulendiagramm der bivariaten Verteilung im Einführungsbeispiel

Quantitative Zusammenhangsanalyse

Schließlich kann man die Stärke des - sachlich wie auch immer gearteten Zusammenhangs - mit Hilfe der **Korrelationsanalyse** zu quantifizieren versuchen. Deshalb werden wir dieses Einführungsbeispiel dafür benutzen, einen weiteren korrelationsanalytischen Ansatz vorzustellen, der auch für nur nominal skalierte Daten anwendbar ist und die Stärke des quantitativen Zusammenhangs in einer Maßzahl zum Ausdruck bringt.

8.4 Übung

Fragen

F1. Was haben bivariate und multivariate Analysen gemeinsam, was unterscheidet sie ?

F2. Bei der Analyse von Zusammenhängen unterscheidet man Sachanalyse und quantitative Analyse. Welche Aufgabe haben diese Analysen und wie hängen sie zusammen ?

F3. Welche grundlegenden Fragestellungen und entsprechenden Analysearten gibt es bei der Analyse von Zusammenhängen ?

F4. Welche Fragestellung beantwortet die Unabhängigkeitsanalyse ?

F5. Erläutern Sie die Bedeutung der Unabhängigkeitsanalyse für alle anderen Arten von Zusammenhangsanalysen.

F6. Welche Fragestellungen beantwortet die Regressionsanalyse ?

F7. Welche sachlichen und datenmäßigen Voraussetzungen hat die Regressionsanalyse ?

F8. Wie bereitet man die Erhebungsdaten zweier Merkmale für eine Regressionsanalyse auf und wie stellt man die aufbereiteten Daten grafisch dar ?

F9. Welche Fragestellungen beantwortet die Korrelationsanalyse ?

F10. Welche sachlichen und datenmäßigen Voraussetzungen hat die Korrelationsanalyse ?

F11. Wie bereitet man die Erhebungsdaten zweier Merkmale für eine Korrelationsanalyse auf und wie stellt man die aufbereiteten Daten grafisch dar ?

Aufgaben

Aufgabe „Auswahl Analyseart“
Betrachten Sie folgende Beispiele aus der Wirtschaftspraxis und klären Sie, welche Arten der quantitativen Zusammenhangsanalyse sachlich und datenmäßig jeweils sinnvoll erscheinen.

a. Umsatz und Werbeaufwand eines Unternehmens.
Umsatz- und Werbeaufwandzahlen (in DM) liegen für die letzten 10 Jahre vor.

b. Arbeitslosigkeit und Inflation in den großen Industrienationen.
Für die 10 führenden Industrienationen der Welt liegen die Arbeitslosenquoten und die Inflationsraten in einem bestimmten Jahr vor.

c. Beteiligung am Erwerbsleben und Geschlecht
Die Zahlen der erwerbstätigen und der erwerblosen Frauen und Männer in einem bestimmten Jahr liegen einmal nur für Deutschland, zum anderen für alle Länder der EU vor.

d. Hochschulranking in den neuen Ländern
Aus dem Spiegel-Hochschulranking eines bestimmten Jahres liegen die Ranglisten der Universitäten der neuen Bundesländer nach Leistungen in der Lehre und in der Forschung vor.

e. Beschäftigungsverhältnis und Nationalität in Deutschland.
Aus der Beschäftigtenstatistik eines bestimmten Jahres liegen die Zahlen von Arbeitern, Angestellten und Beamten getrennt nach Deutschen und Ausländern vor.

9 Regressionsanalyse

Die Regressionsanalyse ist die informativste quantitative Zusammenhangsanalyse, da sie über die meisten Aspekte der Beziehungen zwischen Größen - nämlich Art, Richtung, formel- und zahlenmäßige Verknüpfung - Aussagen ermöglicht. Dieser hohe Informationsgehalt setzt selbst wiederum Daten mit dem höchsten Informationsniveau voraus: quantitative Merkmale, die metrisch skaliert sind. Für viele typische Größen aus der Wirtschaft - wie Mengen-, Preis- und Wertgrößen - ist diese Voraussetzung erfüllt, weshalb die Regressionsanalyse in der wirtschaftlichen Forschung und Praxis vielfältig und intensiv verwendet wird. Die in dieser Einführung behandelten Grundzüge der Regressionsanalyse zeigt folgende Übersicht.

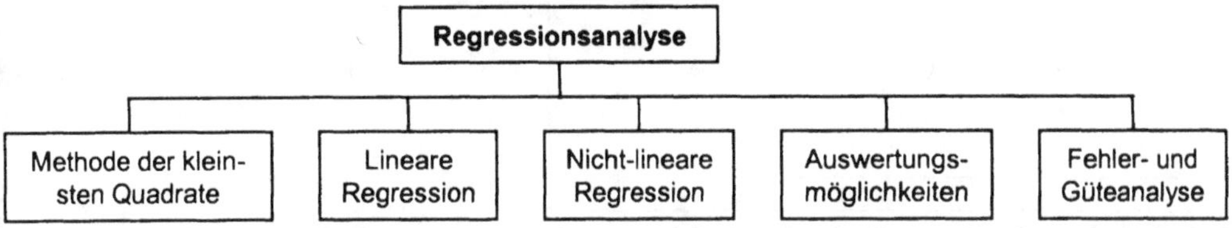

Betrachtet wird die **Einfachregression,** in der nur **eine einzige Größe** als Determinante einer Untersuchungsgröße berücksichtigt wird. Die statistische Aufgabe der Einfachregression besteht allgemein darin, eine **mathematische Funktion** und deren Parameterwerte dergestalt zu ermitteln, dass sie optimal zu den vorhandenen Daten passt. Dazu gibt es verschiedene Methoden, von denen hier die grundlegende **Methode der kleinsten Quadrate** (MKQ) vorgestellt und verwendet wird.

Dabei wird schwerpunktmäßig der einfache, aber praktisch außerordentlich bedeutsame Fall betrachtet, dass die beiden Größen tendenziell in linearer Beziehung stehen. Dies bezeichnet man als **lineare Regression**. Danach behandeln wir ergänzend einen einfacheren Fall einer **nicht-linearen Regression**.

Eine ermittelte Regressionsfunktion liefert nicht nur Informationen über den tendenziellen formel- und zahlenmäßigen Zusammenhang zwischen den betrachteten Größen. Vielmehr kann sie gezielt **ausgewertet** werden, um einerseits weitere **interessierende Größen abzuleiten** und andererseits alle diese Größen und Formeln zu weitergehenden **Analyse-, Planungs- und Prognosezwecken** zu verwenden.

Dabei spielt aus Anwendungssicht die **Güte der ermittelten Regressionsfunktion** eine zentrale Rolle. Deshalb werden abschließend die bei der Einfachregression typischen Fehlerarten und das übliche Gütemaß - das Bestimmtheitsmaß - vorgestellt.

9.1 Methode der kleinsten Quadrate

Die Methode der kleinsten Quadrate ist die **Standardmethode** zur Ermittlung von Regressionsfunktionen. Sie ist ziemlich universell einsetzbar und wird hier aus didaktischen Gründen am einfachen Fall eines tendenziell linearen Zusammenhangs zwischen zwei Größen vorgestellt.

Konzept

Die Methode basiert auf der Idee, diejenige Gerade zu ermitteln, bei der die Abweichungen bzw. Differenzen zwischen den tatsächlichen Werten von Y und den Werten auf der Regressionsgeraden $\hat{Y}$ möglichst gering sind. Die folgende Abbildung 9.1 visualisiert das Konzept. Darin sieht man am Beispiel von nur zwei (von theoretisch unendlich vielen) möglichen Geraden, welche Abweichungen (d_1, d_3) von den tatsächlichen Werten (y_1, y_3) mit der Geradenfestlegung verbunden sind. Um eine besonders gute Annäherung der zu ermittelnden Geraden an die tatsächlichen Werte zu erreichen, werden nicht nur die Abweichungen als solche erfasst und summiert, sondern die **Abweichungsquadrate.** Daher hat die Methode ihren Namen.

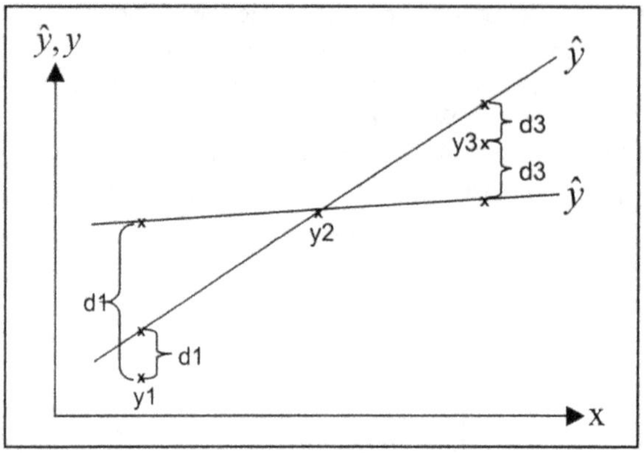

Abb. 9.1: Abweichungen zwischen Beobachtungswerten und Werten auf den Geraden

Operationalisierung /Herleitung
Es ist also diejenige Gerade zu bestimmen, für die gilt:

(1) $$d_1^2 + \ldots + d_n^2 = \sum (y_i - \hat{y}_i)^2 = Minimum!$$

Da die $\hat{y}_i$-Werte auf der Geraden liegen, müssen sie die allgemeine Geradengleichung $\hat{y} = a + b * x$ (mit a=absolutes Glied und b=Anstieg) erfüllen, d.h.

(2) $$\hat{y}_i = a + b * x_i$$

Setzt man (2) in (1) ein, erhält man

(3) $$\sum [y_i - (a + b * x_i)]^2 = Minimum!$$

(3) ist eine quadratische Funktion, bei der y_i und x_i gegebene Daten und **a** und **b** die unbekannten Parameter der Geraden sind, deren Werte zu bestimmen sind. Das Minimum dieser Funktion erhält man durch partielles Differenzieren - d.h. durch Bildung der 1. Ableitungen - und deren Nullsetzung (notwendige Voraussetzung). Dabei entstehen folgende **Normalgleichungen**, in denen die an den Minimalstellen auftretenden Werte der Parameter **a** und **b** üblicherweise mit $\hat{a}$ und $\hat{b}$ symbolisiert werden und n die Anzahl der eingezogenen Beobachtungswerte ist.

(4) $$\sum y_i = n * \hat{a} + \hat{b} * \sum x_i$$

(5) $$\sum y_i * x_i = \hat{a} * \sum x_i + \hat{b} * \sum x_i^2$$

Aus dem Gleichungssystem (4) und (5) - zwei Gleichungen mit zwei Unbekannten - können die unbekannten Parameter $\hat{a}$ und $\hat{b}$ mit den üblichem Methoden zur Lösung linearer Gleichungssysteme ermittelt werden. Man erhält so folgende **Bestimmungsgleichungen:**

(6) $$\hat{a} = \frac{\sum x_i^2 * \sum y_i - \sum x_i * \sum x_i * y_i}{n * \sum x_i^2 - \left(\sum x_i\right)^2}$$

(7) $$\hat{b} = \frac{n * \sum x_i * y_i - \sum x_i * \sum y_i}{n * \sum x_i^2 - \left(\sum x_i\right)^2}$$

Bei der konventionellen Ermittlung der Parameterwerte im jeweils vorliegenden Anwendungsfall empfiehlt sich, zunächst den Anstieg der Graden $\hat{b}$ nach (7) zu berechnen und erst danach das absolute Glied $\hat{a}$. Letzteres lässt sich nämlich durch Einsetzen von $\hat{b}$ in (4) und Auflösen nach $\hat{a}$ viel leichter berechnen als über die Bestimmungsgleichung (6), wie im Folgenden gezeigt wird:

$$(8)\qquad \sum y_i = n*\hat{a}+\hat{b}*\sum x_i \Rightarrow \frac{\sum y_i}{n} = \hat{a}+\hat{b}*\frac{\sum x_i}{n} \Rightarrow \bar{y} = \hat{a}+\hat{b}*\bar{x} \Rightarrow \hat{a} = \bar{y}-\hat{b}*\bar{x}$$

Bei dieser vereinfachten Vorgehensweise ist allerdings darauf zu achten, dass der Fehler bei der Rundung von $\hat{b}$ möglichst klein gehalten wird, da er sich in der Berechnung von $\hat{a}$ fortpflanzt.

9.2 Lineare Regression

Wir veranschaulichen die Ermittlung der Parameterwerte einer Geraden - **die Parameterschätzung** - nach der Methode der kleinsten Quadrate an dem 1. Einführungsbeispiel des letzten Kapitels über die Beziehung zwischen **Haushaltseinkommen und -konsumausgaben** in der folgenden Tabelle 9.2.

Parameterschätzung

Darin stehen in den ersten drei Spalten die nummerierten Wertepaare und in den nächsten 3 Spalten die Terme x_i*y_i,, x_i^2, und y_i^2. Die in den letzten beiden Zeilen der Tabelle stehenden Summen und Durchschnittswerte werden zur Schätzung der Parameterwerte benötigt. Deren Berechung mit Hilfe der obigen Bestimmungsgleichungen ist in der letzten Spalte der Tabelle nachvollziehbar dargestellt.

i	x_i	y_i	$x_i * y_i$	x_i^2	y_i^2	Parameterschätzung
1	1,5	1,40	2,100	2,25	1,96	Achsenabschnitt $\hat{a}$ nach Formel (6):
2	1,2	1,06	1,272	1,44	1,12	
3	1,8	1,54	2,772	3,24	2,37	$\hat{a} = \frac{53{,}15*23{,}08-27{,}1*49{,}97}{15*53{,}15-27{,}1^2} = \frac{8{,}01}{62{,}84} \approx 0{,}13$
4	1,7	1,46	2,482	2,89	2,13	
5	1,3	1,14	1,482	1,69	1,30	nach vereinfachter Formel (8):
6	2,3	1,94	4,462	5,29	3,76	
7	2,2	1,86	4,092	4,84	3,46	$\hat{a} = 1{,}5387-0{,}78*1{,}8067 = 0{,}1275 \approx 0{,}13$
8	1,0	1,00	1,000	1,00	1,00	
9	2,5	2,00	5,000	6,25	4,00	Geradenanstieg $\hat{b}$ nach Formel (7):
10	2,0	1,80	3,600	4,00	3,24	
11	2,5	2,20	5,500	6,25	4,84	$\hat{b} = \frac{15*44{,}97-27{,}1*23{,}08}{15*53{,}15-27{,}1^2} = \frac{49{,}08}{62{,}84} \approx 0{,}78$
12	1,5	1,20	1,800	2,25	1,44	
13	1,0	0,80	0,800	1,00	0,64	Regressionsfunktion:
14	2,0	1,60	3,200	4,00	2,56	
15	2,6	2,08	5,408	6,76	4,33	$\hat{y} = 0{,}13+0{,}78*x$ (Tsd. €)
Σ	**27,1**	**23,08**	**44,97**	**53,15**	**38,16**	
Ø	**1,807**	**1,539**	**2,998**	**3,543**	**2,544**	

Tab. 9.2: Arbeitstabelle zur Parameterschätzung nach der Methode der kleinsten Quadrate

Aus Gründen der Übersichtlichkeit ist in dem gesamten Einführungsbeispiel nur bis zu 2 Stellen hinter dem Komma genau gearbeitet worden, so dass die Ergebnisse nicht ganz exakt sind.

Grafische Darstellung

Das Hauptergebnis der Regressionsanalyse - die Regressionsfunktion - ist auch anschaulich grafisch darstellbar. Die folgende Abbildung 9.2 zeigt die Beobachtungswerte und die berechnete Regressionsgerade für das Einführungsbeispiel mit höherer Genauigkeit, wie sie bei Verwendung von Rechnerfunktionen typisch ist.

Interpretation

Die ermittelten Parameterwerte sind sachgerecht zu interpretieren.

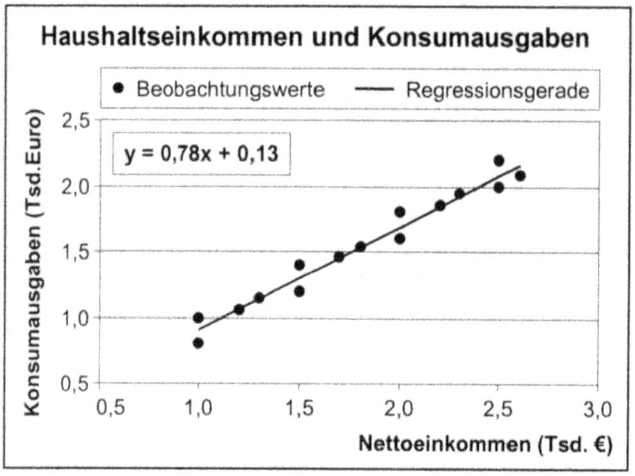

Abb. 9.2: Regressionsgerade im Einführungsbeispiel

Regressionskonstante a
Allgemein handelt es sich um den geschätzten Wert von Y für x=0. Die Regressionskonstante ist häufig nur ein rechnerischer Wert, der praktisch nicht oder nur schwer plausibel interpretiert werden kann. Im vorliegenden Fall ist eine sachgerechte ökonomische Interpretation gut möglich. Die Regressionskonstante im Einführungsbeispiel gibt die monatlichen Konsumausgaben an, mit denen ein Haushalt im Durchschnitt rechnen muss, selbst wenn er kein Einkommen bezieht. Sie betragen 0,13*1000 ~ 130 (€).

Regressionskoeffizient b
Allgemein handelt es sich um den Anstieg der Regressionsgraden. Der Anstieg bzw. die Steigung ist die durchschnittliche absolute Änderung von Y aufgrund einer infinitesimal - d.h. beliebig kleinen - absoluten Änderung von X. Bei einer Regressionsgeraden ist der Anstieg konstant über den gesamten relevanten Wertebereich. Im vorliegenden Fall bedeutet dies: Steigt (fällt) das monatliche Nettoeinkommen um 1 (€), so steigen (fallen) die monatlichen Konsumausgaben eines Haushalts im Durchschnitt um 0,78 (€), und zwar unabhängig vom Einkommensniveau.

9.3 Nicht-lineare Regression

In etlichen Anwendungsfällen ist die Form des Zusammenhangs aus theoretischen Erwägungen und/oder aufgrund der Datenlage nicht-linear. Dann stehen nicht-lineare mathematische Funktionstypen zur Verfügung.

Einige Funktionstypen der Anwendungspraxis

Einige bei wirtschaftlichen Zusammenhangsanalysen häufiger anwendbare nicht-lineare Funktionstypen sind in der folgenden Abbildung 9.3-a mit ihren typischen Verlaufsformen und den allgemein gültigen Funktionsformeln dargestellt.

Allen abgebildeten Funktionstypen ist gemein, dass die abhängige Größe einen nicht-linearen Verlauf aufweist und sich zudem häufig einer oberen oder unteren **Sättigungsgrenze** nähert. Dieses Verhaltensmuster findet man typischerweise etwa bei Stückkosten und Produktionsmengen, Verkaufspreisen und -mengen, bei der zeitlichen Entwicklung der Absatzmenge neu eingeführter Produkte etc. Es lässt sich durch unterschiedliche mathematische Funktionstypen modellieren, wobei deren Schwierigkeitsgrad recht unterschiedlich ist.

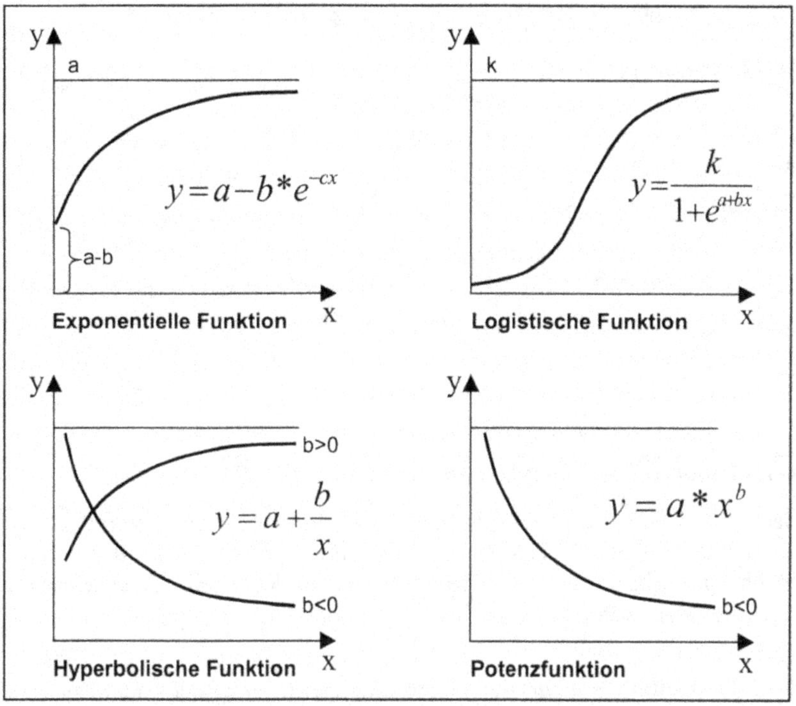

Abb. 9.3-a: Einige nicht-lineare mathematische Funktionstypen

Hyperbolische Funktion
Wir betrachten in dieser Einführung beispielhaft nur die vergleichsweise einfache hyperbolische Funktion. Sie hat den Vorteil, dass die gängige Methode der kleinsten Quadrate bei ihr nach nur geringer Transformation angewendet werden kann. Bei den anderen Funktionstypen sind dafür aufwendigere mathematische Transformationen - insbesondere die **Logarithmierung** - nötig. Eine einfache hyperbolische Funktion hat allgemein die Formel:

$$y = a + \frac{b}{x}$$

Verwendet man die Substitution z= 1/x mit x>0, so erhält man mit

$$y = a + b * z$$

eine lineare Funktion, für deren Parameter a und b man mit der Methode der kleinsten Quadrate wie gehabt die Bestimmungsgleichungen ermitteln kann. Sie sind identisch mit denen im Abschnitt 9.1 vorgestellten, wenn man darin X durch Z ersetzt.

Einführungsbeispiel
Als Einführungsbeispiel betrachten wir das Verhalten von **Verkaufspreis und -menge**. Im Rahmen einer Verbrauchsstudie wurden in einer Region in der Berichtszeit für ein homogenes Gut des täglichen Bedarfs bei 11 zufällig ausgewählten Verkaufsstellen dazu folgende Daten erhoben.

V-Stelle	1	2	3	4	5	6	7	8	9	10	11
Preis (€)	1,80	2,00	1,90	2,20	2,48	1,78	2,30	1,95	2,60	2,38	2,10
Menge (Stück)	85	70	78	60	50	92	55	72	50	54	62

In Abbildung 9.3-b sind die Erhebungsdaten als Streupunktdiagramm dargestellt.

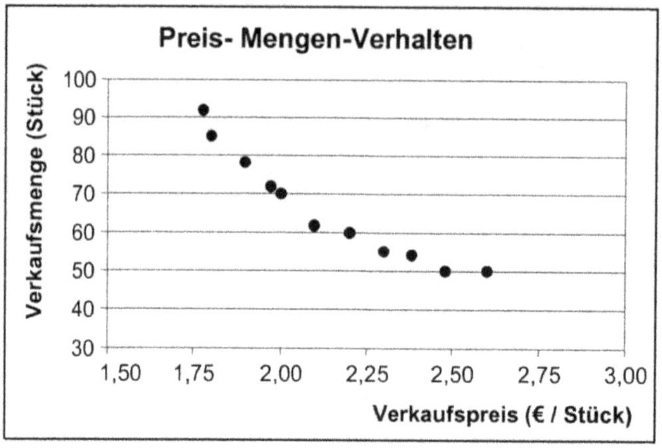

Abb. 9.3-b: Verkaufspreise und –mengen im Einführungsbeispiel

Man erkennt klar das typisch gegenläufige Verhalten, wobei die Verkaufsmenge mit zunehmendem Preis degressiv fällt. Eine lineare Regressionsfunktion würde im vorliegenden Fall das Muster des Zusammenhangs recht ungenau abbilden. Wir werden deshalb die Regression mit der hyperbolischen Funktion durchführen.

Parameterschätzung

Die folgende Tabelle 9.3 enthält die nötigen Berechnungen zur Schätzung der Parameterwerte der sogenannten Preis-Absatzfunktion als einer **hyperbolischen Funktion**.

Verk.-stelle	Preis (€)	Menge (Stk.)	Hyperbolische Funktion			
i	x_i	y_i	$z_i=1/x_i$	z_i*y_i	z_i^2	y_i^2
(1)	(2)	(3)	(4)	(5)	(6)	(7)
1	1,80	85	0,56	47,22	0,31	7225
2	2,00	70	0,50	35,00	0,25	4900
3	1,90	78	0,53	41,05	0,28	6084
4	2,20	60	0,45	27,27	0,21	3600
5	2,48	50	0,40	20,16	0,16	2500
6	1,78	92	0,56	51,69	0,32	8464
7	2,30	55	0,43	23,91	0,19	3025
8	1,95	72	0,51	36,55	0,26	5184
9	2,60	50	0,38	19,23	0,15	2500
10	2,38	54	0,42	22,69	0,18	2916
11	2,10	62	0,48	29,52	0,23	3844
Σ	23,51	728	5,22	354,3	2,52	50242
Ø	2,14	66,18	0,47			

Parameterschätzung

Anstieg $\hat{b}$

$$\hat{b} = \frac{n*\sum z_i * y_i - \sum z_i * \sum y_i}{n*\sum z_i^2 - (\sum z_i)^2}$$

$$\hat{b} = \frac{11*354{,}3 - 5{,}22*728}{11*2{,}52 - 27{,}3}$$

$$\hat{b} = 231{,}865$$

Achsenabschnitt $\hat{a}$

$$\hat{a} = \bar{y} - \hat{b} * \bar{z}$$

$$\hat{a} = 66{,}18 - 231{,}865 * 0{,}475$$

$$\hat{a} = 66{,}18 - 110{,}13 = -43{,}95$$

Regressionsfunktion

$$\hat{y} = -43{,}95 + 231{,}865 * z$$

$$\hat{y} = -43{,}95 + \frac{231{,}865}{x}$$

Tab. 9.3: Schätzung der Parameterwerte einer hyperbolischen Preis-Absatzfunktion

Im linken Teil steht die Arbeitstabelle, in der die in den Bestimmungsgleichungen benötigten Terme berechnet wer-den. Die Arbeitstabelle ist generell so aufgebaut wie im linearen Fall im Abschnitt 9.2, außer dass es zusätzlich eine Spalte für die reziproke Variable Z=1/X gibt und dass sich alle Terme auf die Regression von Y auf Z beziehen. Alle Berechnungen sind mit hoher Genauigkeit (etwa 10 Stellen hinter dem Komma) durchgeführt, aber auf 2 Stellen hinter dem Komma gerundet dargestellt. Im rechten Teil der Tabelle ist die Berechnung der Parameterwerte mit Hilfe der an die Regression von Y auf Z angepassten Bestimmungsgleichungen nachvollziehbar dargestellt.

Interpretation
Eine ökonomisch plausible Interpretation der ermittelten Parameterwerte ist wegen der Nichtlinearität in der Variablen X **nur bedingt möglich**.

Regressionskonstante a
Die Regressionskonstante a = -43,95 (Stück) lässt sich nicht sinnvoll als preisautonome Verkaufsmenge interpretieren, da sie negativ ist.

Regressionskoeffizient b
Der Regressionskoeffizient b als Anstieg der Preis-Absatzfunktion ist mathematisch die 1. Ableitung und ökonomisch die Grenzfunktion der Regressionsfunktion mit

$$\hat{y}' = \frac{d\hat{y}}{dx} = 231{,}86 * \left(\frac{-1}{x^2}\right) = -\frac{231{,}86}{x^2}$$

Für 2 verschiedene Preisniveaus ist der Anstieg der Preis-Absatzfunktion im Folgenden nachvollziehbar ermittelt.

X (€)	$\hat{Y}'$ (Stück)
1,80	- 231,86 / 1,80² ~ -71
2,50	- 231,86 / 2,50² ~ -37

Die Ergebnisse lassen sich etwa wie folgt interpretieren: Steigt (fällt) der Preis auf einem Niveau von 1,80 (2,50) € um einen Cent (als der Hundertste Teil eines Euro), so fällt (steigt) die Verkaufsmenge im Durchschnitt um ~71/100~ 0,7 (~37/100 ~0,37) Stück.

9.4 Auswertungsmöglichkeiten

Eine ermittelte Regressionsfunktion kann häufig noch weiter ausgewertet werden. Drei für wirtschaftliche Anwendungen typische Möglichkeiten werden vorgestellt. Sie werden beispielhaft an dem Einführungsbeispiel zur linearen Regression von Haushaltseinkommen und Konsumausgaben demonstriert.

Durchschnitt
Bei der Durchschnittsauswertung wird Y bezogen auf eine Einheit von X betrachtet. Das Durchschnittskonzept ist ganz generell sehr bedeutsam und weit verbreitet. In der Wirtschaft findet man es etwa bei Stückkosten und Produktivitäten.

Formalisierung

Allgemein:	Einführungsbeispiel:
$\bar{y} = \frac{\hat{y}(x)}{x} = \frac{a + bx}{x} = \frac{a}{x} + b$	$\bar{y} = \frac{0{,}13}{x} + 0{,}78$

Für das Einführungsbeispiel sind einige Durchschnittswerte - mit der obigen Formel berechnet - im Folgenden zusammengestellt. Sie sind abhängig vom Einkommensniveau und werden mit steigendem Einkommen immer kleiner. Dieses Verhalten von Durchschnittswerten ist häufig anzutreffen und wird als Degressionseffekt bezeichnet.

x	1,0	1,5	2,0	2,5
$\bar{y}$	0,91	0,867	0,845	0,832

Im vorliegenden Fall gibt ein Haushalt im Durchschnitt von jedem verdienten € bei einem monatlichen Nettoeinkommen von z.B. 1000 (2500) € 0,91 (~0,83) € für den Konsum aus.

Elastizität
Bei der Elastizitätsauswertung wird die relative Änderung von Y als Folge einer infinitisimal - d.h. beliebig kleinen - relativen Änderung von X betrachtet. Die Elastizität ist ein spezifisch wirtschaftliches Konzept. Recht bekannt ist etwa die Preiselastizität der Nachfrage.

Formalisierung

Allgemein	Einführungsbeispiel
$\varepsilon(x) = \frac{\hat{y}'(x)}{\bar{y}(x)} = \frac{b}{\frac{a+b*x}{x}} = \frac{b*x}{a+b*x}$	$\varepsilon(x) = \frac{0{,}78*x}{0{,}13+0{,}78*x}$

$$|\varepsilon(x)| \left\{ \begin{matrix} > \\ = \\ < \end{matrix} \right\} 1 \quad \left\{ \begin{matrix} \text{überproportional} \\ \text{proportional} \\ \text{unterproportional} \end{matrix} \right\} \text{elastisch}$$

Für das Einführungsbeispiel sind einige Elastizitäten - mit der obigen Formel berechnet - im Folgenden zusammengestellt. Sie sind abhängig vom Einkommensniveau und werden mit steigendem Einkommen immer größer.

x	1,0	1,5	2,0	2,5
$\varepsilon(x)$	0,857	0,90	0,923	0,937

Im vorliegenden Fall sind die ermittelten Elastizitäten durchweg kleiner als 1, die Einkommenselastizität der Ausgaben bei den betrachteten Haushalten also unterproportional. Bei einer 1%-igen Steigerung des Einkommens steigen die Konsumausgaben durchweg um weniger als 1%. Bei niedrigem Einkommen von z.B. 1000 € ist die Elastizität mit 0,857 jedoch kleiner als bei hohem Einkommen von z.B. 2500 € mit 0,937.

Planungs-/Prognoserechnung
In Planungs- und Prognoserechungen kann man mit Regressionsfunktionen auch für nicht beobachtete Werte von X Werte für Y ermitteln, mit denen man tendenziell rechnen kann. Diese Möglichkeit wird typischerweise bei Planungsvarianten in Form von „Was wäre, wenn -Analysen" und/oder „Zielerreichungs-Analysen" genutzt, die nicht nur in der betrieblichen Planungsrechnung weit verbreitet sind.

Eine typische „Was wäre, wenn -Analyse" für das Einführungsbeispiel ist etwa die Frage, mit welchen Konsumausgaben man bei einem monatlichen Nettoeinkommen von z.B. 2750 € im Durchschnitt rechnen kann. Die Antwort ist leicht durch Einsetzen des Vorgabewertes und Ausrechnen des Funktionswertes zu finden.

$$\hat{y}(x = 2{,}75) = 0{,}13 + 0{,}78 * 2{,}75 = 2{,}275 \text{ (Tsd. €)}$$

Im vorliegenden Fall ist dann mit Konsumausgaben von durchschnittlich 2275 € zu rechnen.

9.5 Fehler- und Gütemaße

Eine ermittelte Regressionsfunktion modelliert - d.h. formalisiert und quantifiziert - den **durchschnittlichen oder tendenziellen** Zusammenhang zwischen zwei Größen. Für ihre praktische Verwendung ist aber eine Beurteilung darüber von großer Bedeutung, wie gut sie zu den tatsächlichen Beobachtungswerten passt (goodness of fit bzw. Modellfit).

Problemdarstellung
In der folgenden Abbildung 9.5-a sind zur Verdeutlichung dieses Problems drei Streupunktdia

gramme dargestellt, aus denen **ein und dieselbe lineare Regressionsfunktion** ermittelt wurde.

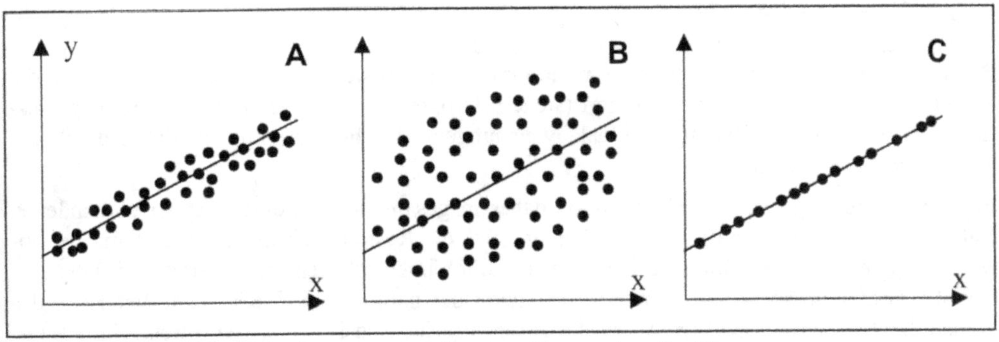

Abb. 9.5-a: Unterschiedliche Anpassungsgüte einer Regressionsfunktion

Ganz offensichtlich passt im Fall C die ermittelte Funktion besonders gut, da **alle Beobachtungswerte genau auf ihr liegen**, während sie im Fall B besonders schlecht passt, da kein einziger Wert auf ihr liegt und in der **Punktwolke** insgesamt sehr **irreguläre und große Abweichungen der** Beobachtungswerte von den Werten auf der Regressionsfunktion bestehen.

Ansätze und Maßgrößen

Es gibt verschiedene Ansätze und korrespondierende Maßgrößen, die man in diesem Zusammenhang zur Operationalisierung verwenden kann. Ein wichtiger Ansatz geht über die Messung der **Stärke des Zusammenhangs** und wird in der **Korrelationsanalyse** im nächsten Kapitel behandelt. Dieser Ansatz ist aber auf **lineare Funktionen** beschränkt. Ganz allgemein anwendbar sind jedoch Ansätze und Maßgrößen, in denen **verschiedene Abweichungen** erfasst und verdichtet werden, wie die folgende Abbildung 9.5.-b zeigt.

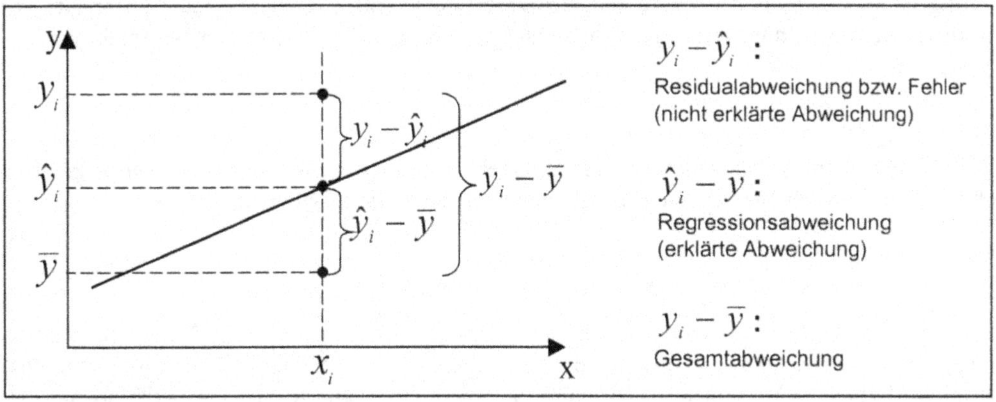

Abb. 9.5-b: Abweichungsarten für Fehler- und Gütemaße

Die für ein beliebiges aber festes x_i feststellbare Abweichung oder Differenz zwischen dem beobachtetem Wert y_i und dem Regressionswert $\hat{y}_i$ wird als Rest, **Residualabweichung** oder auch als **Fehler** bezeichnet. Der Fehler wird - in Anlehnung an den angloamerikanischen Sprachgebrauch - häufig mit $\mathbf{e_i}$ (für error) notiert. Die einzelnen Residuen oder Fehler werden in der Regel verdichtet zur **Residualvarianz** (mittlerer quadratischer Fehler) oder zum **Residualstandardfehler** (schlicht Standardfehler). Die Residualvarianz wird hier mit $\mathbf{S_e^2}$, der Standardfehler mit $\mathbf{S_e}$ notiert, formal:

$$S^2_e = \frac{\Sigma(y_i - \hat{y}_i)^2}{n} = \frac{\Sigma e_i^2}{n} \quad und\ S_e = \sqrt{S^2_e}$$

Bei der Ermittlung einer Regressionsfunktion mit der Methode der kleinsten Quadrate wird die Residualvarianz systematisch minimiert (siehe 9.1). Die nach der Ermittlung der Regressionsfunktion (noch) feststellbaren Residualabweichungen oder Fehler sind von daher durch die Regression **nicht erklärbar**.

Eine ermittelte Regressionsfunktion passt daher insgesamt umso besser zu den vorhandenen Daten, je kleiner diese beiden Maßgrößen sind. Da die Residualvarianz eine quadratische Abweichungsgröße ist, kann man sie schwer anschaulich interpretieren. In der Praxis wird deshalb der Standardfehler bevorzugt, der die Maßeinheit der abhängigen Größe trägt. Mit Hilfe des Standardfehlers lassen sich symmetrische **Intervalle** für alle i= 1,..., n ermitteln, die zusammengenommen einen **Korridor** um die Regressionsfunktion bilden. In diesem Korridor liegt stets die Mehrheit aller beobachteten Werte y_i, weshalb er auch anschaulich als **Toleranzbreite** einer Regression interpretiert werden kann.

Ergänzend kann man bei Y eine **zweite Abweichung** ausmachen, die selbst dann auftritt, wenn es überhaupt keine Residualabweichungen gibt, d. h. alle Beobachtungswerte genau auf der Regressionsfunktion liegen. Dies ist - für einen beliebigen aber festen Wert von X, z.B. x_0 - die Abweichung zwischen dem zugeordneten Funktionswert auf der Regressionsfunktion y_0 und dem Durchschnittswert von Y, d.h. $\bar{y}$. Diese Abweichung kommt dadurch zustande, dass Y eine Variable ist, während $\bar{y}$ ein Parameter ist, der im Anwendungsfall einen bestimmten Wert annimmt. Da es sich bei Y zudem um eine **abhängige Variable** handelt, deren Werte **über die Regressionsfunktion** durch die Werte der unabhängigen Variablen X bestimmt sind, tritt diese Abweichung **notwendigerweise** auf. Man bezeichnet sie deshalb auch als **Regressionsabweichung** bzw. als durch die Regression **erklärte Abweichung**. Die einzelnen Abweichungswerte dieser Abweichungsart werden verdichtet zur **Varianz der Regressionswerte**, formal:.

$$S_{\hat{y}}^2 = \frac{\Sigma(\hat{y}_i - \bar{y})^2}{n}$$

Beide Abweichungen zusammengenommen ergeben die insgesamt feststellbare Gesamtabweichung. Alle Gesamtabweichungen werden verdichtet zur **Gesamtvarianz**, formal:

$$S_y^2 = \frac{\Sigma(y_i - \bar{y})^2}{n}$$

Aus den vorgestellten Abweichungsarten und Verdichtungen setzt sich die Maßgröße zusammen, mit der standardmäßig die Güte einer ermittelten Regressionsfunktion gemessen wird: das **Bestimmtheitsmaß B**. Konzeptionell ist B eine Verhältniszahl, bei der die erklärten Abweichungen zu den Gesamtabweichungen ins Verhältnis gesetzt werden.

Konzept:	Formel:
$B = \frac{Erklärte\ Abweichung}{Gesamtabweichung}$	$B = \frac{S_{\hat{y}}^2}{S_y^2} = \frac{\Sigma(\hat{y}_i - \bar{y})^2}{\Sigma(y_i - \bar{y})^2}$

Aus der Konstruktion folgt, dass B normiert ist mit $\mathbf{0 \leq B \leq 1}$.

Anwendung im Einführungsbeispiel
In den folgenden Tabelle 9.5 ist für die lineare Regression des Einführungsbeispiels „Haushaltseinkommen und Konsumausgaben" die Ermittlung der Fehlermaße dargestellt. Gearbeitet

wurde mit recht hoher Genauigkeit von bis zu 8 Stellen hinter dem Komma. Der Standardfehler ist mit 0,0765* 1000 = 76,50 € besonders klein. Dadurch ergibt sich in diesem Falle ein extrem hohes Bestimmtheitsmaß für die Regression von ~ 0,9666, d.h. dass 96,6% der im Nachhinein feststellbaren Gesamtabweichung durch den gewählten regressionsanalytischen Ansatz (Gerade) und die Regressionsfunktion (Parameterwerte) bedingt sind und nur ~3,4% durch andere Einflüsse verursacht werden.

HH-Nr	HH-Eink.	HH-Ausg.	Schätzung	Residual. Var.	Regress. Var.	Gesamt Var.
i	x_i	y_i	$\hat{y}_i$	$(y_i - \hat{y}_i)^2$	$(\hat{y}_i - \bar{y}_i)^2$	$(y_i - \bar{y}_i)^2$
1	1,5	1,40	1,300	0,010000	0,05696178	0,06696178
2	1,2	1,06	1,066	0,000036	0,22341378	0,22344978
3	1,8	1,54	1,534	0,000036	0,00002178	0,00005778
4	1,7	1,46	1,456	0,000016	0,00683378	0,00684978
5	1,3	1,14	1,144	0,000016	0,15576178	0,15577778
6	2,3	1,94	1,924	0,000256	0,14848178	0,14873778
7	2,2	1,86	1,846	0,000196	0,09445378	0,09464978
8	1,0	1,00	0,910	0,008100	0,39522178	0,40332178
9	2,5	2,00	2,080	0,006400	0,29304178	0,29444178
10	2,0	1,80	1,690	0,012100	0,02290178	0,03500178
11	2,5	2,20	2,080	0,014400	0,29304178	0,30744178
12	1,5	1,20	1,300	0,010000	0,05696178	0,06696178
13	1,0	0,80	0,910	0,012100	0,39522178	0,40732178
14	2,0	1,60	1,690	0,008100	0,02290178	0,03100178
15	2,6	2,08	2,158	0,006084	0,38357378	0,38965778
Summe	27,1	23,08	23,088	0,087840	2,54879415	2,63663467
Durchschn.	1,80667	1,5387	1,539	0,005856	0,16991961	0,17577564
				Standardfehler:		**0,0765**
				Bestimmtheitsmaß B:		**0,9666**

Tab. 9.5: Regressionsfehler und -güte bei HH-Einkommen und Ausgaben

Beim Einführungsbeispiel Absatzpreis und -menge - dessen Fehler- und Güteanalyse hier aus Platzgründen nicht explizit dargestellt ist - sind die Varianzen insgesamt etwas größer, der Standardfehler ist mit 2,83 - d.h. mit ~ 3 Stück - aber absolut und relativ zu den Absatzmengen sehr klein. Auch in diesem Fall ergibt sich dadurch ein sehr hohes Bestimmtheitsmaß von ~0,957. Dies liegt hier vor allem daran, dass ein geeigneter Ansatz der nicht-linearen Regression gewählt wurde, der zu einer sehr geringen Fehlerquote von nur ~4,3% führt, die durch die Regression nicht erklärbar ist.

9.6 Definitionen, Regeln, Symbole und Formeln

Bezeichnung	Symbol	Definitionen/Regeln/Formeln
Methode der kleinsten Quadrate	MkQ	$\sum(y_i - \hat{y}_i)^2 = Minimum$
Lineare Regression		
Regressionsfunktion (Gradengleichung)		$\hat{y} = a + b * x$
Bestimmungsgleichungen:		
Anstieg (Regressionskoeffizient)	b	$= \frac{n * \sum x_i * y_i - \sum x_i * \sum y_i}{n * \sum x_i^2 - (\sum x_i)^2}$
Achsenabschnitt (Regressionskonstante)	a	$= \frac{\sum x_i^2 * \sum y_i - \sum x_i * \sum x_i * y_i}{n * \sum x_i^2 - (\sum x_i)^2}$
vereinfacht		$= \bar{y} - b * \bar{x}$
Nicht-lineare Regression		
Hyperbolische Funktion		$y = a + \frac{b}{x}$ bzw. $y = a + b * z$
Wichtige Auswertungen		
Durchschnittsfunktion		
• allgemein	$\bar{y}$ (x)	$= \frac{\hat{y}(x)}{x}$
• lineare Funktion	$\bar{y}$ (x)	$= \frac{a + bx}{x} = \frac{a}{x} + b$
Elastizitätsfunktion		
• allgemein	$\varepsilon(x)$	$= \frac{\hat{y}'(x)}{\bar{y}(x)}$
• lineare Funktion	$\varepsilon(x)$	$= \frac{b}{\frac{a + b * x}{x}} = \frac{b * x}{a + b * x}$
Fehler- und Gütemaße		
Residualabweichung bzw. Fehler	e_i	$= y_i - \hat{y}_i$:
Residualvarianz bzw. mittlerer quadratischer Fehler	S^2_e	$= \frac{\sum e_i^2}{n} = \frac{\sum(y_i - \hat{y}_i)^2}{n}$
Standardfehler	Se	$=\sqrt{S^2_e}$
Regressionsvarianz	$S_{\hat{y}}^2$	$= \frac{\sum(\hat{y}_i - \bar{y})^2}{n}$
Gesamtvarianz	S_y^2	$= \frac{\sum(y_i - \bar{y})^2}{n}$
Bestimmtheitsmaß	B	$= \frac{S_{\hat{y}}^2}{S_y^2} = \frac{\sum(\hat{y}_i - \bar{y})^2}{\sum(y_i - \bar{y})^2}$

9.7 Übung

Fragen

F1. Was sind die wesentlichen Gemeinsamkeiten und Unterschiede von Regressions- und Korrelationsanalysen ?

F2. Warum ist die Regressionsanalyse praktisch so bedeutsam ?

F3. Was sind Einfach- und Mehrfachregression ?

F4. Wie heißt die Standardmethode zur Ermittlung einer Regressionsfunktion und was wird dabei minimiert ?

F5. Welche Gründe sprechen in der Praxis für die lineare Regression ?

F6. Für den Zusammenhang von monatlichen Mietausgaben und Haushaltseinkommen (in €) wurde folgende Regressionsfunktion ermittelt: $\hat{y} = 100 + 0{,}2x$.
Welche der folgenden Aussagen sind richtig ?
a) Die Mietausgaben betragen im Durchschnitt 20% des HH-Einkommens.
b) Die Regressionsfunktion ist falsch, da bei Haushalten unter 100 € Einkommen die Mietausgaben im Durchschnitt das Einkommen übersteigen.
c) Im Durchschnitt ergibt sich bei einem Einkommensunterschied von 100 € von Haushalt zu Haushalt ein Mietausgabenunterschied von 20 €.
d) Eine Einkommenssteigerung von 1% führt zu einer Mietsteigerung von 0,2%.
e) Je kleiner das Einkommen, desto kleiner sind im Durchschnitt die Mietausgaben.

F7. Welche nicht-linearen mathematischen Funktionstypen sind für Regressionsanalysen in der Wirtschaftspraxis bedeutsam ?

F8. Nennen Sie Ansätze zur Transformation nicht-linearer Verläufe in eine **in den Parametern lineare** Regressionsfunktion.

F9. Welche für die Praxis wichtigen Auswertungsmöglichkeiten einer ermittelten Regressionsfunktion kennen Sie ?

F10. Welche Ansätze zur Ermittlung der Güte einer Regressionsfunktion kennen Sie ? Welche davon sind allgemein und welche nur bei linearer Regression verwendbar ?

F11. $e_i = y_i - \hat{y}_i$ ist die Residualabweichung oder der Fehler einer Regression.
Welche auf e_i basierenden absoluten und relativen Fehlermaße kennen Sie ?

F12. Wie ist das Bestimmtheitsmaß B konzeptionell konstruiert und was sagen z.B. B= 0,9 und B= 0,5 aus.

Aufgaben

Aufgabe "Verkaufspreise und -mengen von Speisequark"

Im Rahmen der Marktforschung im Lebensmittel-Einzelhandel wurden für ausgewählte Güter Angebotspreise und Absatzmengen erhoben. Die folgende Tabelle enthält die Erhebungsergebnisse für "Speisequark" (Packungen gleichen Gewichts) in 7 Supermärkten.

Preis (€/Pack.)	1,47	1,50	1,55	1,59	1,63	1,70	1,76
Menge (Stück)	432	359	353	275	254	242	185

Aufgabenstellungen

a. Stellen Sie die Erhebungsergebnisse in geeigneter Form grafisch dar.

b. Warum ist für die quantitative Analyse des Zusammenhangs die Regression geeignet und welchen regressionsanalytischen Ansatz wählen Sie (mit Begründung) ?

c. Berechnen Sie die Regressionsfunktion (Parameterwerte) und tragen Sie sie in a. ein.

d. Interpretieren Sie die Regressionskoeffizienten ökonomisch sachgerecht.

e. Ermitteln und interpretieren Sie die Preiselastizität der Nachfrage bei 1,60 (€/Packung).
f. Mit welcher Absatzmenge ist unter gleichbleibenden Bedingungen bei einem Angebotspreis von 1,65 (€/Packung) im Durchschnitt zu rechnen ?

Aufgabe „Speditionsunternehmen"
In einem Speditionsunternehmen wurden für die Kleinlaster bis 7,5 t im letzten Jahr folgende Daten über das Alter und die Reparaturkosten der Fahrzeuge erfasst.

Fahrzeug Nr.	1	2	3	4	5	6	7	8	9
Alter (Jahre)	2	3	4	5	6	7	7	8	8
Reparaturkosten (Tsd. €)	1,8	1,9	2,2	2,5	2,7	3	3,5	3,5	4

Aufgabenstellungen
a. Stellen Sie die Daten in geeigneter Form grafisch dar.
Benennen und begründen Sie kurz die verwendete Darstellungsform.
b. Welche Vermutungen über den Zusammenhang der beiden Größen haben Sie aus sachlichen und datenmäßigen Erwägungen und welche Arten und Ansätze der quantitativen Zusammenhangsanalyse halten Sie von daher hier für sinnvoll und machbar (Begründung) ?
c. Führen Sie zwei geeignete Regressionsanalysen durch und tragen Sie die Ergebnisse in Ihre Grafik unter a) ein.
d. Interpretieren Sie die Parameter Ihrer Analysefunktionen sachgerecht.
e. Führen Sie eine geeignete Korrelationsanalyse durch. Was sagt Ihnen das Ergebnis über die Güte Ihrer Regressionsanalysen ?
f. Würdigen Sie vergleichend Ihre Analyseergebnisse.

Aufgabe "Produktionsausstoß und Werbeaufwand von Bierbrauereien"
Die 9 größten Bierbrauereien Deutschlands hatten im Wirtschaftsjahr 1992 folgenden Produktionsausstoß P (in 1000 hl) und Werbeaufwand W (in Mio €).

Lfd. Nr.	Brauerei	P (1000 Hl.)	W (Mio. €)
1	Warsteiner	5534	24,6
2	Bitburger	3375	20,4
3	Krombacher	3060	25,1
4	Holsten	2700	23,3
5	Veltins	2120	16,8

Lfd. Nr.	Brauerei	P (1000 Hl.)	W (Mio. €)
6	König	2107	17,4
7	Paulaner	1900	9,1
8	Henninger	1751	10,0
9	Licher	1605	11,5

Aufgabenstellungen
a. Stellen Sie die Daten in geeigneter Form grafisch dar.
Benennen und begründen Sie kurz die von Ihnen gewählte Darstellungsform.
b. Welche Vermutungen über den Zusammenhang der beiden Größen haben Sie aus sachlichen und datenmäßigen Erwägungen und welche Arten der quantitativen Zusammenhangsanalyse sind im vorliegenden Fall (nicht) möglich, welche (nicht) sinnvoll ?
c. Führen Sie eine geeignete Regressionsanalyse durch und interpretieren Sie die Ergebnisse ökonomisch sachgerecht.
d. Führen Sie mit Ihrer Regressionsfunktion für jährliche Werbeaufwendungen von 10, 17,5 und 25 (Mio. €) jeweils eine Durchschnitts-, eine Elastizitäts- und eine „Was wäre, wenn-Analyse" durch und interpretieren Sie die Ergebnisse jeweils ökonomisch sachgerecht.
e. Führen Sie eine geeignete Korrelationsanalyse durch und interpretieren Sie das Ergebnis ökonomisch sachgerecht.
f. Was können Sie im vorliegenden Fall mit dem Ergebnis der Korrelationsanalyse über die Güte der Regression sagen ? Ist dies ganz allgemein möglich ?

10 Korrelationsanalyse

Die Korrelationsanalyse dient der Ermittlung der Stärke und teilweise auch der Richtung des Zusammenhangs zwischen zwei sachlich sinnvoll in Beziehung stehenden Merkmalen, und zwar unabhängig von der Beziehungsart (dependent oder interdependent). Operationalisiert und quantifiziert werden diese Beziehungsaspekte typischerweise durch Korrelationskoeffizienten. Dies sind normierte, dimensionslose Maßgrößen, die Werte zwischen 0 und |1| annehmen können.

Die möglichen Ansätze und Maßgrößen hängen ganz wesentlich von der Merkmals- und vor allem von der **Skalenart** der betrachteten Merkmale ab. Die aufgrund der drei Skalenarten logisch möglichen korrelationsanalytischen Fälle sind in der folgenden Übersichtstabelle ansatzweise dargestellt.

Skalierung von X	Skalierung von Y			
	kardinal	**ordinal**		**nominal**
kardinal	**Maßkorrelation** Bravais-Pearson	↑		↑
ordinal	←	**Rangkorrelation** Spearman	**Konkordanz** Goodman & Kruskal	↑
nominal	←	←		**Kontingenz**

Von diesen werden hier nur die grundlegenden Fälle in der Diagonalen behandelt, bei denen die betrachteten Merkmale jeweils die gleiche Skalierung haben. Diese grundlegenden Fälle haben auch größte praktische Bedeutung. Dabei kommen die unterschiedlichen korrelationsnalytischen Fälle auch in der **spezifischen Bezeichnung der jeweiligen Korrelationskoeffizienten** zum Ausdruck, die teilweise - um Missverständnisse zu vermeiden - zusätzlich nach ihren „Erfindern" benannt sind.

Besitzen die beiden Merkmale unterschiedliche Skalenniveaus, so kann man entweder...

- das höhere Skalenniveau abwerten (Herunterskalieren) oder
- einen speziellen Korrelationskoeffizienten verwenden, der auf die asymmetrische Skalierung besonders zugeschnitten ist.

10.1 Maßkorrelation

Die Korrelationsanalyse bei zwei metrisch skalierten Merkmalen bezeichnet man im Allgemeinen als Maßkorrelation. Zur Maßkorrelation für den einfachen, aber praktisch besonders bedeutsamen Fall, dass die beiden Merkmale **linear** zusammenhängen, benutzt man in der Regel den **Korrelationskoeffizienten nach BRAVAIS-PEARSON**. Dieser wird auch als dualer Korrelationskoeffizient, einfacher linearer Korrelationskoeffizient oder schlicht als Maßkorrelationskoeffizient bezeichnet.

Um das Konzept des Korrelationskoeffizienten verständlich zu machen, veranschaulichen wir zunächst die Ausgangssituation der Maßkorrelation am Streupunktdiagramm des Einführungsbeispiels über Haushaltseinkommen und Konsumausgaben aus dem Kapitel 9.

Darin erkennt man schon per Augenschein, dass ein **linearer Zusammenhang** zwischen den beiden Merkmalen besteht und dass dieser **sehr stark** ist, da viele Beobachtungswerte auf der - hier nicht ermittelten und eingezeichneten - Regressionsgeraden liegen und die übrigen nur geringfügig von ihr abweichen. Diesen Sachverhalt kann man mit verschiedenen Ansätzen und Maßgrößen erfassen. Eine davon haben wir bereits im Abschnitt 9.5 als Standard-Gütemaß bei Regressionsrechnungen kennen gelernt. Das dort behandelte **Bestimmtheitsmaß** beruht auf der

Ermittlung und zusammenfassenden Auswertung verschiedener Abweichungsarten, wozu man allerdings die Regressionsfunktion braucht. Die jetzt vorzustellenden Maßgrößen ermitteln die Stärke des Zusammenhangs ohne Kenntnis der Regressionsfunktion durch Erfassung der im Streupunktdiagramm sichtbaren Streuung.

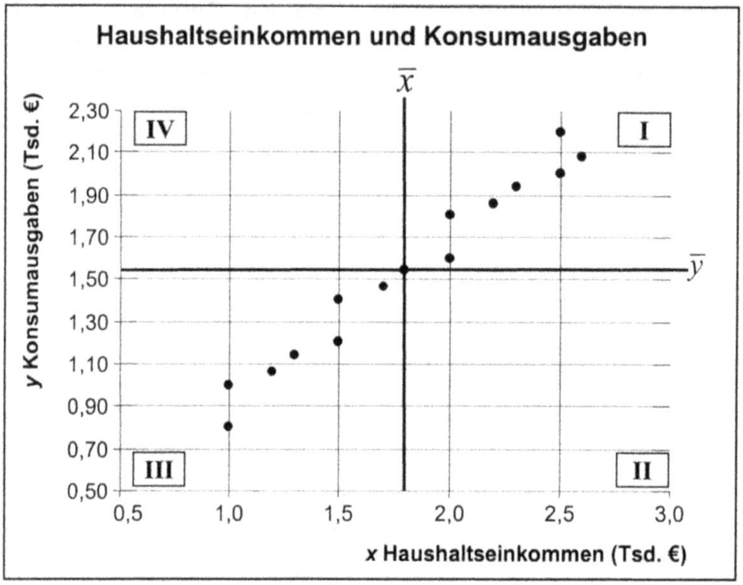

Abb. 10.1: Streupunktdiagramm als Ausgangspunkt der Korrelationsrechnung/ Einführungsbeispiel Haushaltseinkommen und Konsumausgaben

10.1.1 Kovarianz

Konzept und Operationalisierung

Eine bekannte Maßgröße, die Streuung **eines** quantitativen Merkmals X zu messen, ist die Varianz S_x^2, die mittlere quadratische Abweichung der Merkmalswerte vom Durchschnittswert. Liegen die Merkmalswerte in einer Urliste oder einer geordneten statistischen Reihe vor, hat die Varianz folgende Definitionsformel (siehe 4.3):

$$S_x^2 = \frac{1}{n}\sum(x_i - \bar{x})^2 \ldots = \ldots \frac{1}{n}\sum(x_i - \bar{x})\,(x_i - \bar{x})$$

Überträgt man das Konzept der Varianz auf die Wertepaare **zweier** quantitativer Merkmale, erhält man die Kovarianz, hier symbolisiert mit $COV_{x,y}$. Darin werden die bei jedem Wertepaar (x_i, y_i) gleichzeitig auftretenden Abweichungen von ihrem jeweiligen Durchschnittswert - d.h. $x_i - \bar{x}$ und $y_i - \bar{y}$ - erfasst und der Durchschnittswert aller Abweichungsprodukte gebildet, formal:

$$COV_{x,y} = \frac{1}{n}\sum(x_i - \bar{x}) * (y_i - \bar{y})$$

Ermittlung

In der folgenden Tabelle 10.1.1 ist die Ermittlung der Kovarianz mit der obigen Formel für das Einführungsbeispiel nachvollziehbar dargestellt.

HH-Nr.	HH-Eink.	HH-Ausg.	Abw. $\bar{x}$	Abw. $\bar{y}$	Abw. Produkt
i	x_i	y_i	$x_i - \bar{x}$	$y_i - \bar{y}$	$(x_i - \bar{x}) * (y_i - \bar{y})$
1	1,5	1,40	- 0,3067	- 0,1387	0,0425244
2	1,2	1,06	- 0,6067	- 0,4787	0,2903911
3	1,8	1,54	- 0,0067	0,0013	- 0,0000089
4	1,7	1,46	- 0,1067	- 0,0787	0,0083911
5	1,3	1,14	- 0,5067	- 0,3987	0,2019911
6	2,3	1,94	0,4933	0,4013	0,1979911
7	2,2	1,86	0,3933	0,3213	0,1263911
8	1,0	1,00	- 0,8067	- 0,5387	0,4345244
9	2,5	2,00	0,6933	0,4613	0,3198578
10	2,0	1,80	0,1933	0,2613	0,0505244
11	2,5	2,20	0,6933	0,6613	0,4585244
12	1,5	1,20	- 0,3067	- 0,3387	0,1038578
13	1,0	0,80	- 0,8067	- 0,7387	0,5958578
14	2,0	1,60	0,1933	0,0613	0,0118578
15	2,6	2,08	0,7933	0,5413	0,4294578
Summe	**27,1**	**23,08**			**3,2721333**
Durchschnitt	**1,8066**	**1,5387**			**0,2181422**

Tab. 10.1.1: Ermittlung der Kovarianz im Einführungsbeispiel

Charakteristika

Die Kovarianz hat folgende charakteristische Eigenschaften:

1. Sie ist eine absolute Größe, deren Wertebereich unbeschränkt ist.
2. Ihre Dimension ist als Produkt der Dimensionen der beiden Merkmale häufig schwer oder gar nicht vernünftig interpretierbar. Im vorliegenden Fall ist ihr Wert 0,2181422 und ihre Dimension (10^6 €^{2}), d.h. ~218.142 (€^{2}).
3. Ihr Wert ist positiv und umso größer, je häufiger die Abweichungen der beiden Merkmale das gleiche Vorzeichen haben. Dies ist bei Wertepaaren, die im 1. und 3. Quadranten eines Streupunktdiagramms liegen, der Fall. Von daher indiziert eine große (positive) Kovarianz einen starken gleichgerichteten linearen Zusammenhang der beiden Merkmale, wie in der Abb. 10.1 beim Einführungsbeispiel sichtbar.
4. Ihr Wert ist negativ und umso kleiner, je häufiger die Abweichungen der beiden Merkmale entgegengesetzte Vorzeichen haben. Dies ist bei Abweichungen, die im 2. und 4. Quadranten eines Streupunktdiagramms liegen, der Fall. Von daher indiziert eine kleine (negative) Kovarianz einen gegenläufig gerichteten linearen Zusammenhang der beiden Merkmale.
5. Ihr Wert liegt umso näher 0, je mehr die beiden genannten Fälle gleichermaßen auftreten. Dies ist bei einer Punktwolke der Fall, die sich regellos über alle Quadranten des Streupunktdiagramms verteilt. Von daher indiziert eine Kovarianz von 0 keinen linearen Zusammenhang zwischen den beiden Merkmalen.

Die Eigenschaften 3.-5. zeigen, dass die Kovarianz geeignet ist, die Stärke des linearen Zusammenhangs zwischen zwei Merkmalen zu messen. Ihre Eigenschaft 1 (absolute Größe) und 2 (Dimension) sind aber nicht benutzerfreundlich.

10.1.2 Korrelationskoeffizient nach Bravais-Pearson

Der jetzt vorzustellende Korrelationskoeffizient nach BRAVAIS-PEARSON wird auch als dualer Korrelationskoeffizient, einfacher linearer Korrelationskoeffizient, oder schlicht als Maßkorrelationskoeffizient bezeichnet und häufig mit $r_{xy}=r_{yx}$ notiert.

Konzept und Operationalisierung

Er verwendet die Kovarianz in einem erweiterten Ansatz dergestalt, dass eine Maßgröße entsteht, die zusätzlich folgende Eigenschaften hat:

- **relative Größe**
- **normierter Wertebereich** zwischen –1 und +1.

Eine absolute Größe wird typischerweise dadurch „relativiert", dass sie ins Verhältnis gesetzt wird zu einer anderen absoluten Größe, die sachlich mindestens gleichartig und auf jeden Fall dimensionsidentisch ist (siehe Abschnitt 3.1.1. Gliederungs- und Messzahlen). Insofern ist es sinnvoll, die **Kovarianz als Zähler einer Verhältniszahl** zu verwenden, in deren Nenner eine andere Varianz bzw. varianzähnliche Größe steht.

Die **Normierung** der so entstehenden Verhältniszahl gelingt dadurch, dass die im Nenner stehende Größe die quantitative Eigenschaft hat, als obere Schranke für den Zähler zu fungieren. Dies leisten Streuungsgrößen der beiden einzelnen Merkmale, die im Nenner in geeigneter Weise verknüpft sind. Aus diesen und weiteren Überlegungen und mathematischen Zusammenhängen resultiert der Ansatz des Korrelationskoeffizienten nach Bravais-Pearson.

$$\text{Maßkorrelationskoeffizient} = \frac{\text{Kovarianz}}{\text{Produkt der Standardabweichungen}}$$

Symbole	Definitionsformel	exakte Formel
$r_{xy} = \frac{COV(x,y)}{S_X * S_Y}$	$= \frac{\frac{1}{n}\Sigma(x_i - \bar{x})*(y_i - \bar{y})}{\sqrt{\frac{\Sigma(x_i - \bar{x})^2 * \Sigma(y_i - \bar{y})^2}{n}}}$	$= \frac{\frac{1}{n}\Sigma x_i * y_i - \bar{x} * \bar{y}}{\sqrt{\frac{\Sigma x_i^2 - \bar{x}^2}{n}} * \sqrt{\frac{\Sigma y_i^2 - \bar{y}^2}{n}}}$

Ermittlung

In der folgenden Tabelle 10.1.2 ist die Ermittlung des Korrelationskoeffizienten für das Einführungsbeispiel nachvollziehbar dargestellt. Benutzt wird dabei die Formel für die exakte, automatisierte Berechnung, die effektiver und effizienter ist.

Im linken Teil der Tabelle stehen die Beobachtungsdaten, im mittleren Teil werden die Hauptterme ermittelt, die im Korrelationskoeffizienten benötigt werden, und im rechten Teil werden diese benutzt, um den Korrelationskoeffizienten zu berechnen. Die Terme und ihre Werte stehen in den letzten beiden Zeilen der Arbeitstabelle.

Zur Ermittlung des **Zählers** - der Kovarianz - wird jetzt nur eine zusätzliche Spalte benötigt (4), deren letztes Feld dem 1. Term des Zählers entspricht. Für den 2. Term des Zählers können die benötigten Durchschnittswerte aus den letzten Feldern der Spalten 2 und 3 übernommen werden.

Im **Nenner** stehen die Standardabweichungen der beiden Merkmale. Auch hier wird für jede Standardabweichung nur eine zusätzliche Spalte benötigt (5 bzw. 6), deren Ergebnisfeld jeweils dem 1. Term in der exakten Formel entspricht, wenn man daraus die Wurzel zieht. Für den 2. Term kann der benötigte Durchschnittswert wieder aus dem letzten Feld der Spalte 2 bzw. 3 übernommen werden, muss allerdings noch quadriert werden.

Beobachtungswerte			Hauptterme			Korrelationskoeffizient
(1)	(2)	(3)	(4)	(5)	(6)	(7)
i	x_i	y_i	$x_i * y_i$	x_i^2	y_i^2	
1	1,5	1,40	2,100	2,25	1,96	Zähler : Kovarianz
2	1,2	1,06	1,272	1,44	1,12	
3	1,8	1,54	2,772	3,24	2,37	$COV(x,y) = \frac{1}{n}\sum x_i * y_i - \bar{x} * \bar{y}$
4	1,7	1,46	2,482	2,89	2,13	
5	1,3	1,14	1,482	1,69	1,30	= 2,998 – 1,807*1,539 = 0,21814
6	2,3	1,94	4,462	5,29	3,76	Nenner: Standardabweichung von X
7	2,2	1,86	4,092	4,84	3,46	
8	1,0	1,00	1,000	1,00	1,00	$S_X = \sqrt{\frac{1}{n}\sum x_i^2 - \bar{x}^2}$
9	2,5	2,00	5,000	6,25	4,00	
10	2,0	1,80	3,600	4,00	3,24	$S_x = \sqrt{3{,}543 - 1{,}807^2} = 0{,}5282$
11	2,5	2,20	5,500	6,25	4,84	
12	1,5	1,20	1,800	2,25	1,44	Nenner: Standardabweichung von Y
13	1,0	0,80	0,800	1.00	0,64	
14	2,0	1,60	3,200	4.00	2,56	$S_Y = \sqrt{\frac{1}{n}\sum y_i^2 - \bar{y}^2}$
15	2,6	2,08	5,408	6,76	4,33	
Σ	**27,1**	**23,08**	**44,97**	**53,15**	**38,16**	$S_y = \sqrt{2{,}544 - 1{,}539^2} = 0{,}42$
Ø	**1,807**	**1,539**	**2,998**	**3,543**	**2,544**	
	$\bar{x}$	$\bar{y}$	$\frac{1}{n}\sum x_i * y_i$	$\frac{1}{n}\sum x_i^2$	$\frac{1}{n}\sum y_i^2$	$r_{xy} = r_{yx} \frac{0{,}21814}{0{,}5282 * 0{,}42} = 0{,}9834775 \approx \underline{0{,}98}$

Tab. 10.1.2: Ermittlung des Korrelationskoeffizienten im Einführungsbeispiel

Charakteristika und Interpretation

Die Ergebnisse einer Maßkorrelation mit r_{xy} lassen sich wie folgt interpretieren:

- Ist der Koeffizient positiv, ist der Zusammenhang gleichgerichtet.
- Ist der Koeffizient negativ, ist der Zusammenhang gegenläufig.
- Der Zusammenhang ist umso stärker, je näher der Wert bei 1 liegt.
- Der Zusammenhang ist umso geringer, je näher der Wert bei 0 liegt.

Im Einführungsbeispiel ist r_{xy}~0,92, d.h. es gibt einen sehr starken, gleichgerichteten Zusammenhang zwischen Haushaltseinkommen und Konsumausgaben.

Wichtig ist, noch einmal anzumerken, dass der vorgestellte Korrelationskoeffizient nur die Stärke des Zusammenhangs zwischen zwei metrisch skalierten Größen misst, zwischen denen eine **lineare Beziehung** besteht. Diese wichtige Voraussetzung ist vor Anwendung des Koeffizienten auf jeden Fall zu prüfen. Ein Maßkorrelationskoeffizient von 0 bedeutet, dass kein linearer Zusammenhang besteht. Es ist jedoch sehr wohl möglich, dass ein nicht-linearer Zusammenhang vorliegt.

10.2 Rangkorrelation

Sind die Merkmale ordinal skaliert, sind Ansätze zu verwenden, die darauf abstellen, dass die Merkmalswerte sich natürlicher- oder sinnvollerweise nur aufsteigend oder abfallend reihen lassen. Zur Demonstration für diesen Fall wird das Einführungsbeispiel über Sozialverhalten und analytische Fähigkeiten von als Managementnachwuchs eingestellten Hochschulabsolventen aus dem Kapitel 8 benutzt. Es ist in der folgenden Abbildung 10.2 als Streupunktdiagramm visualisiert. Darin erkennt man schon per Augenschein tendenziell einen gegenläufigen Zusammenhang mittlerer Stärke.

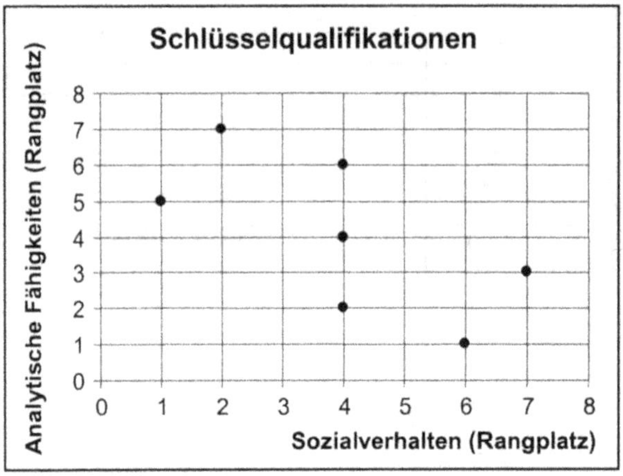

Abb. 10.2: Streupunkt-Diagramm von Sozialverhalten und analytischen Fähigkeiten

Der intuitive Eindruck über den Zusammenhang ist durch systematische Korrelationsanalyse zu erfassen und zu quantifizieren. Dazu werden zwei Ansätze und Maßgrößen vorgestellt.

10.2.1 Rangkorrelation nach Spearman

Konzept und Operationalisierung

Bei diesem Ansatz wird das Konzept des Maßkorrelationskoeffizienten auf ordinal skalierte Merkmale übertragen. Um bei beiden Merkmalen die Rangordnung einheitlich und unabhängig von der Dimension abzubilden, werden den geordneten Merkmalswerten Rangzahlen zugeordnet. Die Merkmalswertepaare (x_i, y_i) werden also in Rangzahlpaare (R^x_i, R^y_i) transformiert.

Wendet man den Ansatz des Korrelationskoeffizienten nach Bravais-Pearson auf Rangzahlpaare an, erhält man den Rangkorrelationskoeffizienten von Spearman, der hier mit $\mathbf{r_S}$ notiert wird. Nach einigen Umformungen - auf die hier verzichtet wird - erhält man die Formel:

$$r_S = 1 - \frac{6 * \sum \left(R_i^x - R_i^y\right)^2}{n\left(n^2 - 1\right)}$$

Die angegebene Formel führt nur dann zu korrekten Ergebnissen, wenn einzelne Merkmalswerte von X und Y und damit die ihnen zugeordneten Rangplätze **nicht mehrfach auftreten**. Ist dies jedoch der Fall - treten also sogenannte **Bindungen** auf - ist den übereinstimmenden Merkmalswerten das arithmetische Mittel ihrer Rangplatzzahlen zuzuordnen und es ist eine die Bindungen berücksichtigende kompliziertere Formel zu verwenden, auf die hier verzichtet wird.

Ermittlung und Interpretation

Im Einführungsbeispiel liegen die Werte beider Merkmale bereits als Rangplätze vor, so dass die Transformation der Beobachtungswerte in Rangzahlen entfällt. In der folgenden Tabelle 10.2.1 ist die Ermittlung des Rangkorrelationskoeffizienten nach Spearman gemäß der obigen Formel nachvollziehbar dargestellt. Im linken Teil (Spalten 1-4) stehen die Merkmalsträger, ihre Nummerierung und ihre Merkmalswerte bzw. Rangzahlen. Im mittleren Teil (Spalten 5 und 6) werden die im Zähler der Formel benötigten Rangplatzdifferenzen ermittelt und quadriert. Im rechten Teil (Spalte 7) wird abschließend der Koeffizient berechnet.

Absolvent	i	R^x_i	R^y_i	$R^x_i - R^y_i$	$(R^x_i - R^y_i)^2$	r_s
(1)	(2)	(3)	(4)	(5)	(6)	(7)
A	1	4	6	-2	4	Zähler:
B	2	1	5	-4	16	$6*90=540$
C	3	4	2	2	4	Nenner:
D	4	2	7	-5	25	$7*(49-1)=7*48=336$
E	5	4	4	0	0	
F	6	7	3	4	16	$\frac{Zähler}{Nenner}=\frac{540}{336}=1{,}607$
G	7	6	1	5	25	
Summe	-	**28**	**28**	**0**	**90**	$r_s = 1-1{,}607 = \underline{\underline{-0{,}607}}$

Tab. 10.2.1: Ermittlung des Rangkorrelationskoeffizienten im Einführungsbeispiel

Die beim Maßkorrelationskoeffizienten genannten Interpretationsregeln gelten analog für den Rangkorrelationskoeffizienten. Im Einführungsbeispiel ist r_S= - 0,607, d.h. es liegt ein gegenläufiger Zusammenhang vor, der überdurchschnittlich stark ist.

Anwendungsbreite und -grenzen

Der Rangkorrelationskoeffizient ist auf mindestens ordinal skalierte Merkmale anwendbar, also auch auf metrisch skalierte. Bei **metrisch skalierten Merkmalen** kann er eine wichtige Ergänzung des Maßkorrelationskoeffizienten sein, wenn der Zusammenhang der beiden Merkmale **nicht linear** ist. Dann liefert die Maßkorrelation nämlich keine korrekte Aussage über die Stärke des Zusammenhangs. Die Rangkorrelation führt dagegen zu einem korrekten Ergebnis für den **speziellen Fall**, dass die beiden Merkmale in einem **eindeutigen Zusammenhang** stehen, der **exakt** einer nicht-linearen **monoton wachsenden oder fallenden mathematischen Funktion** folgt. In dem Fall stimmen nämlich alle Rangplatzzahlen der beiden Merkmale überein, so dass alle ihre Differenzen NULL sind. Dadurch nimmt der Rangkorrelationskoeffizient den Wert 1 an und gibt den stärkstmöglichen - nämlich einen mathematisch funktionalen Zusammenhang zwischen den Merkmalen - korrekt wieder.

Der Rangkorrelationskoeffizient ist bei **ordinal skalierten Merkmalen** aus Sicht der statistischen Akkuratesse nicht unkritisch, da er auf Abstandsmessungen und arithmetischen Opera tionen beruht, die bei nur ordinal skalierten Merkmalen eigentlich nicht zulässig sind. Deshalb wird ein zweiter Ansatz vorgestellt, der sich bei der Zusammenhangsmessung streng an die auf einer Reihenfolgeskala zulässigen Operationen hält.

10.2.2 Konkordanz/Diskordanz

Auf zwei beliebigen Werten $\mathbf{x_i}$ und $\mathbf{x_j}$ eines ordinal skalierten Merkmals X können folgende Operationen empirisch sinnvoll durchgeführt werden (siehe Abschnitt 2.3):

Operationen	Symbole
Gleichheit bzw. Ungleichheit	$x_i = x_j$; $x_i \neq x_j$
Größer- bzw. Kleiner Relation	$x_i > x_j$; $x_i < x_j$
Rangordnung	$x_i < x_j <...< x_m < x_n$

Ordnung der Wertepaare

Wendet man diese beim **Vergleich von jeweils zwei Wertepaaren** (x_i,y_i) und (x_j,y_j) an, so sind eine Reihe von Fällen möglich, die zur **Ordnung** der Wertepaare führen. Diese sind in der folgenden Tabelle 10.2.2-a zusammengestellt. Hat man n Wertepaare, so sind insgesamt 1/2 * n (n-1) Vergleiche von Wertepaaren durchzuführen.

Fall	Relationen Merkmalswerte	Ordnung Wertepaare	Symbol
1	$x_i < x_j$ und $y_i < y_j$ **oder** $x_i > x_j$ und $y_i > y_j$	gleich = konkordant	k
2	$x_i < x_j$ und $y_i > y_j$ **oder** $x_i > x_j$ und $y_i < y_j$	entgegengesetzt = diskordant	d
3	$x_i = x_j$ und $y_i > y_j$ **oder** $x_i = x_j$ und $y_i < y_j$	Gleichheit bezüglich X	g_x
4	$x_i > x_j$ und $y_i = y_j$ **oder** $x_i < x_j$ und $y_i = y_j$	Gleichheit bezüglich Y	g_y
5	$x_i = x_j$ und $y_i = y_j$ **oder** $x_i = x_j$ und $y_i = y_j$	Gleichheit	g

Tab. 10.2.2-a: Mögliche Fälle und Ordnungen beim Vergleich von Wertepaaren

Ermittlung

Wir verdeutlichen die entsprechende Aufbereitung und Auswertung von Wertepaaren an dem auch zur Rangkorrelation benutzten Einführungsbeispiel. Dort liegen 7 Wertepaare vor, so dass insgesamt 1/2 * 7*(7-1)= 21 Vergleiche durchzuführen sind. In der folgenden Arbeitstabelle 10.2.2-b sind diese systematisch und nachvollziehbar mit dem jeweiligen Ordnungsergebnis dargestellt.

Die Vergleichsergebnisse können zahlenmäßig erfasst werden, wobei für die Anzahl der verschiedenen Ordnungsfälle hier die in der obigen Tabelle angegebene Notation verwendet wird. Mit Hilfe der Ordnungsfallzahlen lassen sich Maßgrößen konstruieren, die die Eigenschaften von Korrelationskoeffizienten haben. Sie werden als **Konkordanzkoeffizienten** bezeichnet und häufig mit **K** symbolisiert.

Nr.	Vergleich	Wertepaare	Ordnung
1	A - B	(4,6) ; (1,5)	k
2	A - C	(4,6) ; (4,2)	g_x
3	A - D	(4,6) ; (2,7)	d
4	A - E	(4,6) ; (4,4)	g_x
5	A - F	(4,6) ; (7,3)	d
6	A - G	(4,6) ; (6,1)	d
7	B -C	(1,5) ; (4,2)	d
8	B - D	(1,5) ; (2,7)	k
9	B - E	(1,5) ; (4,4)	d
10	B - F	(1,5) ; (7,3)	d
11	B - G	(1,5) ; (6,1)	d
12	C - D	(4, 2) ; (2,7)	d
13	C - E	(4, 2) ; (4,4)	g_x
14	C - F	(4, 2) ; (7,3)	k
15	C - G	(4, 2) ; (6,1)	d
16	D - E	(2, 7) , (4,4)	d
17	D - F	(2, 7) , (7,3)	d
18	D - G	(2, 7) , (6,1)	d
19	E - F	(4, 4) ; (7,3)	d
20	E - G	(4, 4) ; (6,1)	d
21	F - G	(7, 3) ; (6,1)	k

Zahlenmäßige Auswertung	
Ordnungsfälle	
allgemein	**Beispiel**
nk= Anzahl k - Paare	4
nd= Anzahl d - Paare	14
ng_x= Anzahl g_x - Paare	3
ng_y= Anzahl g_y - Paare	0
ng_{xy}= Anzahl g_{xy} - Paare	0
Konkordanzkoeffizient	
$K = \frac{nk - nd}{nk + nd}$	$K = \frac{4-14}{18}$ $K = -0{,}55$

Tab. 10.2.2-b: Ordnung von Wertepaaren und Ermittlung des Konkordanzkoeffizienten im Einführungsbeispiel

Konkordanzkoeffizient

Dazu werden die Ordnungsfallzahlen sinnvoll in eine **Verhältniszahl** eingebracht, die die Differenz der Anzahl konkordanter und diskordanter Fälle auf die Anzahl aller möglichen oder relevanten Vergleichsfälle bezieht. Dadurch wird gewährleistet, dass der Koeffizient maximal den Wert 1 annimmt, wenn alle Vergleiche zu konkordanter oder diskordanter Ordnung führen, also ein vollständig gleichgerichteter oder entgegengesetzter Zusammenhang besteht. Bei dem hier vorgestellten Konkordanzkoeffizienten von **GOODMAN&KRUSKAL** wird die Differenz der konkordanten und diskordanten Fälle nicht auf die Anzahl aller möglichen, sondern nur auf die **Anzahl der relevanten Vergleichsfälle** bezogen, in denen die Gleichheitsfälle nicht enthalten sind. Daraus folgt folgende Definitionsformel:

$$K = \frac{nk - nd}{nk + nd}$$

Ermittlung und Interpretation

Für das Einführungsbeispiel ist die Ermittlung der Anzahl der verschiedenen Ordnungsfälle und des Konkordanzkoeffizienten in der rechten Spalte der obigen Tabelle nachvollziehbar dargestellt. Man ermittelt K=- 0,55, also einen gegenläufigen Zusammenhang mittlerer Stärke von Sozialverhalten und analytischen Fähigkeiten. Das Ergebnis ist mit dem bei Verwendung des Rangkorrelationskoeffizienten vergleichbar, doch ist der mit dem Konkordanzkoeffizienten ermittelte Zusammenhang nicht ganz so stark.

10.3 Kontingenz

Sind die Merkmale nominal oder höher skaliert und treten Wertepaare häufiger auf, so sind Ansätze zu verwenden, die berücksichtigen, dass eine **gemeinsame Häufigkeitsverteilung** vorliegt. Zur Demonstration wird das **Einführungsbeispiel „Meinung über das Mensaessen und Hochschule“** aus dem Abschnitt 8.3 verwendet. Die dort zur Präsentation der bivariaten Häufigkeitsverteilung benutzte Tabelle ist hier noch einmal dargestellt.

Hochschule / Mensaessen	A		B		Summe	
	Häuf. abs.	**Häuf. rel.**	**Häuf. abs.**	**Häuf. rel.**	**abs.**	**rel.**
schlecht	175	0,35	25	0,05	**200**	**0,40**
mittelmäßig	100	0,20	50	0,10	**150**	**0,30**
gut	75	0,15	75	0,15	**150**	**0,30**
Summe (absolut/relativ)	**350**	**0,70**	**150**	**0,30**	**500**	**1,00**

Tab. 10.3: Kreuz- bzw. Kontingenztabelle im Einführungsbeispiel

Diese Sonderform einer statistischen Tabelle wird allgemein **Kreuz- oder Kontingenztabelle** genannt. Sie ist nach einem bestimmten Schema aufgebaut und ihre wesentlichen Inhalte werden hier wie folgt notiert:

- In der Kopfzeile steht das Merkmal X mit seinen Merkmalsausprägungen x_j (j=1,..., n), hier das Merkmal „Hochschule“ mit zwei Ausprägungen.
- In der Kopfspalte steht das Merkmal Y mit seinen Merkmalsausprägungen y_k (k=1,..., q), hier das Merkmal „Meinung über das Mensaessen“ mit drei Ausprägungen.
- Im Tabelleninneren stehen in den Tabellenfeldern j,k die simultanen Häufigkeiten als absolute Häufigkeiten $h(x_j, y_k)$ bzw. h_{jk} und/oder als relative Häufigkeiten $f(x_j, y_k)$ bzw. f_{jk}. Die gesamte simultane Verteilung mit absoluten Häufigkeiten wird mit H(X,Y), die mit relativen Häufigkeiten mit F(X,Y) symbolisiert.
- In der Randzeile stehen die Randhäufigkeiten in absoluter und/oder relativer Form [$h(x_j)$ bzw. $f(x_j)$] als die Summen der simultanen Häufigkeiten in den Spalten j. Sie bilden die Randhäufigkeitsverteilung des Merkmals X, die mit der univariaten Häufigkeitsverteilung von X identisch ist.
- In der Randspalte stehen die Randhäufigkeiten in absoluter und/oder relativer Form [$h(y_k)$ bzw. $f(y_k)$] als die Summen der simultanen Häufigkeiten in den Zeilen. Sie bilden die Randhäufigkeitsverteilung des Merkmals y, die mit der univariaten Häufigkeitsverteilung von Y identisch ist.

Eine bivariate Häufigkeitsverteilung kann grafisch nicht nur dreidimensional präsentiert werden, so wie in Abb. 8.3 für das Einführungsbeispiel bereits geschehen. Vielmehr kann man auch die für univariate Verteilungen qualitativer Merkmale üblichen einfacheren Diagrammformen wie das Säulen- und das Kreisdiagramm benutzen. In der folgenden Abb. 10.3 ist die gemeinsame Häufigkeitsverteilung des Einführungsbeispiels in für den bivariaten Fall geeigneten Varianten als Säulen- und als Kreisdiagramm dargestellt.

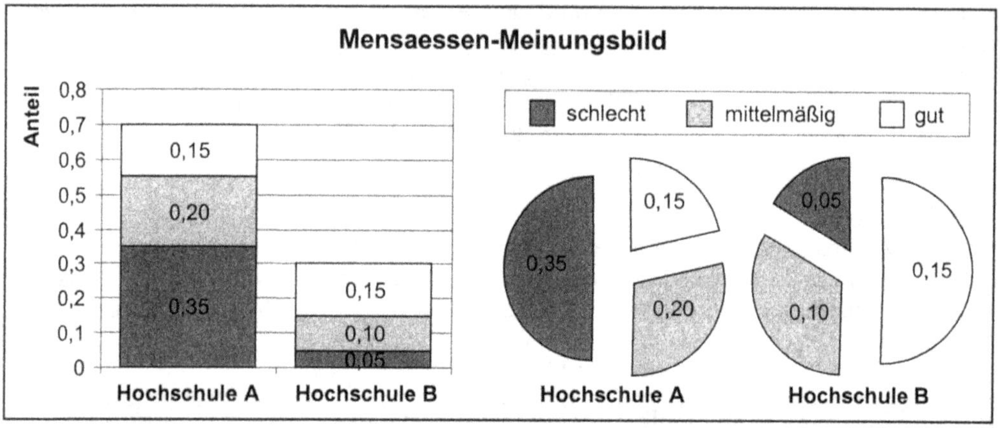

Abb. 10.3: Säulen- und Kreisdiagramme der gemeinsamen Häufigkeitsverteilung der Merkmale Hochschulen und der Meinung der Studierenden über das Mensaessen

Bei dem Säulendiagramm verwendet man in einem solchen Fall sinnvollerweise die **gestapelte** Variante, bei der in jeder Säule (Ausprägung des einen Merkmals) gleichzeitig durch Unterteilung die Ausprägungen des zweiten Merkmals dargestellt sind. Beim Kreisdiagramm sind die Ausprägungen des einen Merkmals - hier der Hochschulen - jeweils als separate Massen in **Kreisen gegenübergestellt** und die Häufigkeiten der Ausprägungen des zweiten Merkmals sind als explodierende Kreissegmente dargestellt.

In diesen einfacheren grafischen Darstellungen erkennt man unschwer, dass die Meinung über das Mensaessen im vorliegenden Fall wohl nicht unabhängig von der Hochschule ist, da sich die Meinungsprofile in beiden Hochschulen deutlich unterscheiden. Wir stellen im Folgenden Ansätze vor, um diese intuitive Einschätzung systematisch zu fundieren und in Maßgrößen zu quantifizieren.

10.3.1 Bedingte Häufigkeiten

Die durch Sach- und Datenlage gestützte Vermutung, dass die beiden Merkmale in einer gemeinsamen Häufigkeitsverteilung nicht unabhängig voneinander sind, lässt sich statistisch durch Ermittlung und Vergleich der sogenannten bedingten Häufigkeiten fundieren.

Konzept und Operationalisierung

Die bedingte Häufigkeit ist die Häufigkeit, mit der das eine Merkmal eine bestimmte Ausprägung annimmt unter der Bedingung, dass das andere Merkmal eine bestimmte Ausprägung besitzt. Bei zwei Merkmalen X und Y lassen sich also bedingte Häufigkeiten für y_k unter der Bedingung x_j und umgekehrt bedingte Häufigkeiten für x_j unter der Bedingung y_k ermitteln. Welche dieser beiden bedingten Häufigkeiten im jeweiligen Anwendungsfall sinnvoll ist, muss in der Sachanalyse geklärt werden.

Bedingte Häufigkeiten kann man - wie auch normale oder unbedingte - als absolute und relative Häufigkeiten ermitteln. Für die weitere Analyse sind nur die **bedingten relativen Häufig-**

keiten relevant. Die bedingte relative Häufigkeit von y_k (x_j) unter der Bedingung x_j (y_k) wird symbolisiert und formalisiert durch:

$$f(y_k / x_j) = \frac{h(x_j, y_k)}{h(x_j)} = \frac{h_{jk}}{h_j} \quad \text{bzw.} \quad f(x_j / y_k) = \frac{h(x_j, y_k)}{h(y_k)} = \frac{h_{jk}}{h_k}$$

Ermittelt man für jede Merkmalsausprägung von X (Y) - d.h. für alle x_j (y_k) - die relativen bedingten Häufigkeiten von Y (X), erhält man die bedingte relative Häufigkeitsverteilung von Y (X) unter der Bedingung X (Y).

Ermittlung

Im Einführungsbeispiel ist aufgrund der Sachlage klar, dass die Hochschule (Merkmal X) eine wesentliche Einflussgröße (Determinante) der Meinung über das Mensaessen (Merkmal Y) ist, so dass - wenn überhaupt - Y abhängig von X ist. Von daher ist es sinnvoll, für die quantitative (Un)abhängigkeitsanalyse die bedingten relativen Häufigkeiten von Y zu betrachten. In der folgenden Tabelle 10.3.1 ist im Tabelleninneren die Ermittlung der bedingten relativen Häufigkeiten von Y (Meinung über das Mensaessen) nachvollziehbar dargestellt.

	Hochschule		Randverteilung
Mensaessen	A	B	relativ
schlecht	175/350 = 0,500	25/150 = 0,166	**0,40**
mittelmäßig	100/350 = 0,286	50/150 = 0,333	**0,30**
gut	75/350 = 0,215	75/150 = 0,500	**0,30**
Summe	**1,000**	**1,000**	**1,00**

Tab. 10.3.1: Ermittlung der bedingten relativen Häufigkeiten im Einführungsbeispiel

Interpretation

Vergleicht man die beiden bedingten relativen Häufigkeitsverteilungen miteinander, stellt man insbesondere bei den guten und schlechten Bewertungen des Mensaessens an den beiden Hochschulen erhebliche Unterschiede fest: So ist der Anteil der Studierenden, die das Mensaessen „gut" finden, an der Hochschule A mit 21,5% um die Hälfte kleiner als derjenigen an der Hochschule B mit 50%. Dagegen ist der Anteil der Studierenden, die das Mensaessen „schlecht" finden, an der Hochschule A mit 50% fast dreimal so groß wie der an der Hochschule B mit 16,6%. Dies ist ein Indikator dafür, dass die Häufigkeitsverteilung des Merkmals „Meinung über das Mensaessen" nicht unabhängig ist von dem Merkmal „Hochschule", sondern in Abhängigkeit der Bedingung „Hochschule" deutliche Unterschiede aufweist.

Dies wird noch deutlicher, wenn man zusätzlich die relative Randverteilung betrachtet. Dies ist die relative Häufigkeitsverteilung der Meinung über das Mensaessen, wenn man die Meinung nur für sich allein betrachtet und nicht in Verbindung mit anderen Merkmalen, wie hier der Hochschule. Danach finden insgesamt 40% aller untersuchten Studierenden das Mensaessen „schlecht" und 30% finden es „gut".

Dies ist das Meinungsbild aller untersuchten Studierenden ohne Differenzierung, das zustande kommt, wenn man die Hochschule quasi „nicht berücksichtigt". Es kann als Maßstab für die Meinung über das Mensaessen betrachtet werden, wenn diese gänzlich unabhängig von anderen Merkmalen - hier der Hochschule - ist.

10.3.2 Unabhängigkeit

Konzept und Operationalisierung

Den am Einführungsbeispiel herausgearbeiteten Zusammenhang zwischen den bedingten relativen Häufigkeiten und der relativen Randhäufigkeit einerseits und der Frage der Abhängigkeit bzw. Unabhängigkeit von Merkmalen einer simultanen Häufigkeitsverteilung andererseits kann man nutzen, um die statistische Abhängigkeit oder Unabhängigkeit zweier Merkmale ganz allgemein wie folgt zu definieren:

Zwei Merkmale X und Y sind **statistisch voneinander unabhängig**, wenn

- alle ihre bedingten relativen Häufigkeitsverteilungen gleich und
- identisch mit der relativen Randverteilung sind,
- ansonsten sind sie voneinander abhängig.

Formal: $f(x_j/y_k) = f(x_j/y_l)$ für alle k,l=1,...,q und alle j=1,...,m = $f(x_j)$ bzw.
$f(y_k/x_j) = f(y_k/x_h)$ für alle j,h=1,...,m und alle k=1,...,q = $f(y_q)$

Aus der obigen Definition der statistischen Unabhängigkeit zweier Merkmale

(1) $f(x_j/y_k) = f(x_j)$

und der Definition der bedingten relativen Häufigkeiten

(2) $f(x_j / y_k) = \frac{f(x_j, y_k)}{f(y_k)}$

folgt

(3) $f(x_j) = \frac{f(x_j, y_k)}{f(y_k)}$

und damit

(4) $f(x_i, y_k) = f(x_i) * f(y_k)$

Die Gleichung (4) wird auch **Multiplikationsregel für empirisch bzw. statistisch unabhängig Merkmale** genannt. Sie besagt, dass bei Unabhängigkeit die relativen simultanen Häufigkeiten gleich dem Produkt der entsprechenden relativen Randhäufigkeiten sind. Die gesamte simultane Häufigkeitsverteilung bei Unabhängigkeit wird **Unabhängigkeitsverteilung** genannt. Ihre absoluten Häufigkeiten werden hier mit $h^u(x_j,y_k)$ und ihre relativen Häufigkeiten mit $f^u(x_j,y_k)$ symbolisiert.

Ermittlung

In der folgenden Tabelle 10.3.2 sind für das Einführungsbeispiel die simultanen relativen Häufigkeiten, die bei statistischer Unabhängigkeit der beiden Merkmale voneinander vorliegen müssten, mit der Multiplikationsregel nachvollziehbar ermittelt.

Y Mensaessen	X Hochschule A		X Hochschule B		Randverteilung relativ
schlecht	0,4*0,7 =	0,28	0,4*0,3 =	0,12	**0,40**
mittelmäßig	0,3*0,7 =	0,21	0,3*0,3 =	0,09	**0,30**
gut	0,3*0,7 =	0,21	0,3*0,3 =	0,09	**0,30**
Häufigkeit (rel.)		**0,70**		**0,30**	**1,00**

Tab. 10.3.2: Ermittlung der simultanen relativen Häufigkeiten bei Unabhängigkeit (Unabhängigkeitsverteilung) im Einführungsbeispiel

Im Einführungsbeispiel sind die bedingten relativen Häufigkeitsverteilungen nicht gleich und auch nicht identisch mit der relativen Randverteilung (s. Tab. 10.3.1). Vielmehr gibt es erhebliche Unterschiede - insbesondere bei den guten und schlechten Meinungen -, die für eine **deutliche Abhängigkeit** sprechen. Diese wird auch sichtbar, wenn man die simultane relative Häufigkeitsverteilung (Tab. 10.3) mit der Unabhängigkeitsverteilung (Tab. 10.3.2) vergleicht. Dabei ist die **Stärke der Abhängigkeit bzw. des Zusammenhangs** durch geeignete Ansätze und Maßgrößen gesondert zu quantifizieren.

10.3.3 Chi-Quadrat

Der wichtigste Ansatz der Statistik, das Ausmaß der Abhängigkeit zu messen, führt über die Maßgröße Chi-Quadrat, symbolisch $\aleph^2$.

Konzept und Operationalisierung

Der Ansatz beruht auf der Überlegung, die vorhandene simultane Häufigkeitsverteilung mit derjenigen zu vergleichen, die bei Unabhängigkeit vorliegen müsste (Unabhängigkeitsverteilung). In der Maßgröße Chi-Quadrat werden dann die Abweichungen zwischen beiden Verteilungen erfasst und in geeigneter Weise verdichtet. Dabei werden nicht die relativen, sondern die absoluten Häufigkeiten betrachtet. Um die Abweichungsmessung besonders sensibel zu machen, werden nicht die Abweichungen als solche, sondern die Abweichungsquadrate benutzt. Schließlich ist es sinnvoll, die Abweichungsquadrate auf die Unabhängigkeitsverteilung als Bezugspunkt der Abweichungsmessung zu beziehen. Daraus resultiert für Chi-Quadrat die Formel:

$$\aleph^2 = \sum \sum \frac{[h(x_j, y_k) - h^u(x_j, y_k)]^2}{h^u(x_j, y_k)}$$

Ermittlung

Zur Ermittlung von $\aleph^2$ im Einführungsbeispiel sind die empirische simultane absolute Häufigkeitsverteilung H(X,Y) und die absolute Unabhängigkeitsverteilung Hu(X,Y) in der folgenden Tabelle 10.3.3-a noch einmal nebeneinander dargestellt. Dabei sind die simultanen **absoluten** Häufigkeiten in der Unabhängigkeitsverteilung aus denen der relativen Unabhängigkeitsverteilung der Tab. 10.3.2 durch Multiplikation mit der Größe der statischen Masse n (hier n=500) ermittelt worden.

	Simultane Häufigkeitsverteilung		Unabhängigkeitsverteilung	
	Hochschule		Hochschule	
Mensaessen	A	B	A	B
schlecht	175	25	0,28*500 = 140	0,12*500 = 60
mittel	100	50	0,21*500 = 105	0,09*500 = 45
gut	75	75	0,21*500 = 105	0,09*500 = 45
Summe	**350**	**150**	**350**	**150**

Tab. 10.3.3-a: Zusammenstellung der Häufigkeitsverteilungen zur Ermittlung von $\aleph^2$ im Einführungsbeispiel

Chi-Quadrat wird mit den Daten dieser beiden Tabellen ermittelt, indem für jedes Feld im Tabelleninneren der in der $\aleph^2$-Formel stehende Quotient gebildet wird und die Quotienten aller Felder aufsummiert werden. Da zur Ermittlung des Quotienten verschiedene Rechenoperationen nötig sind, ist es bei konventioneller Ermittlung eventuell hilfreich, diese nachvollziehbar und einheitlich für alle Felder vorzunehmen. Dazu wird hier jedes Feld in vier Teilfelder aufgeteilt, in denen bestimmte Terme des Zählers und Nenners stehen, so wie im Folgenden dargestellt:

Zähler	Abweichung empirische Häufigkeit von Häufigkeit bei Unabhängigkeit	Abweichungsquadrat
Nenner	Häufigkeit bei Unabhängigkeit	**Quotient**: Abweichungsquadrat durch Nenner

In der folgenden Tabelle 10.3.3-b ist die Ermittlung der Quotienten für jedes Feld nach diesem Muster nachvollziehbar dargestellt. Dabei wurde mit einer Genauigkeit von 2 Stellen hinter dem Komma gerechnet.

	Hochschule			
Mensaessen	A		B	
schlecht	175-140= -35	$-35^2 = 1225$	25-60= -35	$-35^2 = 1225$
	140	1225/140= **8,75**	60	1225/60= **20,42**
mittelmäßig	100-105= -5	$-5^2 = 25$	50-45= 5	$5^2 = 25$
	105	25/105= **0,24**	45	25/45= **0,56**
gut	75-105= -30	$-30^2 = 900$	75-45= 30	$30^2 = 900$
	105	900/105= **8,57**	45	900/45= **20**

Tab. 10.3.3-b: Ermittlung der Quotienten für $\aleph^2$ im Einführungsbeispiel

Durch Addition aller Quotienten erhält man $\aleph^2$, im vorliegenden Fall 58,53.

Interpretation und Verwendung

$\aleph^2$ ist 0, wenn alle Quotienten 0 sind, d.h. überhaupt keine Abweichung zwischen den empirisch beobachteten Häufigkeiten und denen bei Unabhängigkeit festgestellt werden kann. In diesem Fall sind die beiden Merkmale statistisch voneinander unabhängig. In dem Maße, wie Abweichungen von der Unabhängigkeit auftreten, wächst $\aleph^2$. Die Maßgröße wird deshalb in der Praxis hauptsächlich benutzt, um zu klären, ob eine **mehr als zufallsbedingte statistische Abhängigkeit** zwischen Merkmalen besteht. Diese Anwendung von Chi-Quadrat wird in der Schließenden Statistik im Rahmen des Chi-Quadrat-Unabhängigkeitstests noch genauer betrachtet.

Liegt eine mehr als zufällige statistische Abhängigkeit zwischen zwei Merkmalen vor, so ist es die Aufgabe der Korrelationsanalyse, die Stärke der Abhängigkeit bzw. des Zusammenhangs zu messen. Dafür ist $\aleph^2$ insofern geeignet, als es umso größere Werte annimmt, je stärker der Zusammenhang ist. Es ist aber eine absolute und keine relative Größe und zudem nicht normiert, so dass es nicht die für den Anwender wichtigen Eigenschaften eines Korrelationskoeffizienten aufweist. Es ist aber geeignet, als Hauptbestandteil eines solchen Koeffizienten zu dienen.

10.3.4 Kontingenzkoeffizient

Konzept und Operationalisierung

Verwendet man $\aleph^2$ in einer Verhältniszahl (Relativierung), die auch normiert sein sollte, kommt man zu Kontingenzkoeffizienten. Diese werden - in Anlehnung an den angloamerikanischen Sprachgebrauch - häufig mit C (contingency) abgekürzt. Der bekannteste und am häufigsten benutzte Kontingenzkoeffizient C hat die Formel:

$$C = \sqrt{\frac{\aleph^2}{\aleph^2 + n}} \quad \text{mit n= Größe der statistischen Masse}$$

Ebenso wie $\aleph^2$ nimmt C genau dann den Wert 0 an, wenn die beiden Merkmale unabhängig sind. Mit wachsendem $\aleph^2$ wächst C asymptotisch gegen 1. Leider erreicht der Maximalwert von C den Wert 1 nicht, so dass die Normierungseigenschaft nicht erfüllt ist. Um diese zu erreichen, muss C mit einem Korrekturfaktor C_{max} ausgestattet werden, der von der Größe der Tabelle wie folgt abhängt:

$$C_{max} = \sqrt{\frac{M-1}{M}} \quad \text{mit M= min \{j, k\}}$$

Dividiert man C durch C_{max}, so erhält man den **normierten** Kontingenzkoeffizienten:

$$C^n = \frac{C}{C_{max}}$$

Ermittlung

Im Einführungsbeispiel ermittelt man unter Verwendung von $\aleph^2 = 58{,}53$

$$C = \sqrt{\frac{58{,}53}{58{,}53 + 500}} = \sqrt{\frac{58{,}53}{558{,}53}} = \sqrt{0{,}10527} = 0{,}234$$

Mit 2 Spalten und 3 Zeilen beträgt M =2 und für C_{max} ermittelt man:

$$C_{max} = \sqrt{\frac{2-1}{2}} = \sqrt{\frac{1}{2}} = 0{,}707$$

Insgesamt ergibt sich so für den normierten Kontingenzkoeffizienten:

$$C^n = \frac{0{,}234}{0{,}707} = 0{,}459 \sim \underline{0{,}46}$$

Interpretation

Im Einführungsbeispiel kann man für den sachlich plausiblen Zusammenhang zwischen der Meinung über das Mensaessen und der Hochschule mit dem Kontingenzkoeffizienten einen Zusammenhang mittlerer Stärke nachweisen.

10.4 Definitionen, Regeln, Symbole und Formeln

Bezeichnung	Symbol	Formel
Datenstrukturen		
Beobachtete Wertepaare	(x_i, y_i)	$(x_1,y_1), \ldots, (x_n,y_n)$
Häufigkeit		
gemeinsame bzw. simultane		
- absolut	$h(x_j,y_k)$; h_{jk}	
- relativ	$f(x_j,y_k)$; f_{jk}	$= \frac{h(x_j, y_k)}{n} = \frac{h_{jk}}{n}$
am Rande (Randhäufigkeit)		
von X -absolut -relativ	$h(x_j) = h_j$ $f(x_j) = f_j$	$= \sum_{k=1}^{q} h_{j,k}$ $= h_j / n$
von Y - absolut - relativ	$h(y_k) = h_k$ $f(y_k) = f_k$	$= \sum_{j=1}^{m} h_{j,k}$ $= h_k / n$
bedingte relative		
von X unter der Bedingung Y	$f(x_j/y_k)$	$= h_{jk}/h_k$
von Y unter der Bedingung X	$f(y_k/x_j)$	$= h_{jk}/h_j$
Unabhängigkeit		
- relativ	$f^u(x_j,y_k)$	$= f(x_j) * f(y_k)$
- absolut	$h^u(x_j,y_k)$	$= n * f^u(x_j,y_k)$

Ansatz und Maßgröße	Symbol	Definitionsformel	Rechenformel
Maßkorrelation			
Kovarianz	COV(X,Y)	$=\frac{1}{n}\sum(x_i-\bar{x})*(y_i-\bar{y})$	$=\frac{1}{n}\sum x_i*y_i-\bar{x}*\bar{y}$
Korrelationskoeffizient nach Bravais & Pearson	r, r_{xy}, r_{yx}	$\frac{\frac{1}{n}\Sigma(x_i-\bar{x})*(y_i-\bar{y})}{\sqrt{\frac{1}{n}\Sigma(x_i-\bar{x})^2}*\sqrt{\frac{1}{n}(y_i-\bar{y})^2}}$	$\frac{\frac{1}{n}\sum x_i*y_i-\bar{x}*\bar{y}}{\sqrt{\frac{1}{n}\sum x_i^2-\bar{x}^2}*\sqrt{\frac{1}{n}\sum y_i^2-\bar{y}^2}}$
Rangkorrelation		Definitions- und Rechenformel	
Rangkorrelationskoeffizient nach Spearman	r_s	$=1-\frac{6*\sum\left(R_i^x-R_i^y\right)^2}{n\left(n^2-1\right)}$	
Konkordanzkoeffizient nach Goodman & Kruskal	K	$=\frac{nk-nd}{nk+nd}$	
Kontingenz			
Chi-Quadrat	$\aleph^2$	$=\sum\sum\frac{[h(x_j,y_k)-h^u(x_j,y_k)]^2}{h^u(x_j,y_k)}$	
Kontingenzkoeffizient	C	$=\sqrt{\frac{\aleph^2}{\aleph^2+n}}$;	
Korrekturfaktor	C_{max}	$=\sqrt{\frac{M-1}{M}}$ *mit M= min {j, k}*	
normierter Kontingenzkoeffizient	C^n	$= C/\,C_{max}$	

10.5 Übung

Fragen

F1. Wozu dient die Korrelationsanalyse ?

F2. Welche Eigenschaften sollten Korrelationskoeffizienten haben ?

F3. Wie sind folgende markante Wertebereiche eines Korrelationskoeffizienten empirisch sinnvoll zu interpretieren: nahe 0; nahe +1; nahe –1; nahe –0,5, nahe +0,5 ?

F4: Warum gibt es viele und nicht nur einen Korrelationskoeffizienten ?

F5. Wie heißen die wichtigsten korrelationsanalytischen Anätze bei metrisch, ordinal und nominal skalierten Merkmalen ?

F6. Warum ist das Bestimmtheitsmaß kein Korrelationskoeffizient ?

F7. Inwiefern ist die Kovarianz geeignet, als Maßgröße für die Stärke des Zusammenhangs zwischen zwei metrisch skalierten Merkmalen zu dienen ?

F8. Warum ist die Kovarianz kein Korrelationskoeffizient ?

F9. Warum ist konstruktionsmäßig jeder Korrelationskoeffizient eine Verhältniszahl ?

F10. Was steht im Zähler und was im Nenner des Maßkorrelationskoeffizienten nach Bravais & Pearson und warum ?

F11. Führt die Rangkorrelation nach Spearman zum selben Ergebnis wie die Maßkorrelation nach Bravais & Pearson (Begründung) ?

F12. Was ist beim Rangkorrelationskoeffizienten nach Spearman aus Sicht der statistischen Akkuratesse kritisch ?

F13. Wann sind zwei Wertepaare (x_i,y_i) und (x_j,y_j) konkordant, diskordant und gleich ?

F14. Was steht im Zähler, was im Nenner des Konkordanzkoeffizienten von Goodman & Kruskal und warum ?

F15. Was sind die typischen Darstellungsformen bivariater Häufigkeitsverteilungen ?

F16. Was sind die wesentlichen Gemeinsamkeiten und Unterschiede von Kreuz- und Kontingenztabellen ?

F17. Ist Kontingenz als korrelationsanalytischer Ansatz nur für nominal skalierte Merkmale geeignet (Begründung) ?

F18. Mit welchem sehr einfachen Ansatz kann man die in einer bivariaten Häufigkeitsverteilung vermutete statistische Abhängigkeit der Merkmale zahlenmäßig erhärten ?

F19. Wieso muss man zu Klärung der (Un)abhängigkeit bedingte Häufigkeiten in relativer Form ermitteln ?

F20. Ist folgende formale Definition der statistischen Unabhängigkeit zweier Merkmale richtig: $f(x_i/y_k) = f(x_i/y_l)$ für alle k, l= 1,..., q (Begründung) ?

F21. Was besagt die Multiplikationsregel für statistisch unabhängige Merkmale ?

F22. Was ist eine Unabhängigkeitsverteilung ?

F23. Was steht im Zähler, was im Nenner der Maßgröße Chi-Quadrat und warum ?

F24. Inwiefern ist Chi-Quadrat zur Messung der Stärke der Abhängigkeit zweier Merkmale geeignet ?

F25. Wozu wird die Maßgröße Chi-Quadrat in der Anwendungspraxis hauptsächlich benutzt ?

F26. Warum ist Chi-Quadrat kein Korrelationskoeffizient (Begründung) ?

F27. Welche Eigenschaft eines Korrelationskoeffizienten wird von dem Kontingenzkoeffizienten nicht erfüllt ?

F28. Ist der normierte Kontingenzkoeffizient auch für metrisch und ordinal skalierte Merkmale geeignet und sinnvoll (Begründung) ?

Aufgaben

Aufgabe "Inflation und Arbeitslosigkeit"

Ein Student der Wirtschaftswissenschaften hat in einem volkswirtschaftlichen Seminar ein Referat über Inflation und Arbeitslosigkeit übernommen. Im praktischen Teil soll er die Ergebnisse von drei empirischen Querschnittsuntersuchungen auswerten. Darin sind die Inflationsrate (IR) und die Arbeitslosenquote (ALQ) verschiedener Länder jeweils in Prozent angegeben. Die Daten sind in der folgenden Tabelle zusammengestellt.

Studie 1	**IR (%)**	4,1	2,4	8,4	8,2	11,9	4,6	9,4	3,6	10,6	7,9
	ALQ (%)	10,1	4	5,7	10,2	7,5	2,1	8	1,3	2,2	6,3
Studie 2	**IR (%)**	14,2	10,1	5,4	16,6	7,1	13,8	11,4	3,1	15,8	12,2
	ALQ (%)	7,6	9,4	5,5	4,1	8,6	8,8	10,3	2,5	6,6	9,9
Studie 3	**IR (%)**	8,3	6,1	10,2	10,1	7,2	11,8	3,6	10,5	4,8	9,8
	ALQ (%)	8,5	5,4	20,4	13,5	6,1	18,6	4,1	16,4	4	10,8

Aufgabenstellungen

a. Stellen Sie die Daten in geeigneter Form **in einem Diagramm** grafisch dar.

b. Welche quantitativen Beziehungsanalysen (Art, Ansätze, Maßgrößen) halten Sie aus sachlichen und datenmäßigen Erwägungen hier für sinnvoll und machbar (Begründung) ?

c. Führen Sie die ausgewählten statistischen Analysen nachvollziehbar durch.
d. Interpretieren und vergleichen Sie Ihre Ergebnisse statistisch und ökonomisch sachgerecht. Wie erklären Sie sich die unterschiedlichen Ergebnisse ?
e. Wie würden Sie statistisch vorgehen, um zu einer allgemeiner gültigen Aussage zu kommen ?

Aufgabe „Fußballliga"
Die folgende Tabelle enthält von den 12 Vereinen einer nationalen Fußballliga die in der letzten Saison erreichten Tabellenplätze sowie die durch Indiskretion bekannt gewordenen Meisterschaftsprämien pro Spieler (in Tsd. €).

Verein	K	B	E	A	C	D	L	M	G	H	F	J
Platz	1	2	3	4	5	6	7	8	9	10	11	12
Prämie	10	180	150	200	120	50	100	80	60	40	30	20

Aufgabenstellungen
a. Stellen Sie die Daten in geeigneter Form grafisch dar.
Benennen und begründen Sie kurz die benutzte Darstellungsform.
b. Welche Vermutungen über die Beziehung der beiden Merkmale haben Sie aus sachlichen und datenmäßigen Erwägungen; welche Art und welche Ansätze der statistischen Zusammenhangsanalyse halten Sie deshalb hier für sinnvoll und machbar ?
c. Führen Sie die ausgewählte quantitative Beziehungsanalyse mit zwei verschiedenen, prinzipiell geeigneten Ansätzen / Maßgrößen durch.
d. Interpretieren Sie die Ergebnisse sachgerecht und würdigen Sie vergleichend ihre Analysen (Ansätze und Ergebnisse).

Aufgabe „Parteibuch und Stellenbesetzung im öffentlichen Dienst"
Um den hartnäckig in der Öffentlichkeit kursierenden Gerüchten den Boden zu entziehen, dass Stellenbesetzungen im öffentlichen Dienst von der Zugehörigkeit zu der seit langer Zeit regierenden Partei A abhängig seien, hat der Ministerpräsident des Landes L ein unabhängiges Institut mit einer Untersuchung beauftragt. Durch Indiskretion ist aus dem vertraulichen Bericht des Instituts folgende Statistik an die Öffentlichkeit gelangt, die das Ergebnis einer repräsentativen Stichprobe aller in den letzten Jahren eingestellten Landesbeamten sein soll.

Laufbahn	**Partei A**	**andere/keine Partei**	**Summe**
einfacher Dienst	15	60	75
gehobener Dienst	15	30	45
höherer Dienst	19	10	29
Sonstiges	1	0	1
Summe	**50**	**100**	**150**

Aufgabenstellungen
a. Stellen Sie das Stichprobenergebnis in geeigneter Form grafisch dar.
Benennen und begründen Sie kurz die von Ihnen verwendete Darstellungsform.
b. Sind aufgrund der Sach- und Datenlage die beiden Merkmale in der Stichprobe statistisch eher abhängig oder unabhängig voneinander ?
c. Wählen Sie bei sachlich plausibler und datenmäßig indizierter Abhängigkeit eine im vorliegenden Fall geeignete quantitative Zusammenhangsanalyse (Art, Ansatz) begründet aus.
d. Führen Sie die ausgewählte Analyse nachvollziehbar durch und interpretieren Sie das Analyseergebnis sachgerecht.

11 Zeitreihenanalyse

In Ergänzung zu der in der beschreibenden Statistik behandelten grafischen Darstellung und Charakterisierung von Zeitreihen durch komprimierende Mess- und Maßzahlen, werden in der analytischen Statistik vorliegende Werte einer Zeitreihe in zweierlei Hinsicht weitergehend untersucht:

- Zum einen wird versucht, hinter die Daten zu schauen und deren Zustandekommen zeitabhängig plausibel zu **erklären und zu quantifizieren**. Dies geschieht in der **Zeitreihenanalyse** in diesem Kapitel.
- Zum anderen werden aus der Zeitreihe und den Ergebnissen der Zeitreihenanalyse **Prognosen** abgeleitet. Auf die zeitreihenbasierte Prognoserechnung wird im nächsten Kapitel eingegangen.

Die in diesem Kapitel behandelten Grundzüge der Zeitreihenanalyse zeigt folgende Übersicht.

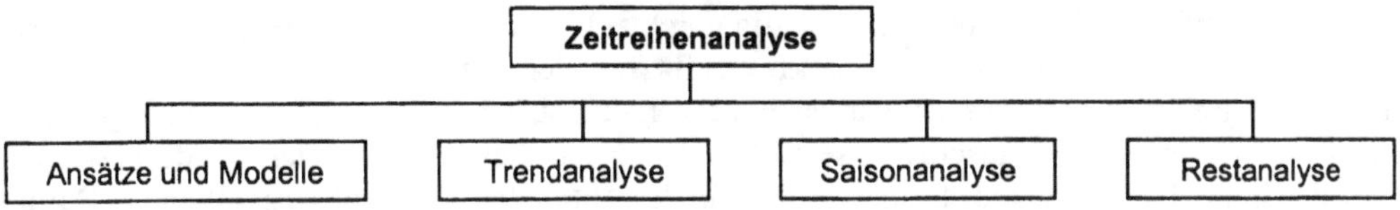

11.1 Ansätze und Modelle

Bei der Zeitreihenanalyse wird versucht, die Werte einer Zeitreihe auf wesentliche und typische zeitabhängige Komponenten zurückzuführen **(Komponentenanalyse)** und die jeweils vorliegende Verknüpfung der vorhandenen Komponenten zu ermitteln **(Verknüpfungsanalyse)**. Beide Aspekte sind in der Theorie gedanklich gut trennbar. In der Praxis sind sie aufs Engste miteinander verflochten und nur mit einer geeigneten Methodik ans Licht zu bringen. Die Statistik als Methodenwissenschaft stellt hierzu eine Reihe von Ansätzen, Modellen und Methoden zur Verfügung. Wir beschränken uns in dieser Einführung auf den klassischen Ansatz der Zeitreihenanalyse - **die Zeitreihenzerlegung** - und ein einfaches, aber wichtiges Grundmodell, was die Komponenten und ihre Verknüpfung angeht.

Komponentenanalyse

Als typische Komponenten wirtschaftlicher Zeitreihen werden angesehen:

- **die Trendkomponente (T)**, die die grundlegende, langfristige Entwicklungsrichtung und -form der Daten im Zeitablauf bestimmt;
- **die zyklischen Komponenten**, die als **Konjunkturschwankungen (K)** und/oder als **Saisonschwankungen (S)** die Daten zusätzlich in einem gewissen zeitlichen Rhythmus und Muster prägen;
- **die Restkomponente (R)**, die alle übrigen, einmaligen Einflüsse enthält.

Dabei bilden der Trend und die zyklischen Komponenten die **Hauptkomponenten** von Zeitreihen. Die Zeitreihe eines Merkmals Y ist also nach diesem Ansatz formal: $Y= f(T, K, S, R)$

Es ist Aufgabe der **Komponentenanalyse**, bei einer vorliegenden Zeitreihe zu klären,

- welche der Hauptkomponenten vorhanden sind,
- welche typischen Formen die vorhandenen Hauptkomponenten jeweils haben
- und wie diese zu quantifizieren sind.

Von zentraler Bedeutung ist dabei die **Trendkomponente**, da sie in jeder Zeitreihe vorkommt und deren Verlauf in Richtung und Form langfristig am stärksten prägt. Von der Entwicklungsrichtung her kann der Trend vereinfacht entweder konstant, steigend oder fallend sein. Von der

Form her gibt es **einige typische Muster**, die man näherungsweise durch aus der Mathematik bekannte Funktionstypen beschreiben kann. In der folgenden Abbildung 11.1-a ist in a) beispielhaft ein linear steigender und ein hyperbolisch fallender Trend dargestellt.

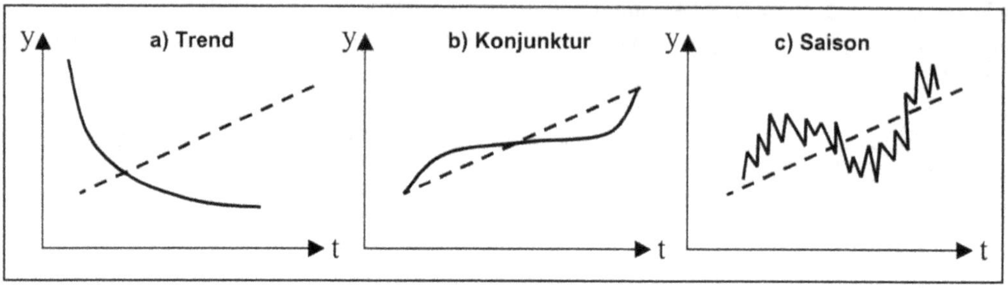

Abb. 11.1-a: Typische Hauptkomponenten einer Zeitreihe

Ergänzend wird ein erkennbarer Trend häufig durch **zyklische Komponenten** überlagert. Dies können mittelfristig wirksame **Konjunktureinflüsse** oder kurzfristig wirksame **Saisoneinflüsse** sein. Beiden gemeinsam ist, dass sich ihr Verlaufsmuster wiederholt und - im Gegensatz zur Trendkomponente - typischerweise wellenförmig ist. Gewichtige Unterschiede bestehen natürlich bei Zyklusdauer und -form, was auch in der Abbildung 11.1-a offensichtlich ist. Darin ist ein steigender linearer Trend durch einen Konjunkturzyklus (Teil b) und durch einen Saisonzyklus (Teil c) überlagert.

Die **Relevanz der zyklischen Komponenten** bei einer konkreten Analyse wird von mehreren Aspekten determiniert, insbesondere vom Inhalt der betrachteten Masse und Größe, vom Zeithorizont der Untersuchung und von dem zeitlichen Feinheitsgrad, in dem die Daten vorliegen. So gibt es etwa bestimmte Branchen und Größen, die besonders konjunktur- und/oder saisonabhängig sind. Zum anderen bestimmt die Untersuchungsart - kurz-, mittel- und langfristig -, ob eine zyklische Komponente überhaupt erkennbar ist. So ist bei kurz- bis mittelfristigen Untersuchungen ein Konjunktureinfluss häufig schwer als eigene Komponente isolierbar. In diesem Falle ermittelt man Trend und Konjunktur sinnvollerweise gemeinsam als **glatte Komponente.** Schließlich hängt die Isolierbarkeit zyklischer Komponenten auch vom zeitlichen Feinheitsgrad der Daten ab. So kann man Saisoneinflüsse nur erkennen und ermitteln, wenn die Daten in unterjährigen Zeiteinheiten - etwa als Monats- oder Quartalswerte - vorliegen.

Die **Restkomponente** ist - im Gegensatz zu den besprochenen Komponenten - irregulär. Sie ist Sammelbecken für alle sonstigen, einmaligen Einflüsse, die sachlich erklärbar (Strukturbrüche), oder nicht erklärbar (Zufall) sein können.

Verknüpfungsanalyse

Die Komponenten einer Zeitreihe können auf unterschiedliche Weise rechnerisch miteinander verknüpft sein. Die gängigen Verknüpfungsarten sind Addition und Multiplikation. Kommen in einer Zeitreihe alle der genannten Komponenten vor und sind alle sonstigen Komponenten

- vom Trendniveau unabhängig, liegt ein **rein additives Zeitreihenmodell** vor:
  $Y = T + K + S + R$.
- vom Trendniveau abhängig, liegt ein **rein multiplikatives Zeitreihenmodell** vor:
  $Y = T * K * S * R$.

Neben diesen reinen Typen sind auch Mischformen möglich, die hier jedoch nicht behandelt werden.

Als **Einführungsbeispiel** betrachten wir die Umsatzentwicklung einer Bekleidungskette, die sich auf junge Mode spezialisiert hat. Die Umsätze sind quartalsweise über 5 Jahre verfügbar und in der folgenden Abbildung 11.1-b als Kurvendiagramm (Zeitreihenpolygon) dargestellt.

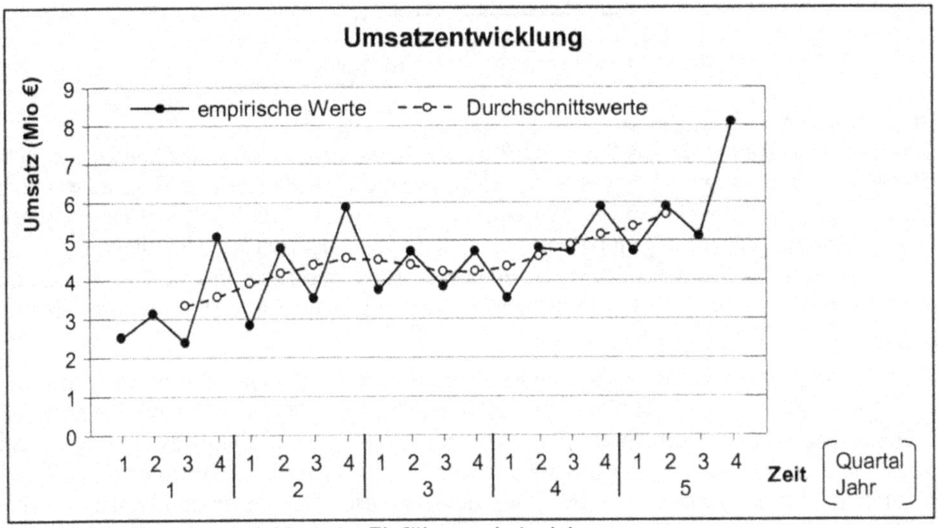

Abb. 11.1-b: Umsatzentwicklung im Einführungsbeispiel

Darin sind Saisoneinflüsse - etwa im 4. Quartal das Weihnachtsgeschäft - sowie ein über die Jahre tendenziell ansteigendes Umsatzniveau als „glatte Komponente" unschwer erkennbar. Ob die glatte Komponente außer dem Trend noch Konjunktureinflüsse enthält, ist weder sachlich, noch aufgrund des Betrachtungszeitraums von nur 5 Jahren, noch aufgrund der Datenlage gut begründet anzunehmen. Daraus resultiert im vorliegenden Fall als sinnvolles **Komponentenmodell: Y= f (T, S, R)**.

Beim Vergleich der Umsatzspitzen des 4. Quartals in verschiedenen Jahren fällt auf, dass diese in den ersten Jahren deutlich höher sind als in den darauf folgenden, obwohl das Umsatzniveau in den ersten Jahren geringer als in den späteren ist. Das deutet darauf hin, dass die Saisonkomponente unabhängig vom Trendniveau ist. Daraus resultiert im vorliegenden Fall eine additive Verknüpfung, mithin als sinnvolles Verknüpfungsmodell **Y= T+S+R.** Von diesem plausiblen additiven Modell werden wir uns bei der Analyse der Zeitreihe des Einführungsbeispiels leiten lassen.

Die Analyse selbst besteht darin, Richtung, Form und numerische Werte der vermuteten Komponenten zu ermitteln. Dabei ermittelt man die Komponenten im Allgemeinen nacheinander in der Reihenfolge ihrer sachlichen und quantitativen Bedeutung, beginnend mit dem Trend. Nach der Trendanalyse wird die geschätzte Trendkomponente aus den Beobachtungswerten isoliert, so dass eine trendbereinigte Zeitreihe vorliegt, die auf Saisoneinflüsse hin näher untersucht werden kann. Nach der Saisonanalyse wird die geschätzte Saisonkomponente ebenfalls isoliert, so dass Reste übrig bleiben, die einer abschließenden Restanalyse unterzogen werden. Diese für die klassische Zeitreihenzerlegung typische Vorgehensweise wird zunächst am Einführungsbeispiel mit dem **additiven Modellansatz** verwendet. Abschließend wird in analoger Weise auch eine Zeitreihe mit multiplikativer Verknüpfung der Komponenten analysiert.

11.2 Trendanalyse

Bei der Trendanalyse gibt es zwei Aufgaben, die folgende Übersicht zeigt.

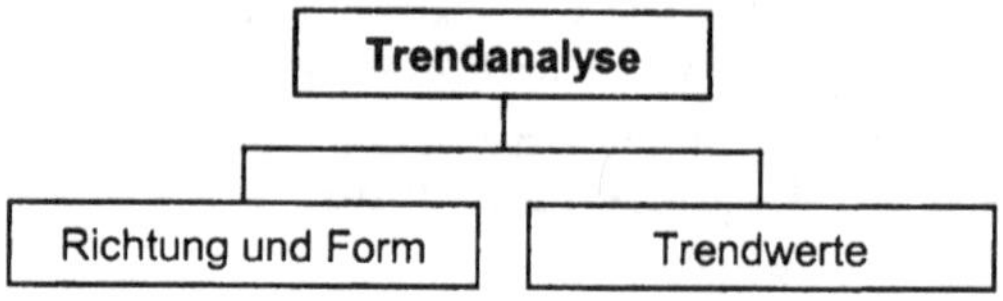

11.2.1 Ermittlung der Trendform

Zur Ermittlung von Richtung und Form des Trends gibt es verschiedene Methoden, die sich unter anderem in ihren Anwendungsvoraussetzungen sowie in Aufwand und Güte unterscheiden. Bei kleineren und übersichtlichen Zeitreihen mag es im Einzelfall möglich sein, aus der grafischen Darstellung Richtung und Form des Trends per Augenschein hinreichend klar zu erkennen. Dann lässt sich mit der Hand das erkannte Muster als Linie in das Diagramm einzeichnen. Diese sogenannte **Freihandmethode** ist sehr einfach, liefert aber naturgemäß nur eine **sehr grobe grafische Näherungslösung.**

Meistens sind die Zeitreihen der Praxis aber nicht von der oben genannten Art und der Anwender stellt höhere Ansprüche an die Güte der Analyseergebnisse, so dass der Trend durch geeignete **Rechenmethoden** zu ermitteln ist . Dazu sind zunächst die saisonalen Schwankungen auszuschalten. Eine einfache und praxisbewährte Methode, schwankende Reihenwerte zu glätten und dadurch das längerfristige, tendenzielle Entwicklungsmuster herauszuarbeiten, ist die **Durchschnittsbildung**. Auf Zeitreihenwerte bezogen wird sie in Form gleitender Durchschnitts- bzw. Mittelwerte verwendet.

Beim **gleitenden Durchschnitt** wird das arithmetische Mittel mit einer festzulegenden Anzahl von Werten (Gliedern) entlang der Zeitreihenwerte systematisch dergestalt gebildet, dass das jeweils erste Glied des zuletzt gebildeten Mittelwertes in dem aktuell zu bildenden Mittelwert nicht mehr enthalten ist, dafür aber zusätzlich der nächste Zeitreihenwert. Auf diese Art und Weise gleitet die Durchschnittsbildung systematisch über die Zeitreihe, bis alle ihre Werte in mindestens einen Mittelwert einbezogen sind.

Bei der Methode des gleitenden Durchschnitts ist die **Anzahl der Glieder k** sinnvoll und problemangepasst festzulegen. Dabei gibt es natürlich Gestaltungsspielraum. Je größer (kleiner) die Gliederzahl k ist, desto größer (kleiner) ist tendenziell die Glättungswirkung. Andererseits ist bei vorhandener Saisonkomponente deren Zyklusdauer zu berücksichtigen, damit die Saisonfigur aus den empirischen Werten herausgefiltert werden kann. Im vorliegenden Fall liegen Quartalswerte und die begründete Vermutung einer Saisonkomponente vor, so dass Mittelwerte aus jeweils 4 Gliedern naheliegend und sinnvoll erscheinen.

Bei einem gleitenden Vierer- oder sonstigen **geradzahligen Durchschnitt** ergibt sich allerdings ein **Zuordnungsproblem** für die ermittelten Durchschnittswerte, da man diese nur auf ganzzahlige Quartale beziehen kann. Das Problem löst man dadurch, dass fünf Quartalswerte - der erste und fünfte jedoch nur mit halbem Gewicht - in den Viererdurchschnitt eingehen. Der ermittelte Durchschnittswert wird dann dem jeweils mittleren Quartal zugeordnet, formal:

$$\bar{y}_{4i} = \frac{\frac{1}{2}y_{i-2} + y_{i-1} + y_i + y_{i+1} + \frac{1}{2}y_{i+2}}{4}$$

Analog wird bei Monatsdaten verfahren.

In der folgenden Tabelle 11.2.1 steht die Zeitreihe des Einführungsbeispiels in den Spalten (1)-(4) und in der Spalte (5)+(6) sind die gleitenden Durchschnittswerte nach der obigen Formel nachvollziehbar berechnet. Dabei erkennt man, dass die Methode zu **Informationsverlusten** führt, da insgesamt k Durchschnittswerte nicht ermittelt werden können, nämlich jeweils k/2 Werte am Anfang und Ende der Reihe. Besonders das Fehlen der Durchschnittswerte am Ende der Zeitreihe wird in der Praxis häufig als Nachteil angesehen, da man dort an der aktuellen Entwicklung des Trends besonders interessiert ist.

Zeit			**Umsatz**	**Durchschnittswerte aus 4 Gliedern**	
Jahr	Quartal	ZE i	y_i (Mio €)	$\bar{y}_{4i}$ (Mio €)	$(\frac{1}{2}y_{i-2} + y_{i-1} + y_i + y_{i+1} + \frac{1}{2}y_{i+2}) \div 4$
(1)	(2)	(3)	(4)	(5)	(6)
1	1	1	2,5	-	-
	2	2	3,1	-	-
	3	3	2,4	3,313	(1,25+3,1+2,4+5,1+1,4):4
	4	4	5,1	3,563	(1,55+2,4+5,1+2,8+2,4):4
2	1	5	2,8	3,906	(1,2+5,1+2,8+2,4+1,75):4
	2	6	4,8	4,150	(2,55+2,8+4,8+3,5+5,9+1,85):4
	3	7	3,5	4,363	(1,4+4,8+3,5+5,9+1,85):4
	4	8	5,9	4,563	(2,4+3,5+5,9+3,7+2,35):4
3	1	9	3,7	4,488	(1,75+5,9+3,7+4,7+1,9):4
	2	10	4,7	4,375	(2,95+3,7+4,7+3,8+2,35):4
	3	11	3,8	4,200	(1,85+3,8+4,7+3,5+2,4):4
	4	12	4,7	4,188	(2,35+5,9+3,7+4,7+1,9):4
4	1	13	3,5	4,313	(1,90+4,7+3,5+4,8+2,35):4
	2	14	4,8	4,575	(2,35+3,5+4,8+4,7+2,95):4
	3	15	4,7	4,875	(1,75+4,8+4,7+5,9+2,35):4
	4	16	5,9	5,163	(2,4+4,7+5,9+4,7+2,95):4
5	1	17	4,7	5,350	(2,35+5,9+4,7+5,9+2,55):4
	2	18	5,9	5,675	(2,95+4,7+5,9+5,1+4,05):4
	3	19	5,1	-	-
	4	20	8,1	-	-

Tab. 11.2.1: Zeitreihe und Durchschnittswerte im Einführungsbeispiel

Wenn man die Ergebnisse der gleitenden Durchschnittsbildung visualisiert - so wie in der obigen Abbildung geschehen -, erkennt man durchweg

- die Glättungswirkung der Durchschnittsbildung und
- ein typisches Trendmuster.

Im vorliegenden Fall kann man die **Entwicklungsrichtung** des Trends als **steigend** und seine **Form** in ganz grober Näherung als **tendenziell linear** (linearer Trend) ansehen.

11.2.2 Ermittlung der Trendwerte

Auch zur Ermittlung der Werte eines seiner Richtung und Form nach bestimmten Trends gibt es verschiedene Methoden, die teilweise mit den Methoden der Trendformermittlung gekoppelt sind. So sind etwa bei der oben erwähnten Freihandmethode die numerischen Trendwerte aus der grafischen Trendlinie abzulesen. Bei den durch Rechenmethoden wie dem gleitenden Durchschnitt ermittelten Trendformen gibt es zwei prinzipielle Möglichkeiten der Werteermittlung:

- **Übernahme** der bei der Trendformermittlung berechneten Werte **als Trendwerte**.
- Berechnung einer der ermittelten Trendform entsprechenden **mathematischen Trendfunktion**.

Der erste Ansatz ist recht einfach und vor allem dann sinnvoll, wenn

- sich die **ermittelte Trendform** über den gesamten Betrachtungszeitraum **nicht** durch **eine** mathematische Funktion beschreiben lässt;
- die durch eine mathematische Funktion erreichbare **Genauigkeit nicht erforderlich** ist;
- der zur Aufstellung der Funktionsgleichung nötige **Aufwand unangemessen groß** ist.

Er ist allerdings für etwa beabsichtigte Prognosezwecke schlecht geeignet, da die aktuellen Trendwerte fehlen, die für eine Fortschreibung des Trends in die Zukunft besonders wichtig sind. Da im vorliegenden Fall die Analyse Hauptzweck der Betrachtung ist, werden wir nach diesem Ansatz die Durchschnittswerte als Trendwerte übernehmen und damit die weitere Analyse betreiben. Da es sich bei den Trendwerten nicht um tatsächliche, sondern um **errechnete bzw. geschätzte Werte** handelt, werden sie zur deutlichen Unterscheidung hier mit einem hochgestellten **e** oder mit einem Dach über dem Symbol der Größe versehen (formal: ^).

$T^e = \hat{T} = \overline{Y}$ und $t_i^e = \hat{t}_i = \overline{y}_i$

Der zweite Ansatz liefert eine **mathematische Funktion**, mit der nicht nur alle Trendwerte im Analysezeitraum, sondern auch darüber hinaus im Prognosezeitraum berechnet werden können. Er wird im folgenden Kapitel über Prognosemethoden vorgestellt.

11.3 Saisonanalyse

Zeit			Umsatz	Trend	Trendb. Werte	Quartale				Saison	Rest
Jahr	Quartal	ZE i	y_i	$\hat{t}_i = \overline{y}_i$	$y_i - \overline{y}_i$	j=1	j=2	j=3	j=4	$\hat{S}_i$	$\hat{R}_i$
(1)	(2)	(3)	(4)	(5)	(6)	(7)	(8)	(9)	(10)	(11)	(12)
1	1	1	2,5	-	-						
	2	2	3,1	-	-						
	3	3	2,4	3,313	-0,913			-0,913		-0,578	-0,335
	4	4	5,1	3,563	1,537				1,537	1,041	0,496
2	1	5	2,8	3,906	-1,106	-1,106				-0,829	-0,277
	2	6	4,8	4,150	0,650		0,650			0,366	0,284
	3	7	3,5	4,363	-0,863			-0,863		-0,578	-0,285
	4	8	5,9	4,563	1,337				1,337	1,041	0,296
3	1	9	3,7	4,488	-0,788	-0,788				-0,829	0,041
	2	10	4,7	4,375	0,325		0,325			0,366	-0,041
	3	11	3,8	4,200	-0,400			-0,400		-0,578	0,178
	4	12	4,7	4,188	0,512				0,512	1,041	-0,529
4	1	13	3,5	4,313	-0,813	-0,813				-0,829	0,016
	2	14	4,8	4,575	0,225		0,225			0,366	-0,141
	3	15	4,7	4,875	-0,175			-0,175		-0,578	0,403
	4	16	5,9	5,163	0,737				0,737	1,041	-0,304
5	1	17	4,7	5,350	-0,650	-0,650				-0,829	0,179
	2	18	5,9	5,675	0,225		0,225			0,366	-0,141
	3	19	5,1	-	-					-0,578	
	4	20	8,1	-	-					1,041	
					$\overline{s}_j$	**-0,839**	**0,356**	**-0,588**	**1,031**		**Σ-0,16**

Tab. 11.3: Ermittlung der Saisonkomponente im Einführungsbeispiel

Nachdem die Trendkomponente ermittelt worden ist, kann sie aus der Zeitreihe herausgerechnet werden, so dass man **trendbereinigte Werte** erhält. Nach dem verwendeten Analysemodell Y=T+S+R enthält die trendbereinigte Zeitreihe nur noch die Saison- und die Restkomponente, formal:

$$Y-\hat{T} = S+R$$

Die trendbereinigten Werte werden benutzt, um die Saisonkomponente zu ermitteln. Die Tabelle 11.3 enthält in der Spalte (6) die trendbereinigten Zeitreihenwerte für das Einführungsbeispiel als Ausgangsdaten für die Saisonanalyse. Diese sind in der folgenden Abbildung 11.3-a anschaulich grafisch dargestellt.

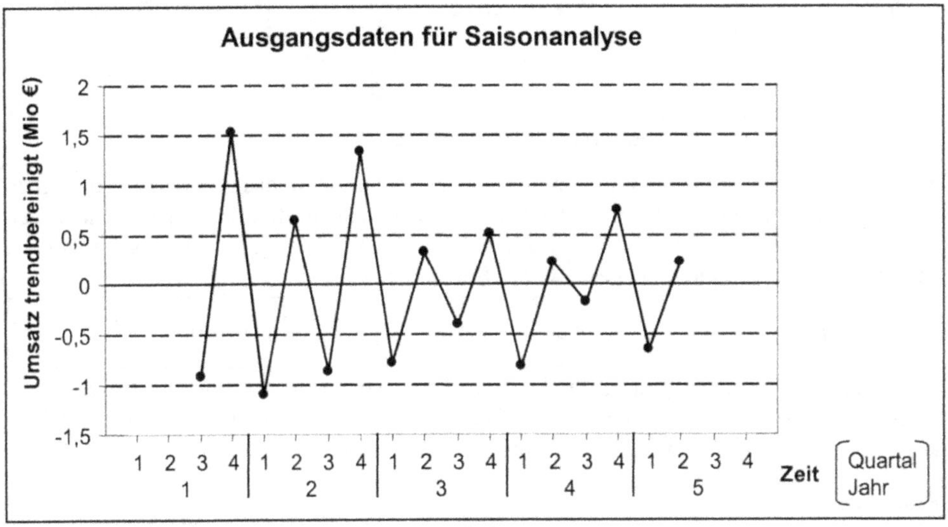

Abb. 11.3-a: Trendbereinigte Zeitreihe des Einführungsbeispiels

Darin erkennt man ein sich in jedem Jahr in ähnlicher Form wiederholendes grobes Muster, das man als **Saisonfigur** bezeichnet. Im vorliegenden Fall sind folgende **Charakteristika** der Saisonfigur erkennbar:

- positive und negative Werte, d.h. der Saisoneinfluss führt - den Umsatztrend korrigierend - zu Mehr- oder Minderumsätzen.
- größte positive Werte im 4. Quartal ; leicht positive Werte im 2. Quartal.
- größte negative Werte im 1. Quartal; leicht negative Werte im 3. Quartal.

Zur Ermittlung des in jedem Quartal typischerweise auftretenden Wertes - d.h. zur **Quantifizierung der Saisonfigur** - verteilt man die Werte quartalsgerecht und berechnet die Durchschnittswerte für jedes Quartal, so wie in der Tabelle 11.3 in den Spalten (7)-(10) ersichtlich. Das Ergebnis ist als Säulendiagramm in der folgenden Abbildung 11.3-b dargestellt. Danach wirkt sich der Saisoneinfluss unabhängig vom Trend und unabhängig von den Jahren in jedem Quartal tendenziell immer in der berechneten Größe aus. Bei näherer Betrachtung der Richtung und Größe der durchschnittlichen Quartalswerte fällt auf, dass die positiven und negativen Werte zusammengenommen etwa gleich groß sind, so dass sich die quartalsmäßigen Einflüsse übers Jahr betrachtet insgesamt annähernd ausgleichen. Dieses einfache, aber typische Muster bezeichnet man als **konstante Saisonfigur**, für die gilt:

allgemein: $\sum_{j=1}^{4} \bar{s}_i = 0$ hier: $\sum -0{,}839 + 0{,}356 - 0{,}588 + 1{,}031 = -0{,}04$

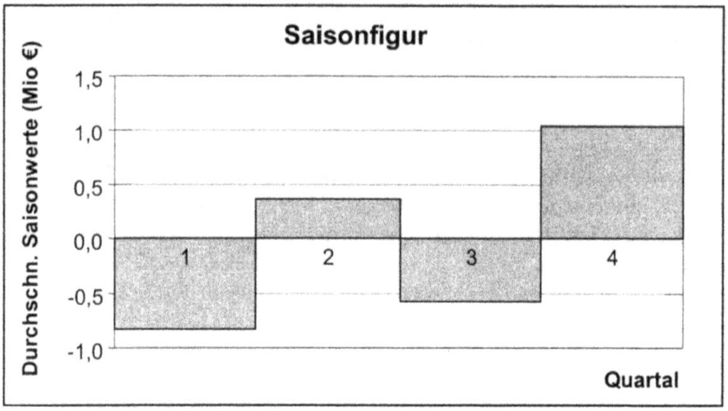

Abb. 11.3-b: Quartals-Durchschnittswerte im Einführungsbeispiel

Im Einführungsbeispiel ist diese Summe mit –0,04 sehr nahe 0, d.h. das Modell der konstanten Saisonfigur passt sehr gut und kann weiter verwendet werden. In dem Falle verteilt man den vom Modell abweichenden Rest **a** gleichmäßig auf alle bislang ermittelten Durchschnittswerte und erhält so die **errechneten** bzw. **geschätzten Saisonwerte.**

allgemein: $s^e_j = \hat{s}_j = \bar{s}_j - \frac{a}{4}$	hier: $s^e_j = \hat{s}_j = \bar{s}_j - \frac{-0,04}{4} = \bar{s}_j + 0,01$

Im vorliegenden Fall sind die Quartalsdurchschnittswerte jeweils um 0,01 (Mio. €) zu erhöhen. Für das erste Quartal erhält man so z.B.: -0,839+0,01=-0,829. Die dergestalt ermittelten Werte der Saisonkomponente stehen in der Spalte (11) der Tabelle 11.3.

11.4 Restanalyse

Nach dem hier verwendeten additiven Zeitreihenmodell und den bislang ermittelten Schätzungen für den Trend $\hat{T}$ und die Saison $\hat{S}$ ermittelt man die Restkomponente nach der Formel:

$$\hat{R} = Y - \hat{T} - \hat{S}$$

Für das Einführungsbeispiel ist die Restkomponente nach dieser Formel ermittelt und in der Spalte (12) der Tabelle 11.3 dargestellt.

Die Restkomponente wird hauptsächlich ermittelt, um die **Güte** der durchgeführten Analyse und ihrer Ergebnisse vernünftig abschätzen zu helfen. Idealerweise sollte sie folgende Eigenschaften haben:

- irregulär sein, d.h. kein Muster aufweisen,
- viel kleiner sein als die anderen Komponenten,
- ihre Werte sollten sich insgesamt ausgleichen.

Die Betrachtung der Werte der Restkomponente im Einführungsbeispiel erfüllt einige, aber nicht alle diese Anforderungen in befriedigender Weise. Sie ist ziemlich irregulär, sowohl in ihrer Richtung (positive und negative Werte) als auch über die Quartale des Analysezeitraums. Ihre Größe ist jedoch beträchtlich, sowohl bei Einzelwerten als auch im Durchschnitt (0,247). Sie kommt damit - zumindest in Einzelfällen - betragsmäßig in die Größenordnung der Saisonkomponente. Das ist ungewöhnlich und deutet darauf hin, dass im vorliegenden Fall noch weitere wesentliche Einflüsse wirksam sind, die mit dem gewählten klassischen Analyseansatz nicht ausreichend erfasst werden konnten. Diese Vermutung wird zusätzlich auch dadurch gestützt, dass ihre Werte insgesamt sich nicht annähernd ausgleichen.

11.5 Analyse bei multiplikativer Verknüpfung

Bei vielen Zeitreihen der Wirtschaftspraxis bleiben die Saisonausschläge in ihrer absoluten Höhe nicht unbeeinflusst von dem Niveau, auf dem sich eine Zeitreihe befindet. Vielmehr werden sie mit steigendem Niveau absolut größer, mit fallendem Niveau absolut kleiner. Dies indiziert eine multiplikative Verknüpfung. In der folgenden Abbildung 11.5-a ist die Entwicklung der Quartalsumsätze eines Unternehmens über mehrere Jahre dargestellt, bei dem der klar erkenbare Saisoneinfluss ganz offensichtlich mit dem über die Jahre ständig steigenden Umsatzniveau ebenfalls absolut steigt.

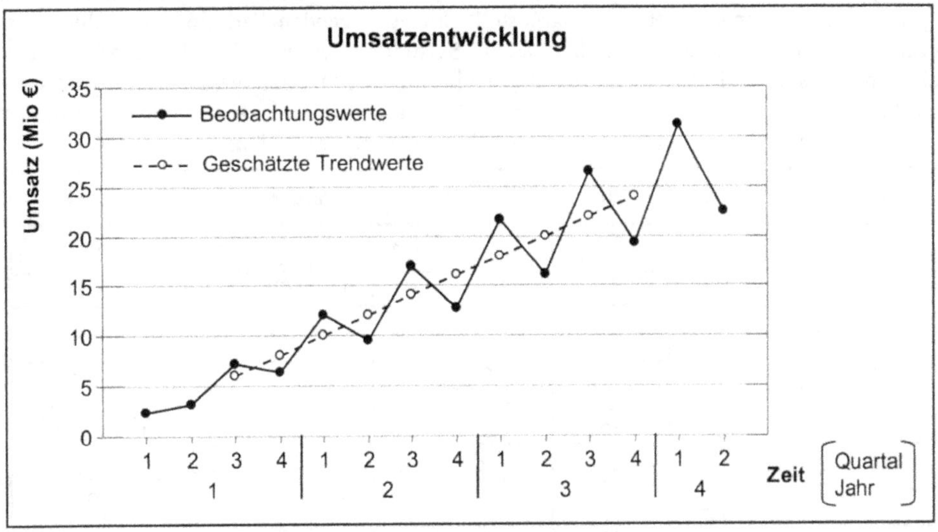

Abb. 11.5-a: Zeitliche Entwicklung der Quartalsumsätze

Die Zeitreihe enthält zur besseren Vergleichbarkeit mit dem additiven Modell als Hauptkomponenten außer dem Trend ebenfalls nur saisonale Einflüsse. Auf die übliche Restkomponente wurde der Einfachheit halber verzichtet, so dass man die Analyse im vorliegenden Fall sinnvoll mit folgendem Zeitreihenmodell angehen kann: Y= T*S

Trendanalyse

Die Trendform kann aus dem Diagramm schon per Augenschein als in guter Näherung linear klassifiziert werden. Ihre Ermittlung mit der Methode der gleitenden Durchschnitte - analog wie in 11.2 durchzuführen - bestätigt dies. Die Berechungsergebnisse sind in der folgenden Arbeitstabelle 11.5 in der Spalte (4) dargestellt und werden direkt als geschätzte Trendwerte verwendet. Als solche sind sie auch zusätzlich in der obigen Abbildung visualisiert.

Saisonanalyse

Die für die Saisonanalyse nötigen trendbereinigten Werte erhält man, indem man die geschätzten Trendwerte aus den Zeitreihenwerten in geeigneter Weise „herausrechnet"

Ermittlung der trendbereinigten Zeitreihe

Wegen der multiplikativen Verknüpfung muss man dazu die beobachteten Werte der Zeitreihe durch die geschätzten Trendwerte teilen, formal:

$$S = Y / \hat{T}$$

Die trendbereinigten Werte sind - im Gegensatz zum additiven Modell - **Messzahlen ohne Dimension** und damit **Saisonfaktoren,** die zur klaren Unterscheidung von den absoluten Werten der Saisonkomponente im Folgenden mit **SF** notiert werden. Sie geben das Zahlenverhältnis an, in dem die Beobachtungswerte durch den Saisoneinfluss über oder unter dem Trendniveau liegen. Ein Saisonfaktor >1(<1) besagt, dass der Saisoneinfluss zu einem Beobachtungswert führt, der über (unter) dem Trendwert liegt. Man kann sie - wie alle Messzahlen - mit 100 multiplizieren und anwenderfreundlich als Prozentzahlen angeben.

In der folgenden Arbeitstabelle 11.5 befinden sich im linken Teil die Zeitreihenwerte, die gleitenden Mittelwerte als geschätzte Trendwerte und die trendbereinigten Werte (Saisonfaktoren) als Ausgangswerte der Saisonanalyse. Im rechten Teil ist die Saisonanalyse - analog 11.3 - in einer gesonderten Saisonanalysetabelle dargestellt. Im vorliegenden Fall sind die Zahlen des Einführungsbeispiels so einfach gewählt, dass die Saisonfaktoren eines beliebigen aber festen Quartals konstant sind und dass auch die Faktoren bestimmter Quartale genau gleich groß sind (hier die Faktoren im 1. und 3. sowie im 2.und 4. Quartal). Das eine wie das andere ist in der Anwendungspraxis weder nötig noch typisch, sondern eher ungewöhnlich.

Zeit			**Umsatz**	**Trend**	**Trendber. Werte**	**Quartale**				**Saison**
Jahr	Quartal	ZE i	y_i	$\hat{t}_i = \bar{y}_i$	$y_i / \bar{y}_i$	j=1	j=2	j=3	j=4	$\hat{S}_i$
(1)	(2)	(3)	(4)	(5)	(6)	(7)	(8)	(9)	(10)	(11)
1	1	1	2,4	-	-					
	2	2	3,2	-	-					
	3	3	7,2	6	1,2			1,2		6 * 0,2= 1,2
	4	4	6,4	8	0,8				0,8	8 *-0,2= -1,6
2	1	5	12,0	10	1,2	1,2				10 * 0,2= 2,0
	2	6	9,6	12	0,8		0,8			12 * -0,2= -2,4
	3	7	16,9	14	1,2			1,2		14 * 0,2= 2,8
	4	8	12,8	16	0,8				0,8	16 * -0,2= -3,2
3	1	9	21,6	18	1,2	1,2				18 * 0,2= 3,6
	2	10	16,0	20	0,8		0,8			20 * -0,2= -4,0
	3	11	26,4	22	1,2			1,2		22 * 0,2= 4,4
	4	12	19,2	24	0,8				0,8	24 * -0,2= -4,8
4	1	13	31,2	-	-					
	2	14	22,4	-	-					
				Durchschnitt		**1,2**	**0,8**	**1,2**	**0,8**	

Tab. 11.5: Saisonanalyse im Einführungsbeispiel

Bei näherer Betrachtung der einzelnen Saisonfaktoren $\mathbf{sf_j}$ fällt auf, dass sie für ein beliebiges aber festes Quartal über alle Jahre konstant sind, obwohl doch der absolute Saisoneinfluss über die Jahre im vorliegenden Fall klar zunimmt. Das bedeutet, dass der Saisoneinfluss trotz absoluter Zunahme bei steigendem Trendniveau doch in einem konstanten Verhältnis - **d.h. proportional zum Trendniveau** - bleibt.

Ermittlung der Saisonfigur

Wie in 11.3 ermittelt man die Saisonfigur, indem man für jedes Quartal Durchschnittswerte bildet, die für das Einführungsbeispiel in der Saisontabelle in der letzten Zeile stehen. Die **durchschnittlichen Quartalsfaktoren** sind in der folgenden Abbildung 11.5-b anschaulich als Säulen grafisch dargestellt, die vom jeweiligen Trendniveau als Basis nach oben und unten abweichen. Darin erkennt man klar, dass die über und unter dem Trendniveau liegenden Flächen dieser Säulen zusammengenommen gleich groß sind, so dass sich die Saisoneinflüsse übers ganze Jahr genommen insgesamt ausgleichen. Damit lassen sich auch in diesem Einführungsbeispiel die Saisoneinflüsse auf das **Modell der konstanten Saisonfigur** zurückführen. Im multiplikativen Modell wird die konstante Saisonfigur allerdings nicht durch die

Summe der Saisonwerte erreicht, die Null sein muss, sondern durch den Durchschnitt der Saisonfaktoren, der Eins sein muss, formal:

allgemein:	Einführungsbeispiel:
$\varnothing\overline{SF} = \frac{1}{4}\sum_{J=1}^{J=4}\bar{s}f_j = 1$	$\varnothing\overline{SF} = \frac{1{,}2 + 0{,}8 + 1{,}2 + 0{,}8}{4} = 1{,}0$

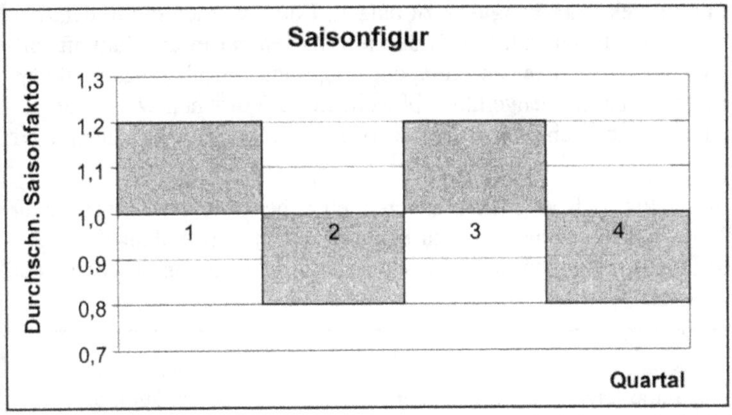

Abb. 11.5-b: Durchschnittliche Quartalsfaktoren im Einführungsbeispiel

Im vorliegenden Fall folgen die durchschnittlichen Quartalsfaktoren ganz genau dem idealtypischen Modell der konstanten Saisonfigur, so dass eine nachträgliche Korrektur nicht nötig ist und die Faktoren direkt zur Berechnung bzw. Schätzung der Saisonfigur verwendet werden können. Die **errechneten bzw. geschätzten Saisonfaktoren** erhält man, indem man die durchschnittlichen Quartalsfaktoren um den Trendfaktor bereinigt, formal:

allgemein:	$sf_j^e = \bar{s}f_j - 1$
Einführungsbeispiel:	$sf^e_1=1{,}2-1=\underline{0{,}2}$; $sf^e_2=0{,}8-1=\underline{-0{,}2}$; $sf^e_3=1{,}2-1=\underline{0{,}2}$; $sf^e_4=0{,}8-1=\underline{-0{,}2}$

Auch die errechneten bzw. geschätzten Saisonfaktoren kann man - mit 100 multipliziert - anwenderfreundlich auch als Prozentzahlen angeben. Sie quantifizieren so häufig anschaulicher Richtung und Größe, in der der Saisoneinfluss zu Abweichungen vom jeweiligen Trendniveau führt. Durch Multiplikation der Faktoren mit den jeweiligen errechneten bzw. geschätzten Trendwerten erhält man die **absoluten Werte der Saisonfigur**, die für das Einführungsbeispiel in der letzten Spalte der Tabelle 11.5 dargestellt sind.

11.6 Zeitreihenzerlegung und Prognose

Aus Anwendungssicht dient die Zeitreihenanalyse durch Zeitreihenzerlegung einmal dem Zweck, das Zustandekommen des Verhaltens der betrachteten Größe besser zu verstehen. Dieses Know-How kann bei wissenschaftlichen Forschungen - etwa im Bereich der Konjunkturzyklenforschung - oder bei praktischen Notwendigkeiten - etwa der Saisonbereinigung - unverzichtbar sein. So wird in dem weltweit von statistischen Ämtern, Ministerien etc. am häufigsten benutzten Verfahren zur Analyse ökonomischer Zeitreihen - dem Zensus X 12 des Büro of Census in Washington - die vorgestellte klassische Zeitreihenzerlegung eingesetzt, und zwar vor allem zur **Saisonbereinigung**. Dabei wird die Trendkomponente - wie auch in unseren Einführungsbeispielen - vornehmlich durch gleitende Mittelwerte geschätzt.

Ergänzend hat die Zeitreihenzerlegung in der Wirtschaftspraxis - insbesondere der betriebswirtschaftlichen Praxis - in aller Regel den Zweck, als Grundlage für Prognosen zu dienen. In diesem Zusammenhang sind folgende Strukturerkenntnisse der Zeitreihenzerlegung für die anschließende Prognose von grundlegender Bedeutung:

- die ermittelten Hauptkomponenten der Zeitreihe
- die Form der Hauptkomponenten („Muster")
- das Verknüpfungsmuster der Komponenten

Es gibt viele Ansätze, diese Strukturerkenntnisse in Verbindung mit den quantitativen Ergebnissen der Zeitreihenzerlegung **direkt zur Prognose** zu nutzen. Dabei werden die in der Analyse ermittelten Komponenten, ihr Muster und ihre Größe jeweils separat in die Zukunft fortgeschrieben bzw. extrapoliert und am Ende die Komponentenprognosen über das Verknüpfungsmodell zur Gesamtprognose zusammengeführt. Obwohl diese Vorgehensweise naheliegend und vernünftig erscheint, ist sie doch recht kompliziert, sehr aufwendig und zudem stark fehleranfällig.

Deshalb beschreitet man in der Praxis häufig einen anderen Weg, bei dem der Anwender die Strukturerkenntnisse der Zeitreihenzerlegung nur dazu benutzt, seinen Anwendungsfall näherungsweise einem **Zeitreihentyp** zuzuordnen, wie er etwa in der folgenden wissenschaftlichen Grobklassifikation vorgesehen ist.

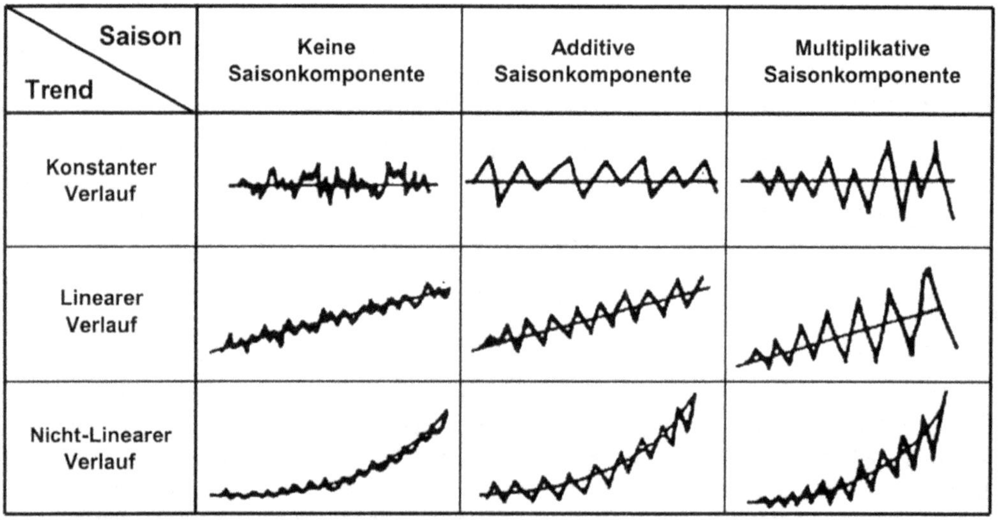

Abb. 11.6: Zeitreihentypen (nach Pegel 1969)

Zur Prognose selbst wählt der Anwender dann ein für den jeweiligen Zeitreihentyp geeignetes und verfügbares Prognoseverfahren aus und wendet es auf den vorliegenden Fall an. Die Statistik hat nämlich zwischenzeitlich für diese und andere Zeitreihentypen jeweils **geeignete Prognosemethoden** bzw. Methodengruppen entwickelt und theoretisch und empirisch fundierte Erkenntnisse darüber erarbeitet, welche verfügbaren Methoden sich für welche Zeitreihentypen prinzipiell und relativ besser eignen. Mit diesem Know-How kann der Anwender die Auswahl von in seinem Anwendungsfall prinzipiell geeigneten Prognosemethoden bzw. Methodengruppen systematisch und objektiviert durchführen. Diese Vorgehensweise ist häufig effektiver und effizienter, insbesondere wenn es sich um einfache Zeitreihen handelt und die Übereinstimmung des Anwendungsfalls mit dem Zeitreihentyp hoch ist.

11.7 Definitionen, Regeln, Symbole und Formeln

Bezeichnung	Symbol	Definition/Regel/Formel
Zeitreihe		n-Tupel: $(t_1, y_1); \ldots, (t_n, y_n)$
Zeitreihenzerlegung		
Trendkomponente	T	
Konjunkturkomponente	K	
Glatte Komponente	G	
Saisonkomponente	S	
Restkomponente	R	
Schätzung	^	
Additives Modell	Y	= T+K+S+R
Multiplikatives Modell	Y	= T*K*S*R
Trendanalyse		
Trendformanalyse durch gleitende Durchschnitte aus k Gliedern	$\bar{y}_k$	
- k ungerade	$\bar{y}_{ku}$	$\bar{y}_i = \frac{1}{k} * \left(x_{i-\frac{k-1}{2}} + \ldots + x_i + \ldots + x_{i+\frac{k-1}{2}} \right)$
- k gerade (hier (Quartale)	$\bar{y}_4$	$\bar{y}_i = \frac{\frac{1}{2} y_{i-2} + y_{i-1} + y_i + y_{i+1} + \frac{1}{2} y_{i+2}}{4}$
Trend (geschätzt bzw. errechnet)	$\hat{T}$; T^e	
Übernahme gleitender Durchschnittswerte	$\hat{t}_i$; t^e_i	$= \bar{y}_i$
Trendfunktionswerte	$\hat{t}_i = f(t_i)$	siehe Prognoserechnung Kapitel 12
Saisonanalyse		
Ausgangsdaten: trendbereinigte Reihe - additives Modell - multiplikatives Modell	 S+R S*R	 $=Y-\hat{T}$ bzw. $Y-T^e$ $=Y/\hat{T}$ bzw. Y/T^e
Durchschnittliche Saisonfigur (Quartale) - additives Modell (Saisonwerte) - multiplikatives Modell (Saisonfaktoren)	 $\bar{s}_j$ $\bar{sf}_j$	 $= \frac{1}{m} \sum s_j$ mit m= Anzahl der Werte $= \frac{1}{m} \sum sf_j$
Modell der konstanten Saisonfigur (Quartale) - additives Modell - multiplikatives Modell		 $\sum \bar{s}_j = 0$ $\varnothing \overline{SF} = \frac{1}{4} \sum_{J=1}^{J=4} \bar{sf}_j = 1$
Errechnete bzw. geschätzte Saisonfigur - additives Modell (Quartalswerte) - multiplikatives Modell (Quartalsfaktoren) - multiplikatives Modell (Quartalswerte)	 $s^e_j = \hat{s}_j$ sf^e_j $s^e_j = \hat{s}_j$	 $= \bar{s}_j - \frac{a}{4}$ mit a= Abweichung $= \bar{sf}_j - 1$ $= t^e_i * sf^e_j$
Restanalyse		
Ausgangsdaten: trend- und saisonber.Reihe - additives Modell - multiplikatives Modell	 R R	 $= Y - T^e - S^e$ $= Y / T^e / S^e$

11.8 Übung

Fragen

F1. Welches sind die Hauptaufgaben bei der Untersuchung von Zeitreihen ?

F2. Welche Hauptkomponenten können in einer Zeitreihe enthalten sein ?

F3. Was versteht man unter der „glatten Komponente“ ?

F4. Welche einfachen Verknüpfungsarten von Zeitreihenkomponenten kennen Sie ?

F5. Eine Zeitreihe enthält als Hauptkomponenten nur Trend- und Saisonkomponente. Wie erkennen Sie, ob T und S tendenziell eher additiv oder multiplikativ verknüpft sind ?

F6. Wie sieht bei der traditionellen Zeitreihenzerlegung der grobe Arbeitablauf aus, wenn die vorliegende Zeitreihe eine glatte, eine saisonale und eine irreguläre Komponente enthält ?

F7 Mit welchem Ansatz ermittelt man typischerweise die Trendform ?

F8. Was ist bei der Wahl der Gliederzahl beim gleitenden Durchschnitt zu beachten ?

F9. Welche Ansätze zur Ermittlung von Trendwerten kennen Sie und wann ist welcher Ansatz sinnvoll ?

F10. Ihr Zeitreihenanalysemodell sei additiv und enthalte G, S und R. Wie gehen Sie vor, um aus den Zeitreihenwerten den für die Saisonanalyse relevanten Teil zu ermitteln ?

F11. Was ist eine Saisonfigur und was ist speziell das Modell der konstanten Saisonfigur ?

F12. Was sind saisonbereinigte Zahlen und wie werden sie im additiven Modell ermittelt ?

F13. Wie ermitteln Sie bei einem additiven Zeitreihenanalysemodell den Rest ?

F14. Welche idealtypischen Eigenschaften sollte die Restkomponente haben ?

F15. Welche Analysefehler indiziert die Restkomponente, wenn

- sie saisonale Regularität aufweist ?
- sie in der Größenordnung einer der Hauptkomponenten liegt ?
- die Summe aller Reste sich nicht annähernd aufhebt ?

F16. Wie unterscheiden sich die Trendanalysen beim additiven und multiplikativen Zeitreihenmodell, wenn die Zeitreihen ansonsten die gleichen Komponenten und die Komponenten die gleichen Muster enthalten (Begründung) ?

F17 Wie ermittelt man beim multiplikativen Zeitreihenmodell die trendbereinigte Zeitreihe ?

F18 Wie sind die in einem multiplikativen Zeitreihenmodell ermittelten Saisonfaktoren dimensioniert und was sagen sie inhaltlich aus ?

F19. Klären Sie die Richtigkeit und die Verträglichkeit folgender Aussagen über den Saisoneinfluss in einem multiplikativen Zeitreihenmodell mit linear ansteigendem Trend:
Aussage A: „ Mit steigendem Trendniveau werden die Zeitreihenwerte durch den Saisoneinfluss absolut immer größer“.
Aussage B: „Der Saisoneinfluss auf die Zeitreihenwerte ist trotz steigenden Trendniveaus immer proportional zum Trendniveau.“

F20. Woran erkennt man bei einem multiplikativen Zeitreihenmodell eine konstante Saisonfigur und wie lautet deren mathematische Bedingung ?

F21. Wie ermittelt man in einem multiplikativen Zeitreihenmodell aus den durchschnittlichen Saisonfaktoren die geschätzten Saisonfaktoren ?

F22. Wie ermittelt man in einem multiplikativen Zeitreihenmodell aus den geschätzten Saisonfaktoren die absoluten Werte der geschätzten Saisonfigur ?

F23. Welchen Hauptzwecken dient die Zeitreihenanalyse in der Wirtschaftspraxis ?
Nennen Sie für jeden Hauptzeck ein typisches Anwendungsbeispiel ?

F24. Welche Strukturerkenntnisse soll die Zeitreihenzerlegung als Voraussetzung zeitreihenbasierter Prognoseverfahren liefern ?

F25. Welche beiden grundsätzlichen Möglichkeiten gibt es, die typischen Ergebnisse von Zeitreihenanalysen durch Zeitreihenzerlegung für Prognosen zu nutzen ?

Aufgaben

Aufgabe „Energieverbrauch"

In einem Ballungsraum wurde über mehrere Jahre folgender Energieverbrauch (in Mio. KWStd.) registriert :

	Jahr			
Quartal	**1**	**2**	**3**	**4**
1	99	120	139	160
2	88	108	127	148
3	93	111	131	150
4	111	130	152	170

Aufgabenstellungen

a. Stellen Sie die Energiebedarfsentwicklung in geeigneter Form grafisch dar. Mit welchem Modellansatz gehen Sie in die Zeitreihenanalyse (Begründung) ?

b. Ermitteln Sie **Trendform** und **Trendwerte** mit ein und derselben Rechenmethode, deren Auswahl Sie kurz begründen und tragen Sie das Ergebnis ergänzend in die Grafik a) ein.

c. Untersuchen Sie die trendbereinigten Zahlen auf Saisoneinflüsse und ermitteln Sie nachvollziehbar eine passende Saisonfigur und deren absolute Werte.

d. Ermitteln Sie abschließend nachvollziehbar die Restkomponente, stellen Sie sie grafisch dar und nennen Sie ihre wesentlichen Eigenschaften (Charakteristika).

e. Würdigen Sie abschließend kurz Ansatz und Ergebnisse Ihrer Analyse und deren Verwendungsfähigkeit für Prognosen.

Aufgabe „Exportumsatz"

Ein namhafter Zubehörhersteller der Autobranche hat in den letzten Jahren folgende Exportumsätze gemacht (in Tsd. US $):

	Jahr			
Quartal	**1**	**2**	**3**	**4**
1	362	382	473	544
2	385	409	513	582
3	432	498	582	681
4	341	387	474	557

Aufgabenstellungen

a. Stellen Sie die Entwicklung des Exportumsatzes in geeigneter Form grafisch dar. Mit welchem Modellansatz gehen Sie in die Zeitreihenanalyse (Begründung) ?

b. Ermitteln Sie den Trend (Form und Werte) mit **einer** geeigneten Rechenmethode, deren Auswahl Sie kurz begründen und tragen Sie das Ergebnis ergänzend in die Grafik a) ein.

c. Untersuchen Sie die trendbereinigten Zahlen auf Saisoneinflüsse und ermitteln Sie nachvollziehbar eine passende Saisonfigur und deren absolute Werte.

d. Ermitteln Sie abschließend nachvollziehbar die Restkomponente, stellen Sie sie grafisch dar und nennen Sie ihre wesentlichen Eigenschaften (Charakteristika).

e. Würdigen Sie abschließend kurz Ansatz und Ergebnisse Ihrer Analyse und deren Verwendungsfähigkeit für Prognosen.

12 Prognoserechnung

Eine Prognose stellt eine Aussage über ein oder mehrere zukünftige Ereignisse dar, die sowohl auf Beobachtungen als auch auf theoretischen Überlegungen beruht und deren **Charakteristika Ungenauigkeit** und **Unsicherheit** sind. Hier werden nur quantitative Prognosen behandelt, die aus einer oder mehreren Zahlen bestehen, die das Ergebnis von Prognoserechnungen sind. **Quantitative Prognosen** haben für die Wirtschaft sehr große Bedeutung, sei es die Prognose gesamtwirtschaftlicher Größen wie Sozialprodukt, Arbeitslosigkeit etc. oder die einzelwirtschaftlicher Größen wie Umsatz, Personalbedarf, etc. Die in dieser Einführung behandelten Grundzüge der Prognoserechnung zeigt folgende Übersicht.

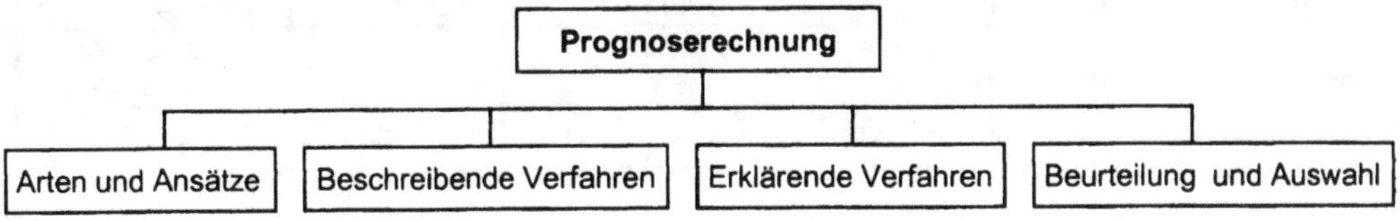

12.1 Prognosearten und -ansätze

Zur Orientierung im Bereich der Prognosen und zur Einordnung der in dieser Einführung behandelten grundlegenden Verfahren der Prognoserechnung wird zunächst eine Grobklassifikation von Prognosearten und -ansätzen vorgenommen, die folgende Übersicht zeigt.

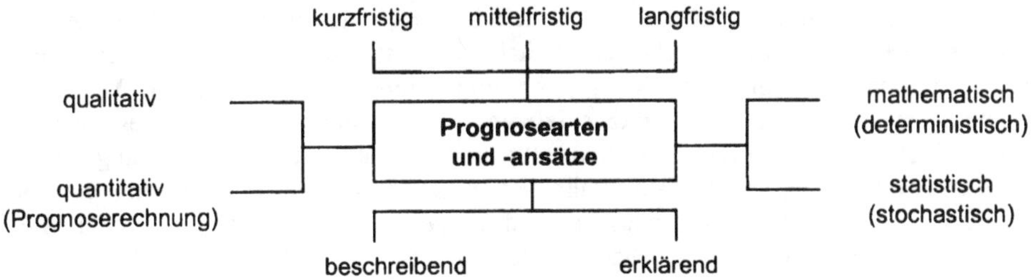

Nach der **„Sprache“**, in der die Prognosen überwiegend beschrieben sind, gibt es außer den quantitativen noch qualitative Prognosen. Bei **qualitativen Prognosen** bestehen die Prognosen überwiegend aus Worten bzw. Text. Typische Beispiele qualitativer Prognosen sind etwa Prognosen über die **langfristige Entwicklung neuer Technologien**. Eine typische qualitative Prognosemethode ist etwa die **Delphi-Methode**, bei der Expertenmeinungen über den Prognosegegenstand in einem mehrstufigen Prozess mit kontrollierten Rückkopplungen erfasst und verdichtet werden. Dabei werden zur Erfassung, Aufbereitung und Verdichtung der Meinungen auch relevante Methoden und Maßgrößen der beschreibenden Statistik verwendet.

Nach dem **Zeitraum**, für den die Prognose gemacht wird, unterscheidet man grob zwischen kurz-, mittel- und langfristigen Prognosen. Dabei sind die entsprechenden Zeiträume nur schwer allgemeingültig und scharf abgrenzbar. Aus betriebswirtschaftlicher Sicht ist etwa folgende Zeitraumabgrenzung in der **Unternehmensplanung** weit verbreitet:

- kurzfristig : höchstens 1 Jahr,
- mittelfristig : höchstens 5 Jahre, in der Regel 2-3 Jahre
- langfristig : höchstens 10 Jahre, im Allgemeinen 4-5 Jahre

Wir legen in dieser Einführung den Schwerpunkt auf **kurz- bis mittelfristige Prognosen.**

Nach den in der **Prognoserechnung** verwendeten **Kalkülen** unterscheidet man grob mathematische und statistische Prognosen. Bei **mathematischen Prognosen** wird die Prognosegröße aus Zusammenhängen mit einer oder mehreren anderen Größen abgeleitet, wobei Art, Form und Quantität der Zusammenhänge derart sind, dass man sie **präzise** in mathematischen Formeln beschreiben kann. Daraus lassen sich exakte und sichere Ergebnisse berechnen **(deterministischer Ansatz)**. Zur Verdeutlichung betrachten wir ein typisches Beispiel aus einem Teilgebiet der operativen Unternehmensplanung, die Planung bzw. Prognose des Faktorbedarfs aus einem geplanten Produktionsprogramm. In der folgenden Tabelle 12.1 sind für eine Planungszeiteinheit - z.B. einen bestimmten Monat - und ein bestimmtes Produkt - hier das Produkt A und seine geplante Produktionsmenge - mit Hilfe der Angaben aus dem Fertigungsplan der Bedarf an Arbeitszeit und Material sowie die Planherstellkosten nachvollziehbar ermittelt.

Produktionsprogramm		Fertigungsplan Produkt A		Faktorbedarfsprognose	
		Arbeitszeit	10 (Min/ME)	Arbeitszeit	5000 (Min)
Produkt A	500 ME	Material	3 (ME/ME)	Material	1500 (ME)
		Stückkosten	5-(€ / ME)	Fertigungskosten	2500,-- (€)

Tab. 12.1: Beispiel für eine mathematische, deterministische (Wirkungs-)Prognose

Beim mathematisch-deterministischen Ansatz werden eventuell vorhandene Ungenauigkeiten und/oder Unsicherheiten in dem Rechenmodell nicht explizit berücksichtigt, so dass über diese Aspekte der Prognosen keine objektivierten zahlenmäßigen Angaben gemacht werden können.

Die **statistischen Prognoserechnungen** unterscheiden sich von den mathematischen im Wesentlichen dadurch, dass aufgrund der Sach- und Datenlage die Beziehungen der Prognosegröße zu den sie determinierenden Größen gar nicht oder nicht ausreichend exakt, sondern nur **näherungsweise** bestimmt werden können. Deshalb sind statistische Prognosen ihrem Wesen nach auf der Grundlage empirischer Daten **mehr oder minder genau geschätzte Werte** und die Prognoseverfahren besondere **Schätzverfahren**. Hinzu kommt, dass sie allein aber die Möglichkeit bieten, die für Prognosen ganz allgemein charakteristische Ungenauigkeit und Unsicherheit zu quantifizieren und damit kalkulierbar zu machen. Dazu ist die Prognosegröße als **vom Zufall beeinflusste Größe** anzusehen und mit geeigneten Ansätzen und Modellen der **Wahrscheinlichkeitsrechnung** zu behandeln **(stochastischer Ansatz)**. Das dafür nötige Know-How wird allerdings erst im nächsten Teil vorgestellt, so dass hier zunächst nur die statistischen Prognoseverfahren an sich behandelt werden. Wahrscheinlichkeitstheoretisch abgesicherte Ergänzungen - insbesondere über Prognosebereiche und ihre Wahrscheinlichkeit - werden erst beim Schätzen im letzten Kapitel gemacht.

Innerhalb der statistischen Prognoserechnungen unterscheidet man nach der Anzahl und Stellung der darin verwendeten Größen grob beschreibende und erklärende Verfahren. Bei den **beschreibenden Verfahren** wird die Prognosegröße ermittelt durch ausschließliche Auswertung von Vergangenheitsdaten derselben Größe. Die Verfahren werden deshalb auch **univariat** genannt. Dabei bleiben die **sachlichen Determinanten** der Entwicklung der Größe in der Vergangenheit unbekannt und man muss unterstellen, dass sich diese im Prognosezeitraum nicht wesentlich ändern **(Zeitstabilitätshypothese)**. Diese Hypothese ist umso plausibler, je kürzer der Prognosezeitraum ist. Deshalb werden beschreibende Verfahren insbesondere für kurzfristige Prognosen häufig verwendet. In der operativen Unternehmensplanung gelten sie als Standard.

Bei den **erklärenden Verfahren** wird die Prognosegröße aus Zusammenhängen mit anderen Größen abgeleitet, die als sachliche Determinanten gelten können. Sie werden deshalb auch **multivariat** genannt. Sie erfordern ein Erklärungsmodell, in dem die Beziehungen zwischen der Prognosegröße und ihren Determinanten formelmäßig gefasst und zahlenmäßig konkretisiert sind. Wir stellen in dieser Einführung das Grundkonzept der beiden Methodengruppen und aus jeder Gruppe typische praxisbewährte Ansätze und Methoden vor.

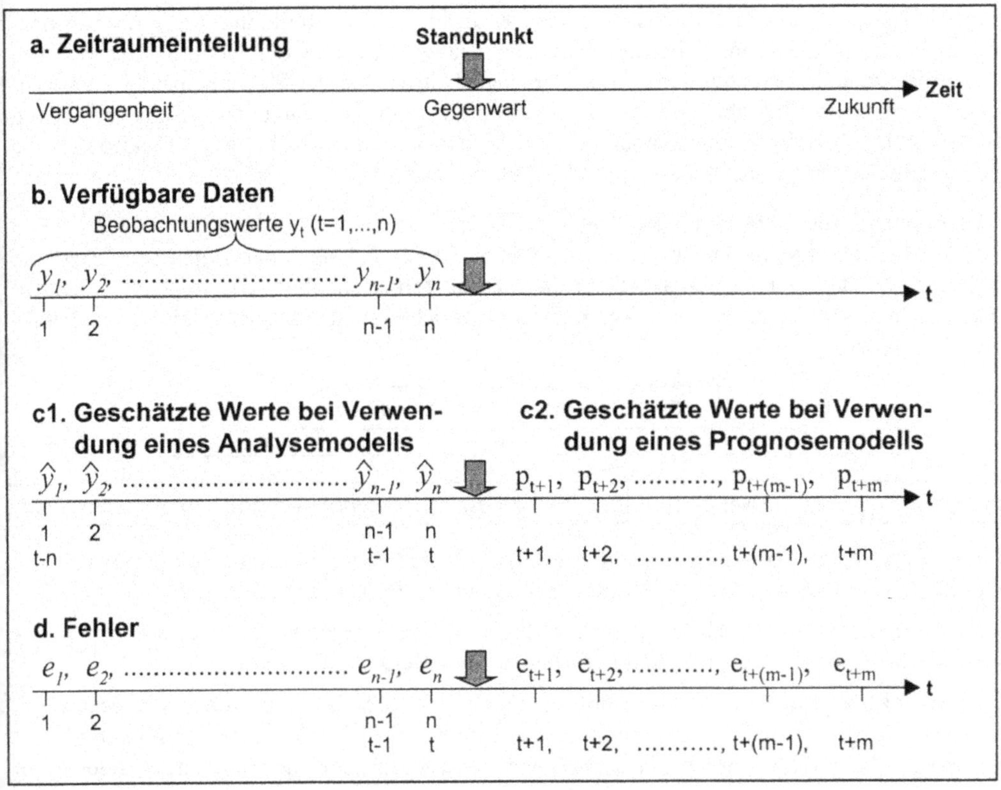

Abb. 12.1: Bezugsrahmen und Notationen für die Prognoserechnung

Ergänzend zu den vorgestellten Prognose- und Methodenarten gibt es weitere Unterscheidungen, die für die Wirtschaftspraxis bedeutsam sein können. Dazu gehören im betriebswirtschaftlichen Bereich vor allem:

Ein- und Mehr-Schritt-Prognosen

Besteht die Prognoseaufgabe darin, Prognosen nur für **eine zukünftige Zeiteinheit** zu machen - in der Regel für die vom Erstellungszeitpunkt aus nahegelegenste zukünftige Periode -, so spricht man von **Ein-Schritt-Prognosen**. Ihr betriebwirtschaftliches Hauptanwendungsgebiet ist die operative Planung. Dagegen sollen bei **Mehr-Schritt-Prognosen** Prognosewerte **für mehrere Zeiteinheiten** geliefert werden. Ihr betriebswirtschaftliches Hauptanwendungsgebiet sind die mittel- und langfristige Planung.

Einbettung in bestehende Prozeduren

Zudem ist aus Sicht der **betrieblichen Praxis** häufig die Einbindung der Prognoserechnung in die vorhandene Planungsrechnung bedeutsam. Insbesondere in der operativen Unternehmensplanung ist **die rollende Planung** weit verbreitet. Bei der monatsbezogenen rollenden Planung wird in jedem Monat eine Planung gemacht, die sich auf einen k Monate voraus liegenden Planungs- bzw. Prognosemonat bezieht. Dabei ist k im Allgemeinen eine ganze Zahl ≤ 12, die im Planungsverfahren fixiert ist. Da die Planung sich dabei Monat für Monat über das Jahr schiebt, wird sie als rollend bezeichnet. Sind Prognosen notwendiger Bestandteil einer solchen rollenden Planung, so müssen die zur Prognoserechnung verwendeten Methoden möglichst problemlos darin einpassbar sein.

Bei der Behandlung von Prognosemethoden wird der in der Abbildung 12.1 zusammengestellte Bezugsrahmen samt Notationen benutzt. Dabei entspricht die Notation der von den Prognoseverfahren benutzten Daten der Vergangenheit der bei der Zeitreihenanalyse verwendeten. Ergänzend und abweichend davon wird die zum Zeitpunkt der Prognoserechnung jüngste Zeiteinheit der Vergangenheit, die bei einigen Verfahren eine Brückenfunktion für die nahegelegenste Prognosezeiteinheit hat, ebenfalls mit **t** notiert.

12.2 Beschreibende Prognoseverfahren

Das Konzept beschreibender Prognoseverfahren besteht darin, das in den Daten einer Zeitreihe erkannte „Muster" der Vergangenheit in die Zukunft fortzuschreiben. Die folgende Übersicht zeigt wichtige Verfahrensgruppen, deren unterschiedliche Ansätze zunächst kurz grob charakterisiert werden.

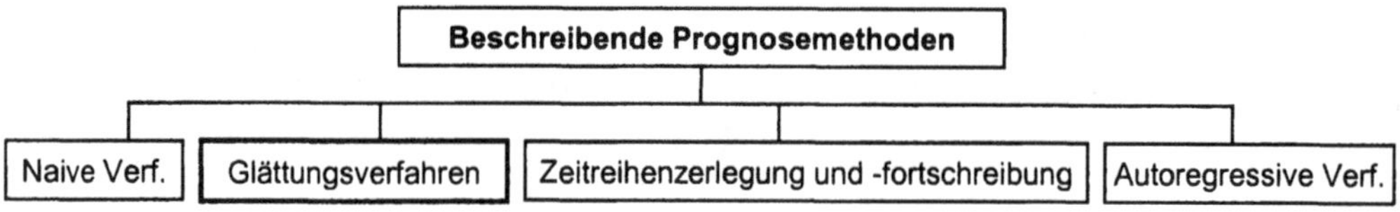

Naive Verfahren: Bei naiven Verfahren werden auf die Zeitreihenbetrachtung gestützte Plausibilitätsüberlegungen in einfache Rechenoperationen zur Prognose umgesetzt.

Glättungsverfahren: Bei Glättungsverfahren werden die Unregelmäßigkeiten in einer Zeitreihe durch Mittelwertbildung geglättet und Durchschnittswerte zur Prognose benutzt.

Zeitreihenzerlegung und -fortschreibung: Diese Verfahren benutzen direkt die Ergebnisse einer klassischen Zeitreihenzerlegung und schreiben die Hauptkomponenten und deren Muster separat fort. Am Ende werden die Komponentenprognosen über das Verknüpfungsmodell zu einer Gesamtprognose zusammengeführt (s. 11.6).

Autoregressive Verfahren: Diese Verfahren leiten den Prognosewert aus den Vergangenheitsdaten regressionsähnlich ab.

Die Verfahrensgruppen unterscheiden sich nicht nur durch ihre skizzierten Ansätze, sondern auch durch deren Formalisierungs- und Schwierigkeitsgrad. Wir beschränken uns in dieser Einführung auf die einfacheren und praktisch bedeutsamen Verfahrensgruppen und behandeln schwerpunktmäßig **glättende Verfahren**, die in der obigen Übersicht in dem fett umrandeten Kästchen stehen. Naive Verfahren und Glättungsverfahren liefern typischerweise Ein-Schritt-Prognosen.

Um beschreibende Prognoseverfahren sinnvoll auswählen und anwenden zu können, ist eine Zeitreihenanalyse - so wie im vorherigen Kapitel vorgestellt - unerlässlich. Aufgrund der Analyseergebnisse sollte es möglich sein, die jeweils vorliegende Zeitreihe einem allgemeinen **Zeitreihentyp** zuzuordnen (siehe Abbildung 11.6). Für jeden Zeitreihentyp gibt es inzwischen eine Reihe von Prognoseverfahren, die zur Fortschreibung des typenspezifischen Musters geeignet sind.

Wir betrachten in dieser Einführung nur Prognoseverfahren für vergleichsweise einfache Zeitreihen ohne Saisonkomponente, die außer der Restkomponente also nur eine glatte Komponente enthalten, die wir vereinfacht als **Trend** bezeichnen. Was die Trendform bzw. das „Muster" angeht beschränken wir uns zudem auf den **konstanten und den linearen** Verlauf. In der Abb. 11.6 sind dies die beiden Zeitreihentypen in den beiden oberen linken Tabellenfeldern. Für diese Zeitreihentypen besteht die beschreibende Prognose in der **Fortschreibung** des in der Analyse ermittelten Trendmusters **(Trendfortschreibung)**.

12.2.1 Naive Verfahren

Bei dem einfachsten naiven Verfahren für den **konstanten Verlauf** wird der jüngste Wert der Vergangenheit zum Prognosewert, formal:

$$p_{t+1} = y_t$$

Bei einfachen naiven Verfahren für den **linearen Verlauf** geht man meist davon aus, dass die absolute oder relative Änderung zwischen den beiden letzten Beobachtungswerten auch für die nächste Periode gilt. Die Prognose für die nächste Periode erhält man dann mit den Formeln:

$$p_{t+1} = y_t + (y_t - y_{t-1}) \quad \text{oder} \quad p_{t+1} = y_t * \left(\frac{y_t}{y_{t-1}} \right)$$

Die naiven Verfahren sind so einfach, dass sie nicht demonstriert werden müssen.

12.2.2 Glättungsverfahren

Die von Glättungsverfahren erzeugten Prognosen beruhen auf der Bildung von Durchschnittswerten. Nach Art der Durchschnittsbildung und Anzahl der in die Durchschnittsbildung einbezogenen Daten kann man folgende in der Praxis wichtige Glättungsverfahren unterscheiden.

Einfacher Durchschnitt

Beim einfachen Durchschnitt wird das arithmetische Mittel aller Zeitreihenwerte zum Prognosewert, formal:

$$p_{t+1} = \frac{1}{t} * \sum_{i=1}^{t} y_i$$

Gleitender Durchschnitt

Beim gleitenden Durchschnitt werden jeweils nur die jüngsten k Zeitreihenwerte einbezogen, formal:

$$p_{t+1} = \frac{1}{k} * \sum_{i=t-k+1}^{t} y_i$$

Wie beim analogen Verfahren der gleitenden Mittelwerte zur Trendanalyse ist auch hier die Glättungswirkung umso größer, je größer k ist.

Gewogener gleitender Durchschnitt

Beim gewogenen gleitenden Durchschnitt werden die k Werte mit unterschiedlichen Gewichten g_k versehen, mit $0<g_k<1$ und $\sum g_k = 1$, formal:

$$p_{t+1} = \frac{1}{k} * \sum_{i=t-k+1}^{t} g_k * y_i$$

Mit der Festlegung der Gewichtungsfaktoren kann der Anwender Einfluss auf das Verhalten des Prognoseverfahrens nehmen. In aller Regel werden die jüngeren Perioden stärker gewichtet als die älteren, da man von ihnen einen stärkeren Einfluss auf die zukünftige Entwicklung erwartet. Verfahren, bei denen die Gewichte von der jüngsten zur ältesten Periode einer **Exponentialkurve** folgend abnehmen, werden Verfahren der exponentiellen Glättung genannt. Sie haben von allen Glättungsverfahren die größte praktische Bedeutung. Wir stellen deshalb im nächsten Abschnitt die einfachste Variante dieser Verfahrensgruppe vor - die Exponentielle Glättung 1. Ordnung -, die für **den konstanten Verlauf** geeignet ist.

12.2.3 Exponentielle Glättung 1. Ordnung

Ansatz

Der Ansatz des Verfahrens der exponentiellen Glättung 1. Ordnung ist denkbar einfach. Es benötigt als Datenbasis nur die Werte der betrachteten Größe aus der **jeweils jüngsten Periode t**. Das sind der tatsächlich aufgetretene Wert $\mathbf{y_t}$ und der Prognosewert $\mathbf{P_t}$. Zwischen beiden besteht häufig eine Abweichung bzw. Differenz, der **Prognosefehler**. Dieser wird hier in Anlehnung an den angloamerikanischen Sprachgebrauch mit **e** für „error" abgekürzt. Die Methode ermittelt die Prognose für die Prognosezeiteinheit t+1 - d. h. die neue Prognose $\mathbf{P_{t+1}}$ -, indem sie von der alten Prognose aus der jüngsten Periode ausgeht und diese um den Prognosefehler korrigiert, der mit einem Faktor gewichtet wird. Das führt zu folgender Formel:

Neue Prognose	=	Alte Prognose	+	Faktor	*	Prognosefehler
$\mathbf{p_{t+1}}$	=	$\mathbf{p_t}$	+	α	*	$\mathbf{e_t}$

Glättungsfaktor α

Der Faktor α ist ein zwischen 0 und 1 festzulegender Parameter, mit dem der Anwender das Verfahrensverhalten steuern kann. Genauer gesagt steuert der Faktor α das Ausmaß, in dem die neue Prognose auf den Prognosefehler reagieren soll. Die Betrachtung der möglichen Extremwerte von α macht dies deutlich. Wird

- α **=1** gesetzt, so werden die Schwankungen der tatsächlichen Werte und damit der Prognosefehler voll berücksichtigt und die neue Prognose entspricht dem jüngsten tatsächlichen Wert. Das Prognoseverfahren zeichnet in diesem Fall den Verlauf der tatsächlichen Werte nur zeitversetzt nach.
- α **=0** gesetzt, so werden die Schwankungen der tatsächlichen Werte, die zum Prognosefehler führen, durch das Prognoseverfahren vollständig unterdrückt und die neue Prognose entspricht der alten. Das Prognoseverfahren glättet in diesem Falle die auftretenden Schwankungen der tatsächlichen Werte vollständig. Der Faktor α heißt deshalb auch zutreffend Glättungsfaktor.

Beide Extremeinstellungen führen in der Praxis zu unbrauchbaren Prognosen. Aufgrund umfangreicher praktischer Erfahrungen wird empfohlen, Alpha aus einem kleineren Wertebereich sinnvoll festzulegen (Erfahrungsregel: $0{,}03 \leq \alpha \leq 0{,}5$). Dabei ist die Glättungswirkung umso größer, je kleiner α ist.

Konzept

Durch Umformung der obigen Formel ergibt sich folgende Gleichung:

$$\underline{P_{i+1}} = P_i + \alpha * e_i = P_i + \alpha * (y_i - P_i) = P_i + \alpha * y_i - \alpha * P_i = \underline{\alpha * y_i + (1-\alpha) * P_i}$$

Darin erkennt man, dass es sich bei der neuen Prognose um ein **gewogenes arithmetisches Mittel** aus dem tatsächlichen Wert und dem Prognosewert der jüngsten Periode handelt. Bei genauerer Betrachtung - auf die hier verzichtet wird - kann man zeigen, dass es sich bei der neuen Prognose um einen **gewogenen gleitenden Durchschnittswert** handelt. Dabei sind die Anzahl der in die Durchschnittsbildung einbezogenen Perioden der Vergangenheit (Gliederzahl) sowie die Größe ihrer Gewichte abhängig vom Glättungsfaktor, wobei die Gewichte von der jüngsten zur ältesten einbezogenen Periode **exponentialförmig** abfallen. Daher hat die Methode ihren Namen.

Die Abbildung 12.2.3-a (Quelle Hartmann 1978) zeigt beispielhaft die Exponentialkurven folgende Ausgestaltung von Gliederzahl und Gewichten bei der gewogenen gleitenden Durchschnittsbildung der exponentiellen Glättung 1. Ordnung für verschiedene Werte des Glättungsfaktors ($\alpha = 0{,}5$ und $\alpha = 0{,}1$).

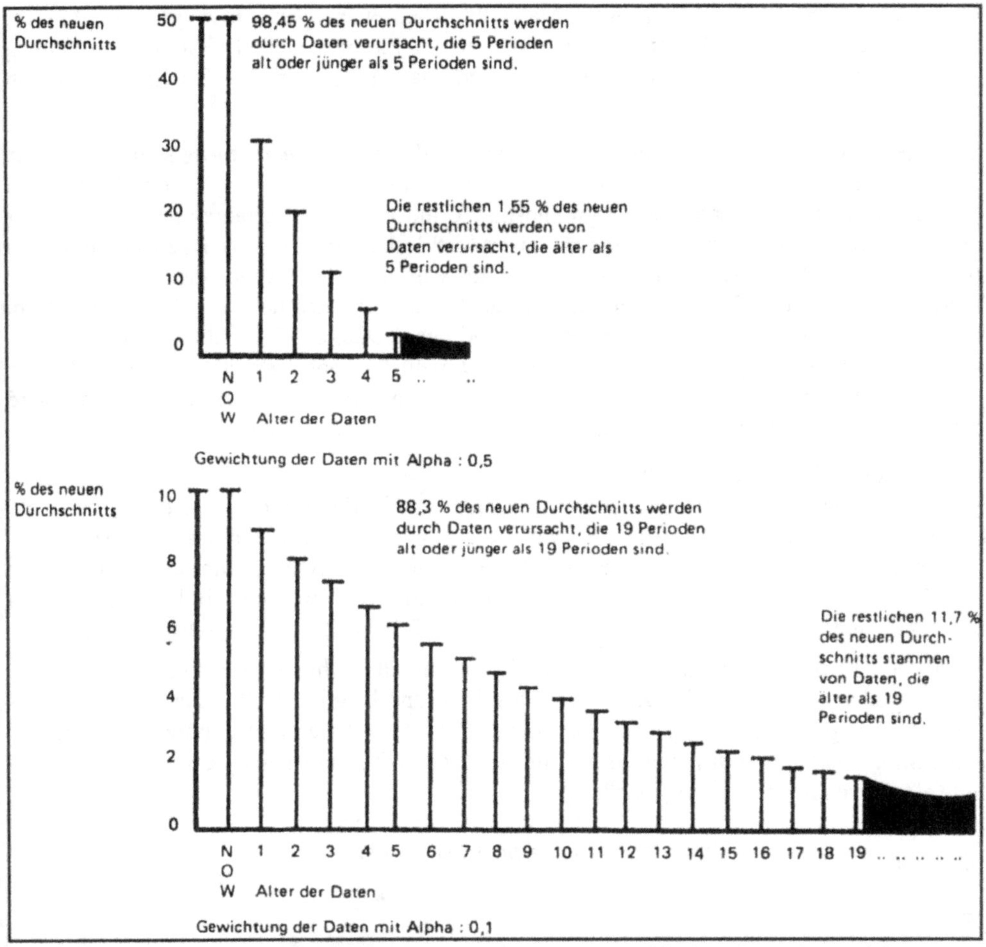

Abb. 12.2.3-a: Zusammenhang zwischen Glättungsfaktor und Gliederzahl und –gewichten

Anwendung am 1. Einführungsbeispiel

Als 1. Einführungsbeispiel betrachten wir ein Teilgebiet der operativen Unternehmensplanung, die **Bedarfsvorhersage von Vorratsmaterialien**, wie sie heutzutage typischerweise in den rechnergestützten Materialwirtschaftssystemen mit der Exponentiellen Glättung durchgeführt wird. In der folgenden Tabelle 12.2.3-a sind für ein bestimmtes Material über mehrere Perioden - im Allgemeinen Monate - dessen tatsächliche Verbrauchszahlen in Mengeneinheiten (ME) dargestellt (Spalten 1 und 2).

Periode	Verbrauch(ME)	Prognose(ME)	Fehler(ME)	Prognoserechnung (ME)
t	y_t	P_t	$e_t = y_t - P_t$	$P_{t+1} = P_t + 0{,}2^*e_t$
(1)	(2)	(3)	(4)	(5)
1	40	35*	5	35+ 0,2*5= 36
2	45	36	9	36+ 0,2*9= 38
3	30	38	-8	38+ 0,2*(-8)= 36
4	42	36	6	36+ 0,2*6= 37
5	35	37	-2	37+ 0,2*(-2) =37

Tab. 12.2.3-a: Materialbedarfsprognosen mit der Exponentiellen Glättung 1. Ordnung

Längerfristige Verbrauchsstudien dieses Materials haben einen **gleichförmigen (konstanten) Verlauf** ergeben, so dass Bedarfsvorhersagen mit der Exponen-tiellen Glättung 1. Ordnung sinnvoll gemacht werden können. Diese sind in den Spalten (3)-(5) nachvollziehbar dargestellt. Als Glättungsfaktor wird $\alpha = 0{,}2$ verwendet.

Die dargestellte Prognoserechnung findet im Rahmen der **rollenden Planung** statt, so dass die Tabelle zeilenweise von oben nach unten zu lesen ist. So wurden in der 1. Periode von dem Material 40 Stück verbraucht und 35 prognostiziert, mit welchem Verfahren auch immer. Der von dem Verfahren benötigte „alte Prognosewert" ist deshalb in der obigen Tabelle mit einem Stern markiert. Mit diesen Daten der 1. Periode wird mit der Exponentiellen Glättung 1. Ordnung die Prognose für die 2. Periode gemacht. Aufgrund des höheren Verbrauchs ergibt sich ein positiver Prognosefehler, der entsprechend der gewählten Gewichtung zu einer insgesamt leicht höheren Prognose von 36 ME führt. Diesem Prognosewert steht in der 2. Periode ein Verbrauch von 45 ME gegenüber, womit die Prognose für die 3. Periode berechnet wird usw.. Bei der Prognoserechnung wurde jeweils auf ganze Zahlen gerundet.

Anwendung im 2. Einführungsbeispiel

Ergänzend wollen wir das Verfahren einsetzen, um **verschiedene Prognosen** (Varianten bzw. Szenarien) zu ermitteln. Dazu betrachten wir als 2. Einführungsbeispiel die **mittelfristige Umsatzplanung** eines Unternehmens, die unter anderem durch Analyse der Umsatzentwicklung in den letzten 10 Jahren und daraus abgeleiteten Prognosen erstellt werden soll. Die tatsächlichen Umsatzzahlen der letzten 10 Jahre befinden sich in der Tabelle 12.3.2. im nächsten Abschnitt.

Gearbeitet wird mit Jahreszahlen Dadurch sind eventuell vorhandene Saisoneinflüsse darin nicht erkennbar oder die Zahlen sind - wie für mittel- und langfristige Prognosen typisch - bereits saisonbereinigt. In der folgenden Abbildung 12.2.3-b sind die Jahresumsätze der letzten 10 Jahre (Streupunktdiagramm) und erste Ergebnisse einer Zeitreihenanalyse (gleitende Mittelwerte als Kurvendiagramm) dargestellt.

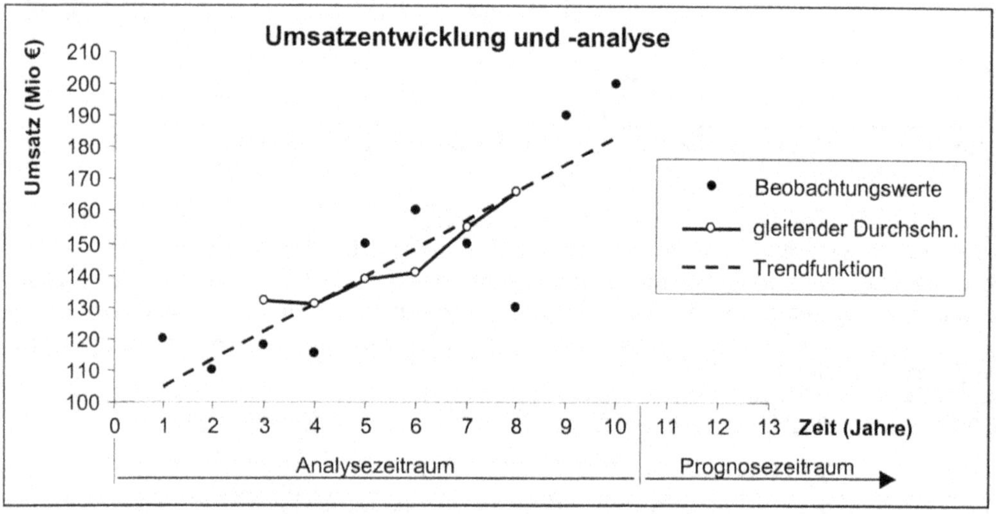

Abb. 12.2.3-b: Umsatzentwicklung und -analyse eines Unternehmens

Konjunkturelle Einflüsse sind darin nicht erkennbar oder können als in der glatten Komponente enthalten angesehen werden, die im Folgenden verkürzt als Trend bezeichnet wird. Die Trendformanalyse mit der Methode der gleitenden Mittelwerte offenbart im Einführungsbeispiel einen **langfristig ansteigenden Umsatztrend**, der in ganz grober Näherung als **tendenziell**

linear angesehen werden kann.

Im Rahmen der mittelfristigen Planung soll zunächst für das kommende Jahr eine Umsatzprognose gemacht werden. Bislang wurde dafür das einfachste naive Verfahren benutzt, bei dem der jüngste tatsächliche Wert einfach als Prognosewert verwendet wird. Jetzt will man erstmals das aus der operativen Planung bekannte Verfahren der exponentiellen Glättung zusätzlich auch in der mittelfristigen Planung nutzen.

Zur Initialisierung des Verfahrens braucht man aus der jüngsten Periode den tatsächlichen Umsatz, der mit 200 (Mio. €) vorliegt, und einen Prognosewert, der nicht explizit vorliegt. Hier kann man den Prognosewert des einfachsten naiven Verfahrens übernehmen, der im vorliegenden Fall 190 (Mio. €) beträgt. Schließlich ist der Glättungsfaktor sinnvoll festzulegen. Dies ist ohne bereits vorliegende Erfahrungen mit dem Verfahren in dem jeweiligen Anwendungsgebiet schwierig. Unter Berücksichtigung der oben genannten Erfahrungsregel wollen wir zwei Prognosevarianten mit α =0,1 und α =0,3 berechnen. Die alternativen Prognoserechnungen für den Umsatz des Unternehmens in der 11. Periode sind in der folgenden Tabelle 12.2.3-b nachvollziehbar dargestellt.

Periode	Umsatz (Mio €)	Prognose (Mio €)	Fehler (Mio €)	Prognoserechnung für t=11 (Mio €)	
t	y_t	P_t	e_t	$\alpha = 0{,}1$	$\alpha = 0{,}3$
10	200	190	10,0	190 + 0,1*10,0 = 191,0	190 + 0,3*10,0 = 193,0

Tab. 12.2.3-b: Alternative Umsatzprognosen mit verschiedenen Glättungsfaktoren

Interpretation und Vergleich

Die Variante 2 liefert eine um 2 (Mio. €) höhere Umsatzprognose als die Variante 1. Dies ist plausibel, da bei positiver Abweichung des tatsächlichen Wertes vom alten Prognosewert - wie sie hier mit 10 (Mio. €) vorliegt - ein größerer Glättungsfaktor zu entsprechend höheren Werten der neuen Prognose führt.

Beim Vergleich der beiden Prognosen mit der Prognose des naiven Verfahrens in Höhe von 200 (Mio. €) fällt auf, dass selbst der höhere Prognosewert von 193 (Mio. €) noch deutlich darunter liegt. Ein Blick auf das Diagramm der Umsatzentwicklung (Abb.12.2.3.-b) zeigt zudem, dass die realisierten Umsätze der letzten beiden Jahre deutlich über der durch die gleitenden Mittelwerte erzeugten Trendformkurve liegen, so dass zumindest im 11. Jahr plausibel mit Umsätzen zu rechnen ist, die mindestens denen des 10. Jahres - also der einfachsten naiven Prognose - entsprechen.

Daraus ist insgesamt zu folgern, dass die Prognosen mit der Exponentiellen Glättung 1. Ordnung im vorliegenden Fall insgesamt zu niedrig sind. Die Gründe dafür liegen nicht nur in den getroffenen Annahmen über Daten und Parameter, sondern vor allem in der **Missachtung einer wesentlichen Anwendungsvoraussetzung,** der konstanten Verlaufsform. Da die Trendformanalyse der Umsatzentwicklung zweifelsfrei einen durchgängig ansteigenden linearen Trendverlauf erbracht hat, ist die Exponentielle Glättung 1. Ordnung dafür nicht das geeignete Prognoseverfahren, sondern die Exponentielle Glättung 2. Ordnung. Deshalb liefert das Verfahren hier nicht nur zufällig, sondern durchgängig und systematisch zu niedrige Prognosen.

12.2.4 Exponentielle Glättung 2. Ordnung

Wir stellen deshalb ergänzend das Verfahren der exponentiellen Glättung 2. Ordnung vor, das zur Prognose bei linearem Trend geeignet ist.

Konzept und Operationalisierung

Der Ansatz der Methode besteht darin, die bei der exponentiellen Glättung 1. Ordnung beim linearen Trend stattfindende systematische Unterschätzung zu korrigieren. Das geschieht dadurch, dass die erzeugten Werte nochmals exponentiell geglättet werden und die zweifach geglätteten Werte zur Korrektur der ursprünglichen Prognose benutzt werden. Die Exponentielle Glättung 2. Ordnung wird deshalb häufig auch **doppeltes exponentielles Glätten** genannt. Wir stellen die Methode hier in ihrer einfachsten Variante vor, die nach ihrem Erfinder BROWN in der Fachsprache als „Browns double exponential smoothing" bezeichnet wird.

Die zweifach geglätteten Werte erhält man, indem man die bislang benutzte Formel analog auf die mit dem Verfahren der exponentiellen Glättung 1. Ordnung erzeugten Prognosewerte anwendet. Bei dieser Vorgehensweise ist es sinnvoll, die mit der exponentiellen Glättung erzeugten Werte für eine Zeiteinheit t nicht mehr schlicht mit P_t zu notieren. Vielmehr werden wir im Folgenden zur eindeutigen Unterscheidung die Werte der exponentiellen Glättung 1. Ordnung mit einem hochgestellten E1, die der exponentiellen Glättung 2. Ordnung mit einem hochgestellten E2 symbolisieren. In der Formel der exponentiellen Glättung 1. Ordnung ist dementsprechend der Beobachtungswert $\mathbf{y_t}$ durch den Wert $y_t^{\mathbf{E1}}$ und der Prognosewert $\mathbf{p_t}$ durch $\mathbf{y_t^{E2}}$ zu ersetzen, so dass man erhält:

$$y_t^{E2} = \alpha * y_t^{E1} + (1-\alpha) * y_{t-1}^{E2}$$

Die in der folgenden Abbildung 12.2.4 dargestellte Prinzipienskizze verdeutlicht, wie man mit Hilfe der doppelt geglätteten Werte bei einem linearen Trend zu vernünftigen Prognosen kommt. Darin sind einige Werte einer Zeitreihe eingetragen, die exakt auf einer Geraden liegen. Ergänzend sind einige einfach und doppelt geglättete Werte eingetragen. Man erkennt, dass für eine beliebige aber feste Zeiteinheit die Abweichung zwischen dem Wert auf der linearen Trendgeraden und dem einfach geglätteten Wert genauso groß ist wie die zwischen dem einfach und dem zweifach geglätteten Wert. Dieser Sachverhalt ist im linken Teil der Skizze für die Zeiteinheit t-1 beispielhaft gesondert dargestellt, gilt jedoch ganz allgemein für alle Zeiteinheiten und kann für die Prognose in der jeweils folgenden Zeiteinheit benutzt werden.

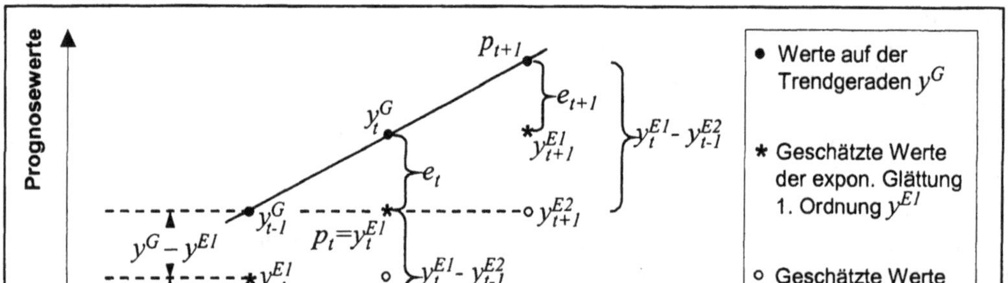

Abb. 12.2.4: Prinzipienskizze zur exponentiellen Glättung 2. Ordnung

Zum Zeitpunkt der Prognose kennt man den Beobachtungswert $\mathbf{y_t}$ und den mit der exponentiellen Glättung 1. Ordnung ermittelten Prognosewert $\mathbf{p_t} = \mathbf{y_t^{E1}}$, die sich um den (systematischen) Prognosefehler $\mathbf{e_t}$ voneinander unterscheiden. Um für die nächste Zeiteinheit t+1 eine korrekte und nicht systematisch zu tief liegende Prognose zu machen, ist die mit der exponentiellen Glättung 1. Ordnung ermittelbare Prognose $\mathbf{p_{t+1}} = \mathbf{y_{t+1}^{E1}}$ von vornherein um den

Prognosefehler e_{t+1} zu korrigieren. Aufgrund der obigen Gleichheit entspricht dieser Fehler der Abweichung $y_{t+1}^{E1} - y_{t+1}^{E2}$. Man könnte nun mit der bekannten Formel der exponentiellen Glättung 1. Ordnung zunächst y_{t+1}^{E1} und mit der obigen Formel den zweifach geglätteten Wert y_{t+1}^{E2} berechnen, um die Abweichung zu ermitteln und mit ihr die nötige Korrektur vorzunehmen. Man sieht in der Abbildung jedoch, dass es auch einen direkteren Weg gibt: Die Abweichung zwischen dem exakt auf der Trendgeraden liegenden Wert für die Zeiteinheit t+1 und dem mit der exponentiellen Glättung 1. Ordnung ermittelten Prognosewert für die Zeiteinheit t ist nämlich genauso groß wie dessen Abweichung zum doppelt geglätteten Wert in der Zeiteinheit t-1. Daher lautet die einfache Formel für den Prognosewert in der Periode t+1:

$$P_{t+1} = y_t^{E1} + (y_t^{E1} - y_t^{E2})$$

In der folgenden Tabelle 12.2.4 ist für das Umsatzbeispiel die Ermittlung der Prognose für das 11. Jahr mit dem Verfahren der exponentiellen Glättung 2. Ordnung nachvollziehbar dargestellt. Um das Ergebnis dieser Prognoserechung gut mit dem im letzten Abschnitt ermittelten vergleichen zu können, wurde die gleiche alte Prognose im 10. Jahr als Startwert (190 Mio. €) und der gleiche Glättungsfaktor ($\alpha = 0{,}3$) verwendet. Zusätzlich ist dem Verfahren gemäß der obigen Formel ein Startwert für den doppelt geglätteten Wert in der Periode t - hier dem 10. Jahr - vorzugeben. Dieser wurde hier mit 185 (Mio. €) angesetzt.

Periode	Umsatz (Mio. €)	Prognoserechnung für t=11 (Mio. €) $\alpha = 0{,}3$		
t	y_t	y_t^{E1}	$y_t^{E2} = \alpha * y_t^{E1} + (1-\alpha) * y_{t-1}^{E2}$	$P_{t+1} = y_t^{E1} + (y_t^{E1} - y_t^{E2})$
10	200	Startwert:190	Startwert: 185	
11		193	0,3*193+0,7*185=187,4	193-(193-185)= 201

Tab. 12.2.4: Umsatzprognose mit der Exponentiellen Glättung 2. Ordnung

Die Umsatzprognose ist mit 201 (Mio. €) deutlich höher als bei dem Verfahren der exponentiellen Glättung 1. Ordnung. Ein Blick auf die Abb. 12.2.3-b zeigt, dass sie oberhalb der Trendlinie und in der Nähe des aktuellen Umsatzes liegt

Würdigung

Aus Anwendungssicht ist zu den Verfahren der exponentiellen Glättung anzumerken:

- Sie sind recht einfach aufgebaut und ziemlich gut zu verstehen (Verständlichkeit).
- Sie benötigen extrem wenig Daten und entsprechend wenig Speicherplatz (Effizienz).
- Sie verursachen vergleichsweise wenig Rechenaufwand (Effizienz).
- Sie sind vom Anwender steuerbar (Flexibilität).
- Sie können sich selbst kontrollieren (Selbstkontrolle).
- Sie gelten als Standardverfahren für kurzfristige Prognosen, sind entsprechend stark verbreitet und werden vielfältig benutzt (Anwendungsbreite und -häufigkeit).

12.3 Erklärende Prognoseverfahren

Die Grundidee erklärender Verfahren besteht darin, die Prognosegröße aus einem **Erklärungsmodell** abzuleiten, d.h. aus Zusammenhängen mit anderen Größen, die sie determinieren. Je nachdem, wie viele Größen als Determinanten und/oder Prognosegrößen in dem Modell berücksichtigt werden, gibt es unterschiedliche Ansätze, die folgende Übersicht zeigt.

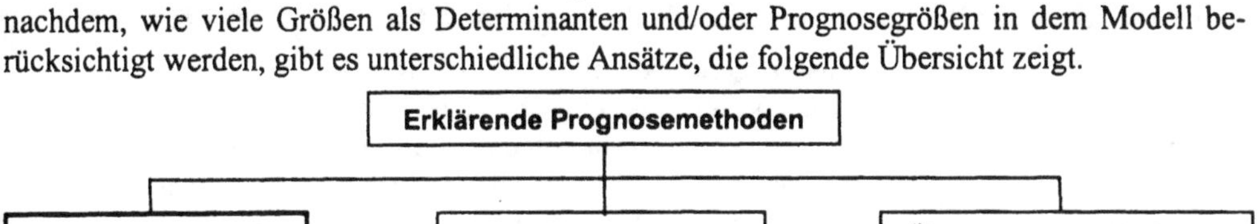

Einfachregression: Die Einfachregression benutzt eine mathematische Funktion mit der Prognosegröße als abhängiger und der Determinante als unabhängiger Variable.

Mehrfachregression: Die Mehrfachregression benutzt eine mathematische Funktion mit der Prognosegröße als abhängiger Variable und mehreren Determinanten als unabhängigen Variablen.

Ökonometrische Modelle: Ökonometrische Modelle benutzen mehrere mathematische Funktionen mit mehreren Prognosegrößen und mehreren Determinanten, deren Stellung als unabhängige und abhängige Variablen verändert werden kann.

Wir beschränken uns in dieser Einführung auf die vergleichsweise einfacheren Verfahren, bei denen die Prognosegröße durch nur **eine einzige andere Größe** determiniert wird. Diese Gruppe ist in der obigen Übersicht fett umrandet. Bei **zeitreihenbasierten Prognosen** wählt man als einzige Determinante der Prognosegröße naheliegenderweise die **Zeit**. Diese Determinante hat für die Prognosegröße in der Regel zwar keinen besonderen sachlichen Erklärungswert, aber den praktischen Vorteil der Einfachheit und der Datenverfügbarkeit. Der hier behandelte einfache Erklärungsansatz für die zeitreihenbasierte Prognose lautet also formal ganz allgemein: **Y = f (t).**

12.3.1 Zuordnung Zeitreihentyp (Problem) und Funktionstyp (Modell)

Voraussetzung für die notwendige Konkretisierung dieses Ansatzes sind die **Strukturergebnisse einer Zeitreihenanalyse**, aufgrund derer die grobe Zuordnung der jeweils vorliegenden Zeitreihe zu einem **Zeitreihentyp** möglich ist. Wir behandeln in dieser Einführung bei der Prognose bekanntermaßen nur die einfachsten Zeitreihentypen ohne zyklische Komponenten, die nur aus Trend und Restkomponente bestehen, die additiv verknüpft sind. Was die Form bzw. das Muster des Trends angeht, beschränken wir uns auf den konstanten und linearen Verlauf. Dem vorliegenden Zeitreihentyp (Problemtyp) kann häufig ein geeigneter mathematischer Funktionstyp (Modelltyp) zugeordnet werden, mit dessen Hilfe das quantitative Erklärungsmodell konstruiert wird.

12.3.2 Konstruktion des quantitativen Erklärungsmodels

Die Konstruktionsaufgabe des quantitativen Erklärungsmodells besteht dann darin, das herausgearbeitete Trendmuster in einer geeigneten **mathematischen Funktion** abzubilden, d.h. eine **Trendfunktion** zu ermitteln, die möglichst gut zu den Beobachtungsdaten passt. Diese Aufgabe löst man durch Regressionsanalyse, insbesondere durch **Einfachregression**, die in Kapitel 9 behandelt wurde. Dabei wurde die klassische Methode der kleinsten Quadrate verwendet, um die Parameter der Regressionsfunktion zu ermitteln. Wir verdeutlichen die Anwendung der Einfachregression zur Ermittlung der Trendfunktion einer Zeitreihe am 2. Einführungsbeispiel des letzten Abschnitts, der mittelfristigen **Umsatzplanung eines Unternehmens**. Die Zeitreihe und erste Ergebnisse einer Zeitreihenanalyse sind in der Abbildung 12.2.3-b anschaulich dargestellt. Danach enthält die Zeitreihe nur eine glatte Komponente - als Trend bezeichnet -, die langfristig ansteigt und in grober Näherung als tendenziell linear angesehen werden kann. Die Ermittlung einer passenden mathematischen Trendfunktion besteht also in der **Ermittlung einer Geraden**, deren Parameter mit der Methode der kleinsten Quadrate zu schätzen sind.

Die nach der **Methode der kleinsten Quadrate** allgemein gültigen Bestimmungsgleichungen für die Parameter einer linearen Regressionsfunktion - abgeleitet und zusammengestellt in 9.2 - sind auch hier prinzipiell nutzbar. Allerdings ist die allgemein mit X bezeichnete unabhängige Variable durch die bei Zeitreihen verwendete Variable t zu ersetzen. Die folgende Tabelle 12.3.2 enthält im linken Teil die Zeitreihe und die Terme, deren Summen in den Bestimmungsgleichungen benötigt werden. Im rechten Teil sind zum einen die Formeln zur Parameterschätzung in der für Zeitreihen üblichen Notation angegeben, zum anderen ist die Ermittlung der Parameterwerte mit diesen Formeln nachvollziehbar dargestellt.

	t_i	y_i	y_i^2	$t_i * y_i$	t_i^2	$\bar{y}_{5i}$
(0)	(1)	(2)	(3)	(4)	(5)	(6)
	1	120	14400	120	1	-
	2	110	12100	220	4	-
	3	118	13924	354	9	132
	4	115	13225	460	16	131
	5	150	22500	750	25	139
	6	160	25600	960	36	141
	7	150	22500	1050	49	155
	8	130	16900	1040	64	166
	9	190	36100	1710	81	-
	10	200	40000	2000	100	-
Σ	**55**	**1443**		**8664**	**385**	
Ø	**5,5**	**144,3**				

Parameterschätzung	
Formel	**Ermittlung**
Anstieg **b**	
$b=\frac{n*\sum t_i*y_i-\sum t_i*\sum y_i}{n*\sum t_i^2-\left(\sum t_i\right)^2}$	$b=\frac{10*8664-(55*1443)}{10*385-3025}$ $=\underline{8{,}818}$
Absolutes Glied **a**	
$a=\frac{\sum t_i^2*\sum y_i-\sum t*\sum t_i*y_i}{n*\sum t_i^2-\left(\sum t_i\right)^2}$ vereinfacht: $a=\bar{y}-b*t$	$a=144{,}3-8{,}818*5{,}5$ $=144{,}3-48{,}499=\underline{95{,}80}$
$\hat{y}=a+b*t$	$\hat{y}=95{,}8+8{,}818*t$

Tab. 12.3.2: Schätzung der Umsatztrendgeraden mit MKQ im Einführungsbeispiel

12.3.3 Bedingte Prognose

Die geschätzte Umsatztrendgerade $\hat{y}$= 95,8 + 8,818*t ist bereits gestrichelt in Abb. 12.2.2-a eingezeichnet. Darin ist auch gut erkennbar, dass die aus Daten des Analysezeitraums geschätzte Trendgerade **bei Gültigkeit der Zeitstabilitätshypothese** unmittelbar zur Prognose verwendet werden kann, indem sie in die Zukunft fortgeschrieben wird. Dazu sind nur für den gewünschten Prognosezeitraum - im Einführungsbeispiel die nächsten drei Jahre - die Werte der entsprechenden Zeiteinheiten vorzugeben, in die Schätzfunktion einzusetzen und damit die zugeordneten Prognosewerte zu berechnen. Im Einführungsbeispiel ermittelt man unschwer (in Mio. €):

$\hat{y}_{11}=95{,}8+8{,}818*11=\underline{192{,}798}$; $\hat{y}_{12}=95{,}8+8{,}818*12=\underline{201{,}616}$; $\hat{y}_{13}=95{,}8+8{,}818*13=\underline{210{,}434}$

12.4 Beurteilung und Auswahl

Prognosemethoden können aus verschiedenen Sichten und unter unterschiedlichen Aspekten beurteilt werden. Aus Anwendungssicht wichtige Beurteilungsaspekte zeigt folgende Übersicht.

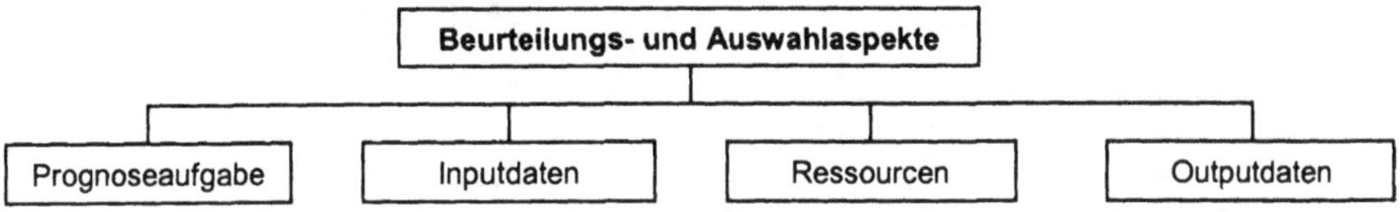

12.4.1 Prognosefehler und -güte

Aus Verwendungssicht interessiert man sich schwerpunktmäßig für den **Output**, d.h. die Prognosen selbst. Diese können sich in mehrfacher Hinsicht methodenabhängig unterscheiden. Neben dem schon vorne angesprochenen Unterschied von Ein- und Mehrschrittprognosen ist auch der Unterschied von Punkt- und Intervallprognosen bedeutsam. Von allergrößter Bedeutung ist aber die **Prognosegüte bzw. -qualität**.

Die wichtigsten **Güteaspekte** von Prognosen sind ihre **Genauigkeit** und ihre **Wahrscheinlichkeit**. Während man über die Genauigkeit etlicher Prognosemethoden zwischenzeitlich empirisch und experimentell recht gut fundierte Tendenzaussagen machen kann, sind vergleichbare Aussagen über die Wahrscheinlichkeit ihrer Prognosen sehr viel schwieriger. Wir beschränken uns deshalb hier auf einführende Betrachtungen und Bemessungen der Prognosegenauigkeit.

Die **Genauigkeit** der Prognosen und der sie erzeugenden Prognoseverfahren wird durch die Abweichungen zwischen den Beobachtungswerten und den geschätzten bzw. prognostizierten Werten operationalisiert. Die Abweichungen werden im Allgemeinen als **Fehler** bezeichnet und in Anlehnung an den angloamerikanischen Sprachgebrauch häufig mit **e** für „error" abgekürzt. Ist in einer Zeiteinheit **t** der Wert $\mathbf{y_t}$ beobachtet und der Wert $\mathbf{p_t}$ geschätzt bzw. prognostiziert worden, so ist der Fehler formal:

$$e_t = y_t - p_t$$

Fehlerverwendung

Die Fehler können im **Prognoseprozess** zu zwei unterschiedlichen Zwecken benutzt werden:

- Beurteilung des Modellfit
  Güte der Übereinstimmung des im Anwendungsfall verwendeten Progoneseansatzes bzw. -modells und der damit erzeugten Schätzwerte mit den im Analysezeitraum vorliegenden Daten **(Modellfitfehler)**.
- Beurteilung der Prognosegüte
  Vergleich der mit einem Prognoseansatz bzw. -modell erzeugten Prognosewerte mit den im Prognosezeitraum tatsächlich eingetretenen Werten **(Prognosefehler)**

Insofern kann man sie als Gütekriterien sowohl zur **ex-ante-Beurteilung** eines Prognoseansatzes/-modells als auch zur **ex-post-Beurteilung** der Prognosen und der dazu verwendeten Methoden benutzen. Die Praxis zeigt, dass **ein guter Modellfit leider keine Gewähr für gute Prognosen bietet.**

Fehlerananalyse

Die fundierte Beurteilung der Fehler erfolgt typischerweise durch Fehleranalyse. Dabei werden **Struktur und Größe** der Fehler untersucht. Die einfachste Form der Fehlerstrukturanalyse ist die **grafische Analyse**, bei der die grafische Darstellung der Fehler in einem **Fehlerdiagramm** hinsichtlich erkennbarer Muster ausgewertet wird.

In der folgenden Abbildung 12.4.1 rechts sind die Prognosefehler aus dem 1. Einführungsbeispiel - Bedarfsvorhersage in der Vorratswirtschaft mit der exponentiellen Glättung 1. Ordnung (siehe Tab. 12.2.3-a) - in einem Fehlerdiagramm dargestellt.

Periode	e_t	e_t^2
1	5	25
2	9	81
3	-8	64
4	6	36
5	-2	4
Summe		**210**
Durchschnitt		**42**
Wurzel		**6,4807**

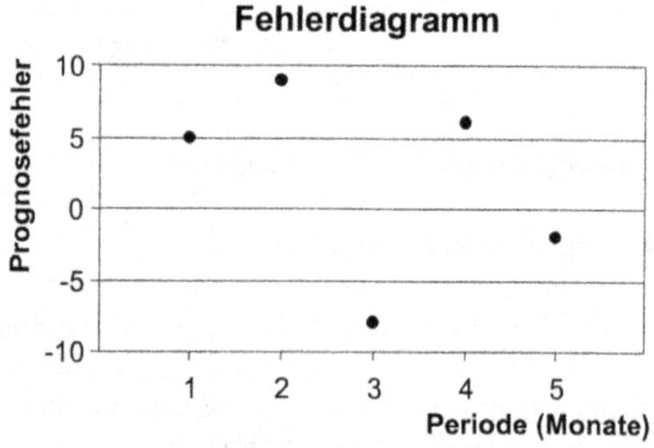

Abb. 12.4.1: Fehlerdiagramm und Standardfehler im 1. Einführungsbeispiel

Aus dem Fehlerdiagramm kann man entnehmen, dass die Fehler **irregulär** sind, d.h. kein zeitabhängiges Muster aufweisen. Das ist wichtig zur Beurteilung der Frage, ob das verwendete Prognoseverfahren im vorliegenden Fall zur Fortschreibung des Trends der Vergangenheit überhaupt geeignet ist und **keine systematischen** Fehler macht. Dies ist hier nicht der Fall. Das verwendete Verfahren ist hier also geeignet, das in der Vergangenheit bestehende Trendmuster in die Zukunft fortzuschreiben.

Die **Größe** der Fehler wird durch alle Fehler verdichtenden Maßgrößen gemessen. Wir stellen hier als Fehlermaßgrößen nur die **Fehlervarianz** und den **Standardfehler** vor. Sie sind konzeptionell der Varianz (mittlere quadratische Abweichung) und der Standardabweichung (Wurzel aus der Varianz) ähnlich. Ihre Formeln sind in der folgenden Tabelle 12.4.1-a links zusammengestellt und selbsterklärend.

Absolute Fehlermaße	Gütemaß
Fehlervarianz $S_e^2 = \frac{1}{n} * \sum (y_i - \hat{y}_i)^2$	Ungleichheitskoeffizient von THEIL $U = \sqrt{\frac{\sum \left(\frac{p_{t+1} - y_{t+1}}{y_t} \right)^2}{\sum \left(\frac{y_{t+1} - y_t}{y_t} \right)^2}}$
Standardfehler $S_e = \sqrt{S_e^2}$	

Tab. 12.4.1-a: Wichtige Fehler- und Gütemaße

Die Formeln der **Fehlermaße** in der Tabelle beziehen sich auf den Modellfitfehler und gelten mit adäquater Notation analog für den Prognosefehler. Die Formel für das **Gütemaß** nach THEIL bezieht sich auf die Prognosefehler.

In der Tabelle links neben dem Fehlerdiagramm ist der **Standardfehler** mit Hilfe der oben angegebenen Formel für das Einführungsbeispiel nachvollziehbar ermittelt. Der Standardfehler ist eine Maßgröße der im Durchschnitt auftretenden Fehler, und zwar der durchschnittlichen Größe dieser Fehler, unabhängig von ihrem Vorzeichen. Er beträgt hier ~6,5 und ist so zu interpretieren, dass bei dem verwendeten Prognoseverfahren im vorliegenden Fall die Prognosewerte des Materialbedarfs durchschnittlich um ca. 6,5 (Stück) von den tatsächlichen Verbrauchswerten nach oben und nach unten abweichen. Ob dies ein relativ großer oder kleiner Fehler ist, kann - wie bei vielen anderen Maßgrößen - nur durch Vergleich mit anderen Werten sinnvoll beurteilt werden. Eine einfache Möglichkeit besteht darin, den Standardfehler **zu relativieren**, indem man ihn auf den Durchschnitt der tatsächlichen Werte bezieht. Im vorliegenden Fall beträgt der durchschnittliche Materialverbrauch in den 5 betrachteten Monaten 38,4 (Stück), der relative Standardfehler somit ~ 16,8%.

Insbesondere aus Anwendungssicht ist ergänzend zu den Fehlermaßen jedoch ein **Gütemaß** sinnvoll, das die Prognosen des verwendeten Verfahrens an den Prognosewerten eines als Referenz allgemein anerkannten Prognoseverfahrens misst. Als solch ein Bezugspunkt wird häufig die Prognose verwendet, die das **naive Verfahren bei konstantem Verlauf** erzeugt. THEIL hat unter Verwendung der relativen quadratischen Fehler des zu beurteilenden Verfahrens und des Referenzverfahrens eine Verhältniszahl konstruiert, die die relative Güte der Prognosen mit einem **Koeffizienten** misst. Dieser wird Ungleichheitskoeffizient genannt und hier mit U abgekürzt. Er hat den Wert 1, wenn die Prognosewerte mit denen der naiven Prognose übereinstimmen und den Wert 0, wenn sie mit den tatsächlichen Werten übereinstimmen. Eine Prognose - und damit auch das sie erzeugende Prognoseverfahren - ist nach diesem Koeffizienten durchschnittlich umso besser, je näher U dem Wert 0 kommt. Ist U größer als 1, liefert das verwendete Verfahren im Durchschnitt schlechtere Prognosen als das naive Verfahren.

In der folgenden Tabelle 12.4.1-b ist die Ermittlung des Koeffizienten für die mit der **Expo-**

nentiellen Glättung 1. Ordnung ermittelten Materialbedarfsprognosen aus 3.3.2.3 nachvollziehbar dargestellt.

t	y_t	p_t	e_{t+1}	e_{t+1}/y_t	$(e_{t+1}/y_t)^2$	$y_{t+1}-y_t$	$(y_{t+1}-y_t)/y_t$	$[((y_{t+1}-y_t)/y_t]^2$	Gütemaß
(1)	(2)	(3)	(4)	(5)	(6)	(7)	(8)	(9)	$U = \sqrt{\frac{0{,}12450}{0{,}2340}}$
1	40	35	9	0,22500	0,05063	5	0,12500	0,01563	
2	45	36	-8	-0,17778	0,03160	-15	-0,33333		
3	30	38	6	0,20000	0,04000	12	0,40000	0,16000	$U = 0{,}61209$
4	42	36	-2	-0,04762	0,00227	-7	-0,16667	0,02778	
5	35	37	-	-	-	-	-	-	
Summe					**0,12450**			**0,20340**	$U \sim \underline{0{,}612}$

Tab. 12.4.1-b: Ermittlung des Koeffizienten von Theil am Einführungsbeispiel der Materialbedarfsprognosen

Durch Einsetzen der Summen der Spalten (6) und (9) in die Formel erhält man nach Ziehen der Wurzel den Wert des Koeffizienten. U beträgt ~ 0,612, d.h. die im Einführungsbeispiel mit dem Verfahren der exponentiellen Glättung 1. Ordnung erzeugten kurzfristigen Materialbedarfsvorhersagen sind im Durchschnitt deutlich besser als die des naiven Verfahrens.

Für das 2. Einführungsbeispiel - **die mittelfristige Umsatzplanung eines Unternehmens mit einer linearen Trendfunktion** aus dem Abschnitt 12.3.2 - beträgt U=0,332. Dieser Wert ergibt sich, wenn man den Koeffizienten auf die Beobachtungsdaten und die Schätzwerte des **Analysezeitraums** anwendet. Er ist daher ein Gütemaß für den **Modellfit**, der als sehr gut bezeichnet werden kann. Leider bietet ein guter Modellfit keine Gewähr für gute Prognosen. Die Güte der mit der Trendfunktion erzeugten Prognosen lässt sich in dem Beispiel (noch) nicht angeben, da für den Prognosezeitraum (noch) keine Beobachtungswerte vorliegen.

12.4.2 Methodenauswahl

Viele in den letzten Jahrzehnten von Wissenschaftlern und Praktikern durchgeführten experimentellen und empirischen Untersuchungen über die Güte von durch Prognosemethoden bzw. -gruppen erzeugten Prognosen lassen mehrheitlich folgende **Grobbeurteilung** zu:

- Einfachere Methoden - von den beschreibender Verfahren insbesondere die der Exponentiellen Glättung - sind im Durchschnitt nicht schlechter als kompliziertere Methoden, etwa autoregressive, multivariate und ökonometrische Modelle.
- Die Güte ist wesentlich abhängig von dem Prognosezeitraum, den Charakteristika der Daten und den benutzten Fehler- und Gütemaßen.
- Die Anwendung mehrerer Prognosemethoden zur Lösung einer gegebenen Prognoseaufgabe und die Verknüpfung ihrer Ergebnisse führt durchweg zu besseren Prognosen.

Bei der Methodenauswahl in der Praxis spielen neben der Prognosegüte meist weitere Charakteristika der Prognoseaufgabe, der nötigen Inputdaten und der Ressourcenanforderungen eine wesentliche Rolle. Wichtige Kriterien zu diesen Aspekten sind in der folgenden Abbildung 12.4.2 zusammengestellt.

Prognoseaufgabe	**Inputdaten**	**Ressourcen**	**Output**
- Verwendungszweck - Einbettung in vorhandene Prozedur - Prognosezeitraum - (In-)Stabilität des Prognosebereichs - Prognoseart - Prognoseobjekt - Prognoseanzahl und -häufigkeit	- Verfügbarkeit - Qualität - Quantität - Granularität - Muster - Variabilität - ...	- Qualifikations-anforderungen - Softwareanforderungen - Kosten -...	- Genauigkeit - Wahrscheinlichkeit - ein / mehrere P-Zeiteinheiten - ein / mehrere P-Varianten - Punkt / Intervall

Abb. 12.4.2: Beurteilungs- und Auswahlaspekte von Prognosemethoden

Unter Verwendung dieser und anderer Kriterien sollten unter den verfügbaren Prognosemethoden in einem mehrstufigen Prozess (Grob- und Feinauswahl) diejenigen systematisch und gut begründet ausgewählt werden, die zur Lösung der situationsspezifischen Prognoseaufgabe unter Berücksichtigung der Inputdaten und Ressourcen sowie der benötigten Güte und des betreibbaren Aufwandes insgesamt am besten geeignet sind.

12.5 Definitionen, Regeln, Symbole und Formeln

Bezeichnung	Symbol	Definition/Regel/Formel
Naive Verfahren		
konstanter Verlauf	p_{t+1}	$= y_t$
linearer Verlauf	p_{t+1}	$= y_t + (y_t - y_{t-1})$ $= y_t * \left(\frac{y_t}{y_{t-1}}\right)$
Glättungsverfahren		
gleitender Durchschnitt	p_{t+1}	$= \frac{1}{k} * \sum_{i=t-k+1}^{t} y_i$
Exponentielle Glättung 1. Ordnung	p_{t+1}	$= p_t + \alpha * e_t$
Exponentielle Glättung 2. Ordnung	p_{t+1}	$= y_t^{E1} + (y_t^{E1} - y_t^{E2})$
Trendfunktion		
lineare Funktion (Gerade) im Analysezeitraum	$\hat{y}$	$= a + b * t$
konstantes Glied	a	$= \bar{y} - b * t$
Anstieg	b	$= \frac{n \sum t_i * y_i - \sum t_i * \sum y_i}{n * \sum t_i^2 - \left(\sum t_i\right)^2}$
Trendfunktionsprognose	p_{t+k}	$= a + b * t_{t+k}$
Fehler- und Gütemaße		
Fehler	e_t	$= y_t - p_t$
Fehlervarianz bzw. mittlerer quadratischer Fehler	S_e^2	$= \frac{1}{n} * \sum e_t^2$
Standardfehler	S_e	$= \sqrt{S_e^2}$
THEILsches Gütemaß	U	$U = \sqrt{\frac{\sum \left(\frac{p_{t+1} - y_{t+1}}{y_t}\right)^2}{\sum \left(\frac{y_{t+1} - y_t}{y_t}\right)^2}}$

12.6 Übung

Fragen

F1. Welche wichtigen Prognosearten gibt es ?

F2. Was ist die Zeitstabilitätshypothese und was bedeutet sie für die Prognoserechnung ?

F3. Was sind die Charakteristika mathematischer und statistischer sowie beschreibender und erklärender Prognoseverfahren ?

F4. Wie würden Sie zeitreihenbasierte Prognosen den wichtigen Verfahrensgruppen der Prognoserechnung zuordnen ?

F5. Welche Aufgabe hat die Zeitreihenanalyse im Anwendungsprozess zeitreihenbasierter Prognoseverfahren ?

F6. Für welchen Zeitreihentyp ist die Trendfortschreibung ein geeigneter Prognoseansatz ?

F7. Welche wichtigen Gruppen beschreibender statistischer Verfahren der Trendfortschreibung gibt es und wie sind sie grob zu charakterisieren ?

F8. Nennen Sie aus der Gruppe der naiven und der glättenden Verfahren jeweils eine Methode zur Fortschreibung eines konstanten und eines linearen Trends.

F9. Wie kommt es zu der Verfahrensbezeichnung exponentielle Glättung ?

F10. Für welche Zeitreihentypen eignet sich die exponentiellen Glättung 1. und 2. Ordnung ?

F11. Wie ermittelt man mit der exponentiellen Glättung 1. Ordnung eine Prognose ?

F12. Welche tendenzielle Wirkung hat bei der exponentiellen Glättung 1. Ordnung der Steuerungsparameter Alfa ?

F13. Was ist doppeltes exponentielles Glätten ?

F14. Skizzieren Sie das Konstruktionskonzept der exponentiellen Glättung 2. Ordnung.

F15. Welche wesentlichen Voraussetzungen sowie Vor- und Nachteile haben die Verfahren der exponentiellen Glättung aus Anwendungssicht ?

F16. Welche wichtigen Gruppen erklärender statistischer Prognoseverfahren gibt es und wie sind sie grob zu charakterisieren ?

F17. Welche wesentlichen Vorteile hat aus Anwendungssicht die Trendfortschreibung mittels einer mathematischen Trendfunktion ?

F18. Nennen Sie drei aus Anwendungssicht wichtige Grenzen der Trendfortschreibung mittels Trendfunktion.

F19. Welche wesentlichen Unterschiede gibt es zwischen der Prognoserechnung über eine mathematische Funktion (Regressionsrechnung) und dem Ansatz der exponentiellen Glättung ?

F20. Welches sind die wichtigsten Aspekte zur Burteilung der Güte von Prognosen und Prognoseverfahren ?

F21. Was ist der Modellfitfehler, was der Prognosefehler ?

F22. Kann man beide Fehler bei den Verfahren der exponentiellen Glättung und denen der Einfachregression gleichermaßen ermitteln (Begründung) ?

F23. Was ist der Standardfehler eines Prognoseverfahrens ?

F24. Was ist das Charakteristikum des Theilschen Gütemaßes und was steht im Zähler, was im Nenner dieser Maßgröße ?

F25. Welche groben Tendenzaussagen lassen sich über die Güte der wichtigsten Gruppen beschreibender und erklärender Prognoseverfahren machen ?

F26. Welche Aspekte sind neben der Güte von Prognoseverfahren für ihre Beurteilung und Auswahl im praktischen Anwendungsfall von Bedeutung ?

F27. Nennen Sie jeweils 3 Auswahlkriterien für Prognoseverfahren aus den Bereichen „Prognoseaufgabe“, „Inputdaten“ und „Ressourcen“.

Aufgaben

Aufgabe „ Bedarfsvorhersagen in der Vorratswirtschaft“

Bei einem großen Süßwarenhersteller wird der monatliche Bedarf von auf Vorrat gehaltenen künstlichen Geschmacksstoffen im Rahmen der rollenden operativen Planung rechnerunterstützt mit Verfahren der exponentiellen Glättung ermittelt. Für die Gruppe der Pfefferminzgeschmacksstoffe wurde bei den quartalsmäßig durchgeführten Zeitreihenanalysen ein tendenziell konstanter Verbrauchsverlauf festgestellt. In den ersten Monaten des hier betrachteten Jahres wurden nacheinander folgende Verbrauchszahlen (in kg.) erfasst.

Monat	Januar	Februar	März	April	Mai	Juni
Verbrauch	13,1	15,0	14,0	13,4	14,85	14,1

Die Bedarfsvorhersage für Januar betrug 14,5 (kg.)

Aufgabenstellungen

a. Stellen Sie die tatsächliche Verbrauchsentwicklung der Pfefferminzgeschmacksstoffe in geeigneter Weise grafisch dar.

b. Welches Verfahren aus der Gruppe der exponentiellen Glättungsverfahren wählen Sie im vorliegenden Fall als Prognoseverfahren und warum?

c. Ermitteln Sie nachvollziehbar mit dem ausgewählten Verfahren die Prognosen für Februar bis Juni in 2 Varianten, die sich durch die Größe des Glättungsfaktors unterscheiden (V1: $\alpha = 0{,}1$, V2; : $\alpha = 0{,}5$). Stellen Sie die Prognosen ergänzend zum Verbrauchsverlauf im Diagramm von a. dar.
Was können Sie über die Wirkung des Glättungsfaktors α sagen?

d. Stellen Sie die Prognosefehler beider Varianten in einem Diagramm in geeigneter Weise grafisch dar. Beurteilen Sie durch sachgerechte Interpretation des Fehlerdiagramms, ob die exponentielle Glättung 1. Ordnung im vorliegenden Fall überhaupt ein geeignetes Prognoseverfahren ist.

e. Welche Verfahrensvariante liefert im vorliegenden Fall im Durchschnitt die besseren Prognosen? Verwenden Sie zur ex-post Beurteilung dafür den Standardfehler und das THEILsche Gütemaß. Werten Sie die Ergebnisse Ihrer Fehler- und Güteanalyse in einer abschließenden Beurteilung aus.

f. Was sind die wesentlichen Voraussetzungen, Stärken und Schwächen dieses Prognoseverfahrens aus Anwendungssicht?

Aufgabe „Umsatzentwicklung und -prognose“

Eine Tochtergesellschaft der Post hat seit ihrer Gründung folgende Jahresumsätze erwirtschaftet (Werte in Mio. €).

Jahr	1	2	3	4	5	6	7	8	9
Umsatz	4,8	5,2	5,6	4,9	6,2	5,6	5,8	6,4	5,9

Aufgabenstellungen

a. Stellen Sie die Umsatzentwicklung in geeigneter Form grafisch dar.

b. Im Rahmen der mittelfristigen Unternehmensplanung sollen Umsatzprognosen für die nächsten 3 Jahre gemacht werden. Welchen Ansatz/welche Verfahrensgruppe schlagen Sie vor, wenn dazu nur die bisherige Umsatzentwicklung verfügbar ist (Begründung) ?

c. Ermitteln Sie mit dem von Ihnen vorgeschlagenen Ansatz Umsatzprognosen für die nächsten 3 Jahre, indem Sie mit zwei sinnvollen Verfahrensvarianten arbeiten.

d. Wie gut ist der Modellfit Ihrer beiden Verfahrensvarianten? Ermitteln Sie dazu
   - das Bestimmtheitsmaß (verfahrensspezifisches Gütemaß)
   - den Standardfehler (verfahrensunabhängiges Fehlermaß)

   und werten Sie diese für eine zusammenfassende Beurteilung sachgerecht aus.

e. Was können Sie über die Güte Ihrer Prognosen sagen ?

C Wahrscheinlichkeitsanalyse

Im Gegensatz zur beschreibenden und analysierenden Statistik, die tatsächliche Sachverhalte durch Zahlen beschreibt und analysiert, beschäftigt sich die Wahrscheinlichkeitsanalyse mit **möglichen Sachverhalten** und der **Quantifizierung** ihrer Ungewissheit durch **Wahrscheinlichkeiten**.

Die **Ungewissheit** mag auf unzureichender Sachkenntnis oder unvollständigen Informationen beruhen oder darauf, dass die zugrunde liegenden Prozesse nicht vollständig determiniert sind. Davon unabhängig führt sie zur Unklarheit darüber, welche Ereignisse überhaupt möglich sind und zur Unsicherheit darüber, mit welchen davon man in welchem Ausmaß rechnen muss.

Die **Unklarheit** versucht man in der Wahrscheinlichkeitsanalyse durch Grundbegriffe und Operationen zu beheben, mit denen der betrachtete Prozess und seine möglichen Ereignisse sinnvoll strukturiert, beschrieben und analysiert werden können. Die **Unsicherheit** versucht die Wahrscheinlichkeitsanalyse durch Quantifizierung in Form von Wahrscheinlichkeiten zu beheben, für die eine Reihe von Ermittlungsansätzen, Rechenregeln und Verteilungsmodellen zur Verfügung gestellt werden. Sie sollen helfen, Chancen und Risiken vom Zufall beeinflusster Ereignisse kalkulierbar zu machen. Deshalb wird die Wahrscheinlichkeitsanalyse häufig präziser auch als **Wahrscheinlichkeitsrechnung** bezeichnet.

Die Wahrscheinlichkeitsanalyse hat in Wissenschaft und Praxis zwei große **Anwendungsgebiete**, die folgende Übersicht zeigt.

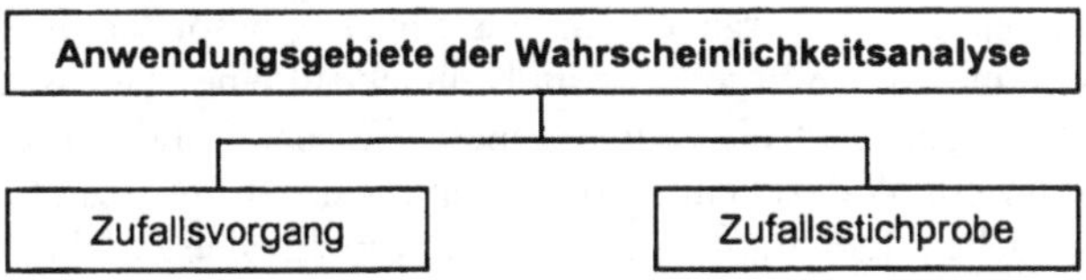

Das eine ist ganz allgemein die Handhabung von Unsicherheit. In der Wirtschaft wird sie dabei vor allem in den **Entscheidungsfindung unterstützenden Prozessen benutzt,** etwa bei Planung, Prognose, Bewertung, Entscheidung, Kontrolle, Steuerung etc. Soweit die in diesen Prozessen betrachteten Größen unsicher sind, kann man versuchen, die Unsicherheit durch Ansätze der Wahrscheinlichkeitsanalyse zu modellieren und mit Rechenregeln und Wahrscheinlichkeitsverteilungen kalkulierbar zu machen.

Das zweite ist die Verwendung in der Statistik selbst, und zwar bei der Auswertung von Stichproben in der schließenden Statistik. Dabei ist eine **Stichprobe** eine Teilmasse und ihr Ergebnis sagt eigentlich nur etwas über die in der Stichprobe enthaltene Teilmasse aus. In der **Schließenden Statistik** werden nun aus Stichprobenergebnissen im sogenannten **indirekten Schluss** Folgerungen abgeleitet, die über die Stichprobe hinausgehen und die für die Grundgesamtheit oder das betrachtete Phänomen ganz allgemein gelten. Dies ist aber nichts Ungewöhnliches. Denn so wie die Informationen aus Stichproben ist unser Wissen typischerweise **unvollständig**. Und wie in der schließenden Statistik wird es benutzt, um daraus für Sach- oder Entscheidungszusammenhänge sinnvolle Schlüsse zu ziehen. Im Unterschied zu allen sonstigen Schlussfolgerungsverfahren haben **statistische Schlüsse** jedoch eine besondere Eigenschaft: sie besteht darin, dass man die Wahrscheinlichkeit dafür angegeben und/oder vorgeben kann, mit der sie richtig oder falsch sein können.

Um **indirekte statistische Schlüsse** mit dieser Eigenschaft aus Stichprobenergebnissen ableiten zu können, müssen die Stichproben bestimmte Eigenschaften haben - insbesondere muss es sich um sogenannte Zufallsstichproben handeln - und die Beziehungen zwischen wichtigen Eigenschaften der Grundgesamtheit und denen der Zufallsstichprobe müssen durch **direkte Schlüsse** hinreichend geklärt sein. Letzteres ist die Hauptaufgabe der **Stichprobenstatistik**, die in diesem Zusammenhang eine Reihe von **Wahrscheinlichkeitsverteilungen** als **Stichprobenverteilungen** benutzt, die die Wahrscheinlichkeitsrechnung zur Verfügung stellt.

Die in dieser Einführung behandelten Grundzüge der Wahrscheinlichkeitsanalyse zeigt folgende Übersicht.

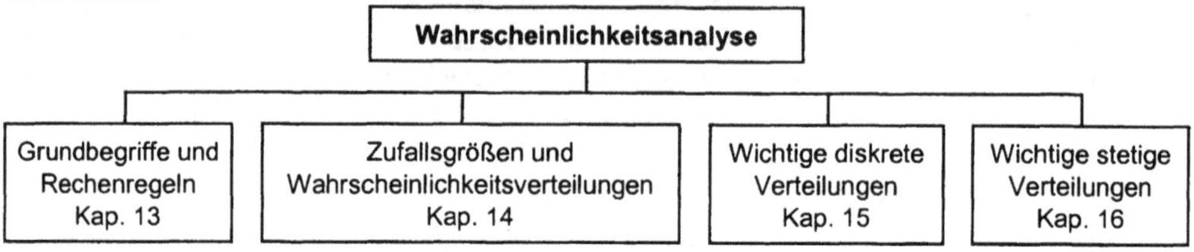

Zur **Einführung in die grundlegenden Begriffe und Regeln** der Wahrscheinlichkeitsrechnung betrachtet man aus didaktischen Gründen vor allem solche zufallsbeeinflussten Vorgänge, die jedermann bekannt, von einfacher Natur und dadurch vergleichsweise einfach zu verstehen sind. Das sind vor allem **einfache Glücksspiele** wie etwa Münzen werfen, Karten ziehen oder Würfeln. Die Glücksspiele waren vor Jahrhunderten die Geburtshelfer der Wahr-scheinlichkeitsrechnung, weil man sich auch damals schon dafür interessierte, Gewinnchancen und Verlustrisiken bei solchen Spielen zu kalkulieren.

Betrachtet man bei einem Zufallsvorgang nicht nur einzelne, besonders interessierende Ereignisse, sondern alle ihm möglichen Ergebnisse im Hinblick auf eine interessierende Eigenschaft, dann kann man diese Eigenschaft als Zufallsgröße auffassen. **Zufallsgrößen** haben Realisationsmöglichkeiten, die mit Wahrscheinlichkeiten auftreten, die insgesamt eine **Wahrscheinlichkeitsverteilung** ergeben. Es wird gezeigt, wie man für einfache Zufallsgrößen Wahrscheinlichkeitsverteilungen ermitteln und anschaulich grafisch darstellen kann. Dabei spielt die Art der Zufallsgröße - diskret oder kontinuierlich - eine wesentliche Rolle. Man unterscheidet dementsprechend **diskrete und stetige** Wahrscheinlichkeitsverteilungen. Jede Wahrscheinlichkeitsverteilung hat - ähnlich wie eine Häufigkeitsverteilung - charakteristische Aspekte wie Form, Mitte und Streuung, die man in geeigneten **Kenngrößen** kompakt zum Ausdruck bringen kann.

Die Ermittlung der individuellen Wahrscheinlichkeitsverteilung einer Zufallsgröße ist im Einzelfall manchmal gar nicht möglich oder sehr aufwendig, Hier bietet die Statistik als Methodenwissenschaft eine große Vielfalt und -zahl von **theoretischen Wahrscheinlichkeitsverteilungen** an. Dabei handelt es sich um **idealtypische, formale, mathematische Modelle**. Aus diesem Angebot kann der Anwender wählen, um die im Anwendungsfall betrachtete Zufallsgröße möglichst adäquat zu modellieren. In dieser Einführung werden nur einige wenige aus Anwendungssicht besonders **wichtige diskrete und stetige theoretische Verteilungen** behandelt. Dabei werden hier bereits auch solche theoretischen Verteilungstypen vorgestellt, die praktisch ausschließlich in Stichproben auftreten (Stichprobenverteilungen) und die deshalb erst in der schließenden Statistik im nächsten Teil verwendet werden.

13 Grundlagen der Wahrscheinlichkeitsanalyse

Die in dieser Einführung behandelten Grundlagen der Wahrscheinlichkeitsanalyse zeigt folgende Übersicht

Grundlagen der Wahrscheinlichkeitsanalyse

Grundbegriffe und -operationen	Wahrscheinlichkeitsbegriffe	Rechenregeln
- Zufallsvorgang /-experiment	- logisch	- Additionssätze
- Ereignisse und Ereignisarten	- statistisch	- Multiplikationssätze
- Vereinigung und Durchschnitt	- subjektiv	- Totale Wahrscheinlichkeit
- Grafische Darstellung	- axiomatisch	- Satz von Bayes

13.1 Grundbegriffe

Ein Vorgang oder Prozess, der nicht streng determiniert ist, so dass aus einer gegebenen Ausgangssituation heraus mehrere verschiedenartige, sich gegenseitig ausschließende Folgesituationen möglich sind, von denen im Voraus nicht angebbar ist, welche von ihnen tatsächlich eintreten wird, heißt **Zufallsvorgang** oder **stochastischer** Vorgang. Ist der Zufallsvorgang unter gleichen Rahmenbedingungen beliebig oft wiederholbar, heißt er **Zufallsexperiment**. Im Folgenden werden vornehmlich Zufallsexperimente betrachtet.

Die möglichen, sich gegenseitig ausschließenden Ergebnisse eines Zufallsvorgangs bzw. -experiments heißen **Elementarereignisse** und werden in der Regel mit ω symbolisiert. Die Menge aller möglichen Elementarereignisse heißt **Ergebnismenge oder -raum** und wird analog mit Ω notiert. Es gilt formal:

$$\Omega = \{ \omega : \omega \text{ ist Elementarereignis} \}$$

Das tatsächlich eingetretene Resultat eines Zufallsvorgangs bzw. -experiments heißt sein **Ergebnis**.

Wir verdeutlichen die vorgestellten Grundbegriffe an zwei Einführungsbeispielen.

1. Einführungsbeispiel: Einmaliges Ausspielen eines echten Würfels

Das einmalige Ausspielen eines echten Würfels ist ein Zufallsvorgang, weil verschiedene Resultate möglich sind, die sich gegenseitig ausschließen und man im Voraus nicht angeben kann, welches davon tatsächlich eintreten wird. Es ist darüber hinaus ein Zufallsexperiment, da es unter gleichen Rahmenbedingungen beliebig oft wiederholt werden kann. Beim einmaligen Ausspielen eines echten Würfels sind die Augenzahlen 1,...,6 als Ergebnisse möglich. Sie sind die Elementarereignisse und bilden den Ergebnisraum, formal: $\Omega = \{ 1,2,3,4,5,6 \}$

2. Einführungsbeispiel: Qualitätskontrolle mittels Stichprobe

Die zufällige Entnahme eines Teils aus einer laufenden Produktion zum Zwecke der Qualitätskontrolle kann als Zufallsvorgang aufgefasst bzw. gestaltet werden. Die zufällige Entnahme von n Teilen ist dann ein Zufallsexperiment, bei dem dieser Zufallsvorgang n-mal wiederholt wird. Bei der Qualitätskontrolle interessiert man sich in der Regel a. für die Anzahl der Teile in der Stichprobe, die die Qualitätsnorm nicht erfüllen. Dies können 0,..., n Teile sein. Sie sind die möglichen Ergebnisse bzw. Elementarereignisse dieses Zufallsexperiments. Daraus ergibt sich für den Ergebnisraum formal: $\Omega = \{0,1,..., n\}$.

Eine **Teilmenge des Ergebnisraums** heißt zufälliges Ereignis bzw. schlicht **Ereignis**, wenn der Zusammenhang mit einem Zufallsvorgang bzw. -experiment offensichtlich ist. Eine **einelementige Teilmenge** heißt **Elementarereignis**. Elementarereignisse müssen sich immer gegenseitig ausschließen, sonstige Ereignisse müssen das nicht. Ereignisse werden im Allgemeien mit lateinischen Großbuchstaben A, B, C etc. symbolisiert. Ein Ereignis A wird hier wie folgt formalisiert:

$A = \{ \omega : \omega \text{ hat die Eigenschaft...} \} = \{ \omega_1, \omega_2, ...\}$

Im Einführungsbeispiel „Einmaliges Ausspielen eines echten Würfels" mag man sich nicht nur für die einzelnen möglichen Ergebnisse interessieren, sondern auch für andere Ereignisse, weil man z.B. im Rahmen eines Glücksspiels darauf bestimmte Gewinne oder Verluste vereinbart hat. Einige solcher Ereignisse sind in der folgenden Tabelle 13.1.beispielhaft in der oben eingeführten Notation beschrieben.

Ereignis	Eigenschaftsbeschreibung	Mengenschreibweise
A	$\{ \omega : \omega$ ist Zahl $< 4 \}$	{1, 2, 3}
B	$\{ \omega : \omega$ ist gerade Zahl $\}$	{2, 4, 6}
C	$\{ \omega : \omega$ ist Zahl $\geq 5 \}$	{5, 6}
D	$\{ \omega : \omega$ ist durch 3 teilbare Zahl $\}$	{3, 6}
E	$\{ \omega : \omega$ ist Zahl $\leq 4 \}$	{1, 2, 3, 4}
F	$\{ \omega : \omega$ ist durch 2 teilbare Zahl $\}$	{2, 4, 6}
G	$\{ \omega : \omega$ ist Zahl $\leq 2 \}$	{1, 2}

Tab. 13.1: Einige Ereignisse beim einmaligen Ausspielen eines echten Würfels

So besteht das Ereignis A darin, eine Zahl kleiner als 4 zu würfeln. Das Ereignis tritt ein, wenn entweder die Augenzahl 1 oder 2 oder 3 Ergebnis des Würfelwurfs ist. An der Mengenschreibweise der Ereignisse in der letzten Spalte erkennt man, dass alle Ereignisse, die bei einem Zufallsvorgang möglich sind, Teilmengen des Ergebnisraums sind. Hat der Ergebnisraum N Elementarereignisse, so lassen sich daraus 2^N verschiedene Untermengen bilden, im Einführungsbeispiel also $2^6 = 64$. Sie bilden das **Ereignissystem** eines Zufallsvorgangs.

Ereignisarten

Von den logisch möglichen Ereignissen eines Zufallsvorgangs sind folgende Ereignisarten besonders markant:

- **das unmögliche Ereignis U**, das im Ergebnisraum nicht enthalten ist, formal:
  $U = \{ \omega : \omega \text{ ist unmöglich} \} = \{ \emptyset \}$
  Im Einführungsbeispiel sind die Ereignisse, eine 0 oder eine 7 zu würfeln, unmöglich.
- **das sichere Ereignis S**, das immer eintritt, zu welchem Ergebnis der Zufallsvorgang auch führen mag, formal: $S = \{ \omega : \omega \text{ ist sicher} \} = \{ \Omega \}$
  Im Einführungsbeispiel ist das Ereignis, eine Zahl zwischen 1 und 6 zu würfeln, sicher.
- **Teilereignis**
  Ein Ereignis A heißt Teilereignis, wenn sein Eintreten das eines anderen Ereignisses - etwa B - nach sich zieht, formal: $A \subset B$.
  Im Einführungsbeispiel ist etwa das Ereignis G, eine Zahl ≤ 2 zu würfeln, ein Teilereignis von A (eine Zahl < 4 zu würfeln). Wenn eine Zahl ≤ 2 gewürfelt wurde, d.h. G eingetreten ist, so zieht G das Ereignis A nach sich, d.h. dann ist auch A eingetreten.
- **Komplementärereignis**
  Ein Ereignis B heißt komplementär zu A, wenn es genau dann eintritt, wenn A nicht eintritt, formal: $B = \bar{A}$.
  Im Einführungsbeispiel sind die Ereignisse C und E komplementär. Im Übrigen hat jedes Ereignis ein Komplementärereignis. So ist etwa im Einführungsbeispiel das Komplementärereignis zu B (gerade Zahl) das Ereignis „ungerade Zahl".
- **Äquivalentes Ereignis**
  Zwei Ereignisse A und B sind äquivalent, wenn B genau dann eintritt, wenn auch A ein-

tritt, formal: A = B. Im Einführungsbeispiel sind die Ereignisse B und F äquivalent.

Grafische Darstellung
Die hier benutzte Beschreibungsweise von Ereignissen entstammt der Mengenlehre. Sie ist einfach und eignet sich besonders zur grafischen Darstellung des Ergebnisraums und darin betrachteter Ereignisse. Solche grafischen Darstellungen werden nach ihrem Erfinder als **Venn-Diagramme** bezeichnet. Darin werden der Ergebnisraum und darin betrachtete Ereignisse als geometrische Formen visualisiert, hauptsächlich als Rechteck, Quadrat, Ellipse oder Kreis. In der folgenden Abbildung 13.1 sind verschiedene markante Ereignisse allgemein und am Einführungsbeispiel „Einmaliges Ausspielen eines echten Würfels" beispielhaft in Venn-Diagrammen mit verschiedenen geometrischen Formen dargestellt.

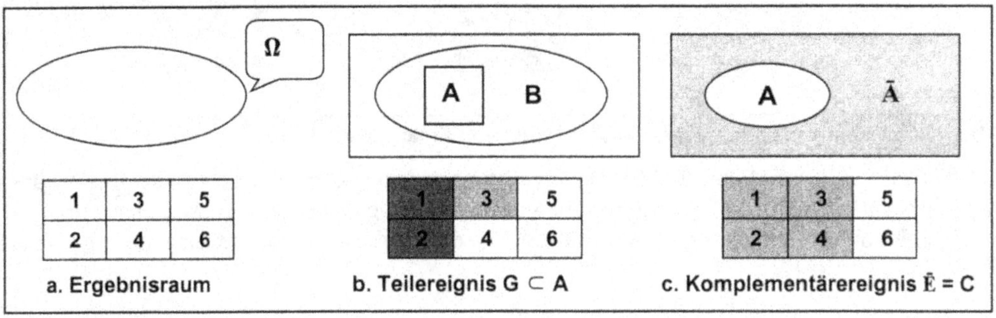

Abb. 13.1: Venn-Diagramme einiger Ereignisse im Einführungsbeispiel

13.2 Operationen mit Ereignissen

Ereignisse können durch logische Operationen miteinander verknüpft werden. Dadurch können aus bekannten Ereignissen eines Zufallsvorgang weitere Ereignisse gewonnen werden oder interessierende Ereignisse können so aus bereits bekannten erschlossen werden. Die wichtigsten logischen Operationen werden im Folgenden vorgestellt.

Vereinigung
Die logische Operation der Vereinigung zweier Ereignisse A und B führt zu einem neuen Ereignis, das dann eintritt, wenn **entweder A oder B oder beide eintreten.** Die Operation entspricht dem **logischen „INCLUSIV-ODER"**, formal:

$$A \cup B = \{\omega : \omega \in A \vee \omega \in B\}$$

In der folgenden Abbildung 13.2-a ist die Vereinigung zweier Ereignisse allgemein und am Einführungsbeispiel mit den Ereignissen A und B in Venn-Diagrammen anschaulich dargestellt.

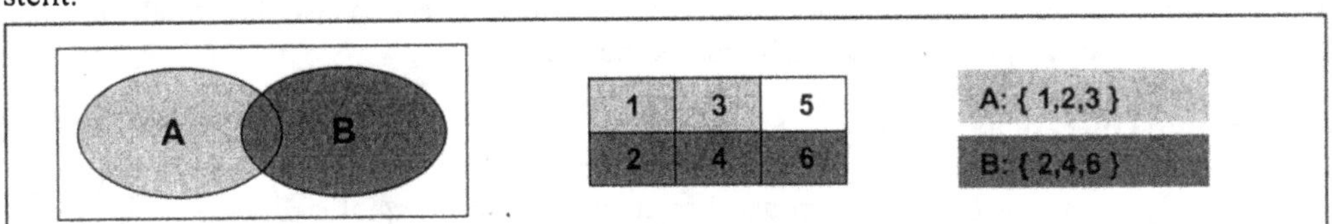

Abb. 13.2-a: Venn-Diagramme der Vereinigung von Ereignissen

Die Vereinigung von A und B führt im Einführungsbeispiel zu einem neuen Ereignis X, das darin besteht, entweder eine Zahl kleiner als 4 oder eine gerade Zahl zu würfeln. Im obigen Diagramm kann man das durch die Vereinigung entstehende neue Ereignis direkt ablesen: X= { 1, 2,3,4,6 }.

Durchschnitt

Die logische Operation des Durchschnitts zweier Ereignisse A und B führt zu einem neuen Ereignis, das dann eintritt, wenn **sowohl A als auch B eintreten.** Die Operation entspricht dem **logischen „UND“**, formal:

$$A \cap B = \{\omega : \omega \in A \cap \omega \in B\}$$

In der folgenden Abbildung 13.2-b ist der Durchschnitt zweier Ereignisse allgemein und am Einführungsbeispiel mit den Ereignissen A und B in Venn-Diagrammen anschaulich dargestellt.

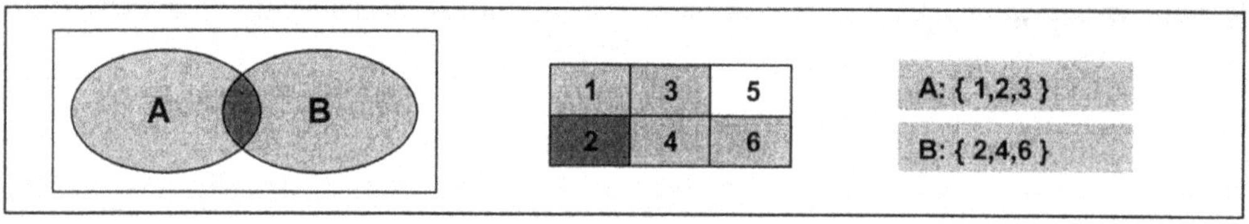

Abb. 13.2-b: Venn-Diagramme des Durchschnitts von Ereignissen

Der Durchschnitt von A und B führt im Einführungsbeispiel zu einem neuen Ereignis Y, das darin besteht, sowohl eine Zahl kleiner als 4 als auch eine gerade Zahl „quasi gleichzeitig“ zu würfeln. Im obigen Diagramm kann man das durch den Durchschnitt entstehende neue Ereignis direkt ablesen: Y= {2}.

13.3 Wahrscheinlichkeitsbegriffe

Auch in der Umgangssprache benutzt man den Begriff Wahrscheinlichkeit und das Eigenschaftswort wahrscheinlich, um Unsicherheit auszudrücken. In den mit der Handhabung von Unsicherheit befassten Wissenschaften wird der Begriff präzisiert und vor allem quantifiziert. Dabei wird unter Wahrscheinlichkeit eine **Maßzahl** verstanden, die die Chance für das Eintreten eines Ereignisses bemisst. Dabei gibt es verschiedene Ansätze dazu, welche Eigenschaften die Maßzahl haben sollte und wie ihre numerischen Werte zu ermitteln sind. Die wichtigsten dieser Ansätze zeigt folgende Übersicht.

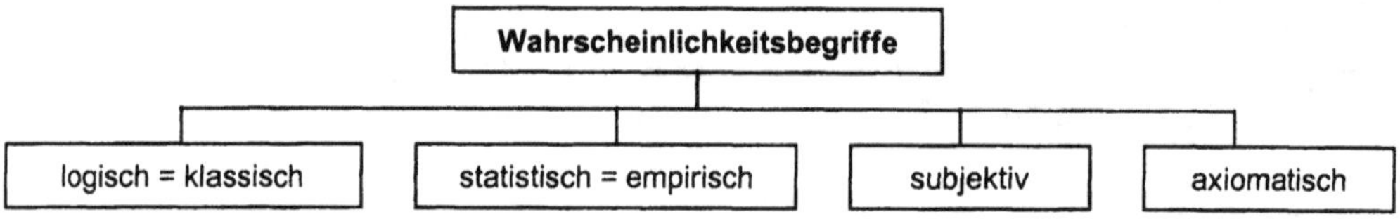

13.3.1 Logische Wahrscheinlichkeit

Historisch betrachtet ist die logische Auffassung von der Wahrscheinlichkeit die älteste. Sie wird deshalb auch als **klassisch** oder - nach ihrem Erfinder, dem französischen Mathematiker Laplace - häufig als **Laplace-Wahrscheinlichkeit** bezeichnet.

Konzept und Operationalisierung

Die logische Wahrscheinlichkeit basiert direkt auf dem in 13.1 vorgestellten Grundmodell von Zufallsexperimenten mit Ergebnisraum und Ereignissen. Danach ergibt sich logisch die Wahrscheinlichkeit für das Ereignis A - hier mit W(A) symbolisiert -, indem man die Anzahl der für A günstigen Elementarereignisse ins Verhältnis setzt zur Anzahl aller überhaupt möglichen.

$$\text{Wahrscheinlichkeit von A} = \frac{\text{Anzahl der für A „günstigen“ Elementarereignisse}}{\text{Anzahl aller möglichen Elementarereignisse}}$$

$$W(A) = \frac{h(A)}{h(\Omega}$$

Ermittlung
Für einige der in Tabelle 13.1 betrachteten Ereignisse des Einführungsbeispiels sind die Wahrscheinlichkeiten nach dem logischen Ansatz in der folgenden Tabelle 13.3.1 nachvollziehbar ermittelt. Die Anzahl aller möglichen Elementarereignisse im Nenner beträgt im vorliegenden Fall 6.

Nr.	Ereignis: Eigenschaftsbeschreibung	Ereignis: Elementarereignisse	Anzahl „günstige"	Wahrscheinlichkeit
A	Zahl < 4	{ 1,2,3 }	3	3/6 = 1/2
B	gerade Zahl	{ 2,4,6 }	3	3/6 = 1/2
C	Zahl ≥ 5	{ 5,6 }	2	2/6 = 1/3
D	durch 3 teilbare Zahl	{ 3,6 }	2	2/6 = 1/3
E	durch 2 teilbare Zahl	{ 2,4,6 }	3	3/6 = 1/2

Tab. 13.3.1: Ermittlung von Wahrscheinlichkeiten für Ereignisse im Einführungsbeispiel

Würdigung
Der logische Ansatz ist dadurch charakterisiert, dass die möglichen Elementarereignisse **rein gedanklich** - d.h. ohne auf tatsächliche Experimente oder reale Erfahrungen gestützt - **von vornherein** - d.h. **a-priori** - angegeben werden können. Dabei enthält er folgende Annahmen:

- Alle Elementarereignisse sind bekannt.
- Alle Elementarereignisse schließen sich gegenseitig aus.
- Die Anzahl der Elementarereignisse ist abzählbar (Endlichkeitsmodell).
- Alle Elementarereignisse sind gleich möglich (Gleichmöglichkeitsmodell).

Die Annahmen sind - außer der Endlichkeitsannahme - bei Anwendungen in der Wirtschaftspraxis mehr oder minder kritisch. Dies gilt insbesondere für die Gleichmöglichkeitsannahme. Von daher muss man häufig andere Wege beschreiten, um zu den gesuchten Wahrscheinlichkeiten zu kommen.

13.3.2 Statistische Wahrscheinlichkeit

Im Gegensatz zur logischen Wahrscheinlichkeit ist die statistische Wahrscheinlichkeit eines Ereignisses immer nur ermittelbar, nachdem einschlägige Beobachtungen durchgeführt wurden. Sie ist daher ihrem Wesen nach eine **a- posterio-** Wahrscheinlichkeit.

Konzept und Operationalisierung

Führt man ein Zufallsexperiment n -mal durch, bei dem auch das interessierende Ereignis A auftreten kann, so bekommt man n Ergebnisse. Aus diesen kann man die relative Häufigkeit von A ermitteln. Führt man weitere Versuchsserien durch, bei denen man n systematisch erhöht, so kann man Folgendes feststellen: Bei den ersten Versuchsserien (mit vergleichsweise kleinem n) schwanken die relativen Häufigkeiten von A noch stark. Je größer die Anzahl der Versuchsserien jedoch wird (mit vergleichsweise großem n), umso enger schwanken die relativen Häufigkeiten von A um einen Wert. Dieser Wert ist die Wahrscheinlichkeit des Ereignisses A. Danach ist die Wahrscheinlichkeit eines Ereignisses der Grenzwert seiner relativen Häufigkeit.

Allgemein:			Formal:
Wahrscheinlichkeit von A	=	Grenzwert der relativen Häufigkeit von A	$W(A) = \lim_{n \to \infty} f_n(A)$

Demonstrationsbeispiel
Mit ziemlich viel Mühe und Geduld könnten Sie versuchen, diesen Ansatz zur Ermittlung von Wahrscheinlichkeiten bei einfachen Glücksspielen selbst zu überprüfen, bei denen Sie die Wahrscheinlichkeiten über den logischen Ansatz schon kennen, etwa beim einfachen Würfel-

wurf oder beim Münzwurf. Die Wissenschaftler haben dies natürlich schon getan. Die folgende Abbildung 13.3.2 zeigt ein Resultat beim Münzwurf, bei dem logisch die Wahrscheinlichkeit für Kopf oder Zahl jeweils ½ ist.

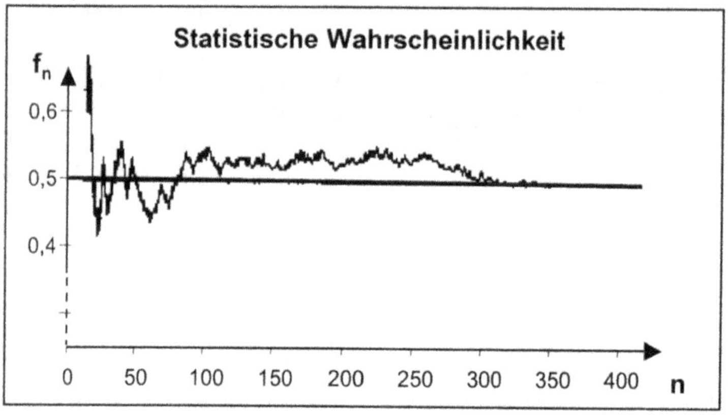

Abb. 13.3.2: Statistische Wahrscheinlichkeit beim Münzwurf für das Ereignis Zahl

Würdigung

Da es in der Wirklichkeit unmöglich ist, ein Zufallsexperiment **unendlich** oft zu wiederholen, kann man auf die angegebene Art und Weise Wahrscheinlichkeiten **nicht exakt** bestimmen. Das Demonstrationsbeispiel zeigt aber, dass es für Anwendungszwecke ausreicht, n systematisch bis zur Stabilisierung der relativen Häufigkeiten zu erhöhen. Doch selbst dieses ist im Allgemeinen nur im Wissenschaftsbereich praktisch möglich. Für die Wirtschaftspraxis liegt die Bedeutung der statistischen Wahrscheinlichkeit darin, dass man über die relativen Häufigkeiten - jedenfalls tendenziell und in grober Näherung - zu Wahrscheinlichkeiten gelangen kann. Man spricht in diesem Fall auch von **empirischen Wahrscheinlichkeiten**. Dabei wird die Wahrscheinlichkeit häufig nicht als Bruch oder Dezimalzahl, sondern als Prozentzahl angegeben, wie dies ja auch für relative Häufigkeiten typisch ist.

13.3.3 Subjektive Wahrscheinlichkeit

Lässt sich für einen vom Zufall beeinflussten Vorgang weder durch Logik noch durch Empirie eine mehr oder minder objektive Annäherung an die Wahrscheinlichkeiten wichtiger Ereignisse erreichen, so bleibt als einziger Ausweg in der Praxis häufig nur die subjektive Schätzung, wenn man auf Wahrscheinlichkeiten nicht vollständig verzichten will. So sind etwa die Chancen, dass im privaten Bereich eine gerade geschlossene Ehe ein Leben lang hält oder im betriebswirtschaftlichen Bereich bei einem völlig neuen Produkt im ersten Jahr eine bestimmte Mindestmenge abgesetzt werden kann, kaum objektiv, sondern nur subjektiv bestimmbar.

Konzept und Operationalisierung

Trotz oder gerade wegen der Subjektivität der Wahrscheinlichkeitsbestimmung versucht man in der Praxis, auch auf diesem Wege zu möglichst guten Schätzungen zu kommen. Dabei bedient man sich unterschiedlicher Vorgehensweisen, deren Gemeinsamkeit darin besteht, die subjektiven Schätzungen **rational zu fundieren**. Üblich sind etwa Expertenschätzungen und die Zusammenstellung und Auswertung von Pro- und Contra-Argumenten für verschiedene Wahrscheinlichkeitsschätzungen desselben Ereignisses. Aus wissenschaftlicher Sicht ist bei subjektiven Wahrscheinlichkeiten vor allem wichtig, dass ihr Entstehungsprozess möglichst transparent und nachvollziehbar und ihr Ergebnis widerspruchsfrei ist.

Ein hinsichtlich dieser Forderungen geeigneter Ansatz ist die Quantifizierung der Wahrscheinlichkeit eines Ereignisses über die Bereitschaft, auf sein Eintreten **Wetten** abzuschließen. Dabei wird ein für das Ereignis angemessener Geldbetrag als Wetteinsatz festgelegt und die Wahrscheinlichkeitsschätzung in einem mehrstufigen Prozess zunehmend präzisiert. Als Arbeitsinstrument zur Erleichterung der Schätzungen haben sich dabei Flächengrafiken bewährt, die die Wahrscheinlichkeit des sicheren Ereignisses als Gesamtfläche und kleinere Wahrscheinlichkeiten als entsprechende Teilflächen anschaulich ausweisen. Sie sind zusätzlich mit einem Mechanismus ausgestattet, der zufallsabhängig eine beliebige Stelle der Gesamtfläche als realisiertes Ereignis bestimmt. Die Wetten bestehen darin, den Wetteinsatz entweder auf das Eintreten des Ereignisses zu setzen, oder aber darauf, dass der Zufallsmechanismus einen Punkt realisiert, der in einer festgelegten Teilfläche liegt.

Anwendung am Einführungsbeispiel

Dieser Ansatz soll an dem oben genannten Beispiel der Bestimmung der Wahrscheinlichkeit der lebenslangen Haltbarkeit einer gerade geschlossenen Ehe vorgestellt werden. Als Flächengrafik zur Wahrscheinlichkeitsbestimmung soll eine kreisrunde Scheibe mit beweglichem Zeiger dienen, die in der Ausgangssituation in zwei gleich große Flächen eingeteilt sei, so wie in der folgenden Abbildung 13.3.3 links dargestellt.

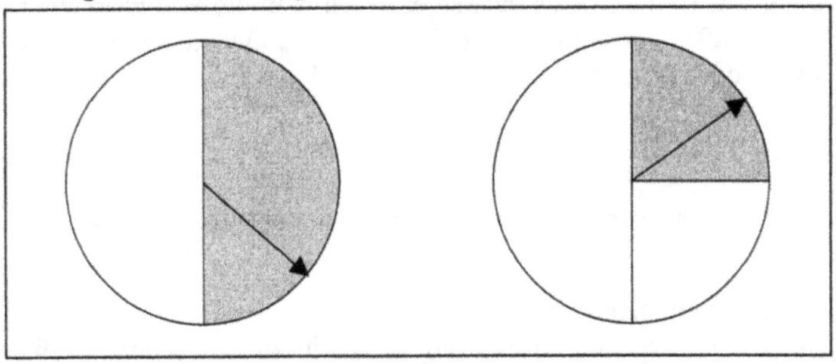

Abb. 13.3.3: Schätzung subjektiver Wahrscheinlichkeiten im Einführungsbeispiel (Puhani 1998)

Der Schätzer muss nun angeben, worauf er eher bereit wäre, den Wetteinsatz zu verwetten:

1. entweder darauf, dass die Ehe ein Leben lang hält
2. oder darauf, dass der in Bewegung gesetzte Zeiger im grauen Halbfeld stehen bleibt.

Würde er eher auf 2. setzen, so wäre seine subjektive Wahrscheinlichkeit für die lebenslange Ehe kleiner als 0,5. Zur Präzisierung dieser noch sehr groben Wahrscheinlichkeitsschätzung könnte in der nächsten Stufe die in der obigen Abbildung rechts dargestellte Wettalternative dienen. Der Schätzer hätte nun anzugeben, worauf er eher bereit wäre, den Einsatz zu verwetten:

1. entweder darauf, dass die Ehe ein Leben lang hält
2. oder darauf, dass der in Bewegung gesetzte Zeiger im grauen Viertelfeld stehen bleibt.

Würde er jetzt eher auf 1. setzen, so wäre seine subjektive Wahrscheinlichkeit für die lebenslange Ehe größer als 0,25. In Verbindung mit der vorhergehenden Schätzung hat man jetzt eine subjektive Wahrscheinlichkeitsschätzung für seine lebenslange Ehe, die größer als 0,25 und kleiner als 0,5 ist. Diesen Prozess kann man so lange in der gezeigten Art systematisch fortsetzen, bis die Wahrscheinlichkeitsschätzung ausreichend genau ist.

13.3.4 Axiomatische Wahrscheinlichkeit

Im Gegensatz zu den bisherigen Ansätzen, in denen aus verschiedenen Anwendungs- und Wissenschaftsgebieten unterschiedliche Auffassungen über und vor allem unterschiedliche Wege zur Ermittlung von Wahrscheinlichkeiten bereitgestellt wurden, stellt der axiomatische Ansatz nur **formale Mindesteigenschaften** von Wahrscheinlichkeiten auf.

Konzept und Operationalisierung
Axiome sind Aussagen, die so grundlegend, plausibel und zweckmäßig sind, dass sie keiner weiteren Fundierung bedürfen. Die Axiome für die Wahrscheinlichkeiten gehen auf den russischen Mathematiker **Kolmogoroff** zurück. Darin werden Wahrscheinlichkeiten als Zu-ordnungen von reellen Zahlen zu Ereignissen definiert, d.h. als mathematische Funktion. Diese Funktion hat drei grundlegende Eigenschaften:

1. Nichtnegativität
Die Wahrscheinlichkeit eines Ereignisses A ist eine nicht-negative, reelle Zahl, formal:

$$W(A) \geq 0$$

2. Normierung
Die Wahrscheinlichkeit des sicheren Ereignisses S ist stets 1, formal:

$$W(S)= 1$$

3. Addition
Schließen sich zwei Ereignisse A und B gegenseitig aus, so ermittelt man die Wahrscheinlichkeit dafür, dass entweder A oder B auftritt, durch Addition der Wahrscheinlichkeiten der Ereignisse A und B. Da das Ereignis „A oder B“ sich aus A und B durch die vorne vorgestellte logische Operation der Vereinigung ergibt, gilt formal:

$$W(A \cup B)= W(A)+W(B) \text{ mit } W(A \cap B)= \emptyset$$

Dieser Satz ist auf endlich oder abzählbar unendlich viele Ereignisse übertragbar, die sich paarweise ausschließen.

Demonstration an den Einführungsbeispielen
In der folgenden Tabelle 13.3.4 ist für die drei Einführungsbeispiele zur logischen, empirischen und subjektiven Wahrscheinlichkeit dargestellt, dass sie die 3 Axiome der Wahrscheinlichkeitsrechnung erfüllen.

Ansatz	logische Wahrsch.	empirische Wahrsch.	subjektive Wahrsch.
Beispiel	Würfelwurf	Münzwurf	Lebenslange Ehe
1. Nichtnegativität	$W(E_i)> 0$; $E_i \in \Omega$	W(Z)> 0; W(W)> 0	$W(E)> 0$; $W(\overline{E})> 0$
2. Normierung	siehe dort	$W(Z \cup W)=1$	$W(E \cup \overline{E})=1$
3. Addition	siehe dort	W(Z)+W(W)= 1	$W(E)+ W(\overline{E})=1$

Tab. 13.3.4: Axiome der Wahrscheinlichkeitsrechnung in den Einführungsbeispielen zur logischen, empirischen und subjektiven Wahrscheinlichkeit

Würdigung
Der axiomatische Ansatz ist als formaler Rahmen für das Rechnen mit Wahrscheinlichkeiten unerlässlich, da viele Regeln zum Rechnen mit Wahrscheinlichkeiten aus ihm ableitbar sind. Auf die systematische und formale Ableitung aller wichtigen Regeln aus den Axiomen wird in dieser Einführung verzichtet. Die für die Praxis wichtigsten Regeln werden im Folgenden vorgestellt. Dabei werden die elementaren Regeln hier nur benannt, während die Hauptrechenregeln im nächsten Abschnitt gesondert vorgestellt und erläutert werden.

Elementare Regeln
- Die Wahrscheinlichkeit für das unmögliche Ereignis ist 0, formal: W(U)= 0.
- Das Ereignis A ziehe B nach sich, d.h. $A \subset B$. Dann ist die Wahrscheinlichkeit von A höchstens so groß wie die von B, formal: $W(A) \leq W(B)$.

- Die Wahrscheinlichkeit des Komplementärereignisses von A ist 1 abzüglich der Wahrscheinlichkeit von A, formal: $W(\bar{A}) = 1 - W(A)$.

13.4 Addieren von Wahrscheinlichkeiten

Einfacher Additionssatz

Eine Regel zum Addieren von Wahrscheinlichkeiten ist so elementar, dass wir sie bereits als Axiom kennen gelernt haben. Sie betrifft die Addition von Wahrscheinlichkeiten **sich gegenseitig ausschließender Ereignisse**. Diese Regel wird häufig auch einfacher Additionssatz der Wahrscheinlichkeitsrechnung genannt, formal:

$$W(A \cup B) = W(A) + W(B) \text{ mit } W(A \cap B) = \emptyset$$

Anwendung im Einführungsbeispiel

Wir betrachten aus dem Einführungsbeispiel „Einmaliges Ausspielen eines echten Würfels" zwei sich gegenseitig ausschließende Ereignisse, deren Wahrscheinlichkeiten bekannt sind, z.B. A und C. Wir interessieren uns jetzt für die Wahrscheinlichkeit eines „neuen" Ereignisses X, das darin bestehen möge, dass **entweder A oder C** eintritt. X entsteht aus A und C durch die logische Operation der **Vereinigung**. Dann kann man die Wahrscheinlichkeit des neuen Ereignisses X aus den bekannten Wahrscheinlichkeiten der beteiligten Ereignisse A und C mit dem einfachen Additionssatz ermitteln. In der folgenden Abbildung 13.4-a rechts sind das neue Ereignis X im Venn-Diagramm und die Ermittlung seiner Wahrscheinlichkeit mit dem einfachen Additionssatz nachvollziehbar dargestellt.

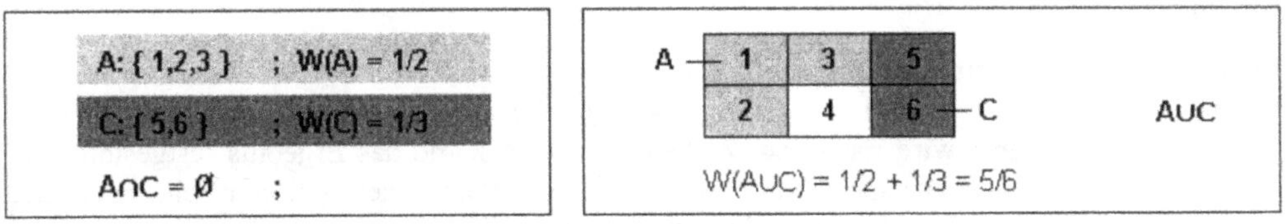

Abb. 13.4-a: Einfacher Additionssatz im Einführungsbeispiel

Allgemeiner Additionssatz

Schließen sich zwei Ereignisse A und B nicht gegenseitig aus, gibt es bei ihrer Vereinigung eine Schnittmenge, die nicht leer ist. Würde man in diesem Fall die Wahrscheinlichkeiten der beteiligten Ereignisse einfach addieren, würde die Wahrscheinlichkeit der Schnittmenge doppelt berücksichtigt. Da dies offensichtlich nicht korrekt ist, muss bei der Vereinigung sich nicht gegenseitig ausschließender Ereignisse nach der Addition der Einzelwahrscheinlichkeiten die Wahrscheinlichkeit der Schnittmenge in Abzug gebracht werden.

$$W(A \cup B) = W(A) + W(B) - W(A \cap B)$$

Anwendung im Einführungsbeispiel

Betrachtet werden aus dem Einführungsbeispiel zwei Ereignisse, die sich **nicht gegenseitig ausschließen** und deren Wahrscheinlichkeiten bekannt sind, z.B. A und B. Wir interessieren uns jetzt für die Wahrscheinlichkeit eines „neuen" Ereignisses Y, das darin bestehen möge, dass **entweder A oder B oder beide** eintreten. Y entsteht aus A und B durch die logische Operation der Vereinigung. Dann können wir die Wahrscheinlichkeit des neuen Ereignisses Y aus den bekannten Wahrscheinlichkeiten der beteiligten Ereignisse A und B mit dem allgemeinen Additionssatz ermitteln. In der folgenden Abbildung 13.4-b rechts sind das neue Ereignis Y im Venn-Diagramm und die Ermittlung seiner Wahrscheinlichkeit mit dem allgemeinen Additionssatz nachvollziehbar dargestellt.

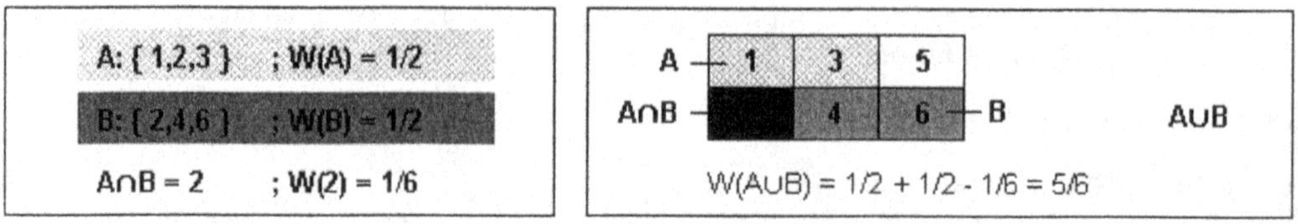

Abb. 13.4-b: Allgemeiner Additionssatz im Einführungsbeispiel

13.5 Multiplizieren von Wahrscheinlichkeiten

Zur Einführung betrachten wir ein weiteres einfaches Glücksspiel: das **Kartenziehen**. Gegeben sei ein Skatspiel mit 32 Karten, 4 Farben (Kreuz, Pik, Herz und Karo) und 8 Karten pro Farbe (7-10, Bube, Dame, König, Ass). Betrachtet werde das Zufallsexperiment, aus einem gut gemischten Kartenspiel eine Karte zu ziehen und das Ereignis A, dass die gezogene Karte eine beliebige Karokarte sei. Der Ergebnisraum und das betrachtete Ereignis sind in der folgenden Abbildung 13.5 anschaulich dargestellt.

Kreuz	7	8	9	10	B	D	K	A
Pik	7	8	9	10	B	D	K	A
Herz	7	8	9	10	B	D	K	A
Karo	**7**	**8**	**9**	**10**	**B**	**D**	**K**	**A**

Abb. 13.5: Ergebnisraum und Ereignis Karo beim Ziehen einer Spielkarte

Die Wahrscheinlichkeit für das Ziehen einer beliebigen Karokarte beträgt nach dem logischen Ansatz 8/32, d.h. W(A)= 1/4 .

13.5.1 Einfacher Multiplikationssatz

Wir betrachten jetzt das Zufallsexperiment, dass aus dem Kartenspiel nacheinander 2 Karten gezogen werden. Dabei wird nach dem Ziehen der ersten Karte das Ergebnis festgestellt, die Karte wieder in den Kartenstapel zurückgesteckt und das Spiel erneut gut gemischt, bevor die zweite Karte gezogen wird. Man bezeichnet diese Art des Ziehens einer Stichprobe als **Ziehen mit Zurücklegen**. Wir betrachten das **spezielle Ereignis X**, dass beide Male eine beliebige Karokarte gezogen wird und suchen die Wahrscheinlichkeit dafür. Dieses Ereignis setzt sich aus zwei Ereignissen zusammen, und zwar aus...

- A= Karo im 1. Zug und
- B= Karo im 2. Zug,

wobei beide Ereignisse **A und B** eintreten müssen, wenn X eintreten soll. X ergibt sich also aus den beteiligten Ereignissen dadurch, dass man sie durch die **logische Operation des Durchschnitts** miteinander verknüpft, d.h. formal:

$X = (A \cap B)$.

Die Wahrscheinlichkeit für Karo im 2. Zug ist genauso groß wie für Karo im ersten Zug, da durch das Zurücklegen der gezogenen Karte die Ausgangssituation für den 2. Zug identisch mit der des ersten Zuges ist, d.h. **W(B)= 1/4** .Wie man sich klar macht, sind im vorliegenden Fall durch das Ziehen mit Zurücklegen die beiden **Ereignisse A und B voneinander unabhängig.** Insbesondere ist durch das Zurücklegen das Ergebnis des zweiten Zuges unabhängig von dem des ersten. Der **Ergebnisraum für das Ziehen von 2 Spielkarten mit Zurücklegen** ist in der folgenden Abbildung 13.5.1 in besonderer Form dargestellt. Zum einen enthält er nicht die Elementarereignisse, sondern nach den Spielfarben zusammengefasste Ereignismengen. Dies ist im vorliegenden Fall ausreichend, da bei den im Einführungsbeispiel betrachteten Ereignissen nur die „Farben“ und nicht die einzelnen möglichen Werte der Karten relevant sind. Zum anderen enthält er für alle möglichen „Farbkombinationen“ die für jede von ihnen günstige Anzahl von Elementarereignissen. Dies sind jeweils 64, wie man sich durch „Verdopplung" des Ergebnisraums beim Ziehen einer Spielkarte leicht klar macht. Die zur Ermittlung der Wahrscheinlichkeit von X nach dem logischen Ansatz nötige „Anzahl der günstigen Elementarereignisse" beträgt 64, die „Anzahl aller möglichen Elementarereignisse" 16*64 = 1024. Die Wahrscheinlichkeit für X ist also 64/1024=**1/16**.

1. Zug	2. Zug			
	Karo	Herz	Pik	Kreuz
Karo	64	64	64	64
Herz	64	64	64	64
Pik	64	64	64	64
Kreuz	64	64	64	64

Abb. 13.5.1: Vergröberter Ergebnisraum beim Ziehen von 2 Karten mit Zurücklegen mit Anzahl der Elementarereignisse

Die Wahrscheinlichkeit von X lässt sich aber auch einfacher **direkt** aus den Wahrscheinlichkeiten der beteiligten Ereignisse ermitteln, hier also aus den Wahrscheinlichkeiten von A und B. Wie bereits vorne geklärt und auch im Ergebnisraum gut sichtbar, ist X der logische Durchschnitt von A und B. Ferner sind die an X beteiligten Ereignisse A und B voneinander unabhängig. In diesem Falle ergibt sich die Wahrscheinlichkeit von X einfach durch Multiplikation der Einzelwahrscheinlichkeiten von A und B, formal:

Allgemein:	Einführungsbeispiel:
$W(A \cap B) = W(A) * W(B)$	$W(X) = W(A \cap B) = 1/4 * 1/4 = 1/16 = 0{,}0625$

13.5.2 Allgemeiner Multiplikationssatz

Zur anschaulichen Herleitung des allgemeinen Multiplikationssatzes bleiben wir beim Ziehen zweier Spielkarten, verändern aber die Art des Ziehens dergestalt, dass nach dem 1. Zug die gezogene Karte nicht wieder in den Stapel zurückgelegt wird. Diese Art des Ziehens einer Stichprobe nennt man **Ziehen ohne Zurücklegen**. Sie ist in der Praxis Standard, da die bei einer Stichprobe gezogenen Elemente - z. B. Teile bei einer Qualitätskontrolle oder Personen bei einer Befragung - in aller Regel nur einmal ausgewählt und statistisch erhoben werden. Betrachtet werde wieder das spezielle Ereignis, beim Ziehen von 2 Karten beide Male eine Karokarte zu ziehen. Zur besseren Unterscheidung im Hinblick auf den ersten Fall bezeichnen wir dasselbe Ereignis beim Ziehen ohne Zurücklegen mit Y. Ermittelt werden soll die Wahrscheinlichkeit von Y. Wie auch im vorherigen Fall ergibt sich das betrachtete Ereignis als Durchschnitt der Ereignisse A und B, formal:

$Y = (A \cap B)$

Im Gegensatz zum vorherigen Fall ist das Ereignis B (Karo im 2. Zug) jetzt **nicht unabhängig** von dem Ergebnis des 1. Zuges. Denn das betrachtete Ereignis Y tritt nur dann ein, wenn Karo im 2. Zug gezogen wird unter der Voraussetzung oder Bedingung, dass im 1. Zug bereits eine beliebige Karokarte gezogen worden ist. Das Ereignis B ist hier also unter der Bedingung A zu betrachten. Ein solches Ereignis bezeichnet man ganz allgemein als **bedingtes Ereignis.** Es wird mit **B/A** notiert, seine Wahrscheinlichkeit analog mit **W(B/A)**.

Bedingte Wahrscheinlichkeit

Während die Wahrscheinlichkeit für A als „unbedingtes Ereignis" wie vorhin ¼ beträgt, ist die Wahrscheinlichkeit des bedingten Ereignisses B/A hier und ganz allgemein mit der Wahrscheinlichkeit von B nicht identisch. Sie lässt sich aber mit Hilfe des logischen Ansatzes ermitteln. Im **Einführungsbeispiel** gibt es für B/A im Zähler jetzt nicht mehr 8, sondern nur noch 7 „günstige Elementarereignisse", da ja im 1. Zug bereits eine Karokarte gezogen worden sein muss, die nicht wieder zurückgelegt worden ist. Im Nenner gibt es analog nur noch 31 und nicht mehr 32 Karten. Daraus ergibt sich für die Wahrscheinlichkeit von B/A im Einführungsbeispiel:

W (B/A)= **7/31~ 0,226**. Die Wahrscheinlichkeit ist kleiner als die von B: W(B)=**1/4** = **0,25.**

Will man die **bedingte Wahrscheinlichkeit W(B/A) ganz allgemein** nach dem logischen Ansatz ermitteln, so ist im Nenner nicht mehr der gesamte Ergebnisraum zu betrachten, sondern nur noch A, so wie im Venn-Diagramm der folgenden Abbildung 13.5.2-a ersichtlich.

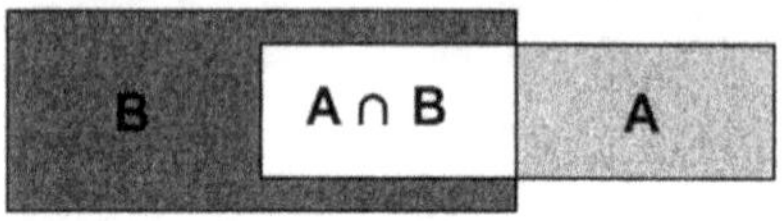

$$W(B/A) = \frac{W(A \cap B)}{W(A)} \quad wenn \quad W(A)>0$$

Abb. 13.5.2-a: Venn-Diagramm und Wahrscheinlichkeit des bedingten Ereignisses B/A

Im Zähler sind analog nicht mehr alle für B günstigen Elementarereignisse zu betrachten, sondern nur die für A und B gleichermaßen günstigen, d.h. (A∩ B). Daraus folgt logisch die im rechten Teil der Abbildung stehende Formel.

Analog lässt sich bei zwei betrachteten Ereignissen A und B auch das bedingte Ereignis A/B und seine Wahrscheinlichkeit W(A/B) ermitteln. Aus der obigen Formel erhält man durch Umstellung den allgemeinen Multiplikationssatz der Wahrscheinlichkeitsrechnung:

$$W(A \cap B) = W(B/A)*W(A) = W(A/B)*W(B)$$

Mit Hilfe des allgemeinen Multiplikationssatzes kann man die Wahrscheinlichkeit des im Einführungsbeispiel betrachteten Ereignisses Y ermitteln:

W(Y) = W(A∩B)= W(B/A)*W(A) = 7/31 * 1/4= 7/124= **0,05645**

Sie ist deutlich kleiner als die Wahrscheinlichkeit desselben Ereignisses bei Unabhängigkeit, die - wie vorne ermittelt - 0,0625 beträgt.

Stochastische Unabhängigkeit

Aus den Betrachtungen von unbedingten Ereignissen im letzten Abschnitt - die auch **stochastisch unabhängig** genannt werden - und bedingten Ereignissen in diesem Abschnitt - die auch **stochastisch abhängig** genannt werden - sowie ihren Wahrscheinlichkeiten erkennt man:

- Die unbedingten und die bedingten Wahrscheinlichkeiten für ein und dasselbe Ereignis sind nicht gleich groß.
- Die bedingten Wahrscheinlichkeiten, die sich mit zwei Ereignissen bilden lassen, sind im Allgemeinen nicht gleich groß.

Diese Aussagen gelten nicht nur für die betrachteten Ereignisse dieses Einführungsbeispiels, sondern ganz allgemein immer dann, wenn die Ereignisse voneinander **stochastisch abhängig** sind. Daraus lässt sich im Umkehrschluss ableiten, wann zwei Ereignisse voneinander **stochastisch unabhängig** sind. Dies ist genau dann der Fall, wenn die unbedingte und die bedingte Wahrscheinlichkeit des betrachteten Ereignisses gleich groß sind, formal:

W(A)= W(A/B) oder W(B)= W(B/A)

Praxisbeispiel „Mehrstufige Planung unter Unsicherheit"

Ein wichtiges betriebswirtschaftliches Anwendungsgebiet des allgemeinen Multiplikationssatzes ist die mittel- bis langfristige Planung unter Untersicherheit. Darin werden die aufeinander folgenden Zeiteinheiten - meist Jahre - als aufeinander aufbauende und somit **voneinander abhängige** Planungsabschnitte behandelt. Dabei werden in jedem Planungsabschnitt markante

Handlungs- oder Entwicklungsmöglichkeiten etwa in Form von Szenarien betrachtet, und zwar unter der Bedingung, dass in dem vorausgegangenen Planungsabschnitt dort geplante Szenarien und deren resultierende Ereignisse eingetreten sind. Ganz offensichtlich ist eine solche mehrstufige Planungsrechnung mit bedingten Wahrscheinlichkeiten und unter Nutzung des allgemeinen Multiplikationssatzes durchführbar.

Zur Illustration betrachten wir ein stark vereinfachtes Beispiel der **Absatzplanung** eines unlängst eingeführten Produktes. Die zuständige Marketingabteilung hat die Aufgabe, für die nächsten 2 Jahre (Planungsstufen) eine grobe Entwicklungsplanung zu machen. Sie betrachtet dabei in jeder Planungsstufe vereinfacht nur zwei Entwicklungsmöglichkeiten, nämlich Absatzsteigerung einerseits und keine Absatzsteigerung andererseits. Die Wahrscheinlichkeiten für diese Entwicklungsvarianten sind **subjektiv** geschätzt. Dieses 2-stufige Planungsproblem lässt sich anschaulich als gerichteter **Graph** darstellen, der Knoten und Pfeile enthält. Die Pfeile repräsentieren die vorgesehenen Entwicklungsvarianten mit den geschätzten Wahrscheinlichkeiten, die Knoten die daraus resultierenden Situationen bzw. Ereignisse. Die folgende Abbildung 13.5.2-b visualisiert das so konstruierbare grafische Planungsmodell.

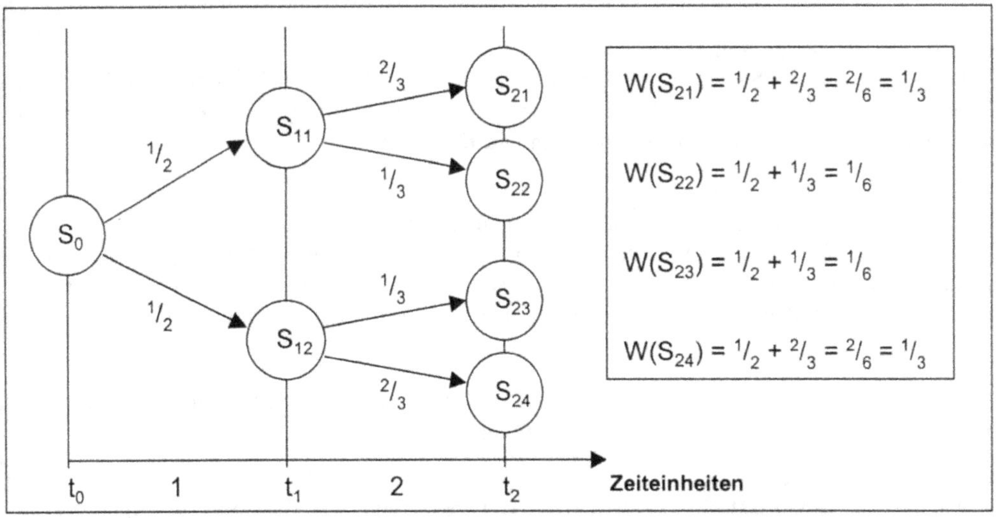

Abb. 13.5.2-b: Grafisches Modell eines mehrstufigen Problems der Absatzplanung

Wichtig ist anzumerken, dass der von einer Situation (Knoten) aus nach oben (unten) abgehende Pfeil jeweils die Absatzsteigerung (keine Absatzsteigerung) präsentiert und dass es sich bei den Wahrscheinlichkeiten auf den Pfeilen der 2. Planungsstufe um **bedingte** Wahrscheinlichkeiten handelt. So werden im Planungszeitpunkt t_0 die beiden vorgesehenen Absatzentwicklungsmöglichkeiten in der nächsten Periode (Planungsstufe1) noch für gleich möglich gehalten, während in der 2. Planungsstufe die Wahrscheinlichkeiten der weiteren Absatzentwicklung in Abhängigkeit der jeweils (planerisch) bis dahin erreichten Situationen deutlich variieren. Am Ende des gesamten Planungszeitraums sind nach diesem Modell vier Endergebnisse logisch möglich, die Resultat folgender vom Zufall beeinflusster Prozesse sind:

- in beiden Planungsstufen steigt die Absatzmenge
- in der 1. Planungsstufe steigt die Absatzmenge, in der 2. nicht.
- in der 1. Planungsstufe steigt die Absatzmenge nicht, in der 2. steigt sie.
- in beiden Planungsstufen steigt die Absatzmenge nicht.

Nun interessieren natürlich nicht nur die am Ende des Planungszeitraums möglichen Absatzsituationen des Produktes, sondern auch und vor allem die **Wahrscheinlichkeiten**, mit der diese eintreten werden. Jedes einzelne der 4 möglichen Endergebnisse kommt nur dann zustande, wenn genau die vom Zufall beeinflussten Prozesse (Absatzentwicklungen) stattfinden, die zu ihm führen. Dies ist im grafischen Planungsmodell sehr anschaulich zu erkennen als ununterbrochene Folge von Pfeilen, die vom Ausgangsknoten zu dem jeweils betrachteten Endergebnisknoten führen. Dies nennt man einen Weg in einem Grafen.

Die Pfeile eines Weges sind alle zu realisieren, um vom Ausgangsknoten zu dessen Endknoten zu kommen, was bedeutet, dass die Pfeile eines Weges durch die **logische Operation des Durchschnitts** miteinander verknüpft sind. Dies wiederum hat zur Folge, dass man die Wahrscheinlichkeiten der Pfeile dieses Weges **multiplizieren** muss, wenn man die Wahrscheinlichkeit des resultierenden Endknotens ermitteln will. Da die Pfeile eines Weges in diesem Planungsmodell voneinander abhängig sind, kommt dabei der allgemeine Multiplikationssatz zur Anwendung. Im rechten Teil der obigen Abbildung sind die Wahrscheinlichkeiten der am Ende des Planungszeitraums möglichen Absatzentwicklungszustände mit dem allgemeinen Multiplikationssatz nachvollziehbar ermittelt.

13.6 Weitere wichtige Sätze

Mit den vorgestellten Sätzen bzw. Regeln zum Rechnen mit Wahrscheinlichkeiten kann man weitere wichtige Sätze ableiten. Wir betrachten in dieser Einführung noch den Satz von der **totalen Wahrscheinlichkeit** und das **Theorem von Bayes**.

13.6.1 Totale Wahrscheinlichkeit

Den einfachen Additionssatz der Wahrscheinlichkeitsrechnung kann man - gemäß Axiom 3 - auf abzählbar endlich oder unendlich viele Ereignisse übertragen, die sich gegenseitig ausschließen. Nennt man die sich gegenseitig ausschließenden Ereignisse A_i (i=1,..., n), so kann man den einfachen Additionssatz allgemeiner auch folgendermaßen notieren:

$$W(\cup A_i) = \sum W(A_i)$$

Diese Summe erreicht den Wert 1, wenn die sich gegenseitig ausschließenden Ereignisse A_i den gegebenen Ergebnisraum vollständig ausfüllen.

Die Ausgangssituation

Wir betrachten jetzt zusätzlich zu den A_i ein weiteres Ereignis B, das folgende Eigenschaften hat:

- Es ist ein zusammengesetztes Ereignis.
- Es setzt sich aus sich gegenseitig ausschließenden Teilereignissen zusammen.
- Jedes Teilereignis ist Resultat des Durchschnitts von B mit einem A_i.

In dem Venn-Diagramm der folgenden Abb. 13.6.1 ist die betrachtete Ereigniskonstellation anschaulich grafisch dargestellt.

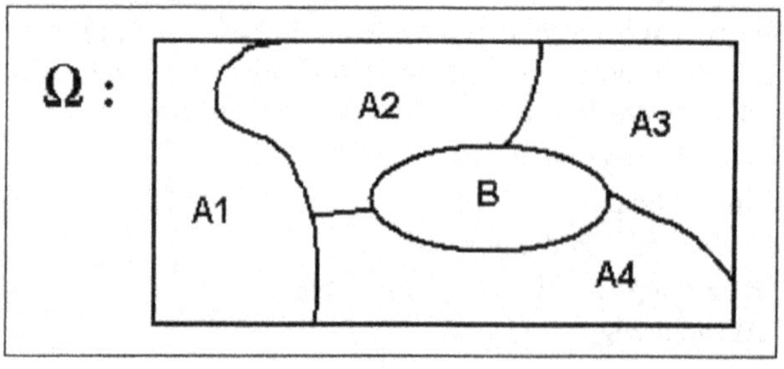

Abb. 13.6.1: Ereigniskonstellation beim Satz der totalen Wahrscheinlichkeit

Der Lösungsweg
Dann ist B ist zugänglich durch die Vereinigung all seiner Teilereignisse (einfacher Additionssatz), die alle Durchschnitte von B und A_i sind, formal:

$$B = \cup (B \cap A_i)$$

Demnach gilt für die Wahrscheinlichkeit von B:

$$W(B) = W[\cup (B \cap A_i)] = \sum W(B \cap A_i)$$

Wendet man auf $W(B \cap A_i)$ den allgemeinen Multiplikationssatz an

$$W(B \cap A_i) = W(B/ A_i) * W(A_i)$$

so erhält man den Satz von der totalen Wahrscheinlichkeit:

$$W(B) = \sum W(B/ A_i) * W(A_i)$$

Er besagt: Die Wahrscheinlichkeit eines zusammengesetzten Ereignisses B ist gleich der Summe der Wahrscheinlichkeiten für die Schnitte dieses Ereignisse mit den Ereignissen Ai, die den gesamten Ereignisraum in sich paarweise ausschließende Ereignisse zerlegen. Dabei führt die Verwendung des allgemeinen Multiplikationssatzes dazu, dass man die Wahrscheinlichkeit von B als gewogenes arithmetisches Mittel der bedingten Wahrscheinlichkeiten angesehen kann.

Anwendung im Einführungsbeispiel
Betrachtet wird ein stark vereinfachtes, aber typisches Beispiel aus der Qualitätskontrolle. Nur zwei Kontrolleure K1 und K2 überprüfen die Qualität ein und desselben in Massenproduktion hergestellten Artikels durch zufällige Entnahme aus der laufenden Fertigung. Bekannt sind die Ereignisse, dass ein zufällig herausgegriffener Artikel von K1 (A1) oder von K2 (A2) geprüft wird. Die beiden Ereignisse schließen sich gegenseitig aus und füllen den gesamten Ergebnisraum. Da K1 schneller als K2 arbeitet, ist die Wahrscheinlichkeit, dass ein zufällig herausgegriffener Artikel von K1 geprüft wird mit $W(A_1) = 0{,}6$ größer als die von K2 mit $W(A_2)=0{,}4$.

Es interessiert nun das Ereignis eines zufällig herausgegriffenen **fehlerhaften Artikels**. Dies sei das Ereignis B. Bekannt sind nur die Teilereignisse von B, die sich auf die jeweiligen Prüfer beziehen: Von den von K1 geprüften Artikeln waren 20% fehlerhaft, bei K2 waren es 25%. Man kann daraus nach dem empirischen Ansatz die bedingten Wahrscheinlichkeiten der Teilereignisse angeben: $W(B/A_1) = 0{,}2$ und $W(B/A_2)=0{,}25$.

Die bei der Qualitätskontrolle ganz allgemein interessierende Wahrscheinlichkeit für einen fehlerhaften Artikel W(B) - und zwar unabhängig davon, welcher Kontrolleur die Prüfung durchführt - kann man mit dem Satz von der totalen Wahrscheinlichkeit wie folgt ermitteln:
$W(B)=\sum W(B/ A_i)*W(A_i)= W(B/ A_1)*W(A_1)+W(B/ A_2)*W(A_2) = 0{,}2*0{,}6+ 0{,}25* 0{,}4=$ **0,22.**

13.6.2 Theorem von BAYES
Mit dem Satz der totalen Wahrscheinlichkeit und dem allgemeinen Multiplikationssatz kann man eine neue Beziehung ableiten, die wertvolle zusätzliche Informationen liefern kann.

Ableitung
Aus dem allgemeinen Additionssatz - angewandt auf B und ein Ereignis A_i - formal:

$$W(B \cap A_i)= W(B/A_i)*W(A_i)= W(A_i /B)*W(B)$$

ergibt sich durch Division $W(A_i /B)= W(A_i \cap B)/ W(B)$.

Ersetzt man in der obigen Gleichung im Zähler $W(A_i \cap B= W(B/A_i)*p(A_i)$
und im Nenner W(B) durch die totale Wahrscheinlichkeit $W(B)= \sum W(B/ A_i)*W(A_i)$,

so erhält man das Theorem von Bayes:

$$W(A_i /B)= W(B/A_i)*W(A_i)/ \sum W(B/A_i)*W(A_i)$$

Erläuterung
Auf der linken Seite des Gleichheitszeichens steht die Wahrscheinlichkeit eines bedingten Ereignisses, hier die Wahrscheinlichkeit von A_i unter der Bedingung B. Auf der rechten Seite stehen auch bedingte Wahrscheinlichkeiten, nur sind Bedingung und Ereignis darin umgedreht, hier die Wahrscheinlichkeiten für B unter der Bedingung A_i.

Das Theorem von Bayes beleuchtet eine bislang nicht betrachtete Fragestellung. Diese lässt sich an dem Einführungsbeispiel der beiden Qualitätsprüfer verdeutlichen. Dort ging es um die Frage: „Wie groß ist die Wahrscheinlichkeit eines fehlerhaften Artikels in der Produktion ?"
Die Wahrscheinlichkeit für dieses Ereignis hatten wir mit dem Satz der totalen Wahrscheinlichkeit ermittelt. Darin wurden die bedingten Wahrscheinlichkeiten verwendet, dass ein fehlerhafter Artikel (Ereignis) von einem bestimmten Kontrolleur (Bedingung) gefunden wird.

Nun interessiert aber ergänzend auch die Beantwortung folgender Frage: „Wie groß ist die Wahrscheinlichkeit dafür, dass ein der Produktion zufällig entnommener fehlerhafter Artikel von einem bestimmten Kontrolleur geprüft wurde ?"
Gefragt wird hier nach der Wahrscheinlichkeit eines bedingten Ereignisses, bei dem allerdings - im Gegensatz zu den bedingten Wahrscheinlichkeiten im Satz der totalen Wahrscheinlichkeit - Ereignis und Bedingung umgedreht sind: Der fehlerhafte Artikel ist jetzt die Bedingung, unter der das Ereignis „ein bestimmter Kontrolleur - etwa K1 - hat ihn geprüft " betrachtet wird.

Anwendung im Einführungsbeispiel
Wir beantworten die im Einführungsbeispiel gestellte Frage mit der Formel von Bayes.
$W (A_1 /B)= W(B/A_1)*W(A_1)/ \sum W(B/A_1)*W(A_1)$
$W (A_1 /B = 0,2 * 0,6 / 0,2*0,6 + 0,25 * 0,4 = 0,12 / 0,22 =$ **0,545.**
Die Wahrscheinlichkeit, dass ein fehlerhafter, der Produktion zufällig entnommener Artikel vom Kontrolleur K1 gefunden wurde, beträgt ~55%. Die Wahrscheinlichkeit $W(A_2 /B)$ kann man analog oder als **Komplementärwahrscheinlichkeit** ermitteln. Sie beträgt ~ 45%.

Interpretation und Würdigung
Da das in dem Theorem von Bayes betrachtete bedingte Ereignis seinen Sinn erst dadurch gewinnt, dass die Bedingung als bereits realisiert anzusehen ist - hier also ein fehlerhafter Artikel bei der Qualitätskontrolle gefunden wurde -, bezeichnet man seine Wahrscheinlichkeit als **a-posteriori.** Da sie aus anderen bedingten Wahrscheinlichkeiten ermittelt wird, die **a-priori** zugänglich sind, kann man auch sagen, dass durch die Formel von Bayes **a-priori- in a- posteriori-Wahrscheinlichkeiten überführt** werden.

Eine weitergehende Interpretation deutet die bedingten Ereignisse als „Ursache-Wirkungs-Zusammenhänge". Danach tritt B nur ein, wenn eines der A_i-Ereignisse vorangeht, also B „verursacht". Dann beschreibt $W(A_i)$ die a-priori-Wahrscheinlichkeit der „Ursache A_i" und $W(A_i /B)$ die a-posteriori-Wahrscheinlichkeit dafür, dass A_i die „Ursache" von B ist, weil sie deren Wahrscheinlichkeit nach der Beobachtung der „Wirkung" B ausdrückt. Diese Interpretation weist auf die große Bedeutung der Bayesschen Statistik im Rahmen wirtschafts- und sozialwissenschaftlicher Modellbildung und Hypothesenformulierung hin.

13.7 Definitionen, Regeln, Symbole und Formeln

Bezeichnung	Symbol	Definition/Regel/Formel
Grundbegriffe und -operationen		
Elementarereignis	ω	
Menge aller möglichen Elementarereignisse bzw. Ergebnisraum	Ω	
Ereignis	A, B, C etc.	A= $\{\omega$: ω hat die Eigenschaft...$\}$ A= $\{\omega_1, \omega_2, ...\}$
A ist unmögliches Ereignis	U	A= $\emptyset$
A ist sicheres Ereignis	S	A= Ω
A ist Teilereignis von B		$A \subset B$
A und B sind äquivalent		A=B
A und B sind komplementär		$B=\bar{A}$
A und B sind disjunkt		$A \cap B = \emptyset$
A ist bedingtes Ereignis	A/B	
Vereinigung	$\cup$	
Durchschnitt	$\cap$	
Wahrscheinlichkeit		
von A	W (A)	
logisch bzw. klassisch	W (A)	$= h(A) / h(\Omega)$
statistisch bzw. empirisch	W (A)	$\lim_{n \to \infty} = f_n (A)$
axiomatisch		1. $W(A) \geq 0$; 2. $W(S)= 1$; 3. $W(A \cup B)= W(A)+W(B)$ mit $W(A \cap B)= \emptyset$
eines unmöglichen Ereignisses	W (U)	= 0
eines Teilereignisses	$W(A \subset B)$	$= W(A) \leq W(B)$
eines Komplementärereignisses	$W(\bar{A})$	$= 1 - W(A)$
eines bedingten Ereignisses	W(A/B)	$= W(A \cap B) / W(B)$
Rechenregeln		
einfacher Additionssatz	$W(A \cup B)$	$= W(A)+W(B)$ mit $W(A \cap B)= \emptyset$
allgemeiner Additionssatz	$W(A \cup B)$	$= W(A)+W(B) - W(A \cap B)$
einfacher Multiplikationssatz	$W(A \cap B)$	$= W(A)*W(B)$
allgemeiner Multiplikationssatz	$W(A \cap B)$	$= W(B/A)* W(A) = W(A /B)*W(B)$
Totale Wahrscheinlichkeit	W(B)	$= \sum W(B/ A_i) * W(A_i)$
Theorem von Bayes	$W(A_i /B)$	$= \frac{W(B/A_i)*W(A_i)}{\sum W(B/A_i)*W(A_i)}$

13.8 Übung

Fragen

F1. Welche Hauptanwendungsgebiete der Wahrscheinlichkeitsrechnung kennen Sie ?

F2. Welche Elementarereignisse (welchen Ergebnisraum) haben folgende Zufallsvorgänge ?

- Ziehen einer Karte aus einem gut gemischten Skatspiel.
- An einem Kiosk verkaufte Stückzahlen der Tageszeitungen Z1 und Z2, von denen jeweils 100 Stück morgens angeliefert werden.

F3. Beschreiben Sie in der hier benutzten Notation folgende Ereignisse der obigen Zufallsvorgänge: a) das sichere Ereignis b) ein unmögliches Ereignis c) ein Teilereignis

d) ein Komplementärereignis e) ein disjunktes Ereignis f) ein äquivalentes Ereignis.

F4. Wie kann man Ereignisse und Operationen mit Ereignissen grafisch darstellen ?

F5. Wie ist der logische Wahrscheinlichkeitsbegriff definiert, welche expliziten und impliziten Annahmen enthält er und welche davon sind in der Praxis besonders problematisch ?

F6. Wie ist der statistische Wahrscheinlichkeitsbegriff definiert und in welcher Beziehung steht er zur „empirischen Wahrscheinlichkeit" ?

F7. Wie ist der subjektive Wahrscheinlichkeitsbegriff definiert und wie geht man vor, um konsistente subjektive Wahrscheinlichkeiten zu ermitteln ?

F8. Welche Axiome enthält der axiomatische Wahrscheinlichkeitsbegriff und inwiefern unterscheidet er sich fundamental von den übrigen ?

F9. Durch welche logische Operation müssen zwei Ereignisse A und B verknüpft sein, damit man die Wahrscheinlichkeit des resultierenden Ereignisses durch Addition der Wahrscheinlichkeiten von A und B ermitteln kann ?

F10. Wie lautet der einfache Additionssatz der Wahrscheinlichkeitsrechnung und auf welcher Annahme über die Beziehung der betroffenen Ereignisse basiert er ?

F11. Wie lautet der allgemeine Additionssatz der Wahrscheinlichkeitsrechnung ?

F12. Durch welche logische Operation müssen zwei Ereignisse A und B verknüpft sein, damit man die Wahrscheinlichkeit des resultierenden Ereignisses durch Multiplikation der Wahrscheinlichkeiten von A und B ermitteln kann ?

F13. Wie lautet der einfache Multiplikationssatz der Wahrscheinlichkeitsrechnung und auf welcher Annahme über die Beziehung der betroffenen Ereignisse basiert er ?

F14. Wie lautet der allgemeine Multiplikationssatz der Wahrscheinlichkeitsrechnung ?

F15. Wann sind zwei Ereignisse A und B voneinander stochastisch unabhängig ?

F16. Wie kann man mehrstufige Probleme mit bedingten Wahrscheinlichkeiten anschaulich grafisch darstellen ? Erläutern Sie das an einer geeigneten Handskizze.

F17. Wie sieht das Venn-Diagramm für ein Ereignis aus, dessen Wahrscheinlichkeit man mit dem Satz der totalen Wahrscheinlichkeit ermitteln kann ?

F18. Wie lautet in Worten der Inhalt des Satzes von der totalen Wahrscheinlichkeit ?

F19. Welche bedingte Wahrscheinlichkeit der Ereignisse A_i und B wird im Theorem von Bayes ermittelt ?

F20. Wie lautet in Worten der Inhalt des Theorem von Bayes ?

F21. Erläutern Sie die folgende Aussage: Das Theorem von Bayes überführt a-priori- in a-posteriori-Wahrscheinlichkeiten

Aufgaben

Aufgabe „Statistikaufgabe richtig lösen"

Zwei Studierende versuchen, unabhängig voneinander dieselbe Statistikaufgabe zu lösen. Da die Studierenden angaben, gleich „gut" zu sein, wurde ihre Lösungswahrscheinlichkeit einvernehmlich mit 0,6 abgeschätzt.

Aufgabenstellungen

a. Stellen Sie den Sachverhalt in einer zur Ermittlung von Wahrscheinlichkeiten geeigneten Weise symbolisch und grafisch dar.

b. Klären Sie (Un)abhängigkeit und Disjunktheit der betrachteten Ereignisse.

c. Wie groß ist die Wahrscheinlichkeit, dass...

   c1. beide Studierende die Aufgabe richtig lösen ?

c2. wenigstens einer der beiden die Aufgabe richtig löst ?

Aufgabe „Kontenarten"
Eine Sparkasse stellte bei einer Untersuchung der Kontenarten ihrer Kunden fest, dass 80% der Kunden ein Girokonto, 50% ein Sparkonto und alle Kunden mindestens eine dieser Kontenarten hatten.

Aufgabenstellungen
a. Stellen Sie den Sachverhalt in einer zur Ermittlung von Wahrscheinlichkeiten geeigneten Weise symbolisch und grafisch dar.
b. Klären Sie (Un)abhängigkeit und Disjunktheit der betrachteten Ereignisse.
c. Wie groß ist die Wahrscheinlichkeit, dass ein zufällig ausgewählter Kunde der Sparkasse...
   c1. ein Giro- und ein Sparkonto hat ?
   c2. ein Sparkonto hat, wenn bereits bekannt ist, dass er ein Girokonto hat ?
   c3. ein Girokonto hat, wenn bereits bekannt ist, dass er ein Sparkonto hat ?
   c4. ein Sparkoto hat, aber kein Girokonto ?
   c5. höchstens eine der beiden Kontenarten bei der Sparkasse unterhält ?

Aufgabe „Studium und Berufseinstieg"
Ein Student der Wirtschaftswissenschaften stellt nach Absolvierung der Statistik-Kurse im Grundstudium einige Überlegungen über Studienabschluss und Berufseinstieg an. Die Wahrscheinlichkeit, sein Studium erfolgreich abzuschließen, schätzt er mit 0,7 ab. Mit erfolgreich abgeschlossenem Studium beträgt die Wahrscheinlichkeit, die gewünschte Einstiegsposition ins Berufsleben zu erhalten 0,8, ohne Studienabschluss dagegen nur 0,1.

Aufgabenstellungen
a. Stellen Sie den Sachverhalt in einer zur Ermittlung von Wahrscheinlichkeiten geeigneten Weise symbolisch und grafisch dar.
b. Klären Sie (Un)abhängigkeit und Disjunktheit der betrachteten Ereignisse.
c. Ermitteln Sie nachvollziehbar die Wahrscheinlichkeit folgender Ereignisse...
   c1. Erreichen der gewünschten Berufseinstiegsposition nach erfolgreichem Studienabschluss.
   c2. Nichterreichen der gewünschten Berufseinstiegsposition nach nicht erfolgreich abgeschlossenem Studium.
   c3. Erreichen der gewünschten Berufseinstiegsposition.

Aufgabe „Schraubenproduktion und -qualität"
Bei einem Schraubenhersteller wird ein ganz bestimmter Schraubentyp auf 3 verschiedenen, aber funktionsgleichen Maschinen M1, M2 und M3 hergestellt. M1 stellt 60%, M2 und M3 stellen jeweils 20% der Schrauben in dem betrachteten Produktionszeitraum her. Die Ausschussquoten der Maschinen sind unterschiedlich: M1: 10%, M2: 5% und M3: 4%.

Aufgabenstellungen
a. Stellen Sie den Sachverhalt in einer zur Ermittlung von Wahrscheinlichkeiten geeigneten Weise symbolisch und grafisch dar.
b. Klären Sie (Un)abhängigkeit und Disjunktheit der betrachteten Ereignisse.
c. Aus der obigen Produktion wird in dem Betrachtungszeitraum zufällig eine Schraube entnommen. Wie groß ist die Wahrscheinlichkeit, dass die Schraube...
   c1. Ausschuss ist ?
   c2. auf M1 hergestellt wurde, wenn sie Ausschuss ist ?
   c3. auf M1 hergestellt wurde, wenn sie in Ordnung ist ?

14 Zufallsgrößen und Wahrscheinlichkeitsverteilungen

Bislang haben wir uns schwerpunktmäßig damit befasst, für **einzelne, besonders interessierende Ereignisse**, die Resultat eines Zufallsvorgangs sein können, Wahrscheinlichkeiten zu ermitteln. Jetzt wollen wir **alle möglichen Ergebnisse** eines Zufallsvorgangs im Hinblick auf **eine interessierende Eigenschaft** betrachten und zu allen Realisationsmöglichkeiten der betrachteten Eigenschaft die Wahrscheinlichkeiten ermitteln, die zusammengenommen eine **Wahrscheinlichkeitsverteilung** ergeben. Die folgende Übersicht zeigt die in diesem Kapitel behandelten Grundzüge von Zufallsgrößen und Wahrscheinlichkeitsverteilungen, die ganz allgemein gelten.

Zufallsgrößen und Wahrscheinlichkeitsverteilungen

Zufallsgrößen
- Konzept
- Anwendungsbreite
- Arten

Wahrscheinlichkeitsverteilungen
- Wahrscheinlichkeits-/Dichtefunktion
- Verteilungsfunktion
- Grafische Darstellung

Kenngrößen (Parameter)
- Erwartungswert
- Varianz/Standardabweichung
- Aussagefähigkeit
- Rechenregeln

Die an allen möglichen Ergebnissen eines Zufallsvorgangs betrachtete Eigenschaft wird **Zufallsgröße bzw. -variable** genannt. Die Realisationsmöglichkeiten einer Zufallsgröße treten mit Wahrscheinlichkeiten auf. Diese sind zu ermitteln und bilden zusammengenommen eine **Wahrscheinlichkeitsverteilung**. Jede Wahrscheinlichkeitsverteilung kann - ähnlich wie eine Häufigkeitsverteilung in der beschreibenden Statistik - in verschiedenen Formen **formal beschrieben** und anschaulich **grafisch dargestellt werden.**

Für die Ermittlung, Beschreibung, grafische Darstellung und Interpretation von Wahrscheinlichkeitsverteilungen wesentliche Unterschiede bestehen vor allem zwischen **diskreten und kontinuierlichen** Zufallsgrößen. Sie führen zu den beiden großen Klassen diskreter und stetiger Wahrscheinlichkeitsverteilungen, die hier getrennt behandelt werden.

Darüber hinaus ist es möglich und häufig auch sinnvoll, **charakteristische Aspekte** von Wahrscheinlichkeitsverteilungen - analog zu Häufigkeitsverteilungen - in einigen wenigen Maßgrößen einzufangen und zu verdichten. Die für Wahrscheinlichkeitsverteilungen üblichen **Kenngrößen** werden behandelt, ihre Aussagefähigkeit aus Anwendungssicht gewürdigt und wichtige Regeln zum Rechnen mit Kenngrößen vorgestellt.

14.1 Zufallsgrößen

Wir betrachten als **Einführungsbeispiel** das Zufallsexperiment **„Zweimaliger Würfelwurf"**. In der folgenden Abbildung 14.1-a sind im linken Teil einige mögliche Ergebnisse dieses Zufallsexperiments dargestellt. Da bei jedem der beiden Würfe jeweils 6 Ergebnisse möglich sind, besteht der gesamte Ergebnisraum aus 6*6=36 möglichen Ergebnissen.

Konzept und Operationalisierung

Wir interessieren uns bei den möglichen Ergebnissen dieses Experiments für die **Eigenschaft „Summe der Augenzahlen"**. Diese Eigenschaft bezeichnet man als **Zufallsgröße**, weil sie - wie die möglichen Ergebnisse des Zufallsexperiments selbst - vom Zufall beeinflusst ist. Eine andere Zufallsgröße, die wir bei diesem Zufallsexperiment betrachten könnten, wäre etwa der Durchschnittswert der Augenzahlen. Es ist allgemein üblich, Zufallsgrößen mit den lateinischen Großbuchstaben vom Ende des Alphabets zu symbolisieren, d.h. mit **X, Y, Z.**

Die im Einführungsbeispiel betrachtete Zufallsgröße X „Summe der Augenzahlen" kann verschiedene Werte annehmen. Diese bezeichnet man allgemein auch als Realisationen einer Zufallsgröße. Die möglichen **Realisationen oder Werte** einer Zufallsgröße werden - in Fortführung der oben eingeführten Notation - mit den zugehörigen Kleinbuchstaben vom Ende des Alphabets symbolisiert, d.h. mit **x, y, z.** Die im Einführungsbeispiel möglichen Werte von X sind x {2,3,4,5,6,7,8,9,10,11,12}. Sie bilden zusammengenommen den **Wertebereich der Zufallsgröße**, der hier mit W abgekürzt wird. Im rechten Teil der folgenden Abbildung 14.1-a sind einige Werte aus dem Wertebereich dargestellt, die im vorliegenden Fall natürliche Zahlen sind. Ganz allgemein soll es sich um **reelle Zahlen** handeln.

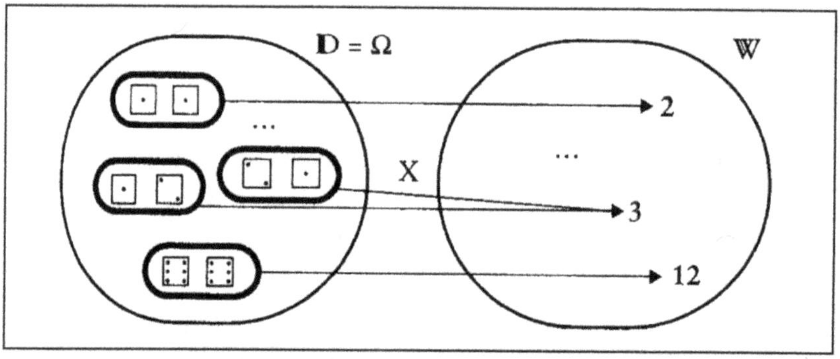

Abb. 14.1-a: Zufallsvariable im Einführungsbeispiel (Puhani 1998)

Nun kann man offensichtlich jedem Element aus Ω ein und nur ein Element aus dem Wertebereich der Zufallsgröße zuordnen. Eine derartige Abbildung nennt man eine Funktion. Eine **eindeutige, reelle Funktion**, die speziell auf der Menge aller Elementarereignisse definiert ist, bezeichnet man als **Zufallsvariable.** In der obigen Abbildung ist die Zufallsvariable X „Summe der Augenzahlen" beispielhaft durch die Verbindungspfeile zwischen Elementen von Ω und solchen aus W visualisiert. Konzeptionell ist eine Zufallsvariable also **keine Unbekannte**, kein (symbolischer) Platzhalter und **keine Variable** im Sinne der Analysis, sondern eine **Abbildung bzw. eine Funktion**, deren Funktionswerte auf der Ergebnismenge variieren und insofern „variabel" sind. Dabei bildet die Ergebnismenge den **Definitionsbereich** und die Menge der reellen Zahlen den **Wertebereich** der Funktion.

Zur vollständigen Charakterisierung einer Zufallsgröße gehört neben ihrem Wertebereich auch ihre **Wahrscheinlichkeitsverteilung**. Im vorliegenden Fall kann man für alle möglichen Werte der Zufallsgröße die Wahrscheinlichkeiten sehr einfach mit dem logischen Ansatz ermitteln. So ermittelt man etwa die Wahrscheinlichkeit für die Augenzahlsumme 2, indem man die Anzahl der für dieses Ereignis günstigen Fälle - das ist nur einer - durch die Anzahl aller möglichen Fälle - das sind 36 - teilt und die Wahrscheinlichkeit von 1/36 erhält. Einige dieser Wahrscheinlichkeiten sind im rechten Teil der folgenden Abbildung 14.1-b. beispielhaft dargestellt. Ordnet man den Werten der Zufallsvariablen die entsprechenden Wahrscheinlichkeiten zu - wobei die in 4.1. vorgestellten Axiome erfüllt sein müssen -, bekommt man eine andere Funktion, die man als **Wahrscheinlichkeitsfunktion** bezeichnet und in der Regel mit **f(x)** notiert. In der Abbildung 14.1-b sind Teile der Wahrscheinlichkeitsfunktion im Einführungsbeispiel durch Verbindungspfeile zwischen Werten der Zufallsgröße - die ihren Definitionsbereich bilden - und den zugeordneten Wahrscheinlichkeiten - die ihren Wertebereich bilden - beispielhaft dargestellt.

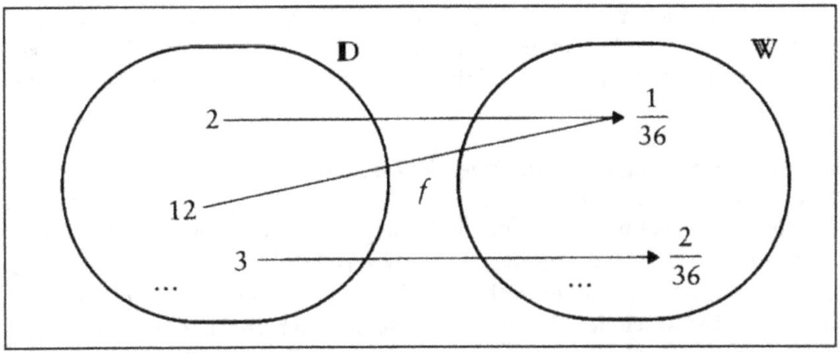

Abb. 14.1-b: Wahrscheinlichkeitsfunktion im Einführungsbeispiel (Puhani 1998)

Anwendungsbreite des Konzepts

Auch mögliche Ergebnisse von Zufallsvorgängen und an ihnen interessierende Eigenschaften, die man zunächst in Worten beschreibt, kann man im Allgemeinen ohne Schwierigkeiten in reelle Zahlen transformieren. So mag es sich bei den 50 Mitarbeitern eines Betriebes, die im Kapitel 3 im Rahmen der beschreibenden Statistik wiederholt betrachtet wurden, um eine Zufallsstichprobe von Mitarbeitern eines internationalen Konzerns handeln. Dort interessierende Merkmale wie Geschlecht und Leistungsbeurteilung - ursprünglich qualitativ, weil in Worten beschrieben - wurden dort zum Zwecke der rechnerunterstützten Datenerfassung und -verarbeitung in Zahlen transformiert. Diese Skalierung kann man auch benutzen, um die möglichen Werte der Zufallsgrößen „Geschlecht" und „Leistungsbeurteilung" in reellen Zahlen anzugeben.

Arten von Zufallsvariablen

Eine Zufallsgröße bzw. -variable bezeichnet man als **diskret**, wenn sie nur endlich viele oder abzählbar unendlich viele reelle Werte annehmen kann und als **kontinuierlich** bzw. **stetig**, wenn sie beliebig viele reelle Werte - zumindest in einem bestimmten Intervall - annehmen kann (vgl. analoge Definition von diskreten und stetigen quantitativen Merkmalen in der beschreibenden Statistik im Kapitel 2). Diese Unterscheidung kommt aus der Mathematik und ist idealtypisch.

Bei der Modellierung zufallsbeeinflusster Größen in der Wirklichkeit ist es in der Regel nötig, sie pragmatisch zu relativieren. Die bislang betrachteten Zufallsgrößen „Summe der Augenzahlen", „Geschlecht" und „Leistungsbeurteilung" sind alle diskret. Typische kontinuierliche Zufallsgrößen sind etwa Zeit, Länge, Gewicht, Volumen etc., da man sie theoretisch beliebig genau messen und dadurch theoretisch beliebig viele mögliche Werte erhalten kann. Die Tatsache, dass in der Praxis in Abhängigkeit des betrachteten Wertebereichs, der verwendeten Erfassungs- bzw. Messtechnik und der gewünschten Auswertungsgenauigkeit und auch kontinuierliche Größen faktisch immer nur eine endliche Anzahl von möglichen Werten annehmen, ändert nichts daran, dass sie ihrem **Wesen** nach stetig und entsprechend zu modellieren sind.

Ergänzend werden in der Praxis häufig Größen, die ihrem Wesen nach diskret sind, in der Modellierung aus pragmatischen Gründen als **quasi-stetig** behandelt. Dies ist meist der Fall bei **quantitativen, diskreten** Größen mit sehr vielen möglichen Werten. In der Wirtschaft gilt dies typischerweise etwa für Geldgrößen, die eigentlich nur mit zwei Stellen hinter dem Komma genau erfasst werden können. Diese werden - insbesondere bei großen Datenmengen - bereits bei der Erhebung oder später bei der Aufbereitung klassiert, um effizient und effektiv arbeiten zu können (s. Kapitel 3). Leitet man aus klassierten Häufigkeitsverteilungen quantitativer, diskreter Merkmale Wahrscheinlichkeitsverteilungen ab, so behandelt man die Zufallsgrößen in der Modellierung meist als quasi-stetig. In Wirtschaft und Gesellschaft überwiegen diskrete, in Natur- und Ingenieurwesen dagegen kontinuierliche Zufallsgrößen. Die Statistik als universell orientierte Methodenwissenschaft stellt Wahrscheinlichkeitsverteilungsmodelle für beide Arten von Zufallsgrößen bereit.

14.2 Wahrscheinlichkeitsverteilung einer diskreten Zufallsgröße

Die im Einführungsbeispiel betrachtete Zufallsgröße X „Summe der Augenzahlen" ist diskret. Wir benutzen daher dieses Beispiel weiterhin zur Einführung in die diskreten Wahrscheinlichkeitsverteilungen. Für eine diskrete Zufallsgröße ist charakteristisch, dass man zu jedem ihrer möglichen, einzelnen Werte die zugehörige Wahrscheinlichkeit ermitteln kann. Die systematische Ermittlung von **Einzelwahrscheinlichkeiten** führt zur Wahrscheinlichkeitsfunktion.

14.2.1 Wahrscheinlichkeitsfunktion

Konzept und Operationalisierung

Die Wahrscheinlichkeitsfunktion von X ist in der folgenden Tabelle 14. 2.1 dargestellt.

laufende Nummer	Werte der Zufallsgröße	Wahrscheinlichkeit
i	x_i	$f(x_i)$
1	2	1/36
2	3	2/36
3	4	3/36
4	5	4/36
5	6	5/36
6	7	6/36
7	8	5/36
8	9	4/36
9	10	3/36
10	11	2/36
11	12	1/36
Summe		36/36 = 1,0

Eine diskrete Wahrscheinlichkeitsfunktion besteht allgemein aus

- den möglichen Werten der Zufallsgröße, die sich gegenseitig ausschließen und die üblicherweise aufsteigend angeordnet und mit einem Laufindex „durchnummeriert" sind,
- den Einzelwahrscheinlichkeiten für sämtliche möglichen Werte, die hier mit dem logischen Ansatz ermittelt worden sind,
- der sachgerechten Zuordnung von Werten der Zufallsgröße und Wahrscheinlichkeiten.

Tab. 14.2.1: Diskrete Wahrscheinlichkeitsfunktion im Einführungsbeispiel

Formalisierung und Interpretation

Die Wahrscheinlichkeit dafür, dass die betrachtete Zufallsgröße X einen ganz bestimmten Wert x_i annimmt - z.B. den Wert $x_1 = 2$ -, wird hier formal wie folgt ausgedrückt und kann aus der Tabelle direkt abgelesen werden:

allgemein:	Einführungsbeispiel:
$W(X=x_i) = f(x_i)$	$W(X=x_1=2) = f(x_1)= 1/36$

Die Wahrscheinlichkeit dafür, dass die betrachtete Zufallsgröße X einen Wert annimmt, der in einem Bereich bzw. Intervall liegt, wird hier formal wie folgt ausgedrückt und durch Addition der relevanten Einzelwahrscheinlichkeiten ermittelt.

allgemein:	Einführungsbeispiel:
$W(a<X\leq b)= \sum_{a<x_i\leq b} f(x_i)$	$\sum_{2<x_i\leq 4} f(x_i) = f(3)+f(4) = \frac{2}{36}+\frac{3}{36}=\frac{5}{36}$

Schließlich muss die Summe der Wahrscheinlichkeiten aller möglichen Werte der Zufallsgröße gemäß dem 2. Axiom der Wahrscheinlichkeitsrechnung immer 1 sein. In der tabellarischen Darstellung der Wahrscheinlichkeitsfunktion kann diese Forderung in der Summenzeile am Tabellenende einfach überprüft werden.

Grafische Darstellung

Ermittelte Wahrscheinlichkeitsverteilungen sollten - ähnlich wie Häufigkeitsverteilungen - zur anschaulichen Interpretation und Charakterisierung zusätzlich grafisch dargestellt werden. Für diskrete Wahrscheinlichkeitsfunktionen sind dabei dieselben Diagrammtypen geeignet wie für diskrete Häufigkeitsfunktionen, also vor allem das Stabdiagramm. In der folgenden Abbildung 14.2.1 ist die Wahrscheinlichkeitsfunktion des Einführungsbeispiels als Stabdiagramm dargestellt. Sie ist von der Form her eingipflig und symmetrisch.

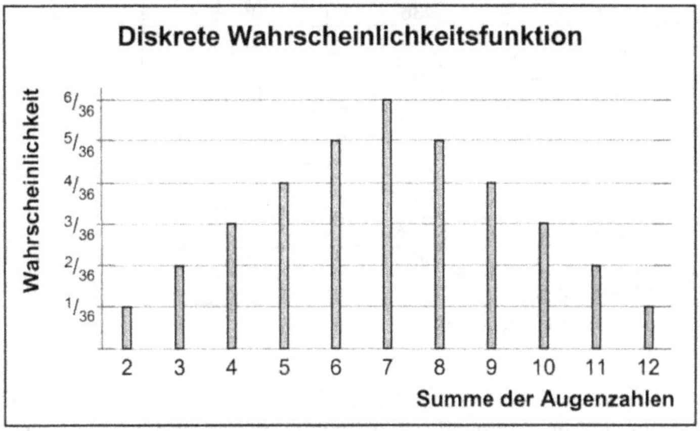

Abb. 14.2.1: Stabdiagramm der diskreten Wahrscheinlichkeitsfunktion im Einführungsbeispiel

Bei diskreten Zufallsgrößen ist die Wahrscheinlichkeitsfunktion das **Standardinstrument**, mit dem die Wahrscheinlichkeiten ermittelt und tabellarisch oder grafisch ausgewiesen werden.

14.2.2 Verteilungsfunktion

Konzept und Operationalisierung

Die schrittweise Summation der Einzelwahrscheinlichkeiten einer Wahrscheinlichkeitsfunktion entlang der geordneten Werte der Zufallsgröße führt zu **kumulierten Wahrscheinlichkeiten**. Dabei kann man die Summation - wie auch bei Häufigkeitsfunktionen - von dem einen oder anderen Ende der geordneten Reihe der Werte der Zufallsgröße her vornehmen und erhält so aufsteigend oder abfallend kumulierte Wahrscheinlichkeiten. Führt man die Summation entlang der **aufsteigend geordneten Werte der Zufallsgröße** durch und ordnet man jedem Wert der Zufallsgröße die bis dahin kumulierte Wahrscheinlichkeit zu, erhält man eine **Summenwahrscheinlichkeitsfunktion**, die in der Fachsprache der Statistik **Verteilungsfunktion** heißt. Sie gibt allgemein die Wahrscheinlichkeit dafür an, dass die Zufallsvariable X einen Wert annimmt, der höchsten x ist. Das wird hier wie folgt formalisiert:

$$W(X \leq x) = F(x) = \sum_{x_i \leq x} f(x_i)$$

Analog liefert die schrittweise Summation der Wahrscheinlichkeiten entlang der abfallend geordneten Werte der Zufallsgröße die Wahrscheinlichkeit dafür, dass die Zufallsvariable X einen Wert annimmt, der mindestens x ist, formal:

$$W(X \geq x) = \sum_{x_i \geq x} f(x_i)$$

Ermittlung

Für das Einführungsbeispiel sind die kumulierten Wahrscheinlichkeiten bei schrittweiser Summation entlang der aufsteigend und absteigend geordneten Werte der Zufallsgröße in den letzten beiden Spalten der folgenden Tabelle 14.2.2 nachvollziehbar dargestellt. Die zeilenweise Zuordnung der Werte der 2. und der 4. Spalte ergibt die Verteilungsfunktion.

laufende Nummer	Werte der Zufallsgröße	Wahrscheinlichkeit	Kumul. Wskt. (aufsteigend)	Kumul. Wskt. (abfallend)
i	x_i	$f(x_i)$	$W(X \leq x_i) = F(x_i)$	$W(X \geq x_i)$
1	2	1/36	1/36	36/36
2	3	2/36	3/36	35/36
3	4	3/36	6/36	33/36
4	5	4/36	10/36	30/36
5	6	5/36	15/36	26/36
6	7	6/36	21/36	21/36
7	8	5/36	26/36	15/36
8	9	4/36	30/36	10/36
9	10	3/36	33/36	6/36
10	11	2/36	35/36	3/36
11	12	1/36	36/36	1/36
	Summe	**36/36 = 1,0**	-	-

Tab. 14.2.2: Diskrete Verteilungsfunktion im Einführungsbeispiel

Grafische Darstellung

Zur grafischen Darstellung von Summenwahrscheinlichkeitsfunktionen eignen sich dieselben Diagrammtypen wie zur Darstellung von Summenhäufigkeitsfunktionen, also Linien- oder Kurvendiagramme. Als Standard-Diagrammtyp gilt die **Summenkurve**. Bei diskreten Zufallsgrößen nimmt die Summenkurve - wie auch bei diskreten, unklassierten Merkmalen - die Form einer **Treppenkurve** an, so wie in der folgenden Abbildung 14.2.2 für die Verteilungsfunktion des Einführungsbeispiels dargestellt.

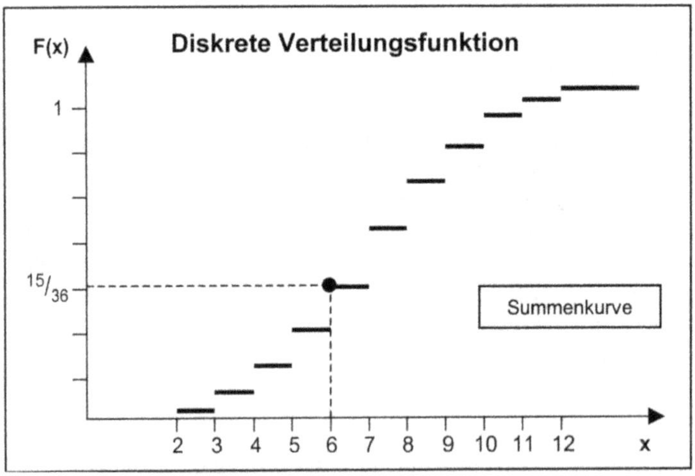

Abb. 14.2.2: Kurvendiagramm der diskreten Verteilungsfunktion im Einführungsbeispiel

Das liegt daran, dass Summenwahrscheinlichkeitsfunktionen für alle reellen x definiert sind, also auch in Intervallen, in denen die diskrete Zufallsvariable keine Werte annimmt. So hat die Zufallsgröße in unserem Einführungsbeispiel nur positive, ganzzahlige Werte, denen die kumulierten Wahrscheinlichkeiten zugeordnet sind. Bei diesen steigt die Summenwahrscheinlichkeit sprunghaft an (Sprungstellen), wobei die Sprunghöhen den Einzelwahrscheinlichkeiten entsprechen. Die Intervalle zwischen den ganzen Zahlen gehören auch zum Definitionsbereich der

Verteilungsfunktion, nur ändern sich die kumulierten Wahrscheinlichkeiten dort nicht.

Interpretation und Auswertungsmöglichkeiten
Mit den Summenwahrscheinlichkeitsfunktionen kann man folgende typische Fragen an eine Wahrscheinlichkeitsverteilung leicht beantworten: Wie groß ist die Wahrscheinlichkeit dafür, dass die Zufallsgröße...

- höchstens einen bestimmten Wert annimmt (einseitiges Intervall, nach oben begrenzt) ?
- mindestens einen bestimmten Wert annimmt (einseitiges Intervall, nach unten begrenzt) ?
- einen Wert annimmt, der in einem nach unten und oben begrenzten Intervall liegt ? (zweiseitig begrenztes Intervall)

Zur Demonstration benutzen wir wieder das Einführungsbeispiel. Die Antwort auf eine Frage des ersten Typs kann man der Verteilungsfunktion direkt entnehmen. So visualisiert in der obigen Abbildung der hervorgehobene Punkt die Fragestellung: „Wie groß ist die Wahrscheinlichkeit, dass die Summe der Augenzahlen höchstens 6 ist ?"Die Antwort kann man sowohl aus der tabellarischen als auch der grafischen Darstellung der Verteilungsfunktion direkt ablesen: 15/36.

Die Antwort auf eine Frage des 2. Typs kann man analog der abfallenden Summenwahrscheinlichkeitsfunktion direkt entnehmen. So ist etwa die Fragestellung: „Wie groß ist die Wahrscheinlichkeit, dass die Summe der Augenzahlen mindestens 7 ist ?" durch Ablesen aus der Tabelle 14.2.2 leicht zu beantworten: 21/36

Zur Beantwortung einer Frage des 3. Typs - der Wahrscheinlichkeit für Werte der Zufallsgröße in einem zweiseitig begrenzten Intervall - sind die Wahrscheinlichkeiten zweier einseitig begrenzter Intervalle voneinander zu subtrahieren. Dabei kommt es bei diskreten Zufallsgrößen **ganz wesentlich** darauf an, ob die Intervallgrenzen Bestandteil des Intervalls sind ($\leq$, $\geq$) oder nicht ($<$, $>$). Entsprechend gibt es vier prinzipiell mögliche Fälle, die im Folgenden an einem Intervall des Einführungsbeispiels beispielhaft vorgestellt werden. Dabei werden die Wahrscheinlichkeiten für die darin enthaltenen einseitigen Intervalle durchgehend mit der Verteilungsfunktion aus der Tabelle 14.2.2 bestimmt.

Wie groß ist die Wahrscheinlichkeit, dass die Summe der Augenzahlen...

a. größer als 6 und höchstens 10 ist?
   $W(6 < x \leq 10) = W(x \leq 10) - W(x \leq 6) = F(10) - F(6) = 33/36 - 15/36 = \underline{18/36}$
b. mindestens 6 und kleiner als 10 ist?
   $W(6 \leq x < 10) = W(x \leq 9) - W(x \leq 5) = F(9) - F(5) = 30/36 - 10/36 = \underline{20/36}$
c. größer als 6 und kleiner als 10 ist?
   $W(6 < x < 10) = W(x \leq 9) - W(x \leq 6) = F(9) - F(6) = 30/36 - 15/36 = \underline{15/36}$
d. mindestens 6 und höchstens 10 ist?
   $W(6 \leq x \leq 10) = W(x \leq 10) - W(x \leq 5) = F(10) - F(5) = 33/36 - 10/36 = \underline{23/36}$

Wie man sieht, unterscheiden sich die Wahrscheinlichkeiten für Werte der Zufallsgröße in ein und demselben Intervall in Abhängigkeit der präzisen Formulierung der Ober- und Untergrenzen wahrnehmbar. Dies ist bei der Ermittlung von Wahrscheinlichkeiten für Intervalle von diskreten Zufallsgrößen stets zu beachten.

14.3 Wahrscheinlichkeitsverteilung einer stetigen Zufallsvariablen

14.3.1 Stetige Zufallsvariable und Wahrscheinlichkeit

Konzept und Charakteristika
Eine stetige bzw. kontinuierliche Größe ist definiert als Variable, die nicht abzählbar unendlich

viele Werte zumindest in einem Intervall annehmen kann. Daraus folgt, dass man in der **Praxis** nie alle möglichen Werte einer solchen Größe ermitteln kann, da selbst bei noch so genauen empirischen Messungen immer nur eine endliche - wenn auch manchmal extrem große - Menge von Werten vorliegt. Dies hat zur Folge, dass die Wahrscheinlichkeit dafür, dass eine kontinuierliche Zufallsgröße von ihren nicht abzählbar unendlich vielen Werten genau einen Wert - etwa **a** - annimmt, mathematisch ganz genau betrachtet gleich NULL ist. Man sagt auch, dass die **Punktwahrscheinlichkeit Null** ist, formal: $W(X= a)= 0$.

In Verbindung mit der mathematischen Definition der Stetigkeit hat das zur Folge, dass die Wahrscheinlichkeit für Werte in einem Intervall mit den Grenzen a und b immer gleich groß ist, und zwar unabhängig davon, ob die Grenzen zum Intervall gehören oder nicht, formal:

$$W(a \leq X \leq b) = W(a < X \leq b) = W(a \leq X < b) = W(a < X < b)$$

Diese Charakteristika unterscheiden stetige Zufallsgrößen grundsätzlich von diskreten und haben erhebliche Folgen für deren Wahrscheinlichkeitsverteilungen. Obwohl es sich bei der stetigen Zufallsvariablen um ein **theoretisches Konzept** handelt, das immer nur **näherungsweise** praktisch anwendbar und interpretierbar ist, hat es sich doch zur Modellierung von Zufallsgrößen und zur Ermittlung ihrer Wahrscheinlichkeiten als überaus hilfreich erwiesen. Praktisch kann man eine Zufallsgröße immer dann als stetig betrachten, wenn sich die Wahrscheinlichkeit dafür, dass sie einen Wert innerhalb eines Intervalls annimmt, bei geringfügiger Verschiebung des Intervalls nicht sprunghaft, sondern kontinuierlich ändert.

Einführungsbeispiel

Zur Vorstellung stetiger Wahrscheinlichkeitsverteilungen betrachten wir als Größe die Zeit, die man ja bekanntermaßen recht genau messen kann, so dass - zumindest gedanklich - beliebig viele Zeitwerte auftreten können. In dem Einführungsbeispiel betrachten wir die **Wartezeit** einer Person bis zur Abfahrt des nächsten Zuges von einem Bahnhof, auf dem nur eine Zuglinie in einer Richtung im Stundentakt verkehrt. Betritt ein Fahrgast zufällig diesen Bahnhof, so ist seine Wartezeit eine Zufallsvariable. Deren Realisationsmöglichkeiten liegen in dem Zeitintervall von O Sekunden bis zu einer Stunde und können dort - je nach gewünschter oder möglicher Genauigkeit und den verwendeten Maßeinheiten - unterschiedliche Werte annehmen.

Wartezeit (Min.) von ... bis unter		Wahrscheinlichkeit
x		W(x)
0	20	1/3
20	40	1/3
40	60	1/3
Summe		1,00

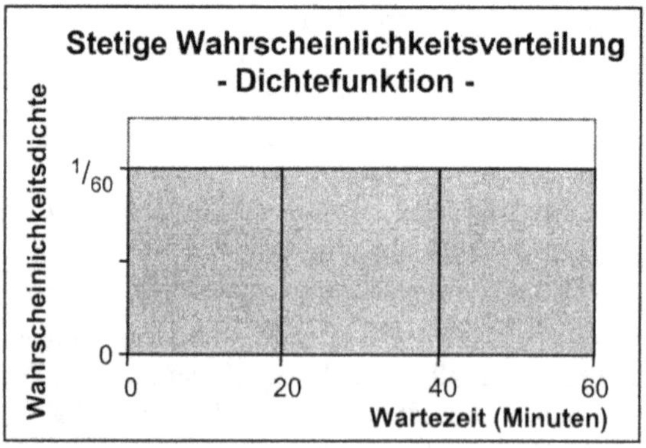

Abb. 14.3.1: Grobe Wahrscheinlichkeitsverteilung der Zufallsgröße Wartezeit

Intervallbetrachtung

Bei sehr grober Betrachtung könnte man die gesamte Wartezeit von einer Stunde z.B. in drei gleich lange Zeitintervalle von jeweils 20 Minuten einteilen. Da jedes dieser Intervalle gleichmöglich ist, wird man sie als gleichwahrscheinlich ansehen. Nach dem logischen Ansatz beträgt ihre Wahrscheinlichkeit daher jeweils 1/3. Die resultierende grobe Wahrscheinlichkeitsverteilung der Wartezeit ist in der Abbildung 14.3.1 tabellarisch und grafisch dargestellt. Die grafische Darstellung der Wahrscheinlichkeitsverteilung in Form eines Rechteckdiagramms ähnelt stark dem **Histogramm** einer klassierter Häufigkeitsverteilung, bei denen die Rechtecksflächen proportional zu den Häufigkeiten sind (vgl. 3.2.2). Hier nun sind die **Wahrscheinlichkeiten** der Wartezeitklassen **proportional zu den Rechtecksflächen** des Diagramms.

14.3.2 Dichtefunktion

Aus einem flächenproportionalen Rechteckdiagramm kann man weder Häufigkeiten noch Wahrscheinlichkeiten direkt ablesen, da auf der senkrechten Achse eine „Kunstgröße“ abgetragen ist, die als **Dichte** bezeichnet wird. Bei einer klassierten Häufigkeitsverteilung ist dies die Häufigkeitsdichte „Häufigkeit/Klassenbreite“, bei einer stetigen Wahrscheinlichkeitsverteilung ist es analog die **Wahrscheinlichkeitsdichte** „Wahrscheinlichkeit/Intervallbreite“, hier also 1/3 durch 20 = 1/60. Die obige Abbildung ist also keine grafische Darstellung der Wahrscheinlichkeiten, sondern der Wahrscheinlichkeitsdichten.

Will man genauere Informationen, muss man die Anzahl der Intervalle innerhalb der insgesamt möglichen Wartezeit erhöhen. Da die Wahrscheinlichkeitsermittlung in unserem Einführungsbeispiel über das Gleichmöglichkeitsmodell läuft - mithin gleich lange Intervalle zu bilden sind - müssen diese kleiner werden. Bildet man z.B. 10 Intervalle, so ist jedes davon 6 Minuten lang und hat eine Wahrscheinlichkeit von 1/10. Bildet man 60 Intervalle, so ist jedes davon eine Minute lang und hat die Wahrscheinlichkeit von 1/60. Führt man diesen Prozess gedanklich fort, so kann man im Grenzfall unendlich viele Intervalle bilden, deren Länge gegen NULL strebt und deren Wahrscheinlichkeit in der mathematischen Grenzbetrachtung gegen NULL geht. Diese Punktwahrscheinlichkeit von 0 hatten wir bereits vorne aus der Definition einer stetigen Zufallsgröße als Charakteristikum gefolgert.

Dagegen ist die Wahrscheinlichkeitsdichte an dem Punkt der Grenzbetrachtung - wenn der Grenzwert mathematisch überhaupt existiert - stets größer als NULL, in unserem Beispiel in dem relevanten Wartezeitbereich überall 1/60. Die Funktion, die jedem der unzähligen Werte einer stetigen Zufallsgröße X einen numerischen Wert - die Wahrscheinlichkeitsdichte - zuordnet, heißt **Dichtefunktion**, formal f(x). Die Dichtefunktion des Einführungsbeispiels ist:

$$f(x)= \begin{cases} 1/60 & \text{für } 0 \leq x < 60 \\ 0 & \text{sonst} \end{cases}$$

Die **Wahrscheinlichkeit** für Werte der Zufallsgröße in einem Intervall entspricht in dem Histogramm der **Rechtecksfläche** und kann wegen der einfachen geometrischen Form leicht aus Intervallbreite*Wahrscheinlichkeitsdichte berechnet werden. Hier ist die Wahrscheinlichkeit für alle drei Intervalle jeweils 20*1/60=1/3. Ganz allgemein entspricht die Wahrscheinlichkeit für Werte der Zufallsgröße in einem Intervall der **Fläche unter der Dichtefunktion**. Die Fläche unter einer stetigen Funktion berechnet man mit Hilfe der **Integralrechung**. Von daher entspricht die Wahrscheinlichkeit dafür, dass die kontinuierliche Zufallsgröße X in dem Intervall $a < X \leq b$ liegt, dem Integral über der Dichtefunktion von a bis b, formal:

$$W(a < X \leq b) = \int_a^b f(x) * dx$$

Interessiert man sich in dem Einführungsbeispiel etwa für die Wahrscheinlichkeit einer Wartezeit von mehr als 15 und höchstens 45 Minuten, so kann man diese wie folgt berechnen:

$$W(15 < X \leq 45) = \int_{15}^{45} \frac{1}{60} dx = \frac{45-15}{60} = \frac{30}{60} = 0{,}5$$

Die Gesamtfläche unter der Dichtefunktion entspricht der Wahrscheinlichkeit des sicheren Ereignisses. Deshalb gilt für jede Wahrscheinlichkeitsdichtefunktion ganz allgemein:

$$\int_{-\infty}^{+\infty} f(x) * dx = 1 \text{ und } f(x) \geq 0;\ x \in \mathbb{R}$$

Die Dichtefunktion einer kontinuierlichen Zufallsgröße entspricht **konzeptionell** der Wahrscheinlichkeitsfunktion einer diskreten Zufallsgröße. Sie liefert zu allen möglichen Werten der Zufallsgröße konkrete Funktionswerte, die größer als Null sind. Im Gegensatz zur Wahrscheinlichkeitsfunktion sind die Funktionswerte der Dichtefunktion aber keine Wahrscheinlichkeiten. Während man bei diskreten Zufallsgrößen **alle** Wahrscheinlichkeitsaussagen **direkt** aus der Wahrscheinlichkeitsfunktion ermitteln kann, liefert die Dichtefunktion selbst direkt überhaupt **keine Wahrscheinlichkeiten**. Sie ist vielmehr ein nötiges Instrument, um durch eine geeignete zusätzliche mathematische Operation - die Integration - zu Wahrscheinlichkeiten zu gelangen.

14.3.3 Verteilungsfunktion

Konzept, Operationalisierung und mathematische Eigenschaften

Die Verteilungsfunktion gibt ganz allgemein die Wahrscheinlichkeit dafür an, dass eine Zufallsvariable X einen Wert annimmt, der höchstens x ist. Bei einer diskreten Zufallsvariablen wird die Verteilungsfunktion durch Addition der Einzelwahrscheinlichkeiten der Wahrscheinlichkeitsfunktion bis zu dem betrachteten Wert x ermittelt. Bei einer stetigen Zufallsvariablen gibt es statt der Wahrscheinlichkeitsfunktion die Dichtefunktion und statt der Addition die **Integration**. Daraus folgt für die Verteilungsfunktion einer stetigen Zufallsvariablen - hier mit F(x) notiert - ganz allgemein:

$$W(X \leq x) = F(x) = \int_{-\infty}^{x} f(t) * dt$$

Die Integrationsvariable ist in der obigen Formel mit t statt mit x bezeichnet, da das Symbol x dort zur Kennzeichnung der oberen Integralgrenze verwendet wird.

Eine Verteilungsfunktion F(x) hat ganz allgemein die im Folgenden genannten **mathematischen Eigenschaften.**

1.	2.	3.	4.	5.
$0 \leq F(x) \leq 1$	monoton wachsend, d.h. für $x_1 < x_2$ gilt $F(x_1) \leq F(x_2)$	$\lim_{x \to -\infty} \ldots F(x) = 0$	$\lim_{x \to +\infty} \ldots F(x) = 1$	überall stetig

Anwendung im Einführungsbeispiel

Im Einführungsbeispiel ergibt sich durch Anwendung der obigen Formel:

$$F(x) = \int_{-\infty}^{x} \frac{1}{60} * dx = \int_{-\infty}^{0} \frac{1}{60} * dx + \int_{0}^{60} \frac{1}{60} * dx + \int_{60}^{+\infty} \frac{1}{60} * dx$$

Das Integral 1/60 *dx liefert 1/60 *x. Durch Einsetzen der Integralgrenzen erhält man folgende Verteilungsfunktion:

$$F(x) = \begin{cases} 0 & \text{für } x < 0 \\ 1/60 * x & \text{für } 0 \leq x < 60 \\ 1 & \text{für } x \geq 60 \end{cases}$$

Grafische Darstellung

Zur grafischen Darstellung der Verteilungsfunktion einer stetigen Zufallsvariablen benutzt man standardmäßig ein **Linien- bzw. Kurvendiagramm.** In der folgenden Abbildung 14.3.3 ist das Kurvendiagramm der Verteilungsfunktion des Einführungsbeispiels im relevanten Wartezeitbereich anschaulich und nachvollziehbar dargestellt.

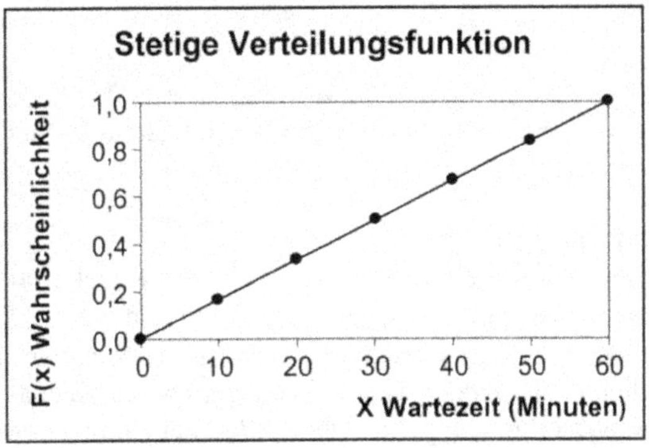

Abb. 14.3.3: Stetige Verteilungsfunktion im Einführungsbeispiel

Die Verteilungsfunktion ist bei kontinuierlichen Zufallsgrößen das **Standardinstrument** mit dem Wahrscheinlichkeiten ermittelt und tabellarisch oder grafisch ausgewiesen werden. Dabei entspricht dem Funktionswert F(x) der Verteilungsfunktion für einen bestimmten Wert von X die Wahrscheinlichkeit für Werte der Zufallsgröße, die höchstens so groß wie x sind.

Auswertungsmöglichkeiten

Mit der Verteilungsfunktion kann man - wie im diskreten Fall bereits gezeigt - typische Fragen nach der Wahrscheinlichkeit dafür beantworten, dass die Zufallsgröße in einem Bereich bzw. Intervall liegt. So ist die Wahrscheinlichkeit dafür, dass die stetige Zufallsvariable höchstens den Wert a annimmt (einseitig, nach oben abgegrenztes Intervall) allgemein:

$$W(X \leq a) = F(a) = \int_{-\infty}^{a} f(x) * dx$$

Im Einführungsbeispiel ermittelt man z.B. für die Wartezeit von höchsten 15 Minuten:

$$W(X \leq 15) = F(15) = \int_{-\infty}^{15} \frac{1}{60} * dx = \int_{-\infty}^{0} \frac{1}{60} * dx + \int_{0}^{15} \frac{1}{60} * dx = 0 + \left(\frac{1}{60} x\right)_{0}^{15} = \frac{15}{60} = \frac{1}{4} = 0{,}25$$

Die Wahrscheinlichkeit dafür, dass die stetige Zufallsvariable einen Wert zwischen a und b - also in einem beidseitig abgegrenzten Intervall - annimmt, hatten wir vorhin schon mit der Dichtefunktion ermittelt. Man kann sie aber auch mit der Verteilungsfunktion ermitteln, indem man von dem Wert der Verteilungsfunktion an der Stelle b den Wert der Verteilungsfunktion an der Stelle a abzieht, allgemein:

$$W(a < X \leq b) = W(X \leq b) - W(X \leq a) = F(b) - F(a) = \int_{-\infty}^{b} f(x)dx - \int_{-\infty}^{a} f(x)dx$$

So ermittelt man im Einführungsbeispiel die Wahrscheinlichkeit einer Wartezeit zwischen 15 und 45 Minuten wie folgt:

$$W(15 < X \leq 45) = F(45) - F(15) = \int_{-\infty}^{45} \frac{1}{60} dx - \int_{-\infty}^{15} \frac{1}{60} dx = \frac{45}{60} - \frac{15}{60} = \frac{30}{60} = \frac{1}{2} = 0{,}5$$

Beziehungen zwischen Dichte- und Verteilungsfunktion
In den bisherigen Ausführungen wurde sachlich entwickelt, dass die Verteilungsfunktion durch Integration der Dichtefunktion zugänglich ist. Daraus kann man im Umkehrschluss folgern (und natürlich auch beweisen), dass die Dichtfunktion durch die gegenteilige Rechnungsart - das Differenzieren - aus der Verteilungsfunktion zugänglich ist, d.h. ergänzend ganz allgemein folgende Beziehung besteht:

$$f(x) = F'(x)$$

Diese Beziehungen können bei der Ermittlung von Wahrscheinlichkeiten bei unterschiedlicher Sach- und Datenlagen hilfreich sein.

14.4 Kenngrößen von Wahrscheinlichkeitsverteilungen

Wahrscheinlichkeitsverteilungen weisen - analog Häufigkeitsverteilungen - in der Regel **charakteristische Aspekte** auf, die man in **Kenngrößen** quantifizieren kann. Dabei sind sowohl die zu charakterisierenden Verteilungsaspekte als auch die dazu typischerweise verwendeten Maßgrößen identisch oder zumindest sehr ähnlich (vgl. Kapitel 4). Als besonders wichtige charakteristische Aspekte von Wahrscheinlichkeitsverteilungen gelten ganz allgemein ihre Lage und insbesondere ihre **Mitte** sowie ihre **Streuung**.

Die Mitte einer Häufigkeitsverteilung kann man durch verschiedene Mittelwerte kennzeichnen (siehe Abschnitt 4.1). Bei Wahrscheinlichkeitsverteilungen wird davon typischerweise nur der bekannteste - der Durchschnittswert - verwendet und **Erwartungswert** genannt. Analog kann man die Streuung einer Häufigkeitsverteilung mit verschiedenen Streuungsmaßen kennzeichnen (siehe Abschnitt 4.2), von denen bei Wahrscheinlichkeitsverteilungen typischerweise wiederum nur die bekanntesten - **Varianz und Standardabweichung** - verwendet werden.

14.4.1 Erwartungswert

Konzept und Operationalisierung
Der Erwartungswert ist der Wert einer Zufallsgröße, mit der man durchschnittlich rechnen kann. Für eine Zufallsvariable X wird er im Allgemeinen mit **E(X)** notiert. Konzeptionell ist er das gewogene arithmetische Mittel. Bei einer **diskreten** Zufallsvariablen wird er analog dem arithmetischen Mittel einer relativen Häufigkeitsverteilung ermittelt, d.h. formal:

$$E(X)= \sum_i x_i * f(x_i)$$

Bei einer **stetigen** Zufallsvariablen ist das Konzept auf die vorliegende Datenart - die Dichtefunktion - und Rechenart - die Integration - anzupassen, so dass gilt:

$$E(x)= \int_{-\infty}^{+\infty} x * f(x) dx$$

Ermittlung und Interpretation
Zur Veranschaulichung für den diskreten Fall benutzen wir das Einführungsbeispiel „Zweimaliges Ausspielen eines echten Würfels“ und die dabei betrachtete Zufallsvariable „Summe der Augenzahlen“ mit ihrer Wahrscheinlichkeitsfunktion (vgl. Tabelle 14.2.1). In der Tabelle 14.4.1 ist die Ermittlung des Erwartungswertes in der letzten Spalte als Summe aus dem Produkt aller Werte der Zufallsgröße mit den ihnen zugeordneten Wahrscheinlichkeiten nachvollziehbar dargestellt.

laufende Nummer	Werte der Zufallsgröße	Wahrschein-lichkeit	Erwartungs-wert
i	x_i	$f(x_i)$	$x_i \cdot f(x_i)$
1	2	1/36	2/36
2	3	2/36	6/36
3	4	3/36	12/36
4	5	4/36	20/36
5	6	5/36	30/36
6	7	6/36	42/36
7	8	5/36	40/36
8	9	4/36	36/36
9	10	3/36	30/36
10	11	2/36	22/36
11	12	1/36	12/36
Summe		**36/36 = 1,0**	**252/36=7**

Tab. 14.4.1: Ermittlung des Erwartungswertes im Einführungsbeispiel (diskreter Fall)

Wenn man zwei echte Würfel sehr oft ausspielt, kann man damit rechnen, dass die Summe der Augenzahlen im Durchschnitt 252/36 =7 sein wird.

Zur Veranschaulichung für den **stetigen Fall** benutzen wir das Einführungsbeispiel „Wartezeit" mit der Dichtefunktion:

$$f(x)= \begin{cases} 1/60 & \text{für } 0 \leq x < 60 \\ 0 & \text{sonst} \end{cases}$$

Durch Einsetzen der Dichtefunktion in die Formel des Erwartungswertes erhält man:

$$E(X)= \int_{-\infty}^{+\infty} x * f(x)dx = \int_{-\infty}^{0} x * 0dx + \int_{0}^{60} x * \frac{1}{60}dx + \int_{60}^{+\infty} x * 0dx$$

Das 1. und 3. Integral sind im vorliegenden Fall 0, da die Dichtefunktion in den dortigen Wertebereichen 0 ist. Für das mittlere Integral im relevanten Wertebereich erhält man:

$$E(X)= \int_{0}^{60} x * \frac{1}{60}dx = \frac{1}{60} * \left[\frac{x^2}{2}\right]_0^{60} = \frac{1}{60} * \left[\frac{60^2 - 0^2}{2}\right] = \frac{1}{60} * \frac{60^2}{2} = \frac{60}{2} = 30$$

Ein Fahrgast, der den Bahnhof zufällig betritt, muss im Durchschnitt mit einer Wartezeit von 30 Minuten rechnen.

14.4.2 Varianz und Standardabweichung

Konzept und Operationalisierung

Die Streuungsmaße Varianz und Standardabweichung sind aus der beschreibenden Statistik bekannt (siehe Abschnitt 4.2). Zur besseren sprachlichen Unterscheidung werden die Größen bei Häufigkeitsverteilungen oft mit dem Zusatz „empirisch" und bei Wahrscheinlichkeitsverteilungen mit dem Zusatz „theoretisch" versehen. Analog wird zur besseren symbolischen Unterscheidung die empirische Varianz häufig mit $V=S^2$ und die theoretische mit $V=σ^2$ abgekürzt. Bekanntermaßen ist die (empirische) Varianz einer statistischen Größe die mittlere quadratische Abweichung ihrer Merkmalswerte vom Durchschnittswert. Analog ist die (theoretische) Varianz einer Zufallsgröße die **mittlere quadratische Abweichung ihrer Werte vom Erwartungswert**. Da die Varianz allein schon wegen ihrer quadratischen Dimension schwer anschaulich interpretierbar ist, wird in der Praxis häufig die Standardabweichung bevorzugt. Die Standardabweichung ist ganz allgemein die **Wurzel aus der Varianz**.

Bei einer **diskreten Zufallsvariablen** X wird die Varianz aus ihrer Wahrscheinlichkeitsfunktion analog ermittelt wie bei einer relativen Häufigkeitsfunktion. Die **Definitionsformel** lautet dementsprechend:

$$V(X) = \sigma^2(X) = \sum_i [x_i - E(X)]^2 * f(x_i)$$

Die zur **maschinellen Berechnung** daraus ableitbare genauere Formel (siehe Exkurs in 4.2.4) lautet dementsprechend:

$$V(X) = \sigma^2(X) = \sum_i x_i^2 * f(x_i) - [E(X)]^2$$

Bei einer **stetigen** Zufallsvariablen ist das Konzept auf die vorliegende Datenart (Dichtefunktion) und Rechenart (Integration) anzupassen, so dass für die **Definitionsformel** gilt:

$$V(X) = \sigma^2(X) = \int_{-\infty}^{+\infty} [x - E(X)]^2 * f(x)dx$$

Die Formel zur **maschinellen, genaueren** Berechnung lautet dementsprechend:

$$V(X) = \sigma^2(X) = \int_{-\infty}^{+\infty} x^2 * f(x)dx - [E(X)]^2$$

Schließlich gilt ganz allgemein für die **Standardabweichung:** $\sigma(X) = \sqrt{\sigma^2(X)}$.

Anwendung in den Einführungsbeispielen

Zur Veranschaulichung der Streuungsermittlung benutzen wir wieder die bekannten Einführungsbeispiele. Die Berechnung der Varianz im **diskreten Fall** der Summe der Augenzahlen beim zweifachen Würfelwurf ist in der folgenden Tabelle 14.4.2 nachvollziehbar dargestellt.

x_i	$f(x_i)$	$x_i - E(X)$	$[x_i - E(X)]^2$	$[x_i - E(X)]^2 * f(x_i)$	x_i^2	$x_i^2 * f(x_i)$
2	1/36	-5	25	25*1/36= 25/36	4	4*1/36= 4/36
3	2/36	-4	16	16*2/36= 32/36	9	9*2/36= 18/36
4	3/36	-3	9	9*3/36= 27/36	16	16*3/36= 48/36
5	4/36	-2	4	4*4/36= 16/36	25	25*4/36= 100/36
6	5/36	-1	1	1 * 5/36= 5/36	36	36*5/36= 180/36
7	6/36	0	0	0* 6/36= 0/36	49	49*6/36= 294/36
8	5/36	1	1	1*5/36= 5/36	64	64*5/36= 320/36
9	4/36	2	4	4*4/36= 16/36	81	81*4/36= 324/36
10	3/36	3	9	9*3/36= 27/36	100	100*3/36= 300/36
11	2/36	4	16	16*2/36= 32/36	121	121*2/36= 242/36
12	1/36	5	25	25*1/36= 25/36	144	144*1/36= 144/36
Summe	**1,00**		**110**	**200/36= 5 5/6**		**1973/36= 54 5/6**

Tab. 14.4.2: Ermittlung der Varianz im Einführungsbeispiel (diskreter Fall)

Im linken Teil der Tabelle stehen die zur Berechung mit der Definitionsformel, im rechten Teil die für die automatisierte Berechnung nötigen Terme. Bei der Ermittlung mit der zur automatisierten Berechnung üblichen Formel ist von der Summe in der letzten Spalte noch das Quadrat des Erwartungswertes - hier $7^2 = 49$ - abzuziehen, so dass sich bei beiden Berechungsweisen im vorliegenden Fall die gleich große Varianz von 5 5/6 bzw. 5,83 ergibt. Für die Standardabweichung ermittelt man: $\sigma(X) = \sqrt{5{,}83} = \underline{2{,}42}$. Diese ist so zu interpretieren, dass beim zweifachen Würfelwurf die Summe der Augenzahlen im Durchschnitt um 2,42 Augenzahlen von der im Mittel zu erwartenden Augenzahl von 7 abweicht.

Für den **stetigen Fall** ergibt sich für die Streuung der Wartezeit bei Verwendung der Definitionsformel

$$V(X) = 6^2(X) = \int_0^{60} [x-30]^2 * \frac{1}{60} dx = \int_0^{60} [x^2 - 2*30x + 30^2] * \frac{1}{60} dx$$

und bei Beschränkung auf den relevanten Wertebereich

$$V(X) = 6^2(X) = \frac{1}{60}\left[\frac{x^3}{3} - \frac{60}{2}x^2 + 900x\right]_0^{60} = \frac{1}{60}\left[\frac{60^3}{3} - 30*60^2 + 900*60\right]_0^{60}$$

$$V(X) = 6^2(X) = \frac{1}{60}[72000 - 108000 + 54000] = \frac{1}{60}*18000 = 300$$

Für die Standardabweichung ermittelt man: 6(X)= √ 300 = 17,32 (Minuten). Diese Zahl ist so zu interpretieren, dass bei einem Fahrgast, der den Bahnhof zufällig betritt, die Wartezeit im Durchschnitt 17,32 Minuten um die im Mittel erwartete Wartezeit von 30 Minuten schwankt.

14.4.3 Aussagefähigkeit des Erwartungswertes

Für die Praxis ist der **Erwartungswert** die **wichtigste Kenngröße** einer Zufallsvariablen und ihrer Wahrscheinlichkeitsverteilung. Er gibt an, mit welchem Wert der Zufallsgröße man im Durchschnitt rechnen kann. Seine Aussagefähigkeit im jeweils vorliegenden Fall ist jedoch typischerweise von einer Reihe von Aspekten abhängig, die hier angesprochen werden sollen.

Realisation der Zufallsgröße

Da der Erwartungswert ein gewogenes arithmetisches Mittel ist, kann er im **diskreten Fall** zu Werten führen, die keine Realisationen der Zufallsgröße sind. Für den Anwender ist ein Erwartungswert in der Regel **aussagefähiger, der tatsächlich auftreten kann**. Nach diesem Kriterium sind die Erwartungswerte in den beiden Einführungsbeispielen aussagefähig.

Wahrscheinlichkeit

Von dem Wert der Zufallsgröße, mit dem man durchschnittlich zu rechnen hat, erwartet man mindestens, dass seine Wahrscheinlichkeit größer NULL ist. In der Regel wird der Erwartungswert als umso ausaggefähiger angesehen, je größer sein Wahrscheinlichkeit ist. Nach diesem Kriterium ist der Erwartungswert in dem diskreten Einführungsbeispiel sehr aussagefähig, da er die größte Einzelwahrscheinlichkeit aller möglichen Werte hat, nämlich 6/36 = 1/6 ~ 0,166.

Bei einer **stetigen Zufallsvariablen** ist die Aussagefähigkeit des Erwartungswertes beeinträchtigt, da seine Wahrscheinlichkeit - wie jede **Punktwahrscheinlichkeit** - mathematisch genau betrachtet **NULL** ist. Nach diesem Kriterium ist der Erwartungswert im Einführungsbeispiels wenig aussagefähig, da die Wahrscheinlichkeit, dass die Wartezeit auf die Sekunde genau 30 Minuten beträgt, NULL ist. Man kann dieses Defizit dadurch mindern, dass man ein relevantes Intervall um den Erwartungswert herum betrachtet, dessen Wahrscheinlichkeit dann nicht nur größer NULL ist, sondern im Allgemeinen auch größer als die gleich-langer Intervalle in anderen Wertebereichen. Im Wartezeitbeispiel könnte man etwa als relevantes, symmetrisches Intervall um den Erwartungswert herum die Wartezeit zwischen 29 und 31 Minuten betrachten. Dessen Wahrscheinlichkeit ist mit 2/60 = 1/30 ~0,03 aber zum einen ziemlich klein, zum anderen wegen der Gleichverteilung nicht größer als die anderer 2 Minuten langer Zeitintervalle.

Streuung

In der beschreibenden Statistik wurde herausgearbeitet, dass der Mittelwert einer Häufigkeitsverteilung umso aussagefähiger ist, je kleiner die Streuung ist (siehe 4.4.2). Diese Aussage gilt analog für den Erwartungswert einer Wahrscheinlichkeitsverteilung. Dabei lässt sich die Frage, ob ein ermittelter Streuungswert eher als groß oder als klein anzusehen ist, am besten durch

Vergleiche beantworten. Die bekanntesten Vergleichsarten sind - wie auch in der beschreibenden Statistik - Orts- Zeit- und Datenartenvergleiche. Hat man Vergleichsmöglichkeiten mit anderen Fällen nicht, kann man den Vergleich nur mit Daten der vorliegenden Verteilung durchführen. Üblich ist dabei etwa die Konstruktion eines **symmetrischen Intervalls um den Erwartungswert** mit Hilfe der Standardabweichung, das sogenannte **1-SIGMA- Intervall**. In diesem liegen bei einer Häufigkeitsverteilung mindestens die Hälfte aller Merkmalswerte. Bei einer Wahrscheinlichkeitsverteilung ist analog die Wahrscheinlichkeit für einen Wert der Zufallsgröße in diesem Bereich mindestens 0,5. Üblich ist zur überschlägigen Beurteilung der Größe der Streuung der Vergleich der Länge dieses Intervalls mit der Länge des relevanten Wertebereichs der Zufallsgröße.

In den Einführungsbeispielen sind Vergleiche mit anderen Fällen nicht verfügbar, sondern nur mit sonstigen Daten der vorliegenden Verteilungen. Danach ist der Erwartungswert in dem diskreten Einführungsbeispiel recht aussagefähig, da die Streuung - gemessen durch die Standardabweichung - mit 2,42 (Augenzahlen) moderat ist. Das erkennt man durch Vergleich der Länge des 1-SIGMA-Intervalls - 2*2,42=4,84 mit der Spannweite 12-2=10. Das 1-SIGMA-Intervall ist hier nicht halb so lang wie der gesamte Wertebereich der Zufallsgröße. Im stetigen Fall der Wartezeit beträgt die Streuung gemessen durch die Standardabweichung über 17 Minuten. Das 1-SIGMA-Intervall beträgt 2*17,32 = 34,64 Minuten und ist damit mehr als halb so lang wie der relevante Wertebereich der Zufallsgröße von 60 Minuten. Der Erwartungswert im stetigen Fall ist von daher auch nach dem Kriterium der Streuung nicht besonders aussagefähig.

Verteilungsform
In der beschreibenden Statistik wurde herausgearbeitet, dass der Durchschnittswert nicht immer geeignet ist, die Mitte einer Verteilung zutreffend zu quantifizieren (siehe 4.1.2). Insbesondere ist seine Aussagefähigkeit auch abhängig von der Verteilungsform. Einige idealtypische Verteilungsformen wurden in dem Zusammenhang vorgestellt (siehe 3.4). Bei den Typen „Gleichverteilung", „eingipflig und schief" sowie „mehrgipflig" ist er zur Charakterisierung der zentralen Tendenz oder Mitte nicht gut geeignet. Diese Aussagen gelten analog für die Erwartungswerte von Wahrscheinlichkeitsverteilungen, die diesen idealtypischen Formen entsprechen oder ihnen ähneln.

Die Verteilungsform der Wahrscheinlichkeitsfunktion im diskreten Einführungsbeispiel ist eingipflig und symmetrisch (siehe Abb. 14.2.1), der Erwartungswert nach dem Kriterium der Verteilungsform also aussagefähig. Die Verteilungsform der Dichtefunktion im stetigen Einführungsbeispiel ist gleichförmig (siehe Abb. 14.3.1), der Erwartungswert nach dem Kriterium der Verteilungsform also wenig aussagefähig.

Zusammenfassende vergleichende Würdigung
Die vorgestellten Aspekte und Kriterien zur Beurteilung der Aussagefähigkeit des Erwartungswertes einer Zufallsgröße sind in der folgenden Tabelle 14.4.3 für die beiden Einführungsbeispiele zu einer vergleichenden Bewertung zusammengefasst. Dabei wurde eine grobe Bewertung in drei Bewertungskategorien (+, 0, -) verwendet.

Aspekt	**Einführungsbeispiel**	
	diskret (Augenzahl)	stetig (Wartezeit)
Realisation der Zufallsgröße	+	+
Wahrscheinlichkeit	+	-
Streuung	0	-
Verteilungsform	+	-

Tab. 14.4.3: Vergleichende Bewertung der Aussagefähigkeit des Erwartungswertes

14.4.4 Rechenregeln für Kenngrößen

Die bisherigen Betrachtungen der Kenngrößen von Wahrscheinlichkeitsverteilungen sollen mit einigen wichtigen Rechenregeln abgeschlossen werden. Sie werden in dieser Einführung nur vorgestellt, aber nicht abgeleitet oder bewiesen. Darüber hinaus werden sie hier nicht an Einführungsbeispielen veranschaulicht. Wohl aber werden sie zur Lösung von Aufgaben im Übungsteil dieses Abschnitts gebraucht sowie bei einigen der in den folgenden Abschnitten noch zu behandelnden Themen. Sie betreffen:

- den Zusammenhang von Erwartungswert und Varianz bzw. Standardabweichung einer **beliebig verteilten** Zufallsgröße X,
- Kenngrößen einer Größe Y, die eine **Funktion** der Zufallsvariablen X ist, d.h. Y= g(X),
- Kenngrößen von **standardisierten** Zufallsgrößen.

Zusammenhang von E(X) und 6(X) bei beliebig verteilter Zufallsgröße X

In der beschreibenden Statistik wurde herausgearbeitet, dass ein wichtiger **Zusammenhang** zwischen dem Durchschnittswert und der Standardabweichung existiert, der es ermöglicht, eine unbekannte Häufigkeitsverteilung nur mit Hilfe dieser beiden Parameter in groben Zügen abzuschätzen, und zwar durch die **Ungleichung von Tschebyscheff** (siehe 4.4). Dieser Zusammenhang gilt auch für den Erwartungswert und die Standardabweichung jedweder Wahrscheinlichkeitsverteilung, formal:

$$W[E(X)-c*\sigma] \leq X \leq [E(X)+c*\sigma] \geq 1-\frac{1}{c^2} \ldots, c \succ 0$$

Damit ist es möglich, die **unbekannte Wahrscheinlichkeitsverteilung** einer Zufallsvariablen nur aufgrund der Kenntnis ihrer Kenngrößen grob abzuschätzen.

Kenngrößen von Funktionen einer Zufallsvariablen

Ist eine Größe Y eine mathematische Funktion einer Zufallsvariablen X, so wird Y selbst zur Zufallsvariablen. Beispiele aus der Wirtschaftspraxis sind etwa der Umsatz als Funktion des Absatzes, der Gewinn als Funktion des Umsatzes, Kosten als Funktion der Ausbringungsmenge etc. Dann lässt sich der **Erwartungswert von Y** aus der Wahrscheinlichkeitsverteilung von X und ohne explizite Kenntnis der Wahrscheinlichkeitsverteilung von Y berechnen gemäß:

$$E(Y)=E[g(X)]= \sum_i g(x_i)*f(x_i), \text{ wenn X diskret} \quad \text{und} \quad \int_{-\infty}^{+\infty} g(x)*f(x)dx, \text{ wenn X stetig}$$

Für einige **einfache, aber wichtige Funktionen**, die durch Addition und/oder Multiplikation von Konstanten bei der bekannten Zufallsgröße X entstehen, sind Erwartungswerte und Varianzen der resultieren Größe Y in folgender Tabelle 14.4.4 zusammengestellt.

Y	E(Y)	V(Y)
a+ X	a+ E(X)	V(X)
b * X	b * E(X)	b^2 * V(X)
a+b*X	a + b * E(X)	b^2 * V(X)
X+Z	E(X)+E(Z)	V(X)+V(Z) [1)]

1) wenn X und Z voneinander unabhängig

Tab. 14.4.4: Kenngrößen wichtiger Funktionen Y= g(X)

Darin erkennt man, dass das Addieren und Multiplizieren von Konstanten sich auf Erwartungswerte und Varianzen der Funktionen unterschiedlich auswirkt:

- Die Erwartungswerte von Y sind generell dadurch zugänglich, dass die Operationen praktisch identisch auf die Erwartungswerte von X angewendet werden.
- Die Varianzen von Y sind dagegen aus den Varianzen von X in Abhängigkeit der Operation auf unterschiedliche Weise zugänglich: Im Additionsfall spielt die Konstante gar keine

Rolle, im Multiplikationsfall geht sie dagegen mit dem **Quadrat** der Konstanten in die Berechnung ein. Letzteres ist bei der Ermittlung von Varianzen von Funktionen von Zufallsgrößen besonders zu beachten.

Standardisierung von Zufallsvariablen
In der beschreibenden Statistik wurde kurz auf die Transformation von Skalenwerten eingegangen (siehe 2.2.3). Eine bei metrischen Merkmalen besonders wichtige Transformationsart ist die **Lineartransformation**. Ein besonders wichtiger Fall der Lineartransformation wird in der mathematischen Statistik typischerweise benutzt, um Zufallsvariablen zu standardisieren. Dabei wird die standardisierte Zufallsgröße meist mit **Z** symbolisiert. Die übliche Standardisierung lautet:

$$Z = \frac{X - \mu}{\sigma}$$

mit X= Zufallsvariable
μ = Erwartungswert
6 = Standardabweichung

Eine standardisierte Zufallsgröße hat immer einen **Erwartungswert von NULL** und eine **Standardabweichung von EINS**, formal:

E(Z)=0 , 6(Z)=1

Die Standardisierung erleichtert insbesondere die **tabellarische Darstellung** der numerischen Werte von Verteilungen, die dann nicht für alle möglichen Parameterwerte, sondern nur für die der standardisierten Größe zu dokumentieren sind.

14.5 Definitionen, Regeln, Symbole und Formeln

Bezeichnung	**Symbol**	**Definition/Regel/Formel**
Zufallsgröße bzw. -variable	X	$: \Omega \rightarrow \mathbb{R}$
Werte bzw. Realisationen von X	x	$: x = X(\omega),\ \omega \in \Omega$
Diskrete Wahrscheinlichkeitsverteilung		
Wahrscheinlichkeitsfunktion	f(x)	
Einzelwahrscheinlichkeit	$W(X= x_i)$	$= f(x_i)$
Intervallwahrscheinlichkeit	$W(a \leq X \leq b)$	$= \sum_{a \leq x_i \leq b} f(x_i)$
Eigenschaften der Wahrscheinlichkeitsfunktion		1. $f(x_i) \geq 0$ 2. $\sum_i f(x_i) = 1$
Verteilungsfunktion	F(x)	$W(X \leq x) = \sum_{x_i \leq x} f(x_i)$
Stetige Wahrscheinlichkeitsverteilung		
Dichtefunktion	f(x)	= F`(x)
Punktwahrscheinlichkeit	W(X= x)	= 0
Intervallwahrscheinlichkeit	$W(a < X \leq b) =$ $W(a \leq X \leq b) =$ $W(a \leq X < b) =$ $W(a < X < b)$	$= \int_a^b f(x) * dx$
Verteilungsfunktion	F(X)	$= W(X \leq x) = \int_{-\infty}^{x} f(t) * dt$

Bezeichnung	Symbol	Definition/Regel/Formel
Kenngrößen		
Erwartungswert		
einer diskreten Wahrscheinlichkeitsverteilung	E(X)	$= \sum_i x_i * f(x_i)$
einer stetigen Wahrscheinlichkeitsverteilung		$= \int_{-\infty}^{+\infty} x * f(x)dx$
Varianz		
einer diskreten Wahrscheinlichkeitsverteilung Definitionsformel Automatisierte Berechnungsformel	$V(X) = \sigma^2(X)$	$= \sum_i x_i^{\ 2} * f(x_i) - [E(X)]^2$ $= \sum_i [x_i - E(X)]^2 * f(x_i)$
einer stetigen Wahrscheinlichkeitsverteilung Definitionsformel Automatisierte Berechnungsformel	$V(X) = \sigma^2(X)$	$= \int_{-\infty}^{+\infty} [x - E(X)]^2 * f(x)dx$ $= \int_{-\infty}^{+\infty} x^2 * f(x)dx - [E(X)]^2$
Rechenregeln für Kenngrößen		
Ungleichung von Tschebyscheff	$W[\lvert X-\mu)\rvert \leq c * \sigma]$	$\geq 1 - 1/c^2$
Standardisierung	Z	$= \frac{X - E(X)}{\sigma_X}$
Funktion einer Zufallsvariablen	Y= g(X)	
Erwartungswert Y= a + X Y= b * X Y= a + b * X	E(Y)= E[g(X)]	 = a + E(X) = b * E(X) = a + b * E(X)
Varianz Y= a + X Y= b * X Y= a + b * X	V(Y)= V[g(X)]	 $= \sigma^2 (X)$ $= b^2 * \sigma^2 (X)$ $= b^2 * \sigma^2 (X)$
Funktion von unabhängigen Zufallsvariablen Erwartungswert Varianz	$Y=X_1+X_2$ E(Y) $V(Y); \sigma^2(Y)$	 $= E(X_1)+E(X_2)$ $= \sigma^2(X_2)+\sigma^2(X_2)$

14.6 Übung

Fragen

F1. Was ist ganz allgemein eine Zufallsgröße und welche Charakteristika hat eine Zufallsvariable im Sinne der mathematischen Statistik ?

F2. Jede Zufallsvariable hat eine Wahrscheinlichkeitsverteilung, die als mathematische Funktion aufgefasst werden kann. Was ist deren Definitions- und Wertebereich ?

F3. Jede Wahrscheinlichkeitsverteilung existiert in 2 Varianten. Welche sind das ?

F4. Nennen Sie je drei Beispiele für typische diskrete und stetige Zufallsvariablen und ihren Wertebereich.

F5. Nennen Sie wesentliche Unterschiede zwischen diskreten und kontinuierlichen Zufallsvariablen ?

F6. Was ist die Wahrscheinlichkeitsfunktion einer diskreten Zufallsvariablen und wie wird sie ermittelt ?

F7. Wie wird die Wahrscheinlichkeitsfunktion einer diskreten Zufallsvariablen standardmäßig grafisch dargestellt und welche wichtigen Informationen liefert das Diagramm ?

F8. Was ist die Verteilungsfunktion einer diskreten Zufallsvariablen und wie wird sie ermittelt ?

F9. Wie wird die Verteilungsfunktion einer diskreten Zufallsvariablen standardmäßig grafisch dargestellt und welche Besonderheiten weist das Diagramm auf ?

F10. Welche typischen Fragen an eine diskrete Wahrscheinlichkeitsverteilung kann man mit der Wahrscheinlichkeits-, welche mit der Verteilungsfunktion leicht beantworten ?

F11. Worauf muss man bei der Ermittlung von Wahrscheinlichkeiten für Werte einer diskreten Zufallsgröße in einem Wertebereich bzw. Intervall besonders achten ?

F12. Was ist die Wahrscheinlichkeitsdichte einer stetigen Zufallsvariablen ? Erläutern Sie das mathematische Konzept grafisch.

F13. Was bedeutet die Aussage „Die Punktwahrscheinlichkeit einer stetigen Zufallsvariablen ist mathematisch immer Null" und welche Folgen hat das für Intervallbetrachtungen ?

F14. Wieso ist die Wahrscheinlichkeitsdichte einer stetigen Zufallsvariablen an einem beliebigen aber festen Wert ihres Definitionsbereichs immer größer Null, die mathematische Wahrscheinlichkeit dagegen immer Null ?

F15. Ist die Summe der Funktionswerte einer Dichtefunktion immer 1 (Begründung) ?

F16. Wie ermittelt man mit der Dichtefunktion die Wahrscheinlichkeit dafür, dass die Realisation einer stetigen Zufallsvariablen in einem Intervall mit der Untergrenze a und der Obergrenze b liegt (grafisch und rechnerisch) ?

F17. Welche mathematischen Eigenschaften hat ganz allgemein die Dichtefunktion ?

F18. Was ist die Verteilungsfunktion einer stetigen Zufallsgröße, wie ermittelt man sie und wie wird sie standardmäßig grafisch dargestellt (Standard-Diagrammtyp) ?

F19. Wie ermittelt man mit der Verteilungsfunktion die Wahrscheinlichkeit dafür, dass die Realisation einer stetigen Zufallsvariablen in einem Intervall mit der Untergrenze a und der Obergrenze b liegt (grafisch und rechnerisch) ?

F20. Welche mathematischen Eigenschaften hat ganz allgemein die Verteilungsfunktion einer stetigen Zufallsvariablen ?

F21. Welche wichtigen mathematischen Beziehungen bestehen ganz allgemein zwischen der Dichte- und der Verteilungsfunktion einer stetigen Zufallsvariablen ?

F22. Welche Kenngrößen benutzt man ganz allgemein zur kompakten Charakterisierung von Wahrscheinlichkeitsverteilungen und welche Verteilungsaspekte werden damit erfasst ?

F23. Was ist der Erwartungswert (inhaltlich und rechnerisch) ?

F24. Was ist die Varianz (inhaltlich und rechnerisch) ?

F25. Was ist die Standardabweichung (inhaltlich und rechnerisch) und warum ist sie aus Anwendungssicht der Varianz vorzuziehen ?

F26. Anhand welcher Aspekte und Kriterien kann man die Aussagefähigkeit des Erwartungswertes im konkreten Anwendungsfall sinnvoll klären ?

F27. Was besagt die Ungleichung von Tschebyscheff und wozu kann man sie benutzen ?

F28. Warum standardisiert man Zufallsvariable und wie lautet die Standardisierungsformel ?

F29. Wie groß sind Erwartungswert und Varianz von standardisierten Zufallsvariablen ?

F30. Nennen Sie drei typische Beispiele aus der Wirtschaftspraxis für Größen, die mathematische Funktionen einer Zufallsvariablen sein können.

F31. Es sei Y=a+X und Y=b * X. Wie groß sind dann E(Y) und V(Y), jeweils ermittelt mit Hilfe von E(X) und V(X) ?

Aufgaben

Aufgabe „Dreifacher Münzwurf"

Eine ideale Münze wird dreimal hintereinander geworfen. Betrachtet wird die Zufallsgröße X „Anzahl der Wappenwürfe".

Aufgabenstellungen

a. Ermitteln Sie nachvollziehbar die möglichen Ergebnisse dieses Zufallsexperiments und ordnen Sie diesen die möglichen Werte der betrachteten Zufallsgröße zu.

b. Ermitteln Sie nachvollziehbar die Wahrscheinlichkeitsfunktion von X, stellen Sie sie in geeigneter Form grafisch dar und nennen Sie ihre Charakteristika.

c. Ermitteln Sie nachvollziehbar die Verteilungsfunktion von X und stellen Sie sie in geeigneter Form grafisch dar.

d. Wie groß ist die Wahrscheinlichkeit dafür, dass die Anzahl der Wappenwürfe...

1. höchstens 1 ist ?	2. kleiner als 2 ist ?	3. mindestens 2 ist ?	4. größer als 2 ist ?
5. mindestens 1 und höchstens 2 ist ?		6. größer als 1 und kleiner als 2 ist ?	

Fragestellungen vor der Beantwortung bitte formalisieren.

e. Wie groß ist der Erwartungswert und wie aussagefähig ist er im vorliegenden Fall ?

f. Ermitteln und interpretieren Sie das 1-SIGMA-Intervall und seine Wahrscheinlichkeit.

Aufgabe „Busverspätung"

Aufgrund von langjährigen empirischen Erhebungen und statistischen Auswertungen wurde für den zentralen Busterminal in einer Region über die Busverspätung folgendes Modell aufgestellt: Die Busverspätung ist eine Zufallsgröße. Die Wahrscheinlichkeit für Verspätungen über 4 Minuten ist praktisch 0, im Intervall von 0 bis 4 Minuten folgt die Verspätung in guter Näherung der Funktion $f(x)= 0{,}5 - 0{,}125x$.

Aufgabenstellungen

a. Stellen Sie die Busverspätungsfunktion in geeigneter Weise grafisch dar.
Wie heißt diese Funktion in der Fachsprache ?
Erfüllt sie die allgemeingültigen mathematischen Eigenschaften (Begründung) ?

b. Ermitteln Sie die Verteilungsfunktion der Busverspätungen und stellen Sie sie in geeigneter Form grafisch dar.
Erfüllt sie die allgemeingültigen mathematischen Eigenschaften (Begründung) ?

c. Wie groß ist die Wahrscheinlichkeit dafür, dass ein zufällig ausgewählter Bus am Terminal folgende Verspätungen hat:
c1. höchsten 1 Min. ? c2. genau 2 Min. ? c3. mindestens 3 Min. ? c4. 1 bis 2 Min. ?

d. Mit welcher Verspätung kann man im Durchschnitt rechnen und wie aussagefähig ist dieser Wert im vorliegenden Fall ?

15 Wichtige diskrete Verteilungen

In der Praxis ist die Ermittlung der Wahrscheinlichkeitsverteilung einer Zufallsgröße im Allgemeinen schwieriger als die Ermittlung der Wahrscheinlichkeiten einiger weniger, besonders interessierender Ereignisse. Hier kann die Statistik als Methodenwissenschaft sehr hilfreich sein, da sie eine große Vielfalt und -zahl von Wahrscheinlichkeitsverteilungen entwickelt hat, die als **theoretische Verteilungen** verfügbar sind. Theoretische Verteilungen sind **idealtypische, formale, mathematische Modelle**, wobei jedes Modell einen **Verteilungstyp** darstellt. Dabei gehören zu jedem Verteilungstyp eine ganze Schar von Verteilungen, die sich durch die konkreten Werte der jeweiligen **Verteilungsparameter** voneinander unterscheiden. Aus diesem Verteilungsangebot kann der Anwender wählen, um die Wahrscheinlichkeitsverteilung der betrachteten Zufallsgröße möglichst adäquat zu modellieren. In diesem Kapitel werden zwei aus Anwendungssicht besonders wichtige **diskrete** Verteilungstypen besprochen, die folgende Übersicht zeigt.

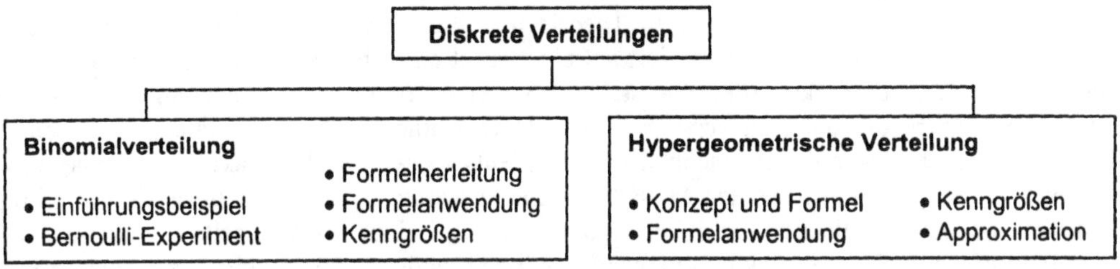

Im Zentrum steht dabei die **Binomialverteilung**, die als theoretisch und praktisch wichtigster diskreter Verteilungstyp ausführlich mit Anwendungsvoraussetzungen und Ableitung behandelt wird. Ergänzend wird die hypergeometrische Verteilung vorgestellt, die sich vor allem zur Modellierung von in Zufallsstichproben betrachteten diskreten Zufallsgrößen eignet und desalb als wichtige **Stichprobenverteilung** gilt.

Die **mathematische Statistik** hat allgemeingültige Erkenntnisse darüber entwickelt, unter welchen Voraussetzungen eine Zufallsgröße welchem Verteilungstyp folgt und welche Beziehungen zwischen wichtigen Verteilungstypen bestehen. Diese Erkenntnisse sind aus Anwendungssicht von besonderer Bedeutung. Die **Anwendungsvoraussetzungen** der Verteilungstypen sind bei der Auswahl möglichst genau zu beachten, um falsche Modellauswahl zu vermeiden und ein möglichst gut passendes Modell zu nutzen. Die **Beziehungen zwischen den Verteilungstypen** sind hilfreich, um mit den verfügbaren Modellen effektiv und effizient zu arbeiten.

Hat man etwa für den Anwendungsfall aufgrund des Abgleichs von Aufgabenstellung und Anwendungsvoraussetzungen einen exakt passenden Verteilungstyp ausgewählt, so kann es passieren, dass man mit ihm praktisch nicht arbeiten kann, da die benötigten Parameterwerte nicht vollständig bekannt oder ermittelbar sind. Dann kann man unter Umständen aufgrund der zwischen den Verteilungstypen bestehenden Beziehungen **näherungsweise (approximativ)** mit einem anderen Verteilungstyp arbeiten, der andere und/oder weniger Parameter hat, die bekannt oder ermittelbar sind. In einem solchen Falle sind die über die theoretisch bewiesenen Beziehungen zwischen den Verteilungstypen zulässigen Approximationen **nötig**, um überhaupt zu Wahrscheinlichkeiten zu kommen.

Ergänzend werden die Approximationsmöglichkeiten vor allem in der Praxis auch gerne benutzt, um komplizierte und arbeitsaufwendige Verteilungstypen näherungsweise durch einfachere und leichter handhabbare zu ersetzen. Die Voraussetzungen, unter denen dies möglich ist - die sogenannten **Approximationsbedingungen** - kann man unterschiedlich streng formulieren. In dieser Einführung werden nur die wichtigsten Approximationsregeln in einer Form benutzt, die für praktische Zwecke in der Regel ausreicht. Sie gewährleisten, dass die Unterschiede in den Wahrscheinlichkeiten in der Regel höchstens 1% betragen.

Zur **Ermittlung der numerischen Werte** einer Wahrscheinlichkeitsverteilung gibt es verschiedene Möglichkeiten. Bei diskreten Verteilungen kann man dazu die **Rechenformeln** benutzen, was bei kleinen Aufgabenstellungen - wie sie für Lehr- und Prüfungszwecke üblich sind - noch mit vertretbarem Aufwand machbar ist. Üblich ist die Nutzung von **Tabellen**, die für wichtige Verteilungstypen und gängige Werte ihrer Parameter verfügbar sind. Für die hier vorgestellten Verteilungstypen befinden sich diese Tabellen im Anhang. Zudem gibt es spezifische **Funktionen in Anwendungssoftware**, die in wissenschaftlichen Taschenrechnern, Tabellenkalkulationsprogrammen, Mathematik- und Statistikprogrammen etc. implementiert sind, mit denen die Wahrscheinlichkeitsverteilungen rechnerunterstützt ermittelt werden können.

15.1 Binomialverteilung

Die Binomialverteilung ist wohl der in Theorie und Praxis wichtigste Typ einer diskreten Wahrscheinlichkeitsverteilung. Sie basiert auf einer recht einfachen Experimentanordnung, fokussiert eine zählbare Zufallsgröße und stellt für sie eine Formel zur Berechnung von Wahrscheinlichkeiten bereit, die man verstehen kann, ohne Mathematiker oder Statistiker zu sein. Trotz oder gerade wegen der Einfachheit ist sie bedeutsam, weil in der Praxis viele Fragestellungen sich in ihrem Kern auf das Modell reduzieren lassen und weil sie in der Theorie im Zentrum von mathematischen Grenzbetrachtungen steht, bei denen einerseits kompliziertere Verteilungstypen auf sie zurückgeführt werden können, andererseits andere Verteilungstypen aus ihr ableitbar sind. Sie wird deshalb im Folgenden ausführlich behandelt.

15.1.1 Einführungsbeispiel und direkte Lösung

Ein jung verheiratetes Paar wünscht sich 4 Kinder, darunter einen Jungen als Stammhalter. In der Zeitung stand unlängst, dass in Deutschland der Anteil lebend geborener Jungen genau 50% beträgt. Wie groß ist die Wahrscheinlichkeit, dass der Wunsch des Paares Wirklichkeit wird ?

Fasst man die Geburt eines Kindes als einen vom Zufall beeinflussten Vorgang auf, so kann dieser typischerweise nur zwei mögliche Ergebnisse haben: Junge (J) oder Mädchen (M). Von den wenigen atypischen Fällen wie Totgeburten, Mehrfachgeburten etc. soll hier abgesehen werden.

Nach dem empirischen Ansatz zur Ermittlung von Wahrscheinlichkeiten kann die Wahrscheinlichkeit des hier betrachteten Ereignisses einer Jungengeburt bei einmaliger Ausführung des Zufallsvorgangs durch die relative Häufigkeit in der zugrunde liegenden gesamten statistischen Masse abgeschätzt werden, d.h. hier mit 0,5. Die Wahrscheinlichkeit des Komplementärereignisses Mädchengeburt ist demnach hier ebenfalls 0,5. Es ist also hier $w(J)=w(M)=0{,}5$.

Die Nachwuchsplanung des Paares betrifft 4 Kinder, mithin 4 Zufallsvorgänge. Dabei soll zusätzlich angenommen werden, dass eine Jungengeburt (Mädchengeburt) keinen Einfluss auf das Geschlecht des danach geborenen Kindes hat, d.h. die Zufallsvorgänge voneinander unabhängig sind.

Die das Paar interessierende Frage nach der Wahrscheinlichkeit des speziellen Ereignisses, dass von 4 lebend geborenen Kindern eines ein Junge ist, wenn die Wahrscheinlichkeit für eine Jungengeburt statistisch 0,5 ist, kann mit Hilfe folgender Überlegungen und der Verwendung bekannter Regeln der Wahrscheinlichkeitsrechnung beantwortet werden:

1. Das spezielle Ereignis tritt zum Beispiel ein, wenn die nacheinander geborenen Kinder folgendes Geschlecht haben:

Ergebnis-Nr.	Kind 1	Kind 2	Kind 3	Kind 4
1	Junge	Mädchen	Mädchen	Mädchen

Es setzt sich aus vier einzelnen Ereignissen - den einzelnen Geburten - zusammen, die alle stattfinden müssen, d.h. es ergibt sich logisch als **Durchschnitt** der 4 Geburten.

2. Seine Wahrscheinlichkeit ist deshalb durch **Multiplikation** der Wahrscheinlichkeiten der beteiligten Einzelereignisse zu ermitteln. Da die vier Geburten hinsichtlich des Geschlechts als voneinander unabhängig anzusehen sind, ist der **einfache Multiplikationssatz** anwendbar, d.h. formal:
$W[J \cap M \cap M \cap M] = W(J)*W(M)*W(M)*W(M) = W(J)*W(M)^3 = 0{,}5*0{,}5^3 = \underline{0{,}0625}$

3. Die oben angegebene ist aber nur eine von mehreren Möglichkeiten, dass von 4 lebendig geborenen Kindern eines ein Junge ist. Die anderen sind:

Ergebnis-Nr.	Kind 1	Kind 2	Kind 3	Kind 4
2	M	J	M	M
3	M	M	J	M
4	M	M	M	J

Die Wahrscheinlichkeit dieser möglichen Ergebnisse ist genauso zu ermitteln wie oben und sie ist genauso groß, d.h. jeweils <u>0,0625.</u>

4. Das betrachtete Ereignis tritt ein, wenn genau eines der aufgeführten 4 möglichen Ergebnisse eintritt. Es ist also zugänglich durch die logische Operation ihrer **Vereinigung**.

5. Seine Wahrscheinlichkeit ist deshalb durch **Addition** der Wahrscheinlichkeiten der möglichen Ergebnisse zu ermitteln. Da diese sich gegenseitig ausschließen, ist der **einfache Additionssatz** der Wahrscheinlichkeitsrechung anwendbar, d.h. formal:

   $W(E1 \cup E2 \cup E3 \cup E4) = W(E1)+W(E2)+W(E3)+W(E4) = 4*0{,}0625 = \underline{0{,}25}$

Die gesuchte Wahrscheinlichkeit beträgt also 1/4. Sie konnte im vorliegenden Fall auch wegen der einfachen Fragestellung, der kleinen Anzahl zu betrachtender Objekte und der gut zu handhabenden Daten noch durch logische Überlegungen und einfache Regeln der Wahrscheinlichkeitsrechnung direkt ermittelt werden. Wenn diese günstigen Bedingungen fehlen - und dies ist bei Aufgabenstellungen der Praxis meist der Fall -, ist es sehr hilfreich, ein geeignetes mathematisches Modell verfügbar zu haben, mit dem die Wahrscheinlichkeiten interessierender Ereignisse berechnet werden können. Das ist im vorliegenden Fall das Modell der Binomialverteilung, das nun auch formalisiert vorgestellt wird.

15.1.2 BERNOULLI-Experiment

Die Binomialverteilung geht auf den Schweizer Mathematiker BERNOULLI zurück, der sie im 17. Jahrhundert mit Zufallsexperimenten ermittelte. Dabei wurden von ihm eine Reihe **vereinfachender Annahmen** gemacht, die im Folgenden benannt und formalisiert werden. Deren inhaltliche Kenntnis ist wichtig zur Klärung der Anwendbarkeit dieses Verteilungstyps bei der Lösung praktischer Aufgaben, so auch bei unserem kleinen Einführungsbeispiel. Wir stellen deshalb zunächst die Charakteristika der nach Bernoulli benannten Zufallsexperimente vor:

- Betrachtet wird ein wiederholbarer Zufallsvorgang i, der n-Mal wiederholt wird.
  Im Einführungsbeispiel wird die Geburt eines lebenden Kindes als Zufallsvorgang angesehen. Das junge Paar plant 4 Kinder, also die 4-malige Wiederholung des Zufallsvorgangs „Kindergeburt" (n=4).

- Bei jedem einzelnen Zufallsvorgang i sind immer nur die **gleichen zwei Ergebnisse** möglich. Im Einführungsbeispiel sind dies die Ergebnisse „Junge" und „Mädchen". Wir bezeichnen sie hier ganz allgemein mit A und Ā. Da an den möglichen Ergebnissen eines Zufallsvorgangs in der Regel eine bestimmte Eigenschaft interessiert, kann man die betrachtete Eigenschaft auch als Zufallsvariable X_i auffassen, die nur zwei mögliche Werte annehmen kann: x=1, falls A und x=0, falls Ā eintritt. Eine solche spezielle Zufallsvariable heißt auch **dichotome Variable** oder **Dualvariable.** Dabei interessiert man sich im Allgemeinen nur für eines der beiden möglichen Ergebnisse bzw. nur für eine der beiden Realisationsmöglichkeiten der dichotomen Variablen und bezeichnet dessen Eintreten als **„Erfolg"**.
- Die **Wahrscheinlichkeit** für das interessierende Ergebnis bzw. die betrachtete Eigenschaft bei **einmaliger Durchführung** des Zufallsvorgangs ist **bekannt**. Im Einführungsbeispiel wird die Einzelwahrscheinlichkeit für die betrachtete Eigenschaft „Junge" aus relevanten Informationen über die Grundgesamtheit gewonnen - nämlich dem Anteil von lebend geborenen Jungen in Deutschland, der 50% sein soll. Ganz allgemein ist es aber unerheblich, über welchen Ansatz (siehe 13.1.3 Wahrscheinlichkeitsbegriffe) man zu dem numerischen Wert für die Wahrscheinlichkeit kommt. Sie wird in Fortführung der obigen Terminologie **als Erfolgswahrscheinlichkeit** bezeichnet.

  Wir formalisieren die Erfolgswahrscheinlichkeit ganz allgemein mit W(A) = π und die Wahrscheinlichkeit des Komplementärereignisses mit W(Ā) = **1-** π. Betrachtet man die Zufallsgröße X_i, so hat sie demzufolge ganz allgemein die Wahrscheinlichkeitsfunktion $f(x=1)=\pi$ und $f(x=0)=1-\pi$.
- Der Zufallsvorgang wird n-mal ohne gegenseitige Beeinflussung der einzelnen Wiederholungen durchgeführt, d.h. die Zufallsvorgänge i=1,..., n sind **voneinander unabhängig**. Das hat zur Folge, dass bei allen n Zufallsvorgängen eines Bernoulli-Experiments die oben genannten **Wahrscheinlichkeiten** nicht nur bekannt, sondern auch **konstant** sind. Im Einführungsbeispiel wurde die Unabhängigkeit der Zufallsvorgänge in der Sachstandsbeschreibung ausdrücklich benannt. Sie dürfte im vorliegenden Fall auch plausibel, wenngleich nicht selbstverständlich sein. In vielen praktischen Aufgabenstellungen ist sie jedoch nicht evident und auch nicht einfach und/oder zweifelfrei zu klären. Sie ist daher aus Anwendungssicht wohl die wichtigste Annahme der Binomialverteilung, deren ausreichende Erfüllung besonders beachtet werden sollte.

15.1.3 Herleitung der Biomialverteilung

Wird ein Bernoulli-Experiment durchgeführt, so geht es um die **Anzahl der Zufallsvorgänge**, bei denen das interessierende Ergebnis bzw. die betrachtete Eigenschaft eintritt. Diese Anzahl ist eine Zufallsvariable. Sie wird - wie jede Zufallsvariable - hier mit X symbolisiert, ihre möglichen Werte analog mit x. Im Einführungsbeispiel kann diese Anzahl 0, 1, 2, 3, oder 4 sein, ganz allgemein kann sie alle natürlichen Zahlen von 0 bis n annehmen. Sie ergibt sich durch Summation der Zufallsvariablen X_i über alle n durchgeführten Zufallsvorgänge i, formal:

$$X = \sum_{i=1}^{n} X_i$$

Im Einführungsbeispiel wird das spezielle Ereignis x=1 betrachtet und gefragt ist seine Wahrscheinlichkeit, formal W(x=1). Ganz allgemein betrachtet man alle möglichen Werte der Zufallsgröße und fragt nach deren Wahrscheinlichkeiten, formal W(X=x).

Bernoulli hat eine allgemein gültige Formel ermittelt, mit der die gefragten Wahrscheinlichkeiten ermittelt werden können. Dies ist die Formel der Binomialverteilung, die als Verteilungstyp im Allgemeinen mit **B** abgekürzt wird. Dabei sind die Wahrscheinlichkeiten der möglichen Werte der Zufallsgröße ganz wesentlich abhängig von zwei Größen, die das Bernoulli-Experiment spezifizieren:

- der Wiederholungszahl unabhängiger Zufallsvorgänge n, im Einführungsbeispiel 4
- der Erfolgswahrscheinlichkeit W(A)= π, im Einführungsbeispiel 0,5.

Diese Größen nennt man **Parameter** der Binomialverteilung und schreibt kurz: **B (n, π)**.

Unter Berücksichtigung der Parameter und ihrer Werte kann man die Frage nach den Wahrscheinlichkeiten möglicher Werte einer binomialverteilten Zufallsgröße X präziser formulieren und wie folgt notieren:

Allgemein: w(X=x/ n; π)	Einführungsbeispiel: w(x=1/ 4; 0,5)

Im Einführungsbeispiel hatten wir auf konventionellem Wege folgenden Berechnungsansatz entwickelt und zahlenmäßig umgesetzt:

w(x=1/ 4; 0,5) = 4 * 0,5 * 0,5 ^{3} = <u>0,25.</u>

Darin gibt das Produkt der letzten beiden Terme die Wahrscheinlichkeit für genau ein mögliches Ergebnis an, bei dem bei 4 Zufallsvorgängen einmal die betrachtete Eigenschaft auftritt. Sie ergibt sich aus der einmaligen Erfolgswahrscheinlichkeit und der dreimaligen Komplementärwahrscheinlichkeit, die hier wegen der speziellen Datenlage gleich groß sind. Der erste Term gibt die Anzahl aller möglichen Fälle an, in denen bei einem von 4 Zufallsvorgängen die betrachtete Eigenschaft auftritt. Im Einführungsbeispiel waren dies 4, die wir durch Überlegen leicht ermitteln konnten.

Man kann den Berechungsansatz des Einführungsbeispiels wie folgt verallgemeinern:

Das Produkt der letzten beiden Terme gibt dann die **Wahrscheinlichkeit für genau ein mögliches Ergebnis** an, in dem bei n Zufallsvorgängen x-mal die betrachtete Eigenschaft auftritt. Diese Wahrscheinlichkeit ist:

$$\pi^{x} * (1-\pi)^{n-x}$$

Der erste Term gibt die **Anzahl aller möglichen** Ergebnisse wieder, bei denen dies so ist. Dabei spielt die Reihenfolge, in der die x Zufallsvorgänge mit der betrachteten Eigenschaft auftreten, keine Rolle. Es sind also nur die **Kombinationen** zu berücksichtigen, deren Anzahl nach der Kombinatorik mit dem folgenden **Binomialkoeffizienten** zu ermitteln ist:

$$\binom{n}{x} = \frac{n!}{(n-x)!*x!} \quad \begin{cases} = 0 \text{ für } x>n \text{ und ganz} \\ = 1 \text{ für } x=0 \text{ und } n=x \end{cases}$$

Daraus ergibt sich für die Wahrscheinlichkeitsfunktion der Binomialverteilung folgende **allgemeingültige** Formel:

$$f(X=x/\,n;\,\pi) = \binom{n}{x} * \pi^{x} * (1-\pi)^{(n-x)} \quad \text{für } x = 0,1,\ldots,n.$$

15.1.4 Anwendung im Einführungsbeispiel

Wir verwenden jetzt das Modell der Binomialverteilung, um die Wahrscheinlichkeiten im Einführungsbeispiel zu ermitteln. Dazu sind zunächst die im Anwendungsfall gültigen Werte der Verteilungsparameter zu bestimmen. Im Einführungsbeispiel ist die Anzahl der Zufallsvorgänge 4 und die Erfolgswahrscheinlichkeit der bei jedem Zufallsvorgang betrachteten Eigenschaft „Junge“ 0,5, d.h. die Zufallsgröße „Anzahl von Jungen unter vier lebend geborenen Kindern“ ist binomialverteilt mit n=4 und π=0,5, formal: X: **B** (4 ; 0,5).

Berechnung der Wahrscheinlichkeiten

Die Wahrscheinlichkeitsfunktion dieser Binomialverteilung ist dann mit folgender Spezifikation der obigen allgemeingültigen Formel berechenbar:

$$f(X{=}x/\ 4;\ 0{,}5) = \binom{4}{x} * 0{,}5^{x} * (1-0{,}5)^{(4-x)} \quad \text{für } x = 0,1,\dots,4.$$

Die Berechnung ist in der folgenden Tabelle 15.1.4 nachvollziehbar dargestellt.

Anzahl Jungen	Wahrscheinlichkeit Formalisierung	1. Term Binomialkoeff.	2. Term	3. Term	Ergebnis
x	f(x / n; π)	$\binom{n}{x} = \frac{n!}{(n-x)!*x!}$	p^{x}	$(1-p)^{(n-x)}$	
0	f(0 /4; 0,5)	$\binom{4}{0} = 1$	$0{,}5^{0}$ = 1	$0{,}5^{4-0}$ = $0{,}5^{4}$ = 0,0625	1*1*0;0625 = 0,0625
1	f(1 /4; 0,5)	$\binom{4}{1} = \frac{4*3*2*1}{3*2*1*1} = 4$	$0{,}5^{1}$= 0,5	$0{,}5^{4-1}$ = $0{,}5^{3}$ = 0,125	4*0,5*0,125 = 0,25
2	f(2 /4; 0,5)	$\binom{4}{2} = \frac{4*3*2*1}{2*1*2*1} = 6$	$0{,}5^{2}$ = 0,25	$0{,}5^{4-2}$ = $0{,}5^{2}$ = 0,25	6*0,25*0,25 = 0,375
3	f(3 / 4; 0,5)	$\binom{4}{3} = \frac{4*3*2*1}{*1*3*2*1} = 4$	$0{,}5^{3}$ = 0,125	$0{,}5^{4-3}$ = $0{,}5^{1}$ = 0,5	4*0,125*0,5 = 0,25
4	f(4 / 4; 0,5)	$\binom{4}{4} = 1$	$0{,}5^{4}$ = 0,0625	$0{,}5^{4-4}$ = $0{,}5^{0}$ = 1	1*0,0625*1 = 0,0625

Tab. 15.1.4: Berechnung der binomialverteilten Wahrscheinlichkeitsfunktion im Einführungsbeispiel

Sonstige Ermittlung der Wahrscheinlichkeiten

Die konventionelle Berechnung von Wahrscheinlichkeiten einer binomialverteilten Zufallsgröße mit der obigen Formel wird umso aufwendiger, je größer n ist und umso schwieriger, je ungewöhnlicher und genauer π ist. Die Statistik stellt dem Anwender deshalb Tabellen zur Verfügung, aus denen man die Wahrscheinlichkeiten für mögliche Werte der Zufallsgröße in Abhängigkeit von gängigen Werten der Parameter n und π ablesen kann. So sind etwa in der im Anhang befindlichen Binomialverteilungstabelle die Wahrscheinlichkeitsfunktionen für $n \leq 10$ und $0{,}01 \leq \pi \leq 0{,}5$ enthalten. Die im Einführungsbeispiel benötigte Wahrscheinlichkeitsfunktion ist dort leicht ablesbar. Zudem gibt es statistische Funktionen in Anwendungssoftware, mit denen man die gewünschten Wahrscheinlichkeitsverteilungen rechnerunterstützt ermitteln kann. Dies kann nötig werden, wenn in den verfügbaren Tabellen die im Anwendungsfall relevanten Parameterwerte nicht enthalten sind. So gibt es auch in gängigen statistischen Tabellenwerken kaum Binomialverteilungstabellen für $n > 40$ und ungewöhnliche und sehr genaue Werte von π.

Präsentation der Wahrscheinlichkeitsverteilung
In der folgenden Abbildung 15.1.4 ist die ermittelte Wahrscheinlichkeitsfunktion des Einführungsbeispiels als Stabdiagramm anschaulich grafisch dargestellt.

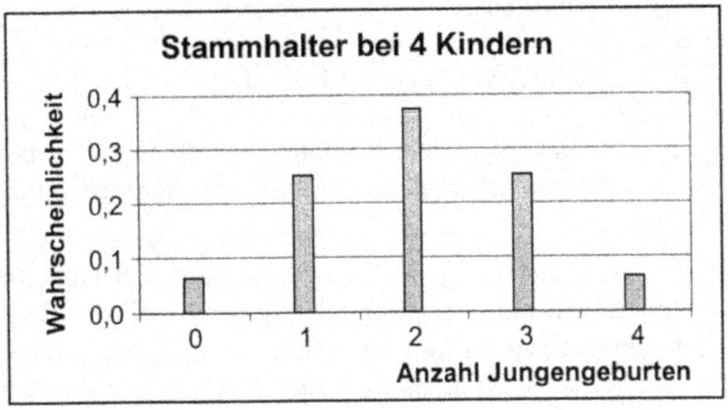

Abb. 15.1.4: Binomialverteilung im Einführungsbeispiel

Die Wahrscheinlichkeitsverteilung des Einführungsbeispiels ist vom Typ „eingipflig und symmetrisch". Die Symmetrie liegt an dem Wert des Parameters π, der hier 0,5 ist. Bei Parameterwerten kleiner als 0,5 ist die Verteilung rechtsschief, bei solchen größer als 0,5 linksschief.

15.1.5 Kenngrößen

Die Wahrscheinlichkeitsverteilung des Einführungsbeispiels kann - wie jede Wahrscheinlichkeitsverteilung - durch ihre Kenngrößen Erwartungswert und Varianz/Standardabweichung kompakt charakterisiert werden. Diese Kenngrößen kann man mit den in 14.4 angegebenen allgemein gültigen Formeln aus einer vorliegenden Wahrscheinlichkeitsfunktion berechnen. Es gibt aber auch die Möglichkeit, sie **analytisch direkt aus den Parametern des Verteilungstyps** zu ermitteln, was effizienter ist. Für die Kenngrößen der Binomialverteilung gelten folgende spezifische Formeln:

Erwartungswert:	$E(X)= n * \pi$
Varianz:	$V(X)= n * \pi (1- \pi)$

Im Einführungsbeispiel ist der Erwartungswert E(X)= 4*0,5=2, d.h. im Durchschnitt ist bei 4 Geburten mit 2 Jungengeburten zu rechnen. Die Varianz ist V(X)= 2*0,5 = 1 und die Standardabweichung $\sigma(X)= \sqrt{V(X)}= 1$. Auf die sachgerechte Interpretation dieser Werte wird im vorliegenden Fall verzichtet.

15.1.6 Approximation

Bei der mathematischen Grenzbetrachtung von $n \rightarrow \infty$ geht die Binomialverteilung in die wichtigste stetige Verteilung - die Normalverteilung - über. Eine für praktische Zwecke ausreichende Annährung findet bei endlichem n nur statt, wenn die Binomialverteilung nicht allzu schief ist, da die Normalverteilung symmetrisch ist (siehe nächstes Kapitel). Die Binomialverteilung wird umso schiefer, je kleiner oder je größer die Werte ihres Parameters π sind. Die für eine Approximation maximal zulässige Schiefe ist daher zu begrenzen. Dies geschieht durch folgende Approximationsregel (Schieferegel):

$$n* \pi *(1- \pi) \geq 9$$

Die Approximation der diskreten Binomialverteilung durch die stetige Normalverteilung wird im nächsten Kapitel behandelt.

15.2 Hypergeometrische Verteilung

15.2.1 Konzept und Operationalisierung

Von den Charakteristika des Bernoulli-Experiments, auf dem die Binomialverteilung basiert, ist die **Unabhängigkeit der Zufallsvorgänge** aus Anwendungssicht besonders wichtig und häufig auch problematisch. Dies gilt auch bei der Interpretation und Gestaltung von **Stichprobenentnahmen** als Zufallsexperimente (Zufallsstichproben). Hier kann man zwar durch Verwendung einer geeigneten Entnahmeart die Unabhängigkeit sicherstellen, nämlich durch die **Entnahme mit Zurücklegen**. In der Stichprobenpraxis sind jedoch Zufallsstichproben ohne Zurücklegen der Stichprobenelemente üblich.

Bei der **Entnahme ohne Zurücklegen** verändern sich mit jedem Zug Größe und Zusammensetzung der Grundgesamtheit. Damit verändert sich auch von Zug zu Zug der Anteil der Elemente in der Grundgesamtheit mit der betrachteten Eigenschaft und somit die Wahrscheinlichkeit, im nächsten Zug ein Element mit der betrachten Eigenschaft zu ziehen. Die einzelnen Züge sind also **voneinander abhängig** und die **Wahrscheinlichkeit ist nicht konstant**.

Führt man Zufallsexperimente durch, die bis auf die Unabhängigkeitsannahme alle Bernoulli-Charakteristika aufweisen, so ist die Zufallsgröße X „Anzahl der Zufallsvorgänge, bei denen das interessierende Ergebnis bzw. die betrachtete Eigenschaft auftritt", nicht mehr binomial, sondern exakt **hypergeometrisch** verteilt.

Formalisierung

Die hypergeometrische Verteilung wird im Allgemeinen mit **H** symbolisiert. Ihre Formel lässt sich ähnlich anschaulich herleiten wie die der Binomialverteilung, worauf hier verzichtet wird. Damit die als Charakteristikum genannten Veränderungen des Umfangs und der Zusammensetzung der Grundgesamtheit überhaupt mathematisch berücksichtigt werden können, braucht man mehr Informationen über die Grundgesamtheit als bei der Binomialverteilung. Man muss zusätzlich den Umfang und die Anzahl der Elemente in der Grundgesamtheit mit der betrachteten Eigenschaft kennen oder ermitteln können. Die hypergeometrische Verteilung hat deshalb außer dem **Parameter n** noch zwei weitere Parameter, nämlich:

- **M**: Anzahl der Elemente in der Grundgesamtheit mit der betrachteten Eigenschaft
- **N**: Größe der Grundgesamtheit

und wird hier wie folgt notiert: **H (n, M, N)**. Dabei entspricht das Verhältnis von M zu N auch dem aus der Binomialverteilung bekannten Anteil der Elemente in der Grundgesamtheit mit der betrachteten Eigenschaft, d.h. dem Parameter π = M/N. Für die Wahrscheinlichkeitsfunktion einer hypergeometrisch verteilten Zufallsgröße X gilt folgende allgemein gültige Formel:

$$f(X = x / n, M, N) = \frac{\begin{bmatrix} M \\ x \end{bmatrix} * \begin{bmatrix} N-M \\ n-x \end{bmatrix}}{\begin{bmatrix} N \\ n \end{bmatrix}} \quad \text{für } x = 0, 1, \ldots, n.$$

15.2.2 Anwendung am Einführungsbeispiel

An einer Hochschule umfasst das Lehr- und Prüfungsgebiet Statistik im Grundstudium 10 Themenbereiche. Bei der Vordiplomprüfung werden immer 4 Aufgaben gestellt, die aus verschiedenen Themenbereichen stammen und zufällig ausgewählt werden. Erfahrungsgemäß können Studierende eine Prüfungsaufgabe aus einem Themenbereich nur lösen, wenn sie sich in ihrer Prüfungsvorbereitung mit ihm beschäftigt haben, ansonsten nicht. Die Vordiplomprüfung ist bestanden, wenn von den 4 Aufgaben 2 gelöst wurden. Ein Student hat sich im Rahmen seiner

Prüfungsvorbereitung mit 6 Themenbereichen beschäftigt. Er will nun Chancen und Risken der anstehenden Prüfung kalkulieren. Vor allem interessiert ihn, mit welcher Wahrscheinlichkeit er die Prüfung bestehen wird.

Charakterisierung als Zufallsexperiment
Die Auswahl einer Prüfungsaufgabe ist ein **Zufallsvorgang**, die Auswahl aller Prüfungsaufgaben ein **Zufallsexperiment**, bei dem der Zufallsvorgang 4 mal wiederholt wird (**n=4**).

Aus der Sicht des Studierenden gibt es bei jeder der vier Prüfungsaufgaben nur **zwei mögliche Ergebnisse**: Entweder stammt die Aufgabe aus einem Themenbereich, den der vorbereitet hat, dann kann er sie lösen; oder sie stammt aus einem Themenbereich, den er nicht vorbereitet hat, dann kann er sie nicht lösen. Den Studierenden interessiert primär das Ergebnis „Aufgabe stammt aus vorbereitetem Themenbereich und kann gelöst werden", was ganz allgemein und auch hier zutreffend als **„Erfolg"** bezeichnet und mit **A** symbolisiert wird. Die Lösbarkeit einer Prüfungsaufgabe kann man auch als **Dualvariable** auffassen, wobei man allgemein und auch hier nur die mögliche Realisation „Erfolg" betrachtet und dies wie folgt formalisiert: x=1, falls A eintritt.

Die **Wahrscheinlichkeit** dafür, dass eine beliebige der zufällig ausgewählten Aufgaben aus einem Themenbereich stammt, den er vorbereitet hat, so dass er sie lösen kann, wird ganz allgemein als **Erfolgswahrscheinlichkeit** bezeichnet und mit π symbolisiert. Im vorliegenden Fall kann sie aus bekannten Angaben über die Anzahl aller möglichen Prüfungsthemenbereiche und die Anzahl der vom Studierenden vorbereiteten mit dem **logischen Ansatz der Wahrscheinlichkeitsrechnung** ermittelt werden. Bei 6 vorbereiteten Themenbereichen von insgesamt 10 möglichen beträgt sie 6/10= 0,6. Ganz allgemein braucht man Angaben über die Anzahl M der Elemente in der Grundgesamtheit mit der betrachteten Eigenschaft und über die Größe der Grundgesamtheit N, um die Erfolgswahrscheinlichkeit präzise angeben zu können, da $\boldsymbol{\pi = M/N}$.

Jede einzelne der zu Prüfungszwecken zufällig ausgewählten Aufgaben wird Bestandteil der Vordiplomprüfung und nach ihrer Auswahl nicht in den Aufgabenpool zurückgelegt. Es findet also eine Zufallsauswahl **ohne Zurücklegen** statt. Da jede Aufgabe aus einem Themenbereich stammt, verändern sich damit Größe und Zusammensetzung des Aufgabenpools, aus dem weitere Prüfungsaufgaben gezogen werden, so dass die einzelnen Ziehungen voneinander **nicht unabhängig** sind. Das ist der entscheidende Unterschied zu dem im vorigen Abschnitt behandelten Bernoulli-Experiment. Dadurch bleibt die **Wahrscheinlichkeit**, dass im Auswahlprozess eine Aufgabe aus einem Themenbereich gezogen wird, **nicht konstant**.

Der Studierende interessiert sich für die **Anzahl der Aufgaben** in der Vordiplomprüfung, die aus Themenbereichen kommen, auf die er sich vorbereitet hat und **die er** daher **lösen kann**. Ganz allgemein interessiert man sich für die Anzahl der Elemente mit der betrachteten Eigenschaft. Diese Größe ist eine Zufallsvariable, die im vorliegenden Werte von 0,..., 4, allgemein alle natürlichen Zahlen annehmen kann und daher **diskret** ist.

Bestimmung der Wahrscheinlichkeitsverteilung
Die den Studierenden interessierende Zufallsgröße ist diskret und sie ist wegen der Abhängigkeit der Zufallsauswahl der einzelnen Prüfungsaufgaben **hypergeometrisch** verteilt, d.h. vom Typ **H**. Um Wahrscheinlichkeiten für mögliche Werte der Zufallsgröße mit der vorne angegebenen Formel berechnen zu können, muss man die im Anwendungsfall zutreffenden **Parameterwerte** kennen. Im Einführungsbeispiel sind dies außer der Anzahl der Prüfungsaufgaben (n=4) noch die Anzahl der vorbereiteten (M=6) und die aller möglichen Prüfungsthemen (N=10). Die im Einführungsbeispiel konkret zu verwendende hypergeometrische Verteilung ist

also formal H (4; 6; 10) mit der Wahrscheinlichkeitsfunktion:

$$f(X=x/\,4,6,10)=\frac{\begin{bmatrix}6\\x\end{bmatrix}*\begin{bmatrix}10-6\\4-x\end{bmatrix}}{\begin{bmatrix}10\\4\end{bmatrix}} \quad \text{für } x=0,1,2,3,4$$

Berechnung der Wahrscheinlichkeiten
In der folgenden Tabelle 15.2.2 sind für das Einführungsbeispiel die Wahrscheinlichkeiten mit Hilfe der obigen Formel nachvollziehbar berechnet. Dabei ist der Nenner der Formel unabhängig von X und kann separat berechnet werden. Im Einführungsbeispiel ergibt sich:

$$\begin{bmatrix}10\\4\end{bmatrix}=\frac{10!}{(10-4)!*4!}=\frac{10!}{6!*4!}=\frac{10*9*8*7*6*5*4*3*2*1}{6*5*4*3*2*1*4*3*2*1}=\frac{10*9*8*7}{4*3*2*1}=210$$

Anz. lösb. Aufg.	Nenner	Zähler 1.Term	Zähler 2. Term	Ergebnis
x	$\begin{bmatrix}10\\4\end{bmatrix}$	$\begin{bmatrix}6\\x\end{bmatrix}$	$\begin{bmatrix}10-6\\4-x\end{bmatrix}=\begin{bmatrix}4\\4-x\end{bmatrix}$	
0	210	$\begin{bmatrix}6\\0\end{bmatrix}=1$	$\begin{bmatrix}4\\4\end{bmatrix}=1$	$\frac{1}{210}=0{,}00476$
1	210	$\begin{bmatrix}6\\1\end{bmatrix}=\frac{6!}{5!*1!}=\frac{6*5*4*3*2*1}{5*4*3*2*1*1}=6$	$\begin{bmatrix}4\\3\end{bmatrix}=\frac{4!}{1!*3!}=\frac{4*3*2*1}{1*3*2*1}=4$	$\frac{24}{210}=0{,}11429$
2	210	$\begin{bmatrix}6\\2\end{bmatrix}=\frac{6!}{4!*2!}=\frac{6*5*4*3*2*1}{4*3*2*1*2*1}=15$	$\begin{bmatrix}4\\2\end{bmatrix}=\frac{4!}{2!*2!}=\frac{4*3*2*1}{2*1*2*1}=6$	$\frac{90}{210}=0{,}42857$
3	210	$\begin{bmatrix}6\\3\end{bmatrix}=\frac{6!}{3!*3!}=\frac{6*5*4*3*2*1}{3*2*1*3*2*1}=20$	$\begin{bmatrix}4\\1\end{bmatrix}=\frac{4!}{3!*1!}=\frac{4*3*2*1}{3*2*1*1}=4$	$\frac{80}{210}=0{,}38095$
4	210	$\begin{bmatrix}6\\4\end{bmatrix}=\frac{6!}{2!*4!}=\frac{6*5*4*3*2*1}{2*1*4*3*2*1}=15$	$\begin{bmatrix}4\\0\end{bmatrix}=1$	$\frac{15}{210}=0{,}07143$

Tab. 15.2.2: Berechnung der hypergeometrischen Wahrscheinlichkeitsfunktion im Einführungsbeispiel

Sonstige Ermittlung der Wahrscheinlichkeiten
Die konventionelle Berechnung von Wahrscheinlichkeiten einer hypergeometrisch verteilten Zufallsgröße mit der obigen Formel ist bei vergleichbarer Datenlage immer aufwendiger als die einer Binomialverteilung. Sie wird umso aufwendiger, je größer die Werte der Parameter sind. Die Statistik stellt dem Anwender deshalb Tabellen zur Verfügung, aus denen man die Wahrscheinlichkeiten für mögliche Werte der Zufallsgröße in Abhängigkeit von gängigen Werten der Parameter ablesen kann. Da die hypergeometrische Verteilung einen Parameter mehr hat als die Binomialverteilung, sind die Tabellen komplizierter und erheblich umfangreicher. Für Lehrzwecke beschränkt man sie deshalb auf solche Wertebereiche der Parameter, wie sie in

typischen Lehr- und Prüfungsaufgaben vorkommen, d.h. auf sehr kleine N, M und n. Eine solche Tabelle mit $n \leq 5$, $2 \leq N \leq 6$ und $1 \leq M \leq 5$ befindet sich im Anhang. Die im Einführungsbeispiel benötigte Wahrscheinlichkeitsverteilung ist darin nicht enthalten, da N=10 > 6. Zudem gibt es spezifische Funktionen in Anwendungssoftware, mit denen man die benötigten Wahrscheinlichkeitsverteilungen rechnerunterstützt selbst ermitteln kann. Diese Möglichkeit ist nicht nur im Einführungsbeispiel, sondern in der Praxis generell sehr hilfreich.

Präsentation der Wahrscheinlichkeitsverteilung

In der folgenden Abbildung 15.2.2 ist die Wahrscheinlichkeitsfunktion des Einführungsbeispiels als Stabdiagramm anschaulich grafisch dargestellt. Sie ist vom Typ her eingipflig und asymmetrisch, und zwar. linksschief. Die Schiefe liegt an dem Anteilswert lösbarer Prüfungsaufgaben, der größer als die Hälfte ist.

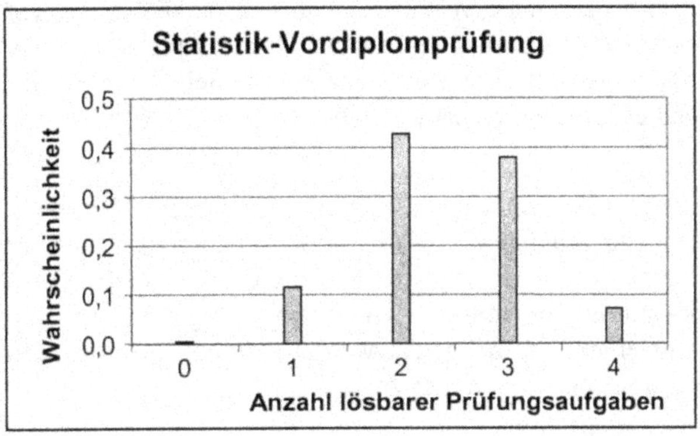

Abb. 15.2.2: Hypergeometrische Verteilung im Einführungsbeispiel

Ermittlung der gesuchten Wahrscheinlichkeit

Mit der Wahrscheinlichkeitsfunktion kann man die Frage beantworten, mit welcher Wahrscheinlichkeit der Studierende die Prüfung bestehen wird. Die Prüfung ist bestanden, wenn von den 4 Aufgaben mindestens 2 gelöst wurden. Dieses spezielle Ereignis tritt ein, wenn entweder 2 oder 3 oder 4 Prüfungsaufgaben gelöst werden. Die Einzelwahrscheinlichkeiten der involvierten Ereignisse kann man der Wahrscheinlichkeitsfunktion entnehmen. Sie betragen - auf 2 Stellen hinter dem Komma gerundet - W(x=2)=0,43, W(x=3)=0,38 und W(x=4)=0,07. Da die involvierten Ereignisse durch logisches ODER miteinander verknüpft sind, sind ihre Wahrscheinlichkeiten zu addieren. Da die involvierten Ereignisse sich gegenseitig ausschließen, ist der einfache Additionssatz anwendbar. Daraus ergibt sich:

$W(X \geq 2) = W(x=2)+W(x=3)+W(x=4) = 0{,}43+0{,}38+0{,}07 = \underline{0{,}88}$

Der Studierende wird die Prüfung mit einer hohen Wahrscheinlichkeit von ~88% bestehen.

15.2.3. Kenngrößen

Die Kenngrößen einer hypergeometrisch verteilten Zufallsgröße können aus ihrer Wahrscheinlichkeitsfunktion mit der in 14.4. angegebenen allgemein gültigen Formel berechnet werden. Es gibt aber auch die Möglichkeit, sie **analytisch direkt aus den Parametern der Verteilung** zu ermitteln, was effizienter ist. Für die Kenngrößen der hypergeometrischen Verteilung gelten folgende spezifischen Formeln:

Erwartungswert:	$E(X) = n^* M/N = n^* \pi$
Varianz:	$V(X) = n^* \pi ^*(1-\pi) ^* \frac{N-n}{N-1}$ Korrekturfaktor

Die Formel für die Varianz unterscheidet sich von der der Binomialverteilung nur durch den sogenannten **Korrekturfaktor für endliche Grundgesamtheiten**.

Im Einführungsbeispiel ist E(X)= 4*0,6= 2,4, d.h. der Studierende kann damit rechnen, dass er von den 4 Prüfungsaufgaben im Durchschnitt 2,4 wird lösen können. Die Varianz beträgt im Einführungsbeispiel:

$V(X) = 4 * 0{,}6 * 0{,}4 * \frac{10-4}{10-1} = 0{,}64$ und die Standardabweichung damit 0,8.

15.2.4 Approximation durch die Binomialverteilung

Die Approximation der hypergeometrischen Verteilung durch einen anderen Verteilungstyp ist nötig, wenn man einen oder mehrere ihrer Parameter nicht kennt und auch nicht plausibel ermitteln kann. Dies betrifft die Werte der Parameter M und N. Dabei ist in der Praxis vor allem häufig die Größe der Grundgesamtheit N unbekannt. Ergänzend ist es meist sinnvoll, Fragen nach bestimmten Wahrscheinlichkeiten mit einem einfacheren und leichter handhabbaren Verteilungstyp näherungsweise und effizienter zu beantworten.

Approximationsbedingung

Die mathematische Grenzbetrachtung zeigt, dass bei **N→ ∞** die hypergeometrische Verteilung in die Binomialverteilung übergeht. Eine für praktische Zwecke gute Annäherung findet für große Werte von N statt, wenn das Verhältnis von n zu N sehr klein ist. Je kleiner dieses Verhältnis - bei Stichproben als Auswahlsatz bezeichnet - ist, desto weniger bewirkt der Unterschied, dass gezogene Stichprobenelemente zurückgelegt werden, Unterschiede bei den Wahrscheinlichkeiten. Als Faustregel gilt folgende Auswahlsatzregel:

Auswahlsatz $n/N < 0{,}05$, d.h. 5%.

Die hypergeometrische Verteilung H(M, N, n) kann dann durch die Binomialverteilung B(n, π) ersetzt werden.

Anwendung im Einführungsbeispiel

Im Einführungsbeispiel ist eine Approximation nicht möglich, da der Auswahlsatz n/N= 4/10= 0,4 beträgt und damit nicht klein genug ist. Wir betrachten deshalb ergänzend als **weiteres Einführungsbeispiel** 3000 Studierende eines wirtschaftswissenschaftlichen Fachbereichs, von denen 600 ihren Lebensunterhalt vollständig aus eigenen Mitteln bestreiten. Wie groß ist die Wahrscheinlichkeit dafür, dass unter 50 zufällig ausgewählten Studierenden dieses Fachbereichs mindestens 10 und höchstens 15 sind, die ihr Studium vollständig selbst finanzieren ? Die Frage thematisiert die Anzahl der Studierenden in der Stichprobe, die ihr Studium vollständig selbst finanzieren und betrifft konkret ein Intervall und seine Wahrscheinlichkeit, formal:

$W(10 \leq x \leq 15)$

Bestimmung der exakten Wahrscheinlichkeitsverteilung

Die Frage kann mit der für die betrachtete Zufallsgröße in der Stichprobe gültigen Wahrscheinlichkeitsverteilung beantwortet werden. Dies ist hier vom Typ her **exakt** die **hypergeometrische Verteilung H**, da

- bei jedem Studierenden bzgl. der betrachteten Eigenschaft „Finanzierung des Studiums" nur zwei Ausprägungen möglich sind (Dualvariable),
- die Wahrscheinlichkeit für die interessierende Ausprägung „volle Selbstfinanzierung" bei einem zufällig ausgewählten Studierenden aufgrund von diesbezüglichen Informationen über die Grundgesamtheit bekannt ist: W(A)= 600/3000= 0,2,

- die Stichprobe ohne Zurücklegen gezogen wird, so dass die einzelnen Ziehungen nicht voneinander unabhängig und somit W(A) nicht konstant ist.

Die Parameterwerte der im Einführungsbeispiel gültigen konkreten hypergeometrischen Verteilung sind aus der Sachstandsbeschreibung bekannt, so dass formal gilt:

X: **H** (50, 600, 3000)

Mit dieser Verteilung kann man die gesuchte Wahrscheinlichkeit **exakt** ermitteln.

Ermittlung der exakten Wahrscheinlichkeiten

Die konventionelle Berechnung der Einzelwahrscheinlichkeiten für x= 10,...,15 mit der in 15.2.1 angegebenen Formel ist wegen der großen Parameterwerte kompliziert und extrem aufwendig und scheidet aus Anwendungssicht praktisch aus. Möglich wäre die Verwendung einer statistischen Verteilungstabelle, die allerdings für die vorliegenden ziemlich großen Parameterwerte in gängigen Tabellenwerken nicht enthalten sein dürfte. Gangbar ist die Verwendung einer durch **rechnergestützte Funktionen** selbst erzeugbaren Verteilungstabelle. Für den hier relevanten Wertebereich der Zufallsgröße von 0 bis 15 ist die Wahrscheinlichkeits- und Verteilungsfunktion in den ersten drei Spalten der folgenden rechnerunterstützt erstellten Tabelle 15.2.4 dargestellt. Darin sind die Wahrscheinlichkeiten mit einer Genauigkeit von 5 Stellen hinter dem Komma angegeben, was für praktische Zwecke mehr als ausreichend sein dürfte.

exakt: H (50, 600, 3000)			approx. B (50, 0,2)		Diff. H - B
x	f(x)	F(x)	f(x)	F(x)	f(x)
0	0,00001	0,00001	0,00001	0,00000	0,00000
1	0,00016	0,00018	0,00018	0,00001	-0,00001
2	0,00102	0,00120	0,00109	0,00009	-0,00007
3	0,00417	0,00537	0,00437	0,00050	-0,00020
4	0,01242	0,01779	0,01284	0,00211	-0,00042
5	0,02891	0,04670	0,02953	0,00705	-0,00062
6	0,05476	0,10146	0,05537	0,01939	-0,00061
7	0,08675	0,18821	0,08701	0,04526	-0,00026
8	0,11726	0,30547	0,11692	0,09160	0,00034
9	0,13733	0,44280	0,13641	0,16368	0,00092
10	0,14100	0,58380	0,13982	0,26220	0,00118
11	0,12813	0,71192	0,12711	0,38162	0,00102
12	0,10384	0,81576	0,10328	0,51099	0,00056
13	0,07553	0,89129	0,07547	0,63704	0,00006
14	0,04956	0,94086	0,04986	0,74808	-0,00030
15	0,02947	0,97033	0,02992	0,83692	-0,00044

Tab. 15.2.4: Exakte hypergeometrische und approximative Binomialverteilung im Einführungsbeispiel

Die gefragte Wahrscheinlichkeit erhält man entweder aus der Wahrscheinlichkeitsfunktion, indem man die relevanten Einzelwahrscheinlichkeiten addiert (in der Tabelle grau hinterlegt), oder aus der Verteilungsfunktion, indem man die Funktionswerte der Intervallgrenzen voneinander subtrahiert (in der Tabelle umrandete Felder). Die gesuchte Wahrscheinlichkeit beträgt exakt <u>0,52753</u>.

Approximation durch die Binomialverteilung

Die hypergeometrische Verteilung kann durch andere Verteilungen approximiert werden. Nach den obigen Ausführungen ist die Approximation durch die Binomialverteilung im vorliegenden Fall gut möglich, da der Auswahlsatz mit n/N= 50/3000= 0,00166 << 0,05 ist.

Die Binomialverteilung als Verteilungstyp hat allgemein die Parameter n und π, d.h. **B**(n, π).

Die Parameterwerte der approximativen Binomialverteilung sind aus denen der hypergeometrischen Verteilung zu übernehmen bzw. zu ermitteln. Für das Einführungsbeispiel ist n=50 und M/N= 600/3000= 0,2 und daher die folgende konkrete Binomialverteilung approximativ zu verwenden: B (50; 0,2). In der Tabelle 15.2.4 sind für den relevanten Wertebereich auch die Wahrscheinlichkeits- und die Verteilungsfunktion dieser Binomialverteilung dargestellt. Ermittelt man die gefragte Wahrscheinlichkeit wie oben beschrieben mit der approximativen Binomialverteilung, beträgt sie 0,52545. Betrachtet man die Abweichungen der exakten und approximativen Wahrscheinlichkeiten, so betragen sie bei der Frage des Einführungsbeispiels 0,002, d.h. empirisch interpretiert 0,2%. Bei den Einzelwahrscheinlichkeiten - in der Tabelle 15.2.4 in der letzten Spalte dargestellt - nehmen sie maximal die Größenordnung von 0,1% an. Allgemein bewegen sie sich bei Einhaltung der Approximationsbedingungen in Größenordnungen, die aus Anwendungssicht praktisch vernachlässigbar sein dürften.

12.2.5 Approximation durch die Normalverteilung

Auch die hypergeometrische Verteilung kann durch die wichtigste stetige Verteilung - die Normalverteilung - approximiert werden. Dabei gelten die hinter den bisherigen Approximationen stehenden Grundüberlegungen und -regeln - die Auswahlsatzregel und die Schieferegel - analog und kommen hier gemeinsam zur Anwendung.

1. n/N < 0,05 d.h. < 5%
2. n* π *(1- π) > 9

Die Approximation der diskreten hypergeometrischen Verteilung durch die stetige Normalverteilung wird im nächsten Kapitel behandelt.

15.3 Definitionen, Regeln, Symbole und Formeln

Bezeichnung	Symbol	Definition/Regel/Formel
Bernoulli-Experiment		
Zufallsvorgänge	i	=1,..., n
bei jedem Zufallsvorgang nur 2 mögliche Ergebnisse; Zufallsgröße mit zwei möglichen Realisationen (Dualvariable)	A, Ā X_i	x_1= 1, falls A eintritt x_2= 0, falls Ā eintritt
Wahrscheinlichkeit für interessierendes Ergebnis bzw. betrachtete Realisation bekannt (Erfolgswahrscheinlichkeit)	w(A) f(x=1)	= π
Zufallsvorgänge voneinander unabhängig → Erfolgswahrscheinlichkeit konstant	π	=konstant
Anzahl der Zufallsvorgänge, bei denen das interessierende Ergebnis bzw. die betrachtete Realisation auftritt	X	$\sum_{i=1}^{n} X_i$
Wertebereich von X	x	= 0, 1,..., n
Binomialverteilung	B	(n, π)
Parameter Anzahl der Zufallsvorgänge (Stichprobenumfang) Erfolgswahrscheinlichkeit	 n π	
Wahrscheinlichkeit für einen bestimmten Wert der Zufallsgröße (Einzelwahrscheinlichkeit)	W(X=x) f(X=x)	$= \binom{n}{x} * \pi^{x} * (1-\pi)^{(n-x)}$
Kenngrößen Erwartungswert Varianz	 E(X) V(X)	 = n * π = n * π * (1- π)

Bezeichnung	Symbol	Definition/Regel/Formel
Hypergeometrische Verteilung	H	(n, M, N)
Parameter Anzahl Zufallsvorgänge (Stichprobenumfang) Größe der Grundgesamtheit Anzahl der Elemente in der Grundgesamtheit mit der betrachteten Eigenschaft	 n N M	
Erfolgswahrscheinlichkeit	π	= M/N
Wahrscheinlichkeit für einen bestimmten Wert der Zufallsgröße (Einzelwahrscheinlichkeit)	w(X= x) f(X= x)	$= \dfrac{\binom{M}{x} * \binom{N-M}{n-x}}{\binom{N}{n}}$
Kenngrößen Erwartungswert Varianz	 E(X) V(X)	 = n* M/N = n* π $= n^* \pi *(1-\pi) * \dfrac{N-n}{N-1}$
Approximationen		
Hypergeometrische Verteilung durch Binomialverteilung Bedingung Parameter	H → B	 n/N < 0,05 M/N= π
Binomialverteilung durch Normalverteilung Bedingung	B → N	 n* π *(1- π) $\geq$ 9
Hypergeometrische Verteilung durch Normalverteilung Bedingungen	H → N	 1. n/N < 0,05 2. n* π *(1- π) $\geq$ 9

15.4 Übung

Fragen

F1. Welche wichtigen Typen diskreter Wahrscheinlichkeitsverteilungen kennen Sie ?

F2. Wie nennt man eine Zufallsgröße, die nur zwei mögliche Realisationen haben kann und was hat sie mit den oben genannten wichtigen diskreten Verteilungstypen zu tun ?

F3. Welches sind die Charakteristika eines Bernoulli-Experiments ?
Welches Charakteristikum ist aus Anwendungssicht häufig kritisch ?

F4. Wie erklären Sie sich die Bezeichnung „Binomialverteilung" ?

F5. Welche Parameter hat die Binomialverteilung und welche Werte können diese haben ?

F6. Welche typische Verteilungsform hat die Binomialverteilung bei festem n, wenn der Parameter π folgende Werte annimmt: 0,5, 0,25 und 0,75 ?

F7. Wie lauten die Formeln für Erwartungswert und Varianz einer Binomialverteilung ?

F8. Warum ist die Binomialverteilung die wohl wichtigste diskrete Wahrscheinlichkeitsverteilung ?

F9. Durch welche wichtige Verteilung kann man die Binomialverteilung unter welcher Bedin-gung approximieren ?

F10. Welche Anwendungsvoraussetzungen gelten für die Binomialverteilung und die hypergeometrische Verteilung gleichermaßen, welche nicht ?

F11. Welche Parameter hat die hypergeometrische Verteilung ?

F12. Vergleichen Sie die Parameter der hypergeometrischen Verteilung mit denen der Binomialverteilung. Welche Gemeinsamkeiten und Unterschiede stellen Sie fest ?

F13. Wie lauten die Formeln für Erwartungswert und Varianz der hypergeometrischen Verteilung ?

F14. Was ist der Korrekturfaktor für endliche Grundgesamtheiten ?
Bei welcher Kenngröße welchen Verteilungstyps ist er nötig ?

F15. Warum ist die Ermittlung von Wahrscheinlichkeiten einer hypergeometrisch verteilten Zufallsgröße mit konventionellen Mitteln (Berechnung mit Formel und Ablesen aus Tabelle) komplizierter und aufwendiger als bei einer binomialverteilten Zufallsgröße ?

F16. Durch welche wichtigen Verteilungen kann man die hypergeometrische Verteilung unter welchen Bedingungen approximieren ?

F17. Welcher der vorgestellten wichtigen diskreten Verteilungstypen kommt bei der Qualitätskontrolle typischerweise exakt, welcher approximativ zur Anwendung und warum ?

Aufgaben

Aufgabe „Basinfarmer"

Wenn der kaiserlich-deutsche Fußballspieler „Basinfarmer" in einem Spiel auf das gegnerische Tor schießt, erzielt er immer mit einer Wahrscheinlichkeit von 0,5 ein Tor. Die Europameisterschaften werden ausgetragen und Deutschland steht mit Basinfarmer im Endspiel. Im Basinfarmer-Fanclub in Obertutzingen wird das Spiel am Fernseher verfolgt. Wegen eines großen Gewitters in der Region bricht die Übertragung kurz nach Anpfiff zusammen. Man erfährt nur, dass Basinfarmer in dem Spiel 6 mal auf das gegnerische Tor geschossen hat. Man diskutiert heftig darüber, wie viele Tore Basinfarmer mit welcher Wahrscheinlichkeit geschossen haben könnte.

Aufgabenstelllungen

a. Welche Zufallsgröße X wird in dieser Diskussion betrachtet und welche Werte kann sie annehmen ?
b. Wie ist die betrachtete Zufallsgröße verteilt (Verteilungstyp, Parameter, Begründung) ?
c. Berechnen Sie mit der für die Verteilung gültigen Formel nachvollziehbar die Wahrscheinlichkeitsfunktion von X.
d. Stellen Sie die Wahrscheinlichkeitsfunktion in geeigneter Form grafisch dar und benennen Sie ihre Charakteristika.
e. Mit wie vielen Toren des Basinfarmer wird man in diesem Spiel rechnen können und wie aussagefähig ist dieser Wert im vorliegenden Fall ?
f. Wie groß ist die Wahrscheinlichkeit, dass Basinfarmer in dem Spiel
   1. kein Tor erzielt hat ?
   2. nicht mehr als ein Tor erzielt hat ?
   3. mehr als ein Tor erzielt hat ?
   4. durch den 4. Schuss ein Tor erzielt, wenn er durch die ersten 3 Schüsse kein Tor erzielt hat?
   5. durch den 5. und 6. Schuss genau zwei Tore erzielt, wenn er durch die ersten 4 Schüsse kein Tor erzielt hat ?

Aufgabe „Räumungsverkauf"

Ein Lieferant räumt zum Jahresende sein Lager und schickt an den Kunden K eine Lieferung von 10 Artikeln aus dem vereinbarten Sortiment, davon 5 minderer Qualität. Beim K findet im Wareneingang eine Qualitätskontrolle per Stichprobe statt. Dazu werden aus der Lieferung zufällig 3 Artikel entnommen und überprüft.

Aufgabenstellungen

a. Welche Zufallsgröße X soll in der Stichprobe als Prüfgröße verwendet werden und welche Werte kann sie annehmen ?

b. Wie ist die Prüfgröße exakt verteilt (Verteilungstyp, Parameter, Begründung) ?

c. Berechnen Sie mit der für die Verteilung gültigen Formel nachvollziehbar die Wahrscheinlichkeitsfunktion von X.

d. Stellen Sie die Wahrscheinlichkeitsfunktion in geeigneter Weise grafisch dar. Welche Charakteristika hat die Verteilung ?

e. Mit wie vielen minderwertigen Artikeln muss man in der Stichprobe im Durchschnitt rechnen und wie aussagefähig ist dieser Wert im vorliegenden Fall ?

f. Wie groß ist die Wahrscheinlichkeit, dass die Stichprobe...
- mindestens 1 und höchsten 2 Artikel minderer Qualität enthält ?
- bis zu 2 Artikel ohne Qualitätsmängel enthält ?

Aufgabe „Sonderangebot Glühbirnen“

Ein Produzent von Glühbirnen bietet einem Großhändler ein Los von 10.000 Stück als Sonderangebot besonders preiswert an, da 10% aller Glühbirnen wegen Fabrikationsfehlern defekt sein sollen. Der Großhändler macht seine Kaufentscheidung von dem Ergebnis einer Stichprobe von 40 Stück abhängig. Wenn mehr als 4 Glühbirnen in der Stichprobe defekt sind, will der das Sonderangebot ablehnen.

Aufgabenstellungen

a. Welche Zufallsgröße soll in der Stichprobe betrachtet werden (Prüfgröße) und welche Werte kann sie annehmen ?

b. Wie ist die Prüfgröße exakt verteilt (Verteilungstyp, Parameter, Begründung) ?

c. Lässt sich die exakte Wahrscheinlichkeitsverteilung durch eine andere **diskrete** Verteilung approximieren ? Unter welchen Bedingungen ist dies möglich und warum ist es sinnvoll ?

d. Berechnen Sie Erwartungswert und Varianz der approximativen Prüfverteilung. Was sagen die ermittelten Werte dem Händler im vorliegenden Fall ?

e. Wie groß ist approximativ die Wahrscheinlichkeit dafür, dass
   1. der Großhändler das Sonderangebot annimmt ?
   2. mehr als 10 defekte Glühbirnen in der Stichprobe sind ?
   3. zwischen 5 und 10 defekte Glühbirnen in der Stichprobe sind ?

f. Wie ändert sich die Kaufwahrscheinlichkeit, wenn der Anteil der defekten Glühbirnen nicht wie angegeben 10%, sondern tatsächlich 20% beträgt ?

16 Wichtige stetige Verteilungen

Die Statistik stellt eine große Vielfalt und -zahl stetiger Wahrscheinlichkeitsverteilungen als idealtypische, formale, mathematische Modelle zur Verfügung. Aus diesem Angebot kann der Anwender wählen, um die Wahrscheinlichkeitsverteilung der betrachteten kontinuierlichen oder von ihm als quasi-stetig modellierten Zufallsgröße möglichst adäquat abzubilden. In diesem Kapitel werden einige aus Anwendungssicht besonders wichtige stetige Verteilungstypen behandelt, die folgende Übersicht zeigt.

Stetige Verteilungstypen

Normalverteilung	**Chi-Quadrat-Verteilung**	**Studentverteilung**
• Dichtefunktion	• Zufallsgröße Chi-Quadrat	• Zufallsgröße T
• Verteilungsfunktion	• Dichtefunktion	• Dichtefunktion
• Standard-NV	• Kenngrößen	• Kenngrößen
• Hauptanwendungsgebiete	• Hauptanwendungsgebiete	• Hauptanwendungsgebiete

Im Zentrum steht dabei die **Normalverteilung**, die ausführlich - auch mit ihren Hauptanwendungsgebieten - behandelt wird. Ergänzend werden zwei weitere stetige Verteilungstypen einführend vorgestellt, die praktisch nur in Verbindung mit Zufallsstichproben vorkommen und deshalb zur Klasse von Wahrscheinlichkeitsverteilungen gehören, die als **spezielle Stichprobenverteilungen** bezeichnet werden. Stichprobenverteilungen sind die notwendige Grundlage der **Schließenden Statistik,** weshalb die Anwendung dieser Verteilungstypen erst im nächsten Teil ausführlich behandelt wird.

Die mathematische Statistik hat allgemeingültige Erkenntnisse darüber entwickelt, unter welchen Voraussetzungen eine Zufallsgröße welchem Verteilungstyp folgt und welche Beziehungen zwischen wichtigen Verteilungstypen bestehen. Diese Erkenntnisse sind aus Anwendungssicht von besonderer Bedeutung, wie bereits bei den diskreten Verteilungstypen besprochen und gezeigt. Die Normalverteilung nimmt dabei unter allen Wahrscheinlichkeitsverteilungen eine zentrale Stellung ein, weil ihr **praktisches Anwendungs- und ihr theoretisches Approximationspotenzial** besonders groß ist.

Zur **Ermittlung der numerischen Werte** einer stetigen Wahrscheinlichkeitsverteilung gibt es verschiedene Möglichkeiten. Im Gegensatz zu diskreten Verteilungen kann man bei stetigen Verteilungen dazu die **Rechenformeln** praktisch nicht benutzen, da deren Anwendung schon bei kleinen Aufgabenstellungen zu schwierig und arbeitsaufwendig ist. Üblich ist die Nutzung von **Verteilungstabellen**, die für wichtige Verteilungstypen und gängige Werte ihrer Parameter verfügbar sind. Für die hier behandelten Verteilungstypen befinden sich diese Tabellen im Anhang. Zudem gibt es spezifische statistische **Funktionen in Anwendungssoftware**, mit denen die Dichte- und Verteilungsfunktionen der Verteilungen rechnerunterstützt ermittelt werden können.

16.1. Normalverteilung

Die Normalverteilung ist wohl der bekannteste Verteilungstyp der Statistik überhaupt und wird im Allgemeinen mit **N** abgekürzt. Er ist nach einem seiner Entwickler - dem deutschen Mathematiker Gauß (1777-1855) - und nach dem glockenförmigen Erscheinungsbild seiner Dichtefunktion allgemein als **Gaußsche Glockenkurve** bekannt.

16.1.1. Dichtefunktion

Die Dichtefunktion der Normalverteilung hat die Formel:

$$f(x) = \frac{1}{\sigma * 2\sqrt{\pi}} * e^{-0{,}5 * \left(\frac{x-\mu}{\sigma}\right)^2}$$

f(x): Wahrscheinlichkeitsdichte
π : Kreiskonstante 3,14159...
e : Eulersche Zahl 2,71828...
x : Wert der Variablen X
μ : Erwartungswert von X
σ : Standardabweichung von X

Die Normalverteilung hat als **mathematischer Funktionstyp** eine Reihe von **charakteristischen Eigenschaften**, die man durch eine „Kurvendiskussion“ exakt nachweisen kann, worauf in dieser Einführung verzichtet wird. Man kann sie aber auch am Grafen der Dichtefunktion - der in der folgenden Abbildung 16.1.1-a als Prinzipienskizze dargestellten Glockenkurve - unschwer erkennen:

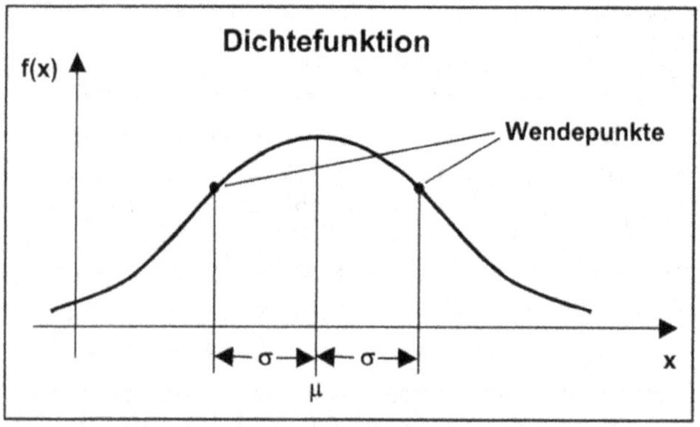

Abb. 16.1.1-a: Prinzipienskizze der Dichtefunktion der Normalverteilung

- Sie ist **eingipflig** und hat ihr Maximum an der Stelle x= μ.
- Sie ist **symmetrisch** und hat ihre Symmetrieachse an der Stelle x= μ.
- Sie hat **Wendepunkte** bei x= $\mu - \sigma$ und x= $\mu + \sigma$.
- Sie hat einen **unbegrenzten Definitionsbereich**, d.h. die möglichen Werte der Zufallsgröße liegen im Intervall $-\infty \leq x \leq \infty$
- Wenn X gegen ∞ bzw. $-\infty$ geht, nähern sich die beiden Äste der Kurve **asymptotisch** der X-Achse.

In der Formel der Dichtefunktion sind π und **e Konstante**, so dass die Dichte außer von x nur noch von μ und σ abhängig ist. Diese beiden Größen sind mithin die **Parameter** der Normalverteilung. Die Wahrscheinlichkeitsverteilung einer normalverteilten Zufallsgröße X wird von daher allgemein kurz wie folgt notiert: **X: N (μ, σ).**

Es gibt also nicht eine Normalverteilung, sondern eine große Zahl von Normalverteilungen, deren **konkrete Lage und Form** sich durch die Werte ihrer Parameter unterscheiden. In den folgenden Abbildungen 16.1.1-b und -c sind beispielhaft Normalverteilungen dargestellt, die sich einerseits nur durch den Wert von μ (Abbildung b), andererseits nur durch den von σ unterscheiden (Abbildung c). Wenn μ größer (kleiner) wird, wandert die Verteilung im Achsenkreuz nach rechts (links). Wenn σ größer (kleiner) wird, rücken die Wendepunkte auseinander (zusammen). Dabei wird die Glockenkurve breiter (schmaler) und zugleich flacher (steiler), da die Fläche unter der Dichtefunktion ja immer gleich groß sein muss, nämlich eins.

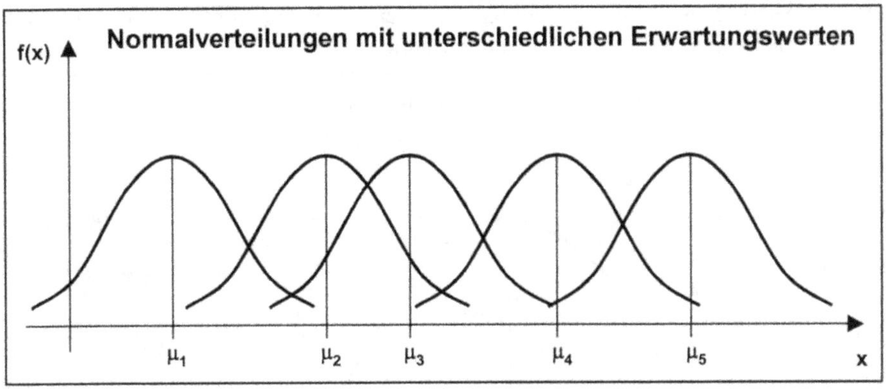

Abb. 16.1.1-b: Normalverteilungen mit unterschiedlichen Erwartungswerten und gleicher Standardabweichung

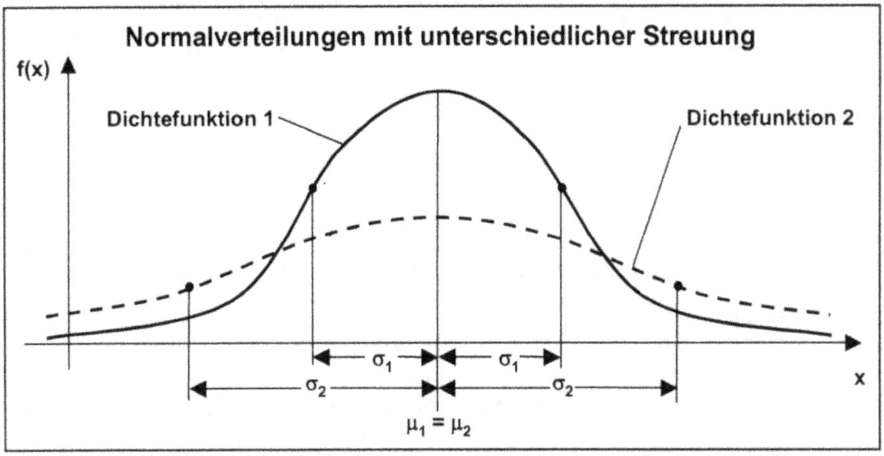

Abb. 16.1.1-c: Normalverteilungen mit dem gleichen Erwartungswert und unterschiedlicher Standardabweichung

Bestimmt man nun mit Hilfe der in 14.4 angegebenen Formeln ganz allgemein die **Kenngrößen** Erwartungswert und Varianz einer normalverteilten Zufallsgröße X, so erhält man:

$$E(X) = \mu \text{ und } V(X) = \sigma^2$$

Bei der Normalverteilung sind also die Verteilungs**parameter** und die Verteilungs**kenngrößen identisch**, ein aus Anwendungssicht sehr angenehmer Sachverhalt, der die Arbeit mit diesem Verteilungstyp in der Praxis sehr vereinfacht. Denn zum einen muss man die Kenngrößen nicht gesondert ermitteln, zum anderen kann man bekannte Werte der Kenngrößen direkt als Verteilungsparameter verwenden und hat damit sofort die im jeweiligen Anwendungsfall gültige Normalverteilung.

Ein weiterer aus Anwendungssicht wichtiger Aspekt besteht in der Wahrscheinlichkeit, mit der Werte der Zufallsgröße vom Erwartungswert nach oben und unten abweichen. Operationalisiert wird dieser Aspekt in der Regel durch symmetrische Intervalle um den Erwartungswert, sogenannte **zentrale Schwankungsintervalle**. Diese werden - ausgehend vom Erwartungswert - mit Hilfe der Standardabweichung konstruiert. Besondere Bedeutung haben dabei Intervalle, die mit dem ganzzahligen Vielfachen der Standardabweichung konstruiert sind, sogenannte **1-**,

2-, und 3-SIGMA-Intervalle. Diese Intervalle sind in der folgenden Abbildung 16.1.1-d mit ihren Wahrscheinlichkeiten als Prinzipienskizze dargestellt.

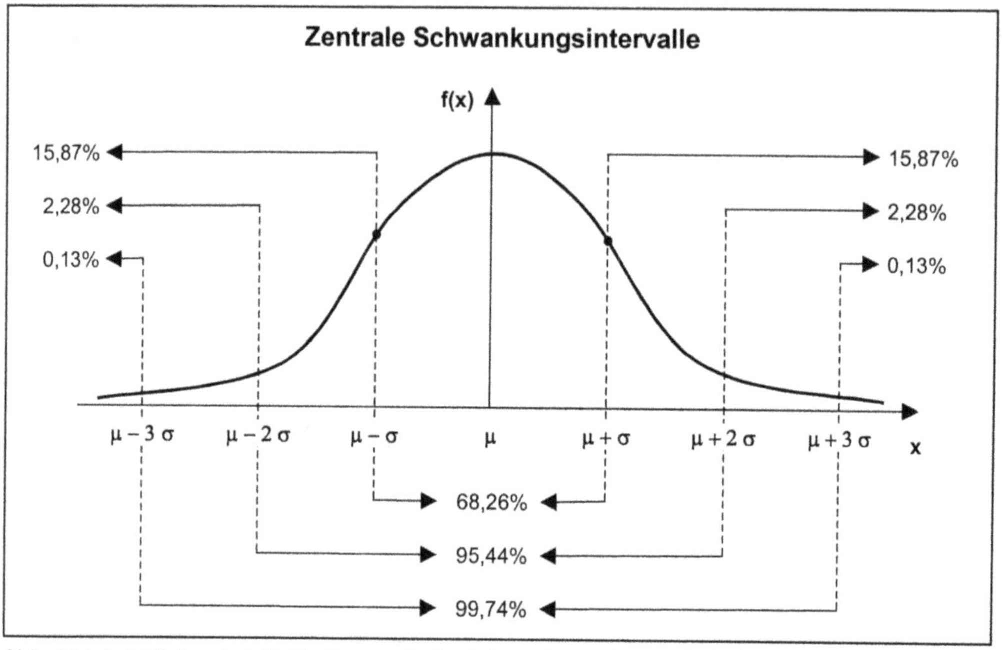

Abb. 16.1.1-d: Wahrscheinlichkeiten zentraler Schwankungsintervalle bei der Normalverteilung

16.1.2 Verteilungsfunktion

Wie bei allen stetigen Verteilungen wird auch bei der Normalverteilung die Wahrscheinlichkeitsimplikation über die Verteilungsfunktion bewerkstelligt. Die Verteilungsfunktion einer stetigen Zufallsgröße - abgekürzt mit F(x) - erhält man ganz allgemein durch Integration der Dichtefunktion f(x) (vgl. 14.3.3). Für die Verteilungsfunktion einer mit den Parametern μ und σ normalverteilten Zufallsgröße X gilt daher ganz allgemein folgende Formel:

$$F(x) = \int_{-\infty}^{x} \frac{1}{\sigma\sqrt{2\pi}} * e^{-0,5*\left(\frac{x-\mu}{\sigma}\right)^2} * dx$$

In der folgenden Abbildung 16.1.2 ist der Graf der Verteilungsfunktion als Prinzipienskizze dargestellt. Sie hat folgende charakteristische Eigenschaften:

- S-förmiger Verlauf.
- Wendepunkt beim Erwartungswert.
- Die Wahrscheinlichkeit für Werte der Zufallsgröße, die höchstens oder mindestens so groß wie der Erwartungswert sind, beträgt jeweils 0,5 bzw. 50%.

Die letztgenannte Eigenschaft ist aus Anwendungssicht von besonderer Bedeutung, da damit für grobe Wertebereiche einer nomalverteilten Zufallsgröße eine Aussage über die Größenordnung der Wahrscheinlichkeit gemacht werden kann, bevor man für präzise abgegrenzte Wertebereiche Wahrscheinlichkeiten im Detail ermittelt.

Die Verwendung der obigen Formel zur Ermittlung von Wahrscheinlichkeiten einer normalverteilten Zufallsgröße scheidet aus Anwendungssicht praktisch aus. Das hat man schon früh erkannt und die Ermittlung von Wahrscheinlichkeiten durch **Standardisierung und Tabellierung** wesentlich erleichtert.

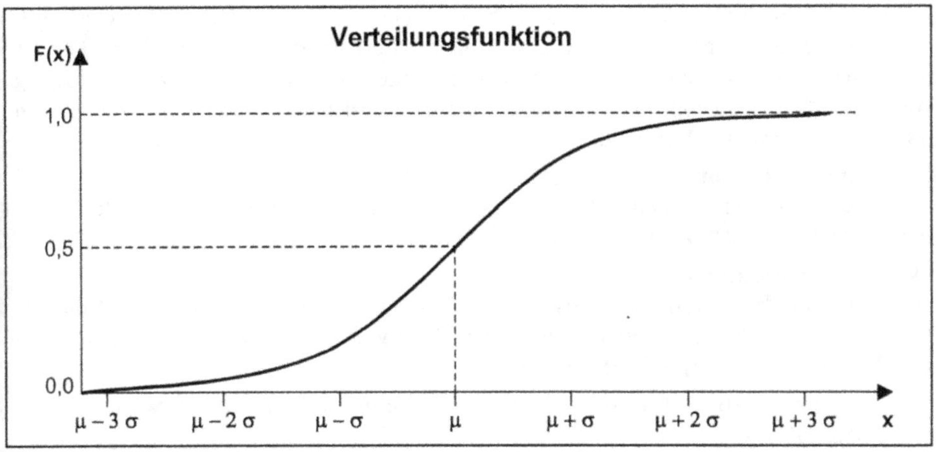

Abb. 16.1.2: Prinzipienskizze der Verteilungsfunktion der Normalverteilung

16.2 Standard-Normalverteilung

16.2.1 Standardisierung und Standard-Normalverteilungstabelle

Die Standardisierung ist eine spezifische Lineartransformation. Angewendet auf eine Zufallsgröße X hat sie folgende Formel (siehe Abschnitt14.4.4):

$$z = \frac{x - \mu}{\sigma}$$

mit X = Zufallsvariable
μ = Erwartungswert
б = Standardabweichung

Sie führt zu einer Zufallsgröße Z mit den Kenngrößen **E(Z)= 0** und **V(Z)= б(Z)= 1.**

Angewendet auf eine normalverteilte Zufallsgröße X:N(μ, б) führt sie zur Normalverteilung der Zufallsgröße **Z:N(0, 1), der Standard-Normalverteilung.** Im Gegensatz zu einer normalverteilten Zufallsgröße X, deren Wertebereich im Prinzip von - ∞ bis + ∞ gehen kann, ist der relevante Wertebereich von Z durch die Standardisierungsformel begrenzt auf das 3-Sigma-Intervall. In der folgenden Abbildung 16.2.1 ist die Standardisierung am Grafen der Dichtefunktion der Normalverteilung als Prinzipienskizze dargestellt.

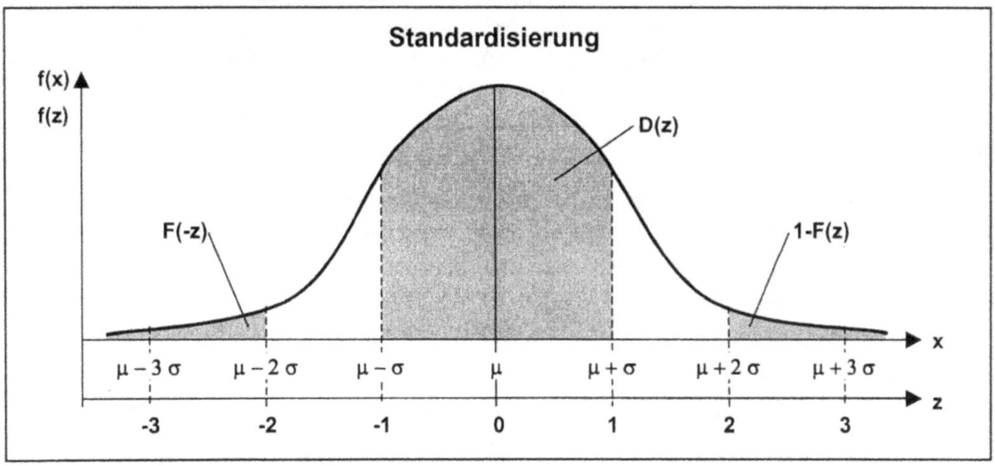

Abb. 16.2.1: Prinzipienskizze der Standardisierung

Jede spezifische Normalverteilung mit dem Erwartungswert μ und der Standardabweichung σ lässt sich durch Standardisierung leicht in die Standard-Normalverteilung überführen. Für die Standard-Normalverteilung stehen die Wahrscheinlichkeiten in Tabellenform zur Verfügung (siehe Anhang). Darin sind typischerweise folgende Funktionen tabelliert, die in der obigen Abbildung teilweise eingezeichnet sind:

- Die **Verteilungsfunktion F(z)**
  Sie gibt die Wahrscheinlichkeit dafür an, dass Z höchstens einen bestimmten Wert z annimmt, formal: $W(Z \leq z) = F(z)$.
- Die **Verteilungsfunktion F(-z)**
  Sie resultiert aus der Symmetrieeigenschaft der Normalverteilung und ermöglicht die Ermittlung von Wahrscheinlichkeiten für negative Werte von Z, auch wenn diese nicht tabelliert sind, formal: $W(Z \leq -z) = F(-z) = \mathbf{1 - F(z)}$.
- Die Fläche unter der **Dichtefunktion** für symmetrische Intervalle um den Erwartungswert, häufig notiert mit **D(z)**.

Die Dichtefunktion D(z) ist relevant für **alle zentralen Schwankungsintervalle**. Solche mit dem ganzzahligen Vielfachen der Standardabweihung hatten wir als sogannnte SIGMA-Intervalle bereits kennen gelernt (s. Abb. 16. 1.1-d). Sie lassen sich natürlich auch mit nicht ganzzahligen Werten der Standardabweichung bilden. Sie entstehen auch, wenn man nach dem Bereich fragt, in dem eine normalverteilte Zufallsgröße um ihren Erwertungswert herum mit einer bestimmten Wahrscheinlichkeit bzw. Sicherheit liegt. Dabei sind in der Praxis bestimmte **Sicherheitsniveaus** üblich, die mit ihren Z-Werten in der folgenden Übersicht zusammengestellt sind.

Wahrscheinlichkeit (%)	50	60	70	80	90	95	99
Wert von Z	0,675	0,8416	1,0364	1,28	1,645	1,96	2,58

Diese werden wir vor allem bei der Verwendung der Normalverteilung als Stichprobenverteilung in der schließenden Statistik des Öfteren verwenden.

Wir stellen die Verwendung der Normalverteilung und insbesondere die Ermittlung von Wahrscheinlichkeiten mit der Standard-Normalverteilung an folgendem **Einführungsbeispiel** dar: Die **Lebensdauer eines bestimmten PKW-Typs** sei normalverteilt mit einem Mittelwert von 10 Jahren und einer Standardabweichung von 2 Jahren. Einen potenziellen Käufer dieses PKW-Typs interessieren Einzelheiten zur Lebensdauer und ihrer Wahrscheinlichkeit. Dazu betrachtet er die Zufallsgröße X „Lebensdauer eines zufällig ausgewählten PKW dieses Typs", die normalverteilt ist mit $\mu=10$ (Jahre) und $\sigma= 2$ (Jahre), d.h. **X: N (10; 2)**. Dabei interessiert er sich zum einen für die Wahrscheinlichkeiten bestimmter Lebensdauern, zum anderen für die Bereiche, in denen die Lebensdauer mit vorgegebenen Wahrscheinlichkeiten liegen wird (Sicherheitswahrscheinlichkeit).

16.2.2 Wahrscheinlichkeitsermittlung vorgegebener Wertebereiche

Wie groß ist die Wahrscheinlichkeit, dass ein zufällig ausgewählter PKW dieses Typs

a. zum einen höchstens 13, zum anderen höchstens 8 Jahre

b. zum einen mindestens 9, zum anderen mindestens 12 Jahre

c. zwischen 9 und 13 Jahre

d. zwischen 8 und 12 Jahre

alt wird ? Zur Beantwortung der Fragen ist die obige Normalverteilung von X mit der Standardisierungsformel in die Standard-Normalverteilung von Z zu überführen. Aus der Standard-Normalverteilungstabelle sind dann die gefragten Wahrscheinlichkeiten ermittelbar.

a. W(X≤ 13) und W(X≤ 8)

Gefragt ist nach den Wahrscheinlichkeiten für Werte der Zufallsgröße in **einseitig, nach oben hin abgegrenzten Intervallen**. Durch Standardisierung ermittelt man als obere Intervallgrenzen:

$$Z = \frac{X-\mu}{\sigma} = \frac{13-10}{2} = \frac{3}{2} = 1{,}5$$

$$Z = \frac{X-\mu}{\sigma} = \frac{8-10}{2} = \frac{-2}{2} = -1{,}0$$

Damit entsprechen den ursprünglichen Fragestellungen in der Standard-Normalverteilung die Fragestellungen **W(Z≤ 1,5)** und **W(Z≤ -1,0)**. Sie sind in der folgenden Abbildung 16.2.2-a als Flächen unter der Glockenkurve anschaulich dargestellt. Sie sind in der Standard-Normalverteilungstabelle direkt ablesbar unter der Verteilungsfunktion F(**1,5**)= **0,9332** und F(**-1,0**)= **0,1587.**

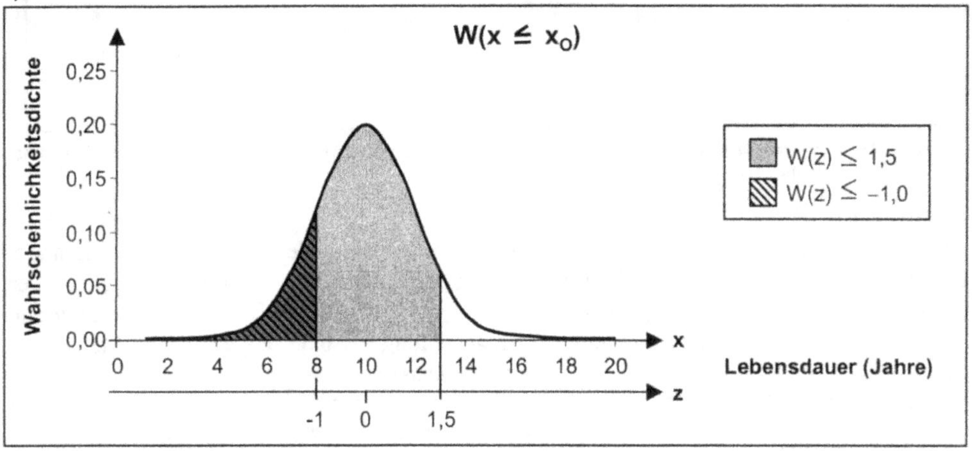

Abb. 16.2.2-a: Wahrscheinlichkeit von nach oben begrenzten Intervallen im Einführungsbeispiel

b. W(X≥ 9) und W(X≥ 12)

Gefragt ist nach den Wahrscheinlichkeiten für Werte der Zufallsgröße in **einseitig, nach unten hin abgegrenzten Intervallen**. Durch Standardisierung ermittelt man als untere Intervallgrenzen:

$$Z = \frac{X-\mu}{\sigma} = \frac{9-10}{2} = -\frac{1}{2}$$

$$Z = \frac{X-\mu}{\sigma} = \frac{12-10}{2} = -\frac{2}{2} = 1{,}0$$

Damit entsprechen den ursprünglichen Fragestellungen in der Standard-Normalverteilung die Fragestellungen **W(Z≥ - 0,5)** und **W(Z≥ 1,0)**. Sie sind in der folgenden Abbildung 16.2.2-b als Flächen unter der Glockenkurve anschaulich dargestellt.

Die Wahrscheinlichkeiten sind in der Standard-Normalverteilungstabelle unter der Verteilungsfunktion F(z) **nicht direkt ablesbar**, aber über die **Komplementärwahrscheinlichkeit** unschwer ermittelbar, da ganz allgemein gilt:

W(Z≥ z) = 1- W(Z≤ z) = 1- F(z)

Im Einführungsbeispiel ermittelt man:

W(Z≥ - 0,5) = 1- W(Z≤ -0,5) = 1- F(-0,5)= 1- 0,3085 = **0,6915**

W(Z≥ 1,0) = 1- W(Z≤ 1,0) = 1- F(1,0)= 1- 0,8413 = **0,1587**.

Wegen der Symmetrieeigenschaft der Normalverteilung kann man die Wahrscheinlichkeit im letzten Fall auch schneller direkt unter F(-z) ablesen: F(-1,0)= **0,1587.**

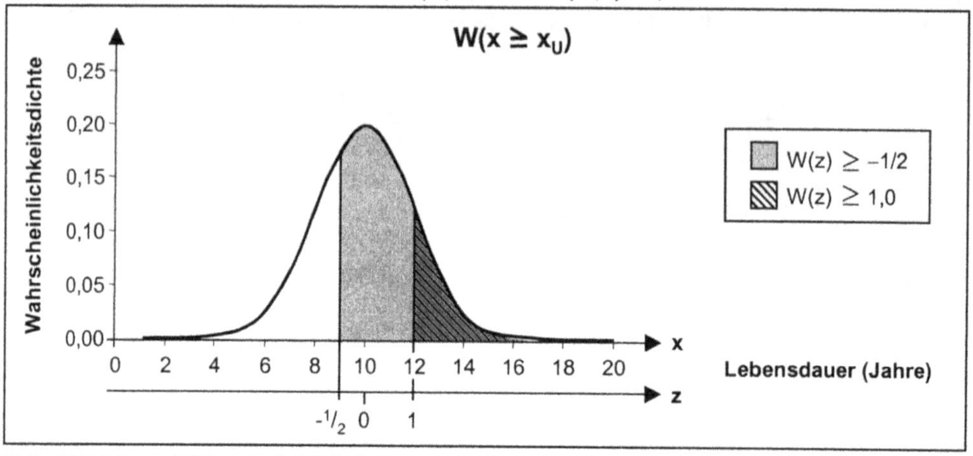

Abb. 16.2.2-b: Wahrscheinlichkeiten von nach unten begrenzten Intervallen im Einführungsbeispiel

c. W(9≤ x ≤ 13)

Gefragt ist nach der Wahrscheinlichkeit für Werte der Zufallsgröße in einem **beidseitig abgegrenzten Intervall.** Dabei sind die Intervallgrenzen bereits aus den vorherigen Fragestellungen bekannt, so dass Standardisierung nicht mehr nötig ist. Der ursprünglichen Fragestellung entspricht in der Standard-Normalverteilung die Fragestellung **W(-0,5 ≤ z ≤ 1,5)**. Sie ist in der folgenden Abbildung 16.2.2-c als Fläche unter der Glockenkurve anschaulich dargestellt.

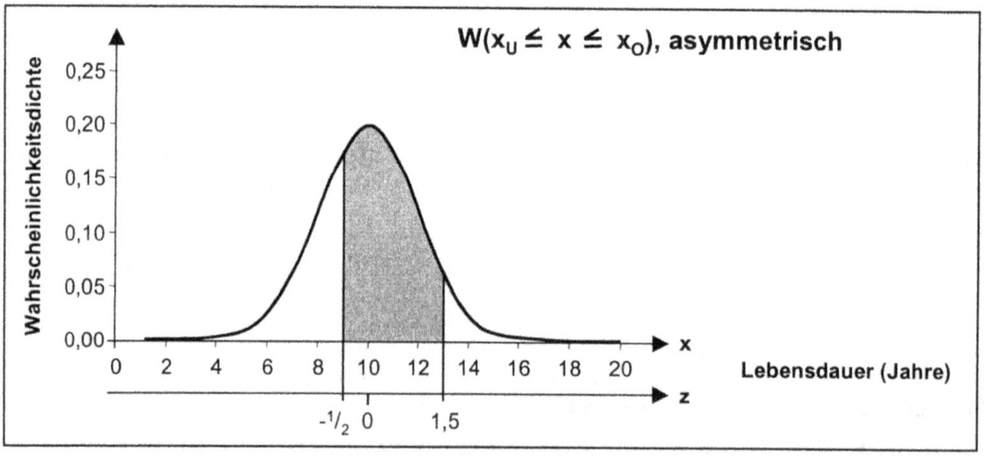

Abb. 16.2.2-c: Wahrscheinlichkeit für ein beidseitig begrenztes Intervall im Einführungsbeispiel

Die gesuchte Wahrscheinlichkeit ermittelt man in der Standard-Normalverteilungstabelle durch Subtraktion des Verteilungsfunktionswertes der unteren Intervallgrenze von dem der oberen Intervallgrenze, formal: **F(1,5) - F(-0,5)** = 0,9332 – 0,3085 = **0,6247**.

d. W(8≤ x ≤ 12)

Gefragt ist nach der Wahrscheinlichkeit für Werte der Zufallsgröße in einem beidseitig abgegrenzten, symmetrischen Intervall um den Erwartungswert. Dabei sind die Intervallgrenzen bereits aus den vorherigen Fragestellungen bekannt, so dass Standardisierung nicht mehr nötig ist. Der ursprünglichen Fragestellung entspricht in der Standard-Normalverteilung die Fragestellung W(-1,05 ≤ z ≤ 1,0). Sie ist in der Abbildung 16.2.2 -d als Fläche unter der Glockenkurve anschaulich dargestellt.

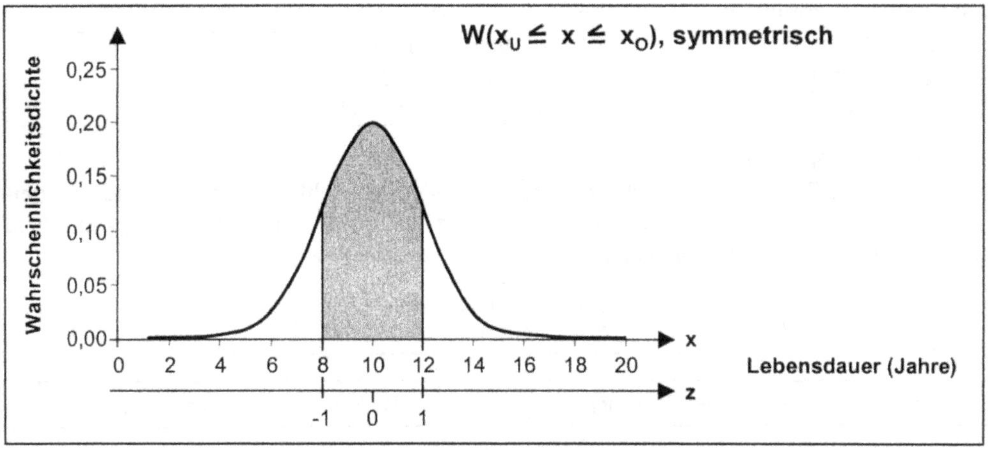

Abb. 16.2.2-d: Wahrscheinlichkeit für ein beidseitig begrenztes, symmetrisches Intervall im Einführungsbeispiel

Die gesuchte Wahrscheinlichkeit ermittelt man mit Hilfe der Standard-Normalverteilungstabelle entweder wie oben oder liest sie einfacher über die Funktion D(z) direkt ab: D(1,0) = 0,6827.

16.2.3 Wertebereichsermittlung bei vorgegebenen Wahrscheinlichkeiten

Wie groß ist…

a. die Lebensdauer, die mit einer Wahrscheinlichkeit von 0,95 nicht überschritten wird ?
b. die Lebensdauer, die mit einer Wahrscheinlichkeit von 0,9 nicht unterschritten wird ?
c. der symmetrische Lebensdauerbereich rund um den Erwartungswert, in dem das Fahrzeug mit einer Wahrscheinlichkeit von 0,5 liegt ?

a. $W(X \leq x_o)$ standardisiert $W(Z \leq z_o) = F(z_o) = 0{,}95$

In der Tabelle der Standard-Normalverteilung ist unter **F(z)** der gesuchte Wert $\mathbf{z_o}$ durch Interpolation ermittelbar, der einer Wahrscheinlichkeit von 0,95 entspricht. Dies ist $\mathbf{z_o = 1{,}645}$. Durch Umformung der Standardisierungsformel kann man den korrespondierenden Wert $\mathbf{x_o}$ wie folgt ermitteln:

allgemein:	Einführungsbeispiel:
$z_o = \frac{x_o - \mu}{\sigma} \Rightarrow x_o = \mu + z_o *$	$x_o = 10 + 1{,}645 * 2 = 13{,}29$

b. $W(X \geq x_u)$ standardisiert $W(Z \geq z_u) = 1 - F(z_u) = 0{,}90$

In der Tabelle der Standard-Normalverteilung ist unter **F(-z)** der gesuchte Wert $\mathbf{z_u}$ durch Interpolation ermittelbar, der einer Wahrscheinlichkeit von 0,1 entspricht. Dies ist $\mathbf{z_u = -1{,}288}$. Durch Umformung der Standardisierungsformel ermittelt man den korrespondierenden Wert $\mathbf{x_u}$

allgemein:	Einführungsbeispiel:
$z_u = \frac{x_u - \mu}{\sigma} \Rightarrow x_u = \mu - z_u * \sigma$	$x_u = 10 - 1{,}288 * 2 = 7{,}42$

c. $\mathbf{W(\mu - c^* \sigma \le x \le \mu + c^* \sigma)}$ **standardisiert** $\mathbf{W(-c \le z \le +c)}$

In der Tabelle der Standard-Normalverteilung ist unter **D(z)** der gesuchte Wert c durch Interpolation ermittelbar, der einer Wahrscheinlichkeit von 0,5 entspricht. Dies ist **c= 0,675.** Durch Umformung der Standardisierungsformel kann man die korrespondierenden Intervallgrenzen x_u und x_o wie folgt ermitteln:

allgemein:	Einführungsbeispiel:
$\mathbf{x_u} = \mu - \mathbf{c}^* \sigma$	$\mathbf{x_u}$= 10- 0,675*2= 8,675
$\mathbf{x_o} = \mu + \mathbf{c}^* \sigma$	$\mathbf{x_o}$= 10+0,675*2= 11,35

16.3 Hauptanwendungsgebiete

Die Normalverteilung ist nicht nur der bekannteste, sondern wohl auch der wichtigste Verteilungstyp der Statistik. Dafür gibt es viele Gründe. Die aus Anwendungssicht wichtigsten führen zu zwei Hauptanwendungsgebieten, die im Folgenden behandelt werden.

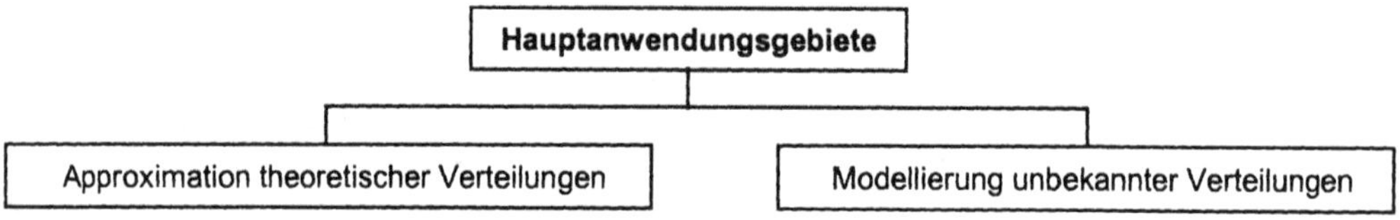

16.3.1 Approximation theoretischer Verteilungen

Bei der Behandlung wichtiger diskreter Verteilungen im letzten Kapitel wurde bereits festgestellt, dass es häufig möglich ist, einen Verteilungstyp unter bestimmten Voraussetzungen mit einer für praktische Zwecke meist ausreichenden Genauigkeit durch einen anderen anzunähern (zu approximieren). Die theoretische Grundlage dafür sind mathematische Grenzbetrachtungen. Die mathematische Statistik hat viele Verteilungstypen solchen Grenzbetrachtungen unterzogen und dabei festgestellt, dass die wichtigsten sich durch die **Normalverteilung** approximieren lassen. Dies dürfte der Hauptgrund für die herausragende Stellung der Normalverteilung unter den Wahrscheinlichkeitsverteilungen sein.

In der folgenden Abbildung 16.3.1 sind die Approximationsmöglichkeiten der in dieser Einführung behandelten theoretischen Verteilungen übersichtlich zusammengestellt. Darin sieht man neben Approximationsmöglichkeiten diskreter Verteilungen untereinander, die bereits im letzten Kapitel behandelt wurden, dass sie auch durch die **stetige Normalverteilung** approximierbar sind, was in diesem Abschnitt behandelt wird. Ergänzend sieht man, dass weitere wichtige Verteilungstypen, die erst in den nächsten Abschnitten vorgestellt werden, durch die Standard-Normalverteilung approximierbar sind.

Die Abbildung ist im Einzelnen wie folgt zu lesen: In den Rechtecken mit durchgezogenem Rand befinden sich die jeweiligen Ausgangs- und Approximationsverteilungen mit Namen und Symbolen für die Zufallsgröße, den Verteilungstyp und die Verteilungsparameter. Die Pfeile kennzeichnen die aufgrund von mathematischen Grenzbetrachtungen zulässigen Approximationen. In den Rechtecken mit gestricheltem Rand befinden sich wichtige Angaben zur Approximation. Im oberen Teil stehen immer die Approximationsbedingungen. Im unteren Teil stehen bei gleich bleibender Zufallsgröße die Formeln zur Berechung der Parameter der Approximationsverteilung aus denen der Ausgangsverteilung, ansonsten die Transformationsformeln für die Zufallsgrößen.

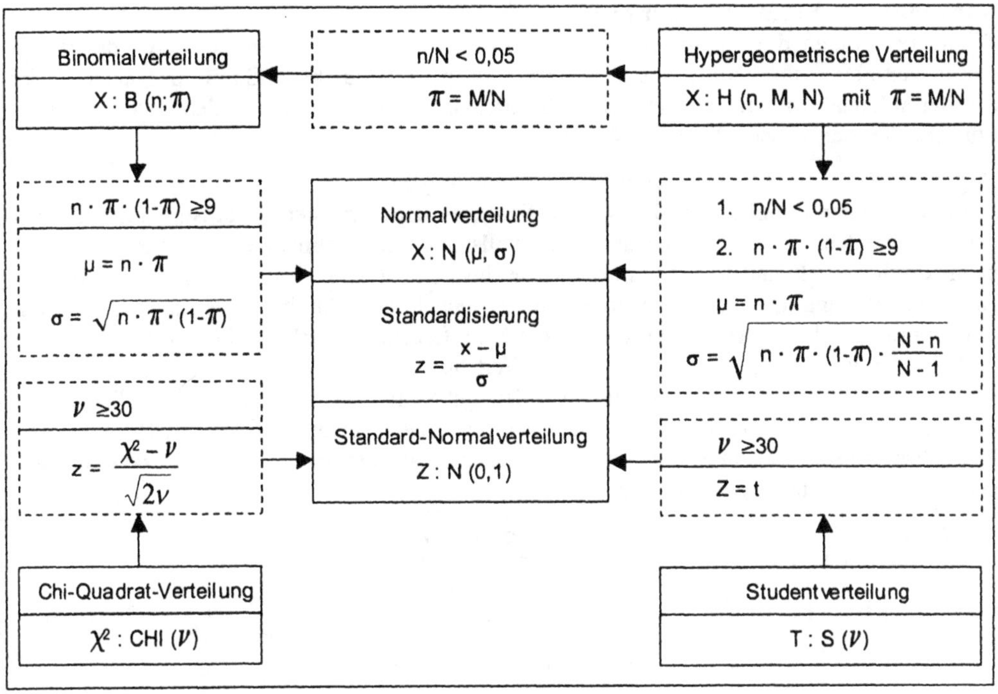

Abb. 16.3.1: Approximationsmöglichkeiten wichtiger Verteilungen

Approximation diskreter Verteilungen

Bei der Approximation einer diskreten Verteilung durch eine stetige Verteilung ist ganz allgemein zu beachten, dass die Wahrscheinlichkeit für einen bestimmten Wert der Zufallsvariablen im diskreten Fall immer größer, im stetigen Fall dagegen immer NULL ist. Um die Wahrscheinlichkeit für einen bestimmten Wert einer diskreten Verteilung - d.h. $W(X=x_i)$ - durch eine stetige Approximationsverteilung zu ermitteln, ist daher die Wahrscheinlichkeit für ein **Intervall** zu bestimmen, in dessen Mitte der Variablenwert x_i liegt. Bei den behandelten diskreten Verteilungen ist die Zufallsvariable immer **ganzzahlig** und das Intervall hat daher die Intervallgrenzen:

$x_u = x_i - 0{,}5$ und $x_o = x_i + 0{,}5$

Bei der approximativen Berechnung der Wahrscheinlichkeit für **Intervalle einer ganzzahligen Variablen** ist diese Korrektur auf die Intervallgrenzen anzuwenden, wodurch diese sich entsprechend verlagern, so dass gilt:

diskrete Ausgangsverteilung	stetige Approximationsverteilung
$W(x_i \le X \le x_j)$	$W(x_i - 0{,}5 \le X \le x_j + 0{,}5)$

Dies bezeichnet man als **Stetigkeitskorrektur**.

Die Wahrscheinlichkeit für das korrigierte Intervall ermittelt man wie üblich über die Subtraktion der Funktionswerte der Verteilungsfunktion, d.h. formal:

$F_X(x_j+0{,}5) - F_X(x_i-0{,}5)$

Anwendung am Einführungsbeispiel

Wir demonstrieren die Approximation einer exakten diskreten Verteilung durch die stetige Normalverteilung am bereits aus dem letzten Kapitel **bekannten** Einführungsbeispiel der **Studierenden eines wirtschaftswissenschaftlichen Fachbereichs**, bei dem 600 von 3000 Studierenden sich vollständig selbst finanzieren.

Bestimmung des Verteilungstyps und seiner Parameterwerte

Die dort in einer Zufallsstichprobe von 50 Studierenden betrachtete Zufallsgröße X „Anzahl der Studierenden, die ihren Lebensunterhalt vollständig selbst finanzieren" ist exakt hyper - geometrisch verteilt und konnte, da der Auswahlsatz sehr klein war, gut durch die diskrete Binomialverteilung approximiert werden. Sie ist jedoch auch durch die stetige Normalverteilung approximierbar. Dazu ist zusätzlich die Schieferegel zu berücksichtigen. Sie ergibt im vorliegenden Fall 50*0,2*(1-0,2)= 8. Dieser Wert liegt knapp unter der vorgegebenen Grenze von 9, so dass die Approximation nicht besonders gut ausfallen dürfte. Trotzdem wollen wir sie hier aus didaktischen Gründen vornehmen. Die Parameter der approximativen Normalverteilung - Erwartungswert und Standardabweichung - sind aus den Parametern der exakten hypergeometrischen Verteilung wie folgt zu ermitteln:

allgemein:	**Einführungsbeispiel:**
$E(X) = n^* M/N = n^* \pi$	$E(X) = 50 * 0{,}20 = 10$
$V(X) = n^* \pi * (1-\pi) * \frac{N-n}{N-1}$	$V(x) = 10 * 0{,}8 * \frac{3000-50}{3000-1} = 8 * \frac{2950}{2999} = 8 * 0{,}9836 = 7{,}87$
$\sigma = \sqrt{V(X)}$	$\sigma = \sqrt{7{,}87} = 2{,}805 \sim 2{,}8$

Die im Einführungsbeispiel betrachtete Anzahl der Studierenden in der Stichprobe, die ihren Lebensunterhalt vollständig selbst finanzieren, ist als **kontinuierliche Zufallsgröße** also **approximativ** formal wie folgt verteilt:

$X \sim N(10; 2{,}8)$

Ermittlung der Wahrscheinlichkeits- und Dichtefunktion

In der folgenden Tabelle 16.3.1 sind für den im Einführungsbeispiel relevanten Wertebereich von X die Wahrscheinlichkeiten der exakten diskreten hypergeometrischen Verteilung und der approximativen stetigen Normalverteilung **zunächst ohne irgendwelche Korrekturen** ermittelt und vergleichend zusammengestellt. Gut vergleichbar sind hier - im Gegensatz zum Vergleich der exakten und approximativen diskreten Verteilungen im letzten Abschnitt - die **Verteilungsfunktionen**.

Dabei fällt auf, dass die Funktionswerte der approximativen stetigen Normalverteilung ab x=4 **durchgängig kleiner** sind als die der diskreten Verteilung. Die in der letzten Spalte ausgewiesenen Abweichungen nehmen an der Stelle des Erwartungswertes ihr Maximum an. Im Einführungsbeispiel betragen sie bei x=10 ca. 8,2%, eine auch aus Praxissicht beachtliche und nicht vernachlässigbare Größenordnung. Diese Abweichung ist Ausdruck eines **systematischen Fehlers**, der dadurch entstanden ist, dass bei der durchgeführten Approximation der diskreten durch die stetige Verteilung die **nötige Stetigkeitskorrektur** nicht berücksichtigt wurde.

Beantwortung von Fragen mit der stetigen Approximationsverteilung

Die Stetigkeitskorrektur ist spätestens immer dann vorzunehmen, wenn Wahrscheinlichkeiten für Werte der Zufallsvariablen in einem Intervall mit Hilfe der approximativen stetigen Verteilung zu ermitteln sind. Im Einführungsbeispiel ist die Wahrscheinlichkeit dafür zu ermitteln, dass in der Stichprobe mindestens 10 und höchstens 15 Studierende enthalten sind, die ihren Lebensunterhalt vollständig selbst finanzieren.

exakt H(50, 600, 3000)			approximativ N (10;2,8)		Differ. H-N
x	f(x)	F(x)	f(x)	F(x)	F(x)
0	0,00001	0,00001	0,00024	0,00018	0,00017
1	0,00016	0,00017	0,00081	0,00065	0,00048
2	0,00102	0,00120	0,00241	0,00214	0,00094
3	0,00417	0,00537	0,00626	0,00621	0,00084
4	0,01242	0,01778	0,01434	0,01606	-0,00172
5	0,02891	0,04670	0,02893	0,03707	-0,00962
6	0,05476	0,10146	0,05136	0,07656	-0,02489
7	0,08675	0,18821	0,08026	0,14199	-0,04622
8	0,11726	0,30547	0,11040	0,23753	-0,06794
9	0,13733	0,44280	0,13368	0,36049	-0,08230
10	0,14100	0,58379	0,14248	0,50000	-0,08379
11	0,12813	0,71192	0,13368	0,63951	-0,07241
12	0,10384	0,81576	0,11040	0,76247	-0,05328
13	0,07553	0,89129	0,08026	0,85801	-0,03328
14	0,04956	0,94085	0,05136	0,92344	-0,01742
15	0,02947	0,97033	0,02893	0,96293	-0,00740

Tab. 16.3.1: Exakte diskrete und approximative stetige Wahrscheinlichkeitsverteilung (ohne Stetigkeitskorrektur) im Einführungsbeispiel

Unter Verwendung der vorne angegebenen Stetigkeitskorrekturformel wird aus dem ursprünglichen Intervall der exakten diskreten Verteilung das korrigierte Intervall der approximativen stetigen Verteilung, im Einführungsbeispiel:

diskrete Ausgangsverteilung	**stetige Approximationsverteilung**
$W(10 \leq x \leq 15)$	$W(10 - 0{,}5 \leq x \leq 15 + 0{,}5)$
	$W(9{,}5 \leq x \leq 15{,}5)$

Die Wahrscheinlichkeit für das korrigierte Intervall kann mit der approximativen Normalverteilung auf verschiedenen Wegen ermittelt werden. Bei konventioneller Arbeit mit der Standard-Normalverteilung ergeben sich für die standardisierte Zufallsgröße Z folgende Intervallgrenzen:

obere Intervallgrenze:

$$z_0 = \frac{x_0 - \mu}{\sigma} = \frac{15{,}5 - 10}{2{,}8} = \frac{5{,}5}{2{,}8} = 1{,}9642$$

untere Intervallgrenze:

$$z_u = \frac{x_u - \mu}{\sigma} = \frac{9{,}5 - 10}{2{,}8} = \frac{-0{,}5}{2{,}8} = -0{,}1786$$

Da die Z-Werte in den Standard-Normalverteilungstabellen normalerweise nur mit einer Genauigkeit von zwei Stellen hinter dem Komma angegeben sind, muss man die Intervallgrenzen entsprechend runden. Die Wahrscheinlichkeit für das korrigierte Intervall mit gerundeten Intervallgrenzen - formal $W(-0{,}18 \leq z \leq 1{,}96)$ - ermittelt man aus der Tabelle der Standard-Normalverteilung als Differenz der Funktionswerte der Verteilungsfunktion, d.h. $F(1{,}96) - F(-0{,}18) = 0{,}9750 - 0{,}4286 = \underline{0{,}5464 \sim 55\%}$.

Die Abweichung von der exakten Wahrscheinlichkeit beträgt 0,01887, d.h. empirisch interpretiert ~1,9%. Sie ist damit fast 10 mal größer als die bei Verwendung der diskreten Approximationsverteilung. Das liegt vor allem daran, dass die Approximationsregel zur Schiefe im vorliegenden Fall nicht eingehalten wurde.

16.3.2 Approximation unbekannter Verteilungen/Zentraler Grenzwertsatz

Ein weiteres Hauptanwendungsgebiet resultiert aus einer ziemlich allgemein gehaltenen mathematischen Grenzbetrachtung, die wegen ihrer zentralen Bedeutung als **zentraler Grenzwertsatz** bezeichnet wird.

Konzept und Operationalisierung
Dabei wird eine Zufallsgröße betrachtet, die folgende Charakteristika aufweist:

1. Sie ergibt sich als **Summe** einer Reihe von Zufallsgrößen, d.h. formal $\mathbf{Y = \sum X_i}$.
2. Die einzelnen Zufallsgrößen X_i sind **voneinander unabhängig**.
3. Die einzelnen Zufallsgrößen sind **identisch verteilt** mit dem Erwartungswert μ und der Standardabweichung σ.

Dann ist Y für $n \to \infty$ **asymptotisch normalverteilt** mit dem Erwartungswert $E(Y) = n^* \mu$ und der Varianz $n^* \sigma$, formal: Y: **N** $(n^* \mu; \sqrt{n} * \sigma)$.

Eine für praktische Zwecke ausreichende Approximation an die Normalverteilung findet bereits für $\mathbf{n \geq 30}$ statt. Aus Anwendungssicht liegt die Bedeutung des zentralen Grenzwertsatzes darin, dass viele vom Zufall beeinflusste Größen der Praxis aus dem additiven Zusammenwirken vieler unabhängiger Größen resultieren. Das gilt typischerweise für Fehler- und Abweichungsgrößen, darüber hinaus aber auch für viele andere Größen. Dabei ist aus Anwendungssicht besonders wichtig, dass

1. im zentralen Grenzwertsatz **keine Aussage über den Verteilungstyp** der einzelnen Zufallsgrößen gemacht wird, weil dieser häufig unbekannt ist. **Insbesondere müssen die einzelnen Zufallsgrößen nicht normalverteilt sein !**
2. die **identische Verteilung** der einzelnen Zufallsgrößen **nicht strikt erfüllt sein muss**, damit die summierte Größe als **approximativ** normalverteilt angesehen werden kann. Denn auch darüber kann in der Praxis häufig keine zuverlässige Aussage gemacht werden.

Anwendung am Einführungsbeispiel
Bei der Planung einer Wohnsiedlung mit 100 Wohneinheiten in einer Stadt wird auch ein Spielplatz geplant, dessen Größe im Wesentlichen von der Anzahl der Kinder abhängig ist, mit der man bei Bezug der Wohnsiedlung zu rechnen hat. Aus den verfügbaren Daten des statistischen Amtes der Stadt hat man folgende Wahrscheinlichkeitsverteilung für die Zufallsgröße X „Anzahl der Kinder pro Wohneinheit" ermittelt:

x	0	1	2	3
w(x)	0,8	0,1	0,05	0,05

Wie groß ist die Wahrscheinlichkeit dafür, dass mindestens 40 Kinder in die neue Wohnsiedlung einziehen werden ?

<u>Ermittlung des Verteilungstyps</u>
Die Frage thematisiert die Zufallsgröße Y „Anzahl der Kinder in der Wohnsiedlung", mit dem Wertebereich y = 0, 1,..., n. Die Frage nach der Wahrscheinlichkeit für mindestens 40 Kinder - formal $W(Y \geq 40)$ - kann man nur beantworten, wenn man die Wahrscheinlichkeitsverteilung von Y kennt. Dabei müsste es sich - wegen des oben genannten Wertebereichs der Zufallsgröße - **exakt um eine diskrete Verteilung** handeln.

Y kommt zustande durch Addition der Kinderzahlen in den einzelnen Wohneinheiten, d.h. $\mathbf{Y = \sum X_i}$. Was die einzelnen X_i angeht - die Kinderzahl pro Wohneinheit i -, so kann sie nicht nur zwei mögliche Realisationen annehmen, ist also **keine Dualvariable**. Dies ist jedoch das gemeinsame Charakteristikum aller hier behandelten diskreten Verteilungstypen, die deshalb allesamt in diesem Fall zur Modellierung der Wahrscheinlichkeitsverteilung **nicht geeignet** sind. Dagegen verlangt der zentrale Grenzwertsatz nur die **identische Verteilung** der einzelnen X_i, was hier erfüllt ist, da für die Kinderzahl aller Wohneinheiten dieselbe oben angegebene

Wahrscheinlichkeitsverteilung gilt. Auch die **Unabhängigkeit** der einzelnen Zufallsgrößen ist im Einführungsbeispiel plausibel, da in die neue Wohnsiedlung viele Personen und Familien von innerhalb und außerhalb der Stadt einziehen werden, deren Verhalten bzgl. der betrachteten Größe „Kinderzahl" als voneinander unabhängig angesehen werden kann. Schließlich ist auch die Anzahl der hier betrachteten Wohneinheiten mit **n=100 größer als 30**, so dass nach dem zentralen Grenzwertsatz die Zufallsgröße „Anzahl der Kinder in der Wohnsiedlung" als **approximativ normalverteilt** gelten kann, formal: $Y \sim \mathbf{N}(\mu, \sigma)$.

Ermittlung der Verteilungsparameter

Um mit der Normalverteilung Wahrscheinlichkeiten ermitteln zu können, muss man die im Anwendungsfall zutreffenden **Werte ihrer Parameter** kennen. Hier ist das Charakteristikum der Normalverteilung sehr hilfreich, dass ihre Parameter mit ihren Kenngrößen übereinstimmen. Man braucht also nur die Kenngrößen einer jeden Wahrscheinlichkeitsverteilung - Erwartungswert und Varianz - zu ermitteln und kann diese direkt als Parameterwerte für die Normalverteilung übernehmen.

Da die Planungsgröße „Anzahl der Kinder in der Wohnsiedlung" sich durch Summation der Größe „Anzahl der Kinder pro Wohneinheit" über alle Wohneinheiten ergibt, gilt Analoges für ihre Kenngrößen Erwartungswert und Varianz (siehe 14.4.4 Rechenregeln für Erwartungswert und Varianz)), formal:

allgemein:		**Einführungsbeispiel:**
Erwartungswert:	$E(Y)=\sum E(X_i)$	$E(Y)= 100*E(X_i)$
Varianz:	$V(Y)=\sum V(X_i)$	$V(Y)= 100*V(X_i)$

Die zur Berechnung der Kenngrößen von Y nötigen Kenngrößen von X sind aus der Wahrscheinlichkeitsfunktion von X zu ermitteln. Dazu benutzt man die in 14.4. vorgestellten allgemein gültigen Formeln für Erwartungswert und Varianz diskreter Wahrscheinlichkeitsverteilungen:

allgemein:	**Einführungsbeispiel:**
$E(X)=\sum x * W(x)$	$E(X)= 0*0,8 + 1*0,1 + 2*0,05 + 3*0,05 = \underline{0,35}$
$V(X)= \sum[x-E(X)]^2 * W(x)$	$V(X)= (0-0,35)^2 *0,8 + (1-0,35)^2 *0,1 + (2-0,35)^2 *0,05 + (3-0,35)^2 *0,05= \underline{0,6275}$

Mit den obigen Formeln erhält man für Y folgende Kenngrößen:
$E(Y)=100*0,35=\underline{35}$, $V(Y)=100*0,6275=\underline{62,75}$ und $\sigma(Y)=\underline{7,921}$.
Man kann also für die Spielplatzplanung der Wohnsiedlung im Durchschnitt mit 35 Kindern bei einer Standardabweichung von ~8 Kindern rechnen. Diese Werte übernimmt man als Parameter der Normalverteilung, d.h. **Y~ N (35; 8).**

Beantwortung der Planungsfrage

Die Planungsfrage nach der Wahrscheinlichkeit dafür, dass mindestens 40 Kinder in die Wohnsiedlung einziehen werden - formal $W(Y\geq 40)$ - kann man nun mit Hilfe der obigen Normalverteilung approximativ beantworten. Dabei ist beim Übergang von der diskreten zur kontinuierlichen Variablen die Stetigkeitskorrektur zu berücksichtigen, die im Falle der Ganzzahligkeit 0,5 beträgt, so dass die Planungsfrage an die stetige Verteilung formal lautet: $W(Y\geq 39,5)$. Bei konventioneller Arbeitsweise mit der Standard-Normalverteilung ergibt sich für die standardisierte Zufallsgröße Z folgende untere Intervallgrenze z_u:

$$z_u = \frac{y_u - \mu}{\sigma} = \frac{39,5 - 35}{8} = \frac{4,5}{8} = 0,5625$$

Damit erhält man in der Standard-Normalverteilung die Fragestellung W(z ≥ 0,5625). Die Wahrscheinlichkeit ist in der Standard-Normalverteilungstabelle wegen der Symmetrieeigenschaft unter der Verteilungsfunktion F(-z) ablesbar bzw. im vorliegenden Fall durch Interpolation ermittelbar. Sie beträgt 0,28685, d.h. empirisch interpretiert ~28,7%.

16.4 Chi-Quadrat-Verteilung

Die Chi-Quadrat-Verteilung ist die Wahrscheinlichkeitsverteilung der gleichnamigen speziellen Zufallsgröße Chi-Quadrat.

Statistische Größe Chi-Quadrat

Die Größe Chi-Quadrat - symbolisch $\aleph^2$ - ist eine **Maßgröße.** In der analytischen Statistik wurde sie zur Auswertung der gemeinsamen Häufigkeitsverteilung zweier mindestens nominalskalierter Merkmale vorgestellt. Dabei wurde sie dazu verwendet, die Frage nach der Unabhängigkeit oder Abhängigkeit der beiden Merkmale zu beantworten und im Falle der statistischen Abhängigkeit die Stärke des Zusammenhangs zu messen. Dabei wurde sie wie folgt definiert (s. 10.3.3):

$$\aleph^2 = \sum \sum \frac{[h(x_j, y_k) - h^u(x_j, y_k)]^2}{h^u(x_j, y_k)}$$

An der Formel - die in der obigen Fassung nur für dieses typische und wichtige Anwendungsgebiet der Größe Chi-Quadrat gilt - erkennt man jedoch bereits das **allgemeine Wesen** dieser Maßgröße: Sie misst und verdichtet **Abweichungen** auf besondere Art und Weise. Bei der Abweichungsmessung werden die einzelnen Abweichungen quadriert und relativiert bzw. normiert, bei der Verdichtung werden die normierten Abweichungsquadrate aufsummiert. Chi-Quadrat ist also die Summe normierter Abweichungsquadrate.

Zufallsgröße Chi-Quadrat

Betrachtet man die Abweichungen als Zufallsgrößen, so ist auch die Abweichungsmaßgröße Chi-Quadrat eine Zufallsgröße. In Ergänzung und Verallgemeinerung der statistischen Größe Chi-Quadrat entsteht die Zufallsgröße Chi-Quadrat aus den in sie eingehenden Zufallsgrößen unter folgenden Bedingungen:

1. Die einzelnen Zufallsgrößen sind voneinander **unabhängig.**

2. Die einzelnen Zufallsgrößen sind **standard-normalverteilt.**

3. Die **Quadrate** der einzelnen Zufallsgrößen werden **summiert.**

Symbolisiert man die einzelnen standard-normalverteilten Zufallsgrößen mit Z_i und ihre Anzahl mit ν, so kann man Chi-Quadrat allgemeiner auch wie folgt notieren:

$$\chi^2 = \sum_{i=1}^{\nu} Z_i$$

Chi-Quadrat-Verteilung

Die Zufallsgröße Chi-Quadrat folgt einem stetigen Verteilungstyp gleichen Namens. Dieser Verteilungstyp - die Chi-Quadrat-Verteilung - wird hier mit **CHI** abgekürzt. Die Formeln für die Dichte- und Verteilungsfunktion der Chi-Quadrat-Verteilung werden in dieser Einführung nicht angegeben, da sie recht kompliziert sind und Wahrscheinlichkeiten für diesen Verteilungstyp generell in Tabellen zur Verfügung stehen oder mit geeigneter Software ermittelt werden können.

Der einzige **Parameter** der Chi-Quadrat-Verteilung ist die Anzahl der Summanden, in der Fachsprache **Anzahl der Freiheitsgrade** genannt und mit **v** notiert. Die im Anwendungsfall gültige Chi-Quadrat-Verteilung der Zufallsgröße Chi-Quadrat wird unter Verwendung der Anzahl der Freiheitsgrade hier wie folgt notiert:

$\aleph^2$: CHI (v).

Charakteristika
In der folgenden Abbildung 16.4 sind einige Dichtefunktionen dieses Verteilungstyps für kleinere Werte des Parameters ν dargestellt. Darin erkennt man, dass die Chi-Quadrat-Verteilung folgende Charakteristika hat:

- eingipflig für ν **>1**
- rechtsschief
- für große n Annäherung an die Normalverteilung (Approximation für n≥ 30).

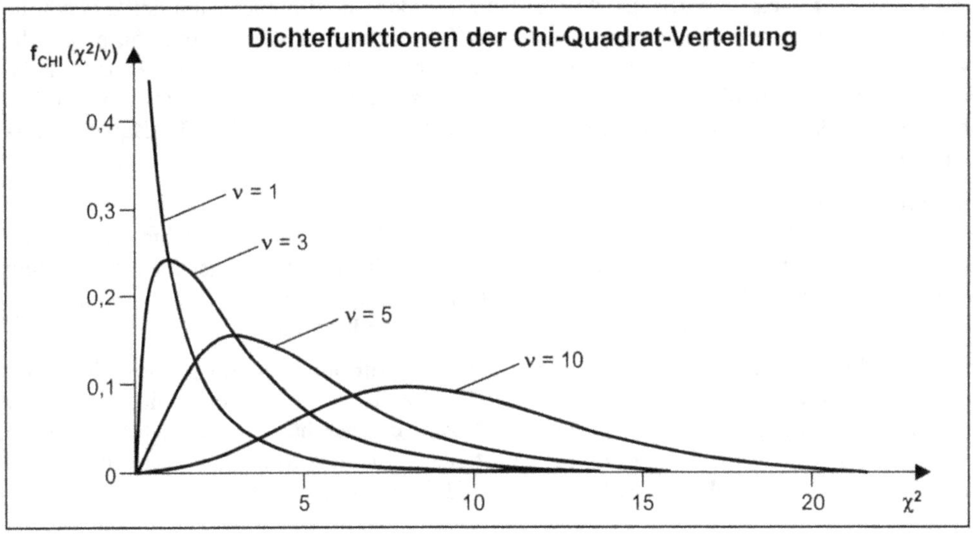

Abb. 16.4: Einige Dichtefunktionen der Chi-Quadrat-Verteilung

Kenngrößen
Die Kenngrößen dieses Verteilungstyps sind besonders einfach.

Erwartungswert	Varianz
$E(\aleph^2) = \nu$	$V(\aleph^2) = 2\nu$

Hauptanwendungsgebiet
Die Chi-Quadrat-Verteilung ist eine Wahrscheinlichkeitsverteilung, die praktisch ausschließlich bei der Auswertung von Stichproben benutzt wird. Als **spezielle Stichprobenverteilung** hat sie große Bedeutung für die **Schließende Statistik**. Dort wird sie vor allem zum Testen verwendet und gilt deshalb als wichtige **Prüf- oder Testverteilung**. Ihre konkrete Verwendung als Prüfverteilung wird erst beim Testen (Kapitel 19 und 20) behandelt.

16.5 Studentverteilung

Die Studentverteilung hat ihren Namen von dem **Pseudonym Student**, unter dem sie Anfang des 20. Jahrhunderts veröffentlicht wurde. Hinter dem Pseudonym verbarg sich der englische Chemiker Gosset, der diesen Verteilungstyp im Zusammenhang mit Arbeiten an kleinen Stichproben entdeckte. Sie wird nach dem Pseudonym Student als Verteilungstyp hier mit **S** notiert. Sie gibt die Wahrscheinlichkeitsverteilung einer vom Zufall beeinflussten speziellen Maßgröße an, die in der Fachsprache im Allgemeinen mit **T** abgekürzt wird. T entsteht aus:

1. einer **standard-normalverteilten** Zufallsgröße **Z**
2. einer **Chi-Quadrat-verteilten** Zufallsgröße **Y** mit ν Freiheitsgraden
3. **Unabhängigkeit** der beiden Zufallsgrößen

und ist wie folgt definiert:

$$T = \frac{Z}{\sqrt{\frac{Y}{\nu}}}$$

An der obigen Formel erkennt man, dass es sich bei T - grob betrachtet - um eine Maßgröße handelt, in der eine **standard-normalverteilte Zufallsgröße** durch eine zweite Zufallsgröße in gewisser Art und Weise modifiziert wird. Diese Modifikation ist immer dann nötig, wenn die Streuung der an sich betrachteten normalverteilten Zufallsgröße nicht genau oder für praktische Zwecke hinreichend genau angegeben werden kann und deshalb hilfsweise aus einer Zufallsstichprobe geschätzt wird. Als **geschätzter** Wert ist sie dann keine deterministische Größe, sondern die Realisation einer Zufallsgröße, deren zusätzliche Unsicherheit in T adäquat berücksichtigt wird.

Studentverteilung
Die Maßgröße T-Statistik ist student- oder t-verteilt. Die Formeln für die Dichte- und Verteilungsfunktion der Studentverteilung werden in dieser Einführung nicht angegeben, da sie recht kompliziert sind und Wahrscheinlichkeiten für diesen Verteilungstyp generell in Tabellen zur Verfügung stehen oder mit geeigneter Software ermittelt werden können.

Der einzige **Parameter** der Studentverteilung ist die **Anzahl der Freiheitsgrade v.** Den Wert von v bestimmt man - wie auch bei der Chi-Quadrat-Verteilung - durch die Anzahl der Summanden. Davon ausgehend ist jedoch die Anzahl der geschätzten Parameter zu subtrahieren. Die für T im Anwendungsfall gültige Studentverteilung wird unter Verwendung der dergestalt ermittelten Anzahl der Freiheitsgrade wie folgt notiert: **T: S(ν).**

Charakteristika
In der folgenden Abbildung 16.5 sind einige Dichtefunktionen dieses Verteilungstyps in einer Prinzipienskizze dargestellt.

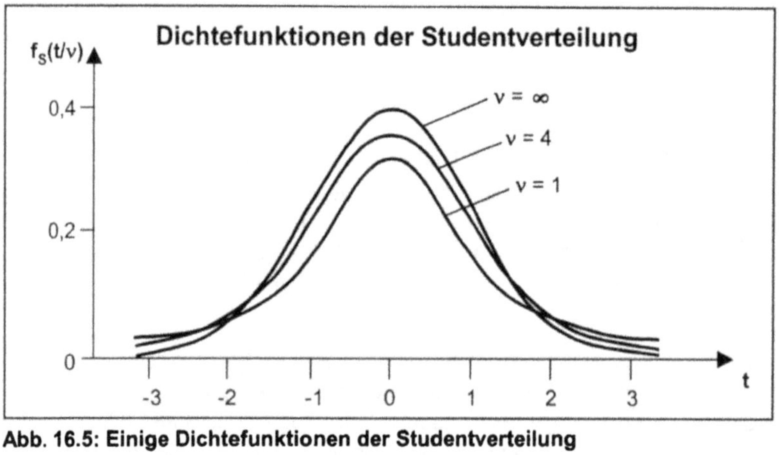

Abb. 16.5: Einige Dichtefunktionen der Studentverteilung

Darin erkennt man, dass die Dichtefunktion der Studentverteilung die gleiche Glockenform wie die Normalverteilung hat, nur dass sie flacher verläuft. Der für ihre Anwendung wesentliche

Unterschied zur Standard-Normalverteilung besteht darin, dass sie **unabhängig von** den Parametern μ und σ ist und somit auch ohne deren Kenntnis verwendet werden kann. Für n> 30 kann sie mit einer für die Praxis in der Regel ausreichenden Genauigkeit durch die Standard-Normalverteilung approximiert werden.

Kenngrößen

Die Studentverteilung hat folgende Kenngrößen:

Erwartungswert	**Varianz**
E(T)= 0	$V(T)= \frac{\nu}{\nu-2}$
für $\nu \geq 1$	für $\nu > 2$

Hauptanwendungsgebiete

Die Studentverteilung ist eine Wahrscheinlichkeitsverteilung, die praktisch ausschließlich bei der Auswertung von Stichproben benutzt wird. Als **spezielle Stichprobenverteilung** hat sie große Bedeutung für die **Schließende Statistik**. Ihre konkrete Verwendung als Stichprobenverteilung wird beim Testen (Kapitel 18) und beim Schätzen (Kapitel 19 und 20) behandelt.

16.6 Definitionen, Regeln, Symbole und Formeln

Bezeichnung	**Symbol**	**Definition/Regel/Formel**
Normalverteilung	N	N (μ, σ)
Parameter Mittelwert Standardabweichung	 μ σ	
Wahrscheinlichkeiten	$w(X \leq x)$ $w(X \geq x)$ $w(a \leq x \leq b)$	= F(x) = 1-F(x) = F(b) - F(a)
Kenngrößen Erwartungswert Varianz Standardabweichung	 E(X) V(X) σ_X	 $= \mu_X$ $= \sigma_X^2$ $= \sqrt{\sigma_X^2}$
SIGMA-Intervalle	$k^*\sigma_X$	$E(X) - k^* \sigma_X \leq x \leq E(X) + k^* \sigma_X$ mit k= 1, 2, 3
Standard-Normalverteilung standard-normalverteilte Zufallsgröße	N(0,1) Z	$= \frac{x-\mu_X}{\sigma_X}$
Approximationen		
Stetigkeitskorrektur (Ganzzahl.)	$w(x_i \leq X \leq x_j)$	$w(x_i - 0{,}5 \leq x \leq x_j + 0{,}5)$
Binomialverteilung Bedingung Parameter	B→ N	 $n^*\pi^*(1-\pi) \geq 9$ $\mu = n^*\pi$; $\sigma = \sqrt{n\pi^*(1-\pi)}$
Hypergeometrische Verteilung Bedingungen Parameter	H→ N	 1. n/N < 0,1; 2. $n^*\pi^*(1-\pi) \geq 9$ $\mu = n^*\pi$; $\sigma = \sqrt{n\pi^*(1-\pi)^*\frac{N-n}{N-1}}$
Approximation unbekannter Verteilungen/Zentraler Grenzwertsatz (ZGS)		
Bedingungen	Y	$= \sum X_i$
	X_i	voneinander unabhängig
	X_i	identisch verteilt mit $E(X_i) = \mu$ und $V(X_i) = \sigma^2$
Satz Approximationsbedingung	Y	für $n \to \infty$ asymptotisch normalverteilt mit $E(Y) = n^*\mu$ und $V(Y) = n^*\sigma^2$, d.h. Y: N ($n^*\mu$; $\sqrt{n}^*\sigma$). $n \geq 30$

Bezeichnung	**Symbol**	**Definition/Regel/Formel**
Stichprobenverteilungen		
Chi-Quadrat-Verteilung	CHI	CHI (v)
Zufallsgröße Chi-Quadrat	$\aleph^2$	$= \sum_{i=1}^{v} Z_i$
Parameter	v	Anzahl der Freiheitsgrade
Kenngrößen	E($\aleph^2$) V($\aleph^2$)	$= v$ $= 2v$
Approximation durch Standard-Normalverteilung		$v \geq 30$
Studentverteilung	S	S(v)
Zufallsgröße T	T	$= \frac{Z}{\sqrt{\frac{Y}{v}}}$
Parameter	v	Anzahl der Freiheitsgrade
Kenngrößen	E(T) V(T)	= 0 für v > 1 = v / (v-2) für v > 2
Approximation durch Standard-Normalverteilung		$v \geq 30$

16.7 Übung

Fragen

F1. Wie wird die Normalverteilung nach ihrem „Entdecker" und ihrer grafischen Form im allgemeinen Sprachgebrauch häufig bezeichnet ?

F2. Erstellen Sie eine grafische Prinzipienskizze der Dichtefunktion der Normalverteilung. Welche charakteristischen Eigenschaften sind daraus ablesbar ?

F3. Welches sind die Parameter der Normalverteilung und welche Auswirkungen haben Variationen der Parameterwerte auf Lage und Form einer Normalverteilung ?

F4. Wie lauten die Formeln für die Kenngrößen der Normalverteilung und was ist daran aus Anwendungssicht besonders vorteilhaft ?

F5. Was sind zentrale Schwankungsintervalle und welche Bedeutung haben sie ?

F6. Wie groß sind etwa die Wahrscheinlichkeiten für Werte einer normalverteilten Zufallsgröße in dem 1-, 2- und 3- SIGMA-Intervall ?

F7. Erstellen Sie eine grafische Prinzipienskizze der Verteilungsfunktion der Normalverteilung. Welche charakteristischen Eigenschaften sind daraus ablesbar ?

F8. Wie lautet die Standardisierungsformel und welche wesentlichen Vorteile bringt aus Anwendungssicht die Standardisierung einer Zufallsgröße ?

F9. Welche Parameterwerte hat eine standard-normalverteilte Zufallsgröße Z ?

F10. Erstellen Sie eine grafische Prinzipienskizze der Dichtefunktion der normalverteilten Zufallsgröße X und der korrespondierenden standard-normalverteilten Zufallsgröße Z mit Kenngrößen und SIGMA-Intervallen.

F11. Visualisieren Sie in Prinzipienskizzen gemäß F10 jeweils die folgenden Fragestellungen: $w(X \leq a)$ mit $a < E(X)$; $w(X \geq b)$ mit $b > E(X)$, $w(a \leq X \leq b)$; $w(X < x_o) = 0{,}95$; $w(X > x_u) = 0{,}1$, $w(\mu - c^* \sigma \leq x \leq \mu + c^* \sigma) = 0{,}25$.

F12. Welche Hauptanwendungsgebiete der Normalverteilung kennen Sie ?

F13. Welches sind die Hauptgründe zur Approximation einer exakt passenden diskreten durch eine nur annähernd passende stetige Verteilung ?

F14. Was ist eine Stetigkeitskorrektur, wann und warum ist sie nötig ?

F15. Wie lautet die Formel für die Stetigkeitskorrektur einer ganzzahligen Zufallsgröße, wenn Wahrscheinlichkeiten für Intervalle der Art ($x_i \leq X \leq xj$) mit einer stetigen Wahrscheinlichkeitsverteilung approximativ ermittelt werden sollen ?

F16. Wie lauten die Bedingungen zur Approximation der Hypergeometrischen Verteilung durch die Normalverteilung und die Formeln zur Ermittlung der Parameter ?

F17. Wie lauten die Bedingungen zur Approximation der Binomialverteilung durch die Normalverteilung und die Formeln zur Ermittlung der Parameter ?

F18. Was besagt der zentrale Grenzwertsatz (ZGS) ?

F19. Welche Bedingungen des zentralen Grenzwertsatzes (ZGS) erschweren und welche erleichtern Ihrer Meinung nach seine Anwendung in der Praxis ?

F20 Wie ermittelt man die Parameterwerte der nach dem ZGS approximativ normal verteilten Zufallsgröße $Y = \sum X_i$ aus den Verteilungen der einzelnen X_i ?

F21. Wie kommt die besondere Zufallsgröße $\aleph^2$ zustande und welchen Wertebereich hat sie ?

F22. Welche Parameter hat die Chi-Quadrat-Verteilung und wie ermittelt man sie ?

F23. Stellen Sie die Dichtefunktion der Chi-Quadratverteilung in einer Handskizze grafisch dar. Welche Charakteristika hat sie ?

F24. Unter welchen Bedingungen lässt sich eine Chi-Quadrat-Verteilung durch eine Normalverteilung approximieren ?

F25. Welches ist das Hauptanwendungsgebiet der Chi-Quadrat-Verteilung ?

F26. Wie kommt die besondere Zufallsgröße T inhaltlich und formal zustande und welche Werte kann sie annehmen ?

F27. Welche Parameter hat die Studentverteilung und wie ermittelt man sie ?

F28. Stellen Sie die Dichtefunktion der Studentverteilung in einer Handskizze grafisch dar. Welche Charakteristika hat sie ?

F29. Unter welchen Bedingungen lässt sich eine Studentverteilung durch eine Normalverteilung approximieren ?

F30. Welches sind die Hauptanwendungsgebiete der Studentverteilung ?

Aufgaben

Aufgabe „100-Meter-Lauf"

Student S ist von den olympischen Spielen derart begeistert, dass er „Rauchen & Saufen" aufgegeben hat. Er verbringt seit geraumer Zeit die Abende nach dem anstrengenden Grundstudium der Wirtschaftswissenschaften nicht mehr in seiner Stammkneipe, sondern auf der Aschenbahn beim 100-Meter-Lauf. Nach intensivem Training hat er eine sehr gute Richtzeit von 10,4 Sekunden erreicht. Er weiß, dass Abweichungen davon natürlich vorkommen, die aber zufällig sind, und stellt für sich folgendes Modell auf:
Die vom Zufall beeinflusste Größe X „Meine Zeit im 100-Meter-Lauf" ist eine normal-verteilte Zufallsgröße mit dem Erwartungswert von 10,4 Sek. und der Standardabweichung von 0,2 Sek.

Aufgabenstellungen

Er möchte sich mit diesem Modell einige Fragen beantworten, ist aber vom dauernden Training völlig abgeschlafft. Beantworten Sie deshalb für ihn nachvollziehbar folgende Fragen:

a. Wie groß ist die Wahrscheinlichkeit dafür, dass er
   a1. zwischen 10,2 und 10,6, a2. mehr als 10,8, a3. weniger als 10,1 Sek. läuft ?
b. Wie groß sind die 1-, 2- und 3-SIGMA-Intervalle und wie wahrscheinlich sind sie ?
c. Welche Zeit wird von ihm mit 95%-iger Sicherheit nicht überschritten ?

Aufgabe „Großbäckerei"
Bei der Großbäckerei B entsprechen 20% der Brötchen nicht den Mindestgewichtsanforderungen. Unzufriedene Kunden haben die zuständige Behörde über ihren diesbezüglichen Verdacht informiert. Man beschließt, der Sache durch eine Zufallsstichprobe von 100 Brötchen auf den Grund zu gehen. B soll eine Geldstrafe erhalten, wenn mehr als 10% der Brötchen in der Stichprobe untergewichtig sind. Bei mehr als 30% wird er seine Bäckerei schließen müssen.

Aufgabenstellungen
a. Nennen Sie die Prüfgröße mit Wertebereich.
b. Wie ist die Prüfgröße diskret exakt u. approximativ verteilt (Typ, Parameter, Begründung) ?
c. Mit wie vielen untergewichtigen Brötchen in der Stichprobe muss man im Durchschnitt rechnen und wie aussagefähig ist dieser Wert im vorliegenden Fall ?
d. Lässt sich die diskrete Wahrscheinlichkeitsverteilung durch eine stetige approximieren (Typ, Parameter, Begründung und Skizze) ?
e. Mit wie vielen untergewichtigen Brötchen in der Stichprobe muss man bei Verwendung der approximativen stetigen Verteilung im Durchschnitt rechnen und wie aussagefähig ist dieser Wert im vorliegenden Fall ?
f. Wie groß ist approximativ die Wahrscheinlichkeit dafür, dass B...
   - mit dem Schrecken davon kommt ?
   - eine Geldstrafe bekommt ?
   - die Bäckerei schließen muss ?

Aufgabe „Kabinenbahn“
Bei einer Kabinenbahn fährt 121 Mal am Tage eine viersitzige Kabine von der Tal- zur Bergstation. Aus Erfahrung weiß man, dass die Kabinen im Durchschnitt wie folgt besetzt sind: Sie sind nie leer und in 40% der Fälle ganz voll; in 20% der Fälle fahren 2 und in 30% der Fälle 3 Personen mit. Die Besetzungszahl bei einer Fahrt ist erfahrungsgemäß unabhängig von der anderer Fahrten.

Aufgabenstellungen
a. Betrachten Sie die Zufallsgröße X: “Anzahl der pro Fahrt beförderten Personen“.
   a1. Ermitteln Sie die Wahrscheinlichkeitsfunktion von X, stellen Sie sie in geeigneter Form grafisch dar und benennen Sie ihre Charakteristika.
   a2. Ermitteln Sie nachvollziehbar die Kenngrößen dieser Wahrscheinlichkeitsverteilung.
   a3. Wie aussagefähig ist der Erwartungswert im vorliegenden Fall ?
b. Das Management interessiert die Anzahl der pro Tag beförderten Personen (Y).
   Wie ist Y verteilt (Verteilungstyp, Parameter, Begründung) ?
c. Stellen Sie die Wahrscheinlichkeitsverteilung von Y (Dichtefunktion und Verteilungsfunktion) in geeigneter Weise grafisch dar.
   Wie aussagefähig ist der Erwartungswert im vorliegenden Fall ?
d. Wie groß ist die Wahrscheinlichkeit dafür, dass an einem Tag
   d1. höchstens 340 d2. mehr als 374 Personen transportiert werden ?
e. Ermitteln Sie das Intervall, in dem die tägliche Transportleistung mit 95%-iger Wahrscheinlichkeit ... e1. symmetrisch um den Erwartungswert e2. maximal liegt.

D Schließende Statistik

Die schließende Statistik beschäftigt sich damit, aus **Teilerhebungen** - in der Regel aus Stichproben - Rückschlüsse auf die zugehörige Grundgesamtheit oder auf das interessierende Phänomen in seiner Allgemeinheit zu ziehen. Das Arbeiten mit **Stichproben** ist für die Praxis von **großer Bedeutung.** Die in dieser Einführung behandelten Grundzüge der schließenden Statistik zeigt folgende Übersicht.

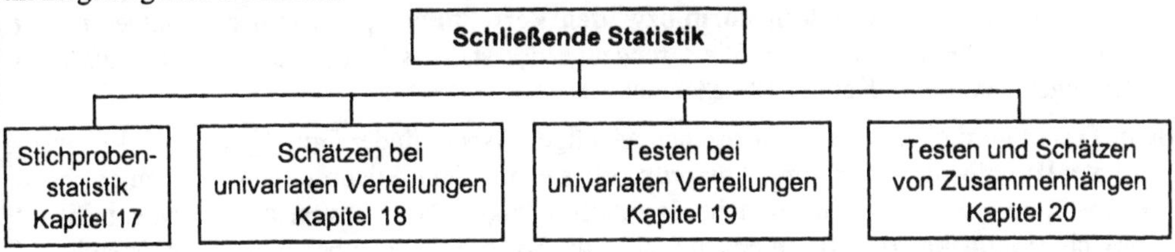

Die statistischen Schlussfolgerungen aus Stichprobenergebnissen werden häufig als **indirekte oder Repräsentationsschlüsse** bezeichnet. Sie zeichnen sich dadurch aus, dass die Wahrscheinlichkeit dafür angegeben werden kann, mit der sie richtig oder falsch sein können. Dies ist aber nur unter zwei Voraussetzungen möglich, die in der **Stichprobenstatistik** bereitgestellt werden. Zum einen müssen die Stichproben bestimmte Eigenschaften haben, insbesondere muss bei ihnen das Zufallsprinzip ausreichend regieren, so dass die Erkenntnisse der Wahrscheinlichkeitsrechnung auf die Stichproben anwendbar sind. Zum anderen müssen die Zusammenhänge bzw. Gesetzmäßigkeiten zwischen wichtigen Aspekten der Grundgesamtheit und denen der Stichprobe bekannt sein. Diese werden in der Stichprobentheorie im **direkten oder Inklusionsschluss** abgeleitet. Für einige aus Anwendungssicht wichtige Arten von Grundgesamtheiten und deren Kenngrößen einerseits und Maßgrößen und deren Wahrscheinlichkeitsverteilungen in Zufallsstichproben andererseits - die hier in **sogenannte Fälle** gefasst sind - wird dieses **theoretische Know-How** hier vorgestellt. Die Stichprobenstatistik wird im Kapitel 17 behandelt und ist die Basis der schließenden Statistik.

Die folgende Abbildung D zeigt grob die Beziehungen von Grundgesamtheiten und Zufallsstichproben und die beiden unterschiedlichen Schlussfolgerungsarten zwischen ihnen in der Stichprobenstatistik und der schließenden Statistik.

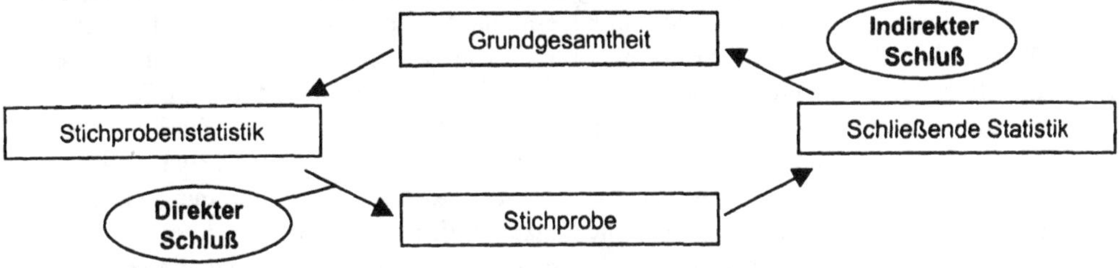

Abb. D: Stichprobenstatistik und Schließende Statistik

Die Maßgrößen und Wahrscheinlichkeitsverteilungen von Zufallsstichproben sowie der konkrete Stichprobenbefund werden in der schließenden Statistik in zweifacher Weise benutzt, um zu statistisch gesicherten Aussagen über die Grundgesamtheit zu gelangen: zum Schätzen und zum Testen:

Beim **Schätzen** werden unbekannte Eigenschaften der Grundgesamtheit aus Stichprobenergebnissen erschlossen. Praktisch besonders bedeutsam ist vor allem die Schätzung von Kenngrößen, die sogenannte **Parameterschätzung**. Im univariaten Fall sind dies vor allem Anteilswerte, Durchschnittswerte und Streuungswerte. Wegen der Zufälligkeit der Stichproben und ihrer Ergebnisse sind die Schätzwerte der Parameter - die sogenannten **Punktschätzungen** - aber weder genau noch sicher. Mit Hilfe der Wahrscheinlichkeitsverteilungen der Schätzer kann man aber Bereiche ermitteln, in denen der unbekannte Parameterwert mit einem vom Anwender gewünschten und dem Verfahren vorzugebenden Vertrauensniveau liegen wird, sogenannte **Vertrauensbereiche oder Konfindenzintervalle**. Ergänzend werden aus Stichprobenbefunden oder anderweitig verfügbaren Daten ermittelbare **empirische Häufigkeitsverteilungen** dazu benutzt, aus ihnen die **Verteilungsform bzw. den Verteilungstyp** der in der Grundgesamtheit betrachteten Größe abzuschätzen. Die Grundzüge des statistischen Schätzens bei univariaten Verteilungen werden im Kapitel 18 behandelt.

Beim **Testen** wird eine Aussage über einen wichtigen Aspekt in der Grundgesamtheit - eine sogenannte **Hypothese** - daraufhin überprüft, ob sie mit dem Stichprobenbefund ausreichend übereinstimmt, oder ob sie davon mehr als zufallsbedingt - nämlich wesentlich bzw. signifikant - abweicht **(Signifikanztests)**. Im ersten Fall ist die Hypothese beizubehalten, im zweiten ist sie abzulehnen. Die Testentscheidung kann wegen der Zufälligkeit der Stichprobe immer nur mit bestimmten Wahrscheinlichkeiten richtig oder falsch sein. Statistische Testverfahren ermöglichen die gut fundierte und nachvollziehbare Kalkulation dieser Wahrscheinlichkeiten und bieten damit dem Anwender die Möglichkeit, insbesondere die **Risiken möglicher Fehlentscheidungen** zu begrenzen.

Nach der **Art der Hypothese** über die Grundgesamtheit unterscheidet man Parametertests und nicht-parametrische Test. **Parametertests** überprüfen Behauptungen über Werte oder Wertebereiche von Kenngrößen in Grundgesamtheiten. Ein in der Wirtschaft - insbesondere der Industrie - weit verbreiteter Anwendungsbereich statistischer Parametertests ist die **Qualitätskontrolle**. Behauptungen über andere Verteilungseigenschaften in der Grundgesamtheit überprüft man mit **nicht-parametrischen Tests**, die man auch Verteilungstests nennt. Im **univariaten Fall** ist dies häufig die Behauptung eines bestimmten **Verteilungstyps**. Da das Testverfahren in diesem Falle überprüft, inwieweit die in der Stichprobe vorhandene empirische Verteilung mit dem in der Grundgesamtheit behaupteten Verteilungstyp übereinstimmt bzw. sich diesem anpasst, bezeichnet man diese Tests auch präziser als **Anpassungstests**. Die Grundzüge des statistischen Testens bei univariaten Verteilungen werden im Kapitel 19 behandelt.

Im **bivariaten** Fall betrachtet man gleichzeitig zwei Größen und interessiert sich für deren unbekannte gemeinsame Verteilung in der Grundgesamtheit, insbesondere für zwischen den beiden Größen eventuell bestehende **Zusammenhänge**. Die grundlegenden Aspekte und Ansätze der quantitativen Zusammenhangsanalyse wurden im Teil B behandelt. Sie betreffen im Wesentlichen die Abhängigkeit oder Unabhängigkeit der beiden Größen, die Stärke ihres Zusammenhangs (Korrelationskoeffizienten) und die Form ihres Zusammenhangs (Regressionsfunktionen). Das aus einem Stichprobenbefund ermittelte Ergebnis einer Zusammenhangsanalyse wird in der schließenden Statistik vornehmlich dazu verwendet, Hypothesen über den Zusammenhang der beiden Größen in der Grundgesamtheit zu testen oder Maßzahlen, die den Zusammenhang quantifizieren, zu schätzen.

Wir beschränken uns in dieser Einführung beim Testen von Zusammenhängen auf den Aspekt der Abhängigkeit oder Unabhängigkeit und behandeln zwei wichtige Unabhängigkeitstests, die schon bei nur nominal und ordinal skalierten Größen anwendbar sind. Das Schätzen von Zusammenhängen bei metrisch skalierten Größen wird für eine linearen Funktion vorgestellt. Dieser Fall ist insofern von besonders großer praktischer Bedeutung, da er nicht nur für die Hochrechnung aus Stichproben, sondern auch für die Prognoserechnung mit Trendfunktionen relevant ist. Das Testen und Schätzen von Zusammenhängen wird in Kapitel 20 behandelt.

17 Stichprobenstatistik

Die in dieser Einführung behandelten Grundzüge der Stichprobenstatistik zeigt folgende Übersicht.

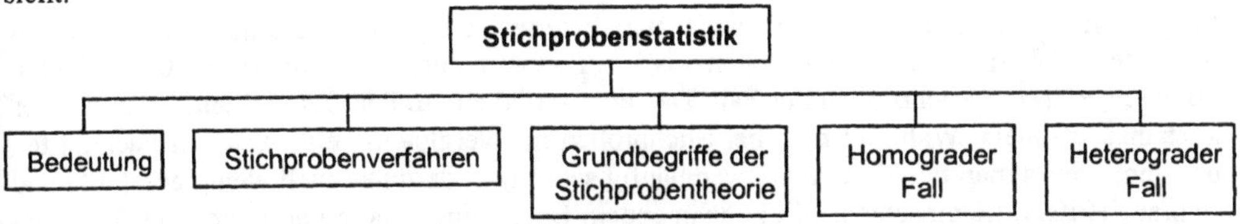

Stichproben sind in der Praxis von **großer Bedeutung**. Die wichtigsten Gründe dafür und auch die Grenzen von Stichproben werden angesprochen sowie einige typische Anwendungsbereiche aus der Wirtschaftspraxis benannt.

Es gibt eine große Vielfalt und -zahl von **Stichprobenverfahren**. Die aus Anwendungssicht wichtigsten Verfahrensgruppen werden vorgestellt und grob vergleichend charakterisiert. Schwerpunktmäßig betrachtet wird die Gruppe der **Zufallsstichproben**, da nur aus ihnen die für die schließende Statistik charakteristischen statistischen Schlüsse gezogen werden können.

Die **Stichprobentheorie** stellt zunächst die nötigen **Grundbegriffe** bereit, um die möglichen Ergebnisse einer Zufallsstichprobe im Hinblick auf eine in der Stichprobe interessierende Maßzahl ganz allgemein gültig zu beschreiben. Sie stellt darüber hinaus das für die schließende Statistik nötige Know-How über **Zusammenhänge bzw. Gesetzmäßigkeiten** von Grundgesamtheiten und deren Kenngrößen einerseits sowie Zufallsstichproben und in ihnen betrachtete Maßzahlen und deren Wahrscheinlichkeitsverteilungen andererseits bereit.

Für einige aus Anwendungssicht besonders wichtige Arten von Grundgesamtheiten und deren Kenngrößen einerseits und in Zufallsstichproben interessierende Maßzahlen und deren Wahrscheinlichkeitsverteilungen andererseits - die hier in sogenannte Fälle gefasst sind - wird dieses theoretische Know-How hier vorgestellt. Der **homograde Fall** deckt auch Grundgesamtheiten mit qualitativen Merkmalen ab, die nur nominal skaliert sind und betrifft den **Anteil** einer betrachteten Eigenschaft, z.B. den Anteil der Wähler einer bestimmten politischen Partei oder den nicht normgerechter Teile in der Qualitätskontrolle. Der **heterograde Fall** bezieht sich ausschließlich auf quantitative Merkmale, die metrisch skaliert sind. In diesem Fall interessiert man sich typischerweise für bestimmte Kenngrößen wie den Durchschnitt oder die Streuung.

17.1 Bedeutung von Stichproben

Die große Bedeutung von Stichproben in der Praxis hat viele Gründe, von denen die wichtigsten benannt werden. Trotzdem haben auch Stichproben ihre Grenzen und Vollerhebungen ihre Berechtigung.

Hauptgründe für Stichproben

Unmöglichkeit der Vollerhebung
Die Stichprobe ist die einzige Möglichkeit der Datenerhebung, wenn die Grundgesamtheit unendlich ist (z.B. Männeranteil der Menschheit) oder wenn die Informationsbeschaffung zur Behinderung, Beschädigung oder gar Zerstörung der Merkmalsträger führt (z.B. Qualitätskontrolle durch beschädigende oder zerstörende Prüfung).

Arbeitsaufwand und Kosten
Stichproben sind in der Regel billiger als Vollerhebungen, da weniger Merkmalsträger zu zählen, zu messen, zu befragen und damit insgesamt zu erfassen, aufzubereiten und auszuwerten sind.

Zeit
Stichproben liefern schneller und damit meistens aktuellere Ergebnisse.

Genauigkeit
Stichproben können schließlich - scheinbar paradoxerweise - genauer sein als Vollerhebungen und zu deren Überprüfung herangezogen werden. Das ist natürlich nur bei sorgfältig geplanten und durchgeführten Stichproben der Fall. Das liegt vor allem an der Qualität und Quantität des Erhebungspersonals. Während man bei Stichproben mit vergleichsweise wenigen Fachkräften auskommt, muss man bei Vollerhebungen häufig sehr viele, darunter auch wenig geschulte und erfahrene Hilfskräfte einsetzen. Mit zunehmendem Erhebungsumfang vermehren und kumulieren sich zudem die Zähl- und Übertragungsfehler sowie die Widerstände gegen das Sich-Erfassen-Lassen.

Grenzen von Stichproben
Stichproben sind trotz ihrer relativen Vorteile nicht immer möglich oder sinnvoll, so dass es auch gute Gründe für Vollerhebungen gibt.

Basisdaten
Vollerhebungen sind nötig bei Massen, bei denen kein einziger Merkmalsträger ausgelassen werden darf. Dies ist etwa der Fall bei hoheitlichen Aufgaben der öffentlichen Verwaltung (z.B. Unterlagen der Wahlämter) oder bei betriebswirtschaftlichen Aufgaben aufgrund rechtlicher Rahmenbedingungen (z.B. Personaldatei).

Strukturdaten
Nur Vollerhebungen liefern umfassende Informationen über die Struktur von Grundgesamtheiten (z.B. Volkszählung). Diese Strukturinformationen bilden die nötige Grundlage bestimmter Stichprobenauswahlverfahren und/oder -hochrechungsrahmen.

Genauigkeit
Die geforderte Genauigkeit macht große Stichprobenumfänge nötig, die in die Nähe der Vollerhebung kommen können.

Einige Anwendungsgebiete
Abschließend sind zur Illustration einige Anwendungsgebiete von Stichproben aus der amtlichen und der nicht-amtlichen Statistik in der folgenden Tabelle 17.1 zusammengestellt.

Amtliche Statistik	**Nicht-amtliche Statistik**
Bevölkerungsstatistik: Mikrozensus Aktualisierung des Bevölkerungsstandes und seiner Struktur	Marktforschung: Kunden- u. Händlerbefragungen
Wirtschaftsrechnung privater Haushalte: Verbraucherstichprobe Aktuelle Daten über Einkommen, Verbrauchsausgaben etc.	Meinungsforschung: - Politbarometer - Jugend 2002 (Shell-Studie)

Tab. 17.1: Einige Anwendungsgebiete von Stichproben

17.2 Stichprobenverfahren

Unter der Bezeichnung Stichprobenverfahren werden hier alle Aspekte und ihre Gestaltung zusammengefasst, um aus einer Grundgesamtheit Elemente für eine Stichprobe auszuwählen, sie der Grundgesamtheit zu entnehmen und die Reihenfolge der Entnahme bei der Auswertung der Stichprobe zu berücksichtigen.

17.2.1 Auswahlverfahren

Die Verfahren, mit denen die Elemente in der Stichprobe aus der Grundgesamtheit ausgewählt werden (Auswahlverfahren), kann man nach dem **Auswahlprinzip** ganz grob in zwei große Gruppen einteilen: solche mit bewusster und solche mit zufälliger Auswahl. Bei den Verfahren mit **bewusster Auswahl** werden die Elemente nach Kriterien gezielt ausgewählt, die im Zusammenhang mit dem(n) Untersuchungsmerkmal(en) stehen. Bei Verfahren mit **zufälliger Auswahl** werden die Elemente nach dem Zufallsprinzip ausgewählt und alle Elemente der Grundgesamtheit haben eine von 0 verschiedene Wahrscheinlichkeit, in die Stichprobe zu gelangen. Innerhalb jeder Gruppe gibt es eine Reihe von Verfahren, in denen das jeweilige Auswahlprinzip in unterschiedlicher Weise operationalisiert wird, und es gibt auch Verfahren, in denen die Prinzipien miteinander kombiniert werden.

Der für die Schlüsse aus den Stichprobenergebnissen wichtige Unterschied der beiden Gruppen besteht darin, dass nur bei Auswahlverfahren, bei denen das Zufallsprinzip ausreichend regiert, die Schlussfolgerungen wahrscheinlichkeitstheoretisch fundiert werden können. Da **wahrscheinlichkeitstheoretisch abgesicherte Aussagen** im Allgemeinen als zuverlässiger gelten als solche ohne eine solche Absicherung, ist dies ein entscheidender Vorteil von Zufallsstichproben, die deshalb in der schließenden Statistik vorausgesetzt werden. Im Folgenden werden daher einige aus Anwendungssicht wichtige Verfahren der bewussten Auswahl nur kurz grob charakterisiert und solche der Zufallsauswahl etwas ausführlicher vorgestellt.

17.2.1.1 Bewusste Auswahlverfahren

In der folgenden Tabelle 17.2.1.1 sind einige wichtige Verfahren der bewussten Auswahl grob charakterisiert und Anwendungsgebiete bzw. -beispiele benannt. Die dortigen Angaben sind selbsterklärend.

Verfahren	Charakteristika	Anwendungsgebiet / -beispiel
Konzentrationsauswahl	Auswahl vergleichsweise weniger besonders wichtiger oder typischer Elemente.	Preisindices: Auswahl der Warenarten und Institutionen Aktienindices: Auswahl der Aktien
Quotenauswahl	Verwendung von geeigneten Strukturmerkmalen der Grundgesamtheit als Auswahlkriterien für Klassen von Merkmalsträgern (Teilstichproben), deren Anteile in der Gesamtstichprobe den Proportionen in der Grundgesamtheit entsprechen (Quoten).	Verbraucherpreisindices: Auswahl der Haushalte, die Haushaltsbücher führen Markt- und Meinungsforschung Auswahl der marken- oder produktgruppenspezifischen Verbraucher (Zielgruppe)

Tab. 17.2.1.1: Wichtige Verfahren der bewussten Auswahl

17.2.1.2 Zufallsauswahlverfahren

Von den Auswahlverfahren nach dem Zufallsprinzip werden hier die einfache Zufallsauswahl, die Klumpen- und die Schichtenauswahl vorgestellt.

Die nahe liegende **Auswahl aufs Geratewohl**, bei der z.B. im Rahmen einer Befragung Passanten an einem bestimmten Ort zu einer bestimmten Zeit zufällig ausgewählt werden, gehört - im Gegensatz zu der intuitiv und weit verbreiteten Einschätzung - nicht zu den Verfahren der Zufallsauswahl. Aufgrund der im Allgemeinen nicht zufälligen Festlegung von Ort und Zeit haben nämlich in der Regel nicht alle Elemente der betrachteten Grundgesamtheit eine von 0 verschiedene Wahrscheinlichkeit, in die Stichprobe zu gelangen.

Dagegen wird das Zufallsprinzip in seiner reinsten Form bei der **einfachen Stichprobe mit uneingeschränkten Zufallsauswahl** realisiert, die kurz auch **einfache Zufallsauswahl** genannt wird. Bei ihr haben alle Elemente der Grundgesamtheit nicht nur eine von 0 verschiedene, sondern theoretisch sogar eine **gleich große Wahrscheinlichkeit**, in die Stichprobe zu gelangen. In praktischen Anwendungen setzt das Verfahren voraus, dass alle Elemente der Grundgesamtheit bekannt oder registrierbar sind, so dass unter ihnen allen eine reine Zufallsauswahl durchgeführt werden kann. Die Auswahl kann technisch etwa durch Auslosen, durch die Verwendung von Zufallszahlen oder durch ein systematisches Verfahren geschehen, bei dem man die Elemente mittels zufallsbestimmter Buchstaben, Schlussziffern, Geburtstage o.ä. auswählt.

Die einfache Zufallsauswahl wird in der Stichprobentheorie und in dieser Einführung durchweg als Auswahlverfahren für Stichproben benutzt, weil sie das Zufallsprinzip ideal operationalisiert und bei für Lehr- und Übungszwecke aufbereiteten Aufgabenstellungen auch keine Schwierigkeiten bereitet. In der Praxis stößt dieses Auswahlverfahren jedoch häufig auf Grenzen, weil

- die Auflistung aller Elemente der Grundgesamtheit unmöglich oder sehr aufwendig ist;
- bei großer Grundgesamtheit und vergleichsweise kleinem Stichprobenumfang die Repräsentativität der Stichprobe faktisch nicht erreicht werden kann;
- bei Befragungen durch Interview die zufällig ausgewählten Merkmalsträger (Zielpersonen) häufig nur mit sehr großem Zeit- und Kostenaufwand erreichbar sind;
- bei Erfüllungsquoten unter 80% die genaue Berechnung von Fehlern kaum mehr möglich ist;
- das Kosten-Nutzen-Verhältnis insgesamt ungünstiger ist als bei anderen Zufallsauswahlverfahren.

Deshalb werden in der Praxis häufig auch andere Zufallsauswahlverfahren eingesetzt, insbesondere die Klumpen- und die Schichtenauswahl. Beide Verfahren zerlegen die Grundgesamtheit in **Teile** und führen die Zufallsauswahl an diesen Teile durch. Dadurch entfällt bei Ihnen die Notwendigkeit der reinen Zufallsauswahl, alle Merkmalsträger der Grundgesamtheit zu registrieren.

Bei der **Klumpenauswahl** lassen sich im Idealfall die Teilmengen (Klumpen) leicht identifizieren oder bilden, da es sich häufig um geografische oder administrative Einheiten handelt, aus denen sich die Gesamtmasse konstituiert. Aus allen Klumpen der Grundgesamtheit werden die für die Stichprobe durch reine Zufallsauswahl ausgewählt und die ausgewählten Klumpen werden vollständig erhoben. Das Zufallsprinzip wird bei diesem Verfahren also nur auf Teilmassen, nicht aber auf einzelne Merkmalsträger der Grundgesamtheit angewendet. Diese vergleichsweise grobe Zufallsauswahl führt zu umso besseren Ergebnissen, je heterogener die einzelnen Klumpen in sich sind und je homogener sie untereinander sind. Es treten im Vergleich zur einfachen Zufallsauswahl durch den sogenannten Klumpungseffekt zusätzliche Fehler auf, die aber im Allgemeinen abschätzbar sind. Die in Deutschland bei Wahlen im Auftrag der öffentlichen Rundfunkanstalten ARD und ZDF nach Schließung der Wahllokale durchgeführten Hochrechnungen basieren auf einer Klumpenauswahl, wobei die ausgewählten und ausgezählten Stimmbezirke die Klumpen sind.

Bei der **Schichtenauswahl** wird die Grundgesamtheit anhand sinnvoll zu bestimmender Strukturmerkmale, die im Zusammenhang mit den Untersuchungsmerkmalen stehen, in Teile (Schichten) zerlegt und es wird festgestellt, welchen Anteil die gebildeten Schichten an der Grundgesamtheit haben (Quoten). Aus allen in der Grundgesamtheit gebildeten Schichten werden Stichproben entnommen, die man auch als Teilstichproben bezeichnet. Der Umfang bzw. der Anteil der Teilstichroben orientiert sich an den Quoten der Schichten in der Grundgesamtheit. Die Auswahl der Elemente für jede Teilstichprobe geschieht durch einfache Zufallsauswahl. Ein in der politisch interessierten Öffentlichkeit bekanntes Anwendungsbeispiel der Schichtenauswahl ist die Auswahl der nur gut 1000 Wahlberechtigten, aufgrund derer in der monatlichen ARD-Sendung „Politbarometer" Meinungsaussagen veröffentlicht werden, die für die gesamte wahlberechtigte Bevölkerung in Deutschland repräsentativ sind.

Die wichtigsten Gemeinsamkeiten und Unterschiede der Klumpen- und Schichtenauswahl sind vergleichend in der folgenden Tabelle 17.2.1.2 zusammengestellt.

	Klumpenauswahl	**Schichtenauswahl**
Gemeinsamkeit	Zerlegung der Grundgesamtheit in Teilmengen und Ziehung von Stichproben aus den Teilmengen	
Unterschiede		
Teilmengenbildung	Teilmengen, die in der Grundgesamtheit bereits vorliegen (Teilmassen) oder sich aus vorhandenen Teilmassen leicht bilden lassen (Klumpen)	Teilmengen werden gebildet aufgrund von Strukturmerkmalen der Grundgesamtheit, die im Zusammenhang mit den Untersuchungsmerkmalen stehen (Schichten)
Idealtypische Eigenschaften der Teilmengen	jeder Klumpen in sich möglichst heterogen und Klumpen untereinander möglichst homogen	jede Schicht in sich möglichst homogen und Schichten untereinander möglichst heterogen
Stichprobe	eine Stichprobe, die n Klumpen enthält	m Teilstichproben, jede aus einer der m Schichten
Zufallsauswahl	ausgewählte Klumpen werden vollständig erfasst und ausgewertet	n Elemente in jeder der m Teilstichproben
Besonderheiten	Klumpungseffekt	Schichtungseffekt

Tab. 17.2.1.2: Grobcharakterisierung von Klumpen- und Schichtenauswahl

Die Schichtenauswahl führt zu umso besseren Ergebnissen, je homogener die einzelnen Schichten in sich und je heterogener sie untereinander sind. Im Vergleich zur einfachen Zufallsauswahl führt das Verfahren durchweg zu genaueren Ergebnissen, da die Streuung durch die Schichtung verkleinert werden kann. Dieser sogenannte Schichtungseffekt spielt insbesondere bei sehr heterogenen Grundgesamtheiten eine große Rolle und wird im Rahmen der Parameterschätzung im Kapitel 19. vorgestellt.

17.2.2 Entnahme- und Auswertungsart

Für die Stichprobe ausgewählte Elemente der Grundgesamtheit (Stichprobenelemente) können, nachdem sie der Grundgesamtheit entnommen wurden, unterschiedlich behandelt und ausgewertet werden. Für die abzuleitenden Stichprobenverteilungen wesentlich sind dabei die Entnahme- und Auswertungsart.

Entnahmeart bzw. technik

Bei der Entnahmeart bzw. -technik unterscheidet man die Entnahme mit und ohne Zurücklegen. Bei der **Entnahme mit Zurücklegen** wird jedes Stichprobenelement, nachdem seine für die Untersuchung relevanten Beobachtungswerte erfasst sind, wieder in die Grundgesamtheit zurückgelegt. Das hat verschiedene Konsequenzen: Für die Grundgesamtheit hat es zur Folge, dass sich ihr Umfang und ihre Zusammensetzung nicht verändern, und damit auch die Wahrscheinlichkeit für jedes Element konstant bleibt, in die Stichprobe zu gelangen. Für die Stichprobe hat es zur Folge, dass ein und dasselbe Element der Grundgesamtheit mehrmals als Stichprobenelement ausgewählt und in einer konkreten Stichprobe erfasst werden kann.

Diese Entnahmeart hat für die **Stichprobentheorie** große Bedeutung, da nur durch sie die für die einfache Zufallsauswahl charakteristische gleich große Wahrscheinlichkeit aller Elemente der Grundgesamtheit, in die Stichprobe zu gelangen, sichergestellt werden kann. Die Entnahme der einzelnen Stichprobenelemente ist bei dieser Entnahmeart nämlich vollständig **unabhängig** voneinander. Zudem haben alle zufällig ausgewählten Stichprobenelemente im Hinblick auf die an ihnen betrachtete Größe die **gleiche Verteilung**, und zwar die der Größe in der Grundgesamtheit. Das Verfahren der **einfachen Zufallsauswahl** ist also präziser durch Unabhängigkeit und identische Verteilung der an den Stichprobenelementen betrachteten Zufallsgröße zu charakterisieren. Dieser Aspekt wird bei genauerer Betrachtung von Zufallsgrößen in einfachen Zufallsstichproben in 17.3 noch verdeutlicht.

Bei der **Entnahme ohne Zurücklegen** wird ein Stichprobenelement, nachdem seine für die Untersuchung relevanten Merkmalsausprägungen erfasst sind, nicht wieder in die Grundgesamtheit zurückgelegt. Für die Grundgesamtheit hat das zur Folge, dass sich ihr Umfang und ihre Zusammensetzung nach jeder Entnahme verändert. Damit verändert sich auch die Wahrscheinlichkeit für die verbleibenden Elemente der Grundgesamtheit, in die Stichprobe zu gelangen. Für die Stichprobe hat es zur Folge, dass ein und dasselbe Element der Grundgesamtheit nicht mehrmals als Stichprobenelement ausgewählt und erfasst werden kann.

In der Stichprobenpraxis ist die Entnahme ohne Zurücklegen üblich. Trotzdem ist die eher theoretische Entnahme mit Zurücklegen auch für die Praxis bedeutsam, da die für sie exakt geltenden Stichprobenverteilungen unter bestimmten Bedingungen näherungsweise (approximativ) auch für Entnahmen ohne Zurücklegen verwendet werden können.

Auswertungsart
Bei der Auswertungsart unterscheidet man die Kategorien mit und ohne Berücksichtigung der Reihenfolge bzw. Anordnung der einzelnen Stichprobenelemente in der Stichprobe. Zur Veranschaulichung dieser Unterscheidung mag das Beispiel des zweifachen Würfelwurfes dienen, bei dem etwa die möglichen Stichproben (2,3) und (3,2) unterschiedlich ausgewertet werden können.

Bei der Auswertungsart **mit Berücksichtigung der Reihenfolge** würde man sie als unterschiedliche Ereignisse behandeln, was wohl sinnvoll wäre, wenn man sich für die Maßzahl „Summe der Augenzahlen“ und deren Wahrscheinlichkeitsverteilung interessierte. Bei der Auswertungsart **ohne Berücksichtigung der Reihenfolge** würde man sie als gleiche Ereignisse behandeln, was wohl sinnvoll wäre, wenn man sich z.B. für die Maßgröße „Durchschnittswert der Augenzahlen“ interessierte. **In der Stichprobenpraxis ist die Auswertung ohne Berücksichtigung der Reihenfolge üblich**, auf die wir uns deshalb in dieser Einführung beschränken.

17.3 Grundbegriffe der Stichprobentheorie

Das Ziehen einer Zufallsstichprobe kann als Zufallsexperiment aufgefasst und gestaltet werden. Soll aus einer Grundgesamtheit eine Zufallsstichprobe gezogen werden, so kann man die an den Stichprobenelementen betrachtete Eigenschaft und die daraus ableitbaren interessierenden Maß- und Kenngrößen als Zufallsgrößen ansehen. Diese haben - wie alle Zufallsvariablen - eine Wahrscheinlichkeitsverteilung, die man Stichprobenverteilung nennt.

Die systematische Ermittlung einer im Einzelfall korrekten und nur für diesen Einzelfall gültigen **individuellen Stichprobenverteilung einer Maßzahl** aus einer vollständig bekannten Grundgesamtheit wird in diesem Abschnitt behandelt. Dazu wird ein bereits gut bekanntes, recht einfaches Beispiel benutzt und hauptsächlich dazu verwendet, grundlegende Begriffe der Stichprobentheorie vorzustellen und zu veranschaulichen.

Bei vielen individuellen Aufgaben- und Fragestellungen der Praxis ist die Ermittlung der im Einzelfall zutreffenden Stichprobenverteilung entweder gar nicht möglich oder vergleichsweise schwierig und aufwendig. Hier bietet die Stichprobentheorie dem Anwender wichtige Hilfestellung, indem sie für Klassen von Aufgaben- und Fragestellungen - hier vereinfachend auch als **Fälle** bezeichnet - sinnvolle **Stichprobenfunktionen** bereitstellt, für die die exakt oder approximativ geeigneten **Stichprobenverteilungen** sowie die formelmäßigen Zusammenhänge zwischen wichtigen Kenngrößen der Grundgesamtheit und solchen der Stichprobenverteilung angegeben werden können.

Für zwei aus Praxissicht besonders wichtige Fälle wird dieses Know-How hier beispielhaft vorgestellt. Beim ersten Fall ist eine in der Grundgesamtheit betrachtete Variable **typischerweise qualitativ und höchstens ordinal skaliert** und hat nur **zwei Ausprägungen** oder kann auf nur zwei Ausprägungen sinnvoll reduziert werden, von denen eine als interessierende Eigenschaft an den Stichprobenelementen betrachtet wird. Dieser Fall wird häufig als **homograd** bezeichnet und im nächsten Abschnitt behandelt. Einige Beispiele des homograden Falls mit dichotomen Grundgesamtheiten wurden bei den diskreten Wahrscheinlichkeitsverteilungen bereits vorgestellt, etwa bei der Frage nach einem Stammhalter unter vier Kindern oder bei der Frage nach dem Bestehen der Vordiplomprüfung im Fach Statistik. Ein Beispiel aus einem für die Wirtschaft typischen Anwendungsbereich - der Qualitätskontrolle - wird in diesem Abschnitt zur Einführung für die in diesem Fall typischen Stichprobenfunktionen und -verteilungen benutzt.

Beim zweiten Fall ist eine in einer Grundgesamtheit betrachtete Variable **quantitativ und metrisch skaliert**. Dadurch kann die an den Stichprobenelementen betrachtete Größe eine Vielzahl von Werten annehmen. Dieser Fall wird häufig als **heterograd** bezeichnet und im übernächsten Abschnitt (17.5) behandelt. Im heterograden Fall interessiert man sich vornehmlich für charakteristische Aspekte der Stichprobenverteilung, wie etwa deren **Mitte** und **Streuung**, typischerweise gemessen durch Kenngrößen wie den **Durchschnittswert** und die **Varianz** und/oder die **Standardabweichung**. Da der heterograde Fall in der Praxis - auch der Wirtschaftspraxis - eine sehr große Vielfalt und -zahl von Anwendungsmöglichkeiten hat, werden die Stichprobenverteilungen des Durchschnittswertes und der Varianz im Folgenden gesondert behandelt.

17.3.1 Grundgesamtheit und Stichprobe

Als **Einführungsbeispiel** betrachten wir den **zweifachen Würfelwurf** und die **Summe der Augenzahlen**. Dieses Beispiel wurde bereits im Abschnitt 14.2 zur Einführung in Zufallsvariable und in 14.2.2 speziell zur Einführung in diskrete Wahrscheinlichkeitsverteilungen benutzt und ist von daher bereits gut bekannt.

Grundgesamtheit

Die Grundgesamtheit ist diesem Fall **unendlich** groß, da mit einem Würfel theoretisch unendlich oft gewürfelt werden kann. Bei einem Würfel gibt es typischerweise nur eine Eigenschaft, die betrachtet werden kann - die Augenzahl -, deren Ausprägungen bekannt sind. Deshalb ist die Verteilung der Zufallsgröße X= Augenzahl auch in der unendlichen Grundgesamtheit bekannt. In der Stichprobenpraxis liegen dagegen meistens **endliche** Grundgesamtheiten vor, deren Verteilung bzgl. der betrachteten Größe nicht vollständig bekannt sind.

Stichprobe (Art und Umfang)

Das zweifache Würfeln kann als **Stichprobe vom Umfang n=2** angesehen werden, bei dem jeder Würfelwurf der Entnahme eines Stichprobenelementes entspricht. In der Stichprobenpraxis sind die Stichprobenumfänge in der Regel sehr viel größer. Es gilt: Je größer der Stichprobenumfang, desto genauer die wahrscheinlichkeitstheoretisch ableitbaren Aussagen.

Es wird eine **Zufallsstichprobe** gezogen, da das Ergebnis jedes einzelnen Wurfes bzw. der Entnahme jedes einzelnen Stichprobenelementes vom Zufall beherrscht ist. Genauer betrachtet handelt es sich um eine **einfache Zufallsauswahl**, die im vorliegenden Fall durch die Entnahmeart erreicht wird.

Was die **Entnahmeart** der Stichprobe angeht, so kann sie bei Verfügbarkeit nur eines Würfels nur so praktiziert werden, dass ein und derselbe Würfel nacheinander geworfen wird. Das entspricht der **Entnahme** von Stichprobenelementen **mit Zurücklegen**, was zur Folge hat, dass die einzelnen Würfe bzw. Entnahmen der Stichprobenelemente **voneinander unabhängig** sind.

Was die **Art der Auswertung** der einzelnen Würfe bzw. der entnommenen Stichprobenelemente angeht, so wollen wir hier die Augenzahl beim 1. und beim 2. Wurf auch dann voneinander unterscheiden, wenn die Summe der Augenzahlen identisch ist. Im vorliegenden Fall soll also die Reihenfolge, in der die Augenzahlen auf den Würfeln erscheinen, berücksichtigt werden. Die einzelnen Stichprobenelemente werden daher **mit Berücksichtigung der Reihenfolge**, in der sie gezogen werden, auch ausgewertet. In der Stichprobenpraxis spielt dagegen die Reihenfolge meist keine wesentliche Rolle, das heißt, es wird ohne Berücksichtigung der Reihenfolge gezogen und ausgewertet.

17.3.2 Stichprobenvariablen und Stichprobenraum

Stichprobenvariablen
Bevor nun tatsächlich gewürfelt und damit im vorliegenden Fall eine Zufallsstichprobe der festgelegten Art und des festgelegten Umfangs gezogen wird, ist die an den Würfeln bzw. Stichprobenelementen betrachtete Eigenschaft „Augenzahl" eine Zufallsgröße. Man bezeichnet die an einem Stichprobenelement betrachtete Eigenschaft allgemein als **Stichprobengröße bzw. -variable** und symbolisiert sie - wie alle Zufallsvariablen - mit einem Großbuchstaben vom Ende des Alphabets. Im Einführungsbeispiel gibt es zwei Stichprobengrößen oder -variable, nämlich:

X_1 = Augenzahl beim 1. Würfelwurf und X_2 = Augenzahl beim 2. Würfelwurf,

deren Wertebereiche (mögliche Realisationen) $x = 1,..., 6$ und deren Wahrscheinlichkeitsverteilungen $f(x)$ untereinander und mit der Zufallsgröße X in der Grundgesamtheit identisch sind. Man nennt solche Stichprobenvariablen folgerichtig **unabhängig** und **identisch** verteilt (englisch: **i**ndependent and **i**dentical **d**istributed, abgekürzt **i.d.d.**). Die Folge der beiden i.d.d. Stichprobenvariablen $\{X_1, X_2\}$ - allgemein das n-Tupel von i.d.d. Stichprobenvariablen $\{X_1,..., X_n\}$ - bezeichnet man als **einfache Zufallsstichprobe** (englisch: random sample). In der Stichprobentheorie und auch in dieser Einführung werden - wenn nicht gesondert ausgewiesen - einfache Zufallsstichproben betrachtet und verkürzt als Stichproben bezeichnet.

Den in einer Stichprobe beobachteten Wert x_i der Stichprobenvariablen X_i bezeichnet man als **Stichprobenwert** oder auch als Realisation, das n-Tupel der Stichprobenwerte als **realisierte Stichprobe**. In der folgenden Tabelle 17.3.2 sind die im Zusammenhang mit Zufallsstichproben üblichen Grundbegriffe und -symbole noch einmal zusammengestellt.

Die Ziehung...	1	i	n
ergibt den **Stichprobenwert** als konkrete Realisation...	x_1	x_i	x_n
der **Stichprobenvariablen**...	X_1	X_i	X_n
die die gleichen Eigenschaften besitzen wie die **Zufallsvariable**.		X	

Tab. 17.3.2: Grundbegriffe und Symbole bei Zufallsstichproben

Stichprobenraum
Im Einführungsbeispiel können aus den möglichen Werten beim 1. und beim 2. Würfelwurf alle möglichen Stichproben unter Berücksichtigung der Auswertungsart - hier unter Berücksichtigung der Reihenfolge - durch logische Überlegungen ermittelt werden. Sie sind in der folgenden Tabelle 17.3.3 in der ersten Spalte dargestellt und bilden zusammengenommen den Stichprobenraum.

Stichproben-variablen	Maßzahl Summe	Werte der Maßzahl	Wahrschein-lichkeit	Kenngröße Durchschnitt	Werte der Kenngröße	Wahrschein-lichkeit
x_1, x_2	$y = x_1 + x_2$	y_i	$W(y_i)$	$\bar{x} = (x_1+x_2)/2$	$\bar{X}$	$W(\bar{X})$
(1)	(2)	(3)	(4)	(5)	(6)	(7)
1, 1	2	2	1/36	2/2=1	1	1/36
1, 2	3			3/2=1,5		
1, 3	4			4/2=2		
1, 4	5	3	2/36=1/18	5/2=2,5	1,5	2/36=1/18
1, 5	6			6/2=3		
1, 6	7			7/2=3,5		
2, 1	3	4	3/36=1/12	3/2=1,5	2	3/36=1/12
2, 2	4			4/2=2		
2, 3	5			5/2=2,5		
2, 4	6	5	4/36=1/9	6/2=3	2,5	4/36=1/9
2, 5	7			7/2=3,5		
2, 6	8			8/2=4		
3, 1	4	6	5/36	4/2=2	3	5/36
3, 2	5			5/2=2,5		
3, 3	6			6/2=3		
3, 4	7			7/3=3,5		
3, 5	8	7	6/36=1/6	8/2=4	3,5	6/36=1/6
3, 6	9			9/2=4,5		
4, 1	5			5/2=2,5		
4, 2	6			6/2=3		
4, 3	7	8	5/36	7/2=3,5	4	5/36
4, 4	8			8/2=4		
4, 5	9			9/2=4,5		
4, 6	10			10/2=5		
5, 1	6	9	4/36=1/9	6/2=3	4,5	4/36=1/9
5, 2	7			7/2=3,5		
5, 3	8			8/2=4		
5, 4	9	10	3/36=1/12	9/2=4,5	5	3/36=1/12
5, 5	10			10/2=5		
5, 6	11			11/2=5,5		
6, 1	7	11	2/36=1/18	7/2=3,5	5,5	2/36=1/18
6, 2	8			8/2=4		
6, 3	9			9/2=4,5		
6, 4	10	12	1/36	10/2=5	6	1/36
6, 5	11			11/2=5,5		
6, 6	12			12/2=6		

Tab. 17.3.3: Stichprobenvariablen, -funktionen und -verteilungen im Einführungsbeispiel

17.3.3 Stichprobenfunktion und -verteilung

Häufig interessiert man sich nicht für die einzelnen möglichen Stichprobenergebnisse als solche, sondern für Maßzahlen, die aus ihnen ableitbar sind. Im Einführungsbeispiel interessiert man sich z.B. für die **Maßzahl Y „Summe der Augenzahlen"**.

Stichprobenfunktion

Solche Maßzahlen sind durch eine Vorschrift aus den möglichen Stichproben bzw. den sie bildenden Stichprobenvariablen ermittelbar, im Allgemeinen. berechenbar. So gilt für die Maßzahl im Einführungsbeispiel die **Formel $Y=X_1+X_2$** Für das Einführungsbeispiel ist die Summe der Augenzahlen nach der obigen Formel in der Spalte 2 der Tabelle 17.3.3 nachvollziehbar ermittelt und dargestellt.

Beim zeilenweisen Durchgehen der Tabelle erkennt man sehr gut, dass es sich bei der Maßzahl Y um eine **mathematische Funktion** handelt, die jedem möglichen Stichprobenergebnis im vorliegenden Fall eine ganze Zahl - im allgemeinen Fall eine reelle Zahl - zuordnet. Eine solche Funktion auf möglichen Stichprobenergebnissen bzw. -variablen bezeichnet man allgemein als **Stichprobenfunktion** und formalisiert:

$$Y = f(X_1, \ldots, X_n)$$

Stichprobenfunktionen sind **Zufallsgrößen bzw. -variable**, da sie - wie die möglichen Stichprobenergebnisse selbst - vom Zufall abhängig sind. Sie müssen deshalb - per definitionem - mögliche Realisationen und eine Wahrscheinlichkeitsverteilung haben. Für das Einführungsbeispiel sind die möglichen Realisationen der Zufallsgröße Y den möglichen Stichproben in Spalte 2 entnommen und in der Spalte 3 gesondert aufgeführt. Im vorliegenden Fall ist die Zufallsgröße Y **diskret**, da sie nur folgende ganze Zahlen annehmen kann, die ihren **Wertebereich** bilden: $Y = \{2, 3, \ldots, 11, 12\}$.

Einzelwahrscheinlichkeiten
Die Wahrscheinlichkeiten der möglichen Werte kann man im vorliegenden Fall mit dem **logischen Ansatz** ermitteln. Dazu ist für jede Realisation der Zufallsgröße die Anzahl der möglichen Stichproben, die zu dem betrachteten Wert führen, durch die Anzahl aller möglichen Stichproben zu teilen, die sich auf insgesamt 36 beläuft. In der Tabelle 17.3.3 ist die Ermittlung der Wahrscheinlichkeit nach diesem Ansatz für einige wenige mögliche Werte y_i der Zufallsgröße Y in der Spalte 4 nachvollziehbar dargestellt. So ermittelt man etwa für $y_i = 2$ und $y_i = 12$, die beide jeweils nur bei einem von 36 möglichen Stichprobenergebnissen auftreten können, jeweils die Wahrscheinlichkeit von 1/36.

Stichprobenverteilung
Die systematische Zuordnung der ermittelten Wahrscheinlichkeiten zu den Werten der Zufallsgröße ergibt insgesamt die Wahrscheinlichkeitsverteilung der in der Stichprobe betrachteten Zufallsgröße, die sogenannte Stichprobenverteilung. Im Einführungsbeispiel ist die in der Stichprobe betrachtete Maßzahl diskret und die Zuordnung ergibt eine **diskrete Wahrscheinlichkeitsfunktion**, deren Wertepaare zeilenweise aus den Spalten 3 und 4 der Tabelle 17.3.3 ablesbar sind. Die Stichprobenverteilung lässt sich - wie jede Wahrscheinlichkeitsverteilung - anschaulich grafisch darstellen und man kann ihre Kenngrößen - Erwartungswert und Varianz/Standardabweichung - berechnen. Dazu wird auf die Abschnitte 14.2 und 14.4 über diskrete Verteilungen verwiesen.

In dem sehr einfachen Einführungsbeispiel aus dem Bereich der Glücksspiele war es möglich, die Wahrscheinlichkeitsverteilung einer in der Stichprobe interessierenden Maßgröße durch logische Analyse und einfache Rechenregeln selbst zu ermitteln. Dies ist bei den meisten Aufgabenstellungen der Stichprobenpraxis auf diese Art und Weise nicht möglich. Möglich ist es aber für **Klassen von Aufgaben- und Fragestellungen (Fälle)**, von denen zwei aus Anwendungssicht besonders wichtige und typische im Folgenden näher behandelt werden.

17.4 Homograder Fall

Zur Illustration des homograden Falls betrachten wir folgendes vereinfachte, aber **typische Einführungsbeispiel aus der Qualitätskontrolle:** Ein IT-Händler bietet einem Kunden einen Posten von 10 PCs als Sonderangebot besonders preisgünstig an, da 20% der Geräte transportbeschädigt sein sollen. Der Kunde will das Sonderangebot annehmen, wenn in einer Stichprobe von 4 Geräten höchstens eines transportbeschädigt ist. Gefragt ist die Wahrscheinlichkeit für die Annahme des Sonderangebots.

Zur Beantwortung der Frage benötigt man die Wahrscheinlichkeitsverteilung der in der Stichprobe betrachteten Zufallsgröße, die Stichprobenverteilung. Diese kann man ermitteln, wenn...

- man ausreichende Informationen über die Grundgesamtheit hat,
- Stichprobenart und Umfang bekannt sind,
- Entnahme- und Auswertungsart bekannt sind
- und unter diesen Voraussetzungen aufgrund theoretischer Erkenntnisse ein geeigneter Verteilungstyp verfügbar ist und benutzt werden kann.

Dies soll nun an dem Einführungsbeispiel gezeigt und verallgemeinert werden.

17.4.1 Grundgesamtheit und Stichprobe

Grundgesamtheit (Art und Größe)
In dem Beispiel ist die Grundgesamtheit, aus der die Stichprobe gezogen wird, **endlich** und im Einzelnen **nicht vollständig bekannt**, was in der Stichprobenpraxis üblich ist. Was die **Größe** der Grundgesamtheit angeht, die bei endlichen Grundgesamtheiten im Allgemeinen mit **N** abgekürzt wird, ist sie mit N=10 bekannt und ziemlich klein.

An den Merkmalsträgern der Grundgesamtheit wird ein Merkmal betrachtet - die Transportbeschädigung -, das nur zwei Ausprägungen annehmen kann (ja/nein). Solche Merkmale bezeichnet man in der Fachsprache der Statistik als dichotom und spricht analog von **dichotomen Grundgesamtheiten**. Im Allgemeinen interessiert man sich nur für eine der beiden möglichen Merkmalsausprägungen - hier für ja - und bezeichnet diese Ausprägung als interessierende Eigenschaft. Die wichtigste **Kenngröße** einer dichotomen Grundgesamtheit ist der **Anteil der Elemente in der Grundgesamtheit mit der interessierenden Eigenschaft**, der hier mit π abgekürzt wird. Im Beispiel der PC-Lieferung ist $\pi = 0{,}20$. Ganz allgemein muss π bekannt oder aus sonstigen Angaben über die Grundgesamtheit ermittelbar sein, sonst kann die Stichprobenverteilung nicht abgeleitet und ermittelt werden.

Stichprobe (Art und Umfang)
Im Einführungsbeispiel will der Kunde aus der Lieferung eine Stichprobe von 4 PCs entnehmen. Die Anzahl der aus der Grundgesamtheit für die Stichprobe zu entnehmenden Elemente bezeichnet man allgemein als **Stichprobenumfang** und symbolisiert ihn mit **n** . In dem Einführungsbeispiel ist der Stichprobenumfang gegeben und extrem klein. In der Stichprobenpraxis ist er in aller Regel gestaltbar und sehr viel größer.

Es wird eine **Zufallsstichprobe** gezogen. Dabei wird ein aus der Gesamtlieferung zufällig entnommener PC nach der Prüfung - wie immer sie ausgehen mag - nicht wieder der Lieferung beigefügt. Entnahmetechnisch findet hier also eine **Entnahme ohne Zurücklegen** statt, wie sie für die Qualitätskontrolle mittels Stichproben in der Praxis üblich ist. Was die **Auswertung** der Stichprobenelemente angeht, so ist die Reihenfolge, in der sie der Grundgesamtheit entnommen werden, für ihre Auswertung ohne Bedeutung. Es wird also eine Zufallsstichprobe **ohne Berücksichtigung der Reihenfolge** gezogen, was auch in der Stichprobenpraxis überwiegt.

17.4.2 Stichprobenvariablen und -raum

Stichprobenvariablen
Die Stichprobe im Einführungsbeispiel enthält 4 Stichprobenelemente. An jedem Stichprobenelement i wird dieselbe für Zwecke der Qualitätskontrolle relevante Eigenschaft als Zufallsgröße betrachtet, die verschiedene Realisationen haben kann, also eine Variable X_i ist. Im Einführungsbeispiel kann also jede mögliche Stichprobe durch insgesamt vier Stichprobenvariablen beschrieben werden, d.h. formal: $\{X_1, X_2, X_3, X_4\}$.

Die Zufallsgröße „Transportbeschädigung" ist eine besondere Variable, die nur zwei Werte annehmen kann, die man im vorliegenden Fall kurz mit den Worten „ja" und „nein" beschreiben kann. Eine solche Variable nennt man allgemein **Dualvariable**. Alle Stichprobenvariablen sind also Dualvariablen mit denselben möglichen Werten. Da die möglichen Werte von Zufallsvariablen per definitionem reelle Zahlen sind - vgl. dazu Abschnitt 4.2.1. über Zufallsvariable -, ist es bei Dualvariablen allgemein üblich, der interessierenden Eigenschaft den Variablenwert 1 zuzuweisen. Für eine beliebige Dualvariable X_i gilt also bzgl. ihrer möglichen Werte x formal:

		Allgemein	**Einführungsbeispiel**
x	= 1,	falls die interessierende Eigenschaft auftritt	interessierende Eigenschaft „beschädigt": x = 1
	= 0,	falls die interessierende Eigenschaft nicht auftritt	

Stichprobenraum

Wie bei dem Einführungsbeispiel in die allgemeinen Stichprobenverteilungen aus dem letzten Abschnitt kann man auch im vorliegenden Fall versuchen, alle möglichen Stichproben durch logische Analyse zu enumerieren - d.h. den **Stichprobenraum** explizit zu ermitteln -, um darüber zu der Stichprobenverteilung zu gelangen. Bei der **Entnahme ohne Zurücklegen** beträgt die Anzahl möglicher Stichproben ganz allgemein **N! * (N-n)!**, im vorliegenden Fall also 10* (10-4) = 10*6 = 60. Die systematische Enumeration dieser 60 möglichen Stichproben wäre im Einführungsbeispiel wohl noch mit vertretbarem Aufwand durchführbar, verbietet sich aber bei realistischen Umfängen von Grundgesamtheiten und Stichproben, wie sie in der Praxis auftreten. Es ist von daher nötig, im homograden Fall unabhängig von der Entnahmetechnik für praxisrelevante Umfänge von Grundgesamtheiten und Stichproben über einen Weg an die Stichprobenverteilung zu gelangen, bei dem der Stichprobenraum nicht explizit ermittelt werden muss. Dieser Weg wird im Folgenden vorgestellt.

17.4.3 Stichprobenfunktion „Anzahl" und ihre Verteilung

Stichprobenfunktion „Anzahl"

Im Einführungsbeispiel interessiert man sich für die Anzahl transportbeschädigter PCs in der Stichprobe, ganz allgemein für die **Anzahl der Stichprobenelemente mit der interessierenden Eigenschaft**, die hier mit **X** symbolisiert wird. Diese Stichprobenmaßzahl kann aus den Stichprobenvariablen X_i durch Summation der Variablenwerte ermittelt werden, d.h. formal:

$$X = \sum_{i=1}^{n} X_i$$

Die Maßzahl ist eine **Zufallsvariable.** Sie kann im Einführungsbeispiel die **Werte** x= 0,1,2,3,4, allgemein die Werte x= 1,..., n annehmen, ist also **diskret**. Sie ist zudem eine **Stichprobenfunktion**, da ihre Werte von den möglichen Werten der Stichprobenvariablen X_i abhängig sind.

Bestimmung des Verteilungstyps

Im Einführungsbeispiel kann man die Wahrscheinlichkeitsverteilung der interessierenden Maßzahl - die Stichprobenverteilung - aus den im Kapitel 15 behandelten wichtigen Typen diskreter Wahrscheinlichkeitsverteilungen auswählen, da deren wesentliche Anwendungsvoraussetzungen mit den Charakteristika des homograden Falles der Stichprobenstatistik übereinstimmen, wie die folgende Vergleichstabelle 17.4.3 zeigt.

Stichprobenstatistik Homograder Fall	Diskrete Verteilungstypen B und H Anwendungsvoraussetzungen
Grundgesamtheit • dichotom • Anteil der Elemente mit der betrachteten Eigenschaft bekannt oder ermittelbar	Zufallsvorgang • nur zwei mögliche Ergebnisse (Dualvariable) • Wahrscheinlichkeit des betrachteten Ergebnisses bekannt (Erfolgswahrscheinlichkeit)
Stichprobe • Art: Zufall • Umfang: n	Zufallsexperiment n - malige Wiederholung des Zufallsvorgangs
Entnahmetechnik • mit Zurücklegen • ohne Zurücklegen	Experimentgestaltung • Zufallsvorgänge voneinander unabhängig • Zufallsvorgänge voneinander abhängig
Stichprobenmaßgröße Anzahl der Elemente mit der interessierenden Eigenschaft	Experimentauswertung Anzahl der Elemente mit der interessierenden Eigenschaft

Tab. 17.4.3: Vergleich der Charakteristika des homograden Falls und der Anwendungsvoraussetzungen der diskreten Verteilungstypen B und H

Die beiden wichtigen diskreten Verteilungstypen - die Binomialverteilung und die Hypergeometrische Verteilung - unterscheiden sich in ihren Anwendungsvoraussetzungen als Stichprobenverteilungen im homograden Fall nur durch die **Entnahmetechnik**. Bei der Entnahme mit Zurücklegen - d.h. allgemein bei Unabhängigkeit der Zufallsvorgänge - ist die Maßgröße binomialverteilt, bei der Entnahme ohne Zurücklegen - d.h. allgemein bei Abhängigkeit der Zufallsvorgänge - ist sie dagegen hypergeometrisch verteilt. Die im Einführungsbeispiel betrachtete Maßgröße „Anzahl transportbeschädigter PCs in der Stichprobe" ist danach **exakt hypergeometrisch** verteilt.

Ermittlung der Stichprobenverteilung

Um die Wahrscheinlichkeiten der Stichprobenverteilung konkret zu ermitteln, braucht man ergänzend die im jeweils vorliegenden Fall zutreffenden **Werte der Verteilungsparameter**. Die hypergeometrische Verteilung hat die drei Verteilungsparametern, M und N (siehe 15.2.1). Im Einführungsbeispiel sind n=4 und N=10 bekannt und M ist über den ebenfalls bekannten Anteil transportbeschädigter PCs in der Grundgesamtheit π = 0,20 mit Hilfe der Formel M= π *N ermittelbar: M= 0,20*10= 2,0. Die in der Stichprobe zum Zwecke der Qualitätskontrolle betrachtete Maßgröße ist also wie folgt konkret exakt verteilt: X= **H** (4, 2; 10).

x	f(x)	F(x)
0	0,3333	0,33330
1	0,5333	0,86663
2	0,1333	0,99997
3	-	1,00000
4	-	1,00000
Summe	**1,0000**	

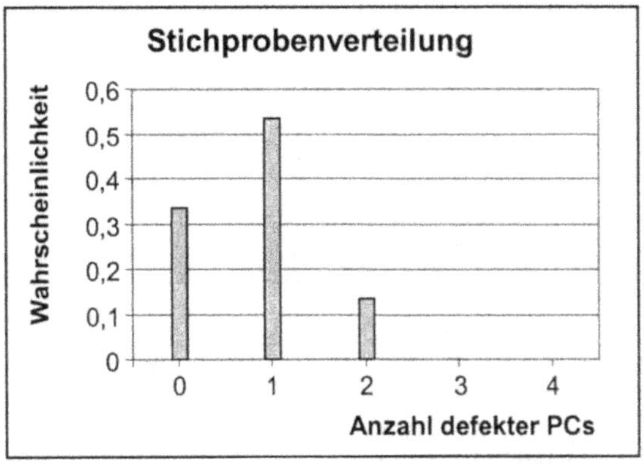

Abb. 17.4.3: Stichprobenfunktion Anzahl und ihre Verteilung im Einführungsbeispiel

In 15.2.2 wurde gezeigt, wie man Einzelwahrscheinlichkeiten für interessierende Werte einer hypergeometrisch verteilten Zufallsgröße mit der Formel der hypergeometrischen Verteilung

berechnen oder aus verfügbaren Verteilungstabellen **ablesen** kann. Da die im Anhang befindliche hypergeometrische Verteilungstabelle nur Wahrscheinlichkeiten für N≤6 enthält, kann sie im Einführungsbeispiel nicht verwendet werden. In der Abbildung 17.4.3 ist deshalb die hier benötigte hypergeometrische Verteilung gesondert dargestellt, und zwar links in Tabellenform als Wahrscheinlichkeitsfunktion f(x) und als Verteilungsfunktion F(x) sowie rechts grafisch als Stabdiagramm.

Die Frage nach der Wahrscheinlichkeit für die Annahme des Sonderangebots lässt sich mit Hilfe dieser Wahrscheinlichkeitsverteilungen leicht beantworten. Der Kunde will das Sonderangebot annehmen, wenn in der Zufallsstichprobe höchstens ein PC transportbeschädigt ist. Das entspricht formal W (X≤ 1)= F(1)= 0,8663. Der Kunde wird das Sonderangebot also mit der recht hohen Wahrscheinlichkeit von 86,63% annehmen.

In 15.2.3. wurden die Kenngrößen einer hypergeometrischen Verteilung vorgestellt, in 15.2.4 die Approximationsmöglichkeit durch die Binomialverteilung und in 16.3.1 die Approximationsmöglichkeiten durch die Normalverteilung. Die dort ganz allgemein gemachten Aussagen gelten natürlich auch bei der Verwendung der hypergeometrischen Verteilung als Stichprobenverteilung.

17.4.4 Stichprobenfunktion „Anteil" und ihre Verteilung

In der Stichprobenpraxis interessiert man sich ergänzend zur bislang untersuchten Anzahl vor allem für den **Anteil** der Stichprobenelemente mit der betrachteten Eigenschaft. Der **Stichprobenanteil** wird hier mit **P** symbolisiert, seine möglichen Werte mit **p**. Man erhält die möglichen Stichprobenanteilswerte, indem man die Anzahl der Stichprobenelemente mit der betrachteten Eigenschaft durch den Stichprobenumfang teilt, formal:

$$P = X/\,n.$$

P folgt denselben Verteilungstypen wie X mit denselben Verteilungsparametern. Die in Kapitel 15 angegeben Formeln für deren Wahrscheinlichkeitsfunktionen und Kenngrößen gelten analog. Allerdings ist die dortige Zufallsgröße X nach der obigen Formel in die hiesige Zufallsgröße P umzurechen. In der Tabelle 17.4.4 sind die entsprechenden Formeln für die Wahrscheinlichkeitsfunktionen des Stichprobenanteils und deren Kenngrößen zusammengestellt.

Stichprobenverteilung des Anteils P	Binomialverteilung B	Hypergeometrische Verteilung H
Verteilungsparameter	n ; π	n, M; N
Wahrscheinlichkeits-funktion	$f(p) = \binom{n}{n\pi} * \pi^{n\pi} * (1-\pi)^{n-n\pi}$	$f(p) = \frac{\binom{M}{n\pi} * \binom{N-M}{n-n\pi}}{\binom{N}{n}}$
Erwartungswert	E(P) = 1/n* E(X)= π	E(P)= π
Varianz	V(P) = 1/n²* V(X) = $\frac{\pi * (1-\pi)}{n}$	V(P) = $\frac{\pi * (1-\pi)}{n} * \frac{N-n}{N-1}$ Korrekturfaktor
Standardabweichung	σ(P) = √V(P) = $\sqrt{\frac{\pi * (1-\pi)}{n}}$	σ(P) = $\sqrt{\frac{\pi * (1-\pi)}{n}} * \sqrt{\frac{N-n}{N-1}}$ Korrekturfaktor

Tab. 17.4.4: Exakte Stichprobenverteilungen des Anteilswertes mit Kenngrößen

Die exakten Stichprobenverteilungen des Anteilswertes lassen sich unter den in 16.3.1 genannten Bedingungen durch diskrete Verteilungen und durch die stetige Normalverteilung approximieren. Bei der Approximation durch die Normalverteilung sind als deren Parameter der Erwartungswert und die Standardabweichung der diskreten Ausgangsverteilung zu übernehmen und es ist die Stetigkeitskorrektur zu berücksichtigen, wenn der Stichprobenumfang nicht sehr groß ist.

17.5 Heterograder Fall

Zur Illustration des heterograden Falls greifen wir auf das bereits mehrfach verwendete **Einführungsbeispiel** des **zweifachen Würfelwurfes** zurück. Alle in 17.3 zu Art und Umfang von Grundgesamtheit und Stichprobe sowie zu Stichprobenvariablen und Stichprobenraum gemachten Angaben gelten unverändert. Im Gegensatz zu den bisherigen Nutzungen werden jetzt typische Kenngrößen in der Stichprobe - der **Durchschnittswert** einerseits und die **Varianz** andererseits - betrachtet, auch **Stichprobenmittel und Stichprobenvarianz** genannt. Abgeleitet werden die Wahrscheinlichkeitsverteilungen dieser Kenngrößen in der Stichprobe und die formelmäßigen Zusammenhänge zwischen den Kenngrößen der Grundgesamtheit und denen der Stichprobe. Dabei werden die am Einführungsbeispiel gewonnenen Erkenntnisse verallgemeinert.

Grundgesamtheit

Die Grundgesamtheit im Einführungsbeispiel ist zwar unendlich, trotzdem ist sie bzgl. der betrachteten Größe „Augenzahl" **vollständig bekannt**. Als Ausprägungen können nur die ganzen Zahlen von 1 bis 6 auftreten, und zwar jede mit der gleichen relativen Häufigkeit bzw. Wahrscheinlichkeit von 1/6. Von der Verteilungsform her liegt in der Grundgesamtheit also eine **Gleichverteilung** vor. Aufgrund der vollständigen Kenntnis der Verteilung kann man auch ihre **Kenngrößen** - etwa Mittelwert und Streuung - ermitteln. Bei quantitativen, metrisch skalierten Merkmalen benutzt man in der Regel als Mittelwert den **Durchschnittswert (arithmetisches Mittel)** und als Streuungsmaße wegen der für das Schließen erforderlichen hohen Genauigkeit die Varianz/ Standardabweichung (siehe Kapitel 4). Dabei wird der Mittelwert der Größe X in der Grundgesamtheit im Allgemeinen mit μ_x bzw. μ und ihre Varianz mit σ_x^2 bzw. σ^2 symbolisiert. In der Tabelle 17.5 sind im linken Teil noch einmal die Formeln zur Berechnung der Kenngrößen angegeben und im rechten Teil sind die Kenngrößen für das Einführungsbeispiel nachvollziehbar ermittelt.

Allgemein	Einführungsbeispiel
Mittelwert: Durchschnittswert μ(X)	
$\mu = \sum_i x_i * f(x_i)$	μ = 1*1/6+2*1/6+3*1/6+4*1/6+5*1/6+6*1/6= <u>3,5</u>
Streuung: Varianz V(X) und Standardabweichung σ(X)	
V(X) =σ^2(X)= $\sum_i [x_i - E(X)]^2 * f(x_i)$	V(X) = $(1-3,5)^2*1/6 + (2-3,5)^2*1/6 + (3-3,5)^2*1/6 + (4-3,5)^2*1/6 + (5-3,5)^2*1/6 + (6-3,5)^2*1/6$ σ^2(X) = <u>2,92</u>
σ(X) =$\sqrt{\sigma^2(X)}$	σ(X) = $\sqrt{2{,}92}$ = <u>1,7078</u>

Tab. 17.5: Kenngrößen der Verteilung eines metrisch skalierten Merkmals in der Grundgesamtheit (allgemein und im Einführungsbeispiel)

17.5.1 Stichprobenmittel und seine Verteilung

17.5.1.1 Ermittlung im Einführungsbeispiel

Im Einführungsbeispiel gibt es 36 mögliche Stichproben, die sich aus den möglichen Werten der Stichprobenvariablen X_1 und X_2 durch logische Analyse systematisch enumerieren lassen. Sie sind in der Tabelle 17.3.3. in der Spalte (1) dargestellt.

Stichprobenfunktion „Durchschnitt"

Die in der Stichprobe interessierende Kenngröße „Durchschnittswert" ist im vorliegenden Fall mit Hilfe der Formel $\overline{X}=(X_1+X_2)/2$ - ganz allgemein mit der bekannten Formel des arithmetischen Mittels - aus den Stichprobenvariablenwerten berechenbar. Für das Einführungsbeispiel ist die Berechnung der Durchschnittswerte für alle möglichen Stichproben in der Spalte (5) der Tab. 17.3.3 nachvollziehbar dargestellt. Die Kenngröße „Durchschnittswert" ist eine Zufallsvariable und hat daher einen Wertebereich und eine Wahrscheinlichkeitsverteilung. Im Einführungsbeispiel hat sie nur eine begrenzte Zahl von Realisationsmöglichkeiten, ist also diskret. In der Tabelle 17.3.3 sind die im Einführungsbeispiel möglichen Werte der Spalte (5) entnommen und in der Spalte (6) gesondert dargestellt.

Einzelwahrscheinlichkeiten

Die Wahrscheinlichkeiten kann man im vorliegenden, sehr einfachen Beispiel wieder mit dem logischen Ansatz ermitteln. In der Tabelle 17.3.3 ist dies beispielhaft für einige mögliche Werte von $\overline{X}$ nachvollziehbar in der Spalte (6) geschehen, indem die für den jeweils betrachteten Wert günstigen Stichproben durch Verbindungslinien markiert sind.

Wahrscheinlichkeitsfunktion

Die Wahrscheinlichkeitsfunktion erhält man, wenn man den möglichen Durchschnittswerten die für sie ermittelten Wahrscheinlichkeiten sachgerecht zuordnet. Die Wahrscheinlichkeitsfunktion des Stichprobenmittels im Einführungsbeispiel steht in den Spalten (6) und (7) der Tabelle 17.3.3 Sie ist in der Abbildung 17.5.1.1 grafisch anschaulich als Stabdiagramm dargestellt. Die Verteilung ist von der Form her eingipflig und symmetrisch.

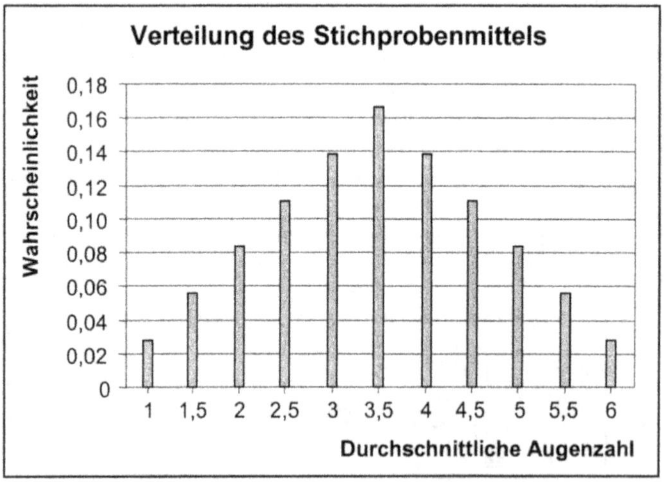

Abb. 17.5.1.1: Wahrscheinlichkeitsverteilung des Stichprobenmittels im Einführungsbeispiel

Kenngrößen der Verteilung

Die Kenngrößen der Verteilung des Stichprobenmittels - Erwartungswert und Varianz/Standardabweichung - kann man mit den in 14.4 für diskrete Wahrscheinlichkeitsverteilungen angegebenen Formeln aus einer vorliegenden Verteilung berechnen. Für das Einführungsbeispiel ist die Berechnung nachvollziehbar in der folgenden Tabelle 17.5.1.1 dargestellt. Als Ergebnis erhält man einen Erwartungswert von 3,5 und eine Varianz von 1,45833. Damit beträgt die Standardabweichung als Wurzel aus der Varianz im vorliegenden Fall 1,2076.

Stichproben-mittel	Wahrschein-lichkeit	Erwartungs-wert	Abweichung	Abweichungs-quadrat	Mittlere quadratische Abweichung
$\bar{X}$	$f(\bar{X})$	$E(\bar{X})$	$\bar{X} - E(\bar{X})$	$[\bar{X} - E(\bar{X})]^2$	$[\bar{X} - E(\bar{X})]^2 * f(\bar{X})$
(1)	**(2)**	**(3)**	**(4)**	**(5)**	**(6)**
1	0,0278	0,02778	-2,50	6,25	0,17361
1,5	0,0556	0,08333	-2,00	4,00	0,22222
2	0,0833	0,16667	-1,50	2,25	0,18750
2,5	0,1111	0,27778	-1,00	1,00	0,11111
3	0,1389	0,41667	-0,50	0,25	0,03472
3,5	0,1667	0,58333	0,00	0,00	0,00000
4	0,1389	0,55556	0,50	0,25	0,03472
4,5	0,1111	0,50000	1,00	1,00	0,11111
5	0,0833	0,41667	1,50	2,25	0,18750
5,5	0,0556	0,30556	2,00	4,00	0,22222
6	0,0278	0,16667	2,50	6,25	0,17361
Summe	**1,0000**	**3,50000**			**1,45833**

Tab. 17.5.1.1: Berechnung der Kenngrößen der Stichprobenverteilung im Einführungsbeispiel

Kenngrößenvergleich und -beziehungen

Vergleicht man die Werte der Kenngrößen in der Grundgesamtheit mit denen in der Stichprobe, so stellt man im vorliegenden Fall Folgendes fest:

- Der **Erwartungswert** des Stichprobenmittels ist mit 3,5 Augenzahlen **genauso groß** wie der **Mittelwert** der Grundgesamtheit, d.h. **$E(\bar{X}) = \mu$.**
- Die **Standardabweichung** des Stichprobenmittels $\sigma_{\bar{X}}$ ist mit ~1,2 **wesentlich kleiner** als die in der Grundgesamtheit σ_X ~1,7.

Was die Beziehung der Standardabweichungen angeht, so ist es sicher, dass die Streuung in der Stichprobe von der in der Grundgesamtheit determiniert wird. Da die Verteilung des Stichprobenmittels wesentlich vom Stichprobenumfang abhängt, determiniert dieser ebenfalls die Streuung. Da die Standardabweichung in der Stichprobe kleiner als die in der Grundgesamtheit ist, ist eine Beziehung folgender Art zu vermuten:

$$\sigma_{\bar{x}} = \frac{\sigma_X}{m} \text{ mit } m < n$$

Die im Einführungsbeispiel festgestellten Beziehungen zwischen den Kenngrößen der Verteilung des Stichprobenmittels und denen der Verteilung in der Grundgesamtheit - den Parametern - und die darüber angestellten Plausibiltätsüberlegungen sollen jetzt verallgemeinert und formelmäßig präzisiert werden.

17.5.1.2 Allgemeine Ableitung bei bekannter Streuung der Grundgesamtheit

Kenngrößen

Die allgemeine Ableitung von formelmäßigen Beziehungen zwischen den Kenngrößen der Grundgesamtheit und denen der Stichprobe ist möglich, wenn man

- eine **einfache Zufallsauswahl** vornimmt, die **Unabhängigkeit** und **identische Verteilung** der Stichprobenvariablen bedeutet.
- den in der Stichprobe betrachteten Durchschnittswert $\bar{X}$ als spezifische **mathematische Funktion** (das arithmetische Mittel) der Stichprobenvariablen X_i behandelt, für die die in Tabelle 4.2.4.4. angegebenen **Formeln für Kenngrößen von Funktionen von Zufallsgrößen gelten**.

Die Ableitung ist in der folgenden Tabelle 17.5.1.2 nachvollziehbar dargestellt.

Ableitung	Ergebnis
Erwartungswert des Stichprobenmittels	
$E(\bar{X}) = E\left[\frac{1}{n}\sum X_i\right] = \frac{1}{n}E\left[\sum X_i\right] = \frac{1}{n}\sum E[X_i] = \frac{1}{n}n\mu = \mu$	$E(\bar{X}) = \mu$
Varianz des Stichprobenmittels	
$V(\bar{X}) = V\left[\frac{1}{n}\sum X_i\right] = \frac{1}{n^2}V\left[\sum X_i\right] = \frac{1}{n^2}\sum V[X_i] = \frac{1}{n^2}n\sigma^2 = \frac{\sigma^2}{n}$	$V(\bar{X}) = \sigma_{\bar{x}}^2 = \frac{\sigma^2}{n}$
Standardabweichung des Stichprobenmittels	$\sigma_{\bar{x}} = \frac{\sigma}{\sqrt{n}}$

Tab. 17.5.1.2: Ableitung der Kenngrößen der Verteilung des Stichprobenmittels aus den Kenngrößen der Grundgesamtheit

Sie führt zu zwei wesentlichen Ergebnissen:

- **Der Erwartungswert des Stichprobenmittels ist identisch mit dem Mittelwert in der Grundgesamtheit.**
- **Die Standardabweichung des Stichprobenmittels ergibt sich aus der Standardabweichung der Grundgesamtheit dividiert durch die Wurzel aus dem Stichprobenumfang.**

Diese beiden für das Arbeiten mit Durchschnittswerten in Zufallsstichproben **fundamentalen Aussagen** sind in der folgenden Abbildung 17.5.1.2-a anschaulich grafisch dargestellt. Sie machen deutlich, weshalb die Genauigkeit von Schlüssen aus Zufallsstichproben über die Streuung ganz entscheidend vom Stichprobenumfang abhängt.

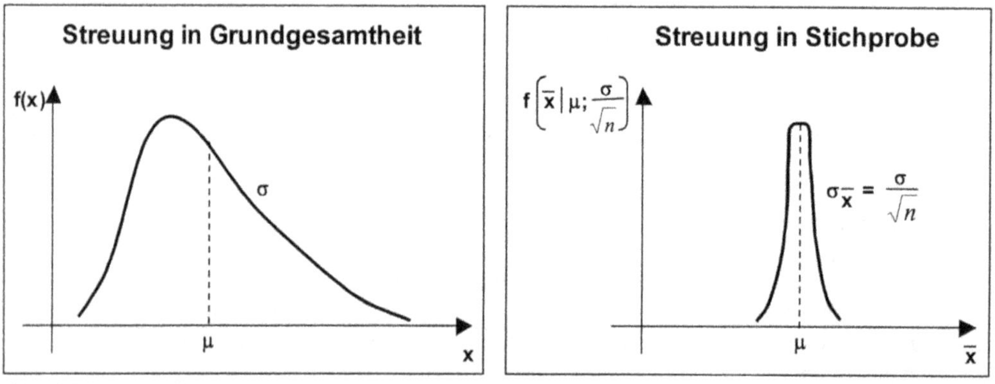

Abb. 17.5.1.2-a: Beziehungen zwischen Kenngrößen der Grundgesamtheit und der Stichprobe beim Stichprobenmittel

Verteilungstyp

Die Wahrscheinlichkeitsverteilung des Stichprobenmittels im Einführungsbeispiel haben wir durch logische Analyse und unter Verwendung bekannter Ansätze und Regeln der Wahrscheinlichkeitsrechnung ermitteln können. Aus der grafischen Darstellung in Abb. 17.5.1.1 ist im vorliegenden Fall eine **eingipflige und symmetrische** Verteilungsform klar erkennbar. Damit hat sie eine völlig andere Verteilungsform als die Grundgesamtheit, die gleichverteilt ist. Unklar ist, ob die ermittelte Verteilungsform nur im vorliegenden Einzelfall oder generell gültig ist.

Die Stichprobenstatistik ist dieser Frage nachgegangen und hat in theoretischen Untersuchungen bewiesen, dass die Verteilung des Stichprobenmittels sich mit größer werdendem Stichprobenumfang immer stärker einer **Normalverteilung** annähert. Den theoretischen Hintergrund für diese Aussage bildet der **zentrale Grenzwertsatz**, der im Abschnitt 16.3 vorgestellt und dort zur Approximation unbekannter Verteilungen benutzt wurde. Das Stichprobenmittel als Zufallsgröße erfüllt die drei Anwendungsvoraussetzungen des zentralen Grenzwertsatzes:

- Es ergibt sich als Summe einer Reihe von Zufallsgrößen, da $X= 1/n^* \sum X_i$
- Die einzelnen Zufallsgrößen X_i sind voneinander unabhängig (Unabhängigkeit).
- Die einzelnen Zufallsgrößen X_i sind identisch verteilt (identische Verteilung).

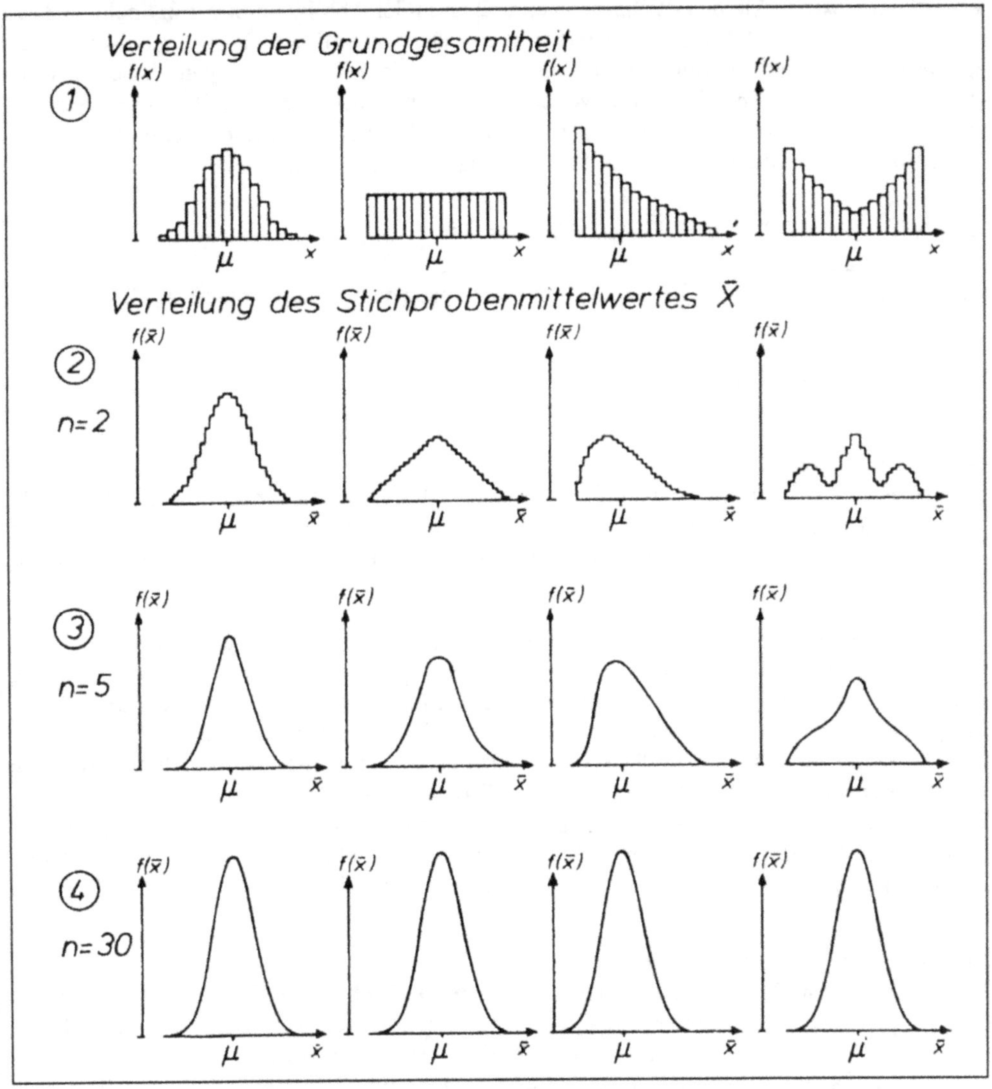

Abb. 17.5.1.2-b: Approximative Normalverteilungen für das Stichprobenmittel

Selbst wenn die letzte Bedingung nicht exakt erfüllt ist oder im Anwendungsfall darüber keine zuverlässige Aussage gemacht werden kann, findet eine für praktische Zwecke ausreichende Approximation an die Normalverteilung im Allgemeinen bereits für **n ≥ 30** statt. Stichproben, deren Umfang diese Mindestgröße aufweisen, werden im Folgenden vereinfacht als **große**

Stichproben bezeichnet. Das bedeutet, dass bei der Betrachtung von Durchschnittswerten in großen Stichproben, wie sie für die Praxis typisch sind, praktisch immer näherungsweise die Normalverteilung verwendet werden kann.

Die Abbildung 17.5.1.2-b zeigt in groben Prinzipienskizzen die Annäherung der Wahrscheinlichkeitsverteilung des Stichprobenmittels an die Normalverteilung in Abhängigkeit des Stichprobenumfangs und unabhängig von der Verteilungsform in der Grundgesamtheit (Bleymüller et al. 1996). Der im Einführungsbeispiel vorliegende Fall einer gleichverteilten Grundgesamtheit und einer extrem kleinen Stichprobe von n=2 ist in der Abbildung in der 2. Spalte und der 2. Zeile enthalten und führt zu der bereits festgestellten eingipfligen und symmetrischen Verteilungsform, die sich allerdings schon ab n=5 einer Normalverteilung ganz grob annähern würde. Die zur Arbeit mit der Normalverteilung nötigen Werte ihrer Verteilungsparameter Erwartungswert und Standardabweichung stimmen mit den vorne allgemein ermittelten Kenngrößen überein, d.h. das Stichprobenmittel ist formal wie folgt verteilt:

$$\overline{X} : \mathrm{N}\,[\mathrm{E}(\overline{X});\, \sigma(\overline{X})\,]\ \mathit{mit}\ \mathrm{E}(\overline{X}) = \mu_x\ \mathit{und}\ \sigma_{\bar{x}} = \frac{\sigma_X}{\sqrt{n}}$$

Seine **Standardisierung** (siehe 16.2.1) führt zur sogenannten **Gauß-Statistik**, die standardnormalverteilt ist, formal:

$$Z = \frac{\overline{X} - \mu_x}{\sigma_x} * \sqrt{n} : N(0;1)$$

Kleine Stichproben

Bei kleinen Stichproben (n<30) ist die approximative Verwendung der Normalverteilung nicht gesichert. Hier kann nur dann mit der Normalverteilung als Verteilung des Stichprobenmittels gearbeitet werden, wenn auch die Grundgesamtheit exakt oder in guter Näherung normalverteilt ist.

17.5.1.3 Allgemeine Ableitung bei unbekannter Streuung der Grundgesamtheit

Die bisherigen Betrachtungen zur Verteilung des Stichprobenmittels setzen voraus, dass die Streuung in der Grundgesamtheit bekannt ist und mit ihrer Hilfe die unbekannte Streuung des Stichprobenmittels berechnet werden kann. Ist dies nicht der Fall, so **schätzt** man die Streuung in der Grundgesamtheit - die ein fester, wenn auch unbekannter Wert ist - durch die **Streuung in der Stichprobe** ab, die die **Realisation einer Zufallsgröße ist**. Das Schätzen von wichtigen, aber unbekannten Parameterwerten von Grundgesamtheiten durch Realisationen geeigneter Zufallsgrößen in Stichproben wird im nächsten Kapitel behandelt. Insofern wird hier für Ableitungszwecke bereits Know-How verwendet, das dort erst im Einzelnen vorgestellt und begründet wird.

Stichprobenvarianz als Schätzer

Eine geschätzte Größe wird in der Regel mit einem Dach über dem Symbol der Größe markiert, die geschätzte Varianz/Standardabweichung in der Grundgesamtheit σ_X^2/σ_X dementsprechend mit $\hat{\sigma}_X^2 / \hat{\sigma}_X$. Symbolisiert man die Varianz/Standardabweichung in der Zufallsstichprobe - d.h. die Stichprobenvarianz/Stichproben-Standardabweichung als Zufallsgröße - mit S^2/S, so gilt formal:

$$\hat{\sigma}_X^2 = S^2 \ldots und \ldots \hat{\sigma}_X = S$$

Die Stichprobenvarianz als Zufallsgröße, die als Schätzer für die unbekannte Varianz in der Grundgesamtheit verwendet wird, ist allerdings nach einer etwas anderen Formel zu berechnen als die empirische Varianz in der beschreibenden Statistik. Der Grund dafür wird bei der Parameterschätzung in 18.3.1. besprochen. Die Definitionsformel für die Stichprobenvarianz als Schätzer lautet:

$$S^2 = \frac{1}{n-1} * \sum_{i=1}^{n} (X_i - \overline{X})^2$$

Für eine konkrete Stichprobe mit den Werten $x_1, \ldots, x_n$ ist der konkrete Wert der Stichprobenvarianz entsprechend nach folgender Definitionsformel zu berechnen:

$$s^2 = \frac{1}{n-1} * \sum_{i=1}^{n} (x_i - \overline{x})^2$$

Standardisierung, T-Statistik und Studentverteilung

Verwendet man bei der Standardisierung von $\overline{X}$ die Stichproben-Standardabweichung S anstelle des unbekannten σ_X, so erhält man statt der Gauß-Statistik eine andere Zufallsgröße, die **T-Statistik** genannt wird, formal:

$$T = \frac{\overline{X} - \mu_X}{S} * \sqrt{n}$$

Die Bezeichnung rührt daher, dass **bei normalverteilter Grundgesamtheit** die T-Statistik **exakt** einem gleichnamigen Verteilungstyp folgt, der in der Fachsprache kurz t-Verteilung genannt wird. Die t-Verteilung wird umgangssprachlich auch als Studentverteilung bezeichnet und wurde in 16.3 als wichtige spezielle Stichprobenverteilung vorgestellt. Dort wurde auch ihre Approximationsbedingung durch die Normalverteilung genannt. Die Studentverteilung wird in dieser Einführung erst beim Testen und Schätzen konkret verwendet.

Auswahlsatzregel und Korrekturfaktor

Wird eine Zufallsstichprobe ohne Zurücklegen gezogen - wie dies für die Praxis typisch ist -, so ist immer zusätzlich auf die Einhaltung der Unabhängigkeitsbedingung des Zentralen Grenzwertsatzes zu achten. Diese gilt als ausreichend erfüllt, wenn der **Auswahlsatz $n/N < 0{,}05$**. Ist diese Bedingung nicht erfüllt, so ist die jeweils verwendete Varianz stets mit dem Korrekturfaktor für endliche Grundgesamtheiten zu multiplizieren, der bei der Varianz der hypergeometrischen Verteilung in 15.2.3 vorgestellt wurde, bevor daraus die Stichproben-Standardabweichung ermittelt wird.

17.5.1.4 Anwendungsbeispiel „Studentische Einkünfte"

Als Anwendungsbeispiel betrachten wir die Einkünfte der Studierenden in Berlin. Das Berliner Studentenwerk hat unlängst veröffentlicht, dass die **durchschnittlichen Bruttomonatseinkünfte** der in Berlin Studierenden 750 € betragen bei einer Standardabweichung von 240 € (Werte fiktiv). Die organisierten Studentenvertretungen trauen diesen Angaben nicht recht und wollen sich über eine kleine Stichprobe kurzfristig und billig ein eigenes Bild von der Einkunftssituation machen.

Die Stichprobenuntersuchung soll von fachkundigen Studis vorbereitet und durchgeführt werden. Wir wollen einige Aspekte der Vorbereitung einer solchen Untersuchung betrachten und insbesondere ermitteln, mit welchen durchschnittlichen Bruttomonatseinkünften in der Stichprobe man mit welcher Wahrscheinlichkeit rechnen kann, wenn man als Arbeitshypothese die Angaben des Studentenwerkes als zutreffend unterstellt. Dabei interessiert man sich bei den durchschnittlichen monatlichen Bruttoeinkünften der Studierenden in der Stichprobe schwerpunktmäßig dafür,

1. mit welchem Wert man im Durchschnitt rechnen muss und wie wahrscheinlich er ist.
2. welcher Wert von den 25% ärmsten Studierenden nicht überschritten werden wird.
3. welcher Wert von den 10% reichsten Studierenden nicht unterschritten werden wird.
4. in welchem Bereich die mittleren 50% der Studierenden liegen werden.

Grundgesamtheit

Die Grundgesamtheit besteht aus allen an Berliner Hochschulen zum Betrachtungszeitpunkt immatrikulierten Studierenden. Die Größe dieser statistischen Masse ist endlich und in der Sachstandsbeschreibung nicht angegeben. Sie dürfte sich in der Größenordnung von 100000 bewegen. Die in der Grundgesamtheit betrachtete Größe sind die monatlichen Bruttoeinkünfte, ein quantitatives, metrisch skaliertes Merkmal. Es kann bis zu zwei Stellen hinter dem Komma genau gemessen werden, wird aber typischerweise klassiert erhoben und ausgewertet. Seine Verteilung ist in der Sachstandsbeschreibung nicht angegeben. Angegeben sind nur zwei Kenngrößen der Verteilung, die durchschnittlichen monatlichen Bruttoeinkünfte von 750 € und die Standardabweichung von ~ 240 €. Die Verteilungsform ist ebenfalls nicht angegeben, sie dürfte aber - wie für Einkommensverteilungen typisch - rechtsschief sein.

Stichprobenart

Die Stichprobe soll wahrscheinlichkeitstheoretisch gesicherte Aussagen ermöglichen. Daher muss als **Auswahlverfahren** eines nach dem Zufallsprinzip benutzt werden. Als theoretisch einfachstes Zufallsauswahlverfahren gilt die **uneingeschränkte Zufallsauswahl**. Wir wollen da-von ausgehen, dass sie im vorliegenden Fall technisch und praktisch durchgeführt werden kann und zur Anwendung kommt. Bei den zufällig ausgewählten Studierenden muss es ausgeschlossen sein, dass sie mehr als einmal erfasst werden können, d.h. es muss eine **Entnahme ohne Zurücklegen** stattfinden. Bei den in die Stichprobe gelangten Studierenden spielt bei der Auswertung der an ihnen erfassten Daten die Reihenfolge ihrer Datensätze keine Rolle. Es ist also eine Stichprobe **ohne Berücksichtigung der Reihenfolge** durchzuführen.

Stichprobenumfang

Der Stichprobenumfang soll wegen Kosten und Zeit möglichst klein, aber ausreichend sein, um wahrscheinlichkeitstheoretisch gesicherte Aussagen machen zu können. Zu derartigen **Mindeststichprobenumfängen** kann man auf unterschiedlichen Wegen gelangen. Ein **theoretisch gesicherter Weg** geht über die Stichprobentheorie und die darin enthaltenen mathematisch bewiesenen Zusammenhänge zwischen Auswertungsgrößen und ihren Wahrscheinlichkeitsverteilungen und dem Stichprobenumfang. Im vorliegenden Fall ist der Durchschnittswert die einzige Auswertungsgröße in der Stichprobe und die Ausführungen zum Stichprobenmittel besagen, dass für $n \geq 30$ meistens wahrscheinlichkeitstheoretisch Aussagen näherungsweise mit der Normalverteilung gemacht werden können, die einfach zu handhaben ist. Für die Zielsetzungen und Rahmenbedingungen der Stichprobenuntersuchung im vorliegenden Fall könnte dies ein guter Grund sein, sich daran zu orientieren. Als Stichprobenumfang wird deshalb hier n=36 festgelegt.

Zufallsgröße und Wahrscheinlichkeitsverteilung

Die in der Zufallsstichprobe der oben festgelegten Art und des oben festgelegten Umfangs betrachteten durchschnittlichen monatlichen Bruttoeinkünfte sind eine Zufallsgröße. Sie werden typischerweise aus klassiert erfassten Daten berechnet und sollen in der Stichprobe auf einen Euro genau ausgewertet werden, da die Angaben des Studentenwerkes mit analoger Genauigkeit vorliegen. Damit handelt es sich bei ihnen genau genommen um eine diskrete Zufallsgröße, die exakt durch eine diskrete Wahrscheinlichkeitsverteilung zu beschreiben wäre. Die Statistik stellt für Durchschnittswerte aber nur stetige Wahrscheinlichkeitsverteilungen zur Verfügung. Der vorliegende Fall gehört zur Gruppe praxisnäherer Fälle, bei denen die Verteilungsform der Grundgesamtheit entweder gänzlich unbekannt oder aber beliebig, aber nicht normalverteilt ist. Für diese Gruppe ist das Stichprobenmittel **näherungsweise normalverteilt**. Die zusätzliche Voraussetzung, um bei der vorgenommenen Stichprobe ohne Zurücklegen trotzdem die Ableitungserkenntnisse der Stichprobentheorie zu verwenden, die für Stichproben mit Zurücklegen gelten, ist hier sicher erfüllt, da der Auswahlsatz hier mit 36/100.000 <<<0,05 ist. Für den vorliegenden Fall gilt daher:

- Erwartungswert E($\overline{X}$) = Mittelwert in der Grundgesamtheit $\mu_X = 750$ €
- Standardabweichung б($\overline{X}$) = Standardabweichung in der Grundgesamtheit geteilt durch Wurzel aus dem Stichprobenumfang, formal:

$$\sigma_{\bar{x}} = \frac{\sigma}{\sqrt{n}} = \frac{240}{\sqrt{36}} = \frac{240}{6} = 40$$

insgesamt: $\overline{X}$: **N** [750 ; 40]

Beantwortung der Fragen an die Wahrscheinlichkeitsverteilung

1. Erwartungswert und seine Wahrscheinlichkeit

Die **1. Frage** ist die nach dem Erwartungswert und seiner Wahrscheinlichkeit. Die Frage nach dem Erwartungswert kann ohne die Wahrscheinlichkeitsverteilung selbst beantwortet werden. Da allgemein E($\overline{X}$)=μ gilt, kann man auch in der Stichprobe mit dem gleichen Mittelwert wie in der Grundgesamtheit rechnen, d.h. mit 750 €.

Die Frage nach der **Wahrscheinlichkeit für den Erwartungswert** kann bei der hier verwendeten stetigen Verteilung theoretisch und pragmatisch beantwortet werden. Theoretisch und mathematisch ganz genau betrachtet ist die Wahrscheinlichkeit des Erwartungswertes NULL, da die **Punktwahrscheinlichkeit** einer kontinuierlichen Zufallsgröße immer NULL ist. Diese mathematisch korrekte Antwort ist aus Anwendungssicht unbefriedigend und stimmt auch nicht mit Plausibilitätsbetrachtungen und Erfahrungen überein. Im hier vorliegenden Anwendungsfall kann der Betrag von genau 750 € sehr wohl in der Stichprobe als Durchschnittswert auftreten, wenn auch mit einer sehr kleinen Wahrscheinlichkeit.

Eine **pragmatische** Behandlung berücksichtigt, dass hier ein stetiges Verteilungsmodell benutzt wird, um eine an sich diskrete Größe zu modellieren. Danach kann man bei der für die Stichprobe festgelegten Auswertungsgenauigkeit von einem Euro den diskreten Wert von genau 750 € als Mittelwert eines Intervalls betrachten, in dem die modellmäßig kontinuierliche Größe liegt. Dieses symmetrische Intervall ist genau einen Euro lang. Die Frage nach der Wahrscheinlichkeit für den diskreten Erwartungswert von genau 750 € ist also stetig wie folgt zu formalisieren:

$W(749{,}50 \leq x \leq 750{,}50)$

Beim konventionellen Arbeiten mit einer normalverteilten Zufallsgröße benutzt man die Standardisierungsformel und die Standard-Normalverteilung, so wie in 16.2. ausführlich behandelt. Im vorliegenden Fall wird nicht die allgemeine Zufallsgröße X, sondern die spezielle Zufallsgröße $\overline{X}$ betrachtet, so dass die Standardisierungsformel entsprechend lautet:

$$Z = \frac{\overline{X} - \mu_X}{\sigma_{\overline{X}}}$$

Für die untere Intervallgrenze $x_u = 749{,}50$ erhält man im vorliegenden Fall folgenden Z-Wert:

$$z_U = \frac{\bar{x}_U - \mu_X}{\sigma_{\overline{X}}} = \frac{749{,}50 - 750{,}00}{40} = \frac{-0{,}50}{40} = -0{,}0125$$

Da es sich um ein symmetrisches Intervall handelt, ist die obere Intervallgrenze entsprechend z_u:=+ 0,0125.

Aus der Standard-Normalverteilungstabelle kann man die Wahrscheinlichkeit für symmetrische Intervalle um den Erwartungswert unter der Spalte D(z) ablesen. Da die Tabelle die Z-Werte typischerweise nur mit einer Genauigkeit von 2 Stellen hinter den Komma enthält, ist im vorliegenden Fall zu interpolieren. So erhält man die Wahrscheinlichkeit von ~0,01. Die pragmatisch ermittelte Wahrscheinlichkeit, in der Stichprobe als Erwartungswert 750 € zu erhalten, ist mit ~1% wie erwartet verschwindend klein.

Was die Wahrscheinlichkeit angeht, ist der Erwartungswert also hier und auch sonst bei einer **stetigen Verteilung keine sehr aussagefähige Kenngröße**. In der Praxis ist aber folgende Strukturinformation in Verbindung mit dem Erwartungswert einer normalverteilten Zufallsgröße häufig hilfreich, die man auch den Verteilungstabellen entnehmen kann: Die Wahrscheinlichkeit für Werte der Zufallsgröße, die höchstens oder mindestens so groß wie der Erwartungswert sind, beträgt jeweils 0,5, d.h. 50%. Im Einführungsbeispiel kann man also bei Verwendung der Normalverteilung schon vor deren exakter Ermittlung sagen, dass 50% aller Studis in der Stichprobe durchschnittliche Bruttomonatseinkünfte von höchstens und von mindestens 750 € haben werden.

2.-4. Wertebereiche mit vorgegebener Wahrscheinlichkeit

Bei den übrigen Fragen geht es - allgemein gesprochen - um die Ermittlung von Wertebereichen, in denen die in der Stichprobe betrachtete Zufallsgröße mit einer vorgegebenen Wahrscheinlichkeit liegen wird. Die Beantwortung von Fragen dieses Typs mit der Standard-Normalverteilung wurde16.2.3 ausführlich behandelt.

Bei der **2. Frage** will man wissen, welche durchschnittlichen Bruttomonatseinkünfte von den ärmsten 25% der Studis in der Stichprobe nicht überschritten werden, d.h. mit welchem Durchschnittsbetrag die 25% ärmsten Studis in der Stichprobe monatlich maximal auskommen müssen. Das ist die Frage nach dem **unteren Quartil**, formal:

$W(\bar{X} \leq x_o) = 0{,}25.$

Die unteren 25% liegen unterhalb des Erwartungs- bzw. Mittelwertes. Der dem x_o Wert nach der Standardisierung entsprechende Z-Wert ist daher negativ und die Frage an die Standard-Normalverteilung lautet:

$W(Z \leq -z_o) = F(-z_o) = 0{,}25$

Aus der Standard-Normalverteilungstabelle erhält man für $F(-z_o) = 0{,}25$ nach Interpolation den Z-Wert z_o=- 0,6745. Setzt man diesen Wert in die Standardisierungsformel ein und löst sie nach x_o auf, so erhält man:

$$z_0 = \frac{\bar{x}_0 - \mu_X}{\sigma_{\bar{X}}} \Rightarrow \bar{x}_0 = \mu_X + z_0 * \sigma_{\bar{X}} = 750 - 0{,}6745 * 40 = 750 - 26{,}98 = 723{,}02 \sim 723€$$

Bei der **3. Frage** geht es um die 10% reichsten Studis in der Stichprobe und die Durchschnittseinkünfte, die sie mindestens monatlich haben. Das ist die Frage nach dem **oberen Dezil**, formal :

$W(\bar{X} \geq x_u) = 0{,}10.$

Die oberen 10%, liegen oberhalb des Erwartungs- bzw. Mittelwertes. Der dem x_u Wert nach der Standardisierung entsprechende Z-Wert ist daher positiv und die Frage an die Standard-Normalverteilung lautet:

$W(Z \geq z_u) = 0{,}10.$

Da die **Verteilungsfunktion** der Standard-Normalverteilung die Wahrscheinlichkeiten **bis zu** einem Wert der Zufallsgröße enthält, entspricht die vorgegebene Wahrscheinlichkeit von 10% in der Verteilungsfunktion der **Komplementärwahrscheinlichkeit**, d.h. formal:

$W(Z \geq z_u) = 0{,}10 = 1 - W(Z \leq z_u) = 0{,}90.$

Aus der Standard-Normalverteilungstabelle erhält man für $F(z_u) = 0{,}90$ nach Interpolation den Z-Wert $z_u = 1{,}288$. Setzt man diesen Wert in die Standardisierungsformel ein und löst sie nach x_u auf, so erhält man:

$$z_U = \frac{\bar{x}_U - \mu_X}{\sigma_{\bar{X}}} \Rightarrow \bar{x}_U = \mu_X + z_U * \sigma_{\bar{X}} = 750 + 1{,}288 * 40 = 750 + 51{,}52 = 801{,}52 \sim 802€$$

Bei der **4. Frage** interessiert man sich für den Bereich, in dem die durchschnittlichen Bruttomonatseinkünfte der mittleren 50% der Studis in der Stichprobe liegen werden. Die mittleren 50% liegen zwischen 75% als Ober- und 25% als Untergrenze - d.h. zwischen dem **unteren und oberen Quartil.**

Das untere Quartil hatten wir in der 2. Frage bereits ermittelt. Es beträgt ~723 €.

Die Frage nach dem oberen Quartil lautet analog formal:

$W(\bar{X} \leq x_o) = 0{,}75$ und standardisiert $W(Z \leq z_o) = F(z_o) = 0{,}75$

Bei Verwendung der symmetrischen Normalverteilung entspricht der Bereich zwischen dem unteren und oberen Quartil einem symmetrischen Intervall um den Erwartungs- bzw. Mittelwert und der gesuchte z_o- Wert entspricht deshalb betragsmäßig dem bereits oben ermittelten z_u –Wert, d.h. $z_o = 0{,}6745$. Setzt man diesen Wert in die Standardisierungsformel ein und löst sie nach x_o auf, so erhält man:

$$z_0 = \frac{\bar{x}_0 - \mu_X}{\sigma_{\bar{X}}} \Rightarrow \bar{x}_0 = \mu_X + z_0 * \sigma_{\bar{X}} = 750 + 0{,}6745 * 40 = 750 + 26{,}98 = 776{,}98 \sim 777€$$

Man kann also damit rechnen, dass das durchschnittliche Bruttomonatseinkommen der mittleren 50% der Studierenden in der Stichprobe zwischen 723 € und 777 € liegen wird.

Zur sachgerechten Interpretation der in dem Anwendungsbeispiel ermittelten Aussagen ist noch einmal anzumerken, dass sie die zu erwartenden **durchschnittlichen** Bruttomonatseinkünfte in der Stichprobe betreffen. Einzelne Studis in der Stichprobe, die zu den ärmeren oder reicheren gehören, können deutlich über oder unter den für die jeweilige Gruppe als Ganzes ermittelten Grenzen liegen. Darüber hinaus sind die ermittelten Aussagen über die zu erwartende Stichprobenverteilung nur wahrscheinlichkeitstheoretisch fundiert unter der Annahme, dass die **Angaben über die Grundgesamtheit zutreffen**. Genau darüber herrscht in der Praxis aber im Allgemeinen Unklarheit, die man durch eine Stichprobenuntersuchung ausräumen will. Die organisierte Studentenvertretung könnte also die geplante Untersuchung vor allem dazu benutzen, die Angaben des Studentenwerkes durch ihre Stichprobe zu überprüfen, d.h. zu **testen**. Das Testen von Kenngrößen univariater Verteilungen wird im Kapitel 19 gesondert behandelt.

17.5.2 Stichprobenvarianz und ihre Verteilung

17.5.2.1 Ermittlung im Einführungsbeispiel

Im Einführungsbeispiel des zweifachen Würfelwurfs gibt es 36 mögliche Stichproben, die sich aus den möglichen Werten der Stichprobenvariablen X_1 und X_2 durch logische Analyse systematisch enumerieren lassen. Sie stehen in der folgenden Tabelle 17.5.2.1-a in der Spalte (1).

Stichprobenfunktion „Varianz"

Die in der Stichprobe interessierende Maßzahl „Varianz" ist im vorliegenden Fall mit Hilfe der

Formel $S^2 = \frac{(X_1 - \overline{X})^2 + (X_2 - \overline{X})^2}{2}$

- ganz allgemein mit der bekannten Varianzformel - aus den Stichprobenvariablenwerten zu berechnen. Für das Einführungsbeispiel ist die Berechnung für alle möglichen Stichproben in den Spalten (3) bis (5) der Tabelle 17.5.2.1-a nachvollziehbar dargestellt. Die Kenngröße „Varianz" ist eine Zufallsvariable und hat daher einen Wertebereich und eine Wahrscheinlichkeitsverteilung. Im Einführungsbeispiel hat sie nur eine begrenzte Zahl von Realisationsmöglichkeiten, ist also diskret. In der Tabelle sind die im Einführungsbeispiel möglichen Werte der Stichprobenvarianz der Spalte (5) entnommen und in der Spalte (6) gesondert dargestellt.

Stichproben-variablen	Kenngröße Durchschnitt	Kenngröße Varianz			Werte Varianz	Wahr-scheinl.
x_1, x_2	$\overline{X} = (x_1+x_2)/2$	$x_i - \overline{X}$	$(x_i - \overline{X})^2$	$(x_i - \overline{X})^2/2$	s^2	$f(s^2)$
(1)	(2)	(3)	(4)	(5)	(6)	(7)
1, 1	(1+1)/2=1	0 ; 0	0 ; 0	0		
1, 2	(1+2)/2=1,5	-0,5 ; +0,5	0,25 ; 0,25	0,25	0	3/36
1, 3	(1+3)/2=2	-1 ; +1	1 ; 1	1		
1, 4	(1+4)/2=2,5	-1,5 ; +1,5	2,25 ; 2,25	2,25		
1, 5	(1+5)/2=3	-2 ; +2	4 ; 4	4	0,25	10/36
1, 6	(1+6)/2=3,5	-2,5 ; +2,5	6,25 ; 6,25	6,25		
2, 1	(2+1)/2=1,5	+0,5 ; -0,5	0,25 ; 0,25	0,25		
2, 2	(2+2)/2=2	0 ; 0	0 ; 0	0	1	8/36
2, 3	(2+3)/2=2,5	-0,5 ; +0,5	0,25 ; 0,25	0,25		
2, 4	(2+4)/2=3	-1 ; +1	1 ; 1	1		
2, 5	(2+5)/2=3,5	-1,5 ; +1,5	2,25 ; 2,25	2,25	2,25	6/36
2, 6	(2+6)/2=4	-2 ; +2	4 ; 4	4		
3, 1	(3+1)/2=2	+1 ; -1	1 ; 1	1		
3, 2	(3+2)/2=2,5	+0,5 ; -0,5	0,25 ; 0,25	0,25	4	4/36
3, 3	(3+3)/2=3	0 ; 0	0 ; 0	0		
3, 4	(3+4)/3=3,5	-0,5 ; +0,5	0,25 ; 0,25	0,25		
3, 5	(3+5)/2=4	-1 ; +1	1 ; 1	1		
3, 6	(3+6)/2=4,5	-1,5 ; +1,5	2,25 ; 2,25	2,25	6,25	2/36
4, 1	(4+1)/2=2,5	+1,5 ; -1,5	2,25 ; 2,25	2,25		
4, 2	(4+2)/2=3	+1 ; -1	1 ; 1	1		
4, 3	(4+3)/2=3,5	+0,5 ; -0,5	0,25 ; 0,25	0,25		
4, 4	(4+4)/2=4	0 ; 0	0 ; 0	0		
4, 5	(4+5)/2=4,5	-0,5 ; +0,5	0,25 ; 0,25	0,25		
4, 6	(4+6)/2=5	-1 ; +1	1 ; 1	1		
5, 1	(5+1)/2=3	+2 ; -2	4 ; 4	4		
5, 2	(5+2)/2=3,5	+1,5 ; -1,5	2,25 ; 2,25	2,25		
5, 3	(5+3)/2=4	+1 ; -1	1 ; 1	1		
5, 4	(5+4)/2=4,5	+0,5 ; -0,5	0,25 ; 0,25	0,25		
5, 5	(5+5)/2=5	0 ; 0	0 ; 0	0		
5, 6	(5+6)/2=5,5	-0,5 ; +0,5	0,25 ; 0,25	0,25		
6, 1	(6+1)/2=3,5	2,5 ; -2,5	6,25 ; 6,25	6,25		
6, 2	(6+2)/2=4	+2 ; -2	4 ; 4	4		
6, 3	(6+3)/2=4,5	+1,5 ; -1,5	2,25 ; 2,25	2,25		
6, 4	(6+4)/2=5	+1 ; -1	1 ; 1	1		
6, 5	(6+5)/2=5,5	+0,5 ; -0,5	0,25 ; 0,25	0,25		
6, 6	(6+6)/2=6	0 ; 0	0 ; 0	0		

Tab. 17.5.2.1-a: Berechnung der Stichprobenfunktion „Varianz" und ihrer Wahrscheinlichkeitsverteilung im Einführungsbeispiel

Stichprobenverteilung

Die Wahrscheinlichkeiten kann man im vorliegenden, einfachen Beispiel wieder mit dem logischen Ansatz ermitteln (Spalte 7). Die **Wahrscheinlichkeitsfunktion** erhält man, wenn man den möglichen Werten der Maßzahl die ermittelten Wahrscheinlichkeiten sachgerecht zuordnet (Spalten 6 und 7). Die ermittelte Wahrscheinlichkeitsfunktion ist in der folgenden Abbildung 17.5.2.1. als Stabdiagramm anschaulich grafisch dargestellt. Die Verteilung ist von der **Form** her **eingipflig** und **stark linkssteil bzw. rechtsschief.**

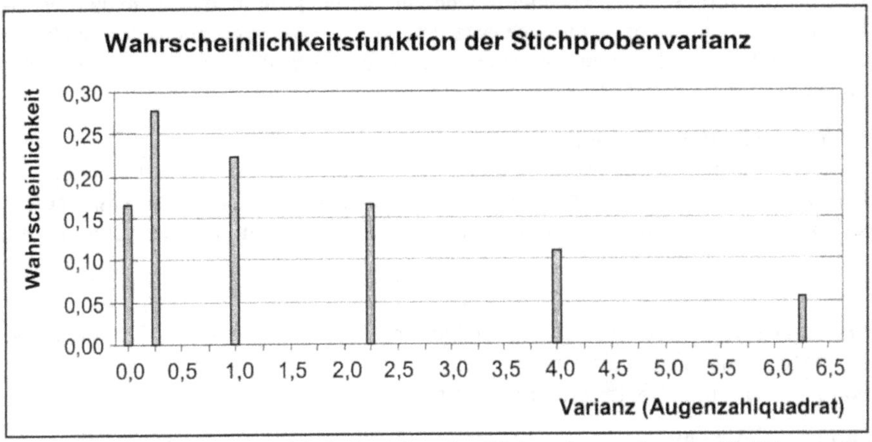

Abb. 17.5.2.1: Wahrscheinlichkeitsfunktion der Stichprobenvarianz im Einführungsbeispiel

Kenngrößen der Verteilung

Die Kenngrößen der Verteilung der Stichprobenvarianz - Erwartungswert und Varianz/Standardabweichung - kann man mit den in 14.4 für diskrete Wahrscheinlichkeitsverteilungen angegebenen Formeln aus einer vorliegenden Verteilung berechnen. Für das Einführungsbeispiel ist die Berechnung nachvollziehbar in der folgenden Tabelle 17.5.2.1-b dargestellt. Als Ergebnis erhält man im vorliegenden Fall einen Erwartungswert von 1,46 und eine Varianz von 2,90. Damit beträgt die Standardabweichung als Wurzel aus der Varianz 1,7.

Stichproben-varianzwerte	Wahrschein-lichkeit	Erwartungs-wert	Abweichung	Abweichungs-quadrat	Mittlere quadratische Abweichung
s^2	$f(s^2)$	$E(S^2)$	$s^2 - E(S^2)$	$[s^2 - E(S^2)]^2$	$[s^2 - E(S^2)]^2 * f(s^2)$
(1)	(2)	(3)	(4)	(5)	(6)
0	0,1667	0,00000	-1,45833	2,12674	0,35446
0,25	0,2778	0,06944	-1,20833	1,46007	0,40557
1	0,2222	0,22222	-0,45833	0,21007	0,04668
2,25	0,1667	0,37500	0,79167	0,62674	0,10446
4	0,1111	0,44444	2,54167	6,46007	0,71779
6,25	0,0556	0,34722	4,79167	22,96007	1,27556
Summe	**1,0000**	**1,45833**			**2,90451**

Tab. 17.5.2.1-b: Berechnung der Kenngrößen im Einführungsbeispiel aus der Stichprobenverteilung

Vergleich Stichprobe-Grundgesamtheit

Vergleicht man korrespondierende Aspekte in der Stichprobe und in der Grundgesamtheit, so stellt man im vorliegenden Fall Folgendes fest:

Der **Erwartungswert** der Stichprobenvarianz ist mit 1,46 genauso groß wie die Varianz in der Grundgesamtheit (2,92) geteilt durch den Stichprobenumfang (2), ist also über dieselbe Formel wie die Varianz des Stichprobenmittels zugänglich. Das ist plausibel, da die Varianz einer Verteilung per definitionem vom Mittelwert berechnet wird.

Die **Verteilungsform** der Stichprobenvarianz - eine stark rechtsschiefe Verteilung - weicht deutlich von der Gleichverteilung der Grundgesamtheit ab. Es stellt sich die Frage, ob die ermittelte Verteilungsform nur im vorliegenden Fall oder tendenziell typisch ist und welchem Verteilungstyp die Stichprobenvarianz ganz allgemein folgt.

17.5.2.2 Allgemeine Ableitung

Die Stichprobentheorie ist dieser Frage nachgegangen und hat festgestellt, dass man das Verteilungsgesetz der Stichprobenvarianz - im Gegensatz zu dem des Stichprobenmittels - nur unter einer stärker einschränkenden Bedingung ableiten kann. Diese betrifft die Verteilungsform der Grundgesamtheit.

Verteilungsform der Grundgesamtheit

Während für die Verteilung des Stichprobenmittels die Verteilungsform der Grundgesamtheit nur eine untergeordnete Rolle spielt, muss bei der Stichprobenvarianz eine **normalverteilte Grundgesamtheit** mit einem Mittelwert von μ_x und einer Varianz von σ_x^2 unterstellt werden, d.h. formal:

X: **N** (μ_x ; σ_x^2).

Wird aus einer derartigen, normalverteilten Grundgesamtheit eine einfache Zufallsstichprobe vom Umfang n zogen, dann sind die n Zufallsvariablen X_i (i=1,..., n) voneinander unabhängig und jeweils normalverteilt mit $E(X_i)=\mu_x$ und $V(X_i)=\sigma_x^2$.

Stichprobenfunktion „Varianz"

Die in der Stichprobe betrachtete Varianz ist dann eine Stichprobenfunktion auf den n Zufallsvariablen X_i und als solche ebenfalls eine Zufallsvariable. Sie wird - wie die Varianz jeder Wahrscheinlichkeitsverteilung - per definitionem als mittlere quadratische Abweichung vom Erwartungswert berechnet, d.h. formal:

$$V(X) = \frac{\sum_{i=1}^{n} \left[X_i - E(x_i)\right]^2}{n}$$

Der darin benötigte Erwartungswert ist das Stichprobenmittel als Zufallsgröße und dieses kann bestimmt werden, wenn man die vorhin abgeleitete Beziehung benutzt, dass das Stichprobenmittel als Zufallsgröße mit dem Mittelwert der Grundgesamtheit übereinstimmt. Bei der Anwendung dieser Beziehung gibt es nun zwei mögliche Fälle:

- Der Mittelwert der Grundgesamtheit ist bekannt.
  In diesem Fall kann er in die obige Varianzformel eingesetzt und mit ihm die Stichprobenvarianz abgeleitet werden.
- Der Mittelwert der Grundgesamtheit ist unbekannt.
  In diesem Fall arbeitet man - um überhaupt die Stichprobenvarianz als Zufallsgröße ableiten zu können - ersatzweise mit dem **Stichprobenmittel als Schätzer.**

Ableitung bei bekanntem Mittelwert der Grundgesamtheit

Wir betrachten zunächst den ersten, einfacheren Fall etwas genauer, für den mithin gilt:

$$V(X) = S^2(X) = \frac{\sum_{i=1}^{n} \left[X_i - \mu_x\right]^2}{n}$$

Erweitert man die obige Gleichung mit $\frac{n}{\sigma_x^2}$, so erhält man:

$$\frac{n*S^2}{\sigma_x^2} = \frac{n}{\sigma_x^2} * \frac{\sum_{i=1}^{n}\left[X_i - \mu_x\right]^2}{n} = \sum_{i=1}^{n}\left[\frac{X_i - \mu_x}{\sigma_x}\right]^2 = \left[\frac{X_1 - \mu_x}{\sigma_x}\right]^2 + \ldots + \left[\frac{X_n - \mu_x}{\sigma_x}\right]^2$$

$$\mathbf{Z_1^2} \quad + \ldots + \quad \mathbf{Z_n^2}$$

Die Ableitung ergibt die **Summe der Quadrate von n unabhängigen, standardnormalverteilen Variablen**, eine besondere Zufallsgröße, die in der Statistik die Fachbezeichnung **Chi-Quadrat** trägt. Die Bezeichnung stammt von dem altgriechischen Kleinbuchstaben χ, dessen Quadrat im Allgemeinen zur Notation dieser Größe benutzt wird. Chi- Quadrat ist also formal:

$$\chi^2 = \sum_{i=1}^{n} Z_i$$

Chi-Quadrat ist eine **kontinuierliche** Zufallsgröße und kann nur positive Werte annehmen. Sie folgt einer gleichnamigen Wahrscheinlichkeitsverteilung, der **Chi-Quadrat-Verteilung**. Diese wurde als wichtige spezielle Stichprobenverteilung bereits in 16.3 vorgestellt.

Verwendung zur Ermittlung der Stichprobenvarianz

Nun interessiert hier aber nicht die Verteilung der Maßgröße Chi-Quadrat an sich, sondern die der Stichprobenvarianz S^2. Zu ihr gelangt man, indem man die obige Gleichung

$$\frac{n*S^2}{\sigma_x^2} = \sum_{i=1}^{n} Z_i^2 \textit{ erweitert mit } \frac{\sigma_x^2}{n}\textit{, so dass man erhält } S^2 = \frac{\sigma_x^2}{n} * \sum_{i=1}^{n} Z_i^2$$

mit $\sum Z_i^2$: χ^2 (n).

Die Stichprobenvarianz lässt sich aufgrund der obigen Beziehung also ermitteln, wenn man die **Varianz in der Grundgesamtheit und den Stichprobenumfang kennt**. Für bekannte Werte von σ_x^2 und n kann man dann mit Hilfe der Chi-Quadrat-Verteilung und ν=n die Wahrscheinlichkeit dafür angeben, dass S^2 Werte in einem interessierenden Bereich [a, b] annehmen wird.

Ableitung bei unbekanntem Mittelwert der Grundgesamtheit

Beim zweiten, praktisch bedeutsameren Fall gibt es zwei wichtige Änderungen:

- Zum einen wird der unbekannte Mittelwert der Grundgesamtheit durch das in einer Zufallsstichprobe feststellbare Stichprobenmittel abgeschätzt. In dem Falle wird also das Stichprobenmittel als Zufallsgröße als Schätzer für einen unbekannten, aber festen Wert benutzt, d.h. formal : $\hat{\mu}_X = \overline{X}$
- Zum anderen ist die Stichprobenvarianz als Zufallsgröße nach der in 17.5.1.3 bereits angegebenen Schätzformel zu berechnen, d.h. formal:

$$S^2 = \frac{\sum_{i=1}^{n}(X_i - \overline{X})^2}{n-1}$$

Die Ableitung selbst ist in gleicher Weise wie oben gezeigt vorzunehmen. Die resultierende Größe $\frac{n-1}{\sigma_x^2} * S^2$ ist dann Chi-Quadrat-verteilt mit n – 1 Freiheitsgraden - formal: CHI(n–1), da durch die Schätzung einer Konstanten durch eine Zufallsvariable - hier des Mittelwertes der Grundgesamtheit durch das Stichprobenmittel - in der Wahrscheinlichkeitsverteilung ein Freiheitsgrad weniger besteht.

17.5.2.3 Anwendungsbeispiel „Wertpapierkurs"

Als Anwendungsbeispiel betrachten wir die Streuung eines Wertpapierkurses. Der Klassiker unter den internationalen Rentenfonds „FirstInterRent" verdankt seine führende Stellung nach Meinung renommierter Analyseinstitute der Tatsache, dass sein Kurs normalverteilt ist mit einer extrem kleinen Streuung, die - gemessen durch die Varianz - nur 1,5 (€²) beträgt. Ein in der Finanzwelt agierender Student will nach herben Erfahrungen mit Aktien seine Finanzanlagen um Rentenfonds erweitern und erwägt auch, in FirstInterRent zu investieren. Vorab will er sich aber durch eine kleine Zufallsstichprobe vor allem von der ihn faszinierenden geringen Streuung überzeugen. Dazu will er aus einer Datenbank, in der die amtlichen Endkurse an der Frankfurter Börse aus den letzten Jahren enthalten sind, durch einen Zufallsgenerator den Kurs des Fonds an 11 Handelstagen auswählen. Bevor er dies tatsächlich macht, will er „theoretische" Betrachtungen und Berechnungen über die Varianz des Kurses anstellen, mit der er in seiner Zufallsstichprobe zu rechnen hat, wenn die Analystenangaben stimmen. Insbesondere interessiert ihn,

1. mit welcher Varianz er in der Stichprobe zu rechnen hat und wie wahrscheinlich sie ist.
2. in welchem Bereich die Varianz in der Stichprobe mit einer Wahrscheinlichkeit von 95% liegen wird.

Grundgesamtheit

Die Grundgesamtheit besteht aus allen Kursen, die seit Auflage des betrachteten Rentenfonds an Börsenhandelstagen notiert wurden. Ihre Größe ist endlich und in der Sachstandsbeschreibung nicht angegeben. Da es sich beim „FirstInterRent" um einen Klassiker handelt, wird er bereits mehrere Jahre an der Börse notiert sein, so dass die Menge der von ihm verfügbaren Tageskurse sehr groß sein dürfte. Die betrachtete Größe „Börsenkurs" ist quantitativ und metrisch skaliert, typischerweise mit 2 Stellen hinter dem Komma genau gemessen. Der Mittelwert ist unbekannt, bekannt ist nur die Streuung - gemessen durch die Varianz von 1,5 (€²) - und als Verteilungsform die Normalverteilung.

Stichprobe (Art und Umfang)

Der in der Finanzwelt agierende Student will eine sehr kleine Stichprobe von n=11 Tageskursen auswählen. Es findet eine Zufallsauswahl ohne Zurücklegen statt. Trotzdem ist Unabhängigkeit der zufällig ausgewählten Kurse plausibel, da der Auswahlsatz wegen der sehr großen Grundgesamtheit ganz sicher kleiner als 5 % sein wird.

Stichprobengröße und Wahrscheinlichkeitsverteilung

Die in der Stichprobe betrachtete Größe ist die Streuung, gemessen durch die Varianz. Die Stichprobenvarianz ist wegen der Zufallsauswahl eine Zufallsgröße mit einer Wahrscheinlichkeitsverteilung. Da die Grundgesamtheit normalverteilt ist und da der Mittelwert der Grundgesamtheit unbekannt ist, folgt die Stichprobenvarianz als Zufallsgröße nach den obigen Ausführungen ganz allgemein einer um den Faktor

$\frac{\sigma_x^2}{n-1}$ modifizierten Chi-Quadratverteilung mit v= n -1 Freiheitsgraden.

Im vorliegenden Fall gilt also

$S^2 = 1{,}5/10 * \chi^2(10)$

Die Stichprobenverteilung der Varianz ist also eine um den Faktor 0,15 „zusammengedrückte" Chi-Quadrat-Verteilung mit 10 Freiheitsgraden. Die Dichtefunktion dieser Verteilung ist in der folgenden Abbildung 17.5.2.3-a anschaulich grafisch dargestellt. Sie weist die für eine Chi-Quadrat-Verteilung typische rechtsschiefe Form auf.

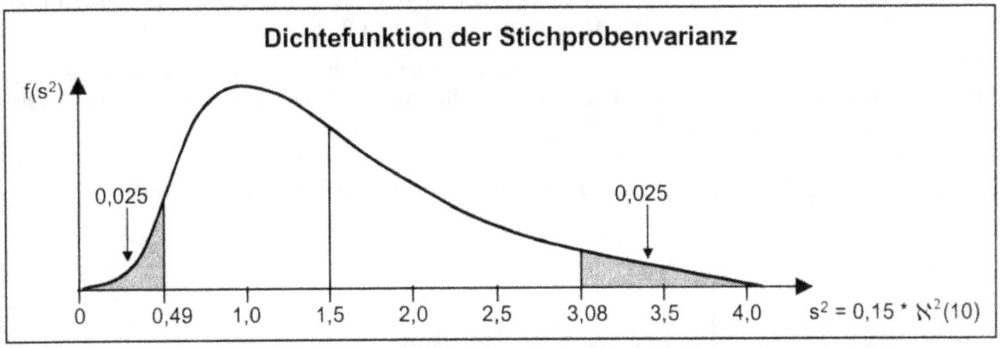

Abb. 17.5.2.3-a: Chi-Quadrat-Verteilung der Stichprobenvarianz im Anwendungsbeispiel

Beantwortung der Fragen zur Stichprobenverteilung
Die den Studierenden interessierenden Fragen über die Varianz von FirstInterRent in der Stichprobe kann man aufgrund allgemeiner Zusammenhänge und der im Anwendungsfall gültigen Chi-Quadrat-Verteilung beantworten.

1. Erwartungswert und seine Wahrscheinlichkeit
Die erste Frage nach der Varianz, mit der er in seiner Zufallsstichprobe im Durchschnitt rechnen kann, ist die nach dem Erwartungswert. Hierfür gilt ganz allgemein: Der Erwartungswert einer in einer Stichprobenverteilung betrachteten Zufallsgröße ist genauso groß wie die korrespondierende Kenngröße in der Grundgesamtheit. Im vorliegenden Fall ist also in der Stichprobe im Durchschnitt mit einer Varianz zu rechnen, die der Varianz in der Grundgesamtheit entspricht, d.h. mit einer Varianz von 1,5 (€^{2}), **und zwar unabhängig vom Verteilungstyp**.

Die Frage nach der Wahrscheinlichkeit, mit der dieser Varianzwert in der Stichprobe auftreten wird, kann bei der hier verwendeten stetigen Verteilung theoretisch und pragmatisch beantwortet werden. Theoretisch und mathematisch ganz genau betrachtet ist die Wahrscheinlichkeit des Erwartungswertes NULL, da die **Punktwahrscheinlichkeit** einer kontinuierlichen Zufallsgröße immer NULL ist. Diese mathematisch korrekte Antwort ist aus Anwendungssicht unbefriedigend und stimmt auch nicht mit Plausibilitätsbetrachtungen und Erfahrungen überein. Im hier vorliegenden Fall kann der Varianzwert von genau 1,50 €² sehr wohl in der Stichprobe auftreten, wenn auch mit einer sehr kleinen Wahrscheinlichkeit.

Eine **pragmatische** Behandlung berücksichtigt, dass hier ein stetiges Verteilungsmodell benutzt wird, um eine an sich diskrete Größe zu modellieren. Pragmatisch muss man daher ein praktikables symmetrisches Intervall konstruieren, in dessen Mitte der interessierende diskrete Wert liegt. Dazu ist es im vorliegenden Fall sinnvoll, die Varianz mit ihrer quadratischen Dimension zunächst in die Standardabweichung zu überführen, die im vorliegenden Fall 1,225 (€) beträgt. Das empirisch sinnvoll interpretierbare symmetrische Intervall ist dann

$1{,}22 \leq s \leq 1{,}23$ (€), also 1 Cent breit.

Das dazu korrespondierende Intervall der Varianz liegt damit bei...

$1{,}4884 \leq s^2 \leq 1{,}5129$ und das von Chi-Quadrat bei...

$1{,}4884/0{,}15 = \sim 9{,}923$ bis $1{,}5129/0{,}15 = 10{,}086$.

Der Frage nach der Wahrscheinlichkeit für den Erwartungswert der Stichprobenvarianz entspricht also in der Chi-Quadrat-Verteilung formal die Frage

$W(9{,}923 \leq \aleph^2 \leq 10{,}086)$.

Sie ist mit der Verteilungsfunktion der Chi-Quadrat-Verteilung mit v=10 Freiheitsgraden und einem Erwartungswert $E(\aleph^2)$=v=10 wie folgt zu beantworten: F(10,086) – F(9,923).

Die folgende Abbildung 17.5.2.3-b enthält links einen sehr kleinen Ausschnitt aus der im Anwendungsfall gültigen Chi-Quadrat-Verteilungstabelle mit v=10 rund um den Erwartungswert von 10 und rechts eine grafische Darstellung der Dichtefunktion dieses Ausschnittes.

Chi^2	$\sim f(Chi^2)$	$F(Chi^2)$
9,92	0,0008847	0,55246
9,93	0,0008838	0,55334
9,94	0,0008830	0,55423
9,95	0,0008821	0,55511
9,96	0,0008813	0,55599
9,97	0,0008804	0,55687
9,98	0,0008795	0,55775
9,99	0,0008786	0,55863
10,00	0,0008778	0,55951
10,01	0,0008769	0,56038
10,02	0,0008760	0,56126
10,03	0,0008751	0,56213
10,04	0,0008743	0,56301
10,05	0,0008734	0,56388
10,06	0,0008725	0,56475
10,07	0,0008716	0,56563
10,08	0,0008707	0,56650
10,09	0,0008698	0,56737

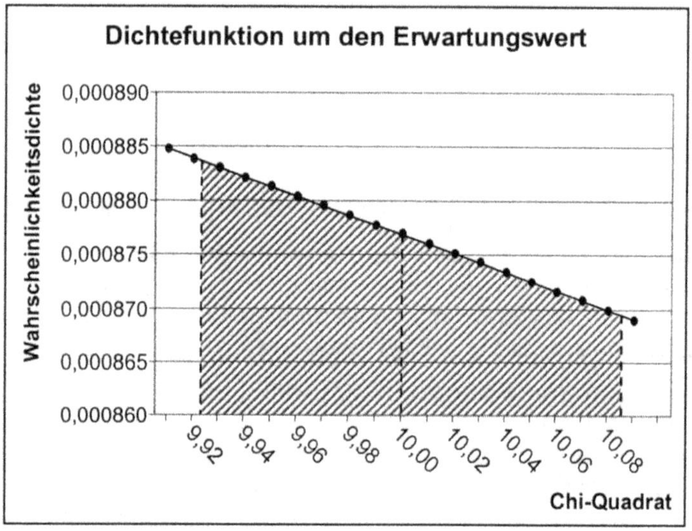

Abb. 17.5.2.3-b: Verteilungsausschnitt um den Erwartungswert im Anwendungsbeispiel

Die zur Beantwortung der Frage relevanten Bereiche sind darin grau markiert. Man erhält nach Interpolation F(10,086)= 0,56702 und F(9,923)= 0,55273, insgesamt also 0,01429. In dem Diagramm entspricht diese über die Verteilungsfunktion berechnete Wahrscheinlichkeit der markierten Fläche unter der Dichtefunktion. Die pragmatisch ermittelte Wahrscheinlichkeit, in der Stichprobe genau den Varianzwert zu erhalten, den man rein rechnerisch im Durchschnitt erwarten darf - nämlich 1,225 € - ist mit ~1,43% verschwindend klein.

2. Wertebereich mit vorgegebener Wahrscheinlichkeit

Die zweite Frage nach dem Wertebereich, in dem die Stichprobenvarianz mit einer Wahrscheinlichkeit von 95% liegen wird, ist in der Abb. 17.5.2.3-a bereits inklusive Antwort visualisiert. Die Frage fokussiert ein **symmetrisches Intervall um den Erwartungswert** mit der Wahrscheinlichkeit von 0,95. Dieses erhält man auch, wenn man an beiden Rändern der Verteilung jeweils eine Fläche unter der Dichtefunktion abschneidet, die genau der Wahrscheinlichkeit von 2,5% entspricht, so wie in der Abbildung dargestellt. Die beiden Flächen zusammengenommen repräsentieren dann die zur vorgegebenen Sicherheitswahrscheinlichkeit komplementäre Risiko- oder Fehlerwahrscheinlichkeit, die im Einführungsbeispiel maximal 5% beträgt. Man bezeichnet ganz allgemein die dergestalt an den Rändern festgelegten Teile der gesamten Wahrscheinlichkeitsverteilung auch als **Quantile**. Diesen Begriff haben wir bereits in der beschreibenden Statistik im Zusammenhang mit relativen Häufigkeitsverteilungen kennen gelernt und auch schon analog bei der Normalverteilung verwendet. Dem unteren 2,5%-Quantil entspricht in der Verteilungsfunktion der Funktionswert 0,025, dem oberen 2,5%-Quantil der

Verteilungsfunktionswert 0,975. Die diesen Funktionswerten zugeordneten Werte der Zufallsgröße bilden die untere und obere Grenze des gesuchten Intervalls. Im Einführungsbeispiel ermittelt man mit Hilfe der im Anhang befindlichen Chi-Quadrat-Verteilungstabelle für v=10 unter

F(0,025): $\aleph^2 = 3{,}25$ und F(0,975): $\aleph^2 = 20{,}5$.

Da $S^2 = 0{,}15 * \aleph^2$, ergeben sich für die Stichprobenvarianz im Einführungsbeispiel folgende Werte für das untere und obere 2,5%-Quantil:

${}_{0,025}S^2 = 0{,}15 * 3{,}25 = \underline{0{,}49}$ und $S^2_{0,975} = 0{,}15 * 20{,}5 = \underline{3{,}08}$.

Im Einführungsbeispiel wird die Stichprobenvarianz mit einer Wahrscheinlichkeit von 95% zwischen 0,49 und 3,08 (€²), die Standardabweichung mithin zwischen 0,70 € und 1,75 € liegen.

17.6 Definitionen, Regeln, Symbole und Formeln

Bezeichnung	Symbol	Definition/Regel/Formel
Grundgesamtheit	**GG**	
Umfang	N	wenn endlich
Größe mit Werten	X	x
dichotom		Größe hat nur zwei Werte oder ist darauf reduzierbar, d.h. x {0 ; 1}, von denen x=1 betrachtet wird
Kenngröße Anteil	π	Anteil der Einheiten mit der betrachteten Eigenschaft
heterograd		quantitative, metrisch skalierte Größe
Kenngröße Mittelwert	μ_x	$= \sum_i x_i * f(x_i)$
Kenngröße Varianz	σ_x^2	$= \sum_i [x_i - E(X)]^2 * f(x_i)$
Standardabweichung	σ_x	$=\sqrt{\sigma_x^2}$
Zufallsstichprobe	SP	
Umfang	n	
Stichprobenvariablen	X_i	i= 1,..., n
Einfache Zufallsauswahl (random sample)		unabhängig und identisch verteilte Stichprobenvariablen
Stichprobenraum		alle aufgrund der Entnahme- und Auswertungsart bei einer Zufallsstichprobe vom Umfang n möglichen Stichproben
Stichprobenfunktion	Y	$= g(X_1, \ldots, X_n)$

Wichtige Stichprobenfunktionen und –verteilungen im homograden Fall		
Anzahl	X	$\sum X_i$ mit X_i als Dualvariable
Verteilung	B (n, π)	mit Zurücklegen
	H(n,M,N)	ohne Zurücklegen und ohne Approximation
Erwartungswert	E(X)	$= \pi$
Varianz	V(X)	$= n^* \pi$ mit Zurücklegen
	V(X)	$= n^* \pi * (N-n) / (N-1)$ ohne Zurücklegen
Anteil	P	$= \sum X_i / n$
Verteilung	B (n, π)	mit Zurücklegen
	H(n,M,N)	ohne Zurücklegen und ohne Approximation
Erwartungswert	E(P)	$= \pi$
Varianz	V(P)	$= [\pi - (1-\pi)]/n$ mit Zurücklegen
	V(P)	$=[\pi - (1-\pi)] / n^*(N-n) / (n-1)$ ohne Zurücklegen
Approximationen		siehe Abb. 16.3.1

Stichprobenfunktionen und -verteilungen des Stichprobenmittels bzw. arithmetischen Mittels			
Fallbezeichnung / Grundgesamtheit	**Stichproben-**		
	umfang	**funktion**	**verteilung**
Einfacher Fall Verteilungsform: N Mittelwert: μ_X Streuung: σ_X formal: X: N (μ_X ; σ_X)	beliebig	Gauß-Statistik: $Z = \frac{\overline{X} - \mu_x}{\sigma_{\overline{x}}}$ mit $\sigma_{\bar{x}} = \frac{\sigma_X}{\sqrt{n}}$	exakt: standard-normalverteilt formal: N (0 ; 1)
Praxisnähere Fälle			
Streuung unbekannt	groß, d.h. n ≥ 30	t-Statistik: $t = \frac{\overline{X} - \mu_x}{\hat{\sigma}_{\overline{x}}}$ mit $\hat{\sigma}_{\bar{x}} = \frac{S}{\sqrt{n}}$	approximativ: standardnormalverteilt formal: N (0 ; 1)
Verteilungsform: N Mittelwert: μ_X Streuung: unbekannt formal: X: N (μ_X ; ?)	klein, d.h. n < 30	und $S = \sqrt{\frac{\sum (X - \mu_X)^2}{n-1}}$	exakt: studentverteilt formal: CHI(n-1)
Verteilungsform unbekannt oder beliebig Verteilungsform: ≠N Mittelwert: μ_X Streuung: σ_X formal: X: ? (μ_X ; σ_X)	groß, d.h. n ≥ 30	Gauß-Statistik: siehe oben	approximativ: standard-normalverteilt formal: N (0 ; 1)
Verteilungsform und Streuung unbekannt	groß, d.h. n ≥ 30	T- Statistik: siehe oben	approximativ: studentverteilt formal: S (n-1)
Verteilungsform: ≠N Mittelwert: μ_X Streuung: unbekannt formal: X: ? (μ_X ; ?)	klein, d.h. n < 30	in dieser Einführung nicht behandelt	

Bezeichnung	Symbol	Definition/Regel/Formel
Stichprobenvarianz	S^2	$= \frac{\sum_{i=1}^{n} \left[X_i - \mu_x)\right]^2}{n}$ wenn μ_x bekannt
	S^2	$= \frac{\sum_{i=1}^{n} (X_i - \overline{X})^2}{n-1}$ wenn μ_x unbekannt
Erwartungswert	$E(S^2)$	$= \sigma_x^2$
Verteilung (wenn GG normalverteilt)	$\sigma_x^2 / n * S^2$	CHI (n), wenn μ_x bekannt
	$\sigma_x^2 / n * S^2$	CHI (n-1), wenn μ_x unbekannt

17.7 Übung

Fragen

F1. Womit beschäftigt sich ganz allgemein die schließende Statistik ?

F2. Welche Arten von Stichproben sind Grundlage des statistischen Schließens und welche Besonderheiten weisen statistische Schlüsse auf ?

F3. Welches sind die beiden großen Aufgabengebiete der schließenden Statistik ?
Nennen Sie aus jedem Aufgabengebiet ein typisches Beispiel aus der Wirtschaftspraxis.

F4. Welches sind die Hauptgründe für Stichproben in der Praxis ?

F5. Wann sind Vollerhebungen nötig oder sinnvoll ?

F6. Nennen Sie jeweils 3 typische Beispiele für Stichprobenuntersuchungen aus der Wirtschaftspraxis (amtliche und nicht-amtliche Statistik)

F7. Welche zwei großen Gruppen von Auswahlverfahren für Stichproben gibt es und wodurch sind sie charakterisiert ?

F8. Nennen Sie drei Verfahren der bewussten Stichprobenauswahl, ihre Charakteristika und jeweils ein typisches Anwendungsbeispiel aus der Wirtschaftspraxis.

F9. Was ist eine Stichprobe aufs Geratewohl und zu welcher Gruppe von Auswahlverfahren gehört es (Begründung) ?

F10. Nennen Sie drei Verfahren der Zufallsauswahl, ihre Charakteristika und jeweils ein typisches Anwendungsbeispiel aus der Wirtschaftspraxis.

F11. Was genau ist eine einfache Zufallsauswahl (random sample) ?

F12. Mit welchen Verfahren werden in der Praxis die Stichprobenelemente einer einfachen Zufallsauswahl technisch bestimmt ?

F13. Welche Schwierigkeiten gibt es mit der einfachen Zufallsauswahl in der Praxis ?

F14. Welche Entnahme- und Auswertungsart ist notwendigerweise mit der einfachen Zufallsauswahl verbunden und was ist daran aus Praxissicht kritisch ?

F15. Worin liegt die große praktische Bedeutung des theoretischen Modells der einfachen Zufallsauswahl ?

F16. Erläutern Sie an einem einfachen Beispiel aus dem Bereich der Glücksspiele für eine einfache Zufallsstichprobe vom Umfang n=2 die folgenden Grundbegriffe: Stichprobenvariablen, -raum, -funktion und -verteilung.

F17. Warum kann man in der Praxis die Stichprobenverteilung einer interessierenden Maßgröße (Stichprobenfunktion) im Allgemeinen nicht ermitteln ?

F18. Was ist der homograde, was der heterograde Fall bei Stichprobenuntersuchungen ?

F19. Welche Kenngröße der Grundgesamtheit ist im homograden Fall typisch, welche Maßgrößen werden in der Stichprobe typischerweise untersucht und welche Beziehungen bestehen zwischen diesen Größen ?

F20. Welche Arten und Typen von Wahrscheinlichkeitsverteilungen kommen im homograden Fall als Stichprobenverteilungen typischerweise zur Anwendung ?

F21. Welche Kenngrößen der Grundgesamtheit sind im heterograden Fall typisch und welche Maß- / Kenngrößen werden in der Stichprobe typischerweise untersucht ?

F22. Welche formelmäßige Beziehungen gibt es im heterograden Fall zwischen den Kenngrößen des Stichprobenmittels und denen der Grundgesamtheit ?

F23. Erläutern Sie die Beziehung $\sigma_{\bar{x}} = \frac{\sigma}{\sqrt{n}}$ grafisch an geeigneten Verteilungskurven.

F24. Was hat der Verteilungstyp des Stichprobenmittels mit dem Zentralen Grenzwertsatz zu tun ?

F25. Wie lautet die Formel für das standardisierte Stichprobenmittel und wie nennt man diese Stichprobenfunktion in der Fachsprache der Statistik ?

F26. Was ändert sich bei der Verteilung des Stichprobenmittels, wenn man kleine Stichproben hat (n<30) ?

F27. Wie geht man bei der Ermittlung der Stichprobenverteilung des Durchschnittswertes vor, wenn man die Streuung der Grundgesamtheit nicht kennt, und wie ist das Stichprobenmittel in diesem Fall exakt und approximativ verteilt ?

F28. Welche formelmäßige Beziehung besteht zwischen dem Erwartungswert der Streuung in einer einfachen Zufallsstichprobe vom Umfang n und der Streuung in der Grundgesamtheit ?

F29. Es gibt zwei Formeln zur Berechnung der Varianz als Zufallsgröße. Wodurch unterscheiden sie sich und wann kommt welche Formel zur Anwendung ?

F30. Warum ist es plausibel, dass die Stichprobenvarianz immer eine rechtsschiefe Verteilungsform hat ?

F31. Unter welchen Voraussetzungen im Hinblick auf die Verteilungsform und die Mitte der Grundgesamtheit folgt die Stichprobenvarianz exakt welcher Wahrscheinlichkeitsverteilung ?

Aufgaben

Aufgabe „Qualitätskontrolle bei PC-Lieferungen"

Betrachten Sie folgende Fälle aus der Qualitätskontrolle in dem unter hartem Wettbewerbsdruck stehenden PC-Geschäft und wählen Sie die in der Stichprobe zu betrachtenden Zufallsgrößen und deren exakte und approximative Wahrscheinlichkeitsverteilungen jeweils begründet aus.

Aufgabenstellungen

a. Ein IT-Großhändler bietet einem mittelständischen Geschäftskunden 30 Marken-PCs aus einer transportbeschädigten Herstellerlieferung besonders preisgünstig an. Nach Angaben des Großhändlers sind davon 6 Geräte transportbeschädigt. Der Kunde will das Angebot annehmen, wenn in einer Zufallsstichprobe von 5 Geräten höchstens eines transportbeschädigt ist. Wie groß ist die Wahrscheinlichkeit dafür, dass der Kunde das Angebot annehmen wird ?

b. Derselbe Großhändler bietet einem großen Firmenkunden die gesamte transportbeschädigte Lieferung von insgesamt 500 Marken-PCs an, wobei der Anteil transportbeschädigter Geräte höchstens 10% sein soll. Der Kunde will seine Entscheidung von einer Zufallsstichprobe von 25 Geräten abhängig machen. Mit welcher Anzahl defekter PCs wird er in der Stichprobe rechnen müssen und wie aussagefähig ist dieser Wert im vorliegenden Fall. ?

c Derselbe Großhändler hat unlängst einen Vertrag mit einer in ganz Deutschland operierenden Einzelhandelskette über Consumer-PCs abgeschlossen, in dem der Anteil von defekten Geräten höchstens 10% sein darf. Im Zentrallager der Kette wird die erste Großlieferung mit einer Zufallsstichprobe von 100 Geräten überprüft. Welche Entscheidungsregel empfehlen Sie, wenn die Überprüfung mit einer Wahrscheinlichkeit von mindestens 90% eine Aussage über die Einhaltung/Nichteinhaltung des vereinbarten Qualitätsstandards erbringen soll ?

Aufgabe „Rechungsbeträge"

Das Rechnungswesen eines Einzelhandelsgeschäftes untersuchte unlängst die Verkaufsrechnungen der letzten Zeit und stellte einen durchschnittlichen Rechnungsbetrag von 15,30 € und eine Standardabweichung von 4,10 € fest. Der Leiter des Rechungswesens will wissen, ob er diese Werte sinnvoll für die anstehende operative Geschäftsplanung verwenden kann. Er beauftragt seinen Assistenten, aktuell eine kleine Zufallsstichprobe von 36 Rechnungen vorzunehmen. Dieser stellt einige Vorüberlegungen an und formuliert Fragen zu möglichen Stichprobenergebnissen unter der Arbeitshypothese, dass die unlängst ermittelten Werte weiterhin zutreffen.

Aufgabenstellungen

a. Welche Entnahme- und Auswertungsart ist in der Zufallsstichprobe sinnvollerweise zu verwenden ?

b. Welche Zufallsgröße ist in der Stichprobe sinnvollerweise zu betrachten, wie ist ihr Wertebereich und wie ist sie exakt und approximativ verteilt (Verteilungstyp, Parameter, Begründung) ?

c. Mit welchem durchschnittlichen Rechnungsbetrag muss man in der Stichprobe rechnen und wie aussagefähig ist dieser Wert im vorliegenden Fall ?

d. Wie groß ist die Wahrscheinlichkeit dafür, dass der durchschnittliche Rechungsbetrag in der Stichprobe
   d1. genau 15 € beträgt ?
   d2. höchsten 15 € beträgt ?
   d3. über 16 € beträgt ?
   d4. mindestens 14,50 € und höchstens 16,50 € beträgt?

e. Ermitteln Sie die Grenze(n) des durchschnittlichen Rechnungsbetrages,
   e1. die mit 95%-iger Sicherheit nicht überschritten wird.
   e2. in dem die mittleren 95% aller Durchschnittsbeträge liegen.

f. Was würde sich bei der Verteilung des Stichprobenmittels ändern, wenn
   f1. der Stichprobenumfang nur 25 ist?
   f2. man die Streuung in der Grundgesamtheit nicht kennt und sie durch die in der realisierten Stichprobe feststellbare empirische Streuung abschätzt ?

Aufgabe „Batterielebensdauer"

Ein Batteriehersteller hatte in der Vergangenheit für den Batterietyp „Power XXL" eine normalverteilte Lebensdauer und eine Streuung der Lebensdauer - gemessen durch die Varianz - von 1,1 (Jahre^2) festgestellt. Ein verbessertes Herstellungsverfahren wird erprobt, das auch eine längere Lebensdauer der Batterien bringen soll. Aus einer Probeserie mit dem neuen Herstellungsverfahren soll eine Zufallsstichprobe von n=25 Batterien gezogen werden. Bevor man diese realisiert, will man sich auch wegen des geplanten Vergleichs noch mal klar machen, mit welchem Streuungsverhalten man in einer analogen Stichprobe beim bisherigen Herstellungsverfahren rechnen muss. Die folgenden Aufgabenstellungen beziehen sich ausschließlich darauf.

Aufgabenstellungen

a. Welche Zufallsgröße wird in der Stichprobe betrachtet und nach welcher Formel ist sie zu berechnen ?

b. Mit welcher Varianz muss man in der Stichprobe im Durchschnitt rechnen und wie aussagefähig ist dieser Wert im vorliegenden Fall ?

c. Wie ist die Varianz in der Stichprobe verteilt (Verteilungstyp, Parameter, Begründung) ?

d. Ermitteln Sie die Dichtefunktion der Stichprobenvarianz und stellen Sie sie in geeigneter Form grafisch dar.

e. Mit welcher Stichprobenvarianz muss man mit einer Wahrscheinlichkeit von 95% höchstens rechnen ?

f. In welchem Wertebereich liegen die mittleren 50% aller Stichprobenvarianzwerte ?

18 Schätzen bei univariaten Verteilungen

Beim **Schätzen** werden aus den Ergebnissen der Untersuchung von Teilmassen über diese hinausgehende Schlüsse gezogen. Werden bei **Querschnittuntersuchungen** Teilmassen als **repräsentative Stichproben** bestimmt, so gelten die aus dem Stichprobenbefund durch **Hochrechnung** abgeleiteten Schlüsse für die **gesamte statistische Masse**. Bei **Längsschnittuntersuchungen** handelt es sich bei den in die Betrachtung einbezogenen Daten ebenfalls um Teilmassen, in der Regel jedoch nicht um repräsentative Stichproben. Die aus Ihrer Analyse durch **Prognoserechnung** abgeleiteten Schätzungen sind deshalb häufig nicht so gut wahrscheinlichkeitstheoretisch zu fundieren. Die in dieser Einführung behandelten Grundzüge des Schätzens bei univariaten Verteilungen zeigt folgende Übersicht.

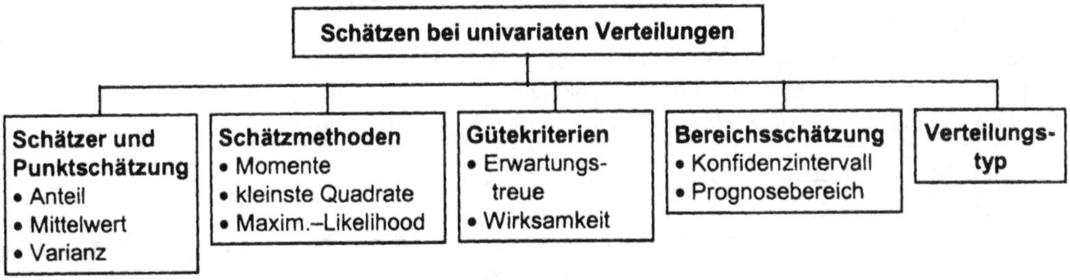

Bei der **Hochrechnung** aus repräsentativen Stichproben ist vor allem die Schätzung von Kenngrößen der Grundgesamtheit - die sogenannte Parameterschätzung - praktisch besonders bedeutsam. Die **Parameterschätzung** wird deshalb in diesem Kapitel schwerpunktmäßig behandelt. Die Parameterschätzung aus einem Stichprobenbefund liefert **einen konkreten Schätzwert** für den unbekannten Parameter in der Grundgesamtheit und damit eine sogenannte **Punktschätzung.**

Zur **Konstruktion von Schätzern** gibt es verschiedene **Methoden**. Die aus Anwendungssicht wichtigsten werden hier vorgestellt. Sie liefern für einige wichtige Parameter - wie etwa Anteil, Mittelwert oder Streuung - häufig die gleichen Schätzer. Die Schätzer unterscheiden sich aber manchmal hinsichtlich wichtiger Eigenschaften und sind damit unterschiedlich gut.

Die **wichtigsten Gütekriterien** für Schätzer werden hier vorgestellt. Sie sind in den Fällen auch praktisch bedeutsam, in denen eine Parameterschätzung mit verschiedenen Methoden konstruiert werden kann, so dass mit anerkannten Gütekriterien eine rationale Auswahl getroffen werden kann.

Die mit einem Schätzer aus einem Stichprobenbefund ermittelte Punktschätzung ist weder genau noch sicher. Sie kann durch eine Bereichsschätzung ergänzt werden. Eine **Bereichsschätzung** ist ungenauer als eine Punktschätzung, hat aber den Vorteil, dass über das Risiko der Fehlschätzung bzw. die Vertrauenswürdigkeit der Bereichsschätzung eine zahlenmäßige Aussage gemacht werden kann. Die wichtigste Art der Bereichsschätzung von Parametern ist die von **Vertrauens- bzw. Konfidenzintervallen.**

Bei der **Prognoserechnung** entspricht der für eine Prognosezeiteinheit ermittelte Prognosewert einer **Punktschätzung.** Da über die Güte von Prognoseverfahren und ihrer Prognosen ex-ante selten theoretisch so gut fundierte Angaben gemacht werden können wie bei den Schätzern aus Zufallsstichproben, ist hier die ergänzende Schätzung von Wertebereichen, in denen die Größe mit einer vorzugebenden Sicherheit liegen wird, noch wichtiger als bei der Hochrechnung. **Prognosebereiche** sind nützlich, weil sie den Anwendern von Prognoseverfahren und den Nutzern von Prognosen zusätzliche Informationen für den "schlimmsten" und den "besten" Fall liefern (worst- und best-case) und ihnen damit eine fundierte Einschätzung der Verlässlichkeit der Prognosen ermöglichen.

Ergänzend kann man einen Stichprobenbefund auch verwenden, um aus der in der Stichprobe vorliegenden Häufigkeitsverteilung die unbekannte Verteilungsform bzw. den unbekannten **Verteilungstyp** der in der Grundgesamtheit interessierenden Größe zu schätzen. Diese Schätzaufgabe ist praktisch bedeutsam, wenn man das Verteilungsgesetz einer Größe nicht ausreichend anderweitig sinnvoll erschließen kann.

18.1 Punktschätzungen und Schätzer

Um typische Aufgabenstellungen und Lösungsansätze der **Punktschätzung bei Hochrechnungen** vorzustellen, benutzen wir folgende **Einführungsbeispiele**:

- **Stimmenanteil**
  Bei der letzten Landtagswahl wurden in einem Wahlkreis, der 50 000 Wahlberechtigte hat, unmittelbar nach Schließung der Wahllokale zufällig 1000 gültige Stimmzettel ausgewählt und ausgezählt. Die Auszählung erbrachte folgende Stimmenverteilung:

Partei	**A**	**B**	**C**
Stimmen	463	430	107

  Aus diesem Stichprobenergebnis soll der **Stimmenanteil der Partei A** im gesamten Wahlkreis hochgerechnet werden, also eine **Anteilswertschätzung** vorgenommen werden.

- **Körperlänge**
  Im Rahmen einer bundesweiten medizinischen Studie über Veränderungen bei Neugeborenen wird unter anderem auch deren Körperlänge erfasst. Die für einen Ballungsraum durch ein Zufallsauswahlverfahren bestimmten 60 lebend geborenen Mädchen wiesen folgende Häufigkeitsverteilung auf:

Länge (cm)	x_i	46	47	48	49	50	51	52	53	54	55	56
Häufigkeit	$h(x_i)$	1	2	11	8	15	6	9	6	1	0	1

  Aus diesem Stichprobenergebnis sollen für den gesamten Ballungsraum die **durchschnittliche Länge** und **die Streuung** der Länge lebend geborener Mädchen hochgerechnet werden. Es soll also eine **Mittelwertschätzung** und eine **Varianzschätzung** vorgenommen werden.

- **Haushaltseinkommen und -ausgaben**
  Bei den im Einführungsbeispiel zur Regressionsanalyse betrachteten privaten Haushalten handelt es sich um eine Zufallsstichprobe aller Haushalte einer Kleinstadt. Aus dem vorliegenden Stichprobenergebnis - der gemeinsamen Verteilung von Haushaltseinkommen und Konsumausgaben - soll für alle Haushalte der Stadt der Zusammenhang zwischen Einkommen und Konsumausgaben als **Regressionsfunktion** hochgerechnet werden. Dabei sind insbesondere die **Koeffizienten** der Regressionsfunktion zu schätzen. Diese Parameterschätzaufgabe betrifft keine univariate, sondern eine bivariate Verteilung und wird deshalb schwerpunktmäßig erst in Kapitel 20 behandelt.

Schätzer

Um in den Einführungsbeispielen aus den Stichprobenergebnissen die unbekannten Werte der interessierenden Parameter in der Grundgesamtheit zu schätzen, bieten sich intuitiv folgende **Schätzer** an:

Stimmenanteil

Der Anteil der Partei A im gesamten Wahlkreis wird geschätzt durch deren Anteil in der Stichprobe. Bezeichnet man den Anteil in der Grundgesamtheit allgemein mit π und symbolisiert die Schätzung mit einem Dach über dem Symbol der Größe, so lautet die zu schätzende Größe formal: $\hat{\pi}$. Bezeichnet man ergänzend den Anteil der Partei A in der Stichprobe mit **P** und bedenkt man, dass der Anteil sich aus der Anzahl X leicht berechnen lässt, so lautet der **Schätzer** formal:

$$\hat{\pi} = P = \frac{X}{n}$$

Verwendet man in der Hochrechnung diesen Schätzer, so erhält man folgenden **Schätzwert** für den Anteil der Partei A in dem gesamten Wahlkreis:

$$\hat{\pi} = P = \frac{x}{n} = \frac{463}{1000} = 0{,}463 = 46{,}3\%$$

Körperlänge

Der **Mittelwert** der Länge aller lebend geborenen Mädchen in dem Ballungsraum wird geschätzt durch deren durchschnittliche Länge in der Stichprobe. Bezeichnet man den unbekannten Mittelwert in der Grundgesamtheit mit μ und das Stichprobenmittel als Zufallsgröße mit $\bar{X}$, so lautet der **Schätzer** formal:

$$\hat{\mu} = \bar{X}$$

Verwendet man in der Hochrechnung diesen Schätzer, so ist der in der vorliegenden Stichprobe realisierte Wert der Zufallsgröße $\bar{x}$ zu ermitteln. Dies geschieht im vorliegenden Fall aus der Stichproben-Häufigkeitsverteilung unter Berücksichtigung der Häufigkeiten nach der in 4.1.4 vorgestellten und verwendeten Formel. Die Ermittlung ist in der folgenden Tabelle 18.1 in der Spalte (4) nachvollziehbar dargestellt.

Länge (cm)	Anzahl	Anteil	Durchschnitt	Abweichung	Abweichungs-quadrat	Durchschnitt
x_j	$h(x_j)$	$f(x_j)$	$x_j * f(x_j)$	$x_j - \bar{X}$	$(x_j - \bar{X})^2$	$(x_j - \bar{X})^2 * f(x_j)$
(1)	(2)	(3)	(4)	(5)	(6)	(7)
46	1	0,0167	0,76667	-4,2	17,64	0,29400
47	2	0,0333	1,56667	-3,2	10,24	0,34133
48	11	0,1833	8,80000	-2,2	4,84	0,88733
49	8	0,1333	6,53333	-1,2	1,44	0,19200
50	15	0,2500	12,50000	-0,2	0,04	0,01000
51	6	0,1000	5,10000	0,8	0,64	0,06400
52	9	0,1500	7,80000	1,8	3,24	0,48600
53	6	0,1000	5,30000	2,8	7,84	0,78400
54	1	0,0167	0,90000	3,8	14,44	0,24067
55	0	0,0000	0,00000	4,8	23,04	0,00000
56	1	0,0167	0,93333	5,8	33,64	0,56067
Summe	**60**	**1,0000**	**50,20000**			**3,86000**

Tab. 18.1: Ermittlung der Kenngrößen der Stichproben-Häufigkeitsverteilung im Einführungsbeispiel

Man erhält eine Durchschnittslänge von 50,2 (cm), die als **Schätzwert** $\bar{x}$ verwendet wird, formal: $\hat{\mu} = \bar{x} = 50{,}2(cm)$

Die **Streuung** der Länge aller lebend geborenen Mädchen in dem Ballungsraum wird geschätzt durch Streuung der Länge in der Stichprobe. Bei metrisch skalierten Merkmalen sind Varianz /Standardabweichung die genauesten Streuungsmaße, die deshalb typischerweise beim Schätzen der Streuung verwendet werden. Bezeichnet man die interessierende, unbekannte Varianz in der Grundgesamtheit mit σ^2 und die Stichprobenvarianz als Zufallsgröße mit S^2, so lautet der **Schätzer** formal:

$$\boxed{\hat{\sigma}^2 = S^2}$$

Verwendet man in der Hochrechnung diesen Schätzer, so ist der in der vorliegenden Stichprobe realisierte Wert der Zufallsgröße s^2 zu ermitteln. Dies geschieht aus der Stichproben-Häufigkeitsverteilung unter Berücksichtigung der Häufigkeiten nach der in 4.2.4 vorgestellten Formel. Die Ermittlung ist in den Spalten (4)-(6) der obigen Tabelle nachvollziehbar dargestellt. Man erhält eine empirische Varianz von 3,86 (cm²), die als **Schätzwert** verwendet wird, formal:

$\hat{\sigma}^2 = s^2 = 3{,}86$ (cm²).

Haushaltseinkommen und -ausgaben
Die unbekannte lineare Funktion, die den Zusammenhang von Einkommen und Konsumausgaben aller Haushalte der Kleinstadt beschreibt, wird geschätzt durch die Regressionsfunktion in der Stichprobe. Dabei wollen wir vereinfachend unterstellen, dass zwischen Einkommen und Konsumausgaben generell eine **lineare Beziehung** besteht und nur die **Parameterwerte** der linearen Funktion zu schätzen sind. Sie werden geschätzt durch die entsprechenden Kenngrössen der in der Stichprobe durch Regressionsanalyse ermittelten Regressionsfunktion.

Die monatlichen Konsumausgaben, die tendenziell bei jedem Haushalt der Kleinstadt unabhängig vom Einkommen auftreten, entsprechen allgemein dem konstanten Glied einer Geradengleichung oder grafisch deren sogenanntem Achsenabschnitt und werden hier mit $\boldsymbol{\alpha}$ symbolisiert. Die Konsumneigung entspricht allgemein dem Anstieg bzw. der Steigung der Geraden und wird hier mit **ß** symbolisiert. Die korrespondierenden Größen in der Stichprobe wurden in Kapitel 9 mit **a** (Regressionskonstante) und **b** (Regressionskoeffizient) bezeichnet, und sind in einer Zufallsstichprobe als konkrete Realisationen entsprechender **Zufallsgrößen A und B** anzusehen, so dass die **Schätzer** formal lauten:

$\hat{\alpha} = A$ und $\hat{\beta} = B$.

Verwendet man in der Hochrechnung diese Schätzer, so sind die in der vorliegenden Stichprobe realisierten Werte der Zufallsgrößen A und B zu ermitteln. Dies geschah im vorliegenden Fall durch lineare Einfachregression mit dem Ergebnis

a= 0,13 , b= 0,78 *und* y = 0,13 + 0,78x ,

so dass man als **Schätzwerte** für alle Haushalte der Stadt monatlich erhält:

- fixe Konsumausgaben von $\hat{\alpha}$ = a = 0,13 (Tsd. €) = 130, -(€).
- eine Konsumneigung von $\hat{\beta}$ = b = 0,78 .

Verallgemeinerung
In allen Beispielen konnten wir aus dem Stichprobenergebnis über den Schätzer **einen** Schätzwert – **eine sogenannte Punktschätzung** - für den unbekannten Parameter ermitteln, haben also folgende Vorgehensweise verwendet:

Stichprobenergebnis ⟹ **Schätzer** ⟹ **Schätzwert (Punktschätzung)**

Dabei ist das Ergebnis der Schätzung – der jeweilige Schätzwert – direkt abhängig vom Stichprobenergebnis, kann also bei Zufallsstichproben von Stichprobe zu Stichprobe zu unterschiedlichen Werten führen. Die als Schätzer verwendete Stichprobengröße ist also eine **Zufallsgröße** und der in einer Stichprobe konkret vorliegende Wert eine ihrer möglichen Realisationen. Ein Schätzer ist also - verallgemeinert betrachtet - nichts anderes als eine **spezielle Stichprobenfunktion**, die zur Schätzung eines interessierenden, aber unbekannten Parameters in der Grundgesamtheit verwendet wird.

Für den Anwender gibt es im Hinblick auf einen zu schätzenden Parameter zwei wichtige Fragen, die geklärt sein sollten, bevor man eine Stichprobe erhebt und zum Zwecke der Schätzung gezielt auswertet: zum einen, ob es für den Parameter eventuell verschiedene Schätzer gibt, zum anderen, wie man bessere von schlechteren Schätzern unterscheiden kann. Die Schätztheorie hat dazu einige allgemeingültige Erkenntnisse entwickelt, von denen die aus Anwendungssicht wichtigsten hier kurz vorgestellt werden.

18.2 Schätzmethoden

In den Einführungsbeispielen „Stimmenanteil" und „Körperlänge" wurde eine intuitiv nahe liegende Schätzmethode verwendet: die Abschätzung des unbekannten Parameters der Grundgesamtheit durch die korrespondierende Kenngröße in der Stichprobe. Diese Methode wird in der Statistik als **Momentmethode** bezeichnet. Die Bezeichnung hängt mit der Eigenschaft zusammen, dass wichtige Kenngrößen einer Verteilung - insbesondere Mittelwert und Varianz - als mathematische Momente abgeleitet werden können (siehe 4.3). Beim Schätzen nach dieser Methode wird nun das theoretische Moment der unbekannten Verteilung einfach durch das entsprechende Moment der Stichprobenverteilung abgeschätzt. Die theoretische Grundlage dafür wurde in der Stichprobenstatistik (Kapitel 17) dargelegt, wo für wichtige Stichprobenfunktionen im homograden (17.4.) und heterograden Fall (17.5) der Zusammenhang ihrer Kenngrößen mit Parametern in der Grundgesamtheit abgeleitet wurde.

Eine andere Methode wurde in dem Einführungsbeispiel „Haushaltseinkommen und –ausgaben" verwendet, um die Regressionsfunktion in der Stichprobe zu ermitteln und sie als Schätzer für die unbekannte lineare Funktion in der Grundgesamtheit zu verwenden, nämlich die **Methode der kleinsten Quadrate (MKQ)**. Diese Methode ist eine bekannte und vielfältig anwendbare Schätzmethode. Man kann sie z.B. auch verwenden, um den unbekannten Mittelwert einer Grundgesamtheit zu schätzen und erhält denselben Schätzer wie über die Momentmethode, nämlich das arithmetische Mittel der Stichprobe.

Eine weitere wichtige Schätzmethode ist die **Maximum-Likelihood-Methode.** Das Prinzip der Methode besteht darin, unter möglichen Schätzwerten für einen zu schätzenden Parameter denjenigen Wert auszuwählen, unter dem die **Glaubwürdigkeit** für den vorliegenden Stichprobenbefund am größten ist. Die mit dieser Methode ermittelten Schätzer werden in der Fachsprache kurz als **ML-Schätzer** bezeichnet. Wir verdeutlichen die Methode an folgendem **Einführungsbeispiel**: Ein **Hobbyfischer** hat ein kleines, stehendes Gewässer, dessen Fischbestand er schätzen will. Dazu hat er vor kurzem zehn Fische gefangen, gekennzeichnet und wieder ausgesetzt. Jetzt fängt er wieder zehn Fische und bewahrt sie in einem Behälter auf. Unter den zehn Fischen sind drei markierte.

Die zu schätzende Größe ist der Fischbestand in dem Gewässer, allgemein also die **Größe der Grundgesamtheit N**. Diese kann nicht über die korrespondierende Größe in der Stichprobe - den Stichprobenumfang n - abgeschätzt werden, d.h. die Momentmethode ist im vorliegenden Fall keine geeignete Schätzmethode. Aufgrund der Struktur des Sachproblems und der Stichprobe kann man aber etwas über die Wahrscheinlichkeitsverteilung der Zufallsgröße X „Anzahl der markierten Fische in der Stichprobe" sagen. Sie ist diskret und sie ist exakt hypergeometrisch verteilt, da eine Stichprobe ohne Zurücklegen gezogen wurde und wegen des kleinen Stichprobenumfangs eine Approximation durch die Binomialverteilung nicht möglich ist, d.h. X: H (n, M, N).

Von den Parametern der Verteilung sind im vorliegenden Fall der Stichprobenumfang n=10 und die Anzahl der markierten Fische in dem Gewässer M=10 bekannt. Unbekannt und zu schätzen ist der Parameter N, d.h. formal: X: H (10; 10, N). Man kann nun für verschiedene, hypothetische Werte von N mit Hilfe dieser Wahrscheinlichkeitsverteilung ermitteln, wie wahrscheinlich die in der Stichprobe festgestellte Anzahl von genau drei markierten Fischen x=3 ist. Die Ermittlungsergebnisse sind für einige relevante Werte von N - nämlich solche mit besonders großer Wahrscheinlichkeit - im Folgenden zusammengestellt. Für andere mögliche Werte von N erhält man für x=3 kleinere Wahrscheinlichkeiten.

N	...	30	31	32	33	34	35	...
f(3/10; 10; N)		0,30962	0,31461	0,31723	0,31783	0,31673	0,31422	

Die ML-Schätzung für die Größe des Fischbestandes liefert hier den Schätzwert N=33, da dieser für den Stichprobenbefund x=3 die größte Wahrscheinlichkeit hat.

Die am Einführungsbeispiel skizzierte ML-Schätzung lässt sich wie folgt verallgemeinern:

1. Als **Voraussetzung für die Schätzung** wird die für den zu schätzenden Parameter in der Stichprobe **zutreffende Wahrscheinlichkeitsfunktion** benutzt, bei stetigen Größen die zutreffende Dichtefunktion. Die Methode setzt also - im Gegensatz zu den bereits vorgestellten Schätzmethoden - die Kenntnis der Stichprobenverteilung und damit mehr Informationen voraus.
2. In der Wahrscheinlichkeits- bzw. Dichtefunktion ist – im Gegensatz zu einer üblichen Stichprobenverteilung – der interessierende Parameter nicht bekannt und eine Konstante, sondern zu schätzen und eine Variable. Umgekehrt nimmt die in der Stichprobe betrachtete Größe nicht verschiedene mögliche Werte an, sondern genau den in der Stichprobe ermittelten. Die so interpretierte und gehandhabte Wahrscheinlichkeits- bzw. Dichtefunktion heißt **Likelihood-Funktion** und wird mit **L** abgekürzt. Bezeichnet man den zu schätzenden Parameter der Grundgesamtheit ganz allgemein mit $\boldsymbol{\Theta}$ und das Stichprobenergebnis mit $(x_1,\ldots,x_n)$, so ist die Likelihood-Funktion formal:

   $$L(\Theta)= f(x_1,\ldots,x_n/ \Theta)$$

3. Der **ML-Schätzwert** $\hat{\Theta}$ ist derjenige Wert des variablen Parameters $\boldsymbol{\Theta}$ mit der größten Wahrscheinlichkeit für das vorliegende Stichprobenergebnis. Man ermittelt ihn durch Bestimmung des **Maximums** der Likelihood-Funktion. Nach den Regeln der Differentialrechnung ist dazu die 1. Ableitung zu bilden und diese Null zu setzen (notwendige Bedingung). Ergänzend ist die 2. Ableitung zu bilden und diese muss negativ sein (hinreichende Bedingung). Um die Extremwertbestimmung zu vereinfachen, führt man sie häufig nicht auf der Likelihood-Funktion selbst, sondern auf deren natürlichem Logarithmus durch, da beide Funktionen ihr Maximum an derselben Stelle haben.

Die Ermittlung von Schätzern und Schätzwerten mit dieser Methode erfordert - insbesondere verglichen mit der Momentmethode - wesentlich mehr Informationen über den Schätzer und ist zudem mathematisch anspruchsvoller sowie rechnerisch aufwendiger. Da sie bei den hier betrachteten Parametern nicht zu anderen Schätzern führt, wird sie in dieser Einführung nicht weiter verwendet.

18.3 Güte von Schätzern

Man wird allgemein einen **Schätzwert** als umso besser ansehen, je näher er beim Parameterwert der Grundgesamtheit liegt. Dies lässt sich allerdings erst feststellen, wenn man mit einem Schätzer einen Schätzwert ermittelt hat - d.h. ex-post - und wenn man zusätzlich den Parameterwert der Grundgesamtheit kennt, was in der Praxis natürlich nicht der Fall ist, weil ansonsten die Schätzung überflüssig wäre. Die Schätztheorie hat unter anderem das mathematische Verhalten von **Schätzern** analysiert und einige wünschenswerte Eigenschaften ermittelt, mit denen die Güte von Schätzern ganz allgemein beurteilt werden kann. Von diesen werden die aus Anwendungssicht Wichtigsten hier kurz vorgestellt. Sie beruhen alle auf der **Analyse der Wahrscheinlichkeitsverteilungen** der Schätzer.

18.3.1 Erwartungstreue

Das wichtigste Gütekriterium ist die **Erwartungstreue**. Ein Schätzer heißt erwartungstreu, wenn sein Erwartungswert mit dem Parameter der Grundgesamtheit übereinstimmt, und zwar bei jedem beliebigen Stichprobenumfang. Da der Schätzer dann im Mittel korrekte Schätzwerte liefert, die nur zufällig und nicht systematisch von dem wahren Wert des Parameters in der Grundgesamtheit abweichen, wird er auch **unverzerrt** (englisch: unbiased) genannt. Von den in den Einführungsbeispielen verwendeten Schätzern sind die meisten erwartungstreu. Dies gilt für den Anteilsschätzer und den Mittelwertschätzer, wie bei den Stichprobenverteilungen für den homograden und den heterograden Fall abgeleitet.

Der für die **Varianzschätzung** verwendete Schätzer ist dagegen **nicht erwartungstreu**. Das wird an dem bereits bekannten **Einführungsbeispiel des einfachen Würfelwurfs** gezeigt. Für dessen Grundgesamtheit ist die Verteilung der diskreten Größe X „Augenzahl" bekannt. Die Berechnung der Kenngrößen dieser Verteilung - Erwartungswert und Varianz - ist mit den in 14.4. vorgestellten allgemein gültigen Formeln in der Tabelle 18.3.1-a nachvollziehbar dargestellt. Man erhält für die in der Grundgesamtheit betrachtete Größe Augenzahl einen Mittelwert von 3,5 und eine Varianz von 2,916 (Augenzahlen^2).

Allgemein:		Einführungsbeispiel:
Erwartungswert E(X)= μ	$\sum_i x_i * f(x_i)$	1*1/6+2*1/6+3*1/6+4*1/6+5*1/6+6*1/6 = 3,5
Varianz (Definitionsformel) V(X)= σ_x^2	$\sum_i [x_i - E(X)]^2 * f(x_i)$	$(1-3,5)^2$ *1/6+$(2-3,5)^2$ *1/6+$(3-3,5)^2$ *1/6 + $4-3,5)^2$ *1/6+$(5-3,5)^2$ *1/6+$(6-3,5)^2$ *1/6 = 2,916
Varianz (Automat. Berechnungsformel) V(X)= σ_x^2	$\sum_i x_i^2 * f(x_i) - [E(X)]^2$	1^2 * 1/6+2^2 *1/6+3^2 *1/6+4^2 *1/6+5^2 *1/6 +6^2 *1/6 – $3,5^2$ = 2,916

Tab. 18.3.1-a: Kenngrößen der Grundgesamtheit im Einführungsbeispiel

Man kann nun die Varianz der Grundgesamtheit, die ein fester Wert ist, durch die Varianz in einer Zufallsstichprobe abschätzen, die eine Zufallsgröße ist. Um ansatzweise zu zeigen, wie gut dieser Schätzer ist, ziehen wir eine ganze Reihe von Zufallsstichproben und sehen uns an, wie die in den realisierten Stichproben feststellbaren empirischen Varianzen von der Varianz in der Grundgesamtheit abweichen. Dabei sind aus didaktischen Gründen die Zufallstichproben von der Art her besonders einfach und vom Umfang her besonders klein gehalten. Konkret werden Zufallsstichproben mit Zurücklegen und ohne Berücksichtigung der Reihenfolge gezogen, wobei der Stichprobenumfang drei beträgt. In der folgenden Tabelle 18.3.1-b sind 10 solcher Zufallsexperimente dargestellt und ausgewertet. Man erkennt, dass die Varianz der Grundgesamtheit σ^2= 2,916 durch die in den Stichproben festgestellten empirische Varianzen S^2 unterschätzt wird, und zwar in allen hier betrachteten Stichproben. Das Ausmaß der Unterschätzung ist in der letzten Tabellenspalte ausgewiesen.

Obwohl die hier dargestellten Stichprobenergebnisse natürlich vom Zufall abhängig sind, deuten sie doch recht klar auf eine Eigenschaft des verwendeten Schätzers hin, die sich auch theoretisch beweisen lässt: Berechnet man den konkreten Varianzwert einer realisierten Zufallsstichprobe mit der Varianzformel aus der beschreibenden Statistik (empirische Varianz) und verwendet ihn als Schätzwert, so hat S^2 als Zufallsgröße einen Erwartungswert, der kleiner ist als σ^2 , so dass die Varianz der Grundgesamtheit **systematisch unterschätzt** wird. Die so berechnete Varianz in der Stichprobe ist deshalb kein erwartungstreuer Schätzer für σ^2, sondern **verzerrt**.

Vers. Nr.	X_1	X_2	X_3	$\overline{X}$	S^2	$S^2 - \sigma^2$
1	3	3	1	2,33	0,89	**-2,03**
2	2	4	4	3,33	0,89	**-2,03**
3	2	2	1	1,67	0,21	**-2,71**
4	4	2	6	4,00	2,67	**-0,25**
5	4	3	2	3,00	0,67	**-2,25**
6	3	6	4	4,33	1,56	**-1,36**
7	1	3	2	2,00	0,67	**-2,25**
8	3	6	6	5,00	2,00	**-0,92**
9	4	4	2	3,33	0,89	**-2,03**
10	3	5	6	4,67	1,56	**-1,36**

Tab. 18.3.1-b: Versuchsreihe zur Varianzschätzung im Einführungsbeispiel

Die Stichprobentheorie hat ermittelt, dass die Varianz in einer Stichprobe nur dann ein erwartungstreuer Schätzer für die Varianz einer Grundgesamtheit ist, wenn man sie nach folgender Formel berechnet:

$$\hat{\sigma}^2 = \frac{1}{n-1}\sum_{i=1}^{n}(X - \overline{X})^2$$

Diese unterscheidet sich von der Varianzformel der beschreibenden Statistik lediglich dadurch, dass durch n-1 statt durch n dividiert wird. Die nach dieser Formel ermittelte Varianz wird im Allgemeinen als **Stichprobenvarianz** bezeichnet. Mit wachsendem Stichprobenumfang verliert dieser Unterschied allerdings zunehmend an Bedeutung. Bei $n \to \infty$ konvergiert die empirische Varianz gegen die theoretische Varianz und man bezeichnet sie deshalb als **asymptotisch erwartungstreu**.

18.3.2 Wirksamkeit

Auch bei Verwendung eines erwartungstreuen Schätzers wird eine Punktschätzung den wahren, unbekannten Parameter in der Grundgesamtheit häufig nicht treffen. In Abhängigkeit des vom Zufall beeinflussten Stichprobenergebnisses wird der Schätzwert einmal näher, ein anderes Mal weiter entfernt vom Parameterwert sein. Diesen Aspekt kann man tendenziell durch die Streuung des Schätzers quantifizieren und bezeichnet ihn als **Wirksamkeit oder Effizienz**. Von zwei erwartungstreuen Schätzern für einen Parameter ist derjenige mit der kleineren Streuung wirksamer oder effizienter, da seine Schätzwerte im Mittel weniger stark von dem wahren Parameter abweichen. Der **wirksamste** Schätzer für einen Parameter ist der mit der kleinsten Streuung, typischerweise gemessen durch die Varianz. In der folgenden Tabelle 18.3.2 sind die in den Einführungsbeispielen verwendeten Schätzer zusammengestellt und hinsichtlich der vorgestellten Kriterien beurteilt.

Parameter in der Grundgesamtheit			Schätzer aus der Stichprobenverteilung		Erwartungs-treue	Wirksam-keit
Bezeichnung		Symbol	Bezeichnung	Symbol		
univariat	Anteil	π	Stichprobenanteil	$\hat{\pi} = P$	√	√
	Mittelwert	μ	Stichprobenmittel	$\hat{\mu} = \overline{X}$	√	√
	Varianz	σ^2	Stichprobenvarianz	$\hat{\sigma}^2 = S^2$	√	√
bivariat	Konst. Glied	α	R-Konstante	$\hat{\alpha}$ =A	√	√
	Steigung	ß	R-Koeffizient	$\hat{\beta}$ = B	√	√

Tab. 18.3.2: Beurteilung der Schätzer aus den Einführungsbeispielen

Da alle Schätzer erwartungstreu sind, ist auf höchste Wirksamkeit abgestellt. Die Streuung von wichtigen erwartungstreuen Schätzern kann von verschiedenen Größen und Maßnahmen abhängig sein. Diese kann der Anwender gezielt einsetzen, um die Wirksamkeit von Schätzungen zu verbessern. Darauf wird weiter unten noch eingegangen.

18.4 Konfidenzintervall für den Mittelwert

Eine Punktschätzung – auch wenn sie mit dem wirksamsten erwartungstreuen Schätzer durchgeführt wird – ist weder genau, noch sicher. Aus Anwendungssicht ist es daher wünschenswert, Aussagen über ihre Ungenauigkeit und Unsicherheit machen zu können. Das ist aber bei einer Punktschätzung nicht möglich, sondern nur bei einer Bereichs- oder Intervallschätzung. Eine Bereichsschätzung liefert einen **Wertebereich** bzw. ein **Intervall**, in dem der wahre, unbekannte Parameter liegt. Sie ist damit noch ungenauer als eine Punktschätzung. Dafür hat sie hat aber den Vorteil, dass man eine zahlenmäßige Aussage über ihre Sicherheit und/oder ihr Risiko machen kann, ein aus Anwendungssicht häufig entscheidender Aspekt.

Die in der Praxis gebräuchlichste Form der Bereichs- oder Intervallschätzung ist die von **symmetrischen Intervallen** rund um die Punktschätzung. Diese werden **Vertrauensbereiche oder Konfidenzintervalle** genannt. Das Grundkonzept der Bereichsschätzung mit Konfidenzintervallen wird zunächst an der Mittelwertschätzung vorgestellt. Dabei werden auch die grundsätzlichen Möglichkeiten behandelt, die Güte von Konfidenzintervallschätzungen gezielt zu beeinflussen. Zur Illustration wird das Einführungsbeispiel „Körperlänge" verwendet. Dabei ist aus dem Ergebnis der Zufallsstichprobe von 60 lebend geborenen Mädchen eine Bereichsschätzung für die durchschnittliche Länge aller lebend geborenen Mädchen in dem Ballungsraum zu ermitteln.

18.4.1 Einfacher Fall

Aus **didaktischen Gründen** soll zunächst angenommen werden, dass man über die Verteilung der betrachteten Größe in der Grundgesamtheit – hier die Länge lebend geborener Mädchen in dem Ballungsraum – doch etwas weiß:

1. Die **Form der Verteilung**: Es handelt sich um eine **Normalverteilung**.
2. Die **Streuung**: Sie beträgt – gemessen durch die **Standardabweichung** – 4 cm.

In der Praxis der Mittelwertschätzung sind solche wichtigen Verteilungsaspekte der Grundgesamtheit natürlich in aller Regel nicht bekannt. Die hier unterstellte Kenntnis ist aber sehr hilfreich, um das Konzept der Konfidenzintervallschätzung für einen Mittelwert leichter verständlich zu machen. Wir werden, nachdem die Grundkonstruktion unter vereinfachten Bedingungen klar ist, diese Annahmen wieder aufgeben und auch die Konfidenzintervallschätzung unter praxisnäheren Bedingungen betrachten.

Wahrscheinlichkeitsverteilung des Schätzers

Aus der Punktschätzung wissen wir, dass das **Stichprobenmittel** $\bar{X}$ der wirksamste erwartungstreue Schätzer für den unbekannten Mittelwert μ einer Grundgesamtheit ist. Wir werden deshalb diesen Schätzer auch zur Bereichsschätzung verwenden, d.h. $\hat{\mu} = \bar{X}$.

Aus der Betrachtung des Stichprobenmittels als Zufallsgröße in 17.5.1 kennen wir dessen **Wahrscheinlichkeitsverteilung**: Das Stichprobenmittel ist **exakt normalverteilt**, wegen der obigen Annahme einer normalverteilten Grundgesamtheit mit

- dem Erwartungswert $E(\bar{X}) = \mu$
- und der Standardabweichung $\sigma_{\bar{x}} = \dfrac{\sigma_X}{\sqrt{n}}$.

Standardisiert man den Schätzer, so erhält man die sogenannte **Gauß-Statistik,** die standard-normalverteilt ist:

$$Z = \frac{\bar{X} - \mu_X}{\sigma_x} * \sqrt{n} : N(0;1)$$

Zentrale Schwankungsintervalle (Wahrscheinlichkeitsintervalle)

Von der Normalverteilung in 16.1 kennen wir bereits das Konzept der **zentralen Schwankungsintervalle**. Das sind symmetrische Intervalle um den Erwartungswert mit Hilfe der Standardabweichung der Zufallsgröße. Bekannt sind vor allem die ganzzahligen 1-, 2- und 3 Sigma-Intervalle. Aus der Arbeit mit der Standard-Normalverteilung in 16.2 wissen wir, dass bei diesen Sigma-Intervallen die standardisierte Zufallsgröße Z gerade die entsprechenden ganzzahligen Werte annimmt. Ergänzend wurden dort für übliche Sicherheitsniveaus - etwa 90, 95 und 99% - auch die korrespondierenden Z-Werte angegeben. Von daher wissen wir, dass z.B. 95% aller Werte einer standard-normalverteilten Zufallsgröße in folgendes zentrale Schwankungsintervall fallen: $-1{,}96 \leq z \leq 1{,}96$.

Von daher können wir auch für den standardisierten Schätzer - die Gauß-Statistik - z.B. folgende **Wahrscheinlichkeitsaussage** machen: Die Wahrscheinlichkeit für Werte des Schätzers im zentralen Schwankungsintervall von -1,96 bis +1,96 beträgt 95%, formal:

$$W(-1{,}96 \leq z \leq 1{,}96) = 0{,}95.$$

Die gleichbedeutende Aussage für den nicht-standardisierten Schätzer $\bar{X}$ lautet:

$$W(\mu - 1{,}96 * \sigma_{\bar{X}} \leq \bar{X} \leq \mu + 1{,}96 * \sigma_{\bar{X}}) = 0{,}95$$

Dieses wichtige zentrale Schwankungsintervall für das Stichprobenmittel ist in der folgenden Abbildung 18.4.1-a anschaulich grafisch dargestellt. Es ist wie folgt zu interpretieren: Wird aus einer Grundgesamtheit mit dem Mittelwert μ eine einfache Zufallsstichprobe vom Umfang n gezogen und wird darin der Durchschnittswert betrachtet, so liegt dieser mit einer Wahrscheinlichkeit von 95% in und mit der Komplementärwahrscheinlichkeit von 5% außerhalb des angegebenen Intervalls. Zentrale Schwankungsintervalle dieser Art werden deshalb als **Wahrscheinlichkeitsintervalle** (engl. probability intervalls) bezeichnet.

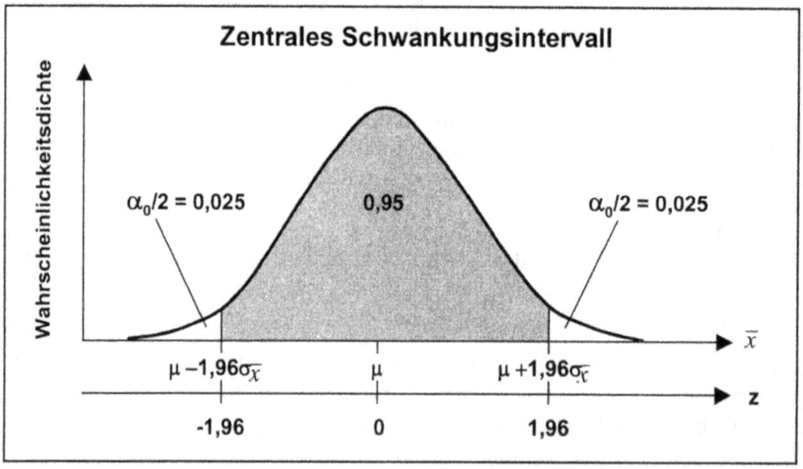

Abb. 18.4.1-a: Zentrales Wahrscheinlichkeitsintervall des Stichprobenmittels (γ=0,95)

Dabei ist die Wahrscheinlichkeit für Werte der Zufallsgröße in dem zentralen Intervall die **Sicherheitswahrscheinlichkeit** und wird hier mit γ notiert, die für Werte außerhalb die **Fehler-**

oder Risikowahrscheinlichkeit und wird hier mit α notiert. Wegen der Komplementarität von Sicherheits- und Fehlerwahrscheinlichkeit gilt: $\gamma = 1-\alpha$. Aufgrund der symmetrischen Konstruktion zentraler Wahrscheinlichkeitsintervalle befinden sich die Risikobereiche jeweils an den Verteilungsrändern, sind gleich groß und teilen sich die gesamte Fehlerwahrscheinlichkeit. Im vorliegenden Fall liegt das Stichprobenmittel mit einer Wahrscheinlichkeit von insgesamt 5% außerhalb des Wahrscheinlichkeitsintervalls, wobei die Wahrscheinlichkeit für Werte außerhalb der unteren und oberen Intervallgrenze jeweils 2,5% beträgt, wie auch in der obigen Abbildung dargestellt. Allgemein ist die Fehlerwahrscheinlichkeit unterhalb der unteren und oberhalb der oberen Intervallgrenze jeweils $\alpha/2$.

Gesucht ist bei der Schätzung des unbekannten Mittelwerts in der Grundgesamtheit aber nicht ein Intervall für das Stichprobenmittel, sondern eines für μ. Dieses lässt sich jedoch aus der Gleichung des zentralen Wahrscheinlichkeitsintervalls für $\bar{X}$ ableiten. Deshalb handelt es sich ebenfalls um ein zentrales Intervall, das mit der Standardabweichung des Stichprobenmittels bei vorgegebener Sicherheits- oder Fehlerwahrscheinlichkeit konstruiert wird. Es wird - zur klaren Unterscheidung von dem Wahrscheinlichkeitsintervall - **Vertrauens- oder Konfidenzintervall** genannt.

Ableitung des Vertrauens- bzw. Konfidenzintervalls

Ausgangspunkt ist die Gleichung des zentralen Wahrscheinlichkeitsintervalls für $\bar{X}$:

$$W(\mu - z^* \sigma_{\bar{X}} \leq \bar{X} \leq \mu + z^* \sigma_{\bar{X}}) = \gamma = 1-\alpha$$

Subtrahiert man μ innerhalb der Klammer, so erhält man:

$$W(-z^* \sigma_{\bar{X}} \leq \bar{X} - \mu \leq +z^* \sigma_{\bar{X}}) = \gamma = 1-\alpha$$

Multipliziert man die Doppelungleichung in der Klammer mit -1, so ändern sich die Vorzeichen der Größen und die Richtung der Ungleichheitszeichen und man erhält:

$$W(+z^* \sigma_{\bar{X}} \geq -\bar{X} + \mu \geq -z^* \sigma_{\bar{X}}) = \gamma = 1-\alpha$$

Addiert man innerhalb der Klammer $\bar{X}$, so erhält man

$$W(\bar{X} + z^* \sigma_{\bar{X}} \geq \mu \geq \bar{X} - z^* \sigma_{\bar{X}}) = \gamma = 1-\alpha$$

Durch Umordnung der Doppelungleichung in der Klammer erhält man schließlich das Konfidenzintervall für den unbekannten Mittelwert der Grundgesamtheit μ bei vorgegebener Sicherheitswahrscheinlichkeit γ.

$$W(\bar{X} - \mathbf{z^*} \sigma_{\bar{X}} \leq \mu \leq \bar{X} + z^* \sigma_{\bar{X}}) = \gamma = 1-\alpha$$

Ersetzt man darin die Standardabweichung des Stichprobenmittels durch seine Berechnungsformel, so erhält man es in einer Form, in der es direkt zur Ermittlung im Anwendungsfall benutzt werden kann.

$$W(\bar{X} - z^* \boldsymbol{\sigma}_X / \sqrt{n} \leq \boldsymbol{\mu} \leq \bar{X} + z^* \boldsymbol{\sigma}_X / \sqrt{n}) = \gamma = 1-\alpha$$

Die Doppelungleichung gibt einen Bereich bzw. ein Intervall für den unbekannten Mittelwert der Grundgesamtheit an. Das Intervall ist symmetrisch um den Punktschätzer $\bar{X}$ mit Hilfe der Standardabweichung des Schätzers konstruiert. Es ist mit einer Sicherheitswahrscheinlichkeit von γ ausgestattet, die mit Hilfe der Wahrscheinlichkeitsverteilung des Schätzers – der Normalverteilung bzw. ihrer standardisierten Form - adäquat zahlenmäßig umgesetzt werden kann. Das Intervall heißt **Konfidenzintervall** für μ zum **Konfidenzniveau γ.**

Anwendung im Einführungsbeispiel

Mit der obigen Formel kann man für das Einführungsbeispiel eine konkrete Bereichsschätzung für die durchschnittliche Länge aller lebend geborenen Mädchen in dem Ballungsraum ermitteln. Dazu ist zunächst ein Sicherheits- bzw. Konfidenzniveau für die Schätzung vorzugeben. Es soll hier wieder 95% betragen, d.h. γ= 0,95. Dieser Sicherheitswahrscheinlichkeit entspricht in der Standard-Normalverteilung ein Z-Wert von z= 1,96. Ergänzend sind die im Einführungsbeispiel zutreffenden Werte der übrigen Größen zu ermitteln und in die Gleichung einzusetzen:

- für $\overline{X}$ den in der Stichprobe realisierten Wert des Stichprobenmittels $\overline{x} = 50{,}2(cm)$;
- für σ_X die bekannte Standardabweichung in der Grundgesamtheit von 4 (cm);
- für $\sqrt{n}$ die Wurzel aus dem bekannten Stichprobenumfang von 60= 7,746.

Dadurch erhält man im Einführungsbeispiel folgendes Konfidenzintervall:

$$50{,}2 - 1{,}96 * 4/7{,}746 \leq \mu \leq 50{,}2 + 1{,}96 * 4/7{,}746$$

$$\mathbf{49{,}2} \leq \mu \leq \mathbf{51{,}2}$$

Interpretation

Das Rechenergebnis ist so zu interpretieren, dass die Länge aller lebend geborenen Mädchen in dem Ballungsraum mit einem Vertrauensniveau von 95% zwischen 49,2 und 51,2 (cm) liegen wird. Dies ist **keine Wahrscheinlichkeitsaussage**, weil der geschätzte Mittelwert der Grundgesamtheit **keine Zufallsgröße** ist, sondern ein fester Wert, der allerdings unbekannt ist. Man erkennt auch, dass die zahlenmäßigen Grenzen einer Konfidenzintervallschätzung entscheidend vom Stichprobenergebnis abhängig sind, da $\overline{X}$ eine Zufallsgröße ist. Diese kann bei mehreren Stichproben j derselben Art und Größe aus einer Grundgesamtheit verschiedene Realisationen annehmen, d.h. es können und werden von Stichprobe zu Stichprobe zufallsbedingt unterschiedliche konkrete $\overline{x}_j$ auftreten. Damit wird sich aber auch von Stichprobe zu Stichprobe zufallsbedingt ein anderes Konfidenzintervall für μ ergeben, so wie in der folgenden Abbildung 18.4.1-b für 10 verschiedene Stichproben (j=1,..., 10) beispielhaft dargestellt.

Zum besseren Verständnis einer sachgerechten Interpretation von Konfidenzintervallen ist in der Abbildung der an sich unbekannte Mittelwert der Grundgesamtheit als bekannt angenommen und es ist ein zentrales Wahrscheinlichkeitsintervall für das Stichprobenmittel durch die beiden senkrechten, gestrichelten Linien eingezeichnet, in das der Stichprobenmittelwert $\overline{x}_j$ mit der Wahrscheinlichkeit von γ=1-α fällt. Man sieht in der Abbildung, dass ein Konfidenzintervall um $\overline{x}_j$ genau dann und nur dann den gesuchten Mittelwert μ einschließt, wenn dieses $\overline{x}_j$ in dem zentralen Wahrscheinlichkeitsintervall um μ liegt.

Die **Sicherheitswahrscheinlichkeit** γ von zentralen Wahrscheinlichkeitsintervallen für das Stichprobenmittel kann also zu folgender **Erwartungsinterpretation** von Konfidenzintervallen für den unbekannten Mittelwert einer Grundgesamtheit benutzt werden: Sie gibt die Wahrscheinlichkeit dafür an, dass Konfidenzintervalle um das Stichprobenmittel den unbekannten Mittelwert der Grundgesamtheit überdecken. Sie ist damit ein Maß für die Vertrauenswürdigkeit der Bereichsschätzung und wird deshalb auch als **Vertrauens- bzw. Konfidenzniveau** bezeichnet. Wenn das Vertrauens- bzw. Konfidenzniveau wie im Einführungsbeispiel 95% beträgt, so kann man es anwendungsorientiert wie folgt interpretieren:

Wenn man 100 Strichproben der gleichen Art und des gleichen Umfangs aus derselben Grundgesamtheit ziehen und mit den in den Stichproben ermittelten Durchschnittswerten 100 Konfidenzintervalle berechnen würde, so würden etwa 95 davon den wahren, unbekannten Mittelwert der Grundgesamtheit überdecken und etwa 5 würden ihn verfehlen. Betrachtet man dagegen nur eine Stichprobe und ihren Befund - etwa das im Einführungsbeispiel vorliegende Stichprobenergebnis -, so wird das daraus ermittelte Konfidenzintervall - im Einführungsbeispiel 49,2 $\leq \mu \leq$ 51,2 - entweder richtig oder falsch sein. Man kann aber statistisch nicht beurteilen, ob die einmalige Schätzung zu den 95% richtigen oder den 5% falschen Konfidenzintervallen gehört.

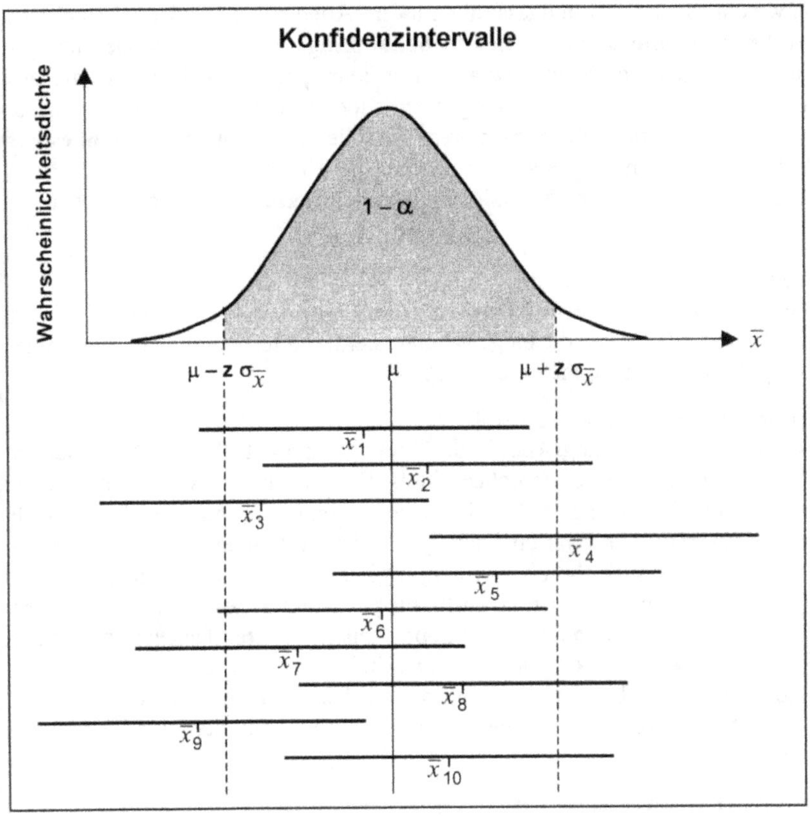

Abb. 18.4.1-b: Einige Stichprobenmittelwerte und zugehörige Konfindenzintervalle (γ=0,95)

Gestaltung der Bereichsschätzung

Nach der obigen Formel ist ein Konfidenzintervall von verschiedenen Größen abhängig, die man teilweise zu seiner gezielten Gestaltung benutzen kann. Ideal wäre ein möglichst kleines Konfidenzintervall mit einem möglichst hohen Konfidenzniveau.

Betrachtet man zunächst das **Konfidenzniveau**, das der Anwender bei der Bereichsschätzung vorgeben muss, so sind in der Praxis verschiedene Sicherheitsniveaus üblich. Diese wurden bei den zentralen Schwankungsintervallen der Normalverteilung bereits angegeben (s. 16.2). Für die gängigen Sicherheitsniveaus von 90, 95 und 99% sind die zugehörigen Werte der standardisierten Zufallsgröße Z sind in der folgenden Tabelle nochmals zusammengestellt.

Konfidenzniveau	γ	0,90	0,95	0,99
Standard. Größe	**z**	1,64	1,96	2,58

Danach bedeutet ein höheres Konfidenzniveau höhere Sicherheit, führt aber zwangsläufig zu höheren Z-Werten und damit zu ungenaueren Bereichsschätzungen in Form längerer Konfidenzintervalle.

Bei gegebenem Sicherheits- bzw. Konfidenzniveau ist eine bessere Bereichsschätzung – d. h. ein kürzeres Konfidenzintervall – vor allem durch eine kleinere Streuung des Schätzers zu erreichen. Die Standardabweichung des Schätzers ist:

$$\sigma_{\bar{X}} = \sigma_X / \sqrt{n}$$

Weil die Standardabweichung in der Grundgesamtheit σ_X im Allgemeinen weder bekannt noch beeinflussbar ist, ist die **Vergrößerung des Stichprobenumfangs n** die zentrale Gestaltungsmöglichkeit. Da die Länge des Konfidenzintervalls umgekehrt proportional zur Wurzel aus dem Stichprobenumfang ist - d.h. $L \sim 1/\sqrt{n}$ - benötigt man jedoch z. B den vierfachen Stichprobenumfangs, um das Konfidenzintervall zu halbieren. Auf die Bestimmung des **mindestens nötigen Stichprobenumfangs**, um eine Bereichschätzung mit einem bestimmten Konfidenzniveau **und** einer bestimmten Länge des Konfidenzintervalls zu erreichen, wird weiter unten noch eingegangen.

18.4.2 Praxisnähere Fälle

Welche Änderungen sind nun bei der Ermittlung von Konfidenzinteralllen für den Mittelwert einer Grundgesamtheit nötig, wenn man die eingangs unterstellten Informationen über wichtige Aspekte der Verteilung der Grundgesamtheit nicht hat ?

Unbekannte Verteilungsform der Grundgesamtheit

Das fehlende Wissen über die Verteilungsform in der Grundgesamtheit führt häufig zu keiner Änderung bei der Verteilungsform des Stichprobenmittels. Denn nach den Ausführungen zum Stichprobenmittel und seiner Verteilung in 17.5.1. ist es – wenn auch nicht exakt, so doch näherungsweise - **normalverteilt**, und zwar unabhängig von der Verteilungsform in der Grundgesamtheit bei ausreichend großem Stichprobenumfang ($n \geq 30$). In den meisten Stichprobenuntersuchungen der Praxis – so auch in unserem Einführungsbeispiel – genügt der verwendete Stichprobenumfang dieser Approximationsregel. Wir sprechen dann vereinfachend von großen Stichproben. Bei **großen Stichproben** kann also auch bei beliebiger oder unbekannter Verteilungsform in der Grundgesamtheit bei der Konstruktion von Konfidenzintervallen näherungsweise mit der Normalverteilung gearbeitet werden, wenn die Streuung in der Grundgesamtheit bekannt ist.

Unbekannte Streuung der Grundgesamtheit

Das fehlende Wissen über **die Streuung in der Grundgesamtheit** bereitet dagegen zusätzlichen Aufwand. Da man eine Angabe über die Streuung in der Grundgesamtheit unbedingt braucht, um damit die Streuung des Stichprobenmittels zu berechnen, bleibt einem meistens nichts anderes übrig, als sie **ebenfalls aus dem Stichprobenergebnis zu schätzen**. Dann ist der so ermittelte Wert der Streuung in der Grundgesamtheit kein fester Wert mehr, sondern der Schätzwert eines Schätzers und somit die **Realisation einer Zufallsgröße**. Benutzt man als Maßgröße für die Streuung in der Grundgesamtheit die Varianz/Standardabweichung und nach der Momentmethode die Stichprobenvarianz/Stichproben-Standardabweichung als Schätzer, erhält man für das Stichprobenmittel als Zufallsgröße wie gehabt

- den Erwartungswert $E(\bar{X}) = \mu$
- aber die Standardabweichung $\sigma_{\bar{x}} = \dfrac{S}{\sqrt{n}}$.

Dabei ist die Stichprobenvarianz S^2 aus dem Stichprobenbefund nach der in 18.3.1 angegebenen Formel zu berechnen und S ist die Wurzel aus der Stichprobenvarianz.

Standardisiert man das Stichprobenmittel mit der Zufallsgröße S anstelle des unbekannten σ_X, so erhält man anstelle der Gauß-Statistik eine andere Zufallsgröße, die **T-Statistik** genannt wird:

$$T = \frac{\overline{X} - \mu_X}{\hat{\sigma}_X} * \sqrt{n} = \frac{\overline{X} - \mu_X}{S} * \sqrt{n}$$

Die Bezeichnung rührt daher, dass **bei normalverteilter Grundgesamtheit** die T-Statistik **exakt** einem gleichnamigen Verteilungstyp folgt, der **t- bzw. Studentverteilung** mit ν=n-1 Freiheitsgraden. Diese wurde als wichtige spezielle Stichprobenverteilung in 16.3 vorgestellt. Für n≥30 – d.h. große Stichproben – kann man sie durch die **Normalverteilung approximieren**. Dann erhält man folgendes Konfidenzintervall für den Mittelwert einer Grundgesamtheit:

$$W(\overline{X} - z*S / \sqrt{n} \leq \mu \leq \overline{X} + z*S/ \sqrt{n}) = \gamma = 1 - \alpha$$

Im Einführungsbeispiel wird die Körperlänge betrachtet und die Annahme einer zumindest näherungsweise normalverteilten Grundgesamtheit ist daher plausibel. Deshalb kann man im vorliegenden Fall auch bei Verwendung der T-Statistik approximativ mit der Normalverteilung ein Konfidenzintervall für die unbekannte Länge aller lebend geborenen Mädchen in dem Ballungsraum ermitteln. Behält man das bereits vorhin verwendete Konfidenzniveau von 95% bei, so bleibt es bei dem zugehörigen Wert von Z aus der Standard-Normalverteilung z=1,96. Die in 18.1. bereits durchgeführte Auswertung der Stichprobe liefert für die übrigen Größen folgende Werte:

- für $\overline{X}$ unverändert den Wert $\overline{x} = 50{,}2(cm)$ als Ausgangspunkt der Schätzung;
- für S die Wurzel aus der berechneten Stichprobenvarianz s= $\sqrt{s^2}$= $\sqrt{3{,}86}$= 1,9 (cm);
- für $\sqrt{n}$ die Wurzel aus dem unveränderten Stichprobenumfang von 60= 7,746.

Dadurch erhält man nun folgendes Konfidenzintervall zum Konfidenzniveau 0,95:

$$50{,}2 - 1{,}96*1{,}9/7{,}746 \leq \mu \leq 50{,}2 + 1{,}96*1{,}9/7{,}746$$

$$\mathbf{49{,}7 \leq \mu \leq 50{,}7}$$

Diese Schätzung hat die gleiche Vertrauenswürdigkeit und liefert auch die gleiche Punktschätzung wie die vorherige. Das Konfidenzintervall ist aber nur halb so lang und damit aus Anwendungssicht deutlich besser als das bereits ermittelte. Der Grund dafür ist die aus dem Stichprobenbefund geschätzte Streuung der Grundgesamtheit, deren Schätzwert etwa nur halb so groß ist wie die wahre – aber meistens unbekannte - Streuung in der Grundgesamtheit.

Ist im Anwendungsfall die Annahme einer zumindest annähernd normalverteilten Grundgesamtheit nicht aufrechtzuerhalten, muss man eine sehr große Stichprobe (n≥ 100) ziehen, um approximativ mit der Normalverteilung arbeiten zu können.

18.5 Konfidenzintervalle für den Anteilswert

Das Schätzen von Konfidenzintervallen für den unbekannten Anteil in einer Grundgesamtheit wird an dem **Einführungsbeispiel „Landtagswahl"** vorgestellt. Dabei ist aus einer Stichprobe von 1000 gültigen Stimmen, die nach Schließung der Wahl-lokale zufällig gezogen und ausgewertet wurden, der Anteil der Wähler der Partei A im gesamten Landkreis mit einem Vertrauensniveau von 95% zu ermitteln.

18.5.1 Einfache Zufallsstichprobe

Im Einführungsbeispiel wurden die 1000 gültigen Stimmen ohne Zurücklegen gezogen und ohne Berücksichtigung der Reihenfolge ausgewertet. Als Schätzer für den unbekannten Anteil der Wähler der Partei A in dem Landkreis hatten wir in 18.1. nach der Momentmethode den Anteil der Wähler der Partei A in der Stichprobe verwendet und aus dem Stichprobenergebnis die Punktschätzung erhalten:

$$\hat{\pi} = P = \frac{x}{n} = \frac{463}{1000} = 0{,}463 = 46{,}3\%$$

Dieser Schätzer und dieser Schätzwert sind Ausgangspunkt der vorzunehmenden Intervallschätzung. Um darauf basierend ein Konfidenzintervall zu konstruieren, muss man die Wahrscheinlichkeitsverteilung des Schätzers kennen.

Wahrscheinlichkeitsverteilung des Schätzers

Nach den Ausführungen in 17.4.4. ist der Schätzer – die Stichprobenfunktion Anteil – **exakt hypergeometrisch** verteilt. Nach den Ausführungen in 15.2.4 kann die die hypergeometrische Verteilung durch die Binomialverteilung approximiert werden, wenn die Auswahlsatzregel erfüllt ist. Dies ist hier der Fall, da der Auswahlsatz mit 1000/50000= 0,02 <<< 0,05 ist. Die diskrete **approximative Binomialverteilung** des Anteils hat allgemein die Parameter n und π, hier B (1000; 0,463) und den Erwartungswert E(P)= π = 0,463.

Die Binomialverteilung kann durch die stetige Normalverteilung approximiert werden, wenn die einzige Approximationsbedingung - wie in Abb. 16.3.1 dargestellt - **n π*(1- π) $\geq$ 9** erfüllt ist. Diese Bedingung bezieht sich allerdings auf die Stichprobenfunktion „Anzahl", nicht auf die hier betrachtete Stichprobenfunktion „Anteil". Unter Verwendung des Schätzwertes $\hat{\pi} = p =$ 0,463 erhält man im vorliegenden Fall 1000*0,463*0537= 248,63 >>> 9, womit die Approximationsbedingung klar erfüllt ist. Da beide Stichprobenfunktionen denselben Verteilungstyp mit denselben Parametern haben, kann man das Konfidenzintervall **approximativ mit der Normalverteilung** ermitteln.

Zur Arbeit mit der Normalverteilung als Schätzverteilung braucht man deren Verteilungsparameter, die mit den Kenngrößen einer jeden Wahrscheinlichkeitsverteilung - Erwartungswert und Varianz/Standardabweichung - übereinstimmen. Diese Kenngrößen kann man direkt aus der approximierten diskreten Verteilung übernehmen. Der Erwartungswert wurde oben bereits ermittelt, so dass nur noch die Varianz/Standardabweichung fehlt. Nach den in der Tab. 17.4.4. zusammengestellten Angaben für die Stichprobenfunktion „Anteil" gilt für deren Varianz und Standardabweichung:

$$\text{V(P)}=\frac{\pi * (1-\pi)}{n} \text{ und } \sigma\text{(P)}= \sqrt{\text{V(P)}}= \sqrt{\frac{\pi * (1-\pi)}{n}}$$

Verwendet man an Stelle des unbekannten π wieder den Schätzer $\hat{\pi} = P$ mit der in der Stichprobe vorliegenden Realisation p= 0,463, so erhält man im Einführungsbeispiel:

$$\text{V(P)}= \frac{0{,}463 * 0{,}537}{1000} = \frac{0{,}2486}{1000} = 2{,}486 * 10^{-4} \text{ und } \sigma\text{(P)}= \sqrt{0{,}0002486}= 0{,}01576.$$

Damit erhält man als approximative Verteilung des Schätzers formal: P ~ N(0,463; 0,01576).

Ableitung des Konfidenzintervalls

Aus der standardisierten Zufallsgröße

$$Z = \frac{P-\pi}{\sigma_P}$$

lässt sich dann analog zum letzten Abschnitt ein Konfidenzintervall für den unbekannten Anteilswert in der Grundgesamtheit π ableiten. Man erhält das Wahrscheinlichkeitsintervall

$$\text{W}(\text{P} - z^* \sigma_P \leq \pi \leq \text{P} + z^* \sigma_P) = \gamma = 1 - \alpha$$

und daraus das Konfidenzintervall

$$p - z^* \sigma_P \leq \pi \leq p + z^* \sigma_P$$

Anwendung im Einführungsbeispiel

Im Einführungsbeispiel beträgt das Konfidenzniveau 95%, was in der Standard-Normalverteilung einem Z-Wert von 1,96 entspricht. Der Stichprobenanteilswert der Wähler der Partei A beträgt p_A= 0,463, die damit geschätzte Stichproben-Standardabweichung des Anteilswertes beträgt $\sigma(P_A)$= 0,01576. Damit erhält man bei einer Genauigkeit von 3 Stellen hinter dem Komma folgendes Konfidenzintervall:

$$0{,}463 - 1{,}96^* \, 0{,}01576 \leq \pi \leq 0{,}463 + 1{,}96^* \, 0{,}01576$$

$$\mathbf{0{,}432} \leq \pi \leq \mathbf{0{,}494}$$

Der Stimmenanteil der Partei im gesamten Wahlkreis wird bei einem Konfidenzniveau von 95% zwischen 43,2% und 49,4% liegen.

Die vorgenommene Hochrechnung liefert einen Wertebereich für den Anteil der Partei A, der manchem mit einer Gesamtlänge von 6,2% recht groß und damit insgesamt zu ungenau erscheinen mag. Die aus dem Fernsehen bekannten Schätzungen des Anteils politischer Parteien aufgrund repräsentativer Stichproben – etwa bei der bekannten „Sonntagsfrage" – liefern häufig präzisere Ergebnisse. Das liegt vor allem daran, dass nicht nur einfache Zufallsstichproben gezogen werden. Vielmehr wird ein etwas komplizierteres, aber auch leistungsfähigeres Zufallsauswahlverfahren verwendet, das nun vorgestellt und angewendet wird.

18.5.2 Geschichtete Zufallsstichprobe

Das Grundkonzept der geschichteten Zufallsstichprobe wurde in 17.2.1.2. bereits vorgestellt und in der gleichnummerierten Abbildung im Vergleich zur Klumpenauswahl zusammenfassend grob charakterisiert. Wir werden es jetzt in einfacher Weise am **Einführungsbeispiel Landtagswahl** umsetzen und die Punkt- und Bereichsschätzung für den Anteil der Partei A im gesamten Wahlkreis aus den Ergebnissen einer geschichteten Stichprobe vornehmen.

Schichten und Quoten

Bei politischen Wahlen, die ja regelmäßig stattfinden, kennt man die Grundgesamtheiten recht genau. So kennt man für jeden Wahlkreis etwa die Wahlberechtigten und etliche ihrer demografischen Merkmale wie Geschlecht, Alter, Religion, Familienstand, Beruf, Beschäftigungsverhältnis etc., wenn auch für statistische Zwecke in anonymisierter Form. Etliche dieser Merkmale stehen in einem sachlich plausiblen und statistisch gesicherten Zusammenhang mit dem potenziellen und/oder faktischen Wahlverhalten, etwa der Präferenz für eine bestimmte politische Partei. Sie werden deshalb typischerweise zur Bildung von Teilmassen bzw. Schichten benutzt.

In unserem bisherigen Einführungsbeispiel wollen wir die betrachtete Grundgesamtheit – den Wahlkreis mit insgesamt N=100000 Wahlberechtigten – der Einfachheit halber **nur nach einem einzigen Kriterium** in Teilmengen zerlegen: nach dem des tatsächlichen Abstimmungsverhaltens bei der letzten Landtagswahl. Dieses Schichtungskriterium steht in ganz direktem Zusammenhang mit dem Untersuchungsmerkmal „Abstimmungsverhalten bei der nächsten Landtagswahl". Es sollen sämtliche zu dem Wahlkreis gehörenden Wahlbezirke unterteilt werden in solche mit einer Mehrheit für die Partei A – kurz A-Bezirke genannt - und solche mit einer Mehrheit für die Partei B - kurz B-Bezirke genannt. Die A-Bezirke bilden eine Schicht, hier mit S_1 abgekürzt, die B-Bezirke eine zweite Schicht, hier mit S_2 abgekürzt. Jede der Schichten ist in sich homogener und die Schichten untereinander sind heterogener als die Grundgesamtheit ohne Schichtung.

Aus den über die Grundgesamtheit verfügbaren Informationen kennt man in jeder Schicht j die Anzahl der Merkmalsträger – d.h. die **Größe der Schicht** N_j - und kann daraus die Anteile jeder Schicht an der Grundgesamtheit, die sogenannten **Quoten** $a_j = N_j / N$ ermitteln. Für den vorliegenden Fall sind diese Angaben in der folgenden Tabelle 18.5.2-a nachvollziehbar zusammengestellt.

Schichten S_j	Größe N_j	Quote $a_j = N_j / N$
S_1: A-Bezirke	N_1= 60.000	0,6 bzw. 60%
S_2: B-Bezirke	N_2= 40.000	0,4 bzw. 40%
Summe	**N= 100.000**	**1,0 bzw. 100%**

Tab. 18.5.2-a: Größe der Schichten und Quoten im Einführungsbeispiel

Bei einer geschichteten Zufallsstichprobe wird aus jeder Schicht eine separate einfache Zufallsstichprobe gezogen, d.h. die Anzahl der Teilstichproben entspricht der Anzahl der Schichten. Ergänzend sind der Umfang der Gesamtstichprobe und der aller Teilstichproben festzulegen. Für den Umfang der Gesamtstichprobe gelten prinzipiell die gleichen Überlegungen und Berechungen wie für den Stichprobenumfang ganz allgemein. Zur Festlegung des Umfangs der Teilstichproben nutzt man die Quoten der Schichten in der Grundgesamtheit. Im gängigen Fall - auf den wir uns hier beschränken – legt man die Anteile der Teilstichproben an der Gesamtstichprobe den Quoten der Schichten in der Grundgesamtheit entsprechend fest und bezeichnet dies als **proportionale Schichtung**.

Im Einführungsbeispiel Landtagswahl betrug der Stichprobenumfang bei einfacher Zufallsauswahl n=1000. Diesen Umfang wollen wir auch bei der geschichteten Gesamtstichprobe beibehalten, um die Schichtung und ihre Wirkungen unter sonst gleich bleibenden Bedingungen zeigen zu können. Bezeichnet man den Umfang der Teilstichprobe aus der Schicht j mit $\mathbf{n}_j$, so gilt bei proportionaler Schichtung:

$$\mathbf{n}_j = \mathbf{a}_j * \mathbf{n}.$$

Danach erhält man im vorliegenden Fall für die beiden Teilstichproben aus der ersten und zweiten Schicht folgende Umfänge:

- $n_1 = a_1 / n = 0{,}6 * 1000 = \underline{600}$
- $n_2 = a_2 / n = 0{,}4 * 1000 = \underline{400}$

Aufbereitung und Auswertung der Teilstichproben

Die aus den Schichten gezogenen Teilstichproben der festgelegten Art und des festgelegten Umfangs werden zunächst **jede für sich aufbereitet und ausgewertet**. In der folgenden Tabelle 18.5.2-b sind für das Einführungsbeispiel die aus den beiden Schichten gezogenen Teilstichproben im Hinblick auf das Untersuchungsmerkmal „Wähler der Partei A" aufbereitet. Dabei ergibt sich bei der geschichteten Stichprobe wegen des Zufallscharakters insgesamt eine etwas kleinere Anzahl von Wählern der Partei A als bei der einfachen Zufallsauswahl.

Schichten j	Teilstichproben	
	Größe n_j	Wähler Partei A x_j
S_1	600	400
S_2	400	60
Summe	**1000**	**460**

Tab. 18.5.2-b: Teilstichproben und ihre Ergebnisse im Einführungsbeispiel

Die aufbereiteten Ergebnisse jeder Teilstichprobe werden dann gemäß den Untersuchungszielen und –zwecken auch separat ausgewertet. Im vorliegenden Fall wird aus dem Ergebnis jeder Teilstichprobe j eine separate Punktschätzung für den unbekannten Anteil der Partei A im gesamten Wahlkreis ermittelt, d.h. $\hat{\pi}_j$ mit j=1,2.

Dabei übernehmen wir den bei der einfachen Zufallsauswahl verwendeten **Schätzer** und wenden ihn auf jede Teilstichprobe an, d. h. $\hat{\pi}_j = P_{j.} = x_j / n_j$. Im vorliegenden Fall erhält man dadurch folgende **Punktschätzungen**:

$$\hat{\pi}_1 = P_1 = \frac{x_1}{n_1} = \frac{400}{600} = 0{,}66\overline{66} \sim 66{,}7\% \; und \; \hat{\pi}_2 = P_2 = \frac{x_2}{n_2} = \frac{60}{400} = 0{,}15 = 15\% .$$

Aus der Stichprobe der 1. Schicht - der A-Bezirke – erhält man eine Punktschätzung von 66,7% und aus der Stichprobe der 2. Schicht – der B-Bezirke - eine von nur 15% für die Partei A.

Zusammenfassende Gesamtauswertung

Die Einzelauswertungen der Teilstichproben – hier die beiden Punktschätzungen – sind abschließend zu einer Gesamtauswertung für die Gesamtstichprobe sinnvoll zusammenzuführen – hier zu **einer** Punktschätzung zu addieren. Dabei ist die **relative Bedeutung** der einzelnen Punktschätzungen adäquat zu berücksichtigen, indem die **Quoten** der Schichten bzw. Teilstichproben als Gewichtungsfaktoren benutzt werden, formal:

Allgemein:	**Einführungsbeispiel:**
$\pi = \sum_{j=1}^{m} a_j * \hat{\pi}_j$	$\hat{\pi} = a_1 * \hat{\pi}_1 + a_2 * \hat{\pi}_2 = 0{,}6 * 0{,}667 + 0{,}4 * 0{,}15 = 0{,}46$

Im Einführungsbeispiel erhält man so aus den beiden Punktschätzungen der Einzelstichproben eine Punktschätzung von 46% für den unbekannten Anteil der Partei A im gesamten Wahlkreis. Zur selben Punktschätzung gelangt man natürlich auch, wenn man von dem Gesamtergebnis der ungeschichteten Stichprobe in Tabelle 18.4.2.2-b ausgeht und aus der Anzahl aller Wähler der Partei A in der gesamten Stichprobe – im vorliegenden Fall 460 – direkt eine Punktschätzung vornimmt. Die Schätzungen aus den (geschichteten) Teilstichproben und aus der (ungeschichteten) Gesamtstichprobe führen also **zum selben Schätzwert**, und das nicht nur im vorliegenden Fall, sondern ganz allgemein. Worin liegt dann aber der Vorteil geschichteter Stichproben ?

Güte und Schichtung

Die geschichtete Stichprobe wurde als komplizierteres, aber auch leistungsfähigeres Stichprobenverfahren verglichen mit der einfachen Zufallsauswahl propagiert. Worin besteht nun aber ihre größere Leistungsfähigkeit, wieso führt sie durchweg zu besseren Ergebnissen beim Schließen, hier zu besseren Ergebnissen beim Schätzen ?

Zur Beurteilung der Güte von Schätzern hatten wir in 18.3 als wichtigste Kriterien **„Erwartungstreue"** und **„Wirksamkeit"** vorgestellt. Mit diesen beiden Kriterien können wir auch im vorliegenden Fall die Güte der Schätzer aus der ungeschichteten und der geschichteten Stichprobe ermitteln und vergleichend beurteilen. Dazu sind die Erwartungswerte und die Varianzen der in beiden Fällen verwendeten Schätzer zu ermitteln.

Betrachten wir zunächst noch einmal die **einfache Zufallsauswahl** und den dort verwendeten Schätzer $\hat{\pi} = P$, der im vorliegenden Fall aufgrund des Gesamtstichprobenbefundes zu einem Schätzwert von p= 460/1000 = 0,46= 46% führte. Dieser Schätzer ist approximativ binomialverteilt mit **E(P)= π**, d. h. der Schätzer ist **erwartungstreu**. Seine Varianz ist nach der Formel $V(P) = \frac{\pi * (1-\pi)}{n}$ zu berechnen und beträgt im vorliegenden Fall unter Verwendung der obigen Punktschätzung 0,46*0,54/1000 = 0,000248 ~ <u>0,00025</u>.

Bei der **geschichteten Stichprobe** haben wir zunächst aus jeder Teilstichprobe j eine Schätzung vorgenommen und dabei jeweils den gleichen Schätzer verwendet wie in der ungeschichteten Stichprobe: $\hat{\pi}_j = P_j$ mit j=1,2. Auch diese Schätzer sind approximativ binomialverteilt, wenn für jede Teilstichprobe die Approximationsbedingungen erfüllt sind, was hier der Fall ist. Damit haben die Schätzer aus den Teilstichproben den Erwartungswert $E(P_j)=\pi_j$ und sind jeder für sich **ebenfalls erwartungstreu**. Ihre Varianzen sind nach der obigen Formel zu berechnen, wobei man unter Verwendung der aus den Teilstichproben ermittelten Schätzwerte p_1= 0,667 und p_2= 0,15 im vorliegenden Fall erhält:

$$V_1 = \frac{0{,}667 * 0{,}333}{600} = 0{,}00037 = 3{,}7 * 10^{-4} \quad und \quad V_2 = \frac{0{,}15 * 0{,}85}{400} = 0{,}00031875 \sim 3{,}19 * 10^{-4}$$

Danach haben wir die Schätzer aus den beiden Teilstichproben mit dem gewogenen arithmetischen Mittel zu **einer** Schätzfunktion verdichtet, wobei die Quoten als Gewichte benutzt wurden, formal:

$$\hat{\pi} = a_1 * \hat{\pi}_1 + a_2 * \hat{\pi}_2 = a_1 * P_1 + a_2 * P_2$$

Diese Verdichtung ist sachlich und formelmäßig korrekt, da der in der Grundgesamtheit zu schätzende Parameter - hier der Anteil der Partei A im gesamten Wahlkreis – sich analog aus den Anteilen in den beiden Schichten zusammensetzt. Der bei der geschichteten Stichprobe verwendete verdichtete Schätzer ist eine gewichtete Summe zweier Zufallsgrößen, allgemeiner betrachtet eine **mathematische Funktion mehrerer Zufallsgrößen**. Mathematische Funktionen von Zufallsgrößen wurden in 14.4.4 vorgestellt und die allgemein gültigen Formeln zur Berechnung ihrer Kenngrößen Erwartungswert und Varianz für einige einfache, aber praktisch besonders wichtige Funktionen in Tabelle 14.4.4. angegeben. Darin ist auch der hier vorkommende Fall einer Zufallsgröße Z, die sich durch gewichtete Addition zweier anderer Zufallsgrößen X und Y ergibt, enthalten. Die für diesen Fall allgemein gültige Formel zur Ermittlung des Erwartungswertes und ihre Anwendung auf den in der geschichteten Stichprobe verwendeten Schätzer sind im Folgenden zusammengestellt.

Allgemein:	**Schätzer geschichtete Stichprobe:**
$Z = a*X \pm b*Y$	$\hat{\pi} = a_1 * \hat{\pi}_1 + a_2 * \hat{\pi}_2 = a_1 * P_1 + a_2 * P_2$
$E(Z)=E(a*X \pm b*Y)=a*E(X) \pm b*E(Y)$	$E(\hat{\pi}) = E(a_1 * P_1 + a_2 * P_2) =$
	$a_1 * E(P_1) + a_2 * E(P_2) = a_1 * \pi_1 + a_2 * \pi_2 = \pi$

Die Anwendung der allgemeinen Rechenregel führt zu dem Ergebnis **E($\hat{\pi}$)=π**, d.h. der bei der geschichteten Stichprobe verwendete Schätzer ist ebenfalls **erwartungstreu**. In Hinblick auf die Erwartungstreue gibt es also im vorliegenden Fall **keinen Güteunterschied** bei den in der ungeschichteten und der geschichteten Zufallsstichprobe verwendeten Schätzern.

Betrachten wir ergänzend das **Gütekriterium der Wirksamkeit** gemessen durch die Varianz. Die Varianz des geschichteten Schätzers ist ebenso wie sein Erwartungswert durch Anwendung der für die gewichtete Addition zweier Zufallsgrößen in der Tabelle 14.4.4 enthaltene allgemein gültige Formel zu ermitteln. Diese Formel und ihre Anwendung auf den in der geschichteten Stichprobe verwendeten Schätzer sind im Folgenden zusammengestellt. Die darin enthaltenen Varianzen der Schätzer der Teilstichproben $V(P_1)$ und $V(P_2)$ sind für das Einführungsbeispiel oben bereits berechnet worden. Unter Einbeziehung der Quoten erhält man nach der obigen Formel für die Varianz des Schätzers in der geschichteten Stichprobe im vorliegenden Fall:

Allgemein:	**Schätzer geschichtete Stichprobe:**
$Z = a*X \pm b*Y$	$\hat{\pi} = a_1 * \hat{\pi}_1 + a_2 * \hat{\pi}_2 = a_1 * P_1 + a_2 * P_2$
$V(Z) = V(a*X \pm b*Y)$	$V(\hat{\pi}) = V(a_1 * P_1 + a_2 * P_2) = a_1^2 * V(P_1) + a_2^2 * V(P_2)$
$= a^2 * V(X) \pm b^2 * V(Y)$	$= a_1^2 * \frac{P_1(1-P_1)}{n_1} + a_2^2 * \frac{P_2(1-P_2)}{n_2}$

$0{,}6^2 * 0{,}00037 + 0{,}4^2 * 0{,}000319 = 0{,}36 * 0{,}00037 + 0{,}16 * 0{,}000319 = \underline{0{,}00018424}.$

Die Varianz des Schätzers aus der geschichteten Stichprobe ist im Einführungsbeispiel und ganz allgemein **kleiner** als die des gleichen Schätzers aus einer ungeschichteten Stichprobe. Damit ist der Schätzer einer geschichteten Stichprobe bei sonst gleichen Bedingungen immer **wirksamer oder effizienter** als der aus einer einfachen Zufallsauswahl. Dies ist der sogenannte **Schichtungseffekt**, der Hauptgrund für die Verwendung geschichteter Stichproben in der Praxis.

Im vorliegenden Fall ist die Varianz des Schätzers aus der geschichteten Stichprobe um 0,00006416 kleiner als die des Schätzers aus der ungeschichteten Stichprobe. Dieser Betrag erscheint äußerst klein, entspricht aber einer Verkleinerung der Streuung des Schätzers gegenüber der aus der ungeschichteten Stichprobe um gut 25%. Dies ist eine wahrnehmbare Verbesserung, die im Einführungsbeispiel bereits durch die Verwendung nur eines Schichtungskriteriums und die Bildung von nur zwei Schichten erreicht wurde. Der Schichtungseffekt wird unter sonst gleichen Bedingungen umso größer, je mehr Kriterien benutzt und je mehr Schichten gebildet werden. Das ist auch der Hauptgrund, weshalb etwa bei repräsentativen politischen Meinungsumfragen wie dem Politbarometer, bei denen der Stichprobenumfang extrem gering ist, trotzdem Schätzungen mit großer Genauigkeit abgegeben werden können. Die Genauigkeitswirkung des Schichtungseffektes ist bei der Punktschätzung nicht direkt sichtbar, wohl aber bei der Bereichsschätzung.

Konfidenzintervall

Wir konstruieren deshalb abschließend für unser Einführungsbeispiel - basierend auf den Ergebnissen der geschichteten Stichprobe - eine Bereichsschätzung für den Anteil der Partei A im gesamten Wahlkreis. Zum besseren Vergleich des Ergebnisses mit dem bereits aufgrund der einfachen Zufallsauswahl konstruierten Konfidenzintervalls sollen alle sonstigen Bedingungen gleich sein, insbesondere auch das Konfidenzniveau von 95%. Die zur Konstruktion des Konfidenzintervalls für einen Anteilswert bei einer einfachen Zufallsstichprobe vorne bereits angestellten Überlegungen und vorgestellten Ansätze gelten analog, so auch die Formel für das Konfidenzintervall:

$$p - z^* \sigma_P \leq \pi \leq p + z^* \sigma_P$$

Der wesentliche Unterschied besteht in der Streuung des Schätzers, die im Konfidenzintervall in Form der Standardabweichung verwendet wird. Sie ist allgemein $\sigma_P = \sqrt{V(P)}$ und zahlenmäßig immer kleiner als beim Schätzer aus der ungeschichteten Stichprobe. Im vorliegenden Fall ermittelt man $\sigma_P = \sqrt{0{,}00018424} = \underline{0{,}01357}$.

Damit erhält man im Einführungsbeispiel für den Schätzer aus der geschichteten Stichprobe folgendes Konfidenzintervall zum Konfidenzniveau $\gamma = 0{,}95$ mit einer Genauigkeit von 3 Stellen hinter dem Komma:

$$0{,}46 - 1{,}96 * 0{,}01357 \leq \pi \leq 0{,}46 + 1{,}96 * 0{,}01357$$
$$\mathbf{0{,}433} \leq \pi \leq \mathbf{0{,}487}$$

Somit wird der Stimmenanteil der Partei A im gesamten Wahlkreis mit einem Vertrauensniveau von 95% zwischen 43,3% und 48,7% liegen. Dieses Intervall ist um fast 1%-Punkt schmaler als das aus der ungeschichteten Stichprobe, die Bereichsschätzung damit um 0,8/6,2 *100= 12,9% genauer als die aus der ungeschichteten Stichprobe.

18.6 Bereichsschätzung bei Ein-Schritt-Prognosen beschreibenden Prognoseverfahren

Auch die Ein-Schritt-Prognose beschreibender Prognoseverfahren kann als **univariate Schätzaufgabe** angesehen werden. Dabei entspricht das Prognoseverfahren dem Schätzer und der für die Prognosezeiteinheit ermittelte **Punktprognosewert** der Punktschätzung. Beschreibende Prognose-verfahren basieren aber - im Gegensatz zu erklärenden Prognoseverfahren und den Schätzern in Stichproben - nicht auf einem expliziten Modell, aus dem theoretisch gesicherte Aussagen über die Güte und die Wahrscheinlichkeitsverteilungen der im Verfahren benutzten Schätzer ableitbar wären.

Um überhaupt zu Bereichsschätzungen zu gelangen, muss man daher eine Ein-Schritt-Prognose als Zufallsvorgang ansehen und die Prognosegröße als Zufallsgröße modellieren. Dies ist keine leichte Aufgabe, da man auf theoretischem Wege in der Regel keine oder nur unvollständige Angaben über ihre Wahrscheinlichkeitsverteilung und deren Parameter machen kann. Deshalb geht man den häufig den pragmatischen Weg und erschließt sich die für die Bereichsschätzung nötigen Angaben aus der Analyse der Prognosefehler.

Prognosefehler als Zufallsgröße.

Hierbei verwendet man die theoretisch und praktisch gesicherten Erkenntnisse über die typi-Verteilung von Fehlern - die Normalverteilung - mit einem Erwartungswert von NULL und einer konstanten Streuung. Zusätzlich muss man unterstellen, dass die Fehler untereinander nicht korrelieren, d.h. keine Autokorrelation vorliegt. Diese Annahmen bilden das **Grundmodell der stochastischen Fehleranalyse**, nicht nur bei Prognosefehlern, sondern auch bei Stichprobenfehlern. Dieses Grundmodell und die grafische Überpüfung seiner wichtigsten Annahmen wird in Kapitel 20 noch näher erläutert.

Der unbekannte Prognosefehler als Zufallsgröße wird hier mit U symbolisiert. Seine unbekannte Streuung - gemessen durch die Varianz σ^2_U - ist aus den verfügbaren Daten abzuschätzen. Nach der Momentmethode schätzt man sie durch die empirische Varianz der Prognosefehler in den verfügbaren Daten ab, formal:

$$\hat{\sigma}_U^2 = S^2_e$$

Die Wurzel daraus - die Standardabweichung des Prognosefehlers - hatten wir in 12.4.1 bereits als Standardfehler von Prognosen kennen gelernt. Damit gilt für den Prognosefehler als Zufallsgröße formal:

$U \sim N(0, S_e)$ und die standardisierte Zufallsgröße $Z = \frac{U-0}{S_e}$

ist standard-normalverteilt.

Prognosebereich

Damit erhält man für die Prognosezeiteinheit **t+1** folgenden Bereich, in dem der Prognosewert P_{t+1} mit einer vom Anwender vorzugebenden Sicherheitswahrscheinlichkeit liegen wird:

$$P_{t+1} \pm z * S_e$$

Dabei handelt es sich um ein **Wahrscheinlichkeitsintervall**, das allein durch den Prognosefehler als Zufallsgröße zustande kommt.

Anwendung am Einführungsbeispiel

Als Einführungsbeispiel benutzen wir das bereits bei der Prognoserechnung mit der Exponentiellen Glättung 1. Ordnung verwendete Beispiel von **Materialbedarfsprognosen in der Vorratswirtschaft**. Für die ersten fünf Monate des betrachteten Jahres ist die Prognoserechnung in der Tab. 12.2.3-a und die Fehlerrechnung in der Tabelle der Abb. 12.4.1 enthalten. Für den anstehenden 6. Monat soll nun der Prognosebereich ermittelt werden, in dem der Materialbedarf einer Sicherheit von 95% liegen wird.

Dazu ist zunächst für den 6. Monat mit dem verwendeten Prognoseverfahren eine Punktprognose zu machen. Man erhält (gerundet auf ganze Stück): $P_6 = 37 - 2*0{,}2 = 37 - 0{,}4 = 37$.
Zur Ermittlung des Prognosebereichs braucht man den Standardfehler des Prognosefehlers, der im vorliegenden Fall bereits in der Tabelle der Abb. 12.4.1 mit 6,48 ermittelt wurde. Der vorgegebenen Sicherheitswahrscheinlichkeit von 95% entspricht in der Standard-Normalverteilung ein Z-Wert von z= 1,96. Damit erhält man als Prognosebereich (gerundet auf ganze Stück):

$37 \pm 1{,}96 * 6{,}48 = 37 \pm 12{,}7$ → $\mathbf{24 \leq P_6 \leq 50}$

Mit einer Sicherheitswahrscheinlichkeit von 95% wird der Materialbedarf für den 6. Monat zwischen 24 und 50 Stück liegen.

18.7 Verteilungsschätzung

In der Praxis verfügt man bei wichtigen Massensachverhalten häufig über etliche Daten. Betrachtet man an dem Massensachverhalt nur eine Größe, so kann man die verfügbaren Daten in univariaten Häufigkeitsverteilungen aufbereiten. Die darin erkennbaren Verteilungsprofile sind oft bestimmten theoretischen Verteilungstypen mehr oder minder ähnlich, gelten jedoch immer nur für die den Daten zugrunde liegenden Massen und nicht für den Massensachverhalt generell. Die Praxis hat hier den Bedarf, die empirischen Daten zu verallgemeinern und daraus ein Verteilungsmodell mit größerer Gültigkeit zu entwickeln, mit dem dann weitere Analysen sinnvoll durchgeführt werden können. Basieren die verfügbaren Daten auf einer repräsentativen Stichprobe, so kann man daraus die **unbekannte Verteilung** der in der Grundgesamtheit betrachteten Größe tendenziell abschätzen. Wir demonstrieren das Schätzen der unbekannten Verteilung einer Größe in der Grundgesamtheit beispielhaft unter Verwendung des wichtigsten Verteilungstyps der Statistik, der Normalverteilung.

Empirische Häufigkeitsverteilung

Zur Verdeutlichung der Vorgehensweise betrachten wir als **Einführungsbeispiel** die klassierte empirische **Lebensdauerverteilung einer Serie von n=100 Motoren** eines bestimmten Typs. Sie ist in der folgenden Tabelle 18.7-a in den linken Spalten zusammengestellt.

Klasse	Lebensdauer (Jahre)		K-Mitte	Anzahl	Anteil	Durchschnitt	Streuung (Varianz)	
k	x_k über...	bis einschl.	x^M_k	h_k	f_k	$x^M_k*f_k$	$(x^M_k - x)^2$	$(x^M_k - x)^2*f_k$
1	0	1	0,5	1	0,01	0,005	18,49	0,18
2	1	2	1,5	3	0,03	0,045	10,89	0,33
3	2	3	2,5	5	0,05	0,125	5,29	0,26
4	3	4	3,5	20	0,2	0,700	1,69	0,34
5	4	5	4,5	26	0,26	1,170	0,09	0,02
6	5	6	5,5	24	0,24	1,320	0,49	0,12
7	6	7	6,5	15	0,15	0,975	2,89	0,43
8	7	8	7,5	5	0,05	0,375	7,29	0,36
9	8	9	8,5	1	0,01	0,085	13,69	0,14
10	9		9,5	0	0	0,000	22,09	0,00
Summe				**100**	**1,00**	**4,800**		**2,19**

Tab. 18.7-a: Klassierte Häufigkeitsfunktion mit Kenngrößen im Einführungsbeispiel

In den rechten Spalten sind nachvollziehbar ihre empirischen Kenngrößen - der Durchschnittswert und die Varianz – ermittelt und ausgewiesen.

In der folgenden Abbildung 18.7-a ist die empirische Stichprobenverteilung ergänzend grafisch als Säulendiagramm dargestellt. Darin erkennt man, dass deren Häufigkeitsfunktion eingipflig und ziemlich symmetrisch ist. Die Verteilungsform ähnelt in ganz grober Näherung einer Glokkenkurve. Es ist von daher nahe liegend, aus der Häufigkeitsverteilung eine Wahrscheinlichkeitsverteilung vom **Typ der Normalverteilung** zu schätzen.

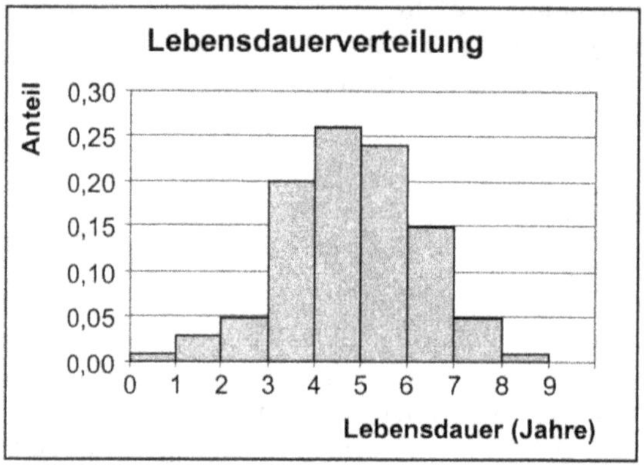

Abb. 18.7-a: Klassierte Häufigkeitsverteilung im Einführungsbeispiel

Schätzmodell „Normalverteilung"

Die Normalverteilung als Verteilungsmodell einer Größe X hat zwei Verteilungsparameter, nämlich den Mittelwert μ und die Varianz σ^2 / Standardabweichung σ. Deren Parameterwerte sind aus der empirischen Stichprobenverteilung zu schätzen. Dabei ist die besondere Eigenschaft der Normalverteilung äußerst hilfreich, das ihre Verteilungsparameter mit ihren Kenngrößen – nämlich Erwartungswert und Varianz – übereinstimmen. Als erwartungstreuen Schätzer für den unbekannten Mittelwert der Verteilung einer Größe X in der Grundgesamtheit hatten wir das Stichprobenmittel kennen gelernt, d.h. formal:

$$\hat{\mu} = \overline{X}$$

Verwendet man diesen Schätzer im vorliegenden Fall, so erhält man als mittlere Lebensdauer aller Motoren des betrachten Typs den Schätzwert:

$\hat{\mu} = \overline{X} = 4{,}8$ (Jahre).

Als erwartungstreuen Schätzer für die Varianz einer Größe X in der Grundgesamtheit hatten wir die Stichprobenvarianz kennen gelernt, d.h. formal:

$$\hat{\sigma}^2 = S^2$$

Verwendet man diesen Schätzer im vorliegenden Fall, so erhält man als Schätzwert für die unbekannte Varianz der Lebensdauer aller Motoren des betrachteten Typs den Schätzwert:

$\hat{\sigma}^2 = S^2 = 2{,}19$ (Jahre^2) und die Standardabweichung $\hat{\sigma} = \sqrt{\hat{\sigma}^2} = \sqrt{2{,}19} \sim 1{,}48$ (Jahre).

Damit erhält man als Verteilungsmodell der Lebensdauer X aller Motoren des betrachteten Typs in der Grundgesamtheit formal: X: **N** (4,8; 1,48).

Ermittlung der Stichproben-Wahrscheinlichkeitsverteilung

Gültigkeit des Schätzmodells für die unbekannnte Verteilung in der Grundgesamtheit vorausgesetzt, kann man nun die Wahrscheinlichkeitsverteilung der Lebensdauer ermitteln, mit der man in einer Zufallsstichprobe rechnen muss. Um diese in einer Stichprobe zu erwartende Wahrscheinlichkeitsverteilung mit der in der vorliegenden Stichprobe vorhandenen empirischen Häufigkeitsverteilung vergleichen zu können, sind in beiden Verteilungen die gleichen Lebensdauerklassen zu verwenden. Die in der empirischen Stichprobenverteilung vorhandenen Klassengrenzen sind bei konventioneller Vorgehensweise mit Hilfe der **Standardisierung** in die Klassengrenzen der zu erwartenden standard-normalverteilten Stichproben-Wahrscheinlichkeitsverteilung zu überführen. Da die Zeit eine kontinuierliche Zufallsvariable ist, braucht man nur eine der Klassengrenzen zu berechnen. Für die Klassenobergrenzen führt die Standardisierung zu folgender Formel:

$$z^o_k = \frac{x^o_k - \mu}{\sigma} = \frac{x^o_k - 4{,}8}{1{,}48}$$

Die Wahrscheinlichkeit für die Lebensdauer bis zu der jeweiligen Klassenobergrenze z^o_k ermittelt man mit der **Verteilungsfunktion der Normalverteilung**, deren Werte in der Standard-Normalverteilungstabelle unter F(z) abzulesen sind. In der Tabelle 18.7-b sind die empirische Stichprobenverteilung und die zu erwartende Stichproben-Wahrscheinlichkeitsverteilung jeweils als Verteilungsfunktionen nebeneinander dargestellt. Dabei wurde in der geschätzten Verteilung der Funktionswert für die letzte offene Klasse k=10 mit 1,0 angesetzt.

Klasse	Klassen-obergrenze	Empirische Verteilungsfunktion	Standardisierte Klassenobergrenze	Theoretische Verteilungsfunktion
k	x^o_k	F_k	z^o_k	$F_N(z^o_k)$
1	1	0,01	-2,57	0,0052
2	2	0,04	-1,89	0,0294
3	3	0,09	-1,22	0,1112
4	4	0,29	-0,54	0,2946
5	5	0,55	0,14	0,5557
6	6	0,79	0,81	0,791
7	7	0,94	1,49	0,9319
8	8	0,99	2,16	0,9846
9	9	1,00	2,84	0,9977
10	-	1,00	-	**1,0000**

Tab. 18.7-b: Empirische Summenhäufigkeitsfunktion und zu erwartende Stichproben-Verteilungsfunktion im Einführungsbeispiel

Die **Wahrscheinlichkeiten** für die Lebensdauern in den Klassen ermittelt man mit den Verteilungsfunktionswerten, indem man für eine beliebige Klasse k von deren Verteilungsfunktionswert den der davor liegenden Klasse subtrahiert, formal:

$W_k = F_N(z^o_k) - F_N(z^o_{k-1})$ für k= 1,..., K.

Gegenüberstellung empirische und zu erwartende Häufigkeitsverteilung

Nach dem empirischen Wahrscheinlichkeitsbegriff sind Wahrscheinlichkeiten auch als relative Häufigkeiten interpretierbar, so dass die ermittelten Wahrscheinlichkeiten auch als **relative Häufigkeiten** angesehen werden können, die man bei Gültigkeit des verwendeten Verteilungsmodells **erwarten** kann, d.h. formal: $W(k)= f^e_k$. Die theoretisch zu erwartenden absoluten Häufigkeiten h^e_k ergeben sich aus den theoretisch zu erwartenden relativen Häufigkeiten f^e_k durch Multiplikation mit dem Umfang der statistischen Masse N, d.h. $h^e_k = N*f^e_k$, hier $100*f^e_k$.

In der folgenden Tabelle 18.7-c und Abbildung 18.7-b sind die empirische Stichproben-Häufigkeitsfunktion und die bei Gültigkeit des für die Verteilung in der Grundgesamtheit geschätzten Verteilungsmodells in einer Stichprobe zu erwartende Häufigkeitsverteilung zum direkten Vergleich gegenübergestellt. Insbesondere in der Abbildung ist schon per Augenschein erkennbar, dass die in der Stichprobe beobachtete empirische Häufigkeitsverteilung recht gut mit der Häufigkeitsverteilung in einer Zufallsstichprobe übereinstimmt, die man bei Gültigkeit des für die Grundgesamtheit geschätzten Verteilungstyps zu erwarten hat. Dieser optische Eindruck ist naturgemäß recht grob und subjektiv. Wir werden deshalb im nächsten Kapitel noch ein statistisches Verfahren kennen lernen, mit dem man die Güte der Übereinstimmung und damit die Richtigkeit des für die Grundgesamtheit geschätzten Verteilungsmodells in objektivierter Weise und mit einer vom Anwender festzulegenden Sicherheit beurteilen kann.

Klasse	**Lebensdauer (Jahre)**		**Empir. Vert.**		**Theoret. Vert.**	
k	**x_k über... bis einschl.**		**h_k**	**f_k**	**h^e_k**	**f^e_k**
1	0	1	1	0,01	0,52	0,0052
2	1	2	3	0,03	2,42	0,0242
3	2	3	5	0,05	8,18	0,0818
4	3	4	20	0,20	18,34	0,1834
5	4	5	26	0,26	26,11	0,2611
6	5	6	24	0,24	23,53	0,2353
7	6	7	15	0,15	14,09	0,1409
8	7	8	5	0,05	5,27	0,0527
9	8	9	1	0,01	1,31	0,0131
10	9		0	0	0,23	0,0023
Summe			**100**	**1,00**	**100**	**1,0000**

Tab. 18.7-c: Empirische und zu erwartende Stichproben-Häufigkeitsfunktion

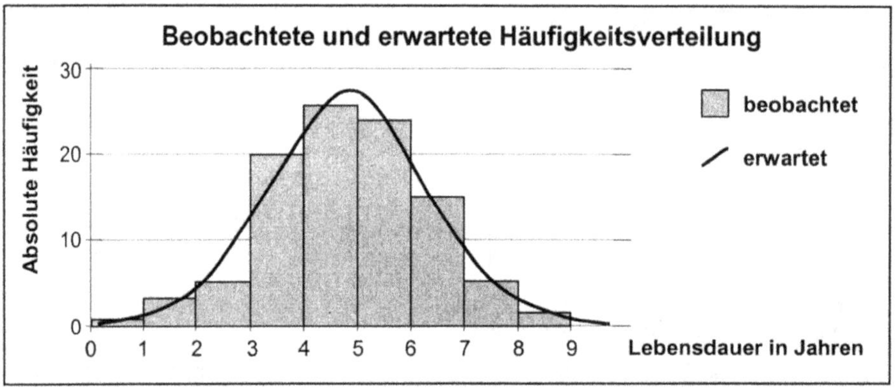

Abb. 18.7-b: Empirische und zu erwartende Stichproben-Häufigkeitsverteilung

18.8 Symbole, Definitionen, Regeln und Formeln

Bezeichnung	**Symbol**	**Definition/Regel/Formel**
Vertrauens- bzw. Konfidenzniveau	γ	$1-\alpha_0$
Mittelwertschätzung		
Schätzer	$\hat{\mu}_X$	$= \overline{X} = 1/n * \sum X_i$
standardisierte Größe Gauß-Statistik	Z	$= \frac{\overline{X}-\mu_X}{\sigma_x} * \sqrt{n}$
standardisierte Größe T-Statistik	T	$= \frac{\overline{X}-\mu_X}{\hat{\sigma}_x} * \sqrt{n} = \frac{\overline{X}-\mu_X}{S} * \sqrt{n}$
Verteilungen	$\overline{X}$, Z, T	siehe 17.6

Bezeichnung	Symbol	Definition/Regel/Formel
Konfidenzintervalle Varianz der GG bekannt Varianz der GG unbekannt		$\overline{X} - z * \sigma_X / \sqrt{n} \leq \mu_X \leq \overline{X} + z * \sigma_X / \sqrt{n}$ $\overline{X} - t * S / \sqrt{n} \leq \mu_X \leq \overline{X} + t * S / \sqrt{n}$
Varianzschätzung	$\hat{\sigma}_X^2$	$= S^2 = \frac{1}{n-1}\sum_{i=1}^{n}(X - \overline{X})^2$
Anteilsschätzung		
einfache Stichprobe		
Schätzer	$\hat{\pi}$	= P = X / n
Verteilung		exakt H, approximativ diskret B(n, p) oder stetig N (p; S_P), wenn Bedingungen erfüllt
Streuung	$\hat{\sigma}_\pi$	$= S_P = \sqrt{\frac{p*(1-p)}{n}}$
Konfidenzintervall		$p - z * S_P \leq \pi \leq p + z * S_P$
geschichtete Stichprobe		
Schicht	S_j	Teilmenge j der Grundgesamtheit
Quote der j-ten Schicht	a_j	$a_j = N_j / N$
Umfang der j-ten Teilstichprobe	n_j	$n_j = a_j * n$
Schätzer des Anteils in der j-ten Schicht	$\hat{\pi}_j$	$= Pj = X_j / n_j$
Schätzer des Anteils in der Grundgesamtheit	P	$= \sum a_j * P_j$
Verteilung		exakt H, approximativ diskret B(n, p) oder stetig N (p; S_P), wenn Bedingungen erfüllt
Streuung	$\hat{\sigma}_\pi$	$= S_P = \sum a_j^2 * \sqrt{\frac{p_j*(1-p_j)}{n_j}}$
Konfidenzintervall		$p - z* S_P \leq \pi \leq p + z* S_P$

18.9 Übung

Fragen

F1. Nennen Sie drei typische Beispiele für Schätzungen aus der Praxis. Was wird darin auf welcher Datengrundlage geschätzt ?

F2. Was ist die besondere Leistung statistischer Schätzungen ?

F3. Was sind die wesentlichen Gemeinsamkeiten und Unterschiede von statistischen Schätzungen im Rahmen von Hochrechnungen und Prognoserechungen ?

F4. Was sind Punktschätzungen, was Bereichsschätzungen ?

F5. Erläutern Sie kurz das Schema „Stichprobenergebnis – Schätzer – Schätzwert".

F6. Was ist ein statistischer Schätzer ?

F7. Welche Schätzer von Kenngrößen univariater und bivariater Verteilungen kennen Sie ?

F8. Welches sind die drei wichtigsten Schätzmethoden der Statistik ?

F9. Was ist die Momentmethode ?

F10. Was ist die Methode der kleinsten Quadrate ?

F11. Was ist die Maximum-Likelihood-Methode ?

F12. Beuteilen Sie grob vergleichend die drei wichtigsten Schätzmethoden der Statistik aus Anwendungssicht.

F13. Welches sind die wichtigsten Gütekriterien für Schätzer ?

F14. Was ist ein erwartungstreuer Schätzer ?

F15. Welche erwartungstreuen Schätzer kennen Sie ?

F16. Welcher wichtige Parameterschätzer nach der Momentmethode ist nicht erwartungstreu?

F17. Ist die Erwartungstreue abhängig von Art / Umfang der Stichprobe (Begründung) ?

F18. Wie wird das Gütekriterium der Wirksamkeit operationalisiert ?

F19. Welche Eigenschaft hat – unter sonst gleichen Bedingungen – der wirksamste Schätzer ?

F20. Ist die Wirksamkeit abhängig von Art und/oder Umfang der Stichprobe (Begründung) ?

F21. Was heißt die anglo-amerikanische Kurzbezeichnung BLUE auf deutsch und bei welcher Schätzaufgabe charakterisiert sie welche Schätzer ?

F22. Warum macht man überhaupt Bereichs- bzw. Intervallschätzungen ?

F23. Welches ist die wichtigste Art der Bereichsschätzung in der Statistik ?

F24. Welche Angaben braucht man, um für einen unbekannten Parameter einer Grundgesamtheit einen Vertrauensbereich zu konstruieren ?

F25. Wie lautet ganz allgemein in Symbolen das Konfidenzintervall für einen beliebigen Parameter der unbekannten Verteilung einer Größe in einer Grundgesamtheit ?

F26. Welcher Zusammenhang besteht zwischen zentralen Schwankungs- bzw. Wahrscheinlichkeitsintervallen und Konfidenzintervallen ?

F27. Wie ist ein mit einem Vertrauens- bzw. Konfidenzniveau von 95% konstruiertes Konfidenzintervall für einen Parameter sachgerecht zu interpretieren ?

F28. Von welchen Größen ist die Länge eines Konfidenzintervalls typischerweise maßgeblich abhängig und welche dieser Größen kann der Anwender gezielt beeinflussen ?

F29. Wie heißt der standardisierte Schätzer der Mittelwertschätzung im einfachen Fall und wie ist er verteilt ?

F30. Wie heißt der standardisierte Schätzer der Mittelwertschätzung in den praxisnäheren Fällen und wie ist er **exakt** verteilt ?

F31. Unter welchen Bedingungen ist der standardisierte Schätzer der Mittelwertschätzung in den praxisnäheren Fällen approximativ standard-normalverteilt ?

F32. Wie wird in den praxisnäheren Fällen der Schätzung eines Konfidenzintervalls für einen Mittelwert die unbekannte Streuung in der Grundgesamtheit geschätzt ?

F33. Unter welcher Bedingung ist der standardisierte Schätzer bei der Anteilsschätzung approximativ standard-normalverteilt ?

F34. Wie kann man bei der Anteilsschätzung die Länge des Konfidenzintervalls maßgeblich beeinflussen ?

F35. Was haben geschichtete Stichproben mit der Güte von Schätzungen zu tun ?

F36. Wie ermittelt man den Umfang der Teilstichproben bei proportionaler Schichtung ?

F37. Wie ermittelt man bei proportionaler Schichtung den Anteilsschätzer für die gesamte Stichprobe ?

F38. Wie ermittelt man bei proportionaler Schichtung die Varianz des Anteilsschätzers für die gesamte Stichprobe ?

F39. Welchen wesentlichen Unterschied gibt es bei der Erwartungstreue von Schätzern aus ungeschichteten und geschichteten Stichproben (Begründung) ?

F40. Welchen wesentlichen Unterschied gibt es bei der Wirksamkeit von Schätzern aus ungeschichteten und geschichteten Stichproben ?

F41. Was ist der Schichtungseffekt ?

F42. Durch welche Maßnahmen kann man den Schichtungseffekt maßgeblich beeinflussen ?

Aufgaben

Aufgabe „Schlauchdurchmesser“

In einer Schlauchfabrik werden auf einer Maschine Schläuche mit einem Durchmesser von 40 cm produziert. Man weiß aus Erfahrung, dass der Durchmesser der Schläuche aufgrund verschiedener Einflüsse auch als vom Zufall beeinflusst angesehen werden kann und normal verteilt ist. Um festzustellen, ob die Maschine noch richtig eingestellt ist, soll der mittlere Durchmesser, den die Maschine laufend produziert, abgeschätzt werden. Dazu werden 64 Schläuche aus der laufenden Produktion zufällig entnommen. Ihr Durchmesser wird mit einer Genauigkeit von 1 (mm) gemessen. In der Stichprobe werden ein durchschnittlicher Schlauchdurchmesser von 41,0 (cm) und eine Varianz von 9,0 (cm^2) festgestellt.

Aufgabenstellungen

a. Welche Schätzmethode und welchen Schätzer verwenden Sie und was können Sie allgemein über seine Güte sagen ?
   Ermitteln Sie mit dem Schätzer einen konkreten Schätzwert (Punktschätzung).
   Wie groß ist seine Wahrscheinlichkeit ?
b. Wie ist der Schätzer verteilt (Verteilungstyp, Parameter, Begründung) ?
c. Stellen Sie die Wahrscheinlichkeitsverteilung des Schätzers in geeigneter Form grafisch dar (Skizze).
d. Ermitteln Sie einen Vertrauensbereich (Konfidenzintervall) für den mittleren Durchmesser der laufend produzierten Schläuche mit einem Konfidenzniveau von 95%. Interpretieren Sie den ermittelten Vertrauensbereich sachgerecht.
e. Wie groß muss man den Stichprobenumfang wählen, wenn der Vertrauensbereich mit dem Vertrauensniveau von 95% aufgrund eines neu eingeführten, höheren Qualitätsstandards höchstens 1 cm lang sein darf ?

Aufgabe „Statistik-Klausuren“

An einer großen Universität wurde im Fachbereich Wirtschaftswissenschaften von dem für die Statistikausbildung zuständigen Institut unlängst eine repräsentative Erhebung durchgeführt, die unter anderem die Frage enthielt: „Sollen die Statistik-Klausuren abgeschafft werden ? Das Erhebungsergebnis ist in folgender Tabelle zusammengestellt.

Studiengang	**Grundgesamtheit**	**Stichprobenumfang**	**Befürworter**
Betriebswirtschaft	400	200	160
Wirtschaftsingenieur	200	100	50
Volkswirtschaft	200	100	10
Summe	800	400	220

Aus der repräsentativen Erhebung sollen Schlussfolgerungen für alle Studierenden des Fachbereichs gezogen werden.

Aufgabenstellungen

a. Schätzen Sie den Anteil der Befürworter der Abschaffung der Statistik-Klausuren unter allen Studierenden des Fachbereichs
   1. aus der **ungeschichteten** Stichprobe ($\hat{p}$),
   2. aus der **geschichteten** Stichprobe ($\hat{p}_{gesch.}$).
   Welche Schätzmethode und welchen Schätzer haben Sie für Ihre Punktschätzungen jeweils verwendet ?

b. Wie sind die verwendeten Schätzer diskret exakt und approximativ verteilt ? (Verteilungstyp, Parameter, Begründung)
c. Ermitteln Sie nachvollziehbar die Varianzen der beiden Schätzer.
d. Beurteilen Sie systematisch und vergleichend die Güte beider Schätzer im vorliegenden Fall.
e. Ermitteln Sie mit beiden Schätzern und ihren approximativen stetigen Verteilungen Vertrauensbereiche mit einem Vertrauensniveau von 95,45 %.
Wie groß ist die relative Verbesserung der Bereichsschätzung durch Schichtung?

Aufgabe "Bedarfsvorhersagebereiche in der Vorratswirtschaft"
Die in der Übungsaufgabe "Bedarfsvorhersage in der Vorratswirtschaft" (12.6.2) mit einem geeigneten beschreibenden Verfahren erstellten Ein-Schritt-Prognosen sind Punktschätzungen. Sie können zu Bereichs- bzw. Intervallschätzungen erweitert werden.

Aufgabenstellungen
a. Ermitteln Sie mit der im vorliegenden Fall besseren Verfahrensvariante eine Prognose für den Juli des Jahres. Was können Sie über die Güte des Schätzers und des Schätzwertes sagen ?
b. Ermitteln Sie ergänzend zur Punktschätzung Bereichschätzungen mit Sicherheitswahrscheinlichkeiten von 80, 90 und 95 %.
c. Was können Sie hier und ganz allgemein über Genauigkeit und Wahrscheinlichkeit von Prognoseintervallen sagen ?
d. Auf welchen Annahmen basieren Ihre Intervallrechnungen und wie wird deren Einhaltung in der Praxis überprüft ?

Aufgabe „Feingoldgehalt in 1kg-Goldbarren“
In einer Goldscheideanstalt wird der Feingoldgehalt der produzierten Goldbarren mit Zufallsstichproben überprüft. Bei den Ein-Kilo-Goldbarren ergab die letzte Stichprobe von 100 Goldbarren folgende Häufigkeitsverteilung des Feingoldgehalts (Messgenauigkeit :1g):

Feingoldgewicht (g)	987	988	989	990	991	992	993	Summe
Anzahl Barren	1	9	24	32	22	10	2	100

Aufgabenstellungen
a. Überführen Sie die angegebene diskrete Häufigkeitsverteilung in eine der Messgenauigkeit entsprechende klassierte Häufigkeitsverteilung mit 1 Gramm breiten Klassen.
b. Stellen Sie die klassierte Häufigkeitsverteilung in geeigneter Weise grafisch dar.
Welchen Verteilungstyp wählen Sie, um die Verteilung des Feingoldgewichts aller 1kg-Barren in der Scheideanstalt zu schätzen ? (Begründung) ?
c. Schätzen Sie aus der Stichproben-Häufigkeitsverteilung nachvollziehbar die Parameterwerte des für die Grundgesamtheit geschätzten Verteilungstyps.
d. Ermitteln Sie mit dem von Ihnen ausgewählten und parametrisierten Modell nachvollziehbar die zu erwartende Stichproben-Wahrscheinlichkeitsverteilung des Feingoldgewichts der 1kg-Barren.
e. Stellen Sie die zu erwartende Stichproben-Wahrscheinlichkeitsverteilung ergänzend zur vorhandenen empirischen relativen Häufigkeitsverteilung im selben Diagramm in geeigneter Weise grafisch dar. Ermitteln Sie mit einer sinnvollen Maßgröße den Modellfit.
f. Wie viele Goldbarren in der für einen Stammkunden geplanten Lieferung von 100 Barren werden ein Feingoldgewicht von höchsten 989 g und mindestens 989 g haben ?

19 Testen bei univariaten Verteilungen

Beim **Testen** wird eine Aussage über einen wichtigen Aspekt einer Grundgesamtheit - eine sogenannte **Hypothese** - daraufhin überprüft, ob sie mit dem Stichprobenbefund ausreichend übereinstimmt, oder ob sie davon mehr als zufallsbedingt - nämlich wesentlich oder signifikant - abweicht **(Signifikanztests)**. Betrachtet man in der Grundgesamtheit nur ein Merkmal und seine unbekannte Verteilung, über die Hypothesen bestehen, die man überprüfen will, bezeichnen wir das als Testen bei univariaten Verteilungen. Die in dieser Einführung behandelten Grundzüge des statistischen Testens bei univariaten Verteilungen zeigt folgende Übersicht.

Testen bei univariaten Verteilungen

Konzept
- Entscheidungssituation
- Wichtige Arbeitsschritte
- Fehlerarten
- Ablaufschema
- Güte und -gestaltung
- Stichprobenumfang

Parametertests
- Anteil
- Mittelwert
- einseitig
- zweiseitig

Nicht-parametrische Tests
- Anpassungstest

Nach der **Art der Hypothese** unterscheidet man Parametertests und nicht-paramterische Tests. **Parametertests** überprüfen Behauptungen über unbekannte Werte oder Wertebereiche von **Kenngrößen** in Grundgesamtheiten, wie etwa Anteilswerte, Mittelwerte oder Streuungswerte. Ein bekannter Anwendungsbereich statistischer Parametertests ist die **Qualitätskontrolle**. Darin werden Qualitätsstandards typischerweise durch Parameter festgelegt, die bestimmte Werte nicht über- und/oder unterschreiten dürfen. Wir werden schwerpunktmäßig Beispiele aus der Qualitätskontrolle verwenden, um wichtige Parametertests - den Anteils- und den Mittelwerttest - vorzustellen.

Behauptungen über andere Verteilungseigenschaften in der Grundgesamtheit überprüft man mit **nicht-parametrischen Tests**. Bei univariaten Verteilungen ist dies häufig die Behauptung einer bestimmten Verteilung. Da das Testverfahren in diesem Falle überprüft, inwieweit die in der Stichprobe vorhandene empirische Häufigkeitsverteilung mit der in der Grundgesamtheit behaupteten Verteilung übereinstimmt bzw. sich ihr anpasst, bezeichnet man diese Tests auch zutreffend als **Anpassungstests**.

In Verbindung mit einzelnen Testverfahren wird auch die für alle Hypothesentests gleiche **Methodik** herausgearbeitet. Diese umfasst die typische Ausgangs- bzw. Entscheidungssituation, die grundlegende Vorgehensweise (Arbeitsschritte und Ablauf), die möglichen Fehler und ihre Größe, die Beurteilung und Gestaltung der Güte von Tests sowie die Bestimmung des mindestens nötigen Stichprobenumfangs. Dies geschieht beispielhaft und ausführlich am Anteilstest.

19.1 Anteilstest

Wir stellen zunächst **Konzept** und Methodik statistischer Parametertests an einem stark vereinfachten, aber typischen **Einführungsbeispiel aus der Qualitätskontrolle** vor. Eine kleine IT-Firma baut No-Name-PCs aus Baugruppen zusammen und vermarktet sie als Low-Cost-Produkte über das INTERNET. Für die hauptsächlich in Südostasien gefertigten Baugruppen gelten recht niedrige Qualitätsstandards. So dürfen bei der Baugruppe 4711 bis zu 20% der gelieferten Teile die Qualitätsnorm nicht einhalten. Ein unlängst für diese Baugruppe zusätzlich neu verpflichteter, besonders preisgünstiger Hersteller hat eine erste Lieferung von 1000 Teilen geschickt. Man befürchtet, dass der neue Lieferant wegen Unerfahrenheit und Preisgünstigkeit den oben genannten Qualitätsstandard nicht einhält und will diese Vermutung durch eine kleine Zufallsstichprobe von 20 Teilen überprüfen. Basierend auf dem Stichprobenergebnis soll der Test einen Entscheidungsvorschlag machen, aufgrund dessen die Firma dann entscheiden will, wie mit der Lieferung zu verfahren ist.

19.1.1 Ausgangs- und Entscheidungssituation

Im Einführungsbeispiel ist die erste Lieferung des neuen Lieferanten die **Grundgesamtheit**. An dieser Grundgesamtheit interessiert die Qualitätskontrolle nur ein Aspekt, nämlich der Anteil von Teilen, die den Qualitätsstandard nicht einhalten. Dieser Anteil ist ein **Parameter**, der im vorliegenden Fall aufgrund der Vertragsvereinbarungen einen bestimmten Wert – nämlich 20% - nicht überschreiten darf. Die IT-Firma befürchtet, dass der neue Lieferant die Vertragsvereinbarung nicht einhält und dass der Anteil defekter Teile in der Lieferung größer als 20% ist.

Somit haben wir die für einen statistischen Test **typische Ausgangssituation**, dass über einen wichtigen Aspekt der Verteilung der Grundgesamtheit - hier den Parameter Anteil - **mindestens zwei verschiedene Aussagen** gemacht werden können, die sich gegenseitig ausschließen:

Aussage 1: Der Anteil ist höchstens 20%

Aussage 2: Der Anteil ist größer als 20%

Das Testverfahren soll demjenigen, der den Test durchführt, einen **Entscheidungsvorschlag** darüber liefern, welche der beiden Aussagen richtig ist. **Ideal** wäre es, wenn das Verfahren **sicher die richtige Entscheidung** liefern würde. Das wäre aber nur möglich, wenn es die Grundgesamtheit vollständig kennen würde. Dies ist aber nicht der Fall, weil es nur einen Teil der Grundgesamtheit kennt, nämlich die **Stichprobe**. Würde derjenige, der den Test durchzuführen gedenkt, die Grundgesamtheit kennen, gäbe es keine kontroversen Aussagen und keinen Bedarf, überhaupt einen Test zu machen. Weil das Testverfahren seinen Entscheidungsvorschlag „nur“ aus dem Ergebnis einer Zufallsstichprobe ableitet und die Grundgesamtheit nicht kennt, weist dieser immer folgende **Charakteristika** auf:

- Er ist nicht sicher, sondern unsicher, d.h. nur mit mehr oder weniger großer Wahrscheinlichkeit richtig.
- Er kann auch falsch sein, und zwar mit mehr oder minder großer Wahrscheinlichkeit.

Die besondere Leistung statistischer Testverfahren besteht für den Anwender darin, dass die Wahrscheinlichkeit einer richtigen Entscheidung (Sicherheitswahrscheinlichkeit) und einer Fehlentscheidung (Fehlerwahrscheinlichkeit) angegeben werden können.

19.1.2 Wichtige Arbeitsschritte

Wir stellen nun die wichtigen Arbeitsschritte eines statistischen Testverfahrens am Einführungsbeispiel vor.

1. Formulierung der statistischen Hypothesen

In einem statistischen Testverfahren kann immer nur **eine** der Aussagen über den kontroversen Aspekt in der Grundgesamtheit als Hypothese getestet werden. Die zu testende Hypothese wird als **Nullhypothese** bezeichnet und mit $\mathbf{H_0}$ abgekürzt. Die dazu alternative Hypothese wird als **Gegenhypothese** bezeichnet und mit $\mathbf{H_1}$ abgekürzt. Null- und Gegenhypothese sind so zu formulieren, dass sie sich **gegenseitig ausschließen,** und sie sind in einem Testverfahren beide explizit anzugeben. Kürzt man den Anteil der Teile in der Grundgesamtheit, die die Qualitätsnorm nicht erfüllen, mit π ab, und wählt man den Qualitätsstandard π_0 als zu testende Hypothese, so lauten die beiden Hypothesen im Einführungsbeispiel formal:

H_0: $\pi_0 \leq 0{,}2$ und H_1: $\pi_1 > 02$

Die Nullhypothese ist im vorliegenden Fall als Wertebereich formuliert, es handelt sich also um eine **Bereichshypothese.** Da der Wertebereich **einseitig begrenzt** ist, bezeichnet man diese Art von Parametertest als **einseitig**. Wir werden später noch eine weitere wichtige Hypothesenart und eine darauf abgestimmte Art des Parametertests kennen lernen. Die folgenden Arbeitsschritte sind immer unter der **Annahme der Gültigkeit der Nullhypothese** durchzuführen.

2. Bestimmung der Prüfgröße und ihrer Wahrscheinlichkeitsverteilung

Die Nullhypothese soll mit Hilfe einer Zufallsstichprobe und ihres Ergebnisses überprüft werden. Dazu wird man in der Stichprobe als Prüfgröße die **Anzahl** der defekten Teile betrachten. Diese Anzahl ist eine Zufallsgröße, die wir mit X abkürzen. Sie kann im vorliegenden Fall folgende Werte annehmen: x = 0, 1,..., 19, 20, ist also diskret. Aus dieser Größe kann man bei Bedarf eine weitere Prüfgröße ableiten, nämlich den **Anteil** defekter Teile. Der Anteil ist ebenfalls eine Zufallsgröße, die wir mit Y abkürzen, wobei gilt: y= x/n. Sie kann im vorliegenden Fall folgende Werte annehmen: y = 0, 1/20, 2/20,..., 19/20, 1, ist also ebenfalls diskret. Im Folgenden wird vorrangig die Prüfgröße X betrachtet.

Wie jede Zufallsgröße haben X und Y **Wahrscheinlichkeitsverteilungen**, die man zur Überprüfung der Nullhypothese braucht und die deshalb beim Testen als **Prüfververteilungen** bezeichnet werden. Im Einführungsbeispiel liegt der **homograde Fall** einer Stichprobe vor, für dessen Varianten die passenden Typen diskreter Stichprobenverteilungen in 15.4.2 allgemein gültig abgeleitetet worden sind. Mit diesem Wissen kann man den im Anwendungsfall gültigen Typ der Stichprobenverteilung begründet auswählen. Dazu sind Art und Umfang der Stichprobe sowie die Ziehungs- und Auswertungsart festzulegen, was in der Strichprobenvorbereitung geschieht. Im vorliegenden Fall soll eine einzige Stichprobe vom Umfang n=20 mit uneingeschränkter Zufallsauswahl gezogen werden, wobei dies ohne Zurücklegen und ohne Berücksichtigung der Reihenfolge geschieht. Die Prüfgröße X ist dann wegen der für die Qualitätskontrolle typischen Entnahme ohne Zurücklegen **exakt hypergeometrisch** verteilt. Sie kann im Einführungsbeispiel durch die **Binomialverteilung** approximiert werden, da die **Approximationsbedingung** n/N < 0,05 hier mit n/N=20/1000= 0,02 erfüllt ist.

Dabei ist es aus der Sicht des Testenden sinnvoll, die obere Schranke des unter der Nullhypothese behaupteten Wertebereichs des Parameters als **Parameterwert der Prüfverteilung** zu wählen, d.h. hier $\pi = \pi_0 = 0{,}2$ und somit X~ B (20, 0,2). Dies wird verständlich, wenn man einige andere Binomialverteilungen, die unter der Nullhypothese ebenfalls möglich sind, grafisch darstellt. Dies ist der folgenden Abbildung 19.1.2 beispielhaft geschehen. Die in der Stichprobe festgestellte Anzahl defekter Teile soll dem Tester als Entscheidungsgrundlage dafür dienen, ob H_0 abgelehnt oder angenommen wird. Für das den Entscheidungsvorschlag liefernde Testverfahren ist dabei ausschlaggebend, **wie wahrscheinlich** die beobachtete Anzahl defekter Teile bezüglich der Hypothesen H_0 und H_1 ist. In der Abbildung kann man gut sehen, dass eine bestimmte Zahl defekter Teile - etwa vier - mit ganz unterschiedlichen Wahrscheinlichkeiten in der Stichprobe auftreten wird, je nachdem, welchen Anteilswert defekter Teile in der Grundgesamtheit unterstellt. Die Abbildung zeigt darüber hinaus: Je größer der Anteil defekter Teile in der Grundgesamtheit angenommen wird, desto länger sprechen auch größere Zahlen defekter Teile in der Stichprobe immer noch für die Richtigkeit von H_0. Da der Testende sich im Zweifelsfall für die Einhaltung des Qualitätsstandards entscheiden will, argumentiert er mit derjenigen Verteilung unter H_0, die für den Lieferanten am günstigsten ist, wenn H_0 stimmt. Das ist im vorliegenden Fall die Binomialverteilung mit $\pi = 0{,}2$ - in der Abbildung die Wahrscheinlichkeitsverteilung, deren Maximum am weitesten rechts liegt - und wählt diese als Prüfverteilung. Dadurch erreicht er andererseits, dass eine Ablehnung von H_0 umso fundierter ist.

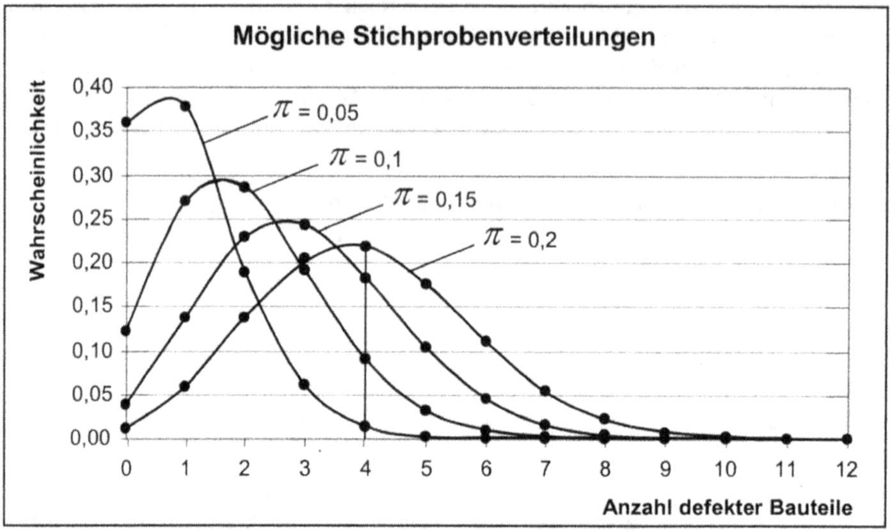

Abb. 19.1.2: Mögliche Prüfverteilungen im Einführungsbeispiel

3. Konstruktion des Annahme- und Ablehnbereichs

Als Nächstes ist festzulegen, bei welchen Werten der Prüfgröße der Test die Nullhypothese ablehnen und annehmen soll. Diese Festlegung kann unterschiedlich erfolgen. Wir betrachten zunächst aus didaktischen Gründen eine einfache Festlegung aufgrund von **Plausibilitätsüberlegungen**, die in einer **subjektiven Entscheidungsregel** des Testenden operationalisiert werden. Später werden wir die praktisch übliche, etwas objektivere Festlegungsart kennen lernen.

Im Einführungsbeispiel kann der zuständige Kontrolleur - auch aufgrund der obigen Abbildung - etwa folgende Plausibilitätsüberlegungen anstellen: Gültigkeit der Nullhypothese und der ausgewählten Prüfverteilung vorausgesetzt, ist im Durchschnitt mit 4 defekten Teilen in der Stichprobe zu rechnen. Größere Zahlen defekter Teile sind zwar möglich, da es sich um eine Zufallsstichprobe handelt, ihre Wahrscheinlichkeiten sind aber vergleichsweise klein. Sie werden umso kleiner, je mehr die Anzahl defekter Teile vom Erwartungswert nach oben hin abweicht. Es ist deshalb plausibel anzunehmen, dass bei zu großen Abweichungen vom Erwartungswert diese nicht mehr zufällig sind, sondern daran liegen, dass nicht H_0 wahr ist, sondern H_1.

Diese Überlegungen kann man in eine **subjektive Entscheidungsregel** umsetzen. Im vorliegenden Fall entschließt sich der Kontrolleur, **H_0 abzulehnen**, wenn der **Anteil defekter Teile in der Stichprobe größer als 30%, d.h. $y > 0{,}3$ ist.** Wegen $x = n*y$ entspricht dies mehr als 6 defekten Teilen. Damit erhält man folgende Werte der Prüfgröße, bei denen die Nullhypothese abgelehnt wird und die deshalb den sogenannten **Ablehnbereich** bilden: $x = \{7, 8, ..., 19, 20\}$. Bei den übrigen möglichen Werten der Prüfgröße wird die Nullhypothese angenommen, sie bilden deshalb den sogenannten **Annahmebereich**: $x = \{0, 1, 2, 3, 4, 5, 6\}$. Damit sind im vorliegenden Fall die nötigen Festlegungen für den Parametertest getroffen, so dass eine Stichprobe gezogen und für den Test ausgewertet werden kann.

4. Durchführung und Auswertung der Stichprobe

Es wird eine Stichprobe der festgelegten Art und des festgelegten Umfangs gezogen. und jedes einzelne Teil auf die Einhaltung des Qualitätsstandards überprüft. Als Stichprobenergebnis erhält man im vorliegenden Fall **7 defekte** Teile.

5. Testempfehlung und -entscheidung
Da die Prüfgröße x=7 im Ablehnbereich liegt, empfiehlt das Testverfahren, die Nullhypothese abzulehnen. Wenn der Kontrolleur der Testempfehlung folgt, kommt er zu der Entscheidung, dass die Lieferung des neuen Lieferanten den vereinbarten Qualitätsstandard nicht einhält.

19.1.3 Fehlerarten und -größe
Bei quantitativen Untersuchungen ist es immer sinnvoll, sich auch über die im Prozess möglichen Fehler und auf ihre Auswirkungen auf die erreichbaren Analyseergebnisse Gedanken zu machen. Dieser Aspekt wurde im Zusammenhang mit der generellen Vorgehensweise bei statistischen Untersuchungen und den dabei vorhandenen Gestaltungs- und Manipulationsmöglichkeiten in 2.1.1. bereits kurz angesprochen. Außer den typischen Fehlern, die bei jedweder statistischen Untersuchung bei der Erhebung, Aufbereitung, Präsentation, Auswertung und Analyse auftreten können, sind beim Testen zusätzlich noch zwei weitere Fehlerarten möglich. Diese beruhen auf dem Zufallscharakter der Stichprobe und können mit Hilfe der Wahrscheinlichkeitsrechnung bzw. der Prüfverteilung ermittelt werden. Wir benutzen das Einführungsbeispiel, um diese Fehlerarten und ihre Berechnung zu erläutern.

Fehler 1. Art
Im Einführungsbeispiel lautete die Empfehlung des durchgeführten Tests, die Nullhypothese abzulehnen. Wenn der Tester dieser Empfehlung folgt und die Entscheidung trifft, die Nullhypothese tatsächlich abzulehnen, kann diese Entscheidung falsch sein. Sie ist dann falsch, wenn die Nullhypothese wahr ist. Man bezeichnet den Fehler der **Ablehnung einer richtigen Hypothese** im Allgemeinen als **Fehler 1. Art**. Da er nur auftreten kann, wenn die Nullhypothese abgelehnt wird, wird er hier auch etwas präziser als **Ablehnfehler** bezeichnet.

Der Fehler 1. Art ist für den Tester **außerordentlich wichtig**. Denn dieser Fehler - und insbesondere die damit verbundene Fehlentscheidung - kann in der Praxis **massive Konsequenzen** haben. Bei der Qualitätskontrolle kann es von Seiten der den Test durchführenden oder beauftragenden Institution aufgrund der darauf basierenden Entscheidung etwa zur Ablehnung der Lieferung, zur Durchsetzung von Konventionalstrafen oder gar zur Kündigung des Liefervertrages kommen. Das sind Konsequenzen, gegen die der Lieferant auch gerichtlich mit guten Aussichten auf Erfolg vorgehen kann und wird, wenn die Nullhypothese wahr ist. Das Risiko des Ablehnfehlers sollte dem Tester daher zahlenmäßig bekannt sein und es sollte möglichst klein sein. Es wird **Irrtumswahrscheinlichkeit** genannt und mit α abgekürzt.

Zur **Berechnung der Irrtumswahrscheinlichkeit** braucht man die für den Test gültige Prüfverteilung. Dies ist im vorliegenden Fall die Binomialverteilung mit n= 20 und π= 0,2, deren Wahrscheinlichkeits- und Verteilungsfunktion in den ersten Spalten der folgenden Tabelle 19.1.3-a dargestellt sind. Darin ist auch die Grenze zwischen dem Annahme- und Ablehnbereich durch eine waagerechte, durchgehende Linie markiert. Der Annahmebereich des Tests befindet sich oberhalb, der Ablehnbereich unterhalb dieser Linie. Der Ablehnbereich ist zudem in der Tabelle grau markiert.

Der Fehler 1. Art - der Ablehnfehler - kann nur auftreten, wenn die Prüfgröße einen der Werte im Ablehnbereich annimmt. Die Wahrscheinlichkeit für den Fehler 1. Art kalkuliert man daher einfach durch Summation der Wahrscheinlichkeiten der Werte der Prüfgröße im Ablehnbereich. Da der Ablehnbereich im unteren Teil der Tabelle steht, ist es nahe liegend, seine Einzelwahrscheinlichkeiten vom Tabellenende her kommend aufzusummieren. Dies ist in der letzten Spalte der Tabelle geschehen. Die Summe der Wahrscheinlichkeiten im Ablehnbereich beläuft sich im vorliegenden Fall auf 0,08669. Diese Zahl ist so zu interpretieren, dass die Empfehlung des Tests, die Nullhypothese abzulehnen, mit einer Wahrscheinlichkeit von höchstens ~ 8,67% zu einer Fehlentscheidung führen kann. Die subjektive Entscheidungsregel des Testers führt im vorliegenden Fall also zu einer Irrtumswahrscheinlichkeit des Tests von etwa 8,67 %.

Anzahl	Anteil	Wahrscheinlichkeit		
x	y	f(x)	F(x)	W(X≥x)
0	0,00	0,01153	0,01153	1,00000
1	0,05	0,05765	0,06918	0,98847
2	0,10	0,13691	0,20608	0,93082
3	0,15	0,20536	0,41145	0,79392
4	0,20	0,21820	0,62965	0,58855
5	0,25	0,17456	0,80421	0,37035
6	0,30	0,10910	0,91331	0,19579
7	0,35	0,05455	0,96786	0,08669
8	0,40	0,02216	0,99002	0,03214
9	0,45	0,00739	0,99741	0,00998
10	0,50	0,00203	0,99944	0,00259
11	0,55	0,00046	0,99990	0,00056
12	0,60	0,00009	0,99998	0,00010
13	0,65	0,00001	1,00000	0,00002
14	0,70	0,00000	1,00000	0,00000
15	0,75	0,00000	1,00000	0,00000
16	0,80	0,00000	1,00000	0,00000
17	0,85	0,00000	1,00000	0,00000
18	0,90	0,00000	1,00000	0,00000
19	0,95	0,00000	1,00000	0,00000
20	1,00	0,00000	1,00000	0,00000
Summe		1,00000		

Tab. 19.1.3-a: Prüfverteilung und Berechung von Alpha im Einführungsbeispiel

An der obigen Tabelle sieht man auch, dass die Irrtumswahrscheinlichkeit unter sonst gleichen-Bedingungen kleiner wird, wenn man den Ablehnbereich verkleinert. **Im Prinzip kann man die Irrtumswahrscheinlichkeit durch Verkleinerung des Ablehnbereichs beliebig klein machen**. Dies hat aber zur Folge, dass der Annahmebereich entsprechend größer wird. Im Extremfall, wenn der Ablehnbereich praktisch leer und die Irrtumswahrscheinlichkeit damit 0 wäre, würde der Annahmebereich alle Werte der Prüfgröße enthalten. Das hätte die fatale Konsequenz, dass die Nullhypothese nicht mehr abgelehnt werden kann - d.h. immer angenommen werden muss -, auch wenn sie falsch ist. Das führt uns direkt zu der zweiten Fehlerart, die es bei jedem Test geben kann.

Fehler 2. Art

Der Fehler besteht darin, eine falsche Hypothese anzunehmen. Führt das Stichprobenergebnis zu einem Wert der Prüfgröße im Annahmebereich, empfiehlt der Test die Annahme der Nullhypothese. Folgt der Tester dieser Empfehlung, und entscheidet er sich tatsächlich für die Annahme von H_0, so kann diese Entscheidung falsch sein. Sie ist dann falsch, wenn die Gegenhypothese wahr ist. Man bezeichnet den Fehler, **eine falsche Hypothese anzunehmen, als Fehler 2. Art.** Da er nur auftreten kann, wenn die Nullhypothese angenommen wird, wird er hier auch präziser als **Annahmefehler** bezeichnet. Seine Wahrscheinlichkeit wird allgemein mit **ß** abgekürzt. Um den Fehler 2. Art zu ermitteln, muss man Folgendes bedenken: Er kann nur auftreten,

1. wenn die Prüfgröße einen der Werte im **Annahmebereich** annimmt. Folglich sind die Einzelwahrscheinlichkeiten der Werte der Prüfgröße im Annahmebereich aufzusummieren.

2. wenn die **Gegenhypothese wahr** ist. Folglich ist eine Wahrscheinlichkeitsfunktion zu benutzen, die mit der Prüfverteilung bis auf den Parameterwert übereinstimmt. Der in dieser Verteilung verwendete Parameterwert muss - im Gegensatz zu dem der Prüfverteilung - aus dem Bereich der Gegenhypothese stammen.

Dabei hängt die Größe des Fehlers 2. Art unter sonst gleichen Bedingungen ganz wesentlich davon ab, wie falsch die Nullhypothese ist und welchen Wert im Bereich der Gegenhypothese der Parameter tatsächlich hat. Da der Tester dies nicht weiß, ist es sinnvoll, den Fehler 2. Art mit verschiedenen Parameterwerten aus dem Bereich der Gegenhypothese zu berechnen. Da der Tester typischerweise auch kleine Abweichungen des tatsächlichen Parameterwertes von der Nullhypothese als nicht zulässig ansehen wird, sind dabei vor allem solche Parameterwerte aus dem Bereich der Gegenhypothese wichtig, die möglichst nahe an der Nullhypothese liegen.

Unter Berücksichtigung dieser Überlegungen sind in der folgenden Tabelle 19.1.3-b für das Einführungsbeispiel fünf Wahrscheinlichkeitsfunktionen angegeben, die sich von der Prüfverteilung nur durch die Werte des Parameters π unterscheiden, die aus dem Bereich der Gegenhypothese stammen. In der Tabelle ist die Grenze zwischen dem Annahme- und Ablehnbereich wieder durch eine waagerechte, durchgehende Linie markiert und der Annahmebereich und die darin enthaltenen Wahrscheinlichkeiten sind zusätzlich grau hinterlegt.

Anzahl	Anteil	Wahrscheinlichkeitsfunktionen f(x)				
x	y	π =0,25	π =0,3	π =0,35	π =0,4	π =0,5
0	0,00	0,00317	0,00080	0,00018	0,00004	0,00000
1	0,05	0,02114	0,00684	0,00195	0,00049	0,00002
2	0,10	0,06695	0,02785	0,00998	0,00309	0,00018
3	0,15	0,13390	0,07160	0,03226	0,01235	0,00109
4	0,20	0,18969	0,13042	0,07382	0,03499	0,00462
5	0,25	0,20233	0,17886	0,12720	0,07465	0,01479
6	0,30	0,16861	0,19164	0,17123	0,12441	0,03696
7	0,35	0,11241	0,16426	0,18440	0,16588	0,07393
8	0,40	0,06089	0,11440	0,16135	0,17971	0,12013
9	0,45	0,02706	0,06537	0,11584	0,15974	0,16018
10	0,50	0,00992	0,03082	0,06861	0,11714	0,17620
11	0,55	0,00301	0,01201	0,03359	0,07099	0,16018
12	0,60	0,00075	0,00386	0,01356	0,03550	0,12013
13	0,65	0,00015	0,00102	0,00449	0,01456	0,07393
14	0,70	0,00003	0,00022	0,00121	0,00485	0,03696
15	0,75	0,00000	0,00004	0,00026	0,00129	0,01479
16	0,80	0,00000	0,00001	0,00004	0,00027	0,00462
17	0,85	0,00000	0,00000	0,00001	0,00004	0,00109
18	0,90	0,00000	0,00000	0,00000	0,00000	0,00018
19	0,95	0,00000	0,00000	0,00000	0,00000	0,00002
20	1,00	0,00000	0,00000	0,00000	0,00000	0,00000
Beta	**Sum**	**0,78578**	**0,60801**	**0,41663**	**0,25001**	**0,05766**

Tab. 19.1.3-b: Ermittlung von Beta im Einführungsbeispiel

Die Wahrscheinlichkeit für den Fehler 2. Art kalkuliert man einfach durch Aufsummieren der Wahrscheinlichkeiten im Annahmebereich. In der Tabelle ist diese Summe für jeden der fünf ausgewählten „Fälle" am Tabellenende ausgewiesen. Die dortigen Beta-Werte sind wie folgt zu interpretieren (exemplarisch für π=0,25 und π=0,4): Beträgt der Anteil defekter Bauelemente in der Lieferung 25% (40%), so wird in dem Test die Nullhypothese, dass der Anteil höchsten 20% beträgt, trotzdem mit einer Wahrscheinlichkeit von 78,6% (25%) angenommen.

Im Einführungsbeispiel und ganz allgemein ist der **Fehler 2. Art immer sehr viel größer als der Fehler 1. Art**. Das liegt zum einen am Zusammenhang der beiden Fehlerarten, auf den wir noch zu sprechen kommen. Zum anderen daran, dass dem Fehler 2. Art in der Praxis in der Regel eine vergleichsweise geringere Bedeutung beigemessen wird. Dies wird verständlich, wenn man die Konsequenzen bedenkt, die die Annahme einer falschen Hypothese haben kann. So können etwa bei Einkaufsteilen, die der Qualitätsnorm nicht genügen, z.B. mehr Probleme bei deren Verarbeitung oder mehr Reklamationen bei deren Verkauf als üblich auftreten. Dies sind aber mögliche Folgen, die man aus Praxissicht häufig eher managen kann und deren wirtschaftliche Bedeutung sich typischerweise von der beim Fehler 1. Art um Größenordnungen unterscheidet. Daher ist man in der Praxis durchweg bereit, beim Fehler 2. Art ein deutlich höheres Risiko einzugehen.

Entscheidungssituation und Fehlerarten

Nachdem die testspezifischen Fehler vorgestellt sind, wollen wir sie abschließend in die jedem Hypothesentest prinzipiell zugrunde liegende Entscheidungssituation einbinden. Die folgende Abbildung 19.1.3 zeigt dies in der anschaulichen Form einer Entscheidungstabelle.

Testentscheidung	Zustand der Grundgesamtheit	
	H_0 ist wahr	H_0 ist falsch
H_0 beibehalten	richtige Entscheidung	Fehlentscheidung β
H_0 ablehnen	Fehlentscheidung α	richtige Entscheidung

Abb. 19.1.3: Entscheidungssituation beim Hypothesentest

Dabei ist noch einmal anzumerken, dass der Tester den tatsächlichen, wahren Zustand der Grundgesamtheit nicht kennt, sondern Hypothesen darüber formuliert. Der Test liefert Antwort auf die Frage, ob die getestete Hypothese über den vermuteten Zustand der Grundgesamtheit aufgrund des Stichprobenergebnisses beizubehalten oder abzulehnen ist. Er gibt **keine Antwort** auf die Frage, ob die getestete **Hypothese wahr oder falsch** ist.

19.1.4 Standard-Vorgehensweise

Aufgrund der außerordentlich großen praktischen Bedeutung des Fehlers 1. Art wird die Größe dieses Fehlers - die Irrtumswahrscheinlichkeit - bei einem Test normalerweise nicht im Nachhinein ermittelt, so wie im Einführungsbeispiel aus didaktischen Gründen geschehen. Vielmehr sind statistische Tests standardmäßig so aufgebaut, dass sie die **Vorgabe einer oberen Schranke für die Irrtumswahrscheinlichkeit** verlangen und mit dieser der Annahme- und Ablehnbereich konstruiert wird. Dadurch verändert sich in der bisherigen Vorgehensweise die Konstruktion des Annahme- und Ablehnbereichs, die nicht mehr über eine subjektive, sondern über eine etwas objektivere Entscheidungsregel erfolgt.

Als obere Schranken für die Irrtumswahrscheinlichkeit - hier mit α_0 abgekürzt - sind in der Praxis folgende Werte üblich: 10%, 5% und 1%. Der Anwender wählt in der Regel einen dieser Werte unter Berücksichtigung seiner Risikobereitschaft und legt damit das sogenannte **Signifikanzniveau** des Tests fest. Wir wollen im Folgenden den Test für das Einführungsbeispiel mit dem Signifikanzniveau von 5%, aber unter sonst gleichen Bedingungen durchführen. Der dann sinnvolle Testablauf, der der Standard-Vorgehensweise entspricht, ist mit seinen wichtigsten Arbeiten in der folgenden Tabelle 19.1.4 übersichtlich dargestellt. Die wesentlichen Änderungen zur bisherigen Vorgehensweise sind:

- die Vorgabe eines Signifikanzniveaus und die auch davon abhängige Festlegung von Art und Umfang der Stichprobe (Arbeiten unter 2. und 3.)
- die aufgrund der vorgegebenen oberen Schranke für die Irrtumswahrscheinlichkeit etwas andere Konstruktion des Annahme- und Ablehnbereichs (Arbeit unter 5.)

Allgemein	Einführungsbeispiel
Formulierung der Hypothesen	H_0: $\pi_0 \leq 0{,}2$ und H_1: $\pi_1 > 02$
Vorgabe des Signifikanzniveaus	$\alpha_0 = 0{,}05$
Stichprobenplanung: Art und Umfang	einfache Zufallsauswahl; n=20
Bestimmung von Prüfgröße und Wahrscheinlichkeitsverteilung	X= Anzahl defekter Bauelemente; approximativ B (20, 0,2)
Konstruktion des Annahme- und Ablehnbereichs	Ablehnbereich: x= {8, 9,..., 19, 20} Annahmebereich: x= {0, 1,..., 6, 7}
Durchführung und Auswertung der Stichprobe	x = 7
Testempfehlung /-entscheidung	Beibehaltung bzw. Annahme von H_0

Tab. 19.1.4: Standard-Vorgehensweise beim Parametertest

Im Einführungsbeispiel wollen wir Art und Umfang der Stichprobe nicht verändern, so dass nur die veränderte Konstruktion des Annahme- und Ablehnbereichs zu erläutern ist. Dazu benötigt man die Prüfverteilung, die für den Test des Einführungsbeispiels in der Tabelle 19.1.3-a steht. Aufgrund der Nullhypothese weiß man, dass der Ablehnbereich im vorliegenden Fall bei großen Werten der Prüfgröße liegen muss. Man kann ihn deshalb unter Berücksichtigung der oberen Schranke für den Fehler erster Art konstruieren, indem man - beim größtmöglichen Wert der Prüfgröße, d.h. der oberen Grenze des Ablehnbereichs beginnend - die zugeordneten Wahrscheinlichkeiten systematisch aufsummiert. Die entsprechenden Summen sind die Irrtumswahrscheinlichkeiten und stehen in der letzten Spalte der Tabelle 19.1.3-a.

Bei dem Wert der Prüfgröße, bei dem die berechnete Irrtumswahrscheinlichkeit die vorgegebene obere Schranke für den Fehler 1. Art noch nicht überschreitet, liegt die untere Grenze des Ablehnbereichs. In der Tabelle 19.1.3-a ist dies bei x=8 und einer Irrtumswahrscheinlichkeit von 0,03214 < 0,05 der Fall. Damit erhält man im Einführungsbeispiel bei Verwendung eines Signifikanzniveaus von 5% einen anderen Ablehn- und Annahmebereich, nämlich:

Ablehnbereich: x= {8, 9,..., 19, 20} und Annahmebereich: x= {0, 1,..., 6, 7}

Das unveränderte Stichprobenergebnis von x=7 liegt jetzt im Annahmebereich und der Test empfiehlt, die Nullhypothese anzunehmen. Folgt der Tester dieser Empfehlung, so kommt er zu der Entscheidung, dass die Lieferung des neuen Lieferanten den vereinbarten Qualitätsstandard einhält. Diese Entscheidung kann richtig oder falsch sein. Sie ist dann falsch, wenn der Anteil defekter Bauelemente in der Lieferung größer als 20% ist. Die Wahrscheinlichkeit für diesen Fehler 2. Art kann man - wie bereits gezeigt - berechnen. Unter Verwendung der in Tabelle 19.1.3-b dargestellten Wahrscheinlichkeitsfunktion mit π =0,25 erhält man als Summe der Wahrscheinlichkeiten im Annahmebereich von x= {0,1,..., 6, 7} den Wert 0,8982.

Die Tatsache, dass - wie etwa im Einführungsbeispiel - ein Test bei überwiegend gleichen Bedingungen zu zwei unterschiedlichen Empfehlungen bzw. Entscheidungen führen kann, erscheint problematisch und ist ein guter Anlass, einen kurzen Blick in den theoretischen Hintergrund statistischer Tests zu werfen. Dieser soll insbesondere helfen, den ersten und letzten Schritt im Standardablauf - die Wahl der Nullhypothese und die Testempfehlung/-entscheidung - besser zu verstehen und sachgerecht vornehmen bzw. interpretieren zu können.

Wahl der Nullhypothese

Wir hatten im Einführungsbeispiel die Einhaltung des Qualitätsstandards als zu testende Hypothese (Nullhypothese) formuliert, ohne dies näher zu begründen. Dabei ist doch die Befürchtung, dass der Qualitätsstandard nicht eingehalten wird, der Hauptgrund dafür, den Test überhaupt durchzuführen. Wäre es da nicht nahe liegend und sinnvoll, die befürchtete Nichteinhaltung des Qualitätsstandards als Nullhypothese zu wählen, die man dann durch ein entsprechendes Testergebnis statistisch beweisen könnte ? Eine verständliche Antwort auf diese Frage bedarf eines kleinen Exkurses. Er führt über den Zweck statistischer Testverfahren und eines ihrer Hauptanwendungsgebiete - die empirischen Wissenschaften - zu der diesen zugrunde liegenden wissenschaftsphilosophischen Position.

Exkurs
Statistische Testverfahren dienen ganz allgemein der Überprüfung von Hypothesen durch Stichprobenergebnisse. Für diesen Zweck werden sie unter anderem auch in den empirischen Wissenschaften eingesetzt. An wissenschaftliche Aussagen werden bekanntermaßen höhere Anforderungen gestellt als an sonstige Erkenntnisse. Die im Bereich der empirischen Wissenschaften herrschende Wissenschaftsphilosophie des **kritischen Rationalismus** hat als wichtigstes Qualitätskriterium wissenschaftlicher Hypothesen ihre **Widerlegung** (Falsifikation) etabliert. Das **Falsifikationsprinzip** besagt sinngemäß, dass wissenschaftlicher Erkenntnisfortschritt im Wesentlichen dadurch zu erreichen ist, dass man entwickelte Hypothesen mit der Wirklichkeit konfrontiert und dabei insbesondere versucht, sie zu widerlegen. Gelingt die Widerlegung nicht, sind sie bis auf Weiteres gültig. Der umgekehrte Weg, wissenschaftlichen Erkenntnisfortschritt über die Bestätigung von Hypothesen durch empirische Befunde zu erreichen (Verifikationsprinzip), wird als qualitativ minderwertig angesehen. Diesem wissenschaftsphilosophischen Standpunkt folgt auch das Konzept statistischer Hypothesentests. Es ist auf die **Widerlegung** der zu testenden Hypothese angelegt. Das hat beachtliche Folgen für die Auswahl der Nullhypothese und die Qualität der Testempfehlungen bzw. -entscheidungen.

Von den sich gegenseitig ausschließenden kontroversen Aussagen ist deshalb diejenige als Nullhypothese zu wählen, bei deren Widerlegung die Aussage gültig ist, die der eigentliche Grund zur Durchführung des Tests ist. Im Einführungsbeispiel ist die Aussage „der Anteil defekter Bauelemente ist größer als 20%“ der Grund, den Test durchzuführen. Diese Aussage als Nullhypothese zu wählen wäre aber für den Tester nicht zielführend. Da der Testzweck darin besteht, die Nullhypothese zu widerlegen, wäre bei Zweckerfüllung das Gegenteil erwiesen, nämlich dass der Anteil defekter Bauelemente höchstens 20% ist. **Der Tester muss also das Gegenteil von dem, was er befürchtet, als Nullhypothese wählen**. Erfüllt der Test seinen Zweck und widerlegt die Nullhypothese, ist das Gegenteil - seine Befürchtung - mit statistischer Signifikanz erwiesen.

Qualität der Testempfehlungen
Im Einführungsbeispiel führte der Test mit der subjektiven Entscheidungsregel zur Ablehnung der Nullhypothese, der mit dem vorgegebenen Signifikanzniveau von höchstens 5% zur Annahme bzw. Beibehaltung der Nullhypothese. Folgt der Tester den jeweiligen Testempfehlungen, so kommt er im vorliegenden Fall nicht nur zu unterschiedlichen Entscheidungen, sondern die Empfehlungen haben auch eine unterschiedliche Qualität.

Ablehnung der Nullhypothese
Lehnt ein statistischer Test die Nullhypothese ab, so ist die **Gegenhypothese mit statistischer Signifikanz richtig**, d.h. mit einer Irrtumswahrscheinlichkeit, die höchstens so groß wie das gewählte Signifikanzniveau ist. Im Einführungsbeispiel kann man daher die bei Verwendung der subjektiven Entscheidungsregel resultierende Testempfehlung wie folgt in Worte zu fassen: „Mit einer Irrtumswahrscheinlichkeit von höchstens 8,67% ist der Anteil defekter Bauelemente in der Lieferung größer als 20%.“

Dies ist eine **Testempfehlung von hoher Qualität**, da
- sie eine klare und positive Antwort auf die Frage gibt, die den Test veranlasst hat.
- die Wahrscheinlichkeit, dass sie falsch ist, in einer für die Praxis akzeptablen Größenordnung liegt bzw. festgelegt werden kann.

Annahme bzw. Beibehaltung der Nullhypothese
Nimmt ein statistischer Test die Nullhypothese an, so bedeutet dies dagegen nicht, dass sie richtig ist, sondern nur, dass die Beobachtungsdaten nicht zu ihrer Ablehnung ausreichen. Man kann diese Testempfehlung etwa mit einer „Stimmenthaltung" im politischen Bereich oder mit einem „Freispruch aus Mangel an Beweisen" im Rechtsbereich vergleichen. Statt von der Annahme wird deshalb häufig zutreffender von der **Beibehaltung** der Nullhypothese gesprochen. Die Beibehaltung der Nullhypothese als Bestätigung ihrer Richtigkeit zu interpretieren, ist wissenschaftstheoretisch und statistisch nicht zulässig. In der Praxis geschieht dies trotzdem meistens dann, wenn im Moment weitere Beobachtungen nicht in Frage kommen, die Situation aber eine Entscheidung erfordert.

Eine solche Situation mag auch im Einführungsbeispiel bestehen. Dann ist bei dem dortigen Test mit vorgegebenem Signifikanzniveau und der Testempfehlung, die Nullhypothese beizubehalten, folgende Interpretation **statistisch nicht akkurat:**

„Mit einer Irrtumswahrscheinlichkeit von höchstens 5% beträgt der Anteil defekter Bauelemente in der Lieferung höchstens 20%".

Diese Interpretation hätte für den Tester eine ähnlich hohe Informationsqualität wie die bei Ablehnung der Nullhypothese, nur ist sie leider statistisch nicht sachgerecht. Statistisch akkurat ist dagegen folgende Interpretation:

„Mit einer Irrtumswahrscheinlichkeit von höchstens 5% ist nicht zu widerlegen, dass der Anteil defekter Bauelemente in der Lieferung höchstens 20% beträgt".

Diese sachgerechte Interpretation liefert dem Tester dagegen nur eine **Empfehlung minderer Qualität**, da

- die Aussage über den Parameter nicht erwiesen, sondern nur nicht widerlegt wurde.
- die Wahrscheinlichkeit, dass sie falsch ist, nicht höchstens 5% beträgt.

Die Irrtumswahrscheinlichkeit von höchstens 5% gilt nur bei Ablehnung der Nullhypothese. Der bei Annahme bzw. Beibehaltung der Nullhypothese mögliche Fehler - der Fehler 2. Art - hat immer eine sehr viel größere Wahrscheinlichkeit. Im vorliegenden Fall beträgt er, wenn der Anteil defekter Bauelemente z.B. tatsächlich bei 25% liegt, ca. 90%. Es ist nahe liegend, dass ein derart großes Fehlentscheidungsrisiko die Qualität dieser Testempfehlung gravierend mindert.

19.1.5 Gütefunktion

Die Tatsache, dass - wie etwa im Einführungsbeispiel - ein Test bei überwiegend gleichen Bedingungen zu zwei unterschiedlichen Empfehlungen bzw. Entscheidungen führen kann, erscheint problematisch und ein guter Anlass, die Frage zu klären, wie gut ein Test ist.

Konzept

Ausgangspunkt der Gütebetrachtung ist sinnvollerweise die Hauptzielsetzung des Hypothesentests, die Nullhypothese abzulehnen. Ein guter Test sollte daher die Nullhypothese

- mit geringer Wahrscheinlichkeit ablehnen, wenn sie wahr ist.
- mit großer Wahrscheinlichkeit ablehnen, wenn die Gegenhypothese wahr ist.

Die **Güte eines Tests** kann also durch die **Ablehnwahrscheinlichkeit** operationalisiert werden. Bei einem Parametertest ist die Ablehnwahrscheinlichkeit als Gütemaß ganz allgemein durch folgende Größen determiniert:

- das Signifikanzniveau
- den Stichprobenumfang
- den wahren Wert des Parameters, über den es verschiedene Hypothesen gibt.

Bei der Vorbereitung eines konkreten Parametertests werden diese Größen festgelegt - siehe Schritte 1- 3 des Standard-Ablaufschemas -, wobei innerhalb der Null- und der Gegenhypothese der Parameter jeweils eine Reihe von Werten annehmen kann. Betrachtet man nun das Gütemaß „Ablehnwahrscheinlichkeit" in Abhängigkeit von den „möglichen Werten des "getesteten Parameters", so erhält man mathematisch eine Funktion, die **Gütefunktion**. Kürzt man ganz allgemein das Gütemaß mit **g,** den Parameter mit $\boldsymbol{\Theta}$ und seine Werte mit θ ab, so ist die Gütefunktion formal: $\mathbf{g= f(\theta)}$.

Ermittlung
Wir demonstrieren die Ermittlung einer Gütefunktion am Anteilstest des Einführungsbeispiels mit dem vorgegeben Signifikanzniveau. Dazu sind in der Tabelle 19.1.5 für die Prüfgrößen die Wahrscheinlichkeitsfunktionen (Binomialverteilungen) für eine Reihe von Werten des (unbekannten) Parameters π angegeben.

Anzahl	Anteil	Wahrscheinlichkeitsfunktionen B (20, π)							
x	y	π =0,10	π =0,20	π =0,25	π =0,30	π =0,35	π =0,4	π =0,5	π =0,6
0	0,00	0,12158	0,01153	0,00317	0,00080	0,00018	0,00004	0,00000	0,00000
1	0,05	0,27017	0,05765	0,02114	0,00684	0,00195	0,00049	0,00002	0,00000
2	0,10	0,28518	0,13691	0,06695	0,02785	0,00998	0,00309	0,00018	0,00000
3	0,15	0,19012	0,20536	0,13390	0,07160	0,03226	0,01235	0,00109	0,00004
4	0,20	0,08978	0,21820	0,18969	0,13042	0,07382	0,03499	0,00462	0,00027
5	0,25	0,03192	0,17456	0,20233	0,17886	0,12720	0,07465	0,01479	0,00129
6	0,30	0,00887	0,10910	0,16861	0,19164	0,17123	0,12441	0,03696	0,00485
7	0,35	0,00197	0,05455	0,11241	0,16426	0,18440	0,16588	0,07393	0,01456
8	0,40	0,00036	0,02216	0,06089	0,11440	0,16135	0,17971	0,12013	0,03550
9	0,45	0,00005	0,00739	0,02706	0,06537	0,11584	0,15974	0,16018	0,07099
10	0,50	0,00001	0,00203	0,00992	0,03082	0,06861	0,11714	0,17620	0,11714
11	0,55	0,00000	0,00046	0,00301	0,01201	0,03359	0,07099	0,16018	0,15974
12	0,60	0,00000	0,00009	0,00075	0,00386	0,01356	0,03550	0,12013	0,17971
13	0,65	0,00000	0,00001	0,00015	0,00102	0,00449	0,01456	0,07393	0,16588
14	0,70	0,00000	0,00000	0,00003	0,00022	0,00121	0,00485	0,03696	0,12441
15	0,75	0,00000	0,00000	0,00000	0,00004	0,00026	0,00129	0,01479	0,07465
16	0,80	0,00000	0,00000	0,00000	0,00001	0,00004	0,00027	0,00462	0,03499
17	0,85	0,00000	0,00000	0,00000	0,00000	0,00001	0,00004	0,00109	0,01235
18	0,90	0,00000	0,00000	0,00000	0,00000	0,00000	0,00000	0,00018	0,00309
19	0,95	0,00000	0,00000	0,00000	0,00000	0,00000	0,00000	0,00002	0,00049
20	1,00	0,00000	0,00000	0,00000	0,00000	0,00000	0,00000	0,00000	0,00004
Summe	**0,00042**	**0,03214**	**0,10181**	**0,22773**	**0,39897**	**0,58411**	**0,86841**	**0,97897**	

Tab. 19.1.5: Ermittlung der Gütefunktion im Einführungsbeispiel

In der Tabelle ist auch die Grenze zwischen dem Annahme- und dem Ablehnbereich wieder durch eine waagerechte, durchgehende Linie markiert und der Ablehnbereich ist grau hinterlegt. Die Ablehnwahrscheinlichkeit für einen beliebigen der betrachteten Werte von π erhält man, indem man in der betreffenden Spalte für alle Werte der Prüfgröße im Ablehnbereich die Wahrscheinlichkeiten aufsummiert. Die sich ergebenden Summen stehen in der letzten Tabellenzeile. Ordnet man den aufsteigend angeordneten Werten von π, die in der Kopfzeile der obigen Tabelle stehen, ihre jeweiligen Ablehnwahrscheinlichkeiten zu, die in der Fußzeile der obigen Tabellen stehen, so erhält man die Gütefunktion.

Grafische Darstellung
Die folgende Abbildung 19.1.5 zeigt die **grafische Darstellung** der ermittelten Gütefunktion in Form eines **Kurvendiagramms**. Darin ist der gesamte mögliche Wertebereich des unbekannten Parameters der Grundgesamtheit in die unter der Nullhypothese und der Gegenhypothese

des Tests behaupteten Wertebereiche zerlegt.

Die Ablehnwahrscheinlichkeit im Bereich der Nullhypothese ist die Wahrscheinlichkeit, die Nullhypothese abzulehnen, auch wenn sie wahr ist. Sie entspricht damit der Wahrscheinlichkeit für den Fehler 1. Art und damit dem Risiko einer Fehlentscheidung. Dieses Risiko wird im Test standardmäßig durch die Vorgabe eines Signifikanzniveaus nach oben hin begrenzt, so dass dieser Teil der Gütefunktion und damit der Güte eines Tests vom Anwender direkt gesteuert werden kann.

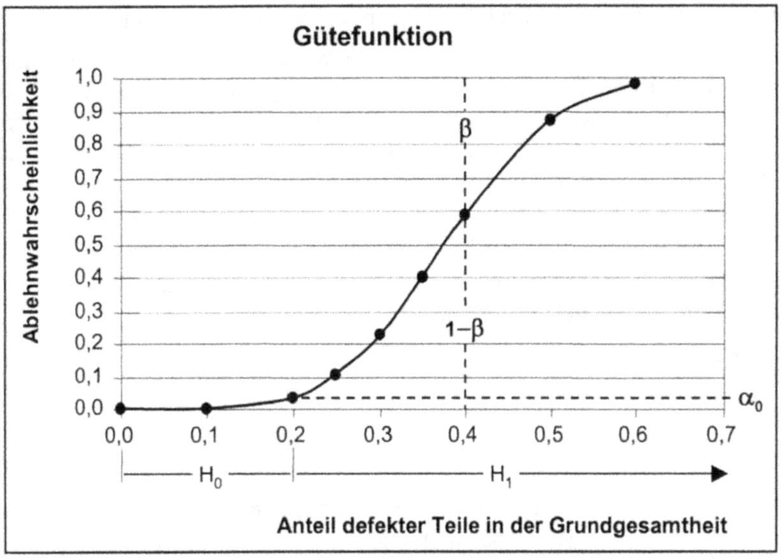

Abb. 19.1.5: Graf der Gütefunktion im Einführungsbeispiel

Die Ablehnwahrscheinlichkeit im Bereich der Gegenhypothese ist die Wahrscheinlichkeit, eine falsche Hypothese abzulehnen. Sie entspricht damit der Wahrscheinlichkeit einer richtigen Entscheidung (Sicherheitswahrscheinlichkeit). Die grafische Darstellung der Gütefunktion wird auch **Operationscharakteristik** genannt und in der Praxis standardmäßig zur Visualisierung und Beurteilung der Güte von Tests verwendet. Woran aber erkennt man am Graf der Gütefunktion die Güte eines Tests ? Wie sollte der Graf der Gütefunktion aussehen, wenn der Test gut ist ?

Interpretation

Idealerweise sollte ein Test bereits bei geringfügigen Abweichungen des Parameters von der Nullhypothese diese erkennen und sie mit möglichst großer Wahrscheinlichkeit ablehnen. Das bedeutet für den Grafen der Gütefunktion, dass er im in dem Bereich der Gegenhypothese, der am nächsten an der Nullhypothese liegt, **möglichst steil** verlaufen sollte. Tests, für die der Graf der Gütefunktion steiler verläuft als für andere, bezeichnet man als **trennschärfer**. Betrachtet man unter diesem Aspekt den Grafen der Gütefunktion im Einführungsbeispiel, so stellt man fest, dass die Kurve in dem schwerpunktmäßig interessierenden Parameterbereich $0{,}2 < \pi \leq 0{,}4$ nicht sehr steil verläuft. Der durchgeführte Test ist daher nicht gut. Diese grobe optische Einschätzung kann man auch durch Zahlen präzisieren. Beträgt im vorliegenden Fall der Anteil defekter Teile statt der im Qualitätsstandard vereinbarten max. 20% etwa 25% oder 30%, so lehnt der Test die Nullhypothese trotzdem nur mit recht kleinen Wahrscheinlichkeiten von ~10,2% bzw. ~22,8 % ab. Selbst wenn der Anteil defekter Teile doppelt so hoch wie maximal zulässig ist - d.h. $\pi = 0{,}4$ beträgt - , erkennt der Test das nur mit einer Wahrscheinlichkeit von

58,4%. Erst wenn der Anteil defekter Teile dreimal so hoch wie maximal zulässig ist, erkennt er das praktisch sicher (~97,9%). An den Zahlen wird deutlicher, dass der durchgeführte Test nicht besonders trennscharf ist.

Zusammenhang mit Fehlern
Abschließend wollen wir noch einen Blick auf den Zusammenhang der Gütefunktion mit den Fehlerarten werfen. Für die Gütefunktion im Bereich der Nullhypothese wurde der Zusammenhang schon oben geklärt: Die Funktionswerte der Gütefunktion entsprechen dort ganz allgemein Alpha, so wie in der obigen Abbildung auch für das Einführungsbeispiel markiert.

Die Funktionswerte im Bereich der Gegenhypothese sind die Wahrscheinlichkeiten, eine falsche Hypothese abzulehnen. Diese entsprechen wegen der sich gegenseitig ausschließenden und **komplementären** Formulierung der Hypothesen den Komplementärwahrscheinlichkeiten, eine falsche Hypothese anzunehmen. Die Wahrscheinlichkeit der Annahme einer falschen Hypothese ist jedoch die Wahrscheinlichkeit des Fehlers 2. Art. Die Gütefunktion im Bereich der Gegenhypothese entspricht daher ganz allgemein der Komplementärwahrscheinlichkeit des Fehlers 2. Art, so wie in der obigen Abbildung auch für das Einführungsbeispiel markiert.

Zusammenfassend gilt also für die Gütefunktion eines Parametertests folgender Zusammenhang mit den dabei möglichen Fehlern und ihrer Wahrscheinlichkeit:

$$g(\theta) = \begin{cases} = \alpha & \text{für } \theta \in H_0 \\ = 1 - \beta(\theta) & \text{für } \theta \in H_1 \end{cases}$$

19.1.6 Gütegestaltung

Der Anwender kann über zwei Größen die Güte eines Tests wesentlich beeinflussen (determinieren): das Signifikanzniveau und den Stichprobenumfang. Zur Veranschaulichung wird weiterhin das Einführungsbeispiel benutzt und es wird jede dieser Größen - unter sonst gleichbleibenden Testbedingungen - separat variiert.

Signifikanzniveau
Das Signifikanzniveau eines Tests wird vom Tester in der Regel unter Berücksichtigung der Bedeutung des Fehlers 1. Art im Anwendungsfall sowie seiner Risikobereitschaft festgelegt. Dabei sind in der Praxis Irrtumswahrscheinlichkeiten von maximal 1%, 5% und 10% üblich. Im Einführungsbeispiel wurde der Test mit einer Irrtumswahrscheinlichkeit von maximal 5% durchgeführt. Welche Auswirkungen haben nun Veränderungen des Signifikanzniveaus auf den Test ?

Wird die obere Schranke für die Irrtumswahrscheinlichkeit vergrößert (verkleinert), so wird dadurch der Ablehnbereich vergrößert (verkleinert). Für die Güte eines Tests hat das zur Folge, dass nicht nur im Bereich der Nullhypothese, sondern auch im Bereich der Gegenhypothese die Ablehnwahrscheinlichkeiten durchgängig größer (kleiner) werden. Dadurch wird der **Graf der Gütefunktion insgesamt angehoben (abgesenkt)**. Da der Variationsspielraum beim Signifikanzniveau in der Praxis aber meist gering ist, ist die Güte darüber nur beschränkt steuerbar.

Stichprobenumfang
Im Einführungsbeispiel wurde der Test bislang mit sehr kleinem Stichprobenumfang durchgeführt. Die dabei resultierenden Testempfehlungen bzw. -entscheidungen waren weder einheitlich noch gut. Welche Auswirkungen hat nun die Vergrößerung des Stichprobenumfangs auf die Güte des Tests ? Zur Illustration vergrößern wir im Einführungsbeispiel den Stichprobenumfang auf n=40 und n=100. Dadurch wird der Wertebereich der Prüfgrößen X und Y so-

wie der Wert des Parameters n der zu Prüfzwecken benutzten Binomialverteilung verändert. Bei unverändertem Signifikanzniveau von 5% verändern sich dadurch der Annahme- und Ablehnbereich, wie in den beiden unvollständigen Prüfverteilungen der Tabelle 19.1.6-a nachvollziehbar dargestellt.

Prüfverteilung n=40			
Anzahl	Anteil	Wahrscheinlichkeit	
x	y	f(x)	w(X≥x)
0	0,00	0,00013	1,00000
...	...	...	...
10	0,25	0,10745	0,26822
11	0,28	0,07326	0,16077
12	0,30	0,04426	0,08751
13	0,33	0,02383	0,04324
14	0,35	0,01149	0,01941
15	0,38	0,00498	0,00792
16	0,40	0,00195	0,00294
17	0,43	0,00069	0,00099
18	0,45	0,00022	0,00030
19	0,48	0,00006	0,00009
20	0,50	0,00002	0,00002
21	0,53	0,00000	0,00001
22	0,55	0,00000	0,00000
23	0,58	0,00000	0,00000
24	0,60	0,00000	0,00000
25	0,63	0,00000	0,00000
26	0,65	0,00000	0,00000
27	0,68	0,00000	0,00000
28	0,70	0,00000	0,00000
29	0,73	0,00000	0,00000
30	0,75	0,00000	0,00000
...	...	...	...
40	1,00	0,00000	0,00000

Prüfverteilung n=100			
Anzahl	Anteil	Wahrscheinlichkeit	
x	y	f(x)	w(X≥x)
0	0,00	0,00000	1,00000
...	...	...	...
10	0,10	0,00336	0,99766
11	0,11	0,00688	0,99430
12	0,12	0,01275	0,98742
13	0,13	0,02158	0,97467
14	0,14	0,03353	0,95308
15	0,15	0,04806	0,91955
16	0,16	0,06383	0,87149
17	0,17	0,07885	0,80766
18	0,18	0,09090	0,72881
19	0,19	0,09807	0,63791
20	0,20	0,09930	0,53984
21	0,21	0,09457	0,44053
22	0,22	0,08490	0,34596
23	0,23	0,07198	0,26106
24	0,24	0,05773	0,18908
25	0,25	0,04388	0,13135
26	0,26	0,03164	0,08747
27	0,27	0,02168	0,05583
28	0,28	0,01413	0,03415
29	0,29	0,00877	0,02002
30	0,30	0,00519	0,01125
...	...	...	...
40	0,40	0,00000	0,00000

Tab. 19.1.6-a: Ablehnbereiche im Einführungsbeispiel für n=40 und n=100

Betrachtet man zu Vergleichszwecken die Prüfgröße Y - d.h. den Anteil der defekten Teile in der Stichprobe - so wird bei Vergrößerung des Stichprobenumfangs der Annahmebereich kleiner und der Ablehnbereich größer. Für den Test im Einführungsbeispiel erhält man bei den gewählten Stichprobenumfängen folgende Ablehnbereiche:

	Stichprobenumfang n		
	20	40	100
Ablehnbereich	$0{,}40 \le y \le 1{,}0$	$0{,}33 \le y \le 1{,}0$	$0{,}28 \le y \le 1{,}0$

Dadurch verändert sich die Ablehnwahrscheinlichkeit im Bereich der Gegenhypothese, wie in der folgenden Tabelle 19.1.6-b zusammenfassend dargestellt.

		Werte von π im Bereich der Gegenhypothese					
n	**Ablehnbereich**	**0,25**	**0,30**	**0,35**	**0,40**	**0,50**	**0,60**
20	$0{,}40 \le y \le 1{,}0$	0,10181	0,22773	0.39897	0,58411	0,86841	0,97897
40	$0{,}33 \le y \le 1{,}0$	0,17913	0,42282	0,68569	0,87149	0,99171	0,99988
100	$0{,}28 \le y \le 1{,}0$	0,27762	0,70363	0,94419	0,99540	1,00000	1,00000

Tab. 19.1.6-b: Gütefunktion im Einführungsbeispiel für n=20, n=40 und n=100

In der folgenden Abbildung 19.1.6 sind die Grafen der obigen Gütefunktionen im Vergleich dargestellt. Darin sieht man deutlich, dass mit der Erhöhung des Stichprobenumfangs der Verlauf der Gütefunktion im entscheidenden Wertebereich (0,2< π ≤0,4) immer steiler wird. Der Test wird also durch die Erhöhung des Stichprobenumfangs trennschärfer.

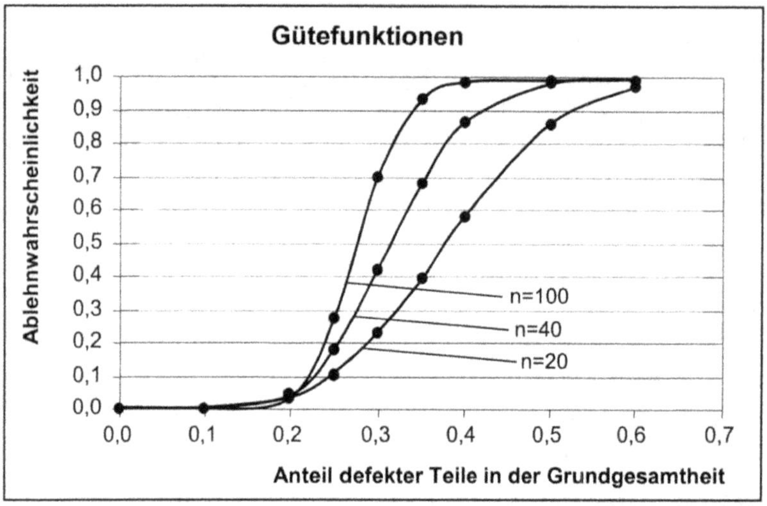

Abb. 19.1.6: Gütefunktionen und Stichprobenumfang im Einführungsbeispiel

Während bei n=20 die Ablehnwahrscheinlichkeit von H_0 für einen Ausschussanteil von z.B. 30% nur ~0,23 beträgt, erhöht sie sich bei n=40 auf 0,42 und bei n=100 auf ~0,7. Und während der Test bei n=20 eine falsche Hypothese praktisch sicher erst dann erkennt, wenn der Anteil defekter Teile in der Grundgesamtheit 60% und mehr beträgt, leistet er dies bei n=40 bereits bei einem Anteil von ~50% und bei n=100 sogar schon bei einem Anteil von ~35%.

Die **höhere Trennschärfe des Tests bei zunehmendem Stichprobenumfang** kann man mit den bisherigen Kenntnissen begründen. Betrachtet man die drei Prüfverteilungen im Einführungsbeispiel, so haben sie die gleiche Prüfgröße (Y= Anteil defekter Teile in der Stichprobe) mit dem gleichen Wertebereich (y: 0,..., 1), die gleiche Prüfverteilung (Binomialverteilung)mit dem gleichen Wert des Parameters π = 0,2 und den gleichen Erwartungswert E(Y)= n* π /n= π =0,2. Sie unterscheiden sich ausschließlich durch den **Wert des Parameter n**. Dieser beeinflusst nach den in der Tab. 17.4.4 zusammengestellten Formeln wesentlich die **Streuung** der Stichprobenverteilung des Anteilswertes gemessen durch die Varianz, formal:

$$V(Y)= \frac{\pi*(1-\pi)}{n}$$

Danach wird die Varianz in der Stichprobe bei gleichen Anteilswerten kleiner, wenn der Stichprobenumfang größer wird. Der Anteil defekter Teile in der Stichprobe streut danach im Mittel umso weniger um den Anteil defekter Teile in der Grundgesamtheit, je größer der Stichprobenumfang ist. Die Verkleinerung der Streuung sorgt dafür, dass die Gütefunktion eines Tests im relevanten Bereich steiler verläuft.

19.1.7 Nötiger Stichprobenumfang

In der Praxis wird der hier am Einführungsbeispiel entwickelte, aber allgemein gültige Zusammenhang zwischen Güte und Stichprobenumfang von Tests in aller Regel benutzt, um den notwenigen Stichprobenumfang zu ermitteln. Die in diesem Zusammenhang relevanten konzeptionellen Überlegungen kann man exemplarisch an den Gütefunktionen des Einführungsbeispiels verdeutlichen.

Konzept
Durch die Nullhypothese und das Signifikanzniveau des Tests ist ein Wertepaar - bildlich **ein markanter Punkt** des Grafen der Gütefunktion - von vornherein und unabhängig vom Stichprobenumfang festgelegt. In der obigen Abbildung ist dies das Wertepaar (0,2; 0,05), das für alle drei Gütefunktionen gleichermaßen gilt. Die weiteren Wertepaare - bildlich die konkreten Verläufe der Gütefunktionen - richten sich nach den Werten des Parameters im Bereich der Gegenhypothese und den ihnen zugeordneten Ablehnwahrscheinlichkeiten, wobei letztere durch den Stichprobenumfang wesentlich beeinflusst werden.

Wenn man nun den Parameterwert im Bereich der Gegenhypothese auswählt, der das Ende des als relevant erachteten Bereichs markiert und zusätzlich angibt, mit welcher Wahrscheinlichkeit der Test diese **relevante Abweichung** erkennen und **ablehnen** soll, dann hat man ein zweites markantes Wertepaar - bildlich einen **zweiten markanten Punkt** - der Gütefunktion eines Tests festgelegt. Im Einführungsbeispiel mögen dies z.B. der Parameterwert π =0,3 und die Ablehnwahrscheinlichkeit von 0,9 sein. Wenn man den relevanten Parameterwert als senkrechte Linie in die obige Abbildung einträgt, erkennt man, dass keine der für die verschiedenen Stichprobenumfänge bereits ermittelten Gütefunktionen - auch nicht die für n=100 - die geforderte Ablehnwahrscheinlichkeit erreicht, dass es aber eine Gütefunktion mit n>100 geben muss, bei der dies der Fall ist. Man braucht also einem Test nur zusätzlich das zweite markante Wertepaar vorzugeben, um damit seine Gütefunktion implizit festzulegen und daraus mit Hilfe einer geeigneten Wahrscheinlichkeitsverteilung den nötigen Stichprobenumfang zu berechnen.

Operationalisierung
In der Praxis wird das Konzept im Allgemeinen so umgesetzt, dass

- über die als **relevant erachtete Abweichung** von H_0 der markante Parameterwert im Bereich der Gegenhypothese festgelegt wird,
- zu diesem markanten Wert nicht die Ablehnwahrscheinlichkeit, sondern die komplementäre **Annahmewahrscheinlichkeit** angegeben wird. Da dabei - Gültigkeit der Nullhypothese vorausgesetzt - die Annahme eines Parameterwertes im Bereich der Gegenhypothese ein Fehler ist, wird dem Test dadurch eine obere Schranke für den **Fehler 2. Art ß** vorgegeben.

Betrachtet wird also die relevante Abweichung, die Differenz zwischen dem Parameterwert unter H_0 und dem unter H_1 - formal $\mathbf{\Theta_0 - \Theta_1}$ -, die demselben Verteilungstyp wie die Prüfverteilung folgt, hier der Binomialverteilung. Diese kann man, wenn die Varianz ausreichend groß ist - d.h. für $\mathbf{n^* \pi^*(1-\pi) \geq 9}$ - durch die Normalverteilung approximieren. Für die hier in Frage kommenden größeren Stichprobenumfänge von n> 100 ist die Approximationsbedingung erfüllt, da 100*0,2 *0,8 = 16 > 9 ist.

Wendet man die Standardisierungsformel auf die relevante Abweichung an und verwendet die zu den vorgegebenen oberen Schranken für den Fehler 1. und 2. Art gehörenden Werte von z aus der Standard-Normalverteilung - hier mit $\mathbf{z_\alpha}$ und $\mathbf{z_\beta}$ bezeichnet - und löst die Formel nach n auf, so erhält man:

$$n \geq \left[\frac{z_\alpha\sqrt{\pi_0 * (1-\pi_0)} - z_\beta\sqrt{\pi_1{}' * (1-\pi_1)}}{\pi_1 - \pi_0}\right]^2$$

Anwendung im Einführungsbeispiel
Im Einführungsbeispiel sind π_0= 0,2 und π_1= 0,3. Der Ablehnbereich des Tests liegt bei großen Anteilswerten defekter Teile (p> 0,2), der Annahmebereich entsprechend bei kleinen (p≤ 0,2). Der Fehler 1. Art (Ablehnfehler) soll maximal 5% betragen, d. h α_0=0,05. Der ihm zugeordne-

Wert von Z ist in der Standard-Normalverteilung bei z> 0 mit z_α= **1,645** abzulesen. Der maximal zugelassene Fehler 2. Art ergibt sich aus der für Θ_1 mindestens geforderten Ablehnwahrscheinlichkeit von 90% mit **ß=1-g(π₁)=1- 0,9= 0,1**. Der diesem Annahmefehler zugeordnete Wert von Z ist in der Standard-Normalverteilung bei z< 0 mit z_β ~ **-1,28** abzulesen. Damit erhält man im Einführungsbeispiel unter Verwendung der obigen Formel:

$$n \geq \left[\frac{1{,}645\sqrt{0{,}2*0{,}8}-(-1{,}28\sqrt{0{,}3*0{,}7}}{0{,}3-0{,}2}\right]^2 = \left[\frac{1{,}645\sqrt{0{,}16}+1{,}28\sqrt{0{,}21}}{0{,}1}\right]^2 = \left[\frac{1{,}645*0{,}4+1{,}28*0{,}46}{0{,}1}\right]^2$$

$$n \geq \left[\frac{0{,}658+0{,}588}{0{,}1}\right]^2 = \left[\frac{1{,}246}{0{,}1}\right]^2 = [12{,}46]^2 = 155{,}25 \sim 156$$

Der Stichprobenumfang für den Test muss mindestens 156 Teile betragen, wenn unter Berücksichtigung der maximal zugelassenen Risiken die geforderte Güte gewährleistet werden soll.

19.1.8 Zweiseitiger Test

Im Einführungsbeispiel wurde eine Bereichshypothese mit Hilfe eines einseitigen Tests überprüft. In der Praxis ist ergänzend der Fall bedeutsam, dass ein ganz bestimmter Wert des Parameters behauptet wird, so dass eine sogenannte **Punkthypothese** vorliegt. Die Gegenhypothese besteht dann aus **zwei Wertebereichen**, von denen einer unter- und der andere oberhalb des unter der Nullhypothese behaupteten Parameterwertes liegt, weshalb man den Test in der Fachsprache als **zweiseitig** bezeichnet.

Um die wesentlichen Unterschiede eines zweiseitigen Tests im Vergleich zum einseitigen aufzuzeigen, unterscheidet sich das folgende Beispiel vom bisherigen nur durch die Hypothesenart (Punkt- statt Bereichshypothese), während alle sonstigen Festlegungen unverändert bleiben. Die Leitung des die Bauteile liefernden Unternehmens in Südostasien will die Angabe ihrer Werksleitung überprüfen, dass der Anteil defekter Teile **genau 20%** beträgt. Ein niedrigerer Anteil würde eine Übererfüllung der vereinbarten Qualitätsnorm und höhere Herstellkosten bedeuten, ein höherer Anteil würde zu zusätzlichen Kosten durch Forderungen des Abnehmers führen. Beides ist unerwünscht, weshalb die Werksvorgabe einen Anteil von genau 20% vorsieht. Das Signifikanzniveau des Tests soll 5%, der Stichprobenumfang 20 betragen.

Veränderte Arbeitsschritte

Gegenüber dem bisherigen Einführungsbeispiel sind bei diesem Beispiel Änderungen bei folgenden Arbeitsschritten nötig:

1. Formulierung der Hypothesen

Ho: π= 0,2; H_1: $\pi \neq 0{,}2$

5. Konstruktion des Annahme- und Ablehnbereichs

Beim Parametertest wird der Ablehnbereich mit Hilfe der oberen Schranke für die Irrtumswahrscheinlichkeit konstruiert. Im Einführungsbeispiel wurden dazu - beim bekannten Ende des Ablehnbereichs beginnend - die Wahrscheinlichkeiten der Werte der Prüfgröße systematisch aufsummiert. Dagegen führen bei diesem Test nicht nur große Werte der Prüfgrößen zur Ablehnung, sondern auch kleine, da die Gegenhypothese Anteile defekter Teile enthält, die sowohl größer als auch kleiner als 20% sind. Infolgedessen setzt sich bei diesem Test der Ablehnbereich aus zwei Teilbereichen zusammen: Der eine enthält die kleinen Werte der Prüfgröße und wird hier mit **Tu** symbolisiert, der andere die großen und wird hier mit **To** abgekürzt.

Im Folgenden wird gezeigt, wie man diese beiden Teilbereiche und damit den Ablehnbereich insgesamt im vorliegenden Fall konstruiert. Dazu ist in der folgenden Tabelle 19.1.8 im linken

Teil zunächst noch einmal die für diesen Test gültige Prüfverteilung dargestellt. Im rechten Teil wird diese gezielt zur Konstruktion des Ablehnbereichs benutzt.

Prüfverteilung B (20, 0,2)			Konstruktion Ablehnbereich		
Anzahl	Anteil	Wahrscheinlichk.	Anteil	Wahrscheinlichk.	Kum. Wahrsch.
x	y	f(x)	y	f(x)	W(Y=y)
0	0,00	0,01153	1,00	0,00000	0,00000
1	0,05	0,05765	0,95	0,00000	0,00000
2	0,10	0,13691	0,90	0,00000	0,00000
3	0,15	0,20536	0,85	0,00000	0,00000
4	0,20	0,21820	0,80	0,00000	0,00000
5	0,25	0,17456	0,75	0,00000	0,00000
6	0,30	0,10910	0,70	0,00000	0,00000
7	0,35	0,05455	0,65	0,00001	0,00001
8	0,40	0,02216	0,60	0,00009	0,00010
9	0,45	0,00739	0,55	0,00046	0,00056
10	0,50	0,00203	0,50	0,00203	0,00259
11	0,55	0,00046	0,45	0,00739	0,00998
12	0,60	0,00009	0,00	0,01153	0,02151
13	0,65	0,00001	0,40	0,02216	**0,04367**
14	0,70	0,00000	0,35	0,05455	0,09822
15	0,75	0,00000	0,05	0,05765	0,15587
16	0,80	0,00000	0,30	0,10910	0,26497
17	0,85	0,00000	0,10	0,13691	0,40188
18	0,90	0,00000	0,25	0,17456	0,57644
19	0,95	0,00000	0,15	0,20536	0,78180
20	1,00	0,00000	0,20	0,21820	1,00000
Summe		1,00000		1,00000	

Tab. 19.1.8: Konstruktion des Ablehnbereichs im Einführungsbeispiel

Dazu werden im **1. Schritt** die Wertepaare der Wahrscheinlichkeitsfunktion f(x) nach **zunehmender Wahrscheinlichkeit sortiert**, so wie in der mittleren Spalte des rechten Tabellenteils ersichtlich. Diese enthält zunächst eine Reihe von Werten der Prüfgröße, deren Wahrscheinlichkeit NULL ist, wobei es sich um große Werte der Prüfgröße handelt, die damit zum oberen Teilbereich **To** gehören. Erst im unteren Teil der Tabelle findet man im vorliegenden Fall Wahrscheinlichkeiten, die kleinen Werten der Prüfgröße zugeordnet sind und damit zum unteren Teilbereich **Tu** gehören.

Im **2. Schritt** sind die aufsteigend sortierten Einzelwahrscheinlichkeiten systematisch **aufzusummieren**, so wie in der letzten Spalte geschehen. Die kumulierten Wahrscheinlichkeiten sind die Irrtumswahrscheinlichkeiten. Dort wo die kumulierte Wahrscheinlichkeit gerade noch kleiner oder höchstens gleich groß ist wie die vorgegebene obere Schranke für die Irrtumswahrscheinlichkeit, liegt in dem Test die Grenze zwischen Ablehn- und Annahmebereich. In der obigen Tabelle ist diese Grenze durch eine waagerechte, durchgezogene Linie markiert und der gesamte Ablehnbereich ist grau hinterlegt. Die tatsächliche Irrtumswahrscheinlichkeit beträgt im vorliegenden Fall nicht höchstens 5%, sondern nur 4,36 %.

Im **3. Schritt** ist der gesamte Ablehnbereich sachgerecht in seine beiden **Teilbereiche** aufzuteilen. Im vorliegenden Fall erhält man durch Auswertung des grau hinterlegten Tabellenteils:

Ablehnbereich: Tu: y= {0} und To: y= {0, 4,..., 1, 0}, Annahmebereich: y= {0,05,..., 0,35}.

6. Durchführung und Auswertung der Stichprobe

Die durchgeführte Stichprobe enthält 6 defekte Teile. Dies entspricht einem Anteil von 0,3.

7. Testempfehlung bzw. -entscheidung

Der in der Stichprobe ermittelte Wert der Prüfgröße liegt im Annahmebereich. Der Test empfiehlt daher, die Nullhypothese anzunehmen bzw. beizubehalten.

19.2 Mittelwerttest

Bei quantitativen, metrisch skalierten Merkmalen ist vor allem der Durchschnittswert als Mittelwert ein wichtiger Parameter der Grundgesamtheit, über den man Hypothesen formulieren und durch einen Test überprüfen kann. Alle beim Anteilstest gemachten Ausführungen über Parametertests gelten analog auch für Mittelwerttests. Wir werden uns deshalb auf diejenigen Aspekte konzentrieren, die abweichend erläuterungsbedürftig sind und die bislang noch nicht behandelt wurden.

19.2.1 Einfacher Fall

Zur Demonstration benutzen wir folgendes vereinfachtes **Einführungsbeispiel** aus der Qualitätskontrolle über das **Füllgewicht von Pfeffergläsern**: Bei einem Gewürzhersteller H wird gemahlener Pfeffer durch eine Maschine in Gläser abgefüllt. Aufgrund von Schwankungen bei Temperatur, Luftfeuchtigkeit, Maschinenlaufverhalten etc. kann man das Füllgewicht als Zufallsgröße ansehen. Aus Erfahrungen weiß man, dass es etwa normalverteilt ist, wobei die Streuung - gemessen durch die Varianz - etwa 9 (g^2) beträgt. Das mittlere Füllgewicht soll laut Liefervereinbarungen mindestens 100 g betragen.

Der Gewürzgroßhandel G, der in laufender Geschäftsbeziehung mit H steht, vermutet wegen häufiger Reklamationen seiner Einzelhandelskunden, dass das mittlere Füllgewicht geringer als 100 g ist. Um seine Vermutung zu fundieren, soll ein statistischer Test mit einer Irrtumswahrscheinlichkeit von höchstens 5% durchgeführt werden. Dazu soll eine Zufallsstichprobe von 25 Gläsern aus der letzten Lieferung entnommen und ausgewertet werden. Dabei ist das Füllgewicht mit einer Genauigkeit von 1/100 g zu messen und auszuwerten.

Bevor der Test gemäß Standard-Vorgehensweise durchgeführt wird, ist es sinnvoll, die Charakteristika des vorliegenden, vereinfachten Falls herauszustellen und die in der Sachstandsbeschreibung enthaltenen Kernangaben zu formalisieren.

Über die **relevante Grundgesamtheit** hat der G im vorliegenden Fall einige **sichere Informationen**: Sie betreffen den Verteilungstyp und die Streuung. Danach ist das Füllgewicht X annähernd normalverteilt, d.h. **X:~N**. Die Varianz als Maßgröße für die Streuung in der Grundgesamtheit ist ebenfalls bekannt: $\boldsymbol{\sigma^2_X = 9}$ **(g^2)**. Damit beträgt die Standardabweichung als Wurzel aus der Varianz im vorliegenden Fall $\boldsymbol{\sigma_X=3{,}0}$ **(g). Unsicher** ist nur der Mittelwert - im Allgemeinen mit $\boldsymbol{\mu}$ abgekürzt -, über den es sich widersprechende Angaben bzw. Vermutungen gibt, die Anlass und Gegenstand des Tests sind. Damit lässt sich das Wissen über die relevante Grundgesamtheit wie folgt formal zusammenfassen: **X: N(μ; 3).**

Bei der **Stichprobe** handelt es sich um eine **einfache Zufallsauswahl** ohne Zurücklegen und ohne Berücksichtigung der Reihenfolge mit einem Umfang von **n=25**.

Testablauf

1. Formulierung der Hypothesen

Da G mit Hilfe des Tests beweisen möchte, dass die Qualitätsnorm „Durchschnittliches Füllgewicht mindestens 100 (g)“ nicht eingehalten wird, muss er diese als Nullhypothese formulieren. Wird die Nullhypothese durch den Test widerlegt, so ist das Gegenteil - seine Befürchtung, dass das durchschnittliche Füllgewicht kleiner als 100 (g) ist - mit statistischer Signifikanz erwiesen. Daraus ergeben sich für den Test folgende Hypothesen:

Ho: $\mu = \mu_0 \geq 100$ (g) und H_1: $\mu = \mu_1 < 100$ (g)

2. Vorgabe des Signifikanzniveaus
Die Irrtumswahrscheinlichkeit wird von G auf maximal 5% begrenzt, d.h. α_o= 0,05.

3. Art und Umfang der Stichprobe
Einfache Zufallsauswahl mit n=25 ohne Zurücklegen und ohne Berücksichtigung der Reihenfolge

4. Prüfgröße und Wahrscheinlichkeitsverteilung
Da die zu testende Hypothese das Durchschnittsgewicht in der Grundgesamtheit betrifft, ist es sinnvoll, sie durch das Durchschnittsgewicht in der Stichprobe zu überprüfen. Die Prüfgröße kann - je nach Messverfahren und erforderlicher Genauigkeit - beliebig viele Werte in einem relevanten Bereich annehmen, ist also **kontinuierlich**. Das gilt auch dann, wenn die Genauigkeit wie im vorliegenden Fall begrenzt ist. Als kontinuierliche Zufallsgröße hat sie eine **stetige** Wahrscheinlichkeitsverteilung.

Im Einführungsbeispiel kennt der Tester den **Verteilungstyp** des Füllgewichts in der Grundgesamtheit, was in der Praxis selten der Fall sein dürfte, hier jedoch aus didaktischen Gründen sehr hilfreich ist. Dann ist das als Prüfgröße betrachtete durchschnittliche Füllgewicht in der Stichprobe ebenfalls **normalverteilt**, formal: $\overline{X}$ **: N**.

Um mit der Normalverteilung als Prüfverteilung arbeiten zu können, braucht man die Werte ihrer **Verteilungsparameter** Erwartungswert und Varianz. In 17.5 wurden die Kenngrößen der Verteilung des Stichprobenmittels ganz allgemein gültig abgeleitet. Danach entspricht der Erwartungswert des Stichprobenmittels dem Mittelwert in der Grundgesamtheit, formal:

$$\boxed{E(\overline{X}) = \mu}$$

Über das Durchschnittsgewicht in der Grundgesamtheit gibt es aber unterschiedliche Ansichten, von denen eine durch den Test überprüft werden soll, nämlich: $\mu_0 \geq 100$. Dabei ist es aus der Sicht des Testers sinnvoll, die untere Schranke des unter der Nullhypothese behaupteten Wertebereichs des Parameters als Parameterwert der Prüfverteilung zu wählen. Denn je kleiner das durchschnittliche Füllgewicht angenommen wird, desto länger sprechen auch kleinere Durchschnittsgewichte in der Stichprobe immer noch für die Richtigkeit von H_0. Man kann also - Gültigkeit der Nullhypothese unterstellt - den Erwartungswert der Prüfverteilung im vorliegenden Fall angeben mit:

$$E(\overline{X}) = \mu_0 = 100$$

Die **Varianz des Stichprobenmittels** entspricht der Varianz in der Grundgesamtheit geteilt durch den Stichprobenumfang, formal:

$$\boxed{V(\overline{X}) = \sigma_{\bar{x}}^2 = \frac{\sigma^2}{n} \ldots und \ldots \sigma_{\bar{x}} = \frac{\sigma}{\sqrt{n}}}$$

Da der Tester die Varianz des Füllgewichts in der Grundgesamtheit im vorliegenden Fall kennt, kann er Varianz und Standardabweichung des durchschnittlichen Füllgewichts in der Stichprobe mit Hilfe der obigen Formeln berechnen:

$$V(\overline{X}) = \sigma_{\bar{x}}^2 = \frac{9}{25} = 0{,}36 \ldots und \ldots \sigma_{\bar{x}} = \frac{3}{\sqrt{25}} = 3/5 = 0{,}6$$

Die Prüfverteilung des Tests ist also formal: $\overline{X}$: N (100; 0,6).

In der folgenden Abbildung 19.2.1-a ist die Dichtefunktion der Prüfverteilung in dem praktisch relevanten Wertebereich zur Verdeutlichung der im Einführungsbeispiel vorliegenden Situation grafisch dargestellt.

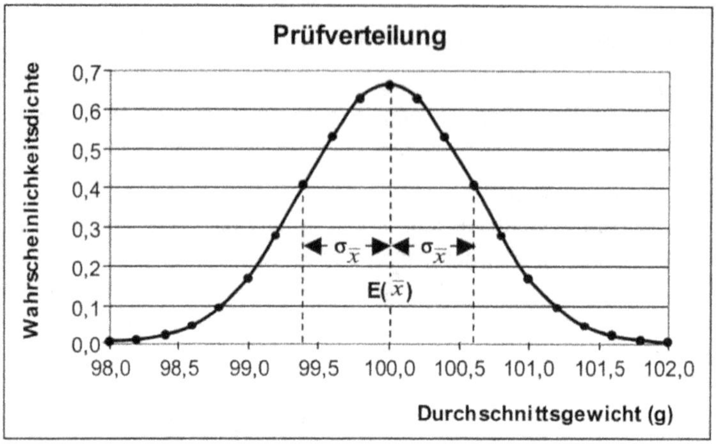

Abb. 19.2.1-a: Graf der Dichtefunktion der Prüfverteilung im Einführungsbeispiel

5. Annahme- und Ablehnbereich

Beim Parametertest wird zuerst der Ablehnbereich mit Hilfe des vorgegebenen Signifikanzniveaus konstruiert. Im vorliegenden Fall besteht die zu testende Hypothese über den Mittelwert in einem Wertebereich, der nach unten hin abgegrenzt ist (Bereichshypothese H_0: $\mu=\mu_0 \geq 100$). Der Ablehnbereich wird also bei Werten der Prüfgröße liegen, die kleiner als 100 sind. In der Prüfverteilung sind daher - beim kleinstmöglichen Wert der Prüfgröße beginnend - die Wahrscheinlichkeiten in Richtung der größeren Werte solange systematisch zu kumulieren, bis die vorgegebene obere Grenze für die Irrtumswahrscheinlichkeit erreicht ist. Da $\overline{X}$ eine kontinuierliche Zufallsgröße ist, braucht man dabei nicht zu unterscheiden zwischen der oberen Schranke für die Irrtumswahrscheinlichkeit α_0 und der tatsächlichen Irrtumswahrscheinlichkeit α.

Bei Verwendung der stetigen Normalverteilung, die theoretisch einen Wertebereich von $-\infty$ bis $+\infty$ hat, sind also von $-\infty$ kommend die Wahrscheinlichkeiten unter der Dichtefunktion zu integrieren, bis das Integral und damit die Verteilungsfunktion den Wert α_0 hat. Der dieser Wahrscheinlichkeit zugeordnete Wert der Zufallsgröße ist der Wert, bei dem der Ablehnbereich endet und der Annahmebereich beginnt. Er wird hier als **kritischer Wert** bezeichnet und mit $\bar{x}_{kr}$ abgekürzt. Bei konventioneller Arbeitsweise mit der Standard-Normalverteilung ergibt sich für die Prüfgröße $\overline{X}$ als standardisierte Zufallsgröße die in 17.5.1.1 eingeführte **Gauß-Statistik**:

$$Z = \frac{\overline{X} - \mu_x}{\sigma_x} * \sqrt{n} : N(0;1)$$

Mit ihr ist der Wert der standardisierten Zufallsgröße Z zu ermitteln, der $\bar{x}_{kr}$ entspricht und der hier mit $\mathbf{z_{kr}}$ abgekürzt wird. Aus der Standard-Normalverteilungstabelle kann man diesen Wert unter $F(-z) = \alpha_0$ ablesen. Im vorliegenden Fall ist der F(-z)= 0,05 zugeordnete z-Wert durch Interpolation zu ermitteln: $\mathbf{z_{kr} = -1{,}645}$. Damit gilt folgende Gleichung, aus der $\bar{x}_{kr}$ ermittelt werden kann:

$$z_{kr} = \frac{\bar{x}_{kr} - \mu_0}{\sigma_{\bar{x}}} = -1{,}645 \rightarrow \bar{x}_{kr} = \mu_0 - 1{,}645 * \sigma_{\bar{x}}$$

Durch Einsetzen der im vorliegenden Fall zutreffenden Werte von $\boldsymbol{\mu_0}$=100 und $\boldsymbol{\sigma_{\bar{x}}}$=0,6 erhält man:

$\bar{x}_{kr}$ = 100 -1,645*0,6= 100 – 0,987 = <u>99,013</u>

und damit den Ablehnbereich $\bar{x} \leq 99{,}01$ und den Annahmebereich $\bar{x} > 99{,}01$.

6. Durchführung und Auswertung der Stichprobe

Aus den Füllgewichten der 25 Pfefferdosen in der Stichprobe ermittelt man ein Durchschnitts gewicht von 99,5 (g).

7. Testempfehlung/-entscheidung

Das in der Stichprobe festgestellte durchschnittliche Füllgewicht liegt im Annahmebereich des Tests. Der Test empfiehlt, die Nullhypothese, dass das durchschnittliche Füllgewicht generell mindestens 100 (g) beträgt, beizubehalten, da der Stichprobenbefund nicht im signifikanten Widerspruch dazu steht.

Gütefunktion

Es soll auch hier die Güte des durchgeführten Tests beurteilt werden. Dazu wird seine Gütefunktion ermittelt, visualisiert und interpretiert. Die Gütefunktion ist die Ablehnwahrscheinlichkeit in Abhängigkeit vom getesteten Parameter. Im Bereich der Nullhypothese entspricht sie der Irrtumwahrscheinlichkeit. Im Bereich der Gegenhypothese - insbesondere bei Parameterwerten, die nahe bei H_0 liegen - ist sie unbekannt und zu ermitteln. Die zur Konstruktion der Gütefunktion im Bereich der Gegenhypothese beim Anteilstest gemachten Ausführungen gelten hier analog. Bevor wir die Gütefunktion im vorliegenden Fall konkret numerisch ermitteln, soll die ihrer Berechnung zugrunde liegende Betrachtung kurz verdeutlicht werden.

Analyseansatz

Dazu werden einige Werte des unbekannten durchschnittlichen Füllgewichts betrachtet, die kleiner als das unter H_0 behauptete durchschnittliche Mindestfüllgewicht von 100 (g) sind, und sich durch Verringerung um jeweils 0,5 (g) ergeben: μ= 99,5, μ= 99,0 und μ= 98,5. In der Stichprobenverteilung verändert sich dadurch jeweils deren Erwartungswert, der entsprechend kleiner wird. Da die Streuung der als Prüfverteilung verwendeten Normalverteilung sich nicht verändert, bleiben - bildlich gesprochen - Form und Fläche der Glockenkurven unverändert. Die Stichprobenverteilungen werden nur in ihrer Lage zu kleineren durchschnittlichen Füllgewichten verschoben, so wie in der folgenden Abbildung 19.2.1-b dargestellt.

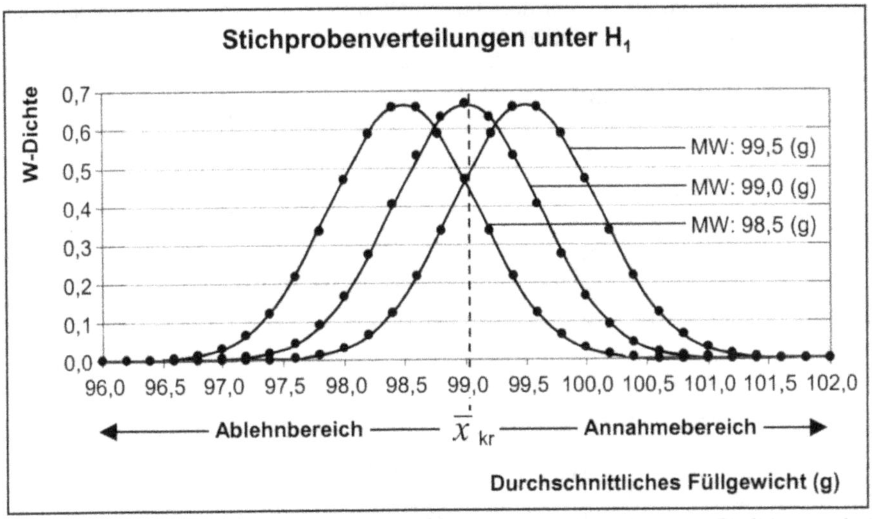

Abb. 19.2.1-b: Stichprobenverteilungen unter der Gegenhypothese im Einführungsbeispiel

Die Ablehnwahrscheinlichkeit entspricht jeweils der Fläche unter der Kurve für Werte der

Prüfgröße im Ablehnbereich. Das sind in der obigen Abbildung jeweils die Flächen unter den Glockenkurven links von der senkrechten Linie, die die Grenze des Ablehnbereichs markiert. Diese Flächen werden bei den 3 beispielhaft dargestellten Glockenkurven von rechts nach links - d.h. mit zunehmender Entfernung des betrachteten Mittelwerts von dem unter der Nullhypothese behaupteten - immer größer. Die diesen Flächen entsprechenden Wahrscheinlichkeiten sind nun zu berechnen, um damit die Gütefunktion zu konstruieren.

Ermittlung

Bei konventioneller Arbeitsweise mit der **Standard-Normalverteilung** benutzt man dazu wieder die Gauß-Statistik, die auf jeden der betrachteten Mittelwerte anzuwenden ist. Für $\overline{X}$ setzt man $\bar{x}_{kr}$ - die obere Grenze des Ablehnbereichs - ein und ermittelt das korrespondierende $\mathbf{z_{kr}}$,. Dessen Wahrscheinlichkeit ist dann aus der Verteilungsfunktion der Standard-Normalverteilungstabelle abzulesen. Da die Z-Werte darin nur mit 2 Stellen hinter dem Komma angegeben sind, werden die ermittelten Z-Werte üblicherweise gerundet Im Folgenden ist die Ermittlung der Ablehnwahrscheinlichkeit für die drei hier betrachteten Werte von μ nachvollziehbar dargestellt.

μ	$\bar{x}_{kr} - \mu$	$\sigma_{\bar{x}}$	z_{kr}	$F(z_{kr})$
99,5	99,01- 99,5= -0,49	0,6	-0,49/0,6= -0,81666 ~-0,82	~0,2061
99,0	99,01- 99,0= +0,10	0,6	+0,10/0,6=+0,16666 ~+0,17	~0,5675
98,5	99,01- 98,5= +0,51	0,6	+0,51/0,6= +0,850	0,8023

Durch Zuordnung der Ablehnwahrscheinlichkeiten (Werte in der letzten Spalte) zu den Werten des Parameters (erste Spalte) erhält man die Gütefunktion. Sie ist in der folgenden Abbildung 19.2.1-c anschaulich grafisch dargestellt. Der Graf der Gütefunktion des durchgeführten Tests verläuft im entscheidenden Bereich - d.h. bei durchschnittlichen Füllgewichten, die nur geringfügig kleiner sind als das behauptete durchschnittliche Mindestfüllgewicht von 100 (g) - nicht sehr steil. Der durchgeführte Test ist daher leider nicht besonders gut. Diese grobe optische Einschätzung kann man durch Zahlen wie folgt präzisieren: Beträgt das mittlere Füllgewicht im vorliegenden Fall nur 99,5 bzw. 99,0 (g), so lehnt der Test die Nullhypothese, dass es mindestens 100 (g) beträgt, nur mit Wahrscheinlichkeiten von ~ 20,6% bzw. 56,7% ab. Erst wenn das mittlere Füllgewicht bereits um 2 (g) unter dem behaupteten liegt - d.h. bei 98,0 (g) -, erkennt der Test dies mit sehr großer Wahrscheinlichkeit von ~ 95%.

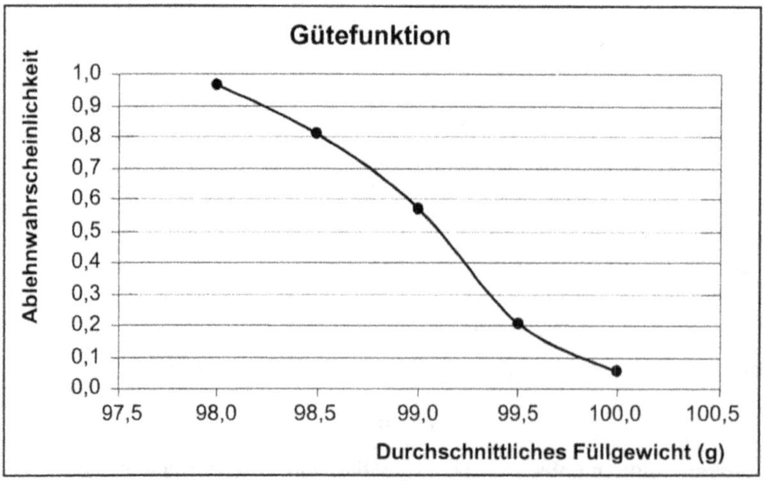

Abb. 19.2.1-c: Gütefunktion des Mittelwerttests im Einführungsbeispiel

19.2.2 Allgemeiner Fall

Im Allgemeinen hat derjenige, der einen Mittelwerttest durchführen will, keine sicheren Informationen über die Grundgesamtheit. Insbesondere sind ihm - im Gegensatz zum eben behandelten einfachen Fall - häufig weder die **Verteilungsform** noch die **Streuung** der Größe in der Grundgesamtheit bekannt. Wie kann man praktisch ohne jedes Wissen über die Grundgesamtheit einen Mittelwerttest durchführen ? Zur Demonstration des Vorgehens in diesem für die Praxis typischen Fall benutzen wir weiterhin das Einführungsbeispiel des einfachen Falls und verzichten einfach auf das dort unterstellte Wissen über Verteilungsform und Varianz des Füllgewichts der 100-g-Pfefferdosen beim Hersteller. Hypothesen und Signifikanzniveau sollen dagegen unverändert bleiben.

Die ersten Arbeitsschritte können dann weitgehend unverändert übernommen werden. Dies gilt uneingeschränkt für die Hypothesen, das Signifikanzniveau, die Art der Stichprobe und die Prüfgröße. Das **Hauptproblem** des allgemeinen Falls besteht in der Ermittlung der **Prüfverteilung**, im 4. Arbeitsschritt.

Bestimmung der Wahrscheinlichkeitsverteilung

Was den **Verteilungstyp** angeht, so kann man auf das im Abschnitt über Stichprobenverteilungen vorgestellte Know-How zurückgreifen. Danach ist das Stichprobenmittel immer **approximativ normalverteilt,** und zwar unabhängig von der Verteilungsform in der Grundgesamtheit (s. Abb. 17.5.1.2.-b). Dies gilt allerdings in einer für praktische Zwecke ausreichenden Genauigkeit erst für Stichprobenumfänge von **n ≥30**. Wir wollen hier der statistischen Akkuratesse folgen und die Approximationsbedingung erfüllen. Dazu ist der im einfachen Fall verwendete **Stichprobenumfang** zu vergrößern. Er soll hier auf **n=49** erhöht werden. Damit können wir auch bei diesem Test mit der Normalverteilung als Prüfverteilung arbeiten.

Was die **Parameterwerte** der benutzten Normalverteilung angeht, so bleibt ihr Erwartungswert mit μ_0 =100 unverändert, da die Nullhypothese unverändert gilt. Das Problem ist hier die **Streu ung** der Prüfverteilung. Diese kann nicht mehr wie im einfachen Fall mit Hilfe der Streuung in der Grundgesamtheit ermittelt werden, denn die Streuung in der Grundgesamtheit ist im allgemeinen Fall unbekannt. Hier geht man typischerweise so vor, dass man die unbekannte Streuung in der Grundgesamtheit durch die **Streuung in der Stichprobe abschätzt**. Als erwartungstreuen Schätzer für die unbekannte Varianz einer Grundgesamtheit hatten wir in 18.3.1 die Stichprobenvarianz kennen gelernt, formal:

$$\hat{\sigma}_X^2 = S_X^2 = \frac{1}{n-1} * \sum_{i=1}^{n} (X_i - \overline{X})^2$$

Die mit dieser Formel in der Stichprobe ermittelte Varianz wird als Schätzwert für die unbekannte Varianz in der Grundgesamtheit benutzt und so die Varianz/Standardabweichung der Prüfverteilung bestimmt. Die standardisierte Größe

$$T = \frac{\overline{X} - \mu_x}{S_X} * \sqrt{n}$$

heißt in der Fachsprache T-Statistik und folgt exakt der T- bzw. Studentverteilung. Diese kann bei normalverteilter oder annähernd normalverteilter Grundgesamtheit ab **n ≥30** durch die **Normalverteilung approximiert** werden. Wenn wir - wie auch im einfachen Fall - die Grundgesamtheit als normalverteilt annehmen, können wir also auch im allgemeinen Fall bei unbekannter Streuung in der Grundgesamtheit bei ausreichendem Stichprobenumfang wieder mit der Normalverteilung als approximativer Prüfverteilung arbeiten. Da im vorliegenden Fall der Stichprobenumfang mit n= 49 groß genug gewählt wurde, kann weiter approximativ mit der Normalverteilung gearbeitet werden, d.h.

$$\overline{X} :\approx N(\mu_0; \frac{S}{\sqrt{n}})$$

Konstruktion des Annahme- und Ablehnbereichs
Annahme- und Ablehnbereich werden mit Hilfe des Signifikanzniveaus und der Standard-Normalverteilung analog zum einfachen Fall nach folgender Formel konstruiert:

$$z_{kr} = \frac{\overline{x}_{kr} - \mu_o}{S} * \sqrt{n} \Rightarrow \overline{x}_{kr} = \mu_o + z_{kr} * \frac{S}{\sqrt{n}}$$

Der konkrete Wert von $\overline{x}_{kr}$ kann - im Gegensatz zum einfachen Fall - im allgemeinen Fall erst nach Durchführung und Auswertung der Stichprobe numerisch ermittelt werden.

Durchführung und Auswertung der Stichprobe
Die Auswertung der Stichprobe erbringt den aus dem einfachen Fall bereits bekannten Durchschnittswert von $\bar{x}$= 99,5 (g). Ergänzend wird aus dem Stichprobenergebnis mit Hilfe der oben angegebenen Formel die Stichprobenvarianz S^2 berechnet und daraus die Wurzel gezogen. Man erhält so die Stichprobenstandardabweichung s=3,5 (g), die als Schätzwert für die unbekannte Standardabweichung in der Grundgesamtheit dient. Damit erhält man als Standardabweichung des Stichprobenmittels im vorliegenden Fall:

$$\sigma_{\overline{X}} = \frac{\hat{\sigma}_X}{\sqrt{n}} = \frac{S}{\sqrt{n}} = \frac{3{,}5}{7} = \underline{0{,}5.}$$

Damit erhält man als Prüfverteilung $\overline{X} \sim \mathbf{N}$ (100; 0,5) und Grenzwert des Ablehnbereichs
$\overline{x}_{kr} = \mu_o + z_{kr} * \sigma_{\overline{X}} = 100 - 1{,}645 * 0{,}5 = 100 - 0{,}8225 = 99{,}1775$.

Bei der vorgegebenen Mess- und Auswertungsgenauigkeit von 1/100 (g) ist der Wert entsprechend zu runden, so dass man erhält:

Ablehnbereich: $\bar{x} \leq 99{,}18$ (g) und Annahmebereich: $\bar{x} > 99{,}18$ (g)

Testempfehlung/-entscheidung
Obwohl der Ablehnbereich etwas größer ist als im einfachen Fall, liegt der Wert der Prüfgröße mit 99,5 (g) immer noch klar im Annahmebereich. Der Test führt also auch bei praxisnäherem Informationsstand bei ansonsten unveränderter Testgestaltung zur Beibehaltung der Nullhypothese, da der Stichprobenbefund nicht im signifikanten Widerspruch zu ihr steht.

19.3 Anpassungstest

Der Anpassungstest wird hier als typisches Beispiel eines **nicht-parametrischen** Tests bei univariaten Verteilungen vorgestellt. Er überprüft eine Hypothese über die Verteilungsform bzw. den Verteilungstyp der Größe in der Grundgesamtheit. Mögliche Verteilungshypothesen sind etwa, dass das studentische Monatseinkommen normalverteilt oder der Intelligenzquotient gleichverteilt ist. Das Testverfahren überprüft, ob die in einer Zufallsstichprobe gefundene empirische Verteilung der in der Grundgesamtheit behaupteten theoretischen Verteilung hinreichend genau entspricht. Das kann man auch so interpretieren, dass überprüft wird, ob die empirische Verteilung in der Stichprobe sich hinreichend gut an die theoretische Verteilung anpasst.

Konzept und Operationalisierung
Getestet wird die Hypothese, dass die Verteilung der Größe in der Grundgesamtheit durch eine bestimmte Verteilung beschrieben werden kann. Diese wird als **theoretische** oder häufig auch als **erwartete** Verteilung bezeichnet. Zur Überprüfung der Nullhypothese ermittelt man die

empirische Häufigkeitsverteilung der Größe in der Stichprobe. Man vergleicht die theoretische mit der empirischen Verteilung und ermittelt die Abweichungen zwischen den beiden. Wenn die beiden Verteilungen exakt übereinstimmen oder nur geringe Abweichungen auftreten, wird der Test die Nullhypothese annehmen. Wenn die Abweichungen zwischen den beiden Verteilungen so groß sind, dass sie - Gültigkeit der Nullhypothese vorausgesetzt - nicht mehr als zufällig anzusehen sind, wird die Nullhypothese abgelehnt. In dem Fall ist mit statistischer Signifikanz erwiesen, dass die Grundgesamtheit nicht die behauptete Verteilung hat.

Abweichungsmessung mit Chi-Quadrat
Um beim Anpassungstest zu einer Testentscheidung zu kommen, braucht man ein Maß für die Abweichungen zwischen der theoretischen und der empirischen Verteilung, das als Prüfgröße verwendet werden kann, und man braucht die Wahrscheinlichkeitsverteilung dieser Prüfgröße. Zur Abweichungsmessung gibt es verschiedene Möglichkeiten, die unter anderem. auch vom Skalenniveau des betrachteten Merkmals abhängig sind und die zu verschiedenen Prüfgrößen und -verteilungen und entsprechenden Tests führen. Von diesen wird hier nur der bekannteste und wichtigste vorgestellt, der **Chi-Quadrat-Anpassungstest**.

Die Größe Chi-Quadrat haben wir als Maßgröße für Abweichungen zwischen zwei Verteilungen bereits bei der bivariaten Datenanalyse kennen gelernt. Dort wurde sie verwendet, um die Abweichungen zwischen der theoretischen Unabhängigkeitsverteilung und der gemeinsamen Häufigkeitsverteilung zweier Merkmale zu messen. Dabei wurden die Abweichungen zwischen vergleichbaren **absoluten Häufigkeiten** beider Verteilungen ermittelt. Hier kann man sie analog verwenden, um die Abweichungen zwischen der theoretischen Verteilung, die in der Nullhypothese behauptet wird, und der empirischen Verteilung, die in der Stichprobe vorliegt, zu messen. Man kann Chi-Quadrat also als Prüfgröße im Anpassungstest verwenden. Sie folgt einer Wahrscheinlichkeitsverteilung gleichen Namens, die als wichtige Stichprobenverteilung in 16.3 vorgestellt wurde.

Chi-Quadrat-Anpassungstest
Wir stellen den Chi-Quadrat-Anpassungstest an einem besonders einfachen und bereits gut bekannten Beispiel vor: dem **einfachen Würfelwurf**. Obwohl seine Grundgesamtheit unendlich ist, kennt man doch die Verteilung der Größe „Augenzahl". Sie kann die ganzen Zahlen von 1 bis 6 annehmen - ist also diskret -, wobei alle Werte die Wahrscheinlichkeit von 1/6 haben, von der Form her also eine Gleichverteilung vorliegt. Dies können wir als Hypothese formulieren und durch eine einfache Zufallsstichprobe von 300 Würfen mit einer Irrtumswahrscheinlichkeit von höchstens 5% überprüfen. Der grobe Ablauf auch dieses Tests folgt der bekannten Standard-Vorgehensweise.

1. Formulierung der Hypothesen
H_0: X ist gleichverteilt, d.h. $f^e(xi)=1/6$; H_1: X ist ungleich verteilt, d.h. $f(xi) \neq 1/6$

2. Vorgabe Signifikanzniveau
$\alpha_0=0{,}05$

3. Stichprobenart und -umfang
Einfache Zufallsstichprobe mit Zurücklegen und ohne Berücksichtigung der Reihenfolge vom Umfang n=300

4. Prüfgröße und ihre Wahrscheinlichkeitsverteilung
Die Prüfgröße Chi-Quadrat - symbolisch $\aleph^2$ - ist im Anpassungstest wie folgt definiert:

$$\aleph^2 = \sum \frac{[h(x_j) - h^e(x_j)]^2}{h^e(x_j)}$$

Darin sind $h(x_j)$ die absoluten Häufigkeiten der Ausprägungen x_j des Merkmals X in der Stichprobe und $h^e(x_j)$ die absoluten Häufigkeiten der in der Stichprobe unter der Nullhypothese erwarteten Verteilung von X.

$\aleph^2$ folgt einer Chi-Quadrat-Verteilung, deren einziger Parameter die Anzahl der Summanden oder Freiheitsgrade ν ist. Beim Chi-Quadrat-Anpassungstest ist ν= **m-1**, wobei m die Anzahl der in der Stichprobe sich unterscheidenden Merkmalswerte oder Merkmalswertklassen ist. Im vorliegenden Fall ist m=6 und damit ν=6-1= 5. In anderen Fällen kann es nötig sein, m aus der Stichprobe zu ermitteln.

5. Annahme- und Ablehnbereich

Der Annahme- und Ablehnbereich wird mit Hilfe der vorgegeben oberen Schranke für die Irrtumswahrscheinlichkeit konstruiert. Im Gegensatz zu den Parametertests wird bei allen Tests mit der Chi-Quadrat-Verteilung mit Hilfe von α_0 die (obere) Grenze des Annahmebereichs ermittelt. Der Annahmebereich liegt nämlich beim Chi-Quadrat-Test immer bei kleinen Werten der Prüfgröße, d.h. im Intervall von $0 \leq \aleph^2 \leq \aleph^2_k$, wobei $\aleph^2_k$ die obere Schranke des Annahmebereichs ist, bis zu der die Abweichungen bei vorgegebener Irrtumswahrscheinlichkeit noch als zufällig anzusehen sind. Diese obere Schranke wird deshalb häufig auch **Annahmekennzahl** genannt und im Folgenden mit $\mathbf{C_0}$ symbolisiert. Für den **Ablehnbereich** gilt daher immer: $\aleph^2 > \mathbf{C_0}$.

Die Annahmekennzahl als Grenzwert zwischen Annahme- und Ablehnbereich ist bei konventioneller Vorgehensweise aus der für den Anwendungsfall gültigen Chi-Quadrat-Verteilung abzulesen. Dazu benutzt man die im Anhang verfügbare Chi-Quadrat-Verteilungstabelle, die für Prüfzwecke besonders geeignet ist. Für die im Einführungsbeispiel gültige Chi-Quadrat-Verteilung mit ν =5 und α_0=0,05 liest man dort den Wert $\aleph^2_k = \mathbf{C_0} = \mathbf{11{,}07}$ ab. Damit erhält man für den Test:

Annahmebereich: $0 < \aleph^2 \leq 11{,}07$ und Ablehnbereich: $\aleph^2 > 11{,}07$

6. Durchführung und Auswertung der Stichprobe

Die Ergebnisse der Stichprobe und die Ermittlung des Wertes der Prüfgröße im Einführungsbeispiel sind in der folgenden Tabelle 19.3 nachvollziehbar dargestellt. In den Spalten (1) und (2) steht das Ergebnis der 300 Würfe als absolute Häufigkeitsverteilung. In der Spalte (3) steht die absolute Häufigkeitsverteilung, die bei Gültigkeit der Nullhypothese - der Gleichverteilung - zu erwarten ist. In den Spalten (4) bis (6) ist die Prüfgröße Chi-Quadrat nach der obigen Formel schrittweise berechnet. Die Stichprobe ergibt $\aleph^2 = 9$.

Augenzahl	Empir. Häuf.	Erwart. Häuf.	Abweichg.	Abw. Quadrat	Chi-Quadrat
x_j	$h(x_j)$	$h^e(x_j)$	$h(x_j) - h^e(x_j)$	$[h(x_j) - h^e(x_j)]^2$	(5)/(3)
(1)	(2)	(3)	(4)	(5)	(6)
1	45	50	-5	25	0,5
2	60	50	10	100	2
3	55	50	5	25	0,5
4	40	50	-10	100	2
5	40	50	-10	100	2
6	60	50	10	100	2
Summe	**300**	**300**			**9**

Tab. 19.3: Ermittlung von $\aleph^2$ im Einführungsbeispiel

Testempfehlung/-entscheidung

Der Wert der Prüfgröße in der Stichprobe liegt im Annahmebereich des Tests, da $\aleph^2 = 9 < C_0 = 11{,}07$. Der Test empfiehlt, die Hypothese der Gleichverteilung beizubehalten, da sie mit dem Stichprobenbefund bei einer Irrtumswahrscheinlichkeit von höchstens 5% nicht widerlegt werden kann. Damit ist - wie bei den Parametertests erörtert - nicht die Richtigkeit der getesteten Hypothese erwiesen. Die Testempfehlung kann auch falsch sein, und zwar in der Größenordnung des Fehlers 2. Art. Auf dessen Berechnung wird hier verzichtet.

19.4 Symbole, Definitionen , Regeln und Formeln

Bezeichnung	Symbol	Definition/Regel/Formel
Hypothesen		
Nullhypothese	H_0	Aussage über die Grundgesamtheit, die getestet wird
Gegenhypothese	H_1	gegenteilige Aussage über die Grundgesamtheit
Testverfahren		
wichtige Arbeitsschritte (Ablaufschema)	1.	Formulierung der Hypothesen
	2.	Vorgabe des Signifikanzniveaus
	3.	Stichprobenplanung
	4.	Bestimmung der Prüfgröße und der Prüfverteilung
	5.	Ermittlung des Annahme- und Ablehnbereichs
	6.	Durchführung und Auswertung der Stichprobe
	7.	Testempfehlung/-entscheidung
Fehler		
Fehler 1. Art	α	Ablehnung einer richtigen Hypothese (Ablehnfehler)
Irrtumswahrscheinlichkeit	α_0	obere Schranke für den Fehler 1. Art
Fehler 2. Art	ß	Beibehaltung einer falschen Hypothese (Annahmefehler)
Parameter (allgemein)	θ	Parameter allgemein
	θ_0	unter H_0 behaupteter Wert oder Wertebereich
einseitig	$H_0: \theta \geq \theta_0$ $H_0: \theta \leq \theta_0$	Nullhypothese: Wertebereich (Bereichshypothese)
zweiseitig	$H_0: \theta = \theta_0$	Nullhypothese. ein Wert (Punkthypothese)
Anteilstest		
Parameter	π	Anteil in der Grundgesamtheit
	π_0	unter H_0 behaupteter Anteilswert
Prüfgröße	P	Anteil in der Stichprobe
Prüfverteilungen	H	exakt für SP ohne Zurücklegen
	B	exakt für SP mit , approximativ für SP ohne Zurücklegen Approximationsbedingung : H –B
	N	approximativ: Approximationsbedingungen H-N und B-N
Mittelwerttest		
Parameter	μ	Durchschnittswert in der Grundgesamtheit
	μ_0	unter H_0 behaupteter Durchschnittswert
Prüfgrößen		
Stichprobenmittel	$\bar{X}$	
Gauß-Statistik	Z	$= \frac{\bar{X} - \mu_0}{\sigma_x} * \sqrt{n}$
T-Statistik	T	$= \frac{\bar{X} - \mu_0}{S} * \sqrt{n}$
Prüfverteilungen	N, S	siehe 17.6
Güte		
Gütefunktion	$g(\theta)$	Ablehnwahrscheinlichk. in Abhängigkeit des Parameters
Zusammenh. mit Fehlern	$g(\theta)$	$= \alpha$ für $\theta \in H_0$; $= 1-ß(\theta)$ für $\theta \in H_1$

Bezeichnung	Symbol	Definition/Regel/Formel
Stichprobenumfang	n	
Anteilstest (bei approximativer Normalverteilung)		$n \geq \left[\frac{z_\alpha \sqrt{\pi_0 * (1-\pi_0)} - z_\beta \sqrt{\pi_1{}' * (1-\pi_1)}}{\pi_1 - \pi_0} \right]^2$ mit z_α: zu α_o Art gehörender Wert von Z in N(0,1) $z_ß$: zu $ß_o$ gehörender Wert von Z in N(0;1) π_0: unter H_0 behaupteter Anteilswert π_1: der aufgrund von Güteanforderungen vorgegebene Anteilswert unter H_1
Mittelwerttest (bei Normalverteilung)		$n \geq \frac{(z_0 - z_1)^2 * \sigma^2_{\bar{X}}}{(\mu_0 - \mu)^2{}_1}$ mit z_α und $z_ß$ siehe Anteilstest μ_0: unter H_0 behaupteter Mittelwert μ_1: der aufgrund von Güteanforderungen vorgegebene Mittelwert unter H_1
Anpassungstest		Test zur Überprüfung einer(s) Verteilungsform (typs)
Nullhypothese	H_0	X hat Verteilungsfunktion $F_X{}^e$
Prüfgröße	$\aleph^2$	$= \sum \frac{[h(x_j) - h^e(x_j)]^2}{h^e(x_j)}$
Prüfverteilung (approximativ)	CHI(v)	Chi-Quadrat-Verteilung mit v = m-1 Freiheitsgraden m: Anzahl der Merkmalswerte bzw. -klassen
Approximationsbedingun g	h^e	≥ 5

19.5 Übung

Fragen

F1. Was ist ganz allgemein ein Test und welche Charakteristika hat ein statistischer Test ?

F2. Wie bezeichnet man das, was durch einen statistischen Test überprüft werden soll ?

F3. Was sind die möglichen Ergebnisse eines statistischen Testverfahrens ?

F4. Welche Arten bzw. Klassen statistischer Tests kennen Sie ?

F5. Wie läuft jeder statische Test in groben Zügen ab (grobes Ablaufschema) ?

F6. Welches ist immer der erste und welches immer der letzte Arbeitsschritt eines statistischen Testverfahrens ?

F7. Wie viele Hypothesen sind bei jedem statistischen Test zu formulieren und wie heißen sie in der Fachsprache ?

F8. Wie bezeichnet man die vom Testverfahren zu überprüfende Hypothese ?

F9. Welche unabdingbare Eigenschaft müssen die beiden Hypothesen eines jeden statistischen Tests aufweisen ?

F10. Nach welchem Grundsatz wählt man aus kontroversen Hypothesen die zu testende Nullhypothese aus ?

F11. Welche Fehler kann jedes statistische Testverfahren machen und welchen Fehler halten Sie für praktisch bedeutsamer (Begründung)?

F12. Welchem Fehler entspricht die sogenannte Irrtumswahrscheinlichkeit eines Tests ?

F13. Welchem Fehler entspricht das sogenannte Signifikanzniveau eines statistischen Tests ?

F14. Wie bestimmt man bei einem statistischen Test das Signifikanzniveau ?

F15. In welcher Beziehung stehen die beiden möglichen Fehler eines jeden statistischen Tests zueinander: indifferent, komplementär, konfliktär (Begründung) ?

F16. Wie ermittelt man bei jedem statistischen Test die Testentscheidung ?

F17. Wie lautet fachgerecht in einem Satz das Ergebnis eines jeden statistischen Tests, bei dem die Nullhypothese abgelehnt wird ?

F18. Wie lautet fachgerecht in einem Satz das Ergebnis eines jeden statistischen Tests, bei dem die Nullhypothese beibehalten bzw. „angenommen" wird ?

F19. Worin bestehen die wesentlichen Qualitätsunterschiede der beiden möglichen Empfehlungen bzw. Entscheidungen eines jeden statistischen Tests ?

F20. Was ist ein einseitiger, was ein zweiseitiger Parametertest ?
Nennen Sie jeweils ein typisches Beispiel aus der Wirtschaftspraxis.

F21. Welche aus der Stichprobe ermittelbare Größe (Stichprobenfunktion) verwendet man als Prüfgröße im Anteilstest und im Mittelwerttest ?

F22. Welche Wahrscheinlichkeitsverteilungen verwendet man bei welchen Voraussetzungen im Anteilstest als Prüfverteilungen ?

F23. Welche Wahrscheinlichkeitsverteilungen verwendet man bei welchen Voraussetzungen im Mittelwerttest als Prüfverteilungen ?

F24. Wie bestimmt man im Mittelwerttest die Streuung der Prüfverteilung, wenn die Streuung in der Grundgesamtheit unbekannt ist, und welche Folge hat das für den Verteilungstyp der Prüfverteilung ?

F25. Wie ermittelt man bei einem einseitigen Parametertest den Ablehnbereich ?

F26. Wie ermittelt man bei einem zweiseitigen Parametertest den Ablehnbereich ?

F27. Welche Maßgröße verwendet man standardmäßig für die Güte eines Parametertests ?

F28. Was ist die Gütefunktion eines Parametertests ?

F29. Wie ermittelt man die Funktionswerte der Gütefunktion ?

F30. Wie nennt man in der Fachsprache die grafische Darstellung der Gütefunktion ?

F31. Wie kann man am Grafen der Gütefunktion die Güte des Tests ablesen ?

F32. Wie hängt die Gütefunktion mit den möglichen Fehlern beim Testen zusammen ?

F33. Durch welche Maßnahmen kann man die Güte eines Tests gezielt beeinflussen ?

F34. Wie verändert eine Vergrößerung des Signifikanzniveaus unter sonst gleichbleibenden Bedingungen den Grafen der Gütefunktion und damit die Güte ?

F35. Wie verändert eine Vergrößerung des Stichprobenumfangs unter sonst gleichbleibenden Bedingungen den Graf der Gütefunktion und damit die Güte ?

F36. Welche zusätzlichen Angaben muss man beim Parametertest dem Testverfahren vorgeben, damit man den nötigen Stichprobenumfang ermitteln kann ?

F37. Welche wichtigen nicht-parametrischen Tests (Verteilungstests) kennen Sie ?

F38. Welche Frage beantwortet ein Anpassungstest ?

F39. Wie lautet die Nullhypothese beim Anpassungstests ?

F40. Wie heißt der wichtigste Anpassungstest der Statistik und woher stammt seine Bezeichnung ?

F41. Welche Bedingung muss bei der theoretischen bzw. erwarteten absoluten Häufigkeitsverteilung erfüllt sein, damit man die Chi-Quadrat-Verteilung approximativ als Prüfverteilung verwenden kann ?

F42. Wie bestimmt man beim Chi-Quadrat-Anpassungstest die Anzahl der Freiheitsgrade der approximativen Prüfverteilung ?

F43. Wie bestimmt man bei Chi-Quadrat-Anpassungstest den Annahme- und Ablehnbereich ?

F44. Was ist beim Chi-Quadrat-Test die Annahmekennzahl und wie ermittelt man sie aus einer Chi-Quadrat-Verteilungstabelle ?

F45. Welche Entscheidung erbringt ein Ch-Quadrat-Test, wenn der Wert der Prüfgröße a) kleiner b) gleich oder c) größer als die Annahmekennzahl ist ?

F46. Was ist beim Chi-Quadrat-Test die Überschreitungswahrscheinlichkeit und wie ermittelt man sie aus einer Chi-Quadrat-Verteilungstabelle ?

F47. Welche Entscheidung erbringt ein Chi-Quadrat-Test, wenn die Überschreitungswahrscheinlichkeit a) kleiner b) gleich oder c) größer als das Signifikanzniveau ist ?

Aufgaben

Aufgabe „Qualitätskontrolle von elektrischen Bauelementen"

Bei einem Hersteller von elektrischen Geräten für Länder der 3. Welt werden auch elektrische Bauelemente von Billig-Lieferanten verwendet, bei denen nach den Vertragsbedingungen des Einkaufs bis zu 10% funktionsuntüchtig sein dürfen. In der Wareneinkaufskontrolle wird die Lieferung eines neuen Billig-Lieferanten überprüft. Durch eine Zufallsstichprobe von 40 Stück aus einer Lieferung von 1000 Stück soll mit mindestens 90 %-iger Sicherheit festgestellt werden, ob der neue Lieferant die Vertragsbedingungen einhält.

Aufgabenstellungen

a. Formulieren Sie die Hypothesen und begründen Sie kurz die Wahl der Nullhypothese.
b. Wie lautet die Prüfgröße und wie ist sie exakt und approximativ verteilt (Verteilungstyp, Parameter, Begründung) ?
c. Ermitteln Sie den Annahme- und den Ablehnbereich sowie die exakte Irrtumswahrscheinlichkeit des Tests.
d. Die durchgeführte Zufallsstichprobe erbringt 36 funktionstüchtige Bauelemente.
   Welche Entscheidung empfiehlt der Test ?
   Welche Art von Fehler kann der zuständige Verantwortliche machen, wenn er der Testempfehlung folgt ?
e. Berechnen Sie für diesen Test β für den Fall, dass in Wirklichkeit gilt:
   1. $\pi = 0{,}2$
   2. $\pi = 0{,}3$
f. Skizzieren Sie die Gütefunktion und beurteilen Sie in einem Satz die Güte des Tests.

Aufgabe „Aktienkurs"

Der in der Finanzwelt agierende Student S gibt einen seiner Geheimtipps zum Besten. Der Aktienkurs von MM sei eine approximativ normalverteilte Zufallsgröße mit einer Varianz von 225,--€^{2}, der im Schnitt bei 325,-- € liege. Der Assistent A traut den Angaben des S nicht und ist der Meinung, dass der Kurs im Mittel niedriger liegt. Das möchte er mit einer Sicherheit von mindestens 95 % statistisch beweisen. Dazu will er an 9 zufällig ausgewählten Tagen den Kurs der Aktie MM an der Börse nachfragen und daraus den durchschnittlichen Aktienkurs berechnen.

Aufgabenstellungen

a. Formulieren Sie die Hypothesen und begründen Sie kurz die Wahl der Nullhypothese.

b. Nennen Sie die Prüfgröße mit Wertebereich und Wahrscheinlichkeitsverteilung (Verteilungstyp, Parameter, Begründung).
c. Stellen Sie die Prüfverteilung in geeigneten Formen grafisch dar (konventionell reicht Skizze mit Parameterwerten).
d. Ermitteln Sie nachvollziehbar den Annahme- und Ablehnbereich des Tests.
e. A ermittelt aus der Stichprobe einen durchschnittlichen Aktienkurs von 299,--€.
Welche Entscheidung empfiehlt dieses Testergebnis ?
Welche Art von Fehler kann A machen und wie groß ist er ?
f. Nehmen Sie an, die Skepsis des A sei begründet und der tatsächliche durchschnittliche Aktienkurs sei 305,--€. Hat A sich dann unter e. falsch entschieden ? Wenn ja, welchen Fehler hat er dann begangen ?
g. Beurteilen Sie die Güte des unter a.- d. durchgeführten Test, indem Sie die Gütefunktion ermitteln (jeweils Mittelwertsprünge von 5,-- €) darstellen und interpretieren.
Um wie viel muss der wahre Aktienkurs im vorliegenden Fall von dem behaupteten abweichen, damit die getestete Hypothese mit großer Wahrscheinlichkeit ($\geq$0,9) abgelehnt wird ?
h. Wie groß muss der Stichprobenumfang gewählt werden, damit der Test unter sonst gleichen Bedingungen schon eine Abweichung von 5 € mit großer Wahrscheinlichkeit ($\geq$ 0,9) ablehnt ?

Aufgabe „Körperlänge"
Aus langjährigen Untersuchungen der Studentenschaft ist in Fachkreisen bekannt, dass die Körperlänge von weiblichen Studierenden näherungsweise normalverteilt ist mit einem Mittelwert von 170 cm und einer Standardabweichung von 10 cm. Der beim deutschen Studentenwerk für die Statistik neuerlich zuständige Mitarbeiter bezweifelt vor allem die Normalverteilungshypothese, da er in seinem Studium gelernt hat, dass die Normalverteilung in der Wirklichkeit nur äußerst selten vorkommt. Ihm liegt eine neuere Untersuchung bei 500 zufällig ausgewählten weiblichen Studierenden mit folgendem Ergebnis vor:

Körpergröße (cm)	unter 150	von 150 bis unter 170	von 170 bis unter 190	von 190 bis unter 200	über 200
Anzahl der Studierenden	2	200	265	32	1

Er möchte mit diesem Stichprobenergebnis die Normalverteilungshypothese widerlegen, und zwar mit einer Irrtumswahrscheinlichkeit von höchsten 5%.

Aufgabenstellungen
a. Formulieren Sie die Hypothesen und begründen Sie kurz die Wahl der Nullhypothese.
b. Wählen Sie ein im vorliegenden Fall geeigneten Test begründet aus. (Art, Verfahren mit Prüfgröße und Wahrscheinlichkeitsverteilung)
c. Ermitteln Sie nachvollziehbar die bei Gültigkeit der Nullhypothese zu erwartende Stichprobenverteilung und führen Sie einen grafischen Verteilungsvergleich durch.
d. Ermitteln Sie nachvollziehbar den Annahme- und Ablehnbereich des Tests.
e. Ermitteln Sie nachvollziehbar den Wert der Prüfgröße.
f. Welche Entscheidung erbringt der Test ?
Welchen Fehler kann der neue Mitarbeiter machen, wenn er der Testempfehlung folgt und wie groß ist seine Wahrscheinlichkeit ?

20 Testen und Schätzen von Zusammenhängen

Während bislang wichtige Aspekte univariater Verteilungen mit Hilfe von Zufallsstichproben geschätzt und getestet wurden, wird in diesem letzten Kapitel die Betrachtung erweitert auf zwei Größen und die zwischen ihnen eventuell bestehenden Zusammenhänge. Die dazu in dieser Einführung behandelten Grundzüge des Testens und Schätzens zeigt folgende Übersicht.

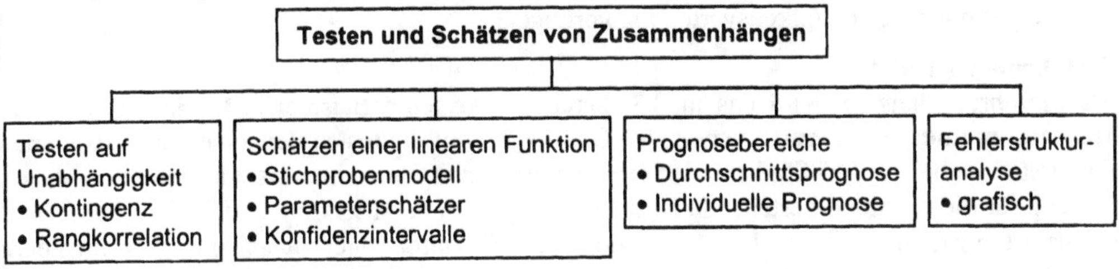

Im bivariaten Fall ist die Grundsatzfrage, ob die beiden Größen statistisch von einander abhängig oder unabhängig sind, was durch Unabhängigkeitstests geklärt werden kann. **Unabhängigkeitstests** sind in der Praxis nötig, um für eine Analysegröße Y statistisch gesichert zu entscheiden, welche der sie beeinflussenden Größen $X_1, \ldots, X_m$ einen mehr als zufälligen und damit systematischen Einfluss auf sie ausübt. In dem Falle sind die beiden Größen nicht nur in der Stichprobe, sondern in der Grundgesamtheit statistisch voneinander abhängig und es wird häufig sinnvoll sein, durch weitere quantitative Analysen Richtung, Stärke und Form des Zusammenhangs zu ermitteln. Ist eine Abhängigkeit dagegen mit statistischer Signifikanz nicht nachweisbar, braucht man diese Größen im Untersuchungszusammenhang meistens nicht weiter zu berücksichtigen. Damit kommt Unanhängigkeitstests bei quantitativen Modellen bezüglich der beeinflussenden Variablen eine Art **KO - Funktion** zu, da mit ihrer Hilfe unwesentliche Größen erkannt und ausgeschlossen werden können. Dies ist eine große Hilfe bei der Konstruktion einfacher und robuster Modelle.

Die Unabhängigkeitstests sind wesentlich von den auf den Stichprobendaten sinnvoll durchgeführten Arten und Ansätzen der Zusammenhangsanalyse und den dabei verwendeten Maßgrößen abhängig. Wir beschränken uns darauf, die Unabhängigkeit zweier Größen in der Grundgesamtheit durch die in einer Zufallsstichprobe durch geeignete **Korrelationsanalyse** feststellbare Stärke des Zusammenhangs zu überprüfen, und zwar bei **nicht-metrisch skalierten Merkmalen**. Betrachtet werden die Analysearten Kontingenz und Rangkorrelation.

Bei **metrisch skalierten Größen**, die sachlich in einem einseitig gerichteten Zusammenhang stehen, können Richtung, Form und zahlenmäßiger Zusammenhang durch **Regressionsanalyse** ermittelt werden. Für den Fall, dass die Beziehung zwischen nur zwei Größen linear ist, geschieht dies durch **lineare Einfachregression**. Die in einer Zufallsstichprobe ermittelte lineare Regressionsfunktion - insbesondere ihre Koeffizienten - können benutzt werden, um Hypothesen über deren Werte oder Wertebereiche in der Grundgesamtheit durch geeignete Parametertests zu überprüfen, die hier nicht behandelt werden. Sie können aber auch benutzt werden, um die **Parameter der unbekannten linearen Funktion** des Zusammenhangs der beiden Größen in der Grundgesamtheit **zu schätzen**, was hier behandelt wird. Mit der geschätzten Funktion können **bedingte Punkt- und Bereichsschätzungen** für die abhängige Variable gemacht werden. Dieser Ansatz ist nicht nur bei Hochrechungen aus Stichproben, sondern auch bei Prognoserechnungen durch Trendfortschreibungen verwendbar.

20.1 Unabhängigkeitstest bei mindestens nominal skalierten Daten

Im Folgenden wird der wohl wichtigste Unabhängigkeitstest der Statistik vorgestellt, der **Chi-Quadrat-Unabhängigkeitstest**. Dieser ist besonders bedeutsam, da er

- nur nominal skalierte Merkmale voraussetzt und insofern (theoretisch) ein besonders großes Anwendungspotenzial hat.
- gemeinsame Wertepaare der beiden Merkmale voraussetzt, die häufiger auftreten, so dass eine gemeinsame Häufigkeitsverteilung vorliegt.

Einführungsbeispiel

Als Einführungsbeispiel wird das in 8.3. bereits vorgestellte Beispiel **„Meinung über das Mensaessen und Hochschule"** verwendet. Darin war vom Studentenwerk einer Großstadt eine Zufallsstichprobe von 500 Studierenden erhoben worden und man interessierte sich in der Auswertung für die eventuell bestehende Beziehung zwischen den Merkmalen. Die Sach- und Datenanalyse ergab, dass die beiden Merkmale in der Stichprobe nicht unabhängig voneinander sind. Mit einem geeigneten korrelationsanalytischen Ansatz wurde in 10.3 die Stärke des Zusammenhangs ermittelt. Man erhielt einen Kontingenzkoeffizienten von $C^n = 0{,}46$, d.h. einen Zusammenhang mittlerer Stärke. Diese Analyseergebnisse gelten zunächst nur für die 500 Studierenden in der Stichprobe.

Nun will das Studentenwerk aus der Stichprobe nach Möglichkeit Schlussfolgerungen ziehen, die für alle Studierenden der Großstadt gelten. Dabei stellt sich die Grundsatzfrage, ob die in der Stichprobe ermittelte statistische Abhängigkeit zwischen den Merkmalen für alle Studierenden gilt, oder aufgrund der Zufallsstichprobe eher zufallsbedingt ist. Dies kann mit Hilfe eines geeigneten Unabhängigkeitstests geklärt werden. Für den vorliegenden Fall der gemeinsamen Häufigkeitsverteilung zweier mindestens nominal skalierter Merkmale wird dazu als Prüfgröße die Größe Chi-Quadrat verwendet, die auch zur Ermittlung des Kontingenzkoeffizienten benutzt wurde. Der Chi-Quadrat-Unabhängigkeitstest folgt dem bekannten Ablaufschema aller Signifikanztests und wird im Folgenden an dem Einführungsbeispiel vorgestellt.

Testablauf

1. Formulierung der Hypothesen

Nullhypothese ist immer die Unabhängigkeit der beiden Größen X und Y in der Grundgesamtheit, d.h.

H_0: X und Y sind voneinander stochastisch unabhängig.
H_1: X und Y sind voneinander stochastisch abhängig.

Hat die Zufallsgröße X [Y] die Wahrscheinlichkeits- bzw. Dichtefunktion f(x) [f(y)] und haben beide Größen die gemeinsame bzw. simultane Wahrscheinlichkeits- bzw. Dichtefunktion f(x, y) und überträgt man die in 10.3.2. vorgestellte Multiplikationsregel für empirisch bzw. statistisch unabhängige Merkmale analog auf stochastisch unabhängige Zufallsgrößen, so lassen sich die Hypothesen auch wie folgt formalisieren:

$H_0: f(x,y)= f(x)*f(y); \quad H_1: f(x,y) \neq f(x)*f(y$

2. Vorgabe Signifikanzniveau

Die Irrtumswahrscheinlichkeit soll höchstens 5% betragen, d.h. formal: α_0=0,05.

3. Stichprobenart und -umfang

Verbundene Zufallsstichprobe vom Umfang n=500 ohne Zurücklegen und ohne Berücksichtigung der Reihenfolge.

4. Prüfgröße und ihre Wahrscheinlichkeitsverteilung

Die Größe Chi-Quadrat wurde in der Kontingenzanalyse als Standardmaßgröße vorgestellt, um Abweichungen zwischen der empirischen simultanen Häufigkeitsverteilung und der Unabhängigkeitsverteilung zu erfassen und zu verdichten. Da bei Gültigkeit der Nullhypothese die Unabhängigkeitsverteilung gilt, kann mit Chi-Quadrat das Ausmaß der Abhängigkeit der Merkmale in der empirischen Verteilung gemessen und festgestellt werden, ob es mehr als zufällig - nämlich signifikant - ist. Die Prüfgröße Chi-Quadrat - symbolisch $\aleph^2$ - ist im Unabhängigkeitstest wie folgt definiert (siehe 10.3.3):

$$\aleph^2 = \sum \sum \frac{[h(x_j, y_k) - h^u(x_j, y_k)]^2}{h^u(x_j, y_k)}$$

Sie folgt näherungsweise (approximativ) einer gleichnamigen Verteilung, die hier mit CHI abgekürzt wird und deren einziger Parameter die Anzahl der Summanden bzw. Freiheitsgrade v ist. Beim Unabhängigkeitstest ergibt sich die Anzahl der Summanden aus der Anzahl der Felder der Kreuz- bzw. Kontingenztabelle. Diese wiederum ergibt sich aus dem Produkt der Spaltenzahl m und der Zeilenzahl q jeweils reduziert um 1, da die in die Berechnung von Chi-Quadrat eingehenden Unabhängigkeitszahlen geschätzt sind. Formal gilt also:

Allgemein:	**Einführungsbeispiel:**
v= (m-1)* (q-1)	v= (2-1) * (3-1)= 1* 2=<u>2</u>

Die Prüfgröße im Einführungsbeispiel ist also formal: $\aleph^2$: CHI (2).

Um die Chi-Quadrat-Verteilung approximativ als Prüfverteilung in einem Chi-Quadrat-Unabhängigkeitstest verwenden zu können, müssen folgende **Approximationsbedingungen** erfüllt sein:

- Die empirischen simultanen absoluten Häufigkeiten sollten mindestens 10 betragen, d.h. $h(x_j;y_i) \geq 10$.
- Die bei Unabhängigkeit erwarteten simultanen absoluten Häufigkeiten sollten mindestens 5 betragen, d.h. $h^u(x_j;y_i) \geq 5$.

Im Einführungsbeispiel sind beide Bedingungen erfüllt, wovon man sich durch einen Blick auf die in Tab. 10.3.3.-a zusammengestellte simultane Häufigkeitstabelle und Unabhängigkeitstabelle überzeugen kann. Sollte dies im Anwendungsfall einmal nicht so sein, so fasst man benachbarte Ausprägungen so lange zusammen, bis die Approximationsbedingungen erfüllt sind. In dem Fall verändert man durch die Zusammenfassung die Anzahl von Spalten und/oder Zeilen, so dass sich gegenüber der ursprünglichen Kreuztabelle ein kleinerer Freiheitsgrad für den Test ergibt.

<u>5. Annahme- und Ablehnbereich</u>

Bei konventioneller Vorgehensweise wird der Annahme- und Ablehnbereich eines Chi-Quadrat-Tests mit Hilfe einer Chi-Quadrat-Verteilungstabelle bestimmt, wie sie im Anhang verfügbar ist. Darin kann man für verschiedene Freiheitsgrade und verschiedene Signifikanzniveaus den Wert der Größe Chi-Quadrat ablesen, bei dem die Nullhypothese noch angenommen wird (Annahmekennzahl: $\aleph^2_k = C_0$). Für die im Einführungsbeispiel gültige Chi-Quadratverteilung mit $\nu = 2$ und α_0=0,05 liest man dort den Wert $\aleph^2_k$ **= Co = 5,991** ab. Damit erhält man für den Test:

Annahmebereich: $0 < \aleph^2 \leq$ **5,991** und Ablehnbereich: $\aleph^2 >$ **5,991**.

<u>6. Durchführung und Auswertung der Stichprobe</u>

Für das Einführungsbeispiel wurde der Wert von Chi-Quadrat in der Stichprobe in 10.3.3.3 bereits nachvollziehbar errechnet: $\aleph^2$ = **58,83**.

7. Testempfehlung/-entscheidung

Der Wert der Prüfgröße liegt im Ablehnbereich, da $\aleph^2 = 58{,}83 >> C_0 = 5{,}991$. Die Testempfehlung lautet daher klar, die Unabhängigkeitshypothese abzulehnen. Der Stichprobenbefund indiziert eindeutig statistische Abhängigkeit der Meinung über das Mensaessen von der Hochschule bei allen Studierenden in der Großstadt bei einer formalen Irrtumswahrscheinlichkeit von höchstens 5%. Wie man der Chi-Quadrat-Tabelle für v=2 entnehmen kann, ist die tatsächliche Irrtumswahrscheinlichkeit noch sehr viel kleiner. Denn selbst bei einer Irrtumswahrscheinlichkeit von 1 Promille - d.h. $F(\aleph^2)=0{,}999$ - erhält man eine Annahmekennzahl von 13,816, so dass der Stichprobenbefund nach wie vor klar im Ablehnbereich liegt.

20.2 Unabhängigkeitstest bei mindestens ordinal skalierten Daten

Sind die beiden Größen mindestens ordinal skaliert und liegen die Beobachtungswerte als einzelne Wertepaare vor, aus denen sich durch Aufbereitung **keine klare gemeinsame Häufigkeitsverteilung** ermitteln lässt, so kann man die Unabhängigkeitshypothese nicht durch den Chi-Quadrat-Unabhängigkeitstest überprüfen. Denn zum einen schöpft er die in ordinal skalierten Daten enthalten Informationen über die Rangordnungen der Merkmalswerte nicht aus, die es ermöglichen, die Richtung des tendenziellen Zusammenhangs zwischen den beiden Merkmalen als gleich- oder gegenläufig zu ermitteln. Zum anderen ist eine Anwendungsvoraussetzung der Chi-Quadrat-Verteilung als approximativer Prüfverteilung, dass die empirischen gemeinsamen absoluten Häufigkeiten mindestens 10 betragen, was beim Überwiegen einzelner Wertepaare in der Regel nicht erfüllt ist. Der Unabhängigkeitstest ist in diesem Fall also mit einer anderen Prüfgröße und mit einer anderen Prüfverteilung durchzuführen.

Als **Einführungsbeispiel** wird das in 10. 2 verwendete Beispiel **„Sozialverhalten und analytische Fähigkeiten"** benutzt. Darin waren in einem Großunternehmen von den in einem Jahr als technischer Managementnachwuchs eingestellten Hochschulabsolventen sieben zufällig ausgewählt und am Ende ihrer Probezeit unter anderem nach diesen beiden Schlüsselqualifikationen bewertet und gereiht worden. Die. durchgeführte Rangkorrelationsanalyse ergab einen gegenläufigen Zusammenhang mittlerer Stärke, konkret einen Rangkorrelationskoeffizienten von -0,607. Dieses Beispiel wird jetzt dergestalt verändert, dass in einem anderen Jahr eine etwas größere Zufallsstichprobe von 12 neu eingestellten Hochschulabsolventen betrachtet wird. Die Ermittlung der Stärke des Zusammenhangs für diese neue, größere Stichprobe mittels Rangkorrelation ergab den Rangkorrelationskoeffizienten $r_s = -0{,}53$.

Nun will die Personalabteilung aus der Stichprobe nach Möglichkeit Schlussfolgerungen ziehen, die für alle in dem Jahr als Managementnachwuchs im Unternehmen eingestellten Hochschulabsolventen gelten. Dabei stellt sich die Grundsatzfrage, ob der in der Stichprobe ermittelte gegenläufige Zusammenhang mittlerer Stärke für alle in dem Jahr eingestellten Hochschulabsolventen gilt, oder aufgrund der Zufallsstichprobe eher zufallsbedingt ist. Dies kann mit Hilfe eines Unabhängigkeitstests geklärt werden, der in diesem Fall sinnvollerweise mit dem Rangkorrelationskoeffizienten arbeitet. Auch dieser Test folgt dem bekannten Ablaufschema aller Signifikanztests und wird im Folgenden an dem Einführungsbeispiel vorgestellt.

Testablauf

1. Formulierung der Hypothesen

Die Nullhypothese ist immer die Unabhängigkeit der beiden Größen X und Y in der Grundgesamtheit. Bei Unabhängigkeit nimmt jeder Korrelationskoeffizient den Wert 0 an, auch der Rangkorrelationskoeffizient r_S. Daher lauten die Hypothesen:

H_0: $r_S = 0$ und H_1: $r_S \neq 0$

2. Vorgabe Signifikanzniveau

Die Irrtumswahrscheinlichkeit soll höchstens 5% betragen, d.h. formal: $\alpha_0 = 0{,}05$.

3. Stichprobenart und -umfang

Verbundene Zufallsstichprobe vom Umfang n=12 ohne Zurücklegen und ohne Berücksichtigung der Reihenfolge.

4. Prüfgröße und ihre Wahrscheinlichkeitsverteilung

Jeder Korrelationskoeffizient hat bei Unabhängigkeit den Wert 0 und seine Werte weichen von Null positiv oder negativ umso stärker ab, je stärker die Abhängigkeit bzw. der Zusammenhang ist. Sind die Abweichungen von der Unabhängigkeit zufällig und nicht systematisch, so folgen sie - wie viele andere Abweichungen - tendenziell einer Normalverteilung. Wird in einer Normalverteilung mindestens einer ihrer Parameter geschätzt, ist an ihrer Stelle die Studentverteilung mit v= n - 1 - Anzahl der geschätzten Parameter zu verwenden (siehe 17.5.1.3). Die Stichprobentheorie hat ermittelt, dass der Rangkorrelationskoeffizient $\mathbf{r_s}$ und der Stichprobenumfang **n** sinnvoll in einer Maßgröße verknüpft werden können, die sich als Prüfgröße für die Unabhängigkeit eignet. Diese Maßgröße wird hier mit U^K_S notiert und hat folgende Formel:

$$U_S^K = r_S * \sqrt{\frac{n-2}{1-r_S^2}}$$

Sie folgt bei n>10 approximativ einer Studentverteilung mit v= n-2 Freiheitsgraden, formal:

$$U^K_S \sim S(v=n-2)$$

Im Einführungsbeispiel ist n=12, so dass die Approximationsbedingung erfüllt ist und somit folgende Prüfgröße und -verteilung verwendet werden kann:
$U^K_S \sim S(v=10)$.

5. Annahme- und Ablehnbereich

Zur Konstruktion des Annahme- und Ablehnbereichs dieses Unabhängigkeitstests mit der Studentverteilung ist es sinnvoll, sich die Nullhypothese und die Prüfverteilung zu visualisieren, so wie in der folgenden Abbildung 20.2 als Prinzipienskizze dargestellt. Gültigkeit der Nullhypothese vorausgesetzt, werden kleinere Abweichungen der Prüfgröße von dem Erwartungswert in der Mitte der Verteilung mit ziemlich großer Wahrscheinlichkeit auftreten. Dagegen ist mit größeren Abweichungen von der Mitte der Verteilung nur mit kleiner werdenden Wahrscheinlichkeiten zu rechnen. Der Annahmebereich dieses Unabhängigkeitstests liegt also symmetrisch um die Mitte der Prüfverteilung. Gibt es dagegen einen Zusammenhang, so werden die Abweichungen der Prüfgröße vom Mittelwert nicht klein und zufällig, sondern systematisch und umso größer sein, je stärker der Zusammenhang ist. Bei gleichgerichtetem Zusammenhang (positive Korrelation) ist mit Werten der Prüfgröße am rechten Verteilungsrand, bei gegenläufiger Abhängigkeit (negative Korrelation) mit solchen am linken Verteilungsrand zu rechnen.

Die Arbeit mit der Prüfverteilung ähnelt formal der bei einem zweiseitigen Mittelwerttest. Wie dort besteht der Ablehnbereich also aus einem unteren und einem oberen Teilbereich und das dem Test vorgegebene Signifikanzniveau α_0 ist gleichmäßig auf den unteren und oberen Verteilungsrand mit jeweils $\alpha_0/2$ zu verteilen. Bei konventioneller Vorgehensweise wird der Annahme- und Ablehnbereich dieses Unabhängigkeitstests mit Hilfe einer Studentverteilungstabelle bestimmt, wie sie im Anhang verfügbar ist. Darin kann man für verschiedene Freiheitsgrade und verschiedene Signifikanzniveaus den Wert der Größe T ablesen, bei dem die Nullhypothese noch angenommen wird (Annahmekennzahl:$\mathbf{t_K}$=C_0). Dabei ist in der Verteilungstabelle nicht das Signifikanzniveau , sondern deren Komplementär- bzw. Sicherheitswahrscheinlichkeit 1- α_0 tabelliert. Dabei gilt im vorliegenden symmetrischen Fall für den Test die Spalte 1- $\alpha_0/2$.

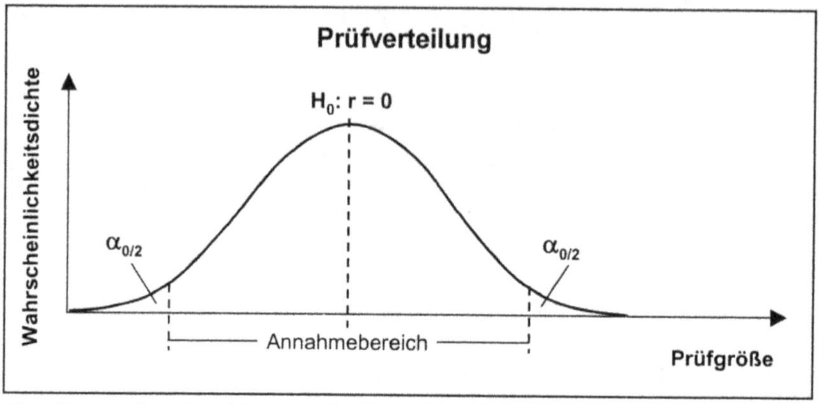

Abb. 20.2: Prinzipienskizze der Prüfverteilung beim Unabhängigkeitstest mit Korrelationskoeffizienten

Im Einführungsbeispiel ist die Studentverteilung v=10 und 1- $\alpha_0/2$=1-0,025= 0,975 die approximativ gültige Prüfverteilung. Dort liest man den Wert t_k=C_0=2,228 ab. Damit erhält man für den Test: Annahmebereich: $0 \leq t \leq |2{,}228|$ und Ablehnbereich: $t > |2{,}228|$.

6. Durchführung und Auswertung der Stichprobe

Für das Einführungsbeispiel ist der Wert der Prüfgröße aus dem in der Stichprobe ermittelten Rangkorrelationskoeffizienten und dem Stichprobenumfang nach der oben angegeben Formel zu berechnen. Man erhält im vorliegenden Fall:

$$U_S^K = -0{,}53 * \sqrt{\frac{12-2}{1-(-0{,}53)^2}} = -0{,}53 * \sqrt{\frac{10}{0{,}7191}} = -0{,}53 * \sqrt{13{,}9} = -0{,}53 * 3{,}7283 = -1{,}976\,.$$

7. Testempfehlung/-entscheidung

Der Wert der Prüfgröße liegt im Annahmebereich, da U^K_S= -1,976< C_0=$|2{,}228|$. Die Testempfehlung lautet daher, die Unabhängigkeitshypothese beizubehalten, da das Stichprobenergebnis nicht im signifikanten Widerspruch zu ihr steht. Mit Blick auf die Ausgangsdaten und die Größe des Korrelationskoeffizienten in der Stichprobe mag das Ergebnis befremdlich erscheinen. Es ist aber zu bedenken, dass der Stichprobenumfang vergleichsweise klein ist und statistisch signifikante Aussagen umso eher möglich sind, je größer - unter sonst gleichbleibenden Bedingungen - der Stichprobenumfang ist. Bei kleinen Stichproben ist die Informationsbasis für verlässliche Aussagen häufig zu gering und die Nullhypothesen werden geschützt.

Ergänzung

Der vorgestellte Testablauf lässt sich auch auf metrisch skalierte Wertepaare übertragen, für die die Stärke des Zusammenhangs sinnvoll mit dem Maßkorrelationskoeffizienten - das ist der Korrelationskoeffizient r nach BRAVAIS&PEARSON - bestimmt werden kann. Geändert werden müssen im 4. Arbeitsschritt nur die Prüfgröße und ihre Wahrscheinlichkeitsverteilung. Die Prüfgröße - hier mit U^K_{BP} notiert - verknüpft den Maßkorrelationskoeffizienten und den Stichprobenumfang gemäß folgender Formel:

$$U_{BP}^K = \frac{r}{\sqrt{1-r^2}} * \sqrt{n-2}$$

Sie folgt einer Studentverteilung mit v=n-2 Freiheitsgraden, d.h. formal: U^K_{BP}: S (n-2). Auf die Demonstration dieses Unabhängigkeitstests an einem Einführungsbeispiel wird hier verzichtet.

20.3 Schätzen einer linearen Funktion

Das Schätzen der Parameter einer unbekannten linearen Funktion in einer Grundgesamtheit wird an dem **Einführungsbeispiel der Haushaltseinkommen und Konsumausgaben** in einer Kleinstadt vorgestellt (siehe 8.1). Dabei sollen aus dem Ergebnis einer Zufallsstichprobe von 15 Haushalten **Konfidenzintervalle für die Parameter** der unbekannten linearen Funktion, die den tendenziellen Zusammenhang zwischen dem Einkommen und den Konsumausgaben aller Haushalte der Stadt beschreibt, mit einem Vertrauensniveau von 95% geschätzt werden.

Ausgangspunkt für die Bereichsschätzungen sind wieder Punktschätzungen. Dabei wurde als Schätzmethode in diesem Fall nicht die einfache Momentmethode, sondern die Methode der kleinsten Quadrate verwendet. Sie liefert folgende Schätzer (s. 9.1):

Regressionskonstante a („Achsenabschnitt“)	**Regressionskoeffizient b** („Anstieg bzw. Steigung“)
$A = \bar{y} - b * \bar{x}$	$B = \frac{n * \sum x_i * y_i - \sum x_i * \sum y_i}{n * \sum x_i^2 - (\sum x_i)^2}$

Im Einführungsbeispiel ermittelt man aus dem Stichprobenbefund mit diesen Schätzern folgende Punktschätzungen (s. 18.1):

$\hat{\alpha}$ = a = 0,13 (Tsd. €) = 130, -(€) und $\hat{\beta}$ = b = 0,78

und damit die **Stichprobenregressionsfunktion als Schätzer** der wahren linearen Funktion:

$\hat{Y}' = 0{,}13 + 0{,}78 * X$

Um mit diesen Schätzern und den mit ihnen ermittelbaren Punktschätzungen zu Bereichs-schätzungen zu kommen, muss man die Wahrscheinlichkeitsverteilungen der Schätzer kennen. Diese werden zugänglich über folgendes Grundmodell der stochastischen linearen Regression, das als Bindeglied zwischen der wahren linearen Funktion in der Grundgesamtheit und einer aus einer Zufallsstichprobe ermittelten Stichprobenregressionsfunktion dient.

20.3.1 Stichprobenmodell der linearen Einfachregression

Grundgesamtheit

Zwischen der in der Grundgesamtheit betrachteten unabhängigen Variablen X und der abhängigen Variablen Y besteht eine lineare Beziehung, die **exakt** einer Geradengleichung folgt, die hier wie folgt notiert wird:

$$Y^t = \alpha + \beta * X$$

Diese Gleichung wird als **wahre** Funktion oder **theoretische** Regressionsfunktion bezeichnet und zur besseren Unterscheidung zu den in Zufallsstichproben möglichen oder in konkreten Stichproben tatsächlich empirisch ermittelbaren Regressionsfunktionen mit einem hochgestellten t (für theoretisch) gekennzeichnet. Darin sind α der Achsenabschnitt und ß der Anstieg der Geraden und damit die **Parameter des deterministischen Modells** der Grundgesamtheit.

Die den X-Werten zugeordneten Y-Werte können über die wahre Funktion ermittelt werden, sind aber von einer **Störkomponente** überlagert, die hier mit ϵ notiert wird. Diese enthält Messfehler und die Einflüsse sonstiger Faktoren, die in dem deterministischen Modell der Grundgesamtheit nicht enthalten sind und die insgesamt als **zufällig** angesehen werden. Das führt dazu, dass man zu einem beliebigen, aber festen X-Wert nicht den zugehörigen Y-Wert auf der wahren Funktion, sondern nur störkomponentenüberlagerte Y-Werte beobachten kann. Damit erhält man für die Variablen in der Grundgesamtheit und ihre Beziehung folgendes **stochastische Modell**

$$Y_i = \alpha + \beta * x_i + \epsilon$$

Das stochastische Modell enthält das obige deterministische Modell und zusätzlich die Störvariable, die stochastischen Charakter hat. Durch die Addition der Störvariablen wird damit auch die abhängige Variable Y zur Zufallsvariablen.

Stichprobe

Wird aus einer Grundgesamtheit, in der zwischen der unabhängigen und deterministischen Variablen X und der abhängigen und stochastischen Variablen Y eine wahre lineare Funktion besteht, eine einfache Zufallsstichprobe vom Umfang n gezogen, so liegen n Beobachtungspaare (x_i, y_i) als empirischer Stichprobenbefund vor. Sie sind Realisationen der n Stichprobenvariablenpaare (X_i , Y_i).

Aufgrund der in der Grundgesamtheit bestehenden Dependenz zwischen den Variablen X und Y und der vorhandenen Störvariablen haben auch die Stichprobenvariablen X_i und Y_i unterschiedlichen Charakter:

- Die X_i haben den Charakter der Variablen X. Sie sind unabhängige, deterministische Variable. Sie können beliebige, aber feste Werte annehmen und sollen ohne Messfehler sein.
- Die Y_i haben den Charakter der Variablen Y. Sie sind abhängige, stochastische Variable.

Diese Vorstellungen über die Stichprobenvariablen und ihren Zusammenhang lassen sich wie folgt formalisieren:

$$Y_i = \alpha + \beta * X_i + \varepsilon_i \quad ; \quad i = 1,\ldots, n$$

Die Gleichung gibt an, aus welchen beiden Komponenten sich jeder beobachtete Wert von Y zusammensetzt.

Die Störvariablen ε_i sind Zufallsgrößen, über die Folgendes angenommen wird:

1. Sie haben einen Erwartungswert von 0, d.h. ihre möglichen Werte heben sich im Durchschnitt auf. Damit üben sie keinen systematischen Einfluss aus.
2. Sie haben alle die gleiche Streuung, unabhängig davon, zu welchem X_i -Wert sie gehören, und diese Streuung ist genauso groß wie die der Störvariablen in der Grundgesamtheit, formal: $V(\varepsilon_i) = \sigma_\varepsilon^2$ für i=1,…, n.
3. Ihre Kovarianzen sind 0, d.h. die Störgrößen sind nicht untereinander korreliert (keine Autokorrelation).
4. Sie haben alle die gleiche Verteilungsform, die beliebig sein kann oder als normalverteilt angenommen wird.

Von diesen Annahmen werden 3. und 4. aus Praxissicht häufig als kritisch angesehen und sollten deshalb vor Anwendung des Modells gesondert auf ausreichende Erfüllung überprüft werden. Dies geschieht durch Analyse der in der Stichprobe vorhandenen Fehler und wird in 20.6 gezeigt. Um mit dem Modell praktisch arbeiten zu können, muss man die im Anwendungsfall gültigen Werte der darin vorkommenden Größen kennen. Die Größen stammen jedoch alle aus der Grundgesamtheit und ihre Werte sind unbekannt. Sie sind deshalb alle mittels geeigneter Größen aus der Stichprobe zu schätzen.

20.3.2 Parameterschätzer

Für die Parameter „Achsenabschnitt“ und „Anstieg“ der wahren linearen Funktion wurden die

Schätzer schon vorgestellt und damit im Einführungsbeispiel Punktschätzungen ermittelt. Man kann zeigen, dass die mit der Methode der kleinsten Quadrate ermittelten Schätzer A und B erwartungstreu sind, d. h.:

$$E(A)=\alpha \text{ und } E(B)=\beta$$

Die in dem stochastischen Modell noch zu bestimmenden Störvariablen ε_i, die nach dem Grundmodell identisch mit der Störvariablen ϵ in der Grundgesamtheit sind, schätzt man nach der Momentmethode ab durch die in der Stichprobe feststellbaren Residualabweichungen oder Fehler. Diese werden im Englischen als error bezeichnet und wurden in Kapitel 12 dementsprechend kurz mit **e** symbolisiert. Damit gelangte man zu folgender **praktikablen Version des stochastischen Regressionsmodells**:

$$y_i = a + b*x_i + e_i \quad \text{mit } i=1,\ldots, n$$

Darin sind a, b und e_i die in einer Stichprobe ermittelbaren konkreten Realisationen der Schätzer A, B und E. Wegen der Annahmen über die Störvariablen ist der Schätzer E im Hinblick auf seinen Erwartungswert und seine Verteilungsform bekannt. Unbekannt ist nur seine Streuung, gemessen durch die Varianz.

Varianzen der Schätzer

Die unbekannte Streuung der Störvariablen in der Grundgesamtheit wird abgeschätzt durch die **Varianz der Fehler** - auch Residualvarianz genannt - und hier mit S_e^2 notiert, d.h. formal:

$$\hat{\sigma}_\varepsilon^2 = S_e^2$$

Dabei ist die Varianz der Fehler als Schätzer nach folgender Formel zu berechen, da in dem Modell bereits zwei Parameter durch Zufallsgrößen geschätzt werden:

$$\hat{\sigma}_\varepsilon^2 = S_e^2 = \frac{1}{n-2} * \sum e_i^2$$

Für die Streuung der übrigen Schätzer kann man aus dem stochastischen Modell folgende Formeln ableiten:

Varianz von A

$$V(A) = \sigma_A^2 = \frac{\sum x_i^2}{n * \sum (x_i - \bar{x})^2} * \sigma_\varepsilon^2$$

Varianz von B

$$V(B) = \sigma_B^2 = \frac{\sigma_\varepsilon^2}{\sum (x_i - \bar{x})^2}$$

Man kann zeigen, dass diese Varianzen die kleinsten sind, die man bei Stichprobengrößen ermitteln kann, die auf der Auswertung von unter gleichen Bedingungen aus einer Grundgesamtheit entnommenen Stichproben beruhen. Die mit der Methode der kleinsten Quadrate gewonnenen Schätzer werden deshalb im anglo-amerikanischen Sprachgebrauch mit **BLUE** für **B**est **L**inear **U**nbiased **E**stimator abgekürzt. Wie aus den Formeln ersichtlich, ist die Streuung aller Schätzer wesentlich abhängig von der Streuung der **Störvariablen** in der Grundgesamtheit.

Wahrscheinlichkeitsverteilungen der Schätzer

Um Wahrscheinlichkeitsaussagen über die Schätzer machen zu können, muss man zusätzlich zu ihren Kenngrößen Erwartungswert und Varianz den **Typ ihrer Wahrscheinlichkeitsverteilungen** kennen. Auch dieser lässt sich aus dem stochastischen Regressionsmodell ableiten, wenn man die Annahmen über die Wahrscheinlichkeitsverteilung der Störvariablen präzisiert. Dabei wird üblicherweise angenommen, dass die Störvariablen **normalverteilt** sind mit dem Erwartungswert von 0 und einer bestimmten Varianz /Standardabweichung, d.h. formal:

$$\epsilon_i: \mathbf{N}(0; \sigma_\epsilon)$$

Da nach dem stochastischen Regressionsmodell für die Stichprobenvariablen Y_i gilt

$Y_i = \alpha + ß * x_i + \epsilon_i$; i = 1,..., n,

sind die Y_i als lineare Funktionen normalverteilter Zufallsvariabler ϵ_i ebenfalls normalverteilt. Da auch die Schätzer A und B als Linearkombinationen von Y_i dargestellt werden können, sind diese ebenfalls normalverteilt, formal:

$$Y_i : \mathbf{N}\,[E(Y_i); \sigma(Y_i)] = \mathbf{N}\,[Y^t_i; \boldsymbol{\sigma}(\mathbf{Y_i})]$$
$$A: \mathbf{N}\,[E(A); \sigma(A)] = \mathbf{N}\,[\alpha; \boldsymbol{\sigma}(\mathbf{A})]$$
$$B: \mathbf{N}\,[E(B); \sigma(B)] = \mathbf{N}\,[ß; \boldsymbol{\sigma}(\mathbf{B})]$$

Die Streuungen der Schätzer sind nach den obigen Formeln alle wesentlich von der Streuung der Störvariablen in der Grundgesamtheit abhängig, die in aller Regel unbekannt ist und nach der obigen Formel durch die Varianz der Fehler in der Stichprobe abgeschätzt wird. Wie in 17.5.2 nachvollziehbar entwickelt, sind Schätzer für Varianzen **transformierte Chi-Quadrat-Variable** und entsprechend chiquadratverteilt. Das führt dazu, dass die Schätzer für A, B und Y_i nicht mehr normalverteilt sind. Die standardisierten Schätzer sind alle **studentverteilt** mit v= n-2 Freiheitsgraden.

20.3.3 Konfidenzintervalle für α und ß

Allgemeine Ableitung

Aufgrund der angestellten Betrachtungen sind **Wahrscheinlichkeitsaussagen** über **zentrale Schwankungsintervalle** von Regressionskoeffizienten in Stichproben einerseits und die daraus ableitbaren **symmetrischen Vertrauensbereiche** für die Parameter einer unbekannten linearen Funktion in der Grundgesamtheit andererseits typischerweise mit der **Studentverteilung** zu konstruieren.

Nach Standardisierung erhält man für die Stichprobenregressionskoeffizienten bei einer vorzugebenden Irrtums-/Sicherheitswahrscheinlichkeit folgende zentralen Schwankungsintervalle:

$$\text{für a: } W(-t_{\alpha/2} \leq \frac{a-\alpha}{\hat{\sigma}_\alpha} \leq +t_{\alpha/2}) = 1-\alpha = \gamma$$

$$\text{für b: } W(-t_{\alpha/2} \leq \frac{b-\beta}{\hat{\sigma}_\beta} \leq +t_{\alpha/2}) = 1-\alpha = \gamma$$

Darin stehen die vorzugebenden Wahrscheinlichkeiten α/γ auf der rechten Seite der Gleichungen, die zentralen Schwankungsintervalle der standardisierten Größen a und b in den Klammern auf der linken Seite. Die Intervallgrenzen sind jeweils $\pm\, t_{\alpha/2}$. $t_{\alpha/2}$ ist der Wert der T-Statistik, in dessen zentralem Schwankungsintervall um den Erwartungswert Werte der Zufallsgröße mit der Wahrscheinlichkeit γ liegen. Nach Umformung der zentralen Wahrscheinlichkeitsintervalle erhält man folgende Vertrauensbereiche bzw. Konfidenzintervalle:

$$\text{für } \alpha\text{: } a - t_{\alpha/2} * \hat{\sigma}_A \leq \alpha \leq a + t_{\alpha/2} * \hat{\sigma}_A$$
$$\text{für ß: } b - t_{\alpha/2} * \hat{\sigma}_B \leq ß \leq b + t_{\alpha/2} * \hat{\sigma}_B$$

Anwendung am Einführungsbeispiel

Im Einführungsbeispiel soll das Vertrauensniveau 95% betragen, d.h. γ= 0,95 und α = 0,05 und $\alpha/2$=0,025. Der Wert der T-Statistik, der der maximal zugelassenen Fehlerwahrscheinlichkeit $\alpha/2$=0,025 entspricht - d.h. der Wert von $t_{0,025}$ -, ist der Studentverteilungstabelle zu entnehmen. Diese enthält die Werte der T-Statistik in Abhängigkeit der Verteilungsfunktion F(t) und den Freiheitsgraden v. Wegen der Symmetrie der Verteilung ist dort meist nur eine Hälfte der Verteilung tabelliert, in der Regel die Hälfte oberhalb des Erwartungswertes. Die im Einführungsbeispiel zulässige Fehlerwahrscheinlichkeit von 0,025 entspricht dort dem Verteilungsfunktionswert von 0,975.

Die Anzahl der Freiheitsgrade beträgt bei der linearen Regression wegen der beiden geschätzten Parameter v=n-2, im Einführungsbeispiel also v=15-2=13. In der Studentverteilungstabelle liest man unter F(0,975) und v=13 den Wert <u>t=2,16</u> ab.

<u>Streuung der Störvariablen</u>
Für alle Bereichsschätzungen braucht man die Streuungen der betrachteten Größen, die alle abhängig von der Streuung der Störvariablen sind. Diese ist typischerweise - so auch im Einführungsbeispiel - unbekannt und durch die Streuung der Fehler in der Stichprobe in Form der Residualvarianz oder des Standardfehlers abzuschätzen. Für das Einführungsbeispiel ist die Berechnung der Residualvarianz - die in 9.5 im Rahmen der Fehler- und Güteanalyse bereits vorgenommen wurde - in der folgenden Tabelle 20.3.3 im linken Teil noch einmal nachvollziehbar dargestellt.

i	x_i	y_i	$\hat{y}_i$	e_i	e_i^2	x_i^2	$x_i - \overline{x}$	$(x_i - \overline{x})^2$
1	1,5	1,40	1,300	0,100	0,01000	2,25	-0,30667	0,09404
2	1,2	1,06	1,066	-0,006	0,00004	1,44	-0,60667	0,36804
3	1,8	1,54	1,534	0,006	0,00004	3,24	-0,00667	0,00004
4	1,7	1,46	1,456	0,004	0,00002	2,89	-0,10667	0,01138
5	1,3	1,14	1,144	-0,004	0,00002	1,69	-0,50667	0,25671
6	2,3	1,94	1,924	0,016	0,00026	5,29	0,49333	0,24338
7	2,2	1,86	1,846	0,014	0,00020	4,84	0,39333	0,15471
8	1,0	1,00	~~0,910~~	0,090	0,00810	1,00	-0,80667	0,65071
9	2,5	2,00	2,080	-0,080	0,00640	6,25	0,69333	0,48071
10	2,0	1,80	1,690	0,110	0,01210	4,00	0,19333	0,03738
11	2,5	2,20	2,080	0,120	0,01440	6,25	0,69333	0,48071
12	1,5	1,20	1,300	-0,100	0,01000	2,25	-0,30667	0,09404
13	1,0	0,80	0,910	-0,110	0,01210	1,00	-0,80667	0,65071
14	2,0	1,60	1,690	-0,090	0,00810	4,00	0,19333	0,03738
15	2,6	2,08	2,158	-0,078	0,00608	6,76	0,79333	0,62938
$\sum$	**27,1**	**23,08**			**0,08784**	**53,15**		**4,18933**
ø	**1,81**	**1,54**						

Tab. 20.3.3: Berechung der Residualvarianz als Schätzer für die Varianz der Störvariablen

Der wesentliche Unterschied zwischen den beiden Berechnungen besteht darin, dass bei der **Residualvarianz als Schätzer für die Varianz der Störvariablen** die Summe der Fehlerquadrate nicht durch n, sondern durch n-2 geteilt wird. So erhält man im vorliegenden Fall

$\hat{\sigma}_\varepsilon^2$ = 0,08784/13= 006757 und $\hat{\sigma}_\varepsilon$ = <u>0,082.</u>

<u>Streuung von A</u>
Die Streuung von A - gemessen durch die Varianz - ist aus dem Stichprobenbefund und der geschätzten Streuung der Störvariablen nach folgender Formel zu berechnen:

$$V(A) = \sigma_A^2 = \frac{\sum x_i^2}{n * \sum (x_i - \overline{x})^2} * \hat{\sigma}_\varepsilon^2$$

Die Werte der im Zähler und Nenner der Formel benötigten Terme sind für das Einführungsbeispiel im rechten Teil der obigen Tabelle nachvollziehbar ermittelt. Man erhält im vorliegenden Fall:

$\sigma_A^2 = \dfrac{53{,}15}{15 * 4{,}18933} * 0{,}006757 = 0{,}005415$ und $\hat{\sigma}_A$=<u>0,0756.</u>

Streuung von B

Die Streuung von B - gemessen durch die Varianz - ist aus dem Stichprobenbefund und der geschätzten Streuung der Störvariablen nach folgender Formel zu berechnen:

$$V(B) = \sigma_B^2 = \frac{\hat{\sigma}_\varepsilon^2}{\sum (x_i - \bar{x})^2}$$

Der Wert des im Nenner der Formel benötigten Terms ist für das Einführungsbeispiel bereits in der obigen Tabelle nachvollziehbar ermittelt worden. Man erhält im vorliegenden Fall

$\sigma_B^2 = \dfrac{0{,}006757}{4{,}18933} = 0{,}001613$ und $\hat{\sigma}_B$=<u>0,0406.</u>

Konfidenzintervalle

Damit liegen im Einführungsbeispiel alle nötigen Größen zur Konstruktion der Konfidenzintervalle mit einer Irrtumswahrscheinlichkeit von höchstens 5 % vor:

$t_{\alpha/2}$= 2,16; a= 0,13; $\hat{\sigma}_A$= 0,0756; b= 0,78; $\hat{\sigma}_B$=0,0406

Für das Konfidenzintervall von α erhält man:

$$0{,}13 - 2{,}16 * 0{,}0756 \leq \alpha \leq 0{,}13 + 2{,}16 * 0{,}0756$$
$$\mathbf{-0{,}03329 < \alpha < 0{,}29329}$$

Die rechnerische Untergrenze des Konfidenzintzervalls ist negativ, was sich im vorliegenden Fall nicht sachgerecht interpretieren lässt, da die Konsumausgaben minimal 0 sein können. Die monatlichen Konsumausgaben eines Haushalts der Stadt, der kein Einkommen bezieht, werden mit einem Vertrauensniveau von mindestens 95% im Durchschnitt zwischen 0 und 293,29 (€) liegen.

Für das Konfidenzintervall von ß erhält man:

$$0{,}78 - 2{,}16 * 0{,}0406 \leq ß \leq 0{,}78 + 2{,}16 * 0{,}0406$$
$$\mathbf{0{,}6936 < ß < 0{,}8664}$$

Ein Haushalt der Stadt gibt mit einem Vertrauensniveau von mindestens 95% von jedem zusätzlich verdienten Euro im Durchschnitt zwischen ~69 und ~87 Cent für den Konsum aus.

20.4 Bereichsschätzungen für bedingte Prognosen

Nun interessieren bei der stochastischen Regressionsanalyse nicht nur Konfidenzintervalle für die Parameter der unbekannten linearen Funktion in der Grundgesamtheit. Vielmehr besteht der Hauptzweck der Regressionsanalyse in der Praxis darin, die ermittelten Zusammenhänge - d.h. die geschätzte Regressionsfunktion - zu nutzen, um damit bis dato unbekannte Werte und Wertebereiche der abhängigen Variablen für besonders interessierende Werte oder Wertebereiche der unabhängigen Variablen zu ermitteln. Diese Nutzung wird in der Statistik häufig als **bedingte Prognose** bezeichnet, auch wenn die berechneten Werte oder Wertebereiche der abhängigen Variablen sich nicht auf zukünftige Zeiteinheiten beziehen. Bei der Prognoserechnung in Kapitel 12 haben wir allerdings bereits die Verwendung von regressionsanalytisch gewonnenen Erklärungsmodellen (Regressionsfunktionen) als Prognosemodelle (Trendfunktionen) vorgestellt und damit bedingte Prognosewerte für interessierende zukünftige Zeiteinheiten ermittelt. Dabei handelt es sich um Punktschätzungen, die sinnvoll durch Bereichsschätzungen ergänzt werden können. Die folgenden Ausführungen sind deshalb auf die Schätzung von

Prognosebereichen bei der Verwendung von linearen Trendfunktionen als Prognoseverfahren übertragbar, soweit die Modellannahmen ausreichend eingehalten werden.

Bedingte Prognoseaufgaben
Bezeichnet man einen beliebigen, aber festen Wert der unabhängigen Variablen X mit x_o, so kann man im Hinblick darauf, welcher Wert der abhängigen Variablen an der Stelle X= x_o ermittelt bzw. prognostiziert werden soll, zwei Aufgabenstellungen unterscheiden: eine durchschnittliche und eine individuelle Prognose.

Zum einen soll der zu x_o gehörige **Wert von Y auf der wahren linearen Funktion** in der Grundgesamtheit geschätzt bzw. prognostiziert werden, das ist der unbekannte Wert y^t_o. Dies ist eine Punktschätzaufgabe, die mit dem Schätzer $\hat{Y}_0{}' = A + B * x_o$ zu lösen ist und für X= x_o folgenden Schätzwert als Punktschätzung ergibt:

$$\hat{y}_0' = a + b * x_o$$

Da der Schätzer $\hat{Y}'$ eine von X abhängige Zufallsgröße ist, ist der an der Stelle X= x_o verwendete Schätzer $\hat{Y}_0'$ ein bedingter Schätzer mit einer bedingten Wahrscheinlichkeitsverteilung und der nach der obigen Gleichung ermittelte konkrete Schätzwert $\hat{y}_0'$ der **Erwartungswert** dieser Wahrscheinlichkeitsverteilung. Da es sich beim Erwartungswert um einen Durchschnittswert handelt, spricht man hier kurz von einer **Durchschnittsprognose.** Für die Durchschnittsprognose kann man mit Hilfe der Streuung und der Wahrscheinlichkeitsverteilung des Schätzers ein **Konfidenzintervall** konstruieren, in dem der unbekannte Funktionswert in der Grundgesamtheit mit einem bestimmten Vertrauensniveau im Durchschnitt liegt.

Zum anderen soll eine Schätzung bzw. Prognose für einen aus der bedingten Verteilung der abhängigen Variablen Y_o stammenden **Einzelwert** y_o an der Stelle X= x_o vorgenommen werden. Deshalb spricht man hier kurz von **individueller Prognose**. Individuelle Prognosen sind in der Praxis meistens von größerer Bedeutung als Durchschnittsprognosen, weil sie Prognosewerte für eine konkrete und nicht für eine konstruierte Durchschnittsgröße liefern.

20.4.1 Konfidenzintervalle für Durchschnittsprognosen

Güte und Charakter des Schätzers
Der bei der Durchschnittsprognose verwendete Schätzer ist erwartungstreu, d.h. der Erwartungswert des verwendeten Schätzers stimmt ganz allgemein mit dem Funktionswert der unbekannten linearen Funktion in der Grundgesamtheit überein. Das gilt auch für den bedingten Schätzer an der Stelle X=x_o, so dass formal gilt:

$$E(\hat{Y}_0') = y^t_o$$

Dadurch hat die Durchschnittsprognose den Charakter einer **Parameter-Punktschätzung**, denn y^t_o ist ein fester, wenn auch unbekannter Wert. Um die Punktschätzung herum kann man in klassischer Weise ein Konfidenzintervall legen, wenn man die Streuung und die Wahrscheinlichkeitsverteilung des bedingten Schätzers $\hat{Y}_0'$ kennt.

Streuung des Schätzers
Die Streuung - gemessen durch die Varianz/Standardabweichung - kann man aus dem stochastischen Grundmodell ableiten und erhält:

$$\sigma^2_{\hat{Y}_0} = \sigma^2_\varepsilon * \left[\frac{1}{n} + \frac{(x_0 - \bar{x})^2}{\sum(x_i - \bar{x})^2}\right] \quad und \quad \sigma_{\hat{Y}_0} = \sqrt{\sigma^2_{\hat{Y}_0}}$$

Die Varianz heißt präziser Varianz des durchschnittlichen Prognosewertes, die Standardabweichung analog **Standardabweichung oder Standardfehler des durchschnittlichen Prognosewertes.**

Die Streuung des durchschnittlichen Prognosewertes ist - wie die der Parameterschätzer A und B - wesentlich abhängig von der Streuung der Störvariablen. Diese wird durch die Streuung der Fehler in der Stichprobe abgeschätzt, so dass man dann erhält:

$$\hat{\sigma}^2_{\hat{Y}_0} = S^2{}_{\hat{Y}_0} = \hat{\sigma}^2_{\varepsilon} * \left[\frac{1}{n} + \frac{(x_0 - \bar{x})^2}{\sum(x_i - \bar{x})^2}\right] \quad und \quad \hat{\sigma}_{\hat{Y}_0} = S_{\hat{Y}_0} = \sqrt{\hat{\sigma}^2_{\hat{Y}_0}}$$

Der standardisierte Standardfehler des durchschnittlichen Prognosewertes ist studentverteilt mit v=n-2 Freiheitsgraden.

Konfidenzintervall

Damit kann man für den durchschnittlichen Prognosewert folgendes Konfidenzintervall mit einem Vertrauensniveau von 1-Alpha konstruieren:

$$\hat{y}_0^t - t_{\alpha/2} \cdot \hat{\sigma}_{\hat{Y}_0} \leq y^t{}_0 \leq \hat{y}_0^t + t_{\alpha/2} \cdot \hat{\sigma}_{\hat{Y}_0} \quad \hat{\sigma}_{\hat{Y}0}$$

Anwendung im Einführungsbeispiel

In dem Einführungsbeispiel interessiert man sich für die monatlichen Konsumausgaben, mit denen man bei den Haushalten der Kleinstadt im Durchschnitt zu rechnen hat, wenn das Haushaltseinkommen bei 1.800 € liegt, was etwa dem Durchschnittseinkommen der Haushalte in der Stichprobe entspricht. Ergänzend interessiert der Bereich, in dem die monatlichen Konsumausgaben bei diesem Einkommensniveau mit einem Vertrauensniveau von 95% im Durchschnitt liegen.

Mit der Stichprobenregressionsfunktion als erwartungstreuen Schätzer für die monatlichen Konsumausgaben der Haushalte in der Kleinstadt erhält man folgende **Punktprognose** für x=1.800 (€):

y= 0,13 + 0,78 * 1,8 = 1,534 (Tsd. €)= <u>1.534 (€)</u>

Für die Bereichsschätzung in Form eines Konfidenzintervalls benötigt man die **Varianz/Standardabweichung** des durchschnittlichen Prognosewertes. Diese ist nach der obigen Formel zu ermitteln. Der darin vorkommende Schätzwert für die Varianz der Störvariablen wurde in Tab. 20.2.3 bereits berechnet und beträgt 0,006757. Der Wert der Klammer ist noch zu ermitteln. Der Wert des ersten Terms in der Klammer ist im vorliegenden Fall 1/15. Die Werte im Zähler und Nenner des 2. Terms sind ebenfalls aus der Tabelle 20.2.3 abzulesen. Man erhält im vorliegenden Fall für die Terme in der Klammer bei einer Genauigkeit von 5 Stellen hinter dem Komma:

$$\left[\frac{1}{15} + \frac{(1{,}8 - 1{,}81)^2}{4{,}18933}\right] = \left[0{,}06\bar{6} + \frac{-0{,}1^2}{4{,}18933}\right] = \left[0{,}06\bar{6} + \frac{0{,}01}{4{,}18933}\right] = 0{,}06\bar{6} + 0{,}00238 = 0{,}06904$$

Damit erhält man bei x=1,8 für den durchschnittlichen Prognosefehler folgende Varianz:

$$\hat{\sigma}^2_{\hat{Y}_0} = S^2{}_{\hat{Y}_0} = 0{,}006757 * 0{,}06904 \sim 0{,}00047 \text{ und } \hat{\sigma}_{\hat{Y}_0} = S_{\hat{Y}_0} = \sqrt{\hat{\sigma}^2_{\hat{Y}_0}} \sim \underline{0{,}02168}$$

Damit erhält man für x=1,8 folgendes Konfidenzintervall für den durchschnittlichen Prognosewert:

$$1{,}534 - 2{,}16 * 0{,}02168 \leq y^t \leq 1{,}534 + 2{,}16 * 0{,}02168$$

$$\underline{1{,}48717} < y^t \leq \underline{1{,}58083}$$

Bei einem Vertrauensniveau von 95% ist damit zu rechnen, dass für Haushalte mit einem Einkommensniveau von monatlich 1.800 € die durchschnittlichen Konsumausgaben monatlich zwischen 1.487,17 und 1.580,83 € liegen.

Korridorbetrachtung
Erweitert man die Betrachtung auf viele Werte der unabhängigen Variablen, so erhält man entsprechend viele durchschnittliche Prognosebereiche. In der folgenden Tabelle 20.4.1 ist die Ermittlung aller durchschnittlichen Prognosebereiche für die 15 Stichprobenwerte von X mit einem Vertrauensniveau von 95% nachvollziehbar dargestellt.

i	x_i	y_i	$\hat{y}_i$	$(x_i-\bar{x})^2$	(4)/Σ(4)	1/n+ (5)	Se² *(6)	$\sqrt{(7)}$	$\hat{y}_i$+ $t_{0,025}$(13) *(8)	$\hat{y}_i$- $t_{0,025}$(13) *(8)
(1)	(2)	(3)	(4)	(4)	(5)	(6)	(7)	(8)	(9)	(10)
1	1,5	1,40	1,300	0,09404	0,02244	0,089114	0,000602	0,024538	1,35300	1,24700
2	1,2	1,06	1,066	0,36804	0,08785	0,154518	0,001044	0,032312	1,13579	0,99621
3	1,8	1,54	1,534	0,00004	9,55E-06	0,066676	0,000451	0,021226	1,57985	1,48815
4	1,7	1,46	1,456	0,01138	0,00271	0,069383	0,000469	0,021652	1,50277	1,40923
5	1,3	1,14	1,144	0,25671	0,06127	0,127944	0,000865	0,029402	1,20751	1,08049
6	2,3	1,94	1,924	0,24338	0,05809	0,124762	0,000843	0,029035	1,98671	1,86129
7	2,2	1,86	1,846	0,15471	0,03693	0,103596	0,000700	0,026457	1,90315	1,78885
8	1,0	1,00	~~0,910~~	0,65071	0,15532	0,221992	0,001500	0,038730	0,99366	0,82634
9	2,5	2,00	2,080	0,48701	0,11625	0,182917	0,001236	0,035156	2,15594	2,00406
10	2,0	1,80	1,690	0,03738	0,00892	0,075589	0,000511	0,022600	1,73882	1,64118
11	2,5	2,20	2,080	0,48071	0,11474	0,181413	0,001226	0,035011	2,15562	2,00438
12	1,5	1,20	1,300	0,09404	0,02244	0,089114	0,000602	0,024538	1,35300	1,24700
13	1,0	0,80	0,910	0,65071	0,15532	0,221992	0,001500	0,038730	0,99366	0,82634
14	2,0	1,60	1,690	0,03738	0,00892	0,075589	0,000511	0,022600	1,73882	1,64118
15	2,6	2,08	2,158	0,62938	0,15023	0,216901	0,001466	0,038283	2,24069	2,07531
Σ	**27,1**	**23,08**		**4,18933**						
ø	**1,81**	**1,54**								

Tab. 20.4.1: Konfidenzintervalle für Durchschnittsprognosen im Einführungsbeispiel

Der eben betrachtete Fall für x= 1,8 (Tsd. €) steht in Zeile 3 der Tabelle. Die für diesen Fall wahrnehmbaren Unterschiede in den Ergebnissen liegen an der höheren Genauigkeit, mit der alle Zahlen in der Tabelle berechnet wurden.

Stellt man die Konfidenzintervalle von Durchschnittsprognosen für einen interessierenden **Wertebereich von X** grafisch dar, so erhält man einen **Korridor**. In der folgenden Abbildung 20.4.1 sind für das Einführungsbeispiel alle in der obigen Tabelle ermittelten Konfidenzintervalle anschaulich grafisch dargestellt. Sie ergeben insgesamt einen Korridor, in dem die wahre, aber unbekannte lineare Funktion in der Grundgesamtheit mit dem vorgegebenen Vertrauensniveau liegt. Bei genauerer Betrachtung der Korridorgrenzlinien kann man erkennen, dass es sich - im Gegensatz zur deterministischen linearen Regression in Kapitel 9 - nicht um parallel verlaufende Geraden handelt. Vielmehr erscheint der Korridor in der Mitte des Bildes am schmalsten und scheint dann sowohl bei immer kleiner als auch bei immer größer werdenden Werten von X zunehmend breiter zu werden. Dieser Sachverhalt ist im vorliegenden Fall bei der Gesamtbetrachtung nicht besonders augenfällig, kann aber durch eine Detailbetrachtung auch hier deutlicher gemacht werden. Dazu betrachten wir ergänzend zu dem Konfidenzintervall für x=1,8 (Tsd. €) beispielhaft die Konfidenzintervalle für den kleinsten und den größten Wert von X in der Stichprobe, d.h. für x= 1,0 (Tsd. €) und x= 2,6 (Tsd. €). Diese drei Konfidenzintervalle sind zum Detailvergleich im Folgenden zusammengestellt.

Wert von X	KI-Untergrenze	KI-Obergrenze	KI-Länge (€)
1,0	0,82634	0,93366	107,32
1,8	1,48815	1,57985	91,70
2,6	2,07531	2,24069	165,38

Sie sind unterschiedlich lang. Das Intervall für x=1,8 - d.h. in der Nähe des Durchschnittswertes von X - ist am kleinsten. Dagegen ist es am größten für Werte von X, die am stärksten vom Durchschnittswert abweichen, wie hier der kleinste und größte Wert von X in der Stichprobe. Dies gilt nicht nur im Einführungsbeispiel, sondern bei der stochastischen Regression ganz allgemein. Der Grund dafür ist die Streuung des durchschnittlichen Prognosewertes. Diese wird - unter sonst gleichen Bedingungen - umso größer, je mehr der X-Wert, für den eine Bereichsschätzung gemacht wird, von dem Durchschnittswert von X abweicht. Dieser grundlegende Sachverhalt ist bei der Prognose vor allem dann zu berücksichtigen, wenn mit X-Werten, die außerhalb des bisherigen Erfahrungsbereichs über den Zusammenhang der beiden Größen liegen, Prognosen für die abhängige Variable gemacht werden sollen.

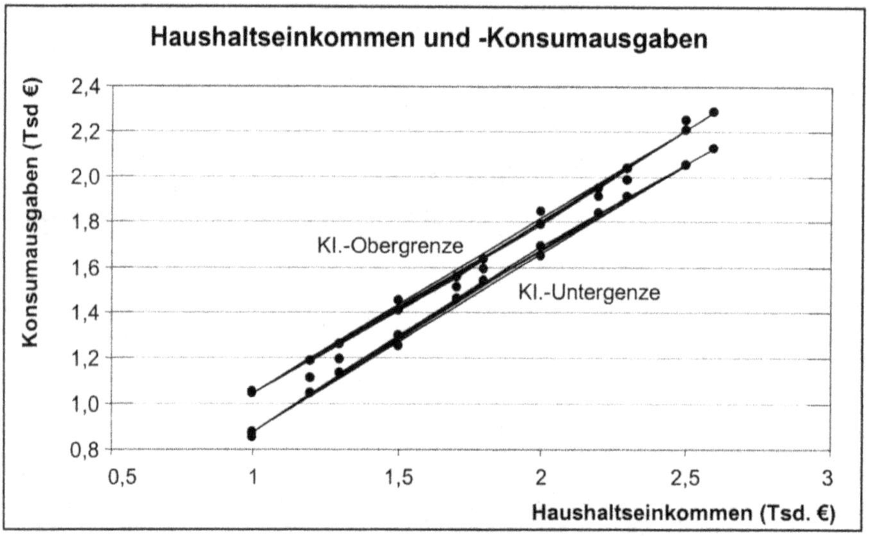

Abb. 20.4.1: Korridor für die wahre lineare Funktion im Einführungsbeispiel

20.4.2 Wahrscheinlichkeitsintervall für eine individuelle Prognose

In der Praxis ist der individuelle Prognosewert, mit dem man bei einem bestimmten Wert von X zu rechnen hat, meistens interessanter als der durchschnittliche Prognosewert. Beim individuellen Prognosewert y_0 handelt es sich um einen einzelnen aus der bedingten Verteilung der y-Werte an der Stelle $X=x_0$ stammenden Wert. y_0 kann als Realisation der Zufallsgröße Y_0 angesehen werden, für die nach dem Grundmodell der stochastischen linearen Regression gilt:

$$Y_0 = \alpha + \beta * x_0 + \epsilon_0$$

Wie vorne bereits aus dem stochastischen Grundmodell abgeleitet, sind alle Y_i normalverteilt, so auch Y_0. mit dem Erwartungswert $E(Y_0) = \alpha + \beta * x_0$ und der Varianz $V(Y_0) = \sigma^2_\epsilon$.

Punktschätzung

Es liegt nun nahe, für y_0 den gleichen Schätzer zu nehmen wie bei der Durchschnittsprognose - nämlich $\hat{Y}_0{'} = A + B * x_0$ - und damit den Punktschätzwert $\hat{y}_0' = a + b * x_0$ zu ermitteln, der mit der Durchschnittsprognose übereinstimmt. Der bei diesem Vorgehen mögliche Fehler - nämlich die Differenz $\hat{Y}_0{'} - Y_0$ - wird als **Fehler der individuellen Prognose** bezeichnet und hier mit **F** symbolisiert. Aufgrund der Annahmen des stochastischen Regressionsmodells ist dieser Fehler normalverteilt mit einem Erwartungswert von 0. Damit ist der von der Durchschnittsprognose übernommene Schätzer auch bei der individuellen Prognose **erwartungstreu**.

Streuung des individuellen Prognosefehlers
Die Streuung des individuellen Prognosefehlers - gemessen durch die Varianz - wird hier mit σ^2_F symbolisiert und ergibt sich zu:

$$\sigma^2_F = V(\hat{Y}_0{}' - Y_0) = V(\hat{Y}_0{}') + V(Y_0) = \sigma^2_{\hat{Y}_0} + \sigma^2_\varepsilon$$

Sie setzt sich also additiv aus zwei Streuungen zusammen: einmal aus der Streuung des auch bei der Durchschnittsprognose verwendeten Schätzers $\sigma^2_{\hat{Y}_0}$ an der Stelle $X=x_0$ und zusätzlich aus der Streuung der Y_0-Werte an der Stelle $X=x_0$, die nach dem stochastischen Grundmodell für jedes Beobachtungspaar aufgrund der Störvariablen besteht und identisch mit der Streuung der Störvariablen σ^2_ε ist.

Da der Fehler der individuellen Prognose einen Erwartungswert von NULL hat, entspricht seine Streuung der **Streuung des individuellen Prognosewertes**. Für die Streuung des individuellen Prognosefehlers bzw. des individuellen Prognosewertes gemessen durch die Varianz gilt daher:

$$\sigma^2_F = \sigma^2_\varepsilon * \left[\frac{1}{n} + \frac{(x_0 - \bar{x})^2}{\sum(x_i - \bar{x})^2}\right] + \sigma^2_\varepsilon = \sigma^2_\varepsilon * \left[1 + \frac{1}{n} + \frac{(x_0 - \bar{x})^2}{\sum(x_i - \bar{x})^2}\right]$$

Wie auch bei der Varianz der Durchschnittsprognose wird die in der Formel enthaltene unbekannte Varianz der Störvariablen geschätzt durch die Residualvarianz in der Stichprobe, d.h. $\hat{\sigma}^2_\varepsilon = S^2_e$. Die Wurzel aus der Varianz des individuellen Prognosefehlers heißt Standardabweichung oder **Standardfehler des individuellen Prognosewertes** und wird hier mit σ_F bzw. als Schätzung mit S_F symbolisiert. Der standardisierte Standardfehler des individuellen Prognosewertes ist wieder studentverteilt mit $v=n-2$ Freiheitsgraden.

Bereichsschätzung
Ausgehend von der Punktschätzung lässt sich mit ihm und der Studentverteilung für eine vorzugebende Irrtumswahrscheinlichkeit Alpha folgendes symmetrische Intervall konstruieren, in dem der individuelle Wert y_0 liegt:

$$\hat{y}_0' - t_{\alpha/2} \cdot \hat{\sigma}_F \leq y_0 \leq \hat{y}_0' + t_{\alpha/2} \cdot \hat{\sigma}_F \quad \hat{\sigma}_{\hat{Y}0}$$

Dabei handelt es sich allerdings nicht um ein Konfidenzintervall, da y_0 kein Parameter ist. Das Intervall wird deshalb zur genaueren Unterscheidung häufig als **Prognoseintervall** bezeichnet.

Anwendung im Einführungsbeispiel
Die Berechnung des individuellen Prognoseintervalls unterscheidet sich von der des durchschnittlichen unter sonst gleichen Bedingungen nur durch die Streuung. Die Varianzen der beiden Prognosen wiederum unterscheiden sich nur durch einen Term in der Klammer der beiden Berechungsformeln. Da für die Varianz der Durchschnittsprognose im Einführungsbeispiel bereits alle Berechnungen vorliegen, ist darauf aufbauend die Varianz der individuellen Prognose einfach zu ermitteln.

Betrachtet wird beispielhaft das Intervall, in dem die individuelle Prognose für x=1,8 (Tsd. €) mit einer Sicherheit von 95% liegt. Neu zu berechnen ist für diesen Fall nur die Varianz, insbesondere der Wert in der Klammer. Man erhält:

$\sigma^2_F = 0{,}006757 * (1 + 0{,}066 + 0{,}00238) = 0{,}006757 * 1{,}06904 = 0{,}0072235$ und $\sigma_F = \underline{0{,}08499}$

Damit erhält man für x= 1,8 (Tsd. €) mit einer Sicherheitswahrscheinlichkeit von 95% folgendes individuelle Prognoseintervall:

$$1{,}534 - 2{,}16 * 0{,}08499 \leq y_0 \leq 1{,}534 + 2{,}16 * 0{,}08499$$

$$\mathbf{1{,}35043 \leq y_0 \leq 1{,}71757}$$

Für Haushalte der Kleinstadt mit einem Einkommensniveau von monatlich 1.800 € ist mit 95%-iger Sicherheit damit zu rechnen, dass ihre monatlichen Konsumausgaben zwischen 1.350,43 und 1.717,57 € liegen.

Im Einführungsbeispiel und ganz allgemein ist das Intervall der individuellen Prognose immer **breiter** als das der Durchschnittsprognose. Es lässt sich auch nicht durch Erhöhung des Stichprobenumfangs in gleichem Maße beeinflussen wie das der Durchschnittsprognose. Denn der in die Streuung der individuellen Prognose zusätzlich eingehende Einfluss der Streuung der Störvariablen ist unabhängig vom Stichprobenumfang.

20.5 Fehlerstrukturanalyse

Alle betrachteten Schätzungen setzten die Gültigkeit der im Grundmodell der stochastischen Regression gemachten Annahmen voraus, insbesondere die zentralen Annahmen über die Störvariable. Diese Annahmen sind deshalb spätestens nach Durchführung der Schätzungen im Nachhinein zu überprüfen. Wir beschränken uns in dieser Einführung dabei auf die wichtigsten Aspekte der **grafischen** Fehleranalyse.

Ausgangspunkt ist die Darstellung aller Fehler $\mathbf{e_i}$ in Abhängigkeit der Werte der unabhängigen Variablen in einem entsprechenden Diagramm, das im Abschnitt über Prognosefehler und -güte kurz als **Fehlerdiagramm** bezeichnet wurde. Bei Hochrechnungen werden die Fehler in Abhängigkeit von der unabhängigen Variablen X, bei Prognoserechnungen in Abhängigkeit der Zeit t betrachtet. Die Nullachse des Diagramms verläuft typischerweise so durch das Fehlerdiagramm, dass die Summe der positiven Fehler der Summe der negativen Fehler entspricht. Bei regressionsanalytischen Schätzungen ist dies sicher, da bei der Schätzung der Regressionseffizienten nach der Methode der kleinsten Quadrate gilt $\sum e_i = 0$ und damit $\bar{e} = 0$. Bei den Schätzungen beschreibender Prognoseverfahren ist dies nicht sicher, da verfahrensabhängig unterschiedliche Schätzer mit unterschiedlicher Güte verwendet werden. Die Annahmen über die Prognosefehler gewährleisten - wenn sie eingehalten werden - aber auch hier $\bar{e} = 0$.

Die folgende Abbildung 20.5-a zeigt **Prinzipienskizzen von Fehlerdiagrammen**, aus deren **Strukturen** man in grober Näherung etwas über die Einhaltung bzw. Nichteinhaltung bestimmter Annahmen des unterstellten stochastischen Grundmodells sagen kann. Dabei wurde als unabhängige Variable an der waagerechten Achse der Einfachheit halber nur X verwendet.

Im **Fall 1** streuen die Fehler mit einem tendenziellen Mittelwert von 0 und mit einer tendenziell gleichen Streuung um die waagerechte Achse. Daraus kann man schließen, dass - bezogen auf X bzw. t - der im Anwendungsfall verwendete beschreibende oder erklärende Ansatz adäquat ist und auch die Annahme konstanter Streuung der Störvariablen erfüllt ist. Die weitere wichtige Annahme über die Verteilungsform der Störvariablen - die Normalverteilung - könnte man über die Fehler mit Hilfe eines Chi-Quadrat-Anpassungstests (s.19.3) überprüfen.

Die Fehlerverteilungsstrukturen in den übrigen Fällen indizieren, dass eine oder mehrere Modellannahmen nicht erfüllt sind. Die in den **Fällen 2 und 3** feststellbare systematische Vergrößerung bzw. Verkleinerung der Fehler in Abhängigkeit von X oder T lässt darauf schließen, dass die **Streuung der Störvariablen nicht konstant** ist. In diesem Fall sind beim regressionsanalytischen Ansatz die Schätzer von Alpha, Beta und Y_i zwar noch erwartungstreu, aber nicht mehr die wirksamsten. Das hat zur Folge, dass bei den Bereichsschätzungen genau genommen nicht mehr mit den angegebenen Formeln gerechnet werden kann. Dies gilt auch für die Bereichsschätzung bei beschreibenden Prognoseverfahren.

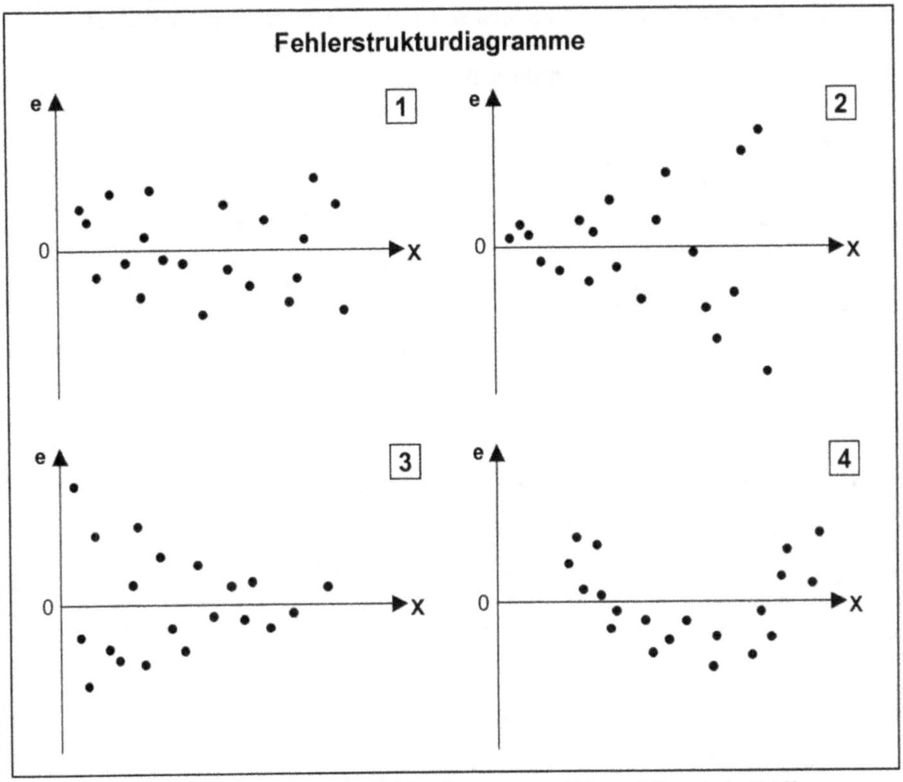

Abb. 20.5-a: Wichtige Strukturen in Fehlerdiagrammen (Bleymüller et al. 1996)

Im **Fall 4** bilden die Fehler in Abhängigkeit von X oder t ein nicht-lineares Muster, das im vorliegenden Fall einen u-förmigen Verlauf hat. Das lässt auf einen **systematischen Fehler** im verwendeten Ansatz schließen. Dieser kann bei beschreibenden und erklärenden Verfahren durch Wahl eines anderen Verlaufsmusters bzw. Funktionstyps (z.B. nicht-linear statt linear) und bei erklärenden Verfahren zusätzlich durch Erweiterung (Mehrfach- statt Einfachregression) eventuell behoben werden.

Die Modellannahme, dass die Störvariablen **nicht korreliert** sind, ist vor allem bei **Prognoserechnungen** praktisch bedeutsam. Denn bei Zeitreihendaten ist es plausibel, dass die Werte zu einer Zeiteinheit t in einem quantitativen Zusammenhang mit Werten aus früheren Zeiteinheiten t-k stehen können, wobei k die Anzahl der vor t liegenden Zeiteinheiten angibt. Im einfachsten Fall - auf den wir uns hier beschränken - setzt man k=1, betrachtet also jeweils die Fehler von unmittelbar aufeinander folgenden Zeiteinheiten. Das Ergebnis kann man in entsprechenden **e_{t-1}, e_t - Diagrammen** anschaulich grafisch darstellen. Die folgende Abbildung 20.5-b zeigt zwei typische derartige Diagramme.

Im **Fall 1** sind die Fehler unmittelbar aufeinander folgender Beobachtungen irregulär, im **Fall 2** weisen sie dagegen ein Muster auf, das einen gleichgerichteten Zusammenhang und damit eine **positive Autokorrelation** indiziert. Im Fall 2 ist zu vermuten, dass die Annahme der Unkorreliertheit der Störvariablen verletzt ist. Damit sind beim regressionsanalytischen Ansatz die Schätzer von α, β und Y_i zwar noch erwartungstreu, aber nicht mehr die wirksamsten. Das hat zur Folge, dass bei den Bereichsschätzungen eigentlich nicht mehr mit den angegebenen Formeln gerechnet werden kann, da sie bei Autokorrelation zu **beachtlichen Unterschätzungen** der tatsächlichen Streuungen führen. Bei beschreibenden Prognoseverfahren gilt dies analog.

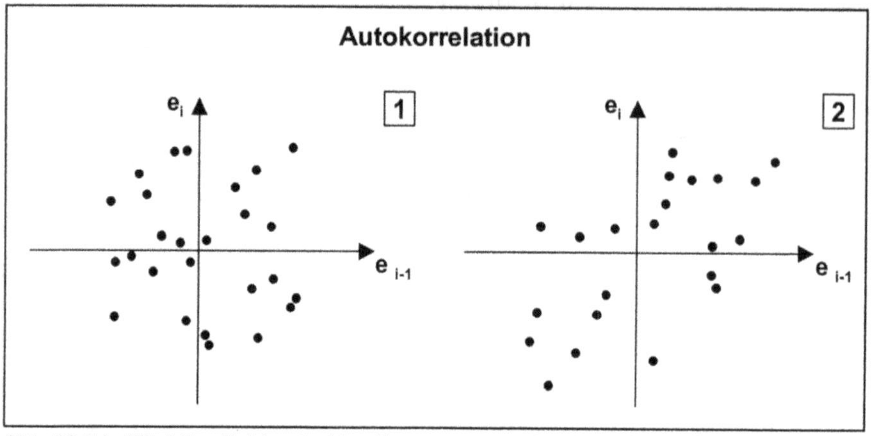

Abb. 20.5-b: Wichtige Fehlerstrukturdiagramme zur Autokorrelation (Bleymüller et al. 1996)

20.6 Definitionen, Regeln, Symbole und Formeln

Bezeichnung	Symbol	Definition/Regel/Formel
Chi-Quadrat-Unabhängigkeitstest		
Nullhypothese	H_0	Gemeinsame Verteilungsfunktion von X und Y: $F_{XY} = F_X * F_Y$
Prüfgröße	$\aleph^2$	$= \sum \sum \frac{[h(x_j, y_k) - h^u(x_j, y_k)]^2}{h^u(x_j, y_k)}$
Prüfverteilung (approximativ) Parameter	CHI v	CHI (v) = (m-1)*(q-1) Freiheitsgrade m: Anzahl der Spalten, q: Anzahl der Zeilen
Approximationsbedingungen	h^u	≥ 5
	h^e	≥ 10
Annahmekennzahl	$\aleph^2_K = C_0$	Wert von $\aleph^2$, bis zu dem die Abweichungen von H_0 bei gegebenem γ noch als zufällig anzusehen sind. Ablehnung von H_0 für $\aleph^2 > \aleph^2_K = C_0$
Überschreitungswahrscheinlichkeit.	$F[\aleph^2 (v)]$	Wahrscheinlichkeit für den in der Stichprobe festgestellten Wert von $\aleph^2$. Ablehnung von H_0, wenn $F[\aleph^2 (v)] < \alpha_0$
Unabhängigkeitstest mit Rangkorrelationskoeffizienten		
Nullhypothese	H_0	$r_s = 0$
Prüfgröße	U^K_s	$r_S * \sqrt{\frac{n-2}{1-r_S^2}}$
Prüfverteilung (approximativ) Parameter	S v	S (v) = n-2 Freiheitsgrade
Approximationsbedingung		n> 10
Annahmekennzahl	$t_k = C_0$	Wert von T bis zu dem die Abweichungen von H_0 bei gegebenem γ noch als zufällig anzusehen sind. Ablehnung von H_0 für $U^K_S > t_k = C_0$
Überschreitungswahrscheinlichkeit	F[t(v)]	Wahrscheinlichkeit für den in der Stichprobe festgestellten Wert von U^K_S. Ablehnung von H_0, wenn $F[t (v)] < \alpha_0/2$

Bezeichnung	Symbol	Definition/Regel/Formel
Schätzung einer linearen Funktion in der Grundgesamtheit (GG)		
Lineare Funktion in GG		$Y^t = \alpha + \beta^* X$
Stichprobenvariablen		$Y_i = \alpha + \beta^* x_i + \varepsilon_i$; $i = 1,\ldots, n$
Schätzer konstantes Glied	$\hat{\alpha}$	$= A = \overline{y} - b * \overline{x}$
Varianz von A	V(A) σ_A^2	$= \frac{\sum x_i^2}{n * \sum (x_i - \overline{x})^2} * \sigma_\varepsilon^2$
Schätzer Anstieg	$\hat{\beta}$	$= B = \frac{n * \sum x_i * y_i - \sum x_i * \sum y_i}{n * \sum x_i^2 - \left(\sum x_i\right)^2}$
Varianz von B	V(B) σ_B^2	$= \frac{\sigma_\varepsilon^2}{\sum (x_i - \overline{x})^2}$
Störvariable	ϵ_i	$E(\epsilon_i) = 0$; $V(\epsilon_i) = \sigma^2_\epsilon$; $COV(\epsilon_i) = 0$; Verteilungstyp beliebig oder normalverteilt
Schätzer der Varianz der Störvariablen	$\hat{\sigma}_\varepsilon^2$	$= S_e^2 = \frac{1}{n-2} * \sum e_i^2$
Verteilung von A und B	S	S(v)
Parameter	v	= n-2 Freiheitsgrade
Bedingte Punktprognose		
Durchschnittsprognose für $X = x_o$	y^t_o	
Schätzer	$\hat{Y}_0^t$	$= A + B * x_o$
Schätzer der Varianz	$V(\hat{Y}_0^t)$ $\sigma^2_{\hat{Y}_0^t}$	$= \sigma_\varepsilon^2 * \left[\frac{1}{n} + \frac{(x_0 - \overline{x})^2}{\sum (x_i - \overline{x})^2}\right]$
Individualprognose für $X = x_o$	y_o	
Schätzer	$\hat{Y}_0^t$	$= A + B * x_o$
Varianz der Stichprobenvariablen Y_o	$V(Y_o)$	$= \sigma^2_\epsilon$.
Fehler der individuellen Prognose	F	$= \hat{Y}_0{}^t - Y_o$
Schätzer der Varianz des individuellen Prognosefehlers bzw. Prognosewertes	σ^2_F	$V(\hat{Y}_0{}^t - Y_o) = V(\hat{Y}_0{}^t) + V(Y_o) = \sigma^2_{\hat{Y}_0} + \sigma^2_\varepsilon$ $= \sigma_\varepsilon^2 * \left[1 + \frac{1}{n} + \frac{(x_0 - \overline{x})^2}{\sum (x_i - \overline{x})^2}\right]$
Verteilung von A und B	S(v)	
Parameter	v	=n-2 Freiheitsgrade
Bereichsschätzung		
Konfidenzintervall		
für α		$a - t_{\alpha/2} \cdot \hat{\sigma}_A \leq \alpha \leq a + t_{\alpha/2} \cdot \hat{\sigma}_A$
für ß		$b - t_{\alpha/2} \cdot \hat{\sigma}_B \leq \beta \leq b + t_{\alpha/2} \cdot \hat{\sigma}_B$
für $\mathbf{y^t_o}$		$\hat{y}_0^t - t_{\alpha/2} \cdot \hat{\sigma}_{\hat{Y}_0} \leq y^t_o \leq \hat{y}_0^t + t_{\alpha/2} \cdot \hat{\sigma}_{\hat{Y}_0}$
Prognoseintervall		
für $\mathbf{y_o}$		$\hat{y}_0^t - t_{\alpha/2} \cdot \hat{\sigma}_{\hat{Y}_0} \leq y_o \leq \hat{y}_0^t + t_{\alpha/2} \cdot \hat{\sigma}_{\hat{Y}_0}$

20.7 Übung

Fragen

F1. Welche grundlegenden Frage beantwortet ein Unabhängigkeitstest ?

F2. Wozu dienen Unabhängigkeitstests bei der Konstruktion quantitativer Modelle ?

F3. Wie lautet die Nullhypothese beim Unabhängigkeitstest ?

F4. Welches ist der wichtigste Unabhängigkeitstest der Statistik (Begründung) ?

F5. Welche Bedingungen müssen bei der empirischen und der theoretischen bzw. erwarteten absoluten Häufigkeitsverteilung erfüllt sein, damit man beim Chi-Quadrat-Unabhängigkeitstest die Chi-Quadrat-Verteilung approximativ als Prüfverteilung verwenden kann ?

F6. Wie bestimmt man beim Chi-Quadrat-Unabhängigkeitstest die Anzahl der Freiheitsgrade der approximativen Prüfverteilung ?

F7. Wie bestimmt man beim Chi-Quadrat-Unabhängigkeitstest den für den Test gültigen Wert der Verteilungsfunktion ?

F8. Wie bestimmt man bei Chi-Quadrat-Unabhängigkeitstest den Annahme- und Ablehnbereich ?

F9. Wie bestimmt man beim Chi-Quadrat-Unabhängigkeitstest die Annahmekennzahl und welche Funktion hat sie im Testverfahren ?

F10. Bei welchen Skalenniveaus und bei welchen Datenstrukturen eignet sich der Chi-Quadrat-Unabhängigkeitstest nicht zur Überprüfung der Unabhängigkeitshypothese ?

F11. Welche Größen sollte eine Prüfgröße enthalten, die die Unanhängigkeit von zwei ordinal skalierten Merkmalen in der Grundgesamtheit überprüft ?

F12. Wie lautet die Formel der in dieser Einführung benutzten Prüfgröße beim Unabhängigkeitstest ordinal skalierter Daten ?

F13. Wie lautet die Nullhypothese bei jedem Unabhängigkeitstest, der in seiner Prüfgröße einen Korrelationskoeffizienten verwendet ?

F14. Was kann man über den Verteilungstyp der Prüfgröße eines Unabhängigkeitstests sagen, die einen Korrelationskoeffizienten enthält ?

F15. Warum ist die Normalverteilung bei allen Unabhängigkeitstests, deren Prüfgröße einen Korrelationskoeffizienten enthält, nicht anwendbar ?

F16. Welcher Verteilungstyp kommt als Prüfverteilung für alle Unabhängigkeitstests in Frage, deren Prüfgröße einen Korrelationskoeffizienten enthält (Begründung) ?

F17. Machen Sie eine Prinzipienskizze der Prüfverteilung eines Unabhängigkeitstests, dessen Prüfgröße einen Korrelationskoeffizienten enthält. Erläutern Sie an der Skizze die Nullhypothese und die grobe Lage des Annahme- und des Ablehnbereichs des Tests.

F18. Wie bestimmt man beim Unabhängigkeitstest, dessen Prüfgröße einen Korrelationskoeffizienten enthält, in der Studentverteilung die Annahmekennzahl und welche Funktion hat sie im Testverfahren ?

F19. Welche Empfehlung liefert ein Unabhängigkeitstest, wenn der Wert der Prüfgröße kleiner, gleich oder größer als die für den Test ermittelte Annahmekennzahl ist ?

F20. Wie lautet allgemein die Formel für die deterministische und für die stochastische Beziehung zweier Größen X und Y, die in einer Grundgesamtheit linear voneinander abhängig sind ?

F21. Wie lautet allgemein die Gleichung für die Stichprobenvariablen X_i und Y_i, die aus einer Grundgesamtheit der in F20 beschriebenen Art gezogen werden und was besagt sie?

F22. Welche Eigenschaften haben die Stichprobenvariablen X_i (i= 1..., n) ?

F23. Welche Eigenschaften haben die Stichprobenvariablen Y_i (i= 1..., n) ?

F24. Welche Eigenschaften haben die Größen α und ß ?

F25. Welche Eigenschaften haben die Störvariablen ϵ_i ?

F26. Welche Annahmen über die Störvariablen sind aus Anwendungssicht besonders kritisch ?

F27. Mit welcher Schätzmethode und mit welchem Schätzer werden die unbekannten Parameter der wahren linearen Funktion in der Grundgesamtheit geschätzt ?

F28. Mit welcher Schätzmethode und mit welchem Schätzer wird die unbekannte Störvariable in der Grundgesamtheit geschätzt ?

F29. Mit welcher Schätzmethode und mit welchem Schätzer werden die unbekannten Funktionswerte der abhängigen Variablen in der Grundgesamtheit geschätzt ?

F30. Welche besonderen Güteeigenschaften haben die Schätzer von F27 –F29 ?

F31. Von welcher Größe ist die Streuung der Schätzer von α, ß und Y_i maßgeblich abhängig ?

F32. Unter welcher Annahme sind die standardisierten Schätzer von α, ß und Y_i standard-normalverteilt und wie sind sie im praxisnahen Fall verteilt ?

F33. Wie lautet allgemein und in Symbolen das Konfidenzintervall für einen der beiden Parameter der unbekannten linearen Funktion in der Grundgesamtheit ?

F34. Bei der Schätzung des unbekannten Funktionswertes eines beliebigen, aber festen Wertes x_o gibt es zwei Aufgabenstellungen. Welche sind das, wie werden sie im Allgemeinen benannt und wann ist welche praktisch bedeutsam (Begründung) ?

F35. Mit welchem Schätzer wird die Durchschnittsprognose geschätzt ?

F36. Wieso ist die Durchschnittsprognose mit einer Parameter-Punktschätzung vergleichbar ?

F37. Wie lautet allgemein und in Symbolen das Konfidenzintervall der Durchschnittsprognose für einen beliebigen, aber festen Wert der unabhängigen Variablen $X=x_o$?

F38. Was ist in Verbindung mit der Bereichsschätzung eine Korridorbetrachtung ?

F39. Wie konstruiert man einen Korridor für die unbekannte lineare Funktion in der Grundgesamtheit ?

F40. Welche Eigenschaft hat der Korridor, was ist der Grund dafür und welche Bedeutung hat diese Eigenschaft für die Anwendungspraxis ?

F41. Sind die Punktschätzungen der Durchschnitts- und Individualprognose für einen beliebigen, aber festen Wert der unabhängigen Variablen $X=x_o$ identisch und wenn ja, warum ?

F42. Wodurch unterscheiden sich Durchschnitts- und Individualprognose für einen beliebigen, aber festen Wert der unabhängigen Variablen $X=x_o$ überhaupt und woran liegt das ?

F43. Was ist und wie bezeichnet man „$\hat{Y}_0{}'$ -Y_o“ ?

F44. Welche Eigenschaften hat der individuelle Prognosefehler ?

F45. Wie setzt sich die Streuung des individuellen Prognosefehlers zusammen ?

F46. Wie lautet allgemein und symbolisch der Schätzbereich der individuellen Prognose von Y für einen beliebigen, aber festen Wert x_o.?

F47. Wie wird der Schätzbereich eines individuellen Prognosewertes in der Fachsprache bezeichnet und handelt es sich dabei um ein Konfidenzintervall (Begründung) ?

Aufgaben

Aufgabe „Parteibuch und Stellenbesetzung im öffentlichen Dienst"
Zu diesem Thema wurde in 10.5 auf dem Ergebnis einer Zufallstichprobe eine quantitative Zusammenhangsanalyse durchgeführt. Sie erbrachte - gemessen mit dem Kontingenzkoeffizienten - einen schwach ausgeprägten Zusammenhang zwischen der Zugehörigkeit zur langjährigen Regierungspartei und der Stellenbesetzung im öffentlichen Dienst, der auch zufallsbedingt sein kann. Das Analyseergebnis soll nun verallgemeinert werden. Man will zu einer statistisch gesicherten Aussage darüber kommen, ob die in den letzten Jahren in dem Land im öffentlichen Dienst durchgeführten Stellenbesetzungen generell vom Parteibuch abhängig waren oder nicht.

Aufgabenstellungen

a. Wählen Sie ein zur Klärung dieser Frage geeignetes statistisches Schlussverfahren begründet aus.
b. Führen Sie mit dem gewählten Verfahren die Analyse mit einer Irrtumswahrscheinlichkeit von höchstens 5% systematisch und nachvollziehbar durch.
c. Fassen Sie das Ergebnis ihrer Analyse kurz und sachgerecht in einem Satz zusammen. Benennen Sie auch Art und Ausmaß des möglichen Schlussfolgerungsfehlers.

Aufgabe "Internationale Fußballwettbewerbe"
Das Thema Tabellenplatz und Meisterschaftsprämie ist nicht nur bei nationalen Fußballligen, (siehe 10.5 Aufgabe "Fußballliga"), sondern auch bei internationalen Wettbewerben relevant. Die UEFA als internationaler Dachverband beschäftigt sich auch mit diesem Thema und hat intern und streng geheim aus ihr zugänglichen Quellen dazu eine Datenbank erstellt. Das Präsidium der UEFA lässt sich einmal im Jahr aus dieser Datenbank über die aktuelle Entwicklung des Themas informieren. Für die aktuelle Präsidiumsinformation hat der zuständige Referent aus allen in der Datenbank dazu vorhandenen Angaben aus dem letzten Jahr eine kleine Zufallsstichprobe von n=12 Wertepaaren gezogen und daraus den Rangkorrelationskoeffizienten nach Spearman mit r_S= 0,28 ermittelt. Das Stichprobenergebnis bezieht sich zunächst nur auf die 12 Vereine in der Stichprobe und indiziert für diese einen schwach ausgeprägten Zusammenhang, der auch zufallsbedingt sein kann. Das Stichprobenergebnis soll nun verallgemeinert werden. Man will zu einer statistisch gesicherten Aussage darüber kommen, ob bei allen in der Datenbank insgesamt enthaltenen Vereinen die im letzten Jahr bei internationalen Wettbewerben erreichten Tabellenplätze von der in Aussicht gestellten Meisterschaftsprämie abhängig oder unabhängig sind.

Aufgabenstellungen

a. Wählen Sie ein zur Klärung dieser Frage geeignetes statistisches Schlussverfahren begründet aus.
b. Führen Sie mit dem gewählten Verfahren die Analyse mit einer Irrtumswahrscheinlichkeit von höchstens 5% systematisch und nachvollziehbar durch.
c. Fassen Sie das Ergebnis ihrer Analyse kurz und sachgerecht in einem Satz zusammen. Benennen Sie auch Art und Ausmaß des möglichen Schlussfolgerungsfehlers

Aufgabe „Verkaufspreise und –mengen von Speisequark"
Bei dem in der Übung 9.7 betrachteten Fall handele es sich um das Ergebnis einer von dem zuständigen Verband durchgeführten Vorab-Zufallstichprobe im Rahmen einer größeren Marktforschungsstudie über Lebensmittel des täglichen Bedarfs

Eine amerikanische Lebensmittelkette, die in den deutschen Markt einzutreten erwägt, will die brandaktuellen Zahlen für ihre preispolitischen Analysen in Deutschland auswerten. Sie will daraus durch Hochrechnung einige wichtige Kerniformationen ableiten, die für dieses homogene Gut auf dem deutschen Markt mit einer Sicherheit bzw. einem Vertrauen von 90% tendenziell ganz allgemein gelten.

Aufgabenstellungen

a. In welchem Bereich liegt die preisautonome Absatzmenge ?

b. In welchem Bereich liegt die durchschnittliche Absatzmengenänderung bei einer Preisänderung von 1 Cent ? Ist dieser Bereich unabhängig vom Preisniveau ?

c. In welchen Bereichen liegt die durchschnittlich Absatzmenge bei Preisen von 1,40, 160, 1,80 (€/Packung) ?

d. In welchen Bereichen liegt die individuelle Absatzmenge bei Preisen von 1,40, 160, 1,80 (€/Packung) ?

e. Wie unterscheiden sich die Intervalle unter c. und d. (Art und Größe) und warum ist das so?

Aufgabe "Umsatzprognosebereiche"

Die in der Übungsaufgabe "Umsatzentwicklung und -prognose" (12.6) mit einer geeigneten Trendfunktion erstellten Mehr-Schritt-Prognosen sind Punktschätzungen. Sie können zu Bereichs- bzw. Intervallschätzungen erweitert werden. Die ergänzenden Bereichsschätzungen sind mit einer Sicherheit bzw. einem Vertrauensniveau von 90% vorzunehmen.

Aufgabenstellungen

a. Wie groß ist die im Prognosezeitraum zu erwartende durchschnittliche absolute Umsatzsteigerung in jedem Jahr und in welchem Bereich liegt sie ?

b. In welchen Bereichen liegen die Durchschnittsprognosen für die nächsten drei Jahre ?

c. In welchen Bereichen liegen die individuellen Prognosen für die nächsten drei Jahre ?

d. Stellen Sie die durchschnittlichen Prognosebereiche für den Prognosezeitraum zusammen mit im Analysezeitraum analog konstruierten Schätzbereichen und der Trendfunktion in einem Diagramm dar. Was können Sie aus dem Diagramm über das Verhalten der Bereichsschätzungen sagen und was bedeutet dies für die Güte von Trendfunktionsprognosen?

e. Nennen Sie die typischen Modellannahmen von Regressionsfunktionsschätzungen aus Zufallsstichproben (stochastische Regression) und würdigen Sie die Anwendbarkeit des Modells auf Trendfunktionsschätzungen als Prognoseverfahren.

Anhang

Anhangsübersicht

Lösungen von Übungsaufgaben

Beschreibende Statistik

Kapitel 2 Grundlagen der beschreibenden Statistik

Aufgabe „Alles über Merkmale"

a. Man muss auf die vollständige und eindeutige Abgrenzung der betrachteten statistischen Masse (sachlich, zeitlich und örtlich) achten.

b. Kategorisierung einiger statistischer Merkmale

Merkmal	Merkmalsausprägungen (beispielhaft mit Dimension)	Merkmalsart	Skalenart
Beschäftigungsverhältnis	Beamter, Angestellter,	qualitativ, diskret	nominal
Qualitätsstufe (Warenqual.)	I, II a, II b	qualitativ, diskret	ordinal
Wechselkurs (US$ zu €)	0,88, 1,02, 1,21	quantitativ, diskret	metrisch
Gewicht (mg)	0,00187; 0,95431; 2,87425	quantitativ, stetig	metrisch

Kapitel 3 Aufbereitung und Präsentation univariater Querschnittdaten

Aufgabe „Zahlungsverhalten"

a. Datenerhebungsart: Sekundärdatenerhebung; Stichprobe: Zufallsstichprobe; Merkmalsart: quantitativ, diskret; Skalenart: kardinal bzw. metrisch.

b. Da jeder Beobachtungswert nur einmal vorkommt, liefert die mit den Daten der Urliste erstellbare Häufigkeitsverteilung eine Gleichverteilung und damit keine verwertbaren Informationen über die Struktur des Zahlungsverhaltens.

c. Auswahl eines geeigneten Klassierungsvorschlags
Vorschlag 1: 11 Klassen a 10 Tage scheidet definitiv aus, da die Klassenanzahl nach der Faustregel $k = \sqrt{n}$ im vorliegenden Fall mit n= 22 zwischen 4 und 5 liegen sollte.
Vorschlag 2: 6 Klassen a 20 Tage käme nach obiger Faustregel noch in Frage.
Vorschlag 3: 5 Klassen mit ungleich breiten Klassen an den Rändern. Typische Kompromisslösung der Praxis, die der Faustregel am nächsten kommt und im vorliegenden Fall zusätzlich den sachlichen Vorteil hat, dass die Klassengrenzen mit den Terminen der Stufen des Mahnverfahrens übereinstimmen.

d. Klassierte Häufigkeitsfunktion

K-Nr.	Zahlungseingang (Tg.)		Häufigkeit		Klassierungsgüte			
	von	bis unter	absolut	relativ	Klassenmitte(l)		Abweichung	
k	x^u_k	x^o_k	$h(x_k)$	$f(x_k)$	x^M_k	$\bar{x}_k$	abs.	rel. (%)
1	15	30	6	0,277	22,5	24,86	2,36	9,52
2	30	60	6	0,277	45	35,50	9,50	26,76
3	60	90	4	0,188	75	69,75	5,25	7,53
4	90	120	2	0,099	115	99,50	15,50	15,58
5	120	(180)	4	0,188	150	---	---	---
Summe				1,000				

e. Grafische Darstellung der klassierten Häufigkeitsfunktion
Darstellungsform: Histogramm (flächenproportionales Säulendiagramm) wegen quantitativer, klassierter Daten mit ungleichen Klassenbreiten.
Zusätzliche Anforderung für Grafik: Sinnvolle Festlegung einer oberen Klassengrenze für die oberste offene Randklasse, hier durchschnittliche Dauer bis zum Abschluss des gerichtlichen Inkassoverfahrens $x_5^o = 180$.
Berechnung der Säulenlängen L für flächenproportionale Darstellung: $L_k = h_k / B_k$.

K-Nr.	k	1	2	3	4	5
K-Breite	B_k	15	30	30	30	60
Häufigkeit	h_k	6	6	4	2	4
Säulenlänge	L_k	0,4	0,2	0,13	0,06	0,06

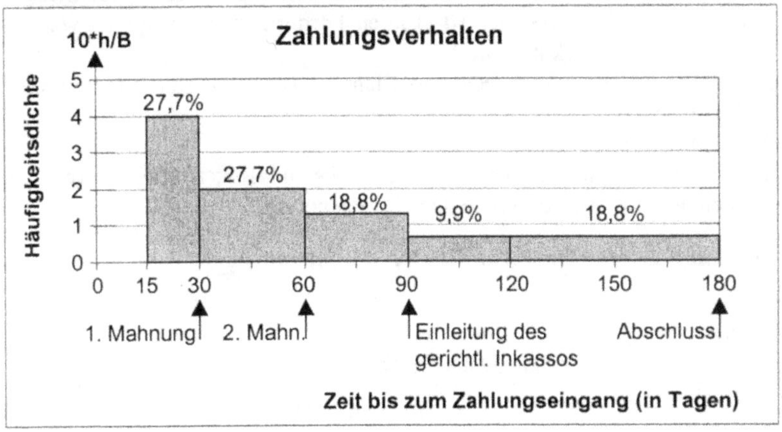

f. Interpretation des Klassierungsergebnisses
Formal: Die Klassierung führt zu einer klaren Verteilungsstruktur, die eingipflig und stark rechtsschief ist.
Inhaltlich: Die größte Häufigkeitsdichte liegt bis zum Zahlungsziel, danach wird sie immer geringer, was plausibel ist. Die Zahlungsmoral der betrachteten Kunden ist nicht besonders schlecht, da immerhin 72% ihre Rechungen ausgleichen, bevor das gerichtliche Inkassoverfahren eingeleitet wird. Auffällig ist allerdings auch der recht hohe Anteil von Kunden, die selbst nach Abschluss des gerichtlichen Inkassoverfahrens nicht bezahlt haben.

g. Klassierungsgüte
Quantitative Güteanalyse in Klassierungstabelle unter d., rechter Tabellenteil.
Gütemaß: Abweichung zwischen rechentechnischer Klassenmitte x^M als dem "formalen" und dem arithmetischen Mittel $\bar{x}$ als dem "tatsächlichen" Mittelwert einer Klasse. Dabei wird nur der Betrag, nicht die Richtung der Abweichung betrachtet (absolute Abweichung). Die absolute Abweichung wird relativiert (relative Abweichung), indem sie auf das arithmetische Mittel als dem tatsächlichen Mittelwert bezogen und anwenderfreundlich in % angegeben wird. Abweichungen bis zu 10% sind nach diesem Ansatz aus Praxissicht meist akzeptabel. Nach dieser Regel ist die vorgenommene Klassierung statistisch nicht besonders akkurat, da auch in der Mitte der Verteilung der relative Klassierungsfehler deutlich über 10% liegt.

Aufgabe „Interpretation und Manipulation von grafischen Darstellungen"

a. Untersuchungs- und Datenart: Querschnittuntersuchung, eine Masse und ein Merkmal (eindimensional bzw. univariat).
b. Statistische Masse: die größten Öl produzierenden Länder der Welt im Jahre 1985.
Abgrenzung der Masse: zeitlich (1985) und örtlich (Welt) korrekt, sachlich unvollständig, da Teilmasse (Stichprobe) aller Öl produzierenden Länder. Bewusste Auswahl nach Produktionsmenge, deren Untergrenze nicht explizit angegeben ist.
c. Merkmal: Rohölförderung (Mio. Tonnen). Quantitatives, theoretisch stetiges, praktisch diskretes Merkmal, metrisch.
d. Grafiktyp: Piktogramm, die Tonnen bilden zeichnerisch die Merkmalswerte ab.

e. Eventuelle Manipulation
   1. raumproportionale Darstellung: das Volumen der Tonnen steht für die Merkmalswerte. Dadurch Größenordnungsunterschiede nicht immer adäquat, z.B. Unterschied UdSSR zu USA immerhin ca. 100 Mio. Tonnen. Dieser entspricht etwa der Fördermenge des Iran oder Venezuelas - also eines der 10 größten Förderländer der Welt - was in der Grafik nicht klar zum Ausdruck kommt.
   2. Anordnung in zwei nach links und rechts abfallenden Reihen, dadurch Gesamtreihung über alle Länder erschwert.

f. Wesentliche inhaltliche Aussage
   USA und UdSSR einsame Spitzenreiter. In weitem Abstand folgen alle anderen Länder nach ihrer Fördermenge abfallend von vorne nach hinten gereiht.

Kapitel 4 Auswertung univariater Querschnittdaten mit Kenngrößen

Aufgabe „Benzinpreis"

a. Häufigkeitsverteilung

1. Tabelle

Benzin-preis	Häufigkeit abs.	Häufigkeit rel.
1,909	2	0,10
1,919	5	0,25
1,929	1	0,05
1,939	2	0,10
1,949	0	0,00
1,959	3	0,15
1,969	1	0,05
1,979	3	0,15
1,989	2	0,10
1,999	1	0,05
Summe	20	1

2. Grafische Darstellung

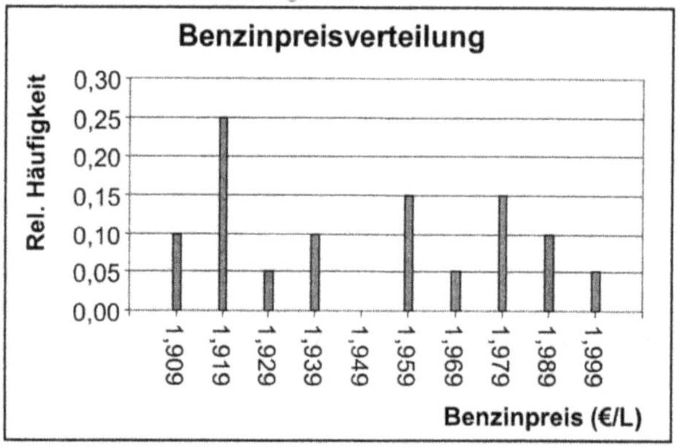

Charakteristika der Verteilung

Formal: die Verteilungsform ist eingipflig und leicht rechtsschief.

Inhaltlich: Es gibt eine deutliche Zweiteilung der Häufigkeitsverteilung: eine Häufung bei niedrigen Preisen zwischen 1,909 und 1,939 mit dem häufigsten Preis von 1,919 (€/L) und eine zweite Häufung bei hohen Benzinpreisen zwischen 1,959 und 1,999 (€/L). Zwischen diesen beiden Häufigkeitsmassierungen hat die Verteilung ein wahrnehmbares „Loch".

b. Lagemaße insbesondere Mittelwerte

Ermittlung

Quartile	Mittelwerte	
Q_1 = 1,919	Modalwert	1,919
Q_2 = 1,949	Median	1,949
Q_3 = 1,979	Arith. Mittel	1,949

Eignungswürdigung

Die Eignungswürdigung beurteilt die Fähigkeit von Maßgrößen, die im vorliegenden Fall charakteristischen Aspekte abzubilden und in einer Zahl zutreffend zu verdichten. Die Beurteilung sollte systematisch und begründet sein. Dazu wird hier ein grober Ansatz mit mehreren Bewertungskriterien benutzt.

Unterschieden wird zwischen Kriterien, die als Anwendungsvoraussetzungen der Methode /Maßgröße zwingend erfüllt sein müssen (sogenannte MUSS- oder KO - Kriterien.) und solchen, deren möglichst weitgehende Erfüllung wünschenswert ist (sogenannte SOLL-Kriterien). Die MUSS-Kriterien haben eine Bewertungsskala mit nur zwei Ausprägungen (**e.** für erfüllt / **n. e.** für nicht erfüllt), die SOLL-Kriterien eine mit 5 Bewertungsstufen, ähnlich der

Notenskala. Die Bewertungsstufen sind hier mit ++ für sehr gut geeignet bis -- für sehr schlecht geeignet notiert.

Aspekt	Vorliegender Fall	Quartile	Modus	Median	Arithm Mittel.
Merkmals- und Skalenart	quantitativ, metrisch	e.	e.	e.	e.
Größe der Masse	klein, n=20	++	++	+	0
Verteilungsform	ein- oder mehrgipflig; rechtsschief	++	+	0	-

Daraus kann man zusammenfassend folgende Eignungsrangordnung der ermittelten Maßgrößen im vorliegenden Fall begründet ableiten:

Quartile > Modus > Median > Arithmetisches Mittel.

Danach ist das **arithmetische Mittel** - wegen seiner mathematischen Optimalitätseigenschaften im Allgemeinen der genaueste und in der Praxis am häufigsten benutzte Mittelwert - im vorliegenden Fall am schlechtesten geeignet. Gründe sind die relativ kleine statistische Masse und die U-förmige Verteilungsform. Letztere führt dazu, dass der durchschnittliche Benzinpreis mit 1,949 (€/L) genau in das „Verteilungsloch" fällt, und damit im vorliegenden Fall gerade nicht charakteristisch ist.

c. Streuungsmaße

Ermittlung

Streuungsmaße	
Minimum	1,909
Maximum	1,999
Spannweite	0,090
Zentral. Quartilabst.	0,060
MAA absolut	0,027
MAA relativ	1,385
Varianz	0,00087
Standardabweichg.	0,030
Variationskoeffizient	1,553

Eignungswürdigung

Es wird auch hier der obige Beurteilungsansatz benutzt, allerdings werden für die Streuungsmaße andere SOLL-Kriterien verwendet. Sie kommen aus dem Anforderungsprofil des Anwenders und sind von ihm festzulegen. Sie betreffen die gewünschte Genauigkeit und Interpretationsfähigkeit der Analyseergebnisse.

Höchste Genauigkeit ist typischerweise nötig, wenn Zufallsstichproben vorliegen, deren Ergebnisse zum Schätzen und Testen verwendet werden sollen. Hier liegt zwar eine Zufallsstichprobe vor, allerdings ist aus der Sachstandsbeschreibung nicht klar, ob daraus statistisch gesicherte Schlüsse gezogen werden sollen. Von daher kann man im vorliegenden Fall aus der tabellarischen Grobbewertung allein keine zusammenfassende Eignungsrangfolge ableiten.

Aspekt	Vorliegender Fall	Spannweite	Quartilsabstand	Durchsch. Abweichg.	Varianz/ Standardab
Merkmals- und Skalenart	quantitativ, metrisch	e.	e.	e.	e.
Genauigkeit	Anforderungen unklar	-	0	+	++
Interpretationsfähigkeit		++	++	+	-

Bei den Streuungsmaßgrößen, die die Streuung von einem Mittelwert berechnen, ist bei ihrer Eignungswürdigung im Anwendungsfall zwingend die Eignungswürdigung des von ihnen benutzten Mittelwertes zu beachten. Deshalb ist im vorliegenden Fall die mittlere Abweichung - das ist die durchschnittliche (absolute) Abweichung vom Median - geeigneter als die Varianz-/Standardabweichung. Denn die Varianz/Standardabweichung misst die Streuung vom arithmetischen Mittel aus, das hier als der am wenigsten geeignete Mittelwert gewürdigt wurde.

d. Box-Plott-Diagramm

1. Grafische Darstellung

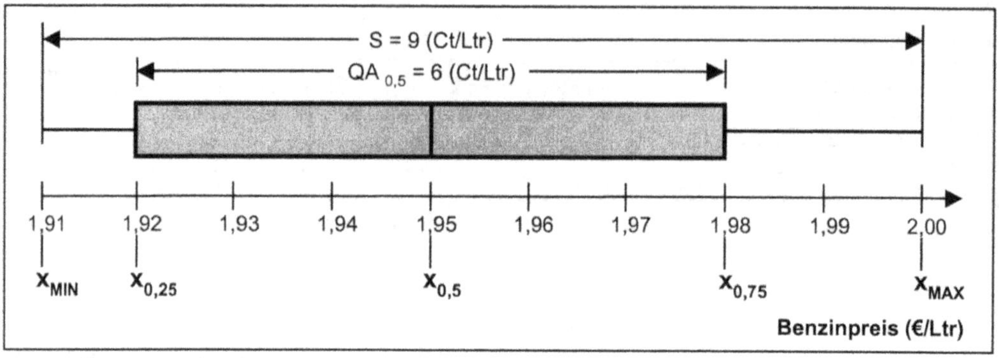

2. Verteilungscharakteristika

Aspekt	Allgemein	Vorliegender Fall
Lage	x_{min}; x_{max}	x_{min} = 1,909; x_{max}= 1,999
Quartile	$x_{0,25}$; $x_{0,75}$	$x_{0,25}$ = 1,919; $x_{0,75}$ = 1,979
Median	$x_{0,5}$	$x_{0,5}$ = 1,949
Spannweite	Sp	Sp= 0,09
Quartilsabstand	$QA_{0,5}$	$QA_{0,5}$ = 0,06
Schiefe	Art und Ausmaß	rechtsschief, gering

e. Schiefemaße

Ermittlung: $S_P \sim 1{,}0$; $S_{Mz}= 1{,}52$

Vergleichende Interpretation:

Der Wert beider Schiefemaße ist positiv, also ist die Verteilung rechtsschief.

Was das Ausmaß der Schiefe angeht, ist die Aussagefähigkeit der Werte leicht eingeschränkt, denn die Schiefemaße sind relativ, aber nicht normiert. Deshalb gibt es keinen einheitlichen Wertbereich für alle Schiefemaße, sondern nur für jedes Schiefemaß aufgrund von Theorie und Praxis angebbare relevante Wertebereiche. Danach indiziert S_P im vorliegenden Fall extreme, S_{Mz} dagegen nur große Schiefe. Da S_{Mz} das genauere Maß ist und auch in Rechnersystemen typischerweise implementiert ist, soll ihm der Vorzug gegeben werden.

f. Ergebniszusammenfassung (Executive Summary)

Das Diagramm der Benzinpreisverteilung zeigt eine **besondere Form**: Sie ist tendenziell zweigipflig mit dem häufigsten Preis bei 1,919 (€/L), einer zweiten Häufigkeitsballung bei höheren Preisen [1,959-1,999 (€/L)] und sehr geringen Häufigkeiten im mittleren Preisbereich. Die Verteilung kann daher als **leicht U-förmig** angesehen werden. Ergänzend ist sie rechtsschief, was auch aus dem Box-Plott-Diagramm hervorgeht.

Zur Charakterisierung der **Lage** der Verteilung durch Kenngrößen eignen sich die extremen Beobachtungswerte und die Quartile: Der Benzinpreis der betrachteten Tankstellen liegt zwischen 1,919 und 1,999 (€/L), wobei die 25% billigsten (teuersten) Tankstellen höchstens (mindestens) 1,919 (1,979) € pro Liter Sprit verlangen.

An **einzelnen Kenngrößen** sticht der **häufigste Benzinpreis** von 1,919 (€/L) besonders hervor, der von 25% aller Tankstellen genommen wird. Als Mittelwert ist der **mittlere Preis** von 1,939 (€/L) gut geeignet. Er hat zudem hohe Aussagekraft, da die durchschnittliche Abweichung von ihm nur 2,6 (Cent/L) bzw. ~1,3 % beträgt.

Die **Streuung** der Benzinpreise beträgt - grob gemessen durch die Spannweite - 9 (Cent-/L.).Dagegen ist die Streuung der mittleren 50% aller Benzinpreise - gemessen durch den zentralen Quartilsabstand - mit 6 (Cent/L) vergleichsweise groß. Das liegt auch an der leicht u-förmigen Verteilungsform, die eine genauere Messung der Streuung - etwa durch Varianz/

Standardabweichung - nicht sinnvoll macht.
Die genauere Analyse des Ausmaßes der **Schiefe** durch Schiefemaße führt - im Gegensatz zur optischen Wahrnehmung aus dem Häufigkeitsdiagramm oder dem Box-Plott-Diagramm - zu einer sehr stark rechtsschiefen Verteilung.

Kapitel 5 Konzentrationsanalyse

Aufgabe „Marktkonzentration"

a. Ermittlung der Größen zur grafischen Darstellung der Konzentration nach Lorenz

Lorenzsche Konzentrationsanalyse / Zeiteinheit 1					
Häufigkeitsverteilung		Mengenaspekt / -anteil		Wertaspekt / -anteil	
Marktanteil (%)	Häufigkeit absolut	Häufigkeit relativ (%)	Summenhäufigkeit relativ (%)	Merkmalsbeiträge abs. + rel. (%)	Merkmalsbeiträge rel. kumuliert (%)
x	h(x)	f(x)	F(x)	x*h(x)=a	Sum x*h(x)=A
0,5	40	80	80	20	20
2	6	12	92	12	32
8	3	6	98	24	24
44	1	2	100	44	68
Summe	**50**	**100**		**100**	**100**

Lorenzsche Konzentrationsanalyse / Zeiteinheit 2					
Häufigkeitsverteilung		Mengenaspekt / -anteil		Wertaspekt / -anteil	
Marktanteil (%)	Häufigkeit absolut	Häufigkeit relativ (%)	Summenhäufigkeit relativ (%)	Merkmalsbeiträge abs. + rel. (%)	Merkmalsbeiträge rel. kumuliert (%)
x	h(x)	f(x)	F(x)	x*h(x)=a	Sum x*h(x)=A
2	6	60	60	12	12
8	3	30	90	24	36
64	1	10	100	64	100
Summe	**10**	**100**			

b. Grafische Darstellung der Konzentration

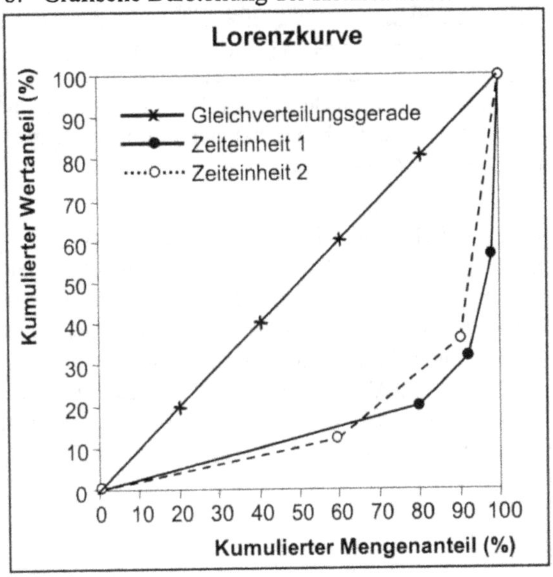

c. Interpretation

Nach der Grafik herrscht in beiden Ländern sehr hohe Konzentration, da beide Lorenzkurven sehr stark von der Gleichverteilungsgeraden abweichen. Die Frage, in welcher Zeiteinheit die Fläche zwischen der Gleichverteilungsgeraden und der jeweiligen Konzentrationskurve größer ist, ist optisch nicht einfach zu entscheiden. Fast hat man den Eindruck, dass die Fläche in der ZE 2 kleiner ist. Das hieße aber, dass die Konzentration in den 10 Jahren abgenommen hätte. Dies aber würde dem intuitiven Verständnis von Marktkonzentration widersprechen, die üblicherweise dann als größer angesehen wird, wenn weniger Unternehmen am Markt sind. Da im vorliegenden Fall innerhalb von 10 Jahren das größte Unternehmen die 40 kleinen übernommen hat, sind in der ZE 2 vergleichsweise deutlich weniger Unternehmen am Markt tätig, so dass die Konzentration zugenommen haben muss. Die Diskrepanz zwischen der tatsächlichen Marktentwicklung und den Ergebnissen der Konzentrationsanalyse liegt in dem Ansatz von Lorenz, der als **relativer Ansatz** die Veränderungen der **absoluten Größe der betrachteten Masse** nicht einfängt.

d. GINI-Koeffizient

Ermittlung mit der Formel für klassierte Daten

GINI-Koeffizient	ZE 1	ZE 2
normal	0,6936	0,648
normiert	0,9248	0,972

Die quantitative Analyse mit dem GINI-Koeffizienten erbringt widersprüchliche Ergebnisse. Nicht-normiert ist die Konzentration in der ZE 2 etwas kleiner als in ZE 1, normiert verhält es sich genau umgekehrt. Auf jeden Fall spiegelt selbst die mit dem normierten Koeffizienten ausgewiesene höhere Konzentration in der ZE 2 nicht die in den 10 Jahren stattgefundene drastische Konzentrationserhöhung wider.

e. Konzentrationsraten

Geeignet sind Konzentrationsraten vom Typ CRg, wobei g als absolute Anzahl der größten Unternehmen sinnvoll vorzugeben ist. In der Wirtschaftsstatistik sind g=3 und g=10 gebräuchlich. Wir wählen wegen der relativ kleinen statistischen Masse g=3, ermitteln also die Marktanteile, die die größten 3 Unternehmen auf sich vereinigen.

Zeiteinheit	CRg=3	Änderung absolut	Änderung relativ (%)
1	44%+2*8%= 60%	80% - 60% = 20%	20% / 60% * 100 = 33%
2	64%+2*8%= 80%		

Auf dem Warenmarkt hatten die 3 größten Unternehmen in der ZE 1 zusammen einen Marktanteil von 60%, in der ZE 2 von 80%. Die Konzentration hat in den 10 Jahren dazwischen um 20%-Punkte zugenommen; dies entspricht einem Wachstum von 33%.

f. Herfindahlscher Index

Zeiteinheit	H	Änderung absolut	Änderung relativ (%)
1	0,2078	0,4228 - 0,2078= 0,215	0,215/0,2078*100= 103,465
2	0,4228		

Auf dem Warenmarkt ist die Konzentration - gemessen durch den Herfindahlschen Index- in der ZE 1 mit ~0,21 moderat, in der ZE 2 mit ~0,423 beträchtlich. Sie hat sich in den 10 Jahren dazwischen ungefähr verdoppelt, hat genau um 103,465 % zugenommen.

g. Eignungswürdigung

Die klassische Lorenzsche Analyse und der sie verdichtende GINI-Koeffizient sind zur Messung der Markkonzentration schlecht geeignet. Denn sie sind als relative Maße nicht in der Lage, die für die Konzentration auf Märkten charakteristische Veränderung der Anzahl von Marktteilnehmern adäquat einzubeziehen. Anzahlbezogene Konzentrationsraten und der Herfindahlsche Index tun dies dagegen und sind von daher für die Messung der Marktkonzentration gut geeignet. Dabei hat der Herfindahlsche Index den Vorteil, dass er die Konzentration in der gesamten Masse misst, während Konzentrationsraten sich nur auf einen Teil der Gesamtmasse - wenn auch den für die Konzentration wichtigsten - beziehen. Der Herfindahlsche Index informiert also umfassender und ist insofern besser geeignet.

Kapitel 6 Längsschnittdatenanalyse

Aufgabe „Entwicklung des Sozialprodukts“

a. Grafische Darstellung

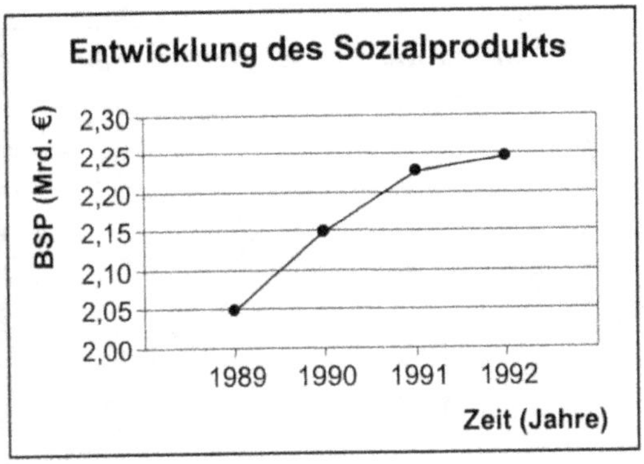

Zur grafischen Darstellung von Zeitreihen eignen sich vor allem das Säulen- und das Kurvendiagramm. Das Kurvendiagramm wird häufig vorgezogen, da eine Kurve Entwicklungsrichtung und -form der Analysegröße natürlicherweise zum Ausdruck bringt.

b. Entwicklung bezogen auf 1990

Zur Berechung der zeitlichen Entwicklung einer Größe bezogen auf eine feste Basiszeit benutzt man dynamische Messzahlen.

Jahr	t	BSP	Dynamische Messzahl
1989	1	2.050	2050/2150= 0,9535 * 100= 95,35
1990	2	2.150	2150/2150= 1,0000 * 100= 100,00
1991	3	2.227	2227/2150= 1,0358 * 100= 103,58
1992	4	2.246	2246/2150= 1,0446 * 100= 104,46

c. Entwicklung von Jahr zu Jahr

Zur Berechnung der Entwicklung von Jahr zu Jahr benutzt man die absolute Veränderung (absolutes Wachstum) und die relative Veränderung (Wachstumsfaktor und Wachstumsrate).

Jahr	t	BSP (Mrd. €)	Abs. Wachstum (Mrd. €)	Relatives Wachstum		Wachstumsveränderung	
				W-Faktor	W-Rate (%)	absolut	relativ (%)
1989	1	2.050	--------------------	------------	------------	------------	------------
1990	2	2.150	100	1,0488	4,88	------------	------------
1991	3	2.227	77	1,0358	3,58	- 1,3%	- 26,6
1992	4	2.246	19	1,00853	0,85	- 2,73%	- 76,25

Ergänzend kann man die relative Veränderung der Wachstumsrate ermitteln. Diese Maßgröße wird in der Wirtschaft benutzt, um zu quantifizieren, ob und wie stark sich das Wachstum „verlangsamt" oder „beschleunigt" hat.

d. Durchschnittswachstum

Berechnung des durchschnittlichen Wachstumsfaktors mit dem geometrischen Mittel, für Zeitreihendaten nach der besonders einfachen Formel:

$\bar{q} = \sqrt[T-1]{\prod_{t=1}^{T} q_t}$ hier: $\sqrt[3]{1{,}0488 * 1{,}0358 * 1{,}00853} = \sqrt[3]{1{,}0956} = 1{,}0309$

Die durchschnittliche Wachstumsrate ermittelt man dann aus dem formelmäßigen Zusammenhang $\bar{r} = (\bar{q} - 1) * 100\,(\%)$, hier $\bar{r} = (1{,}0309\text{-}1)*100 = 3{,}09\ \%$.

e. Grafische Darstellungen der Entwicklungsmaßgrößen

Inhaltlich ist für längerfristige Vergleiche die auf 1990 basierte Entwicklung des BSP interessant, für Wachstumsanalysen die Entwicklung der BSP-Wachstumsraten und ihrer Veränderungen. Grafisch kommen zur Darstellung hauptsächlich Säulen- und Kurvendiagramme in Frage.

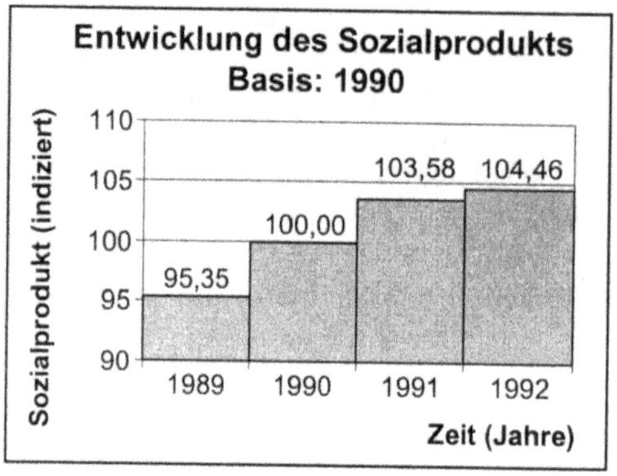

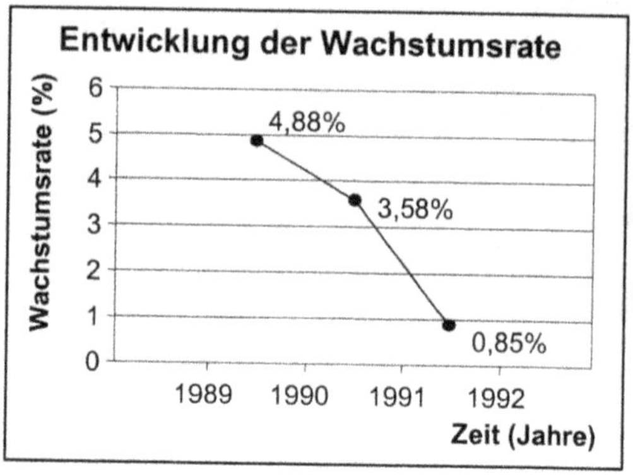

Aufgabe „Durchschnittsentwicklung Warensortiment"

a. Auswahl des Ermittlungsansatzes

Zur Ermittlung der durchschnittlichen Entwicklung von Werten, Mengen oder Preisen für einen Korb von unterschiedlichen Gütern und/oder Dienstleistungen eignen sich Indices. Von den beiden in der Wirtschaftsstatistik bekanntesten Indextypen nach LASPEYRES und PAASCHE ist im vorliegenden Fall der LASPEYRES-Index besser geeignet, da er mit einer konstanten Basis arbeitet. So werden auch die Zahlen zukünftiger Jahre auf diese Basis bezogen, so dass die Indexwerte der verschiedenen Jahre sinnvoll miteinander verglichen und die Entwicklung des gesamten Warensortiments über viele Jahre sinnvoll verfolgt werden kann.

b. Ermittlung

1. Umsatzentwicklung $\dfrac{4*4+10*10+9*5+3*7}{6*2+12*6+6*5+8*7}*100=\underline{107{,}0588}$.

Der Umsatz ist in den zwei Jahren insgesamt um ~7% gestiegen.

2. Absatzentwicklung

Mengenindex vom Typ LASPEYRES:

$$=\frac{\sum q_{ij}*p_{0j}}{\sum q_{0j}*p_{0j}} \text{ hier: } \frac{4*2+10*6+9*5+3*7}{6*2+12*6+6*5+8*7}*100=\underline{78{,}8235}.$$

Die Absatzmenge ist in den zwei Jahren im Durchschnitt insgesamt um ~ 21,2% zurückgegangen.

3. Preisentwicklung

Preisindex vom Typ LASPEYRES:

$$=\frac{\sum p_{ij}*q_{0j}}{\sum p_{0j}*q_{0j}} \text{ hier: } \frac{4*6+10*12+5*6+7*8}{2*6+6*12+5*6+7*8}*100=\underline{135{,}2941}.$$

Die Preise sind in den zwei Jahren im Durchschnitt insgesamt um ~ 35,3 % gestiegen.

Kapitel 7 Mehrdimensionale Datenanalyse

Aufgabe „Statistik der Mehrpersonenhaushalte"

a. Gliederungsmerkmale mit Ausprägungen, Merkmals- und Skalenart

Gliederungsmerkmal	Merkmalsausprägungen	Merkmalsart	Skalenart
Personenzahl	natürliche Zahlen	quantitativ, diskret	metrisch
Personenart	Erwachsener, Kind	qualitativ, dichotom	nominal
Kinderzahl	natürliche Zahlen	quantitativ, diskret	metrisch
Kindesalter	unter 6, unter 18	quantitativ, diskret	metrisch

b. HH mit Kindern: Häufigkeitsverteilungen der Merkmale Kinderzahl und Alter der Kinder

Kinderzahl	**Absol. Häufigk.**	**Rel. Häufigk.**	**Alter (Jahre)**	**Absol. Häufigk.**	**Rel. Häufigk.**
1	3959	0,4566	unter 6	3260	0,3760
2	3052	0,3520	6 bis unter 18	5410	0,6239
3	1111	0,1281			
4 und mehr	548	0,0632			
Summe	**8670**	**1,0000**	**Summe**	**8670**	**1,0000**

c. HH ohne Kinder oder mit mindestens 18-jährigen Kindern nach Größe (Personenzahl)

HH-Größe	**Absol. Häufigk.**	**Rel. Häufigk.**
2	6457	0,7598
3	1481	0,1743
4	436	0,0513
5 und mehr	124	0,0146
Summe	**8498**	**1,0000**

d. Häufigkeit von Teilmassen

Anteil der HH mit Kindern unter 6 Jahren an allen HH	3260 /17168 * 100	18,98%
Anzahl der HH mit Kindern zwischen 6 und unter 18 Jahren	8670 - 3260	5410
Anteil der HH mit Kindern unter 6 J. an allen HH mit Kindern	3260 / 8670 * 100	37,6%
Anzahl der HH mit mindestens 2 Kindern unter 6 Jahren	631+ 73	704
Anteil der HH mit 5 und mehr Personen an den HH mit mindestens 2 Kindern unter 6 Jahren	(207+72) / (631+73) *100	39,63%

e. Größenverhältnis von Teilmassen

Kleine HH (≤ 3 Personen) zu großen HH (≥4-Personen)	11092 / 6076	1,825
HH mit Kindern unter 18 Jahren zu HH ohne Kinder	8670 / 8498	1,02
HH mit schulpflichtigen Kindern zu HH mit Kleinkindern	3260 / 5410	~1,66
HH mit 1 Kind zu HH mit mehreren Kindern	3959 / 4711	0,84
HH mit schulpflichtigen Kindern zu HH mit Kleinkindern bei den kleinen HH mit Kindern (≤ 3 Personen)	(289+2749+116) / (62+1140)	2,624

Analysierende Statistik

Kapitel 8 Grundlagen bivariater Zusammenhangsanalysen

Aufgabe „Auswahl Analyseart und -ansatz"

a. sachlich vor allem Dependenz: Werbung soll und kann den Umsatz steigern.
   Korrespondierende quantitative Analyseart: Regression.
   Datenvoraussetzung für Regression: quantitative, metrisch skalierte Merkmale erfüllt.
   Regressionsart: Einfachregression, da als wesentliche Einflussgröße (Determinante) des Umsatzes hier nur der Werbeaufwand verfügbar ist.
   Datenstrukturvoraussetzung für Einfachregression: n Wertepaare erfüllt.

b. sachlich Kausalität (Ursache-Wirkung) umstritten, Dependenzanalyse daher nicht gesichert.
   Folge für quantitative Analyse: Regression möglich, aber sachlich nicht gesichert.
   Weitere Analyseart: Korrelation, die immer bei sachlich plausiblem, aber im Detail unklarem Wirkungszusammenhang möglich und sinnvoll ist.
   Korrelationsart: Maßkorrelation, wegen quantitativer, metrisch skalierter Merkmale in n Wertepaaren.

c. sachlich vor allem Dependenz: Frauen nehmen allein aufgrund ihres Geschlechts anders am Erwerbsleben teil als Männer.
   Korrespondierende quantitative Analyseart: Regression.

Datenvoraussetzung für Regression: quantitative, metrisch skalierte Merkmale nicht erfüllt.
Weitere Analyseart: Korrelation, die immer bei sachlich plausiblem Zusammenhang möglich und sinnvoll ist.
Korrelationsart: Kontingenz, da die beiden Merkmale qualitativ und nominal skaliert sind und die Daten als gemeinsame Häufigkeitsverteilung vorliegen (Datenstruktur).

d. sachlich Dependenz plausibel (Einheit von Forschung und Lehre), aber nicht gesichert.
Folge für quantitative Analyse: Regression möglich, aber sachlich nicht gesichert.
Datenvoraussetzung für Regression: quantitative, metrisch skalierte Merkmale nicht erfüllt.
Weitere Analyseart: Korrelation, die immer bei sachlich plausiblem, aber im Detail unklarem Wirkungszusammenhang möglich und sinnvoll ist.
Korrelationsart: Rangkorrelation, da die beiden Merkmale in Ranglisten vorliegen.

e. siehe c.

Kapitel 9 Regressionsanalyse

Aufgabe „Fahrzeugalter und Reparaturkosten"

a. Grafische Darstellung

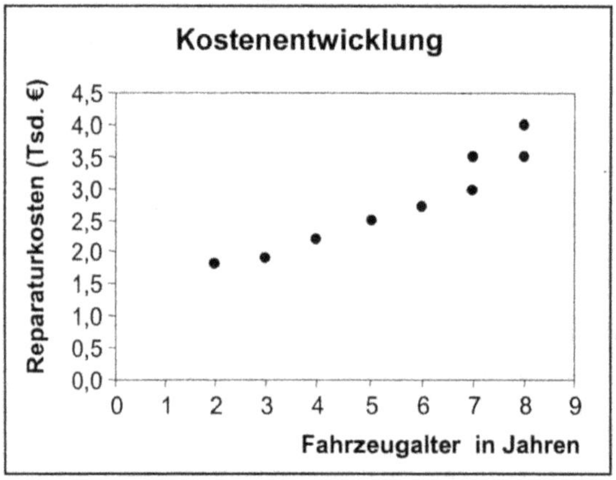

Darstellungsform
Zur grafischen Darstellung gemeinsam auftretender Wertepaare zweier quantitativer, metrisch skalierter Merkmale ohne Häufigkeiten benutzt man standardmäßig das Streupunktdiagramm.

b. Auswahl Analyseart und -ansätze

Aufgrund theoretischer Erkenntnisse und empirischer Erfahrungen ist das Fahrzeugalter eine wesentliche Einflussgröße (Determinante) ihrer Reparaturkosten. Zur **Dependenzanalyse** bei quantitativen, metrisch skalierten Merkmalen ist die Regression geeignet. Da im vorliegenden Fall die Reparaturkosten nur vom Alter und nicht von weiteren Größen als abhängig betrachtet werden, wählt man die **Einfachregression**. Das Streupunkt-Diagramm zeigt klar einen gleichgerichteten Zusammenhang, der in ganz grober Näherung als tendenziell linear kategorisiert werden kann. Allerdings liegen bei ganz jungen und ganz alten Fahrzeugen die jährlichen Reparaturkosten eher oberhalb einer „gedachten Geraden", so dass ein nicht-linearer Verlauf eventuell passender ist. Dies stimmt auch mit Plausibilitätsüberlegungen und Erfahrungswissen überein. Deshalb wird als regressionsanalytischer Ansatz sowohl die **lineare** als auch die **nichtlineare** Einfachregression gewählt.

c. Ermittlung der Regressionsfunktionen

c1. Lineare Regression

Regressionskonstante bzw. Achsenabschnitt	Regressionskoeffizient bzw. Anstieg	Regressionsfunktion bzw. Geradengleichung
a= 0,920	b=-0,336	y= 0,920 + 0,336*x

c2. Nicht-lineare Regression

Von den in der Abb. 9.3-a dargestellten wirtschaftlich wichtigen nicht-linearen Funktionstypen kommen im vorliegenden Fall die Hyperbolische Funktion und die Potenzfunktion (jeweils mit b>0) und die Exponentialfunktion in Betracht. Die Parameterschätzung ist bei diesen und anderen Funktionen konventionell schwierig und aufwendig und deshalb typischerweise mit geeigneter Software vorzunehmen. Hier wird das Ergebnis der rechnergestützten Bestimmung einer exponentiellen Regressionsfunktion wiedergegeben.

Regressionskonstante bzw. Achsenabschnitt	Regressionskoeffizient bzw. Anstieg	Regressionsfunktion bzw. Geradengleichung
a= 1,3363	b=-0,1262	$y = 1{,}3363 * e^{0{,}1262 * x}$

d. Interpretation der Funktionsparameter

Die ökonomisch sinnvolle Interpretation **aller** Funktionsparameter ist in der Regel nur im linearen Fall problemlos möglich. Zur sachgerechten Interpretation ist die Dimension der betrachteten Größen auf jeden Fall strikt zu beachten.

Regressionskonstante bzw. Achsenabschnitt

Bei Neufahrzeugen durchschnittliche zu erwartende Reparaturkosten pro Jahr:
bei linearer Regression: 0,9203 * 1000 € ~920 €.
bei exponentieller Regression: 1,3363 * 1000 € ~1633 €.

Regressionskoeffizient

Bei linearer Regression durchschnittliche Reparaturkosten, mit denen man von Jahr zu Jahr zusätzlich rechnen muss: 0,3363 * 1000 € ~ 336 €.

Bemerkung:

Das Fahrzeugalter ist eine Zeitgröße, die hier in Jahren angegeben ist, die aber als kontinuierliche Größe auch in sehr viel kleineren Zeiteinheiten gemessen werden könnte. Sinnvoll erscheinen als kleinere, aber in der Wirtschaftspraxis auch vom Rechnungswesen her noch versorgbare Zeiteinheiten, etwa Monate, Wochen oder Tage. Entsprechend ergeben sich:

- Monatsbetrachtung: 336:12= 28,-- (€/Monat)
- Wochenbetrachtung: 336:52= 6,50 (€/Woche)
- Tagesbetrachtung: 336:365= 0,92 (€/Tag) = 92 (C./Tag).

e. Korrelationsanalyse

Maßkorrelation mit dem Korrelationskoeffizienten von Bravais & Pearson: r_{yx}= 0,9562.

Der Koeffizient misst die Stärke des Zusammenhangs bei linearer Form des Zusammenhangs.

Im linearen Fall kann er daher zur Beurteilung der Güte der ermittelten Regressionsfunktion dienen. Da r_{xy} hier nahe 1 ist, ist der gleichgerichtete, lineare Zusammenhang sehr stark und die Güte der linearen Regression daher sehr hoch. Über die Stärke des Zusammenhangs und damit die Güte der durchgeführten nicht-linearen Regression kann man mit dem Koeffizienten keine Aussage machen.

f. Würdigung der Analyseergebnisse

Wichtigster Beurteilungsaspekt einer Regressionsanalyse ist die Qualität oder Güte der Anpassung der mathematischen Funktion an die Beobachtungswerte (Modellfit). Das Standardgütemaß für den Modellfit ist das **Bestimmtheitsmaß B.** Im Falle einer linearen Regression ist $B=R^2$.

	Lineare Regression	Exponentielle Regression
Bestimmtheitsmaß B	0,9143	0,957

Das Bestimmtheitsmaß bei der linearen Regression beträgt 0,9143. Dieser Wert ist wie folgt zu interpretieren: Von den im Nachhinein feststellbaren Gesamtabweichungen zwischen den Beobachtungswerten und dem Mittelwert entfallen 91,43% auf den gewählten regressionsanalytischen Ansatz, sind also durch die Regressionsgerade erklärbar. Der Rest - im vorliegenden Fall 8,57% - sind Fehler, die durch die Regression nicht erklärbar sind. Ein Bestimmtheitsmaß von $\geq$ 0,9 ist in der Praxis in der Regel Indikator für einen sehr guten Modellfit. Das Bestimmtheitsmaß der exponentiellen Regression beträgt 0,957. Damit ist der Modellfit der exponentiellen Regression im vorliegenden Fall besser als der der linearen. Für den Anwender ist das Bestimmtheitsmaß meist nicht nur ein wichtiges Kriterium zur ex-post–Beurteilung einer durchgeführten Regression, sondern auch ein ex-ante-Kriterium für die gezielte Auswahl eines möglichst gut zu den Daten passenden Funktionstyps.

Kapitel 10 Korrelationsanalyse

Aufgabe „Fußballliga"

a. Grafische Darstellung

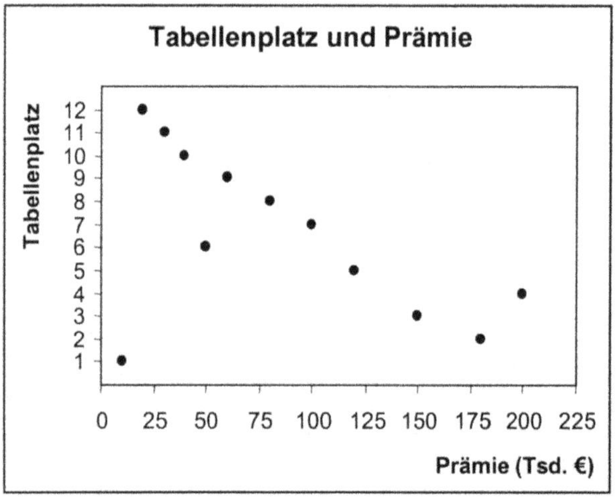

Darstellungsform
Zur grafischen Darstellung gemeinsam auftretender Wertepaare zweier quantitativer, diskreter Merkmale ohne Häufigkeiten benutzt man standardmäßig das Streupunktdiagramm.

Bei kleineren statistischen Massen und nur ordinal skalierten Merkmalen ist als spezielle Darstellungsform auch ein Rangplatzdiagramm geeignet.

Grobcharakterisierung
Aus dem Diagramm ist tendenziell ein gleichläufiger Zusammenhang der beiden Merkmale klar erkennbar: je höher die Prämie, desto höher der Tabellenplatz. Außerdem liegen die meisten Wertepaare in der Nähe einer „gedachten" Linie und es gibt nur wenige, die davon deutlich abweichen. Insofern ist ein Zusammenhang von mindestens mittlerer Stärke zu vermuten, der durch eine geeignete Zusammenhangsanalyse genauer zu quantifizieren ist. Es gibt allerdings ein Wertepaar (der Verein K), das aus dem tendenziell klar erkennbaren Muster deutlich herausfällt und als **Ausreißer** in der Analyserechnung unter Umständen gesondert zu behandeln ist.

b. Auswahl Analyseart und -ansätze
Sachlich ist die in Aussicht gestellte Meisterschaftsprämie eine wesentliche Einflussgröße (Determinante) des erreichten Tabellenplatzes, so dass eine Dependenzanalyse sinnvoll erscheint. Der dafür adäquate quantitative Analyseansatz - die Einfachregression - ist jedoch nicht anwendbar, da nicht beide Merkmale metrisch skaliert sind. Anwendbar ist **Korrelation,** mit der Richtung und Stärke des Zusammenhangs ermittelt werden können.

Da nicht beide Merkmale das gleiche Skalenniveau haben (die Prämie ist metrisch skaliert, der Tabellenplatz dagegen nur ordinal), müsste man akkuraterweise einen dafür spezifisch geeigneten Ansatz benutzen. In dieser Einführung wurden aber nur Ansätze für die einfacheren Fälle gleichen Skalenniveaus behandelt. Um hier mit den vorgestellten Ansätzen arbeiten zu können, ist das Merkmal Prämie „herunterzuskalieren", d.h. in Prämienrangplätze zu transformieren. Zur Korrelationsanalyse zweier ordinal skalierter Merkmale, deren Rangplatzpaare vorliegen, sind prinzipiell die **Rangkorrelation** mit dem Koeffzienten von Spearman und die **Konkordanz-/Diskordanzanalyse** mit dem Koeffizienten von Goodman & Kruskal geeignet.

c. Ermittlung der Korrelationskoeffizienten
Rangkorrelationskoeffizient von Spearman: $r_s \sim 0{,}87$.
Konkordanzkoeffizient von Goodman & Kruskal: K= 0,848.

d. Interpretation und vergleichende Würdigung
Die beiden Analyseansätze führen hier zu Koeffizienten, deren Werte sehr nahe beieinander liegen. Auf alle Daten bezogen ergibt sich ein gleichgerichteter Zusammenhang mittlerer Stärke von ~0,5. Ohne den „Ausreißer" ist der gleichgerichtete Zusammenhang mit ~0,85 sehr stark. Aus Sicht der **methodischen Akkuratesse** ist der Konkordanzkoeffizient als Maßgröße vorzuziehen, da der Rangkorrelationskoeffizient die Rangplätze als metrische Daten behandelt, deren Differenzen man ermitteln und verarbeiten kann. Dieser Gesichtspunkt verliert hier insofern an Gewicht, als immerhin eines der Merkmale bei den Beobachtungsdaten metrisch ist. Aus **Effizienzgründen** - Einfachheit und Bearbeitungsaufwand - ist insbesondere bei manueller Bearbeitung der Rangkorrelationskoeffizient vorzuziehen. Da die Ergebnisse der Rangkorrelation im vorliegenden Fall zudem größenordnungsmäßig denen der Konkordanzanalyse entsprechen, erscheint hier der Rangkorrelationskoeffizient insgesamt besser geeignet.

Aufgabe „Parteibuch und Stellenbesetzung im öffentlichen Dienst"

a. Grafische Darstellung

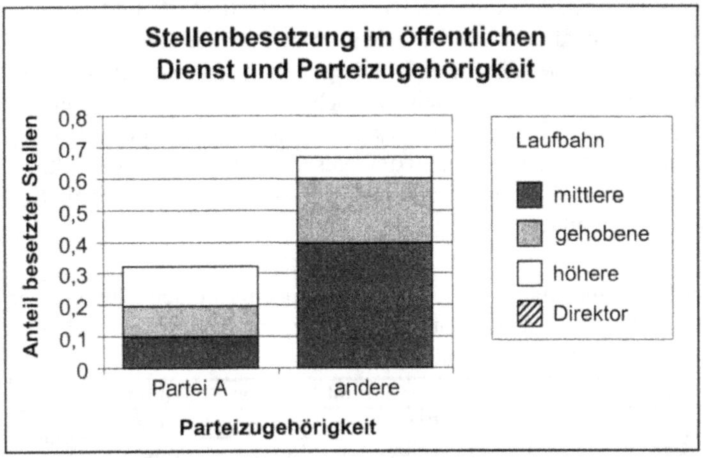

Darstellungsform
Geeignet ist ein Säulendiagramm, da qualitative Merkmale vorliegen. Besonders geeignet ist das gestapelte Säulendiagramm, da in jeder Säule (Ausprägung des einen Merkmals) die Ausprägungen des zweiten Merkmals gleichzeitig darzustellen sind.

b. (Un)abhängigkeitsanalyse

Sachüberlegungen
Plausibilitätsüberlegungen und Erfahrungen stützen die Vermutung, dass ganz allgemein die Zugehörigkeit zu einer bereits lange regierenden Partei die Besetzung von Stellen im öffentlichen Dienst wesentlich beeinflussen kann (Ämterpatronage). Sachlich ist also Dependenz und damit Abhängigkeit der Stellenbesetzungen von der Parteizugehörigkeit auch in dem betrachteten Land möglich und plausibel.

Datenlage im vorliegenden Fall
Es ist zu klären, ob die sachlich plausible Abhängigkeit auch in dem empirischen Befund zutage tritt - d.h. sich in dem Stichprobenergebnis auch eine **statistische Abhängigkeit** manifestiert. Anhaltspunkte dafür kann das Diagramm liefern. Fundierter - weil zahlenmäßig belegt

- ist jedoch der Vergleich der **bedingten Häufigkeiten.** Um den notwendigen Vergleich der bedingten Häufigkeiten durchführen zu können, sind die **relativen** bedingten Häufigkeiten zu ermitteln, die folgende Tabelle enthält.

Dienst-laufbahn	Parteizugehörigkeit		Relative Randhäufigkeit
	Partei A	andere	
mittlere	0,30	0,60	**0,5000**
gehobene	0,30	0,30	**0,3000**
höhere	0,38	0,10	**0,1933**
Direktor	0,02	0,00	**0,0067**
rel. Randh.	**0,33**	**0,66**	**1,0000**

Interpretation

Der Vergleich der relativen bedingten Häufigkeiten in der jeweils gleichen Tabellenzeile gibt Aufschluss darüber, ob die beiden Merkmale in der Stichprobe statistisch eher voneinander abhängig oder unabhängig sind. Bei **vollständiger Unabhängigkeit** müssen die **relativen bedingten Häufigkeiten alle genau gleich groß** sein, da dann die Bedingungen wegen der Unabhängigkeit keine Rolle spielen. Zudem müssen die bedingten relativen Häufigkeiten zusätzlich **genau so groß wie die relativen Randhäufigkeiten** sein, die ohne besondere Berücksichtigung des bedingenden Merkmals insgesamt vorliegen. Hier weichen die bedingten Häufigkeiten in den meisten Zeilen (insbesondere in Zeile 1 und 3) deutlich von diesen idealtypischen Unabhängigkeitsbedingungen ab, was statistische Abhängigkeit indiziert.

c. Auswahl Analyseart und -ansatz

Zur quantitativen Zusammenhangsanalyse bei Dependenz ist die Regressionsanalyse der Standardansatz. Dieser setzt jedoch quantitative Merkmale voraus, die metrisch skaliert sind. Im vorliegenden Fall sind die Merkmale qualitativ und höchstens ordinal skaliert, so dass Regression ausscheidet. Dagegen kann man immer die Stärke von begründet vermuteten Zusammenhängen durch **Korrelation** quantifizieren. Dabei spielt die sachlich vermutete Beziehungsart (Dependenz, Interdependenz) für die quantitative Analyse keine Rolle. Zu wählen ist allerdings ein der Merkmals- und Skalenart sowie der Datenstruktur entsprechender korrelationsanalytischer Ansatz. Bei mindestens nominal skalierten Merkmalen mit einer gemeinsamen Häufigkeitsverteilung ist dies die **Kontingenzanalyse.**

d. Ermittlung der Kontingenz

Die Kontingenzanalyse quantifiziert die Stärke des Zusammenhangs der beiden Merkmale in einem speziellen Korrelationskoeffizienten, dem Kontingenzkoeffizienten. Dieser beinhaltet als wesentlichen Term die statistische Größe Chi-Quadrat.

Unabhängigkeitszahlen			
Dienst-laufbahn	**Parteizugehörigkeit**		**Summe**
	Partei A	**andere**	
mittlere	25	50	**75**
gehobene	15	30	**45**
höhere	9,66	19,33	**29**
Direktor	0,33	0,66	**1**
Summe	**50**	**100**	**150**

Ermittlung von Chi-Quadrat			
Dienst-laufbahn	**Parteizugehörigkeit**		**Summe**
	Partei A	**andere**	
mittlere	4	2	
gehobene	0	0	
höhere	9,01149	4,50575	
Direktor	1,33333	0,66667	
Summe			**21,52**

Chi-Quadrat misst das Ausmaß der Abweichung der gemeinsamen Häufigkeitsverteilung von der bei Unabhängigkeit zu erwartenden Unabhängigkeitsverteilung.

Kontingenzkoeffizient: 0,1255, normiert: 0,177.

Für die sachlich plausible und auch datenmäßig indizierte statistische Abhängigkeit der Stellenbesetzung im öffentlichen Dienst von der Parteizugehörigkeit lässt sich in der Stichprobe nur ein schwach ausgeprägter Zusammenhang ermitteln (C^n~0,18).

Kapitel 11 Zeitreihenanalyse

Aufgabe „Energieverbrauch"

a. Grafische Darstellung und Analyseansatz

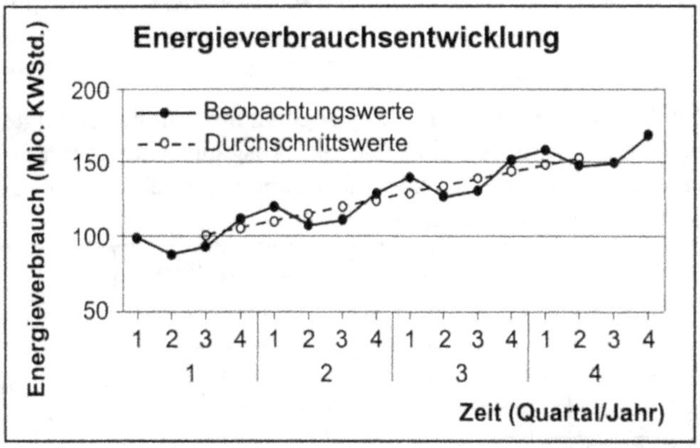

Zur grafischen Darstellung von Zeitreihen eignen sich vor allem das Säulen- und das Kurvendiagramm. Das Kurvendiagramm wird häufig vorgezogen, da eine Kurve Entwicklungsrichtung und -form der Analysegröße natürlicherweise besser zum Ausdruck bringt.

Als klassischer Analyseansatz wird die **Zeitreihenzerlegung** gewählt, da in dem Kurvendiagramm Trend- und Saisoneinflüsse erkennbar sind. Bei kurz- und mittelfristigen Untersuchungen ist ein Konjunktureinfluss häufig nur schwer als eigene Komponente isolierbar. Aufgrund des vorliegenden Untersuchungszeitraums von nur 4 Jahren werden der Trend und die eventuell vorhandene Konjunktur gemeinsam zur glatten Komponente zusammengefasst, die hier vereinfacht als Trend bezeichnet wird. Als **Analysemodell** wird entsprechend gewählt:

Komponenten: Y= f (T, S, R);

Verknüpfung: Y=T+S+R; da der Saisoneinfluss mit steigendem Trend nicht größer wird.

b.Trendanalyse

b1. Trendform

Jahr	Quartal	ZE t	E-Verbrauch y_t	Trend $t^e = \bar{y}_4$
1	1	1	99,00	
	2	2	88,00	
	3	3	93,00	100,375
	4	4	111,00	105,500
2	1	5	120,00	110,250
	2	6	108,00	114,875
	3	7	111,00	119,625
	4	8	130,00	124,375
3	1	9	139,00	129,250
	2	10	127,00	134,500
	3	11	131,00	139,875
	4	12	152,00	145,125
4	1	13	160,00	150,125
	2	14	148,00	154,750
	3	15	150,00	
	4	16	170,00	

Die Trendform ist immer durch **gleitende Durchschnitte** zu ermitteln. Da hier Quartalsdaten vorliegen, ist als Anzahl der Glieder 4 sinnvoll, um später die Saisonkomponente herausarbeiten zu können. Bei einer geraden Anzahl von Gliedern ist sinnvollerweise ein Ansatz zu verwenden, bei dem der ermittelte Durchschnittswert einer vorhandenen Zeiteinheit eindeutig zugeordnet werden kann. Das ist bei einem einfachen Viererdurchschnitt nicht der Fall. Deshalb verwendet man bei Quartalsdaten durchgängig einen besonderen Ansatz, bei dem 5 Quartalswerte - der erste und der letzte jeweils zu Hälfte gewichtet - in den Viererdurchschnitt eingehen.

Grafische Darstellung der Durchschnittswerte: siehe Abbildung unter a.

Grobcharakterisierung: Es liegt ein steigender Trend vor. Die erkennbare Trendform weist durchgehend ein relativ einheitliches und einfaches Muster auf. Sie kann als tendenziell **linear** angesehen werden.

b2. Trendwerte

Da im vorliegenden Fall die Analyse Hauptzweck der Betrachtung ist, sollen gemäß Aufgabenstellung die gleitenden Mittelwerte einfach direkt als errechnete Trendwerte T^e übernommen und nicht durch einen eigenen Ansatz gesondert berechnet werden. Für die weitere Analyse gilt daher: $T^e = \overline{Y}_4$.

c. Saisonanalyse

Nach dem gewählten Analysemodell gilt: S+R= Y–T. Die sogenannte „trendbereinigte Zeitreihe" $Y\text{-}T^e$ müsste also hauptsächlich die Saisoneinflüsse als Ausgangsdaten der Saisonanalyse enthalten. Sie sind in der mittleren Spalte der folgenden Tabelle berechnet und zur Ermittlung der Saisonfigur sachgerecht auf die Quartale verteilt.

Jahr	Quartal	ZE t	E-Verbrauch y_t	Trendwerte $t^e = \overline{y}_4$	berein. Werte $y_t - t^e$	Quartale 1	2	3	4	Saisonwerte s_t^e	Restwerte r_t^e
1	1	1	99,00							9,677	
	2	2	88,00							-7,156	
	3	3	93,00	100,375	-7,375			-7,375		-8,406	1,0313
	4	4	111,00	105,500	5,500				5,500	5,885	-0,3854
2	1	5	120,00	110,250	9,750	9,750				9,677	0,0729
	2	6	108,00	114,875	-6,875		-6,875			-7,156	0,2813
	3	7	111,00	119,625	-8,625			-8,625		-8,406	-0,2188
	4	8	130,00	124,375	5,625				5,625	5,885	-0,2604
3	1	9	139,00	129,250	9,750	9,750				9,677	0,0729
	2	10	127,00	134,500	-7,500		-7,500			-7,156	-0,3438
	3	11	131,00	139,875	-8,875			-8,875		-8,406	-0,4688
	4	12	152,00	145,125	6,875				6,875	5,885	0,9896
4	1	13	160,00	150,125	9,875	9,875				9,677	0,1979
	2	14	148,00	154,750	-6,750		-6,750			-7,156	0,4063
	3	15	150,00							-8,406	
	4	16	170,00							5,885	
					Durch.	**9,792**	**-7,042**	**-8,292**	**6,000**		
					Summe	**0,458**	**geteilt**		**0,115**		**1,3750**
					korrig.	**9,677**	**-7,156**	**-8,406**	**5,885**		

Grafische Darstellung der Ausgangsdaten: der Saisonanalyse:

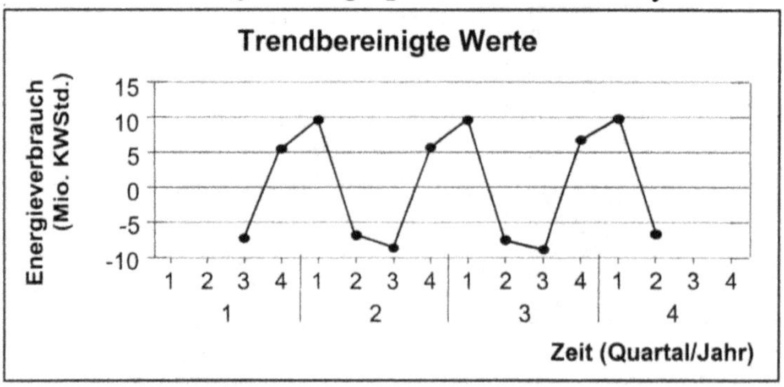

Charakteristika der Saisonfigur

Aus der grafischen Darstellung der trendbereinigten Werte erkennt man bereits eine **grobe Saisonfigur**, die Jahr für Jahr wieder auftritt: negativer Saisoneinfluss im 2. und 3. Quartal und positiver Saisoneinfluss im 1. und 4. Quartal.

Quantifizierung der Saisonfigur
In die Saisonanalyse-Arbeitstabelle sind zunächst für jedes Quartal die **Durchschnittswerte** im gesamten Analysezeitraum zu berechnen. Sie befinden sich in der ersten Fußzeile der obigen Tabelle und sind in folgendem Quartalsdiagramm dargestellt.

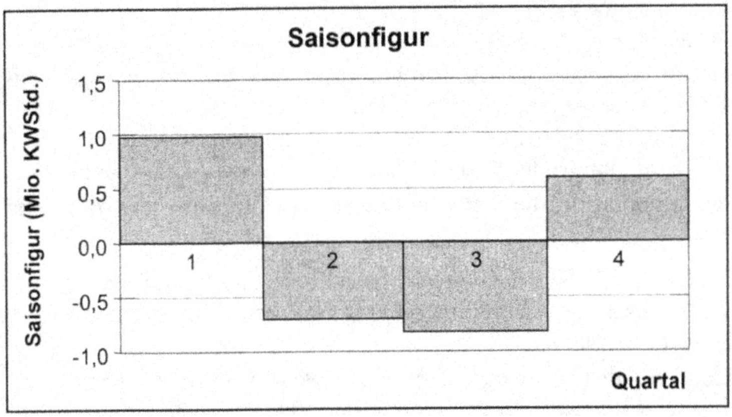

Wenn die Summe dieser Durchschnittswerte 0 ist, liegt **das idealtypische Modell der konstanten Saisonfigur** vor. Ist die Summe ausreichend nahe 0, kann man mit diesem Modell arbeiten, wenn man die „Abweichung" gleichmäßig auf die ermittelten Durchschnittswerte verteilt. Dies ist im Anwendungsfall im unteren Teil der Tabelle geschehen. Man erhält so die **errechnete bzw. geschätzte Saisonfigur:** s_j^e

1. Quartal $s_1^e = +9{,}68$; 2. Quartal $s_2^e = -7{,}16$; 3. Quartal $s_3^e = -8{,}41$; 4.Quartal $s_4^e = +5{,}89$.

Die Werte der errechneten Saisonfigur sind abschließend in die letzte Spalte der Saisonanalyse -Arbeitstabelle zu überführen.

d. Restanalyse
Nach dem gewählten Analysemodell gilt für den Rest: $R^e = Y - T^e - S^e$.
Der Rest ergibt sich also für jede Periode durch Subtraktion der errechneten Saisonwerte von den trendbereinigten Werten. Die Restwerte stehen in der letzten Spalte der obigen Analysetabelle und sind in der folgenden Abbildung anschaulich grafisch dargestellt.

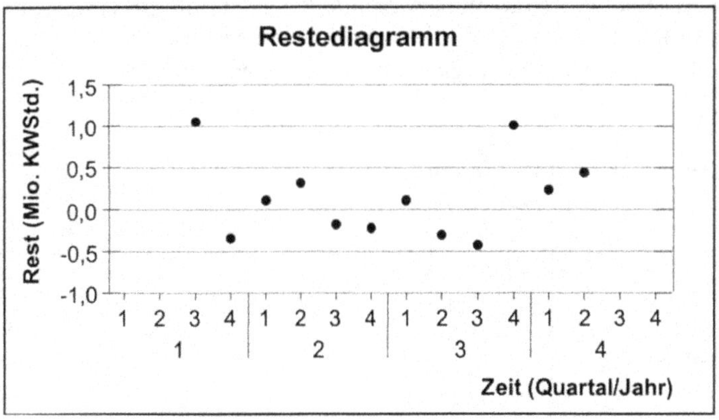

Die Restanalyse ist wichtig zur fundierten Beurteilung der Fehler und damit indirekt auch der Güte der durchgeführten Analyse. Idealerweise sollte die Restkomponente folgende Eigenschaften haben:

- irregulär sein, d.h. kein zeitanhängiges Muster aufweisen
  Die Werte der Restkomponente im vorliegenden Fall erfüllen diese Eigenschaft. Sie sind ziemlich irregulär, sowohl in ihrer Richtung (positive und negative Werte) als auch über die Quartale des Analysezeitraums (siehe Restediagramm).
- viel kleiner sein als die Hauptkomponenten
  Der größte Restwert (absolut) beträgt 1,03, der durchschnittliche absolute Restwert 0,11. Der Rest ist damit sowohl im Durchschnitt als auch in seinem Maximalwert sehr viel kleiner als die kleinere Hauptkomponente, die Saisonkomponente.
- Ihre Werte sollten sich insgesamt ausgleichen, d.h. ihre Summe möglichst 0 ergeben.
  In unserem Beispiel beträgt die Summe der Reste 1,375, ist also auch nicht annähernd 0.

Von den genannten Eigenschaften erfüllt die Restkomponente zwei in sehr guter, die dritte nicht in befriedigender Weise.

e. Würdigung Analyseansatz und Ergebnisse und deren Verwendbarkeit für Prognosen
Gewählt wurde der klassische Ansatz der Zeitreihenzerlegung mit den Komponenten Trend, Saison und Rest, die additiv verknüpft sind.

Zur Ermittlung der Trendform wurden gleitende Durchschnittswerte verwendet, deren grafische Darstellung ein durchgängiges und einfaches Trendmuster erbrachte, nämlich einen tendenziell linearen Verlauf. Wegen des Analysezwecks und der Vorgabe in der Aufgabenstellung wurden die gleitenden Mittelwerte einfach als errechnete Trendwerte übernommen.

Die Saisonkomponente folgt in sehr guter Näherung dem Modell der konstanten Saisonfigur.

Die Reste sind irregulär und sehr viel kleiner als die kleinste Hauptkomponente, was für die Güte des gewählten Analyseansatzes spricht. Die hohe positive Restsumme indiziert allerdings eventuell einen systematischen Fehler in einer der Hauptkomponenten. Da der Saisonanalyseansatz sehr gut passt, könnten im vorliegenden Fall hauptsächlich die Trendwerte durch die sehr einfache Trendwert-Ermittlungsmethode unterschätzt sein. Durch eine höherwertige Trendwert-Ermittlungsmethode wäre die Analyse an dieser Stelle eventuell zu verbessern.

Der durch die Analyse herausgearbeitete Zeitreihentyp - linearer Trend mit additiver und konstanter Saisonfigur - und die quantitativen Ergebnisse der Trend- und Saisonanalyse können gut zur Prognose benutzt werden. Als Prognoseansatz käme z.B. eine separate Fortschreibung beider Komponenten und deren abschließende Verknüpfung zur Gesamtprognose in Frage. Bei der Trendfortschreibung wäre es allerdings sinnvoll, die ermittelte Trendform z.B. mit einer mathematischen Funktion darzustellen, da bei der hier vorgestellten Analyse die aktuellen Trendwerte fehlen, die für eine Fortschreibung in die Zukunft besonders wichtig sind.

Kapitel 12 Prognoserechnung

Aufgabe „Bedarfsvorhersagen in der Vorratswirtschaft“

a. Grafische Darstellung
Grobcharakterisierung
Das Diagramm zeigt einen über die Monate unregelmäßig, aber nicht sehr stark schwankenden Verbrauchsverlauf, der sich um einen mittleren monatlichen Verbrauch von etwa 14 kg herum bewegt.

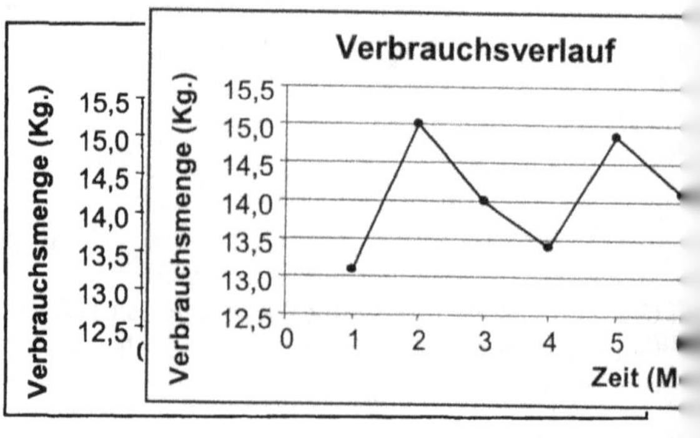

b. Auswahl Glättungsverfahren
Der gemäß Sachverhaltsdarstellung tendenziell konstante Verbrauchsverlauf in

der Vergangenheit erscheint gemäß Diagramm auch im aktuellen Betrachtungszeitraum gültig. Für Zeitreihen mit konstantem Verlaufsmuster eignet sich die exponentielle Glättung 1. Ordnung als Prognoseverfahren.

c. Ermittlung und vergleichende grafische Darstellung der Prognosen

Monat i	Verbrauch (Kg.)	Prognose		Fehler	
		$\alpha = 0{,}1$	$\alpha = 0{,}5$	$\alpha = 0{,}1$	$\alpha = 0{,}5$
1	13,10	14,50	14,50	-1,40	-1,40
2	15,00	14,36	13,80	0,64	1,20
3	14,00	14,42	14,40	-0,42	-0,40
4	13,40	14,38	14,20	-0,98	-0,80
5	14,85	14,28	13,80	0,57	1,05
6	14,10	14,34	14,33	-0,24	-0,23

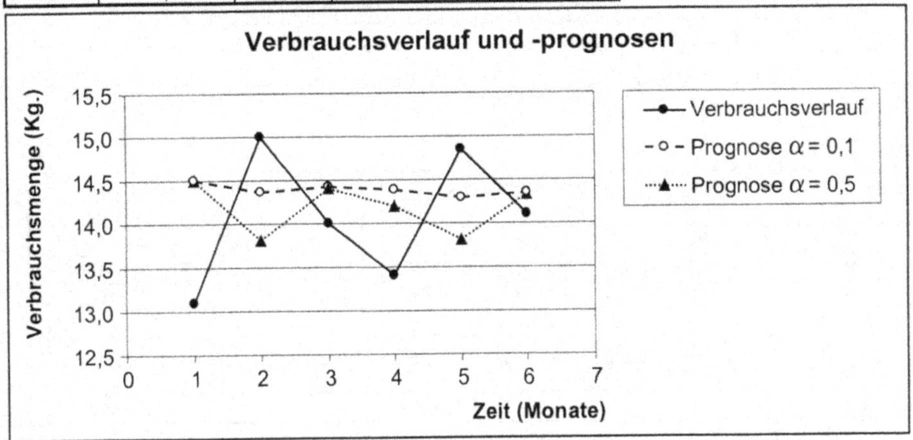

Wirkung von α : $\alpha = 0{,}1$ (klein): große Glättung; $\alpha = 0{,}5$ (groß): geringe Glättung.

d. Prognosefehler

Fehlerdiagramm

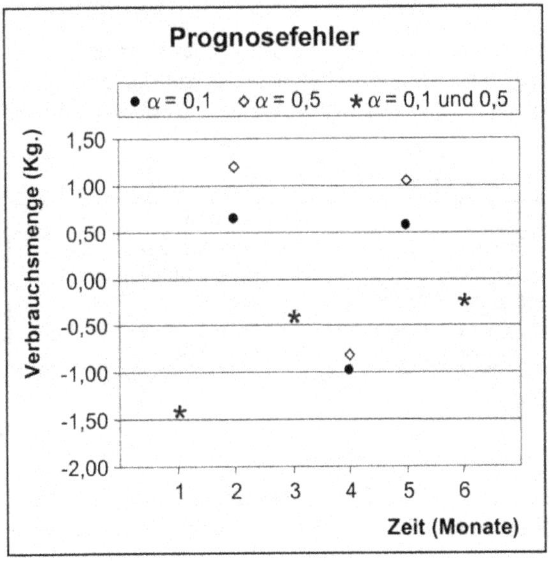

Diagramminterpretation

Im Diagramm erkennt man, dass die Prognosefehler beider Verfahrensvarianten **kein zeitabhängiges Muster** aufweisen, sondern sich ziemlich irregulär wie eine „Punktwolke" verteilen. Das ist ein Indikator dafür, dass das **Grundmuster** des Verbrauchsverlaufs im Prognosezeitraum das gleiche ist wie das in der Vergangenheit durch Zeitreihenanalysen festgestellte, nämlich **konstanter Verlauf**.

Das verwendete Prognoseverfahren ist also im vorliegenden Fall zur Fortschreibung des Musters der Vergangenheit geeignet und macht **keine systematischen Fehler**.

e. Güte der Verfahrensvarianten

Fehlermaßgröße: Standardfehler als Wurzel aus dem mittleren quadratischen Fehler.

Monat i	Verbrauch (Kg.)	Prognose		Fehler		Fehlerquadrat	
		$\alpha = 0,1$	$\alpha = 0,5$	$\alpha = 0,1$	$\alpha = 0,5$	$\alpha = 0,1$	$\alpha = 0,5$
1	13,10	14,50	14,50	-1,40	-1,40	1,96	1,96
2	15,00	14,36	13,80	0,64	1,20	0,41	1,44
3	14,00	14,42	14,40	-0,42	-0,40	0,18	0,16
4	13,40	14,38	14,20	-0,98	-0,80	0,96	0,64
5	14,85	14,28	13,80	0,57	1,05	0,32	1,10
6	14,10	14,34	14,33	-0,24	-0,23	0,06	0,05
Summe						**3,89**	**5,35**
Durchschnitt						**0,64859**	**0,89218**
Standardfehler						**0,80535**	**0,94455**

Der Standardfehler ist wie folgt zu interpretieren (am Beispiel der Verfahrensvariante mit kleinem Alpha): Die Prognosewerte weichen im Durchschnitt um ~0,8 kg. von den tatsächlichen Verbrauchswerten ab.

Theilsches Gütemaß

Monat t	Verbrauch y_t	Progn. p_t	Prognosefehler			Fehler naives Verfahren		
			e_{t+1}	e_{t+1}/y_t	$(e_{t+1}/y_t)^2$	$y_{t+1} - y_t$	$(y_{t+1}-y_t)/y_t$	$[(y_{t+1}-y_t)/y_t]^2$
1	13,10	14,50	0,64	0,0489	0,00239	1,90	0,1450382	0,02103607
2	15,00	14,36	-0,42	-0,028	0,00078	-1,00	-0,066667	0,00444444
3	14,00	14,42	-0,98	-0,070	0,0049	-0,60	-0,042857	0,00183673
4	13,40	14,38	0,57	0,0425	0,00181	1,45	0,108209	0,01170918
5	14,85	14,28	-0,24	-0,016	0,00026	-0,75	-0,050505	0,00255076
6	14,10	14,34	-	-	-	-	-	-
Summe					**0,01014**			**0,04157719**

Daraus ermittelt man:

$$U = \sqrt{\frac{0,01014}{0,041577}} = \sqrt{0,2439} \sim 0,494$$

Interpretation

Im Vergleich zur einfachen naiven Prognose liefert die verwendete Prognoseverfahrensvariante im Durchschnitt deutlich bessere Prognosen. Die Prognosegüte kann als mittelmäßig eingestuft werden, da der Wert des Gütemaßes recht genau in der Mitte des Wertebereichs des Koeffizienten liegt.

f. Anwendungsvoraussetzungen, Stärken und Schwächen

Anwendungsvoraussetzungen	Stärken	Schwächen
• Vergangenheitsdaten folgen Zeitreihentyp • Zeitstabilitätshypothese • Anfangsprognose (Initialisierung) • Vorgabe der Parameterwerte	• sehr effizient • passable Güte • steuerbar über Parameter • automatisierte Fehleranalyse mit Warnmeldung	• kein explizites Erklärungs- und Prognosemodell • Wahrscheinlichkeitsaussagen über Fehler

Aufgabe „Umsatzentwicklung und -prognose"

a. Grafische Darstellung

Grobcharakterisierung

In der Umsatzentwicklung der Vergangenheit ist ein mit den Jahren ansteigender Trend erkennbar. Saisonflüsse sind wegen der Jahresdaten nicht enthalten, ein eventuell vorhandener Konjunktureinfluss vom Trend nicht klar unterscheidbar. Die Form der glatten Komponente kann in ganz grober Näherung als tendenziell linear ansteigend angesehen werden.

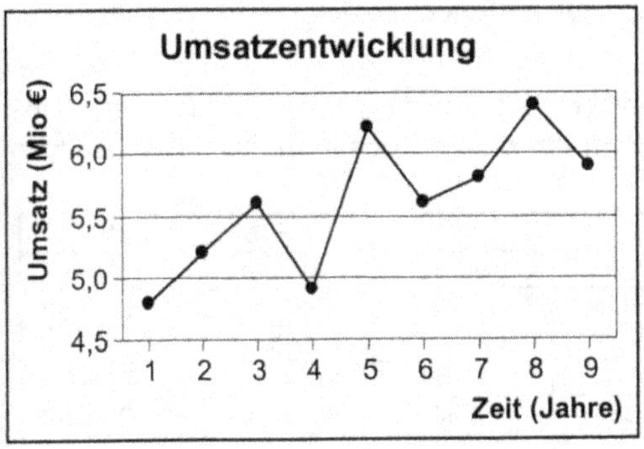

b. Verfahrensauswahl

Da im vorliegenden Fall datenmäßig nur die Umsatzzahlen der Vergangenheit verfügbar sind, kommen zur Umsatzprognose vor allem beschreibende und solche erklärenden Verfahren in Betracht, bei denen die Zeit als alleinige erklärende Variable fungiert. Da Prognosen für mehrere Jahre benötigt werden, sind die bekannten beschreibenden Verfahren - wie etwa Glättungsverfahren - im vorliegenden Fall nicht anwendbar bzw. nicht ausreichend, da sie nur Ein-Schritt-Prognosen liefern. Anwendbar ist von den erklärenden Verfahren, die hier behandelt wurden, die **Einfachregression** mit der Zeit als Regressor.

Im vorliegenden Fall wird die Umsatzentwicklung in der Vergangenheit nur durch den Trend determiniert, so dass **Umsatzprognosen durch Trendextrapolation** sinnvoll erscheinen. Die Trendform wurde bereits als in ganz grober Näherung tendenziell linear kategorisiert. Von daher kann sinnvoll mit **linearer Regression** angesetzt werden. Alternativ wird die Verwendung eines anderen bekannten **nicht-linearen** Funktionstyps geprüft, der im vorliegenden Fall eventuell geeigneter ist.

c. Ermittlung der Trendfunktionen im Analysezeitraum

Die einfachere lineare Trendfunktion kann mit der Methode der kleinsten Quadrate konventionell bestimmt werden (siehe Übungsaufgaben zur Regression). Zur Bestimmung einer geeigneten nicht-linearen Trendfunktion ist geeignete Software zu nutzen. Die Ergebnisse der rechnergestützten Regressionsanalyse mit einer linearen Funktion und einer Potenzfunktion sind in der folgenden Abbildung dargestellt.

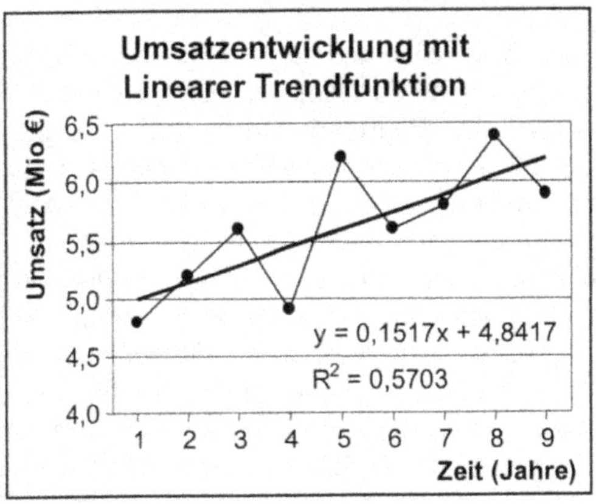

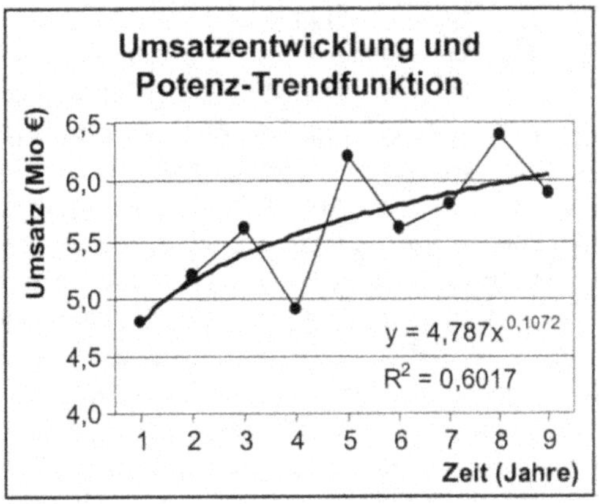

d. Modellfit

Verfahrensabhängiges Fehler- und Gütemaß

Da hier in beiden Fällen die Einfachregression verwendet wurde, kann man das bei Regressionsanalysen übliche **Bestimmtheitsmaß** verwenden. Dessen Werte liegen hier mit $\sim 0{,}57 < B < \sim 0{,}6$ im mittleren Bereich. Die beiden Trendfunktionen sind also keine guten Schätzungen des Umsatztrends in der Vergangenheit, da zwischen 40 und 43% aller auftretenden Abweichungen durch die verwendeten regressionsanalytischen Ansätze nicht erklärt werden können.

Von daher ist begründet zu vermuten, dass bei damit gemachten Prognosen - unter sonst gleichbleibenden Umständen - Fehler gleicher Größenordnung auftreten werden.

Verfahrensunabhängige Fehlermaße

Man kann aber auch andere - von den verwendeten Analyse- und Prognoseansätzen unabhängige - Fehlermaße benutzen. Dies sind vor allem der mittlere quadratische Fehler und der Standardfehler.

Jahr i	Umsatz y_i	Trendfunktion		Fehler		Fehlerquadratr	
		linear	potenz	linear	potenz	linear	potenz
1	4,8	4,9934	4,7870	-0,1934	0,0130	0,03740	0,0001690
2	5,2	5,1451	5,1562	0,0549	0,0438	0,003014	0,00191419
3	5,6	5,2968	5,3853	0,3032	0,2147	0,09193	0,04609117
4	4,9	5,4485	5,5540	-0,5485	-0,6540	0,300852	0,4276890
5	6,2	5,6002	5,6884	0,5998	0,5116	0,35976	0,26169591
6	5,6	5,7519	5,8007	-0,1519	-0,2007	0,023074	0,0402850
7	5,8	5,9036	5,8974	-0,1036	-0,0974	0,010733	0,00947976
8	6,4	6,0553	5,9824	0,3447	0,4176	0,118818	0,17439866
9	5,9	6,2070	6,0584	-0,3070	-0,1584	0,094249	0,0250918
Summe						**1,03983**	**0,9868144**
Durchschnitt						**0,115537**	**0,1096460**
Standardfehler						**0,339907**	**0,33112844**

Der Standardfehler ist wie folgt zu interpretieren (am Beispiel der linearen Regression): Die tatsächlichen Umsätze in der Vergangenheit weichen im Durchschnitt um ~ 340 Tsd. € von den über die Trendfunktion geschätzten Umsätzen ab. Man kann den Standardfehler - analog der Standardabweichung - auch relativieren, was insbesondere bei Vergleichen wie im vorliegenden Fall sinnvoll ist. Die relativen Werte sind als prozentuale Abweichungen gut verständlich und im Übrigen inhaltlich wie der Standardfehler selbst zu interpretieren. Der **relative Standardfehler** bei linearer Trendfunktion ist hier 0,339981/ 5,6= 0,06069 ~ 6% und bei potenzieller Trendfunktion 0,3311284/ 5,6 = 0,05913 ~5,9%.

Vergleichende Würdigung

Die relativen Standardfehler bewegen sich in der gleichen Größenordnung, die um den Faktor 6-7 geringer ist als die nicht erklärbaren Fehler beim Bestimmtheitsmaß. Der relative Standardfehler als Fehlermaßgröße führt damit zu einer anderen Beurteilung des Modellfits der verwendeten Ansätze. Danach weichen im vorliegenden Fall die tatsächlichen Umsätze im Durchschnitt „nur“ um ~6% von den geschätzten Trendwerten ab, so dass sich - die Abweichungen nach unten und oben zusammengerechnet - insgesamt ein relatives Standardfehlerintervall von ~12 % ergibt. Dieses Intervall ist zwar nicht gerade klein, andererseits sind die Güteforderungen der Praxis im Allgemeinen nicht so hoch wie die der Wissenschaften. Ein relatives Fehlerintervall von 10% wird in der Praxis häufig als tolerabel und als Indikator für einen noch akzeptablen Modellfit angesehen. Damit erscheinen aus Anwendungssicht beide Trendfunktionen zur Prognose geeignet. Der sehr geringe Unterschied des relativen Standardfehlers dürfte - für sich allein genommen - die Verwendung der vergleichsweise aufwendigeren Potenzfunktion kaum rechtfertigen. Sie kann jedoch gut verwendet werden, um ergänzend zur linearen Funktion Prognosevarianten zu ermitteln.

e. Prognoserechnungen mit Trendfunktionen

Trendprognosen können mit den Trendfunktionen gemacht werden, indem man die Prognosezeiteinheiten - hier die Jahre 10, 11 und 12 - als Werte der unabhängigen Variablen in die Gleichungen einsetzt und die korrespondierenden Funktionswerte ermittelt. Die beiden hier ermittelten Trendfunktion liefern die in der folgenden Tabelle zusammengestellten Prognosewerte (Punktprognosen):

Jahr	Lineare Trendfunktion	Potenz-Trendfunktion
10	y_{10}=0,1517*10+4,8417=6,3587	y_{10}= 4,787*10 ^{0,1072} = 6,127
11	y_{11}=0,1517*11+4,8417=6,5104	y_{11}= 4,787*11 ^{0,1072} = 6,190
12	Y_{12}=0,1517*12+4,8417=6,6621	Y_{12}= 4,787*12 ^{0,1072} = 6,248

Interpretation

Der lineare Ansatz liefert konstant höhere Trendprognosen, wobei die Niveauunterschiede zur Potenz-Trendprognose im Laufe des Prognosezeitraum immer größer werden. Sie liegen am Anfang des Prognosezeitraums um ~230 Tsd. €, am Ende um ~ 414 Tsd. €, über der Potenz-Trendprognose. Relativ betrachtet sind das zwischen 3,75 und 6,6% Niveauunterschied bezogen auf die Prognosewerte der Potenzfunktion.

f. Güte der Prognosen und Prognoseverfahren

Die Güte von Prognosen beurteilt man über ihre Genauigkeit und ihre Sicherheit.

Genauigkeit

Im vorliegenden Fall ist nur eine **ex-ante-Beurteilung** der Prognosen möglich, da die tatsächlichen Umsatzwerte für den Prognosezeitraum (noch) nicht bekannt sind. Die ex-ante- Beurteilung von Prognosen geht über die ex-ante-Beurteilung der im Anwendungsfall eingesetzten Prognoseansätze bzw. -verfahren. Dafür bietet sich der **Modellfit im Analysezeitraum** an. Dieser wurde in d. bereits mit verschiedenen Maßgrößen gemessen, die alle - wenn auch in z. T. sehr unterschiedlicher Größenordnung - die Potenzfunktion als die im vorliegenden Fall geringfügig bessere Variante ermittelten.

Sicherheit

Prognosen sind per definitionem nicht sicher. Ein Charakteristikum statistischer Prognoserechnung ist, dass die Unsicherheit **prinzipiell** eingefangen und quantifiziert werden kann, und zwar durch Wahrscheinlichkeiten. Will man Wahrscheinlichkeiten auf gut begründeter und nachvollziehbarer Basis (objektive Wahrscheinlichkeiten), muss man die Wahrscheinlichkeitsverteilung der betrachteten Prognosegröße kennen oder aufgrund von theoretischem und/oder empirischem Wissen begründet erschließen können. Bei Verwendung einer linearen Regressionsfunktion als Prognoseverfahren gibt es ein dazu geeignetes Modell - das Modell der stochastischen linearen Einfachregression -, das im Kapitel 20 behandelt wird und zur Ermittlung von Wahrscheinlichkeiten für Prognoseintervalle benutzt werden kann.

Wahrscheinlichkeitsanalyse

Kapitel 13 Grundlagen der Wahrscheinlichkeitsanalyse

Aufgabe „Kontenarten“

a. Symbolische und grafische Darstellung

G: Kunde hat ein Gehaltskonto; W(G)= 0,8; W($\overline{G}$)= 0,2.

S: Kunde hat ein Sparkonto; W(S)= 0,5; W($\overline{S}$)=0,5.

Alle Kunden haben wenigstens ein Konto dieser Kontenarten: W($G \cup S$)= 1.

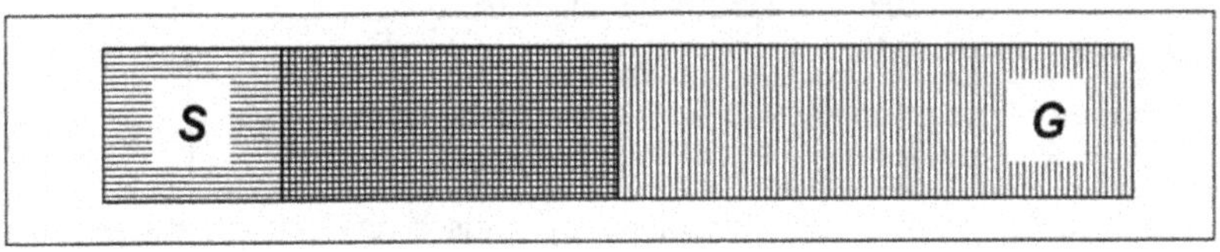

b. Überlegungen zu Disjunktheit und Unabhängigkeit

Nicht disjunkt, da ein Kunde beide Kontoarten haben kann (siehe Diagramm) → *allgemeiner*

Additionssatz.
Theoretisch besteht Unabhängigkeit, verhaltenswissenschaftlich und empirisch sind die bei einem Kreditinstitut unterhaltenen Kontenarten jedoch eher abhängig. Begründung: Eine vorhandene Geschäftsbeziehung wie das Vorhandensein eines Kontos beeinflusst Einrichtung und Betrieb weiterer Konten bei dieser Bank. → *allgemeiner Multiplikationssatz.*

c. Wahrscheinlichkeit bestimmter Ereignisse
c.1 Ereignis „G und S“; formal: W($G \cap S$).
Normalerweise müsste hier der allgemeine Multiplikationssatz angewendet werden. Die darin vorkommenden bedingten Wahrscheinlichkeiten sind jedoch nicht bekannt, so dass damit hier kein Ergebnis ermittelt werden kann. Ein hier gangbarer Weg geht über den allgemeinen Additionssatz, in dem das gefragte Ereignis ebenfalls enthalten ist. Dazu muss allerdings die Wahrscheinlichkeit des Vereinigungsereignisses bekannt sein, was hier der Fall ist, da W($G \cup S$)=1,
formal: W($G \cap S$)=W(G)+W(S)-W($G \cup S$)= 0,8 + 0,5 - 1 = 0,3.
Es besteht hier auch die Möglichkeit, das Ergebnis direkt aus der Zeichnung abzulesen, soweit diese struktur- und maßstabsgerecht ist.

c.2 Ereignis „S unter der Bedingung G“, formal: W(S/G).

$$W(S/G) = \frac{W(G \cap S)}{W(G)} = \frac{0{,}3}{0{,}8} = \underline{0{,}375}.$$

c.3 Ereignis „G unter der Bedingung S“, formal: W(G/S).

$$W(G/S) = \frac{W(G \cap S)}{W(S)} = \frac{0{,}3}{0{,}5} = \underline{0{,}6.}$$

Interpretation:
W(S/G) ≠ W(S), d.h. die Ereignisse sind voneinander abhängig, wie in der Vorbetrachtung richtig vermutet. Da W(G/S) größer ist als W(S/G), erscheint die gängige Marketingstrategie der Kreditwirtschaft plausibel, Sparkonten an Erstklässler zu verschenken, um so frühzeitig eine ausbaufähige Kundenbeziehung herzustellen.

c.4 Ereignis „S und kein G“, formal: W($S \cap \overline{G}$).
Allgemeiner Additionssatz nur gangbar, wenn W($S \cup \overline{G}$) aus Zeichnung.
W($S \cap \overline{G}$)= W(S) + W($\overline{G}$) - W($S \cup \overline{G}$)= 0,5 + 0,2 - 0,5 = <u>0,2</u>.

c.5 Ereignis „höchstens eine der beiden Kontenarten“
d.h. entweder S oder G → **„exklusiv- oder“**
= W(S) + W(G) – 2 * W($G \cap S$) = 0,5 + 0,8 -2 * 0,3= <u>0,7.</u>

Aufgabe „Studium und Berufseinstieg“
a. Symbolische und grafische Darstellung

Phase	Ereignisarten und Wahrscheinlichkeit	
Studium	S: Studienabschluss; W(S) = 0,7	$\overline{S}$: Studienabbruch; W($\overline{S}$)= 0,3
Berufseinstieg	B/S = gewünschte Berufsposition nach Studienabschluss; W(B/S) = 0,8	B/$\overline{S}$: gewünschte Berufsposition nach Studienabbruch; W (B/$\overline{S}$) = 0,1

Darstellungsform: Ereignisbaum, geeignet zur Visualisierung logisch und zeitlich aufeinander folgender Ereignisse.

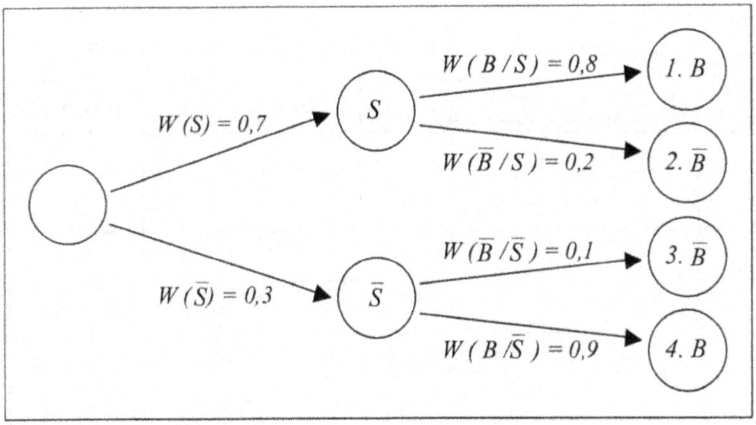

b. Überlegungen zu Disjunktheit und Unabhängigkeit
Disjunkt bezüglich der Ereignisse in einer Phase (z.B. S und $\overline{S}$) → *einfacher Additionssatz.*
Nicht unabhängig, da logische und zeitliche Abhängigkeit → *allgemeiner Multiplikationssatz.*

c. Wahrscheinlichkeit der möglichen Endereignisse
Aus dem Ereignisbaum über den jeweiligen Weg vom Startknoten zum Endereignis. Da alle Teile eines Weges zu absolvieren sind, sind sie durch logisches UND verknüpft. Die Wahrscheinlichkeit des Ereignisses am Ende des Weges erhält man daher durch Multiplikation der Wahrscheinlichkeiten aller nötigen Wegteile.

(1) $W(S \cap B) = W(S) * W(B/S) = 0{,}7*0{,}8 = 0{,}56$

(2) $W(S \cap \overline{B}) = W(S) * W(\overline{B}/S) = 0{,}7*0{,}2 = 0{,}14$

(3) $W(\overline{S} \cap B) = W(\overline{S}) * W(\overline{S}/B) = 0{,}3*0{,}1 = 0{,}03$

(4) $W(\overline{S} \cap \overline{B}) = W(\overline{S}) * W(\overline{S}/\overline{B}) = 0{,}3*0{,}9 = 0{,}27$

c.1 Ereignis „Erreichen der gewünschten Berufseinstiegsposition" (egal ob mit oder ohne Studienabschluss), formal $(1) \cup (3)$.
Da (1) und (3)sich gegenseitig ausschließen (disjunkt sind) mit *einfachem Additionssatz:*
$W(S \cap B) + W(\overline{S} \cap B) = 0{,}56 + 0{,}03 = 0{,}59$.

c.2 Ereignis „Nicht erreichen der gewünschten Berufseinstiegsposition" (egal ob mit oder ohne Studienabschluss), formal: $(2) \cup (4)$.
Da (2) und (4) sich gegenseitig ausschließen (disjunkt sind) mit *einfachem Additionssatz:*
$W(S \cap \overline{B}) + W(\overline{S} \cap \overline{B}) = 0{,}14 + 0{,}27 = 0{,}41$.
Einfacher mit der Komplementärwahrscheinlichkeit zu c.1: 1- 0,59= 0,41.

Kapitel 15 Wichtige diskrete Wahrscheinlichkeitsverteilungen

Aufgabe „Basinfarmer"

a. Zufallsgröße X und deren Werte
X: Anzahl der von B in dem Spiel geschossenen Tore mit x= 0; 1; 2; 3; 4; 5; 6.
Art der Zufallsgröße: diskret, insbesondere ganzzahlig.

b. Wahrscheinlichkeitsverteilung der Zufallsgröße
Diskrete Binomialverteilung, da

- bei jedem Schuss auf das gegnerische Tor nur zwei Ergebnisse möglich (Dualvariable).
- Wahrscheinlichkeit für Tor (Erfolgswahrscheinlichkeit) bekannt: $P = \pi = 0{,}5$.
- konstante Wahrscheinlichkeit (Ereignisse voneinander unabhängig).

Formal X: B(n; π) => B(6; 0,5).

c. Berechnung der Wahrscheinlichkeitsfunktion

Anzahl Tore	Wahrscheinlichk. Formalisierung	1. Term Binomialkoeffizient	2. Term	3. Term	Ergebnis
x	f(x / n; π)	$\binom{n}{x}=\frac{n!}{(n-x)!*x!}$	π^{x}	$(1-\pi)^{(n-x)}$	
0	f(0 /6; 0,5)	$\binom{6}{0}=1$	$0{,}5^0=1$	$0{,}5^{6-0}$ $=0{,}5^{6}$ $=1/64$	1*1*1/64 = 1/64 = 0,015625
1	f(1 /6; 0,5)	$\binom{6}{1}=\frac{6*5*4*3*2*1}{5*4*3*2*1*1}=6$	$0{,}5^1$ $=1/2$	$0{,}5^{6-1}$ $=0{,}5^{5}$ $=1/32$	6* 1/2 *1/32 = 6/64 = 0,09375
2	f(2 /6; 0,5)	$\binom{6}{2}=\frac{6*5*4*3*2*1}{4*3*2*1*2*1}=15$	$0{,}5^2$ $=1/4$	$0{,}5^{6-2}$ $=0{,}5^{4}$ $=1/16$	15 * 1/4 *1/16 = 15/64 = 0,234375
3	f(3 / 6; 0,5)	$\binom{6}{3}=\frac{6*5*4*3*2*1}{3*2*1*3*2*1}=20$	$0{,}5^3$ $=1/8$	$0{,}5^{6-3}$ $=0{,}5^{3}$ $=1/8$	20 * 1/8 *1/8 = 20/64 =0,3125
4	f(4 / 6; 0,5)	$\binom{6}{4}=\frac{6*5*4*3*2*1}{2*1*4*3*2*1}=15$	$0{,}5^4$ $=1/16$	$0{,}5^{6-4}$ $=0{,}5^{2}$ $=1/4$	15 * 1/16 * 1/4 = 15/64 = 0,234375
5	f(5 / 6; 0,5)	$\binom{6}{5}=\frac{6*5*4*3*2*1}{1*5*4*3*2*1}=6$	$0{,}5^5$ $=1/32$	$0{,}5^{6-5}$ $=0{,}5^{1}$ $=1/2$	6 * 1/32 * 1/2 = 6/64 = 0,09375
6	f(6 / 6; 0,5)	$\binom{6}{0}=1$	$0{,}5^6$ $=1/64$	$0{,}5^{6-6}$ $=0{,}5^{0}$ $=1$	= 1 * 1/64 * 1 = 1/64 = 0,015625

d. Grafische Darstellung der Wahrscheinlichkeitsfunktion

Charakteristika

Die Verteilung ist von der Form her eingipflig und symmetrisch. Die Wahrscheinlichkeiten massieren sich zwischen 2 und 4 Toren.

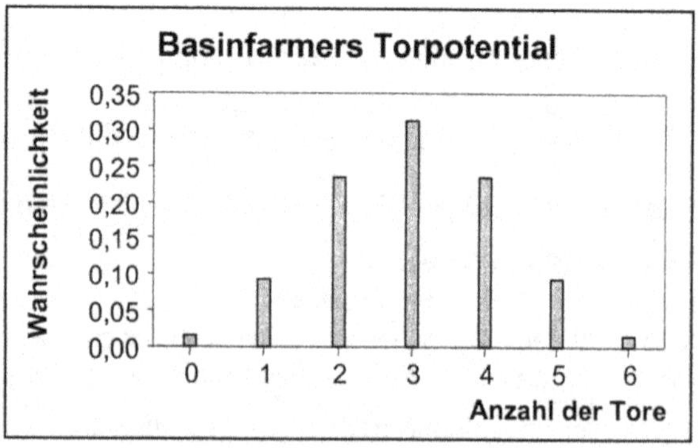

e. Erwartungswert und seine Aussagefähigkeit

Die wichtigsten Kenngrößen jeder Wahrscheinlichkeitsverteilung sind Erwartungswert und Varianz/Standardabweichung.
Für den Erwartungswert einer Binomialverteilung gilt: E(X)= n* π , hier E(X)= 6*0,5= 3,0.
Für die Varianz einer Binomialverteilung gilt: V(X)= n* π *(1- π) , hier V(X)= 3,0*0,5= 1,5.

Da die Varianz als quadratische Streuungsgröße aus Anwendersicht schwer anschaulich zu interpretieren ist, benutzt man in der Praxis lieber die daraus abgeleitete Standardabweichung $S=\sqrt{V(x)}$, hier $\sqrt{1{,}5)} = 1{,}22$.

Interpretation

Der Erwartungswert ist im vorliegenden Fall recht aussagefähig, da

- er ein Wert der Zufallsgröße ist und praktisch auftreten kann.
- seine Wahrscheinlichkeit mit 0,3125 die größte in der Verteilung ist.
- die Standardabweichung mit 1,22 moderat ist.
  Dies wird deutlicher, wenn man sich den durch die Standardabweichung beschriebenen symmetrischen Streuungsbereich um den Erwartungswert - das sogenannte 1-SIGMA-Intervall - in der obigen Grafik zusätzlich visualisiert.
- die Verteilungsform eingipflig und symmetrisch ist und der Erwartungswert als arithmetisches Mittel mit dem wahrscheinlichsten Wert übereinstimmt.

Zusammenfassend kann man den Erwartungswert im vorliegenden Fall als sehr aussagefähig für die Verteilung und ihre Charakteristika ansehen.

f. Wahrscheinlichkeit bestimmter Ereignisse

f1. W(X=0)= 1/64 = 0,015625 = 1,56%.

f2. W(X≤ 1)= W(x=0)+ W(x=1)= 1/64 + 6/64= 7/64= 0,109375 ~ 10,94%.

f3. W(X > 1)= 1- W(X< 1)= 1- 0,109375 = 0,890625 ~ 89,06%.

f4. Da Torschüsse des B immer mit einer Wahrscheinlichkeit von 1/2 zu Toren führen, ist es unerheblich, wie oft er bereits mit welchem Erfolg auf das gegnerische Tor geschossen hat. Die Torwahrscheinlichkeit auch seines 4. Schusses ist wie immer 1/2.

f5. Tor beim 5. Torschuss: T5; w(T5)=1/2; Tor beim 6. Torschuss: T6; W(T6)= 1/2.
W(T5∩T6) bei Unabhängigkeit: W(T5)*W(T6)=1/2 * 1/2= 1/4 = 0,25= 25%.

Aufgabe „Sonderangebot Glühbirnen"

a. Prüfgröße und Wertebereich

Prüfgröße X: Anzahl der defekten Glühbirnen in der Stichprobe. Wertebereich x = 0,..., 40.
Art der Zufallsgröße: diskret und ganzzahlig.

b. Auswahl der Wahrscheinlichkeitsverteilung

Exakt diskrete hypergeometrische Verteilung, da

- dichotome Grundgesamtheit und entsprechend duale Stichprobenvariable,
- Erfolgswahrscheinlichkeit bekannt P= M/N= 1000/10.000=π= 0,1,
- Zufallsvorgänge voneinander abhängig, da Stichprobe OHNE Zurücklegen.

Parameter:

N: Größe der Grundgesamtheit (GG)	hier N= 10.000
M: Anzahl der Elemente in der GG mit der betrachteten Eigenschaft	hier M= 1.000
n: Größe der Stichprobe	hier: n= 40
insgesamt: H (n, M, N)	hier: H (40, 1000, 10.000)

c. Approximation durch andere diskrete Verteilung

Die hypergeometrische Verteilung kann durch die Binomialverteilung angenähert (approximiert) werden, wenn folgende Bedingung erfüllt ist:
n/N< 0,05 hier erfüllt, da 40/10000= 0,004 << 0,05.
Formal: X ~ B(n, π), hier: B(40, 01).
Die Approximation ist insbesondere dann sinnvoll, wenn die Wahrscheinlichkeiten aus statistischen Tabellenwerken ermittelt werden. Dort wird man die im vorliegenden Fall benötigte Ta-

belle wegen der Parameterwerte kaum finden. Im Übrigen ist das Ablesen von Wahrscheinlichkeiten aus Binomialverteilungstabellen einfacher.

d. Kenngrößen und ihre Aussagefähigkeit

Die Kenngrößen einer jeden Wahrscheinlichkeitsverteilung sind Erwartungswert und Varianz/Standardabweichung. Für die Kenngrößen einer binomialverteilten Zufallsgröße gelten folgende Formeln:

Erwartungswert:	$E(X) = n^* \pi$	$E(X) = 40 * 0{,}1 = 4$
Varianz:	$V(X) = n^* \pi *(1-\pi)$	$V(X) = 4 * 0{,}9 = 3{,}6$
Standardabweichung	$S(X) = \sqrt{V(X)}$	$S(X) = 1{,}8974$

Aussagefähigkeit des Erwartungswertes

Der Erwartungswert ist im vorliegenden Fall sehr aussagefähig, da

- er in der Stichprobe praktisch vorkommen kann.
- seine Wahrscheinlichkeit deshalb größer 0 ist.
- die Standardabweichung mit ~1,9 gering ist. Das erkennt man gut, wenn man die Länge des 1-SIGMA-Intervalls ermittelt und mit der Spannweite der Verteilung vergleicht.

e. Wahrscheinlichkeiten bestimmter Ereignisse

Ermittlung durch Ablesen aus der Tabelle der Binomialverteilung B(40, 0,1).

e1. $W(x \leq 4)$: ablesen unter F(4)= 0,6290 ~ 63%.

e2. $W(x > 10)= 1- W(x \leq 10)= 1 - F(10)= 1- 0{,}9985= 0{,}0015= 1{,}5\%$.

e3. $W(5 \leq x \leq 10) = F(10) - F(4)= 0{,}9985 - 0{,}629= 0{,}3695 \sim 37\%$.

f. Wahrscheinlichkeit für Annahme des Sonderangebots, wenn $\pi= 0{,}2$.

Ermittlung durch Ablesen aus der Tabelle der Binomialverteilung B(40, 0,2).

Formal: $W(x \leq 4 / \pi= 0{,}2)$; F(4)= 0,0759 ~ 7,6%.

Kapitel 16 Wichtige stetige Wahrscheinlichkeitsverteilungen

Aufgabe „Großbäckerei"

a. Prüfgröße mit Wertebereich

X: Anzahl der untergewichtigen Brötchen in der Stichprobe, x= 0,..., 100.

Art der Zufallsgröße: diskret und ganzzahlig.

b. Auswahl diskreter Wahrscheinlichkeitsverteilungen

Exakte Verteilung: Hypergeometrische Verteilung, da

- dichotome Grundgesamtheit und entsprechend duale Stichprobenvariablen,
- Erfolgswahrscheinlichkeit bekannt: $P= \pi = 0{,}2$,
- Erfolgswahrscheinlichkeit nicht konstant, da Stichprobe OHNE Zurücklegen.

Formal: X: H (n, M, N), hier: X: H (100, ?, ?).

Approximative Verteilung: Binomialverteilung, wenn folgende Bedingung erfüllt ist:

$n/N < 0{,}05 = 5\%$ hier erfüllt, da bei Großbäckerei N riesig.

Formal: $X\sim B(n, \pi)$, hier: B (100, 0,2).

Die Approximation ist in diesem Falle nicht nur gut möglich, sondern auch **nötig,** da 2 von 3 Parametern der exakten Verteilung unbekannt sind. Die exakte Verteilung ist also nicht vollständig spezifiziert, so dass man mit ihr gar keine Wahrscheinlichkeiten ermitteln kann.

c. Kenngrößen der approximativen diskreten Binomialverteilung

$E(x)= n^* \pi$, hier: $E(x)= 100*0{,}2= 20$.

$V(x)= n^* \pi *(1-\pi)$; hier: $V(x)= 20 * 0{,}8 = 16$ und $S=\sqrt{V(x)} = 4{,}0$.

Interpretation

Der Erwartungswert besitzt im vorliegenden Fall große Aussagekraft, da

- er ein Wert der Zufallsgröße ist, d.h. in der Praxis tatsächlich auftreten kann,
- seine Wahrscheinlichkeit deshalb > 0 ist ,
- die Standardabweichung mit 4,0 ziemlich klein ist. Das erkennt man gut, wenn man die Länge des 1-SIGMA-Intervalls ermittelt und mit der Spannweite der Verteilung vergleicht.

d. Aproximation durch stetige Verteilung

Die Approximation der diskreten Binomialverteilung durch die stetige Normalverteilung ist möglich, wenn folgende Approximationsbedingung erfüllt ist:

$n*\pi*(1-- \pi) \geq 9$ hier erfüllt, da V(x)= 16.

Sie ist sinnvoll, wenn für die diskrete Verteilung keine ausreichenden Unterlagen (z.B. Tabellenwerke) oder Werkzeuge (z.B. Software) verfügbar sind oder deren Nutzung kompliziert und zeitaufwendig ist.

Die Parameter der Normalverteilung stimmen mit ihren Kenngrößen Erwartungswert und Varianz überein, die aus der diskreten Verteilung direkt zu übernehmen sind. Danach gilt:

$X \sim N\,[E(x); S(x)]$; hier $X \sim N\,[20, 4]$.

Dass die Approximation im vorliegenden Fall gut möglich ist, sieht man, wenn man die Wahrscheinlichkeitsfunktion der diskreten Binomialverteilung B(100, 0,2) grafisch darstellt, so wie in der folgenden Abbildung geschehen. Sie weist in sehr guter Näherung die für die Dichtefunktion einer Normalverteilung charakteristische Gaußsche Glockenform auf.

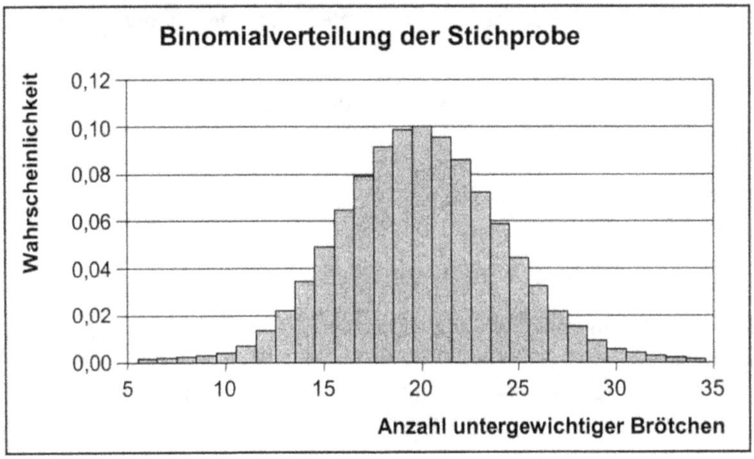

e. Erwartungswert der Normalverteilung und seine Aussagefähigkeit

Der Erwartungswert ist auch bei Verwendung der Normalverteilung unverändert 20. Dies ist ein Wert, der in der Stichprobe tatsächlich auftreten kann. Seine Aussagefähigkeit ist jedoch insofern verändert, als die Anzahl der untergewichtigen Brötchen jetzt als **kontinuierliche** Zufallsgröße betrachtet wird, die beliebig viele Werte annehmen kann. Das wirkt sich vor allem bei der Bewertung des Erwartungswertes durch seine Wahrscheinlichkeit aus. Denn die Wahrscheinlichkeit dafür, dass eine stetige Zufallsgröße einen beliebigen aber ganz bestimmten Wert annimmt - hier x=20 -, ist mathematisch genau betrachtet immer 0. Ein Erwartungswert, der praktisch vorkommen kann, aber die **Punktwahrscheinlichkeit von 0 hat**, ist für die Praxis wenig hilfreich. Ergänzend kann man aufgrund der Eigenschaften der Normalverteilung über den Erwartungswert und seine Wahrscheinlichkeit auch immer Folgendes sagen: Die Wahrscheinlichkeit dafür, dass die Zufallsgröße Werte bis bzw. ab dem Erwartungswert annimmt, beträgt 0,5 bzw. 50%.

Die übrigen Aspekte zur Beurteilung der Aussagefähigkeit des Erwartungswertes - Streuung und Verteilungsform - sind im vorliegenden Fall positiv: Die Streuung ist recht klein (s. o.) und die Verteilungsform (Glockenkurve) symmetrisch. Von daher überwiegen bei der zusammenfassenden Beurteilung insgesamt die positiven Aspekte und der Erwartungswert kann insgesamt als recht aussagefähig angesehen werden.

f. Wahrscheinlichkeiten bestimmter Ereignisse
Bei der Approximation einer diskreten Verteilung durch eine stetige Verteilung ist die **Stetigkeitskorrektur** zu beachten. Im vorliegenden Fall ist die diskrete Zufallsgröße **ganzzahlig** und eine beliebige ganzzahlige Zahl x_i hat als kontinuierliche Zufallsgröße ein Intervall mit folgenden Intervallgrenzen:

$x_u = x_i - 0{,}5$ und $x_o = x_i + 0{,}5$

Bei der approximativen Berechnung der Wahrscheinlichkeit für **Intervalle einer ganzzahligen Variablen** ist diese Korrektur auf die Intervallgrenzen anzuwenden, wodurch diese sich entsprechend verlagern, so dass gilt:

diskrete Ausgangsverteilung	stetige Approximationsverteilung
$W(x_i \leq X \leq x_j)$	$W(x_i - 0{,}5 \leq X \leq x_j + 0{,}5)$

f1. $W(x \leq 10)$, unter Berücksichtigung der Stetigkeitskorrektur : $W(x \leq 10 + 0{,}5 = 10{,}5)$.
Konventionelle Beantwortung durch Standardisierung und Ablesen aus der Standard-Normalverteilungstabelle.

$$Z = \frac{X-\mu}{\sigma} = \frac{10{,}5-20}{4} = \frac{-9{,}5}{4} = -2{,}375 \quad \text{und } F(-2{,}375) = 0{,}00888 \sim \underline{0{,}88\%}.$$

f2. $W(10 < x \leq 30)$, da ganzzahlig $W(11 \leq x \leq 30)$.
Unter Berücksichtigung der Stetigkeitskorrektur: $W(10{,}5 \leq x \leq 30{,}5) = F(30{,}5) - F(10{,}5)$.
F(30,5) nach Standardisierung:

$$Z = \frac{X-\mu}{\sigma} = \frac{30{,}5-20}{4} = \frac{10{,}5}{4} = 2{,}625 \quad \text{und } F(2{,}6250) = 0{,}99565 = 99{,}565\ \%$$

F(30,5) - F(10,5) nach Standardisierung: 0,99565 - 0,00888= 0,98685 ~ <u>98,7%</u>

f3. $W(x > 30)$, da ganzzahlig $W(x \geq 31)$.
Unter Berücksichtigung der Stetigkeitskorrektur: $W(x \geq 30{,}5) = 1 - W(x \leq 30{,}5) = 1 - F(30{,}5)$.
Nach Standardisierung (s.o.): 1 - 0,99565= 0,00435= <u>0,435%.</u>

Aufgabe „Kabinenbahn"
a. Zufallsgröße X „Anzahl der pro Fahrt beförderten Personen"
a1. Wahrscheinlichkeitsverteilung von X

Besetzungszahl	Wahrscheinlichkeit
x	W(x)
0	0,0
1	0,1
2	0,2
3	0,3
4	0,4
Summe	1,0

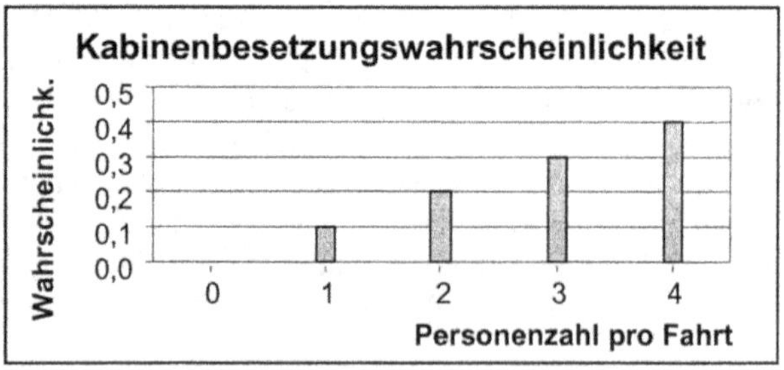

Grobcharakteristika: eingipflig und linksschief

a2. Kenngrößen und Aussagefähigkeit des Erwartungswertes

Besetzungs-zahl	Wahrschein-lichkeit	Erwartungs -wert E(X)	Abwei-chung	Abweichungs-quadrat	Varianz
x	W(x)= f(x)	x * f(x)	x - E(X)	[x - E(X)]²	[x - E(X)]² * f(x)
0	0	0,0	-3	9	0,0
1	0,1	0,1	-2	4	0,4
2	0,2	0,4	-1	1	0,2
3	0.3	0,9	0	0	0,0
4	0,4	1,6	+1	1	0,4
Summe	**1,0**	**3,0**			**1,0**

Der Erwartungswert von durchschnittlich 3 Personen pro Fahrt ist insofern aussagefähig, da er eine Realisation der Zufallsgröße ist - d.h. tatsächlich auftreten kann - und seine Wahrscheinlichkeit sogar mit 0,3 >> 0 ist. Andererseits ist die Streuung der Verteilung - gemessen durch die Standardabweichung - mit einem 1 SIGMA-Intervall von 2 sehr groß verglichen mit dem gesamten Wertebereich der Zufallsgröße (Spannweite) von 4. Zudem ist die Verteilung stark linksschief. Die letztgenannten Punkte beeinträchtigen die Aussagefähigkeit des Erwartungswertes im vorliegenden Fall recht erheblich.

b. Zufallsgröße Y "Anzahl der pro Tag beförderten Personen" / Wahrscheinlichkeitsverteilung Y ist aus X ableitbar (eine Funktion von X): Y=121*X.

Analog ermittelt man die Kenngrößen Erwartungswert und Varianz:

E(Y)= 121* E(X)= 121*3= <u>363</u>

V(Y)= 121* V(X)= 121*1= <u>121</u> und S(y)=√121 = <u>11</u>.

Vom Typ her ist Y näherungsweise (approximativ) **normalverteilt**, da die Anwendungsvoraussetzungen des Zentralen Grenzwertsatzes (ZGS) der Statistik erfüllt sind, die da lauten:

- X_i identisch verteilt (Besetzung der Kabinenbahn im Durchschnitt immer dieselbe)
- X_i unabhängig (Besetzungszahlen bei verschiedenen Fahrten)
- Y (Wert für den ganzen Tag) = Summe Xi (Wert für eine einzelne Fahrt)

=>ZGS: Y ist approximativ normalverteilt mit N [E(Y); S(Y)], hier: Y~ N (363; 11).

c. Grafische Darstellung der Wahrscheinlichkeitsverteilung von Y

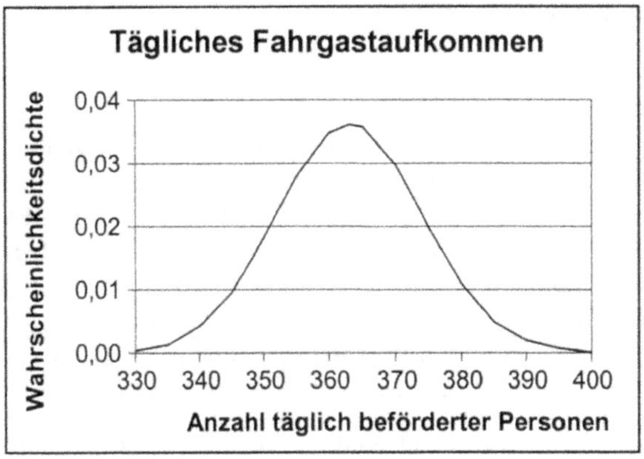

Aussagefähigkeit des Erwartungswertes (Grobbeurteilung)

Aspekt	Beur-teilung
Realisation der Zufallsgröße	++
Wahrscheinlichkeit	--
Streuung (1 SIGMA-Intervall)	+
Verteilungsform	++

Zusammenfassend ist der Erwartungswert recht aussagefähig, da 3 der 4 Beurteilungskriterien gut bis sehr gut erfüllt sind.

d. Wahrscheinlichkeit bestimmter Ereignisse

Y ist eine diskrete, ganzzahlige Zufallsgröße, deren Wahrscheinlichkeitsverteilung näherungsweise mit der stetigen Normalverteilung modelliert wird. Bei der Ermittlung von Wahrscheinlichkeiten für bestimmte Werte/Wertebereiche von Y ist deshalb die **Stetigkeitskorrektur** zu berücksichtigen. Die konventionelle Ermittlung von Wahrscheinlichkeiten einer normalverteilten Zufallsgröße geht über die Standardisierung und das Ablesen der Wahrscheinlichkeiten aus der Standard-Normalverteilungstabelle.

d1. W(Y $\leq$ 340), unter Berücksichtigung der Stetigkeitskorrektur W(Y $\leq$ 340,5).
Standardisierung:

$$Z = \frac{Y - E(Y)}{S} = \frac{340{,}5 - 363}{11} = \frac{-22{,}5}{11} = -2{,}045 \text{ und } F(-2{,}045) = 0{,}02045 \sim 2\%.$$

d2. W(y > 374), da ganzzahlig W(y $\geq$ 375).
Unter Berücksichtigung der Stetigkeitskorrektur: W(y $\geq$ 374,5).
Wegen Symmetrie der Normalverteilung = 1- W(y $\leq$ 374,5).
Standardisierung:

$$Z = \frac{Y - E(Y)}{S} = \frac{374{,}5 - 363}{11} = \frac{11{,}5}{11} = 1{,}045 \text{ und } F(1{,}045) = 0{,}85195.$$

Gesuchte Wahrscheinlichkeit: 1 -F(1,045)= 1- 0,85195 = 0,14805 ~ 14,8%.

e. Wertebereiche (Intervalle) mit bestimmter Wahrscheinlichkeit

e1. W(Y $\leq y_0$)= 0,95; unbekanntes y_0 entspricht in N(0, 1) z_0= 1,645.

$$z_o = \frac{y_o - E(Y)}{S} \Rightarrow y_o = E(Y) + z_o * S \qquad y_o = 363 + 1{,}645 * 11 = 381{,}095 \sim 381$$

Mit 95%-iger Sicherheit muss man mit höchstens 381 zu befördernden Personen rechnen.

e2. W[E(Y)- c*S $\leq$ y $\leq$ E(Y)+ c*S]=0,5.
Unbekanntes c entspricht in N(0, 1) dem Z-Wert unter D(Z)= 0,5: c= 0,675.
Aus der Standardisierungsformel erhält man als Intervallgrenzen:

y_u= E(Y)- c*S= 363 - 0,675 * 11= 355,575 ~ 356.
y_o= E(Y)+c*S= 363+ 0,675 * 11= 370,425 ~ 370.

Mit 95%-iger Sicherheit wird das durchschnittliche tägliche Fahrgastaufkommen zwischen 356 und 370 Personen liegen.

Schließende Statistik

Kapitel 18 Schätzen bei univariaten Verteilungen

Aufgabe „Schlauchdurchmesser"

a. Schätzmethode, Schätzer, Güte, Punktschätzung und ihre Wahrscheinlichkeit

Als einfachste Methode der Parameterschätzung verwendet man die Momentmethode. Danach wird der zu schätzende Parameter der Grundgesamtheit durch die entsprechende Kenngröße in der Stichprobe abgeschätzt. Hier wird der mittlere Durchmesser der laufend produzierten Schläuche (Parameter der Grundgesamtheit μ) abgeschätzt durch den durchschnittlichen Durchmesser in der Stichprobe $\overline{X}$, formal: $\hat{\mu} = \overline{X}$.

Der Schätzer ist erwartungstreu, da E($\overline{X}$)= μ und effizient, da die Varianz von $\overline{X}$ durch Vergrößerung des Stichprobenumfangs n verkleinert werden kann. Er ist zudem konsistent, da bei n ➔ ∞der Abstand zwischen μ und $\bar{x}$ beliebig klein gemacht werden kann.

Die mit dem Schätzer aus dem Stichprobenbefund im vorliegenden Fall ermittelbare Punktschätzung ist $\hat{\mu} = \bar{x} = 41(cm)$. Da der Durchschnittswert im vorliegenden Fall eine kontinuierliche Größe ist, die in Abhängigkeit des Messverfahrens und der geforderten Genauigkeit beliebig viele Werte in einem Wertebereich annehmen kann, hat die Punktschätzung mathematisch exakt betrachtet die Wahrscheinlichkeit von NULL.

b. Wahrscheinlichkeitsverteilung des Schätzers

Das Stichprobenmittel ist für n≥30 approximativ normalverteilt (Zentraler Grenzwertsatz ZGS), formal: $\bar{X} \sim N\,[E(\bar{X}); \sigma_{\bar{X}}]$.

Parameterwerte: $E(\bar{X}) = \mu = 40$ (cm); $V(\bar{X}) = \sigma^2_{\bar{X}} = \sigma_X^2 / n$ und $\sigma_{\bar{X}} = \sigma_X / \sqrt{n}$.

Die Varianz/Standardabweichung der Grundgesamtheit ist im vorliegenden Fall unbekannt. Sie kann nach der Momentmethode abgeschätzt werden durch die Varianz /Standardabweichung in der Stichprobe, d. h formal: $\hat{\sigma}^2 = S^2 = 9$ (cm²) und $\hat{\sigma} = S = 3$ (cm).

Somit erhält man: $V(\bar{X}) = 9/64 = 0{,}1406$ (cm²) und $\sigma_{\bar{X}} = 3/8 = 0{,}375$ (cm).

Das Stichprobenmittel ist - trotz der Schätzung eines Verteilungsparameters - bei normal oder annähernd normal verteilter Grundgesamtheit für n≥ 30 approximativ normal verteilt, d.h. formal: $\bar{X} \sim N\,(40; 0{,}375)$.

c. Grafische Darstellung der Wahrscheinlichkeitsverteilung des Schätzers

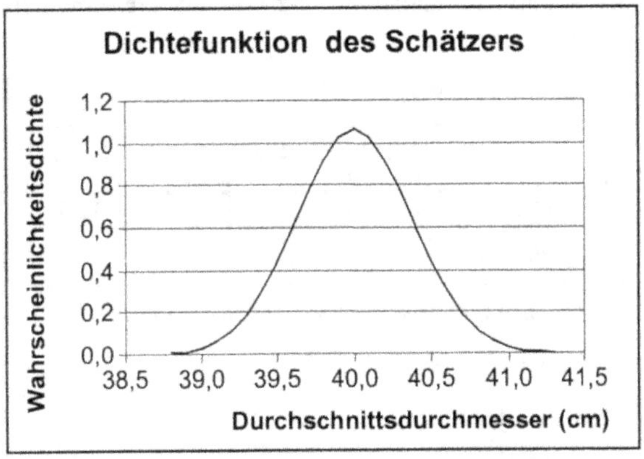

d. Vertrauensbereich (Konfidenzintervall) für μ mit einem Vertrauensniveau von 95%.

Vertrauens- bzw. Konfidenzniveau $\gamma = 0{,}95$ entspricht in der Standard-Normalverteilung einem Z-Wert von z=1,96. Der Vertrauensbereich für den Mittelwert ist formal:

allgemein:	vorliegender Fall
$\bar{x} - z * \sigma_{\bar{x}} \le \mu \le \bar{x} + z * \sigma_{\bar{x}}$	$41 - 1{,}96*0{,}375 \le \mu \le 41 + 1{,}96*0{,}375$
	$40{,}265 \le \mu \le 41{,}735$

Mit einem Vertrauensniveau von 94,5% liegt der mittlere Durchmesser der Fahrradschläuche zwischen 40,3 und 41,7 (cm). Dies ist **keine** Wahrscheinlichkeitsaussage. Man kann sie anwendungsorientiert wie folgt interpretieren: Wenn man 100 Zufallsstichproben (gleicher Art und gleichen Umfangs) aus der laufenden Produktion ziehen würde, so würden von den mit Hilfe der jeweiligen Stichprobendurchschnittswerte konstruierten 100 Vertrauensbereichen ~95 den unbekannten Mittelwert überdecken. Ob das hier ermittelte Konfidenzintervall eines dieser 95 ist, weiß man nicht.

e. Nötiger Stichprobenumfang für höchstens 1 cm langen Vertrauensbereich

Nach der Formel für das Konfidenzintervall gilt für seine Länge L:

$L = 2 * z * \sigma_{\bar{X}}$ mit $\sigma_{\bar{X}} = \sigma_X / \sqrt{n}$

Durch Auflösung der Gleichung nach dem Stichprobenumfang n erhält man:

allgemein:	vorliegender Fall
$n \ge \left[\frac{2 * z * \sigma}{L}\right]^2$	$n \ge \left[\frac{2 * 1{,}96 * 3}{1}\right]^2 = 11{,}76^2 = 138{,}2976 \sim \underline{138}$

Der nötige Stichprobenumfang muss mindestens 138 Schläuche betragen.

Aufgabe „Statistik-Klausuren"

a. Schätzer, Punktschätzung und Schätzmethode

a1. Ungeschichtete Stichprobe

Schätzer: $\hat{\pi} = P$

Schätzwert: $\hat{\pi} = p = \frac{\text{Anzahl der Befürwortungen in der Stichprobe}}{\text{Stichprobenumfang}} = \frac{220}{400} = 0{,}55$

Schätzmethode: Momentmethode.

a2. Geschichtete Stichprobe

Schichtungskriterium ist hier der Studiengang und es gibt drei Schichten j=1, 2, 3.
Quoten a_j sind die Anteile der Schichten j in der Grundgesamtheit mit $a_j = N_j/N$.
Bei geschichteter Stichprobe gibt es eine Teilstichprobe aus jeder Schicht.
Bei proportionaler Schichtung entspricht der Anteil der Teilstichprobe j an der Gesamtstichprobe der Quote a_j.

In jeder Teilstichprobe wird der obige Schätzer analog verwendet, d.h. $\hat{\pi}_j = P_j$.

	Schichten j		
	BWL	Wi-Ing.	VWL
Anteil der Schicht j in der Grundgesamtheit: a_j	400/800 = 0,5	200/800 = 0,25	200/800 = 0,25
Anteil der Befürworter der Abschaffung der Statistik-Klausuren in der Teilstichprobe j: P_j	160/200 = 0,8	50/100 = 0,5	10/100 = 0,1

Die Schätzungen aus den Teilstichproben werden zur Gesamtschätzung zusammengeführt:

$\hat{\pi}_{gesch.} = p_{gesch} = a_1 * p_1 + a_2 * p_2 + a_3 * p_3 = 0{,}5*0{,}8 + 0{,}25*0{,}5 + 0{,}25*0{,}1 = 0{,}55.$

b. Diskrete Wahrscheinlichkeitsverteilungen der Schätzer

b1. Schätzer ungeschichtet

Exakt hypergeometrisch, da bei jeder Stichprobenvariablen nur zwei mögliche Werte (Dualvariable) und Stichprobe ohne Zurücklegen.
Zufallsgröße X "Anzahl der Befürworter der Abschaffung der Statistik-Klausuren in der Stichprobe" ist formal exakt wie folgt verteilt: H (400, 440; 800).
Approximativ binomialverteilt, wenn folgende Approximationsbedingung erfüllt ist:
n/N < 0,05 mit 400/800= 0,5 nicht erfüllt!
Schätzer nur mit schlechter Näherung B (400; 055) verteilt.

b2. Schätzer geschichtet

Aussagen analog zum ungeschichteten Schätzer.

c. Varianzen der Schätzer

c1. Ungeschichtete Stichprobe

Schätzwert für die Varianz von $\hat{\pi}$, formal $\hat{V}_{(\hat{\pi})} = \frac{\hat{\pi}*(1-\hat{\pi})}{n} = \frac{0{,}55*0{,}45}{400} = 0{,}00062$

c2. Geschichtete Stichprobe

Schätzwert für Varianz von $\hat{\pi}_{gesch.}$, formal:

$$\hat{V}_{(\hat{\pi}_{gesch})} = a_1^2 * \hat{V}_{(\hat{\pi}_1)} + a_2^2 * \hat{V}_{(\hat{\pi}_2)} + a_3^2 * \hat{V}_{(\hat{\pi}_3)}$$

$$= \left(\frac{1}{2}\right)^2 * \frac{0{,}8*0{,}2}{200} + \left(\frac{1}{4}\right)^2 * \frac{0{,}5*0{,}5}{100} + \left(\frac{1}{4}\right)^2 * \frac{0{,}1*0{,}9}{100} = 0{,}0004125$$

d. Gütebeurteilung der Schätzer
Standardgütekriterien für Schätzer sind Erwartungstreue und Wirksamkeit (Effizienz). Beide Schätzer sind erwartungstreu, da ganz allgemein E(P)= π gilt. Sie liefern im vorliegenden Fall denselben Schätzwert und somit gibt es diesbezüglich keinen Güteunterschied. Die Wirksamkeit wird operationalisiert über die Streuung, typischerweise gemessen durch die Varianz. Der Schätzer der geschichteten Stichprobe hat mit 0,000412 eine kleinere Varianz als der der ungeschichteten Stichprobe mit 0,00062). Durch die Schichtung konnte die Varianz um 0,00021, d.h. um ca. 34 % verringert werden. Dies ist eine erhebliche Qualitätsverbesserung, die man als Schichtungseffekt bezeichnet.

e. Approximative Bereichsschätzungen (Konfidenzintervalle)
Zur einfacheren Ermittlung von Konfidenzintervallen ist es hilfreich, die Binomialverteilung durch die Normalverteilung zu approximieren. Dies ist möglich, wenn folgende Approximationsbedingung erfüllt ist: $V \geq 9$ (bezogen auf X= Anzahl und nicht auf P =Anteil).

e1. Ungeschichtete Stichprobe
Approximationsbedingung V= p*q*n =0,55 * 0,45 * 400 = 99 >>>9 erfüllt.
$P \sim N[E(P); \sigma_P]$und die standardisierte Zufallsgröße sind approximativ standardnormalverteilt.
Konfidenzniveau: 95,45 % , d.h. z = 2

$$\text{Konfidenzintervall: } p - z\cdot\sigma \leq \pi \leq p + z\cdot\sigma \quad mit\ \sigma = \sqrt{V}$$

$$0{,}55 - 2\cdot\sqrt{0{,}00062} \leq \pi \leq 0{,}55 + 2\cdot\sqrt{0{,}00062}$$

$$0{,}5 \leq \pi \leq 0{,}6 \qquad L = 0{,}1$$

e2. Geschichtete Stichprobe
Approximationsbedingung: V_{BWL}=0,8*0,2*200=32>>9;$V_{WI\text{-}Ing}$=0,5*0,5*100=25>>9;
V_{VWL}=0,1*0,9*100= 9 überwiegend erfüllt.

Konfidenzintervall:

$$0{,}55 - 2\cdot\sqrt{0{,}000412} \leq \pi \leq 0{,}55 + 2\cdot\sqrt{0{,}000412}$$

$$0{,}51 \leq \pi \leq 0{,}59 \qquad L = 0{,}08$$

e3. Verbesserung der Intervallschätzung: Δ L = 0,02 bzw. 20 % durch Schichtung.

Aufgabe „Bedarfsvorhersagebereiche in der Vorratswirtschaft"
a. Punktprognose für Juli $P_7 = P_6 + \alpha^* e_6$ = 14,34 + 0,1* - 0,24= 14,316 (kg.)

b. Prognoseintervalle (Wahrscheinlichkeitsintervalle)
Sicherheitsniveau und korrespondierende Z-Werte in N(0,1)

Sicherheitsniveau γ	0,8	0,9	0,95
Z-Wert z_k	1,282	1,645	1,96

Zentrale Prognoseintervalle allgemein: $P_{t+1} \pm z_k * S_e$, hier: 14,316 ± z_k * 0,80535

Sicherheitsniveau γ	**Untergrenze**	**Obergrenze**
0,8	13,283	15,348
0,9	12,991	15,640
0,95	12,738	15,894

c. Je höher (geringer) die gewünschte Sicherheit, desto größer (kleiner) das Prognoseintervall.

d. Annahmen der Intervallrechnung
Die Punktprognose wird als Erwartungswert der unsicheren Prognosegröße angesehen.
Der Prognosefehler hat einen Erwartungswert von NULL, konstante Streuung, keine Autokorrelation und ist normalverteilt. Die Annahmen werden in der Praxis durch fortlaufende Registrierung und Analyse der Prognosefehler überprüft (siehe grafische Fehleranalyse in 20.6).

Kapitel 19 Testen bei univariaten Verteilungen

Aufgabe „Qualitätskontrolle von elektrischen Bauelementen"

a. Hypothesenformulierung und -begründung

H_0: $\pi \leq 0{,}1$ mit π= Anteil der funktionsuntüchtigen Bauelemente in der Grundgesamtheit. Begründung: Nur durch das Stichprobenergebnis widerlegte Hypothesen liefern für die Grundgesamtheit gültige Aussagen mit statistischer Signifikanz. Da der Hersteller befürchtet, dass der neue Billiglieferant die Qualitätsnorm nicht einhält - d.h. π tatsächlich > 0,1 ist -, muss er das Gegenteil testen und der Test sollte zur Ablehnung führen. Nur dann ist die Befürchtung des Herstellers durch das Testverfahren mit statistischer Signifikanz erwiesen.

b. Bestimmung der Prüfgröße und ihrer Wahrscheinlichkeitsverteilung

Prüfgröße X: „Anzahl der funktionsuntüchtigen elektrischen Bauelemente in der Stichprobe".
Art der Zufallsgröße: diskret und ganzzahlig; Wertebereich von X: x = {0, 1,...,39, 40}.

Exakt hypergeometrische Verteilung, da bei jedem Stichprobenelement

- nur 2 Realisationsmöglichkeiten (Dualvariable),
- Erfolgswahrscheinlichkeit bei Gültigkeit von H_0 bekannt (P= π= 0,1),
- Erfolgswahrscheinlichkeit nicht konstant, da Stichprobe OHNE Zurücklegen.

Formal X: H (n, M, N) hier: H (40, 100, 1000).

Approximative Wahrscheinlichkeitsverteilungen

Approximation durch diskrete und durch stetige Wahrscheinlichkeitsverteilung prinzipiell möglich, diskrete Verteilung besser wegen Interpretationsfähigkeit.
Binomialverteilung, wenn folgende Bedingung erfüllt ist: n/N=40/1000=0,04 <0,05 erfüllt.
Formal: X ~ B(n, π) mit π =M/N; hier B(40, 01).

c. Ermittlung des Annahme- und Ablehnbereichs und der exakten Irrtumswahrscheinlichkeit

Vorgegebene Sicherheitswahrscheinlichkeit 0,9; Irrtumswahrscheinlichkeit α_0= 0,1.

Prüfgröße X	Wahrscheinlichkeit f(x)	Verteilungsfunktion F(x)	Kum. Wahrscheinlichk. W (x≥ x)
0	0,01478	0,01478	1,00000
1	0,06569	0,08047	0,98522
2	0,14233	0,22281	0,91952
3	0,20032	0,42313	0,77719
4	0,20589	0,62902	0,57687
5	0,16471	0,79373	0,37098
6	0,10676	0,90048	0,20627
7	0,05761	0,95810	0,09951
8	0,02641	0,98450	0,04190
9	0,01043	0,99494	0,01549
10	0,00359	0,99853	0,00506
11	0,00109	0,99962	0,00147
12	0,00029	0,99991	0,00038

Ermittlung des Ablehnbereichs mit Hilfe von α_0.(obere Schranke für den Ablehnfehler).
Ablehnbereich wegen Nullhypothese H_0: $\pi \leq 0{,}1$ bei großen Werten der Prüfgröße.
Vom größtmöglichen Wert der Prüfgröße ausgehend sind die Wahrscheinlichkeiten so lange zu den kleineren Werten hin systematisch aufzusummieren, bis ihre Summe α_0 gerade noch einhält (letzte Tabellenspalte). Aus der Tabelle liest man ab:
Ablehnbereich: x={7,..., 40}, Annahmebereich: x= {0,…, 6}exakte Irrtumswahrscheinlichkeit α = 0,09951, d.h. 9,951%.

e. Stichprobenergebnis, Testempfehlung bzw. -entscheidung und möglicher Fehler

Die Stichprobe erbringt 36 funktionstüchtige Bauelemente. Bei einer Stichprobe von 40 Stück sind somit 4 Bauelemente funktionsuntüchtig, formal x=4. Der Stichprobenbefund x=4 liegt im Annahmebereich. Die Empfehlung des Testverfahrens lautet daher, H_0 anzunehmen. Folgt der Verantwortliche der Testempfehlung, kann er den „Annahmefehler“ oder Fehler 2. Art β machen. Er besteht darin, etwas Falsches anzunehmen - hier H_0 anzunehmen -, wenn die Gegenhypothese richtig ist (was der Tester aber nicht weiß).

f. Berechnung der Größe des Fehlers 2. Art

Die Wahrscheinlichkeit für den Fehler 2. Art ermittelt man, indem man die Wahrscheinlichkeiten im Annahmebereich aufsummiert, wobei man die Prüfverteilung mit einem Parameterwert aus dem Bereich der Gegenhypothese benutzt. Die Gegenhypothese H_1 lautet im vorliegenden Fall: $\pi > 0{,}1$. Für einige Werte in diesem Wertebereich - insbesondere für solche, die in der Nähe von H_0 liegen - ist die Ermittlung von ß nachfolgend dargestellt.

Prüfgröße X	**Verteilungsf. F(x/ π=0,11)**	**Verteilungsf. F(x/ π=0,15)**	**Verteilungsf. F(x/ π=0,20)**	**Verteilungsf. F(x/ π=0,25)**	**Verteilungsf. F(x/ π=0,30)**
0	0,009453666	0,00150230	0,00013292	0,000010056	0,000000636
1	0,056190893	0,01210678	0,00146215	0,000144144	0,000011551
2	0,168832860	0,04859867	0,00794214	0,001015715	0,000102765
3	0,345178710	0,13016876	0,02846209	0,004695680	0,000597928
4	0,546787591	0,26331995	0,07591450	0,016042240	0,002560896
5	0,726196841	0,43250028	0,16132882	0,043273983	0,008618053
6	**0,855546207**	**0,60665650**	**0,28589137**	**0,096224593**	**0,023760946**
g(π)=1-Beta	**0,144453793**	**0,3933436**	**0,71410863**	**0,903775407**	**0,976239054**

e. Gütefunktion

π	g(π)
0,00	0,00000
0,10	0,10000
0,11	0,14446
0,15	0,39334
0,20	0,71411
0,25	0,90377
0,30	0,97624

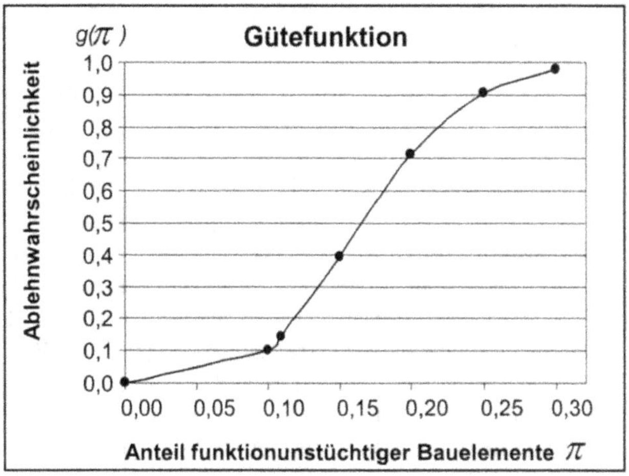

Interpretation

Die grafische Darstellung der Gütefunktion gibt sehr anschaulich Auskunft über die Güte eines Testverfahrens. Je steiler sie in unmittelbarer Nähe von H_0 im Bereich der Gegenhypothese nach oben geht, umso besser das Testverfahren. Denn dann wird eine Hypothese, die nur geringfügig von H_0 abweicht, trotzdem bereits mit hoher Wahrscheinlichkeit abgelehnt. Dies bezeichnet man als Trennschärfe. Das vorliegende Testverfahren ist nicht trennscharf, da es eine falsche Hypothese erst dann mit sehr hoher Wahrscheinlichkeit - $g(\pi) \geq 0{,}9$ - als solche erkennt und anlehnt, wenn sie um den Faktor 2,5 bzw. 250% von H_0 abweicht ($\pi = 0{,}25$).

Aufgabe „Aktienkurs"

a. Hypothesenformulierung und -begründung

H_o: $\mu \geq 325$,-- €; H_1: $\mu < 325$,-- €.

Begründung: Nur durch das Stichprobenergebnis widerlegte Hypothesen liefern für die Grundgesamtheit gültige Aussagen mit statistischer Signifikanz. Da A vermutet, dass der Aktienkurs niedriger als behauptet ist, muss er das Gegenteil als zu testende Hypothese formulieren. Führt der Test zur Ablehnung dieser Hypothese, ist das Gegenteil - d.h. seine Vermutung des niedrigeren Aktienkurses - mit statistischer Signifikanz erwiesen, worum es ihm ja geht.

b. Bestimmung der Prüfgröße und ihrer Wahrscheinlichkeitsverteilung

Sinnvolle Prüfgröße ist der durchschnittliche Aktienkurs $\overline{X}$. An der Börse werden Durchschnittskurse mit bis zu 5 Stellen hinter dem Komma genau ermittelt und ausgewiesen. Von daher ist die Modellierung als quasi-stetige Zufallsgröße praxisgerecht.

Wahrscheinlichkeitsverteilung

Approximativ normalverteilt wegen des Zentralen Grenzwertsatzes (ZGS), obwohl dessen Bedingung $n \geq 30$ hier nicht erfüllt ist, da die Grundgesamtheit näherungsweise normalverteilt ist, formal: $\overline{X} \sim \mathbf{N}\ [E(\overline{X}); \sigma_{\overline{X}}]$.

Parameterwerte: $E(\overline{X}) = \mu = 325$,-- €; $V(\overline{X}) = \sigma^2_{\overline{X}} = \sigma^2 / n = 225/9 + 25$,-- € und $\sigma_{\overline{X}} = 5$,-- €.

Approximative Prüfverteilung: $\overline{X} \sim N\ (325, 5)$.

c. Grafische Darstellung der Prüfverteilung

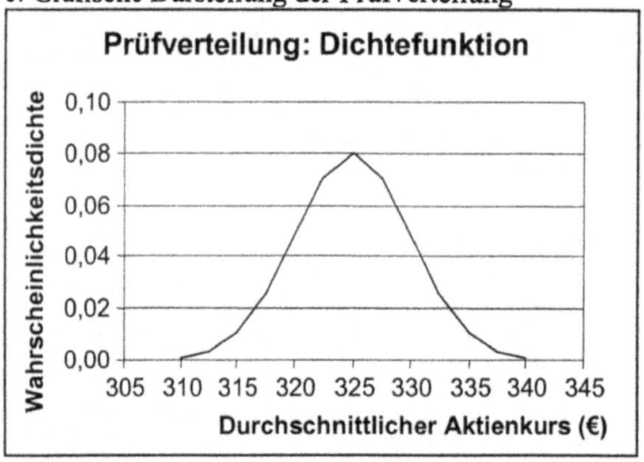

d. Ermittlung des Annahme- und Ablehnbereichs

Vorgegebene obere Schranke für die Irrtumswahrscheinlichkeit $\alpha_0 = 0{,}05$.

Ablehnbereich wegen Nullhypothese H_o: $\mu \geq 325$,-- € bei kleinen Werten der Prüfgröße.

Vom kleinstmöglichen Wert der Prüfgröße - d.h. bei x=0 - beginnend, ist die Fläche unter der Dichtefunktion - d.h. der Wert der Verteilungsfunktion - $F(x_k)$ zu ermitteln, die/der $\alpha_0 = 0{,}05$ entspricht. Der Wert $\overline{x}_K$ ist die obere Grenze des Ablehnbereichs.

Bei konventioneller Vorgehensweise standardisiert man die Zufallsgröße und benutzt die Tabelle der Standard-Normalverteilung N(0,1). Aus der Verteilungsfunktion der Standard-Normalverteilungstabelle kann man ablesen, dass der vorgegebenen Wahrscheinlichkeit von 0,05 ein Z-Wert von $z_k = -1{,}645$ entspricht. Die Standardisierung - angewandt auf $\overline{X}$ - lautet:

$$Z = \frac{\overline{X} - \mu_X}{\sigma_{\overline{X}}}$$

Nach Auflösung der Standardisierungsformel nach $\overline{X}$ erhält man für $\overline{x}_K$:

$$\overline{x}_k = \mu - z_k * \sigma_{\overline{X}} = 325 - 1{,}645 * 5 = 316{,}775 \sim 316{,}78 .$$

Damit erhält man: Ablehnbereich für $x \leq 316{,}78$ € und Annahmebereich für $x \geq 316{,}79$ €.

e. Testentscheidung, Fehlerart und -größe

Das Stichprobenergebnis von 299,-- € liegt im Ablehnbereich. Der Test empfiehlt daher, H_o abzulehnen. Folgt A diesem Entscheidungsvorschlag, kann er den Fehler 1. Art begehen, der darin besteht, eine richtige Hypothese abzulehnen. Dieser Fehler beträgt hier max. 5%.

f. Testdurchführung mit verändertem Mittelwert

Der tatsächliche durchschnittliche Aktienkurs betrage 305,-- €. Damit ist die Prüfgröße $\overline{X}$: N (305, 5) verteilt und die unter c. und d. angestellten Betrachtungen und Berechungen können analog durchgeführt werden. Bei im Übrigen unveränderter Ausgestaltung des Testverfahrens erhält man $\bar{x}_K$~296,78 €. Daraus folgt für den Test mit verändertem Mittelwert:

Ablehnbereich: $\bar{0} \leq \bar{x} \leq$ 296,78 € und Annahmebereich: $\bar{x} \geq$ 296,79 €.

Das Stichprobenergebnis von 299,-- € liegt jetzt im Annahmebereich. Die Testentscheidung lautet jetzt, H_0 anzunehmen. Wenn A diesem Entscheidungsvorschlag folgt, kann er den Fehler 2. Art machen (ß), der darin besteht, eine falsche Hypothese anzunehmen.

g. Gütefunktion

Ermittlung

μ	$\bar{x}_K$ - μ	$\sigma_{\bar{X}}$	z_k	$F(z_k)$
325	- 8,22	5	- 1,645	0,05000
320	- 3,22	5	- 0,644	0,25978
315	+ 1,78	5	+ 0,356	0,63908
310	+ 6,78	5	+ 1,356	0,91245

Grafische Darstellung

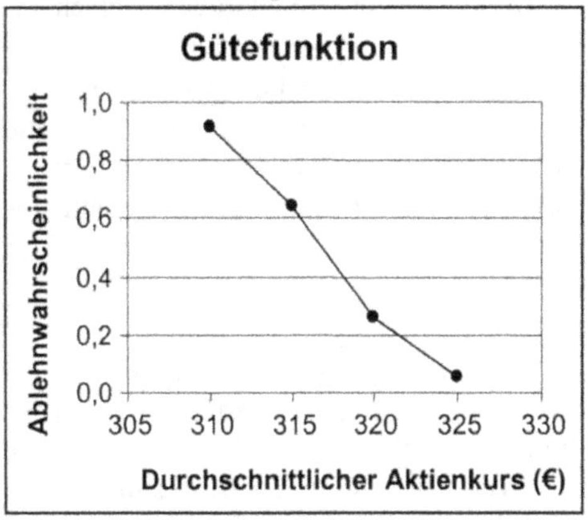

Interpretation und Beurteilung

Man erkennt in dem Diagramm, dass erst dann, wenn der durchschnittliche Aktienkurs 310 € betragen würde, der vorliegende Test die Nullhypothese - der durchschnittliche Aktienkurs ist mindestens 325 € - mit sehr großer Wahrscheinlichkeit von über 0,9 als falsch erkennen und ablehnen würde.

Sachbezogen wäre im vorliegenden Fall zu klären, ob eine Mittelwertabweichung von 15 € als eher groß oder klein einzuschätzen ist. Ein quantitativer Indikator dafür ist das Verhältnis dieser Abweichung zur Streuung. Die Streuung - gemessen durch die Standardabweichung - ist im vorliegenden Fall mit 5 € sehr klein, die nötige Mittelwertabweichung 3 mal größer. Ein Testverfahren, das eine falsche Hypothese erst dann mit sehr großer Wahrscheinlichkeit erkennt, wenn eine Abweichung des Parameters nötig ist, die das 3-fache der üblichen Streuung beträgt, kann man als ziemlich schlecht kategorisieren.

h. Nötiger Stichprobenumfang

Die Vergrößerung des Stichprobenumfangs ist eine der wenigen Möglichkeiten, die Güte eines Tests deutlich zu erhöhen, indem der Ablehnbereich vergrößert und damit die Ablehnwahrscheinlichkeit erhöht wird. Diese Möglichkeit ist in der Formel zur Ermittlung von x_k operationalisiert $\bar{x}_k = \mu - z_k * \sigma_{\bar{X}}$ mit $\sigma_{\bar{X}} = б / \sqrt{n}$, in der die Streuung in der Stichprobenwahrscheinlichkeitsverteilung umso kleiner wird, je größer der Stichprobenumfang ist. Allerdings gibt es keine analytische Lösung, sondern nur eine durch Ausprobieren.

Da der Stichprobenumfang beim durchgeführten Test mit n= 9 extrem klein ist, sind durch Vergrößerungen von n deutliche Güteverbesserungen zu erwarten. Wir wählen hier für die Proberechnungen zwei größere Stichprobenumfänge realistischer Größenordnung, aus denen man leicht die Wurzel ziehen kann, und zwar n= 49 und n= 81.

Bei konventioneller Vorgehensweise unter Nutzung der obigen Formel und der Standard-Normalverteilungstabelle kann man die nötigen „Proberechnungen" wieder tabellarisch durchführen, wie im Folgenden beispielhaft dargestellt.

n	$\bar{x}_K$	x_k	μ	$\bar{x}_K$ - μ	σ / √n	z_k	$F(z_k)$
49	325–1,645*15/7= 325–3,525 ~ **321,48**	321,48	320	+1,48	15/7=2,143	~0,69	**0,7549**
81	325–1,645*15/9= 325–2,742 ~ **322,26**	322,26	320	+2,26	15/9=1,666	~1,36	**0,9131**

Die Erhöhung des Stichprobenumfangs auf n= 91 - d.h. in eine praktisch relevante und übliche Größenordnung - führt dazu, dass eine Mittelwertabweichung von 5 € - das entspricht im vorliegenden Fall der Standardabweichung - mit über 90% Wahrscheinlichkeit erkannt und abgelehnt wird. Das ist ein auch für praktische Zwecke akzeptables Güteniveau.

Aufgabe „Körperlänge"

a. Hypothesenformulierung und -begründung

H_0: Die Körpergröße X der weiblichen Studierenden in Deutschland ist normalverteilt.

H_1: Die Körpergröße X der weiblichen Studierenden in Deutschland ist nicht normalverteilt.

Formal: H_0: F(x) : N; H_1: F(x) : ≠N.

Die Kenngrößen der Grundgesamtheit werden nicht angezweifelt, sind also nicht Gegenstand der zu testenden Hypothese. Sie werden aber zur Ermittlung der Stichprobenwahrscheinlichkeitsverteilung benötigt, d.h. X: N (170, 10).

Begründung: Nur durch das Stichprobenergebnis widerlegte Hypothesen liefern für die Grundgesamtheit gültige Aussagen mit statistischer Signifikanz. Da der A der Meinung ist, dass die Körpergröße nicht normalverteilt ist, muss er das Gegenteil als zu testende Hypothese formulieren. Wenn der Test dann die Normalverteilungshypothese ablehnt, ist die Gegenhypothese - keine Normalverteilung - mit statistischer Signifikanz erwiesen, worum es dem A ja geht.

b. Bestimmung Testart und -verfahren sowie Prüfgröße und -verteilung

Testart und -verfahren: Signifikanztest, da durch den Test ermittelt werden soll, ob das Stichprobenergebnis wesentlich - d.h. signifikant - und damit mehr als zufallsbedingt von der zu erwartenden Stichprobenwahrscheinlichkeitsverteilung abweicht, die bei Gültigkeit der Nullhypothese zu erwarten ist. Anpassungstest, da durch den Test ermittelt werden soll, ob sich das Stichprobenergebnis ausreichend an die Stichprobenwahrscheinlichkeitsverteilung „anpasst", die bei Gültigkeit der Nullhypothese zu erwarten ist.

Prüfgröße und Wahrscheinlichkeitsverteilung: Chi-Quadrat-Anpassungstest, in dem die Zufallsgröße Chi-Quadrat als Prüfgröße verwendet wird. Die Größe Chi-Quadrat hat eine spezifische Wahrscheinlichkeitsverteilung, die ebenso benannt ist. Die Chi-Quadratverteilung hat nur einen Parameter, die Anzahl der Freiheitsgrade, formal:

$\aleph^2$: CHI(ν) mit $\nu = m - 1$ Freiheitsgraden und m: Anzahl der Klassen in den Verteilungen.

Exkurs zur Ermittlung von ν

Der Wert des Parameters ν hängt von der Anzahl der Klassen in den zu vergleichenden Verteilungen ab. Im vorliegenden Fall hat die ermittelte Zufallsstichprobe m=5 Klassen, d.h. ν=5-1= 4. Die bei Gültigkeit der Nullhypothese zu erwartende Verteilung wird wegen des notwendigen Vergleichs dieselben Klassen haben müssen. Für die aus dem Vergleich der Häufigkeiten der beiden Verteilungen konstruierte Prüfgröße muss allerdings vorausgesetzt werden, dass die absoluten Häufigkeiten der erwarteten Verteilung eine Mindestgröße haben, nämlich 5. Wird diese nicht erreicht, sind Klassen in geeigneter Weise zusammenzufassen. Ob dies hier nötig ist, kann erst weiter unten festgestellt werden.

c. Ermittlung und grafische Darstellung der Vergleichsverteilungen

Das Stichprobenergebnis liegt als absolute Häufigkeitsverteilung bereits vor. Die bei Gültigkeit der Nullhypothese zu erwartende Stichprobenverteilung ist noch zu ermitteln, und zwar zunächst als Wahrscheinlichkeitsverteilung und daraus abgeleitet zwecks Vergleich ebenfalls als absolute Häufigkeitsverteilung.

c1. Ermittlung der zu erwartenden Stichprobenverteilung

In a. wurde zusammen mit der Nullhypothese die Verteilung der Grundgesamtheit vollständig spezifiziert. Diese wird sich bei einer einfachen Zufallsauswahl in der Stichprobe reproduzieren, so dass man - unter Berücksichtigung der für die Stichprobe gewählten Größe und Klassierung - die zu erwartende Stichprobenwahrscheinlichkeitsverteilung ermitteln kann.

Bei konventioneller Vorgehensweise werden die zu erwartenden Wahrscheinlichkeiten mit Hilfe der Standard-Normalverteilungstabelle ermittelt, wozu die Klassengrenzen mit Hilfe der Standardisierungsformel umzurechnen sind.

Körperlänge (cm) von ...	bis unter	Empirische Verteilung.	Erwartete Verteilung: N (170, 10)			
			Klassenobergrenze	Wahrscheinlichkeit		Häufigkeit
x_u	x_o	h(x)	$z_o = (x_o - \mu) / \sigma$	$F(z_o)$	W(x)	$h^e(x)$
	150	2	150-170/10 =- 2	0,0228	0,0228	**11,40**
150	170	200	170-170/10 = 0	0,5000	0,4772	**238,60**
170	190	265	190-170/10 = +2	0,9772	0,4772	**238,60**
190	200	32	200-170/10 = +3	0,9987	0,0215	**10,75**
200		**1**	**∞? - 170/10= ?**	**?**	**0,0013**	**0,65**

c2. Vergleichende grafische Darstellung der Verteilungen

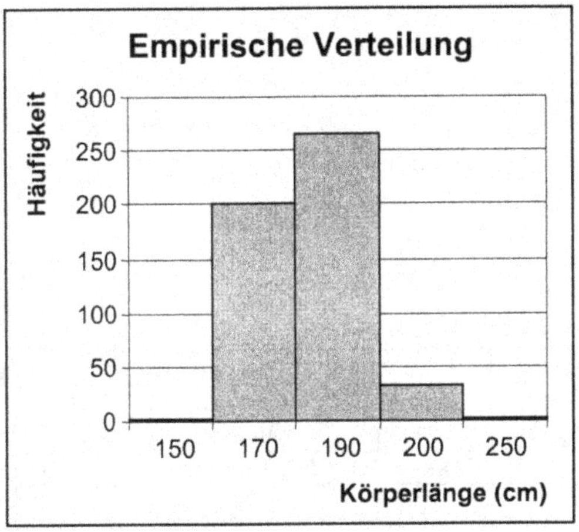

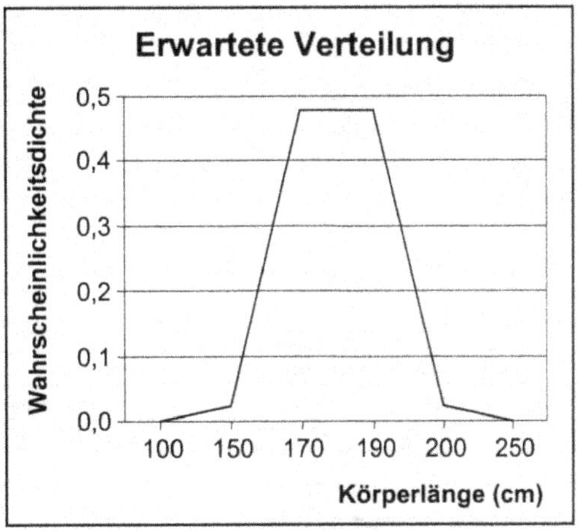

Die offenen Randklassen wurden zur grafischen Darstellung mit 140 als Klassenunter- und 210 als Klassenobergrenze geschlossen.

Bei der vergleichenden Betrachtung fällt auf:

1. Die **empirische Verteilung** ist immer eine diskrete Verteilung. Selbst wenn die betrachtete Größe - die Körperlänge - genauer als üblich gemessen werden sollte, ergeben sich doch immer Größenklassen, die in der grafischen Darstellung zu Säulensprüngen führen. Bei der hier vorgenommenen sehr groben Klassierung fallen diese besonders stark aus.

2. Die **theoretische Verteilung** ist - aufgrund des verwendeten Verteilungstyps der Normalverteilung - immer eine stetige Verteilung. Sprünge in der Verteilungskurve gibt es idealtypischerweise nicht. Bei der hier vorgenommenen **sehr groben Klassierung** treten sie gleichwohl auf und die Verteilungsform kann nur mit sehr viel Fantasie als der bekannten Glockenkurve

ähnlich bezeichnet werden. Würde man mehr und schmalere Klassen bilden, würde die erwartete Glockenkurve deutlicher zu Tage treten.

3. Der **grobe optische Vergleich** der beiden Verteilungsformen indiziert, dass die empirische Verteilung von der theoretischen deutlich abweicht. Von daher erwarten wir von dem Testverfahren, das die Abweichungen zwischen den beiden Verteilungen misst und auswertet, dass es die Normalverteilungshypothese ablehnen wird.

d. Annahme- und Ablehnbereich

Die im vorliegenden Fall als Prüfverteilung zu verwendende Chi-Quadrat-Verteilung kann nun nach Vorliegen der erwarteten Stichprobenverteilung bezüglich ihres Parameters „Anzahl der Freiheitsgrade" spezifiziert werden. Aus der Tabelle unter c1. sieht man in der letzten Spalte, dass die zu erwartende absolute Häufigkeit in der letzten Klasse die oben genannte Zulässigkeitsbedingung ($he \geq 5$) nicht erfüllt. Diese Verletzung wird durch Zusammenlegung dieser Klasse mit der vorletzten beseitigt, so dass die für die Prüfgröße relevanten Verteilungen nur noch aus 4 Klassen bestehen, d.h. $\nu = 4-1 = 3$. Die Prüfverteilung ist also CHI(3), deren Verteilungsfunktion in der Chi-Quadrat-Tabelle in der Zeile $\nu=3$ steht.

Zur Ermittlung des Annahme- und Ablehnbereich benötigt man die dem Test vorzugebende Irrtumswahrscheinlichkeit, hier $\alpha_0=0{,}05$. Dies entspricht der komplementären Sicherheitswahrscheinlichkeit $\gamma=1-\alpha$ - hier 0,95. Der in der Prüfverteilung dieser Sicherheitswahrscheinlichkeit zugeordnete Wert von Chi-Quadrat ist der Maximalwert, bis zu dem die Abweichungen von der Nullhypothese wahrscheinlichkeitstheoretisch noch als zufällig angesehen werden können und markiert als Annahmekennzahl die Obergrenze des Annahmebereichs. Im vorliegenden Fall ist die Annahmekennzahl 7,815. Daraus folgt für diesen Test:

Annahmebereich: 0≤ Chi-Quadrat ≤ 7,815 und Ablehnbereich: Chi-Quadrat > 7,815.

e. Wert der Prüfgröße in der Stichprobe

Im Gegensatz zu den Parametertests ist die Ermittlung des Wertes der Prüfgröße in der Stichprobe bei Verwendung der Größe Chi-Quadrat etwas aufwendiger, da diese als komplizierte Abweichungsgröße nach folgender Formel gesondert zu berechnen ist:

$$\aleph^2 = \sum \frac{[h(x_j) - h^e(x_j)]^2}{h^e(x_j)}$$

Die Ermittlung ist in der folgenden Tabelle nachvollziehbar dargestellt.

Empirische Verteilung		Theoretische Verteilung		Ermittlung von Chi-Quadrat		
Länge (cm) von...bis unter	Häufigk. absolut	erwartete Wahrscheinl.	erwartete Häufigkeit	Abweichung	Abweichg. Quadra	Prüfgröße
x_u.............x_o	h (x)	$W(x_u \leq X \leq x_o)$	$h^e(x)$	$h(x) - h^e(x)$	$[h(x) - h^e(x)]^2$	$(6) / h^e(x)$
(1)	(2)	(3)	(4)	(5)	(6)	(7)
150	2	0,02275	11,38	- 9,38	87,89	7,72665
150 170	200	0,47725	238,63	- 38,63	1491,89	6,25203
170 190	265	0,47725	238,63	+ 26,38	695,64	2,91520
190	33	0,02275	11,38	+ 21,63	467,64	41,11126
Summe		**1,00000**	**500,00**			**58,00515**

Man ermittelt aus dem Stichprobenbefund einen Chi-Quadrat-Wert von ~58.

f. Testempfehlung bzw. -entscheidung und Fehler

Der Wert der Prüfgröße fällt hier mit ~58 klar in den Ablehnbereich. Die Normalverteilungshypothese ist von daher abzulehnen. Der mögliche Fehler bei Ablehnung der getesteten Hypothese ist der Fehler 1. Art, der darin besteht, eine richtige Hypothese abzulehnen. Seine Wahrscheinlichkeit war dem Testverfahren hier mit höchstens 5% vorgegeben. Die tatsächliche Irrtumswahrscheinlichkeit ist im vorliegenden Fall sehr viel kleiner, da in der Prüfverteilung auch bei den dort tabellierten größeren Sicherheitswahrscheinlichkeiten der Wert von 58 nicht annähernd erreicht wird.

Kapitel 20 Testen und Schätzen von Zusammenhängen

Aufgabe „Parteibuch und Stellenbesetzung im öffentlichen Dienst“

a. Auswahl statistisches Schlussverfahren

Die Frage nach der Abhängigkeit oder Unabhängigkeit von zwei Größen in einer Grundgesamtheit wird mit statistischer Sicherheit durch einen Unabhängigkeitstest geklärt. Dabei hängt die Auswahl eines geeigneten Unabhängigkeitstestverfahrens wesentlich von der Merkmals- und Skalenart sowie der Struktur der Daten ab. Bei Vorliegen einer bivariaten Häufigkeitsverteilung ist der Chi-Quadrat-Unabhängigkeitstest das gängige Testverfahren. Es ist auch bei qualitativen Merkmalen, die nur nominal skaliert sind, anwendbar.

b. Chi-Quadrat-Unabhängigkeitstest

1. Nullhypothese H_0

Die beiden Merkmale sind in der Grundgesamtheit voneinander unabhängig.

2. Stichprobe

Art: verbundene Zufallsstichprobe; Umfang: n=150.

3. Prüfgröße und Wahrscheinlichkeitsverteilung

Bei Gültigkeit von H_0 ist die Prüfgröße

$$\chi^2 = \sum\sum \frac{[H(x,y)-U(x,y)]^2}{U(x,y)}$$

approximativ chi-quadratverteilt mit v=(m-1)*(k-1) Freiheitsgraden.

Im Gegensatz zur Ermittlung von Chi-Quadrat für analytische Zwecke (Kontingenzkoeffizient), deren Aussagen sich nur auf die Stichprobe beziehen, werden bei der Verallgemeinerung zusätzliche Anforderungen an die in die Prüfgröße eingehenden Ausgangsdaten gestellt. Die Testergebnisse sind nur akkurat, wenn die Ausgangsdaten folgende Bedingungen erfüllen:

$h_{ij} \geq 10$ und $h^e_{ij} > 5$.

Felder, bei denen diese nicht erfüllt sind, legt man mit benachbarten Feldern in geeigneter Weise zusammen. Im vorliegenden Fall ist die erste Bedingung in der letzten Zeile der Ausgangsdatentabelle nicht erfüllt. Vor der Testdurchführung ist daher die letzte Zeile mit der vorletzten zusammenzulegen, so dass folgende für Testzwecke veränderte Kontingenztabelle entsteht.

Ausgangsdaten zum Testen			
Dienst-Laufbahn	Parteizugehörigk.		Summe
	Partei A	andere	
mittlere	15	60	75
gehobene	15	30	45
höhere + Direktor.	20	10	30
Summe	**50**	**100**	**150**

Der Parameter „Anzahl der Freiheitsgrade“ der Testverteilung ergibt sich damit zu: v=(2-1)*(3-1)=2.

4 Annahme- und Ablehnbereich

Die obere Schranke für die Irrtumswahrscheinlichkeit beträgt $\alpha_0 = 0{,}05$.

Bei konventioneller Vorgehensweise wird eine Qhi-Quadrat-Verteilungstabelle benutzt, in der die Werte von Chi-Quadrat in Abhängigkeit von ν und 1- α_0 stehen. Für ν=2 und 1- α_0= 0,95 liest man den Wert 5,991 ab. Diese Zahl kennzeichnet den **kritischen Wert**, bis zu dem bei

Gültigkeit der Nullhypothese die Summe der in der Größe Chi-Quadrat verarbeiteten Abweichungen der beiden Verteilungen voneinander noch als zufällig anzusehen sind, und stellt damit die obere Grenze des Annahmebereichs dar (Annahmekennzahl). Daraus folgt für diesen Test: Annahmebereich: 0≤ Chi-Quadrat ≤ 5,991 und Ablehnbereich für Chi-Quadrat > 5,991.

5. Durchführung und Auswertung der Stichprobe
Sowohl bei konventioneller als auch bei rechnerunterstützter Vorgehensweise ist der Wert von Chi-Quadrat in der Stichprobe zu ermitteln. Dies wurde bei der Ermittlung des Kontingenzkoeffizienten bereits gezeigt und ist hier auf der für Testzwecke veränderten Kontingenztabelle analog durchzuführen. Man erhält im vorliegenden Fall einen geringfügig anderen Wert: Chi-Quadrat= 21.

6. Testempfehlung bzw. -entscheidung
Bei konventioneller Vorgehensweise wird festgestellt, ob der aus dem Stichprobenergebnis ermittelte Wert der Prüfgröße in den Annahme- oder in den Ablehnbereich fällt. Der Wert der Prüfgröße fällt hier mit ~ 21 in den Ablehnbereich. Die Unabhängigkeitshypothese ist von daher abzulehnen.

c. Testergebnis und möglicher Fehler
Der durchgeführte Test hat erbracht, dass mit einer Irrtumswahrscheinlichkeit von höchstens 5% in dem Land die Stellenbesetzung im öffentlichen Dienst von der Zugehörigkeit zur langjährigen Regierungspartei A abhängig ist. Der mögliche Fehler bei Ablehnung der getesteten Hypothese ist der Fehler 1. Art, der darin besteht, eine richtige Hypothese abzulehnen. Seine Wahrscheinlichkeit ist dem Testverfahren vorgegeben und beträgt hier höchstens 5%.

Aufgabe "Internationale Fußballwettbewerbe"
a. Auswahl statistisches Schlussverfahren
Die Frage nach der Abhängigkeit oder Unabhängigkeit von zwei Größen in einer Grundgesamtheit wird mit statistischer Sicherheit durch einen Unabhängigkeitstest geklärt. Dabei hängt die Auswahl eines geeigneten Unabhängigkeitstests wesentlich von der Merkmals- und Skalenart sowie der Struktur der Daten ab. Bei Vorliegen von korrelationsanalytischen Ergebnissen in Form von Korrelationskoeffizienten ist es nahe liegend und sinnvoll, ein Testverfahren zu nutzen, dessen Prüfgröße diesen Koeffizienten verwendet. Dies ist im vorliegenden Fall ein Unabhängigkeitstest mit dem Rangkorrelationskoeffizienten.

b. Unabhängigkeitstest mit dem Rangkorrelationskoeffizienten
1. Hypothesen
Nullhypothese: Die beiden Merkmale sind in der Grundgesamtheit voneinander unabhängig. Dann hat der Korrelationskoeffizient in der Grundgesamtheit - der hier mit ρ notiert wird - den Wert NULL, formal: H_0: $\rho = 0$; H_1: $\rho \neq 0$.

2. Stichprobe
Art: verbundene Zufallsstichprobe; Umfang: n=12.

3. Prüfgröße und Wahrscheinlichkeitsverteilung
Bei Gültigkeit von H_0 ist die Prüfgröße

$U_S^K = r_S * \sqrt{\frac{n-2}{1-r_S^2}}$ für n> 10 approximativ studentverteilt mit v=n-2 Freiheitsgraden.

Im vorliegenden Fall ist n=12, so dass die Approximationsbedingung erfüllt ist und somit folgende Prüfgröße und -verteilung verwendet werden kann: $U^K_S \sim S(10)$.

4. Annahme- und Ablehnbereich
Die obere Schranke für die Irrtumswahrscheinlichkeit beträgt $\alpha_0 = 0,05$.

Damit ist die Studentverteilung v=10 und 1- $\alpha_0/2$=1-0,025= 0,975 die approximativ gültige Prüfverteilung. Dort liest man als Annahmekennzahl den Wert t_k=C_0=2,228 ab. Damit erhält man für den Test: Annahmebereich: $0 \le t \le |2{,}228|$ und Ablehnbereich: $t > |2{,}228|$.

5. Durchführung und Auswertung der Stichprobe
Aus dem Stichprobenbefund wurde der Rangkorrelationskoeffizient r_S= 0,28 ermittelt.
Damit erhält man als Wert der Prüfgröße:

$$U_S^K = 0{,}28 * \sqrt{\frac{12-2}{1-0{,}28^2}} = 0{,}28 * \sqrt{\frac{10}{0{,}0784}} = 0{,}28 * \sqrt{127{,}55} = 0{,}28 * 11{,}29385 \sim 3{,}16 .$$

6. Testempfehlung bzw. -entscheidung
Der Wert der Prüfgröße liegt im Ablehnbereich, da U^K_S= 3,16 > C_0=$|2{,}228|$. Die Testempfehlung lautet daher, die Unabhängigkeitshypothese abzulehnen, da das Stichprobenergebnis im signifikanten Widerspruch zu ihr steht. Damit ist die Gegenhypothese mit einer Irrtumswahrscheinlichkeit von höchstens 5% statistisch signifikant, dass bei allen Vereinen, die an internationalen Fußballwettbewerben im letzten Jahr teilgenommen haben, eine Abhängigkeit zwischen dem im Wettbewerb erreichten Platz und der in Aussicht gestellten Meisterschaftsprämie besteht.

Aufgabe „Umsatzprognosebereiche"
a. Absolutes Umsatzwachstum von Jahr zu Jahr
Bei dem verwendeten erklärenden Prognoseverfahren (lineare Einfachregression) entspricht der Umsatzzuwachs von Jahr zu Jahr dem Anstieg der Regressionsgeraden b= 0,152 (Mio. €) und ist konstant.

Für diese und alle anderen noch vorzunehmenden Bereichsschätzungen braucht man die Wahrscheinlichkeitsverteilungen der Schätzer. Dazu wird das für Stichproben exakt gültige Modell der stochastischen Einfachregression hier auf die Prognoserechnung mit linearer Trendfunktion übertragen. Nach dem Modell sind alle Schätzer näherungsweise studentverteilt mit v=n-2 Freiheitsgraden, hier v= 9-2=7. Die vorgegebene Sicherheitswahrscheinlichkeit von γ= 95% ist bei der Konstruktion symmetrischer Bereiche um den Erwartungswert jeweils gleichmäßig auf den unteren und oberen Rand der Wahrscheinlichkeitsverteilung des Schätzers zu verteilen, so dass im vorliegenden Fall mit $\gamma/2$=0,025 zu rechnen ist. In der Student-Verteilungstabelle liest man unter v=7 und F(0,975) den T-Wert von t= 2,365 ab.

Das Konfidenzintervall für den unbekannten Anstieg einer linearen Regressionsfunktion ist ganz allgemein: $b - t_{\alpha/2} \cdot \hat{\sigma}_B \le ß \le b + t_{\alpha/2} \cdot \hat{\sigma}_B$.
Die darin benötigte Streuung $\hat{\sigma}_B$ des verwendeten Schätzers B ist die Wurzel aus seiner Varianz, die man nach folgender Formel berechnet:

$$\sigma_B^2 = \frac{\sigma_\varepsilon^2}{\sum (x_i - \bar{x})^2}$$

Bei der Prognoserechnung ist die unabhängige Variable der Regressionsrechnung die Zeit, die x_i in der Formel sind also die einzelnen Zeiteinheiten des Analysezeitraums, mit deren Daten die Regressionsfunktion ermittelt wurde. $\hat{\sigma}_\varepsilon^2$ ist bei Stichproben der Schätzer der zufälligen Fehler, bei der Prognoserechnung analog der Schätzer der zukünftigen Prognosefehler. Sie werden abgeschätzt durch die beobachteten Fehler, verdichtet als Fehlervarianz /Standardfehler. Bei der Schätzung der unbekannten Fehler durch die bekannten ist bei Verwendung eines Modells die Anzahl der im Modell zu schätzenden Parameter zu berücksichtigen, so dass für die Fehlervarianz als Schätzer gilt:

$$\hat{\sigma}_\varepsilon^2 = S_e^2 = \frac{1}{n-2} * \sum e_i^2$$

Die bei der Umsatzschätzung im Analysezeitraum mit der linearen Trendfunktion gemachten Fehler und die Fehlervarianz wurden zur Beurteilung des Modellfit bereits ermittelt. Die dortige Summe der Fehlerquadrate von 1,09383 ist hier nun durch 7 zu teilen, da in dem Modell der linearen stochastischen Einfachregression bereits zwei Parameter -nämlich α und ß - geschätzt wurden. Man erhält S_e^2= 0,14855. Die Berechnung der nach der obigen Formel für die Varianz des Schätzers benötigten Terme ist in der folgenden Tabelle nachvollziehbar dargestellt.

Jahr	**Umsatz**	**Trendfunktion**		**Streuung Fehler**		
x_i	**y_i**	**linear**	**potenz**	**$x_i-\bar{x}$**	**$(x_i-\bar{x})^2$**	**x_i^2**
1	4,800	4,993	4,787	-4	16	1,00
2	5,200	5,145	5,156	-3	9	4,00
3	5,600	5,297	5,385	-2	4	9,00
4	4,900	5,449	5,554	-1	1	16,00
5	6,200	5,600	5,688	0	0	25,00
6	5,600	5,752	5,801	1	1	36,00
7	5,800	5,904	5,897	2	4	49,00
8	6,400	6,055	5,982	3	9	64,00
9	5,900	6,207	6,058	4	16	81,00
45	**50,400**				**60**	**285,00**
5	**5,600**					

Damit erhält man für die Streuung des Schätzers B im vorliegenden Fall

V(B)= σ_B^2= 0,14855 / 60= 0,000247583 und σ_B= 0,049757 und damit das Konfindenzintervall

0,152 - 2,365* 0,049757 ≤ ß ≤ 0,152 + 2,365*0,049757

0,034323 ≤ ß ≤ 0,2697.

Mit einem Vertrauensniveau von 95% wird der absolute Umsatzzuwachs von Jahr zu Jahr zwischen 34,3 und 269,7 (Tsd. €) liegen.

b. Durchschnittliche Umsatzprognosebereiche in den nächsten Jahren

Die Jahresumsätze, mit denen man im Prognosezeitraum im Durchschnitt rechnen darf, wurden mit der Trendfunktion bereits ermittelt. Sie betragen P_{10}= 6,358, P_{11}= 6,510 und P_{12}= 6,662 (Mio. €). Sie sind durch Bereichsschätzungen mit einer Sicherheit von 95% zu ergänzen. Das Konfidenzintervall für den bedingten Durchschnittswert der Prognosegröße Y an der Stelle X= x_0 lautet ganz allgemein: $\hat{y}_0' - t_{\alpha/2} \cdot \hat{\sigma}_{\hat{Y}_0} \leq y_0^t \leq \hat{y}_0' + t_{\alpha/2} \cdot \hat{\sigma}_{\hat{Y}_0}$

Die darin benötigte Streuung $\hat{\sigma}_{\hat{Y}_0}$ des Schätzers $\hat{Y}'$ ist nach folgender Formel zu berechnen:

$$\hat{\sigma}_{\hat{Y}_0}^2 = S^2_{\hat{Y}_0} = \hat{\sigma}_\varepsilon^2 * \left[\frac{1}{n} + \frac{(x_0-\bar{x})^2}{\sum(x_i-\bar{x})^2}\right]$$

Der darin vorkommende Schätzwert für die Varianz des Prognosefehlers wurde bereits vorne ermittelt und verwendet. Die Berechnung der übrigen Terme und der Unter- und Obergrenzen der Konfidenzintervalle ist in der folgenden Tabelle für einige Jahre des Analyse- und alle Jahre des Prognosezeitraums nachvollziehbar dargestellt.

Konfidenzintervalle für Durchschnittsprognosen									
Jahr	Umsatz	Punkts.	Streuungsrechnung					Konfidenzintervalle	
x_i	y_i	$\hat{y}_i'$	$(x_i - \bar{x})^2$	(4)/Sum(4)	1/n+ (5)	S_e^2*(6)	√(7)	untere G.	obere G.
(1)	(2)	(3)	(4)	(5)	(6)	(7)	(8)	(9)	(10)
1	4,800	4,993	16	0,26667	0,37778	0,05612	0,23689	4,433	5,554
5	6,200	5,600	0	0,00000	0,11111	0,01651	0,12847	5,296	5,904
9	5,900	6,207	16	0,26667	0,37778	0,05612	0,23689	5,647	6,767
10		6,359	25	0,41667	0,52778	0,07840	0,28000	5,697	7,021
11		6,510	36	0,60000	0,71111	0,10563	0,32501	5,741	7,279
12		6,662	49	0,81667	0,92778	0,13782	0,37124	5,784	7,540

c. Individuelle Umsatzprognosebereiche in den nächsten Jahren

Der individuelle Wert der abhängigen Variablen für einen beliebigen, aber festen Wert der unabhängigen Variablen $X=x_0$ unterscheidet sich von deren Durchschnittswert nicht in der Punkt-, wohl aber in der Bereichsschätzung. Ergänzend zur Streuung der Durchschnittsprognose, die die Unsicherheit der Lageschätzung der Regressionsfunktion misst, tritt zusätzliche Unsicherheit bei jedem Einzelwert auf, so dass sich die Streuung insgesamt vergrößert. Das Intervall für die individuelle Prognose der abhängigen Variablen an der Stelle $X=x_0$ lautet ganz allgemein:

$$\hat{y}_0' - t_{\alpha/2} \cdot \hat{\sigma}_F \leq y_0 \leq \hat{y}_0' + t_{\alpha/2} \cdot \hat{\sigma}_F$$

Die darin benötigte Streuung des Schätzers ist nach folgender Formel zu berechnen:

$$\sigma^2_F = \sigma_\varepsilon^2 * \left[1 + \frac{1}{n} + \frac{(x_0 - \bar{x})^2}{\sum(x_i - \bar{x})^2}\right]$$

Der darin vorkommende Schätzwert für die Varianz des Prognosefehlers wurde bereits vorne ermittelt und verwendet. Die Berechnung der übrigen Terme und der Unter- und Obergrenzen der Bereichsschätzungen für alle Jahre des Analyse- und Prognosezeitraums ist in der folgenden Tabelle nachvollziehbar dargestellt. Im Gegensatz zu allen bisherigen Bereichsschätzungen handelt es sich hier nicht um Konfidenz-, sondern um Wahrscheinlichkeitsintervalle.

Wahrscheinlichkeitsintervalle für individuelle Prognosen									
Jahr	Umsatz	Punkts.	Streuungsrechnung					Konfidenzintervalle	
x_i	y_i	$\hat{y}_i'$	$(x_i - \bar{x})^2$	(4)/Sum(4)	1/n+ (5)	S_e^2*(6)	√(7)	untere G.	obere G.
(1)	(2)	(3)	(4)	(5)	(6)	(7)	(8)	(9)	(10)
1	4,800	4,993	16	0,26667	1,37778	0,20467	0,45240	3,923	6,063
5	6,200	5,600	0	0,00000	1,11111	0,16505	0,40627	4,639	6,561
9	5,900	6,207	16	0,26667	1,37778	0,20467	0,45240	5,137	7,277
10		6,359	25	0,41667	1,52778	0,22695	0,47639	5,232	7,486
11		6,510	36	0,60000	1,71111	0,25418	0,50416	5,318	7,702
12		6,662	49	0,81667	1,92778	0,28637	0,53513	5,396	7,928

d. Grafische Darstellung

Die Bereiche der Individualschätzungen sind unter sonst gleichbleibenden Bedingungen immer breiter als die der Durchschnittswertschätzungen. Die Korridorbetrachtung zeigt, dass die Intervallbreite nicht konstant, sondern variabel ist. Beim Durchschnittswert der unabhängigen Variablen sind die Intervalle am schmalsten und werden umso breiter, je mehr man sich vom Durchschnittswert entfernt. Da bei der Prognose mit Trendfunktionen der Prognosezeitraum immer am äußeren Rande liegt, wird die Prognosegüte - gemessen durch die Intervallbreite - immer schlechter, je größer die zeitliche Reichweite der Prognosen ist.

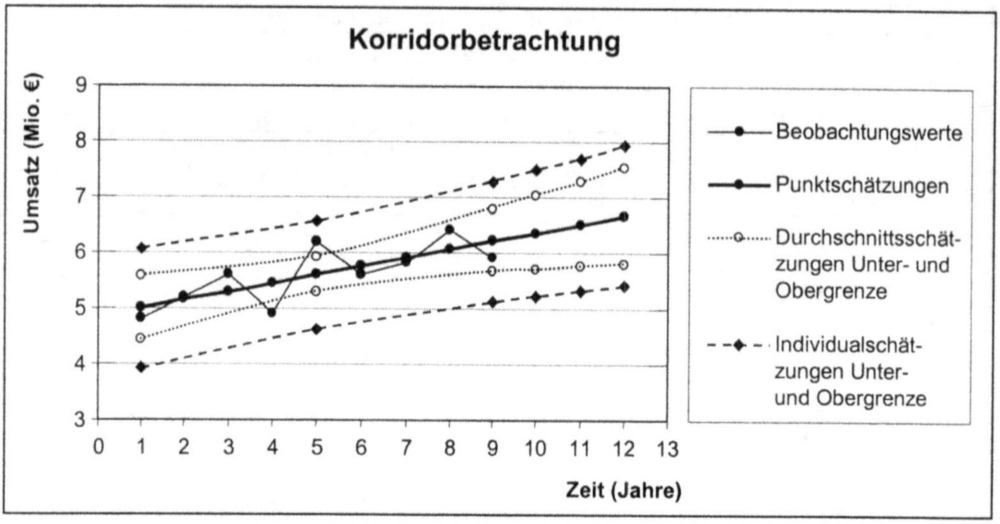

e. Würdigung

Die Annahmen des Stichprobenmodells der stochastischen linearen Einfachregression lauten:

1. Die unabhängige Variable ist deterministisch und ohne Messfehler.
2. Die abhängige Variable ist über eine zufällige Störvariable eine stochastische Variable.
3. Die Störvariablen, die jede einzelne Beobachtung zufällig beeinflussen, haben alle einen Erwartungswert von Null, konstante Streuung, keine Autokorrelation und sind gleich verteilt.

Bei der Übertragung des Modells auf die Prognoserechnung mittels linearer Trendfunktion sind die Annahmen 1 und 2 über den Charakter der Variablen unkritisch. Von den Annahmen über die zufälligen Störvariablen, die dem Prognosefehler entsprechen, sind die konstante Streuung und vor allem keine Autokorrelation problematisch. Denn Trendfunktionsprognosen basieren auf der Fortschreibung von Trendmustern der Vergangenheit, so dass ein Zusammenhang zeitlich aufeinander folgender Werte (Autokorrelation) typisch oder zumindest plausibel ist. Gerade die Autokorrelationsannahme ist deshalb durch geeignete Fehleranalyse zu überprüfen (siehe 20.6). Die in Zeitreihendaten häufig vorhandene Autokorrelation führt dazu, dass man dann sinnvollerweise Prognoseverfahren einsetzt, die ihre Prognosen gezielt mittels der Autokorrelation ermitteln (Autoregressive Verfahren).

Verteilungstabellen

Hypergeometrische Verteilung

Werte der Wahrscheinlichkeits- und Verteilungsfunktion für gegebene n, M und N mit n≤ 5 und N≤ 7.

N	n	M	x	W (X x)	W (X = x)
2	1	1	0	0,500000	0,500000
2	1	1	1	1,000000	0,500000
3	1	1	0	0,666667	0,666667
3	1	1	1	1,000000	0,333333
3	2	1	0	0,333333	0,333333
3	2	1	1	1,000000	0,666667
3	2	2	1	0,666667	0,666667
3	2	2	2	1,000000	0,333333
4	1	1	0	0,750000	0,750000
4	1	1	1	1,000000	0,250000
4	2	1	0	0,500000	0,500000
4	2	1	1	1,000000	0,500000
4	2	2	0	0,166667	0,166667
4	2	2	1	0,833333	0,666667
4	2	2	2	1,000000	0,166667
4	3	1	0	0,250000	0,250000
4	3	1	1	1,000000	0,750000
4	3	2	1	0,500000	0,500000
4	3	2	2	1,000000	0,500000
4	3	3	2	0,750000	0,750000
4	3	3	3	1,000000	0,250000
5	1	1	0	0,800000	0,800000
5	1	1	1	1,000000	0,200000
5	2	1	0	0,600000	0,600000
5	2	1	1	1,000000	0,400000
5	2	2	0	0,300000	0,300000
5	2	2	1	0,900000	0,600000
5	2	2	2	1,000000	0,100000
5	3	1	0	0,400000	0,400000
5	3	1	1	1,000000	0,600000
5	3	2	0	0,100000	0,100000
5	3	2	1	0,700000	0,600000
5	3	2	2	1,000000	0,300000
5	3	3	1	0,300000	0,300000
5	3	3	2	0,900000	0,600000
5	3	3	3	1,000000	0,100000
5	4	1	0	0,200000	0,200000
5	4	1	1	1,000000	0,800000
5	4	2	1	0,400000	0,400000
5	4	2	2	1,000000	0,600000
5	4	3	2	0,600000	0,600000
5	4	3	3	1,000000	0,400000
5	4	4	3	0,800000	0,800000
5	4	4	4	1,000000	0,400000
6	1	1	0	0,833333	0,833333
6	1	1	1	1,000000	0,166667
6	2	1	0	0,666667	0,666667
6	2	1	1	1,000000	0,333333
6	2	2	0	0,400000	0,400000
6	2	2	1	0,933333	0,533333
6	2	2	2	1,000000	0,066667
6	3	1	0	0,500000	0,500000
6	3	1	1	1,000000	0,500000
6	3	2	0	0,200000	0,200000
6	3	2	1	0,800000	0,600000
6	3	2	2	1,000000	0,200000
6	3	3	0	0,050000	0,050000
6	3	3	1	0,500000	0,450000
6	3	3	2	0,950000	0,450000
6	3	3	3	1,000000	0,050000
6	4	1	0	0,333333	0,333333
6	4	1	1	1,000000	0,666667
6	4	2	0	0,066667	0,066667
6	4	2	1	0,600000	0,533333
6	4	2	2	1,000000	0,400000
6	4	3	1	0,200000	0,200000
6	4	3	2	0,800000	0,600000
6	4	3	3	1,000000	0,200000
6	4	4	2	0,400000	0,400000
6	4	4	3	0,933333	0,533333
6	4	4	4	1,000000	0,066667
6	5	1	0	0,166667	0,166667
6	5	1	1	1,000000	0,833333
6	5	2	1	0,333333	0,333333
6	5	2	2	1,000000	0,666667
6	5	3	2	0,500000	0,500000
6	5	3	3	1,000000	0,500000
6	5	4	3	0,666667	0,666667
6	5	4	4	1,000000	0,333333
6	5	5	4	0,833333	0,833333
6	5	5	5	1,000000	0,166667

Binomialverteilung

Werte der Wahrscheinlichkeitsfunktion für gegebene x, n und π mit n≤ 7 und p≤ 0,5.

		π								
n	x	0,01	0,05	0,10	0,15	0,20	0,25	0,30	0,40	0,50
1	0	0,9900	0,9500	0,9000	0,8500	0,8000	0,7500	0,7000	0,6000	0,5000
1	1	0,0100	0,0500	0,1000	0,1500	0,2000	0,2500	0,3000	0,4000	0,5000
2	0	0,9801	0,9025	0,8100	0,7225	0,6400	0,5625	0,4900	0,3600	0,2500
2	1	0.0198	0,0950	0,1800	0,2550	0,3200	0,3750	0,4200	0,4800	0,5000
2	2	0,0001	0,0025	0,0100	0,0225	0,0400	0,0625	0,0900	0,1600	0,2500
3	0	0,9703	0,8574	0,7290	0,6141	0,5120	0,4219	0,3430	0,2160	0,1250
3	1	0,0294	0,1354	0,2430	0,3251	0,3840	0,4219	0,4410	0,4320	0,3750
3	2	0,0003	0,0071	0,0270	0,0574	0,0960	0,1406	0,1890	0,2880	0,3750
3	3	0,0000	0,0001	0,0010	0,0034	0,0080	0,0156	0,0270	0,0640	0,1250
4	0	0,9606	0,8145	0,6561	0,5220	0,4096	0,3164	0,2401	0,1296	0,0625
4	1	0,0388	0,1715	0,2916	0,3685	0,4096	0,4219	0,4116	0,3456	0,2500
4	2	0,0006	0,0135	0,0486	0,0975	0,1536	0,2109	0,2646	0,3456	0,3750
4	3	0,0000	0,0005	0,0036	0,0115	0,0256	0,0469	0,0756	0,1536	0,2500
4	4	0,0000	0,0000	0,0001	0,0005	0,0016	0,0039	0,0081	0,0256	0,0625
5	0	0,9510	0,7738	0,5905	0,4437	0,3277	0,2373	0,1681	0,0778	0,0313
5	1	0,0480	0,2036	0,3280	0,3915	0,4096	0,3955	0,3601	0,2592	0,1563
5	2	0,0010	0,0214	0,0729	0,1382	0,2048	0,2637	0,3087	0,3456	0,3125
5	3	0,0000	0,0011	0,0081	0,0244	0,0512	0,0879	0,1323	0,2304	0,3125
5	4	0,0000	0,0000	0,0004	0,0022	0,0064	0,0146	0,0283	0,0768	0,1563
5	5	0,0000	0,0000	0,0000	0,0001	0,0003	0,0010	0,0024	0,0102	0,0313
6	0	0,9415	0,7351	0,5314	0,3771	0,2621	0,1780	0,1176	0,0467	0,0156
6	1	0,0571	0,2321	0,3543	0,3993	0,3932	0,3560	0,3025	0,1866	0,0937
6	2	0,0014	0,0305	0,0984	0,1762	0,2458	0,2966	0,3241	0,3110	0,2344
6	3	0,0000	0,0021	0,0146	0,0415	0,0819	0,1318	0,1852	0,2765	0,3125
6	4	0,0000	0,0001	0,0012	0,0055	0,0154	0,0330	0,0595	0,1382	0,2344
6	5	0,0000	0,0000	0,0001	0,0004	0,0015	0,0044	0,0102	0,0369	0,0937
6	6	0,0000	0,0000	0,0000	0,0000	0,0001	0,0002	0,0007	0,0041	0,0156
7	0	0,9321	0,6983	0,4783	0,3206	0,2097	0,1335	0,0824	0,0280	0,0078
7	1	0,0659	0,2573	0,3720	0,3960	0,3670	0,3115	0,2471	0,1306	0,0547
7	2	0,0020	0,0406	0,1240	0,2097	0,2753	0,3115	0,3177	0,2613	0,1641
7	3	0,0000	0,0036	0,0230	0,0617	0,1147	0,1730	0,2269	0,2903	0,2734
7	4	0,0000	0,0002	0,0026	0,0109	0,0287	0,0577	0,0972	0,1935	0,2734
7	5	0,0000	0,0000	0,0002	0,0012	0,0043	0,0115	0,0250	0,0774	0,1641
7	6	0,0000	0,0000	0,0000	0,0001	0,0004	0,0013	0,0036	0,0172	0,0547
7	7	0,0000	0,0000	0,0000	0,0000	0,0000	0,0001	0,0002	0,0016	0,0078

Binomialverteilung

Werte der Wahrscheinlichkeitsfunktion für n = 40 und $\pi \leq 0{,}5$.

		π								
n	x	0,01	0,05	0,1	0,15	0,2	0,25	0,3	0,4	0,5
	0	0,66897	0,12851	0,01478	0,00150	0,00013	0,00001			
	1	0,27029	0,27055	0,06569	0,01060	0,00133	0,00013	0,00001		
	2	0,05324	0,27767	0,14233	0,03649	0,00648	0,00087	0,00009		
	3	0,00681	0,18511	0,20032	0,08157	0,02052	0,00368	0,00050		
	4	0,00064	0,09012	0,20589	0,13315	0,04745	0,01135	0,00196	0,00002	
	5	0,00005	0,03415	0,16471	0,16918	0,08541	0,02723	0,00606	0,00012	
	6		0,01049	0,10676	0,17416	0,12456	0,05295	0,01514	0,00045	
	7		0,00268	0,05761	0,14928	0,15125	0,08573	0,03152	0,00146	0,00002
	8		0,00058	0,02641	0,10866	0,15598	0,11788	0,05573	0,00401	0,00007
	9		0,00011	0,01043	0,06818	0,13865	0,13971	0,08492	0,00951	0,00025
	10		0,00002	0,00359	0,03730	0,10745	0,14436	0,11282	0,01965	0,00077
	11			0,00109	0,01795	0,07326	0,13124	0,13186	0,03573	0,00210
	12			0,00029	0,00766	0,04426	0,10572	0,13657	0,05756	0,00508
	13			0,00007	0,00291	0,02383	0,07590	0,12607	0,08265	0,01094
	14			0,00001	0,00099	0,01149	0,04879	0,10420	0,10626	0,02111
	15				0,00030	0,00498	0,02819	0,07741	0,12280	0,03658
	16				0,00008	0,00195	0,01468	0,05183	0,12791	0,05716
	17				0,00002	0,00069	0,00691	0,03136	0,12039	0,08070
	18					0,00022	0,00294	0,01717	0,10255	0,10312
	19					0,00006	0,00114	0,00852	0,07916	0,11940
	20					0,00002	0,00040	0,00384	0,05541	0,12537
	21						0,00013	0,00157	0,03518	0,11940
	22						0,00004	0,00058	0,02026	0,10312
	23						0,00001	0,00019	0,01057	0,08070
	24							0,00006	0,00499	0,05716
	25							0,00002	0,00213	0,03658
	26								0,00082	0,02111
	27								0,00028	0,01094
	28								0,00009	0,00508
	29								0,00002	0,00210
	30								0,00001	0,00077
	31									0,00025
	32									0,00007
	33									0,00002
	34									
	35									
	36									
	37									
	38									
	39									
	40									

Standardnormalverteilung

Verteilungsfunktion und Werte der Dichtefunktion für zentrale Schwankungsintervalle.

z	$F_{SN}(-z)$	$F_{SN}(z)$	$D(z)$	z	$F_{SN}(-z)$	$F_{SN}(z)$	$D(z)$	z	$F_{SN}(-z)$	$F_{SN}(z)$	$D(z)$
	0.	0.	0.		0.	0.	0.		0.	0.	0.
0.01	4960	5040	0080	0.51	3050	6950	3899	1.01	1562	8438	6875
0.02	4920	5080	0160	0.52	3015	6985	3969	1.02	1539	8461	6923
0.03	4880	5120	0239	0.53	2981	7019	4039	1.03	1515	8485	6970
0.04	4840	5160	0319	0.54	2946	7054	4108	1.04	1492	8508	7017
0.05	4801	5199	0399	0.55	2912	7088	4177	1.05	1469	8531	7063
0.06	4761	5239	0478	0.56	2877	7123	4245	1.06	1446	8554	7109
0.07	4721	5279	0558	0.57	2843	7157	4313	1.07	1423	8577	7154
0.08	4681	5319	0638	0.58	2810	7190	4381	1.08	1401	8599	7199
0.09	4641	5359	0717	0.59	2776	7224	4448	1.09	1379	8621	7243
0.10	4602	5398	0797	0.60	2743	7257	4515	1.10	1357	8643	7287
0.11	4562	5438	0876	0.61	2709	7291	4581	1.11	1335	8665	7330
0.12	4522	5478	0955	0.62	2676	7324	4647	1.12	1314	8686	7373
0.13	4483	5517	1034	0.63	2643	7357	4713	1.13	1292	8708	7415
0.14	4443	5557	1113	0.64	2G11	7389	4778	1.14	1271	8729	7457
0.15	4404	5596	1192	0.65	2578	7422	4843	1.15	1251	8749	7499
0.16	4364	5636	1271	0.66	2546	7454	4907	1.16	1230	8770	7540
0.17	4325	5675	1350	0.67	2514	7486	4971	1.17	1210	8790	7580
0.18	4286	5714	1428	0.68	2483	7517	5035	1.18	1190	8810	7620
0.19	4247	5753	1507	0.69	2451	7549	5098	1.19	1170	8830	7660
0.20	4207	5793	1585	0.70	2420	7580	5161	1.20	1151	8849	7699
0.21	4168	5832	1663	0.71	2389	7611	5223	1.21	1131	8869	7737
0.22	4129	5871	1741	0.72	2358	7642	5285	1.22	1112	8888	7775
0.23	4090	5910	1819	0.73	2327	7673	5346	1.23	1093	8907	7813
0.24	4052	5948	1897	0.74	2296	7704	5407	1.24	1075	8925	7850
0.25	4013	5987	1974	0.75	2266	7734	5467	1.25	1056	8944	7887
0.26	3974	6026	2051	0.76	2236	7764	5527	1.26	1038	8962	7923
0.27	3936	6064	2128	0.77	2206	779,4	5587	1.27	1020	8980	7959
0.28	3897	6103	2205	0.78	2177	7823	5646	1.28	1003	8997	7995
0.29	3859	6141	2282	0.79	2148	7852	5705	1.29	0985	9015	8029
0.30	3821	6179	2358	0.80	2119	7881	5763	1.30	0968	9032	8064
0.31	3783	6217	2434	0.81	2090	7910	5821	1.31	0951	9049	8090
0.32	3745	6255	2510	0.82	2061	7939	5878	1.32	0934	9066	8132
0.33	3707	6293	2586	0.83	2033	7967	5935	1.33	0918	9082	8165
0.34	3669	6331	2661	0.84	2005	7995	5991	1.34	0901	9099	8198
0.35	3632	6368	2737	0.85	1977	8023	6047	1.35	0885	9115	8230
0.36	3594	6406	2812	0.86	1949	8051	6102	1.36	0869	9131	8262
0.37	3557	6443	2886	0.87	1922	8078	6157	1.37	0853	9147	8293
0.38	3520	6480	2961	0.88	1894	8106	6211	1.38	0838	9162	8324
0.39	3483	6517	3035	0.89	1867	8133	6265	1.39	0823	9177	8355
0.40	3446	6554	3108	0.90	1841	8159	6319	1.40	0808	9192	8385
0.41	3409	6591	3182	0.91	1814	8186	6372	1.41	0793	9207	8415
0.42	3372	6628	3255	0.92	1788	8212	6424	1.42	0778	9222	8444
0 43	3336	6664	3328	0.93	1762	8238	6476	1.43	0764	9236	8473
0.44	3300	6700	3401	0.94	1736	8264	6528	1.44	0749	9251	8501
0.45	3264	6736	3473	0.95	1711	8289	6579	1.45	0735	9265	8529
0.46	3228	6772	3545	0.96	1685	8315	6629	1.46	0721	9279	8557
0.47	3192	6808	3616	0.97	1660	8340	6680	1.47	0708	9292	8584
0.48	3156	6844	3688	0.98	1635	8365	6729	1.48	0694	9306	8611
0.49	3121	6879	3759	0.99	1611	8389	6778	1.49	0681	9319	8638
0.50	3085	6915	3829	1.00	1587	8413	6827	1.50	0668	9332	8664

Fortsetzung nächste Seite

Quellenhinweis: in veränderter Form übernommen aus Kreyzig, Statistische Methoden und ihre Anwendungen, Verlag Vandenhoeck & Ruprecht 1991

Standardnormalverteilung Fortsetzung

Verteilungsfunktion und Werte der Dichtefunktion für zentrale Schwankungsintervalle.

z	$F_{SN}(-z)$	$F_{SN}(z)$	$D(z)$	z	$F_{SN}(-z)$	$F_{SN}(z)$	$D(z)$	z	$F_{SN}(-z)$	$F_{SN}(z)$	$D(z)$
	0.	0.	0.		0.	0.	0.		0.	0.	0.
1.51	0655	9345	8690	2.01	0222	9778	9556	2.51	0060	9940	9879
1.52	0643	9357	8715	2.02	0217	9783	9566	2.52	0059	9941	9883
1.53	0630	9370	8740	2.03	0212	9788	9576	2.53	0057	9943	9886
1.54	0618	9382	8764	2.04	0207	9793	9586	2.54	0055	9945	9889
1.55	0606	9394	8789	2.05	0202	9798	9596	2.55	0054	9946	9892
1.56	0594	9406	8812	2.06	0197	9803	9606	2.56	0052	9948	9895
1.57	0582	9418	8836	2.07	0192	9808	9615	2.57	0051	9949	9898
1.58	0571	9429	8859	2.08	0183	9812	9625	2.58	0049	9951	9901
1.59	0559	9441	8882	2.09	0183	9817	9634	2.59	0048	9952	9904
1.60	0548	9452	8904	2.10	0179	9821	9643	2.60	0047	9953	9907
1.61	0537	9463	8926	2.11	0174	9826	9651	2.61	0045	9955	9909
1.62	0526	9474	8948	2.12	0170	9830	9660	2.62	0044	9956	9912
1.63	0516	9484	8969	2.13	0166	9834	9668	2.63	0043	9957	9915
1.64	0505	9495	8990	2.14	0162	9838	9676	2.64	0041	9959	9917
1.65	0495	9505	9011	2.15	0158	9842	9684	2.65	0040	9960	9920
1.66	0485	9515	9031	2.16	0154	9846	9692	2.66	0039	9961	9922
1.67	0475	9525	9051	2.17	0150	9850	9700	2.67	0038	9962	9924
1.68	0465	9535	9070	2.18	0146	9854	9707	2.68	0037	9963	9926
1.69	0455	9545	9090	2.19	0143	9857	9715	2.69	0036	9964	9929
1.70	0446	9554	9109	2.20	0139	9861	9722	2.70	0035	9965	9931
1.71	0436	9564	9127	2.21	0136	9864	9729	2.71	0034	9966	9933
1.72	0427	9573	9146	2.22	0132	9868	9736	2.72	0033	9967	9935
1.73	0418	9582	9164	2.23	0129	9871	9743	2.73	0032	9968	9937
1.74	0409	9591	9181	2.24	0125	9875	9749	2.74	0031	9969	9939
1.75	0401	9599	9199	2.25	0122	9878	9756	2.75	0030	9970	9940
1.76	0392	9608	9216	2.26	0119	9881	9762	2.76	0029	9971	9942
1.77	0384	9616	9233	2.27	0116	9884	9768	2.77	0028	9972	9944
1.78	0375	9625	9249	2.28	0113	9887	9774	2.78	0027	9973	9946
1.79	0367	9633	9265	2.29	0110	9890	9780	2.79	0026	9974	9947
1.80	0359	9641	9281	2.30	0107	9893	9786	2.80	0026	9974	9949
1.81	0351	9649	9297	2.31	0104	9896	9791	2.81	0025	9975	9950
1.82	0344	9656	9312	2.32	0102	9898	9797	2.82	0024	9976	9952
1.83	0336	9664	9328	2.33	0099	9901	9802	2.83	0023	9977	9953
1.84	0329	9671	9342	2.34	0096	9904	9807	2.84	0023	9977	9955
1.85	0322	9678	9357	2.35	0094	9906	9812	2.85	0022	9978	9956
1.86	0314	9686	9371	2.36	0091	9909	9817	2.86	0021	9979	9958
1.87	0307	9693	9385	2.37	0089	9911	9822	2.87	0021	9979	9959
1.88	0301	9699	9399	2.38	0087	9913	9827	2.88	0020	9980	9960
1.89	0294	9706	9412	2.39	0084	9916	9832	2.89	0019	9981	9961
1.90	0287	9713	9426	2.40	0082	9918	9836	2.90	0019	9981	9963
1.91	0281	9719	9439	2.41	0080	9920	9840	2.91	0018	9982	9964
1.92	0274	9726	9451	2.42	0078	9922	9845	2.92	0018	9982	9965
1.93	0268	9732	9464	2.43	0075	9925	9849	2.93	0017	9983	9966
1.94	0262	9738	9476	2.44	0073	9927	9853	2.94	0016	9984	9967
1.95	0256	9744	9488	2.45	0071	9929	9857	2.95	0016	9984	9968
1.96	0250	9750	9500	2.46	0069	9931	9861	2.96	0015	9985	9969
1.97	0244	9756	9512	2.47	0068	9932	9865	2.97	0015	9985	9970
1.98	0239	9761	9523	2.48	0066	9934	9869	2.98	0014	9986	9971
1.99	0233	9767	9534	2.49	0064	9936	9872	2.99	0014	9986	9972
2.00	0228	9772	9545	2.50	0062	9938	9876	3.00	0013	9987	9973

Studentverteilung

Werte t einer studentverteilten Zufallsvariablen für vorgegebene Werte der Verteilungsfunktion $F(t)$ mit v Freiheitsgraden

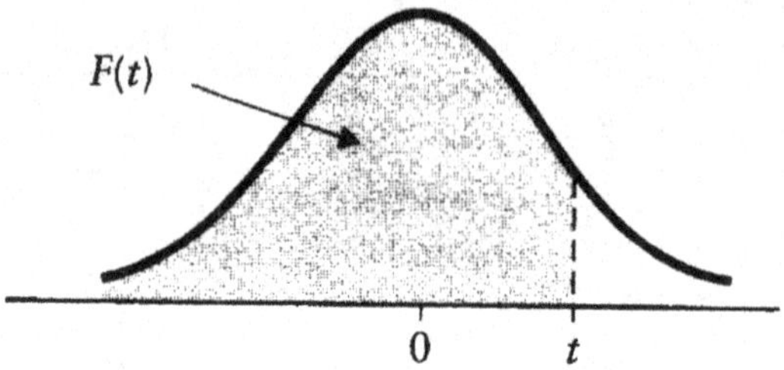

v	$F(t)$									
	0.600	0.700	0.750	0.800	0.900	0.950	0.975	0.990	0.995	0.999
1	0.325	0.727	1.000	1.376	3.078	6.314	12.71	31.82	63.66	318.3
2	0.289	0.617	0.816	1.061	1.886	2.920	4.303	6.965	9.925	22.33
3	0.277	0.584	0.765	0.978	1.638	2.353	3.182	4.541	5.841	10.21
4	0.271	0.569	0.741	0.941	1.533	2.132	2.776	3.747	4.604	7.173
5	0.267	0.559	0.727	0.920	1.476	2.015	2.571	3.365	4.032	5.893
6	0.265	0.553	0.718	0.906	1.440	1.943	2.447	3.143	3.707	5.208
7	0.263	0.549	0.711	0.896	1.415	1.895	2.365	2.998	3.499	4.785
8	0.262	0.546	0.706	0.889	1.397	1.860	2.306	2.896	3.355	4.501
9	0.261	0.543	0.703	0.883	1.383	1.833	2.262	2.821	3.250	4.297
10	0.260	0.542	0.700	0.879	1.372	1.812	2.228	2.764	3.169	4.144
11	0.260	0.540	0.697	0.876	1.363	1.796	2.201	2.718	3.106	4.025
12	0.259	0.539	0.695	0.873	1.356	1.782	2.179	2.681	3.055	3.930
13	0.259	0.538	0.694	0.870	1.350	1.771	2.160	2.650	3.012	3.852
14	0.258	0.537	0.692	0.868	1.345	1.761	2.145	2.624	2.977	3.787
15	0.258	0.536	0.691	0.866	1.341	1.753	2.131	2.602	2.947	3.733
16	0.258	0.535	0.690	0.865	1.337	1.746	2.120	2.583	2.921	3.686
17	0.257	0.534	0.689	0.863	1.333	1.740	2.110	2.567	2.898	3.646
18	0.257	0.534	0.688	0.862	1.330	1.734	2.101	2.552	2.878	3.610
19	0.257	0.533	0.688	0.861	1.328	1.729	2.093	2.539	2.861	3.579
20	0.257	0.533	0.687	0.860	1.325	1.725	2.086	2.528	2.845	3.552
21	0.257	0.532	0.686	0.859	1.323	1.721	2.080	2.518	2.831	3.527
22	0.256	0.532	0.686	0.858	1.321	1.717	2.074	2.508	2.819	3.505
23	0.256	0.532	0.685	0.858	1.319	1.714	2.069	2.500	2.807	3.485
24	0.256	0.531	0.685	0.857	1.318	1.711	2.064	2.492	2.797	3.467
25	0.256	0.531	0.684	0.856	1.316	1.708	2.060	2.485	2.787	3.450
26	0.256	0.531	0.684	0.856	1.315	1.706	2.056	2.479	2.779	3.435
27	0.256	0.531	0.684	0.855	1.314	1.703	2.052	2.473	2.771	3.421
28	0.256	0.530	0.683	0.855	1.313	1.701	2.048	2.467	2.763	3.408
29	0.256	0.530	0.683	0.854	1.311	1.699	2.045	2.462	2.756	3.396
30	0.256	0.530	0.683	0.854	1.310	1.697	2.042	2.457	2.750	3.385
40	0.255	0.529	0.681	0.851	1.303	1.684	2.021	2.423	2.704	3.307
50	0.255	0.528	0.679	0.849	1.299	1.676	2.009	2.403	2.678	3.261
100	0.254	0.526	0.677	0.845	1.290	1.660	1.984	2.364	2.626	3.174
150	0.254	0.526	0.676	0.844	1.287	1.655	1.976	2.352	2.609	3.146
∞	0.253	0.524	0.674	0.842	1.282	1.645	1.960	2.326	2.576	3.090

Quellenhinweis: Puhani, Statistik, Lexika Verlag 1998

Chi-Quadrat-Verteilung

Werte χ^2 einer chi-quadrat-verteilten Zufallsvariablen für vorgegebene Werte der Verteilungsfunktion $F(\chi^2)$ mit ν Freiheitsgraden

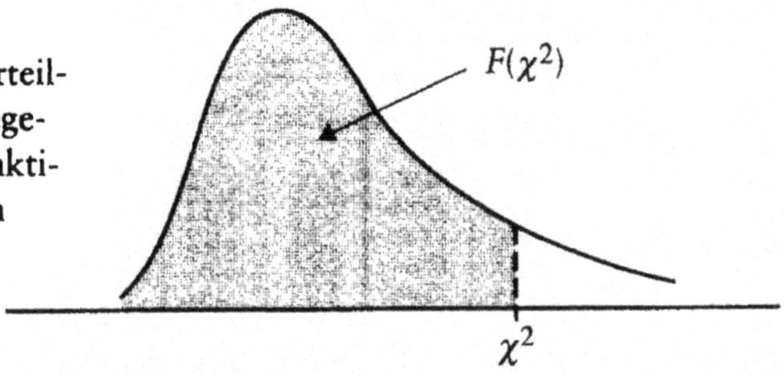

ν	$F(\chi^2)$								
	0.600	0.750	0.900	0.950	0.975	0.980	0.990	0.995	0.999
1	0.708	1.323	2.706	3.841	5.024	5.412	6.635	7.879	10.828
2	1.833	2.773	4.605	5.991	7.378	7.824	9.210	10.597	13.816
3	2.946	4.108	6.251	7.815	9.348	9.837	11.345	12.838	16.266
4	4.045	5.385	7.779	9.488	11.143	11.668	13.277	14.860	18.467
5	5.132	6.626	9.236	11.070	12.833	13.388	15.086	16.750	20.515
6	6.211	7.841	10.645	12.592	14.449	15.033	16.812	18.548	92.458
7	7.283	9.037	12.017	14.067	16.013	16.622	18.475	20.278	24.322
8	8.351	10.219	13.362	15.507	17.535	18.168	20.090	21.955	26.124
9	9.414	11.389	14.684	16.919	19.023	19.679	21.666	23.589	27.877
10	10.473	12.549	15.987	18.307	20.483	21.161	23.209	25.188	29.588
11	11.530	13.701	17.275	19.675	21.920	22.618	24.725	26.757	31.264
12	12.584	14.845	18.549	21.026	23.337	24.054	26.217	28.300	32.909
13	13.636	15.984	19.812	22.362	24.736	25.471	27.688	29.819	34.528
14	14.685	17.117	21.064	23.685	26.119	26.873	29.141	31.319	36.123
15	15.733	18.245	22.307	24.996	27.488	28.259	30.578	32.801	37.697
16	16.780	19.369	23.542	26.296	28.845	29.633	32.000	34.267	39.252
17	17.824	20.489	24.769	27.587	30.191	30.995	33.409	35.718	40.790
18	18.868	21.605	25.989	28.869	31.526	32.346	34.805	37.156	42.312
19	19.910	22.718	27.204	30.144	32.852	33.687	36.191	38.582	43.820
20	20.951	23.828	28.412	31.410	34.170	35.020	37.566	39.997	45.315
21	21.991	24.935	29.615	32.671	35.479	36.343	38.932	41.401	46.797
22	23.031	26.039	30.813	33.924	36.781	37.659	40.289	42.796	48.268
23	24.069	27.141	32.007	35.172	38.076	38.968	41.638	44.181	49.728
24	25.106	28.241	33.196	36.415	39.364	40.270	42.980	45.559	51.179
25	26.143	29.339	34.382	37.652	40.646	41.566	44.314	46.928	52.620
26	27.179	30.435	35.563	38.885	41.923	42.856	45.642	48.290	54.052
27	28.214	31.528	36.741	40.113	43.195	44.140	46.963	49.645	55.476
28	29.249	32.620	37.916	41.337	44.461	45.419	48.278	50.993	56.892
29	30.283	33.711	39.087	42.557	45.722	46.693	49.588	52.336	58.301
30	31.316	34.800	40.256	43.773	46.979	47.962	50.892	53.672	59.703
31	32.349	35.887	41.422	44.985	48.232	49.226	52.191	55.003	61.098
32	33.381	36.973	42.585	46.194	49.480	50.487	53.486	56.328	62.487
33	34.413	38.058	43.745	47.400	50.725	51.743	54.776	57.648	63.870
34	35.444	39.141	44.903	48.602	51.966	52.995	56.061	58.964	65.247
35	36.475	40.223	46.059	49.802	53.203	54.244	57.342	60.275	66.619
36	37.505	41.304	47.212	50.998	54.437	55.489	58.619	61.581	67.985
37	38.535	42.383	48.363	52.192	55.668	56.730	59.892	62.883	69.346
38	39.564	43.462	49.513	53.384	56.896	57.969	61.162	64.181	70.703
39	40.593	44.539	50.660	54.572	58.120	59.204	62.428	65.476	72.055
40	41.622	45.616	51.805	55.758	59.342	60.436	63.691	66.766	73.402

Quellenhinweis: Puhani, Statistik, Lexika Verlag 1998

Literaturverzeichnis

Bamberg, G.; Baur, F.: Statistik, München Wien 2002

Bleymüller, J.; Gehlert, G.; Gülicher, H.: Statistik für Wirtschaftswissenschaftler, München 1996

Bleymüller, J.; Gehlert, G.: Statistische Formeln, Tabellen und Programme, München 1996

Bohley, P.: Statistik, Einführendes Lehrbuch für Wirtschafts- und Sozialwissenschaftler, München Wien 1996

Eckstein, P.: Repetitorium Statistik, Wiesbaden 2003

Hartung, J.; Elpelt, B.; Klösener, K.-H.: Statistik, Lehr- und Handbuch der angewandeten Statistik, München Wien 2002

Hartmann, H.: Materialwirtschaft. Organisation, Planung, Durchführung, Kontrolle, Gernsbach 1978

Hochstätter, D.: Statistische Methodenlehre. Ein Lehrbuch für Wirtschafts- und Sozialwissenschaftler, Frankfurt 1996

Ifo-Institut für Wirtschaftsforschung: Spiegel der Wirtschaft. Struktur und Konjunktur in Bild und Zahl, Frankfurt New-York München 2003

Kazmier, L.: Wirtschaftsstatistik, New York 1999

Krämer, W.: Statistik verstehen: eine Gebrauchsanweisung, Frankfurt New-York 1998

Krämer, W.: So lügt man mit Statistik, Frankfurt New York 1997

Kreyszig, E.: Statistische Methoden und ihre Anwendungen, Göttingen 1991

Kromrey, H. Empirische Sozialforschung, Opladen 1986

Leiner, B.: Einführung in die Statistik, München Wien 1996

Lippe, P. van der: Wirtschaftsstatistik. Amtliche Statistik und volkswirtschaftliche Gesamtrechnungen, Stuttgart 1996

Naude, P. et al.: The Penetration of Quantiative Methods into Managment Decision Making in the United Kingdom, in: OMEGA. International Journal of Management Sciences, 19, 1991, 5, S. 447 – 457

Pegel, C.C.:Exponential Forecasting: some new variations, in: Management Science, 12, 1969, 5, S.311-315

Polasek, W.: Explorative Datenanalyse EDA. Einführung in die deskriptive Statistik, Berlin usw. 1994

Puhani, J.: Statistik: Einführung mit praktischen Beispielen, Würzburg 1998

Rinne, H.: Taschenbuch der Statistik, Frankfurt 1997

Rudolph, A.: Prognoseverfahren in der Praxis, Würzburg 1998

Scharnbacher, K.: Statistik im Betrieb, Lehrbuch mit praktischen beispielen, Wiesbaden 1997

Schlittgen, R.: Einführung in die Statistik. Analyse und Modellierung von Daten, München Wien 1996

Stier, W.: Methoden der Zeitreihenanalyse, Berlin New-York 2000

Urban, K.: Statistik. Einführung in die statistische Methodenlehre, München Wien 1992

Vogel, F.: Beschreibende und schließende Statistik. Formeln, Definitionen, Erläuterungen, Stichwörter und Tabellen, München Wien 1999

Voß, W.: Taschenbuch der Statistik, München Wien 2000

Stichwortverzeichnis

D

E

F

G

S

www.ingramcontent.com/pod-product-compliance
Lightning Source LLC
LaVergne TN
LVHW081356011026
849161LV00013BA/2829